注册结构工程师考试用书

二级注册结构工程师专业考试考前实战训练

（第八版）

兰定筠　谢应坤　饶伟立　主编

中国建筑工业出版社

图书在版编目（CIP）数据

二级注册结构工程师专业考试考前实战训练／兰定筠，谢应坤，饶伟立主编. — 8 版. — 北京：中国建筑工业出版社，2023.3（2025.3重印）
注册结构工程师考试用书
ISBN 978-7-112-28441-2

Ⅰ.①二… Ⅱ.①兰… ②谢… ③饶… Ⅲ.①建筑结构—资格考试—自学参考资料 Ⅳ.①TU3

中国国家版本馆CIP数据核字(2023)第036980号

本书依据二级注册结构工程师"考试大纲"规定的考试内容和要求，按现行有效的规范内容和历年考试真题进行编写。本书内容包括两部分：第一篇为实战训练试题与解答及评析，每套实战训练试题的题量、分值、各科比例与 2020 年以来考试真题一致；实战训练试题内容的考点基本覆盖了考试大纲规定的考点，并具有典型性；实战训练试题内容包括了新规范，如《工程结构通用规范》GB 55001—2021 和《建筑与市政工程抗震通用规范》GB 55002—2021 等。解答部分对每道试题进行了详细解答，给出了计算依据、计算过程和计算结果。评析部分给出解答过程中需注意的事项、解题方法与技巧，以及相关知识点的复习要领。第二篇为专题精讲，包括结构力学、《钢结构设计标准》抗震性能化设计两部分。

本书与《一、二级注册结构工程师专业考试应试技巧与题解》（第十五版）互为补充，可供参加二级注册结构工程师专业考试的考生考前复习使用。

* * *

责任编辑：刘瑞霞　牛　松　梁瀛元
责任校对：张　颖

注册结构工程师考试用书
二级注册结构工程师
专业考试考前实战训练
（第八版）
兰定筠　谢应坤　饶伟立　主编

*

中国建筑工业出版社出版、发行（北京海淀三里河路9号）
各地新华书店、建筑书店经销
北京红光制版公司制版
北京同文印刷有限责任公司印刷

*

开本：787 毫米×1092 毫米　1/16　印张：44　字数：1094 千字
2023 年 3 月第八版　　2025 年 3 月第三次印刷
定价：128.00 元
ISBN 978-7-112-28441-2
(44325)

版权所有　翻印必究
如有印装质量问题，可寄本社图书出版中心退换
（邮政编码 100037）

前 言

本次修订每套实战训练的题目数量总计 50 道，与近年二级注册结构工程师专业考试真题的题目数量一致，同时，结合《工程结构通用规范》GB 55001—2021、《建筑与市政工程抗震通用规范》GB 55002—2021 和《建筑抗震加固技术规程》JGJ 116—2009 等编写题目。对实战训练中简单的题目进行了删除，编写了大量新的题目，这有利于考生复习备考中考前模拟，提高应试能力。

本书的编写特色如下：

1. 结合历年真题编写，难度接近真实考试。本书的 60% 实战训练试题是历年考试真题，并且对历年考试真题中的缺陷进行了修订和改编，同时，对历年考试真题的内容一律按新的规范、规程进行改编和解答，以利于读者正确掌握和熟悉考试大纲要求的现行有效规范、规程的运用。

2. 按现行的规范、规程进行编写。本书的所有实战训练试题的题目部分和解答及评析部分一律按考试大纲要求的现行有效规范、规程进行编写。

3. 实战训练试题的考点内容基本覆盖了考试大纲所规定的内容，并体现了考试大纲对规范规程的掌握、熟悉和了解的不同侧重点的具体要求。

4. 每一道题目的解答部分都有详细的解答过程和解答技巧、解题规律。对实战训练试题给出了详细的解答过程，包括解答的依据、步骤、结果。同时，讲述了解答题目时的规律、解答技巧等。

5. 对题目进行评析。针对题目中的"陷阱"和难点，给出了答题时应注意的事项，并简明扼要地讲述了运用规范、规程在解题时应注意的事项，同时，阐述了各规范、规程之间的异同点及各自运用时的不同适用范围。

6. 增加常用表格。本书附录中常用表格提高了答题的速度和正确率。

在使用本书时，建议读者：第一，模拟实际考场的情景，在考试的规定时间内进行独立完成，并且全部解答完成后，再看本书的解答及评析；第二，解答实战训练试题时，尽量只依靠规范、规程进行做题，应避免查阅相关参考书籍和复习书籍，这主要是为了节约考试时间，这才能真正实现考前实战训练的意义，从而提高应试能力，取得考试成功。

兰定筠注册结构工程师专业考试全科网络辅导班已经开班，全部课程已经上线，登录腾讯课堂搜兰定筠即可报名参加学习，一次付费，终身免费学习，兰老师一对一答疑，答疑微信 13896187773。

叶天义、谢应坤、饶伟立、黄小莉、刘福聪、杨利容、王德兵、罗刚、梁怀庆、杨莉琼、蓝亮、王龙、王远、聂洪、聂中文、黄利芬、黄静参加了本书的编写。

研究生李凯、曾亮等参与本书案例题的绘制、计算等工作。

本书虽经多次校核，但由于作者水平有限，错误之处在所难免，敬请读者将使用过程中遇到的疑问和发现的错误及时发至作者邮箱：Landj2020@163.com，作者由衷感谢。

此外，现将注册考试命题组专家对复习备考的建议，引用如下：

注册结构工程师专业考试在这年复一年的实践中不断总结完善，与实际工程结合是注册结构工程师专业考试的最大特点，也是其与应试教育考试的最大不同点，我们提请考生在复习考试时还应注意以下问题：

1. 考生应关注住建部执业资格注册中心公布的相关考试信息，关注考试改革。

2. 考生应将复习考试与实际工程结合起来，注意在实际工程中加深对结构设计概念的理解和把握。

3. 在计算机普遍应用的今天，会使用程序是最基本的操作技能要求，考生更应重点关注程序的基本假定、主要计算参数的确定及对计算结果的判别。从荷载取值、效应组合等结构设计的最基本要求做起，把握结构的规则性判别要点，用概念指导结构设计。

4. 给出几个已知数据，套套公式的考试已不适应注册结构工程师专业考试（尤其是一级注册结构工程师专业考试）的要求。

兰老师及其团队开通知识星球，提供本书题目答疑、规范答疑、备考经验、现场应试能力等服务，联系方式：微信小程序搜索"知识星球"，再搜索"兰老师结构专业答疑"进入。微博：搜索"兰定筠"进入。

目 录

第一篇 实战训练试题与解答及评析

实战训练试题（一） ……………………………………………………………… 2
实战训练试题（二） ……………………………………………………………… 16
实战训练试题（三） ……………………………………………………………… 29
实战训练试题（四） ……………………………………………………………… 45
实战训练试题（五） ……………………………………………………………… 59
实战训练试题（六） ……………………………………………………………… 72
实战训练试题（七） ……………………………………………………………… 85
实战训练试题（八） ……………………………………………………………… 98
实战训练试题（九） ……………………………………………………………… 114
实战训练试题（十） ……………………………………………………………… 127
2011年真题 ……………………………………………………………………… 140
2012年真题 ……………………………………………………………………… 157
2013年真题 ……………………………………………………………………… 177
2014年真题 ……………………………………………………………………… 196
2016年真题 ……………………………………………………………………… 215
2017年真题 ……………………………………………………………………… 233
2018年真题 ……………………………………………………………………… 250
2019年真题 ……………………………………………………………………… 270
2020年真题 ……………………………………………………………………… 289
2021年真题 ……………………………………………………………………… 304
2022年真题 ……………………………………………………………………… 318
规范简称目录 …………………………………………………………………… 333
实战训练试题（一）解答与评析 ………………………………………………… 334
实战训练试题（二）解答与评析 ………………………………………………… 346
实战训练试题（三）解答与评析 ………………………………………………… 358
实战训练试题（四）解答与评析 ………………………………………………… 371
实战训练试题（五）解答与评析 ………………………………………………… 383
实战训练试题（六）解答与评析 ………………………………………………… 395
实战训练试题（七）解答与评析 ………………………………………………… 407
实战训练试题（八）解答与评析 ………………………………………………… 419
实战训练试题（九）解答与评析 ………………………………………………… 431

实战训练试题（十）解答与评析	443
2011年真题解答与评析	455
2012年真题解答与评析	471
2013年真题解答与评析	487
2014年真题解答与评析	502
2016年真题解答与评析	518
2017年真题解答与评析	533
2018年真题解答与评析	547
2019年真题解答与评析	563
2020年真题解答与评析	575
2021年真题解答与评析	584
2022年真题解答与评析	593

第二篇 专题精讲

第一章 结构力学 ⋯⋯ 606
　第一节 静定梁 ⋯⋯ 606
　第二节 静定平面刚架和三铰拱 ⋯⋯ 614
　第三节 静定平面桁架 ⋯⋯ 620
　第四节 静定结构位移计算和一般性质 ⋯⋯ 626
　第五节 超静定结构的力法 ⋯⋯ 630
　第六节 超静定结构的位移法 ⋯⋯ 640
　第七节 习题 ⋯⋯ 646
　第八节 习题解答 ⋯⋯ 656
第二章 《钢结构设计标准》抗震性能化设计 ⋯⋯ 664

附录一 二级注册结构工程师专业考试各科题量、分值与时间分配 ⋯⋯ 668
附录二 二级注册结构工程师专业考试所用的规范、标准 ⋯⋯ 669
附录三 常用截面的几何特性 ⋯⋯ 670
附录四 梁的内力与变形 ⋯⋯ 672
附录五 活荷载在梁上最不利的布置方法 ⋯⋯ 684
附录六 螺栓螺纹处的有效截面面积 ⋯⋯ 685
附录七 常用表格 ⋯⋯ 686
附录八 《钢标》的见解与勘误 ⋯⋯ 691
参考文献 ⋯⋯ 694
增值服务 ⋯⋯ 695

第一篇 实战训练试题与解答及评析

实战训练试题（一）

（上午卷）

【题1～4】 某办公楼现浇钢筋混凝土三跨连续楼面梁如图1-1所示，其结构安全等级为二级，混凝土强度等级为C30，纵向钢筋采用HRB400级钢筋（Φ），箍筋采用HPB300级钢筋（φ）。梁上作用的恒荷载标准值（含自重）$g_k=25\text{kN/m}$，活荷载标准值$q_k=20\text{kN/m}$。

提示：按《工程结构通用规范》GB 55001—2021作答。

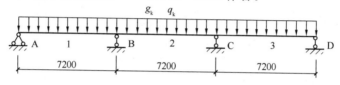

图1-1

提示：计算梁内力时应考虑活荷载的不利布置，连续梁内力系数见表1-1。

连续梁内力系数表（弯矩$M=$表中系数$\times ql^2$，剪力$V=$表中系数$\times ql$） 表1-1

序号	荷载简图	跨内最大弯矩		支座弯矩		支座剪力		
		M_1	M_2	M_B	M_C	V_A	$V_{B左}$	$V_{B右}$
1		0.080	0.025	−0.100	−0.100	0.400	−0.600	0.500
2		0.101	−0.050	−0.050	−0.050	0.450	−0.550	0.000
3		−0.025	0.075	−0.050	−0.050	−0.050	−0.050	0.500
4		0.073	0.054	−0.117	−0.033	0.383	−0.617	0.583

1. 试问，荷载基本组合时，该梁B支座截面的最不利弯矩设计值M_B（kN·m），与下列何项数值最为接近？

　　(A) −251　　　(B) −301　　　(C) −325　　　(D) −350

2. 试问，荷载基本组合时，该梁BC跨靠近B支座截面的最大剪力设计值$V_{B右}$（kN），与下列何项数值最为接近？

(A) 226　　　　　(B) 244　　　　　(C) 254　　　　　(D) 276

3. 该梁 AB 跨跨中纵向受拉钢筋为 4 Φ 25（$A_s=1964\text{mm}^2$），跨中纵向受压钢筋为 3 Φ 22（$A_s'=1140\text{mm}^2$），截面尺寸见图 1-2，$b_f'=900\text{mm}$，$a_s=a_s'=40\text{mm}$。试问，该 T 形梁跨中截面受弯承载力设计值（kN·m），与以下何项数值最为接近？

(A) 396　　　　　(B) 368　　　　　(C) 332　　　　　(D) 306

4. 该梁 B 支座处截面及配筋如图 1-3 所示。梁顶纵向受拉钢筋为 6 Φ 22（$A_s=2280\text{mm}^2$），按荷载的准永久组合计算的梁纵向受拉钢筋的应力 $\sigma_{sq}=250\text{N/mm}^2$，纵向受力钢筋保护层厚度 30mm。试问，该梁支座处进行裂缝宽度验算时其最大裂缝宽度 $w_{\max}$（mm），应与下列何项数值最为接近？

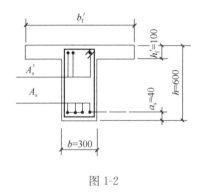
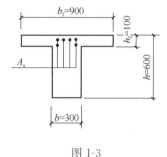

图 1-2　　　　　　　　　　　　　　　图 1-3

(A) 0.23　　　　　(B) 0.27　　　　　(C) 0.31　　　　　(D) 0.37

【题 5～9】 某钢筋混凝土单层单跨厂房（有吊车，屋面为刚性屋盖），其排架柱的上柱 $H_u=3.3\text{m}$，下柱 $H_l=11.5\text{m}$，上、下柱截面尺寸如图 1-4 所示。当考虑横向水平地震作用组合时，在排架方向考虑二阶效应后最不利内力设计值为：上柱 $M=110\text{kN·m}$，$N=250\text{kN}$；下柱 $M=580\text{kN·m}$，$N=730\text{kN}$。混凝土强度等级为 C30，纵向受力钢筋采用 HRB400 级钢筋，箍筋采用 HPB300 级钢筋。对称配筋，$a_s=a_s'=40\text{mm}$。

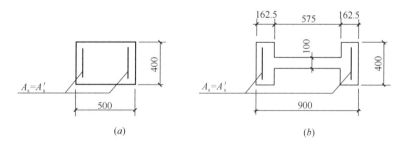

图 1-4
(a) 上柱截面；(b) 下柱截面

5. 试问，在进行有吊车荷载参与的组合计算时，该厂房柱在排架方向上、下柱的计算长度 l_0（m），应分别与下列何组数值最为接近？

(A) 4.1, 9.2　　　(B) 5.0, 11.5　　　(C) 6.6, 11.5　　　(D) 8.3, 11.5

6. 假设上柱在排架方向的计算长度 $l_0=8.0\text{m}$，一阶弹性分析时上柱内力设计值为：$M=100\text{kN·m}$，$N=250\text{kN}$。试问，该上柱在排架方向考虑二阶效应后的弯矩设计值 M

（kN·m），与下列何项数值最为接近？

(A) 115　　　　(B) 119　　　　(C) 124　　　　(D) 129

7. 上柱截面及配筋如图 1-5 所示。若该柱采用预制，在进行吊装阶段裂缝宽度验算时，已知上柱柱底截面由柱自重产生的弯矩标准值 $M_k=28.3\text{kN}\cdot\text{m}$。试问，该上柱柱底截面受拉区纵向钢筋的应力 σ_{sk}（N/mm²），应与下列何项数值最为接近？

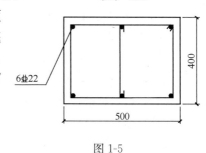

图 1-5

提示：按翻身起吊验算。

(A) 81　　　　(B) 93
(C) 119　　　(D) 140

8. 该单层厂房抗震设防烈度为 7 度，抗震设防类别为丙类，建筑场地类别为Ⅲ类；上柱截面及箍筋配置如图 1-5 所示。试问，该铰接排架角柱的柱顶区段（加密区）满足规范要求的箍筋配置，选用以下何项最为合适？

(A) φ8@150　　(B) φ8@100　　(C) φ10@150　　(D) φ10@100

9. 假设该单层厂房柱的下柱在排架方向的初始偏心距 $e_i=950\text{mm}$，承载力抗震调整系数 $\gamma_{RE}=0.8$，其截面及配筋如图 1-4（b）所示。试问，该下柱纵向钢筋截面面积 $A_s=A'_s$（mm²）的计算值，应与下列何项数值最为接近？

提示：$\xi_b=0.518$。

(A) 864　　　(B) 1095　　　(C) 1308　　　(D) 1671

【题 10】 某既有多层钢筋混凝土框架结构房屋，抗震设防烈度为 7 度（0.10g），该建筑属于 A 类建筑。经抗震鉴定，该建筑需要进行抗震加固。首层某根框架柱，其截面尺寸为 500mm×500mm，柱净高为 4200mm，混凝土强度等级为 C25，箍筋采用 HPB235（$f_{yv}=210\text{N/mm}^2$，$f_{yvk}=235\text{N/mm}^2$），柱端加密区箍筋配置为φ8@100。在地震组合下的内力设计值为：弯矩 $M=605\text{kN}\cdot\text{m}$，剪力 $V=312\text{kN}$，轴压力 $N=1100\text{kN}$。

拟采用钢构套加固，对该柱柱端的斜截面进行抗震受剪承载力计算。扁钢采用 Q235 钢（抗拉屈服强度取 235N/mm²，抗拉设计强度取 215N/mm²）。扁钢缀板的间距为 200mm。按楼层综合抗震能力指数设计。

试问，扁钢缀板截面尺寸 b（mm）×t（mm），下列何项满足规程要求，并且最经济合理？

提示：① 按《建筑抗震加固技术规程》JGJ 116—2009 作答。
　　　② 按《建筑抗震鉴定标准》GB 50023—2009 规定，加固前该柱的现有斜截面受剪抗震承载力 $V_0=195\text{kN}$。

(A) 40×3　　　(B) 40×4　　　(C) 50×4　　　(D) 50×5

【题 11～14】 某熔炼炉厂房炉前钢平台主梁 GL-1 为单跨带悬臂段简支梁，采用焊接 H 形截面 H1200×400×12×20，其截面特性 $I_x=713103\times10^4\text{mm}^4$，$W_x=11885\times10^3\text{mm}^3$，$S_x=6728\times10^3\text{mm}^3$，钢材采用 Q235B，焊条为 E43 型，主梁 GL-1 计算简图如图 1-6 所示。为简化计算，梁上作用的荷载已折算为等效均

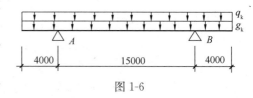

图 1-6

布荷载,其中永久荷载标准值$g_k=10kN/m$(含结构自重),活荷载标准值(已考虑了活荷载折减)$q_k=50kN/m$。

提示:按《工程结构通用规范》GB 55001—2021 作答。

11. 试问,主梁 GL-1 进行抗弯强度验算时,跨中截面的最大弯曲应力值(N/mm^2),应与下列何项数值最为接近?

提示:梁无截面削弱;永久荷载,有利时,取$\gamma_G=1.0$;活荷载,不利时,取1.5。

(A) 210   (B) 200   (C) 185   (D) 175

12. 试问,在主梁 GL-1 剪力最大截面处梁腹板的最大剪应力值τ(N/mm^2),应与下列何项数值最为接近?

提示:有利时,$\gamma_G=1.0$。

(A) 45   (B) 52   (C) 75   (D) 90

13. 主梁 GL-1 支座及其加劲肋的设置如图1-7所示。已知支座反力设计值$N=1058kN$,根据支座加劲肋的端面承压要求,试问,支承加劲肋的板厚t_s(mm),应取下列何项数值最为合理?

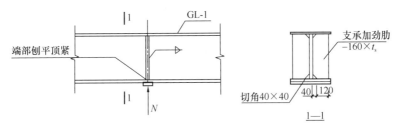

图1-7

(A) 10   (B) 12   (C) 14   (D) 16

14. 设计条件同题13,该支承加劲肋的计算截面及其截面特性如图1-8所示。试问,该支承加劲肋按轴心受压构件验算平面外稳定性时,以应力形式表达的稳定性计算值(N/mm^2),应与下列何项数值最为接近?

提示:该轴心受压构件的截面分类为 b 类。

(A) 100   (B) 112   (C) 150   (D) 175

【**题 15~18**】某汽修车间为等高单层双跨排架钢结构厂房,梁柱构件均采用焊接实腹 H 形截面,计算简图如图1-9所示。梁与柱为刚性连接,屋面采用彩钢压型板及轻型檩条。厂房纵向柱距为7.5m,柱下端与基础刚接。钢材均采用 Q235B,焊条为 E43 型。

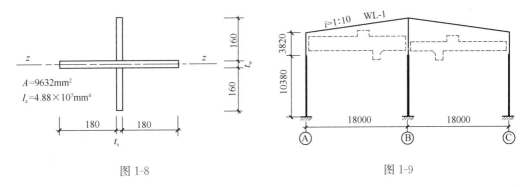

图1-8   图1-9

15. 屋面梁 WL-1 的截面采用 H700×300×8×16，$A=149.4×10^2 mm^2$，$I_x=132178×10^4 mm^4$，$I_y=7203×10^4 mm^4$；梁侧向支承点间距（沿梁纵向）均可近似取为 6m。试问，作为受弯构件，该梁整体稳定性系数 φ_b 应与下列何项数值最为接近？

提示：按受弯构件整体稳定系数的近似计算方法计算。

(A) 0.80　　　　(B) 0.85　　　　(C) 0.90　　　　(D) 0.95

16. 设计条件同题 15。屋面梁 WL-1 的安装接头采用高强度螺栓摩擦型连接，并假定由两翼缘板承受截面上的全部弯矩。翼缘板连接螺栓布置如图 1-10 所示，螺栓直径 M20，孔径 $d_0=22mm$。连接处弯矩设计值 $M=450 kN·m$。在弯矩作用下，翼缘板按轴心受力构件计算。试问，该连接处屋面梁 WL-1 翼缘板的最大正应力值(N/mm^2)，应与下列何项数值最为接近？

(A) 125　　　　(B) 147
(C) 160　　　　(D) 175

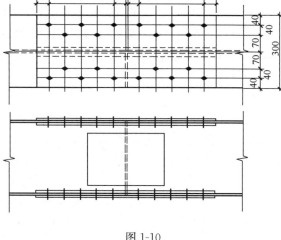

图 1-10

17. Ⓐ轴线边柱上端与屋面梁刚接，上、下段柱截面及截面特性如图 1-11 所示。下段柱轴力及弯矩设计值分别为 $N=1037 kN$，$M_x=830 kN·m$；排架平面内下段柱的计算长度系数 $\mu=1.3$。试问，当对下段柱进行弯矩作用平面内稳定性验算时，以应力形式表达的稳定性计算值（N/mm^2），应与下列何项数值最为接近？

提示：① $\alpha_0=1.4$。

② 参数 $\left(1-0.8\dfrac{N}{N'_{EX}}\right)=0.97$；等效弯矩系数 $\beta_{mx}=1.0$。

③ 柱翼缘为焰切边。

(A) 145　　　　(B) 152　　　　(C) 167　　　　(D) 177

18. Ⓑ轴线中柱上端与屋面梁刚接，上、下段柱截面特性如图 1-12 所示，已知 $\eta_1=0.6$。试问，下段柱在排架平面内的计算长度系数应与下列何项数值最为接近？

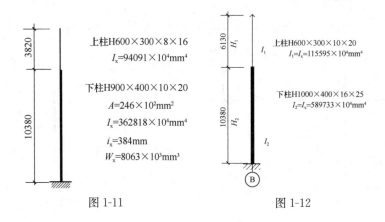

图 1-11　　　　图 1-12

提示：① 屋盖无纵向水平支撑，取 $H_1=6.13-0.7=5.43$m。
② 按《钢标》式（8.3.3-2）计算得到 $\mu_2^1=1.75$。
③ 按柱上端与横梁铰接计算 $\mu_2=2.0$。

(A) 1.29　　　　　　　　　　(B) 1.40
(C) 1.47　　　　　　　　　　(D) 1.66

【题 19、20】 某单跨双坡门式刚架钢房屋，刚架高度为 6.6m，屋面坡度为 1∶10，屋面和墙面均采用压型钢板，墙梁采用冷弯薄壁卷边槽钢 160×60×20×2.5。墙梁采用 Q235 钢，简支墙梁，单侧挂墙板，与墙梁联系的墙板采用自承重，墙梁跨度为 4.5m，间距为 1.5m，在墙梁跨中中点处设一道拉条。已知地面粗糙度为 B 类，50 年重现期的基本风压为 0.35kN/m^2，$\mu_z=1.0$。外墙中间区的某一根墙梁，其设置如图 1-13（a）所示，截面特性如图 1-13（b）：

$A=748$mm^2，$I_x=1.850$cm^4，$W_x=36.02$cm^3，$I_y=35.96$cm^4，$W_{ymax}=19.47$cm^3，$W_{ymin}=8.66$cm^3。

提示：按《工程结构通用规范》GB 55001—2021 作答，取系数 $\beta=1.7$。

19. 该墙梁进行水平风荷载作用下的抗剪强度计算时，其最大剪应力设计值（N/mm^2），与下列何项最接近？

提示：① 作用在墙梁上的风压力 $w_k=0.613$kN/m^2。
② 冷弯半径取 $1.5t$，t 为墙梁壁厚。

(A) 8　　　　　　　　　　(B) 10
(C) 12　　　　　　　　　　(D) 14

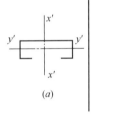
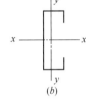

图 1-13

20. 假定，墙梁承担墙板重量，相应的竖向荷载标准值（含墙梁自重）为 0.50kN/m。试问，该墙梁进行竖向荷载作用下的抗剪强度计算时，其最大剪应力设计值（N/mm^2），与下列何项最接近？

提示：冷弯半径取 $1.5t$，t 为墙梁壁厚。

(A) 8.5　　　　(B) 7.5　　　　(C) 6.5　　　　(D) 5.5

【题 21、22】 某七层砌体结构房屋，抗震设防烈度 7 度，设计基本地震加速度值为 $0.15g$。各层楼层高度均为 3.0m，内外墙厚度均为 240mm，轴线居中。采用现浇钢筋混凝土楼、屋盖，平面布置如图 1-14（a）所示。采用底部剪力法对结构进行水平地震作用计算时，结构水平地震作用计算简图如图 1-14（b）所示。各内纵墙上门洞均为 1000mm×2100mm（宽×高），外墙上窗洞均为 1800mm×1500mm（宽×高）。

21. 若二层采用 MU10 烧结普通砖、M7.5 混合砂浆，试问，二层外纵墙 Qa 的高厚比验算式 $\beta=\dfrac{H_0}{h}<\mu_1\mu_2[\beta]$ 其左、右端项的数值，应与下列何项最为接近？

(A) 8.5<20.8　　(B) 12.5<20.8　　(C) 8.5<19.2　　(D) 12.5<19.2

22. 假定该房屋第三层横向的水平地震剪力标准值 $V_{3k}=1700$kN，Q1 墙段（④轴Ⓐ-Ⓑ段墙体）的层间等效侧向刚度为 $0.41Et$（其中，E 为砌体的弹性模量，t 为墙体厚度）。试问，第三层 Q1 墙段所承担的地震剪力标准值 V_{Q1k}（kN），应与下列何项数值最为接近？

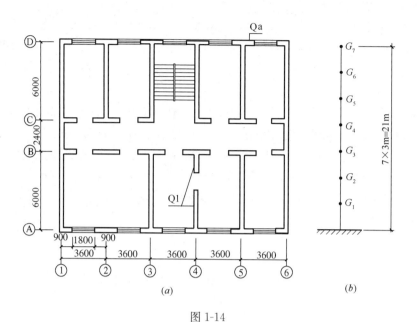

图 1-14
(a) 平面布置；(b) 结构水平地震作用计算简图

提示：当只计算剪切变形时，墙体的等效侧向刚度 $K=\dfrac{EA}{3h}$。

(A) 70　　　　(B) 90　　　　(C) 120　　　　(D) 150

【题 23、24】某单层两跨无吊车厂房，其剖面如图 1-15 所示。屋盖为装配式无檩体系钢筋混凝土结构，中柱截面为 370mm×490mm，柱高 $H=4.70$m，其轴向力在排架方向（柱的长边）偏心距为 73mm。柱采用 MU15 烧结普通砖、M10 混合砂浆砌筑，砌体施工质量控制等级为 B 级。静力计算方案为弹性方案。

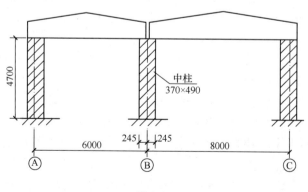

图 1-15

23. 试问，中柱在排架方向的受压承载力设计值（kN），与下列何项数值最为接近？

(A) 190　　　　(B) 170　　　　(C) 150　　　　(D) 130

24. 假定，中柱采用网状配筋砖砌体，钢筋网采用冷拔低碳钢丝 $\phi^b 4$（$f_y=430$MPa），钢筋间距 45mm，网的竖向间距 190mm。已知该中柱的承载力影响系数 φ_n，试问，该中柱的受压承载力设计值 $\varphi_n f_n A$（kN），与下列何项数值最为接近？

(A) $585\varphi_n$ (B) $547\varphi_n$
(C) $515\varphi_n$ (D) $510\varphi_n$

【题 25】 在室内常温环境下,两根西部铁杉(TC15A),截面 $b \times h = 150\text{mm} \times 150\text{mm}$,采用螺栓连接(顺纹受力),两端作用着以活荷载为主产生的剪力 V,如图 1-16 所示,其 $f_{es} = 17.73\text{N/mm}^2$。普通螺栓,Q235 钢,$f_{yk} = 235\text{N/mm}^2$。设计使用年限为 50 年,$\gamma_0 = 1.0$。试问,单个螺栓每个剪面的承载力参考设计值 Z(kN),与下列何项数值最为接近?

提示:$k_I = 0.228$,$k_{II} = 0.125$,$k_{III} = 0.168$。

(A) 4.6 (B) 5.2
(C) 5.8 (D) 6.3

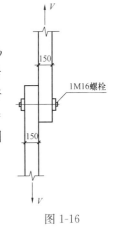

图 1-16

(下午卷)

【题 26~29】 某民用建筑物地基基础设计等级为乙级,其柱下桩基础采用两根泥浆护壁钻孔灌注桩,桩身设计直径 $d = 800\text{mm}$。桩位布置及承台平面尺寸、地基土层分布、各土层厚度、桩侧阻力标准值、桩端端阻力标准值、桩长、承台埋深、承台高度等,均见图 1-17。作用于承台顶面的外力有相应于荷载标准组合时的竖向力 F_k、力矩 M_k、水平力 H_k。柱截面尺寸 $600\text{mm} \times 600\text{mm}$。

提示:① 按《建筑桩基技术规范》JGJ 94—2008 作答;
② 按《建筑结构可靠性设计统一标准》GB 50068—2018 作答。

26. 本工程初步设计时,单桩竖向承载力特征值 R_a(kN),与下列何项数值最为接近?

(A) 2350 (B) 2550
(C) 2750 (D) 2950

27. 经单桩竖向静荷载试验得到三根试桩的单桩竖向极限承载力分别为 6230kN、5960kN 和 5620kN,根据《建筑地基基础设计规范》规定,本工程中所采用的单桩竖向承载力特征值 R_a(kN),应与下列何项数值最为接近?

(A) 2810 (B) 3025
(C) 2968 (D) 5937

28. 假定,作用于承台顶面的外力为 $F_k = 4500\text{kN}$,$M_k = 1400\text{kN·m}$,$H_k = 600\text{kN}$。承台及其以上土的加权平均

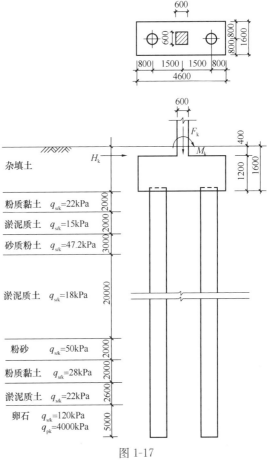

图 1-17

重度 $\gamma_G = 20\text{kN/m}^3$。试问,相应于荷载标准组合时偏心竖向力作用下的最大单桩竖向力 $Q_{k\max}$(kN),与下列何项数值最为接近?

(A) 3074　　　(B) 3190　　　(C) 3253　　　(D) 3297

29. 假定,相应于荷载的基本组合时的 $F=7560\text{kN}$,$M=0$,$H=0$,承台自重及其以上土的自重标准值 $G_k=240\text{kN}$。试问,承台承载力计算时,承台的最大弯矩设计值 M(kN·m),最接近于下列何项数值?

(A) 3780　　　(B) 4212　　　(C) 4398　　　(D) 4536

【题 30】 现有下述几类建筑物的桩基:

① 35 层的建筑桩基
② 大面积的多层地下运动场的桩基
③ 摩擦型的桩基
④ 地基基础设计等级为丙级的建筑物桩基

试问,下列何项应全部进行桩基沉降计算?

提示: 按《建筑地基基础设计规范》GB 50007—2011 作答。

(A) ①③　　　(B) ②③　　　(C) ①②③　　　(D) ①③④

【题 31~33】 有一钢筋混凝土双柱联合梯形基础,其上部结构传至基础顶面处相应于荷载标准组合时的组合值:A 柱竖向力为 F_{ak},B 柱竖向力为 F_{bk}。基础及基础上土的平均重度为 20kN/m^3。A 柱、B 柱的横截面尺寸依次分别为 300mm×300mm、400mm×400mm。地基各土层的有关物理特性指标,地基承载力特征值 f_{ak} 及地下水位等,均如图 1-18 所示。

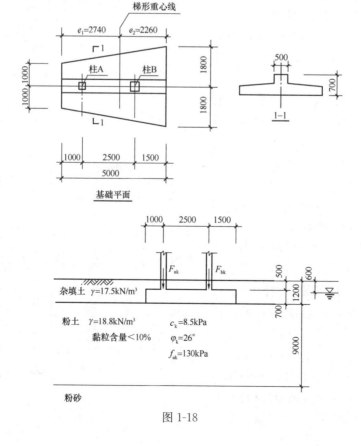

图 1-18

基础底面面积 $A=14\text{m}^2$，其抵抗矩分别为 $W_1=10.355\text{m}^3$、$W_2=12.554\text{m}^3$。

31. 试问，修正后的基底地基承载力特征值 f_a（kPa），最接近下列何项数值？

提示：地基承载力修正时，基础宽度可取其平均值。

(A) 143.1　　　　(B) 147.5　　　　(C) 150.1　　　　(D) 154.5

32. 假定 $F_{ak}=525.21\text{kN}$，$F_{bk}=1202.46\text{kN}$，相应于荷载标准组合时，当计算基础底面压力 p_k 时，其偏心距 e（mm），最接近下列何项情况？

(A) $e=0$　　(B) $0<e<833\text{mm}$　　(C) $e=833\text{mm}$　　(D) $e>833\text{mm}$

33. 假定 $F_{ak}=400\text{kN}$，$F_{bk}=1500\text{kN}$，相应于荷载标准组合时，试问，基础底面边缘最大压力值 $P_{k\max}$（kPa），最接近下列何项数值？

(A) 181　　　　(B) 189　　　　(C) 198　　　　(D) 206

【题 34～37】 某山区工程，如图 1-19 所示，场平设计地面标高±0.000m 比现状地面高 7m，需进行大面积填土回填至场平设计地面标高。

34. 采用振动碾压法分层对填土压实，填土采用粉质黏土，相对密度 $d_s=2.71$，最优含水量 $w_{op}=20\%$，填土分层施工分层检验，在距±0.000 以下 2m 处 A 点，取样检测粉质黏土干密度为 1.52t/m^3。试问，A 点的压实系数 λ_c 与下列何项数值最为接近？

(A) 0.90　　　　　　　　　　　(B) 0.94
(C) 0.95　　　　　　　　　　　(D) 0.96

35. 假定，采用先填土再大面积强夯处理，要求强夯后场地标高尽量接近±0.000，并要求整个填土深度范围得到有效加固，填料采用粉质黏土。单击夯机能 $E=4000\text{kN}\cdot\text{m}$ 时，强夯有效加固深度 6.9m，平均夯沉量 1.2m。试问，试夯设计选用夯机设备时，按《建筑地基处理技术规范》JGJ 79—2012 预估的设备应具备的最小单击夯机能 E（kN·m），与下列何项数值最为接近？

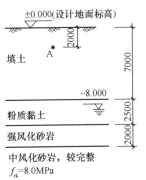

图 1-19

(A) 4000　　　　　　　　　　(B) 5000
(C) 6000　　　　　　　　　　(D) 8000

36. 假定，以抛填开山碎石混合粉质黏土处理地基，填土层松散，填土上建单层仓库，其柱基拟用一柱一桩的混凝土灌注柱，桩直径 800mm，桩顶标高－2.000m，以中风化层为持力层，桩嵌入持力层 1200mm，泥浆护壁成柱后注浆。试问，根据岩土单轴抗压强度估算单桩竖向极限承载力标准值时，单桩嵌岩段总极限阻力标准值 Q_{rk}（kN），与下列何项数值最为接近？

(A) 2800　　　　(B) 4200　　　　(C) 5000　　　　(D) 5500

37. 条件同问题 36，单层仓库采用填土地平，桩基础周围存在 20kPa 的大面积堆载。新近填土重度为 18kN/m^3。负摩阻力系数 $\xi_{nl}=0.35$，正摩阻力标准值 $q_{slk}=40\text{kPa}$。试问，依据《建筑桩基技术规范》JGJ 94—2008，估算单桩在填土层中承受的负摩阻力产生的下拉荷载标准值 Q_{gk}^n（kN），与下列何项数值最为接近？

(A) 300　　　　(B) 350　　　　(C) 450　　　　(D) 500

【题 38～40】 某一建于抗震设防区的高层现浇钢筋混凝土框架-剪力墙结构，其平、立面示意图如图 1-20 所示，属于对风荷载比较敏感的高层建筑。其 50 年重现期的基本风

压 $w_0=0.6\text{kN/m}^2$，100年重现期的基本风压 $w_0=0.7\text{kN/m}^2$；地面粗糙度为C类。该建筑物质量和刚度沿高度分布比较均匀，基本自振周期 $T_1=1.5\text{s}$。设计使用年限为50年。

提示： 按《工程结构通用规范》GB 55001—2021作答。

38. 假定已知风荷载体型系数为 μ_s，风振系数 $\beta_z=1.5$，试问，按承载能力设计时，屋顶处垂直于建筑物表面的风荷载标准值 w_k（kN/m^2），与下列何项数值最为接近？

(A) $1.267\mu_s$ (B) $1.384\mu_s$
(C) $1.514\mu_s$ (D) $1.578\mu_s$

39. 假定屋顶处风荷载标准值 $w_k=1.20\mu_s$，且在顶层层高3.5m范围内 w_k 均近似取顶部值计算，试问，作用在顶层总的风荷载标准值 F_k（kN），最接近下列何项数值？

(A) 264.6   (B) 285.6
(C) 304.6   (D) 306.6

40. 该建筑物顶部围护结构设计时，试问，沿图示风向在内弧迎风面顶部的风荷载标准值 w_k（kN/m^2），与下列何项数值最为接近？

(A) 1.20   (B) 1.31   (C) 1.51   (D) 1.66

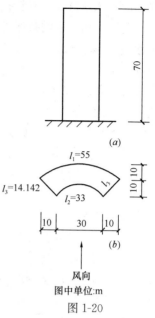

图 1-20
(a) 立面示意图；(b) 平面示意图

【题41】 拟建于8度区Ⅱ类场地上的高度为72m的钢筋混凝土框架-剪力墙结构，其平面布置有四个方案，各平面示意如图1-21所示（长度单位：m），该建筑竖向体型无变化。试问，如果仅从结构布置方面考虑，其中哪一个方案相对比较合理？

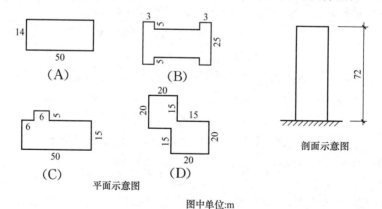

图 1-21

【题42～44】 某一建于7度抗震设防烈度区的10层钢筋混凝土框架结构，抗震设防类别为丙类，设计地震分组为第一组，设计基本地震加速度为 $0.15g$，场地类别为Ⅱ类。非承重填充墙采用砖墙，墙体较少，周期折减系数为0.7，底层层高6m，楼层屈服强度系数 ξ_y 为0.45，结构基本自振周期 $T_1=1.0\text{s}$，阻尼比取0.05。

42. 试问，当计算罕遇地震作用时，该结构的水平地震影响系数 α_1，与下列何项数值最为接近？

(A) 0.220　　　(B) 0.282　　　(C) 0.435　　　(D) 0.302

43. 假定该框架底层屈服强度系数是相邻上层该系数的 0.55 倍，底层各柱轴压比均大于 0.5，且不考虑重力二阶效应及结构稳定方面的影响，试问，在罕遇地震作用下按弹性分析的层间位移 Δu_e 的最大值（mm），接近下列何值时才能满足《高层建筑混凝土结构技术规程》中对结构薄弱层（部位）层间弹性位移的要求？

提示：底层在罕遇地震作用下的弹塑性变形，可按《高层建筑混凝土结构技术规程》中的简化计算法计算。

(A) 44.6　　　(B) 63.2　　　(C) 98.6　　　(D) 1.20

44. 假定由计算分析得知，该框架结构底层弹性等效侧向刚度 $D_1 = 15\sum_{j=1}^{10} G_j/h_1$。试问，在罕遇地震作用下，底层考虑重力二阶效应的层间弹塑性位移 $\Delta u'_p$，与未考虑重力二阶效应的层间弹塑性位移 Δu_p 之比，最接近下列何项数值？

(A) 0.5　　　(B) 0.833　　　(C) 1.07　　　(D) 1.20

【题 45～47】 某 12 层办公楼为现浇钢筋混凝土框架-剪力墙结构，如图 1-22 所示，建

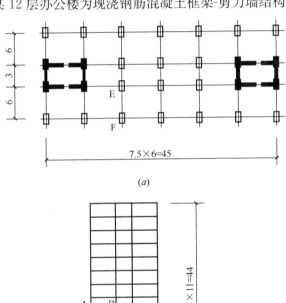

图中长度单位：m

图 1-22

(a) 平面示意图；(b) 剖面示意图

于抗震设防烈度 8 度区,抗震设防类别丙类,设计地震分组为第一组,场地类别Ⅱ类,填充墙为轻质墙。结构等效总重力荷载代表值 $G_{eq}=112000\text{kN}$;在规定的水平力作用下,结构总地震倾覆力矩 $M=2.2\times10^5\text{kN·m}$,其中底层剪力墙部分承受的地震倾覆力矩 $M_w=9.9\times10^4\text{kN·m}$。

45. 第四层框架梁 AB 在某一荷载组合中 B 端弯矩标准值为:

由永久荷载产生 $M_{GK}=-85\text{kN·m}$;由风荷载产生 $M_{wK}=\pm20\text{kN·m}$;

由楼面活载产生 $M_{PK}=-34\text{kN·m}$;由水平地震作用产生 $M_{EhK}=\pm48\text{kN·m}$;

梁端负弯矩调幅 10%。试问,当考虑有地震作用组合时,该梁 B 端最大组合负弯矩设计值 M_B(kN·m),与下列何项数值最为接近?

提示:按《建筑与市政工程抗震通用规范》GB 55002—2021 作答。

(A) -122 (B) -156
(C) -173 (D) -187

46. 假定中柱 E 采用 C40 混凝土,$f_c=19.1\text{N/mm}^2$,剪跨比 $\lambda>2$,配一般(非井字)复合箍筋;一层柱底地震作用组合的轴压力设计值 $N=3300\text{kN}$。试问,柱 E 截面的最小尺寸(mm×mm),应为下列何项数值时才满足规程的构造要求?

(A) 450×450 (B) 450×500
(C) 500×500 (D) 500×550

47. 假定边柱 F 采用 C40 混凝土,$f_c=19.1\text{N/mm}^2$;剪跨比 $\lambda>2$,一层柱底地震作用最大组合的轴压力设计值 $N=2500\text{kN}$,柱截面尺寸按功能要求采用 400mm×450mm。试问,关于沿柱全高箍筋最小配箍特征值 λ_v,下述何项符合规程规定的最低要求?

(A) 配普通箍,$\lambda_v=0.185$
(B) 配一般(非井字)复合箍,$\lambda_v=0.2$
(C) 全部配井字复合箍,箍筋间距不大于 100mm,肢距不大于 200mm,直径不小于 12mm,$\lambda_v=0.185$
(D) 全部配井字复合箍,箍筋间距不大于 100mm,肢距不大于 200mm,直径不小于 12mm,$\lambda_v=0.2$

【题 48】 某建于抗震设防烈度 7 度区带有裙房的高层建筑,如图 1-23 所示。地基土比较均匀,中等压缩性,采用筏形基础。

假定不考虑偶然偏心,按水平地震作用效应的标准组合时主楼基底轴向力 $N_k=210000\text{kN}$,试问,沿有裙楼方向(沿 x 方向)地震作用效应的标准组合弯矩值(kN·m),不宜超过下列何项数值?

提示:裙房与主楼可分开考虑。

(A) 2.1×10^5 (B) 10.5×10^5
(C) 4.5×10^5 (D) 7.0×10^5

【题 49】 试问,下列关于高层建筑结构设计的几种观点,其中哪一种相对准确?

(A) 当结构的设计水平力较小时,结构刚度可只满足规范、规程水平位移限值要求

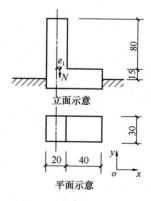

立面示意

平面示意

图中长度单位:m
图 1-23

(B) 进行水平力作用下结构内力、位移计算时应考虑重力二阶效应

(C) 正常设计的高层钢筋混凝土框架结构上下层刚度变化时，相邻上下两层的楼层剪力、层间位移比，应满足下式：$\left(\dfrac{V_i}{\Delta_i}\right)\bigg/\left(\dfrac{V_{i+1}}{\Delta_{i+1}}\right)\geqslant 0.7$

(D) 为避免结构扭转刚度过弱，结构扭转为主的第一自振周期应与平动为主的第一自振周期尽可能接近

【题50】 某高层钢框架结构房屋，抗震等级为三级。某一根框架梁采用焊接H形截面H500×200×10×16，采用Q235钢，该框架梁的拼接时，其全截面采用高强度螺栓连接，已知 $I_w=8542\times 10^4 \text{mm}^4$，$I_f=37481\times 10^4 \text{mm}^4$。试问，在弹性设计时，其计算截面的腹板弯矩设计值 M_w（kN·m），至少应为下列何项？

提示：拼接处弯矩较小。

(A) 12 (B) 15 (C) 18 (D) 21

实战训练试题（二）

（上午卷）

【题 1、2】 有一建造于 II 类场地上的钢筋混凝土多层框架结构房屋，抗震等级为二级，其中某柱的轴压比为 0.6，混凝土强度等级为 C30，箍筋采用 HRB335，纵向受力钢筋的保护层厚度取 30mm，剪跨比 $=2.1$，柱断面尺寸及配筋形式如图 2-1 所示。

1. 试问，下列何项箍筋的配筋最接近于加密区最小体积配筋率的要求？
   (A) $\Phi 8@100$　　(B) $\Phi 8@80$　　(C) $\Phi 10@80$　　(D) $\Phi 10@100$

2. 当该柱为角柱且其纵向受力钢筋采用 HRB400 钢筋时，下列何项配筋截面面积（mm^2）最接近规范要求的全部纵向受力钢筋最小配筋率的要求？
   (A) 6400　　(B) 6080　　(C) 5760　　(D) 5300

【题 3、4】 一钢筋混凝土 T 形截面简支梁，截面尺寸如图 2-2 所示，混凝土强度等级为 C35，纵筋采用 HRB400 级钢筋，箍筋采用 HPB300 级钢筋，已知腹板受扭塑性抵抗矩 $W_{tw}=1.46×10^7 mm^3$，受压翼缘受扭塑性抵抗矩 $W'_{tf}=1.75×10^6 mm^3$。安全等级为二级。

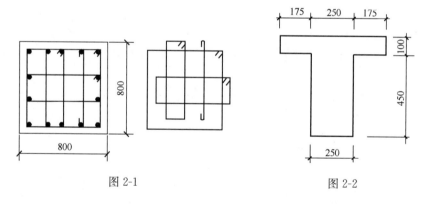

图 2-1　　　　　　　　　图 2-2

3. 假定该梁为纯扭构件，且受压翼缘承受的扭矩设计值 $T'_f=1.6 kN·m$，$\zeta=1.0$，箍筋间距 $s=100mm$，纵向受力钢筋混凝土保护层厚度 30mm。试问，受压翼缘所需的抗扭箍筋单肢截面面积的计算值（mm^2）与下列何项数值最为接近？
   (A) 17　　(B) 25　　(C) 30　　(D) 45

4. 假定该梁作用一集中荷载，且已知腹板承受的剪力设计值 $V=106.2 kN$，剪跨比 $\lambda=2.4$，$\beta_t=1.1$，箍筋间距 $s=100mm$，$a_s=a'_s=35mm$，腹板抗扭所需的箍筋单肢截面面积 $A_{st1}=22.5 mm^2$，试问，箍筋为双肢箍时，腹板按剪扭构件计算时所需的箍筋单肢截面面积（mm^2）与下列何项数值最为接近？
   (A) 28　　(B) 34　　(C) 42　　(D) 52

【题 5~8】 某商场内一钢筋混凝土刚架，如图 2-3 所示，混凝土强度等级为 C40，横

梁断面 $b \times h = 200\text{mm} \times 550\text{mm}$，柱断面为 $450\text{mm} \times 450\text{mm}$，纵筋采用 HRB400，箍筋采用 HPB300，g_k 为楼面传来的恒载标准值，q_k 为楼面传来的活荷载标准值，梁自重不计。

提示：按《工程结构通用规范》GB 55001—2021 作答。

5. 假定 $g_k = q_k = 35\text{kN/m}$，箍筋间距 $s = 150\text{mm}$，取 $a_s = a'_s = 35\text{mm}$，试问，计算所需的 BC 段梁根部箍筋截面面积（mm^2）与下列何项数值最为接近？

(A) 74　　　(B) 82　　　(C) 115　　　(D) 130

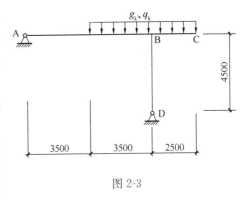

图 2-3

6. 悬挑梁 BC 上部受力纵筋为 4 根直径 20mm，$\psi = 0.726$，$\sigma_{sq} = 246\text{N/mm}^2$，$c_s = 30\text{mm}$，$\rho_{te} = 0.019$，试问，悬挑梁根部最大裂缝宽度（mm），与下列何项数值最为接近？

(A) 0.343　　　(B) 0.313　　　(C) 0.240　　　(D) 0.216

7. 假定根据计算，悬挑梁 BC 梁底部配置 2 根直径 18mm 的受压钢筋，若已知混凝土相对受压区高度 $\xi = 0.166$，$a_s = a'_s = 40\text{mm}$，$\xi_b = 0.518$，试问，当考虑受压钢筋作用时，上部的受拉钢筋截面面积（mm^2），应与下列何项数值最为接近？

(A) 1080　　　(B) 1410　　　(C) 1590　　　(D) 2190

8. 假定刚架采用预应力混凝土，悬挑梁 BC 的短期刚度 $B_s = 5.2 \times 10^{13} \text{N} \cdot \text{mm}^2$，$g = 32\text{N/m}$，$q = 36\text{kN/m}$，梁中无受压普通钢筋。试问，该悬挑梁进行挠度验算时所采用的刚度 B（$\text{N} \cdot \text{mm}^2$），应与下列何项数值最为接近？

(A) 2.6×10^{13}　　　(B) 3.0×10^{13}　　　(C) 3.6×10^{13}　　　(D) 4.8×10^{13}

【题 9】 下列关于钢筋与混凝土之间的粘结锚固承载力的见解，其中何项是错误的？

(A) 变形钢筋突出的肋与混凝土的机械咬合作用显著地提高了粘结锚固力

(B) 在抗震设计时，若纵向受力钢筋实际配筋面积大于其设计计算面积时，其锚固长度可乘以设计计算面积与实际配筋面积的比值

(C) 适当加大锚固区混凝土保护层的厚度，可以提高对锚固钢筋的握裹作用

(D) 不配置箍筋的锚筋，当保护层的厚度不是很大时，因外围混凝土容易产生纵向劈裂，从而削弱锚固作用

【题 10】 某既有多层钢筋混凝土框架结构房屋，抗震设防烈度为 7 度（0.10g），该建筑属于 C 类建筑。经抗震鉴定，该建筑需要进行抗震加固。首层某根框架柱，其截面尺寸为 $500\text{mm} \times 500\text{mm}$，柱净高为 4200mm，混凝土强度等级为 C25（$f_{tk} = 1.78\text{N/mm}^2$），箍筋采用 HPB235（$f_{yv} = 210\text{N/mm}^2$，$f_{yvk} = 235\text{N/mm}^2$），柱端加密区箍筋配置为 $\phi 8@100$。在地震组合下的内力设计值为：弯矩 $M = 605\text{kN} \cdot \text{m}$，剪力 $V = 312\text{kN}$，轴压力 $N = 1100\text{kN}$。

拟采用钢构套加固，对该柱柱端的斜截面进行抗震受剪承载力计算。扁钢采用 Q235 钢（抗拉屈服强度取 235N/mm^2，抗拉设计强度取 215N/mm^2）。扁钢缀板的间距为 200mm。按楼层综合抗震能力指数设计。

提示：① 按《建筑抗震加固技术规程》JGJ 116—2009 作答。

② $h_0=450$mm，$\lambda=4.2$，$0.3f_{ck}A=1252$kN。

试问，扁钢缀板截面尺寸 b (mm) $\times t$ (mm)，下列何项满足规程要求，并且最经济合理？

(A) 40×2　　　(B) 40×3　　　(C) 40×4　　　(D) 40×5

【题 11～17】 根据甲方要求，为了扩大职工就餐面积，需要在现有一个不需要抗震设防的单层单跨的职工食堂内，增建一底层层高为 3.5m 的全钢结构夹层，夹层四周与原结构脱开。假定该夹层的楼板基层采用花纹钢铺板，其上再做 50mm 厚的面层；钢铺板下吊顶。楼面恒载与楼面活荷载标准值分别取 2.0kN/m² 和 2.5kN/m²（其中恒载包括钢梁自重在内）。结构钢材为 Q235，焊接使用 E43 型电焊条。其结构平面布置如图 2-4 所示。

提示：按《工程结构通用规范》GB 55001—2021 作答。

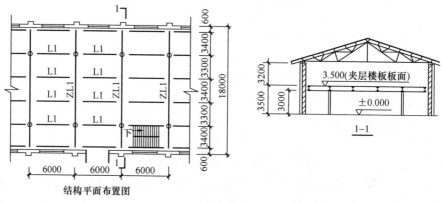

图 2-4

11. 楼板采用有肋钢铺板（肋，其作用相当于垂直于次梁 L1 的小次梁），肋间距 $a=600$mm，假定钢铺板的弯矩按 $M=0.1qa^2$ 计算（其中，q 近似取包括钢梁自重在内的楼面荷载设计值）。截面塑性发展系数 $\gamma_x=1$。当仅考虑满足强度要求时，试问，其板厚 t (mm)，应与下列何项数值接近？

提示：不考虑构造要求。

(A) 2.5　　　(B) 3.0　　　(C) 4.0　　　(D) 5.0

12. 钢铺板的肋间距同题 11，假定钢铺板的竖向位移按 $w=0.11\dfrac{q_k a^4}{Et^3}$ 计算（其中，q_k 近似取单位宽度 1mm 包括钢梁自重在内的荷载的标准组合下楼面线荷载值），为满足 $\dfrac{w}{l}\leqslant\dfrac{1}{150}$ 的挠度要求，试问，其板厚 t (mm)，应与下列何项数值接近？

(A) 4.0　　　(B) 4.5　　　(C) 5.0　　　(D) 6.0

13. 假定次梁 L1 的截面选用焊接 H 形截面 H350×175×4.5×6，其截面惯性矩 $I_x=7661\times10^4$mm⁴，截面抵抗矩 $W_x=437.8\times10^3$mm³。梁的自重已包括在楼面恒载内。试问，次梁进行抗弯强度验算时，其最大弯曲应力计算值 (N/mm²)，应与下列何项数值相近？

(A) 184　　　(B) 194　　　(C) 204　　　(D) 219

14. 设次梁 L1 与主梁 ZL1 的连接如图 2-5 所示,采用 10.9 级 M16 的高强度螺栓摩擦型连接,连接处的钢材表面为抛丸(喷砂),采用标准圆孔。梁端剪力设计值为 $V=75\text{kN}$。考虑到由于连接偏心的不利影响,将其剪力乘以 1.2～1.3 倍,本题取 1.3 倍。试问,其螺栓数应与下列何项数值相近?

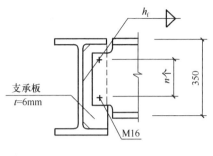

图 2-5

(A) 2 个　　　　(B) 3 个
(C) 4 个　　　　(D) 5 个

15. 设计条件同题 14,如将 10.9 级 M16 的高强度螺栓的摩擦型连接,改为承压型连接,且剪切面在螺纹处,试问,其螺栓数应与下列何项数值相近?

提示:①次梁 L1(焊接 H 型钢)腹板厚 4.5mm;
②M16 螺栓螺纹处有效截面面积 $A_e=156.7\text{mm}^2$。

(A) 2 个　　(B) 3 个　　(C) 4 个　　(D) 5 个

16. 主梁 ZL1 采用焊接 H 形截面 H450×250×8×12,其截面惯性矩 $I_x=33940\times10^4\text{mm}^4$,截面抵抗矩 $W_x=1510\times10^3\text{mm}^3$,截面面积矩 $S_x=838\times10^3\text{mm}^3$。设作用在主梁上的集中恒载设计值为 $G_1=27.4\text{kN}$,$G_2=51.1\text{kN}$;集中活载设计值为 $P_1=35.7\text{kN}$,$P_2=70.4\text{kN}$,为简化计算,梁的自重略去不计。其计算简图如图 2-6 所示。试问,梁进行抗弯强度验算时,其跨中最大弯曲应力计算值(N/mm^2),应与下列何项数值相近?

提示:截面等级满足 S3 级。

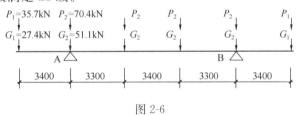

图 2-6

(A) 184　　(B) 194　　(C) 204　　(D) 214

17. 假定柱的轴压力设计值为 320kN,截面为 ϕ194×5 的无缝钢管,其截面面积 $A=29.69\times10^2\text{mm}^2$,回转半径 $i=66.8\text{mm}$。柱底标高为 -0.150m,与基础顶面刚接。柱顶标高为 3.000m,柱顶与主梁为铰接。试问,柱按实腹式轴心受压构件的稳定性计算时,以应力形式表达的稳定性计算值(N/mm^2),与下列何项数值最为接近?

(A) 108　　(B) 182
(C) 161　　(D) 175

【题 18～20】某单跨双坡门式刚架钢厂房,位于 7 度(0.10g)抗震设防烈度区,刚架跨度 18m,高度为 7.5m,屋面坡度为 1∶10,如图 2-7 所示。主刚架采用 Q235 钢。屋面及墙面采用压型钢板。柱大端截面:H700×200×5×8,小端截面 H300×200×5×8,焊接、翼缘均为焰切边。梁大端截面:H700×180

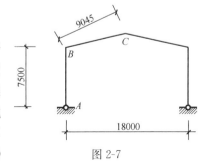

图 2-7

×5×8，小端截面：H400×180×5×8。梁、柱截面特性见表2-1。

梁柱截面特性 表2-1

截面		A (mm²)	I_x (mm⁴)	i_x (mm)	W_x (mm³)	I_y (mm⁴)	i_y (mm)	W_y (mm⁴)
柱	大端	6620	5.1645×10⁸	279.13	1.475×10⁶	1.067×10⁷	40.154	1.067×10⁵
	小端	4620	7.773×10⁷	129.75	5.1848×10⁵	1.067×10⁷	48.057	1.067×10⁵
梁	大端	6300	4.7814×10⁸	—	—	7.776×10⁶	—	—
	小端	4800	1.3425×10⁸	—	—	7.776×10⁶	—	—

经内力分析得到，主刚架柱AB的强度计算的控制内力设计值由荷载的基本组合控制，即：A点$M=0$，$N=86$kN；B点$M=120$kN·m，$N=80$kN；柱剪力$V=30$kN。

提示：按《门式刚架轻型房屋钢结构技术规范》GB 51022—2015作答。

18. 试问，柱AB在刚架平面内的计算长度l_{0x}（m），与下列何项数值最接近？

提示：$K_z=1.233\times10^5 E$。

(A) 22　　　　(B) 24　　　　(C) 26　　　　(D) 28

19. 假定，柱AB腹板设置横向加劲肋，其间距a为板幅范围内的大端截面腹板高度的3倍，柱AB靠近B点的第一区格的小端截面为H588×200×5×8。考虑腹板屈曲后强度，柱AB靠近B点的第一区格的受剪承载力设计值V_d（kN），与下列何项数值最接近？

提示：$\chi_{tap}=0.85$；$h_{w0}t_w f_v=358$kN。

(A) 250　　　　(B) 210　　　　(C) 180　　　　(D) 150

20. 题目条件同题19，已知$V_d=200$kN，柱AB的B点处在弯矩、剪力和轴力共同作用下进行强度计算，其最大压应力设计值（N/mm²），与下列何项数值最接近？

提示：$\sigma_1=91.6$N/mm²，$\sigma_2=-67.4$N/mm²，$\beta=-0.74$。

(A) 115　　　　(B) 105　　　　(C) 95　　　　(D) 85

【题21～23】　某砌体结构局部平面尺寸如图2-8所示，采用装配式钢筋混凝土楼（屋）盖，首层室内为刚性地坪。室内地面标高±0.000，基础顶面标高－1.100m，底层

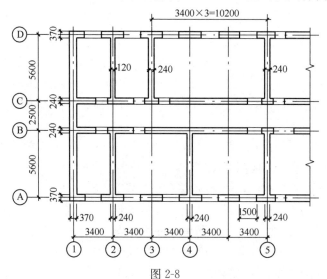

图2-8

层高 3.40m，室内外高差 600mm。隔断墙厚为 120mm，墙高 3.00m。墙体采用 MU10 烧结普通砖、M7.5 混合砂浆砌筑；±0.000 以下采用 M7.5 水泥砂浆。隔断墙采用 M5 砂浆砌筑。房屋底层的下端支点位置，取在室外地面下 500mm 处。

21. 首层外墙窗洞高度为 900mm。假定该楼正在施工，且砂浆尚未硬化，试确定底层Ⓐ轴线上的②⑤轴线间外纵墙的 $\mu_1\mu_2[\beta]$ 值，与下列何项数值最为接近？

(A) 10　　　(B) 12　　　(C) 14　　　(D) 17

22. 假定，首层④轴横墙除在纵横墙交接部位设置构造柱外，尚在该墙段中部增设钢筋混凝土构造柱（240mm×240mm），试问，该横墙 $\mu_1\mu_2[\beta]$ 值最接近于下列何项数值？

(A) 27.10　　　　　　　　(B) 29.35

(C) 33.54　　　　　　　　(D) 36.88

23. 若该砌体房屋为四层，抗震设防烈度为 7 度，场地类别为Ⅱ类，设计地震分组为第一组。结构地震作用简图示于图 2-9，$G_1=4900$kN，$G_2=G_3=4500$kN，$G_4=3400$kN。当采用底部剪力法计算，在多遇地震下，结构总水平地震作用标准值 F_{Ek}（kN），与下列何项数值最为接近？

(A) 1387.2　　　　　　　(B) 1176.4

(C) 1022.4　　　　　　　(D) 869.0

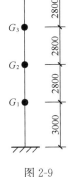

图 2-9

【题 24】 某 6m 跨度梁支座支点，如图 2-10 所示。砌体采用 MU10 烧结普通砖和 M7.5 混合砂浆砌筑，砌体施工质量控制等级为 B 级，钢筋混凝土梁 $b×h=250$mm×600mm，梁端实际支承长度 $a=240$mm。试问，梁端支承处砌体的局部受压承载力设计值（$\eta\gamma f A_l$）（kN），与下列何项数值最为接近？

(A) 80.5　　　(B) 85.2　　　(C) 98.7　　　(D) 106.2

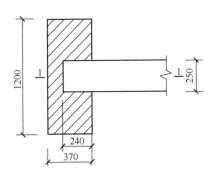 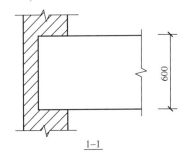

图 2-10

【题 25】 某轴心受压的木柱采用西南云杉（TC15B）原木制成，柱长 4.0m，两端铰接，在露天环境下使用，设计使用年限为 25 年，取 $\gamma_0=1.0$。柱中部直径 $d_1=210$mm，有一螺栓孔穿过截面中间，孔径 $d_2=24$mm。试问，按稳定验算时，该木柱能承受的最大轴压力设计值 N（kN），与下列何项数值最为接近？

(A) 140　　　(B) 155　　　(C) 165　　　(D) 200

（下午卷）

【题 26、27】 某柱下独立锥形基础，基础尺寸见图 2-11。垂直于力矩作用方向的基础底

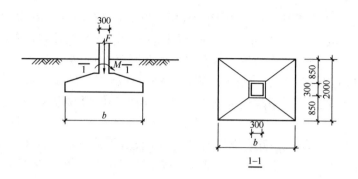

图 2-11

面边长为 2m,力矩作用方向的基础边长为 b。相应于荷载标准组合时,上部结构柱传至基础顶面的竖向力 F_k 为 500kN,基础自重及其上土重之和 G_k 为 100kN,作用于基底的竖向荷载偏心距 $e=0.2b$,基底反力的合力作用点至基础底面最大压力边缘的距离 a 为 1.0m。

26. 试问,相应于荷载标准组合时,基础底面边缘的最大压力 p_{kmax} (kPa),与下列何项数值最为接近?

(A) 150　　　　(B) 160　　　　(C) 180　　　　(D) 200

27. 试问,力矩作用方向的基础边长 b (m),与下列何项数值最为接近?

(A) 3.33　　　(B) 3.45　　　(C) 3.50　　　(D) 3.55

【题 28～30】 某建筑物的地基基础设计等级为乙级,采用柱下桩基,工程桩采用泥浆护壁钻孔灌注桩,桩径 d 为 650mm。相应于荷载标准组合时,由上部结构传至基础顶面的竖向力 F_k 为 10000kN,力矩 M_{xk} 为 0,M_{yk} 为 1200kN·m;相应于荷载基本组合时,由上部结构传至基础顶面的竖向力 F 为 13000kN,力矩 M_x 为 0,M_y 为 1560kN·m。基础及其上土的加权平均重度为 20kN/m³,承台及方柱的尺寸、桩的布置以及各土层的地质情况见图 2-12。

提示:根据《建筑桩基技术规范》JGJ 94—2008 作答。

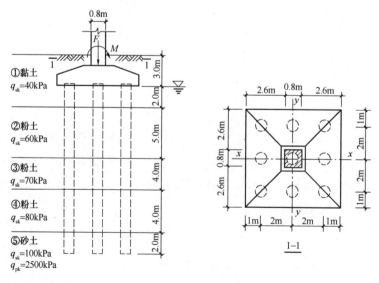

图 2-12

28. 按单桩承载力验算桩数时，试问，在偏心竖向力作用下，承受较大压力一侧基桩的竖向力 N_{ik}（kN），与下列何项数值最为接近？

(A) 1010　　　(B) 1210　　　(C) 1250　　　(D) 1450

29. 验算承台受柱冲切承载力时，假定由柱边至四周桩顶内边缘形成的冲切破坏锥体与承台底面的夹角大于 45°。试问，该冲切破坏锥体上相应于荷载基本组合的冲切力设计值 F_l（kN），与下列何项数值最为接近？

(A) 6730　　　(B) 8890　　　(C) 11560　　　(D) 13720

30. 试问，桩基承台受弯计算时的最大弯矩设计值 M_{max}（kN·m），与下列何项数值最为接近？

(A) 5300　　　(B) 5800　　　(C) 6500　　　(D) 7600

【题 31】　某工程采用水泥土搅拌桩处理地基，桩长 $l=12$m，复合土层的压缩模量为 18MPa，搅拌桩复合土层顶面的附加压力值为 100kPa，复合土层底面的附加压力值为 50kPa。试问，当按单向分层压缩法时，水泥搅拌桩复合土层的压缩变形 s（mm），与下列何项数值最为接近？

提示：沉降计算经验系数 $\psi_{sp}=0.6$。

(A) 20　　　(B) 30　　　(C) 50　　　(D) 60

【题 32】　某浅埋低承台桩基，承台底面上、下 2m 均为硬可塑黏性土，承台底面下 2~10m 深度范围内存在液化土层。试问，在下列有关该桩基抗震验算的一些见解中，其中何项是不恰当的？

(A) 对本工程不宜计入承台周围土的抗力或刚性地坪对水平地震作用的分担作用

(B) 地震作用按水平地震影响系数最大值的 10% 采用，单桩承载力特征值可比非抗震设计时提高 25%，扣除液化土层的全部摩阻力

(C) 桩承受全部地震作用，单桩承载力特征值可比非抗震设计时提高 25%，液化土的桩周摩阻力及桩水平抗力均应乘以土层液化影响折减系数

(D) 打入式的群桩，一定条件下可以计入打桩对土的加密作用及桩身对液化土变形限制的有利影响

【题 33】　某钢筋混凝土筏形基础，基础尺寸、埋深及地基条件如图 2-13 所示。计算土的自重应力时，基础底面以上土的加权平均重度为 10kN/m³；淤泥质黏土层为软弱下卧层。已知淤泥质黏土层顶面经深度修正后的地基承载力特征值 f_{az} 为 130kPa，试问，相应于荷载标准组合时，基础底面处的平均压力值 p_k（kPa），必须小于下列何项数值才能满足软弱下卧层的强度要求？

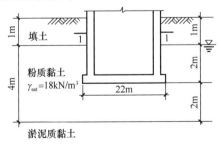
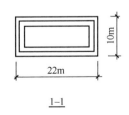

图 2-13

(A) 64　　　　(B) 84　　　　(C) 94　　　　(D) 114

【题 34～37】　某安全等级为二级的办公楼，框架柱截面尺寸 $b \times h = 1250\text{mm} \times 1000\text{mm}$。如图 2-14 所示，柱下设 8 桩承台基础，采用预应力高强混凝土管桩 PHC 管桩，外径 600mm，壁厚 110mm，桩长 30m，设计为摩擦桩。承台及其上覆土的加权平均重度 $\gamma_G = 20\text{kN/m}^3$，地下水位标高 -4.000m。不考虑抗震。

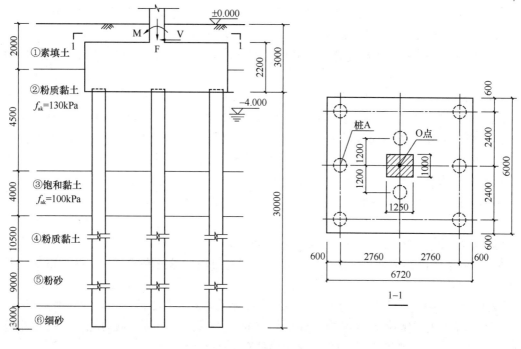

图 2-14

34. 假定，现场进行三根试桩，竖向极限承载力标准值分别为 3400kN、3700kN、3800kN。取承台效应系数 $\eta = 0.13$，试问，考虑承台效应的基桩竖向承载力特征值 R（kN），与下列何项数值作为接近？

(A) 1800　　　　(B) 1900　　　　(C) 2000　　　　(D) 2100

35. 假定，采用等效作用分层总和法计算桩基承台中部 O 点沉降，已知 $C_0 = 0.041$、$C_1 = 1.66$、$C_2 = 10.14$。试问，计算沉降过程中的参数 s_a/d 和 ψ_e，与下列何项数值最为接近？

(A) 3.25，0.2　　(B) 3.75，0.17　　(C) 3.25，0.17　　(D) 3.75，0.2

36. 假定，桩 A 为废桩，在荷载标准组合下，上部结构传至承台顶面的内力设计值：$F_k = 10500\text{kN}$，$M_k = 360\text{kN} \cdot \text{m}$，$V_k = 0\text{kN}$。按七桩承台核算，基桩承受的最大压力标准值 N_{kmax}（kN），与下列何项数值最为接近？

提示：不考虑承台及其覆土偏心的影响。

(A) 1800　　　　(B) 2000　　　　(C) 2200　　　　(D) 2400

37. 假设由于桩 A 为废桩，桩基承载力不足需要补桩，待补桩型可采用：灌注桩、PHC 桩（按部分挤土桩考虑）。试问，下列补桩方案哪一项不符合《建筑桩基技术规范》JGJ 94—2008 要求？

(A) O 点向桩 A 向 1750mm，补直径 700mm 灌注桩

(B) O 点向桩 A 向 1750mm，补原规格 PHC 桩

(C) O 点向桩 A 向 1300mm，补原规格 PHC 桩

(D) O 点向桩 A 向 2000mm，补原规格 PHC 桩

【题 38】 某建筑的主楼为钢筋混凝土框架-剪力墙结构，地上高度 $H_1=58$m，地下 1 层；其裙楼部分为钢筋混凝土框架结构，地上高度 $H_2=15$m，地下 1 层，如图 2-15 所示；地下室顶板为上部结构的嵌固部位。主楼和裙楼均为丙类建筑，所在地区抗震设防烈度为 7 度，I_1 类场地。在规定的水平力作用下，主楼底层框架部分承受的地震倾覆力矩大于主楼结构总地震倾覆力矩的 50%、小于总地震倾覆力矩的 80%。试问，裙楼地下一层框架的抗震等级为下列何项时，满足规范、规程最低要求？

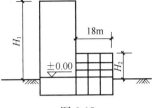

图 2-15

(A) 一级   (B) 二级   (C) 三级   (D) 四级

【题 39】 下列关于高层建筑混凝土结构在罕遇地震作用下薄弱层弹塑性变形验算的相关论述，其中何项不正确？

(A) 采用隔震和消能减震技术的建筑结构，应进行薄弱层弹塑性变形验算

(B) 采用弹塑性动力时程分析方法进行薄弱层验算时，应按建筑场地类别和所处地震动参数区划的特征周期选用不少于两组实际地震波和一组人工模拟的地震波的加速度时程曲线

(C) 进行高层建筑结构薄弱层弹塑性变形验算时，不需考虑重力二阶效应的不利影响

(D) 不超过 12 层且层刚度无突变的钢筋混凝土框架结构的薄弱层弹塑性变形计算，可采用规范规定的简化计算方法

【题 40~42】 某钢筋混凝土框架-剪力墙结构为一般办公楼，地下 1 层，地上 20 层，房屋高度为 74.4m。该楼位于有密集建筑群的城市市区。设计使用年限为 50 年。

提示：① 按《高层建筑混凝土结构技术规程》JGJ 3—2010 作答。

② 按《工程结构通用规范》GB 55001—2021 作答。

40. 若该结构质量和刚度分布存在明显的不对称、不均匀，该房屋在仅考虑 X 向水平地震作用（考虑扭转影响）时，底层某框架柱下端截面计算所得的 X 向地震弯矩标准值 $M_{xxk}=90$kN·m；在仅考虑 Y 向水平地震作用（考虑扭转影响）时，该柱下端截面计算所得的 X 向地震弯矩标准值 $M_{xyk}=70$kN·m。试问，该柱在双水平地震作用下考虑扭转影响的 X 向柱下端截面弯矩标准值 M_{xk}（kN·m），最接近于下列何项数值？

(A) 94   (B) 104   (C) 108   (D) 116

41. 假定该办公楼所处地区的基本风压 w_0 如下：重现期 $n=50$ 年时，$w_0=0.40$kN/m²；重现期 $n=100$ 年时，$w_0=0.55$kN/m²。该办公楼结构基本自振周期 $T_1=1.5$s（已考虑非承重墙体的影响）。试问，当按承载力设计时，该建筑物屋顶处的风振系数 β_z，与下列何项数值最为接近？

提示：$B_z=0.45$。

(A) 1.43   (B) 1.62   (C) 1.71   (D) 1.87

42. 假定经计算求得某框架边跨梁端截面的负弯矩标准值（kN·m）如下：永久荷载产生的 $M_{Gk}=-40$；活荷载产生的 $M_{Qk}=-16$；风荷载产生的 $M_{wk}=-10$；水平地震作用

产生的$M_{Ehk}=-22$。试问，在计算该梁端纵向钢筋配筋时，所采用的梁端负弯矩设计值$M(kN \cdot m)$，与下列何项数值最为接近？

提示：①计算中不考虑竖向地震作用，不进行竖向荷载作用下梁端负弯矩的调幅。

②地震组合按《建筑与市政工程抗震通用规范》GB 55002—2021。

(A) -66 (B) -70 (C) -75 (D) -85

【题 43】 某28层钢筋混凝土框架-剪力墙结构，房屋高度为$H=93m$，屋面重力荷载设计值为7000kN，其余楼层的每层重力荷载设计值均为10000kN。若某主轴方向结构受到沿高度方向呈倒三角形分布的水平荷载作用，水平荷载的最大值位于结构顶点处，其标准值$q_k=100kN/m$。该主轴方向的弹性等效侧向刚度$EJ_d=5.485×10^9 kN \cdot m^2$。试问，在该荷载作用下，考虑重力二阶效应时结构顶点质心的水平位移（mm），与下列何项数值最为接近？

(A) 125   (B) 133   (C) 140   (D) 150

【题 44～46】 某7度抗震设防的高层钢筋混凝土框架结构，抗震等级为二级，地上10层，柱混凝土强度等级为C35（$f_c=16.7N/mm^2$，$f_t=1.57N/mm^2$）。

44. 首层某边柱的截面尺寸为$600mm×600mm$，柱顶梁截面尺寸均为$300mm×600mm$。考虑地震作用组合时，按规程调整后的该柱上、下端相同时针方向截面组合的弯矩设计值（为较大值）分别为$M_c^t=1000kN \cdot m$、$M_c^b=1225kN \cdot m$，柱轴力设计值$N=1905kN$（受压），柱剪力计算值为$V=425kN$，$H_n=5m$。试问，该柱的剪力设计值（kN），与下列何项数值最为接近？

(A) 425   (B) 505   (C) 534   (D) 580

45. 假定题44中所述的首层某边柱的剪力设计值为$V=545kN$，箍筋采用HPB300钢筋，柱纵向钢筋的$a_s=a_s'=40mm$，柱的剪跨比$\lambda=4.47$，其他条件同题74。试问，该柱斜截面受剪配筋面积$A_{sv}/s（mm^2/mm）$的最小计算值，与下列何项数值最为接近？

提示：①$\gamma_{RE}=0.85$。

②$\dfrac{1}{\gamma_{RE}}(0.2\beta_c f_c b h_0)=1320.3N>V$，柱截面满足相关规程的要求。

③$0.3f_c A_c=1803.6kN<N=1905kN$。

(A) 1.08   (B) 1.48   (C) 1.90   (D) 2.30

46. 该框架第五层中柱节点，其纵、横梁及柱截面尺寸如图2-16所示。抗震设计时，

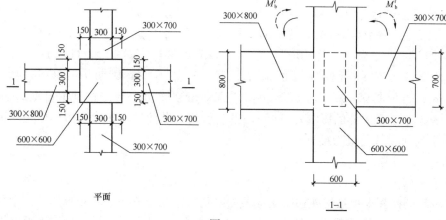

图 2-16

节点左右梁端相同时针方向组合的弯矩设计值之和$\sum M_b = 450$kN·m（为较大值）。节点上、下柱反弯点之间的距离$H_c=4.5$m。梁纵向钢筋的$a_s=a'_s=40$mm。试问，1-1剖面方向节点核心区组合的剪力设计值V_j（kN），与下列何项数值最为接近？

(A) 549　　　　(B) 602　　　　(C) 657　　　　(D) 745

【题 47～50】 某12层钢筋混凝土框架-剪力墙结构，每层层高均为4m，房屋高度为48.3m，质量和刚度沿高度分布比较均匀，丙类建筑，抗震设防烈度为7度。

47. 第八层楼面的某框架梁，其截面尺寸为$b \times h = 250\text{mm} \times 600\text{mm}$，混凝土强度等级为C30（$f_c = 14.3\text{N/mm}^2$，$f_t = 1.43\text{N/mm}^2$），纵向钢筋采用HRB400。梁端弯矩标准值如下：重力荷载代表值作用下$M_{GEK} = -70$kN·m；水平地震作用下$M_{EhK} = \pm 125$kN·m，风荷载作用下$M_{wK} = \pm 60$kN·m。试问，有地震作用组合时，该梁端截面较大纵向受拉钢筋截面面积A_s（mm²），选用下列何项数值最为合适？

提示：① $A_s = \dfrac{\gamma_{RE} M}{0.9 f_y h_0}$；$a_s = a'_s = 40$mm，$\rho_{min} = 0.31\%$。

② 按《建筑与市政工程抗震通用规范》GB 55002—2021作答。

(A) 1480　　　(B) 1380　　　(C) 1100　　　(D) 1000

48. 假定剪力墙抗震等级为一级，其底层墙肢底截面的轴压比为0.40。第三层有一剪力墙墙肢截面如图2-17所示，该墙肢轴压比为0.32，按一级抗震等级采取抗震构造措施。图中所示剪力墙的边缘构件中阴影部分面积（A_c）按相关规程规定的最低构造要求确定，试问，该边缘构件阴影部分面积（A_c）中的纵向钢筋截面面积A_s（mm²），选用下列何项数值最为合适？

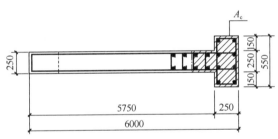

图2-17　（图中所注尺寸均以mm计）

(A) 2140　　　(B) 2250　　　(C) 2570　　　(D) 2700

49. 某中间层剪力墙开洞后形成的连梁，其截面尺寸为$b_b \times h_b = 250\text{mm} \times 800\text{mm}$，连梁净跨$l_n = 2600$mm。假定连梁抗震等级为二级，连梁有地震作用组合时的支座弯矩设计值（逆时针为正方向）如下：组合工况一：左端$M^l_b = -180$kN·m，右端$M^r_b = -240$kN·m；组合工况二：左端$M^l_b = 300$kN·m，右端$M^r_b = 150$kN·m。在重力荷载代表值作用下，按简支梁计算的梁端剪力设计值为$V_{Gb} = 120$kN，试问，该连梁的剪力设计值（kN）与下列何项数值最为接近？

(A) 300　　　　(B) 310　　　　(C) 328　　　　(D) 345

50. 题49中所述的连梁，假定其有地震作用组合时的剪力设计值为$V_b = 610$kN，混凝土强度等级为C35（$f_t = 1.57$N/mm²），箍筋采用HPB300级，连梁的截面尺寸及净跨同题49。试问，该连梁的梁端箍筋A_{sv}/s（mm²/mm）的最小计算值，与下列何项数值最为接近?

提示: ①计算时,连梁纵筋的 $a_s=a'_s=40\text{mm}$, $\dfrac{1}{\gamma_{RE}}(0.20\beta_c f_c b_b h_{b0})=746.6\text{kN}$。
②箍筋配置满足规范、规程规定的构造要求。

(A) 1.48　　　(B) 1.75　　　(C) 1.92　　　(D) 2.19

实战训练试题（三）

（上午卷）

【题 1、2】 某六层现浇钢筋混凝土框架结构，平面布置如图 3-1 所示，其抗震设防烈度为 8 度，Ⅱ类建筑场地，丙类建筑，梁、柱混凝土强度等级均为 C30，基础顶面至首层楼盖顶面的高度为 5.2m，其余各层层高均为 3.2m。

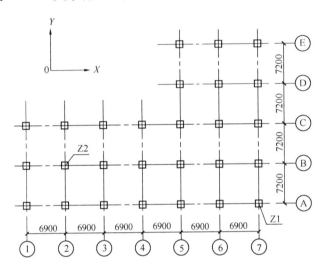

图 3-1

1. 各楼层 Y 方向的水平地震剪力 V_i 与层间平均位移 Δu_i 之比（$K=V_i/\Delta u_i$）如表 3-1 所示。试问，下列有关结构规则性的判断，其中何项正确？

提示：按《建筑抗震设计规范》作答，仅考虑 Y 方向。

地震剪力与层间平均位移之比　　　　　　　　　　表 3-1

楼层号	1	2	3	4	5	6
$K=V_i/\Delta u_i$ (N/mm)	6.39×10^5	9.16×10^5	8.02×10^5	8.01×10^5	8.11×10^5	7.77×10^5

(A) 平面规则，竖向不规则　　(B) 平面不规则，竖向不规则
(C) 平面不规则，竖向规则　　(D) 平面规则，竖向规则

2. 框架柱 Z1 底层断面及配筋形式如图 3-2 所示，箍筋的混凝土保护层厚度 $c=20$mm，其底层有地震作用组合的轴力设计值 $N=2570$kN，箍筋采用 HPB300 级钢筋。试问，下列何项箍筋配置比较合适？

(A) ϕ8@100/200　　(B) ϕ8@100
(C) ϕ10@100/200　　(D) ϕ10@100

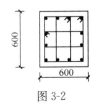

图 3-2

【题 3、4】 某钢筋混凝土连续深梁如图 3-3 所示，混凝土强度等级为 C30，纵向钢筋采用 HRB400 级，竖向及水平分布钢筋采用 HPB300 级。设计使用年限为 50 年，结构安全等级为二级。

提示： 计算跨度 $l_0 = 6.9$m。

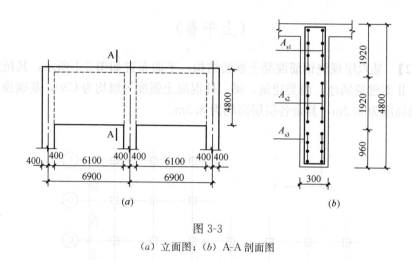

图 3-3
(a) 立面图；(b) A-A 剖面图

3. 假定计算出的中间支座截面纵向受拉钢筋截面面积 $A_s = 3000\text{mm}^2$。试问，下列何项钢筋配置比较合适？

(A) A_{s1}：$2 \times 11 \oplus 10$；A_{s2}：$2 \times 11 \oplus 10$
(B) A_{s1}：$2 \times 8 \oplus 12$；A_{s2}：$2 \times 8 \oplus 12$
(C) A_{s1}：$2 \times 10 \oplus 12$；A_{s2}：$2 \times 10 \oplus 8$
(D) A_{s1}：$2 \times 10 \oplus 8$；A_{s2}：$2 \times 10 \oplus 12$

4. 支座截面按荷载的标准组合计算的剪力值 $V_k = 1000$kN，当要求该深梁不出现斜裂缝时，试问，下列关于竖向分布钢筋的配置，其中何项符合规范要求的最小配筋？

(A) φ8@200   (B) φ10@200
(C) φ10@150   (D) φ12@200

【题 5、6】 某二层钢筋混凝土框架结构如图 3-4 所示，框架梁刚度 $EI = \infty$，建筑场地类别Ⅲ类，抗震设防烈度 8 度，设计地震分组第一组，设计基本地震加速度值 0.2g，阻尼比 $\zeta = 0.05$。

5. 已知第一、二振型周期 $T_1 = 1.1$s，$T_2 = 0.35$s，在多遇地震作用下对应第一、二振型地震影响系数 α_1、α_2，与下列何项数值最为接近？

(A) 0.07；0.16   (B) 0.07；0.12
(C) 0.08；0.12   (D) 0.16；0.17

6. 当用振型分解反应谱法计算时，相应于第一、二振型水平地震作用下剪力标准值如图 3-5 所示，其相邻振型的周期比为 0.80。试问，顶层柱顶弯矩标准值 M（kN·m），与下列何项数值最为接近？

(A) 37   (B) 52   (C) 74   (D) 83

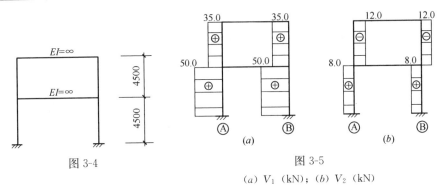

图 3-4

图 3-5

(a) V_1 (kN); (b) V_2 (kN)

【题 7~8】 某办公建筑采用钢筋混凝土叠合梁，施工阶段不加支撑，其计算简图和截面尺寸如图 3-6 所示。已知预制构件混凝土强度等级为 C30，叠合部分混凝土强度等级为 C30，纵筋采用 HRB400 级钢筋，箍筋采用 HPB300 级钢筋。第一阶段预制梁承担的恒荷载标准值 $q_{1Gk}=15$kN/m，活荷载标准值 $q_{1Qk}=18$kN/m；第二阶段叠合梁承担的由面层、吊顶等产生的新增恒荷载标准值 $q_{2Gk}=12$kN/m，活荷载标准值 $q_{2Qk}=20$kN/m，其准永久值组合系数为 0.5。$a_s=a'_s=40$mm。设计使用年限为 50 年，结构安全等级为二级。

提示： 按《工程结构通用规范》GB 55001—2021 作答。

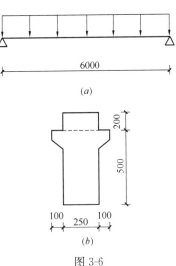

图 3-6

(a) 计算简图；(b) 剖面图

7. 当箍筋配置为 φ8@150（双肢箍）时，试问，该叠合梁支座截面剪力设计值与叠合面受剪承载力的比值，与下列何项数值最为接近？

(A) 0.40　　(B) 0.47　　(C) 0.51　　(D) 0.65

8. 当叠合梁纵向受拉钢筋配置 4Φ22 时（$A_s=1520$mm²），试问，当不考虑受压钢筋作用时，其纵向受拉钢筋在第二阶段荷载准永久组合下的弯矩值 M_{2q} 作用下产生的应力增量（N/mm²），与下列何项数值最为接近？

提示： 预制构件正截面受弯承载力设计值 $M_{1u}=190$kN·m，$M_{1Gk}=67.5$kN·m。

(A) 98　　(B) 123　　(C) 141　　(D) 151

【题 9、10】 某一设有吊车的单层厂房柱（屋盖为刚性屋盖），上柱长 $H_u=3.6$m，下柱长 $H_l=11.5$m，上、下柱的截面尺寸如图 3-7 所示，对称配筋，$a_s=a'_s=40$mm，混凝土强度等级 C25，纵向受力钢筋采用 HRB400 级钢筋，当考虑横向水平地震作用组合时，在排架方向一阶弹性分析的内力组合的最不利设计值为：上柱 $M=$

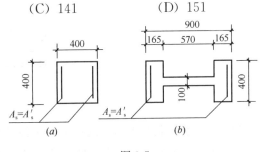

图 3-7

(a) 上柱截面；(b) 下柱截面

100.0 kN·m，$N=200$kN，下柱 $M=760$kN·m，$N=1400$kN。

9. 上柱在排架方向考虑二阶效应影响的弯矩增大系数 η_s，与下列何项数值最为接近？

提示：$\xi_c=1.0$。

(A) 1.15 (B) 1.26 (C) 1.66 (D) 1.82

10. 若该柱的下柱考虑二阶效应影响的弯矩增大系数 $\eta_s=1.25$，取 $\gamma_{RE}=0.80$，经计算知受压区高度 $x=120$mm，当采用对称配筋时，该下柱的最小纵向钢筋截面面积 A_s'（mm²）的计算值，与下列何项最接近？

(A) 2800 (B) 3000 (C) 3200 (D) 3500

【题 11~14】 某皮带运输通廊为钢平台结构，采用钢支架支承平台，固定支架未示出。钢材采用 Q235B 钢，焊接使用 E43 型焊条，焊接工字钢，翼缘为焰切边，平面布置及构件如图 3-8 所示。图中长度单位为"mm"。

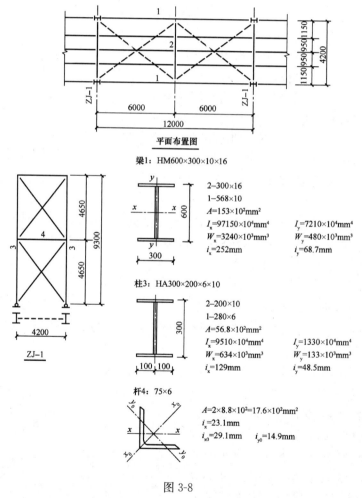

图 3-8

11. 梁 1 的荷载基本组合的最大弯矩设计值 $M_{max}=538.3$kN·m，考虑截面削弱，取 $W_{nx}=0.9W_x$。试问，强度计算时，梁 1 最大弯曲应力设计值（N/mm²），与下列何项数值最为接近？

(A) 158 (B) 166 (C) 176 (D) 185

12. 条件同题 11。平台采用钢格栅板，设置水平支撑保证上翼缘平面外稳定。试问，整体稳定验算时，梁 1 最大弯曲应力设计值（N/mm²），与下列何项数值最为接近？

提示：梁的整体稳定系数 φ_b 采用近似公式计算。

(A) 176　　　　(B) 185　　　　(C) 193　　　　(D) 204

13. 梁 1 的静力计算简图如图 3-9 所示，荷载均为标准值：梁 2 传来的永久荷载 $G_k=20\text{kN}$，可变荷载 $Q_k=80\text{kN}$，永久荷载 $g_k=2.5\text{kN/m}$（含梁的自重），可变荷载 $q_k=1.8\text{kN/m}$。试问，梁 1 的最大挠度与其跨度的比值，与下列何项数值最为接近？

(A) 1/505　　　(B) 1/438　　　(C) 1/376　　　(D) 1/329

14. 假定钢支架 ZJ-1 与平台梁和基础均为铰接，此时支架单肢柱上的轴心压力设计值为 $N=520\text{kN}$。试问，当作为轴心受压构件进行稳定性验算时，支架单肢柱上的最大压应力设计值（N/mm²），与下列何项数值最为接近？

(A) 114　　　　(B) 127　　　　(C) 158　　　　(D) 162

【题 15、16】 某工业钢平台主梁，采用焊接工字形断面，如图 3-10 所示，$I_x=41579\times10^6\text{mm}^4$，Q345B 钢制造，由于长度超长，需在现场拼装。采用标准圆孔。

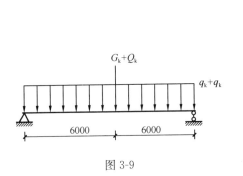

图 3-9

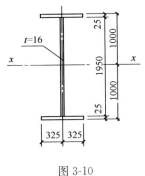

图 3-10

15. 主梁腹板拟在工地用 10.9 级高强度螺栓摩擦型进行双面拼接，采用标准孔，如图 3-11 所示。连接处构件接触面处理方法为喷硬质石英砂，拼接处梁的弯矩设计值 $M_x=6000\text{kN}\cdot\text{m}$，剪力设计值 $V=1400\text{kN}$。试问，主梁腹板拼接采用的高强度螺栓摩擦型，应按下列何项选用？

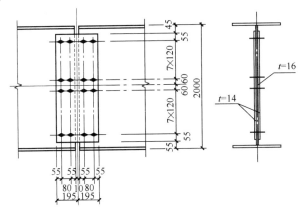

图 3-11

提示： 弯矩设计值引起的单个螺栓水平方向最大剪力 $N_v^M = M_{腹} y_{max}/(2\sum y_i^2) = 142.2 \text{kN}$。

(A) M16 (B) M20 (C) M22 (D) M24

16. 主梁翼缘拟在工地用 10.9 级 M24 高强度螺栓摩擦型进行双面拼接，采用标准孔，如图3-12所示，螺栓孔径 $d_0 = 26\text{mm}$。设计按等强度原则，连接处构件接触面处理方法为喷硬质石英砂。试问，在拼接头一端，主梁上翼缘拼接所需的高强度螺栓数量（个），与下列何项数值最为接近？

(A) 12 (B) 18 (C) 24 (D) 30

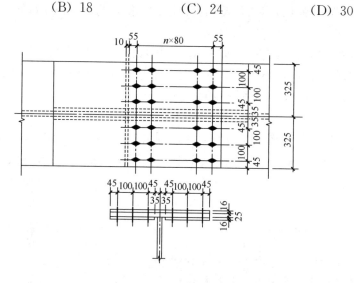

图 3-12

【题 17～20】 在混凝土厂房内用工字形钢制造刚架搭建一个不直接承受动力荷载的工作平台。钢材用 Q235B，刚架横梁的一端与混凝土柱铰接（刚架可不考虑侧移）；其计算简图、梁柱的截面特性及弯矩设计值计算结果如图 3-13 所示，荷载值均为设计值。

提示： 柱间有垂直支撑，A、B 点可作为 AB 柱的侧向支承点。

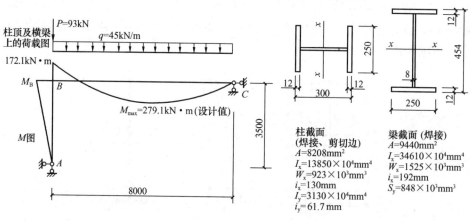

图 3-13

17. 对横梁进行验算时，假定其中的轴心力略去不计，则 BC 段抗弯强度的最大应力 （N/mm^2），与下列何项数值最接近？

(A) 166.5　　　　(B) 174.3　　　　(C) 183.0　　　　(D) 196.3

18. 对横梁进行抗剪强度验算时，B 点截面上最大剪应力（N/mm²）为下列何项？

(A) 61.7　　　　(B) 55.1　　　　(C) 48.5　　　　(D) 68.3

19. 柱 AB 在刚架平面内的计算长度（m），与下列何项数值最接近？

(A) 11.20　　　　(B) 3.50　　　　(C) 3.05　　　　(D) 2.94

20. 已知柱 AB 的压力设计值 $N_{AB}=294.5\text{kN}$，柱截面等级满足 S3 级。对柱 AB 进行弯矩作用平面外的整体稳定性计算时，试问，其最大压应力（N/mm²），与下列何项数值最为接近？

提示：φ_b 用近似公式计算；$\beta_{tx}=0.65$。

(A) 170.7　　　　(B) 181.2　　　　(C) 192.8　　　　(D) 204.3

【题 21、22】 某无吊车单层单跨库房，跨度为 7m，无柱间支撑，房屋的静定计算方案为弹性方案，其中间榀排架立面如图 3-14 所示。柱截面尺寸为 400mm×600mm，采用 MU10 单排孔混凝土小型空心砌块、Mb7.5 混合砂浆对孔砌筑，砌块的孔洞率为 40%，采用 Cb20 灌孔混凝土灌孔，灌孔率为 100%，并且满足构造要求。砌体施工质量控制等级为 B 级。结构安全等级为二级。

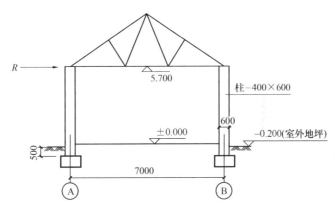

图 3-14

21. 试问，柱砌体的抗压强度设计值 f_g（MPa），应与下列何项数值最为接近？

(A) 3.30　　　　(B) 3.50　　　　(C) 4.20　　　　(D) 4.70

22. 假设屋架为刚性杆，其两端与柱铰接。在排架方向由风荷载产生的每榀柱顶水平集中力设计值 $R=3.5\text{kN}$，重力荷载作用下柱底反力设计值 $N=83\text{kN}$。试问，柱受压承载力中 $\varphi f_g A$ 的 φ 值，应与下列何项数值最为接近？

提示：不考虑柱本身受到的风荷载。

(A) 0.29　　　　(B) 0.31　　　　(C) 0.34　　　　(D) 0.37

【题 23】 某底层框架-抗震墙砌体房屋，底层结构平面布置如图 3-15 所示，柱高度 $H=4.2\text{m}$。框架柱截面尺寸均为 500mm×500mm，各框架柱的横向侧向刚度 $K=2.5\times10^4\text{kN/m}$，各横向钢筋混凝土抗震墙的侧向刚度 $K=330\times10^4\text{kN/m}$（包括端柱）。

若底层顶的横向水平地震倾覆力矩标准值 $M_1=3350\text{kN·m}$，试问，由横向水平地震倾覆力矩引起的框架柱 KZ1 附加轴向力标准值（kN），应与下列何项数值最为接近？

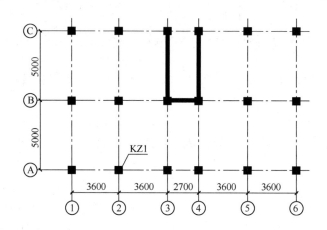

图 3-15

提示：按《建筑抗震设计规范》解答。
(A) 10　　　　(B) 20　　　　(C) 30　　　　(D) 40

【题24】某既有砌体结构房屋采用烧结普通砖墙承重，抗震设防烈度为 8 度 (0.20g)，房屋布置如图 3-16 所示，每层结构布置相同，层高均为 3.6m，墙厚均为 240mm。经检测鉴定，首层砌体砖评定为 MU7.5，砂浆评定为 M2.5，综合抗震能力不足，需进行抗震加固。采用现浇钢筋混凝土板墙加固，首层墙体在 Y 向仅加固墙 A 和墙 B，板墙混凝土强度等级为 C20，厚度 40mm，钢筋网规格按竖向钢筋Φ10@200，横向钢筋按Φ6@200，双面加固。试问，加固后首层 Y 向的楼层抗震能力增强系数，与下列何项数值最为接近？

提示：按《建筑抗震加固技术规程》JGJ 116—2009 作答。

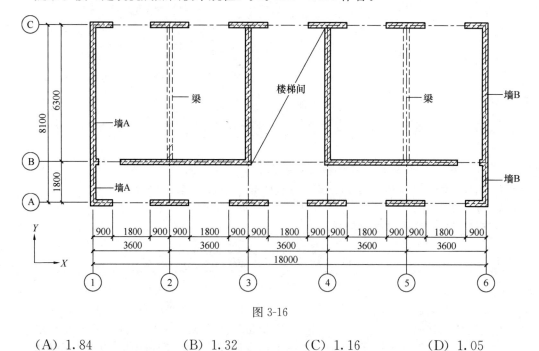

图 3-16

(A) 1.84　　　　(B) 1.32　　　　(C) 1.16　　　　(D) 1.05

【题25】某木屋架，其几何尺寸及杆件编号如图 3-17 所示，处于正常环境，设计使用年限为25年，$\gamma_0=0.95$。木构件选用西北云杉 TC11A 制作。

若该屋架为原木屋架，杆件 D1 未经切削，轴心压力设计值 $N=144$kN，其中，恒载产生的压力占60%。试问，当按强度验算时，其设计最小截面直径（mm），应与下列何项数值最为接近？

(A) 90　　　　(B) 100
(C) 120　　　(D) 130

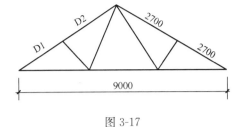

图 3-17

（下午卷）

【题26】 如图 3-18 所示某钢筋混凝土地下构筑物，结构物、基础底板及上覆土体的自重传至基底的压力值为 70kN/m²，现拟通过向下加厚结构物基础底板厚度的方法增加其抗浮稳定性及减小底板内力。忽略结构物四周土体约束对抗浮的有利作用，按照《建筑地基基础设计规范》GB 50007—2011，筏板厚度增加量最接近下列哪个选项的数值？（混凝土的重度取 25kN/m³）

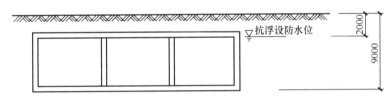

图 3-18

(A) 0.25m　　(B) 0.40m　　(C) 0.55m　　(D) 0.70m

【题27～29】 某多层钢筋混凝土框架结构带一层地下室，采用柱下锥形钢筋混凝土独立基础，基础底面平面尺寸 3.3m×3.3m，基础底绝对标高 60.000m，天然地面绝对标高 63.000m，设计室外地面绝对标高 65.000m，地下水位绝对标高为 60.000m，回填土在上部结构施工后完成，室内地面绝对标高 61.000m，基础及其上土的加权平均重度为 20kN/m³，地基土层分布及相关参数如图 3-19 所示。

提示：按《建筑结构可靠性设计统一标准》GB 50068—2018 作答。

27. 试问，柱 A 基础底面经修正后的地基承载力特征值 f_a（kPa）与下列何项数值最为接近？

(A) 270　　　(B) 350　　　(C) 440　　　(D) 600

28. 假定，柱 A 基础采用的混凝土强度等级为 C30（$f_t=1.43$N/mm²），基础冲切破坏锥体的有效高度 $h_0=750$mm。试问，图中虚线所示冲切面的受冲切承载力设计值（kN）与下列何项数值最为接近？

(A) 880　　　(B) 940　　　(C) 1000　　　(D) 1400

29. 假定，相应于荷载的基本组合时，柱 A 基础在图示单向偏心荷载作用下，基底边缘最小地基反力设计值为 40kPa，最大地基反力设计值为 300kPa。试问，柱与基础交接处截面Ⅰ-Ⅰ的最大弯矩设计值（kN·m）与下列何项数值最为接近？

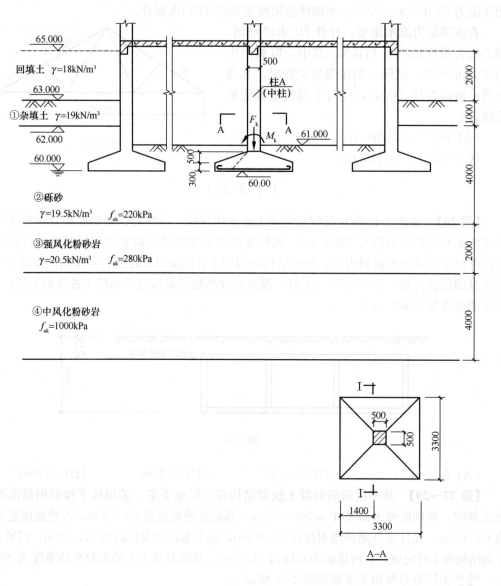

图 3-19

(A) 570　　　　(B) 590　　　　(C) 620　　　　(D) 660

【题 30、31】 某桩基工程采用泥浆护壁非挤土灌注桩，桩径 d 为 600mm，桩长 l 为 30m，灌注桩配筋、地基土层分布及相关参数情况如图 3-20 所示，第③层粉砂层为不液化土层，桩身配筋符合《建筑桩基技术规范》JGJ 94—2008 第 4.1.1 条灌注桩配筋的有关要求。

提示：按《建筑桩基技术规范》JGJ 94—2008 作答。

30. 已知，建筑物对水平位移不敏感。假定，进行单桩水平静载试验时，桩顶水平位移 6mm 时所对应的荷载为 75kN，桩顶水平位移 10mm 时所对应的荷载为 120kN。试问，单桩水平承载力特征值（kN），与下列何项数值最为接近？

(A) 60　　　　(B) 70　　　　(C) 80　　　　(D) 90

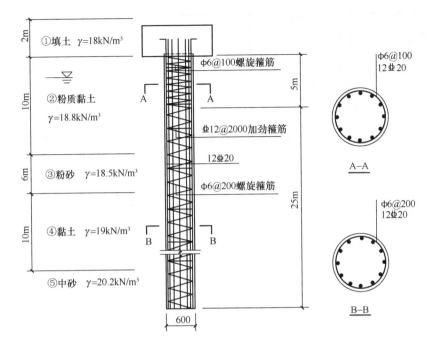

图 3-20

31. 已知，桩身混凝土强度等级为 C30（$f_c=14.3\text{N/mm}^2$），桩纵向钢筋采用 HRB400 级钢（$f'_y=360\text{N/mm}^2$），基桩成桩工艺系数 $\psi_c=0.7$。试问，在荷载的基本组合下，轴心受压灌注桩的正截面受压承载力设计值（kN），与下列何项数值最为接近？

(A) 3100　　　　　　　　　(B) 3400

(C) 3800　　　　　　　　　(D) 4050

【题 32～34】 某高层建筑地基基础设计等级为乙级，采用水泥粉煤灰碎石桩复合地基，基础为梁板式筏基，长 44.8m，宽 14m，桩径 400mm，桩长 8m，桩孔按等边三角形均匀布置于基底范围内，孔中心距为 1.5m，褥垫层底面处由永久作用标准值产生的平均压力值为 280kN/m²，由可变作用标准值产生的平均压力值为 100kN/m²，可变作用的准永久值系数取 0.4，地基土层分布，厚度及相关参数，如图 3-21 所示。

32. 试问，计算地基变形时，对应于所采用的荷载组合，褥垫层底面处的附加压力值（kPa），与下列何项数值最为接近？

(A) 185　　(B) 235　　(C) 285　　(D) 320

33. 假定，该梁板式筏形基础，如图 3-22 所示柱网尺寸为 8.7m×8.7m，柱横截面为 1450mm×1450mm，柱下为交叉基础梁，梁宽为 450mm，荷载的基本组合下地基净反力为 400kPa，设梁板式筏基的底板厚度为 1000mm，$a_s=70$mm，按《建筑地基基础设计规范》GB 50007—2011 计算距基础梁边缘 h_0（板的有效高度）处底板斜截面所承受剪力设计值 V_s（kN），最接近下列何项数值？

(A) 4100　　(B) 5500　　(C) 6200　　(D) 6500

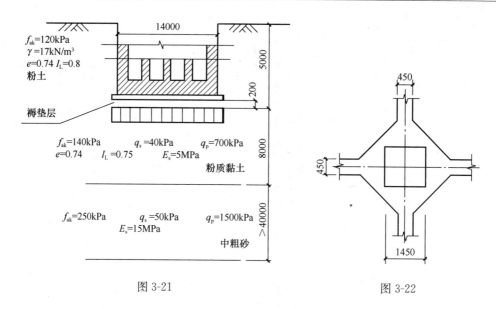

图 3-21

图 3-22

34. 题目条件同题 33，筏板混凝土强度等级为 C35（$f_t=1.57\text{N/mm}^2$），试问，该筏板区格底板斜截面受剪承载力设计值（kN），最接近下列何项数值？

(A) 5.6×10^3 (B) 6.0×10^3 (C) 7.3×10^3 (D) 8.2×10^3

【题 35、36】 某单层地下车库建于岩石地基上，采用岩石锚杆基础。柱网尺寸 8.4m×8.4m，中间柱截面尺寸 600mm×600mm，地下水位位于自然地面以下 1m，图 3-23 为中间柱的基础示意图。

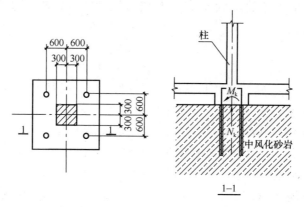

图 3-23

35. 相应于作用的标准组合时，作用在中间柱承台底面的竖向力总和为 −600kN（方向向上，已综合考虑地下水浮力、基础自重及上部结构传至柱基的轴力）；作用在基础底面形心的力矩值 M_{xk}、M_{yk} 均为 100kN·m。试问，相应于作用的标准组合时，单根锚杆承受的最大拔力值 $N_{t\max}$（kN），与下列何项数值最为接近？

(A) 125   (B) 167   (C) 233   (D) 270

36. 假定相应于作用的标准组合时，单根锚杆承担的最大拔力值 $N_{t\max}$ 为 170kN，锚杆孔直径为 150mm，锚杆采用 HRB335 级钢筋，直径为 32mm，锚杆孔灌浆采用 M30 水泥砂浆，砂浆与岩石间的粘结强度特征值为 0.42MPa，试问，锚杆最小有效锚固长度 l

(m)，与下列何项数值最为接近?
(A) 1.0　　　　(B) 1.1　　　　(C) 1.2　　　　(D) 1.3

【题37】 某场地的钻孔资料的剪切波速测试结果见表3-2，按照《建筑抗震设计规范》GB 50011—2010 确定的场地覆盖层厚度和计算得出的土层等效剪切波速 v_{se}，与下列何项最为接近？

波速测试结果　　　　　　　　　　　　表3-2

土层序号	土层名称	层底深度（m）	剪切波速（m/s）
①	粉质黏土	2.5	160
②	粉细砂	7.0	200
③-1	残积土	10.5	260
③-2	孤石	12.0	700
③-3	残积土	15.0	420
④	强风化基岩	20.0	550
⑤	中风化基岩		

(A) 10.5m，200m/s　　　　(B) 13.5m，225m/s
(C) 15.0m，235m/s　　　　(D) 15.0m，250m/s

【题38、39】 某10层钢筋混凝土框架-剪力墙结构如图3-24所示，质量和刚度沿竖向分布均匀，建筑高度为38.8m，丙类建筑，抗震设防烈度为8度，设计基本地震加速度0.30g。Ⅲ类场地，设计地震分组为第一组，风荷载不控制设计。在规定的水平力作用下，框架部分承受的地震倾覆力矩

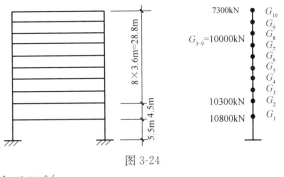

图3-24

大于结构总地震倾覆力矩的10%并且不大于50%。

38. 各楼层重力荷载代表值 G_i 如图：$G_E = \sum_{i=1}^{10} G_i = 98400 \text{kN}$，折减后结构基本自振周期 $T_1 = 0.885\text{s}$。试问，当多遇地震按底部剪力法计算时，所求得的结构底部总水平地震作用标准值（kN），与下列何项数值最为接近？
(A) 7300　　(B) 8600　　(C) 10000　　(D) 11000

39. 中间楼层某柱截面尺寸为 800mm×800mm，C30 混凝土，纵向受力钢筋采用 HRB400 钢筋，仅配置 HPB300 级 φ10 井字复合箍筋，$a_s = a'_s = 50$mm；柱净高2.9m，弯矩反弯点位于柱高中部，试问，该柱的轴压比限值应与下列何项数值最为接近？
(A) 0.70　　(B) 0.75　　(C) 0.80　　(D) 0.85

【题40、41】 某10层钢筋混凝土框架结构，框架抗震等级为一级，框架梁、柱混凝土强度等级为 C30（$f_c = 14.3\text{N/mm}^2$）。

40. 某一榀框架，对应于水平地震作用标准值的首层框架柱总剪力 $V_f = 370$kN，该榀框架首层柱的抗推刚度总和 $\Sigma D_i = 123565$kN/m，其中柱 C_1 的抗推刚度 $D_{c1} =$

27506kN/m，其反弯点高度 $h_y=3.8$m，沿柱高范围设有水平力作用。试问，在水平地震作用下，采用 D 值法计算柱 C_1 的柱底弯矩标准值（kN·m），与下列何项数值最为接近？

(A) 220　　　　(B) 270　　　　(C) 320　　　　(D) 380

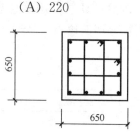

图 3-25

41. 该框架柱中某柱截面尺寸 650mm×650mm，剪跨比为 1.8，节点核心区上柱轴压比 0.45，下柱轴压比 0.60，柱纵筋直径 28mm，纵筋的混凝土保护层厚度为 30mm。节点核心区的箍筋配置，如图 3-25 所示，采用 HPB300 级（$f_{yv}=270$N/mm²），试问，满足规程构造要求的节点核心区箍筋体积配箍率的取值，与下列何项数值最为接近？

提示：按《高层建筑混凝土结构技术规程》JGJ 3—2010 解答。

(A) 0.93%　　(B) 1.0%　　(C) 1.1%　　(D) 1.2%

【题 42～47】某高层建筑采用 12 层钢筋混凝土框架-剪力墙结构，房屋高度 48m，抗震设防烈度 8 度，框架抗震等级为二级，剪力墙抗震等级为一级，混凝土强度等级：梁、板均为 C30；框架柱和剪力墙均为 C40（$f_t=1.71$N/mm²）。

42. 该结构中框架柱数量各层基本不变，对应于水平地震作用标准值，结构基底总剪力 $V_0=14000$kN，各层框架梁所承担的未经调整的地震总剪力中的最大值 $V_{f,\max}=2100$kN，某楼层框架承担的未经调整的地震总剪力 $V_f=1600$kN，该楼层某根柱调整前的柱底内力标准值：弯矩 $M=\pm283$kN·m，剪力 $V=\pm74.5$kN，试问，抗震设计时，水平地震作用下，该柱应采用的内力标准值，与下列何项数值最为接近？

提示：楼层剪重比满足规程关于楼层最小地震剪力系数（剪重比）的要求。

(A) $M=\pm283$kN·m，$V=\pm74.5$kN　　(B) $M=\pm380$kN·m，$V=\pm100$kN
(C) $M=\pm500$kN·m，$V=\pm130$kN　　(D) $M=\pm560$kN·m，$V=\pm150$kN

43. 该结构中某中柱的梁柱节点如图 3-26 所示，梁受压和受拉钢筋合力点到梁边缘的距离 $a_s=a_s'=60$mm，节点左侧梁端弯矩设计值 $M_b^l=474.3$kN·m，节点右侧梁端弯矩设计值 $M_b^r=260.8$kN·m，节点上、下柱反弯点之间的距离 $H_c=4150$mm。试问，该梁柱节点核心区截面沿 X 方向的地震作用组合剪力设计值（kN），与下列何项数值最为接近？

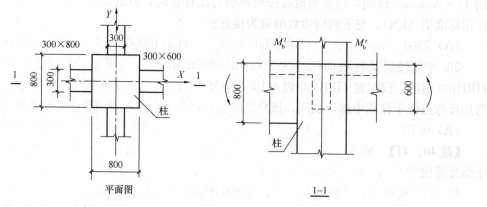

图 3-26

(A) 330　　　　(B) 370　　　　(C) 1140　　　　(D) 1270

44. 该结构首层某双肢剪力墙中的墙肢2在同一方向水平地震作用下，内力组合后墙肢1出现大偏心受拉，墙肢2在水平地震作用下的剪力标准值为500kN，若墙肢2在其他荷载作用下产生的剪力忽略不计，试问，考虑地震作用组合下经内力调整的墙肢2首层剪力设计值（kN），与下列何项数值最为接近？

提示：按《建筑与市政工程抗震通用规范》GB 55002—2021作答。

(A) 650　　　　(B) 800　　　　(C) 1000　　　　(D) 1400

45. 该结构中的某矩形截面剪力墙，墙厚250mm，墙长 $h_w=6500$mm，$h_{w0}=6200$mm，总高度48m，无洞口，距首层墙底 $0.5h_{w0}$ 处的截面，考虑地震作用组合未按有关规定调整的内力计算值 $M^c=21600$kN·m，$V^c=3240$kN，该截面考虑地震作用组合并按有关规定进行调整后的剪力设计值 $V=5184$kN，该截面的轴向压力设计值 $N=3840$kN，已知该剪力墙截面的剪力设计值小于规程规定的最大限值，水平分布钢筋采用 HRB335级（$f_{yh}=300$N/mm²），试问，根据受剪承载力要求计算所得的该截面水平分布钢筋 A_{sh}/s（mm²/mm），与下列何项数值最为接近？

提示：计算所需的 $\gamma_{RE}=0.85$，$A_w/A=1$，$0.2f_cb_wh_w=6207.5$kN。

(A) 1.8　　　　(B) 2.0　　　　(C) 2.6　　　　(D) 2.9

46. 条件同题45，该矩形截面剪力墙的轴压比为0.38，箍筋的混凝土保护层厚度为15mm，该边缘构件内规程要求配置纵向钢筋的最小范围（阴影部分）及其箍筋的配置如图3-27所示，试问，图中阴影部分的长度 a_c 和箍筋，应按下列何项选用？

提示：$l_c=1300$mm。

(A) $a_c=650$mm，箍筋Φ10@100（HRB335）
(B) $a_c=650$mm，箍筋Φ10@100（HRB400）
(C) $a_c=500$mm，箍筋Φ8@100（HRB335）
(D) $a_c=500$mm，箍筋Φ10@100（HRB400）

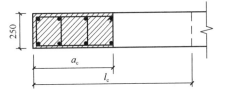

图3-27

47. 该结构中的连梁截面尺寸为300mm×700mm（$h_0=665$mm），净跨1500mm，根据作用在梁左、右两端的弯矩设计值 M_b^l、M_b^r 和由楼层梁竖向荷载产生的连梁剪力 V_{Gb}，已求得连梁的剪力设计值 $V_b=421.2$kN。连梁采用C40混凝土（$f_t=1.71$N/mm²），箍筋采用 HPB300级（$f_{yv}=270$N/mm²）。取承载力抗震调整系数 $\gamma_{RE}=0.85$。已知截面的剪力设计值小于规程的最大限值，其纵向钢筋直径均为25mm，梁端纵向钢筋配筋率小于2%，试问，连梁双肢箍筋的配置，应选下列何项？

(A) φ8@80
(B) φ10@100
(C) φ12@100
(D) φ14@150

[题48] 根据《建筑抗震设计规范》GB 50011—2010（2016年版）及《高层建筑混凝土结构技术规程》JGJ 3—2010，下列关于高层建筑混凝土结构抗震变形验算（弹性工作状态）的观点，哪一种相对准确？

(A) 结构楼层位移和层间位移控制值验算时，采用CQC的效应组合，位移计算时不考虑偶然偏心影响；扭转位移比计算时，不采用各振型位移的CQC组合计算，位移计算时考虑偶然偏心的影响

(B) 结构楼层位移和层间位移控制值验算以及扭转位移比计算时,均采用CQC的效应组合,位移计算时,均考虑偶然偏心影响

(C) 结构楼层位移和层间位移控制值验算以及扭转位移比计算时,均采用CQC的效应组合,位移计算时,均不考虑偶然偏心影响

(D) 结构楼层位移和层间位移控制值验算时,采用CQC的效应组合,位移计算时考虑偶然偏心影响;扭转位移比计算时,不采用CQC组合计算,位移计算时不考虑偶然偏心的影响

【题 49、50】 某高层钢框架结构位于8度抗震设防烈度区,抗震等级为三级,梁采用Q235钢、柱采用Q345钢。梁、柱均采用焊接工字形截面,如图3-28所示。经计算,地震作用组合下的顺时针方向的柱端的梁弯矩设计值分别为 $M_b^1 = 142 \text{kN} \cdot \text{m}$,$M_b^2 = 156 \text{kN} \cdot \text{m}$。柱的 $f_{yc} = 335 \text{N/mm}^2$。

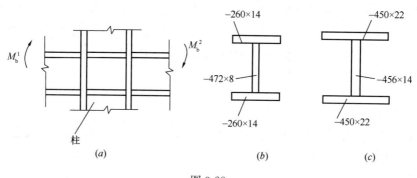

图 3-28
(a) 节点;(b) 梁;(c) 柱

提示:按《高层民用建筑钢结构技术规程》作答。

试问:

49. 该节点域的受剪承载力验算时,其剪应力值(N/mm²),与下列何项数值最接近?
(A) 80   (B) 90   (C) 100   (D) 110

50. 该节点域的屈服承载力验算时,其剪应力值(N/mm²),与下列何项数值最接近?
(A) 240   (B) 230   (C) 220   (D) 210

实战训练试题（四）

（上午卷）

【题 1~6】 某五层现浇钢筋混凝土框架结构多层办公楼，安全等级为二级，框架抗震等级为二级，其局部平面布置图与计算简图如图 4-1 所示。框架柱截面尺寸均为 $b \times h = 450\text{mm} \times 600\text{mm}$；框架梁截面尺寸均为 $b \times h = 300\text{mm} \times 550\text{mm}$，其自重为 4.5kN/m；次梁截面尺寸均为 $b \times h = 200\text{mm} \times 450\text{mm}$，其自重为 3.5kN/m；混凝土强度等级均为 C30，梁、柱纵向钢筋采用 HRB400 级钢筋，梁、柱箍筋采用 HPB300 级钢筋。2~5 层楼面永久荷载标准值为 5.5kN/m^2，可变荷载标准值为 2.5kN/m^2；屋面永久荷载标准值为 6.5kN/m^2，可变荷载标准值为 0.5kN/m^2；除屋面梁外，其他各层框架梁上均作用有均布永久线荷载，其标准值为 6.0kN/m。设计使用年限为 50 年。在计算以下各题时均不考虑梁、柱的尺寸效应影响，楼（屋）面永久荷载标准值已包括板自重、粉刷及吊顶等。

提示：按《工程结构通用规范》GB 55001—2021 作答。

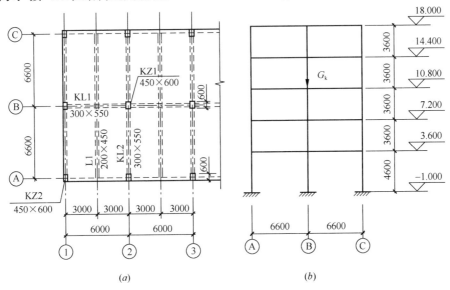

图 4-1
(a) 各层平面布置图；(b) 中间框架计算简图

1. 试问：在计算简图 18.000m 标高处，次梁 L1 作用在主梁 KL1 上的集中荷载设计值 F（kN），应与下列何项数值最为接近？

提示：① 当板长边/板短边＞2 时，按单向板竖向导荷。不考虑活荷载折减。
② 次梁 L1 在中间支座处的剪力系数为 0.625。

(A) 211   (B) 245   (C) 256   (D) 265

2. 当简化为平面框架进行内力分析时，仅考虑 10.800m 标高处 [见图 4-1（b）] 楼层的楼面荷载（包括作用在梁上的线荷载）传到框架柱 KZ1 上的竖向永久荷载标准值 G_k（kN），与下列何项数值最为接近？

(A) 280　　　　(B) 337　　　　(C) 380　　　　(D) 420

3. 现浇框架梁 KL2 的截面尺寸为 $b \times h = 300\text{mm} \times 550\text{mm}$，考虑地震作用组合的梁端最大负弯矩设计值 $M = -200\text{kN} \cdot \text{m}$，$a_s = a_s' = 40\text{mm}$，$\xi_b = 0.518$。试问，当按单筋梁计算时，该梁支座顶面纵向受拉钢筋截面面积的计算值 A_s（mm^2），与下列何项数值最为接近？

(A) 880　　　　(B) 940　　　　(C) 1110　　　　(D) 1250

4. 框架柱 KZ1 轴压比为 0.65，纵向受力钢筋保护层厚度取 30mm，纵向钢筋直径 $d \geqslant 20\text{mm}$，箍筋配置形式如图 4-2 所示。试问，该框架柱（除柱根外）加密区的箍筋最小配置，选用以下何项才最为合适？

(A) $\phi 8@100$　　　　　　　　　(B) $\phi 10@100$
(C) $\phi 10@120$　　　　　　　　(D) $\phi 10@150$

5. 框架角柱 KZ2 在底层上、下端截面考虑地震作用组合且考虑底层因素的影响，经调整后的组合弯矩设计值分别为 $M_c^t = 315\text{kN} \cdot \text{m}$，$M_c^b = 394\text{kN} \cdot \text{m}$；框架柱反弯点在柱的层高范围内，柱的净高 $H_n = 4.5\text{m}$。试问，KZ2 底层柱端截面地震作用组合剪力设计值（kN），与下列何项数值最为接近？

(A) 208　　　　(B) 211　　　　(C) 225　　　　(D) 236

6. 框架顶层端节点如图 4-3 所示，计算时按刚接考虑，梁上部受拉钢筋为 4⏀20。试问，梁上部纵向钢筋和柱外侧纵向钢筋的搭接长度 l_1（mm），取以下何项数值最为恰当？

(A) 1150　　　　(B) 1380　　　　(C) 1440　　　　(D) 1640

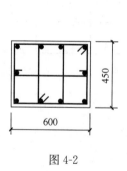

图 4-2

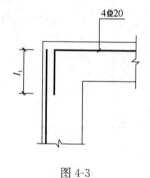

图 4-3

【题 7，8】 某现浇钢筋混凝土楼板，板上有作用面为 $400\text{mm} \times 500\text{mm}$ 的局部荷载，并开有 $550\text{mm} \times 550\text{mm}$ 的孔洞，平面位置示意如图 4-4 所示。板钢筋采用 HRB400 级。

7. 楼板混凝土强度等级为 C25，板厚 $h = 120\text{mm}$，截面有效高度 $h_0 = 100\text{mm}$。试问，在局部荷载作用下，该楼板的抗冲切承载力设计值（kN），应与下列何项数值最为接近？

(A) 177　　　　(B) 220　　　　(C) 272　　　　(D) 300

8. 该楼板配置 ⏀10@100 的双向受力钢筋，试问，图 4-4 中孔洞边每侧附加钢筋的最低配置，应选用下列何项才最为合适？

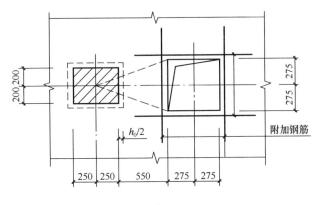

图 4-4

(A) 2Φ12　　　(B) 2Φ14　　　(C) 2Φ16　　　(D) 2Φ18

【题 9】 混凝土强度等级为 C30，其试验室配合比为：水泥：砂子：石子＝1：1.94：3.76；水胶比为 0.50。施工现场实测砂子的含水率为 5%，石子的含水率为 1%。试问，施工现场拌制混凝土的水胶比，取下列何项数值最为合适？

(A) 0.36　　　(B) 0.46　　　(C) 0.49　　　(D) 0.55

【题 10】 关于预应力混凝土框架结构的抗震设计要求，下列所述其中何项不妥？

(A) 框架的后张预应力构件宜采用有粘结预应力筋，后张预应力筋的锚具不宜设在梁柱节点核心区

(B) 后张预应力混凝土框架梁中，其梁端预应力配筋强度比，一级不宜大于 0.75，二级、三级不宜大于 0.55

(C) 预应力混凝土框架梁端纵向受拉钢筋按非预应力钢筋抗拉强度设计值换算的配筋率不宜大于 2.5%

(D) 预应力框架柱箍筋应沿柱全高加密

【题 11～13】 某厂房钢屋架下弦节点悬挂单轨吊车梁，按单跨简支构造，直线布置，计算跨度取 $L=6600$mm，如图 4-5 所示。吊车梁上运行一台额定起重量为 3t 的 CD_1 型电动葫芦，设备自重标准值为 360kg。吊车梁选用 Q235 B 热轧普通工字钢 I32a，其截面特性 $W_x=692\times10^3$mm^3，$I_x=11100\times10^4$mm^4，自重 $g=52.72$kg/m。安全等级为二级。

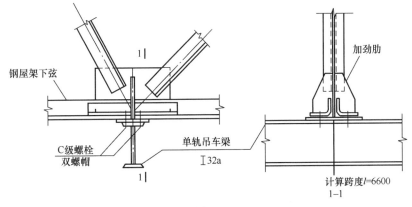

图 4-5

对吊车梁作强度、稳定及变形验算时，考虑磨损影响，截面模量及惯性矩应乘以折减系数 0.9，截面的塑性发展系数取 $\gamma_x=1.05$。

提示：① 按《工程结构通用规范》GB 55001—2021 作答。

② 重力加速度取 10m/s^2。

11. 要求对所选吊车梁作抗弯强度验算，计算截面无栓孔削弱。试问，梁跨中截面的最大应力计算值（N/mm^2）应与下列何项数值最为接近？

(A) 110　　　(B) 117　　　(C) 139　　　(D) 146

12. 若已知吊车梁在跨中无侧向支撑点，按受弯构件整体稳定验算时，试问，钢梁的整体稳定性系数 φ_b，应与下列何项数值最为接近？

(A) 0.770　　(B) 0.806　　(C) 0.944　　(D) 1.070

13. 要求对所选吊车梁作挠度验算。试问，其最大挠度与跨度的比值，与下列何项数值最为接近？

(A) 1/400　　(B) 1/441　　(C) 1/635　　(D) 1/678

【题 14~20】 某卸矿站带式输送机栈桥端部设计为悬挑的平面桁架结构，栈桥的倾斜桥面由简支梁系及钢铺板组成，如图 4-6 所示。

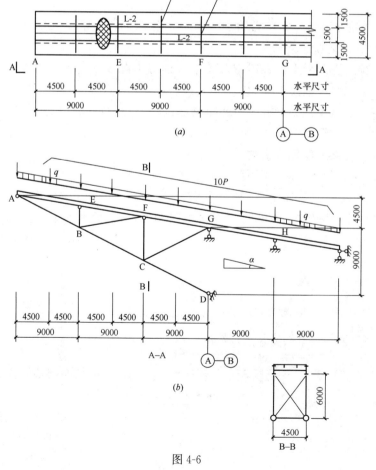

图 4-6

（a）桥面结构布置图；（b）桁架结构计算简图

桁架上弦杆及桥面梁系采用轧制型材,桁架腹杆及下弦杆采用热轧无缝钢管,腹杆上端与桁架上弦间以节点板连接,腹杆下端与桁架下弦主管直接焊接连接,全部钢材均采用Q235B钢,焊条电弧焊使用E43型焊条,焊缝质量等级为二级。安全等级为二级。

14. 假定桥面竖向均布荷载设计值为 $6.0 kN/m^2$(已含结构自重),试问,次梁 L-2 跨中最大弯矩设计值(kN·m),应与下列何项数值最为接近?

提示:桥面倾角为 α,$\tan\alpha=\dfrac{1}{6}$。

(A) 17.2　　　　(B) 20.3　　　　(C) 22.8　　　　(D) 23.1

15. 桥面结构中的主梁 L-1 选用轧制 H 型钢 HN298×149×5.5×8,截面特性:$W_x=433\times10^3 mm^3$,$W_y=59.4\times10^3 mm^3$,梁腹板与板面垂直(如图 4-7 所示),梁两端为简支。梁 L-1 承受由次梁 L-2 传来的竖向集中荷载设计值 $P=50.3 kN$(已含结构自重),因考虑与次梁及桥面铺板协同工作,可不计竖向荷载的坡向分力作用。试问,当对 L-1 作抗弯强度验算时,其截面最大应力计算值(N/mm²),应与下列何项数值最为接近?

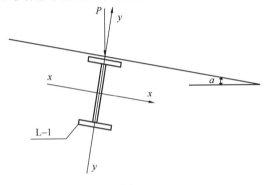

图 4-7

提示:计算截面无栓孔削弱,取 $\gamma_x=1.05$。

(A) 82.0　　　　(B) 163.6　　　　(C) 175.0　　　　(D) 184.0

16. 如果桁架上弦杆最大受力节间的轴向拉力及局部弯矩设计值分别为 $N=1150 kN$,$M_x=165 kN\cdot m$。上弦杆选用轧制 H 型钢 HM482×300×11×15,截面特性,$W_x=2520\times10^3 mm^3$,$A=146.4\times10^2 mm^2$。考虑露天的腐蚀性环境影响,杆截面抵抗矩及截面积的净截面折减系数取 0.9。试问,对上弦杆作强度验算时,其截面上最大拉应力值(N/mm²),应与下列何项数值最为接近?

提示:上弦杆截面等级满足 S3 级。

(A) 126.2　　　　(B) 140.9　　　　(C) 156.6　　　　(D) 185.0

17. 桁架下弦杆[见图 4-6(b)]选用热轧无缝钢管 $\phi 450\times 10$,$A=138.61\times10^2 mm^2$,$i=155.6 mm$。若已知下弦杆最大受力节间轴向压力设计值 $N=1240 kN$,试问,对下弦杆作稳定性验算时,以应力形式表达的整体稳定性计算值(N/mm²),与下列何项数值最为接近?

提示:下弦杆平面内、外的计算长度均取节点间的距离。

(A) 114.4　　　　(B) 109.2　　　　(C) 103.5　　　　(D) 89.5

18. 栈桥悬挑桁架的腹杆与下弦杆在节点 C 处的连接,如图 4-8 所示。主管贯通,支管互不搭接(间隙为 a),主管规格为 $\phi 450\times 10$,支管规格均为 $\phi 209\times 6$,支管与主管轴

线的交角分别为 $\alpha_1 = 63.44°$，$\alpha_2 = 53.13°$。为保证节点处主管的强度，若已求得节点 C（$e=0$，$a=34$mm）处允许的受压支管 CF 承载力设计值 $N_{cK} = 420$kN，试问，允许的受拉支管 CG 承载力设计值 N_{tK}（kN），与下列何项数值最为接近？

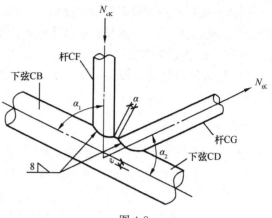

图 4-8

(A) 470　　　　　　(B) 376
(C) 521　　　　　　(D) 863

19. 节点构造同题 18。支管 CG 与下弦主管间用角焊缝连接，焊缝全周连续焊接并平滑过渡，焊缝强度要求按施工条件较差的现场高空施焊考虑折减，焊脚尺寸 $h_f = 8$mm。若已知焊缝长度 $l_w = 733$mm，试问，该焊缝承载力设计值（kN），与下列何项数值最为接近？

(A) 938　　　　(B) 802　　　　(C) 657　　　　(D) 591

20. 节点构造同题 18。若已知下弦杆 CB 及 CD 段的轴向压力设计值分别为 $N_{CB} = 750$kN，$N_{CD} = 1040$kN；腹杆中心线交点对下弦杆轴线的偏心距 $e = 50$mm，如图 4-8 所示。当对下弦主管作承载力验算时，试问，须考虑的偏心弯矩设计值（kN·m），与下列何项数值最为接近？

(A) 52.0　　　　(B) 37.5　　　　(C) 14.5　　　　(D) 7.25

【题 21、22】　抗震设防的某砌体结构，内墙厚度 240mm，轴线居中，外墙厚度 370mm。采用现浇钢筋混凝土楼、屋盖，局部平面布置如图 4-9 所示。

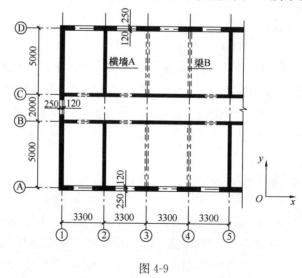

图 4-9

21. 梁 B 承受楼面竖向荷载的受荷面积（m²），应与下列何项数值最为接近？
(A) 20.6　　　　(B) 16.5　　　　(C) 11.1　　　　(D) 8.3

22. 在 y 向地震作用下，计算墙 A 的重力荷载代表值时，其每层楼面的从属面积

（m²），与下列何值最为接近？

(A) 41.3　　　　　(B) 20.6　　　　　(C) 16.5　　　　　(D) 11.1

【题 23】 某多层砖砌体房屋，每层层高均为 2.9m，采用现浇钢筋混凝土楼、屋盖，纵、横墙共同承重，门洞宽度均为 900mm，抗震设防烈度为 8 度，平面布置如图 4-10 所示。

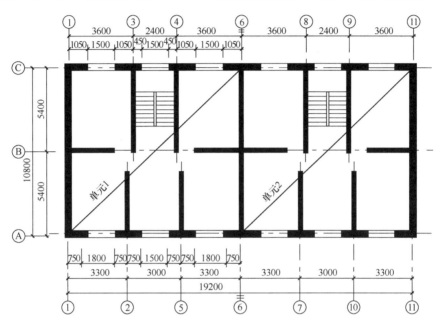

图 4-10

当房屋总层数为三层时，符合《建筑抗震设计规范》要求的构造柱数量（个）的最小值，与下列何项数值最为接近？

(A) 18　　　　　(B) 26　　　　　(C) 29　　　　　(D) 30

【题 24】 某多层砌体结构房屋，顶层钢筋混凝土挑梁置于丁字形（带翼墙）截面的墙体上，尺寸如图 4-11 所示；挑梁截面 $b \times h_b = 370\text{mm} \times 400\text{mm}$，墙体厚度为 370mm。屋面板传给挑梁的恒荷载标准值为 $g_k = 20\text{kN/m}$，活荷载标准值为 $q_k = 4\text{kN/m}$，挑梁自重标准值为 2.6kN/m，活荷载组合值系数为 0.7。

提示：按《工程结构通用规范》GB 55001—2021 作答。

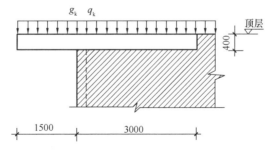

图 4-11

试问，在荷载基本组合下，该挑梁的最大弯矩设计值（kN·m），与下列何项数值最为接近？

(A) 32　　　　　(B) 34　　　　　(C) 40　　　　　(D) 45

【题25】 下列关于方木原木结构设计的论述，其中何项不妥？

(A) 方木作为桁架下弦时，其跨度不宜大于15m

(B) 对原木构件，验算抗弯强度时，可取最大弯矩处截面

(C) 木桁架制作时应按其跨度的1/200起拱

(D) 对原木构件，验算挠度和稳定时，可取构件的中央截面

（下午卷）

【题26～29】 某柱下联合基础的B端，因受相邻基础的限制，B端仅能从柱2中心线挑出0.50m，柱1与柱2的中距为3.90m，基础埋深1.00m，地基条件如图4-12所示。

提示：假定地基反力按直线分布。

26. 假定，相应于荷载标准组合时，柱1和柱2传至基础顶面的竖向力值分别为$F_{1k}=422$kN，$F_{2k}=380$kN。为使基底处的压力均匀分布（即地基相当于在轴心荷载作用下），试问，A端从柱1中心线挑出的长度x（m），应最接近于下列何项数值？

(A) 0.60　　　　　(B) 0.70　　　　　(C) 0.75　　　　　(D) 0.80

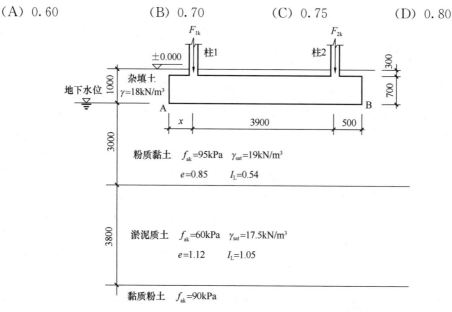

图4-12

27. 荷载条件同题26，假定基础底面处修正后的地基承载力特征值为105.8kPa，基础及回填土的平均重度$\gamma_G=20$kN/m³，试问，当基础长度为5.10m时，基础的最小宽度b（m），应最接近于下列何项数值？

(A) 1.40　　　　　(B) 1.50　　　　　(C) 1.65　　　　　(D) 1.85

28. 假定，相应于荷载的基本组合时，$F_1=570$kN，$F_2=510$kN。基础底面尺寸为5.10m（长）×1.75m（宽），基础横截面尺寸如图4-13所示，试问，每米宽基础底板的最大弯矩设计值（kN·m），应最接近于下列何项数值？

(A) 28   (B) 53   (C) 71   (D) 89

29. 由于地基受力范围内存在淤泥质土，需对该土层承载力进行验算。假定基础底面长度 $l=5.10\text{m}$，宽度 $b=1.95\text{m}$，相应于荷载标准组合时，基础底面处的平均压力值 $p_k=107.89\text{kPa}$，粉质黏土与淤泥质土的压缩模量之比 $E_{s1}/E_{s2}=3$。试问，淤泥质土顶面处的附加压力值 p_z（kPa），最接近于下列何项数值？

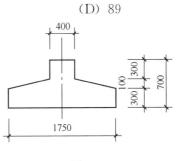

图 4-13

(A) 22   (B) 24
(C) 26   (D) 33

【题 30】 某平坦区域的丙类普通建筑，设计工作年限为 50 年，结构基本自振周期为 0.6s，阻尼比为 0.05，距离全新世发震断裂约 3km，其所在地区基本地震加速度为 0.30g，设计地震分组为第一组。已知场地覆盖层厚度为 60m，在 20m 深度范围内土层的等效剪切波速为 235m/s。试问，按《建筑抗震设计规范》进行抗震性能化设计时，设防地震作用下，该结构基本自振周期所对应的水平地震影响系数，与下列何项最为接近？

(A) 0.42   (B) 0.52   (C) 0.63   (D) 0.79

【题 31】 平坦场地上的某建筑物无地下室，拟采用桩基础，桩为摩擦型钻孔灌注桩，承受竖向荷载和水平荷载，设计桩长 10m，桩径 800mm，$EI=4.0\times10^5\text{kN}\cdot\text{m}^2$，$m=10\text{MN/m}^4$，计算桩身抗弯刚度时已计入纵筋的贡献。试问，根据《建筑桩基技术规范》，不考虑地震作用及负摩阻力，桩身配置纵向钢筋的长度最小值（m），与下列何项最为接近？

提示：无地震液化土层、软弱土层和欠固结土层。

(A) 7   (B) 8   (C) 9   (D) 10

【题 32】 某建筑物采用钻孔灌注桩基础，其承受水平荷载，桩身直径 $d=800\text{mm}$，配 14 根 22mm 的 HRB400 的主筋，桩顶嵌入承台 100mm。现按《建筑基桩检测技术规范》JGJ 106—2014 进行桩顶自由的单桩水平载荷试验，试验部分数据见表 4-1。建筑对水平位移敏感，水平荷载由永久荷载控制。假定，实际桩顶约束条件下的单桩水平承载力为试验条件下的 1.2 倍。试问，根据现有数据估算，对应于非地震组合，考虑实际桩顶约束条件下的单桩水平承载力特征值（kN），与下列何项数值最为接近？

提示：按《建筑桩基技术规范》JGJ 94—2008 作答。

表 4-1

水平力（kN）	50	75	100	125	150
水平力作用点的水平位称（mm）	3	6	10	15	25

(A) 45   (B) 55   (C) 65   (D) 75

【题 33】 某框架结构建筑物，地基持力层为厚度较大的素填土（主要成分为粉质黏土），其承载力特征值 $f_{ak}=100\text{kPa}$，不满足设计要求；拟采用土挤密桩法进行地基处理，桩径为 400mm。已测得素填土的最优含水量为 24%，土粒相对密度为 2.72。

假定已测得桩间土的最大干密度为 1.62t/m³，试问，对于重要的工程，在成孔挤密深度内，挤密后桩间土的平均干密度（t/m³），不宜小于下列何项数值？

(A) 1.41　　　　　(B) 1.47　　　　　(C) 1.51　　　　　(D) 1.56

【题 34～37】 有一矩形 4 桩承台基础，采用沉管灌注桩，桩径为 452mm，有关地基各土层分布情况、桩端端阻力特征值 q_{pa}、桩侧阻力特征值 q_{sia} 及桩的布置、承台尺寸等，均示于图 4-14 中。柱截面尺寸为 300mm×400mm。

提示：按《工程结构通用规范》GB 55001—2021 作答。

34. 按《建筑地基基础设计规范》规定，在初步设计时，试估算该桩基础的单桩竖向承载力特征值 R_a（kN），最接近于下列何项数值？

(A) 735　　　　　(B) 795
(C) 815　　　　　(D) 1120

35. 经三根桩的单桩竖向静载荷试验，得其极限承载力值分别为 1540kN、1610kN 及 1780kN。试问，应采用的单桩竖向承载力特征值 R_a（kN），最接近于下列何项数值？

(A) 821　　　　　(B) 725
(C) 1450　　　　(D) 1643

36. 荷载标准组合时，假定钢筋混凝土柱传至承台顶面处的竖向力 F_k = 2450kN，力矩 M_k = 326kN·m，水平力 H_k = 220kN；承台自重及承台上土重的加权平均重度 γ_G = 20kN/m³。在偏心竖向力作用下，试问，最大的单桩竖向力标准值 Q_{kmax}（kN），最接近于下列何项数值？

(A) 803　　　　　(B) 829
(C) 845　　　　　(D) 882

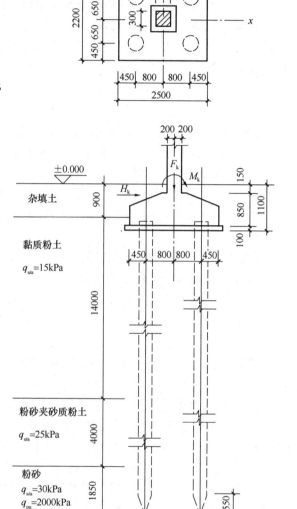

图 4-14

37. 假定，承台及其上的土的自重标准值 G_k = 121kN，荷载基本组合的偏心竖向力作用下，最大单桩竖向力值 Q_{max} = 1130kN。试问，该承台最大弯矩设计值 M_y（kN·m），最接近于下列何项数值？

(A) 1254　　　　　(B) 1312　　　　　(C) 1328　　　　　(D) 1344

【题 38、39】 某 11 层办公楼采用现浇钢筋混凝土框架结构，竖向刚度比较均匀，如图 4-15 所示；其抗震设防烈度为 7 度，设计基本地震加速度为 0.15g，设计地震分组为第二组，丙类建筑，I_1 类场地。

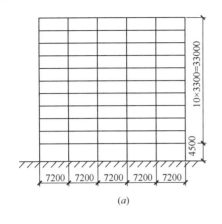
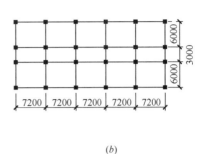

图 4-15
(a) 立面示意图；(b) 平面示意图

38. 假定结构基本自振周期 $T_1=1.2s$，相应于结构基本自振周期的水平地震影响系数 $\alpha_1=0.018$，结构总重力荷载代表值 $G_E=110000kN$。采用底部剪力法简化计算时，试问，主体结构顶层附加水平地震作用标准值（kN），应与下列何项数值最为接近？

(A) 380　　　　(B) 330　　　　(C) 300　　　　(D) 280

39. 试问，确定该结构需采取何种抗震构造措施所用的抗震等级，应为下列何项所示？

(A) 一级　　　(B) 二级　　　(C) 三级　　　(D) 四级

【题40】 高层钢筋混凝土结构中的某层剪力墙，为单片独立墙肢（两边支承），如图 4-16 所示，层高 5m，墙长为 L，按 8 度抗震设计，抗震等级为二级，混凝土强度等级为 C40（$f_c=19.1MPa$，$E_c=3.25\times10^4 N/mm^2$）。作用在墙顶的竖向均布荷载标准值分别为：永久荷载作用下为 1400kN/m，活荷载作用下为 315kN/m，水平地震作用下为 600kN/m。

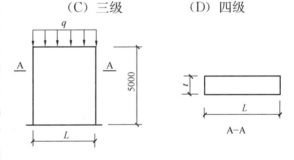

图 4-16

假定墙长 $L=2m$，试问，下列何项数值才是满足轴压比限值的剪力墙最小墙厚（mm）？

提示：① 计算重力荷载代表值时，活荷载组合值系数取 0.5。
② 按《建筑与市政工程抗震通用规范》GB 55002—2021 作答。

(A) 250　　　　(B) 270　　　　(C) 300　　　　(D) 320

【题41～46】 某钢筋混凝土结构高层建筑，如图 4-17 所示，地上 8 层，首层层高 6m，其他各层层高均为 4m。地下室顶板作为上部结构的嵌固端。屋顶板及地下室顶板采用梁板结构，第 2～8 层楼板沿外围周边均设框架梁，内部为无梁楼板结构；建筑物内的二方筒设剪力墙，方筒内楼板开大洞处均设边梁。该建筑物抗震设防烈度为 7 度，丙类建筑，设计地震分组为第一组，设计基本地震加速度为 $0.10g$，I_1 类场地。

41. 试问，当对该建筑的柱及剪力墙采取抗震构造措施时，其抗震等级应取下列何项组合？

(A) 柱为三级；剪力墙为三级

(B) 柱为三级；剪力墙为二级

(C) 柱为二级；剪力墙为二级

(D) 外围柱为四级，内部柱为三级；剪力墙为二级

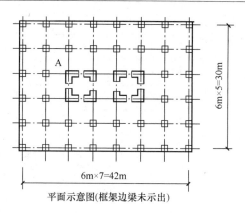

图 4-17

42. 该建筑物第 6～8 层平板部分，采用现浇预应力混凝土无梁板，其各层板厚相同。中柱处板承载力不满足要求，且不允许设柱帽，因此在柱顶处用弯起钢筋形成剪力架以抵抗冲切。试问，除满足承载力要求外，其最小板厚应取下列何项数值时，才能满足相关规范、规程的要求？

(A) 140mm　　(B) 150mm　　(C) 180mm　　(D) 200mm

43. 该建筑物第 2～5 层平板部分，采用非预应力混凝土平板结构，板厚 200mm；纵横向设暗梁，梁宽均为 1000mm。第 2 层平板某处暗梁如图 4-18 所示，与其相连的中柱断面 $b \times h = 600mm \times 600mm$；在该层楼面重力荷载代表值作用下柱的轴向压力设计值为 600kN。由等代平面框架分析结果得知，柱上板带配筋：上部为 3600mm^2，下部为 2700mm^2；钢筋种类均采用 HRB400（$f_y = 360N/mm^2$）。假定纵横向暗梁配筋相同，试问，在下列暗梁的各组配筋中，哪一组最符合既安全又经济的要求？

提示：柱上板带（包括暗梁）中的钢筋未全部示出。

(A) A_{s1}：9Φ14；A_{s2}：9Φ12

(B) A_{s1}：9Φ16；A_{s2}：9Φ14

(C) A_{s1}：6Φ18；A_{s2}：9Φ14

(D) A_{s1}：6Φ20；A_{s2}：6Φ16

44. 假定底层剪力墙墙厚 300mm，如图 4-19 所示，满足墙体稳定要求，混凝土强度等级为 C30（$f_c = 14.3N/mm^2$）；在重力荷载代表值作用下，该建筑中方筒转角 A 处的剪力墙各墙体底部截面轴向压力呈均匀分布状态，其设计值为 920kN/m；由计算分析得知，剪力墙为构造配筋。当纵向钢筋采用 HRB400 时，试问，转角 A 处边缘构件在设置箍筋的范围内（图 4-19 阴影部分），其纵筋配置应为下列何项数值时，才能最接近且满足相关规范、规程的最低构造要求？

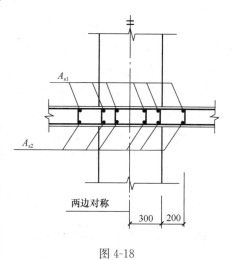

图 4-18

(A) 12Φ14　　(B) 12Φ16　　(C) 12Φ18　　(D) 12Φ20

45. 该建筑中方筒转角 A 处 L 形剪力墙首层底部截面，如图 4-20 所示。在纵向地震作用下，考虑地震作用组合的剪力墙墙肢底部加强部位截面的剪力计算值为 600kN。试问，为体现强剪弱弯的原则，抗震设计时需采用的剪力设计值 V（kN），应与下列何项数值最为接近？

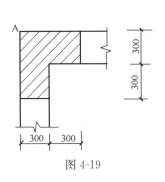
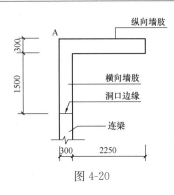

图 4-19   图 4-20

(A) 650　　　　(B) 720　　　　(C) 800　　　　(D) 960

46. 该建筑中的 L 形剪力墙首层底部截面，如图 4-20 所示。在纵向水平地震作用下，根据体现强剪弱弯的原则，调整后的剪力墙底部加强部位纵向墙肢截面的剪力设计值 $V=\eta_{vw}V_w=810\text{kN}$；抗震设计时，考虑地震作用组合后的剪力墙纵向墙肢的轴向压力设计值为 1931kN；计算截面处的剪跨比取 2.2，$\gamma_{RE}=0.85$，h_{w0} 取 2250mm，A 取 $1.215\times10^6\text{mm}^2$。混凝土强度等级采用 C30（$f_t=1.43\text{N/mm}^2$），水平分布筋采用 HPB300（$f_{yh}=270\text{N/mm}^2$），双排配筋。试问，纵向剪力墙肢水平分布筋采用下列何项配置时，才最接近且满足相关规范、规程中的最低要求？

(A) φ8@200　　(B) φ10@200　　(C) φ12@200　　(D) φ12@150

【题 47、48】 某现浇钢筋混凝土框架-剪力墙结构，框架及剪力墙抗震等级均为二级；混凝土强度等级为 C40（$f_t=1.71\text{N/mm}^2$），梁中纵向受力钢筋采用 HRB400，腰筋及箍筋均采用 HPB300（$f_{yv}=270\text{N/mm}^2$）；局部框架-剪力墙如图 4-21 所示。取 $a_s=a'_s=40\text{mm}$。

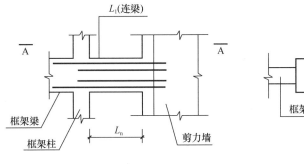
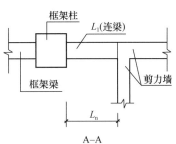

图 4-21

47. 该结构中的连梁 L_1 净跨 $L_n=3500\text{mm}$，其截面及配筋如图 4-22 所示。试问，下列梁跨中非加密区箍筋的不同配置中，其中何项最接近且满足相关规范、规程中的最低构造要求？

(A) φ8@75　　　(B) φ8@100　　　(C) φ8@150　　　(D) φ8@200

48. 假定连梁 L_1 净跨 $L_n=2200\text{mm}$，其截面及配筋如图 4-23 所示。试问，下列关于梁每侧腰筋的配置，其中何项最接近且满足相关规范、规程中的最低构造要求？

(A) 4 ⌀14　　　　(B) 4 ⌀12　　　　(C) 4 ⌀10　　　　(D) 5 ⌀12

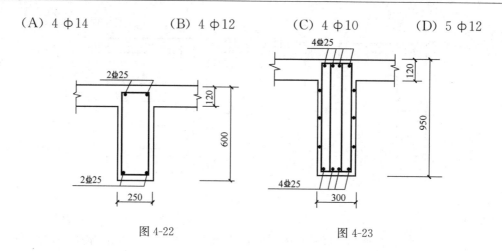

图 4-22　　　　　　　　　　　图 4-23

【题 49】 下列关于高层民用建筑钢结构的选材的叙述，何项不妥？
(A) 抗震等级为二级时，框架梁、柱的钢材质量等级不宜低于 C 级
(B) 埋入式箱形截面钢柱脚宜选用冷成型箱形柱
(C) 偏心支撑框架中的消能梁段所用钢材的屈服强度应不大于 345N/mm²
(D) 主要承重构件所用钢材宜选用 Q345、Q390

【题 50】 某高层钢框架结构，其 H 形截面框架柱的净高为 4.0m，柱截面高度 0.8m，该柱的拼接处至梁面的距离（m），较合理的是下列何项？
(A) 0.8　　　　(B) 1.2　　　　(C) 1.5　　　　(D) 2.0

实战训练试题（五）

（上午卷）

【题1~8】 图5-1所示为某现浇钢筋混凝土多层框架结构房屋结构平面布置图。已知各层层高均为3.6m，梁、柱混凝土强度等级均为C30，梁、柱纵向受力钢筋采用HRB400级钢筋，梁、柱箍筋采用HPB300级钢筋，取$a_s=a'_s=40$mm。取活荷载组合值系数为0.7。环境类别为一类。设计使用年限为50年。在计算以下各题时，均不考虑梁、柱的尺寸效应，并不计梁的自重。

提示： 按《工程结构通用规范》GB 55001—2021作答。

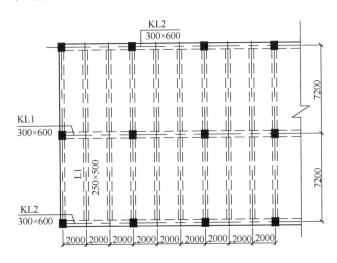

图5-1

1. 已知楼面永久荷载标准值$g_k=6.0$kN/m²，楼面活荷载标准值$q_k=0.5$kN/m²。试问，荷载的基本组合时，次梁L1在中间支座处的剪力设计值（kN），与以下何项最为接近？

   提示： 中间支座剪力计算系数取0.625；不考虑活荷载的不利分布。

   (A) 60.30　　　　(B) 52.10　　　　(C) 77.31　　　　(D) 65.2

2. 在竖向荷载作用下，按弹性计算方法计算的梁L1各截面的弯矩设计值已示于图5-2，试问，当支座弯矩调幅系数为0.22时，距边支座2700mm处调幅后的弯矩设计值（kN·m），与以下何项数值最为接近？

   (A) 82.2　　　　(B) 103.6　　　　(C) 71.64　　　　(D) 87.64

3. 假定柱的线刚度小于主梁线刚度的1/5，计算中可将主梁简化为铰接支承在柱顶的连续梁进行内力分析。设某层框架梁KL1中间跨按弹性方法计算的弯矩设计值如图5-3所示。试问，当弯矩调幅系数为0.22时，梁1/3跨度处（A点）截面调幅后的弯矩设计值（kN·m），与下列何项数值最为接近？

(A) 156.92　　(B) 133.4　　(C) 115.3　　(D) 97.3

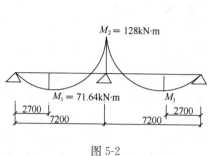

图 5-2

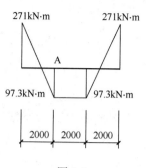

图 5-3

4. 已知次梁 L1 传给框架 KL1 的集中荷载标准值为：永久荷载 $G_k=73.00$kN，活荷载 $P_k=58.00$kN；次梁的集中力全部由附加箍筋承受，试问，附加箍筋的最小配置量及最大允许配置范围 s（mm），与以下何项数值最为接近？

(A) 每边 3 φ10，$s=950$
(B) 每边 3 φ10，$s=870$
(C) 每边 4 φ8，$s=950$
(D) 每边 4 φ8，$s=870$

5. 已知次梁 L1 边支座处剪力设计值 $V=149$kN，下部纵向受力钢筋锚固方式见图 5-4，经计算，梁底部需配置的钢筋截面面积 $A_s=1400\text{mm}^2$。试问，下述何项的梁底钢筋配置不能满足规范对锚固长度的要求？

(A) 4 Φ22
(B) 3 Φ25
(C) 5 Φ20
(D) 上排 2 Φ16，下排 4 Φ20

6. 抗震设计时，框架梁抗震等级为二级，某楼层框架边节点已示于图 5-5。试问，关于框架梁上部纵向受力钢筋的最小锚固长度（mm），下述何项选择最为恰当？

(A) $l_1+l_2 \geqslant 710$
(B) $l_1+l_2 \geqslant 820$
(C) $l_1=450$，$l_2=370$
(D) $l_1=450$，$l_2=300$

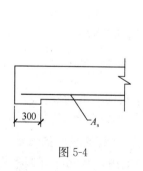

图 5-4

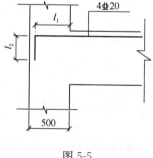

图 5-5

7. 抗震设计时，框架抗震等级为二级，角柱轴压比为 0.7，采用 HPB300 复合箍筋。试问，该柱箍筋最小体积配筋率 ρ_v，以下何项满足规范要求？

(A) 加密区 $\rho_v=0.93\%$，非加密区 $\rho_v=0.46\%$
(B) 加密区 $\rho_v=0.79\%$，非加密区 $\rho_v=0.40\%$
(C) 沿全高加密 $\rho_v=0.93\%$

(D) 沿全高加密 $\rho_v=0.79\%$

8. 抗震设计时，框架梁 KL1 的抗震等级为二级，在进行某梁端截面设计时，计入梁底受压钢筋为 3⏀25（$A_s=1473\text{mm}^2$），试问，该截面能承受的最大抗震受弯承载能力设计值（kN·m），与下列何项数值最为接近？

(A) 665　　　　　(B) 765　　　　　(C) 885　　　　　(D) 950

【题 9】　某钢筋混凝土筏板基础，其混凝土强度等级为 C30。柱断面尺寸为 500mm×600mm，如图 5-6 阴影部分所示其混凝土强等级为 C40。假定 $a=0$，试问，该柱下筏板的局部受压承载力设计值（单位 N），与下列何项数值最为接近？

(A) 13.54×10^6　　(B) 6.3×10^6　　(C) 5.8×10^6　　(D) 8.3×10^6

【题 10】　某既有多层钢筋混凝土框架结构房屋，抗震设防烈度为 8 度（0.20g），该建筑属于 C 类建筑。经抗震鉴定，该建筑需要进行抗震加固。二层某根框架柱，其截面尺寸为 400mm×500mm，柱净高为 4100mm，混凝土强度等级为 C30，箍筋采用 HPB235（$f_{yv}=210\text{N/mm}^2$，$f_{yvk}=235\text{N/mm}^2$），柱加密区箍筋配置为 ⏀8@100。沿该框架柱截面长边方向，在地震组合下的内力设计值为：弯矩 $M=1250\text{kN·m}$，剪力 $V=530\text{kN}$，轴压力 $N=2100\text{kN}$。

图 5-6

拟采用钢筋混凝土套加固，沿柱截面长边方向对核柱柱端的斜截面进行抗震受剪承载力计算，新增混凝土强度等级为 C35，新增箍筋为 HPB235。该柱的四侧均加大 50mm，即 500mm×600mm。加固后的体系影响系数和局部影响系数均为 1.0，取 $h_{01}=465\text{mm}$，$h_{02}=565\text{mm}$。计算剪跨比 $\lambda=3.9$。采用设计规范法进行计算。

提示：① 按《建筑抗震加固技术规程》JGJ 116—2009 作答。
　　　② C30（$f_t=1.43\text{N/mm}^2$），C35（$f_t=1.57\text{N/mm}^2$），$0.3f_cA=1002\text{kN}$，$\gamma_{Rs}=\gamma_{Ra}=0.85$。

试问，该框架柱柱端加密区的新增箍筋的计算值 A_{sv}/s（mm²/mm），与下列何项数据最接近？

(A) 1.2　　　　　(B) 1.5　　　　　(C) 2.0　　　　　(D) 2.4

【题 11～17】　在某一建筑的裙房中，需将一长 36m 的多功能厅的屋盖设计成钢结构，其屋架跨度 18m，现浇钢筋混凝土板，系保温、上人平屋面。其结构平面布置如图 5-7 (a) 所示。作用在屋面上的均布恒载标准值（包括檩条自重在内）为 6.5kN/m²，屋面均布活荷载标准值为 2.0kN/m²，雪荷载标准值为 0.5kN/m²。结构钢材全部采用 Q345B，焊条为 E50 型。安全等级为二级。

提示：按《工程结构通用规范》GB 55001—2021 作答。

11. 檩条为焊接 H 形截面 H300×150×4.5×8，如图 5-7 所示，其截面惯性矩 $I_x=5976\text{cm}^4$，截面模量 $W_x=398\text{cm}^3$，试问，檩条的挠度与跨度之比 v_T/l，与下列何项数值相近？

(A) 1/290　　　　(B) 1/270　　　　(C) 1/250　　　　(D) 1/230

12. 条件同题 11，试问，该檩条抗弯强度验算时，其最大应力计算值（N/mm²），与下列何项数值相近?

(A) 220　　　(B) 240　　　(C) 260　　　(D) 280

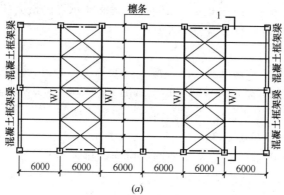

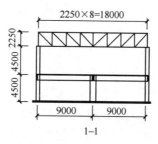

图中 $P=150$kN(设计值,包括屋架自重及顶荷载在内)

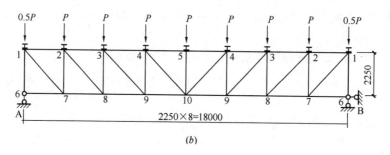

(b)

图 5-7

(a) 屋架 WJ 檩条及屋架上弦安装支撑布置图；(b) 屋架 WJ 的计算简图

13. 如图 5-7(b) 所示,设作用在屋架上弦节点的节点荷载设计值为 150kN(包括屋架自重及作用在屋架下弦节点上的吊顶荷载移入了上弦节点),屋架下弦杆的截面为 2L100×10,截面面积 $A=3852$mm²(无栓孔削弱)。试问,下弦杆进行强度验算时最大拉应力值(N/mm²),与下列何项数值相近?

(A) 282　　　(B) 292　　　(C) 302　　　(D) 312

14. 假定竖腹杆 2-7 的最大轴心压力设计值为 525kN,截面为 2L90×7,绕非对称轴的回转半径 $i_x=27.8$mm,绕对称轴的回转半径 $i_y=41.4$mm。在进行整体稳定性验算时,需计算该腹杆绕对称轴扭转效应的换算长细比 λ_{yz},试问,其 λ_{yz} 应与下列何项数值相近?

(A) 81.0　　　(B) 64.7　　　(C) 61.7　　　(D) 54.3

15. 假定竖腹杆 3-8 的最大轴心压力设计值为 375kN，截面为 2L80×7，截面积为 $A=2127\text{mm}^2$，绕非对称轴的回转半径 $i_x=24.6\text{mm}$，绕对称轴扭转效应的换算长细比已求得为 $\lambda_{yz}=64.7$。试问，其按实腹式轴心受压构件进行稳定性计算时，以应力形式表达的稳定性计算值（N/mm²）应与下列何项数值相近？

(A) 262   (B) 274   (C) 286   (D) 298

16. 设计条件同问题 13。斜腹杆 3-9 的截面为 2L50×6，节点板厚 12mm，角钢肢背与节点板间角焊缝的焊脚尺寸为 6mm（无端焊缝）。如根据该斜杆的内力确定角钢肢背与节点板的实际焊缝长度 l（mm）时，试问，其 l 应与下列何项数值相近？

(A) 95   (B) 120   (C) 145   (D) 170

17. 设竖腹杆 5-10 的截面为 2L50×6，已知其回转半径 $i_x=15.1\text{mm}$，$i_{x0}=19.1\text{mm}$，$i_{y0}=9.8\text{mm}$。该腹杆在屋架上下节点板之间的净距为 1950mm。试问，其间所设置的填板数 n 应取下列何项数值，才可将其作为组合 T 形截面来进行计算？

(A) 1   (B) 2   (C) 3   (D) 4

【题 18～20】 某单跨双坡门式刚架钢房屋，位于 6 度抗震设防烈度区，刚架跨度 21m，高度为 7.5m，屋面坡度为 1∶10，如图 5-8 所示。主刚架采用 Q235 钢，屋面及墙面采用压型钢板，柱大端截面：H700×200×5×8，小端截面：H300×200×5×8，柱截面特性见表 5-1，焊接、翼缘均为焰切边。安全等级为二级。

柱截面特性   表 5-1

截面	A (mm²)	I_x (mm⁴)	i_x (mm)	W_x (mm³)	I_y (mm⁴)	i_y (mm)	W_y (mm⁴)
大端	6620	5.1645×10⁸	279.13	1.475×10⁶	1.067×10⁷	40.154	1.067×10⁵
小端	4620	7.773×10⁷	129.75	5.1848×10⁵	1.067×10⁷	48.057	1.067×10⁵

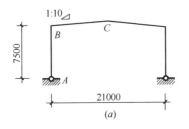
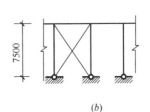

图 5-8
(a) 主刚架计算简图；(b) 纵向柱间支撑

经内力分析得到，主刚架柱 AB 的稳定性计算的内力设计值由荷载基本组合控制，即：A 点弯矩 $M=0$，压力 $N=86\text{kN}$；B 点弯矩 $M=120\text{kN·m}$，压力 $N=80\text{kN}$。已知柱 AB 进行稳定性计算时，其全截面有效（$W_{el}=W_x$，$A_{el}=A$）。

提示：按《门式刚架轻型房屋钢结构技术规范》GB 51022—2015 作答。

18. 假定，柱 AB 在刚架平面内的计算长度系数 $\mu=2.42$。试问，按《门式刚架》式 (7.1.3-1) 计算柱 AB 在刚架平面内的稳定性，压力 N_1 作用下产生的压应力值（N/mm²），与下列何项数据最为接近？

(A) 20　　　　(B) 25　　　　(C) 30　　　　(D) 35

19. 按《门式刚架轻型房屋钢结构技术规范》式（7.1.3-1）计算柱 AB 在刚架平面内的稳定性，由弯矩 M_1 作用下产生的压应力值（N/mm²），与下列何项数据最为接近？

(A) 75　　　　(B) 85　　　　(C) 95　　　　(D) 105

20. 按《门式刚架轻型房屋钢结构技术规范》式（7.1.5-1），计算柱 AB 在刚架平面外的稳定性计算，其 $N/(\eta_{ty}\varphi_y A_{e1} f)$ 值，与下列何项数据最为接近？

(A) 0.21　　　(B) 0.27　　　(C) 0.32　　　(D) 0.38

【题 21、22】 某单层单跨有吊车砖柱厂房，剖面如图 5-9 所示。砖柱采用 MU15 烧结普通砖、M10 混合砂浆砌筑，砌体施工质量控制等级为 B 级；屋盖为装配式无檩体系钢筋混凝土结构，柱间无支撑；静力计算方案为弹性方案。

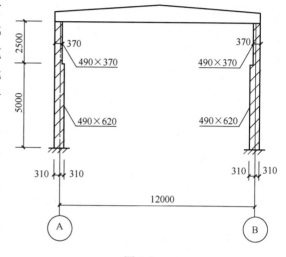

21. 对该变截面柱上柱垂直排架方向的高厚比进行验算时，其左、右端项 $\left(\dfrac{H_0}{h} \leqslant \mu_1 \mu_2 [\beta]\right)$，与下列何组数值最为接近？

(A) 7.97＜17.0　　(B) 7.97＜22.1
(C) 8.06＜17.0　　(D) 8.06＜22.1

图 5-9

22. 该变截面柱下柱在排架方向高厚比验算式中的左、右端项 $\left(\dfrac{H_0}{h} \leqslant \mu_1 \mu_2 [\beta]\right)$，与下列何组数值最为接近？

(A) 7.97＜17.0　　(B) 7.97＜22.1　　(C) 8.06＜17.0　　(D) 8.06＜22.1

【题 23、24】 某多层配筋砌块剪力墙房屋，总高度 26m，抗震设防烈度为 8 度，设计基本地震加速度值为 0.20g。其中某一墙肢长度 5.1m，墙体厚度为 190mm，如图 5-10 所示。考虑地震作用组合的墙体计算截面的弯矩设计值 $M = 500$ kN·m，轴力设计值 $N = 1300$ kN，剪力设计值 $V = 180$ kN。墙体采用单排孔混凝土空心砌块对孔砌筑，砌体施工质量控制等级为 B 级。

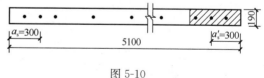

图 5-10

提示： 按《砌体结构设计规范》GB 50003—2011 作答。

23. 假定，灌孔砌体的抗压强度设计值 $f_g = 5.0$ MPa，偏心受压，不考虑水平钢筋的作用，试问，考虑地震作用组合的剪力墙抗剪承载力设计值（kN），与下列何项数值最为接近？

(A) 310　　　(B) 360　　　(C) 400　　　(D) 450

24. 假定，非抗震设计时，灌孔砌体的抗压强度设计值 $f_g = 5.0$ MPa，全部竖向钢筋的截面面积为 2412mm²，钢筋抗压强度设计值为 360MPa，墙体内设有水平分布钢筋，墙体计算高度 $H_0 = 3600$ mm。试问，该墙体轴心受压承载力设计值（kN），与下列何项数值最为接近?

(A) 2550　　　(B) 3060　　　(C) 3570　　　(D) 4080

【题25】 采用红松（TC13B）制作的木桁架中某轴心受拉构件,其截面尺寸为180mm×180mm（方木）,桁架处于室内正常环境,安全等级为二级,设计使用年限为25年。受拉构件由恒荷载产生的内力约占全部荷载所产生内力的85%。构件中部有两个沿构件长度方向排列的直径$d=20$mm的螺栓孔,螺栓孔间距200mm。试问,该轴心受拉构件所能承受的受拉承载力设计值（kN）,与下列何项数值最为接近?

(A) 184　　　(B) 202　　　(C) 213　　　(D) 266

（下午卷）

【题26～29】 某多层工业厂房采用柱下钢筋混凝土独立基础,基础底面平面尺寸3.6m×3.6m,基础埋深1.5m,地下水位在地表下3.5m。场地表层分布有3.0m厚的淤泥。拟将基础范围的淤泥挖除后换填碎石,换填厚度1.5m。厂房的基础及地质情况如图5-11所示。

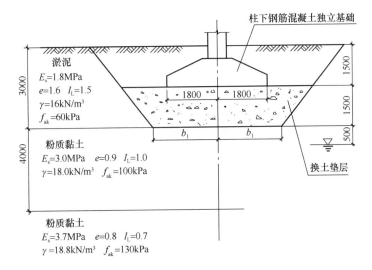

图 5-11

26. 已知碎石垫层的重度为20kN/m³,地基承载力特征值为140kPa。试问,采取换填垫层措施后,基础底面修正后的承载力特征值f_a（kPa）,最接近于下列何项数值?

(A) 76　　　(B) 140　　　(C) 156　　　(D) 184

27. 为满足基础底面应力扩散的要求,试问,垫层底面的最小宽度b'（m）,应与下列何项数值最为接近?

(A) 3.6　　　(B) 4.0　　　(C) 5.2　　　(D) 5.4

28. 相应于荷载的标准组合时,基础底面处在平均压力值p_k为130kPa。假定垫层的压力扩散角为26.8°,试问,相应的垫层底面处的附加压力值p_z（kPa）,与下列何项数值最为接近?

(A) 41　　　(B) 53　　　(C) 64　　　(D) 130

29. 条件同第 26 题。试问，垫层底面处的粉质黏土层经修正后的地基承载力特征值 $f_{az}(kPa)$，最接近于下列何项数值？

(A) 100　　　　(B) 140　　　　(C) 176　　　　(D) 190

【题 30～33】　某钢筋混凝土框架结构办公楼，采用先张法预应力混凝土管桩基础，承台底面埋深 1.4m，管桩直径 0.4m，地下水位在地表下 2m。当根据土的物理指标与承载力参数之间的经验关系计算单桩竖向极限承载力标准值时，所需的土体极限侧阻力标准值 q_{sk}、极限端阻力标准值 q_{pk}，均示于图 5-12 中。

提示： 按《建筑桩基技术规范》JGJ 94—2008 作答。

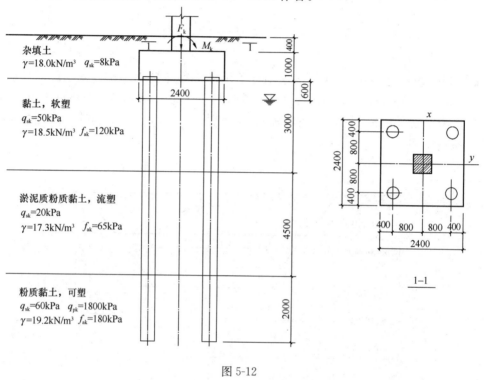

图 5-12

30. 该管桩壁厚为 65mm，桩尖为敞口形式。试问，根据地质参数估算的单桩竖向承载力特征值 R_a (kN)，最接近于下列何项数值？

(A) 323　　　　(B) 330　　　　(C) 646　　　　(D) 660

31. 假定单桩竖向承载力特征值 R_a 为 350kN，承台效应系数 η_c 为 0.15。试问，不考虑地震作用时，考虑承台效应的复合基桩承载力特征值 R (kN)，最接近于下列何项数值？

(A) 330　　　　(B) 354　　　　(C) 374　　　　(D) 390

32. 相应于荷载的标准组合时，上部结构柱传至承台顶面的竖向力 F_k 为 1100kN，力矩 M_{xk} 为 240kN·m，M_{yk} 为 0，承台及其以上土体的加权平均重度为 20kN/m³。试问，最大的单桩竖向力值 N_{kmax} (kN)，最接近于下列何项数值？

(A) 315　　　　(B) 350　　　　(C) 390　　　　(D) 420

33. 下列关于本工程的管桩堆放、起吊以及施工方面的一些主张，其中何项是不正确的？

(A) 现场管桩的堆放场地应平整坚实，叠层堆放时，外径为 400mm 的桩，不宜超过 5 层

(B) 单节桩可采用专用吊钩勾住桩两端内壁直接进行水平起吊
(C) 如采用静压成桩,最大压桩力不宜小于设计的单桩竖向极限承载力标准值
(D) 如采用锤击成桩,桩终止锤击的控制标准应以贯入度控制为主,桩端设计标高为辅

【题 34、35】 某多层房屋建在稳定的土质边坡坡顶,采用墙下混凝土条形无筋扩展基础,混凝土强度等级 C15。基础及边坡情况如图 5-13 所示。

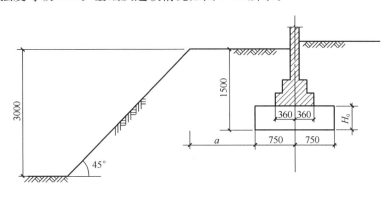

图 5-13

34. 相应于荷载的标准组合时,该基础底面处的平均压力值 p_k 为 120kPa。试问,混凝土基础高度 H_0(m)的最小取值,不应小于下列何项数值?

(A) 0.2   (B) 0.4   (C) 0.5   (D) 0.8

35. 无筋扩展基础所用材料的抗拉、抗弯性能较差,为了保证该基础有足够的刚度,以下何项措施最为有效?

(A) 调整基础底面的平均压力   (B) 控制基础台阶宽高比的允许值
(C) 提高地基土的承载力   (D) 增加材料的抗压强度

【题 36】 下列有关基坑工程的一些主张,其中何项是不正确的?

提示:按《建筑地基基础设计规范》GB 50007—2011 作答。

(A) 饱和黏性土的抗剪强度指标应采用在土的有效自重压力下预固结的不固结不排水三轴试验确定
(B) 作用于支护结构的土压力和水压力,宜按水土分算的原则计算
(C) 支护结构的内力和变形分析宜采用侧向弹性地基反力法计算
(D) 土层锚杆的自由段长度不宜少于 5m

【题 37】 某地下结构采用等厚度筏板基础,如图 5-14 所示,筏板平面尺寸 27.6m×37.2m,采用钻孔灌注桩作为抗拔桩,桩径 0.6m,桩长 13m,沿纵横向正方形布桩,中间桩中心距 2.4m,边桩中心距离筏板边 0.8m,总计布桩 12×16=192 根。粉砂层抗拔系数 0.7,细砂层抗拔系数 0.6,群桩所围空间桩土平均重度 18.0kN/m³。试问,初步设计阶段,计算群桩整体破坏控制的抗拔承载力时,对应于荷载标准组合的基桩承受的最大上拔力计算值(kN),与下列何项数值最为接近?

提示:按照《建筑桩基技术规范》JGJ 94—2008 作答。

(A) 550   (B) 600   (C) 650   (D) 700

【题 38~40】 某 12 层现浇钢筋混凝土剪力墙结构住宅楼,各层结构平面布置如

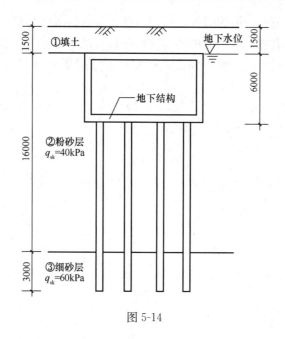

图 5-14

图 5-15 所示，质量和刚度沿竖向分布均匀，房屋高度为 34.0m。首层层高为 3.2m，其他各层层高均为 2.8m。该房屋为丙类建筑，抗震设防烈度为 7 度，其设计基本地震加速度为 0.15g，建于Ⅲ类建筑场地，设计地震分组为第一组。

提示：按《工程结构通用规范》GB 55001—2021 作答。

38. 该房屋 50 年重现期的基本风压 $w_0=0.55\text{kN/m}^2$，34.0m 高度处的风振系数 $\beta_z=1.60$。风压高度变化系数 $\mu_z=1.55$。假设风荷载沿高度呈倒三角形分布，地面处风荷载标准值为 0.0kN/m²。试问，在图 5-18 所示方向的风荷载作用下，按承载力设计时，结构基底剪力设计值（kN）应与下列何项数值最为接近？

(A) 723　　　　　　(B) 1010
(C) 1090　　　　　　(D) 1250

39. 考虑水平地震作用时，需要先确定水平地震作用的计算方向。试问，抗震设计时该结构必须考虑的水平地震作用方向（即与 X 轴正向的夹角，按逆时针旋转），应为下列何项所示？

(A) 0°、90°
(B) 30°、90°、150°
(C) 0°、30°、60°、90°
(D) 0°、30°、60°、90°、120°、150°

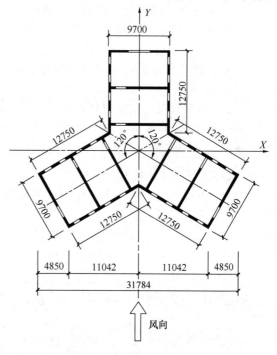

图 5-15　平面图（单位：mm）

40. 该房屋剪力墙抗震设计时，试问，下列何项符合相关规范、规程的要求？
   (A) 符合与三级抗震等级相应的计算和构造措施要求
   (B) 符合与二级抗震等级相应的计算和构造措施要求
   (C) 符合与二级抗震等级相应的计算要求和与三级抗震等级相应的构造措施要求
   (D) 符合与三级抗震等级相应的计算要求和与二级抗震等级相应的构造措施要求

【题 41~46】 某 10 层现浇钢筋混凝土框架结构，地下一层箱形基础顶为嵌固端，房屋高度为 36.4m。首层层高为 4.0m，2~10 层层高均为 3.6m。该房屋为丙类建筑，抗震设防烈度为 8 度，设计基本地震加速度为 (0.20g)。框架抗震等级为一级。

41. 已知：特征周期 $T_g=0.35s$，考虑非承重墙体的刚度，折减后的结构基本自振周期 $T_1=1.0s$，地震影响系数 $\alpha_1=0.0459$；各层（包括屋面层）重力荷载代表值总和 $\sum G_i=110310kN$，各层（层顶质点）重力荷载代表值 G_i 与该层质点计算高度 H_i 乘积之和 $\sum G_i H_i=2161314kN\cdot m$，第 9 层（层顶质点）的 $G_9 H_9=267940kN\cdot m$。当采用底部剪力法计算第 9 层（层顶质点）水平地震作用标准值 F_{9k} (kN) 时，试问，其值应与下列何项数值最为接近？
   (A) 405　　　　(B) 455　　　　(C) 490　　　　(D) 535

42. 若在结构顶部增加突出小屋（第 11 层水箱间），其层高为 3.0m。已知：第 10 层（层顶质点）的水平地震作用标准值 $F_{10}=682.3kN$，第 11 层（层顶质点）的水平地震作用标准值 $F_{11}=85.3kN$，第 10 层的顶部附加水平地震作用标准值为 $\Delta F_{10}=910.7kN$。试问，采用底部剪力法计算时，顶部突出小屋（第 11 层水箱间）以及第 10 层的楼层水平地震剪力标准值 V_{Ek11} (kN) 和 V_{Ek10} (kN)，与下列何项数值最为接近？

   提示：按《建筑抗震设计规范》作答。
   (A) $V_{Ek11}=85$，$V_{Ek10}=1680$　　　　(B) $V_{Ek11}=256$，$V_{Ek10}=1680$
   (C) $V_{Ek11}=996$，$V_{Ek10}=1680$　　　　(D) $V_{Ek11}=256$，$V_{Ek10}=1850$

43. 沿该建筑物竖向框架结构的层刚度无突变，楼层屈服强度系数 ξ_y 分布均匀。已求得首层的楼层屈服强度系数 $\xi_y=0.45$。第 1~3 层柱截面及其混凝土强度等级、配筋均相同。按实配钢筋和材料强度标准值计算的边柱、中柱的受剪承载力分别为：边柱 $V_{cua1}=678kN$，中柱 $V_{cua2}=960kN$。罕遇地震作用下首层弹性地震剪力标准值为 36000kN。试问，下列何项主张符合相关规范的规定？

   提示：按《建筑抗震设计规范》作答。
   (A) 不必进行弹塑性变形验算
   (B) 需进行弹塑性变形验算，且必须采用静力弹塑性分析方法或弹塑性时程分析法
   (C) 通过调整柱实配钢筋使 V_{cua1} 和 V_{cua2} 增加 5% 后，可不进行弹塑性变形验算
   (D) 可采用弹塑性变形的简化计算方法，将罕遇地震作用下按弹性分析的层间位移乘以增大系数 1.90

44. 该框架结构首层某根框架边柱轴压比不小于 0.15。在各种荷载作用下该柱的同方向柱底端弯矩标准值为：恒荷载作用下 $M_{Dk}=190kN\cdot m$，活荷载作用下 $M_{Lk}=94kN\cdot m$，水平地震作用下 $M_{Ek}=133kN\cdot m$。若计算重力荷载代表值时活荷载组合值系数为 0.5，试问，抗震设计时该柱底端截面的组合弯矩设计值 M (kN·m)，最接近于下列何项数值？

提示：按《建筑与市政工程抗震通用规范》GB 55002—2021 作答。

(A) 690　　　(B) 725　　　(C) 780　　　(D) 840

45. 在该结构中某根截面为 600mm×600mm 的框架柱，$h_0=550$mm，混凝土强度等级为 C40，箍筋采用 HRB335 级钢（$f_{yv}=300$N/mm²），非加密区箍筋间距为 200mm。该柱进行抗震设计时，剪跨比 $\lambda=2.5$，剪力设计值 $V=650$kN，对应的轴力设计值 $N=340$kN（受拉）。试问，计算所需的非加密区箍筋面积 A_{sv}（mm²），与下列何项数值最为接近？

提示：$\dfrac{1.05}{\lambda+1}f_t bh_0=169.3$kN；$0.36f_t bh_0=203.1$kN；$\dfrac{1.05}{\lambda+1}f_t bh_0-0.2N_2>0$。

(A) 275　　　(B) 415　　　(C) 550　　　(D) 665

46. 在该框架结构中，与截面为 600mm×600mm 的框架中柱相连的某截面为 350mm×600mm 的框架梁，纵筋采用 HRB400 级钢（Φ），采用 C40 混凝土。试问，该梁端上部和下部纵向钢筋按下列何项配置时，才能全部满足《高层建筑混凝土结构技术规程》JGJ 3—2010 规定的构造要求？

提示：下列各选项纵筋配筋率均符合《高层建筑混凝土结构技术规程》6.3.2 条第 1、2 款要求。

(A) 上部纵筋 4Φ32+2Φ28（$\rho_{上}=2.38\%$），下部纵筋 4Φ28（$\rho_{下}=1.26\%$）

(B) 上部纵筋 9Φ25（$\rho_{上}=2.34\%$），下部纵筋 4Φ25（$\rho_{下}=1.00\%$）

(C) 上部纵筋 7Φ28（$\rho_{上}=2.31\%$），下部纵筋 4Φ28（$\rho_{下}=1.26\%$）

(D) 上述（A）、（B）、（C）均不满足相关规程规定的构造要求

【题 47、48】 某截面尺寸为 300mm×700mm 的剪力墙连梁，如图 5-16 所示。$h_{b0}=660$mm，净跨 $l_n=1500$mm，混凝土强度等级为 C40，纵筋采用 HRB400 级钢，腰筋采用 HPB300 级钢。抗震等级为一级。取 $a_s=a'_s=40$mm。

47. 已知连梁上、下部纵向钢筋配筋率均不大于 2%，钢筋直径均不小于 20mm，试问，该连梁箍筋和腰筋按下列何项配置时，能全部满足《高层建筑混凝土结构技术规程》JGJ 3—2010 的最低构造要求且配筋量最少？

提示：梁两侧纵向腰筋为 φ10@200 时，其面积配筋率=0.280%；梁两侧纵向腰筋为 φ12@200 时，其面积配筋率=0.404%。

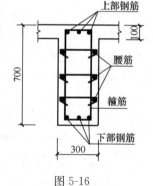

图 5-16

(A) 箍筋φ8@100，腰筋φ10@200　　　(B) 箍筋φ10@100，腰筋φ10@200

(C) 箍筋φ10@100，腰筋φ12@200　　　(D) 箍筋φ12@100，腰筋φ12@200

48. 按 8 度抗震设计时，假定调整后的连梁剪力设计值达到按其截面尺寸控制所允许承担的斜截面受剪承载力最大值，作用在连梁上的竖向荷载产生的内力忽略不计，连梁两端弯矩（相同时针方向）$M_b=M_b^l$，连梁上、下部配置的纵向钢筋相同。试问，在满足《高层建筑混凝土结构技术规程》JGJ 3—2010 规定的关于连梁强剪弱弯的要求前提下，该连梁上、下部纵向钢筋面积 $A_s=A'_s$（mm²）按下列何项配置时，连梁所能承担的考虑地震作用组合的弯矩设计值最大？

提示：① $\beta_c f_c b_b h_{b0} = 3781.8 \text{kN}$。
② 由弯矩 M_b 计算连梁上、下部纵筋时，按下式计算钢筋面积：$A_s = \dfrac{\gamma_{RE} M_b}{0.9 f_y h_{b0}}$，式中，$\gamma_{RE} = 0.75$。

(A) 1350　　　　(B) 1473　　　　(C) 1620　　　　(D) 2367

【题 49】 某高层建筑，地下一层箱形基础顶为上部结构的嵌固端，建筑俯视平面和剖面如图 5-16 所示。抗震计算时，不计入地基与结构相互作用的影响。相应于荷载的标准值共同作用时，上部结构和基础传下来的竖向力值 $N_k = 165900 \text{kN}$ 作用于基础底面形心位置；结构总水平地震作用标准值 $F_{Ek} = 9600 \text{kN}$，其在地下一层顶产生的倾覆力矩 $M_{Ek} = 396000 \text{kN·m}$。确定基础宽度时，若不考虑地下室周围土的侧压力，基底反力呈直线分布，地基承载力验算满足规范要求。试问，在图 5-17 所示水平地震作用下，满足《高层建筑混凝土结构技术规程》JGJ 3—2010 关于基底应力状态限制要求的基础最小宽度 B_j（m），与下列何项数值最为接近？

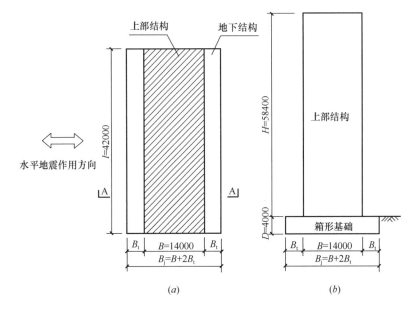

图 5-17
(a) 平面图；(b) A-A 剖面图

(A) 15　　　　(B) 16　　　　(C) 17　　　　(D) 18

【题 50】 下列关于高层钢框架结构中框架梁与框架柱的连接设计要求，何项不妥？
(A) 抗震等级为一、二级时，框架梁与柱宜采用加强型连接或骨式连接
(B) 框架梁翼缘与柱的连接应采用一级全熔透焊缝
(C) 框架梁腹板（连接板）与柱采用双面角焊透连接时，焊缝的焊脚尺寸不得小于 5mm
(D) 抗震设计时，框架梁与柱刚接，相应于梁翼缘的柱的水平加劲肋厚度不得小于梁翼缘厚度加 2mm

实战训练试题（六）

（上午卷）

【题 1～4】 某跨度为 6m 的钢筋混凝土简支吊车梁，安全等级为二级，环境类别为一类，计算跨度 $l_0=5.8$m。承受两台 A5 级起重量均为 10t 的电动软钩桥式吊车，吊车的主要技术参数见表 6-1。

吊车主要技术参数　　　　　　　　　　　　　　表 6-1

起重量 Q (t)	吊车宽度 B (m)	大车轮距 W (m)	最大轮压 P_{max} (kN)	吊车总重 G (t)	小车重 G_1 (t)
10	5.92	4.0	109.8	19.4	4.1

提示：重力加速度 $g=10\text{m/s}^2$；按《工程结构通用规范》GB 55001—2021 作答。

1. 当进行承载力计算时，在吊车竖向荷载作用下，吊车梁的跨中最大弯矩设计值 M（kN·m），应与下列何项数值最为接近？

   (A) 279　　　　(B) 293　　　　(C) 325　　　　(D) 350

2. 当仅在吊车竖向荷载作用下进行疲劳验算时，吊车梁的跨中最大弯矩标准值 M_k^l（kN·m），应与下列何项数值最为接近？

   (A) 159　　　　(B) 167　　　　(C) 222　　　　(D) 233

3. 按荷载的准永久组合计算的吊车梁纵向受拉筋的应力 $\sigma_{sq}=210\text{N/mm}^2$，吊车梁的截面及配筋如图 6-1 所示，混凝土强度等级为 C40，纵向受力钢筋保护层厚度为 30mm，纵向受力钢筋采用 HRB400 级钢筋（Φ），跨中实配纵向受拉钢筋为 3Φ20+4Φ16（$A_s=1746\text{mm}^2$）。试问，该吊车梁进行裂缝宽度验算时最大裂缝宽度 w_{max}（mm），应与下列何项数值最为接近？

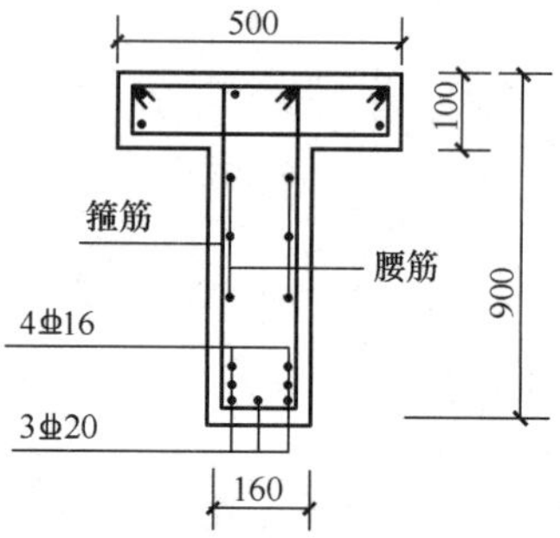

   (A) 0.21　　　　(B) 0.20
   (C) 0.23　　　　(D) 0.25

图 6-1

4. 试问，对于需做疲劳验算的该吊车梁现场预制构件，在进行构件的裂缝宽度检验时，设计要求的最大裂缝宽度限值 $[w_{max}]$（mm），应取下列何项数值？

   (A) 0.15　　　　(B) 0.20　　　　(C) 0.25　　　　(D) 0.30

【题 5】 某厂房楼盖为预制钢筋混凝土槽形板，其截面及配筋如图 6-2 所示，混凝土强度等级为 C30，肋底部配置的 HRB400 级纵向受力钢筋为 2Φ18（$A_s=509\text{mm}^2$）。该预制槽形板自重标准值为 15kN，制作时需设置 4 个吊环，吊环采用 HPB300 级钢筋制作。试问，该预制板的吊环直径选用以下何项最为合适？

   (A) ϕ6　　　　(B) ϕ8　　　　(C) ϕ10　　　　(D) ϕ12

【题 6、7】 钢筋混凝土板上由锚板和对称配置的弯折锚筋及直锚筋共同承受剪力的预埋件，如图 6-3 所示。混凝土强度等级为 C30，锚筋采用 HRB335 级钢筋，直锚筋为 4Φ12（A_s=452mm²），弯折锚筋为 2Φ12（A_{sb}=226mm²）。安全等级为二级。

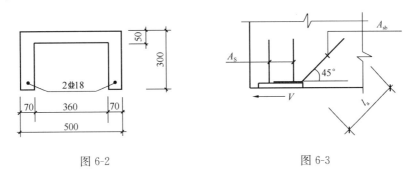

图 6-2　　　　　　　　　　图 6-3

6. 当不考虑地震作用组合时，该预埋件受剪承载力设计值（kN），应与以下何项数值最为接近？

(A) 93　　　(B) 101　　　(C) 115　　　(D) 129

7. 该预埋件弯折锚筋的锚固长度 l_a（mm），取下列何项数值最为恰当？

(A) 180　　　(B) 290　　　(C) 360　　　(D) 410

【题 8～10】 某钢筋混凝土框架结构多层办公楼，安全等级为二级，抗震等级为二级。该房屋各层层高均为 3.6m。首层地面标高为±0.00m，基础顶面标高为−1.00m，框架柱截面 $b \times h$=500mm×500mm，混凝土强度等级为 C30，柱纵向受力钢筋采用 HRB400 级钢筋（Φ），柱箍筋采用 HPB300 级钢筋（ϕ）。取 $a_s = a'_s$=45mm。

8. 已知该框架底层中柱轴压比为 0.7，截面及配筋如图 6-4 所示，纵向受力钢筋的保护层厚度为 30mm。试问，该框架柱底端加密区的箍筋配置选用下列何项才最为合适？

(A) ϕ8@100　　　　　　　(B) ϕ10@150
(C) ϕ10@100　　　　　　 (D) ϕ12@100

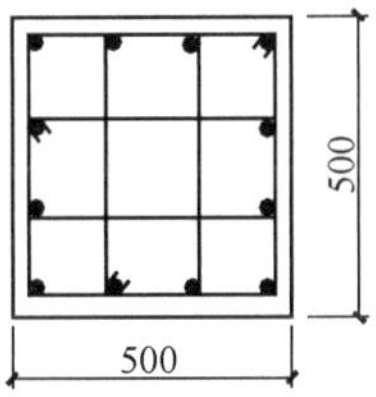

图 6-4

9. 假定该框架底层中柱应考虑挠曲二阶效应，柱端弯矩设计值分别为：M_1=400kN·m（↻），M_2=430kN·m（↻），轴压力设计值 N=1920kN。试问，弯矩增大系数 η_{ns} 最接近下列何项数值？

(A) 1.06　　　(B) 1.11　　　(C) 1.24　　　(D) 1.31

10. 假定该框架底层中柱底端在考虑地震作用组合并经内力调整后的最不利设计值为：N=1920kN，M=490kN·m。承载力抗震调整系数 γ_{RE}=0.8。试问，当采用对称配筋时，该框架柱最小纵向配筋截面面积 $A_s = A'_s$(mm)² 的计算值，与下列何项最为接近？

提示：ξ_b=0.518。

(A) 1380　　　(B) 1650　　　(C) 1850　　　(D) 2350

【题 11～15】 某厂房侧跨采用单坡倒梯形钢屋架，跨度 30m，柱距 12m。屋架与柱顶铰接，屋面采用金属压型板、高频焊接薄壁 H 型钢檩条。屋架上下弦杆与腹杆间以节点板连接（中间节点板厚 t=10mm），并均采用双角钢组合截面。屋架几何尺寸及部分杆件内力设计值见图 6-5（a）、（b）。屋架钢材全部采用 Q235B，焊条采用 E43 型。安全等级为二级。

11. 腹杆 BH，其几何长度 $l=3806$mm，采用等边双角钢（L100×6）T 形组合截面，截面面积 $A=2390$mm²，截面绕非对称轴的回转半径 $i_x=31$mm。试问，当按稳定性验算时，该杆在桁架平面内的轴心受压承载力设计值（kN），与下列何项数值最为接近？

(A) 215　　　(B) 235　　　(C) 290　　　(D) 330

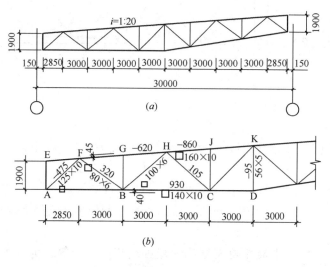

图 6-5
(a) 屋架几何尺寸图；(b) 屋架部分杆件设计内力（kN）及杆件截面图

12. 已知上弦杆在间距 6m 节点处（E、G、J 等）设有支撑系杆，杆段 FH 及 HK 的轴心压力设计值分别为 －620kN 及 －860kN，采用等边双角钢（L160×10）T 形组合截面，$i_x=49.7$mm，$i_y=69.2$mm。试问，按稳定性验算时，上弦杆 GJ 在桁架平面外的计算长细比 λ_y，与下列何项数值最为接近？

提示： 上弦杆 GJ 几何长度 $l_1=6007$mm。

(A) 60.4　　　(B) 70.2　　　(C) 80.7　　　(D) 87.7

13. 竖腹杆 KD，其几何长度 $l=2643$mm，采用等边双角钢（L56×5）十字形组合截面 ，其截面特性：$A=1083$mm²，$i_{x1}=29.9$mm，$i_{y1}=21.3$mm。该杆轴压力设计值 $N=-95$kN。试问，该杆在轴心压力作用下，按稳定性验算时，以应力形式表达的稳定性计算值（N/mm²），应与下列何项数值最为接近？

(A) 125　　　(B) 154　　　(C) 207　　　(D) 182

14. 上弦杆 F 节点的节点板与腹杆连接构造如图 6-6 所示。假定端腹杆 AF 截面为 L125×10，其轴力设计值 $N=-475$kN；角钢与节点板间采用直角角焊缝焊接连接，角钢肢背角焊缝焊脚尺寸 h_f 为 10m。试问，角钢肢背侧面角焊缝的计算长度 l_w（mm），应与下列何项数值最为接近？

(A) 150　　　(B) 120　　　(C) 80　　　(D) 220

15. 如图 6-6 所示，图中节点板的厚度为 12mm；假定斜腹杆 FB 截面为 L80×6，轴力设计值 $N=320$kN；腹杆与节点板间为焊缝连接。节点板在拉剪作用下其撕裂破坏线为

ABCD，如图 6-6 所示。已知，三折线段的长度分别为 $\overline{AB}=100\text{mm}$，$\overline{BC}=80\text{mm}$，$\overline{CD}=125\text{mm}$；折线段 AB、CD 与腹杆轴线的夹角 $\alpha_1=47°$，$\alpha_2=38°$。试问，节点板在拉剪作用下进行强度计算时，其应力计算值（N/mm²），应与下述何项数值最为接近？

(A) 90　　　　　(B) 113　　　　　(C) 136　　　　　(D) 173

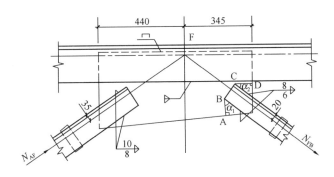

图 6-6

【题 16~20】　某独立钢结构设备平台，其横向为框架结构，柱列纵向设交叉支撑，柱脚铰接（平板支座）。平台主、次梁间采用简支平接，平台板采用带肋钢铺板，结构布置图见图 6-7。梁柱构件均选用轧制 H 型钢，全部钢材均为 Q235B，焊条采用 E43 型焊条。安全等级为二级。

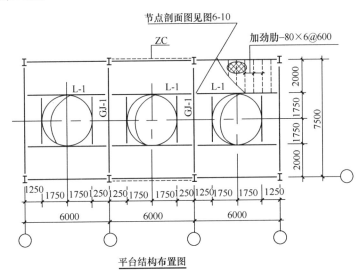

图 6-7

16. 平台钢铺板厚 $t=6\text{mm}$，加劲肋为 -80×6，其间距为 600mm，带肋板按 T 形截面简支梁计算，肋板有效截面如图 6-8 所示，截面特性：$I_x=87.4\times10^4\text{mm}^4$，$y_1=16.2\text{mm}$，若已知平台板面均布荷载设计值为 8kN/m²（已含结构自重）。试问，当带肋板按受弯构件作抗弯强度验算时，其截面上的最大应力计算值（N/mm²），与下列何项数值最为接近？

提示：截面等级为 S4 级。

(A) 45　　　　　　(B) 120　　　　　　(C) 160　　　　　　(D) 192

17. 梁 L-1 选用 HN446×199×8×12，其截面抵抗矩 $W_x=1300\times10^3\mathrm{mm}^3$，计算简图如图 6-9 所示。已知均布荷载设计值 $q=8\mathrm{kN/m}$（已含结构自重），集中荷载设计值 $P=56\mathrm{kN}$。试问，梁 L-1 按受弯构件进行强度验算时，截面的最大应力计算值（N/mm²），与下列何项数值最为接近？

提示：$\gamma_x=1.05$。

(A) 154　　　　　　(B) 170　　　　　　(C) 182　　　　　　(D) 201

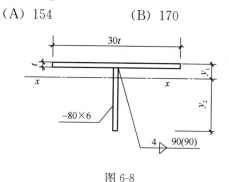

图 6-8

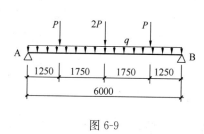

图 6-9

18. 梁 L-1 与框架 GJ-1 横梁间的连接，如图 6-10 所示，采用 10.9 级 M20 的高强度螺栓摩擦型连接，连接处摩擦面抗滑移系数 $\mu=0.35$，采用标准孔。L-1 梁端剪力设计值 $V=136\mathrm{kN}$，考虑连接偏心的不利影响，剪力增大系数取 1.3。试问，根据计算该连接处配置的螺栓数量（个），应为下列何项数值？

(A) 7　　　　　　(B) 8　　　　　　(C) 4　　　　　　(D) 5

19. 框架 GJ-1 计算简图及梁柱截面特性如图 6-11 所示。试问，在框架平面内柱的计算长度系数 μ，应与下列何项数值最为接近？

(A) 0.7　　　　　　(B) 1.0　　　　　　(C) 1.25　　　　　　(D) 2.0

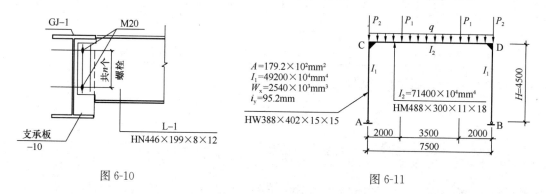

图 6-10　　　　　　　　　　　　　　　　图 6-11

20. 设计条件同问题 19。若已知框架 GJ-1 在竖向荷载作用下柱上端弯矩设计值 $M=235\mathrm{kN\cdot m}$，柱轴力设计值 $N=272\mathrm{kN}$，作为压弯构件。柱截面等级满足 S3 级。试问，弯矩作用平面外的稳定性计算时，以应力形式表达的稳定性计算值（N/mm²），与下列何项数值最为接近？

提示：取等效弯矩系数 $\beta_{tx}=0.65$，柱弯矩作用平面外计算长度为 4500mm。

(A) 78　　　　　　(B) 110　　　　　　(C) 130　　　　　　(D) 153

【题 21、22】 某单跨无吊车仓库，跨度 12m，如图 6-12 所示。承重砖柱截面尺寸为 490mm×620mm，无柱间支撑，采用 MU10 烧结普通砖、M5 混合砂浆砌筑，砌体施工质量控制等级为 B 级。屋盖结构支承在砖柱形心处，静力计算方案属刚弹性方案，室内设有刚性地坪。

21. 试问，当验算高厚比时，排架方向砖柱的高厚比 β，与下列何项数值最为接近？
(A) 8.5　　　　(B) 9.2　　　　(C) 10.3　　　　(D) 11.2

22. 试问，垂直排架方向砖柱的受压承载力设计值（kN），与下列何项数值最为接近？
(A) 340　　　　(B) 355　　　　(C) 390　　　　(D) 420

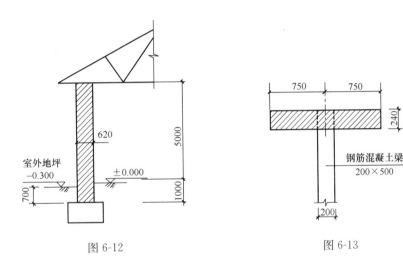

图 6-12　　　　　　　　　　图 6-13

【题 23】 一钢筋混凝土简支梁，截面尺寸为 200mm×500mm，跨度 6m，支承在 240mm 厚的窗间墙上，如图 6-13 所示。墙长 1500mm，采用 MU10 烧结普通砖、M5 混合砂浆砌筑，砌体施工质量控制等级为 B 级。在梁下、窗间墙墙顶部位，设置宽 240mm、高 180mm、长 1500mm 的垫梁（实际上是钢筋混凝土圈梁的一段），其混凝土的强度等级为 C20（$E_c=2.25\times10^4$ MPa）。梁端的支承压力设计值 $N_l=100$ kN，上层传来的轴向压力设计值为 300kN。

试问，垫梁的折算高度 h_0（mm），与下列何项数值最为接近？
(A) 210　　　　(B) 270　　　　(C) 350　　　　(D) 400

【题 24】 某既有砌体结构房屋采用烧结普通砖墙承重，抗震设防烈度为 8 度 (0.20g)，房屋布置如图 6-14 所示，每层结构布置相同，层高均为 3.6m，墙厚均为 240mm。经检测鉴定，首层砌体砖评定为 MU7.5，砂浆评定为 M2.5，综合抗震能力不足，需进行抗震加固。首层墙 A 的原有抗震能力指标 $\beta_0=0.86$，拟采用双面钢筋网砂浆面层加固，面层砂浆强度等级 M10，单面面层厚度 30mm，钢筋网规格按 $\phi6@300\times300$，双面加固后，体系影响系数 $\psi_1=0.9$，局部影响系数 $\psi_2=1.0$。试问，抗震加固后，首层墙 A 的综合抗震能力系数 β_s，与下列何项数值最为接近？

提示：按《建筑抗震加固技术规程》JGJ 116—2009 作答。
(A) 1.25　　　　(B) 1.18　　　　(C) 1.08　　　　(D) 1.00

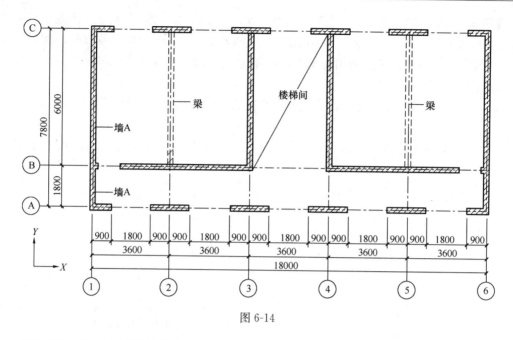

图 6-14

【题 25】 关于木结构的防火，下列何项不妥？
（A）构件连接的耐火极限不应低于所连接构件的耐火极限
（B）由于木结构的可燃性，故对建筑物内填充材料的可燃性能可不作要求
（C）当梁为可燃烧体时，其耐火极限为 1.00h。
（D）两侧为耐火石膏板的承重墙（厚度 120mm）的耐火极限不小于 1.0h

（下午卷）

【题 26~28】 某砌体建筑物采用墙下钢筋混凝土条形基础，地基基础设计等级为丙级，基础尺寸如图 6-15 所示；墙体作用于基础顶面处的轴心荷载标准值为：永久荷载 $F_{GK}=280$kN/m，可变荷载 $F_{QK}=122$kN/m；可变荷载的组合值系数为 0.7，基础及其上覆土的加权平均重度为 20kN/m³。安全等级为二级。

提示： 按《工程结构通用规范》GB 55001—2021 作答。

26. 试问，满足承载力要求的经修正后的天然地基承载力特征值 f_a（kPa），不应小于下列何项数值？

（A）220　　　　（B）230
（C）240　　　　（D）250

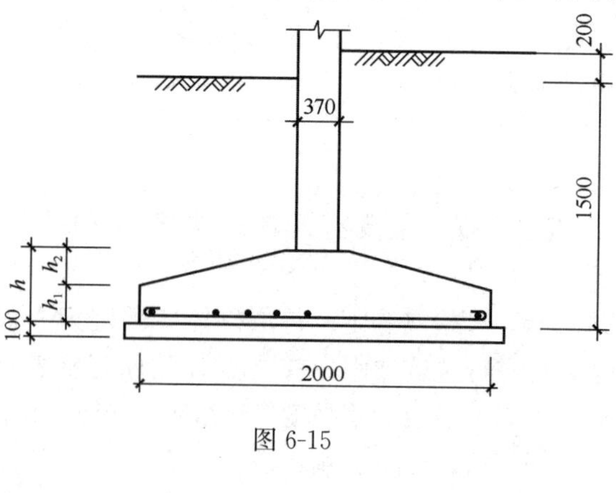

图 6-15

27. 假定基础混凝土强度等级为 C25，基础高度 $h=550$mm，基础有效高度 $h_0=500$mm。试问，基础底板单位长度的受剪承载力设计值与最大剪力设计值之比值，应与

下列何项数值最为接近？

(A) 2.5　　　　(B) 2.2　　　　(C) 1.8　　　　(D) 1.5

28. 条件同题 27。试问，基础底板受力主筋（HRB400 级）的配筋截面面积（mm^2），应与下列何项数值最为接近？

(A) 515　　　　(B) 715　　　　(C) 825　　　　(D) 895

【题 29、30】 柱下钢筋混凝土承台，桩及承台相关尺寸如图 6-16 所示，柱为方柱，居承台中心。相应于荷载基本组合时，柱轴压力设计值 $N=9500kN$；承台采用 C40 混凝土，承台有效高度 $h_0=1040mm$。

提示：按《建筑地基基础设计规范》50007—2011 作答。

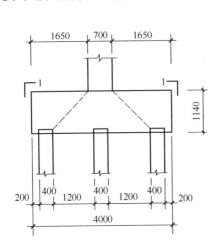
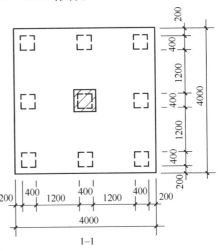

图 6-16

29. 已求得 $\alpha_{0x}=\alpha_{0y}=0.7$，试问，验算柱对承台的冲切时，承台的抗冲切承载力设计值（kN）与下列何项数值最为接近？

(A) 7150　　　　(B) 7240　　　　(C) 8420　　　　(D) 8540

30. 试问，承台的斜截面抗剪承载力设计值（kN），与下列何项数值最为接近？

(A) 5800　　　　(B) 6285　　　　(C) 7180　　　　(D) 7520

【题 31～37】 某新建 5 层建筑位于边坡坡顶，坡面与水平面夹角 $\beta=45°$，该建筑的上部结构采用钢筋混凝土框架结构，采用柱下独立基础，基础底面中心线与柱截面中心线重合。方案设计时，靠近边坡的柱截面尺寸为 $500mm×500mm$，基础底面形状为正方形，基础剖面及土层分布如图 6-17 所示。基础及其上部覆土的平均重度取 $20kN/m^3$，场地内无地下水。不考虑地震作用。

31. 假定，该土坡本身稳定，基础宽度为 $b<3m$，相应于荷载的标准组合时，基础底面中心的竖向力 $F_k+G_k=1000kN$，弯矩 $M_{xk}=0$，①层粉质黏土的承载力特征值 $f_{ak}=150kPa$，根据《建筑地基基础设计规范》GB 50007—2011 有关规定，基础底面外边缘线至坡顶的水平距离 a（m），最小应取下列何项数值？

提示：可不必按照圆弧滑动法进行稳定性验算。

(A) 2.5　　　　(B) 3.5　　　　(C) 4.5　　　　(D) 5.5

32. 假定，基础宽度为 $b<3m$，相应于荷载的标准组合时，作用于基础顶面的竖向压

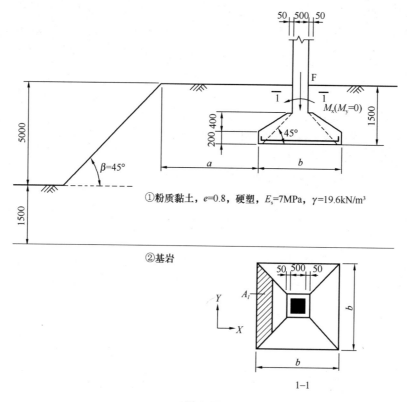

图 6-17

力 F_k=1000kN，弯矩 M_{xk}=80kN·m，忽略水平剪力影响，基础经深度修正后的地基承载力 f_a=192kPa，试问，基础底面最小宽度 b（m），与下列何项数值最接近？

(A) 2.1　　　　(B) 2.3　　　　(C) 2.5　　　　(D) 2.8

33. 假定，安全等级为二级，柱下独立基础底面宽度 b=2.5m，基础冲切破坏锥体有效高度 h_0=545mm，基础混凝土强度等级为 C30（f_t=1.43N/mm²），采用 HRB400 钢筋。相应于荷载的基本组合时，作用于基础顶面的竖向压力设计值 F=1500kN，弯矩设计值 M_x=120kN·m，忽略水平剪力影响。试问，柱下独立基础抗冲切承载力验算时，基础最不利一侧的冲切力设计值（kN），与下列何项数值最接近？

提示： 最不利一侧冲切力设计值为相应于荷载的基本组合时，作用在图 6-17 中 A_l 上的地基土净反力设计值，其中，p_j 取基础边缘处最大地基土单位面积净反力值。

(A) 210　　　　(B) 265　　　　(C) 305　　　　(D) 345

34. 条件同题 33，试问，柱下独立基础抗冲切承载力验算时，基础最不利一侧的抗冲切承载力设计值（kN），与下列何项数值最接近？

(A) 480　　　　(B) 520　　　　(C) 570　　　　(D) 600

35. 假定，安全等级为一级，基础底面宽度 b=2.5m，基础及其上覆土自重的分项系数为 1.35。相应于荷载的基本组合时，作用于基础顶面的竖向压力设计值 F=1500kN，承受单向弯矩 M_x 的作用，忽略水平剪力影响。基础底面最小地基反力设计值 p_{min}=230kPa。试问，柱下独立基础底板在柱边处正截面的最大弯矩设计值 M（kN·m），与下列何项数值最接近？

(A) 210   (B) 260   (C) 285   (D) 310

36. 假定,安全等级为一级,基础底面宽度 $b=2.5$m,基础有效高度 $h_0=545$mm。相应于荷载的基本组合时,独立基础底板在柱边处正截面弯矩设计值 $M=180$kN·m,基础采用 C30 混凝土,钢筋采用 HRB400($f_y=360$N/mm²)。试问,根据《建筑地基基础设计规范》GB 50007—2011 规定,基础底板受力钢筋配置,下列何项最合理?

(A) Φ12@210   (B) Φ12@170   (C) Φ12@150   (D) Φ14@210

37. 假定,基础底面宽度 $b=2.5$m。相应于荷载的准永久组合时,基础底面平均附加应力 $p_0=150$kPa,①层粉质黏土的承载力特征值 $f_{ak}=150$kPa,不考虑相邻基础及边坡的影响。取沉降计算经验系数 $\psi_s=1.0$。试问,考虑基岩对压力分布影响后,基底中心点处地基最终计算变形量 s(mm),与下列何项数值最接近?

(A) 42   (B) 47   (C) 52   (D) 57

【题 38、39】 某拟建高度为 59m 的 16 层现浇钢筋混凝土框架-剪力墙结构,质量和刚度沿高度分布比较均匀,对风荷载不敏感,其两种平面方案如图 6-18 所示。假设在如图所示的风作用方向两种结构方案的基本自振周期相同。

38. 当估算主体结构的风荷载效应时,试问,方案 a 与方案 b 的风荷载标准值(kN/m²)之比,最接近于下列何项比值?

提示:按《高层建筑混凝土结构技术规程》JGJ 3—2010 作答。

(A) 1:1   (B) 1:1.15   (C) 1:1.2   (D) 1.14:1

39. 当估算围护结构风荷载时,试问,方案 a 与方案 b 相同高度迎风面中点处单位面积风荷载比值,与下列何项比值最为接近?

(A) 1.5:1   (B) 1.15:1   (C) 1:1   (D) 1:1.2

【题 40】 一幢平面为矩形的框架结构,长 40m,宽 20m,高 30m,位于山区。该建筑物原拟建在山坡下平坦地带 A 处,现拟改在山坡上的 B 处,建筑物顶部相同部位在两个不同位置所受到的风荷载标准值分别为 w_A、w_B(kN/m²)(见图 6-19)。试问,w_B/w_A 的比值与下列何项数值最为接近?

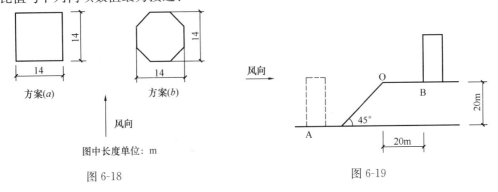

图 6-18

图 6-19

提示:不考虑风振系数的变化。

(A) 1   (B) 1.1   (C) 1.3   (D) 1.4

【题 41】 某一拟建于 8 度抗震设防烈度区、Ⅱ类场地的钢筋混凝土框架-剪力墙结构房屋,高度为 87m,其平面为矩形,长 40m,在建筑物的宽度方向有 3 个方案,如图 6-20 所示。如果仅从结构布置相对合理角度考虑,试问,其最合理的方案应如下列何项所示?

(A) 方案（a）   (B) 方案（b）
(C) 方案（c）   (D) 三个方案均不合理

【题 42～44】 某 10 层钢筋混凝土框架结构，其中一榀框架剖面的轴线几何尺寸如图 6-21 所示。梁、柱的线刚度 i_b、i_c（单位为 10^{10} N·mm）均注于图中构件旁侧。梁线刚度已考虑楼板对其刚度增大的影响。各楼层处的水平力 F 为某一组荷载作用的标准值。在计算内力与位移时采用 D 值法。

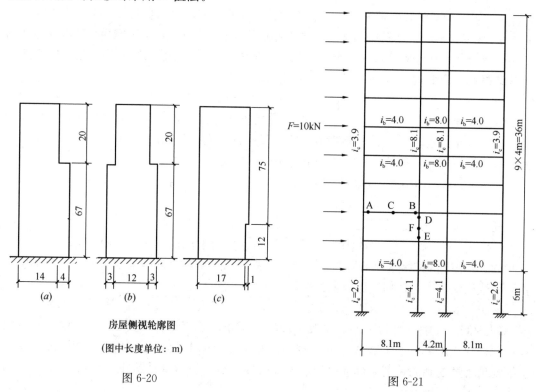

图 6-20

图 6-21

提示：$D = \alpha \dfrac{12 i_c}{h^2}$，式中 α 是与梁柱刚度比有关的修正系数；对底层柱：$\alpha = \dfrac{0.5 + \overline{K}}{2 + \overline{K}}$；对一般层柱：$\alpha = \dfrac{\overline{K}}{2 + \overline{K}}$，式中 $\overline{K}$ 为有关梁柱的线刚度比。

42. 已知第 6 层每个边柱侧移刚度修正系数 $\alpha_{边} = 0.34$，试问，第 6 层每个中柱分配的剪力标准值（kN），最接近于下列何项数值？

(A) 4   (B) 13   (C) 18   (D) 25

43. 已知底层每个中柱侧移刚度修正系数 $\alpha_{中} = 0.7$，试问，底层每个边柱分配的剪力标准值（kN），与下列何项数值最为接近？

(A) 2   (B) 17   (C) 20   (D) 25

44. 假定底层每个边柱和中柱的侧移刚度修正系数分别为 $\alpha_{边} = 0.58$ 和 $\alpha_{中} = 0.7$，试问，当不考虑柱子的轴向变形影响时，底层柱顶侧移（即底层层间相对侧移）值（mm）与下列何项数值最为接近？

(A) 3.4   (B) 5.4   (C) 8.4   (D) 10.4

【题 45、46】 某钢筋混凝土现浇剪力墙结构（全部剪力墙落地），抗震设防烈度为 7 度，丙类建筑，房屋高度 90m，布置较多短肢剪力墙，其中某一剪力墙截面如图 6-22 所示。混凝土采用 C40，竖向受力钢筋采用 HRB400 级。

45. 该底层剪力墙轴压比为 0.45，其竖向配筋示意图如图 6-23 所示，双排配筋，在翼缘部分配置 8 根纵向钢筋。试通过计算确定下列何项竖向配筋最符合规程的要求？

提示：取竖向钢筋的 $a_s = a'_s = 35\text{mm}$。

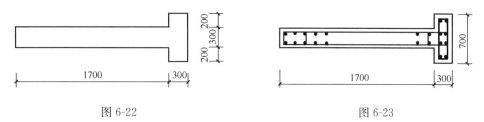

图 6-22 　　　　　　　　　　　图 6-23

(A) Φ22@200　　(B) Φ20@200　　(C) Φ18@200　　(D) Φ16@200

46. 假定底层层高 4.8m，剪力墙立面如图 6-24 所示，其截面尺寸见图 6-24。按《高层建筑混凝土结构技术规程》JGJ 3—2010 附录 D 对墙体进行稳定验算，试问，验算式中的 l_0（m）应为下列何项数值时，才最符合规程的要求？

(A) 1.2　　(B) 1.7　　(C) 2.0　　(D) 4.8

【题 47、48】 某现浇钢筋混凝土框架结构，地下 2 层，地上 12 层，抗震设防烈度为 7 度，抗震等级二级，地下室顶板为嵌固端。混凝土采用 C35、钢筋采用 HRB400 级及 HPB300 级。

47. 假定地上一层框架某一中柱的纵向钢筋配置如图 6-25 所示，每侧纵筋计算面积 $A_s = 985\text{mm}^2$，实配 4Φ18，满足构造要求。现将其延伸至地下一层，截面尺寸不变，每侧纵筋的计算面积为地上一层柱每侧纵筋计算面积的 0.9 倍。试问，延伸至地下一层后的中柱，其截面中全部纵向钢筋的配置，最接近于下列何项所示？

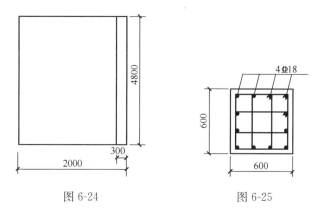

图 6-24 　　　　　　　　　图 6-25

(A) 12Φ25　　(B) 12Φ22　　(C) 12Φ20　　(D) 12Φ18

48. 某根框架梁的配筋如图 6-26 所示，试问，梁端加密区箍筋的设置，为下列何项才能最满足规程的最低要求？

(A) φ6@100　　(B) φ8@100　　(C) φ8@120　　(D) φ10@100

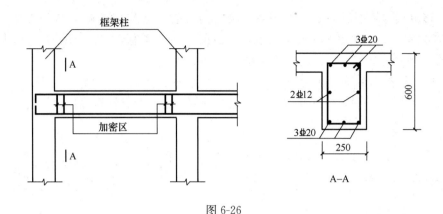

图 6-26

【题 49、50】 某高层钢框架-中心支撑结构房屋,抗震等级为四级,支撑采用十字交叉斜杆,按拉杆设计。支撑斜杆的轴线长度为 8.6m,斜杆采用焊接 H 形截面 H200×200×8×12,$i_x=86.1$mm,$i_y=49.9$mm,$A=6428$mm²。支撑斜杆的腹板位于框架平面外,且采用支托式连接。钢材采用 Q345 钢。

提示:按《高层民用建筑钢结构技术规程》作答。

49. 该支撑长细比验算,其平面内长细比 λ_x、平面外长细比 λ_y,与下列何项数值最接近?

(A) $\lambda_x=50$,$\lambda_y=70$
(B) $\lambda_x=86$,$\lambda_y=70$
(C) $\lambda_x=50$,$\lambda_y=100$
(D) $\lambda_x=86$,$\lambda_y=100$

50. 验算该支撑的翼缘宽厚比 $\dfrac{b}{t}$,腹板宽厚比 $\dfrac{h_0}{t_w}$,下列何项是正确的?

(A) $\dfrac{b}{t}$、$\dfrac{h_0}{t_w}$ 均满足规程
(B) $\dfrac{b}{t}$ 满足、$\dfrac{h_0}{t_w}$ 不满足规程
(C) $\dfrac{b}{t}$、$\dfrac{h_0}{t_w}$ 均不满足规程
(D) $\dfrac{b}{t}$ 不满足、$\dfrac{h_0}{t_w}$ 满足规程

实战训练试题（七）

（上午卷）

【题1~7】 某多层办公楼为现浇钢筋混凝土框架结构，抗震等级为二级，混凝土强度等级为C30，梁、柱纵向钢筋采用HRB400级钢筋，梁、柱箍筋采用HPB300级钢筋。其首层入口处雨篷的平面图与剖面图如图7-1所示。

提示：按《工程结构通用规范》GB 55001—2021作答。

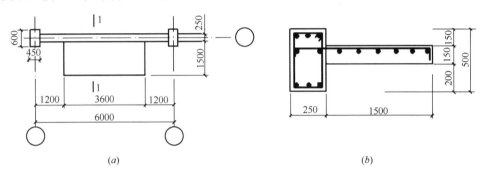

图 7-1
(a) 雨篷平面图；(b) 1-1 剖面图

1. 已知雨篷板折算均布恒荷载标准值为 5.5kN/m²，均布活荷载标准值为 1.0kN/m²。试问，基本组合时，雨篷板每米宽最大弯矩设计值（kN·m），与下列何项最接近？

提示：①雨篷板的计算跨度 $l_0=1.5m$；②应考虑施工、检修荷载。

(A) 8.3　　　(B) 9.0　　　(C) 9.5　　　(D) 10.3

2. 已知雨篷板在荷载的准永久组合下的短期刚度 $B_s=3.2\times10^{12}$ N·mm²，其折算均布荷载标准值同题1。当雨篷板仅配置板顶纵向受拉钢筋时，试问，雨篷板进行挠度验算时所采用的刚度 B（N·mm²），与下列何项数值最为接近？

(A) 1.4×10^{12}　　(B) 1.6×10^{12}　　(C) 2.1×10^{12}　　(D) 3.2×10^{12}

3. 如果不考虑雨篷梁的扭转变形，试问，雨篷板的挠度限值 $[f]$（mm）与以下何项数值最为接近？

提示：雨篷板的计算跨度 $l_0=1.5m$，使用上对挠度有较高要求。

(A) 6.0　　　(B) 7.5　　　(C) 12.0　　　(D) 15.0

4. 雨篷梁在雨篷板的弯矩作用下产生扭矩，假定雨篷梁与框架柱刚接。试问，雨篷梁的扭矩内力图与以下何项最为接近？

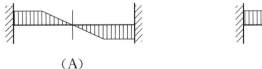

(A)

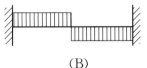

(B)

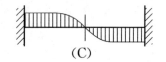
(C)

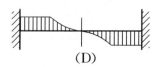
(D)

5. 已知雨篷板每米宽对雨篷梁产生的扭矩设计值为 8.0kN·m。试问，雨篷梁的最大扭矩设计值（kN·m/m）与下列何项数值最为接近？

提示：雨篷梁与框架柱固接。

(A) 14.4　　　(B) 17.0　　　(C) 24.0　　　(D) 28.8

6. 当雨篷梁（即支承雨篷的框架梁）按箍筋间距 $s=150$mm 进行计算时，受剪承载力所需的箍筋截面面积 $A_{sv}=85$mm^2（双肢箍），受扭承载力所需的箍筋单肢截面面积 $A_{st1}=70$mm^2。试问，雨篷梁端部的箍筋配置选用下列何项最为合适？

提示：雨篷梁满足抗震设计的要求。

(A) φ10@150（双肢）　　　(B) φ10@120（双肢）
(C) φ10@100（双肢）　　　(D) φ10@90（双肢）

7. 雨篷梁与框架柱节点如图 7-2 所示，梁下部受拉钢筋为 3Φ20。试问，梁下部受拉钢筋在节点处的水平锚固长度 l_1（mm）和向上弯折长度 l_2（mm），取以下何项数值最为合理？

(A) $l_1=330$，$l_2=300$
(B) $l_1=390$，$l_2=300$
(C) $l_1=420$，$l_2=330$
(D) $l_1=420$，$l_2=300$

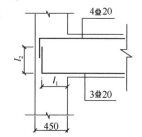

图 7-2

【题 8、9】 某多层钢筋混凝土框架结构，建筑场地类别为 I$_1$ 类，抗震设防烈度为 8 度，设计地震分组为第二组。

8. 试问，计算罕遇地震作用时的特征周期 T_g（s）应取以下何项数值？

(A) 0.30　　　(B) 0.35　　　(C) 0.40　　　(D) 0.45

9. 当采用底部剪力法计算多遇地震水平地震作用时，顶部附加水平地震作用标准值为 $\Delta F_n=\delta_n F_{Ek}$。当结构基本自振周期 $T_1=1.30$s 时，试问，顶部附加水平地震作用系数 δ_n 应与以下何项数值最为接近？

(A) 0.17　　　(B) 0.11　　　(C) 0.08　　　(D) 0.0

【题 10】 某既有多层钢筋混凝土框架结构房屋，抗震设防烈度为 8 度（0.20g），该建筑属于 A 类建筑。经抗震鉴定，该建筑需要进行抗震加固。二层某根框架柱，其截面尺寸为 400mm×500mm，柱净高为 4100mm，混凝土强度等级为 C30，箍筋采用 HPB235（$f_{yv}=210$N/mm^2，$f_{yvk}=235$N/mm^2），柱加密区箍筋配置为 φ8@100。沿该框架柱截面长边方向，在地震组合下的内力设计值为：弯矩 $M=1250$kN·m，剪力 $V=530$kN，轴压力 $N=2100$kN。

拟采用钢筋混凝土套加固，沿柱截面长边方向对该柱柱端的斜截面进行抗震受剪承载力计算，新增混凝土强度等级为 C35，新增箍筋为 HPB235。该柱的四侧均加大 50mm，即 500mm×600mm。加固后的体系影响系数和局部影响系数均为 1.0，取 $h_{01}=465$mm，$h_{02}=565$mm。计算剪跨比 λ=3.9。采用设计规范法进行计算。

提示：① 按《建筑抗震加固技术规程》JGJ 116—2009 作答。
② 加固前框架柱的现有受剪承载力计算按下式：

$$V_c \leqslant \frac{1}{\gamma_{Ra}} \left(\frac{0.16}{\lambda+1.5} f_c b h_0 + f_{yv} \frac{A_{sv}}{s} h_0 + 0.056N \right)$$

当 λ 大于 3 时，取 $\lambda=3$；当轴压力 N 大于 $0.3 f_c A$ 时，取 $N=0.3 f_c A$。
③ A 类建筑材料：C30（$f_c=15\text{N/mm}^2$），C35（$f_c=17.5\text{N/mm}^2$），$0.3 f_c A=1350\text{kN}$，$\gamma_{RS}=\gamma_{Ra}=0.85\times0.85=0.7225$。

试问，该框架柱柱端加密区的新增箍筋的计算值 A_{sv}/s（mm^2/mm），与下列何项数据最接近？
(A) 2.0 　　　　(B) 1.5 　　　　(C) 1.0 　　　　(D) 0.7

【题 11～18】 某多层商业建筑为钢筋混凝土框架-剪力墙结构，现增建钢结构入口大堂，其屋面梁系的布置，如图 7-3（a）图所示。钢结构依附于主体建筑；不考虑柱的侧移及地震作用。次梁与主梁间为等高铰接连接，梁顶现浇钢筋混凝土屋面板（计算时不考虑梁板间的共同工作）；屋面设屋顶花园，其永久荷载及可变荷载的标准值分别为 9kN/m^2 及 3.0kN/m^2（永久荷载中已含各种构造做法及钢梁自重在内）。主梁 ZL-1 钢材采用 Q345B，次梁 L-1、钢柱 GZ-1 钢材采用 Q235B。安全等级为二级。

提示：按《工程结构通用规范》GB 55001—2021 作答。

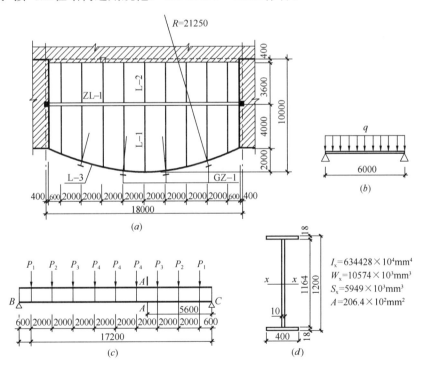

图 7-3
(a) 屋面结构布置图；(b) 次梁 L-1 计算简图；(c) 主梁 ZL-1 计算简图；(d) A-A 剖面图

钢柱 GZ-1 承担屋面荷载及墙面风荷载，采用热轧 H 型钢 H446×199×8×12 制作，高 15m，上、下端均为铰接。为保证钢柱在弯矩作用平面外的稳定，沿柱高每距 5m 设置有一道系杆，彼此连接，并与主体结构相连。H 型钢 H446×199×8×12 的截面特性参数：$A=8495\text{mm}^2$，$I_x=29000\times10^4\text{mm}^4$，$I_y=1580\times10^4\text{mm}^4$，$i_x=185\text{mm}$，$i_y=43.1\text{mm}$，$W_x=1300\times10^3\text{mm}^3$。

11. 次梁 L-1 的计算简图如图 7-3（b）所示，采用轧制 H 型钢，其型号为 H350×175×7×11，$I_x=13700\times10^4\text{mm}^4$，$W_x=782\times10^3\text{mm}^3$，$\gamma_x=1.05$。试问，在屋面均布荷载作用下，次梁 L-1 进行抗弯强度计算的最大应力计算值（N/mm^2），应与下列何项数值最为接近？

(A) 90　　　　(B) 158　　　　(C) 166　　　　(D) 178

12. 主梁 ZL-1 采用焊接工字形截面，其计算简图及截面特性参数如图 7-3（c）、（d）所示；梁上集中荷载的设计值 $P_1=117.87\text{kN}$，$P_2=129.86\text{kN}$，$P_3=137.41\text{kN}$，$P_4=144.96\text{kN}$（已含钢梁自重在内）；已求得支座反力 $R_B=603\text{kN}$。试问，在梁上集中荷载作用下，主梁 ZL-1 进行抗弯强度计算时最大应力计算值（N/mm^2），应与下列何项数值最为接近？

提示：主梁设置纵向加劲肋，其腹板高厚比满足 S4 级。

(A) 248　　　　(B) 236　　　　(C) 230　　　　(D) 202

13. 根据施工条件，需在主梁 ZL-1 跨内的 A-A 断面设置栓焊连接的工地拼接接头，即梁翼缘板采用等强对焊连接，腹板采用高强度螺栓摩擦型连接。A-A 断面位置见图 7-3（c）。已知梁在拼接板范围内截面的弯矩及剪力设计值分别为 $M=2260.5\text{kN}\cdot\text{m}$，$V=217.9\text{kN}$。试问，腹板拼接接头所承担的弯矩设计值（$\text{kN}\cdot\text{m}$），应与下列何项数值最为接近？

(A) 591　　　　(B) 611　　　　(C) 650　　　　(D) 468

14. 根据业主建议，主梁 ZL-1 的翼缘板工地拼接亦改为高强度螺栓摩擦型连接，如图 7-4 所示。采用 M20（孔径 $d_0=21.5$），螺栓性能等级为 10.9 级，摩擦面抗滑移系数 $\mu=0.45$，采用标准圆孔；主梁受拉（或受压）一侧翼缘板净截面面积 $A_{nf}=5652\text{mm}^2$，钢材抗拉强度设计值 $f=295\text{N/mm}^2$。在要求高强度螺栓连接的承载能力与翼缘板等强条件下，试问，在拼接板一侧的螺栓数目应取用下列何项数值？

(A) 8　　　　(B) 12
(C) 16　　　　(D) 20

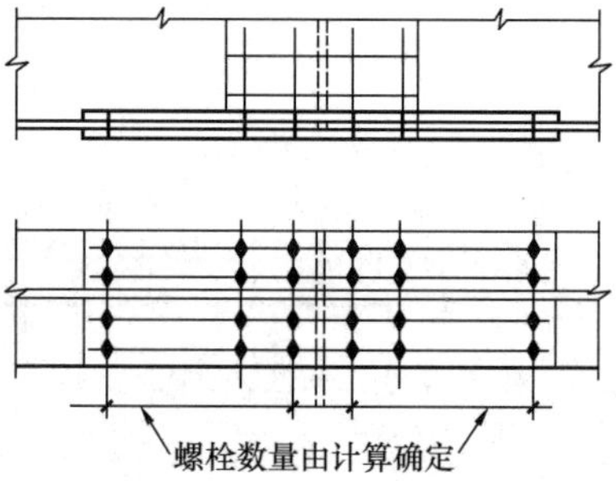

15. 假设钢柱 GZ-1 轴心压力设计值（含柱自重在内）$N=315\text{kN}$，当对该钢柱进行平面内的稳定性验算时，试问，由轴压力 N 产生的最大压应力值（N/mm^2），应与下列何项数值最为接近？

(A) 36　　　　(B) 38
(C) 48　　　　(D) 55

16. 假设风荷载对钢柱 GZ-1 产生的弯矩设计值 $M_x=82\text{kN}\cdot\text{m}$；轴心压力设计值同题 15。柱截面等级满足 S3 级。当对钢柱进行弯矩作用平面内稳定验算时，试问，由最大弯矩产生的压应力（N/mm^2），应与下列何项数值最为接近？

提示：① $N'_{Ex}=2390\text{kN}$。

图 7-4

②只求由弯矩产生的应力。

(A) 55　　　　(B) 66　　　　(C) 71　　　　(D) 82

17. 已知条件同题 15。当对钢柱 GZ-1 进行平面外的稳定性验算时，试问，由轴压力 N 产生的最大压应力值（N/mm²），应与下列何项数值最为接近？

(A) 71　　　　(B) 81　　　　(C) 88　　　　(D) 100

18. 条件同题 16。当对钢柱 GZ-1 进行弯矩作用平面外的稳定验算时，试问，由最大弯矩产生的压应力（N/mm²），应与下列何项数值最为接近？

提示：① 取等效弯矩系数 $\beta_{tx}=1.0$。

②只求由弯矩产生的应力。

(A) 62　　　　(B) 77　　　　(C) 83　　　　(D) 95

【题 19、20】 吊杆与上部钢梁连接如图 7-5 所示，安全等级为二级。耳板销轴直径 $d=100\text{mm}$，销轴孔径 $d_0=101\text{mm}$，采用 Q390 钢。不考虑地震。

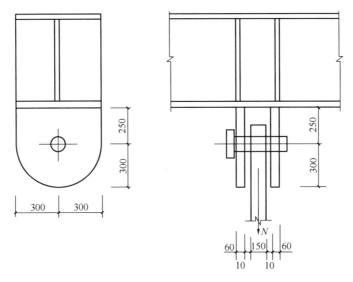

图 7-5

19. 假定，吊杆承载力满足，试问，在荷载基本组合下，吊杆轴拉力设计值 N（kN），与下列何项数值最接近？

(A) 5060　　　　(B) 6400　　　　(C) 10200　　　　(D) 12800

20. 假定，两侧耳板承载力满足，试问，在荷载基本组合下，考虑销轴的抗剪强度、抗弯强度及抗弯抗剪组合强度时，吊杆轴拉力设计值 N（kN），与下列何项数值最接近？

提示：$f_v^b=170\text{N/mm}^2$，$f^b=295\text{N/mm}^2$。

(A) 1030　　　　(B) 1120　　　　(C) 1325　　　　(D) 2650

【题 21～24】 某四层简支承重墙梁，如图 7-6 所示。托梁截面 $b \times h_b=300\text{mm} \times 600\text{mm}$，每侧伸入支座内 300mm，托梁自重标准值 $g=5.0\text{kN/m}$；墙体为烧结普通砖，厚度 240mm，墙体及抹灰自重标准值 4.5kN/m²；作用于每层墙顶由楼板传来的均布永久荷载标准值 $g_k=15.0\text{kN/m}$ 和均布活荷载标准值 $q_k=8.0\text{kN/m}$，各层均相同。

提示：按《工程结构通用规范》GB 55001—2021 作答。

21. 试问，使用阶段托梁顶面的荷载设计值 Q_1(kN/m)，与下列何项数值最为接近？

(A) 6.5　　　　(B) 28.83

(C) 47.06　　　(D) 52.94

22. 试问，使用阶段墙梁顶面的荷载设计值 Q_2(kN/m)，与下列何项数值最为接近？

(A) 160　　　　(B) 185

(C) 195　　　　(D) 220

23. 假定使用阶段托梁顶面的荷载设计值 $Q_1 = 50$kN/m，墙梁顶面的荷载设计值 $Q_2 = 170$kN/m，墙梁计算跨度 $l_0 = 5.9$m，试问，托梁跨中截面的弯矩设计值 M_b(kN·m)，与下列何项数值最为接近？

(A) 690　　　　(B) 320

(C) 290　　　　(D) 170

24. 假定使用阶段托梁顶面的荷载设计值 $Q_1 = 50$kN/m，墙梁顶面的荷载设计值 $Q_2 = 170$kN/m。试问，托梁剪力设计值 V_b(kN)，与下列何项数值最为接近？

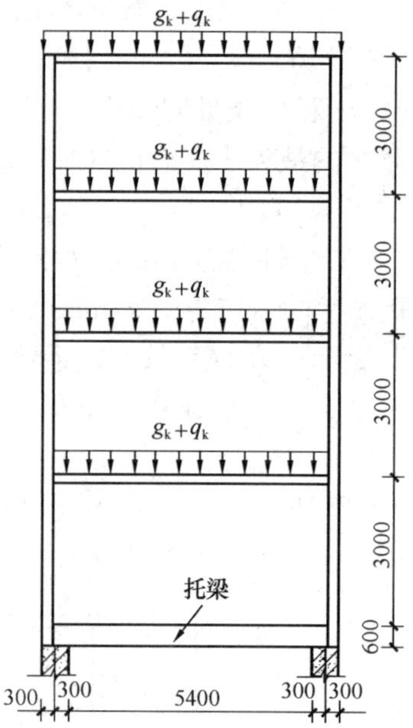

(A) 594　　　(B) 410　　　(C) 399　　　(D) 108

图 7-6

【题 25】 由红松 TC13B 原木制作的轴心受压柱，两端铰接，柱高为 2.6m，柱 1.3m 高度处有一个 $d=22$mm 的螺栓孔，原木标注直径为 120mm。该受压杆件处于室内正常环境，安全等级为二级，设计使用年限为 50 年。当按稳定验算时，试问，柱轴心受压的稳定系数 φ，与下列何项数值最为接近？

(A) 0.44　　　　　　　　(B) 0.40

(C) 0.36　　　　　　　　(D) 0.32

(下午卷)

【题 26～28】 某高层住宅采用筏板基础，筏板尺寸为 12m×50m，其地基基础设计等级为乙级。基础底面处相应于荷载标准组合时的平均压应力为 325kPa，地基土层分布如图 7-7 所示。

26. 试问，基础底面处经修正后的地基承载力特征值（kPa），与下列何项数值最为接近？

(A) 538　　　(B) 448　　　(C) 340　　　(D) 250

27. 试问，软弱下卧层土在其顶面处经修正后的地基承载力特征值 f_{az}(kPa)，与下列何项数值最为接近？

(A) 200　　　(B) 230　　　(C) 300　　　(D) 310

28. 假定试验测得地基压力扩散角 $\theta=8°$，试问，软弱下卧层顶面处，相应于荷载标准组合时的附加压力值（kPa），与下列何项数值最为接近？

(A) 250　　　(B) 280　　　(C) 310　　　(D) 540

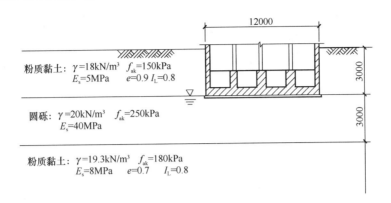

图 7-7

【题 29、30】 某钢筋混凝土框架结构采用钻孔灌注桩基,桩身直径为 800mm,安全等级为二级。施工图设计时,相应于荷载标准组合的作用于某根框架柱承台顶面中心的竖向压力为 1200kN,力矩为零。地下水位在桩底端平面以下,承台及其上覆土的加权平均重度为 20kN/m³。假定,在荷载的基本组合下,该框架柱的基桩顶轴向压力设计值为荷载的标准组合下的 1.35 倍。桩基地基土层分布及其参数,如图 7-8 所示。

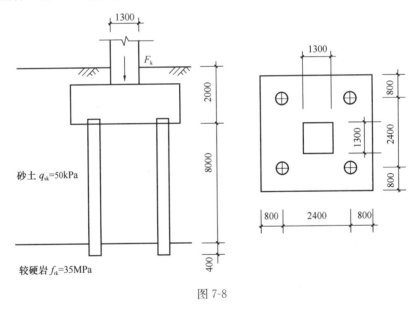

图 7-8

桩身混凝土强度等级为 C30($f_c=14.3\text{N/mm}^2$),通长配置 HRB400 钢筋 14⊈14,螺旋箍筋均匀配置,其间距为 150mm。桩的成桩工艺系数 0.9,桩嵌岩段侧阻和端阻综合系数为 0.7。

提示:① 按《建筑桩基技术规范》JGJ 94—2008 作答。
② 不考虑偏心、地震作用和承台效应。

29. 假定,在施工上部主体结构时,由于使用功能改变,出现增大荷载情况。试问,该桩基相应于荷载的标准组合的作用于承台顶面中心竖向力设计值 F_k 允许增加的最大值(kN),与下列何项数值最接近?

(A) 6100　　　　(B) 6500　　　　(C) 7100　　　　(D) 7500

30. 假定，承台混凝土强度等级为 C30（$f_t=1.43\text{N/mm}^2$），承台高 $h=1.5\text{m}$，取 $h_0=1.38\text{m}$。试问，当桩基承载力满足时，相应于荷载的基本组合的承台不发生柱冲切破坏的柱竖向压力设计值 F 的最大值（kN），与下列何项数值最为接近？

(A) 28000　　　　(B) 25000　　　　(C) 21000　　　　(D) 20000

【题 31～36】某高层住宅采用筏板基础，地基基础设计等级为乙级。基础底面处由恒荷载（含基础自重）产生的平均压力为 380kPa，由活荷载产生的平均压力为 65kPa，活荷载准永久值系数 $\psi_q=0.4$。地基土层分布如图 7-9 所示。地基处理采用水泥粉煤灰碎石（CFG）桩，桩径 400mm，在基底平面（24m×28.8m）范围内呈等边三角形满堂均匀布置，桩距 1.7m，详见图 7-10。

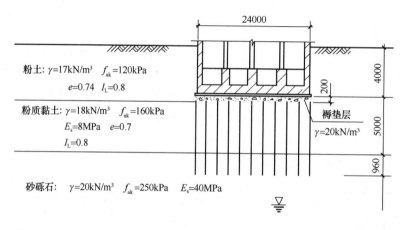

图 7-9

31. 假定试验测得 CFG 桩单桩竖向承载力特征值为 800kN，粉质黏土层桩间土的承载力发挥系数为 $\beta=0.9$，单桩承载力发挥系数 $\lambda=0.8$。试问，初步设计估算时，粉质黏土层复合地基承载力特征值 f_{spk}（kPa），与下列何项数值最为接近？

(A) 490　　　　(B) 450
(C) 390　　　　(D) 350

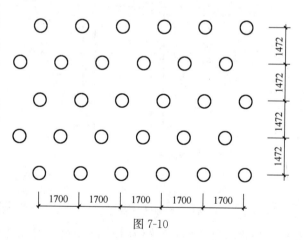

图 7-10

32. 条件同题 31，试问，桩体试块抗压强度平均值 f_{cu}（kPa），其最小值最接近于下列何项数值？

提示：不考虑基础埋深的深度修正的影响。

(A) 22033　　　　(B) 20382　　　　(C) 12730　　　　(D) 6400

33. 试问，满足承载力要求的复合地基承载力特征值 f_{spk}（kPa）的实测值，最小不应小于下列何项数值？

提示：计算时可忽略混凝土垫层的重力。

(A) 332   (B) 348   (C) 386   (D) 445

34. 假定现场测得粉质黏土层复合地基承载力特征值为 500kPa，试问，在进行地基变形计算时，粉质黏土层复合地基土层的压缩模量 E_{spi}（MPa），应取下列何项数值？
(A) 25   (B) 40   (C) 16   (D) 8

35. 假定粉质黏土层复合地基 $E_{sp1}=25$MPa，砂砾石层复合地基 $E_{sp2}=125$MPa，$\bar{\alpha}_2=0.2462$，沉降计算经验系数 $\psi_s=0.2$，试问，在筏板基础平面中心点处，复合地基土层的变形计算值（mm），与下列何项数值最为接近？

提示：计算复合地基变形时，可近似地忽略混凝土垫层、褥垫层的变形和重量。
(A) 8   (B) 13   (C) 20   (D) 28

36. 假定该高层住宅的结构体型简单，高度为 67.5m，试问，按《建筑地基基础设计规范》规定，该建筑的变形允许值，应为下列何项数值？

(A) 平均沉降：200mm；整体倾斜：0.0025
(B) 平均沉降：200mm；整体倾斜：0.003
(C) 平均沉降：135mm；整体倾斜：0.0025
(D) 平均沉降：135mm；整体倾斜：0.003

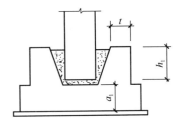

图 7-11

【题 37】 预制钢筋混凝土单肢柱及杯口基础，如图 7-11 所示，柱截面尺寸为 400mm×600mm。试问：柱的插入深度 h_1(mm)、基础杯底的最小厚度 a_1(mm)和杯壁的最小厚度 t(mm)，与下列何项数值最为接近？

(A) $h_1=500$；$a_1=150$；$t=150$
(B) $h_1=500$；$a_1=150$；$t=200$
(C) $h_1=600$；$a_1=200$；$t=150$
(D) $h_1=600$；$a_1=200$；$t=200$

【题 38～40】 某 12 层现浇钢筋混凝土框架-剪力墙结构民用办公楼，如图 7-12 所示，质量和刚度沿竖向分布均匀，房屋高度为 48m，丙类建筑，抗震设防烈度为 7 度，Ⅱ类场地，设计地震分组为第一组，混凝土强度等级为 C40。

38. 已知该建筑各层荷载的标准值如下：屋面永久荷载为 $8kN/m^2$，屋面活荷载为

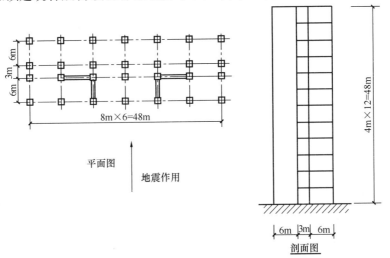

图 7-12

2kN/m², 雪荷载 0.4kN/m²; 楼面永久荷载为 10kN/m², 楼面活荷载（等效均布）为 2kN/m²。屋面及各楼层面积均为 760m²。试问，结构总重力荷载代表值（kN），应与下列何项数值最为接近？

(A) 98040　　　(B) 98192　　　(C) 98800　　　(D) 106780

39. 在规定的水平力作用下，结构总地震倾覆力矩为 7.4×10^5 kN·m，底层剪力墙部分承受的地震倾覆力矩 $M_w = 3.4 \times 10^5$ kN·m。试问，该建筑的框架和剪力墙的抗震等级，应为下列何项？

(A) 框架二级，剪力墙二级　　　(B) 框架二级，剪力墙三级
(C) 框架三级，剪力墙二级　　　(D) 框架三级，剪力墙三级

40. 题目条件同 39 题，第四层的剪力墙边框柱断面如图 7-13 所示，其截面尺寸为 650mm×650mm，纵筋采用 HRB400（Ⅲ）级钢筋。关于纵向钢筋的配置，试问，下列何项配筋才能满足规程规定的最低构造要求？

(A) 12 Φ 16　　　(B) 12 Φ 18
(C) 12 Φ 20　　　(D) 12 Φ 22

【题 41、42】 某十二层现浇钢筋混凝土框架结构，乙类建筑，质量和刚度沿高度分布比较均匀，房屋高度 38.4m，抗震设防烈度 7 度，设计基本加速度为 $0.1g$，设计地震分组为第一组，Ⅱ类场地。结构基本自振周期 $T_1 = 1.1$s，周期折减系数为 0.65，采用 C30 级混凝土（$f_t = 1.43$N/mm²），箍筋和纵向钢筋分别采用 HPB300（Φ）和 HRB400（Ⅲ）级钢筋。取 $a_s = a'_s = 40$mm。

41. 某中间层边框架局部节点如图 7-14 所示。梁端由重力荷载产生的弯矩设计值 $M_G = -78$kN·m，水平地震作用产生的弯矩设计值 $M_E = \pm 200$kN·m，风荷载产生的弯矩设计值 $M_w = \pm 77$kN·m。抗震设计时，满足承载力和构造最低要求的梁纵向配筋截面面积 A_s（mm²），应最接近于下列何项数值？

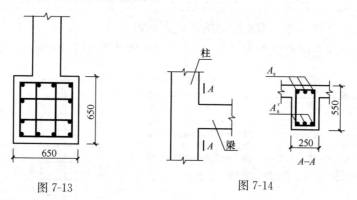

图 7-13　　　　　　　　图 7-14

提示：梁截面顶部和底部配筋相同，此时 $A_s = \dfrac{\gamma_{RE} M}{f_y (h - a_s - a'_s)}$。

(A) 1650　　　(B) 1550　　　(C) 1400　　　(D) 1235

42. 某中间层边柱的梁柱节点核心区截面，如图 7-15 所示。节点核心区地震组合剪力设计值 $V_j = 1135$kN，对应的上柱柱底组合轴向压力设计值 $N = 1500$kN。已知节点核心区受剪截面满足公式 $V_j \leqslant \dfrac{1}{\gamma_{RE}}(0.3 \eta_j \beta_c f_c b_j h_j)$ 的要求，且上柱组合轴向压力设计值 N 小于

柱截面积与混凝土轴心抗压强度设计值乘积的50%。当核心区箍筋间距为100mm时，试问，满足 x 向受剪承载力最低要求的节点核心区箍筋直径，应为下列何项数值？

(A) φ8　　　　(B) φ10　　　　(C) φ12　　　　(D) φ14

【题 43、44】 某高层建筑采用全部落地的现浇剪力墙结构，抗震设防烈度为7度，Ⅱ类场地，乙类建筑，房屋高度82m。某剪力墙截面如图7-16所示，底层墙厚 $b_w=350mm$，顶层墙厚 $b_w=250mm$。采用C35混凝土，纵向钢筋和箍筋分别采用HRB400（Φ）和HPB300（φ）级钢筋。

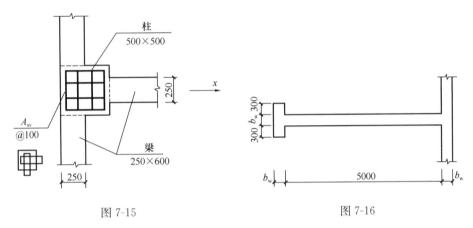

图 7-15　　　　　　　　　　图 7-16

43. 该建筑底层层高为5m。验算底层剪力墙稳定的计算示意图，如图7-17所示。试问，满足剪力墙墙肢稳定要求时，作用于墙顶组合的等效竖向均布荷载最大设计值 q(kN/m)，应与下列何项数值最为接近？

(A) $8.64×10^3$　　(B) $6.58×10^3$　　(C) $4.72×10^3$　　(D) $3.68×10^3$

44. 顶层剪力墙的构造边缘构件，如图7-18所示。试问，图中阴影部分的配筋取值当为下列何项时，才全部符合规程的最低构造要求？

提示： A_s 表示纵向钢筋；A_{sv} 表示横向钢筋。

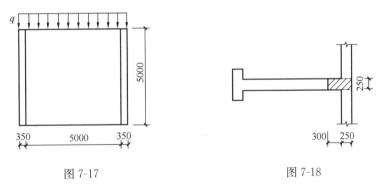

图 7-17　　　　　　　　　　图 7-18

(A) ▢ $A_s=6Φ14$，$A_{sv}=φ8@200$　　(B) ▢ $A_s=6Φ14$，$A_{sv}=φ8@150$
(C) ▢ $A_s=6Φ16$，$A_{sv}=φ8@150$　　(D) ▢ $A_s=6Φ16$，$A_{sv}=φ8@150$

【题 45、46】 某大底盘现浇钢筋混凝土框架-核心筒结构房屋，平面和竖向均比较规则，立面如图7-19所示。抗震设防烈度7度，丙类建筑，Ⅱ类场地土。

45. 地面以上第三层内筒外墙转角，如图7-20所示。试问，筒体转角处边缘构件的

纵向钢筋 A_s（mm²），接近下列何项数值时才最符合规程关于构造的最低要求？

(A) 1620　　　(B) 2700　　　(C) 3000　　　(D) 3600

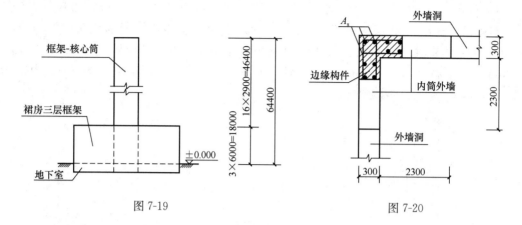

图 7-19　　　　　　　　　　　　图 7-20

46. 假设该建筑一、二、三层由一般丙类建筑改为商场，其营业面积约为 1.2 万 m²。框架梁采用 C30 混凝土，纵向钢筋和箍筋分别采用 HRB400（Φ）和 HPB300（φ）级钢筋；某根框架梁梁端配筋如图 7-21 所示。试问，下列何项梁端截面顶部的配筋，满足且最接近于构造要求的梁端底部和顶部纵向钢筋截面面积最小比值的规定？

(A) A_{s1}：3Φ22；A_{s2}：3Φ18　　　(B) A_{s1}：3Φ22；A_{s2}：3Φ20

(C) A_{s1}：3Φ22；A_{s2}：3Φ22　　　(D) 前三项均不满足规程的构造要求

【题 47、48】某 12 层现浇框架-剪力墙结构，抗震设防烈度 8 度，丙类建筑，设计地震分组为第一组，Ⅱ类建筑场地，建筑物平、立面如图 7-22 所示，非承重墙采用非黏土类砖墙。

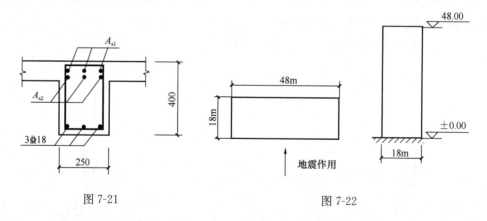

图 7-21　　　　　　　　　　　　图 7-22

47. 对建筑物进行水平地震作用分析时，采用 SATWE 电算程序，需输入的 3 个计算参数分别为：连梁刚度折减系数 S_1；竖向荷载作用下框架梁梁端负弯矩调幅系数 S_2；计算自振周期折减系数 S_3。试问，下列各组参数中（依次为 S_1、S_2、S_3），其中哪一项相对准确？

(A) 0.4；0.8；0.7　　　　　　　(B) 0.5；0.7；0.7

(C) 0.6；0.9；0.9　　　　　　　(D) 0.5；0.8；0.7

48. 由于结构布置不同，形成四个不同的结构抗震方案。平面规则性分析时，四种方案中与限制结构扭转效应有关的主要数据见表 7-1，其中，T_t 为结构扭转为主的第一自振周期，T_1 为平动为主的第一自振周期，u_1 为最不利楼层竖向构件的最大水平位移，u_2 为相应于 u_1 的楼层水平位移平均值。试问，在抗震设计中，如果仅从限制结构的扭转效应方面考虑，下列哪一种方案对抗震最为有利？

表 7-1

	T_t (s)	T_1 (s)	u_1 (mm)	u_2 (mm)
方案 A	0.6	0.8	32	20
方案 B	0.8	0.7	30	26
方案 C	0.6	0.7	35	30
方案 D	0.7	0.6	30	28

(A) 方案 A　　(B) 方案 B　　(C) 方案 C　　(D) 方案 D

【题 49】某高层钢框架结构房屋，抗震等级为三级，采用箱形组合柱，其截面□800×800×38，试问，该柱的角部组装焊缝厚度（mm），不应小于下列何项？

(A) 12　　(B) 16　　(C) 19　　(D) 22

【题 50】高层钢结构房屋，预热施焊的构件，焊前应在焊道两侧均匀进行预热，其两侧范围为下列何项？

(A) 50mm　　(B) 100mm　　(C) 150mm　　(D) 200mm

实战训练试题（八）

（上午卷）

【题 1、2】 某抗震设防烈度 8 度区的钢筋混凝土框架结构办公楼，框架梁混凝土强度等级为 C35，均采用 HRB400 钢筋。框架的抗震等级为一级。Ⓐ轴框架梁的配筋平面表示法如图 8-1 所示，$a_s = a'_s = 60mm$。①轴的柱为边柱，框架柱截面 $b \times h = 800mm \times 800mm$，定位轴线均与梁柱中心线重合。

提示： 不考虑楼板内的钢筋作用。

1. 假定，该梁为顶层框架梁。试问，为防止配筋率过高而引起节点核心区混凝土的斜压破坏，KL-1 在靠近①轴的梁端上部纵筋最大配筋截面面积（mm²）的限值与下列何项数值最为接近？

(A) 3200　　　　(B) 4480
(C) 5160　　　　(D) 6900

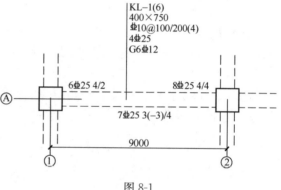

2. 假定，该梁为中间层框架梁，作用在此梁上的重力荷载全部为沿梁全长的均布荷载，梁上永久均布荷载标准值为 46kN/m（包括自重），可变均布荷载标准值为 12kN/m（可变均布荷载按等效均布荷载计算）。试问，此框架梁端考虑地震作用组合的剪力设计值 V_b(kN)，应与下列何项数值最为接近？

(A) 470　　　　(B) 520　　　　(C) 570　　　　(D) 600

图 8-1

【题 3、4】 某 7 层住宅，层高均为 3.1m，房屋高度 22.3m，安全等级为二级，采用现浇钢筋混凝土剪力墙结构，混凝土强度等级 C35，抗震等级三级，结构平面立面均规则。某矩形截面墙肢尺寸 $b_w \times h_w = 250mm \times 2300mm$，各层截面保持不变。

3. 假定，该墙肢底层底截面的轴压比为 0.58，三层底截面的轴压比为 0.38。试问，下列对三层该墙肢两端边缘构件的描述何项是正确的？

(A) 需设置构造边缘构件，暗柱长度不应小于 300mm
(B) 需设置构造边缘构件，暗柱长度不应小于 400mm
(C) 需设置约束边缘构件，l_c 不应小于 500mm
(D) 需设置约束边缘构件，l_c 不应小于 400mm

4. 该住宅某门顶连梁截面和配筋如图 8-2 所示。假

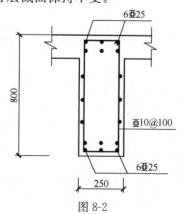

图 8-2

定，门洞净宽 1000mm，连梁中未配置斜向交叉钢筋。$h_0=720$mm，均采用 HRB500 钢筋。试问，考虑地震作用组合，根据截面和配筋，该连梁所能承受的最大剪力设计值（kN）与下列何项数值最为接近？

(A) 500　　　　(B) 530　　　　(C) 560　　　　(D) 640

【题 5、6】 某现浇钢筋混凝土异形柱框架结构多层住宅楼，安全等级为二级，框架抗震等级为二级。该房屋各层层高均为 3.6m，各层梁高均为 450mm，建筑面层厚度为 50mm，首层地面标高为 ±0.000m。基础顶面标高为 −1.000m，框架某边柱截面如图 8-3 所示，剪跨比 $\lambda>2$。混凝土强度等级：框架柱为 C35，框架梁、楼板为 C30，梁、板纵向钢筋及箍筋均采用 HRB400（Ⅲ），纵向受力钢筋的保护层厚度为 30mm。

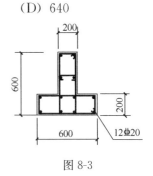

图 8-3

提示： 按《混凝土异形柱结构技术规程》JGJ 149—2017 作答。

5. 假定，该底层柱下端截面产生的竖向压力标准值如下：由结构和构配件自重荷载产生的 $N_{Gk}=980$kN；由按等效均布荷载计算的楼（屋）面可变荷载产生的 $N_{Qk}=220$kN，由水平地震作用产生的 $N_{Ehk}=280$kN，试问，该底层柱的轴压比 μ_N 与轴压比限值 $[\mu_N]$ 之比，与下列何项数值最为接近？

提示： 按《建筑与市政工程抗震通用规范》GB 55002—2021 作答。

(A) 0.67　　　(B) 0.80　　　(C) 0.91　　　(D) 0.98

6. 假定，该框架边柱底层柱下端截面（基础顶面）由地震作用组合未经调整的弯矩设计值为 320kN·m，底层柱上端截面由地震作用组合并经调整后的弯矩设计值为 312kN·m，柱反弯点在柱层高范围内。试问，该柱考虑地震作用组合的剪力设计值 V_c（kN），与下列何项数值最为接近？

(A) 220　　　(B) 235　　　(C) 250　　　(D) 290

【题 7～9】 某多层现浇钢筋混凝土结构，设两层地下车库，局部地下一层外墙内移，如图 8-4 所示。已知：室内环境类别为一类，室外环境类别为二 b 类，混凝土强度等级均

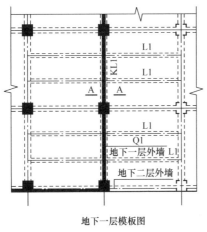

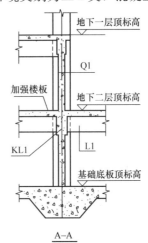

图 8-4

为 C30。安全等级为二级。

7. 假定，Q1 墙体的厚度 $h=250$mm，墙体竖向受力钢筋采用 HRB400 级钢筋，外侧为 Φ 16@100，内侧为 Φ 12@100，均放置于水平钢筋外侧。试问，当按受弯构件计算并不考虑受压钢筋作用时，该墙体下端截面每米宽的受弯承载力设计值 M（kN·m），与下列何项数值最为接近？

提示： 纵向受力钢筋的混凝土保护层厚度取最小值。

(A) 115   (B) 140   (C) 165   (D) 190

8. 梁 L1 在支座梁 KL1 右侧截面及配筋如图 8-5 所示，假定按荷载的准永久组合计算的该截面弯矩值 $M_q=600$kN·m，相应的纵筋应力 $\sigma_{sq}=207.1$N/mm^2，$a_s=a'_s=70$mm。试问，该支座处梁端顶面按矩形截面计算的考虑长期作用影响的最大裂缝宽度 w_{max}（mm），与下列何项数值最为接近？

(A) 0.21   (B) 0.25   (C) 0.29   (D) 0.32

9. 方案比较时，假定框架梁 KL1 截面及跨中配筋如图 8-6 所示。纵筋采用 HRB400 级钢筋，$a_s=a'_s=70$mm，跨中截面弯矩设计值 $M=880$kN·m，对应的轴向拉力设计值 $N=2200$kN。试问，非抗震设计时，该梁跨中截面按矩形截面偏心受拉构件计算所需的下部纵向受力钢筋截面面积 A_s（mm^2），与下列何项数值最为接近？

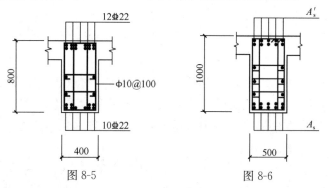

图 8-5   图 8-6

提示： 该梁配筋计算时不考虑上部墙体及梁侧腰筋的作用。

(A) 2900   (B) 3500   (C) 5900   (D) 7100

【题 10】某单跨预应力钢筋混凝土屋面简支梁，混凝土强度等级为 C40，计算跨度 $L_0=17.7$m，要求使用阶段不出现裂缝。该梁跨中截面按荷载标准组合时的弯矩值 $M_k=800$kN·m，按荷载准永久组合时的弯矩值 $M_q=750$kN·m，换算截面惯性矩 $I_0=3.4\times10^{10}$mm^4，该梁按荷载标准组合并考虑荷载效应长期作用影响的刚度 B（N·mm^2），与下列何项数值最接近？

(A) 4.85×10^{14} (B) 5.20×10^{14} (C) 5.70×10^{14} (D) 5.82×10^{14}

【题 11~13】某厂房屋面上弦平面布置如图 8-7 所示，钢材采用 Q235，焊条采用 E43 型。安全等级为二级。

11. 托架上弦杆 CD 选用 $\lrcorner\llcorner$ 140×10（表 8-1），轴心压力设计值为 450kN，由平面外控制受压稳定性，以应力形式表达的稳定性计算值（N/mm^2）与下列何项数值最为接近？

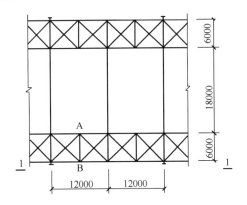
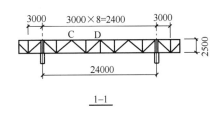

图 8-7

上弦杆截面 表 8-1

截　面	A	i_x	i_y
	mm²	mm	mm
ㄱㄴ140×10	5475	43.4	61.2

(A) 100　　(B) 110　　(C) 130　　(D) 150

12. 腹杆截面采用ㄱㄴ56×5（表 8-2），角钢与节点板采用两侧角焊缝连接，焊脚尺寸 $h_f=5mm$，连接形式如图 8-8 所示，如采用受拉等强连接，焊缝连接实际长度 a（mm）与下列何项数值最为接近？

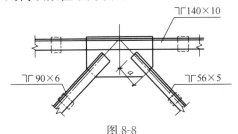

图 8-8

腹杆截面 表 8-2

截面	A（mm²）
ㄱㄴ56×5	1083

提示：截面无削弱，肢尖、肢背内力分配比例为 3:7。

(A) 140　　(B) 160　　(C) 290　　(D) 300

13. 图 8-7 中，AB 杆为双角钢十字形截面，采用节点板与弦杆连接，当按杆件的长细比选择截面时，下列何项截面最为合理？

提示：杆件的轴心压力很小（小于其承载能力的 50%）。

(A) ┼63×5（$i_{min}=24.5mm$）　　(B) ┼70×5（$i_{min}=27.3mm$）
(C) ┼75×5（$i_{min}=29.2mm$）　　(D) ┼80×5（$i_{min}=31.3mm$）

【题 14～16】 某钢结构平台承受静力荷载，钢材均采用 Q235 钢。该平台有悬挑次梁与主梁刚接。假定，次梁上翼缘处的连接板需要承受由支座弯矩产生的轴心拉力设计值 $N=360kN$。安全等级为二级。

14. 假定，主梁与次梁的刚接节点如图 8-9 所示，次梁上翼缘与连接板采用角焊缝连接，三面围焊，焊缝长度一律满焊，焊条采用 E43 型。试问，若角焊缝的焊脚尺寸 $h_f=8mm$，次梁上翼缘与连接板的连接长度 L（mm）采用下列何项数值最为合理？

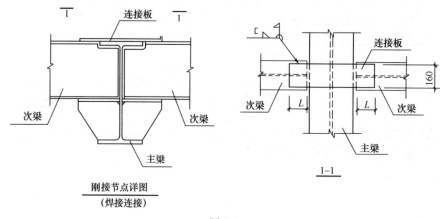

图 8-9

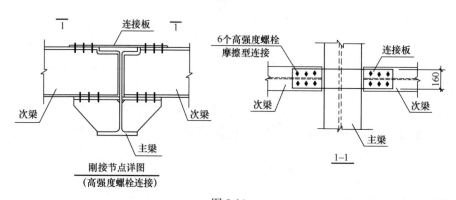

图 8-10

(A) 120   (B) 260   (C) 340   (D) 420

15. 假定，悬挑次梁与主梁的焊接连接改为高强度螺栓摩擦型连接，次梁上翼缘与连接板每侧各采用 6 个高强度螺栓，其刚接节点如图 8-10 所示。高强度螺栓的性能等级为 10.9 级，连接处构件接触面采用抛丸（喷砂）处理。采用标准圆孔。试问，次梁上翼缘处连接所需高强度螺栓的最小规格应为下列何项？

提示：按《钢结构设计标准》GB 50017—2017 作答。

(A) M24   (B) M22   (C) M20   (D) M16

16. 假定，次梁上翼缘处的连接板厚度 $t=16$mm，在高强度螺栓处连接板的净截面面积 $A_n=18.5\times10^2$mm²。其余条件同题 15。试问，该连接板按轴心受拉构件进行计算，在高强度螺栓摩擦型连接处的最大应力计算值（N/mm²）应与下列何项数值最为接近？

(A) 140   (B) 165   (C) 195   (D) 215

【题 17～19】 某轻屋盖单层钢结构多跨厂房，中列厂房柱采用单阶钢柱，钢材采用 Q345 钢。上段钢柱采用焊接工字形截面 H1200×700×20×32，翼缘为焰切边，其截面特征：$A=675.2\times10^2$mm²，$W_x=29544\times10^3$mm³，$i_x=512.3$mm，$i_y=164.6$mm；下段钢柱为双肢格构式构件。厂房钢柱的截面形式和截面尺寸如图 8-11 所示。安全等级为二级。

17. 厂房钢柱采用插入式柱脚。试问，若仅按抗震构造措施要求，厂房钢柱的最小插入深度（mm）应与下列何项数值最为接近？

(A) 2500　　　　　　(B) 2000
(C) 1850　　　　　　(D) 1500

18. 假定，厂房上段钢柱框架平面内计算长度 $H_{0x}=30860$mm，框架平面外计算长度 $H_{0y}=12230$mm。上段钢柱的内力设计值：弯矩 $M_x=5700$kN·m，轴心压力 $N=2100$kN。上段钢柱截面等级满足S3级。试问，上段钢柱作为压弯构件，进行弯矩作用平面内的稳定性计算时，以应力形式表达的稳定性计算值（N/mm²）应与下列何项数值最为接近？

提示：取等效弯矩系数 $\beta_{mx}=1.0$；$N'_{Ex}=34390$kN。

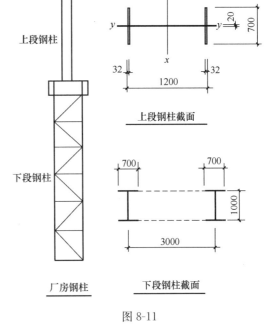

图 8-11

(A) 215　　　(B) 235　　　(C) 270　　　(D) 295

19. 已知条件同题 18。试问，上段钢柱作为压弯构件，进行弯矩作用平面外的稳定性计算时，以应力形式表达的稳定性计算值（N/mm²）应与下列何项数值最为接近？

提示：取等效弯矩系数 $\beta_{tx}=1.0$。

(A) 215　　　(B) 235　　　(C) 270　　　(D) 295

【题 20】　某钢厂房位于抗震设防烈度 8 度区，关于厂房构件抗震设计的以下说法：

Ⅰ．竖向支撑桁架的腹杆应能承受和传递屋盖的水平地震作用；
Ⅱ．屋盖横向水平支撑的交叉斜杆可按拉杆设计；
Ⅲ．柱间支撑采用单角钢截面，并单面偏心连接；
Ⅳ．支承跨度大于 24m 的屋盖横梁的托架，应计算其竖向地震作用。

试问，针对上述说法是否符合相关规范要求的判断，下列何项正确？

(A) Ⅰ、Ⅱ、Ⅲ符合，Ⅳ不符合　　　(B) Ⅱ、Ⅲ、Ⅳ符合，Ⅰ不符合
(C) Ⅰ、Ⅱ、Ⅳ符合，Ⅲ不符合　　　(D) Ⅰ、Ⅲ、Ⅳ符合，Ⅱ不符合

【题 21～23】　一多层房屋配筋砌块砌体墙，平面如图 8-12 所示，结构安全等级为二级。砌体采用 MU10 级单排孔混凝土小型空心砌块、Mb7.5 级砂浆对孔砌筑，砌块的孔洞率为 40%，采用 Cb20（$f_t=1.1$MPa）混凝土灌孔，灌孔率为 43.75%，内有插筋共 5 ϕ12（$f_y=270$MPa）。构造措施满足规范要求，砌体施工质量控制等级为 B 级。承载力验算时不考虑墙体自重。

21. 假定，房屋的静力计算方案为刚性方案，砌体的抗压强度设计值 $f_g=3.6$MPa，其所在层高为 3.0m。试问，该墙体截面的轴心受压承载力设计值（kN），与下列何项数值最为接近？

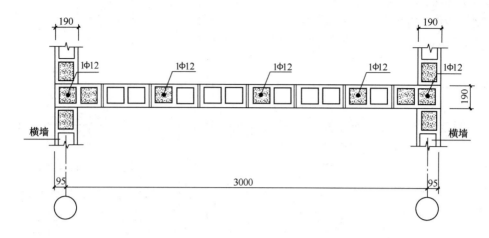

图 8-12

提示：不考虑水平分布钢筋的影响。

(A) 1750　　　(B) 1820　　　(C) 1890　　　(D) 1960

22. 假定，小砌体墙重力荷载代表值作用下的截面平均压应力 $\sigma_0=2.0\text{MPa}$，砌体的抗剪强度设计值 $f_{vg}=0.40\text{MPa}$，已求得 $f_{VE}=0.86\text{MPa}$。试问，该墙体的截面抗震受剪承载力（kN），与下列何项数值最为接近？

提示：①芯柱截面总面积 $A_c=100800\text{mm}^2$；
②按《建筑抗震设计规范》作答。

(A) 470　　　(B) 530　　　(C) 590　　　(D) 630

23. 假定，小砌块墙改为全灌孔砌体，砌体的抗压强度设计值 $f_g=4.8\text{MPa}$，抗剪强度设计值 $f_{vg}=0.47\text{MPa}$，其所在层高为 3.0m。砌体沿高度方向每隔 600mm 设 2 Φ 10 水平钢筋（$f_y=270\text{MPa}$）。墙体截面内力：弯矩设计值 $M=560\text{kN}\cdot\text{m}$、轴压力设计值 $N=770\text{kN}$、剪力设计值 $V=150\text{kN}$。墙体构造措施满足规范要求，墙体施工质量控制等级为 B 级。试问，该墙体的斜截面受剪承载力设计值（kN），与下列何项数值最为接近？

提示：①不考虑墙翼缘的共同工作；
②墙截面有效高度 $h_0=3100\text{mm}$；$0.25f_gbh=727.32\text{kN}$。
③墙体截面尺寸条件满足受剪要求。

(A) 150　　　(B) 250
(C) 450　　　(D) 710

【题 24】 某一地下室外墙，墙厚 h，采用 MU10 烧结普通砖、M10 水泥砂浆砌筑，砌体施工质量控制等级为 B 级。计算简图如图 8-13 所示，侧向土压力设计值 $q=34\text{kN/m}^2$。承载力验算时不考虑墙体自重，$\gamma_0=1.0$。假定，不考虑上部结构传来的竖向荷载 N。试问，满足受弯承载力验算要求时，最小墙厚计算值 h（mm）与下列何项

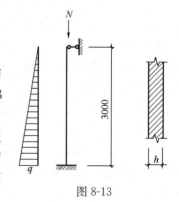

图 8-13

数值最为接近？

提示：计算截面宽度取 1m。

(A) 620　　(B) 750　　(C) 820　　(D) 850

【题 25】 一下撑式木屋架，形状及尺寸如图 8-14 所示，两端铰支于下部结构。其空间稳定措施满足规范要求。P 为由檩条（与屋架上弦锚固）传至屋架的节点荷载。要求屋架露天环境下设计使用年限 5 年，$\gamma_0=0.9$。选用西北云杉 TC11A 制作。杆件 D1 采用截面为正方形的方木，$P=16.7\mathrm{kN}$（设计值）。试问，当按强度验算时，其设计最小截面尺寸（mm×mm）与下列何项数值最为接近？

提示：强度验算时不考虑构件自重。

(A) 80×80　　　　　　　　(B) 85×85
(C) 90×90　　　　　　　　(D) 95×95

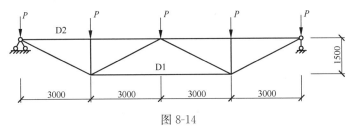

图 8-14

（下午卷）

【题 26、27】 某砌体结构建筑采用墙下钢筋混凝土条形基础，以强风化粉砂质泥岩为持力层，底层墙体剖面及地质情况如图 8-15 所示。相应于荷载的基本组合时，作用于钢筋混凝土扩展基础顶面处的轴压力 $N=526\mathrm{kN/m}$。安全等级为二级。

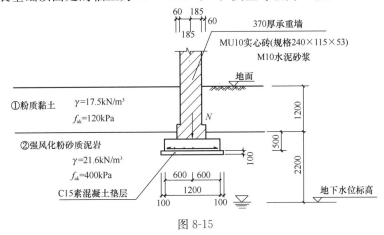

图 8-15

26. 试问，在轴压力作用下，该条形基础的最大基本组合弯矩设计值（kN·m/m）与下列何项数值最为接近？

(A) 20　　(B) 30　　(C) 40　　(D) 50

27. 方案阶段，若考虑将墙下钢筋混凝土条形基础调整为等强度的 C20（$f_t=1.1\mathrm{N/}$

mm²）素混凝土基础，在保持基础底面宽度不变的情况下，试问，满足抗剪要求所需基础最小高度（mm）与下列何项数值最为接近？

提示： 刚性基础的抗剪验算可按下式进行：$V_s \leqslant 0.366 f_t A$，其中，$A$ 为沿砖墙外边缘处混凝土基础单位长度的垂直截面面积。

(A) 300　　　　　(B) 400　　　　　(C) 500　　　　　(D) 600

【题 28～30】 抗震设防烈度为 6 度的某高层钢筋混凝土框架-核心筒结构房屋，风荷载起控制作用，采用天然地基上的平板式筏板基础，基础平面如图 8-16 所示，核心筒的外轮廓平面尺寸为 9.4m×9.4m，基础板厚 2.6m，基础板有效高度 h_0＝2.5m 计。

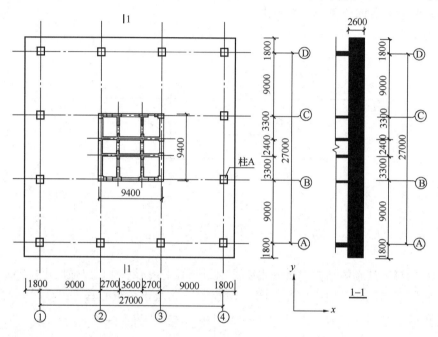

图 8-16

28. 假定，相应于荷载的基本组合时，核心筒筏板冲切破坏锥体范围内基底的净反力平均值 p_n＝435.9kN/m²，筒体作用于筏板顶面的竖向力为 177500kN、作用在冲切临界面重心上的不平衡弯矩设计值为 151150kN·m。试问，距离内筒外表面 $h_0/2$ 处冲切临界截面的最大剪应力（N/mm²）与下列何项数值最为接近？

提示： u_m＝47.6m，I_s＝2839.59m⁴，$α_s$＝0.40。

(A) 0.74　　　　　(B) 0.85　　　　　(C) 0.95　　　　　(D) 1.10

29. 假定，相应于荷载的基本组合时，地基土净反力平均值产生的距内筒右侧外边缘 h_0 处的筏板单位宽度的剪力设计值最大，其最大值为 2160kN/m；距离内筒外表面 $h_0/2$ 处冲切临界截面的最大剪应力 $τ_{max}$＝0.90N/mm²。试问，满足抗剪承载力要求的筏板最低混凝土强度等级，与下列何项最为合理？

提示： 各等级混凝土的强度指标如表 8-3 所示。

表 8-3

混凝土强度等级	C40	C45	C50	C60
f_t (N/mm²)	1.71	1.80	1.89	2.04

(A) C40   (B) C45   (C) C50   (D) C60

30. 题目条件同题 29，试问，满足抗冲切承载力要求的筏板最低混凝土强度等级，与下列何项最为合理？

(A) C40   (B) C45   (C) C50   (D) C60

【题 31、32】 某钢筋混凝土条形基础，基础底面宽度为 2m，基础底面标高为 -1.4m，基础主要受力层范围内有软土，拟采用水泥土搅拌桩进行地基处理，桩直径为 600mm，桩长为 11m，土层剖面、水泥土搅拌桩的布置等如图 8-17 所示。

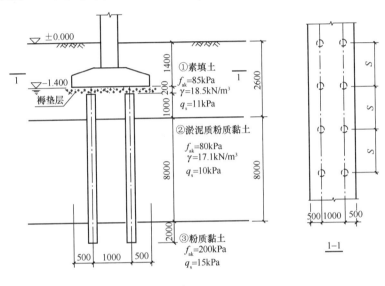

图 8-17

31. 假定，水泥土标准养护条件下 90 天龄期，边长为 70.7mm 的立方体抗压强度平均值 $f_{cu}=1900$kPa，水泥土搅拌桩采用湿法施工，桩端阻力发挥系数 $\alpha_p=0.5$。试问，初步设计时，估算的搅拌桩单桩承载力特征值 R_a（kN），与下列何项数值最为接近？

(A) 120   (B) 135   (C) 180   (D) 250

32. 假定，水泥土搅拌桩的单桩承载力特征值 $R_a=145$kN，单桩承载力发挥系数 $\lambda=1$，第①层土的桩间土承载力发挥系数 $\beta=0.8$。试问，当本工程要求条形基础底部经过深度修正后的地基承载力不小于 145kPa 时，水泥土搅拌桩的最大纵向桩间距 s（mm），与下列何项数值最为接近？

提示：处理后桩间土承载力特征值取天然地基承载力特征值。

(A) 1500   (B) 1800   (C) 2000   (D) 2300

【题 33～35】 某地基基础设计等级为乙级的柱下桩基础，承台下布置有 5 根边长为 400mm 的 C60 钢筋混凝土预制方桩。框架柱截面尺寸为 600mm×800mm，承台及其以上土的加权平均重度 $\gamma_0=20$kN/m³。承台平面尺寸、桩位布置等如图 8-18 所示。

提示：按《建筑桩基技术规范》JGJ 94—2008 作答。

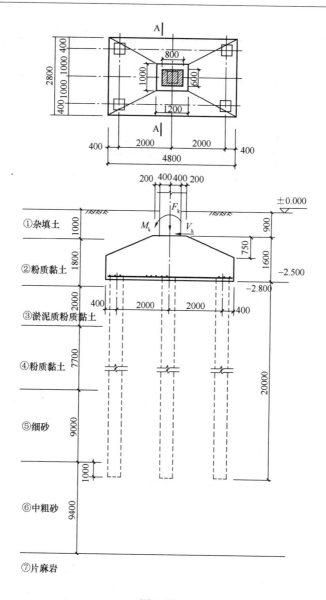

图 8-18

33. 假定，在荷载的标准组合下，由上部结构传至该承台顶面的竖向力 F_k=5380kN，弯矩 M_k=2900kN·m，水平力 V_k=200kN。试问，为满足承载力要求，所需单桩竖向承载力特征值 R_a（kN）的最小值，与下列何项数值最为接近？

(A) 1100　　　　(B) 1250　　　　(C) 1350　　　　(D) 1650

34. 假定，桩的混凝土弹性模量 E_c=3.6×10⁴N/mm²，桩身换算截面惯性矩 I_0=213000cm⁴，桩的长度（不含桩尖）为20m，桩的水平变形系数 α=0.63m⁻¹，桩的水平承载力由水平位移值控制，桩顶的水平位移允许值为10mm，桩顶按铰接考虑，桩顶水平位移系数 ν_x=2.441。试问，初步设计时，估算的单桩水平承载力特征值 R_{ha}（kN），与下列何项数值最为接近？

(A) 50　　　　(B) 60　　　　(C) 70　　　　(D) 80

35. 假定,相应于荷载的准永久组合时,承台底的平均附加压力值 $p_0=400$kPa,桩基等效沉降系数 $\psi_e=0.17$,第⑥层中粗砂在自重压力至自重压力加附加压力之压力段的压缩模量 $E_s=17.5$MPa,桩基沉降计算深度算至第⑦层片麻岩层顶面。试问,按照《建筑桩基技术规范》JGJ 94—2008 的规定,当桩基沉降经验系数无当地可靠经验且不考虑邻近桩基影响时,该桩基中心点的最终沉降量计算值 s(mm),与下列何项数值最为接近?

提示:矩形面积上均布荷载作用下角点平均附加应力系数 $\bar{\alpha}$,见表8-4。

表 8-4

z/b \ a/b	1.6	1.71	1.8
3	0.1556	0.1576	0.1592
4	0.1294	0.1314	0.1332
5	0.1102	0.1121	0.1139
6	0.0957	0.0977	0.0991

注:a—矩形均布荷载长度(m);b—矩形均布荷载宽度(m);z—计算点离桩端平面的垂直距离(m)。

(A) 10   (B) 13   (C) 20   (D) 26

【题 36、37】 某多层框架结构办公楼采用筏形基础,$\gamma_0=1.0$,基础平面尺寸为 39.2m×17.4m。基础埋深为 1.0m,地下水位标高为 -1.0m,地基土层及有关岩土参数如图 8-19 所示。

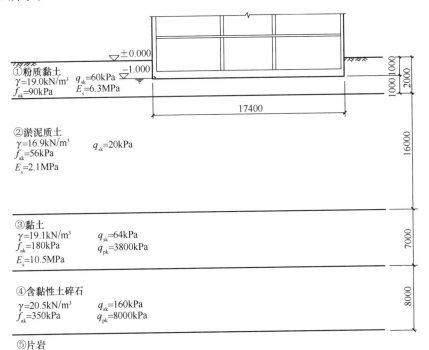

图 8-19

采用减沉复合疏桩，在基础范围内较均匀布置52根250mm×250mm的预制实心方桩，桩长（不含桩尖）为18m，桩端进入第③层土1m。假定，方桩的单桩竖向承载力特征值 R_a 为340kN，相应于荷载的准永久组合时，上部结构与筏板基础总的竖向压力为43750kN。

36. 试问，按《建筑桩基技术规范》JGJ 94—2008 的规定，计算由筏基底地基土附加应力作用下产生的基础中点的沉降 s_s 时，假想天然地基平均附加压力 p_0（kPa），与下列何项数值最为接近？

   (A) 15　　　　(B) 25　　　　(C) 40　　　　(D) 50

37. 试问，按《建筑桩基技术规范》JGJ 94—2008 的规定，计算筏基中心点的沉降时，由桩土相互作用产生的沉降 s_{sp}（mm），与下列何项数值最为接近？

   (A) 5　　　　(B) 15　　　　(C) 25　　　　(D) 35

【题 38~43】某高层建筑采用现浇钢筋混凝土框架结构，某一榀框架如图 8-20 所示，抗震等级为二级，各柱截面均为 600mm×600mm，混凝土强度等级 C40。纵筋采用 HRB400 级、箍筋采用 HRB335 级钢筋。双排，取 $a_s = a_s' = 60$mm；单排，取 $a_s = a_s' = 40$mm。

38. 假定，三层平面位于柱 KZ2 处的梁柱节点，对应于考虑地震组合剪力设计值的节点上柱底部的轴向压力设计值 $N=2300$kN，配筋如图 8-21 所示，正交梁的约束影响系数 $\eta_j = 1.5$，框架梁 $a_s = a_s' = 60$mm。试问，该框架梁柱节点核心区的 x 向抗震受剪承载力设计值（kN），与下列何项数值最为接近？

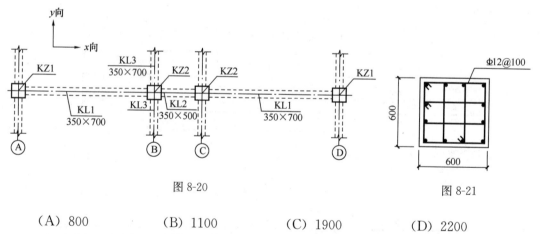

图 8-20　　　　　　　　　　　图 8-21

   (A) 800　　　　(B) 1100　　　　(C) 1900　　　　(D) 2200

39. 如图 8-22 所示，框架梁梁端 A-A 处纵向钢筋的配置，如果仅从框架梁的抗震构造措施考虑，下列何项配筋相对合理？

   (A) $A_{s1} = 4 \Phi 28$，$A_{s2} = 4 \Phi 32$；$A_s = 4 \Phi 28$
   (B) $A_{s1} = 4 \Phi 28$，$A_{s2} = 4 \Phi 32$；$A_s = 4 \Phi 32$
   (C) $A_{s1} = 4 \Phi 32$，$A_{s2} = 4 \Phi 32$；$A_s = 4 \Phi 28$
   (D) $A_{s1} = 4 \Phi 32$，$A_{s2} = 4 \Phi 32$；$A_s = 4 \Phi 25$

40. 如图 8-22 所示，框架梁梁端截面 B—B 处的顶部、底部受拉纵筋面积计算值分别为：$A_s^t = 3900$mm²，$A_s^b = 1700$mm²；梁跨中底部受拉纵筋为 $6 \Phi 25$。梁端截面 B—B 处的顶、底纵筋（锚入柱内）有以下4组配置。试问，下列哪项配置满足规范、规程的设计要

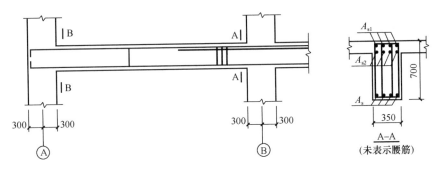

图 8-22

求且最为合理?

(A) 梁顶:8Φ25;梁底:4Φ25　　(B) 梁顶:8Φ25;梁底:6Φ25

(C) 梁顶:7Φ28;梁底:4Φ25　　(D) 梁顶:5Φ32;梁底:6Φ25

41. 假定,二层角柱 KZ3,其截面尺寸 600mm×600mm,剪跨比大于 2,轴压比为 0.6,箍筋采用普通复合箍,箍筋的混凝土保护层厚度取 20mm。试问,下列何项柱加密区纵筋及箍筋配置符合《高层建筑混凝土结构技术规程》JGJ 3—2010 的要求?

提示:复合箍的体积配筋率按扣除重叠部位的箍筋体积计算。

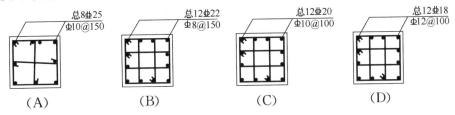

42. 假定,该建筑物较高,其所在建筑场地类别为Ⅳ类,计算表明该结构角柱为小偏心受拉,其计算纵筋面积为 $3600mm^2$,配置如图 8-23 所示。试问,该柱纵向钢筋最小取下列何项配筋时,才能满足规范、规程的最低要求?

(A) 12Φ25　　(B) 4Φ25(角筋)+8Φ20

(C) 12Φ22　　(D) 12Φ20

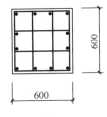

图 8-23

43. 假定,该建筑抗震设防烈度为 7 度,设计基本地震加速度为 0.10g。建筑物顶部附设 6m 高悬臂式广告牌,附属构件重力为 100kN,自振周期为 0.08s,顶层结构重力为 12000kN。试问,该附属构件自身重力沿不利方向产生的水平地震作用标准值 F(kN)应与下列何项数值最为接近?

(A) 16　　(B) 20　　(C) 32　　(D) 38

【题 44、45】 某钢筋混凝土框架-剪力墙结构,房屋高度 57.3m,地下 2 层,地上 15 层,首层层高 6.0m,二层层高 4.5m,其余各层层高均为 3.6m。纵横方向均有剪力墙,地下一层板顶作为上部结构的嵌固端。该建筑为丙类建筑,抗震设防烈度为 8 度,设计基本地震加速度为 0.2g,I_1 类建筑场地。在规定的水平力作用下,框架部分承受的地震倾覆力矩大于结构总地震倾覆力矩的 10% 但小于 50%。各构件的混凝土强度等级均为 C40。

44. 首层某框架中柱剪跨比大于 2,为使该柱截面尺寸尽可能小,试问,根据《高层建筑混凝土结构技术规程》JGJ 3—2010 的规定，对该柱箍筋和附加纵向钢筋的配置形式采取所有相关措施之后，满足规程最低要求的该柱轴压比最大限值，应取下列何项数值？

(A) 0.95　　　(B) 1.00　　　(C) 1.05　　　(D) 1.10

45. 位于第 5 层平面中部的某剪力墙端柱截面为 500mm×500mm，假定其抗震等级为二级，其轴压比为 0.35，端柱纵向钢筋采用 HRB400 级钢筋，其承受集中荷载。考虑地震组合时，由考虑地震组合小偏心受拉内力设计值计算得到该端柱纵筋总截面面积计算值为最大（1800mm²）。试问，该柱纵筋的实际配筋选择下列何项时，才能满足并且最接近于《高层建筑混凝土结构技术规程》JGJ 3—2010 的最低要求？

(A) 4⌀16+4⌀18（A_s=1822mm²）　　(B) 8⌀18（A_s=2036mm²）

(C) 4⌀20+4⌀18（A_s=2275mm²）　　(D) 8⌀20（A_s=2513mm²）

【题 46、47】 有密集建筑群的城市市区中的某房屋，丙类建筑，地上 28 层，地下 1 层，为一般钢筋混凝土框架-剪力墙结构，抗震设防烈度为 7 度，该建筑质量沿高度比较均匀，平面为切角三角形，如图 8-24 所示。设计使用年限为 50 年。

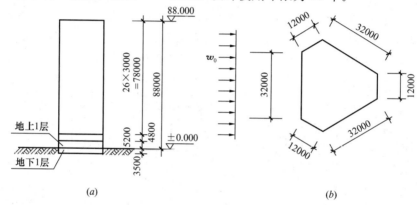

图 8-24
(a) 建筑立面示意图；(b) 建筑平面示意图

46. 风荷载作用方向如图 8-24 所示，竖向荷载 q_k 呈倒三角形分布，如图 8-25 所示，$q_k=\Sigma(\mu_{si}B_i)\beta_z\mu_z w_0$，式中 i 为 6 个风作用面的序号，B 为每个面宽度在风荷载作用方向的投影，试问，$\Sigma(\mu_{si}B_i)$ 值与下列何项数值最为接近？

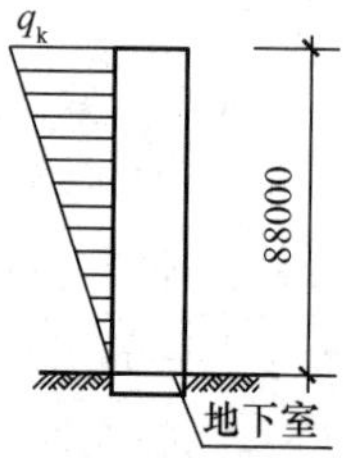

提示： 按《建筑结构荷载规范》GB 50009—2012 确定风荷载体型系数。

(A) 36.8　　　(B) 42.2

(C) 57.2　　　(D) 52.8

图 8-25

47. 假定风荷载沿高度呈倒三角形分布，地面处为零，屋顶处风荷载设计值 q=134.7kN/m，如图 8-26 所示，地下室混凝土剪变模量与折算受剪截面面积乘积 $G_0 A_0$=19.76×10⁶kN，地上 1 层 $G_1 A_1$=17.17×10⁶kN。试问，风荷载在该建筑结构计算嵌固端产生的倾覆力矩设计值（kN·m），与下列何项数值最为接近？

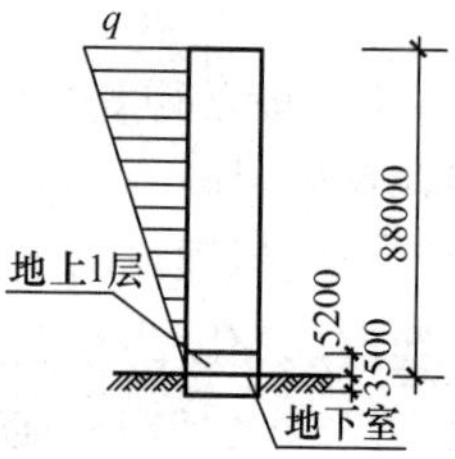

(A) 260779　　　(B) 347706

图 8-26

(C) 368449　　　　(D) 389708

【题 48】 某高层建筑采用钢筋混凝土框架结构，抗震等级为一级，底层角柱如图 8-27 所示。考虑地震作用组合时按弹性分析未经调整的构件端部组合弯矩设计值为：柱：$M_{cA上}=300$kN·m，$M_{cA下}=280$kN·m（同为顺时针方向），柱底 $M_B=320$kN·m；梁：$M_b=460$kN·m。已知梁 $h_0=560$mm，$a'_s=40$mm，梁端顶面实配钢筋（HRB400级）面积 $A_s=2281$mm²（已计入梁受压筋和相关楼板钢筋影响）。试问，该柱进行截面配筋设计时所采用的组合弯矩设计值(kN·m)，与下列何项数值最为接近？

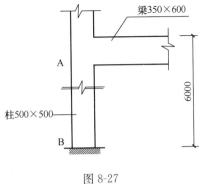

图 8-27

(A) 780　　　　(B) 600
(C) 545　　　　(D) 365

【题 49、50】 某高层钢框架结构位于 8 度抗震设防烈度区，抗震等级为二级，梁、柱截面采用焊接 H 形，梁为 H500×260×8×14；柱为 H500×450×14×22，$A_c=26184$mm²。钢材采用 Q235 钢。

经计算得到，地震作用组合下的柱轴力设计值 $N=2510$kN。取柱的 $f_{yc}=225$N/mm²。

提示：按《高层民用建筑钢结构技术规程》作答。

试问：

49. 某一根框架中柱进行绕柱的强轴的强柱弱梁验算时，即《高钢规》公式（7.3.3-1）的左端项与右端项之比值，最接近于下列何项？

(A) 1.1　　(B) 1.2　　(C) 1.3　　(D) 1.4

50. 假定，采用埋入式柱脚，中柱绕其强轴方向，其柱脚的极限受弯承载力 M_u(kN·m)，不应小于下列何项？

(A) 1160　　(B) 1050　　(C) 970　　(D) 810

实战训练试题（九）

（上午卷）

【题 1~8】 设计使用年限为 50 年，位于非寒冷地区的某现浇钢筋混凝土室外楼梯，混凝土强度等级为 C30，楼梯梁、楼梯柱的纵向受力钢筋均采用 HRB400 级钢筋，楼梯梁、楼梯柱的箍筋均采用 HPB300 级钢筋。楼梯板的纵向受力钢筋、分布钢筋均采用 HRB400 级钢筋。楼梯的结构平面图与剖面图如图 9-1 所示。安全等级为二级。

提示：按《工程结构通用规范》GB 55001—2011 作答。

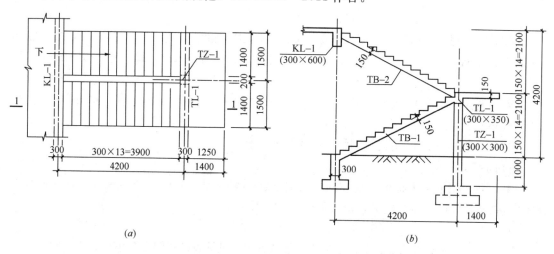

图 9-1
(a) 楼梯平面图；(b) 楼梯剖面图

1. 由踏步板和平台板组成的楼梯板 TB-1 的计算简图如图 9-2 所示。已知每米宽的踏步板和平台板沿水平投影方向折算均布荷载标准值分别为：恒荷载 $g_1=7.5$kN/m，$g_2=5.0$kN/m；活荷载 $q_1=q_2=2.5$kN/m。试问，基本组合时，每米宽楼梯板 TB-1 在支座 B 产生的最大反力设计值 R_B（kN），应与以下何项数值最为接近？

(A) 36.8　　　　(B) 38.9
(C) 45.0　　　　(D) 49.2

2. 楼梯板 TB-1 的荷载标准值、计算条件与简图同题 1。试问，每米宽踏步板跨中最大弯矩设计值 M_{max}（kN·m），应与以下何项数值最为接近？

提示：永久荷载有利时，$\gamma_G=1.0$。

(A) 21.1　　　　(B) 27.4
(C) 29.3　　　　(D) 32.0

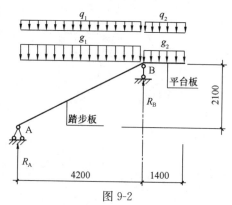

图 9-2

3. 已知踏步板跨中纵向受力钢筋配置为 ⊈ 12@120，试问，踏步板跨中垂直于受力钢筋方向的分布钢筋配置，选用以下何项最为合适？

(A) ⊈ 8@300　　　　　　　　　(B) ⊈ 8@250

(C) ⊈ 8@200　　　　　　　　　(D) ⊈ 8@150

4. 已知楼梯平台板在荷载的准永久组合作用下的短期刚度 $B_s = 3.3 \times 10^{12}\,\mathrm{N \cdot mm^2}$，楼梯平台板折算均布荷载标准值及计算简图同题1。当不考虑平台梁的扭转变形，只考虑板在竖向荷载作用下的变形时，试问，平台板的最大挠度 f（mm）与下列何项数值最为接近？

提示：① 可变荷载的准永久值系数 $\psi_q = 0.4$，考虑荷载长期作用对挠度增大的影响系数 $\theta = 2.0$。

② 悬臂构件端部的挠度计算式 $f = \dfrac{q l_0^4}{8B}$。

(A) 1.4　　　(B) 1.8　　　(C) 2.1　　　(D) 2.5

5. 楼梯模板安装时，其相邻踏步的模板内部尺寸的高差的允许偏差为下列何项？

(A) 5　　　(B) ±5　　　(C) 10　　　(D) ±10

6. 楼梯梁 TL-1 及楼梯柱 TZ-1 的计算简图如图 9-3 所示。楼梯梁截面 $b \times h = 300\mathrm{mm} \times 350\mathrm{mm}$。假定楼梯梁 TL-1 按荷载的准永久组合下计算的梁顶纵向受拉钢筋应力 $\sigma_{sq} = 182\mathrm{N/mm^2}$，梁顶实配纵向受拉钢筋为 3 ⊈ 18（$A_s = 763\mathrm{mm^2}$），箍筋直径为 10mm，试问，TL-1 进行裂缝宽度验算时其最大裂缝宽度 w_{max}（mm），应与以下何项数值最为接近？

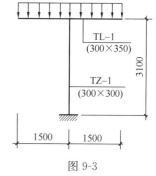

图 9-3

提示：钢筋 $E_s = 2.0 \times 10^5\,\mathrm{N/mm^2}$，混凝土 $f_{tk} = 2.01\,\mathrm{N/mm^2}$。

(A) 0.17　　　　　　　　　　　(B) 0.20

(C) 0.25　　　　　　　　　　　(D) 0.28

7. 已知楼梯梁 TL-1 支座处的剪力设计值 $V = 78\mathrm{kN}$，扭矩设计值 $T = 12\mathrm{kN \cdot m}$。经计算，楼梯梁 TL-1 支座处受剪承载力所需的箍筋 $\dfrac{A_{sv}}{s} = 0.38\,\mathrm{mm^2/mm}$；受扭承载力降低系数 $\beta_t = 1.0$，受扭纵向钢筋与箍筋的配筋强度比 $\zeta = 1.0$，$W_t = 11.25 \times 10^6\,\mathrm{mm^3}$，$A_{cor} = 6.48 \times 10^4\,\mathrm{mm^2}$。试问，TL-1 端部的箍筋配置，选用以下何项最为合适？

(A) φ8@150（双肢）　　　　　(B) φ8@100（双肢）

(C) φ10@150（双肢）　　　　　(D) φ10@100（双肢）

8. 假定楼梯柱 TZ-1 按抗震等级为三级的框架柱采取抗震构造措施。已知柱轴压比为 0.25，纵向受力钢筋采用 4 ⊈ 20，混凝土强度等级为 C30，纵向受力钢筋的混凝土保护层厚度取 35mm，箍筋配置形式如图 9-4 所示。试问，该楼梯柱根部的箍筋最小配置，应选用以下何项才最为合适，且满足体积配箍率的要求？

提示：按《建筑抗震设计规范》作答。

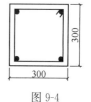

图 9-4

(A) φ6@100　　　　　　　　　(B) φ8@150

(C) φ8@100　　　　　　　　　(D) φ10@100

【题 9、10】 某现浇多层钢筋混凝土剪力墙结构，抗震等级为二级，混凝土强度等级为 C30，边缘构件纵向钢筋采用 HRB400 级钢筋，墙体分布钢筋采用 HPB300 级钢筋。底层某墙肢截面尺寸 $b_w \times h_w = 200\text{mm} \times 3600\text{mm}$，其墙肢（包括边缘构件）配筋示意如图 9-5 所示。

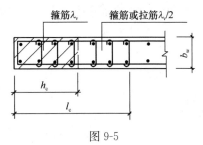

图 9-5

9. 假定该墙肢应设置约束边缘构件，其轴压比为 0.45，试问，该约束边缘构件箍筋配置范围的长度 h_c (mm)，应取下列何项数值才最为恰当？

(A) 360　　　(B) 400　　　(C) 450　　　(D) 500

10. 已知该墙肢约束边缘构件的纵向钢筋配置为 8⌀16。当约束边缘构件纵向钢筋采用搭接接头，且位于同一连接区段内的接头面积百分率不大于 25% 时，试问，该纵向钢筋的搭接长度 l_{lE} (mm)，采用下列何项数值最为合适？

(A) 840　　　(B) 780　　　(C) 650　　　(D) 540

【题 11～20】 某材料仓库跨度 24m，柱距 6m，总长 66m，采用单跨铰支双坡门式刚架结构，其结构系统及剖面形式如图 9-6 所示。库房的屋面、墙面均采用彩色压型钢板（保温做法）；檩条及墙架横梁（简称横梁或墙梁）采用单跨简支热轧轻型槽钢，檩条及横梁的跨中设一道张紧圆钢拉条以作为侧向支承点并保证其整体稳定。刚架、檩条及支撑结构全部采用 Q235 钢，手工焊接时使用 E43 型焊条，焊缝质量等级为二级。安全等级为二级。

提示：① 屋面支撑布置图中仅示出了起屋面支撑作用兼作系杆的檩条，其他檩条未示出。

② 柱间支撑布置图中仅示出了起柱间支撑作用兼作系杆的墙架横梁，其他的墙架横梁未示出。

③ 按《工程结构通用规范》GB 55001—2021 和《钢结构设计标准》GB 50017—2017 作答。

11. 屋面檩条间距（水平投影）按 1500mm 布置，其跨度为 6m；檩条采用热轧轻型槽钢 [12，开口朝向屋脊，$A = 1328\text{mm}^2$，$I_x = 303.9 \times 10^4 \text{mm}^4$，$W_x = 50.6 \times 10^2 \text{mm}^3$，$W_{y,\max} = 20.2 \times 10^3 \text{mm}^3$，$W_{y,\min} = 8.5 \times 10^3 \text{mm}^3$。假定已求得檩条在垂直屋面及平行屋面方向上的弯矩设计值分别为 $M_x = 6.75\text{kN} \cdot \text{m}$，$M_y = 0.34\text{kN} \cdot \text{m}$。对檩条作抗弯强度验算时，试问，其截面的最大应力计算值 (N/mm²)，与下列何项数值最为接近？

提示：① 按双向受弯计算。下面 4 个选项中，拉应力与压应力均取为正号。

② 为简化计算，不考虑槽钢截面上栓孔削弱的影响。

③ 截面中的 x 轴，为槽钢截面的对称轴；截面等级满足 S3 级。

(A) 135　　　(B) 144　　　(C) 156　　　(D) 164

12. 设计条件同题 11，假定竖向均布荷载标准值为 0.75kN/m^2。试问，垂直于屋面方向的檩条跨中挠度 (mm)，与下列何项数值最为接近？

(A) 40　　　(B) 21　　　(C) 30　　　(D) 26

13. 墙架横梁的截面与屋面檩条相同，槽钢的腹板水平放置，其截面特性见题 11；横梁间距为 1200mm，跨度为 6m。若已知墙面风荷载设计值为 1.06kN/m^2；墙板落地，可不计自重的作用。试问，对墙架横梁作抗弯强度验算时，其截面的最大应力计算值 (N/

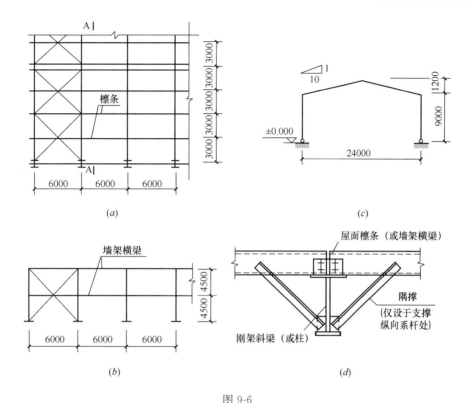

图 9-6
(a) 屋面支撑布置图；(b) 柱间支撑布置图；(c) A-A 剖面图；(d) 檩条及隅撑构造

mm^2），与下列何项数值最为接近？

提示：为简化计算，不考虑槽钢截面上栓孔削弱的影响。

(A) 180　　　(B) 157　　　(C) 126　　　(D) 108

14. 山墙墙架柱按 6m 间距布置，柱脚嵌固于±0.000 标高，柱顶用弹簧板与刚架斜梁上翼缘连接，柱的计算高度取 10.6m。若已知作用在山墙面风荷载标准值为 0.5kN/m²，试问，山墙墙架柱在风载作用下最大弯矩设计值（kN·m），与下列何项数值最为接近？

提示：计算弯矩时，不考虑柱顶存在的水平位移。

(A) 72　　　(B) 63　　　(C) 27　　　(D) 21

15. 山墙墙架柱的间距、顶部连接以及计算高度同题 14，只是山墙墙架柱下端改为与基础铰接；柱截面采用轧制 H 型钢，其腹板与山墙墙面垂直，型号为 H350×175×7×11，$W_x=782.00×10^3 mm^3$，$i_x=147mm$，$i_y=39.3mm$，$A=6366mm^2$。若已知山墙墙架柱跨中弯矩设计值 $M_x=45kN·m$，在弯矩作用平面外计算长度为 4.5m，试问，当对山墙墙架柱作整体稳定性验算时，以应力形式表达的稳定性计算值（N/mm²），与下列何项数值最为接近？

提示：可采用近似方法计算整体稳定性系数。

(A) 75　　　(B) 121　　　(C) 145　　　(D) 185

16. 刚架的梁和柱均采用双轴对称焊接工字形钢制作（翼缘板为轧制），截面均为 $h×b×t_w×t=600×200×8×12$，$A=94.1×10^2 mm^2$，$W_x=1808×10^3 mm^3$，$W_y=160.2×10^3 mm^3$，$i_x=240.1mm$，$i_y=41.3mm$。刚架斜梁的弯矩及轴向压力设计值分别为 $M_x=$

250kN·m，$N=45$kN，且计算截面无栓孔削弱。试问，对刚架斜梁作强度验算时，计算截面上的最大拉应力计算值（N/mm²），与下列何项数值最为接近？

提示： $\alpha_0=1.93$。

(A) 138　　　　(B) 155　　　　(C) 127　　　　(D) 175

17. 刚架梁、柱截面同题 16。刚架柱的弯矩及轴向压力设计值分别为 $M_x=250$kN·m，$N=90$kN；在刚架平面内柱的计算长度系数 $\mu=3.4$。试问，对刚架柱进行弯矩作用平面内稳定性验算时，以应力形式表达的稳定性计算值（N/mm²），与下列何项数值最为接近？

提示： ① 截面等级满足 S3 级。
　　　　② 等效弯矩系数 $\beta_{mx}=1.0$。
　　　　③ $1-0.8N/N'_{Ex}=0.96$。

(A) 161　　　　(B) 135　　　　(C) 120　　　　(D) 176

18. 刚架斜梁的端板与柱翼缘板间用高强度螺栓摩擦型连接，采用标准圆孔，如图 9-7 所示；梁端的弯矩及轴心压力设计值分别为 $M=250$kN·m，$N=45$kN。试问，梁受拉翼缘外侧每根高强度螺栓所受拉力（kN），与下列何项数值最为接近？

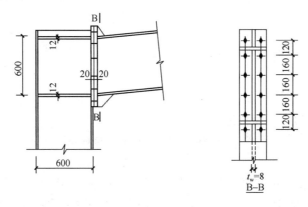

图 9-7

(A) 145　　　　(B) 130　　　　(C) 113　　　　(D) 105

19. 刚架梁、柱的连接构造同上题图 9-7。若屋面荷载条件改变，计算得出梁受拉翼缘外侧每个螺栓所受拉力 $N_t=124$kN，并已知梁端剪力设计值 $V=90$kN，高强度螺栓选用 8.8 级，摩擦面抗滑移系数 $\mu=0.45$。试问，所需最小的高强度螺栓型号应取下列何项数值？

(A) M16　　　　(B) M20　　　　(C) M22　　　　(D) M24

20. 刚架梁、柱截面同题 16，其连接的构造如图 9-7 所示；梁柱节点弯矩设计值 $M=250$kN·m。在弯矩作用下，试问，由柱翼缘及横向加劲肋所包围的柱腹板节点域内腹板的剪应力值（N/mm²），与下列何项数值最为接近？

(A) 71　　　　(B) 105　　　　(C) 126　　　　(D) 90

【题 21、22】 某六层横墙承重砌体结构住宅，底层内墙采用 190mm 厚单排孔混凝土小型空心砌块对孔砌筑，砌块强度等级为 MU15，水泥砂浆强度等级为 Mb7.5，砌体施工质量控制等级为 B 级。底层墙体剖面如图 9-8 所示，其相邻横墙间距为 6.0m，轴向力偏心距 $e=0$。静力计算方案为刚性方案。安全等级为二级。

21. 假定底层墙体采用灌孔砌筑，砌块的孔洞率为45%，砌块砌体的灌孔率为80%，灌孔混凝土的强度等级为Cb25（f_c=11.9MPa），试问，该墙体的抗剪强度设计值f_{vg}（MPa），应与下列何项数值最为接近？

(A) 0.45　　　　(B) 0.50
(C) 0.54　　　　(D) 0.59

22. 如果底层墙体采用灌孔砌筑，灌孔砌体的抗压强度设计值f_g=5.3MPa，试问，该墙体每延米墙长的受压承载力设计值（kN），与下列何项数值最为接近？

(A) 615　　　　(B) 675
(C) 715　　　　(D) 785

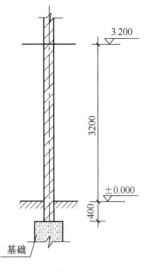

图 9-8

【题 23、24】 某带壁柱墙，其截面尺寸如图 9-9 所示，采用 MU10 烧结普通砖、M10 水泥砂浆砌筑，砌体施工质量控制等级为 B 级。有一钢筋混凝土梁，截面 $b \times h$ = 250mm×600mm，支承在该壁柱上，梁下刚性垫块尺寸为 490mm×370mm×180mm，梁端支承压力设计值为 N_l，由上层墙体传来的荷载轴向力设计值为 N_u。静力计算方案为刚性方案。安全等级为二级。

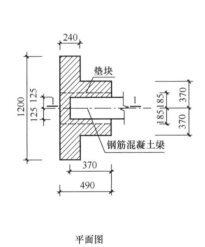

图 9-9

23. 如果上部平均压应力设计值 σ_0=1.10MPa，梁端有效支承长度 a_0=120mm，梁端支承压力设计值为 N_l=160kN，试问，垫块上 N_0 及 N_l 的合力的影响系数 φ，与下列何项数值最为接近？

(A) 0.85　　(B) 0.80　　(C) 0.75　　(D) 0.70

24. 试问，垫块外砌体面积的有利影响系数 γ_1，应与下列何项数值最为接近？

(A) 1.1　　(B) 1.2　　(C) 1.3　　(D) 1.4

【题 25】 某原木柱选用东北落叶松，原木标注直径 d=120mm，木柱沿其长度的直径变化率为每米 9mm，计算简图见图 9-10。试问，柱轴心受压的稳定系数 φ，与下列何项数值最为接近？

(A) 0.50　　　　　　　　(B) 0.45
(C) 0.37　　　　　　　　(D) 0.30

【题 26～29】 某土坡高度 5.2m，采用浆砌块石重力式挡土墙支挡，如图 9-11 所示。墙底水平，墙背竖直光滑；墙后填土采用粉砂，土对挡土墙墙背的摩擦角 $\delta=0$；不考虑地面超载的作用。

26. 粉砂的重度 $\gamma=20\text{kN/m}^3$，内摩擦角 $\varphi=32°$，黏聚力 $c=0$。试问，其主动土压力系数最接近于下列何项数值？

提示：当墙背垂直，光滑，填土表面水平且与墙齐高时，主动土压力 $E_a = \psi_a \frac{1}{2}\gamma h^2 K_a = \frac{1}{2}\psi_a \gamma h^2 \tan^2\left(45° - \frac{\varphi}{2}\right)$。

图 9-10

(A) 0.450　　　　　　　(B) 0.554
(C) 0.307　　　　　　　(D) 1.121

27. 若主动土压力系数 $K_a=0.35$，粉砂的重度 $\gamma=20\text{kN/m}^3$，试问，作用在墙背的主动土压力每延米的合力（kN），与下列何项数值最为接近？

(A) 117　　　　　　　　(B) 125
(C) 104　　　　　　　　(D) 97

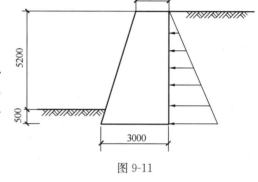

图 9-11

28. 若作用在挡土墙上的主动土压力每延米合力为 100kN，挡土墙的重度 $\gamma=24\text{kN/m}^3$，当不考虑墙前被动土压力的作用时，试问，挡土墙的抗倾覆安全度（抵抗倾覆与倾覆作用的比值），最接近于下列何项数值？

(A) 3.0　　　　(B) 2.6　　　　(C) 1.7　　　　(D) 2.8

29. 条件同 28 题。土对挡土墙基底的摩擦系数 $\mu=0.42$。当不考虑墙前被动土压力的作用时，试问，挡土墙的抗滑移安全度（抵抗滑移与滑移作用的比值），最接近于下列何项数值？

(A) 1.67　　　　(B) 1.32　　　　(C) 1.24　　　　(D) 1.17

【题 30】 某三层砖混结构采用墙下条形基础，基础埋深 1.5m，抗震设防烈度 7 度，地质条件如图 9-12 所示，杂填土层重度 $\gamma=17.5\text{kN/m}^3$，黏土层重度水上 $\gamma=18\text{kN/m}^3$，水下 $\gamma_{sat}=20\text{kN/m}^3$，地下水位在地表下 3m。试问，根据本工程的地质资料，第三层粉砂可初步判别为下列哪一项？

(A) 可不考虑液化影响
(B) 需进一步进行液化判别
(C) 液化
(D) 无法判定

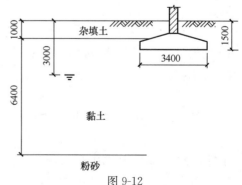

图 9-12

【题 31、32】 某多层框架结构，采用桩基础，土层条件如图 9-13 所示。

31. 假定采用嵌岩灌注桩基础，桩底无沉渣，桩端下无软弱夹层、断裂带和洞穴，岩石饱和单轴抗压强度标准值为 5MPa，岩体坚硬、完整，试问，桩端岩石承载力特征值（kPa）最接近于下列何项数值？

提示：①在基岩埋深不太大的情况下，常将大直径灌注桩穿过全部覆盖层嵌入基岩，即为嵌岩灌注桩。

②此题只计算桩端阻力。

(A) 6000　　　　　(B) 5000

(C) 4000　　　　　(D) 2500

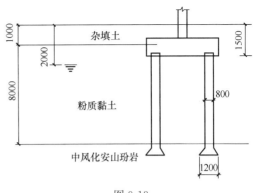

图 9-13

32. 关于桩基础的设计，下列何项说法错误？

(A) 对中低压缩性土上的承台，当承台与地基土之间没有脱开现象时，可根据地区经验适当减小柱下桩基础独立承台受冲切计算的承台厚度

(B) 承台纵向钢筋的混凝土保护层厚度不应小于 70mm，当有混凝土垫层时，不应小于 50mm

(C) 柱下桩基础独立承台应分别对柱边和桩边、变阶处和桩边连线形成的斜截面进行受剪计算

(D) 对嵌岩端承桩，当水平荷载及弯矩较小时，可不通长配筋

【题 33～36】 某新建 3 层钢筋混凝土框架结构办公楼，紧邻既有三层砌体结构建筑，拟采用扩展基础。该地区抗震设防烈度为 8 度 (0.30g)，设计地震分组为第一组，建筑场地类别为Ⅱ类。地下水位为 -2.000m，基础及其上覆土的加权平均重度为 20kN/m³。扩展基础 B 方案有两个，如图 9-14 (a)、(b) 所示，地基岩土层分布及其参数如图 9-14 (c) 所示。

33. 假定，采用图示方案 (a)，相应于作用准永久组合，新建建筑上部结构传至基础的顶面 a 点的竖向压力为 600kN，基础埋深为 1.5m，沉降计算经验系数取 1.0。试问，按《建筑地基基础设计规范》计算，新建建筑独立基础 B 作用引起的既有建筑基础 A 地面 o 点的最终沉降量（mm），与下列何项数值最为接近？

(A) 10　　　(B) 16　　　(C) 20　　　(D) 28

34. 假定，采用图示方案 (a)，地下水位大面积由 -2.000m 降至 -4.000m，并长期稳定在 -4.000m，沉降计算经验系数取 1.0。试问，按《建筑地基基础设计规范》GB 50007—2011 计算，由地下水位下降引起的地基土层最终竖向变形值（mm），与下列何项数值最为接近？

(A) 30　　　(B) 35　　　(C) 40　　　(D) 45

35. 假定，采用图示方案 (b)，相应于作用标准组合，新建建筑上部结构传至基础顶面的力可以等效为作用于基础顶面 b 点的竖向压 $F_k=1000$kN，$x=0.15$m。试问，满足地基承载力要求的基础 B 最小基础埋深（m），与下列何项数值最为接近？

提示：① 不考虑新老基础的相互影响。

　　　　② 不验算地基变形及软弱下卧层。

(A) 1.3　　　　　　　　　　(B) 1.5

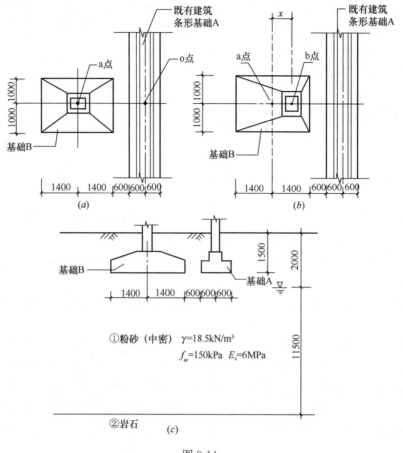

图 9-14

(C) 2　　　　　　　　　　　　　(D) 2.4

36. 假定，采用图示方案（b），基础置于承载力足够的地基上，相应于多遇地震作用效应标准组合，新建建筑上部结构传至基础顶面的力可以等效为作用于基础顶面 b 点的竖向压力 $F_k=1000$kN，$x=0.7$m。试问，地基基础抗震设计时，基础 B 底面零应力区满足规范要求的基础埋深最小值（m），与下列何项数值最为接近？

提示：不需要进行地基承载力验算。

(A) 1.5　　　　(B) 1.8　　　　(C) 2.1　　　　(D) 2.4

【题 37】 关于地基处理设计有下列观点：

Ⅰ. 大面积压实填土、堆载预压及换填垫层处理后的地基，基础宽度的地基承载力修正系数取 0；基础埋深的地基承载力修正系数取 1.0。

Ⅱ. 对采用振冲碎石桩处理的堆载场地地基，应进行整体稳定性分析，可采用圆弧滑动法，稳定安全系数不应小于 1.30。

Ⅲ. 对水泥搅拌桩，采用水泥作为加固料时，对含高岭土、蒙脱石及伊利石的软土加固效果较好。

Ⅳ. 采用碱液注浆加固湿陷性黄土地基，加固土层厚度大于灌注孔长度，但设计取用

的加固土层底部深度不超过灌注孔底部深度

试问，根据《建筑地基处理技术规范》JGJ 79—2012，下列何项是正确的？

(A) Ⅰ、Ⅱ正确 (B) Ⅱ、Ⅳ正确
(C) Ⅰ、Ⅲ正确 (D) Ⅱ、Ⅲ正确

【题 38】 下列有关钢筋混凝土结构抗震设计的一些主张中，其中哪项不够准确？

(A) 框架-剪力墙结构，任一层框架部分的地震剪力，不应小于结构底部总地震剪力的 20% 和按框架-剪力墙结构分析的框架部分各楼层地震剪力最大值 1.5 倍二者的较小值

(B) 部分框支剪力墙结构中框支框架承担的地震倾覆力矩应小于结构总地震倾覆力矩的 50%

(C) 当抗震墙连梁进行风荷载作用效应计算时，连梁刚度宜折减

(D) 框架-核心筒结构中截面形状复杂的内筒墙体，可按应力进行配筋

【题 39】 某 30 层现浇钢筋混凝土框架-剪力墙结构，如图 9-15 所示，圆形平面，直径为 30m，房屋高度为 100m，质量和刚度沿竖向分布均匀。基本风压为 $0.65 kN/m^2$，地面粗糙度为 B 类。已求得风振系数 $\beta_z=1.62$，当按承载力设计时，试问，顶部风荷载标准值 q（kN/m）与下列哪项数值最为接近？

提示：按《工程结构通用规范》GB 55001—2021 作答。

(A) 45.56 (B) 50.54 (C) 55.59 (D) 60.74

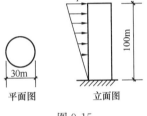

图 9-15

【题 40～42】 建于Ⅲ类场地的现浇钢筋混凝土高层建筑，抗震设防烈度 8 度，丙类建筑，设计地震分组为第二组，平面尺寸为 25m×50m，房屋高度为 112m，质量和刚度沿竖向分布均匀，如图 9-16 所示。采用刚性好的筏板基础；地下室顶板（±0.000）作为上部结构的嵌固端。按刚性地基假定确定的结构基本自振周期 $T_1=1.8s$。

40. 进行该建筑物横向（短向）水平地震作用分析时，按刚性地基假定计算且未考虑地基与上部结构相互作用的情况下，距室外地面约为 $H/2=56m$ 处的中间楼层本层的水平地震剪力标准值为 F。若剪重比满足规范的要求，试问，计入地基与上部结构的相互作用影响后，该楼层本层的水平地震剪力标准值应取下列何项数值？

提示：各楼层的水平地震剪力折减后满足规范对各楼层水平地震剪力最小值的要求。

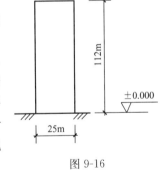

图 9-16

(A) $0.962F$ (B) F (C) $0.976F$ (D) $0.981F$

41. 地下室顶板采用梁板结构，混凝土强度等级为 C30，板钢筋采用 HPB300 级。X 向主梁间距 8.4m，Y 向次梁间距 3m。假定板厚为 h（mm）；又假定板的 X 向及 Y 向配筋（mm^2）分别为：上层为 A_{sxt}、A_{syt}，下层为 A_{sxb}、A_{syb}。试问，板厚 h 及板上、下层的配筋 A_s 取下列何组数值时，才能满足规范、规程的最低构造要求？

(A) $h=120mm$；$A_{sxt}=A_{sxb}=\phi 8@150$，$A_{syt}=A_{syb}=\phi 8@150$

(B) $h=160\text{mm}$；$A_{sxt}=A_{sxb}=\phi10@150$，$A_{syt}=A_{syb}=\phi10@150$

(C) $h=180\text{mm}$；$A_{sxt}=A_{sxb}=\phi10@150$，$A_{syt}=A_{syb}=\phi12@150$

(D) $h=180\text{mm}$；$A_{sxt}=A_{sxb}=\phi8@150$，$A_{syt}=A_{syb}=\phi10@150$

42. 该建筑物地基土比较均匀，基础假定为刚性，相应于荷载标准组合时，上部结构传至基础底的竖向力 $N_k=6.5\times10^5\text{kN}$，横向（短向）弯矩 $M_k=2.8\times10^6\text{kN}\cdot\text{m}$；纵向弯矩较小，略去不计。为使地基压应力不过于集中，筏板周边可外挑，每边挑出长度均为 a；计算时可不计外挑部分增加的土重及墙外侧土的影响。试问，如果仅从限制基底压应力不过于集中及保证结构抗倾覆能力方面考虑，初步估算的 $a(\text{m})$ 的最小值，应最接近下列何项数值？

(A) 0   (B) 0.5   (C) 1.0   (D) 1.5

【题 43～46】 某 12 层办公楼，房屋高度 48m，采用现浇钢筋混凝土框架-剪力墙结构，丙类建筑，抗震设防烈度 7 度，设计基本地震加速度为 0.15g，为Ⅱ类建筑场地。混凝土强度等级采用 C40（$f_c=19.1\text{N/mm}^2$）。在规定的水平力作用下，结构总地震倾覆力矩 $M_0=4.8\times10^5\text{kN}\cdot\text{m}$，剪力墙承受的地震倾覆力矩 $M_w=2\times10^5\text{kN}\cdot\text{m}$。

43. 该结构中部未加剪力墙的某一榀框架，如图 9-17 所示。假定建筑场地为Ⅲ类场地，底层边柱 AB 柱底截面考虑地震作用组合的轴力设计值 $N_A=5200\text{kN}$；该柱 $\lambda>2$，配 $\phi10$ 井字复合箍。试问，柱 AB 柱底截面最小尺寸（mm×mm）为下列何项数值时，才能满足规范、规程对柱的延性要求？

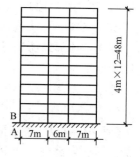

(A) 500×500   (B) 550×550

(C) 600×600   (D) 650×650

44. 该结构中部未加剪力墙的某一榀框架（见图 9-17），假定框架抗震等级为二级。作用在底层边柱 AB 柱底截面的考虑地震作用组合的弯矩值（未经调整）$M_A=480\text{kN}\cdot\text{m}$，相应的组合剪力值 $V_A=360\text{kN}$。按式 $\Sigma M_c=\eta_c\Sigma M_b$（$M_{bi}$同为顺时针方向）调整后，柱 AB 上端考虑地震作用组合的弯矩设计值 $M_B=520\text{kN}\cdot\text{m}$。柱净高 $H_n=2.7\text{m}$。试问，当柱 AB 进行底部截面配筋设计时，其剪力设计值（kN）最接近于下列何项数值？

图 9-17

(A) 360   (B) 445

(C) 456   (D) 498

45. 该建筑物中部一榀带剪力墙的框架，其平剖面如图 9-18 所示。假定剪力墙等级为二级，剪力墙的边框柱为 AZ_1；由计算得知，该剪力墙某层边框柱底截面计算配筋为 $A_s=2600\text{mm}^2$。边框柱纵筋和箍筋分别采用 HRB400 级和 HPB300 级。试问，边框柱 AZ_1 在底层底部截面处的配筋采用下列何组数值时，才能满足规范、规程的最低构造要求？

提示：边框柱体积配箍率满足规范、规程的要求；纵筋满足剪力墙边缘构件要求。

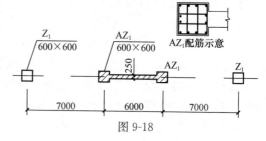

图 9-18

(A) 4Φ18+8Φ16，井字复合箍ϕ8@150
(B) 4Φ18+8Φ16，井字复合箍ϕ8@100
(C) 12Φ18，井字复合箍ϕ8@150
(D) 12Φ18，井字复合箍ϕ8@100

46. 假定该结构增加一定数量的剪力墙后，总地震倾覆弯矩 M_0 不变，但剪力墙承担的地震倾覆弯矩增大为 $M_w=2.8\times10^5$kN·m，此时，题 44 中的柱 AB 底部截面考虑地震作用组合的弯矩值（未经调整）则改变为 $M_A=360$kN·m。试问，柱 AB 底部截面进行配筋设计时，其弯矩设计值（kN·m）应取下列何项数值？

(A) 360　　　(B) 414　　　(C) 432　　　(D) 450

【题 47～50】 某 18 层现浇钢筋混凝土剪力墙结构，房屋高度 54m，抗震设防烈度为 7 度，抗震等级为二级。底层一双肢剪力墙，如图 9-19 所示，墙厚均为 200mm，混凝土强度等级为 C30（$f_c=14.3$N/mm²）。

47. 主体结构考虑横向水平地震作用进行承载力计算时，与剪力墙墙肢 2 垂直相交的内纵墙作为墙肢 2 的翼墙，试问，该翼墙的有效长度 b（m）应与下列何项数值最为接近？

提示： 按《混凝土结构设计规范》GB 50010—2010（2015 年版）作答。

(A) 1.4　　(B) 2.6
(C) 5.4　　(D) 6.4

48. 考虑地震作用组合时，底层墙肢 1 在横向水平地震作用下的反向组合内力设计值为：$M=3300$kN·m，$V=616$kN，$N=-2200$kN（拉）。该底层墙肢 2 相应于墙肢 1 的反向组合内力设计值（未考虑偏心受拉因素）为：$M=33000$kN·m，$V=2200$kN，$N=15400$kN。试问，墙肢 2 进行截面设计时，其相应于反向地震作用的组合内力设计值 M（kN·m）、V（kN）、N（kN），应取下列何项数值？

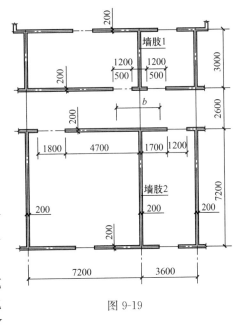

图 9-19

提示： 剪力墙端部受压（拉）钢筋合力点到受压（拉）区边缘的距离 $a'_s=a_s=200$mm。

(A) 33000，2200，15400　　(B) 33000，3080，15400
(C) 41250，3080，19250　　(D) 41250，3850，15400

49. 考虑连梁刚度折减后，该底层墙肢 1 的轴压比为 0.50，其边缘构件中纵筋计算值为：$A_s=A'_s=1900$mm²，实际配筋形式如图9-20所示，纵筋采用 HRB400 级钢筋。试问，边缘构件中的纵向钢筋采用下列何项配置时，才能满足规范、规程的最低构造要求？

(A) 16Φ14　　(B) 16Φ16　　(C) 16Φ18　　(D) 16Φ20

50. 条件及配筋形式同题 49。箍筋采用 HPB300 级钢筋，箍筋的混凝土保护层厚度取 15mm。试问，边缘构件中的箍筋采用下列何项配置时，才能满足规范、规程的最低构造要求？

(A) φ8@150   (B) φ8@100   (C) φ10@150   (D) φ10@100

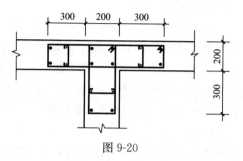

图 9-20

实战训练试题（十）

（上午卷）

【题1、2】 某钢筋混凝土简支梁如图10-1所示。纵向钢筋采用HRB400级钢筋（⊕），该梁计算跨度$l_0=7200$mm，跨中计算所需的纵向受拉钢筋为4⊕25。

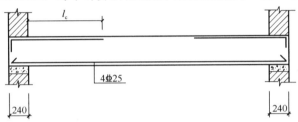

图10-1

1. 试问，该简支梁支座区上部纵向构造钢筋的最低配置，应为下列何项所示？
   (A) 2⊕16　　　(B) 2⊕18　　　(C) 2⊕20　　　(D) 2⊕22

2. 试问，该简支梁支座区上部纵向构造钢筋自支座边缘向跨内伸出的最小长度l_c（mm），选用下列何项数值最为恰当？
   (A) 1500　　　(B) 1800　　　(C) 2100　　　(D) 2400

【题3~5】 某滨海风景区体育建筑中的钢筋混凝土悬挑板疏散外廊如图10-2所示。挑板及栏板建筑面层做法为双面抹灰各20mm。混凝土重度25kN/m³，抹灰重度20kN/m³。混凝土强度等级为C30，受力钢筋采用HRB400级（⊕），分布钢筋采用HPB300级（φ）。设计使用年限为50年，安全等级为二级。

提示： 按《工程结构通用规范》GB 55001—2021作答。

3. 试问，悬挑板按每延米宽计算的支座负弯矩设计值M（kN·m），与下列何项数值最为接近？

   提示： 挑板计算长度为1.5m，栏板计算高度为1.2m。

   (A) －18　　　(B) －19
   (C) －20　　　(D) －23

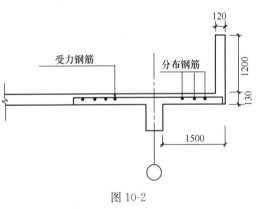

图10-2

4. 若该悬挑板按每延米宽计算的支座负弯矩设计值$M=-30$kN·m，主筋采用⊕12钢筋，$\xi_b=0.518$，试问，当按单筋板计算时，该悬挑板的支座负弯矩钢筋配置，选用下列何项最为合适？

   (A) ⊕12@200　　　　　　　　(B) ⊕12@150
   (C) ⊕12@100　　　　　　　　(D) ⊕12@75

5. 假定该悬挑板的负弯矩钢筋配置为Φ14@150，试问，其分布钢筋的配置选用下列何项最为合适？

(A) φ6@250　　　　　　　　(B) φ6@200

(C) φ8@250　　　　　　　　(D) φ8@200

【题 6~9】 云南省大理市某中学拟建一栋 6 层教学楼，建筑场地类别为Ⅱ类，采用钢筋混凝土框架结构。已知各层层高均为 3.4m，室内外地面高差 0.45m，室内地面标高±0.00，基础顶面标高 -1.1m。框架梁、柱主筋采用 HRB400 级（Φ），箍筋采用 HPB300 级（φ），混凝土强度等级为 C30。

6. 已知该结构 X 方向平动第一自振周期为 $T_1 = 0.65s$，其各层重力荷载代表值如表 10-1 所示。当采用底部剪力法计算时，试问，在多遇地震下，该结构 X 方向的总水平地震作用标准值 F_{Ek}（kN），与下列何项数值最为接近？

表 10-1

层　号	1	2	3	4	5	6
重力荷载代表值（kN）	14612.4	13666.0	13655.2	13655.2	13655.2	11087.8

(A) 7050　　　　(B) 7850　　　　(C) 8650　　　　(D) 9000

7. 已知该框架结构某框架梁截面尺寸 $b \times h = 350mm \times 600mm$，截面有效高度 $h_0 = 560mm$，梁端纵向受拉钢筋配置为 4Φ25。试问，梁端加密区的箍筋（四肢箍）按构造要求配置时，选用下列何项最为合适？

(A) φ8@100　　　(B) φ10@100　　　(C) φ10@150　　　(D) φ12@100

8. 该房屋顶层某端跨框架梁截面尺寸 $b \times h = 350mm \times 600mm$，截面有效高度 $h_0 = 530mm$。当未考虑调幅时，其端节点处负弯矩钢筋计算截面积为 $2965mm^2$。试问，该梁端上部纵筋的配筋率（%），取下列何项数值最为合适？

(A) 1.4　　　　(B) 1.6　　　　(C) 1.8　　　　(D) 2.0

9. 假定该框架结构抗震等级为一级，底层中柱截面及配筋如图 10-3 所示。该柱截面尺寸为 700mm×700mm，纵筋采用Φ25，纵向钢筋的混凝土保护层厚度为 30mm，轴压比为 0.6。底层顶框架梁截面尺寸 $b \times h = 350mm \times 600mm$。试问，当设置有刚性地面时，该柱下端加密区的箍筋配置及加密区长度（mm），分别选用下列何项最合适？

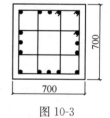

图 10-3

(A) φ10@150；加密区长度 1600　　　(B) φ10@100；加密区长度 1300

(C) φ10@100；加密区长度 1600　　　(D) φ12@100；加密区长度 1600

【题 10】 某五层框架结构，平面规则，经验算，二层、三层、四层、五层与首层的侧向刚度之比分别为 0.85、1.11、1.14、1.05。试问，采用空间结构计算模型时，其首层、二层的地震剪力增大系数，分别应为下列何项数值？

(A) 1.00；1.00　　(B) 1.00；1.15　　(C) 1.15；1.00　　(D) 1.15；1.15

【题 11】 某轧钢厂房内水管支架采用三角形桁架结构，如图 10-4 所示。钢材采用 Q235B 钢，焊条采用 E43 型。为简化计算，该支架仅考虑水管的竖向荷载作用。安全等级为二级。

上弦杆采用热轧 H 型钢 H200×200×8×12，$A = 63.53 \times 10^2 mm^2$，$W_x = 472 \times$

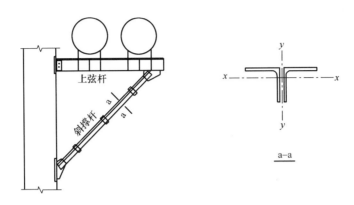

图 10-4

$10^3 mm^3$，计算截面无栓（钉）孔削弱。已知上弦杆的内力设计值：$N=119kN$（拉力），$M_{xmax}=51kN\cdot m$。截面等级满足 S3 级。试问，上弦杆作为拉弯构件进行强度计算时，构件的最大拉应力值（N/mm^2），与下列何项数值最为接近？

(A) 84　　　　(B) 103　　　　(C) 122　　　　(D) 144

【题 12～17】 某转炉车间内二层钢结构操作平台结构形式为框架结构，框架柱平面外设有柱间支撑，框架结构采用一阶弹性分析方法进行内力计算，计算简图和构件编号如图 10-5 所示。平台面设有简支梁和钢铺板，钢材均采用 Q235B 钢，焊条采用 E43型。安全等级为二级。

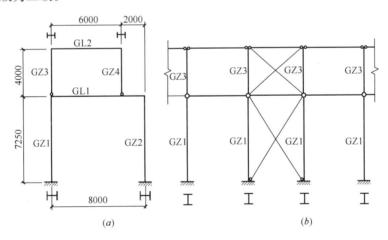

图 10-5
(a) 框架计算简图；(b) 柱间支撑布置图

12. GL1 采用焊接实腹 H 形梁 H700×300×10×20，$W_x=4649×10^3 mm^3$，计算截面无栓（钉）孔削弱。已知 GL1 的最大弯矩设计值 $M_x=680kN\cdot m$。试问，GL1 进行抗弯强度验算时，其截面最大应力计算值（N/mm^2），与下列何项数值最为接近？

(A) 122　　　　(B) 139　　　　(C) 152　　　　(D) 164

13. 框架梁柱连接节点如图 10-6 所示。已知 GL1 在连接节点处的最大剪力设计值 $V=422kN$，该剪力全部由梁腹板与柱翼缘板之间的角焊缝传递，角焊缝的实际长度为 540mm，焊脚尺寸 $h_f=8mm$。试问，该角焊缝沿焊缝长度方向的剪应力 τ_f（N/mm^2），与下列何项数值最为接近？

提示：角焊缝为均匀受力。

(A) 50　　　　　(B) 72　　　　　(C) 108　　　　　(D) 144

14. GL1 的拼接节点同图 10-6 所示。腹板按等强原则进行拼接，采用高强度螺栓摩擦型连接，螺栓为 10.9 级 M20 高强度螺栓，孔径 $d_0=21.5\text{mm}$，摩擦面抗滑移系数取 0.35，采用标准圆孔。假定腹板的净截面面积 $A_{nw}=4325\text{mm}^2$。试问，腹板拼接接头一侧的螺栓数量 n（个），与下列何项数值最为接近？

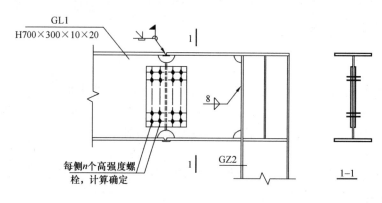

图 10-6

(A) 25　　　　　(B) 20　　　　　(C) 15　　　　　(D) 10

15. 已知 GZ3 和 GL2 采用相同规格的热轧 H 型钢。试问，GZ3 在框架平面内的计算长度系数 μ 值，与下列何项数值最为接近？

提示：GL2 所受轴心压力 N_b 忽略不计。

(A) 2.33　　　　(B) 2.54　　　　(C) 2.64　　　　(D) 2.78

16. 已知 GZ3 构件上无横向荷载作用。GZ3 作为压弯构件，进行弯矩作用平面外的稳定性验算时，试问，等效弯矩系数 β_{tx} 与下列何项数值最为接近？

提示：GZ3 柱底为铰接。

(A) 1.0　　　　(B) 0.85　　　　(C) 0.75　　　　(D) 0.65

17. GZ1 采用热轧 H 型钢 H390×300×10×16，$A=133.25\times10^2\text{mm}^2$，$W_x=1916\times10^3\text{mm}^3$；已知 GZ1 的内力设计值：$N=565\text{kN}$，$M_x=203\text{kN}\cdot\text{m}$。已求得 GZ1 对截面弱轴的长细比 $\lambda_y=99$。GZ1 作为压弯构件进行弯矩作用平面外的稳定性验算时，试问，以应力形式表示的稳定性计算值（N/mm^2），与下列何项数值最为接近？

提示：取 $\beta_{tx}=1.0$；GZ1 的截面等级满足 S3 级。

(A) 201　　　　(B) 182　　　　(C) 167　　　　(D) 148

【题 18~20】某单跨双坡门式刚架钢房屋，刚架高度为 7.2m，屋面坡度为 1:10，屋面和墙面均采用压型钢板，檩条采用冷弯薄壁卷边槽钢 220×75×20×2。檩条采用简支檩条，跨度为 6m，坡向间距为 1.5m，在其中点处设一道拉条，如图 10-7（a）所示，

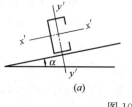
(a)

(b)

图 10-7

采用 Q235 钢。卷边槽钢的截面特性为 [图 10-7 (b)]：

$A=787\text{mm}^2$，$I_x=574.45\text{cm}^4$，$W_x=52.22\text{cm}^3$，$I_y=56.88\text{cm}^4$，$W_{ymax}=27.35\text{cm}^3$，$W_{ymin}=10.50\text{cm}^3$。

已知地面粗糙度为 B 类，50 年重现期的基本风压为 0.35kN/m^2。屋面中间区的某一根檩条其承担的按水平投影面积计算的永久荷载（含檩条自重）标准值为 0.2kN/m^2，竖向活荷载标准值为 0.5kN/m^2。屋面已采取防止檩条侧向位移和扭转的构造措施。

提示： 按《工程结构通用规范》GB 55001—2021 作答，取系数 $\beta=1.7$。

18. 在风压力作用下，该檩条跨中中点处，在其腹板平面内荷载基本组合下的弯矩设计值 $M_{x'}$（kN·m），与下列何项数值最接近？

    (A) 7.0 (B) 7.5 (C) 8.0 (D) 8.5

19. 在风吸力作用下，该檩条跨中中点处，在其腹板平面内荷载基本组合下的弯矩设计值 $M_{x'}$（kN·m），与下列何项数值最接近？

    (A) −4.5 (B) −5.2 (C) −5.8 (D) −6.4

20. 假定，风荷载作用下的设计值 $q_{y'}=1.78\text{kN/m}$，该檩条进行抗剪强度计算，在其腹板平面内的最大剪应力设计值（N/mm²），与下列何项数值最接近？

    提示： 冷弯半径取 $1.5t$，t 为檩条壁厚。

    (A) 15 (B) 20 (C) 25 (D) 30

【题 21～23】 某三层砌体房屋外纵墙的窗间墙，墙截面尺寸为 1200mm×240mm，如图 10-8 所示。采用 MU10 级烧结普通砖、M5 级混合砂浆砌筑（砌体抗压强度设计值 $f=1.50\text{N/mm}^2$）；砌体施工质量控制等级为 B 级。支承在墙上的钢筋混凝土梁截面尺寸为 $b\times h_c=250\text{mm}\times 600\text{mm}$。

21. 当梁下不设置梁垫时，如图 10-8 局部平面图（一）所示，试问，梁端支承处砌体的局部受压承载力设计值（kN），与下列何项数值最为接近？

    提示： $a_0=214.8\text{mm}$。

    (A) 65 (B) 75 (C) 85 (D) 95

22. 假定梁下设置预制混凝土垫块 $L\times b_b\times t_b=650\text{mm}\times 240\text{mm}\times 240\text{mm}$，如图 10-8 局部平面图（二）所示，垫块上 N_0 及 N_1 合力的影响系数 $\varphi=0.92$。试问，预制垫块下砌体的局部受压承载力设计值（kN），与下列何项数值最为接近？

    (A) 167 (B) 194 (C) 222 (D) 243

23. 假定图 10-8 局部平面图（二）中，梁下设预制混凝土垫块 $L\times b_b\times t_b=650\text{mm}\times 240\text{mm}\times 240\text{mm}$，上部砌体的平均压应力设计值 $\sigma_0=0.7\text{N/mm}^2$，试问，梁端有效支承长度 a_0（mm），与下列何项数值最为接近？

    (A) 127 (B) 136 (C) 148 (D) 215

【题 24】 某框支墙梁，计算简图如图 10-9 所示，托梁高 $h_b=750\text{mm}$；托梁顶面的荷载设计值为 Q_1，墙梁顶面的荷载设计值为 Q_2。在 Q_1 作用下，托梁各跨中的最大弯矩设计值 $M_{11}=M_{12}=106.8\text{kN·m}$；在 Q_2 作用下，托梁各跨中的最大弯矩设计值 $M_{21}=M_{22}=370.3\text{kN·m}$。试问，托梁跨中最大弯矩设计值 M_b（kN·m），与下列何项数值最为接近？

    (A) 106 (B) 174 (C) 191 (D) 370

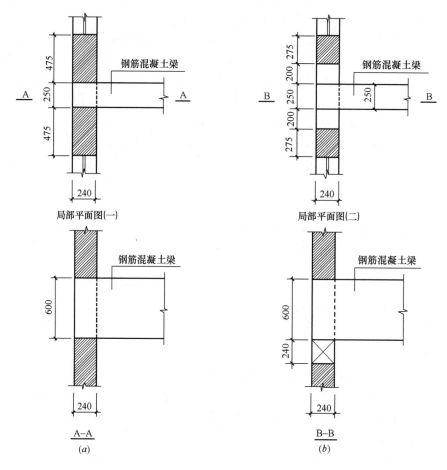

图 10-8

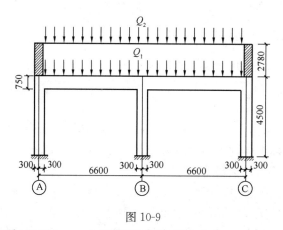

图 10-9

【题 25】 木材均采用红松，一木屋架下弦截面尺寸 $b \times h = 180\text{mm} \times 140\text{mm}$，下弦接头处轴心拉力设计值 $N = 95\text{kN}$，采用双木夹板对称连接，木夹板截面尺寸 $b \times h = 180\text{mm} \times 80\text{mm}$，螺栓直径为 $\phi16$。已知 $f_{es} = 15.1\text{N/mm}^2$。试问，屈服模式 I 时，销槽承压有效长度系数，与下列何项最为接近？

(A) 0.40　　　　(B) 0.30　　　　(C) 0.20　　　　(D) 0.15

（下午卷）

【题 26~28】 已知某建筑工程场地地基土抗震计算参数如表 10-2 所示。

某建筑工程场地地基土抗震计算参数　　　　表 10-2

层序	岩土名称	层底深度/m	层厚/m	土(岩)层平均剪切波速/(m/s)	地基承载力特征值/kPa
1	杂填土	1.00	1.00	80	—
2	黏性土 $e=0.97$　$I_L=0.58$	2.30	1.30	90	110
3	淤泥	26.50	24.20	120	60
4	淤泥质土	31.00	4.50	164	80
5	黏性土	35.70	4.70	152	130
6	粉质黏土	39.40	3.70	245	—
7	全风化流纹质凝灰岩	61.75	22.35	372	—
8	强风化流纹质凝灰岩	67.20	5.45	402	—
9	中风化流纹质凝灰岩	89.30	22.10	524	—

26. 试问，该场地土层等效剪切波速（m/s），最接近下列何项数值？
(A) 106　　　　(B) 115　　　　(C) 138　　　　(D) 162

27. 根据表 10-3 所示及通过计算求得的正确土层等效剪切波速，试确定场地覆盖层厚度和场地类别，并指出下列何项是正确的？
(A) 场地覆盖层厚度为 35.70m，场地类别为 Ⅱ 类
(B) 场地覆盖层厚度为 35.70m，场地类别为 Ⅲ 类
(C) 场地覆盖层厚度为 67.20m，场地类别为 Ⅲ 类
(D) 场地覆盖层厚度为 67.20m，场地类别为 Ⅳ 类

28. 该工程为五层一般民用框架结构房屋，抗震设防烈度为 7 度。采用柱下钢筋混凝土独立基础，基础的埋置深度为 1.30m，其底面边长为 3.20m×2.50m。基础底面以上土的加权平均重度为 17.50kN/m³，基础底面以下土的重度为 18.5kN/m³。试问，其地基抗震承载力（kPa）最接近下列何项数值？
(A) 114　　　　(B) 125　　　　(C) 136　　　　(D) 148

【题 29~31】 某位于抗震设防烈度 7 度（0.10g）的房屋建筑，其上部结构采用钢筋混凝土框架结构，设置一层地下室，采用预应力高强混凝土空心管桩基础，承台下布桩 4 根，桩径为 400mm，壁厚 95mm，无桩尖。桩基环境类别为三类，场地地下潜水水位标高为 −0.500~−1.500m，③层粉土中承压水水位标高为 −4.500m，②层粉质黏土为不透水层，局部的桩基剖面及场地土层分布情况如图 10-10 所示。

29. 假定，基坑支护采用坡率法，试问，根据《建筑地基基础设计规范》GB 50007—2011，基坑挖至承台底标高（−6.000m）时，承台底抗承压水渗流稳定安全系数，与下列何项数值最接近？
(A) 0.85　　　　(B) 1.09　　　　(C) 1.27　　　　(D) 1.41

30. 假定，②层为非液化土、非软弱土，③层饱和粉土层为液化土层，标准贯入点竖

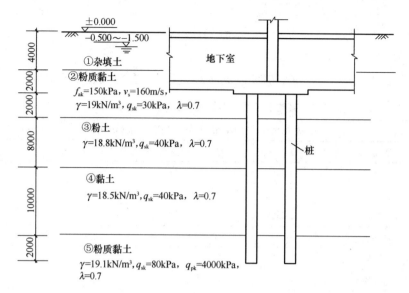

图 10-10

向间距为 1.0m，其 λ_N 均小于 0.6。试问，按《建筑桩基技术规范》JGJ 94—2008 进行桩基抗震验算时，根据岩土的物理指标与承载力参数之间的经验关系，估算单桩竖向极限承载力标准值 Q_{uk}（kN），与下列何项数值最接近？

(A) 1350　　　　(B) 1450　　　　(C) 1750　　　　(D) 1850

31. 假定，桩基设计等级为丙级，不考虑地震作用，各土层抗拔系数 λ 如图 10-10 所示。扣除全部预应力损失后的管桩混凝土有效预压应力 $\sigma_{pc}=5.8$ MPa，桩每米自重为 2.49kN。试问，结构抗浮验算时，相应于荷载的标准组合下的基桩允许拔力最大值（kN），与下列何项数值最接近？

提示：① 按《建筑桩基技术规范》JGJ 94—2008 作答；
　　　② 不考虑群桩整体破坏；
　　　③ 不计桩与桩之间的连接、桩与承台的连接的影响；不计各预应力主筋的作用。

(A) 400　　　　(B) 440　　　　(C) 480　　　　(D) 520

【题 32~34】某多层建筑采用条形基础，基础宽度 b 均为 2.0m，地基基础设计等级为乙级，地基处理采用水泥粉煤灰碎石桩（CFG 桩）复合地基，CFG 桩采用长螺旋中心压灌成桩，条形基础下按单排等间距布桩，桩径为 400mm，桩顶褥垫层厚度 200mm，地基土层分布及参数如图 10-11 所示。

32. 工程验收时，按规范规程做了三个点 CFG 桩复合地基静载荷试验，各点的复合地基承载力特征值分别是：240kPa、220kPa 和 230kPa。试问，该单体工程 CFG 桩复合地基承载力特征值 f_{spk}（kPa），与下列何项数值最接近？

(A) 240　　　　　　　　　　　　(B) 220
(C) 230　　　　　　　　　　　　(D) 增加复合地基静载荷试验点数量

33. 假定，CFG 桩单桩竖向承载力特征值 $R_a=680$ kN，单桩承载力发挥系数 $\lambda=0.9$，桩间土承载力发挥系数 $\beta=1.0$，设计要求基础底面经深度修正后的基底复合地基承载力

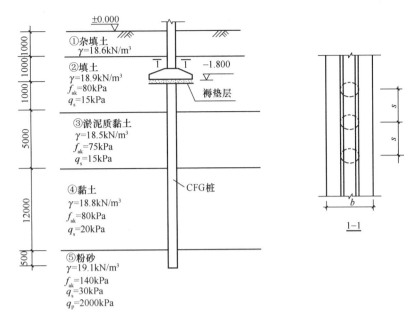

图 10-11

特征值 f_{spa} 不小于 250kPa。试问，初步设计时，CFG 桩的最大间距 s（m），与下列何项数值最接近？

(A) 2.1　　　(B) 1.9　　　(C) 1.7　　　(D) 1.5

34. 其他条件同 33 题，试问，CFG 桩体的混凝土标准试块（边长为 150mm）标准养护 28d 的立方体抗压强度平均值 f_{cu}（MPa）的最小值，与下列何项数值最接近？

(A) 16　　　(B) 18　　　(C) 20　　　(D) 22

【题 35～37】某柱下桩基础采用 6 根沉管灌注桩，地基基础设计等级为乙级，桩身设计直径 $d=388$mm。桩位布置及承台平面尺寸以及地基土层分布、各土层厚度、桩侧阻力标准值、桩端端阻力标准值及桩长、承台埋深、承台高度等，均见图 10-12。作用于承台顶面的外力有相应于荷载标准组合时的竖向力 F_k、力矩 M_k、水平力 H_k。柱截面尺寸 350mm×400mm。

提示：① 按《建筑桩基技术规范》JGJ 94—2008 作答；
　　　② 按《工程结构通用规范》GB 55001—2021 作答。

35. 假定作用于承台顶面的外力为 $F_k=1820$kN，$M_k=180$kN·m，$H_k=80$kN。承台及其以上土的加权平均重度为 20kN/m³。试问，相应于荷载标准组合时，偏心竖向力作用下的最大单桩竖向力 Q_{kmax}（kN），与下列何项数值最为接近？

(A) 347　　　(B) 365　　　(C) 385　　　(D) 400

36. 假定，相当于荷载基本组合时的 $F=2581$kN，$M=0$，$H=0$，承台自重及其以上土的自重标准值 $G_k=320$kN。承台承载力计算时，承台的最大弯矩设计值 M（kN·m），最接近于下列何项数值？

(A) 1065　　　(B) 1120　　　(C) 1240　　　(D) 1310

37. 题目条件同题 36，试问，承台斜截面的最大剪力设计值 V（kN），应与下列何项数值最为接近？

(A) 860　　　　　(B) 1150　　　　　(C) 1290　　　　　(D) 1360

【题 38】 某一建于地面粗糙度 B 类的钢筋混凝土高层框架-剪力墙结构房屋,已知基本风压 $w_0=0.6\text{kN/m}^2$,基本自振周期 $T_1=1.2\text{s}$,其立面与平面图见图 10-13。假定 $\beta_z=1.5$,按承载力设计,试问,50m 高度处垂直于建筑物表面的迎风面风荷载标准值(kN/m²),与下列何项数值最为接近?

提示:① 按《高层建筑混凝土结构技术规程》附录 B 确定风荷载体型系数,此时 $\alpha=0°$。
　　　② 按《工程结构通用规范》GB 55001—2021 作答。

(A) 0.9　　　　　(B) 1.2　　　　　(C) 0.83　　　　　(D) 1.65

【题 39~45】 有一座 10 层办公楼,如图 10-14 所示,无库房,结构总高 34.7m,现浇混凝土框架结构,建于 8 度抗震设防烈度区,设计地震分组为第一组,Ⅱ 类场地,框架的抗震等级为一级,设置二层箱形地下室,地下室顶板作为上部结构的嵌固端。

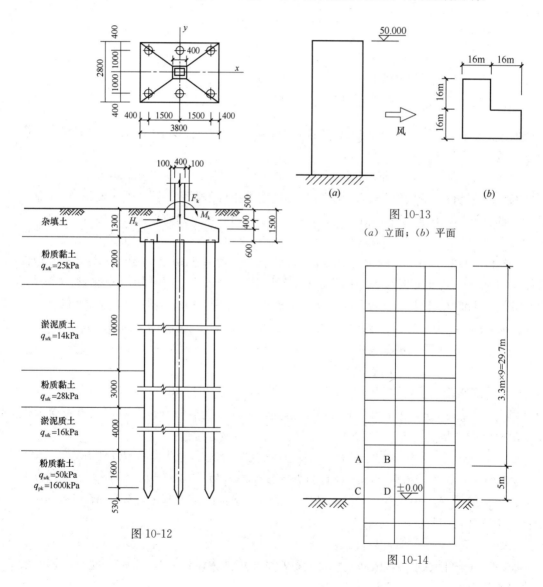

图 10-12

图 10-13
(a) 立面;(b) 平面

图 10-14

提示：按《建筑与市政工程抗震通用规范》GB 55002—2021 作答。

39. 首层框架柱 CA 在某一作用组合中，由荷载、地震作用在柱底截面产生的内力标准值如下：

永久荷载：$M_{Gk}=-25$kN·m
$N_{Gk}=3100$kN

楼面活荷载：$M_{Qk}=-15$kN·m
$N_{Qk}=550$kN

地震作用：$M_{Ehk}=\pm270$kN·m
$N_{Ehk}=\pm950$kN

其中楼面活荷载已考虑折减。

当考虑有地震作用组合时，试问，该柱底截面最大组合轴力设计值（kN），应与下列何项数值最为接近？

(A) 5100　　　　(B) 5285　　　　(C) 5470　　　　(D) 5720

40. 假如该榀框架为边榀框架，柱 CA 底截面内力同问题 39。试问，当对柱截面进行抗震设计时，柱 CA 底截面最大组合弯矩设计值（kN·m），应与下列何项数值最为接近？

(A) −585　　　　(B) −645　　　　(C) −730　　　　(D) −785

41. 框架柱混凝土采用 C45，柱 DB 截面尺寸为 550mm×550mm。假定 D 截面轴压力设计值 $N=4900$kN；剪跨比 $\lambda>2$。试根据轴压比确定下列何项选择是正确的？

(A) 配普通双肢箍

(B) 沿柱全高配井字复合箍，箍筋间距不大于100mm，直径12mm，4 肢箍，肢距小于200mm

(C) 加大截面尺寸至 700mm×700mm

(D) 上述三种选择都不合适

42. 假定边榀框架 CA 柱净高 4.5m，柱截面的组合弯矩设计值为：柱上端弯矩 $M_c^t=490$kN·m，下端 $M_c^b=330$kN·m，对称配筋。此外，该柱上、下端实配的正截面受弯承载力所对应的弯矩值 $M_{cua}^t=M_{cua}^b=750$kN·m。试问，当对柱截面进行抗震设计时，柱 CA 端部截面的剪力设计值（kN），应与下列何项数值最为接近？

(A) 559　　　　(B) 508　　　　(C) 440　　　　(D) 400

43. 假定中间框架节点 B 处左右两端梁截面尺寸均为 350mm×600mm，$a_s=a_s'=40$mm。节点左、右端实配弯矩设计值之和 $\sum M_{bua}=920$kN·m。柱截面尺寸为 550mm×550mm，柱的计算高度近似取 3.4m，梁柱中线无偏心。试问，该节点核心区组合的剪力设计值 V_j（kN），应与下列何项数值最为接近？

(A) 1657　　　　(B) 1438　　　　(C) 836　　　　(D) 812

44. 条件同题 43。假定已求得梁柱节点核心区组合的剪力设计值 $V_j=1900$kN。柱四侧各梁截面宽度均大于该侧柱截面宽度的 1/2，且正交方向梁高度不小于框架梁高度的 3/4。试问，根据节点核心区受剪截面承载力的要求，所采用的核心区混凝土轴心受压强度 f_c（N/mm²）的计算值，应与下列何项数值最为接近？

(A) 9.37　　　　(B) 14.3　　　　(C) 10.3　　　　(D) 11.9

45. 该建筑物地下室抗震设计时，试问，下列何项选择是完全正确的？

① 地下一层的剪力墙，其抗震等级仍按一级

② 地下二层抗震等级可根据具体情况采用三级或四级

③ 地下二层抗震等级不能低于二级

④ 地下一层柱截面每侧的纵向配筋不应少于地上一层对应柱每侧纵向钢筋截面面积的1.1倍

(A) ①③ (B) ①④
(C) ③④ (D) ②④

【题 46~48】某12层钢筋混凝土剪力墙结构底层的双肢墙，如图10-15所示。该建筑物建于8度地震区，抗震等级为二级。结构总高40.8m，底层层高4.5m，其他各层层高3.0m，门洞尺寸为1520mm×2400mm。采用的混凝土强度等级为C30。墙肢1正向地震作用的组合值为：$M=2000$kN·m，$V=350$kN，$N=2500$kN（压力）。

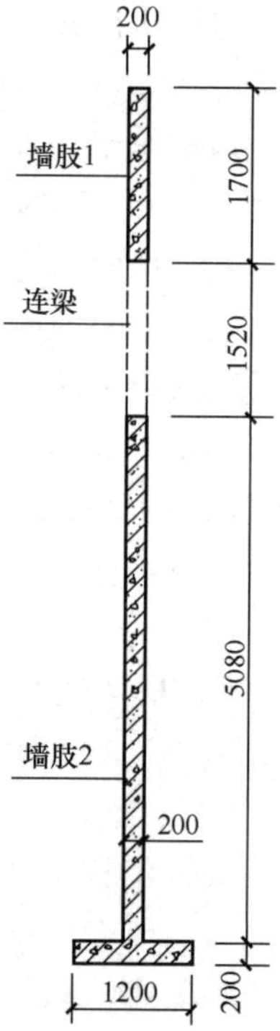

46. 已知墙肢1在正向地震作用组合内力作用下为大偏心受压（$x \leqslant \xi_b h_{w0}$），对称配筋，$a_s = a_s' = 200$mm，竖向分布筋采用HPB300级 $\phi12@200$，剪力墙竖向分布钢筋配筋率 $\rho_w = 0.565\%$。试问，墙肢1受压区高度 x（mm）的最小值，与下列何项数值最为接近？

提示：① 大偏心受压时，在对称配筋下，$\sigma_s = f_y$，$A_s' f_y' = A_s \sigma_s$。
② 剪力墙为矩形截面时，$N_c = \alpha_1 f_c b_w x$。

(A) 778 (B) 893
(C) 928 (D) 686

47. 假定墙肢2在T端（有翼墙端）约束边缘构件，其轴压比为0.45，试问，其纵向钢筋配筋范围的面积最小值（mm²），应为下列何项数值？

(A) 3.0×10^5 (B) 2.6×10^5
(C) 2.4×10^5 (D) 2.0×10^5

48. 假定墙肢1、2之间的连梁截面尺寸为200mm×600mm，剪力设计值 $V=365$kN，连梁箍筋采用HPB300级，$a_s = 40$mm。试问，为满足连梁斜截面受剪承载力要求的下述几项意见，其中哪项正确？

(A) 配双肢箍 $\phi12@100$，满足抗剪要求

(B) 加大连梁截面高度，才能满足抗剪要求

(C) 对连梁进行两次塑性调幅：内力计算前对刚度乘以折减系数0.6；内力计算后对剪力再一次折减，再乘以调幅系数0.6。调幅后满足抗剪要求

(D) 配双肢箍 $\phi10@100$，满足抗剪要求

【题 49、50】某高层钢框架结构房屋，抗震等级为三级，梁、柱钢材均采用Q345钢。如图10-16所示，柱截面为箱形 500×500×26，梁截面为工字形 650

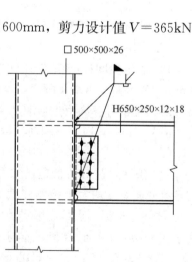

图 10-15

图 10-16

×250×12×18，梁与柱采用翼缘焊接、腹板高强度螺栓连接。柱的水平加劲肋厚度均为20mm，梁腹孔过焊孔高度 $s_r=35\text{mm}$。已知框架梁的净跨为6.2m。

提示：按《高层民用建筑钢结构设计规程》作答。

49. 该节点的梁腹板连接的极限受弯承载力 M_{uw}^j（kN·m），最接近于下列何项？

(A) 225　　　(B) 285　　　(C) 305　　　(D) 365

50. 梁与柱连接的极限受剪承载力验算时，《高钢规》式（8.2.1-2）的右端项（kN）最接近于下列何项？

提示：$V_{Gb}=50\text{kN}$；梁的 $f_y=335\text{N/mm}^2$。

(A) 650　　　(B) 600　　　(C) 550　　　(D) 500

2011 年真题

（上午卷）

【题1~6】 某钢筋混凝土框架结构办公楼，柱距均为8.4m。由于两侧结构层高相差较大且有错层，设计时拟设置防震缝，并在缝两侧设置抗撞墙，如图Z11-1所示。已知：该房屋抗震设防类别为丙类，抗震设防烈度为8度，建筑场地类别为Ⅱ类，建筑安全等级为二级。A栋房屋高度为21m，B栋房屋高度为27m。

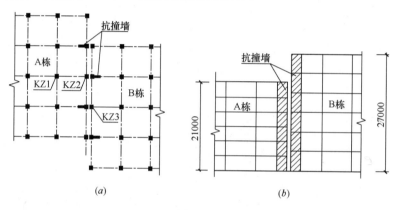

图 Z11-1
(a) 平面图；(b) 剖面图

1. 试问，该防震缝的宽度 δ (mm) 至少应取下列何项数值？
(A) 110　　　(B) 140　　　(C) 150　　　(D) 180

2. 关于抗撞墙的布置与设计，下列所述何项正确？
(A) 在缝两侧沿房屋全高各设置不少于一道垂直于防震缝的抗撞墙
(B) 抗撞墙的布置宜避免加大扭转效应，其长度应大于1/2层高
(C) 抗撞墙的抗震等级应比其框架结构提高一级
(D) 框架构件的内力应按设置和不设置抗撞墙两种计算模型的不利情况取值

3. 经估算，A栋底层中柱KZ1考虑地震作用组合的轴压力设计值 $N=5490$kN，假定该柱混凝土强度等级为C40，剪跨比 $\lambda=1.8$，箍筋采用直径 ϕ10 的井字复合箍（非螺旋箍）且未配置芯柱。试问，该框架柱最小截面尺寸 b (mm)×h (mm) 选用下列何项时，满足规范最低抗震构造要求？
(A) 550×550　　　(B) 600×600　　　(C) 650×650　　　(D) 700×700

4. 假定，A栋二层中柱KZ1截面尺寸 $b×h=600$mm×600mm，$h_0=555$mm。柱净高 $H_n=2.5$m，柱上、下端截面考虑地震作用组合的弯矩计算值分别为 $M_c^t=280$kN·m、$M_c^b=470$kN·m，弯矩均为顺时针或逆时针方向。试问，该框架柱的剪跨比 λ 取下列何项数值最为合适？

提示：采用公式 $\lambda = \dfrac{M^c}{V^c h_0}$ 求解。

(A) 1.7　　　　(B) 2.2　　　　(C) 2.6　　　　(D) 2.8

5. 已知 A 栋房屋的抗震等级为二级，A 栋底层中柱 KZ1 的柱净高 $H_n = 2.5\text{m}$，柱上节点梁端截面顺时针或逆时针方向组合的弯矩设计值 $\Sigma M_b = 360\text{kN·m}$，柱下端截面组合的弯矩设计值 $M_c = 320\text{kN·m}$，反弯点在柱层高范围内，柱轴压比为 0.5。试问，为实现"强柱弱梁"及"强剪弱弯"，按规范调整后该柱的组合剪力设计值 V（kN），与下列何项数值最为接近？

提示：柱上节点上、下柱端的弯矩设计值按平均分配。

(A) 390　　　　(B) 430　　　　(C) 470　　　　(D) 530

6. 已知 B 栋底层边柱 KZ3 截面及配筋示意如图 Z11-2 所示，考虑地震作用组合的柱轴压力设计值 $N = 4120\text{kN}$；该柱剪跨比 $\lambda = 2.5$，该柱混凝土强度等级为 C40，箍筋采用 HPB300 级钢筋，纵向受力钢筋的混凝土保护层厚度 $c = 30\text{mm}$。如仅从抗震构造措施方面考虑，试问，该柱选用下列何项箍筋配置（复合箍）最为恰当？

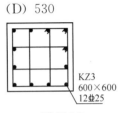

图 Z11-2

提示：按《建筑抗震设计规范》作答。

(A) $\phi 10@100/200$　　　　(B) $\phi 10@100$

(C) $\phi 12@100/200$　　　　(D) $\phi 12@100$

【题 7、8】 某钢筋混凝土 T 形悬臂梁，安全等级为一级，混凝土强度 C30，纵向受力钢筋采用 HRB400 级钢筋，不考虑抗震设计。荷载简图及截面尺寸如图 Z11-3 所示。梁上作用有均布恒荷载标准值 g_k（已计入梁自重），局部均布活荷载标准值 q_k，集中恒荷载标准值 P_k。

提示：按《工程结构通用规范》GB 55001—2021 作答。

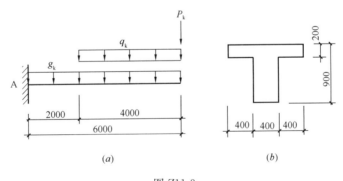

图 Z11-3
(a) 荷载简图；(b) T 形梁截面示意图

7. 已知：$g_k = 15\text{kN/m}$，$q_k = 6\text{kN/m}$，$P_k = 20\text{kN}$，活荷载的组合值系数为 0.7。试问，构件承载能力设计时，悬臂梁根部截面按荷载基本组合的最大弯矩设计值 M_A（kN·m）与下列何项数值最为接近？

(A) 580　　　　(B) 600　　　　(C) 620　　　　(D) 650

8. 假定，悬臂梁根部截面按荷载基本组合的最大弯矩设计值 $M_A = 850$ kN·m，$a_s = 60$ mm。试问，在不考虑受压钢筋作用的情况下，按承载能力极限状态设计，纵向受拉钢筋的截面面积 A_s（mm²）与下列何项数值最为接近？

提示：① 相对界限受压区高度 $\xi_b = 0.518$。
② 下列各项均满足最小配筋率要求。

(A) 3600　　　　(B) 3900　　　　(C) 4300　　　　(D) 4700

【题 9、10】 钢筋混凝土梁底有锚板和对称配置的直锚筋所组成的受力预埋件，如图 Z11-4 所示。构件安全等级均为二级，混凝土强度等级为 C35，直锚筋为 6 Φ 16（HRB400 级）。已采取防止锚板弯曲变形的措施。所承受的荷载 F 作用点位于锚板表面中心，力的作用方向如图 Z11-4 所示。

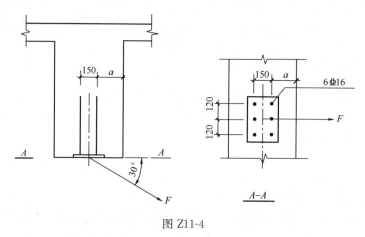

图 Z11-4

9. 当不考虑地震作用组合时，该预埋件可以承受的最大荷载设计值 F_{max}（kN）与下列何项数值最为接近？

提示：预埋件承载力由锚筋面积控制。

(A) 170　　　　(B) 180　　　　(C) 190　　　　(D) 200

10. 在 F_{max} 作用下且直锚筋未采取附加横向钢筋等措施时，图中数值 a（mm）至少应取下列何项数值？

(A) 50　　　　(B) 70　　　　(C) 100　　　　(D) 120

【题 11】 某工地需使用盘条供应的钢筋，使用前调直，需进行断后伸长率检验。试问，钢筋采用 HPB300 级，调直后钢筋的断后伸长率（%），为下列何项数值？

(A) ≥21　　　　(B) ≥16　　　　(C) ≥15　　　　(D) ≥13

【题 12、13】 拟在天津市静海区建设一座 7 层的住宅楼，房屋高度 22m，平面和立面均规则，采用现浇钢筋混凝土框架-剪力墙结构，抗震设防类别为丙类，场地类别为Ⅲ类，设计使用年限为 50 年。为了保证户内的使用效果，其框架柱全部采用异形柱。在规定的水平力作用下，框架部分承受的地震倾覆力矩为结构总地震倾覆力矩的 26%。

提示：按《建筑抗震设计规范》GB 50011—2010（2016 年版）和《混凝土异形柱结构技术规程》JGJ 149—2017 作答。

12. 试问，异形柱框架应按下列何项抗震等级采取抗震构造措施？
(A) 一级　　　　(B) 二级　　　　(C) 三级　　　　(D) 四级

13. 试问，上述异形柱结构，除了应在结构两个主轴方向分别计算水平地震作用并进行抗震验算以外，至少还应对与主轴成多少度的方向进行补充验算？
(A) 15°　　　　(B) 30°　　　　(C) 45°　　　　(D) 60°

【题14】 某多层住宅采用现浇钢筋混凝土剪力墙结构，结构平面、立面均规则，抗震等级为三级，以地下室顶板作为上部结构的嵌固部位。底层某双肢墙有 A、B 两个墙肢。已知 A 墙肢截面组合的剪力计算值 $V_w=180\text{kN}$，同时 B 墙肢出现了大偏心受拉。试问，A 墙肢截面组合的剪力设计值 V（kN），应与下列何项数值最为接近？
(A) 215　　　　(B) 235　　　　(C) 250　　　　(D) 270

【题15】 某钢筋混凝土梁，同时承受弯矩、剪力和扭矩的作用，不考虑抗震设计。梁截面 $b \times h = 400\text{mm} \times 500\text{mm}$，混凝土强度等级 C30，梁内配置四肢箍筋，箍筋采用 HPB300 级钢筋。经计算，$A_{st1}/s = 0.65\text{mm}^2/\text{mm}$，$A_{sv}/s = 2.15\text{mm}^2/\text{mm}$，其中，$A_{st1}$ 为受扭计算中沿截面周边配置的箍筋单肢截面面积，A_{sv} 为受剪承载力所需的箍筋截面面积，s 为沿构件长度方向的箍筋间距。试问，至少选用下列何项箍筋配置才能满足计算要求？
(A) φ8@100　　(B) φ10@100　　(C) φ12@100　　(D) φ14@100

【题16、17】 某钢筋混凝土简支梁，安全等级为二级。梁截面 250mm×600mm，混凝土强度等级 C30，纵向受力钢筋均采用 HRB400 级钢筋，箍筋采用 HPB300 级钢筋，梁顶及梁底均配置纵向受力钢筋，$a_s = a'_s = 35\text{mm}$。

提示：相对界限受压区高度 $\xi_b = 0.518$。

16. 已知：梁顶面配置了 2⏀16 受力钢筋，梁底钢筋可按需要配置。试问，如充分考虑受压钢筋的作用，此梁跨中可以承受的最大正弯矩设计值 M（kN·m），应与下列何项数值最为接近？
(A) 455　　　　(B) 480　　　　(C) 515　　　　(D) 536

17. 已知：梁底面配置了 4⏀25 受力钢筋，梁顶面钢筋可按需要配置。试问，如充分考虑受拉钢筋的作用，此梁跨中可以承受的最大正弯矩设计值 M（kN·m），应与下列何项数值最为接近？
(A) 280　　　　(B) 310　　　　(C) 375　　　　(D) 450

【题18】 某钢筋混凝土方形柱为偏心受拉构件，安全等级为二级，柱混凝土强度等级 C30，截面尺寸为 400mm×400mm。柱内纵向钢筋仅配置了 4 根直径相同的角筋，角筋采用 HRB400 级钢筋，$a_s = a'_s = 45\text{mm}$。已知：轴向拉力设计值 $N = 250\text{kN}$，单向弯矩设计值 $M = 31\text{kN·m}$。试问，按承载能力极限状态计算（不考虑抗震），角筋的直径（mm）至少应采用下列何项数值？

提示：不需要复核最小配筋率。
(A) 25　　　　(B) 22　　　　(C) 20　　　　(D) 18

【题19～24】 某厂房三铰拱式天窗架采用 Q235B 钢制作，其平面外稳定性由支撑系统保证。天窗架侧柱 ad 选用双角钢 ⌐⌐125×8，天窗架计算简图及侧柱 ad 的截面特性如图 Z11-5 所示。

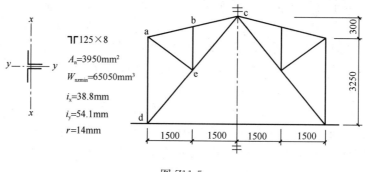

图 Z11-5

19. 试问，天窗架中的受压杆件容许长细比不宜超过下列何项数值？
(A) 100　　　(B) 150　　　(C) 200　　　(D) 250

20. 试问，杆件 cd 平面内的计算长度（mm）和平面外的计算长度（mm），应取下列何项数值？
(A) 2324；4648　　(B) 2324；2324　　(C) 4648；4648　　(D) 4648；2324

21. 试问，侧柱 ad 在平面外的换算长细比应与下列何项数值最为接近？

提示：采用简化方法确定。

(A) 60　　　(B) 70　　　(C) 80　　　(D) 90

22. 侧柱 ad 轴向压力设计值 $N=86\mathrm{kN}$，弯矩设计值 $M_x=9.84\mathrm{kN\cdot m}$，弯矩作用使侧柱 ad 截面肢尖受压。试问，作强度计算时，截面上的最大压应力设计值（N/mm²），应与下列何项数值最为接近？

(A) 105　　　(B) 125　　　(C) 150　　　(D) 170

23. 设计条件同题 22。试问，对侧柱 ad 进行平面内稳定计算时，截面上的最大压应力设计值（N/mm²），应与下列何项数值最为接近？

提示：取等效弯矩系数 $\beta_{mx}=1.0$，参数 $N'_{Ex}=1.04\times10^6\mathrm{N}$，同时截面无削弱。

(A) 210　　　(B) 195　　　(C) 185　　　(D) 170

24. 已知腹杆 ae 承受轴向拉力设计值 30kN，采用双角钢 ⌐⌐ 63×6 ($A=1458\mathrm{mm}^2$)。试问，杆 ae 的拉应力设计值（N/mm²），应与下列何项数值最为接近？

提示：截面无削弱。

(A) 30　　　(B) 25　　　(C) 20　　　(D) 15

【题 25～28】 某车间吊车梁端部车挡采用焊接工字形截面，钢材采用 Q235B 钢，车挡截面特性如图 Z11-6（a）所示。作用于车挡上的吊车水平冲击力设计值为 $H=$

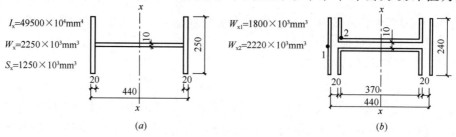

图 Z11-6

201.8kN，作用点距车挡底部的高度为1.37m。

25. 试问，对车挡进行抗弯强度计算时，截面的最大应力设计值（N/mm²）应与下列何项数值最为接近？

提示： 计算截面无栓（钉）孔削弱。

(A) 115　　　(B) 135　　　(C) 145　　　(D) 150

26. 试问，对车挡进行抗剪强度计算时，车挡腹板的最大剪应力设计值（N/mm²）应与下列何项数值最为接近？

(A) 80　　　(B) 70　　　(C) 60　　　(D) 50

27. 车挡翼缘及腹板与吊车梁之间采用双面角焊缝连接，焊条电弧焊，使用E43型焊条。已知焊脚尺寸 $h_f=12mm$，焊缝截面计算长度及有效截面特性如图Z11-6（b）所示。假定腹板焊缝承受全部水平剪力。试问，"1"点处的角焊缝应力设计值（N/mm²）应与下列何项数值最为接近？

(A) 180　　　(B) 150　　　(C) 130　　　(D) 110

28. 已知条件同题27。试问，"2"点处的角焊缝应力设计值（N/mm²）应与下列何项数值最为接近？

(A) 30　　　(B) 90　　　(C) 130　　　(D) 160

【题29】 某工字形柱采用Q345钢，翼缘厚度40mm，腹板厚度20mm。试问，作为轴心受压构件，该柱钢材的强度设计值（N/mm²）应取下列何项数值？

(A) 345　　　(B) 305　　　(C) 295　　　(D) 290

【题30】 某冶金车间设有A8级吊车。试问，由一台最大吊车横向水平荷载所产生的挠度与吊车梁制动结构跨度之比的容许值，应取下列何项数值较为合适？

(A) 1/500　　　(B) 1/1200　　　(C) 1/1800　　　(D) 1/2200

【题31～35】 某配筋砌块砌体剪力墙房屋，房屋高度22m，抗震设防烈度为8度。首层剪力墙截面尺寸如图Z11-7所示，墙体高度3900mm，为单排孔混凝土砌块对孔砌筑，采用MU20级砌块、Mb15级水泥砂浆、Cb30级灌孔混凝土（$f_c=14.3N/mm^2$），配筋采用HRB400级钢筋，砌体施工质量控制等级为B级。

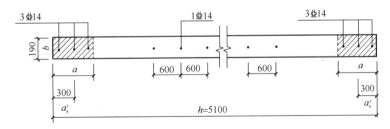

图 Z11-7

提示： 按《砌体结构设计规范》GB 50003—2011作答。

31. 假定，此段剪力墙计算截面的剪力设计值 $V=210kN$。试问，底部加强部位的截面组合剪力设计值 V_w（kN），与下列何项数值最为接近？

(A) 340　　　(B) 290　　　(C) 250　　　(D) 210

32. 假定，混凝土砌块的孔洞率为46%，混凝土砌块砌体的灌孔率为40%。试问，灌孔砌体的抗压强度设计值（N/mm²），与下列何项数值最为接近？

(A) 6.7　　　　(B) 7.3　　　　(C) 10.2　　　　(D) 11.4

33. 试问，竖向受拉钢筋在灌孔混凝土中的最小锚固长度 l_{aE}（mm），与下列何项数值最为接近？

(A) 300　　　　(B) 420　　　　(C) 440　　　　(D) 570

34. 假定，此段砌体剪力墙计算截面未经调整的弯矩设计值 $M=1050$kN·m，剪力设计值 $V=210$kN。试问，当进行砌体剪力墙截面尺寸校核时，其截面剪力最大设计值（kN），与下列何项数值最为接近？

提示：假定，灌孔砌体的抗压强度设计值 $f_g=7.5$N/mm²。

(A) 1710　　　(B) 1450　　　(C) 1220　　　(D) 1090

35. 假定，此段砌体剪力墙计算截面未经调整的剪力设计值 $V=210$kN，轴力设计值 $N=1250$kN，弯矩设计值 $M=1050$kN·m。试问，底部加强部位剪力墙的水平分布钢筋配置，下列哪项说法合理？

提示：假定，灌孔砌体的抗压强度设计值 $f_g=7.5$N/mm²。

(A) 按计算配筋

(B) 按构造，最小配筋率取 0.10%

(C) 按构造，最小配筋率取 0.11%

(D) 按构造，最小配筋率取 0.13%

【题 36】 对带壁柱墙的计算截面翼缘宽度 b_f 取值，下列规定哪一项是不正确的？

(A) 多层房屋无门窗洞口时，b_f 取相邻壁柱间的距离

(B) 单层房屋，$b_f=b+\dfrac{2}{3}H$（b 为壁柱宽度，H 为壁柱墙高度），但不大于窗间墙宽度和相邻壁柱间距离

(C) 多层房屋有门窗洞口时，b_f 可取窗间墙宽度

(D) 计算带壁柱墙的条形基础时，b_f 取相邻壁柱间的距离

【题 37】 抗震设防烈度为 6 度区，多层砖砌体房屋与底层框架-抗震墙砌体房屋，抗震墙厚度均为 240mm，下列哪一项说法是正确的？

(A) 房屋的底层层高限值要求，两者是相同的

(B) 底层房屋抗震横墙的最大间距要求，两者是相同的

(C) 除底层外，其他层房屋抗震横墙最大间距要求，两者是相同的

(D) 房屋总高度和层数要求，两者是相同的

【题 38、39】 一片高 1000mm、宽 6000mm、厚 370mm 的墙体，如图 Z11-8 所示，采用烧结普通砖和 M5.0 级水泥砂浆砌筑。墙面一侧承受水平荷载标准值：$g_k=2.0$kN/m²（静荷载）、$q_k=1.0$kN/m²（活荷载）。墙体嵌固在底板顶面处，不考虑墙体自重产生的轴力影响。砌体施工质量控制等级为 B 级。

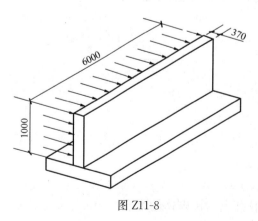

图 Z11-8

提示：按《建筑结构可靠性设计统一标准》GB 50068—2018作答。

38. 试问，荷载基本组合时，该墙的墙底截面的弯矩设计值及剪力设计值（kN·m；kN）与下列何项数值最为接近？

提示：取1m长墙体计算。

(A) 2.1；1.9   (B) 2.1；4.1
(C) 4.1；1.9   (D) 4.1；4.1

39. 试问，墙底嵌固截面破坏时的受弯及受剪承载力设计值（kN·m；kN）与下列何项数值最为接近？

提示：取1m长墙体计算。

(A) 2.5；27   (B) 2.3；22
(C) 2.0；27   (D) 2.0；22

【题40】 一砖拱端部窗间墙宽度600mm，墙厚240mm，采用MU10级烧结普通砖和M7.5级水泥砂浆砌筑，砌体施工质量控制等级为B级，如图Z11-9所示。作用在拱支座端部A-A截面由永久荷载设计值产生的纵向压力 N_u =40kN。试问，该端部截面水平受剪承载力设计值（kN），与下列何项数值最为接近？

(A) 23   (B) 22
(C) 21   (D) 19

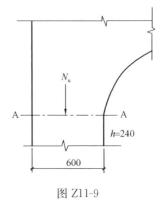

图 Z11-9

（下午卷）

【题41、42】 某砖砌体柱，截面尺寸为：$b \times h$=490mm×620mm，砖柱计算高度 H_0=4.8m，采用MU10级烧结多孔砖（孔洞率为33%）、M7.5级水泥砂浆砌筑，砌体施工质量控制等级为B级。

41. 试问，此砖柱抗压强度设计值（MPa），与下列何项数值最为接近？

(A) 1.69   (B) 1.52   (C) 1.37   (D) 1.23

42. 假定，该砖柱由普通烧结砖砌筑，其抗压强度设计值为1.5MPa。试问，该砖柱轴心受压承载力设计值（kN），与下列何项数值最为接近？

(A) 430   (B) 390
(C) 350   (D) 310

【题43、44】 某五层砖砌体结构房屋，各层层高均为3m，采用现浇混凝土楼屋盖，横墙承重。该房屋位于抗震设防烈度8度、设计基本地震加速度为0.3g的地区，计算简图如图Z11-10所示。已知集中于各楼层、屋盖的重力荷载代表值相同，$G_1 \sim G_5$ 均为2000kN。

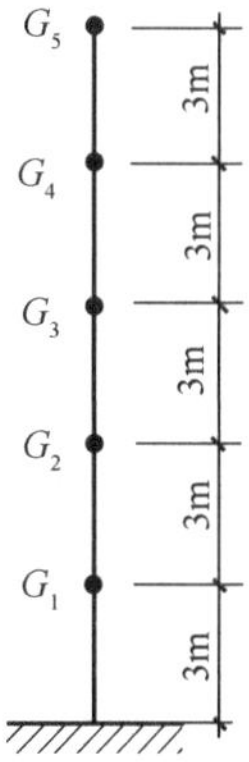

43. 试问，采用底部剪力法计算时，结构总水平地震作用标准值（kN），与下列何项数值最为接近？

(A) 2400   (B) 2040
(C) 1360   (D) 1150

图 Z11-10

44. 试问，采用底部剪力法计算时，顶层的水平地震作用标准值（kN），与下列何项数值最为接近？

提示： 假定结构总水平地震作用标准值为 F_{Ek}。

(A) 0.333 F_{Ek} (B) 0.300 F_{Ek}
(C) 0.245 F_{Ek} (D) 0.200 F_{Ek}

【题 45、46】 某砌体结构房屋，顶层端部窗洞口处立面如图 Z11-11 所示，窗洞宽 1.5m，现浇钢筋混凝土屋面板。板底距离女儿墙顶 1.02m。若外纵墙厚 240mm（墙体自重标准值为 $5.0kN/m^2$），已知传至 15.05m 标高处的荷载设计值为 35kN/m，砌体采用 MU10 级烧结普通砖、M7.5 级混合砂浆砌筑，砌体施工质量控制等级为 B 级。

提示： 按《建筑结构可靠性设计统一标准》GB 50068—2018 作答。

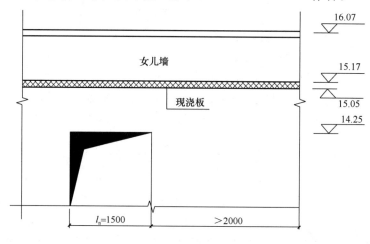

图 Z11-11

45. 试问，荷载基本组合时，窗上钢筋砖过梁按简支计算的跨中弯矩设计值和支座剪力设计值（kN·m；kN），与下列何项数值最为接近？

(A) 10.8；28.8 (B) 10.5；28.1
(C) 8.4；22.4 (D) 8.1；21.6

46. 假定，该过梁跨中荷载基本组合的弯矩设计值 $M=9.5kN·m$，采用钢筋砖过梁。试问，砖过梁的底部钢筋配置面积（mm^2），与下列何项数值最为接近？

提示： 钢筋采用 HPB300 级钢筋（$f_y=270N/mm^2$）；钢筋砂浆层厚度为 50mm，钢筋在砂浆层居中位置。

(A) 70 (B) 65 (C) 60 (D) 55

【题 47、48】 一新疆落叶松（TC13A）方木压弯构件（干材），设计使用年限为 50 年，截面尺寸为 150mm×150mm，长度为 $l=2500mm$。两端铰接，承受轴心压力设计值 $N=50kN$，横向荷载作用下最大初始弯矩设计值 $M_0=4.0kN·m$。

47. 试问，该构件仅考虑轴心受压时的稳定系数，与下列何项数值最为接近？

提示： 该构件截面的回转半径 $i=43.3mm$。

(A) 0.90 (B) 0.84 (C) 0.66 (D) 0.52

48. 试问，考虑轴压力和初始弯矩共同作用下的折减系数 φ_m，与下列何项数值最为接近?

(A) 0.42　　　(B) 0.38　　　(C) 0.34　　　(D) 0.23

【题 49～54】 某新建房屋为四层砌体结构，设一层地下室，采用墙下条形基础。设计室外地面绝对标高与场地自然地面绝对标高相同，均为 8.000m，基础 B 的宽度 b 为 2.4m。基础剖面及地质情况见图 Z11-12。

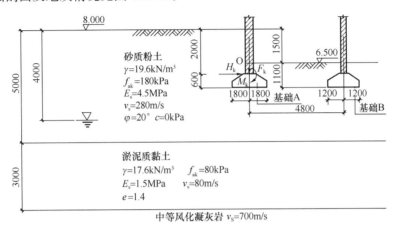

图 Z11-12

49. 已知砂质粉土的黏粒含量为 6%。试问，基础 B 基底土体经修正后的承载力特征值（kPa），与下列何项数值最为接近?

提示：按《建筑地基基础设计规范》GB 50007—2011 作答。

(A) 180　　　(B) 200　　　(C) 220　　　(D) 260

50. 相应于荷载准永久组合时，作用于基础 B 顶部的竖向力为 350kN/m，基础及其以上土的加权平均重度取 20kN/m³。试问，计算地基沉降时，基础 B 底面处的附加压力 p_0（kPa），与下列何项数值最为接近?

(A) 100　　　(B) 120　　　(C) 150　　　(D) 170

51. 按《建筑地基基础设计规范》GB 50007—2011 的规定，计算基础 B 地基受力层范围内的软弱下卧层顶面处的附加压力时，地基压力扩散角 θ 值，与下列何项数值最为接近?

(A) 6°　　　(B) 10°　　　(C) 18°　　　(D) 23°

52. 相应于荷载标准组合时，作用于基础 A 顶部的竖向力 F_k 为 400kN/m，水平力 H_k 为 80kN/m，力矩 M_k 为 120kN·m/m，基础及其以上土的重量取 120kN/m（按轴心荷载考虑），基础 A 的宽度为 3.6m。试问，相应于荷载标准组合时，基础 A 地面边缘的最大压力值 p_{kmax}（kPa）与下列何项数值最为接近?

(A) 180　　　(B) 200　　　(C) 220　　　(D) 240

53. 试问，地基土层的等效剪切波速 v_{se}（m/s），与下列何项数值最为接近?

(A) 150　　　(B) 200　　　(C) 250　　　(D) 300

54. 不考虑地面超载的作用。试问，设计基础 A 顶部的挡土墙时，O 点处土压力强度（kN/m²）与下列何项数值最为接近?

提示：①使用时对地下室外墙水平位移有严格限制；

②主动土压力系数 $k_a = \tan^2\left(45° - \dfrac{\varphi}{2}\right)$；

被动土压力系数 $k_p = \tan^2\left(45° + \dfrac{\varphi}{2}\right)$；

静止土压力系数 $k_0 = 1 - \sin\varphi$。

(A) 15　　　　(B) 20　　　　(C) 30　　　　(D) 60

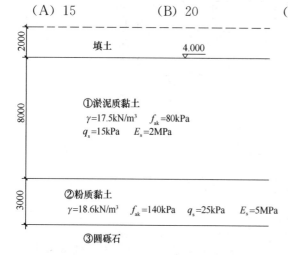

图 Z11-13

【题 55～58】　某学校田径场建造在软弱地基上，由于场地原始地面标高较低，需要大面积填土 2m，填土及地基土层分布情况见图 Z11-13。为减少田径场的后期沉降，需采取地基处理措施，建设所在地区常用的地基处理方法有如下几种：①预压法；②强夯法和强夯置换法；③振冲碎石桩法；④沉管砂石桩法；⑤水泥粉煤灰碎石桩法；⑥水泥土搅拌桩法。

55. 项目建设工期紧，变形控制要求严格，建设单位要求在地基处理方案确定前，选择两个可行的地基处理方法进行技术经济比较。试问，下面哪个选项的地基处理方法最为合理？

(A) ①④　　　(B) ②⑤　　　(C) ③⑥　　　(D) ⑤⑥

56. 局部范围受现场施工条件限制，采用高压旋喷桩地基处理方法。旋喷桩直径 800mm，桩顶绝对标高 4.000m，桩底端进入②层粉质黏土 0.5m，单桩承载力发挥系数 $\lambda=0.8$。试问，当室内试验得到的加固土试块在标准养护条件下 28d 龄期的立方体抗压强度平均值 f_{cu} 为 1.2MPa 时，按《建筑地基处理技术规范》JGJ 79—2012 估算得到的旋喷桩单桩竖向承载力特征值（kN），与下列何项数值最为接近？

提示：桩身强度不考虑基础埋深的深度修正。

(A) 180　　　(B) 260　　　(C) 400　　　(D) 500

57. 条件同问题 56，并已知旋喷桩采用等边三角形形式布置，假设单桩竖向承载力特征值为 280kN，桩间土承载力发挥系数 β 取 0.3，取 $f_{sk}=80$kPa。试问，要求①层淤泥质黏土经处理后的复合地基承载力特征值达到 120kPa，初步设计时，估算的旋喷桩合理中心距 s（m），与下列何项数值最为接近？

提示：单桩承载力发挥系数 $\lambda=1.0$。

(A) 1.6　　　(B) 1.8　　　(C) 2.1　　　(D) 2.4

58. 条件同问题 56，并已知压实填土顶面的地基承载力特征值为 80kPa，旋喷桩复合地基在填土层顶面的复合地基承载力特征值为 240kPa，试问，①层淤泥质黏土的复合土层的压缩模量 E_{sp1}（MPa），与下列何项数值最为接近？

(A) 2　　　　(B) 4　　　　(C) 6　　　　(D) 8

【题 59～61】 某钢筋混凝土框架结构办公楼边柱的截面尺寸为 800mm×800mm，采用泥浆护壁钻孔灌注桩两桩两桩承台独立基础。相应于荷载的标准组合时，作用于基础承台顶面的竖向力 $F_k=5800kN$，水平力 $H_k=200kN$，力矩 $M_k=350kN\cdot m$，基础及其以上土的加权平均重度取 $20kN/m^3$，承台及柱的混凝土强度等级均为 C35。抗震设防烈度 7 度，设计基本地震加速度值 $0.10g$，设计地震分组第一组。钻孔灌注桩直径 800mm，承台厚度 1600mm，h_0 取 1500mm。基础剖面及土层条件见图 Z11-14。

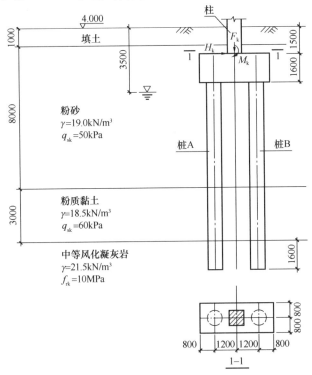

图 Z11-14

提示：①按《建筑桩基技术规范》JGJ 94—2008 作答；
②C35 混凝土，$f_t=1.57N/mm^2$。

59. 试问，钻孔灌注桩单桩承载力特征值（kN）与下列何项数值最为接近？
(A) 3000　　　　(B) 3500　　　　(C) 6000　　　　(D) 7000

60. 相应于荷载基本组合时，$F=7800kN$，$H=270kN$，$M=470kN\cdot m$，试问，承台正截面最大弯矩设计值（$kN\cdot m$），与下列何项数值最为接近？
(A) 2550　　　　(B) 2700　　　　(C) 3450　　　　(D) 3650

61. 试问，地表下 5.5m 深处液化判别标准贯入锤击数临界值 N_{cr}，与下列何项数值最为接近？
提示：按《建筑抗震设计规范》作答。
(A) 5　　　　(B) 7　　　　(C) 10　　　　(D) 14

【题 62】 根据《建筑桩基技术规范》JGJ 94—2008，下列关于桩基承台设计、构造的若干主张中，其中何项是不正确的？
(A) 柱下两桩承台不需要进行受冲切承载力计算

(B) 对二级抗震等级的柱,纵向主筋进入承台的锚固长度应乘以 1.05 的系数

(C) 一柱一桩时,当桩与柱的截面直径之比大于 2 时,可不设连系梁

(D) 承台和地下室外墙与基坑侧壁之间的间隙可用压实性较好的素土分层夯实回填,其压实系数不宜小于 0.94

【题 63、64】 某多层钢筋混凝土框架结构办公楼,上部结构划分为两个独立的结构单元进行设计计算,防震缝处采用双柱方案,缝宽 150mm,缝两侧的框架柱截面尺寸均为 600mm×600mm,图 Z11-15 为防震缝处某条轴线上的框架柱及基础布置情况。上部结构柱 KZ1 和 KZ2 作用于基础顶部的水平力和弯矩均较小,基础设计时可以忽略不计。

提示: 按《建筑桩基技术规范》JGJ 94—2008 作答。

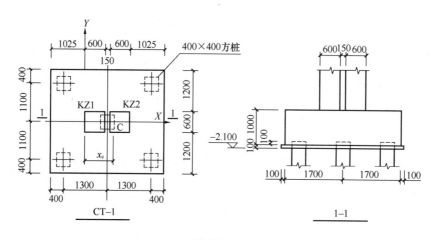

图 Z11-15

63. 对应于某起控制作用的荷载标准组合,上部结构柱 KZ1 和 KZ2 作用于基础顶部的轴力分别为 2160kN 和 3840kN。试问,在图示参考坐标系下,两柱的竖向力合力作用点位置 x_c(mm)与下列何项数值最为接近?

(A) 720　　　　(B) 740　　　　(C) 760　　　　(D) 780

64. 柱 KZ1 和 KZ2 采用柱下联合承台,承台下设 100mm 厚素混凝土垫层,垫层的混凝土强度等级 C10;承台混凝土强度等级 C30($f_{tk}=2.01\text{N/mm}^2$,$f_t=1.43\text{N/mm}^2$),厚度 1000mm,$h_0=900$mm,桩顶嵌入承台内 100mm,假设两柱作用于基础顶部的竖向力大小相同。试问,承台抵抗双柱冲切的受冲切承载力设计值(kN),与下列何项数值最为接近?

(A) 7750　　　　(B) 7850　　　　(C) 8150　　　　(D) 10900

【题 65~69】 某 15 层钢筋混凝土框架-剪力墙结构,其平立面示意如图 Z11-16 所示,质量和刚度沿竖向分布均匀,对风荷载不敏感,房屋高度 58m,首层层高 5m,二至五层层高 4.5m,其余各层层高均为 3.5m。所在地区抗震设防烈度为 7 度,设计基本地震加速度为 0.15g,Ⅲ类场地,设计地震分组为第一组。

65. 已知该建筑物位于城市郊区,地面粗糙度为 B 类,所在地区基本风压 $w_0=0.65$kN/m^2,屋顶处的风振系数 $\beta_z=1.402$。试问,在图 Z11-16 所示方向的风荷载作用下,按承载力设计时,屋顶 1m 高度范围内 Y 向的风荷载标准值 w_k(kN/m^2),与下列何项数值最为接近?

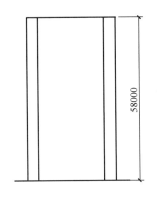
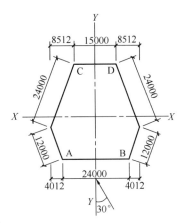

图 Z11-16

提示： 按《高层建筑混凝土结构技术规程》JGJ 3—2010 作答。

(A) 1.3 (B) 1.6 (C) 1.9 (D) 3.4

66. 假定，该建筑物拟作为综合楼使用，二至五层为商场，六至七层为库房，其余楼层作为办公用房。设计时其楼屋面活荷载均按等效均布荷载计算而得，各层荷载标准值如下：

①屋顶层：其重力荷载代表值为 $9.05kN/m^2$；②第 8~15 层：永久荷载 $8.0kN/m^2$，活荷载 $2.0kN/m^2$；③第 6~7 层：永久荷载 $8.0kN/m^2$，活荷载 $5.0kN/m^2$；④第 2~5 层：永久荷载 $8.0kN/m^2$，活荷载 $3.5kN/m^2$。试问，进行水平地震作用计算时，该结构的总重力荷载代表值 G_E（kN）应与下列何项数值最为接近？

提示： 每层面积均按 $850m^2$ 计算，且不考虑楼板开洞影响。

(A) 1.233×10^5 (B) 1.224×10^5 (C) 1.205×10^5 (D) 1.199×10^5

67. 假定，该结构对应于 X 向地震作用标准值的底部总剪力 $V_0=4250kN$，相应未经调整的各层框架部分所承担的地震总剪力中的最大值为 620kN。试问，抗震设计时，X 向地震作用下，相应的底层框架部分承担的水平地震总剪力（kN）为下列何项数值时符合有关规范、规程的最低要求？

(A) 620 (B) 850 (C) 900 (D) 930

68. 假定，该结构位于非地震区，仅考虑风荷载作用，且水平风荷载沿竖向呈倒三角形分布，其最大荷载标准值 $q=65kN/m$，已知该结构各层重力荷载设计值总和为 $\sum_{i=1}^{15} G_i = 1.45 \times 10^5 kN$。试问，在上述水平风力作用下，该结构顶点质心的弹性水平位移 u（mm）不超过下列何项数值时，方可不考虑重力二阶效应的影响？

(A) 40 (B) 50 (C) 60 (D) 70

69. 假定，在规定的水平力作用下，该结构底层框架部分承受的地震倾覆力矩为结构总地震倾覆力矩的 60%，已知底层某框架柱截面为 $800mm \times 800mm$，剪跨比大于 2，混凝土强度等级 C40（$f_c=19.1N/mm^2$）。在不采用有利于提高轴压比限值的构造措施的条件下，试问，满足规范轴压比限值要求时，该柱考虑地震作用组合的轴压力设计值（kN）最大值，与下列何项数值最为接近？

(A) 7950 (B) 8560 (C) 9100 (D) 10400

【题 70～73】 某 8 层办公楼，采用现浇钢筋混凝土框架结构，如图 Z11-17 所示。抗震设防烈度为 8 度，设计地震加速度 0.20g，设计地震分组为第一组，该房屋属丙类建筑，建于Ⅱ类场地，设有两层地下室，地下室顶板可作为上部结构的嵌固部位，室内外高差 450mm。梁柱的混凝土强度等级均为 C35（$f_c=16.7\text{N}/\text{mm}^2$，$f_t=1.57\text{N}/\text{mm}^2$），钢筋采用 HRB400 钢（$f_y=360\text{N}/\text{mm}^2$），质量和刚度沿竖向分布均匀。

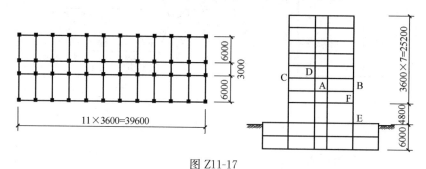

图 Z11-17

提示： 按《高层建筑混凝土结构技术规程》JGJ 3—2010 作答。

70. 假定，该框架结构层侧向刚度无突变，底层屈服强度系数为 0.45，每二层的楼层屈服强度系数为 0.55，框架底层柱轴压比均不小于 0.5。若不考虑箍筋配置的影响，试问，罕遇地震作用下按弹性方法计算的底层层间位移 Δu_e（mm）不超过下列何值时，方能满足规范、规程对结构薄弱层层间弹塑性位移的要求？

(A) 47.5 (B) 50.5 (C) 53.5 (D) 96.0

71. 已知二层顶某跨框架边梁 AB，在地震及各荷载作用下梁 B 端截面所产生的弯矩标准值如下：永久荷载下 $M_{Gk}=-65\text{kN}\cdot\text{m}$；楼面活荷载下 $M_{Qk}=-20\text{kN}\cdot\text{m}$；风荷载下 $M_{wk}=\pm 70\text{kN}\cdot\text{m}$；水平地震作用下 $M_{Ehk}=\pm 260\text{kN}\cdot\text{m}$。试问，满足规范、规程要求时，AB 梁 B 端截面考虑地震作用组合的最不利组合弯矩设计值 M_B（kN·m）与下列何项数值最为接近？

提示： 按《建筑与市政工程抗震通用规范》GB 55002—2021 作答。

(A) −460 (B) −490 (C) −530 (D) −540

72. 假定，框架梁 CD 截面尺寸为 250mm×650mm，$h_0=590\text{mm}$，根据抗震计算结果，其边支座柱边的梁端截面顶部配筋为 6⌀25。试问，在满足抗震构造要求的条件下其底部最小配筋截面面积（mm²）与下列何项数值最为接近？

(A) 645 (B) 884 (C) 893 (D) 1473

73. 已知首层框架角柱 EF 截面尺寸为 500mm×600mm，与其相连的首层顶边跨梁截面为 250mm×650mm，假定该框架抗震等级为一级，该柱同时针方向的组合弯矩设计值为：柱上端弯矩 $M_c^t=480\text{kN}\cdot\text{m}$，柱下端弯矩 $M_c^b=370\text{kN}\cdot\text{m}$。若采用对称配筋，该柱上下端实配钢筋的正截面抗震受弯承载力所对应的弯矩值为 $M_{cua}^t=M_{cua}^b=700\text{kN}\cdot\text{m}$。试问，对柱截面进行抗震设计时，柱 EF 端部截面组合剪力设计值（kN）应与下列何项数值最为接近？

(A) 380 (B) 405 (C) 415 (D) 445

【题 74～78】 某高层住宅楼（丙类建筑），设有两层地下室，地面以上为 16 层，房屋高度 45.60m，室内外高差 0.30m，首层层高 3.3m，标准层层高为 2.8m。建于 8 度地震区（设计基本地震加速为 0.2g），设计地震分组为第一组，Ⅱ类建筑场地。采用短肢剪力墙较多的剪力墙结构，1～3 层墙体厚度均为 250mm，地上其余层墙体厚度均为 200mm，在规定水平力作用下其短肢剪力墙承担的底部地震倾覆力矩占结构底部总地震倾覆力矩的 45%。其中一榀剪力墙一至三层截面如图 Z11-18 所示。墙体混凝土强度等级，7 层楼板面以下为 C35（$f_c=16.7\text{N/mm}^2$，$f_t=1.57\text{N/mm}^2$），7 层以上为 C30。墙体竖向、水平分布钢筋以及墙肢边缘构件的箍筋均采用 HRB335 级钢筋，墙肢边缘构件的纵向受力钢筋采用 HRB400 级钢筋。

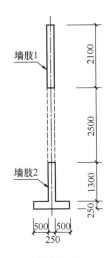

图 Z11-18

74. 假定，首层墙肢 1 的抗震等级为二级，考虑地震组合的一组不利内力计算值 $M_w=360\text{kN}\cdot\text{m}$，$V_w=185\text{kN}$。试问，在满足规范、规程剪力墙截面受剪承载力限值时，墙肢 1 底部截面组合的剪力设计值（kN）与下列何项数值最为接近？

提示：取 $h_{w0}=h_w$ 进行计算。

(A) 1400　　　(B) 1540　　　(C) 1840　　　(D) 2060

75. 墙肢 1 处于第三层时，计算表明其端部所设暗柱仅需按构造配筋，轴压比=0.5，并且其底层墙肢底截面的轴压比为 0.58。试问，该墙肢端部暗柱的竖向钢筋最小配置数量应为下列何项时，才能满足规范、规程的最低抗震构造要求？

(A) 6⌀22　　　(B) 6⌀20　　　(C) 6⌀18　　　(D) 6⌀16

76. 假定第三层墙肢 2 截面尺寸 250mm×1550mm 如图 Z11-18 所示，在满足有关规范、规程关于墙肢轴压比限值条件时，其在重力荷载代表值作用下的最大轴向压力设计值（kN）与下列何项数值最为接近？

(A) 2600　　　(B) 3200　　　(C) 5300　　　(D) 5700

77. 已知首层墙肢 2 一端边缘构件截面配筋形式如图 Z11-19 所示，假定其抗震等级为一级，轴压比等于 0.4，箍筋采用 HRB400 级钢筋（$f_y=360\text{N/mm}^2$），箍筋保护层厚度取 15mm。试问，其边缘构件箍筋采用下列何项配置时方能满足规范、规程的最低构造要求？

(A) ⌀8@100　　　(B) ⌀10@150
(C) ⌀10@100　　　(D) ⌀12@100

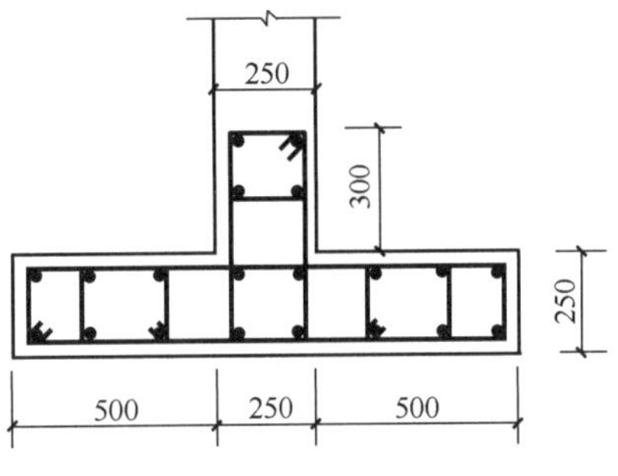

图 Z11-19

78. 已知二层某连梁截面尺寸为 250mm×600mm，$l_n=1100\text{mm}$，抗震等级为二级，$a_s=a_s'=35\text{mm}$，箍筋采用 HRB400 级钢筋（$f_y=360\text{N/mm}^2$），连梁左、右端同时针方向考虑地震作用组合的弯矩设计值 $M_b^l=M_b^r=175\text{kN}\cdot\text{m}$，重力荷载代表值作用下，按简支梁计算的连梁端截面剪力设计值 $V_{Gb}=10\text{kN}$。试问，若使该连梁满足《高层建筑混凝土结构技术规程》JGJ 3—2010 抗震设计要求的最小箍筋配置（双肢箍）应取下列何项？

(A) ⌀8@100　　　(B) ⌀10@100　　　(C) ⌀10@150　　　(D) ⌀12@100

【题79】 下列关于竖向地震作用的主张，其中何项不正确？
(A) 9度抗震设计的高层建筑应计算竖向地震作用
(B) 8度抗震设计时，跨度大于24m的结构应考虑竖向地震作用
(C) 8度抗震设计的带转换层高层结构中的转换构件应考虑竖向地震作用的影响
(D) 8度采用隔震设计的建筑结构，可不计竖向地震作用

【题80】 下列关于高层建筑钢筋混凝土结构有关抗震的一些观点，其中何项不正确？
提示：不考虑楼板开洞影响，按《建筑抗震设计规范》作答。
(A) 对于板柱-抗震墙结构，沿两个主轴方向穿过柱截面的板底两个方向钢筋的受拉承载力应满足该层楼板重力荷载代表值（8度时尚宜计入竖向地震）作用下的柱轴压力设计值
(B) 钢筋混凝土框架-剪力墙结构中的剪力墙两端（不包括洞口两侧）宜设置端柱或与另一方向的剪力墙相连
(C) 抗震设计的剪力墙应设置底部加强部位，当结构计算嵌固端位于地下一层底板时，底部加强部位的高度应从地下一层底板算起
(D) 钢筋混凝土结构地下室顶板作为上部结构的嵌固部位时，应避免在地下室顶板开大洞口。地下室顶板的厚度不宜小于180mm，若柱网内设置多个次梁时，可适当减小

2012 年真题

（上午卷）

【题 1】 假设，某 3 层钢筋混凝土结构房屋位于非抗震设防区，房屋高度 9.0m，钢筋混凝土墙墙厚 200mm，配置双层双向分布钢筋。试问，墙体双层水平分布钢筋的总配筋率最小值及双层竖向分布钢筋的总配筋率最小值，与下列何项数值最为接近？

(A) 0.15%，0.15%　　　　　　(B) 0.20%，0.15%
(C) 0.20%，0.20%　　　　　　(D) 0.30%，0.30%

【题 2、3】 7 度区某钢筋混凝土结构多层房屋建筑，为标准设防类，设计地震分组为第二组，设计基本地震加速度为 0.1g，场地类别为Ⅱ类。

2. 试问，罕遇地震下弹塑性位移验算时的水平地震影响系数最大值 α_{max} 及特征周期值 T_g（s）应分别采用下列何项数值？

(A) 0.08，0.35　　　　　　(B) 0.12，0.40
(C) 0.50，0.40　　　　　　(D) 0.50，0.45

3. 假设，该建筑结构自身的计算自振周期为 0.5s，周期折减系数为 0.8。试问，多遇地震作用下的水平地震影响系数，与下列何项数值最为接近？

(A) 0.08　　　(B) 0.09　　　(C) 0.10　　　(D) 0.12

【题 4】 某钢筋混凝土框架结构，框架抗震等级为二级，中间层框架中柱配筋示意见图 Z12-1，已知箍筋直径为 10mm，且加密区箍筋间距为 100mm。试问，该框架柱非加密区箍筋间距最大值（mm）与下列何项数值最为接近？

提示：不考虑柱截面尺寸、剪跨比对箍筋配置的影响。该柱不需要提高变形能力。

(A) 150　　　　　　(B) 180
(C) 200　　　　　　(D) 250

图 Z12-1

【题 5、6】 某 2 层钢筋混凝土办公楼的简支楼面梁，安全等级为二级，从属面积为 13.5m²，计算跨度为 6.0m，梁上作用恒荷载标准值 g_k＝14.0kN/m（含梁自重），按等效均布荷载计算的梁上活荷载标准值 p_k＝4.5kN/m，如图 Z12-2 所示。

提示：按《工程结构通用规范》GB 55001—2021 和《建筑与市政工程抗震通用规范》GB 55002—2021 作答。

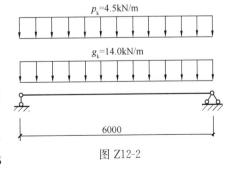

图 Z12-2

5. 试问，梁跨中基本组合弯矩设计值 M（kN·m）、标准组合弯矩设计值 M_k（kN·

m)、准永久组合弯矩设计值 M_q（kN·m）分别与下列何项数值最为接近？

(A) $M=112$，$M_k=83$，$M_q=73$ (B) $M=104$，$M_k=77$，$M_q=63$

(C) $M=112$，$M_k=83$，$M_q=63$ (D) $M=104$，$M_k=83$，$M_q=71$

6. 假定，该梁两端均与框架柱刚接，当进行截面抗震验算时，试问，该梁在重力荷载代表值作用下按简支梁计算的梁端剪力设计值 V_{Gb}（kN）与下列何项数值最为接近？

提示：假定重力荷载对该梁抗震不利。

(A) 40   (B) 50   (C) 60   (D) 65

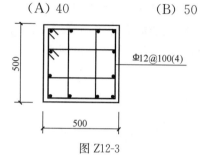

图 Z12-3

【题 7】 某 6 度区标准设防类钢筋混凝土框架结构办公楼，房屋高度为 22m，设计地震分组为第一组，场地类别为Ⅱ类。其中一根框架角柱，分别与跨度为 8m 和 10m 的框架梁相连，剪跨比为 1.90，截面及配筋如图 Z12-3 所示，混凝土强度等级 C40。试问，该框架柱的轴压比限值与下列何项数值最为接近？

提示：可不复核柱的最小配箍特征值。

(A) 0.80   (B) 0.85   (C) 0.90   (D) 0.95

【题 8】 某钢筋混凝土框架柱，抗震等级为四级，截面为 $b \times h = 400\text{mm} \times 400\text{mm}$，采用 C30 混凝土，经计算，轴压比 $\mu_N = 0.40$，剪跨比大于 2.0。现拟采用 HRB400 钢筋作为复合箍。试问，该柱上下端加密区箍筋的最小体积配箍百分率与下列何项数值最为接近？

(A) 0.23%   (B) 0.28%   (C) 0.32%   (D) 0.40%

【题 9】 某规则结构各层平面如图 Z12-4 所示，荷载分布较均匀。现采用简化方法，按 X、Y 两个正交方向分别计算水平地震作用效应（不考虑扭转），并通过将该地震作用效应乘以放大系数来考虑地震扭转效应。试根据《建筑抗震设计规范》判断，下列框架的地震作用效应增大系数，其中何项较为合适？

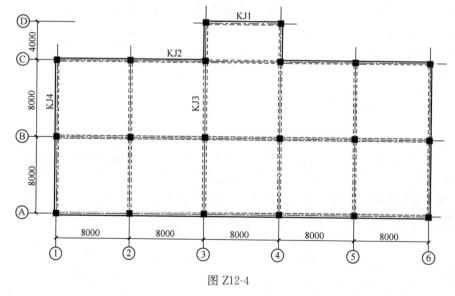

图 Z12-4

(A) KJ1：1.02   (B) KJ3：1.05   (C) KJ3：1.15   (D) KJ2、KJ4：1.10

【题 10】 某钢筋混凝土连续梁，截面高度为 3900mm，截面宽度为 300mm，计算跨度为 6000mm，混凝土强度等级为 C40，不考虑抗震。梁的水平和竖向分布筋配置符合规范要求。试问，此梁要求不出现斜裂缝时，中间支座截面相应于标准组合的抗剪承载力（kN）与下列何项数值最为接近？

提示：安全等级为二级。

(A) 1120　　(B) 1250　　(C) 1380　　(D) 2680

【题 11】 关于钢筋混凝土构件的以下 3 种说法：

Ⅰ．局部受压承载力计算公式两侧均为设计值；

Ⅱ．裂缝宽度计算时，荷载组合的效应为准永久值，而不是设计值；

Ⅲ．非预应力钢筋混凝土受弯构件最大挠度按荷载准永久组合，并考虑荷载长期作用的影响进行计算。

试问，针对上述说法正确性的判断，下列何项正确？

(A) Ⅰ、Ⅱ正确，Ⅲ错误　　(B) Ⅱ、Ⅲ正确，Ⅰ错误
(C) Ⅰ、Ⅲ正确，Ⅱ错误　　(D) Ⅰ、Ⅱ、Ⅲ均正确

【题 12】 关于预制构件吊环的以下 3 种说法：

Ⅰ．应采用 HPB300 或更高强度的钢筋制作。当采用 HRB400 级钢筋时，末端可不设弯钩；

Ⅱ．宜采用 HPB300 级钢筋制作。考虑到该规格材料用量可能很少，采购较难，也允许采用 HRB400 级钢筋制作，但其容许应力和锚固均应按 HPB300 级钢筋采用；

Ⅲ．应采用 HPB300 级钢筋。对 Q235 圆钢，吊环应力不超过 $50\text{N}/\text{mm}^2$。

试问，针对上述说法正确性的判断，下列何项正确？

(A) Ⅰ、Ⅱ、Ⅲ均错误　　(B) Ⅰ正确，Ⅱ、Ⅲ错误
(C) Ⅱ正确，Ⅰ、Ⅲ错误　　(D) Ⅲ正确，Ⅰ、Ⅱ错误

【题 13～17】 某钢筋混凝土简支梁，其截面可以简化成工字形（图 Z12-5），混凝土强度等级为 C30，纵向钢筋采用 HRB400，纵向钢筋的保护层厚度为 28mm，受拉钢筋合力点至梁截面受拉边缘的距离为 40mm。该梁不承受地震作用，不直接承受重复荷载，安全等级为二级。

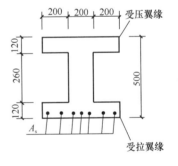

图 Z12-5

13. 试问，该梁纵向受拉钢筋的最小构造配筋（mm^2）与下列何项数值最为接近？

提示：按《混凝土结构通用规范》GB 55008—2021 作答。

(A) 200　　　　　　　　(B) 270
(C) 300　　　　　　　　(D) 400

14. 若该梁承受的弯矩设计值为 310kN·m，并按单筋梁进行配筋计算。试问，按承载力要求该梁纵向受拉钢筋选择下列何项最为安全经济？

提示：不必验算最小配筋率。

(A) 4⌀14+3⌀20　　　　(B) 4⌀14+3⌀22
(C) 4⌀14+3⌀25　　　　(D) 4⌀14+3⌀28

15. 若该梁纵向受拉钢筋 A_s 为 4⌀12+3⌀28，荷载标准组合下截面弯矩值为 $M_k=$

300kN·m，准永久组合下截面弯矩值为 $M_q=275$kN·m。试问，该梁的最大裂缝宽度计算值 w_{max}（mm）与下列何项数值最为接近？

(A) 0.17　　　　(B) 0.29　　　　(C) 0.33　　　　(D) 0.45

16. 若该梁纵向受拉钢筋 A_s 为 4Φ12+3Φ25，荷载标准组合下截面弯矩值为 $M_k=250$kN·m，荷载准永久组合下截面弯矩值为 $M_q=215$kN·m，钢筋应变不均匀系数 $\psi=0.861$。试问，荷载准永久组合下的短期刚度 B_s（$\times 10^{13}$N·mm^2）与下列何项数值最为接近？

(A) 3.2　　　　(B) 5.3　　　　(C) 6.8　　　　(D) 8.3

17. 若该梁在荷载准永久组合下的短期刚度 $B_s=2\times 10^{13}$N·mm^2，且该梁配置的纵向受压钢筋面积为纵向受拉钢筋面积的 80%。试问，该梁考虑荷载长期作用影响的刚度 B（$\times 10^{13}$N·mm^2）与下列何项数值最为接近？

(A) 1.00　　　　(B) 1.04　　　　(C) 1.19　　　　(D) 1.60

【题 18】 关于非抗震的预应力混凝土受弯构件受拉一侧受拉钢筋的最小配筋百分率的以下 3 种说法：

Ⅰ. 预应力钢筋的配筋百分率不得少于 0.2 和 $45\dfrac{f_t}{f_y}$ 的较大值；

Ⅱ. 非预应力钢筋的最小配筋百分率为 0.2；

Ⅲ. 受拉钢筋最小配筋百分率不得少于按正截面受弯承载力设计值等于正截面开裂弯矩值的原则确定的配筋百分率。

试问，针对上述说法正确性的判断，下列何项正确？

(A) Ⅰ、Ⅱ、Ⅲ均错误　　　　(B) Ⅰ正确，Ⅱ、Ⅲ错误
(C) Ⅱ正确，Ⅰ、Ⅲ错误　　　　(D) Ⅲ正确，Ⅰ、Ⅱ错误

【题 19~21】 某车间内设有一台电动葫芦，其轨道梁吊挂于钢梁 AB 下。钢梁两端连接于厂房框架柱上，计算跨度 $L=7000$mm，计算简图如图 Z12-6 所示。钢材采用 Q235-B 钢，钢梁选用热轧 H 型钢 HN400×200×8×13，其截面特性：$A=83.37\times 10^2$mm^2，$I_x=23500\times 10^4$mm^4，$W_x=1170\times 10^3$mm^3，$i_y=45.6$mm。

提示：按《工程结构通用规范》GB 55001—2021 作答。

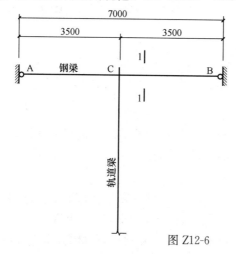
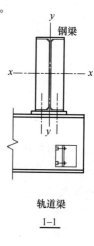

图 Z12-6

19. 为便于对钢梁 AB 进行计算，将电动葫芦轨道梁、相关连接件和钢梁等自重折合为一集中荷载标准值 $G_k=6kN$，作用于 C 点处钢梁下翼缘，电动葫芦自重和吊重合计的荷载标准值 $Q_k=66kN$（按动力荷载考虑），不考虑电动葫芦的水平荷载。已知 C 点处钢梁对 x 轴的净截面模量 $W_{nx}=1050\times10^3 mm^3$，$\gamma_x=1.05$。试问，钢梁 C 点处的最大应力的计算值（$N/mm^2$），应与下列何项数值最为接近？

(A) 180　　　　(B) 165　　　　(C) 150　　　　(D) 130

20. 已知条件同题 19。试问，钢梁 C 点处由可变荷载 Q_k 产生的最大挠度值（mm）应与下列何项数值最为接近？

(A) 4　　　　(B) 6　　　　(C) 10　　　　(D) 14

21. 钢梁 AB 两端支座处已采取构造措施防止梁端截面的扭转。试问，作为在最大刚度主平面内受弯的构件，对钢梁 AB 进行整体稳定性计算时，其整体稳定性系数 φ_b 应与下列何项数值最为接近？

提示：钢梁 AB 整体稳定的等效临界弯矩系数 $\beta_b=1.9$；轨道梁不考虑作为钢梁的侧向支点。

(A) 1.5　　　　(B) 0.88　　　　(C) 0.71　　　　(D) 0.53

【**题 22～24**】 某厂房的围护结构设有悬吊式墙架柱，墙架柱支承于吊车梁的辅助桁架上，其顶端采用弹簧板与屋盖系统相连，底端采用开椭圆孔的普通螺栓与基础相连，计算简图如图 Z12-7 所示。钢材采用 Q235 钢，墙架柱选用热轧 H 型钢 HM244×175×7×11，截面形式如图 Z12-7 所示，其截面特征：$A=55.49\times10^2 mm^2$，$W_x=495\times10^3 mm^3$。

22. 试问，在围护结构自重和水平风荷载的共同作用下，AB 段和 BC 段墙架柱的受力状态应为下列何项所示？

(A) AB 段和 BC 段墙架柱均为拉弯构件
(B) AB 段和 BC 段墙架柱均为压弯构件
(C) AB 段墙架柱为拉弯构件，BC 段墙架柱为压弯构件
(D) AB 段墙架柱为压弯构件，BC 段墙架柱为拉弯构件

23. 墙架柱在竖向荷载和水平风吸力共同作用下的弯矩分布图如图 Z12-8 所示。已知

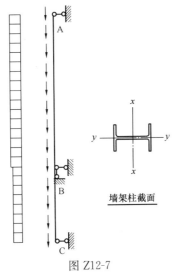

图 Z12-7

图 Z12-8

AB 段墙架柱在 D 点处的最大弯矩设计值 $M_{xmax}=54$kN·m，轴力设计值 $N=15$kN。试问，强度计算时，AB 段墙架柱的最大应力计算值（N/mm²）与下列何项数值最为接近？

提示： 计算截面无栓（钉）孔削弱；墙架柱截面等级满足 S3 级。

(A) 107　　　　(B) 126　　　　(C) 148　　　　(D) 170

24. 已知条件同题 23。试问，对 AB 段墙架柱进行弯矩作用平面内的稳定性计算时，等效弯矩系数 β_{mx} 中的 β_{m1x}，应取下列何项数值？

(A) 1.0　　　　(B) 0.8　　　　(C) 0.6　　　　(D) 0.5

【题 25~28】 某钢烟囱设计时，在邻近构筑物平台上设置支撑与钢烟囱相连，其计算简图如图 Z12-9 所示。支撑结构钢材采用 Q235B 钢，手工焊接，焊条为 E43 型。撑杆 AB 采用填板连接而成的双角钢构件，十字形截面（⊥⊢ 100×7），按实腹式构件进行计算，截面形式如图 Z12-9 所示，其截面特性：$A=27.6\times10^2$mm²，$i_y=38.9$mm。已知撑杆 AB 在风荷载作用下的轴心压力设计值 $N=185$kN。

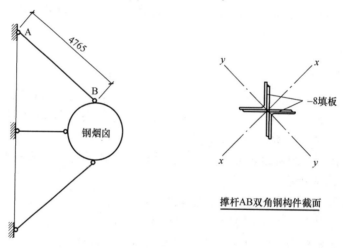

图 Z12-9

25. 已知一个等边角钢 L100×7 的最小回转半径 $i_{min}=19.9$mm。试问，撑杆 AB（⊥⊢ 100×7）角钢之间连接用填板（与角钢焊接）间的最大距离（mm）与下列何项数值最为接近？

(A) 770　　　　(B) 1030　　　　(C) 1290　　　　(D) 1540

26. 试问，计算撑杆 AB 绕对称轴 y 轴的稳定性时，以应力形式表示的稳定性计算数值（N/mm²）与下列何项数值最为接近？

(A) 210　　　　(B) 200　　　　(C) 180　　　　(D) 160

27. 撑杆 AB 与钢烟囱的连接节点如图 Z12-10 所示，侧面角焊缝的焊脚尺寸 $h_f=$6mm。试问，不计受力大小，仅按焊缝连接的构造要求确定，图中所示实际焊缝长度的最小值（mm）与下列何项数值最为接近？

(A) 40　　　　(B) 60　　　　(C) 80　　　　(D) 100

28. 已知条件同题 27。假定角钢肢背的焊缝内力分配系数为 0.7，实际焊缝长度为 160mm。试问，撑杆 AB 角钢肢背处侧面角焊缝的应力计算值 τ_f（N/mm²）与下列何项数

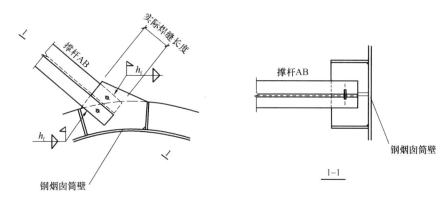

图 Z12-10

值最为接近？

(A) 150   (B) 130   (C) 100   (D) 70

【题 29】 试问，直接承受动力荷载重复作用的钢结构构件及其连接，当应力变化的循环次数 n 等于或大于下列何项数值时，应进行疲劳计算？

(A) 10^4 次   (B) 3×10^4 次   (C) 5×10^4 次   (D) 10^3 次

【题 30】 某一层吊车的两跨厂房，每跨厂房各设有 3 台 A5 工作级别的吊车。试问，通常情况下，进行该两跨厂房的每个排架计算时，参与组合的多台吊车的水平荷载标准值的折减系数应取下列何项数值？

(A) 0.95   (B) 0.9   (C) 0.85   (D) 0.8

【题 31～34】 某抗震设防烈度为 8 度的多层砌体结构住宅，底层某道承重横墙的尺寸和构造柱设置如图 Z12-11 所示。墙体采用 MU10 级烧结多孔砖、M10 级混合砂浆砌筑。构造柱截面尺寸为 240mm×240mm，采用 C25 混凝土，纵向钢筋为 HPB300 级 4φ14，箍筋采用 HPB300 级 φ6@200。砌体施工质量控制等级为 B 级。在该墙顶作用的竖向恒荷载标准值为 210kN/m，按等效均布荷载计算的传至该墙顶的活荷载标准值为 70kN/m，不考虑本层墙体自重。

提示：按《建筑抗震设计规范》作答。

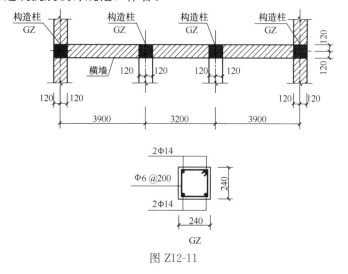

图 Z12-11

31. 试问，该墙体沿阶梯形截面破坏时，其抗震抗剪强度设计值 f_{vE}（N/mm²），与下列何项数值最为接近？

(A) 0.29　　　　(B) 0.26　　　　(C) 0.23　　　　(D) 0.20

32. 假定砌体抗震抗剪强度的正应力影响系数 $\zeta_N=1.6$，试问，该墙体截面的最大抗震受剪承载力设计值（kN），与下列何项数值最为接近？

(A) 880　　　　(B) 850　　　　(C) 810　　　　(D) 780

33. 以下关于砌体结构的4种观点：

Ⅰ. 钢筋混凝土构造柱组合墙的构造柱间距不宜大于 4m；

Ⅱ. 组合砖墙砌体结构房屋，有组合墙楼层处的钢筋混凝土圈梁高度不宜小于 180mm；

Ⅲ. 抗震设防时，钢筋混凝土构造柱组合墙中部构造柱的纵向钢筋配筋率不应小于 0.6%；

Ⅳ. 网状配筋砖砌体所用的砂浆强度等级不应低于 M5。

试问，针对上述观点正确性的判断，下列何项正确？

(A) Ⅰ、Ⅱ正确，Ⅲ、Ⅳ错误　　　　(B) Ⅱ、Ⅲ正确，Ⅰ、Ⅳ错误
(C) Ⅲ、Ⅳ正确，Ⅰ、Ⅱ错误　　　　(D) Ⅰ、Ⅲ正确，Ⅱ、Ⅳ错误

34. 如果图 Z12-11 中所示墙体不设置构造柱，假定，砌体抗震抗剪强度的正应力影响系数 $\zeta_N=1.6$，试问，该墙体的截面抗震受剪承载力设计值（kN），与下列何项数值最为接近？

(A) 850　　　　(B) 820　　　　(C) 730　　　　(D) 700

【题 35】 以下关于木结构防火要求的4种观点：

Ⅰ. 防火设计方法，适用于耐火极限不超过 2.00h 的构件防火设计；

Ⅱ. 不同高度组成的木结构建筑，较低部分的屋顶承重构件必须是难燃材料且耐火极限不能低于 0.5h；

Ⅲ. 木结构需做保温时，采用的保温材料的防火性能应不低于难燃性 B_1 级；

Ⅳ. 未安装自动喷水灭火系统的两层木结构建筑，每层防火区面积不应超过 600m²；

试问，针对上述观点正确性的判断，下列荷项正确？

(A) Ⅰ、Ⅱ正确，Ⅲ、Ⅳ错误　　　　(B) Ⅰ、Ⅲ正确，Ⅱ、Ⅳ错误
(C) Ⅱ、Ⅲ正确，Ⅰ、Ⅳ错误　　　　(D) Ⅲ、Ⅳ正确，Ⅰ、Ⅱ错误

【题 36~38】 非抗震设防区某四层教学楼局部平面如图 Z12-12 所示。各层平面布置相同，各层层高均为 3.6m。楼、屋盖均为现浇钢筋混凝土板，静力计算方案为刚性方案。墙体为网状配筋砖砌体，采用 MU10 级烧结普通砖，M10 级水泥砂浆砌筑，钢筋网采用乙级冷拔低碳钢丝 Φ4 焊接而成（$f_y=320$N/mm²），方格钢筋网间距为 40mm，网的竖向间距 130mm。纵横墙厚度均为 240mm，砌体施工质量控制等级为 B 级。第二层窗间墙 A 的轴向力偏心距 $e=24$mm。

36. 试问，第二层窗间墙 A 的网状配筋砖砌体受压构件的稳定系数 φ_{0n} 与下列何项数值最为接近？

提示：房屋横墙间距 $s=10800$mm。

(A) 0.45　　　　(B) 0.55　　　　(C) 0.65　　　　(D) 0.75

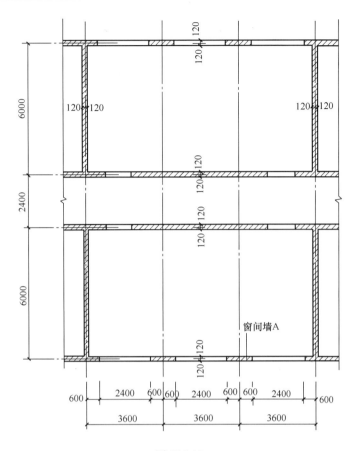

图 Z12-12

37. 假定，墙体体积配筋百分率 $\rho=0.6\%$，试问，第二层窗间墙 A 的受压承载力设计值（kN）与下列何项数值最为接近？

提示：窗间墙 A 的承载力影响系数为 φ_n。

(A) $1210\varphi_n$　　　(B) $1150\varphi_n$　　　(C) $1050\varphi_n$　　　(D) $950\varphi_n$

38. 假定，墙体中无配筋，$\beta=15$，修正后的墙体抗压强度设计值 $f=1.68\ \text{N/mm}^2$。试问，第二层窗间墙 A 的受压承载力设计值（kN），与下列何项数值最为接近？

提示：按单向偏心受压构件计算。

(A) 430　　　(B) 290　　　(C) 260　　　(D) 210

【题 39、40】 某钢筋混凝土挑梁埋置于 T 形截面的砌体墙中，尺寸如图 Z12-13 所示，墙内无构造柱。挑梁根部截面尺寸 $b\times h_b=240\text{mm}\times 400\text{mm}$，采用 C25 混凝土。挑梁上、下墙厚均为 240mm，采用 MU10 级烧结普通砖，M7.5 级混合砂浆砌筑。楼板传给挑梁的荷载标准值：挑梁端集中恒载为 $F_k=10\text{kN}$，均布恒载 $g_{1k}=g_{2k}=10.0\text{kN/m}$，均布活荷载 $q_{1k}=$

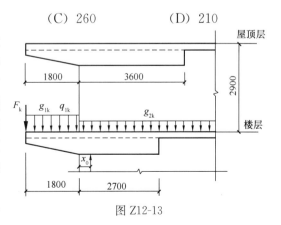

图 Z12-13

9.0kN/m，挑梁墙内部分自重为 2.4kN/m，挑出部分自重简化为 1.8kN/m。施工质量控制等级为 B 级，结构安全等级为二级。砖墙重度 $\gamma_{砖}=20kN/m^3$。

提示：按《建筑结构可靠性设计统一标准》GB 50068—2018 作答。

39. 楼层挑梁下砌体的局部受压承载力验算时，试问，公式 $N_l(kN) \leqslant \eta\gamma fA_l(kN)$ 的左右端项，与下列何项数值最为接近？

提示：砌体的抗压强度设计值不考虑强度调整系数 γ_a 的影响。

(A) 130＜200　　　(B) 100＜200　　　(C) 130＜170　　　(D) 100＜170

40. 假定，在楼层挑梁上部墙内无门洞。试问，楼层挑梁的承载力计算时，其最大弯矩设计值 M_{max}（kN·m）、最大剪力设计值 V_{max}（kN），与下列何项数值最为接近？

(A) 65，60　　　(B) 78，60　　　(C) 65，65　　　(D) 78，65

（下午卷）

【题 41】 下述关于影响砌体结构受压构件高厚比 β 计算值的说法，哪一项是不对的？
(A) 改变墙体厚度　　　　　　　　(B) 改变砌筑砂浆的强度等级
(C) 改变房屋的静力计算方案　　　(D) 调整或改变构件支承条件

【题 42】 对不同墙体进行抗震承载力验算时，需采用不同的承载力抗震调整系数。假定，构件受力状态均为受剪，试问，下列哪一种墙体承载力抗震调整系数 γ_{RE} 不符合规范要求？

提示：按《砌体结构设计规范》GB 50003—2011 作答。

(A) 无筋砖砌体剪力墙 $\gamma_{RE}=1.0$
(B) 水平配筋砖砌体剪力墙 $\gamma_{RE}=1.0$
(C) 两端均设构造柱的砌体剪力墙 $\gamma_{RE}=0.9$
(D) 自承重墙 $\gamma_{RE}=0.85$

【题 43】 截面尺寸为 370mm×490mm 的组合砖柱，见图 Z12-14，柱的计算高度 $H_0=5.9m$，承受轴向压力设计值 $N=700kN$。采用 MU10 级烧结普通砖和 M10 级水泥砂浆砌筑，C20 混凝土面层，如图 Z12-14 所示。竖筋采用 HPB300 级，8 ϕ14，箍筋采用 HPB300 级，ϕ8@200。试问，该组合砖柱的轴心受压承载力设计值（kN），与下列何项数值最为接近？

(A) 1200　　　(B) 1100
(C) 1050　　　(D) 950

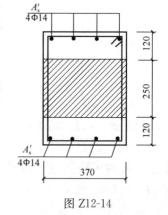

图 Z12-14

【题 44～46】 位于非抗震区的某三层简支承重的墙梁，如图 Z12-15 所示。托梁截面 $b×h_b=300mm×600mm$，托梁的混凝土强度等级为 C30，托梁自重标准值 $g_{k1}=4.5kN/m$。墙厚 240mm，采用 MU10 烧结普通砖，M10 混合砂浆砌筑，墙体及抹灰自重标准值 $g_{k2}=5.5kN/m^2$。作用于每层墙顶由楼板传来的均布恒载标准值 $g_{k3}=12.0kN/m$ 和均布活荷载标准值 $q_k=6.0kN/m$。

提示：按《建筑结构可靠性设计统一标准》GB 50068—2018 作答。

44. 试问，该墙梁跨中截面的计算高度 H_0（m）与下列何项数值最为接近？

(A) 6.0　　　　　(B) 4.5
(C) 3.5　　　　　(D) 3.1

45. 活荷载的组合系数 $\psi_c=0.7$，试问，使用阶段墙梁顶面的荷载设计值 Q_2（kN/m），与下列何项数值最为接近？

(A) 140　　　　　(B) 135
(C) 120　　　　　(D) 115

46. 假定，使用阶段托梁顶面的荷载设计值 $Q_1=35$kN/m，墙梁顶面的荷载设计值 $Q_2=130$kN/m，墙梁的计算跨度 $l_0=6.0$m。试问，托梁跨中截面的弯矩设计值 M_b（kN·m），与下列何项数值最为接近？

(A) 190　　　(B) 200　　　(C) 220　　　(D) 240

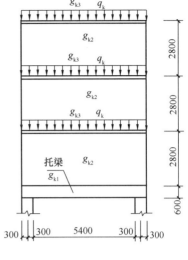

图 Z12-15

【题 47、48】　现有一西南云杉（TC15B）原木檩条（未经切削），标注直径为 156mm。计算简图如图 Z12-16 所示。该檩条处于正常使用条件，安全等级为二级，设计使用年限为 50 年。原木沿长度的直径变化率为 9mm/m。

47. 若不考虑檩条自重，试问，该檩条达到最大抗弯承载力，所能承担的最大均布荷载设计值 q（kN/m），与下列何项数值最为接近？

(A) 2.0　　　　　(B) 2.4
(C) 2.7　　　　　(D) 3.0

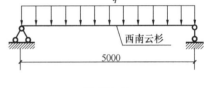

图 Z12-16

48. 若不考虑檩条自重，试问，该檩条达到挠度限值 $l/250$ 时，所能承担的最大均布荷载标准值 q_k（kN/m），与下列何项数值最为接近？

(A) 1.4　　　(B) 1.2　　　(C) 0.8　　　(D) 0.7

【题 49、50】　在抗震设防区内，某建筑工程场地的地基土层分布及其剪切波速 v_s 如图 Z12-17 所示。

49. 试问，依据《建筑抗震设计规范》GB 50011—2010（2016 年版），该建筑场地的类别应为下列何项？

(A) Ⅰ　　　　　(B) Ⅱ
(C) Ⅲ　　　　　(D) Ⅳ

50. 根据地勘资料，已知③层黏土的天然含水量 $w=42\%$，液限 $w_L=53\%$，塑限 $w_p=29\%$，土的压缩系数 $a_{1-2}=0.32\text{MPa}^{-1}$。试问，下列关于该土层的状态及压缩性评价，何项是正确的？

提示：液性指数 $I_L = \dfrac{w - w_p}{w_L - w_p}$。

(A) 硬塑，低压缩性土 　　　　　　　(B) 可塑，低压缩性土
(C) 可塑，中压缩性土 　　　　　　　(D) 软塑，中压缩性土

【题 51～53】 某砌体房屋采用墙下钢筋混凝土条形基础，其埋置深度为 1.2m，宽度为 1.6m。场地土层分布如图 Z12-18 所示，地下水位标高为 −1.200m。

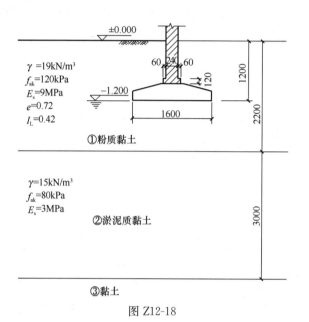

图 Z12-18

51. 试问，②层淤泥质黏土顶面处经深度修正后的地基承载力特征值 f_a（kPa），与下列何项数值最为接近？

(A) 98 　　　　(B) 105 　　　　(C) 112 　　　　(D) 122

52. 假定，在荷载标准组合下，基础底面压力值 $p_k = 130$kPa。试问，②层淤泥质黏土顶面处的附加压力值 p_z（kPa），与下列何项数值最为接近？

(A) 60 　　　　(B) 70 　　　　(C) 80 　　　　(D) 90

53. 假定，在荷载基本组合下，基础顶面处承受的竖向力设计值 $F = 160$kN/m，基础及其以上土的加权平均重度为 20kN/m³。试问，每延米基础的最大弯矩设计值 M（kN·m/m）最接近下列何项数值？

(A) 14 　　　　(B) 19 　　　　(C) 23 　　　　(D) 28

【题 54～56】 某高层建筑梁板式筏基的地基基础设计等级为乙级，筏板的最大区格划分如图 Z12-19 所示。筏板混凝土强度等级为 C35，$f_t = 1.57$N/mm²。假定筏基底面处的地基土反力均匀分布，且相应于荷载基本组合时的地基土净反力设计值 $p = 350$kPa。

提示：计算时取 $a_s = 60$mm，$\beta_{hp} = 1$。

54. 试问，为满足底板受冲切承载力的要求，初步估算筏板所需的最小厚度 h（mm），应与下列何项数值最为接近？

(A) 350 　　　　(B) 400 　　　　(C) 420 　　　　(D) 470

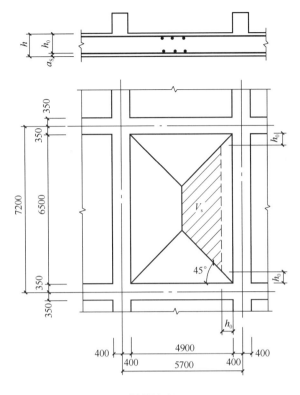

图 Z12-19

55. 假设，筏板厚度为 500mm。试问，进行筏板斜截面受剪切承载力计算时，作用在图中阴影部分面积上的地基土平均净反力设计值 V_s（kN），应与下列何项数值最为接近？

(A) 1100 　　　　(B) 1900 　　　　(C) 2500 　　　　(D) 2900

56. 筏板厚度同题 55。试问，进行筏板斜截面受剪切承载力计算时，图中阴影部分地基净反力作用下的相应区块筏板斜截面受剪承载力设计值（kN），与下列何项数值最为接近？

(A) 2100 　　　　(B) 2700 　　　　(C) 3000 　　　　(D) 3300

【题 57】 关于建造在软弱地基上的建筑应采取的建筑或结构措施，下列说法何项是不正确的？

(A) 对于三层和三层以上的砌体承重结构房屋，当房屋的预估最大沉降量不大于 120mm 时，其长高比可大于 2.5
(B) 对有大面积堆载的单层工业厂房，当厂房内设有多台起重量为 75t、工作级别为 A6 的吊车时，厂房柱基础宜采用桩基
(C) 长高比过大的四层砌体承重结构房屋可在适当部位设置沉降缝，缝宽 50~80mm
(D) 对于建筑体型复杂、荷载差异较大的框架结构，可采用箱基、桩基等加强基础整体刚度，减少不均匀沉降

【题 58、59】 某高层住宅采用筏板基础，基底尺寸为 21m×32m，地基基础设计等级为乙级。地基处理采用水泥粉煤灰碎石桩（CFG 桩），桩直径为 400mm，桩间距 1.6m，按正方形布置。地基土层分布如图 Z12-20 所示。

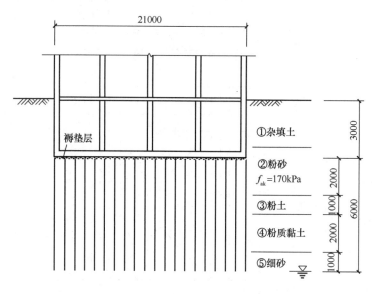

图 Z12-20

58. 假定，试验测得 CFG 桩单桩竖向承载力特征值为 420kN，单桩承载力发挥系数 $\lambda=1.0$，第②层粉砂层桩间土的承载力发挥系数 $\beta=0.85$。试问，初步设计时，估算未经修正的基底复合地基承载力特征值 f_{spk}（kPa），与下列何项数值最为接近？

提示：处理后桩间土的承载力特征值，可取天然地基承载力特征值。

(A) 240   (B) 285   (C) 300   (D) 330

59. 下列关于 CFG 桩复合地基中褥垫层作用的说法，何项是不正确的？
(A) 保证桩、土共同承担荷载，褥垫层是形成 CFG 桩复合地基的重要条件
(B) 通过改变褥垫层厚度，调整桩垂直荷载的分担，通常褥垫层越薄，桩承担的荷载占总荷载的百分比越高
(C) 减少基础底面的应力集中
(D) 调整桩、土水平荷载的分担，通常褥垫层越薄，土分担水平荷载占总荷载的百分比越高

【题 60～64】 某建筑物设计使用年限为 50 年，地基基础设计等级为乙级，柱下桩基础采用九根泥浆护壁钻孔灌注桩，桩直径 $d=600mm$，为提高桩的承载力及减少沉降，灌注桩采用桩端后注浆工艺，且施工满足《建筑桩基技术规范》JGJ 94—2008 的相关规定。框架柱截面尺寸为 1100mm×1100mm，承台及其以上土的加权平均重度 $\gamma_G=20kN/m^3$。承台平面尺寸、桩位布置、地基土层分布及岩土参数等如图 Z12-21 所示。桩基的环境类别为二 a，建筑所在地对桩基混凝土耐久性无可靠工程经验。

60. 假定，在荷载标准组合下，由上部结构传至该承台顶面的竖向力 $F_k=9050kN$，传至承台底面的弯矩 $M_{xk}=M_{yk}=2420kN·m$。试问，为满足承载力要求，所需最小的单桩承载力特征值 R_a（kN），与下列何项数值最为接近？

(A) 1140   (B) 1200   (C) 1260   (D) 1320

61. 假定，第②层粉质黏土及第③层黏土的后注浆侧阻力增强系数 $\beta_s=1.4$，第④层细砂的后注浆侧阻力增强系数 $\beta_s=1.6$，第④层细砂的后注浆端阻力增强系数 $\beta_p=2.4$。

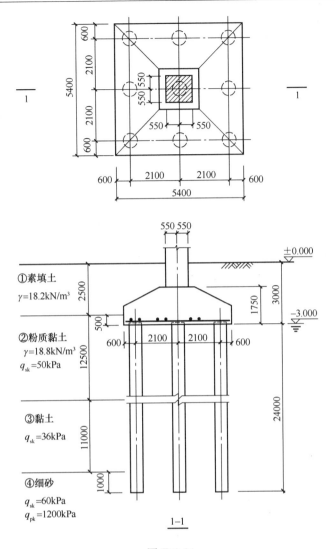

图 Z12-21

试问,在进行初步设计时,根据土的物理指标与承载力参数间的经验公式,单桩的承载力特征值 R_a(kN)与下列何项数值最为接近?

(A) 1200　　　　　(B) 1400　　　　　(C) 1600　　　　　(D) 3000

62. 假定,在荷载基本组合下,单桩桩顶轴心压力设计值 N 为 1980kN。已知桩全长螺旋式箍筋直径为 6mm、间距为 150mm,基桩成桩工艺系数 $\psi_c=0.75$。试问,根据《建筑桩基技术规范》JGJ 94—2008 的规定,满足设计要求的桩身混凝土的最低强度等级取下列何项最为合理?

提示:混凝土轴心抗压强度设计值(N/mm^2)见表 Z12-1。

表 Z12-1

混凝土强度等级	C20	C25	C30	C35
f_c	9.6	11.9	14.3	16.7

(A) C20　　　　　(B) C25　　　　　(C) C30　　　　　(D) C35

63. 假定，在荷载准永久组合下，上部结构柱传至承台顶面的竖向力为8165kN。试问，根据《建筑桩基技术规范》JGJ 94—2008的规定，按等效作用分层总和法计算桩基的沉降时，等效作用附加压力值 p_0（kPa），与下列何项数值最为接近？

(A) 220　　　　(B) 225　　　　(C) 280　　　　(D) 285

64. 假定，在桩基沉降计算时，已求得沉降计算深度范围内土体压缩模量的当量值 $\bar{E}_s = 18\text{MPa}$。试问，根据《建筑桩基技术规范》JGJ 94—2008 的规定，桩基沉降经验系数 ψ 与下列何项数值最为接近？

(A) 0.48　　　　(B) 0.53　　　　(C) 0.75　　　　(D) 0.85

【题 65～69】　某地上16层、地下1层的现浇钢筋混凝土框架-剪力墙办公楼，如图 Z12-22所示。房屋高度为64.2m，该建筑地下室至地上第3层的层高均为4.5m，其余各层层高均为3.9m，质量和刚度沿高度分布比较均匀。丙类建筑，抗震设防烈度为7度，设计基本地震加速度为0.15g，设计地震分组为第一组，Ⅲ类场地。在规定的水平力作用下，结构底层框架部分承受的地震倾覆力矩大于结构总地震倾覆力矩的10%但不大于50%，地下1层顶板为上部结构的嵌固端。构件混凝土强度等级均为C40（$f_c = 19.1\text{N/mm}^2$，$f_t = 1.71\text{N/mm}^2$）。

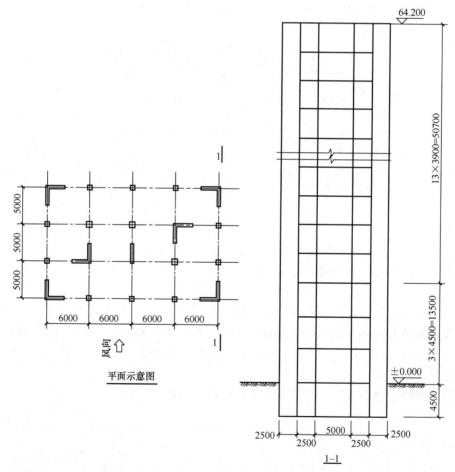

图 Z12-22

65. 某矩形截面剪力墙平面如图 Z12-23 所示，该剪力墙截面考虑地震作用组合，但未按规范、规程相关规定进行调整的弯矩计算值（M_w）和剪力计算值（V_w）如下：地上第 1 层底部：$M_w=1400$kN·m，$V_w=270$kN；地上第 2 层底部 $M_w=1320$kN·m、$V_w=250$kN。试问，进行截面设计时，该剪力墙在地上第 2 层底部截面考虑地震作用组合的弯矩设计值 M（kN·m）和剪力设计值 V（kN）与下列何项数值最为接近？

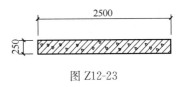

图 Z12-23

(A) 1320，350   (B) 1400，350

(C) 1320，400   (D) 1680，400

66. 假定，题 65 中的剪力墙在地上第 1 层底部截面考虑地震作用的内力设计值如下（已按规范、规程要求作了相应的调整）：$N=6800$kN，$M=2500$kN·m，$V=750$kN，计算截面剪跨比 $\lambda=2.38$，$h_{w0}=2300$mm，墙水平分布筋采用 HPB300 级钢筋（$f_{yh}=270$N/mm²），间距 $s=200$mm。试问，在 s 范围内剪力墙水平分布筋面积 A_{sh}（mm²）最小取下列何项数值时，才能满足规范、规程的最低要求？

提示：① $0.2f_cb_wh_w=2387.5$kN；

② $V \leqslant \dfrac{1}{\gamma_{RE}}(0.15\beta_c f_c b_w h_{w0})$。

(A) 107   (B) 157   (C) 200   (D) 250

67. 假定，题 65 中剪力墙抗震等级为一级，地上第 1 层墙下端截面和上端截面考虑地震作用同一组合，但未按规范规程相关规定调整的弯矩计算值（kN·m）和剪力计算值（kN）分别为 $M^b=1500$、$V^b=260$；$M^t=1150$、$V^t=260$；考虑地震作用组合并已按规范、规程调整的弯矩设计值（kN·m）和剪力计算值（kN）分别为：$M^b=1500$、$V^b=416$；$M^t=1150$、$V^t=416$。剪力墙水平分布筋采用 HRB335（$f_{yh}=300$N/mm²）级钢筋。试问，按剪压比要求，剪力墙截面受剪承载力最大值 V_w（kN）与下列何项数值最为接近？

提示：$h_{w0}=2300$mm，$\gamma_{RE}=0.85$。

(A) 1900   (B) 2100   (C) 2500   (D) 2800

68. 地上第 3 层某 L 形剪力墙墙肢的截面如图 Z12-24 所示，墙肢轴压比为 0.24 并且该墙肢在底层底截面轴压比为 0.40。试问，该剪力墙转角处边缘构件（图中阴影部分）的纵向钢筋面积 A_s（mm²），最小取下列何项数值时才能满足规范、规程的最低构造要求？

提示：不考虑承载力计算要求。

(A) 2700   (B) 3300

(C) 3500   (D) 3800

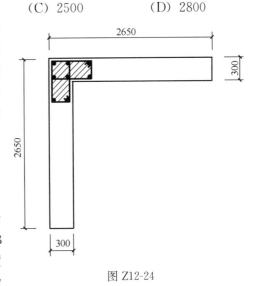

图 Z12-24

69. 假定，该建筑所在地区的基本风压为 0.40kN/m²（50 年重现期），地面粗糙度为 B 类，风向如图 Z12-22 所示，风载沿房屋高度方向呈倒三角形分布，地面处（±0.000）为

0，屋顶高度处风振系数为 1.42，L 形剪力墙厚度均为 300mm。试问，承载力设计时，在图示风向风荷载标准值作用下，在（±0.000）处产生的倾覆力矩标准值 M_{wk}（kN·m）与下列何项数值最为接近？

提示：①按《高层建筑混凝土结构技术规程》JGJ 3—2010 计算风荷载体型系数；
②假定风作用面宽度为 24.3m。

(A) 42000 (B) 49400 (C) 52000 (D) 68000

【题 70】下列关于高层建筑混凝土结构的抗震性能化设计的 4 种观点：

Ⅰ．达到 A 级性能目标的结构在大震作用下仍处于基本弹性状态；

Ⅱ．建筑结构抗震性能化设计的性能目标，应不低于《建筑抗震设计规范》GB 50011—2010 规定的基本设防目标；

Ⅲ．严重不规则的建筑结构，其结构抗震性能目标应为 A 级；

Ⅳ．结构抗震性能目标应综合考虑抗震设防类别。设防烈度、场地条件、结构的特殊性、建造费用、震后损失和修复难易程度等各项因素选定。

试问，针对上述观点正确性的判断，下列何项正确？

(A) Ⅰ、Ⅱ、Ⅲ正确，Ⅳ错误 (B) Ⅱ、Ⅲ、Ⅳ正确，Ⅰ错误
(C) Ⅰ、Ⅱ、Ⅳ正确，Ⅲ错误 (D) Ⅰ、Ⅲ、Ⅳ正确，Ⅱ错误

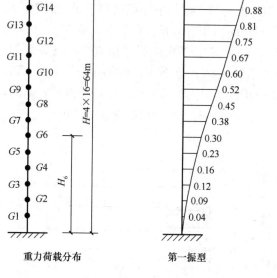

图 Z12-25

【题 71～73】某 16 层办公楼采用钢筋混凝土框架-剪力墙结构体系，层高均为 4m，平面对称，结构布置均匀规则，质量和侧向刚度沿高度分布均匀，抗震设防烈度为 8 度，设计基本地震加速度为 0.2g，设计地震分组为第二组，建筑场地类别为Ⅲ类。考虑折减后的结构自振周期为 $T_1=1.2s$。各楼层的重力荷载代表值 $G_i=14000$kN，结构的第一振型如图 Z12-25 所示。采用振型分解反应谱法计算地震作用。

提示：① $\sum_{i=1}^{16} X_{1i}^2 = 5.495$；$\sum_{i=1}^{16} X_{1i} = 7.94$；$\Sigma X_{1i} H_i = 361.72$。

②按《建筑抗震设计规范》作答。

71. 试问，第一振型时的基底剪力标准值 V_0（kN）最接近下列何项数值？

(A) 10000 (B) 13000 (C) 14000 (D) 15000

72. 假定，第一振型时水平地震影响系数 α_1 为 0.09，振型参与系数为 1.5。试问，第一振型时的基底弯矩标准值（kN·m），最接近下列何项数值？

(A) 685000 (B) 587000 (C) 485000 (D) 400000

73. 假定，横向水平地震作用计算时，该结构前三个振型基底剪力标准值分别为 $V_{10}=13100$kN、$V_{20}=1536$kN、$V_{30}=436$kN，相邻振型的周期比小于 0.85，试问，横向

对应于水平地震作用标准值的结构底层总剪力 V_{Ek}（kN）最接近下列何项数值？

提示：结构不进行扭转耦联计算且仅考虑前三个振型地震作用。

(A) 13200　　　　(B) 14200　　　　(C) 14800　　　　(D) 15100

【题 74、75】 图 Z12-26 所示的框架为某钢筋混凝土框架-剪力墙结构中的一榀边框架，其抗震等级为二级，底部一、二层顶梁截面高度为 700mm，梁顶与板顶平，柱截面为 700mm×700mm。已知在重力荷载和地震作用下，柱 BC 的轴压比为 0.75，节点 B 和柱 BC 未按"强柱弱梁"调整的组合弯矩设计值（kN·m）如图 Z12-26 所示。

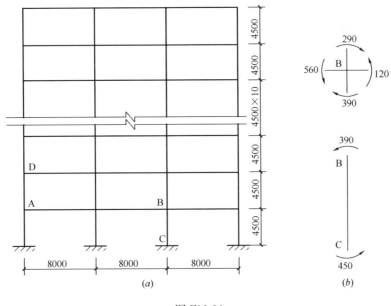

图 Z12-26

提示：①对应于地震作用标准值，各层框架承担的剪力均不小于结构总剪力的 20%；
②按《高层建筑混凝土结构技术规程》JGJ 3—2010 作答。

74. 试问，底层柱 BC 的纵向配筋计算时，考虑地震组合的弯矩设计值（kN·m）与下列何项数值最为接近？

(A) 450　　　　(B) 470　　　　(C) 680　　　　(D) 700

75. 假定，角柱 AD 在重力荷载和地震作用组合下，柱上、下端按"强柱弱梁"要求调整后的弯矩设计值分别为 $M_c^t=319$ kN·m，$M_c^b=328$ kN·m（同为顺时针方向）。试问，抗震设计时，柱 AD 端部截面的剪力设计值（kN）与下列何项数值最为接近？

(A) 175　　　　(B) 200　　　　(C) 225　　　　(D) 250

【题 76】 某现浇钢筋混凝土框架-剪力墙结构办公楼，地上 11 层，每层层高均为 3.6m，房屋高度为 39.9m，抗震设防烈度为 9 度，设计基本地震加速度 0.4g。设计地震分组为第一组，Ⅱ类场地，丙类建筑。若各楼面恒载标准值均为 12000kN，各楼层等效活荷载标准值均为 1800kN，屋面层恒载标准值为 16000kN，屋面活荷载标准值为 1300kN，屋面雪载标准值为 1000kN，结构基本自振周期 $T_1=0.9$s（已考虑非承重墙体的影响）。试问，结构总竖向地震作用标准值 F_{Evk}（kN）与下列何项数值最接近？

(A) 22500　　　　(B) 22700　　　　(C) 25400　　　　(D) 25700

【题 77】 以下关于高层建筑混凝土结构设计与施工的 4 种观点：

Ⅰ．分段搭设的悬挑脚手架，每段高度不得超过 25m；

Ⅱ．大体积混凝土浇筑体的里表温差不宜大于 25℃，混凝土浇筑表面与大气温差不宜大于 20℃；

Ⅲ．混合结构核心筒应先于钢框架或型钢混凝土框架施工，高差宜控制在 4～8 层，并应满足施工工序的穿插要求；

Ⅳ．常温施工时，柱、墙体拆模混凝土强度不应低于 1.2MPa。

试问，针对上述观点是否符合《高层建筑混凝土结构技术规程》JGJ 3—2010 相关要求的判断，下列何项正确？

(A) Ⅰ、Ⅱ符合，Ⅲ、Ⅳ不符合　　　　(B) Ⅰ、Ⅲ符合，Ⅱ、Ⅳ不符合

(C) Ⅱ、Ⅲ符合，Ⅰ、Ⅳ不符合　　　　(D) Ⅲ、Ⅳ符合，Ⅰ、Ⅱ不符合

【题 78】 下列关于复杂高层建筑混凝土结构抗震设计的 4 种说法：

Ⅰ．7 度抗震设防时，地上转换结构构件可采用厚板结构；

Ⅱ．7 度、8 度抗震设计时，层数和刚度相差悬殊的建筑不宜采用连体结构；

Ⅲ．带加强层高层建筑结构在抗震设计时，仅需在加强层核心筒剪力墙处设置约束边缘构件；

Ⅳ．多塔楼结构在抗震设计时，塔楼中与裙房相连的外围柱，从嵌固端至裙房屋面的高度范围内，柱纵筋的最小配筋率宜适当提高。

试问，针对上述说法正确性的判断，下列何项正确？

(A) Ⅳ正确，Ⅰ、Ⅱ、Ⅲ错误　　　　(B) Ⅱ正确，Ⅰ、Ⅲ、Ⅳ错误

(C) Ⅰ正确，Ⅱ、Ⅲ、Ⅳ错误　　　　(D) Ⅰ、Ⅱ、Ⅲ、Ⅳ均错误

【题 79】 抗震设计的高层建筑混凝土结构，关于地震作用的计算，下列何项符合《高层建筑混凝土结构技术规程》JGJ 3—2010 的要求？

(A) 7 度抗震设计时，各种结构均不必考虑竖向地震作用

(B) 计算双向地震作用时，应考虑偶然偏心的影响

(C) 7～9 度抗震设防的连体结构，应采用弹性时程分析法进行多遇地震作用下的补充分析

(D) 高度不超过 40m 以弯曲变形为主的高层建筑混凝土结构，可采用底部剪力法计算地震作用

【题 80】 某 16 层现浇钢筋混凝土框架-剪力墙结构，房屋高度为 64m，抗震设防烈度为 7 度，丙类建筑，场地类别Ⅱ类。在规定的水平力作用下，结构底层剪力墙部分承受的地震倾覆力矩为结构总地震倾覆力矩的 92%。下列关于框架、剪力墙抗震等级的确定何项正确？

(A) 框架三级、剪力墙三级　　　　(B) 框架二级、剪力墙二级

(C) 框架三级、剪力墙二级　　　　(D) 框架二级、剪力墙三级

2013 年真题

（上午卷）

【题 1~6】 某两层单建式地下车库，用于停放载人少于 9 人的小客车，设计使用年限为 50 年，采用钢筋混凝土框架结构，双向柱跨均为 8m，各层均采用不设次梁的双向板楼盖，顶板覆土厚度 $s=2.5\text{m}$（覆土应力扩散角 $\theta=35°$），地面为小客车通道（可作为全车总重 300kN 的重型消防车通道），剖面如图 Z13-1 所示，抗震设防烈度 8 度，设计基本地震加速度 $0.20g$，设计地震分组第二组，建筑场地类别Ⅲ类，抗震设防类别为标准设防类，安全等级为二级。

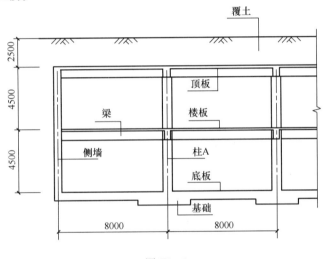

图 Z13-1

1. 试问，计算地下车库顶板楼盖承载力时，消防车的等效均布活荷载标准值 q_k（kN/m²），与下列何项数值最为接近？

提示：①按《建筑结构荷载规范》GB 50009—2012 作答；
②消防车的等效均布活荷载考虑覆土厚度影响的折减系数，可按 6m×6m 的双向板楼盖取值。

(A) 16　　　　(B) 20　　　　(C) 28　　　　(D) 35

2. 试问，设计中柱 A 基础时，由各层（含底板）活荷载标准值产生的轴力 N_k（kN），与下列何项数值最为接近？

提示：①按《建筑结构荷载规范》GB 50009—2012 作答。
②地下室顶板活荷载按楼面活荷载考虑；
③底板的活荷载由基础承担。

(A) 380　　　　(B) 520　　　　(C) 640　　　　(D) 1000

3. 假定，地下车库顶板的厚度 $h=250\text{mm}$，混凝土强度等级为 C30，采用 HRB400

钢筋，顶板跨中位置板底钢筋为Φ14@100，板面通长钢筋为Φ14@150，取 $h_0=215\text{mm}$，$a'_s=25\text{mm}$。试问，考虑受压区楼板钢筋时，板跨中位置正截面受弯承载力设计值 M_u（kN·m/m），与下列何项数值最为接近？

(A) 80　　　　(B) 105　　　　(C) 125　　　　(D) 135

4. 试问，当框架柱纵筋采用 HRB400 钢筋时，柱 A 的纵向钢筋最小总配筋率（%）不应小于下列何项数值？

(A) 0.65　　　(B) 0.75　　　(C) 0.85　　　(D) 0.95

5. 假定，地下一层楼盖楼梯间位置框架梁承受次梁传递的集中力设计值 $F=295\text{kN}$，如图 Z13-2 所示，附加箍筋采用 HPB300 钢筋，吊筋采用 HRB400 钢筋，其中集中荷载两侧附加箍筋各为 3 道 $\phi 8$（两肢箍），吊筋夹角 $\alpha=60°$。试问，至少应选用下列何项吊筋才能满足承受集中荷载 F 的要求？

(A) 不需设置吊筋　　　　(B) 2Φ12
(C) 2Φ14　　　　　　　　(D) 2Φ18

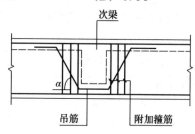

图 Z13-2

6. 下列关于单建式地下建筑抗震设计的叙述，其中何项正确？

(A) 当本工程抗震措施满足要求时，可不进行地震作用计算
(B) 抗震计算时，结构的重力荷载代表值应取结构、构件自重如水、土压力的标准值及各可变荷载的组合值之和
(C) 抗震设计时，可不进行多遇地震作用下构件的变形验算
(D) 地下建筑宜采用现浇结构，钢筋混凝土框架结构构件的最小截面尺寸可不作限制

【题 7~10】某单层等高等跨厂房，排架结构如图 Z13-3 所示，安全等级二级。厂房长度为 66m，排架间距 $B=6\text{m}$，两端山墙，采用砖围护墙及钢屋架，屋面支撑系统完整。柱及牛腿混凝土强度等级为 C30，纵筋采用 HRB400。

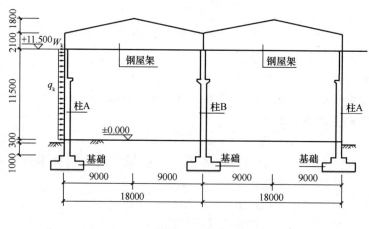

图 Z13-3

7. 假定，厂房所在地区基本风压 $w_0=0.45\text{kN/m}^2$，场地平坦，地面粗糙度为 B 类，室外地坪标高为 -0.300m。试问，厂房中间一榀排架的屋架传给排架柱顶的风荷载标准

178

值 W_k（kN），与下列何项数值最为接近?

提示： 按《工程结构通用规范》取 $\beta_z=1.2$，风压高度系数 μ_z 按柱顶标高取值。

(A) 6.0　　　(B) 6.6　　　(C) 7.1　　　(D) 8.0

8. 当计算厂房纵向地震作用时，按《建筑抗震设计规范》估算的厂房纵向基本周期 T (s)，与下列何项数值最为接近?

(A) 0.4　　　(B) 0.6　　　(C) 0.8　　　(D) 1.1

9. 假定，柱 B 牛腿如图 Z13-4 所示，牛腿顶部在荷载基本组合下的竖向力设计值 $F_v=450$kN，牛腿截面有效高度 $h_0=950$mm，宽度 $b=400$mm，牛腿的截面尺寸满足裂缝控制要求。试问，牛腿纵向受拉钢筋截面面积 A_s (mm²)，与下列何项数值最为接近?

(A) 500　　　(B) 600　　　(C) 800　　　(D) 1000

10. 假定，柱 A 下柱截面 $b \times h=400$mm×600mm，非抗震设计时，控制配筋的内力组合弯矩设计值 $M=250$kN·m，相应的轴力设计值 $N=500$kN，采用对称配筋，$a_s=a_s'=40$mm，相对受压区高度为 $\xi_b=0.518$，初始偏心距 $e_i=520$mm。试问，柱一侧纵筋截面面积 A_s (mm²)，与下列何项数值最为接近?

(A) 480　　　(B) 610　　　(C) 710　　　(D) 920

【题 11、12】 某单跨简支独立梁受力简图如图 Z13-5 所示。简支梁截面尺寸为 300×850（$h_0=815$mm），混凝土强度等级为 C30，梁箍筋采用 HPB300 钢筋，安全等级为二级。

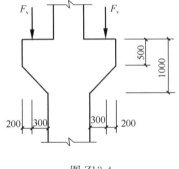

图 Z13-4

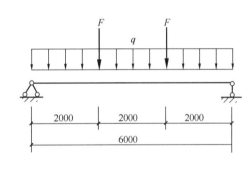

图 Z13-5

11. 假定，该梁承受荷载基本组合时的剪力设计值 $V=260$kN。试问，下列梁箍筋配置何项满足《混凝土结构设计规范》的构造要求?

提示： 假定，以下各项均满足计算要求。

(A) φ6@150（2）　　　(B) φ8@250（2）
(C) φ8@300（2）　　　(D) φ10@350（2）

12. 假定，荷载基本组合下的集中力设计值 $F=250$kN，均布荷载设计值 $q=15$kN/m。试问，当箍筋为 φ10@200（2）时，梁斜截面受剪承载力设计值（kN），与下列何项最为接近?

(A) 250　　　(B) 300　　　(C) 350　　　(D) 400

【题 13、14】 某混凝土构件局部受压情况如图 Z13-6 所示，局部受压范围无孔洞、凹槽，并忽略边距的影响，混凝土强度等级为 C25，安全等级为二级。

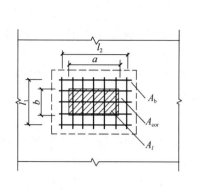
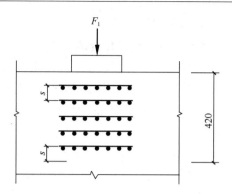

图 Z13-6

13. 假定，局部受压作用尺寸 $a=300\text{mm}$，$b=200\text{mm}$。试问，进行混凝土局部受压验算时，其计算底面积 A_b（mm^2）与下列何项数值最为接近？

(A) 300000　　　　(B) 420000　　　　(C) 560000　　　　(D) 720000

14. 假定，局部受压面积 $a\times b=400\text{mm}\times 250\text{mm}$，局部受压计算底面积 $A_b=675000\text{mm}^2$，局部受压区配置焊接钢筋网片 $l_2\times l_1=600\text{mm}\times 400\text{mm}$，其中心与 F_l 重合，钢筋直径为 $\phi 6$（HPB300），钢筋网片单层钢筋 $n_1=7$（沿 l_1 方向）及 $n_2=5$（沿 l_2 方向），间距 $s=70\text{mm}$。试问，局部受压承载力设计值（kN），应与下列何项数值最为接近？

(A) 3500　　　　(B) 1200　　　　(C) 4800　　　　(D) 5300

【题 15】 某钢筋混凝土框架结构顶层端节点处框架梁截面为 $300\text{mm}\times 700\text{mm}$，混凝土强度等级为 C30，$a_s=a_s'=60\text{mm}$，纵筋采用 HRB500 钢筋。试问，为防止框架顶层端节点处梁上部钢筋配筋率过高而引起节点核心区混凝土的斜压破坏，框架梁上部纵向钢筋的最大配筋截面面积（mm^2），应与下列何项数值最为接近？

(A) 1500　　　　(B) 1800　　　　(C) 2200　　　　(D) 2500

【题 16】 某框架结构中间楼层端部梁柱节点如图 Z13-7 所示，框架抗震等级为二级，梁柱混凝土强度等级均为 C35，框架梁上部纵筋为 $4\Phi 28$（HRB500），弯折前的水平段 $l_1=560\text{mm}$。试问，框架梁上部纵筋满足抗震构造要求的最小总锚固长度 l（mm），应与下列何项数值最为接近？

(A) 980　　　　　　(B) 1086
(C) 1195　　　　　(D) 1245

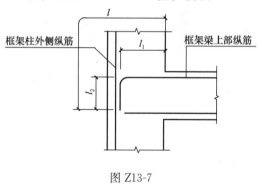

图 Z13-7

【题 17】 关于预埋件及连接件设计的 4 种说法：

Ⅰ．预埋件锚筋中心至锚板边缘的距离不应小于 $2d$ 和 20mm（d 为钢筋直径）；

Ⅱ．受拉直锚筋和弯折锚筋的锚固长度不应小于 $35d$（d 为锚筋直径）；

Ⅲ．直锚筋与锚板应采用 T 形焊接，当锚筋直径不大于 20mm 时宜采用压力埋弧焊；

Ⅳ．当一个预制构件上设有 4 个吊环时，应按 3 个吊环进行计算，在构件的自重标准值作用下，每个吊环的 HPB 300 钢筋应力不应大于 50N/mm^2。

试问，以下何项是全部正确的？

(A) Ⅰ、Ⅱ、Ⅳ　　(B) Ⅰ、Ⅱ、Ⅲ　　(C) Ⅱ、Ⅲ　　(D) Ⅰ、Ⅲ

【题 18】 下列关于预应力混凝土结构构件的描述，何项错误？

(A) 预应力混凝土结构构件，除应根据设计状况进行承载力计算及正常使用极限状态验算外，尚应对施工阶段进行验算

(B) 预应力混凝土结构构件承载能力极限状态计算时，其支座截面最大负弯矩设计值不应进行调幅

(C) 计算先张法预应力混凝土构件端部锚固区的正截面和斜截面受弯承载力时，锚固长度范围内的预应力筋抗拉强度设计值在锚固起点处应取为零

(D) 后张预应力混凝土构件外露金属锚具，应采取可靠的防腐及防火措施，采用混凝土封闭时，其强度等级宜与构件混凝土强度等级一致，且不应低于C30

【题 19~22】 某重级工作制吊车的单层厂房，其边跨纵向柱列的柱间支撑布置及几何尺寸如图 Z13-8 所示。上段、下段柱间支撑 ZC-1、ZC-2 均采用十字交叉式，按柔性拉杆设计，柱顶设有通长刚性系杆。钢材采用 Q235 钢，焊条为 E43 型。假定，厂房山墙传来的风荷载设计值 $R=110\text{kN}$，吊车纵向水平刹车力设计值 $T=125\text{kN}$。

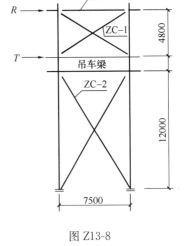

图 Z13-8

19. 假定，柱顶通长刚性系杆采用热轧无缝钢管 $d=152\text{mm}$，$t=5\text{mm}$，$A=2309\text{mm}^2$，$i=52\text{mm}$。试问，按轴心受压杆稳定验算，在风荷载作用下，该杆截面压应力设计值（N/mm²）与下列何项数值最为接近？

(A) 100　　(B) 1200
(C) 130　　(D) 145

20. 假定，上段柱间支撑 ZC-1 采用等边单角钢组成的单片交叉式支撑，在交叉点相互连接。试问，若仅按构件的容许长细比控制，该支撑选用下列何种规格角钢最为合理？

(A) L70×6（$i_x=21.5\text{mm}$，$i_{min}=13.8\text{mm}$）

(B) L80×6（$i_x=24.7\text{mm}$，$i_{min}=15.9\text{mm}$）

(C) L90×6（$i_x=27.9\text{mm}$，$i_{min}=18.0\text{mm}$）

(D) L100×6（$i_x=31.0\text{mm}$，$i_{min}=20.0\text{mm}$）

21. 假定，下段柱间支撑 ZC-2 采用两等边角钢组成的双片支撑如图 Z13-9 所示，两分肢间用缀条相连。已知 ZC-2 所用等边角钢规格为 L125×8，$A=1975\text{mm}^2$，截面无削弱。试问，在吊车纵向水平刹车力作用下，支撑截面的拉应力设计值（N/mm²）应与下列何项数值最为接近？

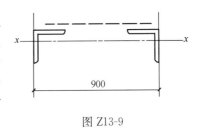

图 Z13-9

提示： 假定双片支撑分别各自承受风荷载及吊车纵向水平刹车力，吊车梁为刚性梁。

(A) 120　　(B) 130　　(C) 140　　(D) 150

22. 下段柱间支撑 ZC-2 结构形式同题 21，与厂房柱连接如图 Z13-10 所示，假定，支

撑拉力设计值 $N=280$kN。试问，支撑角钢与节点板连接的侧面角焊缝长度 l（mm）应与下列何项数值最为接近？

  (A) 200   (B) 240   (C) 280   (D) 300

【题 23~26】 某 12m 跨重级工作制简支焊接实腹工字形吊车梁的截面几何尺寸及截面特性如图 Z13-11 所示。吊车梁钢材为 Q345 钢，焊条采用 E50 型。假定，吊车最大轮压标准值 $P_k=441$kN。

提示：按《工程结构通用规范》GB 55001—2021 作答。

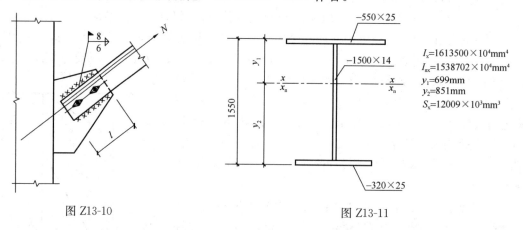

图 Z13-10   图 Z13-11

23. 假定，计算吊车梁最大弯矩时，两台吊车轮压作用位置如图 Z13-12 所示。试问，仅考虑竖向轮压（最大轮压标准值）的作用，吊车梁最大弯矩标准值 $M_{k,max}$（kN·m）与下列何项数值最为接近？

  (A) 2050   (B) 2150   (C) 2300   (D) 2450

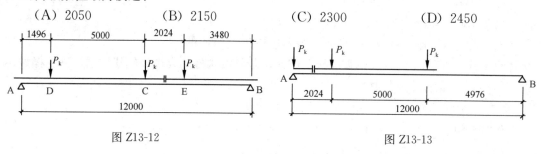

图 Z13-12   图 Z13-13

24. 假定，计算吊车梁支座处剪力时，两台吊车轮压作用位置如图 Z13-13 所示。试问，若仅考虑最大轮压设计值的作用，吊车梁截面最大剪应力设计值 τ（N/mm²）与下列何项数值最为接近？

  提示：吊车梁支座为平板式支座。

  (A) 81   (B) 87   (C) 101   (D) 111

25. 假定，该吊车梁截面的最大弯矩设计值 $M_{max}=3920$kN·m。试问，该梁下翼缘在最大弯矩作用下的应力设计值（N/mm²）与下列何项数值最为接近？

  提示：腹板设置纵向加劲肋，腹板高厚比满足 S4 级。

  (A) 120   (B) 150   (C) 200   (D) 220

26. 假定，吊车轨道型号选用 QU100，轨高 $h_R=150$mm。试问，在吊车最大轮压设计值作用时，腹板计算高度上边缘的局部承压强度（N/mm²）与下列何项数值最为接近？

(A) 80　　　　　(B) 110　　　　　(C) 150　　　　　(D) 170

【题27】 某钢结构牛腿与钢柱间采用4.8级普通C级螺栓及支托连接，竖向力设计值 $N=310\text{kN}$，偏心距 $e=250\text{mm}$，计算简图如图Z13-14所示。试问，按强度计算，螺栓选用下列何种规格最为合适？

一个4.8级普通C级螺栓的受拉承载力设计值 N_t^b　　　　表 Z13-1

螺栓规格	M20	M22	M24	M27
N_t^b (kN)	41.7	51.5	60.0	78.0

提示：①剪力由支托承受；
②取旋转点位于最下排螺栓中心。

(A) M20　　　(B) M22
(C) M24　　　(D) 27

【题28】 假定，题27中普通螺栓连接改为采用10.9级高强度螺栓摩擦型连接，螺栓个数及位置不变，摩擦面抗滑移系数 $\mu=0.40$，采用标准圆孔。支托板仅在安装时起作用，其他条件同题27。试问，高强度螺栓选用下列何种规格最为合适？

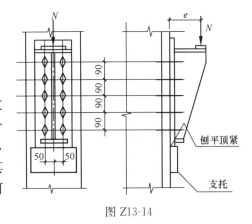

图 Z13-14

提示：①剪力平均分配；
②按《钢结构设计标准》GB 50017—2017作答。

(A) M16　　　(B) M24　　　(C) M27　　　(D) M30

【题29】 门式刚架屋面水平支撑采用张紧的十字交叉圆钢支撑，假定，其截面满足抗拉强度的设计要求。按《钢结构设计标准》规定，该支撑的长细比按下列何项要求控制？

(A) 300　　　(B) 350　　　(C) 400　　　(D) 不控制

【题30】 试问，下列何项说法不符合高强度螺栓承压型连接的规定？

提示：按《钢结构设计标准》GB 50017—2017作答。

(A) 承压型连接的高强度螺栓的预拉力 P 与摩擦型连接的高强度螺栓相同
(B) 在抗剪连接中，每个承压型连接高强度螺栓的承载力设计值的计算方法与普通螺栓相同，但当剪切面在螺纹处时，其受剪承载力设计值应按螺纹处的有效面积进行计算
(C) 在杆轴方向受拉的连接中，每个承压型连接高强度螺栓的承载力设计值的计算方法与普通螺栓相同
(D) 高强度螺栓承压型连接可应用于直接承受动力荷载的结构

【题31~35】 某抗震设防烈度为6度的底层框架-抗震墙多层砌体房屋的底层框架柱KZ、砖抗震墙ZQ、钢筋混凝土抗震墙GQ的布置，如图Z13-15所示，底层层高为3.6m。各框架柱KZ的横向侧向刚度均为 $K_{KZ}=4.0\times10^4\text{kN/m}$；砖抗震墙ZQ（不包括端柱）的侧向刚度为 $K_{ZQ}=40.0\times10^4\text{kN/m}$。地震剪力增大系数 $\eta=1.4$。

提示：按《建筑与市政工程抗震通用规范》GB 55002—2021作答。

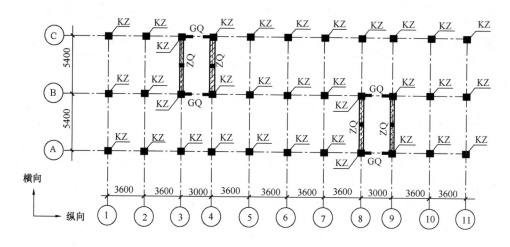

图 Z13-15

31. 假定，作用于底层顶标高处的横向地震剪力标准值 $V_k=800$kN。试问，作用于每道横向砖抗震墙 ZQ 上的地震剪力设计值（kN），与下列何项数值最为接近？

(A) 390 (B) 280 (C) 260 (D) 200

32. 假定，作用于底层顶标高处已考虑剪力增大系数的横向地震剪力设计值 $V=1000$kN。试问，作用于每个框架柱 KZ 上的地震剪力设计值（kN），与下列何项数值最为接近？

(A) 14 (B) 18 (C) 22 (D) 25

33. 假定，作用于每道横向砖抗震墙 ZQ 上的地震剪力设计值 $V_w=400$kN。试问，由砖抗震墙引起的与其相连的框架柱附加轴力设计值（kN），与下列何项数值最为接近？

(A) 200 (B) 260 (C) 400 (D) 560

34. 假定，框架柱上下端的正截面受弯承载力设计值均为 200kN·m；砖抗震墙的实际截面面积为 1.2m²，抗震抗剪强度设计值 f_{vE} 为 0.2MPa；框架梁的高度为 0.6m。试问，由砖抗震墙和两端框架柱组成的组合截面的抗震受剪承载力设计值（kN），与下列何项数值最为接近？

(A) 350 (B) 450 (C) 550 (D) 650

35. 假定，将砖抗震墙 ZQ 改为钢筋混凝土抗震墙，且混凝土抗震墙（包括端柱）的抗侧刚度为 $250.0×10^4$kN/m，作用于底层顶标高处已考虑剪力增大系数的横向地震剪力设计值 $V=1000$kN。试问，作用于每个框架柱 KZ 上的地震剪力设计值（kN），与下列何项数值最为接近？

(A) 4 (B) 10 (C) 20 (D) 30

【题 36～40】方案初期，某四层砌体结构房屋顶层局部平面布置图如图 Z13-16 所示，层高均为 3.6m。墙体采用 MU10 级烧结多孔砖、M5 级混合砂浆砌筑。墙厚 240mm。屋面板为预制预应力空心板上浇钢筋混凝土叠合层，屋面板总厚度 300mm，简支在①轴和②轴墙体上，支承长度 120mm。屋面永久荷载标准值 12kN/m²，活载标准值 0.5kN/m²。砌体施工质量控制等级 B 级；抗震设防烈度 7 度，设计基本地震加速度 0.1g。

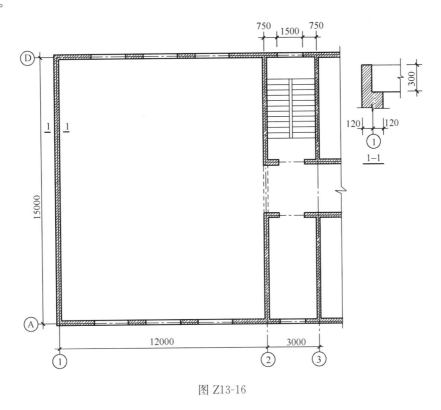

图 Z13-16

36. 试问,顶层①轴每延米墙体的局部受压承载力设计值(kN/m),与下列何项数值最为接近?

提示: 多孔砖砌体孔洞未灌实。

(A) 180   (B) 240   (C) 360   (D) 480

37. 试问,顶层①轴每延米墙体下端受压承载力设计值(kN/m),与下列何项数值最为接近?

提示: 不考虑下层弯矩对本层墙体的影响,不考虑风荷载。

(A) 120   (B) 150   (C) 180   (D) 260

38. 试问,为提高顶层①轴墙体上端的受压承载力,下列哪种方法不可行?

(A) ①轴墙体采用网状配筋砖砌体
(B) ①轴墙体采用砖砌体和钢筋砂浆面层的组合砌体
(C) 增加屋面板的支承长度
(D) 提高砌筑砂浆的强度等级至 M10

39. 假定,将①轴墙体设计为砖砌体和钢筋混凝土构造柱组成的组合墙。试问,①轴墙体内最少应设置的构造柱数量(根),与下列何项数值最为接近?

提示: 按《砌体结构设计规范》GB 50003—2011 作答。

(A) 2   (B) 3   (C) 5   (D) 7

40. 试问,突出屋面的楼梯间最少应设置的构造柱数量(根),与下列何项数值最为接近?

(A) 2   (B) 4   (C) 6   (D) 8

（下午卷）

【题 41~43】 某无吊车单跨单层砌体仓库的无壁柱山墙，如图 Z13-17 所示，横墙承重，房屋山墙两侧均有外纵墙。采用 MU10 蒸压粉煤灰普通砖、M5 混合砂浆砌筑。墙厚为 370mm，山墙基础顶面距室外地面 300mm。两侧纵墙厚度均为 240mm。

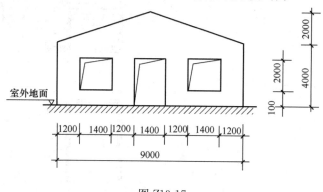

图 Z13-17

41. 假定，房屋的静力计算方案为刚弹性方案。试问，计算受压构件承载力影响系数 φ 时，山墙的高厚比 β 与下列何项数值最为接近？

(A) 14　　(B) 16　　(C) 18　　(D) 21

42. 假定，房屋的静力计算方案为刚性方案，试问，山墙的高厚比验算时，山墙的高厚比 β 与下列何项数值最为接近？

(A) 10　　(B) 13　　(C) 16　　(D) 19

43. 假定，房屋的静力计算方案为刚性方案。试问，山墙的高厚比限值 $\mu_1\mu_2[\beta]$ 与下列何项数值最为接近？

(A) 17　　(B) 19　　(C) 21　　(D) 24

【题 44】 试问，砌体结构受压构件承载力验算时，下述关于调整高厚比 β 计算值的措施，其中何项不妥？

(A) 改变砌筑砂浆的强度等级　　(B) 改变房屋的静力计算方案
(C) 调整或改变构件的支承条件　　(D) 改变块体材料类别

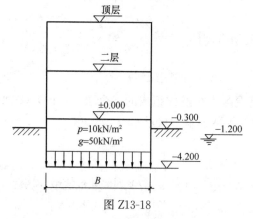

图 Z13-18

【题 45】 某有地下室的普通砖砌体结构，剖面如图 Z13-18 所示；房屋的长度为 L、宽度为 B，抗浮设计水位为 -1.200m，基础底面标高为 -4.200m。传至基础底面的全部恒荷载标准值为 $g=50$kN/m²，全部活荷载标准值 $p=10$kN/m²；结构重要性系数 $\gamma_0=0.9$。

试问，在抗漂浮验算中，漂浮荷载效应值 $\gamma_0 S_1$ 与抗漂浮荷载效应 S_2 之比，与下列何组数值最为接近？

提示：① 砌体结构按刚体计算，水浮力

按可变荷载计算。

② 按《建筑结构可靠性设计统一标准》GB 50068—2018 和《砌体结构设计规范》GB 50003—2011 作答。

(A) $\gamma_0 S_1/S_2 = 0.85 > 0.8$；不满足漂浮验算要求
(B) $\gamma_0 S_1/S_2 = 0.81 > 0.8$；不满足漂浮验算要求
(C) $\gamma_0 S_1/S_2 = 0.70 < 0.8$；满足漂浮验算要求
(D) $\gamma_0 S_1/S_2 = 0.65 < 0.8$；满足漂浮验算要求

【题 46】 砌体结构房屋，二层某外墙立面如图 Z13-19 所示，墙内构造柱的设置符合《建筑抗震设计规范》要求，墙厚 370mm，窗洞宽 1.0m，高 1.5m，窗台高于楼面 0.9m，砌体的弹性模量为 E（MPa）。试问，该外墙层间等效侧向刚度（N/mm），应与下列何项数值最为接近？

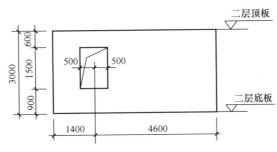

图 Z13-19

提示：墙体剪应变分布不均匀影响系数 $\xi = 1.2$，$K = \dfrac{GA}{\xi H}$。

(A) $210E$ (B) $285E$ (C) $345E$ (D) $395E$

【题 47、48】 一东北落叶松（TC17B）原木檩条（未经切削），标注直径为 162mm。计算简图如图 Z13-20 所示。该檩条处于正常使用条件，安全等级为二级，设计使用年限为 50 年。

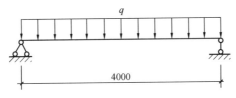

图 Z13-20

47. 假定，不考虑檩条自重，试问，该檩条达到最大抗弯承载力时，所能承担的荷载基本组合的最大均布荷载设计值 q（kN/m），与下列何项数值最为接近？

(A) 6.0 (B) 5.5 (C) 5.0 (D) 4.5

48. 假定，不考虑檩条自重，试问，该檩条达到挠度限值 $l/250$ 时，所能承担的最大均布荷载标准值 q_k（kN/m），与下列何项数值最为接近？

(A) 1.6 (B) 1.9 (C) 2.5 (D) 2.8

【题 49~53】 某建筑为两层钢筋混凝土框架结构，设一层地下室，结构荷载均匀对称，采用筏板基础，筏板沿建筑物外边挑出 1m，筏板基础总尺寸为 20m×20m，结构完工后，进行大面积景观堆土施工，堆土平均厚度2.5m。典型房屋基础剖面及地质情况见图Z13-21。

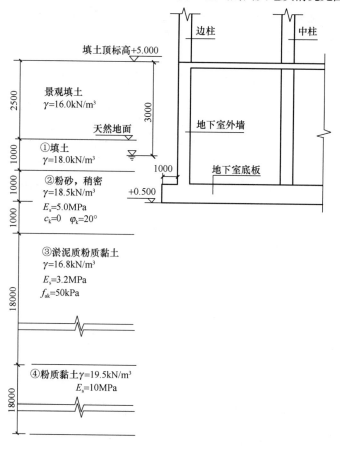

图 Z13-21

49. 试问，根据土的抗剪强度指标确定的第②层粉砂层地基抗震承载力值（kPa）与下列何项数值最为接近？

(A) 90　　　　(B) 100　　　　(C) 120　　　　(D) 130

50. 试问，下卧层承载力验算时，第③层淤泥质粉质黏土层顶面处经修正后的地基承载力特征值（kPa），与下列何项数值最为接近？

(A) 75　　　　(B) 80　　　　(C) 115　　　　(D) 120

51. 假定，相应于荷载准永久组合时的基底平均压力（包括外挑筏板及其上覆填土重力）为50kPa。试问，不考虑景观填土对建筑物沉降影响，计算建筑物地基沉降时，基底处的附加应力（kPa）与下列何项数值最为接近？

(A) 50　　　　(B) 30　　　　(C) 20　　　　(D) <0

52. 假定，相应于荷载准永久组合时，基底处附加压力为32kPa，不考虑景观填土及其他相邻荷载对建筑物沉降的影响。试问，按分层总和法计算出的基底中心处②层粉砂层地基变形量（mm）与下列何项数值最为接近？

提示：①沉降计算经验系数ψ_s取1.0；
②矩形面积上均布荷载作用下角点的平均附加应力系数$\bar{\alpha}$，见表Z13-2。

表 Z13-2

z/b	l/b	1.0
	0.0	0.2500
	0.2	0.2496

(A) 7.1　　　(B) 6.4　　　(C) 5.3　　　(D) 4.2

53. 假定条件同题 52。试问，按《建筑地基基础设计规范》GB 50007—2011 简化公式计算，基础中点的地基变形计算深度 z_n（m）与下列何项数值最为接近？

(A) 20　　　(B) 26　　　(C) 28　　　(D) 30.5

【题 54、55】　某地基土层粒径小于 0.05mm 的颗粒含量为 50%，含水量 $w=39.0\%$，液限 $w_L=28.9\%$，塑限 $w_P=18.9\%$，天然孔隙比 $e=1.05$。

54. 试问，该地基土层采用下列何项名称最为合适？

(A) 粉砂　　　　　　　　　　　(B) 粉土
(C) 淤泥质粉土　　　　　　　　(D) 淤泥质粉质软土

55. 已知按 p_1 为 100kPa，p_2 为 200kPa 时相应的压缩模量为 4MPa。相应于 p_1 压力下的空隙比 $e_1=1.02$。试问，对该地基土的压缩性判断，下列何项最为合适？

(A) 低压缩性土　　　　　　　　(B) 中压缩性土
(C) 高压缩性土　　　　　　　　(D) 条件不足，不能判断

【题 56~62】　某商业楼为五层钢筋混凝土框架结构，设一层地下室，基础拟采用承台下桩基，柱 A 截面尺寸 800mm×800mm，预制方桩边长 350mm，桩长 27m，承台厚度 800mm，有效高度 h_0 取 750mm，板厚 600mm，承台及柱的混凝土强度等级均为 C30（$f_t=1.43\text{N/mm}^2$），抗浮设计水位+5.000，抗压设计水位+3.500。柱 A 下基础剖面及地质情况见图 Z13-22。

提示：题 56 根据《建筑地基基础设计规范》GB 50007—2011 作答；题 57~62 根据《建筑桩基技术规范》JGJ 94—2008 作答。

56. 地下室底板面积为 1000m²，结构（包括底板）自重及压重之和为 60000kN。试问，当仅考虑采用压重措施进行抗浮稳定验算时，为满足《建筑地基基础设计规范》GB 50007—2011 的抗浮要求，还需增加的压重（kN）最小值，与下列何项数值最为接近？

提示：答案中 0 表示不需要另行增加压重。

(A) 3000　　　(B) 2000　　　(C) 1000　　　(D) 0

57. 试问，当根据土的物理指标与承载力参数之间的经验关系确定单桩竖向极限承载力标准值时，预制桩单桩抗承载力特征值（kN），与下列何项数值最为接近？

(A) 1000　　　(B) 1150　　　(C) 2000　　　(D) 2300

58. 假定，各层土的基桩抗拔系数 λ 均为 0.7。试问，群桩呈非整体破坏时，预制桩基桩抗拔极限承载力标准值（kN），与下列何项数值最为接近？

(A) 500　　　(B) 600　　　(C) 1100　　　(D) 1200

59. 假定，柱 A 的基础采用五桩承台，相应于荷载的基本组合时，作用于基础承台顶面的竖向力 $F=6000\text{kN}$，水平力 $H=300\text{kN}$，力矩 $M=500\text{kN}\cdot\text{m}$。不考虑底板的影响及

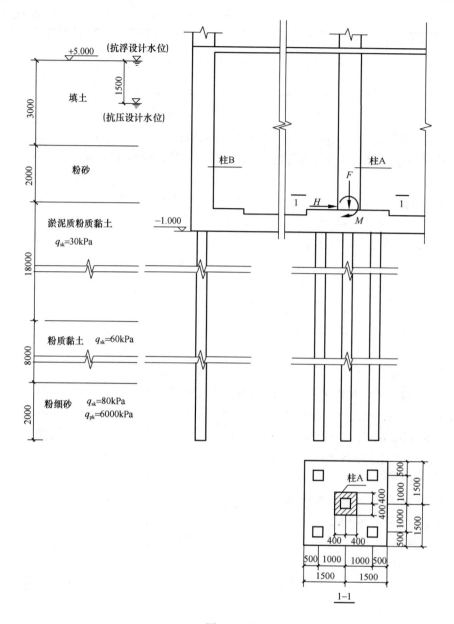

图 Z13-22

承台的重量。试问，柱 A 承台截面最大弯矩设计值（kN·m），与下列何项数值最为接近？

(A) 1250　　　　(B) 1450　　　　(C) 1650　　　　(D) 2750

60. 条件同题 59。试问，承台受柱 A 冲切时，作用于承台冲切破坏锥体上的冲切力设计值（kN），与下列何项数值最为接近？

提示：①不考虑冲切破坏锥体底面浮力作用；
　　　②不考虑柱根弯矩的影响。

(A) 4800　　　　(B) 5000　　　　(C) 5800　　　　(D) 6000

61. 试问，承台抵抗柱 A 冲切时，承台的冲切承载力设计值（kN），与下列何项数值最为接近？

(A) 4650　　　　(B) 5050　　　　(C) 5780　　　　(D) 6650

62. 试问，承台受角桩冲切的承载力设计值（kN），与下列何项数值最接近？

(A) 600　　　　(B) 1120　　　　(C) 1390　　　　(D) 1580

【题 63】 下列关于地基基础设计的论述，何项不正确？

(A) 当基岩面起伏较大，且都使用岩石地基时，同一建筑物可以使用多种基础形式
(B) 处理地基上的建筑物应在施工期间及使用期间进行沉降变形观测
(C) 单柱单桩的人工挖孔大直径嵌岩桩桩端持力层检验，应视岩性检验孔底下 3 倍桩身直径或 5m 深度范围内有无土洞、溶洞、破碎带或软弱夹层等不良地质条件
(D) 低压缩性地基上单层排架结构（柱距为 6m）桩基的沉降量允许值为 120mm

【题 64】 下列关于地基处理设计方法的论述，何项不正确？

(A) 当地基土的天然含水量小于 30%（黄土含水量小于 25%），不宜采用水泥土搅拌干法
(B) 不加填料振冲加密桩适用于处理黏粒含量不大于 10% 的中砂、粗砂地基
(C) 强夯置换法适用于饱和的粉土与软塑~流塑的黏性土等地基上对变形控制不严的工程
(D) 真空堆载联合预压法处理地基不一定设置排水竖井

【题 65~68】 某 12 层办公楼，房屋高度为 46m，采用现浇钢筋混凝土框架-剪力墙结构，质量和刚度沿高度分布均匀且对风荷载不敏感，地面粗糙度 B 类，所在地区 50 年重现期的基本风压为 $0.65kN/m^2$，拟采用两种平面方案如图 Z13-23 所示。假定，在如图所示的风作用方向，两种结构方案在高度 z 处的风振系数 β_z 相同。

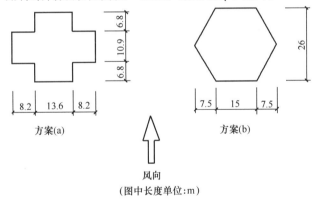

图 Z13-23

65. 当进行方案比较时，估算主体结构在图示风向的顺风向风荷载，试问，方案（a）与方案（b）在相同高度处的平均风荷载标准值（kN/m^2）之比，最接近于下列何项比值？

提示：按《建筑结构荷载规范》GB 50009—2012 作答。

(A) 1∶1　　　　(B) 1.15∶1　　　　(C) 1.2∶1　　　　(D) 1.32∶1

66. 假定，拟建建筑物设有一层地下室，首层地面无大的开洞，首层及地下一层的层

高分别为 5.5m 和 4.5m，混凝土剪变模量与折算受剪截面面积乘积：地下室 $G_0A_0=19.05\times10^6$ kN，地上一层 $G_1A_1=16.18\times10^6$ kN。风荷载沿房屋高度呈倒三角形分布，屋顶处风荷载标准值 $q=89.7$ kN/m，室外地面处为 0，如图 Z13-24 所示。试问，风荷载在该建筑物结构计算嵌固端处产生的倾覆力矩标准值（kN·m），与下列何项数值最为接近？

(A) 41000   (B) 63000
(C) 73000   (D) 104000

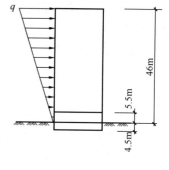

图 Z13-24

67. 假定，采用方案（b），拟建场地地势平坦，试问，对幕墙结构进行抗风设计时，屋顶高度处中间部位迎风面围护结构的风荷载标准值（kN/m²），与下列何项数值最为接近？

提示： 按《工程结构通用规范》GB 55001—2021 和《建筑结构荷载规范》GB 50009—2012 作答，不计建筑物内部压力。

(A) 1.3   (B) 1.6   (C) 2.3   (D) 2.9

68. 假定，建筑物改建于山区，地面粗糙度类别为 B 类，采用方案（b），位于一高度为 40m 的山坡顶部，如图 Z13-25 所示，基本风压不变。试问，图示风向屋顶 D 处的风压高度变化系数 μ_z 与下列何项数值最为接近？

(A) 1.6   (B) 2.4
(C) 2.7   (D) 3.7

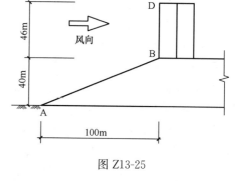

图 Z13-25

【题 69～73】 某拟建工程，房屋高度 57.6m，地下 2 层，地上 15 层，首层层高 6.0m，二层层高 4.5m，其余各层层高均为 3.6m。采用现浇钢筋混凝土框架-剪力墙结构，抗震设防烈度 7 度，丙类建筑，设计基本地震加速度为 $0.15g$，Ⅲ 类场地。混凝土强度等级采用 C40（$f_c=19.1$N/mm²）。在规定的水平力作用下结构总地震倾覆力矩 $M_0=9.6\times10^5$ kN·m，底层剪力墙承受的地震倾覆力矩 $M_w=3.7\times10^5$ kN·m。

69. 试问，该结构抗震构造措施所采用的抗震等级为下列何项？

(A) 框架一级，剪力墙一级   (B) 框架一级，剪力墙二级
(C) 框架二级，剪力墙二级   (D) 框架二级，剪力墙一级

70. 假定，该结构采用振型分解反应谱法进行多遇地震作用下的弹性分析，单向水平地震作用下不考虑偶然偏心影响的某框架柱轴力标准值：不考虑扭转耦联时 X 向地震作用下为 5800kN，Y 向地震作用下为 6500kN；考虑扭转耦联时 X 向地震作用下为 5300kN，Y 向地震作用下为 5700kN。试问，该框架柱考虑双向水平地震作用的轴力标准值（kN）与下列何项数值最为接近？

(A) 7180   (B) 7260   (C) 8010   (D) 8160

71. 假定，该结构首层框架，对应于水平地震作用标准值的框架柱总剪力 $V_f=2400$kN，框架柱的侧向刚度总和 $\sum D_i=458600$kN/m，其中某边柱 C1 的侧向刚度 $D_{c1}=$

17220kN/m,其反弯点高度 h_y=3.75m,沿柱高范围没有水平力作用。试问,在水平地震作用下,按侧向刚度计算的 C1 柱柱底弯矩标准值（kN·m）,与下列何项数值最为接近?

(A) 240　　　　(B) 270　　　　(C) 340　　　　(D) 400

72. 假定,该结构进行方案调整后,在规定的水平力作用下,框架所承担地震倾覆力矩占结构总地震倾覆力矩的 35%,且结构各层框架柱数量不变,对应于地震作用标准值的结构底部总剪力 V_0=8950kN（各层水平地震剪力均满足规范、规程关于楼层最小水平地震剪力的规定）,对应于地震作用标准值且未经调整的各层框架承担的地震总剪力中的最大值 $V_{f,max}$=1060kN。试问,调整后首层框架总剪力标准值（kN）,应取用下列何项数值?

(A) 1790　　　　(B) 1590
(C) 1390　　　　(D) 1060

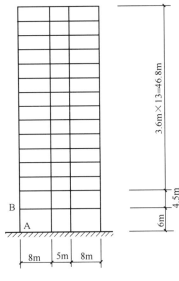

图 Z13-26

73. 假定,方案调整后,该结构中部未加剪力墙的某一榀框架如图 Z13-26 所示（地下部分未示出）,框架抗震等级为二级。作用在底层边柱 AB 底截面 A 处的考虑地震作用组合的弯矩设计值 M_A=580kN·m,剪力计算值 V_A=230kN。按式 $\sum M_c = \eta_c \sum M_{bi}$ 调整后,柱 AB 上端考虑地震作用组合的弯矩设计值 M_B=620kN·m（与 M_A 同时针方向）。柱净高 H_n=5.4m。试问,当柱 AB 进行底部截面配筋设计时,其剪力设计值（kN）最接近于下列何项数值?

(A) 230　　　　(B) 270　　　　(C) 330　　　　(D) 360

【题 74～80】　某普通住宅,采用现浇钢筋混凝土部分框支剪力墙结构,房屋高度 40.9m。地下 1 层,地上 13 层,首层至三层层高分别为 4.5m、4.2m、3.9m,其余各层层高均为 2.8m,抗震设防烈度为 7 度,Ⅱ类建筑场地。第 3 层设转换层,纵横向均有落地剪力墙,地下一层顶板可作为上部结构的嵌固部位。

74. 假定,底部加强部位某片剪力墙的厚度为 300mm,分布钢筋采用 HRB400。试问,该剪力墙底部加强部位的设置高度和剪力墙竖向分布钢筋,至少应取下列何项才能符合规范、规程的最低要求?

(A) 剪力墙底部加强部位设至 2 层顶（8.7m 标高）、双排Φ10@200
(B) 剪力墙底部加强部位设至 2 层顶（8.7m 标高）、双排Φ12@200
(C) 剪力墙底部加强部位设至 5 层顶（18.2m 标高）、双排Φ10@200
(D) 剪力墙底部加强部位设至 5 层顶（18.2m 标高）、双排Φ12@200

75. 假定,方案调整后,首层某剪力墙墙肢 W1,抗震措施的抗震等级为一级,墙肢底部截面考虑地震作用组合的内力计算值为:弯矩 M_w=3500kN·m,剪力 V_w=850kN。试问,W1 墙肢底部截面的内力设计值最接近于下列何项数值?

(A) M=3500kN·m、V=1360kN　　(B) M=4550kN·m、V=1190kN
(C) M=5250kN·m、V=1360kN　　(D) M=6300kN·m、V=1615kN

76. 假定,首层某根框支角柱 C1,在水平地震作用下,其柱底轴力标准值 N_{Ek}=

1680kN；在重力荷载代表值作用下，其柱底轴力标准值 $N_{GE}=2950$kN。框支柱抗震等级为一级，不考虑风荷载。试问，考虑地震作用组合进行截面配筋计算时，柱 C1 柱柱底轴力最大设计值（kN）与下列何项数值最为接近？

提示： 按《建筑与市政工程抗震通用规范》GB 55002—2021 作答。

(A) 6160　　　　(B) 6820　　　　(C) 7150　　　　(D) 7350

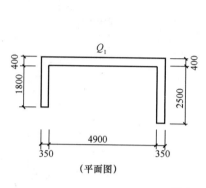
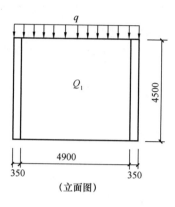

图 Z13-27

77. 假定，建筑底层某落地剪力墙 Q_1，其稳定计算示意图如图 Z13-27 所示，混凝土强度等级采用 C40（$f_c=19.1$N/mm²，$E_c=3.25\times10^4$N/mm²）。试问，满足剪力墙腹板墙肢局部稳定要求时，作用于 400mm 厚墙肢顶部组合的最大等效竖向均布荷载设计值 q（kN/m），与下列何项数值最为接近？

(A) 2.98×10^4　　(B) 1.86×10^4　　(C) 1.24×10^4　　(D) 1.03×10^4

78. 假定，该结构第四层某剪力墙，其中一端截面为矩形，如图 Z13-28 所示，墙肢长度为 6000mm，墙厚为 250mm，箍筋保护层厚度为 15mm，抗震等级为一级，重力荷载代表值作用下的轴压比 $\mu_N=0.40$，混凝土强度等级 C40（$f_c=19.1$N/mm²）。纵筋和箍筋均采用 HRB400 钢筋（$f_y=360$N/mm²）。试问，

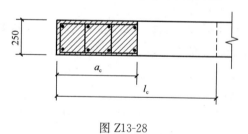

图 Z13-28

该剪力墙矩形截面端，满足规程最低要求的边缘构件阴影部分长度 a_c 和最小箍筋配置，与下列何项最为接近？

提示： 不考虑水平分布钢筋的影响。

(A) $a_c=600$mm、箍筋Φ10@100　　(B) $a_c=600$mm、箍筋Φ8@100
(C) $a_c=450$mm、箍筋Φ8@100　　(D) $a_c=450$mm、箍筋Φ10@100

79. 假定，该结构中第四层某连梁截面尺寸为 300mm×700mm，抗震等级为一级，净跨 1500mm，为构造配筋，混凝土强度等级 C40（$f_t=1.71$N/mm²），纵筋和箍筋均采用 HRB400 钢筋（$f_y=360$N/mm²）。试问，符合规范规程最低要求的连梁的纵筋和箍筋配置，应选用下列何项数值？

(A) 纵筋上下各 3Φ16、箍筋Φ8@100
(B) 纵筋上下各 3Φ18、箍筋Φ10@100

(C) 纵筋上下各3Φ20、箍筋Φ10@100

(D) 纵筋上下各3Φ22、箍筋Φ12@100

80. 假定，转换层设在一层，一层有8根截面尺寸为900mm×900mm框支柱（全部截面面积$A_{c1}=6.48m^2$），二层横向剪力墙有效截面面积$A_{w2}=16.1m^2$，一～三层墙、柱的混凝土强度等级均为C40。试问，满足《高层建筑混凝土结构技术规程》JGJ 3—2010，关于转换层上下结构侧向刚度比要求的底层横向落地剪力墙的最小有效截面面积A_{w1}（m^2），应与下列何项数值最为接近？

(A) 8.0　　　　(B) 10.0　　　　(C) 12.0　　　　(D) 14.0

2014 年真题

（上午卷）

【题 1~5】 某五层中学教学楼，采用现浇钢筋混凝土框架结构，框架最大跨度 9m，层高均为 3.6m，抗震设防烈度 7 度，设计基本地震加速度 0.10g，建筑场地类别 Ⅱ 类，设计地震分组第一组，框架混凝土强度等级 C30。

1. 试问，框架的抗震等级及多遇地震作用时的水平地震影响系数最大值 α_{max}，选取下列何项正确？

   (A) 三级、$\alpha_{max}=0.16$ (B) 二级、$\alpha_{max}=0.16$
   (C) 三级、$\alpha_{max}=0.08$ (D) 二级、$\alpha_{max}=0.08$

2. 假定，采用振型分解反应谱法进行多遇地震作用计算，相邻振型的周期比小于 0.85，顶层框架柱的反弯点位于层高中点，当不考虑偶然偏心的影响时，水平地震作用效应计算取前 3 个振型，某顶层柱相应于第一、第二、第三振型的层间剪力标准值分别为 300kN、－150kN、50kN。试问，地震作用下该顶层柱柱顶弯矩标准值 M_k（kN·m），与下列何项数值最为接近？

   (A) 360   (B) 476   (C) 610   (D) 900

3. 假定，框架的抗震等级为二级，框架底层角柱上端截面考虑地震作用并经强柱弱梁调整后组合的弯矩设计值（顺时针方向）为 180kN·m，该角柱下端截面考虑地震作用组合的弯矩设计值（顺时针方向）为 200kN·m，底层柱净高为 3m。试问，该柱的剪力设计值 V（kN）与下列何项数值最为接近？

   提示： 按《混凝土结构设计规范》作答。

   (A) 165   (B) 181   (C) 194   (D) 229

4. 假定，框架某中间层中柱截面尺寸为 600mm×600mm，所配箍筋为 Φ10@100/150（4），$f_{yv}=360\text{N/mm}^2$，考虑地震作用组合的柱轴力设计值为 2000kN，该框架柱的计算剪跨比为 2.7，$a_s=a'_s=40\text{mm}$。试问，该柱箍筋非加密区考虑地震作用组合的斜截面受剪承载力设计值 V（kN），与下列何项数值最为接近？

   (A) 645   (B) 670
   (C) 759   (D) 789

5. 假定，框架的抗震等级为二级，底层角柱截面尺寸及配筋形式如图 Z14-1 所示，施工时要求箍筋采用 HPB300（Φ），柱箍筋混凝土保护层厚度为 20mm，轴压比为 0.6，剪跨比为 3.0。如仅从抗震构造措施方面考虑，试验算该柱箍筋配置选用下列何项才能符合规范的最低构造要求？

   提示： 计算箍筋体积配箍率时，扣除重叠部分箍筋。

   (A) Φ8@100   (B) Φ8@100/200

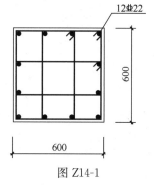

图 Z14-1

(C) φ10@100   (D) φ10@100/200

【题 6】 关于预应力混凝土构件的下列说法，何项不正确？
(A) 提高了构件的斜截面受剪承载力
(B) 有效改善了构件的正常使用极限状态性能
(C) 预应力混凝土的强度等级不宜低于 C30
(D) 钢绞线的张拉控制应力取值应按其极限强度标准值计算

【题 7】 某框架结构办公楼中的楼面长悬臂梁，悬挑长度 5m，梁上承受的恒载标准值为 32kN/m（包括梁自重），按等效均布荷载计算的活荷载标准值为 8kN/m，梁端集中恒荷载标准值为 30kN。已知，抗震设防烈度为 8 度，设计基本地震加速度值为 0.20g，程序计算分析时未作竖向地震计算。试问，当用手算复核该悬挑梁配筋设计时，其支座考虑地震作用组合的弯矩设计值 M（kN·m），与下列何项数值最为接近？

提示：按《建筑与市政工程抗震通用规范》GB 55002—2021 作答。
(A) 600   (B) 720   (C) 800   (D) 860

【题 8】 关于混凝土叠合构件，下列表述何项不正确？
(A) 考虑预应力长期影响，可将计算所得的预应力混凝土叠合构件在使用阶段的预应力反拱值乘以增大系数 1.75
(B) 叠合梁的斜截面受剪承载力计算应取叠合层和预制构件中的混凝土强度等级的较低值
(C) 叠合梁的正截面受弯承载力计算应取叠合层和预制构件中的混凝土强度等级的较低值
(D) 叠合板的叠合层混凝土厚度不应小于 40mm，混凝土强度等级不宜低于 C25

【题 9】 某钢筋混凝土无梁楼盖中柱的板柱节点如图 Z14-2 所示，混凝土强度等级 C35（$f_t=1.57\text{N/mm}^2$），$a_s=30\text{mm}$，安全等级为二级，环境类别为 I 类。试问，在不配置箍筋和弯起钢筋的情况下，该中柱柱帽周边楼板的受冲切承载力设计值（kN），与下列何项数值最为接近？

(A) 1264   (B) 1470   (C) 2332   (D) 2530

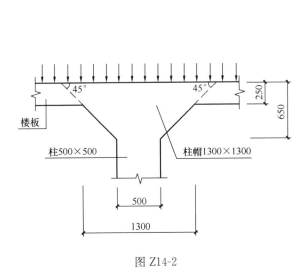

图 Z14-2

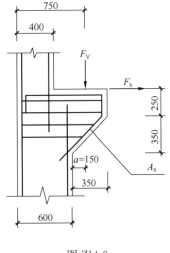

图 Z14-3

【题 10】 牛腿尺寸如图 Z14-3 所示,结构安全等级为二级,柱截面宽度 $b=400\text{mm}$,高度 $h=600\text{mm}$,$a_s=40\text{mm}$,作用于牛腿顶部的荷载基本组合时的竖向力设计值 $F_v=450\text{kN}$,水平拉力设计值 $F_h=90\text{kN}$,混凝土强度等级为 C30,牛腿纵向受力钢筋采用 HRB400,箍筋采用 HPB300。试问,牛腿的配筋截面面积 A_s(mm^2)与下列何项数值最为接近?

(A) 450 (B) 480 (C) 750 (D) 780

【题 11~14】 某钢筋混凝土框架结构办公楼,安全等级为二级,梁板布置如图 Z14-4 所示。框架的抗震等级为三级,混凝土强度等级为 C30,梁、板均采用 HRB400 级钢筋。板面恒载标准值 5.0kN/m^2(含板自重),活荷载标准值 2.5kN/m^2,梁上恒荷载标准值 10.0kN/m(含梁及梁上墙自重)。

提示: 按《工程结构通用规范》GB 55001—2021 作答。

11. 试问,配筋设计时,次梁 L1 上均布线荷载的基本组合设计值 q(kN/m),与下列何项数值最为接近?

提示: 荷载传递按单向板考虑。

(A) 37 (B) 38 (C) 39 (D) 44

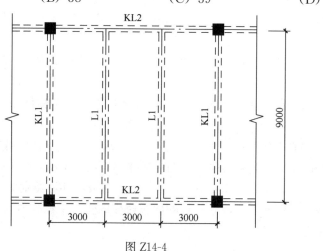

图 Z14-4

12. 假定,现浇板板厚 120mm,板跨中荷载基本组合的弯矩设计值 $M=5.0\text{kN}\cdot\text{m}$,$a_s=20\text{mm}$。试问,跨中板底按承载力设计所需的钢筋截面面积 A_s(mm^2/m),与下列何项数值最为接近?

提示: ①按《混凝土结构通用规范》GB 55008—2021 作答;
②不考虑板面受压钢筋作用。

(A) 145 (B) 180 (C) 215 (D) 240

13. 假定,框架梁 KL1 的截面尺寸为 350mm×800mm,$a_s=a'_s=60\text{mm}$,框架支座截面处梁底配有 6⌀20 的受压钢筋,梁顶面受拉钢筋可按需配置且满足规范最大配筋率限值要求。试问,考虑受压区受力钢筋作用时,KL1 支座处正截面最大抗震受弯承载力设计值 M(kN·m),与下列何项数值最为接近?

(A) 1252 (B) 1510 (C) 1670 (D) 2010

14. 假定,框架梁 KL2 的截面尺寸为 350mm×800mm,$a_s=a'_s=70\text{mm}$,框架支座截面处顶面实配钢筋为 12⌀25,底面实配钢筋为 4⌀25。试问,梁端箍筋配置选用下列何项才能符合规范的最低构造要求？

(A) $\Phi 8@150$ (4) (B) $\Phi 8@100$ (4)
(C) $\Phi 10@150$ (4) (D) $\Phi 10@100$ (4)

【题15】 下列关于正常使用状态下裂缝和挠度的说法，何项不妥？

(A) 增加受拉钢筋直径（面积保持不变），是受弯构件减少受力裂缝宽度最有效的措施之一

(B) 预应力混凝土受弯构件，为考虑预压应力长期作用的影响，可将计算的反拱值乘以增大系数 2.0

(C) 对承受吊车荷载但不需作疲劳验算的受弯构件，其计算求得的最大裂缝宽度可予以适当折减

(D) 受弯构件增大刚度最有效的措施之一是增大构件的截面高度

【题16】 某现浇钢筋混凝土框架结构，抗震等级为二级，混凝土强度等级 C30，梁、柱均采用 HRB400 钢筋，柱截面尺寸为 400mm×400mm，柱纵筋的保护层厚度为 35mm，试问，对中间层边柱节点，当施工采取不扰动钢筋措施时，梁上部纵向钢筋满足锚固要求的最大直径（mm），不应大于下列何项数值？

(A) 18 (B) 20 (C) 22 (D) 25

【题17】 某叠合梁，结构安全等级为二级，叠合前截面尺寸 300mm×450mm，混凝土强度等级 C35，叠合后截面为 300mm×600mm，叠合层的混凝土强度等级 C30，配有双肢箍 $\Phi 8@200$，$f_{yv}=360\text{N/mm}^2$，$a_s=40\text{mm}$。试问，此叠合梁叠合面的受剪承载力设计值 V (kN)，与下列何项数值最为接近？

(A) 270 (B) 297 (C) 374 (D) 402

【题18】 假定，钢筋混凝土矩形截面简支梁，梁跨度为 5.4m，截面尺寸 $b\times h=250\text{mm}\times 450\text{mm}$，混凝土强度等级为 C30，纵筋采用 HRB400 钢筋，箍筋采用 HPB300 钢筋，该梁的跨中受拉区纵筋 $A_s=620\text{mm}^2$，受扭纵筋 $A_{stl}=280\text{mm}^2$（满足受扭纵筋最小配筋率要求），受剪箍筋 $A_{sv1}/s=0.112\text{mm}^2/\text{mm}$，受扭箍筋 $A_{st1}/s=0.2\text{mm}^2/\text{mm}$。试问，该梁跨中截面配筋应取下列何项？

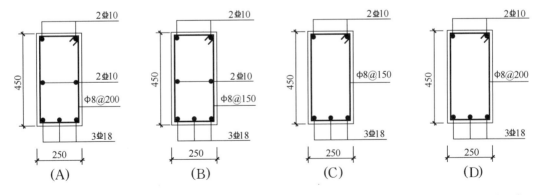

【题19～23】 由于生产需要，两个钢槽罐间需增设钢平台，$\gamma_0=1.0$，钢材采用 Q235 钢，焊条采用 E43 型。钢平台布置如图 Z14-5 所示，图中标注尺寸单位为 mm。

19. 假定，钢梁 L-1 的最大弯矩设计值 $M_x=411\text{kN}\cdot\text{m}$。试问，强度计算时，梁的最大弯曲应力设计值（N/mm²），与下列何项数值最为接近？

提示：不考虑截面削弱，$\gamma_x=1.05$。

(A) 121　　　(B) 157　　　(C) 176　　　(D) 194

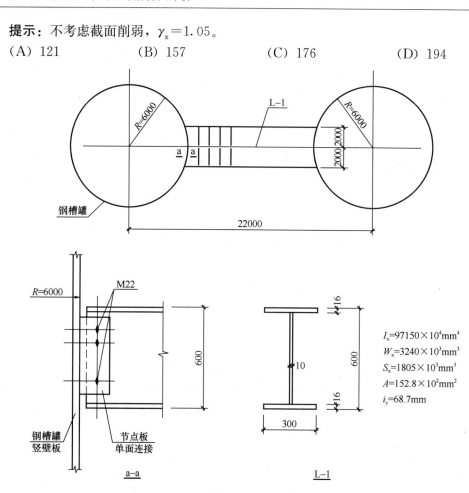

图 Z14-5

20. 设计条件同题 19。假定，平台铺板不能保证钢梁 L-1 上翼缘平面外稳定。试问，钢梁 L-1 进行整体稳定计算时，以应力形式表示的整体稳定性计算值（N/mm²），与下列何项数值最为接近？

提示：①钢梁 L-1 支座处，已采取构造措施，以防止梁端截面的扭转；
　　　②梁整体稳定的等效临界弯矩系数 $\beta_b=0.8$。
　　　③截面等级满足 S3 级。

(A) 150　　　(B) 165　　　(C) 185　　　(D) 205

21. 假定，钢梁 L-1 承受均布荷载，跨中最大弯矩标准值为 386.2kN·m。试问，钢梁 L-1 的最大挠度与其跨度的比值，与下列何项数值最为接近？

(A) 1/400　　　(B) 1/500　　　(C) 1/600　　　(D) 1/700

22. 钢梁 L-1 采用 10.9 级 M22 的高强度螺栓通过节点板与钢槽罐连接，连接形式为摩擦型连接，节点详图见图 Z14-5 中 a-a 剖面图，摩擦面抗滑移系数 $\mu=0.40$。采用大圆孔。假定，最大剪力设计值 $V=202.2$kN。试问，连接采用的高强度螺栓数量（个），为下列何项数值？

(A) 2　　　(B) 3　　　(C) 4　　　(D) 5

23. 假定，节点板与钢槽罐采用双面角焊缝连接见图 Z14-6，角焊缝的焊脚尺寸 $h_f=$ 6mm，最大剪力设计值 $V=202.2$kN。试问，节点板与钢槽罐竖壁板之间角焊缝的最小焊接长度 l（mm），与下列何项数值最为接近？

提示：①内力沿侧面角焊缝全长分布；
②为施工条件较差的高空安装焊缝；
③最大剪力设计值 V 需考虑偏心影响，取增大系数 1.10。

(A) 200　　　　　　(B) 250
(C) 300　　　　　　(D) 400

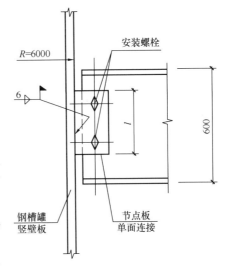

图 Z14-6

【题 24～28】 某单层钢结构厂房 $\gamma_0=1.0$，柱距 12m，其钢吊车梁采用 Q345 钢制造，E50 型焊条焊接。吊车为软钩桥式吊车，起重量 $Q=50t/10t$，小车重 $g=15t$，最大轮压标准值 $P=470$kN。

提示：按《建筑结构可靠性设计统一标准》GB 50068—2018 作答。

24. 假定，当吊车为重级工作制时，应考虑由吊车摆动引起的横向水平力。试问，作用于每个轮压处的此水平力标准值（kN），与下列何项数值最为接近？

(A) 94　　　(B) 70　　　(C) 47　　　(D) 20

25. 试问，对该钢结构厂房进行排架设计计算时，作用在每个车轮处的横向水平荷载标准值（kN），与下列何项数值最为接近？

提示：吊车车轮数为 4。

(A) 16　　　(B) 21　　　(C) 27　　　(D) 34

26. 假定，吊车工作级别为 A7。试问，计算吊车梁时，吊车最大轮压设计值（kN），为下列何项数值？

(A) 470　　　(B) 658　　　(C) 690　　　(D) 775

27. 吊车梁为焊接组合梁，其上翼缘板厚 $h_y=20$mm，腹板厚 $t_w=14$mm，吊车轨道高度 $h_R=130$mm。假定，吊车工作级别为 A5。试问，吊车最大轮压作用下，在腹板计算高度上边缘的局部压实力设计值（N/mm²），与下列何项数值最为接近？

(A) 120　　　(B) 130　　　(C) 165　　　(D) 190

28. 假定，吊车梁采用突缘支座，支座加劲肋与腹板采用双面角焊缝连接，焊脚尺寸 $h_f=10$mm，支座反力设计值 $R=1727.8$kN，腹板高度为 1500mm。试问，角焊缝的剪应力设计值（N/mm²），与下列何项数值最为接近？

提示：角焊缝的强度计算时，支座反力设计值需乘以放大系数 1.2。

(A) 100　　　(B) 120　　　(C) 135　　　(D) 155

【题 29、30】 某单层工业厂房设有重级工作制吊车，屋架采用钢结构桁架。

29. 试问，屋架受压杆件的容许长细比、受拉杆件的容许长细比，为下列何项数值？

提示：已知压杆内力为承载能力的 0.8 倍。

(A) 150, 350　　　(B) 200, 350　　　(C) 150, 250　　　(D) 200, 250

30. 假定，l 为腹杆的几何长度。试问，在屋架平面内，除支座斜杆和支座竖杆外，其余腹杆的计算长度 l_0 为下列何项数值？

(A) $1.1l$　　　(B) $1.0l$　　　(C) $0.9l$　　　(D) $0.8l$

【题 31、32】 某多层横墙承重砌体结构房屋，横墙间距为 7.8m。底层内横墙（墙长 8m）采用 190mm 厚单排孔混凝土小型空心砌块对孔砌筑，砌块强度等级为 MU10，砂浆强度等级为 Mb7.5，砌体施工质量控制等级为 B 级。底层墙体剖面如图 Z14-7 所示，轴向压力的偏心矩 $e=19$mm；静力计算方案为刚性方案。

提示： 按《砌体结构设计规范》GB 50003—2011 作答。

31. 试问，底层内横墙未灌孔墙体每延米墙长的最大承载力设计值（kN/m），与下列何项数值最为接近？

(A) 240　　　(B) 220
(C) 200　　　(D) 180

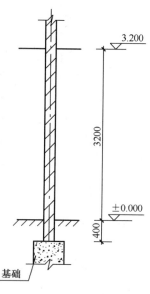

图 Z14-7

32. 假定，底层墙体采用 100% 灌孔砌体，砌块砌体中灌孔混凝土面积和砌体毛截面积的比值为 46.7%，灌孔混凝土的强度等级为 Cb25。试问，该墙体的抗压强度设计值 f_g（MPa），与下列何项数值最为接近？

(A) 6.0　　　(B) 5.5　　　(C) 5.0　　　(D) 4.5

【题 33】 某工程平面如图 Z14-8 所示，假定，本工程建筑抗震类别为丙类，抗震设

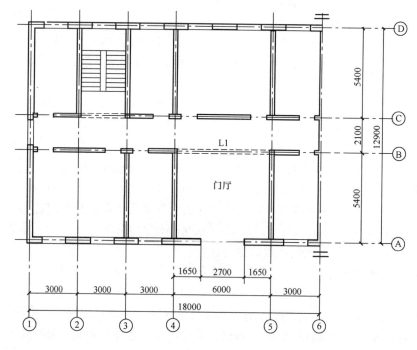

图 Z14-8

防烈度为 7 度，设计基本地震加速度值为 0.15g。墙体采用 MU15 级烧结多孔砖、M10 级混合砂浆砌筑，内墙厚度为 240mm，外墙厚度为 370mm。各层墙上下连续且洞口对齐。除首层层高为 3.0m 外，其余五层层高均为 2.9m。试问，满足《建筑抗震设计规范》GB 50011—2010（2016 年版）抗震构造措施要求的构造柱最少设置数量（根），与下列何项选择最为接近？

(A) 52　　　　(B) 54　　　　(C) 60　　　　(D) 76

【题 34～40】某三层砌体结构房屋局部平面布置图如图 Z14-9 所示，每层结构布置相同，层高均为 3.6m。墙体采用 MU10 级烧结普通砖、M10 级混合砂浆砌筑，砌体施工质量控制等级 B 级。现浇钢筋混凝土梁（XL）截面为 250mm×800mm，支承在壁柱上，梁下刚性垫块尺寸为 480mm×360mm×180mm，现浇钢筋混凝土楼板。梁端支承压力设计值为 N_l，由上层墙体传来的荷载轴向压力设计值为 N_u。

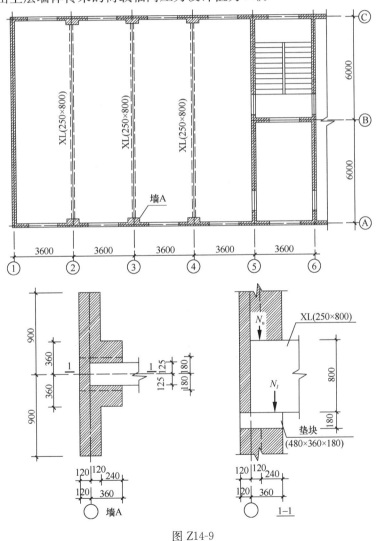

图 Z14-9

34. 假定，墙 A 对于Ⓐ轴方向中和轴的惯性矩 $I=10\times10^{-3}\ m^4$。试问，高厚比验算时，二层墙 A 的高厚比 β，与下列何项数值最为接近？

(A) 7.0　　　　　　(B) 8.0　　　　　　(C) 9.0　　　　　　(D) 10.0

35. 假定，墙 A 的截面折算厚度 $h_T=0.4m$，作用在 XL 上的荷载设计值（包括恒荷载、梁自重、活荷载）为 30kN/m，梁 XL 计算跨度为 12m。试问，二层 XL 梁端约束弯矩设计值（kN·m），与下列何项数值最为接近？

(A) 70　　　　　　(B) 90　　　　　　(C) 180　　　　　　(D) 360

36. 假定，$N_u=210kN$，试问，上部荷载在垫块底标高水平截面处的平均压应力设计值 σ_0（MPa），与下列何项数值最为接近？

(A) 0.35　　　　　(B) 0.50　　　　　(C) 0.60　　　　　(D) 1.00

37. 假定，上部荷载产生的平均压应力设计值 $\sigma_0=0.378MPa$，试问，梁端有效支承长度 a_0（mm），与下列何项数值最为接近？

(A) 360　　　　　　(B) 180　　　　　　(C) 120　　　　　　(D) 60

38. 假定，上部平均压应力设计值 $\sigma_0=0.7MPa$，梁端有效支承长度 $a_0=140mm$，梁端支承压力设计值为 $N_l=300kN$。试问，垫块上 N_0 及 N_l 合力的影响系数 φ，与下列何项数值最为接近？

(A) 0.5　　　　　　(B) 0.6　　　　　　(C) 0.7　　　　　　(D) 0.8

39. 试问，垫块外砌体面积的有利影响系数 γ_1，与下列何项数值最为接近？

提示：影响砌体局部抗压强度的计算面积取壁柱面积。

(A) 1.4　　　　　　(B) 1.3　　　　　　(C) 1.2　　　　　　(D) 1.1

40. 假定，垫块上 N_0 及 N_l 合力的偏心距 $e=96mm$，砌体局部抗压强度提高系数 $\gamma=1.5$。试问，刚性垫块下砌体的局部受压承载力 $\varphi\gamma_1 fA_b$（kN），与下列何项数值最为接近？

(A) 220　　　　　　(B) 260　　　　　　(C) 320　　　　　　(D) 380

（下午卷）

【题 41～46】 某多层框架结构顶层局部平面布置图如图 Z14-10（a）所示，层高为 3.6m。外围护墙采用 MU5 级单排孔混凝土小型空心砌块对孔砌筑、Mb5 级砂浆砌筑。外围护墙厚度为 190mm，内隔墙厚度为 90mm，砌体的重度为 $12kN/m^3$（包含墙面粉刷）。砌体施工质量控制等级为 B 级；抗震设防烈度为 7 度，设计基本地震加速度为 0.1g。

41. 假定，外围护墙无洞口、风荷载沿楼层高度均布，$\gamma_0=1.0$。试问，每延米外围护墙上端能承受的风荷载设计值（kN/m^2），与下列何项数值最为接近？

提示：风荷载引起的弯矩，可按公式计算：$M=\dfrac{wH_i^2}{12}$。

式中：w——沿楼层高均布荷载设计值（kN/m^2）；H_i——层高（m）。

(A) 0.20　　　　　　(B) 0.30　　　　　　(C) 0.40　　　　　　(D) 0.50

42. 假定，外围护墙无洞口、风荷载沿楼层高度均布，墙下端由风荷载引起的弯矩设计值为 0.375kN·m/m，墙的计算高度 H_0 为 3m。试问，每延米外围护墙下端的承载力设计值（kN/m），与下列何项数值最为接近？

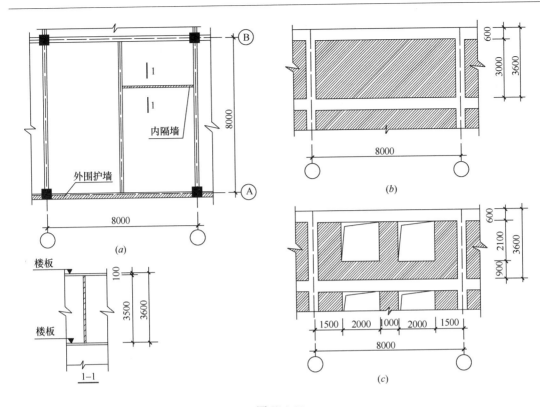

图 Z14-10
(a) 局部平面布置图；(b) 无洞口外围护墙立面图；(c) 有洞口外围护墙立面图

(A) 88　　　　(B) 77　　　　(C) 66　　　　(D) 53

43. 假定，外围护墙洞口如图 Z14-10 (c) 所示。试问，外围护墙修正后的允许高厚比 $\mu_1\mu_2[\beta]$，与下列何项数值最为接近？

(A) 22　　　　(B) 23　　　　(C) 24　　　　(D) 25

44. 假定，内隔墙块体采用 MU10 级单排孔混凝土空心砌块。试问，若满足修正后的允许高厚比 $\mu_1\mu_2[\beta]$ 要求，内隔墙砌筑砂浆的最低强度等级，与下列何项数值最为接近？

(A) Mb10　　　(B) Mb7.5　　　(C) Mb5　　　(D) Mb2.5

45. 采用等效侧力法计算内隔墙水平地震作用标准值时，若非结构构件功能系数 γ 取 1.0，非结构构件类别系数 η 取 1.0。试问，每延米内隔墙水平地震作用标准值（kN/m），与下列何项数值最为接近？

提示：按《建筑抗震设计规范》作答。

(A) 1.2　　　(B) 0.8　　　(C) 0.6　　　(D) 0.3

46. 假定，内隔墙采用 MU10 级单排孔混凝土空心砌块、Mb10 级砂浆砌筑。内隔墙砌体抗震抗剪强度的正应力影响系数 ζ_N 取 1.0。试问，每延米内隔墙抗震抗剪承载力设计值（kN/m），与下列何项数值最为接近？

提示：按《砌体结构设计规范》GB 50003—2011 作答。

(A) 8　　　　(B) 9　　　　(C) 10　　　　(D) 11

【题 47】 下列关于木结构设计的论述，其中何项不妥？

(A) 对原木构件，验算挠度和稳定时，可取构件的中央截面

(B) 对原木构件，验算抗弯强度时，可取最大弯矩处截面

(C) 木桁架制作时应按其跨度的 1/200 起拱

(D) 附设在木结构居住建筑内的机动车库，总面积不宜超过 80m²

【题 48】 一木柱截面 100mm×150mm，采用云南松制作，其计算简图如图 Z14-11 所示，柱顶和柱底采取了限制侧移的措施。试问，该柱轴心受压的稳定系数 φ，与下列何值最为接近？

(A) 0.26　　(B) 0.28　　(C) 0.35　　(D) 0.47

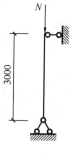

图 Z14-11

【题 49～53】 某住宅为 8 层框架结构，各层层高均为 3m，无地下室，原始地面标高为 10.000m，室内外高差 0.300m，结构荷载均匀对称，初步设计阶段，考虑采用人工处理地基上的筏板基础，筏板沿建筑物周边外挑 1m，筏板基础总尺寸为 16m×42m，相应于荷载的标准组合时，基础底面处平均压力值 $p_k=145$kPa。场地土层分布如图 Z14-12 所示，地下水位标高为 9.000m。

49. 试问，基础底面标高处，②层黏土经深度修正后的地基承载力特征值 f_a(kPa) 与下列何项数值最为接近？

(A) 190　　(B) 210　　(C) 230　　(D) 260

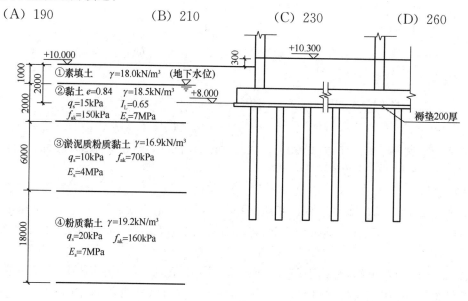

图 Z14-12

50. 试问，当考虑采用天然地基基础方案，对下卧层承载力进行验算时，相应于荷载的标准组合，③层淤泥质粉质黏土软弱下卧层顶面处的附加压力值（kPa），与下列何项数值最为接近？

(A) 100　　(B) 120　　(C) 140　　(D) 160

51. 假定，采用湿法水泥土搅拌桩复合地基，桩径 600mm，桩长 10m，正方形布桩，桩距 1350mm，增强体顶部设 200mm 褥垫。试问，当桩端阻力发挥系数 $\alpha_p=0.5$ 时，根据桩周土层指标估计的增强体单桩竖向承载力特征值（kN），与下列何项数值最为接近？

(A) 280　　(B) 250　　(C) 230　　(D) 200

52. 条件同 51 题，假定，增强体单桩承载力特征值为 200kN，单桩承载力发挥系数

为1.0,.受软弱下卧层影响,桩间土承载力发挥系数为0.35。试问,按《建筑地基处理技术规范》JGJ 79—2012,处理后基底的复合地基承载力特征值f_{spk}(kPa),与下列何项数值最为接近?

提示: 处理后桩间土承载力特征值取未经修正的天然地基承载力特征值。

(A) 210　　(B) 190　　(C) 170　　(D) 155

53. 条件同51题,假定,复合地基承载力不考虑深度修正,增强体单桩承载力特征值按200kN控制。试问,水泥土桩的桩体试块(边长70.7mm)在标准养护条件下,90d龄期的立方体抗压强度f_{cu}(N/mm²)最低平均值,与下列何项数值最为接近?

(A) 3.0　　(B) 4.0　　(C) 5.0　　(D) 6.5

【题54~57】 某轴心受压砌体结构房屋内墙,$\gamma_0=1.0$,采用墙下钢筋混凝土条形扩展基础,垫层混凝土强度等级C10,100mm厚,基础混凝土强度等级C25($f_t=1.27$N/mm²),基底标高为-1.800m,基础及其上土体的加权平均重度为20kN/m³。场地土层分布如图Z14-13所示,地下水位标高为-1.800m。

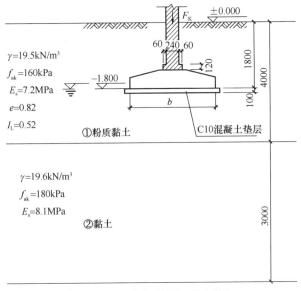

图 Z14-13

54. 假定,相应于荷载的标准组合时,上部结构传至基础顶面处的竖向荷载$F_k=250$kN/m,经深宽修正后的地基承载力特征值$f_a=200$kPa。试问,按地基承载力确定的最小基础宽度b(m),与下列何项数值最为接近?

(A) 2.1　　(B) 1.8　　(C) 1.6　　(D) 1.3

55. 假定,相应于荷载的基本组合时,基础底面的平均压力$p=250$kPa,基础宽度$b=2$m,砌体标准砖长度为240mm。试问,基础的最大弯矩设计值M(kN·m/m),与下列何项数值最为接近?

提示: 按《建筑结构可靠性设计统一标准》GB 50068—2018作答。

(A) 60　　(B) 78　　(C) 90　　(D) 105

56. 假定,基础宽度$b=2$m,相应于荷载的基本组合时,作用于基础底面的净反力标准值为 190kPa。试问，由受剪承载力确定的，墙与基础底板交接处的基础截面最小高度（mm），与下列何项数值最为接近？

提示：基础钢筋的保护层厚度为 40mm。

(A) 180 (B) 250 (C) 300 (D) 350

57. 条件同题 55，不考虑相邻荷载的影响。试问，条形基础中点的地基变形计算深度（m），与下列何项数值最为接近？

(A) 2.0 (B) 5.0 (C) 8.0 (D) 12.0

【题 58~61】 某单层独立地下车库，采用承台下桩基加构造防水底板的做法，柱 A 截面尺寸 500mm×500mm，桩型采用长螺旋钻孔灌注桩，桩径 $d=400$mm，桩身混凝土重度 23kN/m³，混凝土强度等级为 C30，承台厚度 1000mm，有效高度 h_0 取 950mm，承台和桩的混凝土强度等级分别为 C30（$f_t=1.43\text{N/mm}^2$）和 C45（$f_t=1.80\text{N/mm}^2$）。使用期间的最高水位和最低水位标高分别为 -0.300m 和 -7.000m，柱 A 下基础剖面及地质情况见图 Z14-14。

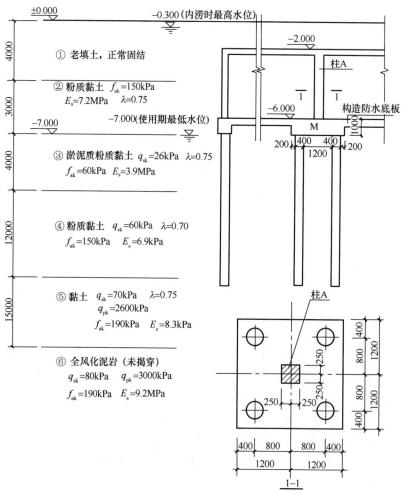

图 Z14-14

提示：根据《建筑桩基技术规范》JGJ 94—2008 作答。

58. 假定，在最低水位情况下，荷载的标准组合时，包括基础承台自重在内，柱 A 承担的竖向荷载为 3200kN。试问，当桩端持力层位于⑤层土时，桩端进入⑤层土的最小长度（m），与下列何项数值最为接近？

(A) 1.5　　　　　(B) 3.0　　　　　(C) 5.0　　　　　(D) 6.5

59. 假定，工程桩的长度为 21m，桩基抗拔计算按群桩呈非整体破坏考虑。试问，要满足基桩抗拔要求，荷载的标准组合时，作用于单桩的基桩拔力最大值 N_k(kN)，与下列何项数值最为接近？

(A) 450　　　　　(B) 550　　　　　(C) 900　　　　　(D) 1100

60. 试问，承台受桩 A 的抗冲切承载力设计值（kN），与下列何项数值最为接近？

提示：根据《建筑地基基础设计规范》GB 50007—2011 作答。

(A) 6600　　　　(B) 6000　　　　(C) 5400　　　　(D) 4800

61. 假定，本工程基桩抗拔静载试验的结果如表 Z14-1 所示。

表 Z14-1

试桩编号	1	2	3	4
极限承载力标准值（kN）	840	960	920	840
桩顶累计上拔变形量（mm）	41.50	43.65	46.32	39.87

试问，柱 A 承台下基桩的抗拔承载力特征值（kN），与下列何项数值最为接近？

提示：根据《建筑地基基础设计规范》GB 50007—2011 作答。

(A) 400　　　　　(B) 440　　　　　(C) 800　　　　　(D) 880

【题 62】 下列关于地基基础设计的论述，何项是不正确的？
(A) 当独立基础连系梁下有冻土时，应在梁下留有该土层冻胀量的空隙
(B) 山区地基的设计，应对施工过程中，因挖方、填方、堆载和卸载对山坡稳定性的影响，进行分析认定
(C) 地基土抗剪强度指标应取标准值，压缩性指标应取平均值，深层载荷板试验承载力应取特征值
(D) 除老填土外，未经检验查明以及不符合质量要求的压实填土，不得作为建筑工程的基础持力层

【题 63】 下列关于地基处理及桩基的论述，何项是不正确的？
(A) 地基处理增强体顶部应设褥垫层，褥垫层采用碎石时，宜掺入 20%～30%的砂
(B) 桩基布桩时，宜使桩基承载力合力点与竖向永久荷载合力作用点重合
(C) 软弱地基处理施工时，应注意对淤泥和淤泥质土基槽底面的保护，减少扰动
(D) 以控制沉降为目的设置桩基时，应结合地区经验，桩间距应不小于 6d

【题 64】 下列关于地基处理的论述，何项是正确的？
(A) 换填垫层的厚度应根据置换软弱土的深度及下卧土层的承载力确定，厚度宜为 0.5～5.0m
(B) 经处理后的人工地基，当按地基承载力确定基础底面积时，均不进行地基承载力的基础埋深修正
(C) 换填垫层和压实地基的静载试验的压板面积不应小于 1.0m²；强夯置换地基静

载荷试验的压板面积不宜小于 2.0m²

(D) 微型桩加固后的地基，应按复合地基设计

【题 65】 对高层混凝土结构进行地震作用分析时，下述何项说法相对准确？

(A) 质量和刚度分布均匀时，可不考虑偶然偏心影响

(B) 采用振型分解反应谱法计算时考虑偶然偏心影响，采用底部剪力法时则不考虑

(C) 对平面不规则的结构应考虑偶然偏心影响，平面对称规则的结构则不需考虑

(D) 计算双向地震作用时可不考虑偶然偏心影响

【题 66】 下列关于高层建筑混凝土结构的相关论述，何项观点不符合相关规范、规程要求？

(A) 房屋高度大于 60m 的高层建筑，设计时应按基本风压的 1.1 倍采用

(B) 无论采用何种结构体系，结构的平面和竖向布置宜使结构具有合理的刚度、质量和承载力分布，避免因局部突变和扭转效应而形成薄弱部位

(C) 钢筋混凝土高层建筑结构，在水平力使用下，只要结构的弹性等效侧向刚度和重力荷载之间的关系满足一定的限值，可不考虑重力二阶效应的不利影响

(D) 抗震设计时，钢筋混凝土柱轴压比中的轴向压力，采用地震作用组合的轴向压力设计值

【题 67~72】 某 10 层钢筋混凝土框架结构，如图 Z14-15 所示，质量和刚度沿竖向分布比较均匀，抗震设防类别为标准设防类，抗震设防烈度 7 度，设计基本地震加速度 0.10g，设计地震分组第一组，场地类别Ⅱ类。

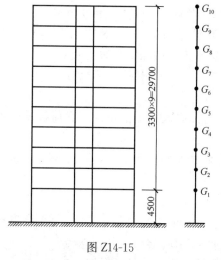

图 Z14-15

67. 假定，房屋集中在楼盖和屋盖处的重力荷载代表值为：首层 $G_1=12000$kN，$G_{2\sim9}=11200$kN，$G_{10}=9250$kN，结构考虑填充墙影响的基本自振周期 $T_1=1.24$s，结构阻尼比 $\xi=0.05$。试问，采用底部剪力法估算时，该结构总水平地震作用标准值 F_{Ek}（kN），与下列何项数值最为接近？

(A) 2410　　　　(B) 2720

(C) 3620　　　　(D) 4080

68. 假定，该框架结构进行方案调整后，结构的基本自振周期 $T_1=1.10$s，总水平地震作用标准值 $F_{Ek}=3750$kN。试问，作用于该结构顶部附加水平地震作用 ΔF_{10}（kN），与下列何项数值最为接近？

(A) 210　　(B) 260　　(C) 370　　(D) 590

69. 假定，该结构楼层屈服强度系数沿高度分布均匀，底层屈服强度系数为 0.45，且不小于上层该系数的 0.8，底层柱的轴压比为 0.60。试问，在罕遇地震作用下按弹性分析的层间位移（mm），最大不超过下列何值时，才能满足结构弹塑性水平位移限值要求？

提示：不考虑重力二阶效应；可考虑柱子箍筋构造措施的提高。

(A) 46　　(B) 56　　(C) 66　　(D) 76

70. 假定，该结构第 1 层永久荷载标准值为 11500kN，第 2~9 层永久荷载标准值均

为 11000kN，第 10 层永久荷载标准值为 9000kN，第 1~9 层可变荷载标准值均为 800kN，第 10 层可变荷载标准值为 600kN。试问，进行多遇地震下弹性计算分析且不考虑重力二阶效应的不利影响时，该结构所需的首层弹性等效侧向刚度最小值（kN/m），与下列何项数值最为接近？

(A) 631200　　　(B) 731200　　　(C) 831200　　　(D) 931200

71. 假定，该框架结构抗震等级为二级，其中某柱截面尺寸为 600mm×600mm，混凝土强度等级为 C35（$f_c=16.7\text{N/mm}^2$），剪跨比为 2.3，节点核心区上柱轴压比 0.60，下柱轴压比 0.70，柱纵筋采用 HRB400（$f_y=360\text{N/mm}^2$），直径为 25mm，箍筋采用 HRB335（$f_y=300\text{N/mm}^2$），箍筋保护层厚度为 20mm，节点核心区的箍筋配置如图 Z14-16 所示。试问，满足规程构造要求的节点核心区箍筋体积配筋百分率 ρ_v 最小值，与下列何项数值最为接近？

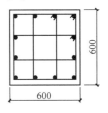

图 Z14-16

提示：① 按《高层建筑混凝土结构技术规程》JGJ 3—2010 作答；
　　　② 不计入箍筋重叠部分。

(A) 0.50%　　　(B) 0.55%
(C) 0.75%　　　(D) 0.95%

72. 假定，框架中间层边框架节点如图 Z14-17 所示。梁端 A 处由重力荷载代表值产生的弯矩标准值 $M_G=-135\text{kN}\cdot\text{m}$，水平地震作用产生的弯矩标准值 $M_E=\pm130\text{kN}\cdot\text{m}$，风荷载产生的弯矩标准值 $M_w=\pm80\text{kN}\cdot\text{m}$。试问，框架梁端（A-A 处）在考虑弯矩调幅后（调幅系数 0.85），地震设计状况下梁顶最不利组合弯矩设计值 M_A（kN·m），与下列何项数值最为接近？

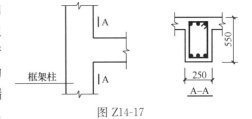

图 Z14-17

提示：按《建筑与市政工程抗震通用规范》GB 55002—2021 作答。

(A) 310　　　(B) 330　　　(C) 350　　　(D) 440

【题 73】 某高层钢筋混凝土框架-剪力墙结构，平面尺寸为 22m×60m，为满足使用要求其长度方向未设温度缝，仅设一条上下贯通的后浇带。建筑物使用期间结构最高平均温度 $T_{max}=30℃$，最低平均温度 $T_{min}=-10℃$，设计考虑后浇带的封闭温度为 15~25℃。假定，对该结构进行均匀温度作用分析。试问，该结构最大温升工况的均匀温度作用标准值 ΔT_k^r（℃）和最大降温工况的均匀温度作用标准值 ΔT_k^l（℃），与下列何项数值最为接近？

提示：① 不考虑混凝土收缩、徐变的影响；
　　　② 按《建筑结构荷载规范》GB 50009—2012 作答。

(A) $\Delta T_k^r=15$；$\Delta T_k^l=-15$　　　(B) $\Delta T_k^r=5$；$\Delta T_k^l=-5$
(C) $\Delta T_k^r=5$；$\Delta T_k^l=-15$　　　(D) $\Delta T_k^r=15$；$\Delta T_k^l=-5$

【题 74~76】 某 12 层现浇钢筋混凝土框架-剪力墙结构，房屋高度 45m，抗震设防烈度 8 度（0.20g），丙类建筑，设计地震分组为第一层，建筑场地类别为 Ⅱ 类，建筑物平、立面示意如图 Z14-18 所示，梁、板混凝土强度等级为 C30（$f_c=14.3\text{N/mm}^2$，$f_t=1.43\text{N/mm}^2$）；框架柱和剪力墙为 C40（$f_c=19.1\text{N/mm}^2$，$f_t=1.71\text{N/mm}^2$）。

74. 假定，在该结构中，各层框架柱数量保持不变，对应于水平地震作用标准值的计

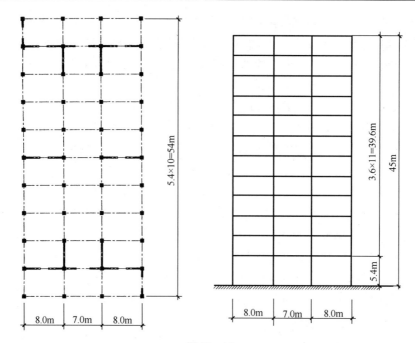

图 Z14-18

算结果为：结构基底总剪力 $V_0=13500$kN，各层框架所承担的未经调整的地震总剪力中的最大值 $V_{f,max}=1600$kN，第 3 层框架承担的未经调整的地震总剪力 $V_f=1500$kN；该楼层某根柱调整前的柱底内力标准值为：弯矩 $M=\pm180$kN·m，剪力 $V=\pm50$kN。试问，抗震设计时，水平地震作用下该柱调整后的内力标准值，与下列何项数值最为接近？

提示：楼层剪重比满足规程关于楼层最小地震剪力系数（剪重比）的要求。

(A) $M=\pm180$kN·m；$V=\pm50$kN　　　(B) $M=\pm270$kN·m；$V=\pm75$kN

(C) $M=\pm288$kN·m；$V=\pm80$kN　　　(D) $M=\pm324$kN·m；$V=\pm90$kN

75. 假定，该结构第 10 层带边框剪力墙墙厚 250mm，该楼面处墙内设置宽度同墙厚的暗梁，剪力墙（包括暗梁）主筋采用 HRB400（$f_y=360$N/mm²）。试问，暗梁截面顶面纵向钢筋采用下列何项配置时，才最接近且又满足《高层建筑混凝土结构技术规程》JGJ 3—2010 中的最低构造要求？

提示：暗梁的抗震等级同剪力墙的抗震等级。

(A) 2⏀22　　　(B) 2⏀20

(C) 2⏀18　　　(D) 2⏀16

76. 该结构沿地震作用方向的某剪力墙 1～6 层连梁 LL1 如图 Z14-19 所示，截面尺寸为 350mm×450mm（$h_0=410$mm），假定，该连梁抗震等级为一级，纵筋采用上下各 4⏀22，箍筋采用构造配筋即可满足要求。试问，下列关于该连梁端部加密区及非加密区箍筋的构造配箍，哪一组满足规范、规程的最低要求？

(A) ⏀8@100 (4)；⏀8@100 (4)

(B) ⏀10@100 (4)；⏀10@100 (4)

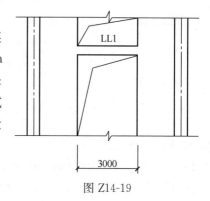

图 Z14-19

(C) ⌀10@100（4）；⌀10@150（4）
(D) ⌀10@100（4）；⌀10@200（4）

【题77】 某12层钢筋混凝土框架结构，需进行弹性动力时程分析补充计算。已知，振型分解反应谱法求得的底部剪力为12000kN，现有4组实际地震记录加速度时程曲线 $P_1 \sim P_4$ 和1组人工模拟加速度时程曲线 RP_1。各条时程曲线计算所得的结构底部剪力见表 Z14-2。实际记录地震波及人工波的平均地震影响系数曲线与振型分解反应谱法所采用的地震影响系数曲线在统计意义上相符。试问，进行弹性动力时程分析时，选用下列哪一组地震波（包括人工波）最为合理？

表 Z14-2

	P_1	P_2	P_3	P_4	RP_1
V_0（kN）	7600	10000	9600	9100	9500

(A) P_1；P_2；P_3
(B) P_1；P_2；RP_1
(C) P_2；P_3；RP_1
(D) P_2；P_4；RP_1

【题78～80】① 某钢筋混凝土圆形烟囱，如图 Z14-20 所示，抗震设防烈度为8度，设计基本地震加速度为 0.2g，设计地震分组为第一组，场地类别为Ⅱ类，基本自振周期 $T_1 = 1.25$s，50年一遇的基本风压 $w_0 = 0.45$kN/m²，地面粗糙度为B类，安全等级为二级。已知该烟囱基础顶面以上各节（共分6节，每节竖向高度10m）重力荷载代表值如表 Z14-3 所示。

表 Z14-3

节号	6	5	4	3	2	1
每节底截面以上该节的重力荷载代表值 G_{iE}（kN）	950	1050	1200	1450	1630	2050

提示：按《烟囱工程技术标准》GB/T 50051—2021 作答。

78. 试问，烟囱根部的竖向地震作用标准值（kN）与下列何项数值最为接近？
(A) 650
(B) 870
(C) 1000
(D) 1200

79. 试问，烟囱最大竖向地震作用标准值（kN）与下列何项数值最为接近？
(A) 650
(B) 870
(C) 1740
(D) 1810

80. 假定，仅考虑第一振型的情况下，对烟囱进行涡激风振验算。试问，下列何项判断符合规范要求？

提示：① 烟囱顶部风压高度变化系数为 $\mu_H = 1.71$；
② 该烟囱第1振型的临界风速 $v_{cr,1} = 15.5$m/s。

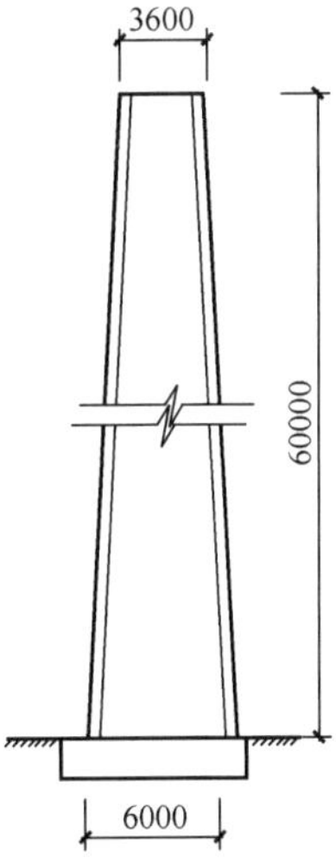

图 Z14-20

---

① 《烟标》应根据当年考试要求进行取舍。

(A) 应验算涡激共振响应，其顺风向与横风向综合风振效应计算，顺风向风荷载考虑脉动风影响
(B) 应验算涡激共振响应，其顺风向与横风向综合风振效应按矢量和计算
(C) 可不计算涡激共振荷载
(D) 以上均不正确

2016 年真题

（上午卷）

【题1~5】 某商场里的一钢筋混凝土T形截面梁，计算简图及梁截面如图Z16-1所示，设计使用年限50年，结构重要性系数1.0，混凝土强度等级C30，纵向受力钢筋和箍筋均采用HRB400。

提示： 按《工程结构通用规范》GB 55001—2021作答。

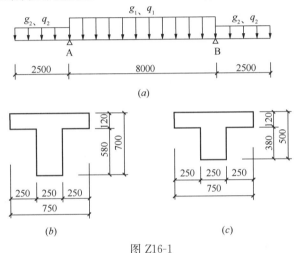

图 Z16-1
(a) 计算简图；(b) AB跨梁截面图；(c) 两端悬挑梁截面图

1. 假定，永久荷载标准值（含梁自重）$g_1=40$kN/m，$g_2=10$kN/m；可变荷载标准值$q_1=10$kN/m，$q_2=30$kN/m。试问，AB跨跨中截面弯矩设计值M（kN·m），与下列何项数值最为接近？

提示： 各跨永久荷载的分项系数均取1.3。

(A) 370 (B) 400 (C) 445 (D) 495

2. 假定，AB跨跨中截面荷载基本组合的弯矩设计值$M=340$kN·m。试问，按承载能力极限状态计算的单筋截面梁需要配置的梁底纵向钢筋，选用下列何项最为合适？

提示： $a_s = a_s' = 40$mm；不需要验算最小配筋率。

(A) 4Φ18 (B) 4Φ20 (C) 4Φ22 (D) 4Φ25

3. 假定，A支座右端截面处荷载基本组合的剪力设计值$V=410$kN。试问，该截面按承载能力极限状态计算需要配置的箍筋，选用下列何项最为合适？

提示： 按双肢箍计算，$a_s = a_s' = 40$mm；不需要验算最小配筋率。

(A) Φ8@150 (B) Φ10@200 (C) Φ10@150 (D) Φ10@100

4. 假定，$g_2 = q_2 = 30$kN/m（均为标准值），悬挑梁支座处梁上部纵向钢筋配置为6

$\Phi 20$。试问,该梁在支座处的最大裂缝宽度计算值 w_{max}(mm),与下列何项数值最为接近?

提示: $h_0=430$mm,$c_s=30$mm,$\psi=0.675$。

(A) 0.16   (B) 0.21   (C) 0.24   (D) 0.29

5. 假定,该梁悬臂跨端部考虑荷载长期作用影响的挠度计算值为 18.7mm。试问,该挠度计算值与规范规定的挠度限值之比,与下列何项数值最为接近?

提示: 不考虑施工时起拱;不考虑支座处梁的转角;该梁在使用阶段对挠度无特殊要求。

(A) 0.60   (B) 0.75   (C) 0.95   (D) 1.50

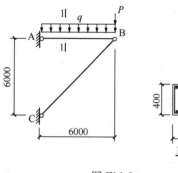

图 Z16-2

【题6】 某外挑三角架,安全等级为二级,计算简图如图 Z16-2 所示。其中,横杆 AB 为混凝土构件,截面尺寸 400mm×400mm,混凝土强度等级为 C35,纵向钢筋采用 HRB400,对称配筋($A_s=A'_s$),$a_s=a'_s=45$mm。假定,在荷载基本组合下的均布荷载设计值 $q=25$kN/m (包括自重),集中荷载设计值 $P=350$kN(作用于节点 B 上)。试问,按承载能力极限状态计算(不考虑抗震),横杆最不利截面的纵向配筋 A_s(mm^2),与下列何项数值最为接近?

(A) 980   (B) 1190   (C) 1400   (D) 1600

【题7】 某钢筋混凝土预制构件,自重标准值为 58kN,设置了四个吊环。吊环采用 HPB300 钢筋,吊装时采用吊架使吊绳与构件垂直。试问,吊环钢筋直径(mm)至少应采用下列何项?

(A) $\Phi 12$ (B) $\Phi 14$ (C) $\Phi 10$ (D) $\Phi 8$

【题8】 某钢筋混凝土偏心受压柱,截面尺寸为 800mm×800mm,混凝土强度等级 C60,纵向钢筋为 HRB400。已知 $a_s=a'_s=50$mm。试问,纵向受拉钢筋屈服与受压混凝土破坏同时发生的界限受压区高度 x_b(mm),与下列何项数值最为接近?

(A) 375   (B) 400   (C) 425   (D) 450

【题9】 某钢筋混凝土次梁,截面尺寸 $b\times h$ =250mm×600mm,支承在宽度为 300mm 的混凝土主梁上。该次梁下部纵筋在边支座处的排列及锚固方式见图 Z16-3(直锚,不弯折)。已知混凝土强度等级为 C30,纵筋采用 HRB400 钢筋,a_s = a'_s =55mm,设计使用年限为 50 年,环境类别为二 b,计算所需的梁底纵向钢筋面积为

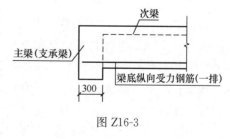

图 Z16-3

1450mm^2,梁端截面荷载基本组合的剪力设计值 $V=200$kN。试问,梁底纵向受力钢筋选择下列何项配置较为合适?

(A) 6Φ18   (B) 5Φ20   (C) 4Φ22   (D) 3Φ25

【题10】 某钢筋混凝土剪力墙结构,抗震等级为二级,底层混凝土强度等级为 C40。

假定，底层某四片剪力墙 Q_1、Q_2、Q_3、Q_4，各墙肢面积、重力荷载代表值下的轴力设计值及水平地震作用下的轴力标准值见表 Z16-1。试问，需要设置约束边缘构件的是哪几片剪力墙？

表 Z16-1

墙肢编号	墙肢面积（m²）	重力荷载代表值产生的轴力设计值（kN）	水平地震作用产生的轴力标准值（kN）
Q_1	0.6	3000	1000
Q_2	0.6	3550	200
Q_3	1.2	6600	1500
Q_4	1.2	7330	500

(A) Q_1、Q_4
(B) Q_1、Q_3、Q_4
(C) Q_2、Q_4
(D) Q_1、Q_2、Q_3、Q_4

【题 11】 某 6 度区标准设防类钢筋混凝土框架结构办公楼，房屋高度为 22m，地震分组为第一组，场地类别为 Ⅱ 类。其中一根框架角柱，分别与跨度为 8m 和 10m 的框架梁相连，剪跨比为 1.90，截面及配筋如图 Z16-4 所示，混凝土强度等级 C40。试问，该框架柱的轴压比限值与下列何项数值最为接近？

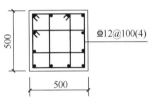

图 Z16-4

提示：可不复核柱的最小配箍特征值。

(A) 0.80　　(B) 0.85　　(C) 0.90　　(D) 0.95

【题 12】 以下关于装配整体式混凝土结构的描述，哪几项是正确的？

Ⅰ．预制混凝土构件在生产、施工过程中应按实际工况的荷载、计算简图、混凝土实体强度进行施工阶段验算；

Ⅱ．预制构件拼接处灌缝的混凝土强度等级应不低于预制构件的强度等级；

Ⅲ．装配整体式结构的梁柱节点处，柱的纵向钢筋应贯穿节点；

Ⅳ．采用预制板的装配整体式楼、屋盖，预制板侧应为双齿边；拼缝中应浇灌强度等级不低于 C30 的细混凝土。

(A) Ⅰ、Ⅱ
(B) Ⅲ、Ⅳ
(C) Ⅰ、Ⅱ、Ⅲ
(D) Ⅰ、Ⅱ、Ⅲ、Ⅳ

【题 13～17】 某五层档案库，采用钢筋混凝土框架结构，抗震设防烈度为 7 度 (0.15g)，设计地震分组为第一组，场地类别为 Ⅲ 类，抗震设防类别为标准设防类。

13．考虑偶然偏心影响时，某楼层在规定水平力作用下，按刚性楼盖计算，楼层抗侧力构件的最大弹性水平位移 $\delta_{max}=12.4mm$，最小弹性水平位移 $\delta_{min}=6.7mm$，质量中心的弹性水平位移 $\delta=9.9mm$。试问，在根据位移比进行扭转规则性判断时，该楼层扭转位移比与下列何项数值最为接近？

(A) 1.20　　(B) 1.25　　(C) 1.30　　(D) 1.50

14．某楼层多遇地震作用标准值产生的楼层最大弹性层间位移 $\Delta u_{max}=12.1mm$，最小弹性层间位移 $\Delta u_{min}=6.5mm$，质量中心的弹性层间位移 $\Delta u=9.5mm$，该楼层层高为 7.0m。试问，在进行多遇地震作用下抗震变形验算时，该楼层最大层间位移角与规范规定的弹性层间位移角限值之比，与下列何项数值最为接近？

(A) 0.75　　　　(B) 0.95　　　　(C) 1.10　　　　(D) 1.35

15. 假定，各楼层在地震作用下的层剪力 V_i 和层间位移 Δ_i 如表 Z16-2 所示。试问，以下关于该建筑竖向规则性的判断，何项正确？

提示：本工程无立面收进、竖向抗侧力构件不连续及楼层承载力突变。

表 Z16-2

楼层	1	2	3	4	5
V_i (kN)	3800	3525	3000	2560	2015
Δ_i (mm)	9.5	20.0	12.2	11.5	9.1

(A) 属于竖向规则结构　　　　(B) 属于竖向一般不规则结构

(C) 属于竖向严重不规则结构　　　　(D) 无法判断竖向规则性

16. 假定，各楼层及其上部楼层重力荷载代表值之和 ΣG_j、各楼层水平地震作用下的剪力标准值 V_i 如表 Z16-3 所示。试问，以下关于楼层最小地震剪力系数是否满足规范要求的描述，何项正确？

提示：基本周期小于 3.5s，且无薄弱层。

表 Z16-3

楼层	1	2	3	4	5
ΣG_j (kN)	97130	79850	61170	45820	30470
V_i (kN)	3800	3525	3000	2560	2015

(A) 各楼层均满足规范要求

(B) 各楼层均不满足规范要求

(C) 第 1、2、3 层不满足规范要求，4、5 层满足规范要求

(D) 第 1、2、3 层满足规范要求，4、5 层不满足规范要求

17. 以下关于该档案库抗震设防标准的描述，哪项较为妥当？

(A) 按 8 度进行地震作用计算

(B) 按 8 度采取抗震措施

(C) 按 7 度（0.15g）进行地震作用计算，按 8 度采取抗震构造措施

(D) 按 7 度（0.15g）进行地震作用计算，按 7 度采取抗震措施

【题 18】 某多层框架结构办公楼中间楼层的中柱 KZ1，抗震等级二级，场地类别Ⅱ类，截面及配筋平面表示法如图 Z16-5 所示，混凝土强度等级为 C30，纵筋及箍筋均为 HRB400。试问，该柱纵向钢筋的配筋率与规范要求的最小配筋率的比值，与下列何项数值最为接近？

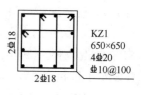

图 Z16-5

(A) 0.92　　　　(B) 0.98

(C) 1.05　　　　(D) 1.11

【题 19～21】 某钢结构住宅，采用框架-中心支撑结构体系，房屋高度为 23.4m，建筑抗震设防类别为丙类，采用 Q235 钢。

19. 假定，抗震设防烈度为 7 度。试问，该钢结构住宅抗震措施的抗震等级应为下列何项？
(A) 一级　　　　(B) 二级　　　　(C) 三级　　　　(D) 四级

20. 该钢结构住宅的中心支撑不宜采用下列何种结构形式？

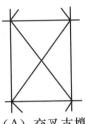 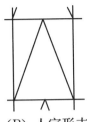 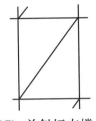 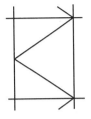

(A) 交叉支撑　　(B) 人字形支撑　　(C) 单斜杆支撑　　(D) K 形支撑

21. 假定，该钢结构住宅的中心支撑采用人字形支撑（按压杆设计）。试问，该中心支撑的杆件长细比限值为下列何项数值？
(A) 120　　　　(B) 180　　　　(C) 250　　　　(D) 350

【题 22～24】某单层工业厂房的屋盖结构设有完整的支撑体系，其跨度为 12m 的托架构件如图 Z16-6 所示，腹杆采用节点板与弦杆连接，采用 Q235 钢。

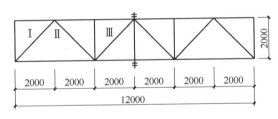

图 Z16-6

22. 试问，腹杆Ⅰ、Ⅱ在桁架平面内的计算长度（mm），为下列何项数值？
(A) 2828、2263　　　　(B) 2263、2828
(C) 2263、2263　　　　(D) 2828、2828

23. 腹杆Ⅱ、Ⅲ等与下弦杆的连接节点详图如图 Z16-7 所示，直角角焊缝连接，采用

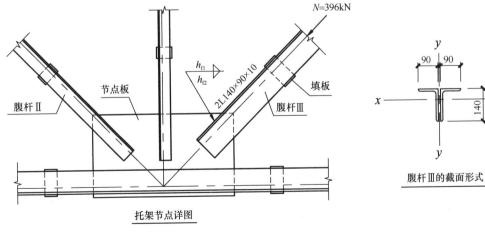

图 Z16-7

E43 型焊条。腹杆Ⅲ采用双角钢构件,组合截面面积 $A=44.52\times10^2\mathrm{mm}^2$,按实腹式受压构件进行计算。假定,腹杆Ⅲ的轴心压力设计值 $N=396\mathrm{kN}$,绕 y 轴的长细比 $\lambda_y=77.3$。试问,腹杆Ⅲ绕 y 轴按换算长细比 λ_{yz} 计算的稳定性计算值(N/mm²),与下列何项数值最为接近?

(A) 135　　　　(B) 126　　　　(C) 104　　　　(D) 89

24. 假定,腹杆Ⅲ角钢肢背与节点板间角焊缝的焊脚尺寸 $h_\mathrm{fl}=8\mathrm{mm}$,实际焊缝长度为 210mm;其余条件同问题 23。试问,腹杆Ⅲ角钢肢背处的侧面角焊缝的强度计算值(N/mm²),与下列何项数值最为接近?

提示: 不等边角钢长边与节点板采用角焊缝连接时,角钢肢背处的焊缝内力分配系数 $k_1=0.65$。

(A) 83　　　　(B) 109　　　　(C) 118　　　　(D) 144

【**题 25、26**】 某管道支架的安全等级为二级,其计算简图如图 Z16-8 所示,支架顶部作用有管道横向水平推力设计值 $T_\mathrm{H}=70\mathrm{kN}$,柱与基础视为铰接连接,支撑斜杆均按单拉杆设计,杆件之间的连接均采用节点板连接,按桁架体系进行内力分析和设计计算。钢材采用 Q235 钢。

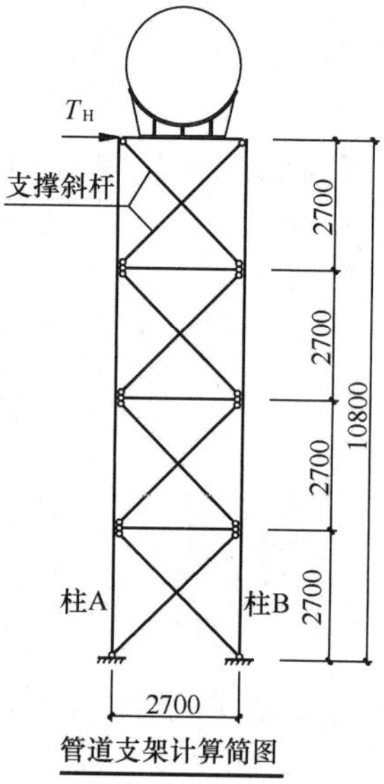

25. 假定,轴心拉力取负值,轴心压力取正值。试问,若仅计算图示方向的管道横向水平推力作用,柱 A、柱 B 的最大轴心力设计值 N_A(kN)、N_B(kN),与下列何项数值最为接近?

提示: 忽略柱剪力及管道支架自重等的影响。

(A) -210,210
(B) -210,280
(C) -280,210
(D) -280,280

26. 假定,支撑斜杆采用热轧等边角钢 $\llcorner\,63\times6$,截面面积 $A=7.29\times10^2\mathrm{mm}^2$,计算截面无栓(钉)孔削弱。试问,支撑斜杆作为轴心受拉构件,其底层支撑斜杆的强度计算值(N/mm²),与下列何项数值最为接近?

图 Z16-8

(A) 188　　　　(B) 160　　　　(C) 136　　　　(D) 96

【**题 27~30**】 某单层钢结构厂房,安全等级为二级,柱距 21m,设置有两台重级工作制(A6)的软钩桥式吊车,最大轮压标准值 $P_{k,\max}=355\mathrm{kN}$,吊车轨道高度 $h_R=150\mathrm{mm}$。吊车梁为焊接工字形截面,采用 Q345C 钢,吊车梁的截面尺寸如图 Z16-9 所示。图中长度单位为 mm。吊车梁设置纵向加劲肋,其腹板高厚比满足 S4 级要求。

毛截面 $I_x=8504\times10^7\mathrm{mm}^4$
净截面 $W_{nx}^{\mathrm{L}}=7829\times10^4\mathrm{mm}^3$
净截面 $W_{nx}^{\mathrm{F}}=5858\times10^4\mathrm{mm}^3$

图 Z16-9

提示: 按《建筑结构可靠性设计统一标准》GB 50068—2018 作答。

27. 在垂直平面内,吊车梁的最大弯矩设计值 $M_{\max}=14442.5\mathrm{kN\cdot m}$。试问,仅考虑

M_{max} 作用时，吊车梁下翼缘的最大拉应力设计值（N/mm²），与下列何项数值最为接近？

(A) 206　　　　(B) 235　　　　(C) 247　　　　(D) 274

28. 在计算吊车梁的强度、稳定性及连接的强度时，应考虑由吊车摆动引起的横向水平力。试问，作用于每个吊车轮压处的横向水平力标准值（kN），应与下列何项数值最为接近？

(A) 11.1　　　(B) 13.9　　　(C) 22.3　　　(D) 35.5

29. 试问，在吊车最大轮压作用下，该吊车梁在腹板计算高度上边缘的局部承压强度（N/mm²），与下列何项数值最为接近？

(A) 78　　　　(B) 71　　　　(C) 62　　　　(D) 53

30. 一台吊车作用时，吊车梁的最大竖向弯矩标准值 $M_{kmax}=5583.5$ kN·m。试问，该吊车梁的最大挠度计算值（mm），与下列何项数值最为接近？

提示：挠度可按近似公式 $v=\dfrac{M_k l^2}{10EI_x}$ 计算。

(A) 10　　　　(B) 14　　　　(C) 18　　　　(D) 22

【题 31】 关于砌体结构有以下说法：

Ⅰ．砌体的抗压强度设计值以龄期为 28d 的毛截面面积计算；

Ⅱ．石材的强度等级应以边长为 150mm 的立方体试块抗压强度表示；

Ⅲ．一般情况下，提高砖的强度等级对增大砌体抗剪强度作用不大；

Ⅳ．当砌体施工质量控制等级为 C 级时，其强度设计值应乘以 0.95 的调整系数。

试判断下列何项均是正确的？

(A) Ⅰ、Ⅲ　　(B) Ⅱ、Ⅲ　　(C) Ⅰ、Ⅳ　　(D) Ⅱ、Ⅳ

【题 32～37】 某多层砌体结构房屋对称轴以左平面如图 Z16-10 所示，各层平面布置

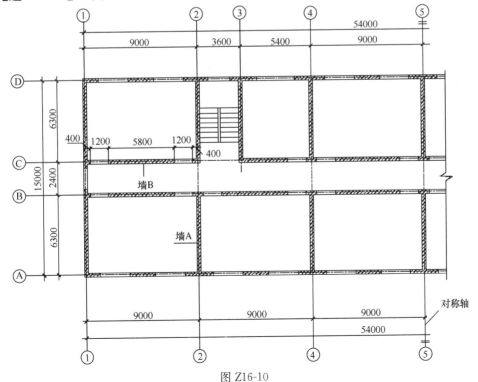

图 Z16-10

相同，各层层高均为 3.60m；底层室内外高差 0.30m，楼、屋盖均为现浇钢筋混凝土板，静力计算方案为刚性方案。采用 MU10 级烧结普通砖、M7.5 级混合砂浆，纵横墙厚度均为 240mm，砌体施工质量控制等级为 B 级。

32. 假定，该建筑为小学教学楼，抗震设防烈度为 7 度，设计基本地震加速度为 $0.15g$。试问，该砌体结构所能建造的最大层数为几层？

提示：按照横墙很少考虑。

(A) 3 　　　　(B) 4 　　　　(C) 5 　　　　(D) 6

33. 假定，该建筑为办公楼，无地下室，地上共 5 层，抗震设防烈度为 7 度，设计基本地震加速度为 $0.15g$，每层建筑物自重标准值（包括墙体、楼面、屋面结构及建筑做法等自重）为 $12kN/m^2$，按等效均布活荷载计算的楼面活荷载标准值为 $2kN/m^2$，屋面活荷载标准值为 $0.5kN/m^2$。试问，采用底部剪力法计算水平地震作用时，全楼结构总重力荷载代表值（kN），与下列何项数值最为接近？

(A) 45000 　　　　(B) 46000 　　　　(C) 53000 　　　　(D) 62000

34. 假定，该建筑为办公楼，抗震设防烈度为 7 度，设计基本地震加速度为 $0.15g$，结构等效总重力荷载代表值为 65000kN。试问，底层墙体总水平地震剪力设计值（kN），与下列何项数值最为接近？

提示：按《建筑与市政工程抗震通用规范》GB 55002—2021 作答。

(A) 5200 　　　　(B) 6800 　　　　(C) 7800 　　　　(D) 11000

35. 假定，二层内纵墙 B 两个门洞高度均为 2100mm。试问，该墙高厚比 $\mu_1\mu_2[\beta]$ 的限值，与下列何项数值最为接近？

(A) 20 　　　　(B) 23 　　　　(C) 26 　　　　(D) 28

36. 假定，二层墙 A（Ⓐ～Ⓑ轴间墙体）对应于重力荷载代表值的砌体线荷载为 235.2kN/m，在②轴交Ⓐ、Ⓑ轴处均设有 240mm×240mm 的构造柱（该段墙体共 2 个构造柱）。试问，该墙段的截面抗震受剪承载力设计值（kN），与下列何项数值最为接近？

提示：根据《砌体结构设计规范》GB 50003—2011 作答。

(A) 200 　　　　(B) 270 　　　　(C) 360 　　　　(D) 400

37. 假定，二层墙 A（Ⓐ～Ⓑ轴间墙体），在②轴交Ⓐ、Ⓑ轴处及该墙段中间均设有 240mm×240mm 的构造柱（该段墙体共 3 个构造柱）。构造柱混凝土强度等级为 C20，每根构造柱均配置 HPB300 级 4ϕ14 的纵向钢筋（$A_{sc}=615mm^2$），砌体沿阶梯形截面破坏的抗剪强度设计值 $f_{vE}=0.25N/mm^2$。试问，该墙段的最大截面抗震受剪承载力设计值（kN），与下列何项数值最为接近？

提示：按《砌体结构设计规范》GB 50003—2011 作答。

(A) 380 　　　　(B) 470 　　　　(C) 510 　　　　(D) 550

【**题 38~40**】某单层单跨无吊车房屋窗间墙，截面尺寸如图 Z16-11 所示；采用 MU15 级蒸压粉煤灰普通砖、Ms7.5 专用砂浆砌筑，施工质量控制等级为 B 级；屋面采用现浇梁、板，基础埋置较深且有刚性地坪；房屋的静力计算方案为刚弹性方案。图中 x 轴通过窗间墙体的截面中心，$y_1=179mm$。

38. 试问，该带壁柱墙的折算厚度（mm），与下列何项数值最为接近？

(A) 380 　　　　(B) 412 　　　　(C) 442 　　　　(D) 502

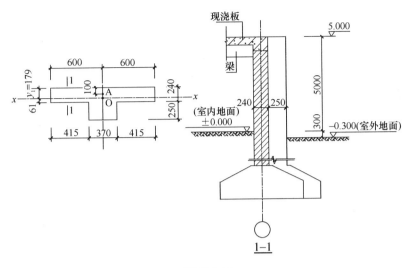

图 Z16-11

39. 试问,该带壁柱墙的计算高度(m),与下列何项数值最为接近?
(A) 5.0 (B) 6.1 (C) 7.0 (D) 7.5

40. 假定,安全等级二级,墙体折算厚度 $h_T=0.395\text{m}$,计算高度为 6.6m。试问,当轴向力作用在该墙截面 A 点时,墙体的受压承载力设计值(kN),与下列何项数值最为接近?
(A) 200 (B) 250 (C) 280 (D) 330

(下午卷)

【题 41~43】 某多层砌体结构房屋中的钢筋混凝土挑梁,置于丁字形截面(带翼墙)的墙体中,墙端部设有 240mm×240mm 的构造柱,局部剖面如图 Z16-12 所示。挑梁截面 $b×h_b=240\text{mm}×400\text{mm}$,墙体厚度为 240mm。作用于挑梁上的静荷载标准值为 $F_k=$

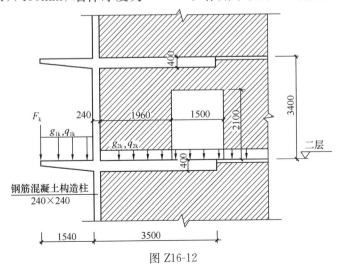

图 Z16-12

$35kN$, $g_{1k}=15.6kN/m$, $g_{2k}=17.0kN/m$, 活荷载标准值 $q_{1k}=9kN/m$, $q_{2k}=7.2kN/m$, 挑梁自重标准值为 $2.4kN/m$, 墙体自重标准值为 $5.24kN/m^2$。砌体采用 MU10 烧结普通砖、M5 混合砂浆砌筑，砌体施工质量控制等级为 B 级。

提示： 按《建筑结构可靠性设计统一标准》GB 50068—2018 作答。

41. 试问，二层挑梁的倾覆弯矩设计值（kN·m），与下列何项数值最为接近？
 (A) 100 (B) 105 (C) 110 (D) 120

42. 试问，二层挑梁的抗倾覆力矩设计值（kN·m），与下列何项数值最为接近？
 (A) 100 (B) 110 (C) 120 (D) 130

43. 假定，挑梁根部未设构造柱，但仍有翼墙。试问，二层挑梁下砌体的最大局部受压承载力设计值（kN），与下列何项数值最为接近？
 (A) 150 (B) 180 (C) 200 (D) 260

【题 44～46】 某多层砌体结构的内墙长 5m，采用 190mm 厚单排孔混凝土小型空心砌块对孔砌筑，砌块强度等级为 MU10，水泥砂浆强度等级为 Mb10，砌体施工质量控制等级为 B 级。该层墙体计算高度为 3.0m，轴向力偏心距 $e=0$；静力计算方案为刚性方案。

提示： 按《砌体结构设计规范》GB 50003—2011 作答。

44. 试问，该层每延米墙长墙体的受压承载力设计值（kN/m），与下列何项数值最为接近？
 (A) 230 (B) 270 (C) 320 (D) 360

45. 假定，该层墙体采用灌孔砌筑，砌块的孔洞率为 45%，砌块砌体的灌孔率为 70%，灌孔混凝土的强度等级为 Cb20。试问，该墙体的抗压强度设计值 f_g（MPa），与下列何项数值最为接近？
 (A) 4.3 (B) 4.6 (C) 4.9 (D) 5.2

46. 假定，该层墙体采用灌孔砌筑，砌块砌体中灌孔混凝土面积和砌体毛截面积的比值为 33%，灌孔混凝土的强度等级为 Cb40。试问，该墙体的抗剪强度设计值 f_{vg}（MPa），与下列何项数值最为接近？
 (A) 0.40 (B) 0.45 (C) 0.51 (D) 0.56

【题 47】 关于木结构设计，有以下论述：
Ⅰ. 对原木构件，验算挠度和稳定时，可取构件的中央截面；
Ⅱ. 对原木构件，若验算部位未经切削，弹性模量可提高 20%；
Ⅲ. 木桁架制作时应按其跨度的 1/250 起拱；
Ⅳ. 当木桁架采用木檩条时，桁架间距不宜大于 4m。
试问，下列何项正确？
 (A) Ⅰ、Ⅱ (B) Ⅱ、Ⅲ (C) Ⅱ、Ⅳ (D) Ⅰ、Ⅳ

【题 48】 一未经切削的欧洲赤松（TC17B）原木简支檩条，标注直径为 120mm，支座间的距离为 4m。该檩条的安全等级为二级，设计使用年限为 50 年。试问，按照抗弯强度控制时，该檩条所能承担的荷载基本组合时的最大均布荷载设计值（kN/m），与下列何项数值最为接近？

提示： 不考虑檩条的自重。
 (A) 2.0 (B) 2.5 (C) 3.0 (D) 3.5

【题 49～52】 某土坡高差 4.3m，采用浆砌块石重力式挡土墙支挡，如图 Z16-13 所示。墙底水平，墙背竖直光滑；墙后填土采用粉砂，土对挡土墙墙背的摩擦角 $\delta=0$，地下水位在挡墙顶部地面以下 5.5m。

提示：朗肯土压力理论主动土压力系数 $k_a = \tan^2\left(45° - \dfrac{\varphi}{2}\right)$

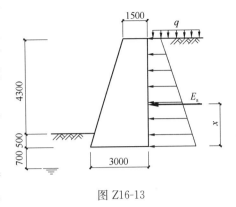

图 Z16-13

49. 粉砂的重度 $\gamma=18\text{kN/m}^3$，内摩擦角 $\varphi=25°$，黏聚力 $c=0$，地面超载 $q=15\text{kPa}$。试问，按朗肯土压力理论计算时，作用在墙背的主动土压力每延米的合力 E_a（kN），与下列何项数值最为接近？

(A) 95　　　(B) 105　　　(C) 115　　　(D) 125

50. 条件同 49 题，试问，按《建筑地基基础设计规范》GB 50007—2011，计算作用在挡土墙上的主动土压力时，主动土压力系数 k_a，与下列何项数值最为接近？

提示：本题中 $k_a = k_q \cdot \dfrac{1-\sin\varphi}{1+\sin\varphi}$。

(A) 0.40　　　(B) 0.45　　　(C) 0.50　　　(D) 0.55

51. 假定，作用在挡土墙上的主动土压力每延米合力为 116kN，合力作用点与挡墙底面的垂直距离 $x=1.9$m，挡土墙的重度 $\gamma=25\text{kN/m}^3$。试问，当不考虑墙前被动土压力的作用时，挡土墙的抗倾覆安全系数（抵抗倾覆与倾覆作用的比值），与下列何项数值最为接近？

(A) 1.8　　　(B) 2.2　　　(C) 2.6　　　(D) 3.0

52. 条件同 51 题。土对挡土墙基底的摩擦系数 $\mu=0.6$。试问，当不考虑墙前被动土压力的作用时，挡土墙的抗滑移安全系数（抵抗滑移与滑移作用的比值），与下列何项数值最为接近？

(A) 1.2　　　(B) 1.3　　　(C) 1.4　　　(D) 1.5

【题 53～55】 某主要受风荷载作用的框架结构柱，桩基承台下布置有 4 根 $d=500$mm 的长螺旋钻孔灌注桩。承台及其以上土的加权平均重度 $\gamma=20\text{kN/m}^3$。承台的平面尺寸、桩位布置等如图 Z16-14 所示。

提示：根据《建筑桩基技术规范》JGJ 94—2008 作答，$\gamma_0=1.0$。

53. 初步设计阶段，要求基桩的竖向抗压承载力特征值不低于 600kN。试问，基桩进入⑤层粉土的最小深度（m），与下列何项数值最为接近？

(A) 1.5　　　(B) 2.0　　　(C) 2.5　　　(D) 3.5

54. 假定，在 W-1 方向风荷载效应标准组合下，传至承台顶面标高的控制内力为：竖向力 $F_k=680$kN，弯矩 $M_{xk}=0$，$M_{yk}=1100\text{kN·m}$，水平力可忽略不计。试问，为满足承载力要求，所需单桩竖向抗压承载力特征值 R_a（kN）的最小值，与下列何项数值最为接近？

(A) 360　　　(B) 450　　　(C) 530　　　(D) 600

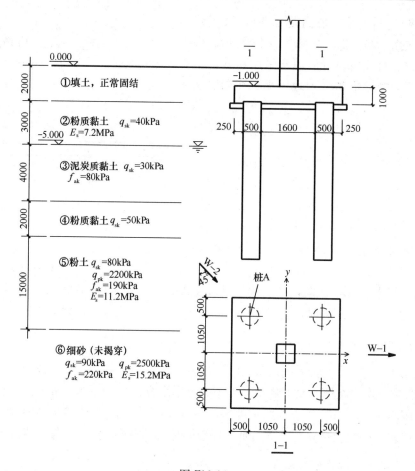

图 Z16-14

55. 假定，在 W-2 方向风荷载效应标准组合下，传至承台顶面标高的控制内力为：竖向力 $F_k=560$kN，弯矩 $M_{xk}=M_{yk}=800$kN·m，水平力可忽略不计。试问，基桩 A 所受的竖向力标准值（kN），与下列何项数值最为接近？

(A) 150（受压）　　(B) 300（受压）　　(C) 150（受拉）　　(D) 300（受拉）

【题 56、57】某抗震等级为二级的钢筋混凝土结构框架柱，其纵向受力钢筋（HRB400）的直径为 25mm，采用钢筋混凝土扩展基础，基础底面形状为正方形，基础中的插筋构造如图 Z16-15 所示，基础的混凝土强度等级为 C30。

56. 试问，当锚固长度修正系数 ζ_a 取 1.0 时，柱纵向受力钢筋在基础内锚固长度 L（mm）的最小取值，与下列何项数值最为接近？

(A) 800　　(B) 900
(C) 1100　　(D) 1300

57. 基础有效高度 $h_0=1450$mm，试问，根据最小配筋率确定的一个方向配置的受力钢筋面积（mm²），与下列何项数值

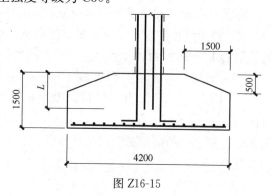

图 Z16-15

最为接近?

提示: 按《建筑地基基础设计规范》GB 50007—2011 作答。

(A) 7000　　　(B) 8300　　　(C) 9000　　　(D) 10300

【题 58~61】 某单层临街商铺,屋顶设置花园,荷载分布不均匀,砌体承重结构,采用墙下条形基础,抗震设防烈度为 7 度,设计基本地震加速度为 0.15g。基础剖面、土层分布及部分土层参数如图 Z16-16 所示。

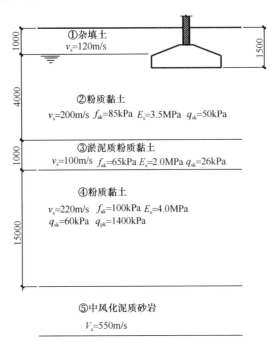

图 Z16-16

58. 试问,建筑的场地类别为下列何项?

(A) I_1 类场地　　(B) II 类场地　　(C) III 类场地　　(D) IV 类场地

59. 初步设计时,商铺部位拟采用水泥搅拌桩地基处理方案,搅拌桩桩径 600mm,面积置换率 $m=15\%$,桩端进入④层粉质黏土一定深度,综合考虑桩身强度和土层性质后,单桩竖向承载力特征值取 140kN,单桩承载力发挥系数 $\lambda=1.0$,桩间土承载力发挥系数为 0.4,处理前后桩间土承载力特征值不变。试问,根据《建筑地基处理技术规范》JGJ 79—2012 对处理后的地基进行变形计算时,②层粉质黏土复合土层的压缩模量(MPa)取值,与下列何项数值最为接近?

(A) 3.8　　　(B) 4.2　　　(C) 4.6　　　(D) 5.0

60. 假定,该项目采用预制管桩基础。试问,按照《建筑桩基技术规范》JGJ 94—2008 进行变形计算时,桩基变形指标由下列何项控制?

(A) 沉降量　　(B) 沉降差　　(C) 整体倾斜　　(D) 局部倾斜

61. 假定,该项目采用敞口管桩,桩长为 10m,桩端进入持力层④层粉质黏土 5.5m,桩外径 500mm,壁厚 100mm,混凝土强度等级 C60。试问,根据《建筑桩基技术规范》JGJ 94—2008,初步设计时,按土的承载力参数确定的单桩承载力特征值(kN),与下列何项数值最为接近?

(A) 500　　　(B) 750　　　(C) 1000　　　(D) 1250

【题 62】 某工程所处的环境为海风环境,地下水、土具有弱腐蚀性。试问,下列关于桩身裂缝控制的观点中,何项是不正确的?

(A) 采用预应力混凝土桩作为抗拔桩时,裂缝控制等级为二级
(B) 采用预应力混凝土桩作为抗拔桩时,裂缝宽度限值为 0
(C) 采用钻孔灌注桩作为抗拔桩时,裂缝宽度限值为 0.2mm
(D) 采用钻孔灌注桩作为抗拔桩时,裂缝控制等级应为三级

【题 63】 试问,下列关于膨胀土地基中桩基设计的主张中,何项是不正确的?

(A) 桩端进入膨胀土的大气影响急剧层以下的深度,应满足抗拔稳定性验算要求,且不得小于 4 倍桩径及 1 倍扩大端直径,最小深度应大于 1.5m
(B) 为减小和消除膨胀对桩基的作用,宜采用钻(挖)孔灌注桩
(C) 确定基桩竖向极限承载力时,应按照当地经验,对膨胀深度范围的桩侧阻力适当折减
(D) 应考虑地基土的膨胀作用,验算桩身受拉承载力

【题 64】 关于大面积压实填土地基的下列主张,其中何项是正确的?

(A) 基础埋深的地基承载力修正系数应取 0
(B) 基础埋深的地基承载力修正系数应取 1.0
(C) 对于干密度为 $2.0t/m^3$ 的级配砂石,基础埋深的地基承载力修正系数可取 2.0
(D) 基础宽度的地基承载力修正系数应取 0

【题 65】 高层钢筋混凝土框架结构抗震设计时,关于砌体填充墙及隔墙的抗震构造措施,下述何项说法不准确?

(A) 应采取措施减少对主体结构的不利影响,并应设置拉结筋、水平系梁、圈梁、构造柱等与主体结构可靠拉结
(B) 刚性非承重墙体的布置,应避免使结构形成刚度和强度分布上的突变
(C) 非楼梯间或人流通道的砌体填充墙,墙长大于 8m 或层高的 2 倍时,宜设置间距不大于 4m 的钢筋混凝土构造柱
(D) 楼梯间砌体填充墙,应设置间距不大于层高的钢筋混凝土构造柱,并应采用钢丝网砂浆面层加强

【题 66】 下列关于高层钢筋混凝土结构抗震分析的一些观点,其中何项相对准确?

(A) 体型复杂、结构布置复杂的高层建筑结构应采用至少两个三维空间分析软件进行整体内力位移计算
(B) 计算中可不考虑楼梯构件的影响
(C) 6 度抗震设计时,高位连体结构的连接体宜考虑竖向地震的影响
(D) 结构楼层层间位移角控制时,不规则结构的楼层位移计算应考虑偶然偏心的影响

【题 67】 某现浇钢筋混凝土框架-剪力墙结构,房屋高度 56m,丙类建筑,抗震设防烈度 7 度,设计基本地震加速度为 $0.15g$,建筑场地类别为Ⅳ类,在规定的水平力作用下结构底层框架承受的地震倾覆力矩大于结构总地震倾覆力矩的 50% 且小于 80%。试问,

设计计算分析时框架的抗震等级宜为下列何项?

(A) 一级   (B) 二级   (C) 三级   (D) 四级

【题 68～70】 某 12 层现浇钢筋混凝土框架-剪力墙结构,建筑平面为矩形,各层层高 4m,房屋高度 48.3m,质量和刚度沿高度分布比较均匀,且对风荷载不敏感。抗震设防烈度 7 度,丙类建筑,设计地震分组为第一组,Ⅱ类建筑场地,填充墙采用普通非黏土类砖墙。

68. 对该建筑物进行多遇水平地震作用分析时,需输入的 3 个计算参数分别为:连梁刚度折减系数 S_1;竖向荷载作用下框架梁梁端负弯矩调幅系数 S_2;计算自振周期折减系数 S_3。试问,下列各组参数中(依次为 S_1、S_2、S_3),其中哪一组相对准确?

(A) 0.4;0.8;0.7   (B) 0.5;0.7;0.7

(C) 0.6;0.9;0.9   (D) 0.5;0.8;0.7

69. 假定,方案比较时,由于结构布置的不同,形成四个不同的抗震结构方案。四种方案中与限制结构扭转效应有关的主要数据见表 Z16-4。其中,T_1 为平动为主的第一自振周期;T_t 为结构扭转为主的第一自振周期;u_{max} 为考虑偶然偏心影响的,规定水平地震作用下最不利楼层竖向构件的最大水平位移;$\bar{u}$ 为相应于 u_{max} 的楼层水平位移平均值。试问,如果仅从限制结构的扭转效应方面考虑,下列哪一种方案对抗震最为有利?

表 Z16-4

方案	T_1 (s)	T_t (s)	u_{max} (mm)	$\bar{u}$ (mm)
方案 A	0.81	0.62	28	22
方案 B	0.75	0.70	36	26
方案 C	0.70	0.60	28	25
方案 D	0.68	0.65	38	26

(A) 方案 A   (B) 方案 B   (C) 方案 C   (D) 方案 D

70. 第 8 层楼面的某框架梁,其截面尺寸为 $b \times h = 300mm \times 600mm$,梁端弯矩计算值如下:重力荷载代表值作用下 $M_{GE} = -75kN \cdot m$;风荷载作用下 $M_{wk} = \pm 62kN \cdot m$;考虑地震作用调整后水平地震作用下 $M_{Ehk} = \pm 105kN \cdot m$。试问,有地震作用效应组合时,该梁端截面负弯矩设计值(kN·m),与下列何项数值最为接近?

提示:①不考虑梁端弯矩调幅;

    ②按《建筑与市政工程抗震通用规范》GB 55002—2021 作答。

(A) 200   (B) 230   (C) 250   (D) 310

【题 71】 抗震设防烈度 8 度区,某剪力墙结构底部加强部位墙肢截面如图 Z16-17 所示,其轴压比 $\mu_N = 0.32$,抗震等级为一级。试问,该边缘构件阴影部分沿墙肢长度方向尺寸 L (mm),选用下列何项数值符合规范、规程的最低构造要求?

(A) 400   (B) 500   (C) 600   (D) 700

【题 72、73】 某剪力墙开洞后形成的连梁,其截面尺寸为 $b_b \times h_b = 250mm \times 800mm$,连梁净跨 $l_n = 1800mm$,抗震等级为二级,混凝土强度等级为 C35,箍筋采用 HRB400。

提示:按《高层建筑混凝土结构技术规程》JGJ 3—2010 作答。

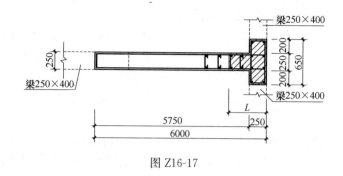

图 Z16-17

72. 假定，该连梁有地震作用组合时的支座弯矩设计值（逆时针为正）如下：组合工况一：左端 $M_b^l = -165 \text{kN} \cdot \text{m}$，右端 $M_b^r = -225 \text{kN} \cdot \text{m}$；组合工况二：左端 $M_b^l = 305 \text{kN} \cdot \text{m}$，右端 $M_b^r = 115 \text{kN} \cdot \text{m}$。在重力荷载代表值作用下，按简支梁计算的梁端剪力设计值 $V_{Gb} = 100 \text{kN}$。试问，该连梁的剪力设计值（kN），与下列何项数值最为接近？

(A) 320　　　　(B) 335　　　　(C) 360　　　　(D) 380

73. 假定，该连梁有地震作用组合时的剪力设计值为 $V_b = 500 \text{kN}$（已经"强剪弱弯"调整）。试问，该连梁计算的梁端箍筋 A_{sv}/s（mm²/mm）最小值，与下列何项数值最为接近？

提示：①计算时，连梁纵筋的 $a_s = a_s' = 35 \text{mm}$，$\dfrac{1}{\gamma_{RE}}(0.15\beta_c f_c b_b h_{b0}) = 563.6 \text{kN}$；

②箍筋配置满足规范、规程规定的构造要求。

(A) 1.10　　　　(B) 1.30　　　　(C) 1.50　　　　(D) 1.55

【**题 74、75**】某 14 层现浇钢筋混凝土框架-剪力墙结构，质量和刚度沿高度分布比较均匀，框架柱数量保持不变，房屋高度 55.4m，抗震设防烈度为 8 度，框架抗震等级为二级，剪力墙抗震等级为一级。

74. 假定，对应于水平地震作用标准值，结构基底总剪力 $V_0 = 16000 \text{kN}$，各层框架所承担的未经调整的地震总剪力中的最大值 $V_{f,\max} = 2400 \text{kN}$，某楼层框架承担的未经调整的地震总剪力 $V_f = 1850 \text{kN}$；该楼层某根柱调整前的柱底内力标准值为：弯矩 $M = \pm 320 \text{kN} \cdot \text{m}$，剪力 $V = \pm 85 \text{kN}$。试问，调整后，该柱应采用的内力标准值，与下列何项数值最为接近？

提示： 楼层剪重比满足规程关于楼层最小地震剪力系数（剪重比）的要求。

(A) $M = \pm 320 \text{kN} \cdot \text{m}$，$V = \pm 85 \text{kN}$　　(B) $M = \pm 420 \text{kN} \cdot \text{m}$，$V = \pm 110 \text{kN}$

(C) $M = \pm 560 \text{kN} \cdot \text{m}$，$V = \pm 150 \text{kN}$　　(D) $M = \pm 630 \text{kN} \cdot \text{m}$，$V = \pm 170 \text{kN}$

75. 该结构首层某双肢剪力墙中的墙肢 1 和墙肢 2，在同一方向水平地震作用下，内力组合后墙肢 1 出现大偏心受拉，墙肢 2 在水平地震作用下的剪力标准值为 480kN。假定，不考虑墙肢 2 在其他作用下产生的剪力，试问，考虑地震作用组合的墙肢 2 首层剪力设计值（kN），与下列何项数值最为接近？

提示：①按《建筑与市政工程抗震通用规范》GB 55002—2021 作答；
②按《高层建筑混凝土结构技术规程》JGJ 3—2010 作答。

(A) 1350　　　　(B) 1250　　　　(C) 1000　　　　(D) 960

【题 76～78】 某现浇钢筋混凝土部分框支剪力墙结构,房屋高度 49.8m,地下 1 层,地上 16 层,首层为转换层(二层楼面设置转换梁),纵横向均有不落地剪力墙。抗震设防烈度为 8 度,丙类建筑,地下室顶板作为上部结构的嵌固部位。地下一层、首层层高 4.5m,混凝土强度等级采用 C50;其余各层层高均为 3.0m,混凝土强度等级采用 C35。

76. 假定,该结构首层剪力墙的厚度为 300mm。试问,剪力墙底部加强部位的设置高度和首层剪力墙水平分布钢筋取下列何项时,才能满足《高层建筑混凝土结构技术规程》JGJ 3—2010 的最低抗震构造要求?

(A) 剪力墙底部加强部位设至 2 层楼板顶(7.5m 标高);首层剪力墙水平分布筋采用双排⊈10@200

(B) 剪力墙底部加强部位设至 2 层楼板顶(7.5m 标高);首层剪力墙水平分布筋采用双排⊈12@200

(C) 剪力墙底部加强部位设至 3 层楼板顶(10.5m 标高);首层剪力墙水平分布筋采用双排⊈10@200

(D) 剪力墙底部加强部位设至 3 层楼板顶(10.5m 标高);首层剪力墙水平分布筋采用双排⊈12@200

77. 假定,首层有 7 根截面尺寸为 1000mm×1000mm 框支柱(全部截面面积 A_{c1}=7.0m²),二层横向剪力墙有效截面面积 A_{w2}=18.0m²。试问,满足《高层建筑混凝土结构技术规程》JGJ 3—2010 侧向刚度变化要求的,首层横向落地剪力墙的最小有效截面面积 A_{w1}(m²),与下列何项数值最为接近?

提示:$G=0.4E_c$。

(A) 9.0　　(B) 10.0　　(C) 11.5　　(D) 13.0

78. 假定,某框支柱(截面 1000mm×1000mm)考虑地震组合的轴压力设计值 N=19250kN,混凝土强度等级改为 C60,箍筋采用 HRB400。试问,柱箍筋(复合箍)满足抗震构造要求的最小体积配箍率 ρ_v,与下列何项数值最为接近?

提示:采取有效措施框支柱的轴压比满足抗震要求。

(A) 1.3%　　(B) 1.4%　　(C) 1.5%　　(D) 1.6%

【题 79、80】 某大城市郊区一高层建筑,平面外形为正六边形,采用钢筋混凝土框架-核心筒结构,地上 28 层,地下 2 层,地面以上高度为 90m,屋面有小塔架,如图 Z16-18 所示。

提示:按《高层建筑混凝土结构技术规程》JGJ 3—2010 作答,可忽略扭转影响。

79. 假定,已求得 90m 高度屋面处的风振系数为 1.36,风压高度变化系数 μ_{90}=1.93,50 年一遇基本风压 w_0=0.7kN/m²。试问,按承载力计算主体结构的风荷载效应时,90m 高度屋面处的水平风荷载标准值 w_k(kN/m²),与下列何项数值最为接近?

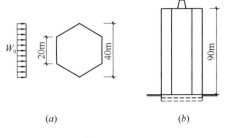

图 Z16-18

(a) 建筑平面示意图;(b) 建筑立面示意图

(A) 2.2　　(B) 2.7　　(C) 3.0　　(D) 3.3

80. 假定，作用于 90m 高度屋面处的水平风荷载标准值 $w_k=2.5\text{kN/m}^2$；由突出屋面小塔架的风荷载产生的作用于屋面的水平剪力标准值 $\Delta P_{90}=250\text{kN}$，弯矩标准值 $\Delta M_{90}=750\text{kN}\cdot\text{m}$；风荷载沿高度按倒三角形分布（地面处为 0）。试问，在建筑物底部（地面处）风荷载产生的倾覆力矩的设计值（kN·m），与下列何项数值最为接近？

提示：按《建筑结构可靠性设计统一标准》GB 50068—2018 作答。

(A) 293250　　　(B) 379050　　　(C) 410550　　　(D) 440000

2017 年真题

（上午卷）

【题 1~5】 某非寒冷地区现浇钢筋混凝土室外板式楼梯，剖面图及计算简图如图 Z17-1 所示，混凝土强度等级为 C30，纵向受力钢筋及分布钢筋均采用 HRB400（Φ）。

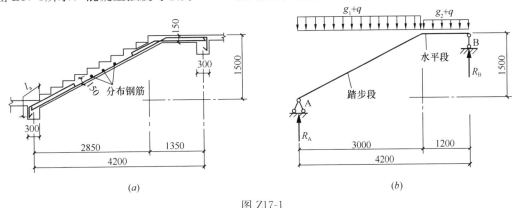

图 Z17-1
(a) 剖面图；(b) 计算简图

1. 假定，每米宽楼梯板水平投影方向折算均布荷载标准值分别为：恒荷载 $g_1 = 7.0 \text{kN/m}$，$g_2 = 5.0 \text{kN/m}$；活荷载 $q = 3.5 \text{kN/m}$。试问，在荷载基本组合下，每米宽楼梯板在支座 A 处的最大反力设计值 R_A（kN），与下列何项数值最为接近？

提示：按《工程结构通用规范》GB 55001—2021 作答。

(A) 22　　　　(B) 25　　　　(C) 28　　　　(D) 30

2. 假定，每米宽楼梯板在支座 A 处的最大反力设计值 $R_A = 25 \text{kN}$，踏步段水平投影方向均布荷载设计值为 12.5kN/m，试问，每米宽楼梯跨中最大弯矩设计值 $M_{\max}$（kN·m）与下列何项数值最为接近？

(A) 22　　　　(B) 25　　　　(C) 28　　　　(D) 32

3. 假定，每米宽楼梯板跨中荷载基本组合的最大弯矩设计值 $M_{\max} = 28.5 \text{kN·m}$。试问，该楼梯板的跨中受力钢筋配置，选用下列何项最为合适？

提示：按《混凝土结构通用规范》GB 55008—2021 作答。

(A) $\Phi 12@200$　　(B) $\Phi 12@150$　　(C) $\Phi 12@120$　　(D) $\Phi 12@100$

4. 假定，楼梯板跨中受力钢筋配置为 $\Phi 14@150$，试问，该楼梯板分布钢筋配置，选用下列何项最为合适？

(A) $\Phi 8@300$　　　　　　　　(B) $\Phi 8@250$
(C) $\Phi 8@200$　　　　　　　　(D) $\Phi 8@150$

5. 假定，楼段板支座 A 处板面所配负筋为 $\Phi 14@200$，试问，该支座负筋的最小锚固

长度 l_a（mm），与下列何项数值最为接近？

提示：假定按充分利用钢筋的抗拉强度计算受拉锚固长度。

(A) 350　　　　(B) 400　　　　(C) 450　　　　(D) 500

【题 6、7】 某钢筋混凝土梁截面 $b \times h = 250\text{mm} \times 600\text{mm}$，受弯剪扭作用。混凝土强度等级为 C30，纵向钢筋采用 HRB400（Φ），箍筋采用 HPB300 级钢筋（ϕ），$a_s = 40\text{mm}$。

6. 假定，经计算，受扭纵筋总面积为 600mm^2，梁下部按受弯承载力计算的纵向受拉钢筋面积为 610mm^2，初步确定梁截面两侧各布置 2 根受扭纵筋（沿梁高均匀布置）。试问，该梁的下部纵向钢筋配置，选用下列何项最为恰当？

提示：受扭纵筋沿截面周边均匀布置，受扭纵筋截面中心至梁截面边距可按 a_s 取用；不需要验算最小配筋率。

(A) 3Φ22　　(B) 3Φ20　　(C) 3Φ18　　(D) 3Φ16

7. 假定，该梁非独立梁，梁端剪力设计值 $V = 60\text{kN}$，计算所得 $A_{st1}/s = 0.15\text{mm}$（$A_{st1}$ 为沿截面周边配置的受扭箍筋单肢截面面积，s 为箍筋间距）。试问，该梁箍筋的配置（双肢），选用下列何项最为合理？

(A) $\phi6@200$　　(B) $\phi8@200$　　(C) $\phi8@150$　　(D) $\phi10@200$

【题 8】 假定，某梁的弯矩包络图形状如图 Z17-2 所示，采用 C30 混凝土，HRB400 钢筋，右端悬挑跨负弯矩钢筋（4Φ20）在支座内侧的同一位置截断且不下弯，试问，该负弯矩钢筋伸过支座 A 的最小长度 a（mm），与下列何项数值最为接近？

提示：$V < 0.7 f_t b h_0$。

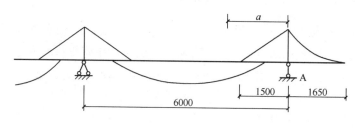

图 Z17-2

(A) 1500　　　(B) 1650　　　(C) 1900　　　(D) 2100

【题 9~11】 某四层钢筋混凝土框架结构，计算简图如图 Z17-3 所示。抗震设防类别为丙类，抗震设防烈度为 8 度（0.2g），Ⅱ类场地，设计地震分组为第一组，第一自振周期 $T_1 = 0.55\text{s}$。一至四层的楼层侧向刚度 K_1、K_2、K_3、K_4 依次为：$1.7 \times 10^5 \text{N/mm}$、$1.8 \times 10^5 \text{N/mm}$、$1.6 \times 10^5 \text{N/mm}$、$1.6 \times 10^5 \text{N/mm}$；各层顶重力荷载代表值 G_1、G_2、G_3、G_4 依次为：2100kN、1800kN、1800kN、1900kN。

9. 假定，阻尼比为 0.05，试问，结构总水平地震作用标准值 F_{Ek}（kN），与下列何项数值最为接近？

提示：采用底部剪力法进行计算。

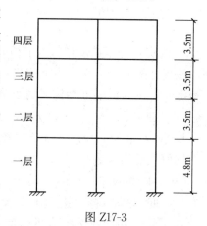

图 Z17-3

(A) 690　　　　　　(B) 780　　　　　　(C) 810　　　　　　(D) 860

10. 假定，结构总水平地震作用标准值 $F_{Ek}=800$kN，试问，作用在二层顶面的水平地震作用标准值 F_2（kN），与下列何项数值最为接近？

(A) 130　　　　　　(B) 140　　　　　　(C) 150　　　　　　(D) 160

11. 假定，作用在一、二、三、四层顶面的水平地震作用标准值分别为：120kN、150kN、180kN、280kN。试问，该结构底层与顶层的层间位移 u_1、u_4（mm），分别与下列何组数值最为接近？

提示：不考虑扭转影响。

(A) 0.7，1.8　　　　　　　　　　(B) 0.7，4.6
(C) 4.3，1.8　　　　　　　　　　(D) 4.3，4.6

【题 12、13】 8度区抗震等级为一级的某框架结构的中柱如图 Z17-4 所示，建筑场地类别为Ⅱ类，混凝土强度等级为 C60，柱纵向受力钢筋及箍筋均采用 HRB400（Φ），采用井字复合箍筋，箍筋肢距相等，柱纵筋保护层厚度 $c=40$mm，截面有效高度 $h_0=750$mm，柱轴压比 0.55，柱端截面组合的弯矩计算值 $M^c=250$kN·m，与其对应的组合计算值 $V^c=182.5$kN。

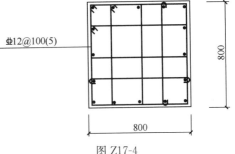

图 Z17-4

12. 试问，该柱箍筋加密区的体积配筋率与其最小体积配筋率的比值（$\rho_v/\rho_{v,min}$），与下列何项数值最为接近？

提示：不考虑箍筋重叠部分面积。

(A) 1.0　　　　　　(B) 1.3　　　　　　(C) 1.6　　　　　　(D) 2.0

13. 假定，柱截面剪跨比 $\lambda=1.7$，试问，按柱轴压比限值控制，该柱可以承受的最大轴向压力设计值 N（kN），与下列何项最为接近？

(A) 11400　　　　　(B) 12300　　　　　(C) 13200　　　　　(D) 14100

【题 14、15】 某设计使用年限为 50 年的混凝土现浇剪力墙结构，一类环境，抗震等级为二级，底层某剪力墙墙肢截面尺寸 $b_w \times h_w = 200\text{mm} \times 4500\text{mm}$，混凝土强度等级为 C35，水平及竖向分布钢筋均采用 Φ10@200，且水平钢筋布置在外侧，如图 Z17-5 所示。

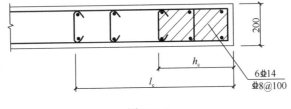

图 Z17-5

14. 假定，该墙肢轴压比为 0.45，首层可按构造要求设置约束边缘构件。试问，该约束边缘构件阴影部分的长度 h_c（mm），至少为下列何项数值？

(A) 400　　　　　　(B) 450　　　　　　(C) 500　　　　　　(D) 550

15. 试问，该墙体边缘构件纵向受力钢筋保护层最小值 c（mm），应与下列何项数值最为接近？

(A) 15　　　　(B) 20　　　　(C) 25　　　　(D) 30

【题16】 下列关于钢筋混凝土梁配筋构造的要求，何项不正确？

(A) 在钢筋混凝土悬挑梁中，应有不少于2根上部钢筋伸至悬挑梁外端，并向下弯折不小于12d

(B) 在钢筋混凝土悬挑梁中，上部纵向钢筋的第二排钢筋，当承载力计算满足要求时，可在梁的上部截断

(C) 按承载力计算不需要箍筋的梁，当截面高度大于300mm时，应沿梁全长设置构造箍筋

(D) 截面高度大于800mm的梁，箍筋直径不宜小于8mm

【题17】 预应力混凝土结构及构件的抗震计算时，下列说法何项正确？

(A) 结构的阻尼比宜取0.03

(B) 在地震组合中，预应力作用分项系数，取1.2

(C) 结构重要性系数，对地震设计状态下应取1.0

(D) 预应力筋穿过框架节点核心区的截面抗震受剪承载力不考虑有效预加力的有利影响

【题18】 关于混凝土施工，下述何项正确？

(A) 直径为25mm的HRB500钢筋，钢筋弯折的弯弧内直径不应小于100mm

(B) 梁需起拱时，底模应根据相关要求起拱。跨中部位的侧模高度可根据起拱值适当减小

(C) 先张法预应力构件中的预应力筋不允许出现断裂或滑脱

(D) 后浇带处的模板及支架应与相邻部位的模板及支架连成整体，不应独立设置

【题19～25】 某车间为单跨厂房，跨度16m，柱距7m，总长63m，厂房两侧设有通长的屋盖纵向水平支撑。柱下端刚性固定。其结构体系及剖面如图Z17-6所示，屋面及墙面采用彩板，刚架、檩条采用Q235B钢，手工焊接使用E43型焊条。刚架的斜梁及柱均采用双轴对称焊接工字形钢（翼缘为轧制），斜梁截面为HA500×300×10×12，其截面特性为：$A=119.6×10^2 mm^2$，$I_x=51862×10^4 mm^4$，$W_x=2074.5×10^3 mm^3$，$W_y=360.3×10^3 mm^3$；刚

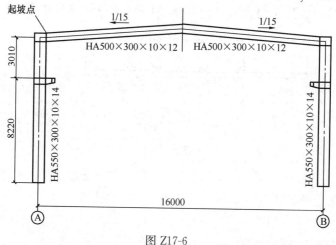

图 Z17-6

架柱截面为 HA550×300×10×14，其截面特性为：$A=136.2×10^2\text{mm}^2$，$I_x=72199×10^4\text{mm}^4$，$W_x=2625.4×10^3\text{mm}^3$，$W_y=420.3×10^3\text{mm}^3$，$i_x=230.2\text{mm}$，$i_y=68.0\text{mm}$。

19. 假定，屋面檩条两端为简支，水平投影间距为 3500mm，采用焊接轻型 H 钢 H250×125×4.5×6，其截面特性为：$A=2571\text{mm}^2$，$I_x=2739×10^4\text{mm}$，$W_x=219.1×10^3\text{mm}^3$，$W_y=31.3×10^3\text{mm}^3$。檩条在垂直屋面及平行屋面方向上的弯矩设计值分别为 $M_x=31.7\text{kN·m}$，$M_y=0.79\text{kN·m}$。试问，强度验算时，其截面最大弯曲应力设计值（N/mm^2），与下列何项数值最为接近？

提示：不考虑截面削弱。

(A) 140　　　(B) 150　　　(C) 160　　　(D) 170

20. 设计条件同题 19。假定，沿屋面竖向均布荷载标准值为 1.1kN/m^2。试问，垂直屋面方向的檩条跨中挠度值与其跨度之比，与下列何项数值最为接近？

(A) 1/330　　(B) 1/280　　(C) 1/260　　(D) 1/220

21. 假定，刚架斜梁的绕强轴弯矩及轴向压力设计值分别为 $M_x=302\text{kN·m}$，$N=54\text{kN}$。试问，刚架斜梁强度验算时，计算截面上压应力设计值（N/mm^2），与下列何项数值最为接近？

提示：不考虑截面削弱；$\alpha_0=1.94$。

(A) 130　　　(B) 145　　　(C) 160　　　(D) 175

22. 试问，框架平面内，柱的计算长度系数与下列何项数值最为接近？

提示：忽略坡度影响。

(A) 1.04　　　(B) 1.17　　　(C) 1.30　　　(D) 1.43

23. 刚架柱的弯矩及轴向压力设计值分别为 $M_x=363\text{kN·m}$，$N=360\text{kN}$；假定，刚架柱在弯矩作用平面内计算长度为 $l_{0x}=13.2\text{m}$。试问，对刚架柱进行弯矩作用平面内整体稳定性验算时，柱截面压应力设计值（N/mm^2），与下列何项数值最为接近？

提示：$\left(1-0.8\dfrac{N}{N'_{Ex}}\right)=0.962$；等效弯矩系数 $\beta_{mx}=1.0$；$\alpha_0=1.66$。

(A) 140　　　(B) 160　　　(C) 170　　　(D) 180

24. 设计条件同题 23。假定，刚架柱在弯矩作用平面外的计算长度 $l_{0y}=4030\text{mm}$，轴心受压构件稳定系数 $\varphi_y=0.713$。试问，对刚架柱进行弯矩作用平面外整体稳定性验算时，柱截面压应力设计值（N/mm^2），与下列何项数值最为接近？

提示：等效弯矩系数 $\beta_{tx}=1.0$。

(A) 140　　　(B) 150
(C) 160　　　(D) 180

25. 假定，梁柱节点弯矩设计值 $M=302\text{kN·m}$，节点域柱腹板厚度 $t_w=12\text{mm}$，连接构造如图 Z17-7 所示。试问，在该弯矩作用下，由柱翼缘及横向加劲肋所包围的柱腹板节点域内，腹板的计算剪应力（N/mm^2），与下列何项数值最为接近？

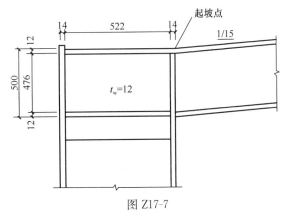

图 Z17-7

(A) 90 　　　　　(B) 96 　　　　　(C) 110 　　　　　(D) 120

【题 26~28】 某钢平台改造设计时，梁与柱的连接采用 10.9 级摩擦型高强螺栓连接，采用标准圆孔，连接处构件接触面处理方法为喷砂，节点如图 Z17-8 所示。梁端竖板下设钢板支托，钢材为 Q235B，采用 E43 低氢型碱性焊条，手工焊接。

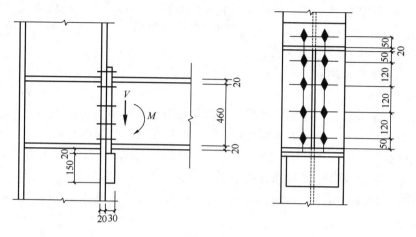

图 Z17-8

26. 假定，钢梁为永久结构，梁端竖板与钢板支托刨平顶紧，节点连接处螺栓仅承担弯矩，由弯矩产生的螺栓最大拉力设计值 $N_t=93.8\text{kN}$。试问，梁柱连接处高强度螺栓，采用下列何项规格最为合格？

(A) M16 　　　　　(B) M20 　　　　　(C) M22 　　　　　(D) M24

27. 假定，钢梁为可拆卸的，钢板支托只在安装时起作用，节点连接处剪力均由抗剪螺栓承担，每个抗剪螺栓承受的剪力设计值 $N_v=50\text{kN}$。试问，仅考虑螺栓受剪，梁柱连接处高强度螺栓，采用下列何项规格最为合适？

(A) M16 　　　　　(B) M20 　　　　　(C) M22 　　　　　(D) M24

28. 假定，剪力仅由钢板支托承受，连接处剪力设计值 $V=280\text{kN}$，钢板支托与柱翼缘采用两侧直角角焊缝满焊连接，不预热施焊。试问，剪力作用下，钢板支托与柱翼缘连接处的焊脚尺寸最小设计值 h_f（mm），与下列何项数值最为接近？

(A) 6 　　　　　(B) 8 　　　　　(C) 10 　　　　　(D) 12

【题 29】 试问，在工作温度高于 -20℃ 的地区，焊接钢屋架的杆件用节点板（板厚 20mm）连接时，弦杆与腹杆、腹杆与腹杆间的最小间隙（mm），与下列何项数值最为接近？

(A) 50 　　　　　(B) 40 　　　　　(C) 30 　　　　　(D) 20

【题 30】 C 级螺栓可用于部分结构的受剪连接。试问，下列何项内容与《钢结构设计标准》GB 50017—2017 的规定不符？

(A) 承受静力荷载结构中的次要连接
(B) 间接承受动力荷载结构中的重要连接
(C) 承受静力荷载的可拆卸结构的连接
(D) 临时固定构件用的安装连接

【题 31】 关于砌体结构设计有以下论述：

Ⅰ．采用无筋砌体时，当砌体截面面积小于 $0.3m^2$ 时，砌体强度设计值的调整系数为构件截面面积（m^2）加 0.7；

Ⅱ．对施工阶段尚未硬化的新砌砌体进行稳定验算时，可按砂浆强度为零进行验算；

Ⅲ．砌体施工质量控制等级分为 A、B、C 三级，当施工质量控制等级为 A 级时，砌体强度设计值可提高 10%；

Ⅳ．蒸压粉煤灰普通砌体的线膨胀系数为 $5×10^{-6}/℃$，收缩率为 $-0.3mm/m$。

试问，针对上述论述，下列何项正确？

(A) Ⅰ、Ⅱ正确，Ⅲ、Ⅳ错误　　　　(B) Ⅰ、Ⅲ正确，Ⅱ、Ⅳ错误

(C) Ⅱ、Ⅲ正确，Ⅰ、Ⅳ错误　　　　(D) Ⅱ、Ⅳ正确，Ⅰ、Ⅲ错误

【题 32、33】 某五层砌体结构办公楼，计算简图如图 Z17-9 所示，各层计算高度均为 3.3m，采用现浇钢筋混凝土楼、屋盖。砌体施工质量控制等级为 B 级，结构安全等级为二级。

32. 假定，各种荷载标准值分别为：屋面恒载为 2000kN，屋面活荷载 160kN，屋面雪荷载 120kN；每层楼层恒载为 1800kN，每层楼面活荷载为 660kN；2～5 层每层墙体总重为 2400kN，女儿墙总重为 600kN。抗震设防烈度 8 度，设计基本地震加速度值为 0.20g。采用底部剪力法对结构进行水平地震作用计算。试问，结构总水平地震作用标准值 F_{Ek}（kN），与下列何项数值最为接近？

提示：集中于质点 G_1 楼层重力荷载代表值按 3250kN 计算。

(A) 2500　　　　　　　　　　(B) 2800

(C) 3100　　　　　　　　　　(D) 3400

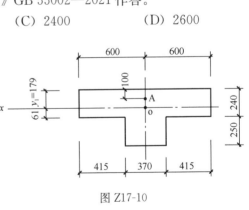

图 Z17-9

33. 采用底部剪力法对结构进行水平地震作用计算时，假定，重力荷载代表值 $G_1=G_2=G_3=G_4=6000kN$，$G_5=5000kN$。结构总水平地震作用标准值 2000kN，截面抗震验算仅计算水平地震作用。试问，第二层的水平地震剪力设计值 V_2（kN），与下列何项数值最为接近？

提示：按《建筑与市政工程抗震通用规范》GB 55002—2021 作答。

(A) 1850　　(B) 2200　　(C) 2400　　(D) 2600

【题 34、35】 某单层单跨无吊车房屋窗间墙，截面尺如图 Z17-10 所示；采用 MU10 级烧结多孔砖（孔洞率为 25%）、M10 级混合砂浆砌筑，施工质量控制等级为 B 级；计算高度为 7m。墙上支承有跨度 8.0m 的屋面梁。图中 x 轴通过窗间墙体的截面中心，$y_1=179mm$，截面惯性矩 $I_x=0.0061m^4$，$A=0.381m^2$。

34. 试问，高厚比验算时，该带壁柱墙的高厚比，与下列何项数值最为接近？

(A) 13.8　　(B) 14.8　　(C) 15.8　　(D) 16.8

35. 假定，墙体折算厚度 $h_T=0.500$m，试问，当轴向压力作用在该墙截面 A 点时，墙体的受压承载力设计值（kN），与下列何项数值最为接近？

(A) 240　　(B) 270　　(C) 300　　(D) 330

【题 36】 某多层砌体结构承重墙如图 Z17-11 所示，两端均设构造柱，墙厚 240mm，长度 4800mm，采用 MU10 烧结多孔砖（孔洞率为 25%）、M10 混合砂浆砌筑。假定，对应于重力荷载代表值的砌体截面平均压应力 $\sigma_0=0.34$MPa，试问，该墙段的截面抗震受剪承载力设计值（kN），与下列何项数值最为接近？

提示：按《砌体结构设计规范》GB 50003—2011 作答。

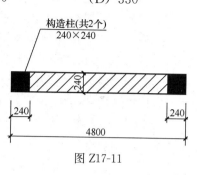

图 Z17-11

(A) 180　　(B) 200　　(C) 220　　(D) 240

【题 37】 某多层砌体结构承重横墙如图 Z17-12 所示，墙厚 240mm，长度 4800mm，构造柱混凝土强度等级为 C20，每根构造柱均配 4Φ14 的 HPB300 纵向钢筋（$A_s=615$mm²）。采用 MU10 烧结多孔砖（孔洞率为 25%）、M10 混合砂浆砌筑。假定，某层砌体沿阶梯形截面破坏的抗震抗剪强度设计值 $f_{vE}=0.25$N/mm²，试问，该墙段的截面抗震受剪承载力设计值最大值（kN），与下列何项数值最为接近？

提示：按《砌体结构设计规范》GB 50003—2011 作答。

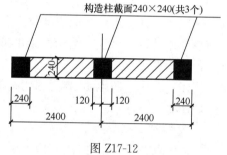

图 Z17-12

(A) 320　　(B) 350
(C) 380　　(D) 420

【题 38～40】 某钢筋混凝土梁截面 250mm×600mm，如图 Z17-13 所示。梁端支座压力设计值 $N_l=60$kN，局部受压面积内上部轴向力设计值 $N_0=175$kN。墙的截面尺寸为 1500mm×2400mm（梁支承于墙长中部），采用 MU10 级烧结多孔砖（孔洞率为 25%）、M7.5 级混合砂浆砌筑，砌体施工质量控制等级为 B 级。

提示：不考虑强度调整系数 γ_a 的影响。

38. 试问，墙的局部受压面积 A_l（mm²），与下列何项数值最为接近？

(A) 25000　　(B) 33000
(C) 38000　　(D) 47000

39. 假定 $A_0/A_l=5$，试问，梁端支承处砌体的局部受压承载力设计值（N），与下列何项数值最为接近？

(A) $1.6A_l$　　(B) $1.8A_l$
(C) $2.0A_l$　　(D) $2.5A_l$

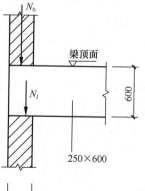

图 Z17-13

40. 假定 $A_0/A_l=2.2$，试问，梁端支承处砌体的局部压力值 $(\psi N_0 + N_l)$ (kN)，与下列何项数值最为接近？

(A) 60 　　　　(B) 100 　　　　(C) 130 　　　　(D) 150

（下午卷）

【题 41】 关于砌体结构房屋静力计算有以下论述：

Ⅰ．多层刚性方案房屋在水平荷载作用下，墙可近似视作竖向连续梁；

Ⅱ．单层刚性方案房屋在竖向荷载作用下，墙可视为上端不动铰支承于屋盖、下端嵌固于基础的竖向构件；

Ⅲ．弹性方案房屋，可按屋架或大梁与墙（柱）为铰接并考虑空间工作的平面排架或框架计算；

Ⅳ．某6层刚性方案房屋，各层层高均为3.3m，室内外高差0.3m，基本风压值为0.60kN/m²，静力计算时外墙可不考虑风荷载的影响。

试问，针对上述论述，下列何项正确？

(A) Ⅰ、Ⅱ正确，Ⅲ、Ⅳ错误　　　(B) Ⅰ、Ⅲ正确，Ⅱ、Ⅳ错误
(C) Ⅱ、Ⅲ正确，Ⅰ、Ⅳ错误　　　(D) Ⅱ、Ⅳ正确，Ⅰ、Ⅲ错误

【题 42】 砌体结构某段墙体如图 Z17-14 所示，层高 3.6m，墙体厚度 370mm，采用 MU10 级烧结多孔砖（孔洞率为35%）、M7.5级混合砂浆砌筑，砌体施工质量控制等级为 B 级。试问，该墙层间等效侧向刚度（N/mm），与下列何项数值最为接近？

(A) 450000 　　　　(B) 500000
(C) 550000 　　　　(D) 600000

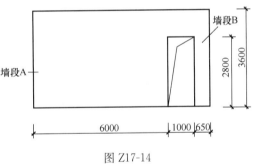

图 Z17-14

【题 43】 某建筑室外地面到屋面的高度为 30.7m，其上女儿墙的高度 $h=1.3$m。假定，基本风压 $w_0=0.6$kN/m²，地面粗糙度类别为 B 类。试问，女儿墙底部由风荷载作用引起的每延米弯矩标准值（kN·m），与下列何项数值最为接近？

提示：①按《建筑结构荷载规范》近似取女儿墙顶风荷载计算（采用局部体型系数）；
　　　②阵风系数按 1.0 计算。

(A) 0.75 　　　　(B) 0.85 　　　　(C) 0.95 　　　　(D) 1.17

【题 44】 在风荷载作用下某建筑屋面女儿墙底部每延米弯矩标准值为1.05kN·m，拟采用240mm 厚的 MU10 烧结多孔砖、混合砂浆砌筑，砌体施工质量控制等级为 B 级。假定，不考虑女儿墙设置构造柱等措施，仅考虑风荷载作用，试问，女儿墙砂浆最低强度等级，应为下列何项？

提示：承载力验算时不计女儿墙自重；$\gamma_w=1.5$。

(A) M2.5 　　　　(B) M5 　　　　(C) M7.5 　　　　(D) M10

【题 45、46】 某段墙体采用网状配筋砖砌体墙体，墙体厚度240mm，采用 MU15 级

蒸压粉煤灰砖、Ms10 级专用砂浆砌筑，砌体施工质量控制等级为 B 级。

45. 假定，钢筋网采用冷拔低碳钢丝Φ4 制作，其抗拉强度设计值 $f_y=430\text{MPa}$，钢筋网的网格尺寸 $a=b=50\text{mm}$，竖向间距 $s_n=240\text{mm}$。试问，轴心受压时，该配筋砖砌体抗压强度设计值 f_n（MPa），与下列何项数值最为接近？

(A) 2.4　　　(B) 3.0　　　(C) 3.6　　　(D) 4.2

46. 假定，$f_n=4\text{MPa}$，网状配筋体积配筋率 $\rho=0.50\%$，墙体计算高度为 3.0m。试问，该配筋砖砌体的轴心受压承载力设计值（kN/m），与下列何项数值最为接近？

(A) 420　　　(B) 470　　　(C) 520　　　(D) 570

【题 47】　关于木结构有以下论述：

Ⅰ. 用于方木原木结构受拉构件的连接板时，木材的含水率不应大于 25%；

Ⅱ. 方木原木结构受拉或拉弯构件应选用 I_a 级材质的木材；

Ⅲ. 木檩条的计算跨度 3.0m，其挠度最大值不应超过 20mm；

Ⅳ. 对设计使用年限为 5 年的木结构构件，结构重要性系数 γ_0 不应小于 0.9。

试问，针对上述论述正确性的判断，下列何项正确？

(A) Ⅰ、Ⅱ正确，Ⅲ、Ⅳ错误
(B) Ⅱ正确，Ⅰ、Ⅲ、Ⅳ错误
(C) Ⅰ、Ⅳ正确，Ⅱ、Ⅲ错误
(D) Ⅲ、Ⅳ正确，Ⅰ、Ⅱ错误

【题 48】　某原木柱选用北美落叶松，原木标注直径 $d=150\text{mm}$，木柱沿其长度的直径变化率为每米 9mm，计算简图见图 Z17-15。试问，柱轴心受压的稳定系数 φ 与下柱何项数值最为接近？

(A) 0.32　　　(B) 0.37
(C) 0.42　　　(D) 0.45

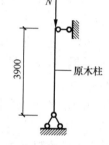

图 Z17-15

【题 49～52】　某地下消防水池采用钢筋混凝土结构，其底部位于较完整的中风化泥岩上，外包平面尺寸为 6m×6m，顶面埋深 0.8m，地基基础设计等级为乙级，地基土层及水池结构剖面如图 Z17-16 所示。

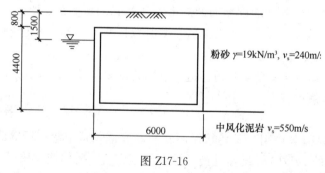

图 Z17-16

49. 假定，水池外的地下水位稳定在地面以下 1.5m，粉砂土的重度为 19kN/m^3，水池自重 G_k 为 900kN，试问，当水池里面的水全部放空时，水池的抗浮稳定安全系数，与下列何项数值最为接近？

(A) 1.5　　　(B) 1.3　　　(C) 1.1　　　(D) 0.9

50. 对中风化泥岩进行了3个岩石地基载荷试验，试验得到的地基承载力特征值分别为401kPa、476kPa、431kPa，试问，水池基础底部的岩石地基承载力特征值（kPa）与下列何项数值最为接近？

(A) 400　　　　(B) 415　　　　(C) 430　　　　(D) 445

51. 拟采用岩石锚杆提高水池抗浮稳定安全度，假定，岩石锚杆的有效锚固长度 $l=1.8m$，锚杆孔径 $d_1=150mm$，砂浆与岩石间的粘结强度特征值为200kPa，要求所有抗浮锚杆提供的荷载效应标准组合下上拔力特征值为600kN。试问，满足锚固体粘结强度要求的全部锚杆最少数量（根），与下列何项数值最为接近？

提示：按《建筑地基基础设计规范》GB 50007—2011 作答。

(A) 4　　　　(B) 5　　　　(C) 6　　　　(D) 7

52. 土层的剪切波速见图 Z17-16，试问，场地的类别为下列何项？

(A) I_0　　　　(B) I_1　　　　(C) II　　　　(D) III

【题 53～56】 某小区服务用房为单层砌体结构，采用墙下条形基础，基础埋深 1.0m，地下水位在地表下 2m。由于基底为塘泥，设计采用换土垫层处理地基，垫层材料为灰土见图 Z17-17。荷载效应标准组合时，作用于基础顶面的竖向力 F 为75kN/m，力矩 M 为20kN·m/m，基础及基底以上填土的加权平均重度为20kN/m³。

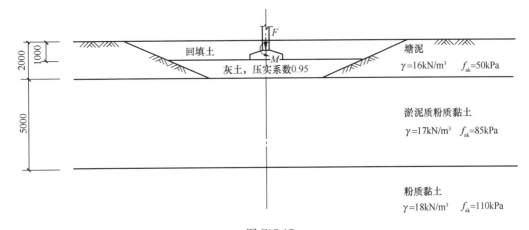

图 Z17-17

53. 假定，基础宽度为1.5m，试问，基础底面边缘的最大压力值（kPa），与下列何项数值最为接近？

(A) 75　　　　(B) 105　　　　(C) 125　　　　(D) 150

54. 条件同题53，试问，相对于作用的标准组合时，灰土垫层底部的附加压力值（kPa），与下列何项数值最为接近？

(A) 20　　　　(B) 30　　　　(C) 40　　　　(D) 50

55. 试问，灰土垫层底面处经修正的地基承载力特征值（kPa），与下列何项数值最为接近？

(A) 85　　　　(B) 95　　　　(C) 110　　　　(D) 120

56. 试问，灰土垫层底部的最小宽度（m），与下列何项数值最为接近？

(A) 2.1　　　　(B) 2.6　　　　(C) 3.1　　　　(D) 3.6

【题 57】 某一桩（端承灌注桩）基础，桩径 1.0m，桩长 20m，上部结构封顶后地面大面积堆载 $p=60\text{kPa}$，桩周产生负摩阻力，负摩阻力系数 $\zeta_n=0.20$，勘察报告提供的灌注桩与淤泥质土间的侧摩阻力标准值为 26kPa，桩周土层分布如图 Z17-18 所示，淤泥质黏土层的计算沉降量大于 20mm。试问，负摩阻力引起的桩身下拉荷载（kN），与下列何项数值最为接近？

提示：根据《建筑桩基技术规范》JGJ 94—2008 作答。

(A) 650　　　　(B) 950　　　　(C) 1250　　　　(D) 1550

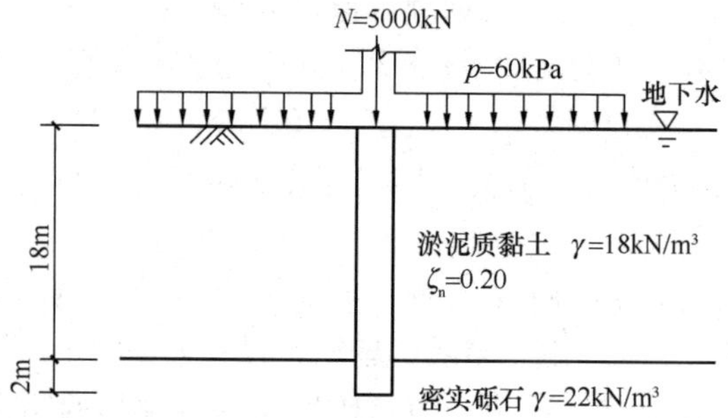

图 Z17-18

【题 58～61】 某框架结构办公楼采用泥浆护壁钻孔灌注桩独立柱基，承台高度 1.2m，承台混凝土强度等级 C35，图 Z17-19 为边柱基础平面、剖面、土层分布及部分土层参数。荷载效应基本组合时，作用于基础顶面的竖向力 $F=5000\text{kN}$，$M_x=300\text{kN}\cdot\text{m}$，$M_y=0$，基础及基底以上填土的加权平均重度为 20kN/m^3。

提示：①承台有效高度 h_0 取 1.1m；
　　　②按《建筑桩基技术规范》JGJ 94—2008 作答。

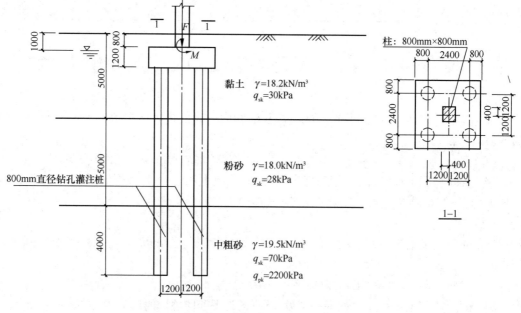

图 Z17-19

58. 非抗震设计时，假定，承台效应系数 η_c 为 0.1，黏土层的承载力特征值 f_{ak} 为 150kPa，试问，考虑承台效应的复合基桩竖向承载力特征值（kN），与下列何项数值最为接近？

(A) 1150   (B) 1200   (C) 1250   (D) 1300

59. 假定，承台效应系数 η_c 为 0，试问，非抗震设计时，承台受弯计算，柱边缘正截面最大弯矩设计值（kN·m），与下列何项数值最为接近？

(A) 1900   (B) 2100   (C) 2300   (D) 2500

60. 试问，非抗震设计时，承台的受剪承载力设计值（kN），与下列何项数值最为接近？

(A) 6400   (B) 7000   (C) 7800   (D) 8400

61. 假定，设计基本地震加速度为 0.1g，设计地震分组为第一组，地面以下 7.5m 深度处粉砂层标准贯入锤击数为 9 击，抗震设计时考虑桩基承担全部地震作用，试问，粉砂层的桩侧极限摩阻力标准值（kPa），取下列何项数值最为合理？

提示：粉砂层的液化判别按地面下 7.5m 深度处的液化判别结果考虑。

(A) 0   (B) 9   (C) 18   (D) 28

【题 62】 下列关于正常固结土层中抗拔桩和抗压桩的论述中，何项是正确的？
(A) 抗压桩桩身轴力和桩身压缩变形均随深度增加而递增
(B) 抗拔桩桩身轴力和桩身拉伸变形均随深度增加而递增
(C) 抗拔桩的摩阻力发挥顺序为由下而上逐步发挥
(D) 抗压桩的摩阻力发挥顺序为由上而下逐步发挥

【题 63】 在同一饱和均质的黏性土中，在各桩的直径、桩型、入土深度和桩顶荷载都相同的前提下，摩擦型群桩（桩间距为 4d）的沉降量与单桩的沉降量比较，下列何项是正确的？

(A) 大   (B) 小   (C) 两者相同   (D) 无法确定

【题 64】 下列关于丙类抗震设防的单建式地下车库的主张中，何项是不正确的？
(A) 7 度 Ⅱ 类场地上，按《建筑抗震设计规范》GB 50011—2010（2016 年版）采取抗震措施时，可不进行地震作用计算
(B) 地震作用计算时，结构的重力荷载代表值应取结构、构件自重和水、土压力的标准值及各可变荷载的组合值之和
(C) 对地下连续墙的复合墙体，顶板、底板及各层楼板的负弯矩钢筋至少应有 50% 锚入地下连续墙
(D) 当抗震设防烈度为 8 度时，结构的抗震等级不宜低于二级

【题 65】 下列关于建筑结构抗震设计的一些观点，根据《建筑抗震设计规范》GB 50011—2010（2016 年版）及《高层建筑混凝土结构技术规程》JGJ 3—2010 判断，下列何项不正确？
(A) 建筑结构抗震性能设计规定的三项主要工作为：分析结构方案是否需要采用抗震性能设计方法，并作为选用抗震性能目标的主要依据；选用适宜的抗震性能目标；计算分析和工程判断
(B) 关键构件是指该构件的失效可能引起结构的连续破坏或危及生命安全的严重破坏，在结构抗震性能化设计中，可由结构工程师根据工程实际情况分析确定

(C) 隔震、减震技术的应用可以实现较高的性能目标，其抗震设防目标可有所提高，当遭受多遇地震影响时，将基本不受损坏和影响使用功能；当遭受设防地震影响时，不需修理仍可继续使用；当遭受罕遇地震影响时，将不发生危及生命安全和丧失使用价值的破坏

(D) 性能设计目标往往侧重于通过提高承载力推迟结构进入塑性工作阶段并减少塑性变形，而变形能力的要求可根据结构及其构件在小震下进入塑性的程度加以调整

【题 66】 下列关于高层建筑混凝土结构抗震设计的四种观点：

Ⅰ. 在规定的水平力作用下，剪力墙部分承受的地震倾覆力矩大于结构总地震倾覆力矩的 50% 时，框架-剪力墙结构中底层框架边柱底部截面的组合弯矩设计值，可不乘增大系数；

Ⅱ. 在抗震设计地震内力分析时，剪力墙连梁刚度可进行折减，位移计算时连梁刚度可不折减；

Ⅲ. 结构宜限制出现过多的内部、外部赘余度；

Ⅳ. 结构在两个主轴方向的振型可存在较大差异，但结构周期宜相近。

试问，针对上述观点是否符合《建筑抗震设计规范》GB 50011—2010（2016 年版）相关要求的判断，下列何项正确？

(A) Ⅰ、Ⅱ符合　　　　　　　　(B) Ⅱ、Ⅲ符合
(C) Ⅲ、Ⅳ符合　　　　　　　　(D) Ⅰ、Ⅳ符合

【题 67、68】 某构筑物，拟建高度为 60m，拟采用现浇钢筋混凝土框架-剪力墙结构，质量和刚度沿高度分布比较均匀，对风荷载不敏感，方案阶段有如图 Z17-20 所示两种外形平面布置方案。假定，在如图所示的风荷载作用方向两种结构方案的基本自振周期相同。

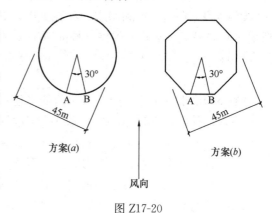

图 Z17-20

67. 当估算主体结构的风荷载效应时，试问，方案（a）与方案（b）垂直于构筑物表面的单位面积风荷载标准值（kN/m²）之比，与下列何项数值最为接近？

提示： 按《高层建筑混凝土结构技术规程》JGJ 3—2010 作答。

(A) 1.5∶1　　(B) 1∶1　　(C) 1∶1.5　　(D) 1∶2

68. 当估算局部表面风荷载时，试问，方案（a）和方案（b）相同高度迎风面 AB 间平均单位面积风荷载比值，与下列何项数值最为接近？

提示： 按《建筑结构荷载规范》GB 50009—2012 作答。

(A) 1∶2　　(B) 1∶1.5　　(C) 1∶0.9　　(D) 1∶0.8

【题 69】 某 8 度抗震设防烈度区，拟建一钢筋混凝土高层商业综合体，结构布置规则，其中，商用楼 8 层，房屋高度 45m，拟采用框架-剪力墙结构；住宅楼 20 层，房屋高度 61m，拟采用剪力墙结构；两幢楼的地下室不设沉降缝，只在上部结构用防震缝划分为

各自独立的抗震单元。试问，该防震缝的最小宽度（mm），与下列何项数值最为接近？

(A) 100　　　　(B) 210　　　　(C) 270　　　　(D) 300

【题 70~77】 某高层普通民用办公楼，拟建高度为 37.8m，地下 2 层，地上 10 层，如图 Z17-21 所示。该地区抗震设防烈度为 7 度，设计基本地震加速度为 0.15g，设计地震分组为第二组，场地类别为Ⅳ类，采用钢筋混凝土框架-剪力墙结构，且框架柱数量各层保持不变，地下室顶板可作为上部结构的嵌固部位，质量和刚度沿竖向分布均匀。假定，集中在屋盖和楼盖处的重力荷载代表值为 G_{10} = 15000kN，G_{2-9}=16000kN，G_1=18000kN。

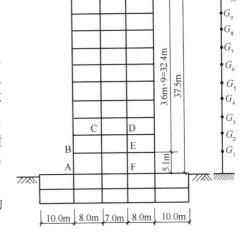

图 Z17-21

70. 试问，该结构采取的抗震构造措施的抗震等级应为下列何项？

(A) 剪力墙一级，框架一级
(B) 剪力墙一级，框架二级
(C) 剪力墙二级，框架三级
(D) 剪力墙二级，框架一级

71. 假定，该结构进行了方案调整，结构的基本自振周期 T_1=1.2s，采用底部剪力法估算的总水平地震作用标准值 F_{Ek}=12600kN。试问，作用于该结构顶部的附加水平地震作用标准值 ΔF_{10}（kN），与下列何项数值最为接近？

(A) 0　　　　(B) 950　　　　(C) 1300　　　　(D) 2100

72. 假定，依据《建筑抗震设计规范》GB 50011—2010（2016 年版），工程所在地地震动参数有所调整，基本地震峰值加速度由 0.15g 提高到 0.20g，其余参数均保持不变。试问，若仅考虑第一振型的地震作用下，该结构在新、旧地震动参数下反应谱分析得到的水平地震作用（多遇地震）增大的比例，与下列何项数值最为接近？

(A) 13%　　　　(B) 23%　　　　(C) 33%　　　　(D) 36%

73. 假定，该结构采用振型分解反应谱法进行多遇地震作用下的弹性分析，单向水平地震作用下框架柱 AB 的轴力标准值如下：不考虑偶然偏心时 X 向地震作用下为 650kN，Y 向地震作用下为 620kN；考虑偶然偏心时 X 向地震作用下为 780kN，Y 向地震作用下为 850kN。试问，该框架柱考虑双向水平地震作用的轴力标准值（kN），与下列何项数值最为接近？

(A) 1080　　　　(B) 1060　　　　(C) 910　　　　(D) 890

74. 假定，该结构在规定水平力作用下的结构总地震倾覆力矩 M_0=2.1×10^{6}kN·m，底层剪力墙所承受的地震倾覆力矩 M_w=8.5×10^{5}kN·m。试问，该结构地下一层主体结构构件抗震构造措施的抗震等级应为下列何项？

(A) 框架一级，剪力墙一级　　　　(B) 框架一级，剪力墙二级
(C) 框架二级，剪力墙二级　　　　(D) 框架二级，剪力墙一级

75. 假定，该结构按侧向刚度分配的水平地震作用标准值如下：结构基底总剪力标准

值 $V_0=15000$kN（满足最小地震剪力系数要求），各层框架承担的地震剪力标准值最大值 $V_{f,max}=1900$kN。首层框架承担的地震剪力标准值 $V_f=1620$kN，柱 EF 的柱底弯矩标准值 $M=480$kN·m，剪力标准值 $V=150$kN。试问，该柱调整后的内力标准值 M（kN·m）、V（kN），与下列何项数值最为接近？

(A) 480、150　　(B) 850、260　　(C) 890、280　　(D) 1000、310

76. 假定，该结构框架抗震等级为二级，四层以下柱截面尺寸均为 0.7m×0.7m（轴线中分），其中框架梁 CD 在重力荷载和地震作用组合下，梁的左、右端同时针方向截面组合的弯矩设计值分别为 $M_b^l=120$kN·m、$M_b^r=350$kN·m，在重力荷载代表值作用下，按简支梁分析的梁端截面剪力设计值 $V_{Gb}=150$kN。试问，该框架梁端部截面组合的剪力设计值（kN），与下列何项数值最为接近？

(A) 220　　(B) 230　　(C) 240　　(D) 250

77. 假定，该结构首层框架柱 EF 的纵向钢筋配置如图 Z17-22 所示，每侧纵筋计算面积 $A_s=1480$mm²，实配 6 Φ 18，满足构造要求。现将其延伸至地下一层，截面尺寸不变，每侧纵筋的计算面积为地上一层柱每侧纵筋计算面积的 0.90 倍。试问，该柱延伸至地下一层后，满足计算和规范最小构造要求的全部纵向钢筋的数量，与下列何项配置最为接近？

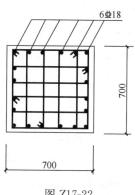

图 Z17-22

(A) 20 Φ 18　　(B) 24 Φ 18
(C) 20 Φ 20　　(D) 20 Φ 22

【题 78～80】某 16 层高层住宅，采用现浇钢筋混凝土剪力墙结构，层高 3.0m，房屋高度 48.3m，地下室顶板可作为上部结构的嵌固部位。抗震设防烈度为 8 度（0.30g），Ⅲ类场地，丙类建筑。该建筑首层某双肢剪力墙，如图 Z17-23 所示，采用 C30 混凝土，纵向钢筋和箍筋均采用 HRB400（Φ）钢筋。

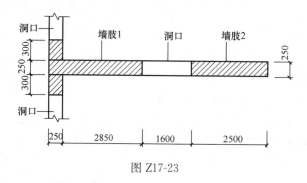

图 Z17-23

78. 假定，该双肢墙的墙肢 2 在反向水平地震作用下出现大偏心受拉情况，其余工况下各墙肢均为受压，相应墙肢 1 在反向地震作用下考虑地震组合的内力计算值 M_w（kN·m）、V_w（kN）分别为：5800kN·m、900kN。试问，墙肢 1 在反向地震作用下的内力设计值 M（kN·m）、V（kN），与下列何项数值最为接近？

(A) 5800、900　　(B) 5800、1260　　(C) 7250、1800　　(D) 7250、1600

79. 假定，该双肢墙第二层与首层截面及混凝土强度等级均相同，且墙肢 1 满足墙体稳定要求，该剪力墙抗震构造措施的抗震等级为一级，在重力荷载代表值作用下，墙肢1底部截面轴向压力呈均匀分布状态，其设计值为4200kN，由计算分析得知，该剪力墙为构造配筋。试问，T形截面处边缘构件在设置箍筋的范围内（规程中阴影部分），下列纵筋配置何项最为合理？

(A) 16⌽14　　　(B) 16⌽16　　　(C) 16⌽18　　　(D) 16⌽20

80. 假定，首层该双肢墙的墙肢2在反向地震作用下为大偏心受拉，根据"强剪弱弯"的原则，墙肢2调整后的底部加强部位截面的剪力设计值$V=\eta_{vw}V_w=700$kN；抗震设计时，考虑地震作用效应组合后墙肢2的轴向拉力设计值为1000kN；计算截面处的剪跨比取2.2，$\gamma_{RE}=0.85$，h_{w0}取2300mm。水平分布筋采用HRB400（⌽），双排配筋。试问，按上述内力进行配筋计算时，该墙肢水平分布筋采用下列何项配置最为合理？

(A) 2⌽8@200　　(B) 2⌽10@200　　(C) 2⌽12@200　　(D) 2⌽12@150

2018 年真题

（上午卷）

【题 1~11】 图 Z18-1 所示为某市防灾应急指挥中心的结构平面布置图。该中心为普通钢筋混凝土框架结构，地上四层，首层层高 4.2m，2、3、4 层层高 3.6m；该市抗震设防烈度为 8 度（0.2g），设计地震分组为第二组，场地类别为Ⅱ类。建筑物设计使用年限为 50 年，假定，建筑结构的安全等级为二级。基本雪压 0.75kN/m²，雪荷载准永久值系数分区为Ⅰ。混凝土强度等级 C35，纵向受力钢筋和箍筋均采用 HRB400。环境类别为二 b。

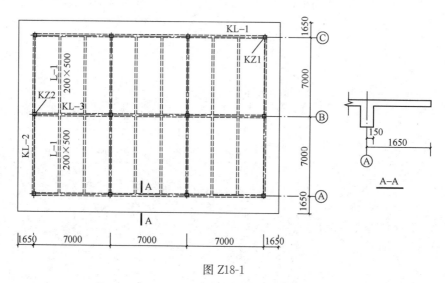

图 Z18-1

1. 假定，屋面为平屋顶且不上人，屋面永久荷载标准值为 7.0kN/m²（含楼板自重及建筑做法），屋面排水通畅，无机电设备，建筑周边环境洁净。试问，剖面 A-A 处外挑板根部（梁边截面）荷载基本组合的弯矩设计值（kN·m/m），与下列何项数值最为接近？

提示：①不考虑维修荷载和风荷载；
②荷载组合按《工程结构通用规范》GB 55001—2021。

(A) 10.5　　　　(B) 11.5　　　　(C) 12.5　　　　(D) 13.5

2. 假定，荷载同题 1，屋面板外挑板根部上部纵向受力筋配置为 ⌽10@200，悬挑板厚度 120mm，a_s=30mm。试问，该处裂缝宽度验算时，纵向钢筋等效应力 σ_s（N/mm²），与下列何项数值最为接近？

(A) 240　　　　(B) 270　　　　(C) 300　　　　(D) 330

3. 假定，图中 L-1，中间支座弯矩设计值 −135kN·m，不考虑受压钢筋的作用，a_s = a'_s = 45mm，界限相对受压区高度 ξ_b = 0.518。试问，当不考虑受压钢筋作用时，梁顶受拉钢筋的最小配置量，与下列何项最为合适？

提示：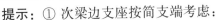。

(A) 3Φ20 (B) 3Φ22
(C) 4Φ20 (D) 4Φ25

4. 假定，L-1 支承在宽度为 300mm 的框架梁上，该次梁下部纵向受力筋在边支座处的排列及锚固见图 Z18-2（直锚，无附加锚固措施）。保护层厚度 $c=35$mm，次梁 $h_0=455$mm，次梁跨中计算所需的梁底纵筋面积为 960mm²，梁端截面剪力设计值 $V=150$kN。试问，梁底纵向受力筋选择下列何项配置最为合理？

提示：① 次梁边支座按简支端考虑；
② 梁底纵筋仅考虑单排布置；
③ 不需要验算最小配筋率。

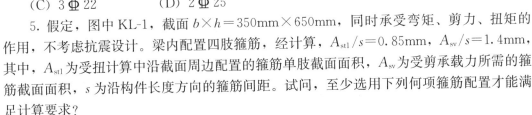

图 Z18-2

(A) 5Φ16 (B) 4Φ18
(C) 3Φ22 (D) 2Φ25

5. 假定，图中 KL-1，截面 $b×h=350$mm$×650$mm，同时承受弯矩、剪力、扭矩的作用，不考虑抗震设计。梁内配置四肢箍筋，经计算，$A_{st1}/s=0.85$mm，$A_{sv}/s=1.4$mm，其中，A_{st1} 为受扭计算中沿截面周边配置的箍筋单肢截面面积，A_{sv} 为受剪承载力所需的箍筋截面面积，s 为沿构件长度方向的箍筋间距。试问，至少选用下列何项箍筋配置才能满足计算要求？

(A) Φ8@100（4） (B) Φ10@100（4）
(C) Φ12@100（4） (D) Φ14@100（4）

6. 假定，屋顶层 KL-2，截面 $b×h=300$mm$×600$mm，$a_s=a'_s=50$mm，为防止框架顶层端节点处梁上部钢筋配置率过高而引起节点核心区混凝土的斜压破坏。试问，KL-2 端节点处梁上部纵向钢筋的最大截面面积（mm²），与下列何项数值最为接近？

(A) 2500 (B) 2700 (C) 2900 (D) 3100

7. 假定，图中 KL-3，截面 $b×h=300$mm$×700$mm，次梁 L-1 的剪力设计值 V (kN) 如图 Z18-3 所示，框架梁内次梁两侧各配置附加箍筋 3Φ8@50(2)。试问，至少选用下列何项附加吊筋配置才能满足计算要求？

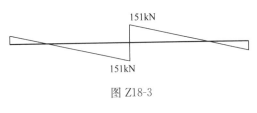

图 Z18-3

提示：吊筋夹角 $α=45°$。

(A) 2Φ10 (B) 2Φ12 (C) 2Φ16 (D) 不需要吊筋

8. 假定，三层 KL-1，截面 350mm×650mm，支座处顶面实配纵筋为 6Φ25，底部跨中计算所需的纵筋面积为 900mm²，梁底钢筋全部锚入柱内，可充分考虑梁底受压钢筋的作用。试问，梁底纵向受力筋选择下列何项配置较为合适？

(A) 4Φ18　　　(B) 4Φ20　　　(C) 4Φ22　　　(D) 4Φ25

9. 假定，图中角柱 KZ1，剪跨比为 1.6，截面及沿柱全高配筋如图 Z18-4 所示。试问，该柱的轴压比限值，与下列何项数值最为接近？

提示：最小配箍特征值不起控制作用。

(A) 0.65　　　(B) 0.70

(C) 0.75　　　(D) 0.80

图 Z18-4

10. 假定，图中 KZ2 底层的截面 $b \times h = 700\text{mm} \times 700\text{mm}$，$h_0 = 650\text{mm}$，柱净高 $H_n = 4.0\text{m}$，柱上、下端截面考虑地震作用组合的弯矩计算值分别为 $M_c^t = 138\text{kN} \cdot \text{m}$、$M_c^b = 460\text{kN} \cdot \text{m}$，弯矩均为顺时针或反时针方向。试问，该框架柱的剪跨比 λ，取下列何项数值最为合适？

提示：$\lambda = M^c/(V^c h_0)$。

(A) 1.4　　　(B) 2.9　　　(C) 3.1　　　(D) 4.7

11. 假定，图中所示边柱 KZ2 顶层的截面 $b \times h = 450\text{mm} \times 450\text{mm}$，非抗震设计时，控制配筋的内力组合弯矩设计值 $M = 350\text{kN} \cdot \text{m}$，相应的轴力设计值 $N = 700\text{kN}$，采用对称配筋，$a_s = a_s' = 50\text{mm}$，界限相对受压区高度 $\xi_b = 0.518$，初始偏心距 $e_i = 520\text{mm}$。试问，非抗震设计时，柱一侧纵筋截面面积 A_s（mm^2），与下列何项数值最为接近？

(A) 1620　　　(B) 1720　　　(C) 1820　　　(D) 1920

【**题 12**】 图 Z18-5 所示钢筋混凝土梁底受力预埋件，由锚板和对称配置的直锚筋所组成。构件的安全等级均为二级，混凝土强度等级 C35，直锚筋为 6Φ16（HRB400），已采取防止锚板弯曲变形的措施。所承受的荷载 F 作用点位于锚板表面中心，力的作用方向如图所示。试问，在 F 作用下且直锚筋未采取附加横向钢筋等措施时，图中数值 a（mm）至少应取下列何项数值？

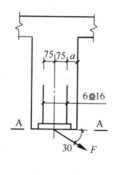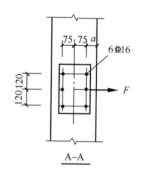

图 Z18-5

(A) 50　　　(B) 70　　　(C) 100　　　(D) 150

【**题 13~15**】 某单层地下车库，设计使用年限为 50 年，安全等级为二级。采用板柱结构，双向柱跨均为 8.1m，顶板覆土厚度 $s = 2.0\text{m}$（覆土应力扩散角 $\theta = 35°$），地面为载人少于 9 人的小客车通道（可作为全车总重 300kN 的重型消防车通道）。

13. 试问，地下车库顶板按《建筑结构荷载规范》GB 50009—2012 确定的消防车等效均布活荷载标准值 q_k（kN/m^2），与下列何项数值最为接近？

提示：消防车的等效均布活荷载考虑覆土厚度影响的折减系数，按 6m×6m 的双向板楼盖取值。

(A) 25.0　　　(B) 20.0　　　(C) 18.5　　　(D) 16.5

14. 试问，设计中柱基础时，规范允许的由顶板活荷载产生的最小轴力标准值 N_k

(kN)，与下列何项数值最为接近？

(A) 66　　(B) 131　　(C) 164　　(D) 945

15. 图 Z18-6 为中柱的板柱节点，混凝土强度等级 C30（$f_t = 1.43\text{N/mm}^2$），$a_s = 40\text{mm}$。试问，在不配置箍筋和弯起钢筋的情况下，该中柱柱帽周边楼板的受冲切承载力设计值（kN），与下列何项数值最为接近？

(A) 2860　　(B) 2960
(C) 3060　　(D) 3160

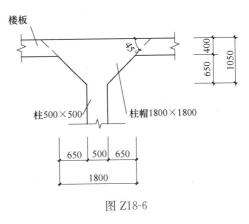

图 Z18-6

【题 16】 下列关于混凝土异形柱结构设计的说法，其中何项正确？

(A) 混凝土异形柱框架结构可用于所有非抗震的抗震设防地区的一般居住建筑
(B) 抗震设防烈度为 6 度时，对标准设防类（丙类）采用异形柱结构的建筑可不进行地震作用的计算
(C) 对于楼板与梁整体浇筑的异形柱框架，进行框架梁的配筋时，宜将全部纵筋配置在梁（肋）矩形截面内
(D) 异形柱柱体及节点核心区内不得预留或埋设水、电、燃气管道和线缆；安装水、电、燃气管道和线缆时，不应削弱柱截面

【题 17】 下列关于混凝土结构设计的说法，其中何项正确？

(A) 需进行疲劳验算的钢筋混凝土构件，钢筋连接宜采用焊接和机械连接
(B) 在预应力混凝土受弯构件挠度验算中，当使用上允许时，可扣除预加力所产生的反拱值
(C) 对既有结构进行改建、扩建或加固改造而重新设计时，承载能力极限状态的计算可按原设计依据的规范和相关标准进行
(D) 钢筋混凝土受弯构件，当由构造要求配置的纵向受拉钢筋截面面积大于受弯承载力要求的配筋面积时，混凝土受压区高度 x 应按构造要求配置的纵向受拉钢筋截面面积进行计算

【题 18】 下列关于混凝土结构抗震设计的说法，其中何项正确？

(A) 剪力墙底部加强部位的高度应从结构基础顶面算起
(B) 混凝土框架和预应力混凝土框架计算地震作用时阻尼比应取 0.05
(C) 计算竖向构件轴压比时，应取竖向构件（墙、柱）各工况组合最大轴压力设计值与构件全截面面积和混凝土轴心抗压强度设计值乘积的比值
(D) 重点设防类（乙类）设防的钢筋混凝土结构可按本地区抗震设防烈度确定其适用的最大高度

【题 19、20】 某支挡结构采用钢支撑，其计算简图如图 Z18-7 所示，两端均为铰接支座。钢支撑采用热轧 H 型钢 H400×400×13×21，毛截面面积 $A = 218.7 \times 10^2 \text{mm}^2$，净截面面积 $A_n = 183.5 \times 10^2 \text{mm}^2$，对 x 轴的回转半径 $i_x = 175\text{mm}$，对 y 轴的回转半径 $i_y = 101\text{mm}$。钢材采用 Q235 钢。假定，忽略施工安装偏差及钢支撑自重的影响，该支撑视

为轴心受压构件,所承受的轴心压力设计值 $N=1000$kN,计算长度 $l_{0x}=l_{0y}=10000$mm。

提示:按一般钢结构考虑 $\gamma_0=1.0$。

19. 试问,在轴心压力作用下,强度计算时,该支撑杆件的受压应力计算值(N/mm²),与下列何项数值最为接近?

(A) 45　　(B) 55　　(C) 70　　(D) 90

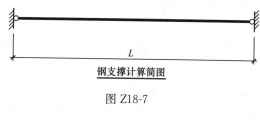

钢支撑计算简图

图 Z18-7

20. 试问,该支撑按应力形式表达的稳定性计算值(N/mm²),与下列何项数值最为接近?

(A) 56　　(B) 66　　(C) 82　　(D) 97

【题 21～24】 某工程悬臂钢梁 AB 的计算简图如图 Z18-8 所示,支承端 A 视为固定支座。钢梁 AB 采用热轧 H 型钢 H294×200×8×12,对 x 轴的毛截面模量 $W_x=756×10^3$mm³。钢材采用 Q235 钢,焊条采用 E43 型。假定,忽略钢梁自重,钢梁 AB 自由端 B 点的悬挂集中荷载设计值 $F=50$kN。

21. 试问,在计算悬臂钢梁 AB 的受弯构件挠度容许值 $[v_T]$ 或 $[v_Q]$ 时,其跨度 l(mm)的取值,与下列何项数值最为接近?

(A) 1500　　(B) 2000
(C) 3000　　(D) 4000

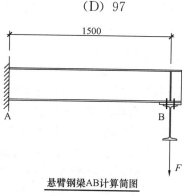

悬臂钢梁AB计算简图

图 Z18-8

22. 假定,计算截面无削弱。试问,悬臂钢梁 AB 作为在主平面内受弯的实腹构件,在"A"点的弯曲应力计算值(N/mm²),与下列何项数值最为接近?

(A) 95　　(B) 105　　(C) 130　　(D) 145

23. 悬臂钢梁 AB 与主体框架柱的连接节点详图如图 Z18-9 所示,图中所注焊缝长度(mm)均为角焊缝的计算长度。假定,节点处梁的弯矩仅通过梁上、下翼缘的连接焊缝传递。试问,梁上翼缘正面角焊缝的应力计算值(N/mm²),与下列何项数值最为接近?

(A) 80　　(B) 100　　(C) 125　　(D) 150

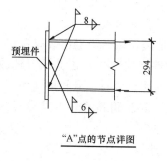

"A"点的节点详图

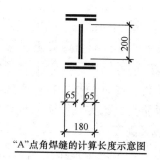

"A"点角焊缝的计算长度示意图

图 Z18-9

24. 假定,节点处梁的剪力仅通过腹板的连接焊缝传递,其他条件同题 23。试问,腹板角焊缝的应力计算值（N/mm²），与下列何项数值最为接近？

(A) 30　　　　　(B) 60　　　　　(C) 90　　　　　(D) 120

【题 25～31】 某非抗震设计的工业操作平台承受静力荷载，其主体结构体系的计算简图如图 Z18-10 所示，钢柱平面外设置支撑体系。钢结构框架采用一阶弹性分析方法计算内力，钢柱采用平板支座与基础铰接连接。框架钢梁均采用热轧 H 型钢 H400×200×8×13，对 x 轴的毛截面惯性矩 $I_x = 23500 \times 10^4 \text{mm}^4$；框架钢柱均采用热轧 H 型钢 H294×200×8×12，毛截面面积 $A = 71.05 \times 10^2 \text{mm}^2$，对 x 轴的毛截面惯性矩 $I_x = 11100 \times 10^4 \text{mm}^4$，对 x 轴的回转半径 $i_x = 125 \text{mm}$，对 y 轴的回转半径 $i_y = 47.4 \text{mm}$，对 x 轴的毛截面模量 $W_x = 756 \times 10^3 \text{mm}^3$。钢材采用 Q235 钢。

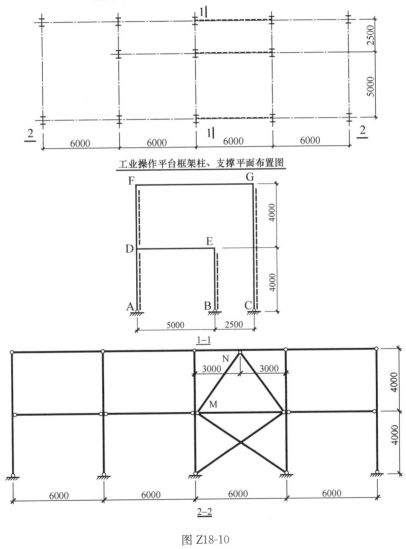

图 Z18-10

25. 假定，忽略框架横梁轴心压力对横梁线刚度的折减，并且取 $K_2 = 0.1$。试问，钢柱 AD 在框架平面内的计算长度 l_{0x}（mm），与下列何项数值最为接近？

(A) 6000　　　　(B) 6750　　　　(C) 7300　　　　(D) 7850

26. 假定，钢柱 BE 为弯矩作用在主平面内的实腹式压弯构件，最大弯矩设计值 $M_x=74\text{kN}\cdot\text{m}$，轴心压力设计值 $N=190\text{kN}$；计算截面无削弱。试问，钢柱 BE 进行强度计算时，其最大压应力计算值（N/mm^2），与下列何项数值最为接近？

(A) 95　　　　(B) 105　　　　(C) 120　　　　(D) 140

27. 假定，钢柱 BE 在框架平面内的计算长度 $l_{0x}=7240\text{mm}$，参数 $N'_{Ex}=3900\text{kN}$，等效弯矩系数 $\beta_{mx}=1.0$，其余条件同题 26。试问，钢柱 BE 在弯矩作用平面内按应力形式表达的稳定性计算值（N/mm^2），与下列何项数值最为接近？

(A) 105　　　　(B) 127　　　　(C) 154　　　　(D) 177

28. 假定，钢柱 BE 在框架平面外的计算长度 $l_{0y}=4000\text{mm}$，等效弯矩系数 $\beta_{tx}=1.0$，其余条件同题 26。试问，钢柱 BE 在弯矩作用平面外按应力形式表达的稳定性计算值（N/mm^2），与下列何项数值最为接近？

(A) 110　　　　(B) 125　　　　(C) 150　　　　(D) 180

29. 框架钢梁 DE 与钢柱 AF 在 D 点的刚性连接节点详图如图 Z18-11 所示。假定，钢梁 DE 在 D 点的梁端弯矩设计值 $M=109\text{kN}\cdot\text{m}$。试问，在 D 点由柱翼缘与横向加劲肋包围的柱腹板节点域的剪应力计算值（N/mm^2），与下列何项数值最为接近？

(A) 75　　　　(B) 105
(C) 125　　　　(D) 165

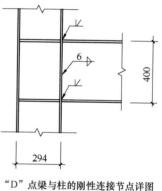

"D"点梁与柱的刚性连接节点详图

图 Z18-11

30. 假定，如图 Z18-11 所示，梁翼缘与柱翼缘间采用全熔透坡口焊缝，其质量等级为二级。试问，该焊缝采用超声波探伤进行内部缺陷的检验时，探伤比例应采用下列何项数值？

(A) 20%　　　　(B) 50%　　　　(C) 75%　　　　(D) 100%

31. 假定，支撑 MN 采用双角钢十字形组合截面构件，截面由容许长细比控制，不考虑扭转效应。试问，支撑 MN 至少应采用表 Z18-1 所示的何种角钢型号？

提示：计算长度取节点中心距离，回转半径取最小值。

(A) ╬63×6　　(B) ╬70×6　　(C) ╬80×6　　(D) ╬90×6

表 Z18-1

角钢型号	最小回转半径 i_u (mm)	角钢型号	最小回转半径 i_u (mm)
╬63×6	24.3	╬80×6	31.1
╬70×6	27.1	╬90×6	35.1

【题 32】 试问，对于直接承受动力荷载的结构，下列何项说法正确？
(A) 在计算疲劳和变形时，动力荷载设计值不乘动力系数
(B) 在计算疲劳和变形时，动力荷载标准值应乘动力系数
(C) 在计算强度和稳定性时，动力荷载设计值不乘动力系数

(D) 在计算强度和稳定性时,动力荷载设计值应乘动力系数

【题 33】 下列关于砌体结构的论述中,何项正确?

Ⅰ. 砌体的抗压强度与砖强度等级和砂浆强度等级有关,对于烧结多孔砖,与孔洞率没有直接关系;

Ⅱ. 单排孔混凝土砌块对孔砌筑时,灌孔砌体的抗剪强度设计值与抗压强度设计值成正比;

Ⅲ. 砌体结构房屋的静力计算方案与楼屋盖类型密切相关;

Ⅳ. 砌体结构预制钢筋混凝土板在混凝土圈梁上的支承长度不应小于80mm。

(A) Ⅰ、Ⅱ (B) Ⅱ、Ⅲ
(C) Ⅲ、Ⅳ (D) Ⅰ、Ⅳ

【题 34～38】 某多层砌体结构建筑物平面如图 Z18-12 所示。抗震设防烈度 8 度 (0.2g),设计地震分组第一组。墙体厚度均为240mm,采用MU15级烧结普通砖,M7.5级混合砂浆。各层平面相同,首层层高3.6m,其他各层层高均为3.5m,首层地面设有刚性地坪,室内外高差 0.3m,基础顶标高为 −1.300m,楼、屋盖均为钢筋混凝土现浇结构。砌体施工质量控制等级为B级。

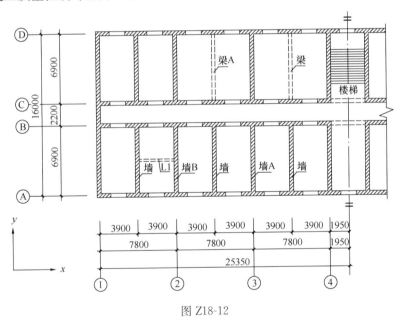

图 Z18-12

34. 假定,(1) 该建筑物作为一般办公楼,或(2) 作为中小学教学楼。试问,该房屋可以建造的最多层数为下列何项?

(A) (1) 4层,(2) 4层 (B) (1) 4层,(2) 3层
(C) (1) 5层,(2) 4层 (D) (1) 6层,(2) 5层

35. 假定,该建筑物按四层考虑,各楼层永久荷载标准值为14kN/m²,楼层按等效均布荷载计算的可变荷载标准值为2.0kN/m²,顶层重力荷载代表值 G_4=11580kN。试问,底部总水平地震作用标准值(kN)与下列何项数值最为接近?

(A) 6000 (B) 6600 (C) 7200 (D) 7800

36. 假定，Y向底部总水平地震作用标准值为7250kN，可忽略墙体开洞对墙体剪切刚度的影响。试问，墙A基底水平地震剪力标准值（kN），与下列何项数值最为接近？

(A) 300 (B) 400 (C) 500 (D) 600

37. 假定，首层顶以上墙B所受垂直荷载同墙A。在首层顶板，墙B有一小梁L1支承其上，L1截面200mm×300mm（宽×高），L1下设有刚性垫块，L1端部传给墙B集中力设计值 $N_l=60$kN，如图Z18-13所示，上部墙体传来的平均压应力 $\sigma_0=1.656$N/mm²。试问，L1对墙B的偏心弯矩设计值（kN·m）与下列何项数值最为接近？

(A) 3 (B) 4
(C) 5 (D) 6

38. 试问，高厚比验算时，墙A首层的高厚比β，与下列何项数值最为接近？

(A) 15 (B) 16
(C) 17 (D) 18

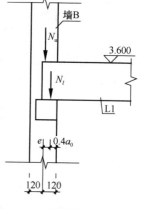

图 Z18-13

【题39】某砌体墙采用MU15级烧结普通砖、M7.5级混合砂浆砌筑，墙体厚度 $h=240$mm，假定，墙体高厚比为14，取 $e=0$。试问，该墙体每米墙长的轴心受压承载力（kN），与下列何项数值最为接近？

(A) 260 (B) 380 (C) 460 (D) 580

【题40】假定，某砌体墙局部受压平面如图Z18-14所示，$a=200$mm，$b=400$mm，墙体厚度 $h=240$mm。试问，砌体局部抗压强度提高系数 γ，与下列何项数值最为接近？

(A) 1.5 (B) 2.0
(C) 2.5 (D) 3.0

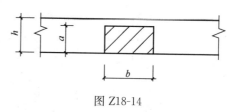

图 Z18-14

（下午卷）

【题41】某砌体结构住宅建筑的钢筋混凝土挑梁，如图Z18-15所示，墙内设240mm×240mm的钢筋混凝土构造柱。挑梁根部截面尺寸 $b\times h_b=240$mm×500mm，墙厚均为240mm。挑梁端部集中恒荷载标准值为 $F_k=16.5$kN，均布恒荷载标准值（含梁自重） $g_{1k}=15.0$kN/m，均布活荷载标准值 $q_{1k}=6.8$kN/m。试问，楼层挑梁的倾覆力矩设计值 M_{max}（kN·m），与下列何项数值最为接近？

提示： 按《建筑结构可靠性设计统一标准》GB 50068—2018作答。

(A) 105 (B) 95 (C) 85 (D) 80

【题42、43】某多层砖砌体房屋，底层结构平面布置如图Z18-16所示，外墙厚370mm，内墙厚240mm，轴线均居墙中。窗洞口均为1500mm×1500mm（宽×高），门洞口除注明外均为1000mm×2400mm（宽×高）。室内外高差0.5m，室外地面距基础顶0.7m。楼、屋面板采用现浇钢筋混凝土板，砌体施工质量控制等级为B级。

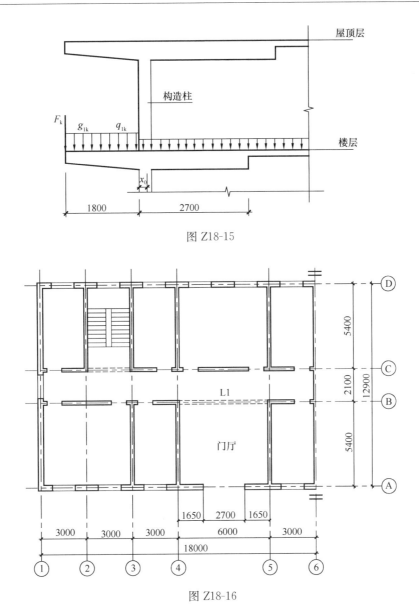

图 Z18-15

图 Z18-16

42. 假定，本工程建筑抗震类别为丙类，抗震设防烈度为7度，设计基本地震加速度值为0.15g。墙体采用MU15级烧结多孔砖、M10级混合砂浆砌筑。各层墙上下连续且洞口对齐。除首层层高为3.0m外，其余五层层高均为2.9m。试问，满足《建筑抗震设计规范》GB 50011—2010抗震构造措施要求的构造柱最少设置数量（根），与下列何项数值最为接近？

(A) 52　　　　(B) 54　　　　(C) 60　　　　(D) 76

43. 试问，L1梁在端部砌体墙上的支承长度（mm），与下列何项数值最为接近？

(A) 120　　　　(B) 240　　　　(C) 360　　　　(D) 500

【题 44~46】　某建筑物外墙，墙厚h，采用MU10级烧结普通砖、M10级水泥砂浆砌筑，砌体施工质量控制等级为B级。计算简图如图 Z18-17 所示，侧向荷载设计值 $q=$

$34kN/m^2$。承载力验算时不考虑墙体自重,$\gamma_0 = 1.0$。

44. 假定,不考虑上部结构传来的竖向荷载 N。试问,满足受弯承载力验算要求时,最小墙厚计算值 h(mm),与下列何项数值最为接近?

提示:计算截面宽度取 1m。

(A) 620　　　　　　　　　(B) 750
(C) 820　　　　　　　　　(D) 850

45. 假定,不考虑上部结构传来的竖向荷载 N。试问,满足受剪承载力验算要求时,设计选用的最小墙厚 h(mm),与下列何项数值最为接近?

提示:计算截面宽度取 1m。

(A) 240　　(B) 370　　(C) 490　　(D) 620

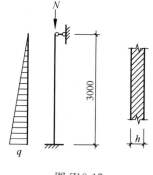

图 Z18-17

46. 假定,墙体计算高度 $H_0 = 3000$mm,上部结构传来的轴心受压荷载设计值 $N = 220$kN/m,墙厚 $h = 370$mm。试问,墙受压承载力设计值(kN),与下列何项数值最为接近?

提示:计算截面宽度取 1m。

(A) 260　　(B) 270　　(C) 280　　(D) 290

【题 47】 下列关于木结构的论述中,何项正确?

Ⅰ. 用于普通木结构的原木、方木和板材的材质等级分为三级;
Ⅱ. 当采用原木时,若验算部位稍加切削,其顺纹抗压、抗弯强度设计值和弹性模量可以比一般木材提高 15%;
Ⅲ. 桁架、大梁的支座节点处或其他承重木构件,不应封闭在墙体或保温层内;
Ⅳ. 地震区的木结构房屋的屋架与柱连接处应设置斜撑。

(A) Ⅰ、Ⅲ　　　　　　　(B) Ⅱ、Ⅳ
(C) Ⅰ、Ⅲ、Ⅳ　　　　　(D) Ⅰ、Ⅱ、Ⅲ、Ⅳ

【题 48】 一原木柱(未经切削),标注直径 $d = 110$mm,选用西北云杉 TC11A 制作,正常环境下设计使用年限 50 年,安全等级为二级。计算简图如图 Z18-18 所示。假定,上、下支座节点处设有防止其侧向位移和侧倾的侧向支撑。试问,当 $N = 0$、$q = 1.2$kN/m(设计值)时,其侧向稳定验算式 $\dfrac{M}{W} \leqslant f_m$,与下列何项选择最为接近?

提示:① 不考虑构件自重;
　　　② 小数点后四舍五入取两位。

(A) 7.30<11.00　　　　　(B) 8.30<11:00
(C) 7.30<12.65　　　　　(D) 10.33<12.65

【题 49】 位于 5m 高稳定土坡坡顶的钢筋混凝土矩形扩展基础,平面尺寸为 1.6m×1.6m,如图 Z18-19 所示。试问,该基础底面外边缘线至稳定土坡坡顶的水平距离 a(m),应不小于下列何项数值?

(A) 2.0　　　　　　　　　(B) 2.5
(C) 3.0　　　　　　　　　(D) 3.5

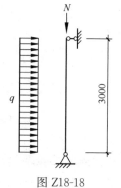

图 Z18-18

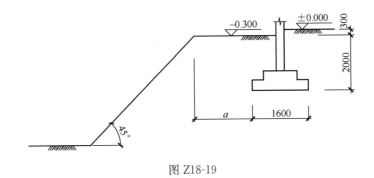

图 Z18-19

【题 50~53】 某办公楼柱下扩展基础，平面尺寸为 3.4m×3.4m，基础埋深为 1.6m，场地土层分布及土性如图 Z18-20 所示。

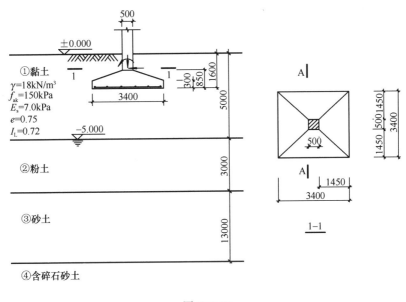

图 Z18-20

50. 试问，基础底面修正后的地基承载力特征值 f_a（kPa），与下列何项最为接近？
(A) 170 (B) 185 (C) 200 (D) 210

51. 假定，相应于作用的基本组合时，基础在图示偏心荷载的作用下，基底边缘最大地基反力设计值为 200kPa，最小地基反力设计值为 60kPa。基础及其上土的加权平均重度取 20kN/m³。试问，柱与基础交接处 A—A 截面的弯矩设计值 M（kN·m），与下列何项数值最为接近？

提示：按《建筑结构可靠性设计统一标准》GB 50068—2018 作答。

(A) 300 (B) 330 (C) 360 (D) 470

52. 假定，相应于作用的准永久组合时，基底的附加平均压力值 p_0=150kPa。试问，当沉降经验系数 ψ_s=0.8 时，不考虑相邻基础的影响，基础中心点由第①层土产生的最终变形量 s_1（mm），与下列何项数值最为接近？

(A) 30 (B) 40 (C) 50 (D) 60

53. 假定，本场地位于8度抗震设防区，其中②粉土层采用六偏磷酸钠作分散剂测定的黏粒含量百分率为14，拟建建筑基础埋深为1.6m，地下水位在地表下5m，土层地质年代为第四纪全新世。试问，进行基础设计时，按《建筑抗震设计规范》GB 50011—2010的规定，下述观点何项正确？

(A) ②粉土层不液化，③砂土层可不考虑液化影响

(B) ②粉土层液化，③砂土层可不考虑液化影响

(C) ②粉土层不液化，③砂土层需进一步判别液化影响

(D) ②粉土层、③砂土层均需进一步判别液化影响

【题54～57】某办公楼柱下桩基础采用等边三桩承台，桩采用泥浆护壁钻孔灌注桩，桩直径$d=600$mm。框架柱为圆柱，直径为800mm，承台及其以上土的加权平均重度$\gamma_0=20$kN/m³。承台平面尺寸、桩位布置、地基土层分布及岩土参数等如图Z18-21所示。桩基的环境类别为二a，建筑所在地对桩基混凝土耐久性无可靠工程经验。

54. 为提高桩的承载力及减少沉降，灌注桩采用桩端后注浆工艺，且施工满足《建筑桩基技术规范》JGJ 94—2008的相关规定。假定，第②层粉质黏土及第③层黏土的后注浆侧阻力增强系数$\beta_s=1.5$，第④层细砂的后注浆侧阻力增强系数$\beta_s=1.6$，第④层细砂的后注浆端阻力增强系数$\beta_p=2.4$。试问，在进行初步设计时，根据土的物理指标与承载力参数间的经验公式，估算桩端后注浆单桩承载力特征值R_a（kN），与下列何项数值最为接近？

(A) 1400 (B) 1500 (C) 1600 (D) 3000

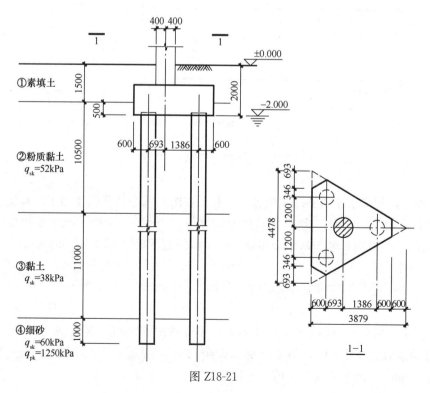

图Z18-21

55. 假定，在作用的基本组合下，单桩桩顶最大的轴心压力设计值 $N_{max}=1900\text{kN}$。桩全长螺旋式箍筋直径为6mm、间距为150mm，基桩成桩工艺系数 $\psi_c=0.75$。试问，根据《建筑桩基技术规范》JGJ 94—2008 的规定，满足设计要求的桩身混凝土的最低强度等级，为下列何项？

提示：混凝土轴心抗压强度设计值（N/mm²）见表 Z18-2。

表 Z18-2

混凝土强度等级	C20	C25	C30	C35
f_c	9.6	11.9	14.3	16.7

(A) C20　　　(B) C25　　　(C) C30　　　(D) C35

56. 假定，灌注桩配置9根直径14mm的主筋。该工程进行了试桩：水平静载试验得到单桩水平临界荷载为88kN；3根单桩竖向静载试验得到试验桩竖向极限承载力分别为3000kN、3310kN、3080kN。试问，单桩的水平荷载承载力特征值 R_h（kN），以及桩竖向承载力特征值 R_a（kN），与下列何项数值最为接近？

(A) $R_h=50$，$R_a=1500$　　　(B) $R_h=50$，$R_a=1565$
(C) $R_h=65$，$R_a=1500$　　　(D) $R_h=65$，$R_a=1565$

57. 假定，在荷载的基本组合下，不计承台及其上土重，3根桩的竖向反力设计值分别是1700kN、1750kN、1860kN。试问，在进行承台计算时，由承台形心至承台边缘距离范围内板带的弯矩设计值 M（kN·m），与下列何项数值最为接近？

提示：按《建筑地基基础设计规范》GB 50007—2011 作答。

(A) 1200　　　(B) 1300　　　(C) 1500　　　(D) 1600

【题 58~60】某5.1m高的毛石混凝土挡墙，其后缘有倾角为 θ 的稳定岩坡。墙后填土与挡墙顶面平齐，且无超载作用。填土的重度 $\gamma=18\text{kN/m}^3$，内摩擦角 $\varphi=34°$，内聚力 $c=0\text{kPa}$。填土对挡墙墙背的摩擦角 $\delta=17°$，填土与岩坡坡面间的摩擦角 $\delta_r=17°$。挡墙的剖面尺寸如图 Z18-22 所示。

提示：不考虑挡墙前缘土体的作用。

58. 假定，稳定岩坡的倾角 $\theta=68°$。试问，当考虑主动土压力增大系数时，挡土墙承受的主动土压力 E_a（kN/m），与下列何项数值最为接近？

提示：$k_a = \dfrac{\sin(\alpha+\theta)\sin(\alpha+\beta)\sin(\theta-\delta_r)}{\sin^2\alpha \sin(\theta-\beta)\sin(\alpha+\theta-\delta-\delta_r)} = 0.529$。

(A) 100　　　(B) 120　　　(C) 140　　　(D) 160

59. 假定，挡土墙承受的主动土压力竖向分力 $E_{az}=72\text{kN/m}$，水平向分力 $E_{ax}=125\text{kN/m}$，土对挡土墙基底的摩擦系数 $\mu=0.65$，挡土墙每延米自重 $G=214\text{kN/m}$。试问，挡土墙抗滑移稳定系数 K，与下列何项数值最为接近？

(A) 1.3　　　(B) 1.4　　　(C) 1.5　　　(D) 1.6

60. 条件同问题59，假定，已经求得相对于挡土墙底面形心，挡土墙在主动土压力及自重作用下，其合力的偏心距 $e=0.630\text{m}$。试问，挡土墙基础底面墙趾 A 处，每延米基础底面边缘的最大压力值 p_{kmax}（kPa），与下列何项数值最为接近？

(A) 200　　　(B) 250　　　(C) 280　　　(D) 300

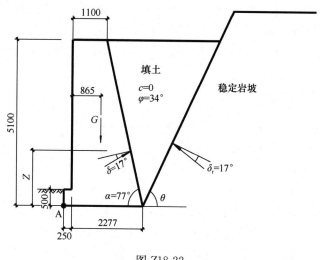

图 Z18-22

【题 61、62】 某场地位于 7 度抗震设防区，设计基本地震加速度 0.10g，地震设计分组为第三组。地下水位在 -1.000m，地基土层分布及有关参数情况见图 Z18-23。经判定，②层粉砂为液化土层。为了消除②层土液化，提高其地基承载力，拟采用直径 400mm 振动沉管砂石桩进行地基处理。

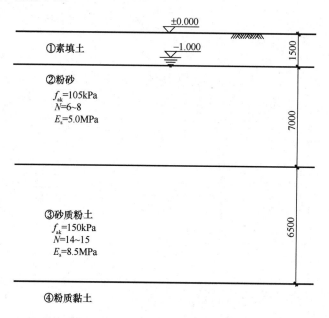

图 Z18-23

61. 假定，筏板基础底面标高为 -2.500m，砂石桩桩长 7m，砂石桩与土的应力比 $n=3$，要求经处理后的基底复合地基的承载力特征值 f_{spk} 不小于 138kPa。试问，初步设计时，砂石桩的最小面积置换率 m，与下列何项数值最为接近？

提示：根据地区经验，地基处理后，②层土处理后桩间土承载力特征值可提高 10%。

(A) 6%　　　　(B) 9%　　　　(C) 10%　　　　(D) 16%

62. 假定,砂石桩的置换率 $m=11\%$,桩按等边三角形布置。试问,桩的中心距 s(m),与下列何项最为接近?

(A) 1.00   (B) 1.15   (C) 1.25   (D) 1.40

【题63】 依据《建筑桩基技术规范》JGJ 94—2008,下列关于桩基设计的观点,其中何项不正确?

(A) 基础承台布置有 2 排 8 根人工挖孔端承桩,其桩的最小中心距可为 2.5 倍桩径

(B) 挤土沉管灌注桩用于淤泥和淤泥质土时,应局限于多层住宅桩基

(C) 受水平荷载较大的桩基,桩顶以下 5 倍桩径范围内的箍筋间距不应大于 100mm

(D) 桩端应选择较硬的土层作持力层,当存在软弱下卧层时,桩端以下持力层厚度不宜小于 2.5 倍桩径

【题64】 下列关于地基承载力的观点,其中何项不正确?

(A) 地基土进行载荷试验时,地基承载力特征值应取极限荷载值的一半

(B) 对完整、较完整和较破碎的岩石地基,在施工期会遭水浸泡,其地基承载力特征值可根据岩石饱和单轴抗压强度考虑折减系数确定

(C) 全风化和强风化的岩石,可参照所风化成的相应的土类,进行地基承载力深度和宽度修正

(D) 对于沉降已经稳定的建筑地基,可适当提高地基承载力

【题65】 关于高层混凝土结构抗震性能化设计的计算要求,下述何项说法不准确?

(A) 分析模型应正确、合理地反映地震作用的传递途径和楼盖在不同地震动水准下是否整体或分块处于弹性工作状态

(B) 弹性分析时可采用线性分析方法

(C) 结构进行大震弹塑性分析时,底部总剪力可以接近甚至超过按同样阻尼比理想弹性假定计算的大震剪力

(D) 结构非线性分析模型相对于弹性分析模型可以有所简化,但二者在多遇地震下的线性分析结果应基本一致

【题66】 下列关于高层民用建筑钢结构设计的一些观点,其中何项不准确?

(A) 房屋高度不超过 50m 的高层民用建筑可采用框架、框架-中心支撑或其他体系的结构

(B) 高层民用建筑钢结构不应采用单跨框架结构

(C) 偏心支撑框架中的消能梁段所用钢材的屈服强度不应大于 $345N/mm^2$,屈强比不应大于 0.8

(D) 两种强度级别的钢材焊接时,宜选用与强度较高钢材相匹配的焊接材料

【题67~70】 某 15 层钢筋混凝土框架-剪力墙结构,其平立面示意如图 Z18-24 所示,质量和刚度沿竖向分布均匀,对风荷载不敏感,房屋高度 58m,抗震设防烈度为 7 度,丙类建筑,设计基本地震加速度为 $0.15g$,Ⅱ类场地,设计地震分组为第一组。

67. 假定,该建筑物建设场地的地面粗糙度为 B 类,基本风压 $w_0=0.65kN/m^2$,屋顶处的风振系数 $\beta_z=1.402$。试问,计算主体结构的风荷载效应时,在图 Z18-24 所示方向的风荷载作用下,屋顶 A 处垂直于建筑物外墙表面的风荷载标准值 w_k(kN/m²),与下列何项数值最为接近?

提示：体型系数按《高层建筑混凝土结构技术规程》JGJ 3—2010 取值。
(A) 1.9　　　　(B) 2.0
(C) 2.1　　　　(D) 2.2

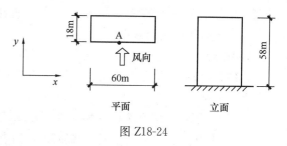

图 Z18-24

68. 假定，在规定的水平力作用下，该结构底层框架部分承受的地震倾覆力矩为结构总地震倾覆力矩的 60%，设计计算分析时框架的抗震等级及抗震构造措施等级应为下列何项？

(A) 二级，一级　　(B) 二级，二级　　(C) 三级，二级　　(D) 三级，三级

69. 假定，每层刚心、质心均位于建筑平面中心，仅考虑风荷载作用，且水平风荷载沿竖向呈倒三角形分布，其最大荷载标准值 $q=90$ kN/m，该结构各层重力荷载设计值总和为 $G=1.76\times10^5$ kN。试问，弹性分析时，在上述水平风力作用下，不考虑重力二阶效应影响的结构顶点质心弹性水平位移 u（mm），不应超过下列何项数值？

(A) 48　　　　(B) 53　　　　(C) 58　　　　(D) 63

70. 假定，该结构方案调整后，Y 向的弹性等效侧向刚度 EJ_d 大于 $1.4H^2\sum_{i=1}^{n}G_i$ 且小于 $2.7H^2\sum_{i=1}^{n}G_i$，未考虑重力二阶效应时的楼层最大位移与层高之比 $\Delta u/h=1/840$。

若仅增大 EJ_d 值，其他参数不变。试问，结构 Y 向的弹性等效侧向刚度 EJ_d（10^9 kN·m²）不小于下列何项数值时，考虑重力二阶效应影响的楼层最大位移与层高之比 $\Delta u/h$，方能满足规范、规程要求？

提示：$0.14H^2\sum_{i=1}^{n}G_i=0.829\times10^8$ kN。

(A) 1.45　　　　(B) 1.61　　　　(C) 1.74　　　　(D) 2.21

【题 71～74】某 10 层钢筋混凝土框架-剪力墙结构，质量和刚度竖向分布均匀，房屋高度为 40m，如图 Z18-25 所示，下设一层地下室，采用箱形基础。抗震设防烈度 9 度，设计地震分组为第一组，Ⅲ类建筑场地，$T_g=0.45$s，丙类建筑，按刚性地基假定确定的结构基本自振周期为 0.8s，总重力荷载代表值 96000kN。

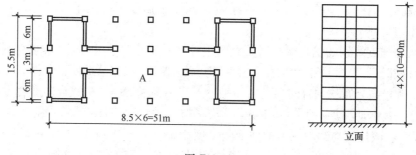

图 Z18-25

71. 假定，在重力荷载代表值、水平地震及风荷载作用下，首层某中柱 A 柱底的轴压

力标准值分别为 2800kN，500kN 及 60kN。试问，计算该中柱首层柱底截面轴压比时，采用的轴压力设计值（kN），与下列何项数值最为接近？

提示：① 不考虑地基与结构动力相互作用的影响；
② 按《建筑与市政工程抗震通用规范》GB 55002—2021 作答。

(A) 4200　　　　(B) 4350　　　　(C) 4500　　　　(D) 4650

72. 假定，按刚性地基假定计算的水平地震作用，呈倒三角形分布，如图 Z18-26 所示。计入地基与结构动力相互作用的影响时，各楼层水平地震剪力的折减系数 $\psi=0.9$。试问，折减后的底部总水平地震剪力，与下列何项数值最为接近？

提示：各层水平地震剪力折减后满足剪重比的要求。

(A) $4.55F$　　　　　　　　(B) $4.95F$
(C) $5.05F$　　　　　　　　(D) $5.5F$

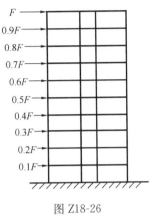

图 Z18-26

73. 假定，本工程总重力荷载合力作用点与箱基底面形心重合，箱基底面反力呈线性分布，上部及箱基总重力荷载标准值为 G，水平荷载与竖向荷载共同作用下基底反力的合力点到箱基中心的距离为 e_0，如图 Z18-27 所示。试问，当满足规程对基础底面与地基之间零应力区面积限值时，抗倾覆力矩 M_R 与倾覆力矩 M_{ov} 的最小比值，与下列何项数值最为接近？

提示：不考虑重力二阶效应及侧土压力。

(A) 1.5　　　　(B) 1.9　　　　(C) 2.3　　　　(D) 2.7

74. 假定，某剪力墙水平分布筋为 $\phi 10@200$，其连梁净跨 $l_n=2200$mm，$a_s=30$mm，其截面及配筋如图 Z18-28 所示。试问，下列关于连梁每侧腰筋的配置，何项满足规程的最低要求？

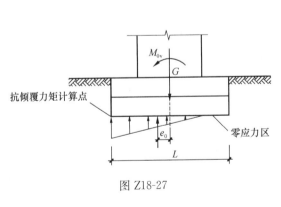

图 Z18-27

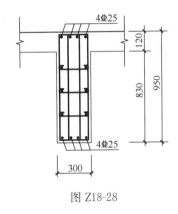

图 Z18-28

(A) 4⌀12　　　　　　　　(B) 5⌀12
(C) 4⌀10　　　　　　　　(D) 5⌀10

【题 75、76】高层钢筋混凝土剪力墙结构住宅中的某层剪力墙，为单片独立墙肢（两边支承），如图 Z18-29 所示，层高 5m，墙长 3m，抗震设防烈度为 8 度，抗震等级为一级，C40 混凝土（$E_c=3.25\times 10^4 \text{ N/mm}^2$）。

提示：按《建筑与市政工程抗震通用规范》GB 55002—2021 作答。

75. 假定，该墙肢荷载效应组合中墙顶竖向均布荷载标准值分别为：永久荷载作用下为 1800kN/m；活荷载作用下为 600kN/m，组合值系数取 0.5；水平地震作用下为 1200kN/m。试问，满足墙肢轴压比限值的最小墙厚（mm），与下列何项数值最为接近？

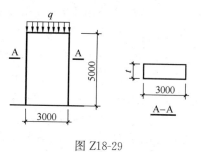

图 Z18-29

(A) 250　　　　　　　　(B) 290
(C) 350　　　　　　　　(D) 400

76. 假定，当由地震作用效应组合起控制作用时，考虑地震效应组合的墙顶等效竖向均布荷载设计值为 4500kN/m。试问，满足墙肢稳定要求的最小墙厚（mm），与下列何项数值最为接近？

(A) 250　　　　　　　　(B) 300
(C) 350　　　　　　　　(D) 400

【题 77～79】　某钢筋混凝土部分框支剪力墙结构，房屋高度 56m，丙类建筑，抗震设防烈度 7 度，Ⅱ类建筑场地，转换层设置在 2 层，纵横向均有落地剪力墙，地下一层顶板可作为上部结构的嵌固部位。

77. 假定，首层某剪力墙墙肢 W_1，墙肢底部截面考虑地震作用组合的内力计算值为：弯矩 $M_w=2300$kN·m，剪力 $V_w=600$kN。试问，W_1 墙肢底部截面的内力设计值 M（kN·m），V（kN）与下列何项数值最为接近？

(A) 3000，850　　　　　(B) 3000，960
(C) 3500，850　　　　　(D) 3500，960

78. 假定，首层某根框支柱，水平地震作用下，其柱底轴力标准值 $N_{Ek}=900$kN；重力荷载代表值作用下，其柱底轴力标准值为 $N_{Gk}=1600$kN，不考虑风荷载。试问，该框支柱轴压比计算时采用的有地震作用组合的柱底轴力设计值 N（kN），与下列何项数值最为接近？

提示：按《建筑与市政工程抗震通用规范》GB 55002—2021 作答。

(A) 2500　　　　　　　(B) 2850
(C) 3100　　　　　　　(D) 3350

79. 假定，第 3 层某框支梁上剪力墙墙肢 W_2 的厚度为 200mm，该框支梁净跨 $L_n=6000$mm。框支梁与墙体 W_2 交接面上考虑地震作用组合的水平拉应力设计值 $\sigma_{xmax}=1.38$MPa。试问，W_2 墙肢在框支梁上 $0.2L_n=1200$mm 高度范围内的水平分布筋（双排，采用 HRB400 级钢筋），按下列何项配置时，方能满足规程对水平分布筋的配筋要求？

(A) ⌀8@200　　　　　　(B) ⌀8@150
(C) ⌀10@200　　　　　 (D) ⌀10@150

【题 80】　拟建于 8 度抗震设防区，Ⅱ类建筑场地，高度 66m 的钢筋混凝土框架-剪力墙结构，其平面布置有四个方案，平面示意如图 Z18-30 所示（单位：m），该建筑质量和结构侧向刚度沿竖向分布均匀。试问，如果仅从结构平面规则性方面考量，其中哪一个方

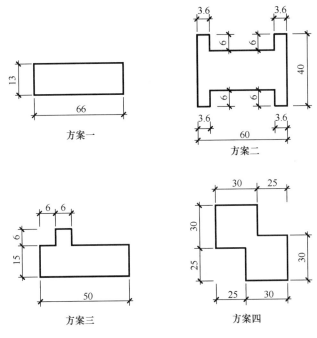

图 Z18-30

案相对比较合理?
（A）方案一　　　　　　　　　　（B）方案二
（C）方案三　　　　　　　　　　（D）方案四

2019 年真题

（上午卷）

【题 1、2】 某单层大跨度物流仓库，采用柱间支撑抗侧力体系，其空间网架屋盖的中柱为钢筋混凝土构件，其截面尺寸、配筋及柱顶支座，如图 Z19-1 所示。混凝土强度等级为 C30，纵向受力钢筋采用 HRB500，箍筋采用 HPB300。构件安全等级为二级。

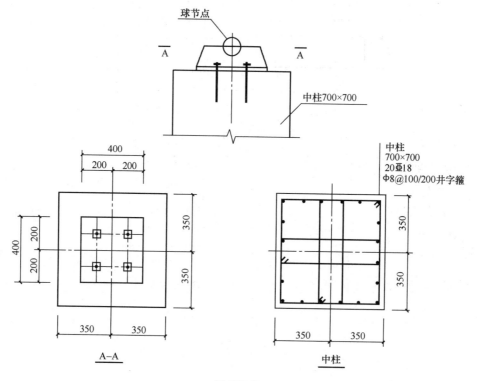

图 Z19-1

1. 假定，网架支座对中柱柱顶作用的局部压力为均匀分布，按素混凝土构件进行柱顶局部受压验算。试问，当不考虑锚栓开孔、柱钢筋的影响时，在网架支座的作用下，柱顶混凝土的局部受压承载力设计值（kN），与下列何项数值最接近？

(A) 4500   (B) 4000   (C) 3500   (D) 3000

2. 假定，不考虑抗震设计，轴心受压中柱的计算长度为 19.6m。试问，该中柱的轴心受压承载力设计值（kN），与下列何项数值最接近？

(A) 4500   (B) 5500   (C) 6500   (D) 7500

【题 3~9】 某大跨办公建筑，标准设防类，如图 Z19-2 所示，采用框架-支撑抗侧力体系，屋面为普通的上人屋面（不兼做其他用途），采用现浇混凝土梁板结构，结构找坡。

假定,WL1(1)为钢筋混凝土简支梁,其支座截面为350mm×1200mm,跨中截面为350mm×1500mm。混凝土强度等级为C40,梁纵向受力钢筋采用HRB500,梁的箍筋、拉筋和屋面板钢筋均采用HRB400。结构设计使用年限50年,构件安全等级为二级,环境类别为一类,工程所在地年平均相对湿度为45%。

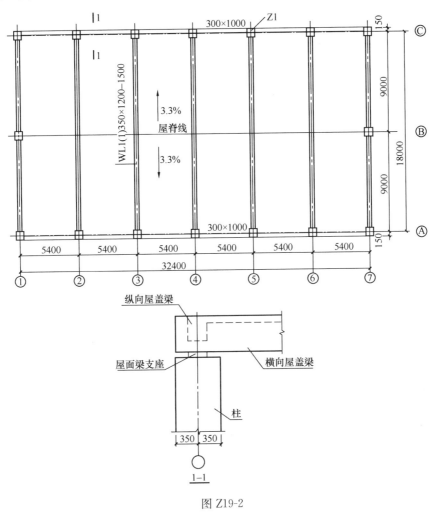

图 Z19-2

3. 下列结构设计的论述,何项是错误的?
(A) 抗震设计时,结构重要性系数取1.0
(B) 当WL1(1)采用普通钢筋混凝土构件时,裂缝控制等级为三级,允许裂缝宽度为0.3mm
(C) 当WL1(1)采用C40预应力混凝土构件时,裂缝控制等级为三级,允许裂缝宽度为0.2mm
(D) 框架梁的下部纵向受力钢筋的直径不大于25mm时,可用绑扎搭接、机械连接或焊接,连接位置宜避开梁端箍筋加密区

4. 假定,屋面永久荷载标准值(含梁板、抹灰、防水层和保温层等)为8.3kN/m²,活荷载的组合值系数取1.0。试问,按荷载从属面积估算,Z1柱顶的重力荷载设计值

(kN)，与下列何项数值最接近？

提示：① 按《工程结构通用规范》GB 55001—2021 作答；
② 活荷载不考虑折减；
③ 屋面不考虑积灰、水、机电设备。

(A) 950　　　　(B) 830　　　　(C) 670　　　　(D) 530

5. 假定，WL1（1）的计算跨度 $l_0=18m$，梁跨中截面有效高度 $h_0=1400mm$，屋面板厚为 180mm。试问，该梁跨中受压的有效翼缘计算宽度 b_f'（mm），与下列何项数值最接近？

提示：按肋形梁计算。

(A) 6000　　　(B) 5400　　　(C) 2500　　　(D) 1500

6. 假定，WL1(1) 按普通钢筋混凝土构件设计，其跨中为翼缘受压的 T 形截面，$h_0=1400mm$，在竖向荷载作用下，跨中截面弯矩设计值相对应的截面受压区高度为 30mm。试问，WL1(1) 跨中的纵向受拉钢筋的截面面积（mm^2），与下列何项数值最接近？

提示：① 不考虑纵向受压钢筋作用；
② 梁受压翼缘宽度取 5400mm。

(A) 5400　　　(B) 6000　　　(C) 6600　　　(D) 7200

7. 假定，WL1（1）的支座截面及配筋如图 Z19-3 所示，取 $h_0=1150mm$，不考虑抗震设计，梁支座截面的受剪承载力设计值（kN），与下列何项数值最接近？

提示：不需要验算截面限制条件。

(A) 750　　　　　　　　(B) 900
(C) 1050　　　　　　　(D) 1300

8. 假定，不考虑抗震设计，WL1(1) 支座处截面及配筋如图 Z19-3 所示，支座截面的剪力设计值为 1050kN。试问，在不采取附加锚固措施的情况下，梁下部纵向受力钢筋从支座边缘算起伸入支座内的最小锚固长度（mm），与下列何项数值最接近？

(A) 350　　　　　　　　(B) 450
(C) 700　　　　　　　　(D) 1000

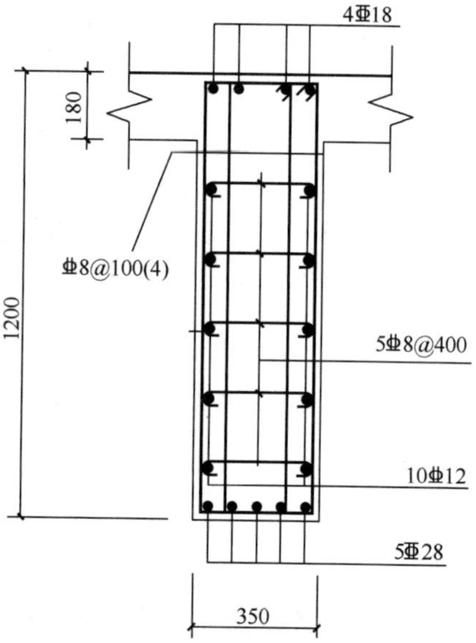

图 Z19-3

9. 假定，屋面板的混凝土强度等级为 C30，考虑弯矩调幅前，轴线③处屋面板支座的弯矩系数 $\alpha=-0.08$，屋面板的均布荷载设计值为 $14kN/m^2$，板支座截面的 $h_0=155mm$，不考虑受压钢筋的作用。试问，当轴线③处屋面板支座负弯矩的调幅幅度为 20% 时，该支座截面每延米负弯矩的纵向受拉钢筋的截面面积（mm^2），与下列何项数值最接近？

提示：① 屋面板计算跨度取 5.4m；
② $M=\alpha q l_0^2$。

(A) 580　　　　(B) 500　　　　(C) 450　　　　(D) 380

【题 10】 某钢筋混凝土牛腿如图 Z19-4 所示,混凝土强度等级为 C30,纵向受力钢筋采用 HRB400,作用于牛腿顶部荷载基本组合的荷载设计值 $F_v=600\text{kN}$,$F_h=100\text{kN}$。牛腿纵向受力钢筋①沿牛腿顶部布置,$a_s=40\text{mm}$,牛腿截面尺寸及配筋构造符合规范要求。试问,纵向受力钢筋①的截面面积(mm^2),与下列何项数值最接近?

提示: 考虑安装偏差。

(A) 780   (B) 830
(C) 930   (D) 1030

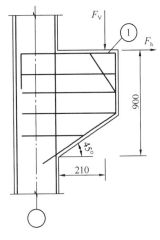

图 Z19-4

【题 11~13】 某单层现浇混凝土框架结构,柱截面均为 500mm×500mm,柱混凝土强度等级为 C40,柱下基础的混凝土强度等级为 C30,结构布置如图 Z19-5 所示。

11. 工程中需要采用回弹法对全部柱混凝土强度进行检测推定,试问,回弹构件的抽取最少数量,与下列何项数值最接近?

(A) 8   (B) 12   (C) 20   (D) 24

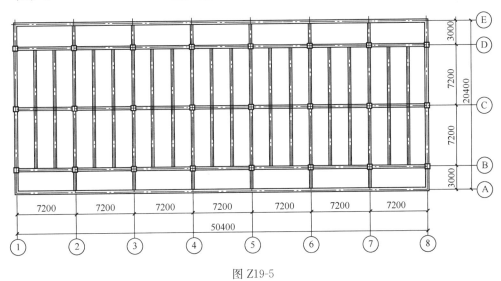

图 Z19-5

12. 假定,需要对本工程施工完成后的主体结构实体中的悬挑梁的钢筋混凝土保护层厚度进行检验,试问,检验的最少数量,与下列何项数值最接近?

(A) 1   (B) 5   (C) 10   (D) 16

13. 假定,某柱为轴心受压构件,不考虑抗震设计,纵向受力钢筋采用直接为 28mm 的 HRB400 无涂层钢筋,试问,当充分利用钢筋受压强度时,纵向受力钢筋埋入基础的最小锚固长度(mm),与下列何项数值最接近?

提示: ① 钢筋在施工中不受扰动;
② 不考虑纵筋混凝土保护层对锚固长度的影响,锚固长度范围内横向构造钢筋满足规范要求。

(A) 760   (B) 640   (C) 580   (D) 530

【题 14】 假定,某钢筋混凝土预制梁设置两个受力相同的吊环,在荷载标准值作用下,每个吊环承担的拉力为 23.5kN。试问,吊环的最小规格,与下列何项最接近?

(A) HPB300,直径 14
(B) Q235B 圆钢,直径 18
(C) HRB400,直径 12
(D) HRB335,直径 14

【题 15、16】 位于抗震设防烈度 7 度(0.15g)地区,建筑场地为 Ⅱ 类,某大学学生宿舍采用现浇钢筋混凝土异形柱框架结构,各层的结构平面布置如图 Z19-6 所示。

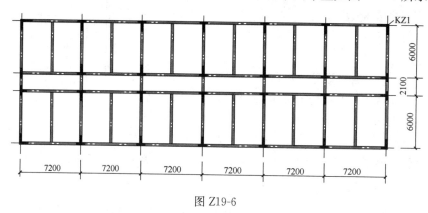

图 Z19-6

15. 试问,该结构适用的最大高度(m),与下列何项数值最接近?
(A) 12 (B) 18 (C) 21 (D) 24

16. 假定,房屋高度为 13m,KZ1 柱的剪跨比为 2.5,纵向受力钢筋采用 HRB500,试问,KZ1 的轴压比限值,与下列何项数值最接近?

提示:KZ1 肢端未设暗柱。

(A) 0.50 (B) 0.55 (C) 0.60 (D) 0.65

【题 17、18】 某预制预应力混凝土梁,某截面尺寸为 400mm×1600mm,长 12m,混凝土强度等级为 C40。拟采用两点起吊,此时的计算简图及起吊点的预埋件大样如图 Z19-7 所示

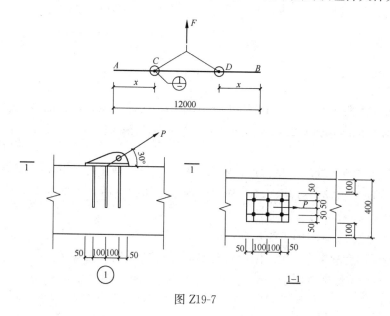

图 Z19-7

示,起吊点 C 和 D 设置预埋件承担起吊荷载。

提示:按《混凝土结构设计规范》GB 50010—2010（2015 年版）作答。

17. 假定,在自重作用下,要求起吊至空中时预制构件 C、D 点的弯矩与跨中中点处弯矩相等,试问,起吊点至构件端部的距离 x（m）,与下列何项数值最接近?

(A) 3.0　　　　(B) 2.5　　　　(C) 2.0　　　　(D) 1.5

18. 假定,该梁内预埋件钢板厚度为 18mm,锚筋采用 HRB400,设置 6 ⌀ 16,与钢板可靠连接并且锚固长度足够。试问,该预埋件能承受的最大荷载设计值 P(kN),与下列何项数值最接近?

提示:$\alpha_b=0.88$,$\alpha_v=0.686$。

(A) 250　　　　(B) 200　　　　(C) 170　　　　(D) 150

【题 19～22】　某单层工业厂房的钢结构平台,面层为花纹钢板,与梁焊接连接,不考虑抗震设计,结构构件采用 Q235 钢,E43 型焊条。平台结构布置如图 Z19-8 所示,其荷载标准值为:永久荷载为 1.5kN/m²（不含梁自重）,可变荷载为 5.5kN/m²。设计使用年限 50 年,结构重要性系数为 1.0。

提示:荷载组合按《工程结构通用规范》GB 55001—2021 作答。

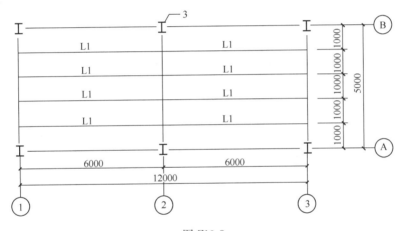

图 Z19-8

19. 次梁 L1 为简支梁,采用焊接 H 形钢 WH250×125×5×8,其截面特性:$A=31.7\times10^2$mm², $I_x=3463\times10^4$mm⁴, $W_x=277\times10^3$mm³,中和轴以上毛截面对中和轴的面积矩 $S=155\times10^3$mm³,自重标准值 $g_k=0.20$kN/m。试问,抗弯强度验算时,其正截面最大弯曲应力设计值（N/mm²）,与下列何项数值最接近?

提示:不考虑截面削弱。

(A) 145　　　　(B) 155　　　　(C) 165　　　　(D) 175

20. 条件同题 19,试问,次梁 L1 在荷载作用下的最大挠度与其跨度的比值,与下列何项数值最接近?

(A) 1/255　　　　(B) 1/280　　　　(C) 1/300　　　　(D) 1/350

21. 次梁 L1 在荷载基本组合下的剪力设计值 $V=30$kN,其他条件同题 19,试问,次梁 L1 进行抗剪强度验算时,其截面的最大剪应力设计值（N/mm²）,与下列何项数值最接近?

(A) 22　　　　　　　(B) 28　　　　　　　(C) 37　　　　　　　(D) 49

22. 假定平台柱 3 由柱间支撑保证稳定，柱 3 采用焊接 H 形钢 WH150×150×5×8，翼缘为焰切边，其截面特性：$A=30.7\times10^2\text{mm}^2$，$i_x=65.4\text{mm}$，$i_y=38.3\text{mm}$。荷载基本组合下的轴心压力设计值 $N=230\text{kN}$，计算长度 $l_{0x}=7200\text{mm}$，$l_{0y}=3600\text{mm}$。试问，按轴心受压构件进行稳定性验算时，柱 3 的最大压应力设计值 $N/(\varphi A)$（N/mm^2），与下列何项数值最接近？

(A) 140　　　　　　(B) 150　　　　　　(C) 160　　　　　　(D) 170

【题 23～26】 某钢结构管道支架承受静荷载，图 Z19-9 所示为斜杆与钢柱的连接节点，采用 Q235 钢，焊条采用 E43 型焊条，斜杆为等边双角钢组合 T 形截面，填板厚度为 8mm。斜杆承受荷载的基本组合下的拉力设计值 $N=425\text{kN}$。结构重要性系数取 1.0。

23. 假定，斜杆与节点板采用双侧角焊缝连接，角钢肢背焊脚尺寸 $h_f=8\text{mm}$，角钢肢尖焊脚尺寸 $h_f=6\text{mm}$。试问，角钢肢背处所需焊缝长度（mm），与下列何项数值最接近？

提示：角钢肢尖肢背焊缝按 3：7 分配斜杆轴力。

(A) 165　　　　　　(B) 185
(C) 270　　　　　　(D) 350

24. 假定，节点板与钢柱采用双侧角焊缝连接，焊脚尺寸 $h_f=8\text{mm}$，两焊件间隙 b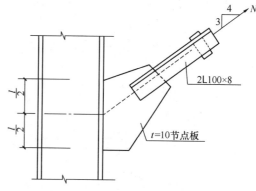

图 Z19-9

$\leqslant 1.5\text{mm}$。试问，该连接板与钢柱的焊缝长度 l（mm）的最小值，与下列何项数值最接近？

(A) 200　　　　　　(B) 240　　　　　　(C) 300　　　　　　(D) 340

25. 假定，节点板与钢柱采用全焊透坡口焊缝连接，焊缝质量等级为二级。试问，与钢柱焊缝连接处节点板的长度 l（mm）的最小值，与下列何项数值最接近？

提示：剪力按 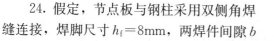 验算。

$$\tau=\frac{V}{A}=\frac{V}{h_e l_w}\leqslant f_v^w$$

(A) 180　　　　　　(B) 260
(C) 300　　　　　　(D) 330

26. 斜杆的单个等边角钢 L100×8 的回转半径 $i_x=30.8\text{mm}$，$i_{y0}=19.8\text{mm}$，如图 Z19-10 所示，试问，当斜杆按实腹式构件计算时，其角钢之间连接用填板间的最大距离（mm），与下列何项数值最接近？

(A) 750　　　　　　(B) 1200
(C) 1500　　　　　(D) 2400

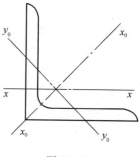

图 Z19-10

【题 27】 计算吊车梁疲劳时，关于起重机荷载，下列何项叙述是正确的？

(A) 取跨间内荷载效应最大的一台起重机的荷载设计值

(B) 取跨间内荷载效应最大的一台起重机的荷载设计值乘以动力系数

(C) 取跨间内荷载效应最大的一台起重机的荷载标准值乘以动力系数

(D) 取跨间内荷载效应最大的一台起重机的荷载标准值

【题28】 某钢厂房设有中级工作制桥式起重机，吊车梁跨度大于12m，并且不起拱。试问，由自重和起重量最大的一台起重机所产生的竖向挠度与吊车梁跨度之比的容许值，与下列何项数值最接近？

(A) 1/500　　　(B) 1/750　　　(C) 1/900　　　(D) 1/1000

【题29】 试问，在工作温度等于或低于－20℃的地区，钢结构设计与施工时，下列何项说法与《钢结构设计标准》GB 50017—2017的要求不符？

(A) 承压构件和节点的连接宜采用螺栓连接

(B) 板件制孔应采用钻成孔或先冲后扩钻孔

(C) 受弯构件的压应力区不宜使用角焊缝

(D) 对接焊缝质量等级不得低于二级

【题30】 某工字形柱采用Q235钢，截面为HM455×300×11×18，试问，作为轴心受压构件，该柱的抗压强度设计值（N/mm²），取下列何项数值时最为合适？

(A) 200　　　(B) 205　　　(C) 215　　　(D) 235

【题31】 某受压构件采用热轧H型钢HN700×300×13×24，腹板与翼缘相接处两侧圆弧半径$r=18$mm。试问，进行局部稳定验算时，腹板计算高度h_0与其厚度t_w之比值，与下列何项数值最接近？

(A) 47　　　(B) 50　　　(C) 54　　　(D) 58

【题32】 某单层钢结构厂房抗震设防烈度8度（0.20g），试问，该厂房构件抗震设计时，下列何项内容与《建筑抗震设计规范》GB 50011—2010（2016年版）的要求不符？

(A) 柱间支撑可采用单角钢截面，并单面偏心连接

(B) 支撑跨度大于24m的屋盖横梁的托梁应计算其竖向地震作用

(C) 屋盖横向水平支撑的交叉斜杆可按拉杆设计

(D) 设置柱间支撑的柱列应计入支撑杆件屈曲后的地震作用效应

【题33】 当240mm厚填充墙与框架的连接采用不脱开的方法时，下列何项叙述是错误的？

Ⅰ. 沿柱高度每隔500mm配置两根直径为6mm的拉结钢筋，钢筋伸入墙内长度不宜小于700mm。

Ⅱ. 当填充墙有窗洞时，宜在窗洞的上端和下端设置钢筋混凝土带，钢筋混凝土带应与过梁的混凝土同时浇筑，其过梁断面宽度、高度及配筋同钢筋混凝土带。

Ⅲ. 填充墙长度超过5m或墙长大于2倍的层高，墙顶与梁宜有拉结措施，墙体中部应加构造柱。

Ⅳ. 墙高度超过6m时，宜在墙高中部设置与柱连接的水平系梁，水平系梁的截面高度不小于60mm。

Ⅴ. 当有洞口的填充墙尽端至门洞口边距小于240mm时，宜采用钢筋混凝土门窗框。

(A) Ⅰ、Ⅴ　　　(B) Ⅰ、Ⅲ　　　(C) Ⅱ、Ⅳ　　　(D) Ⅲ、Ⅴ

【题34】 关于砌体结构单层空旷房屋圈梁的设置，下列何项叙述不违反规范规定？

提示：按《砌体结构设计规范》GB 50003—2011 作答。
(A) 料石砌体结构房屋，檐口标高为 4.2m 时，可不必设置圈梁
(B) 料石砌体结构房屋，檐口标高大于 5m 时，仅在檐口标高处设置圈梁
(C) 砖砌体结构房屋，檐口标高为 9m 时，仅在檐口标高处设置圈梁
(D) 砖砌体结构房屋，檐口标高为 6m 时，应在檐口标高处设置圈梁

【题 35～38】某四层无筋砌体结构房屋，层高均为 3600mm，墙体厚度为 240mm，刚性方案。采用 MU15 蒸压灰砂普通砖，Ms7.5 专用砂浆砌筑，砌体抗压强度设计值为 2.07N/mm²。结构设计使用年限为 50 年，砌体施工质量控制等级为 B 级，安全等级为二级。

35. 试问，当确定影响系数时，第三层横向墙体的高厚比，与下列何项数值最接近？
(A) 15　　　　　(B) 18　　　　　(C) 20　　　　　(D) 22

36. 假定，某一墙体受轴向压力的偏心距 $e=12$mm，墙体用于确定影响系数的高厚比 $\beta=20$。试问，高厚比和轴向力的偏心距 e 对受压构件承载力的影响系数 φ，与下列何项数值最接近？
(A) 0.67　　　　(B) 0.61　　　　(C) 0.57　　　　(D) 0.53

37. 假定，某一墙体长度为 5400mm，其受压计算的影响系数 $\varphi=0.63$，试问。其每延米墙体的受压承载力设计值（kN/m），与下列何项数值最接近？
(A) 310　　　　　(B) 350　　　　　(C) 400　　　　　(D) 440

38. 假定，采用混凝土普通砖砌筑时，承重结构的块体的强度等级，按下列何项选择合适？
(A) MU20、MU15、MU10、MU7.5　　　(B) MU25、MU20、MU15
(C) MU30、MU25、MU20、MU15、MU10　(D) MU30、MU25、MU20、MU15

【题 39、40】某木结构单齿连接，如图 Z19-11 所示，木材采用粗皮落叶松，顺纹抗压强度设计值 $f_c=16$N/mm²，顺纹抗剪强度设计值 $f_v=1.7$N/mm²，横纹抗压强度设计值全表面时为 $f_{c,90}=2.3$N/mm²，局部表面和齿面时为 $f_{c,90}=3.5$N/mm²。抗剪强度降低系数 $\psi_v=0.64$。结构重要性系数为 1.0。

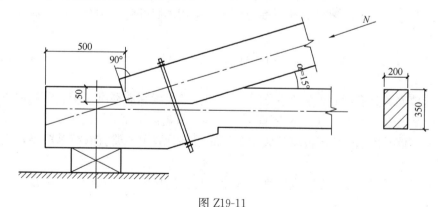

图 Z19-11

39. 当对该齿连接进行承压验算时，所采用的木材斜纹承压强度设计值 $f_{c\alpha}$（N/mm²），与下列何项数值最接近？

(A) 18　　　　　(B) 16　　　　　(C) 14　　　　　(D) 12

40. 试问，由单齿连接受剪强度确定的节点处斜杆的压力设计值 N（kN），与下列何项数值最接近？

(A) 109　　　　(B) 99　　　　　(C) 89　　　　　(D) 79

（下午卷）

【题 41～43】 某多层无筋砌体结构房屋，采用烧结多孔砖（空洞率为 20%）砌筑，多孔砖强度等级为 MU25，采用混合砂浆 M10，其砖柱的截面尺寸为 490mm×490mm。砌体施工质量控制等级为 B 级。结构重要性系数取 1.0。

41. 砖柱进行强度验算时，按龄期为 28d 的毛截面计算的砌体抗压强度设计值（MPa），与下列何项数值最接近？

(A) 3.0　　　　(B) 2.8　　　　(C) 2.5　　　　(D) 2.3

42. 当验算施工中砂浆尚未硬化的新砌体时，砌体抗压强度设计值（MPa），与下列何项数值最接近？

(A) 3.0　　　　(B) 2.7　　　　(C) 1.6　　　　(D) 1.1

43. 假定，采用烧结多孔砖（空洞率为 35%）砌筑，其他参数均不变。试问，砖柱进行强度验算时，龄期为 28d 的毛截面计算的砌体抗压强度设计值（MPa），与下列何项数值最接近？

(A) 3.0　　　　(B) 2.7　　　　(C) 2.5　　　　(D) 2.4

【题 44～48】 某五层砌体结构房屋，层高为 3000mm，开间为 3600mm，如图 Z19-12 所示，纵、横墙厚均为 240mm。悬挑外走廊为现浇钢筋混凝土梁板，其永久荷载标准值为 4.0kN/m²，活荷载标准值为 3.5kN/m²；室内部分采用跨度为 3600mm 的预应力空心板，板厚及抹灰厚共计 130mm，其永久荷载标准值为 4.2kN/m²。外走廊栏杆重量可忽略不计，墙体自重（含粉刷）为 4.5kN/m²。砌体抗压强度设计值为 2.07MPa。

提示：荷载组合按《建筑结构可靠性设计统一标准》GB 50068—2018 作答。

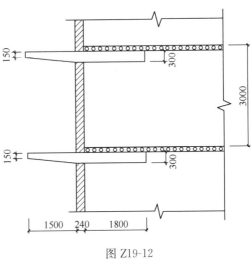

图 Z19-12

44. 假定，挑梁下无构造柱或垫梁，试问，二层顶挑梁计算倾覆点到墙边缘的距离 x_0(mm)，与下列何项数值最接近？

(A) 300　　　　(B) 265　　　　(C) 90　　　　　(D) 70

45. 假定，挑梁自重及楼面永久荷载标准值为 G_{r5}，墙体荷载如图 Z19-13 所示，计算挑梁的抗倾覆力矩时，挑梁的抗倾覆荷载，下列何项组合是正确的？

(A) $G_{r1}+G_{r4}$　　　　　　　　　　(B) $G_{r1}+G_{r2}+G_{r3}+G_{r5}$
(C) $G_{r1}+G_{r4}+G_{r5}$　　　　　　　(D) $G_{r1}+G_{r2}+G_{r5}$

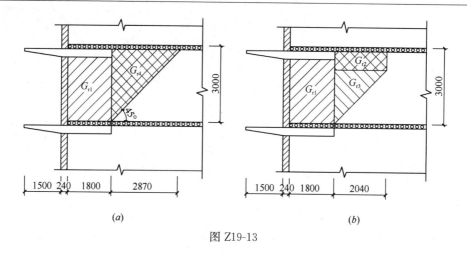

(a) (b)

图 Z19-13

46. 假定，挑梁计算倾覆点到墙边缘的距离为 $x_0=50\mathrm{mm}$，挑梁自重为 1.5kN/m，试问，挑梁抗倾覆验算时，倾覆力矩设计值（kN·m），与下列何项数值最接近？

(A) 30　　　　(B) 40　　　　(C) 50　　　　(D) 60

47. 二层顶挑梁抗倾覆验算时，挑梁自重为 1.5kN/m，试问，挑梁下的支承压力设计值（kN），与下列何项数值最接近？

(A) 120　　　(B) 100　　　(C) 80　　　　(D) 60

48. 假定，挑梁支承在丁字墙上，试问，挑梁下砌体的局部受压承载力设计值（kN），与下列何项数值最接近？

(A) 190　　　(B) 160　　　(C) 130　　　(D) 100

【题 49～53】某长条形的设备基础，其安全等级为二级。假定，设备的竖向力的合力对基础底面没有偏心，基底反力为均匀分布，基础外轮廓及地基土剖面、地基土层参数如图 Z19-14 所示。

提示：土的饱和重度可近似取土的天然重度；①层粉砂的密实度为中密。

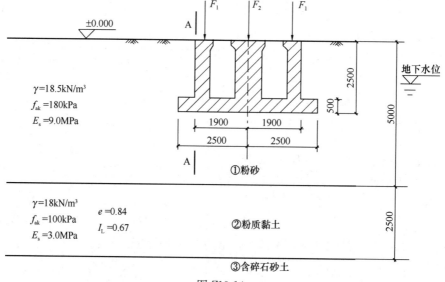

图 Z19-14

49. 假定，地下水位标高为－2.500m，基础及以上土的平均重度为15kN/m³。试问，设备基础底面修正后的地基承载力特征值 f_a（kPa），与下列何项数值最接近？

(A) 275　　　　(B) 300　　　　(C) 325　　　　(D) 350

50. 条件同题49，假定，相应于作用的标准组合时，设备沿纵向作用于基础顶面每延米的竖向合力 F_k=830kN。试问，验算软弱下卧层地基承载力时，第②层土顶面处的附加压力 p_z（kPa），与下列何项数值最接近？

(A) 110　　　　(B) 120　　　　(C) 130　　　　(D) 140

51. 条件同题49，假定，相应于作用的准永久组合时，设备沿纵向作用于基础顶面每延米的竖向合力 F=585kN。试问，当沉降经验系数 ψ_s=1.0时，设备基础引起的第②层土的最大变形量 s（mm），与下列何项数值最接近？

提示：变形计算时，第②层土的自重压力至土的自重压力与附加压力之和的压力段的压缩模量 E_{s2}=3.0MPa。

(A) 30　　　　(B) 40　　　　(C) 50　　　　(D) 60

52. 条件同题49，相应于作用的基本组合时，设备沿纵向作用于基础顶面每延米的竖向合力 F=1100kN。试问，截面A-A处每延米的弯矩设计值 M（kN·m），与下列何项数值最接近？

提示：不考虑基础挑板重量与土重的差异。

(A) 40　　　　(B) 50　　　　(C) 60　　　　(D) 70

53. 假定，设备基础沿纵向每延米自重标准值为80kN，场地抗浮设计水位标高为－0.500m。当设备基础施工及基坑土体回填完成后，在没有安装设备的情况下，设备基础的抗浮稳定系数，与下列何项数值最接近？

提示：① 按《建筑地基基础设计规范》GB 50007—2011作答；
② 基坑回填土的重度与第①层粉砂相同。

(A) 1.00　　　　(B) 1.05　　　　(C) 1.3　　　　(D) 1.5

【题54～58】　某开发小区拟建住宅、商务楼和酒店等，其位于抗震设防烈度7度（0.10g）地区，设计地震分组为第二组，地下水位标高为－1.500m，其典型的地基土分布及有关参数如图Z19-15所示。

54. 试问，下列关于本场地各层岩土的描述，何项是正确的？

(A) ①层粉质黏土为低压缩性土
(B) ②层淤泥质粉质黏土的天然孔隙比小于1.5，但大于或等于1.0，天然含水率大于液限
(C) ③层粉砂的密实度为稍密
(D) ⑥层中风化砂岩属于较软岩

55. 试问，该建筑场地的场地类别应为下列何项？

(A) Ⅰ　　　　(B) Ⅱ　　　　(C) Ⅲ　　　　(D) Ⅳ

56. 假定，在该场地上拟建一栋高度为56m的高层住宅，在①沉管灌注桩、②人工挖孔桩、③湿作业钻孔灌注桩、④敞口的预应力高强混凝土管桩（PHC桩）的四个桩基方案中，依据《建筑桩基技术规范》JGJ 94—2008，下列何项提出的方案全部适用？

(A) ①②③④　　　　(B) ①③④　　　　(C) ①④　　　　(D) ③④

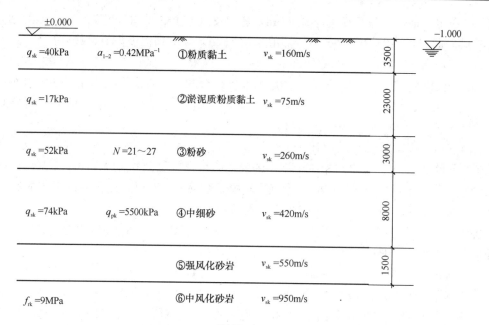

图 Z19-15

57. 假定，小区内某商务楼基础拟采用敞口的预应力高强混凝土管桩，桩径 500mm，壁厚 100mm，桩顶标高为 -2.500m，桩长 30m。试问，初步设计时，根据土的物理指标与承载力参数之间的经验关系，单桩的竖向承载力特征值 R_a（kN），与下列何项数值最接近？

提示： 不考虑负摩阻力影响。

(A) 1000　　　　(B) 1100　　　　(C) 1600　　　　(D) 2400

58. 假定，小区内某高层酒店拟采用混凝土灌注桩基础，桩直径为 800mm，以较完整的中风化砂岩为持力层，桩底端嵌入中风化砂岩 600mm，泥浆护壁成桩后桩底后注浆。试问，根据岩石单轴抗压强度确定单桩竖向极限承载力标准值，单桩嵌岩段总极限阻力标准值 Q_{rk}（kN），与下列何项数值最接近？

(A) 4000　　　　(B) 4800　　　　(C) 5300　　　　(D) 6300

【题 59、60】某办公楼位于 8 度（0.20g）抗震设防地区，基础及地基土层分布情况如图 Z19-16 所示，为消除②层粉细砂液化，提高地基承载力，拟采用直径 800mm，按等

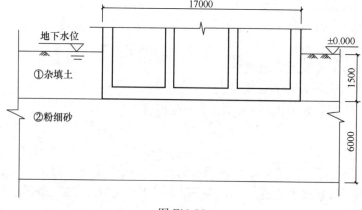

图 Z19-16

边三角形布置的沉管砂石桩进行地基处理。

59. 假定，②层粉细砂经试验测定 $e_0=0.86$，$e_{max}=1.05$，$e_{min}=0.68$，要求挤密后②层粉细砂相对密度 $D_r=0.8$。试问，初步设计时，沉管砂石桩的间距 s（m），取下列何项最合理经济？

提示：根据地区经验，修正系数 $\xi=1.1$。

(A) 3.1 (B) 3.3 (C) 3.5 (D) 3.7

60. 假定，地基处理施工结束后，现场取3个点进行砂石桩复合地基静载荷试验，得到承载力特征值分别为：175kPa、190kPa、280kPa。试问，依据《建筑地基处理技术规范》JGJ 79—2012，本工程砂石桩复合地基承载力特征值 f_{spk}（kPa），取下列何项最合理？

(A) 175 (B) 190
(C) 215 (D) 宜增加试验量并结合工程具体情况确定

【题61、62】某单层地下车库建于岩石地基上，采用岩石锚杆基础，地基基础设计等级为乙级，柱网尺寸为8.1m×8.1m，某一根中柱截面尺寸为600mm×600mm，该中柱的基础示意图如图 Z19-17 所示。地下水水位位于自然地面以下 0.5m。

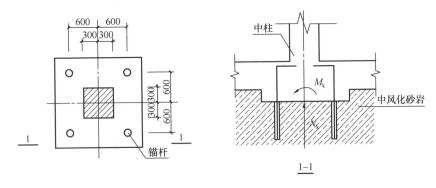

图 Z19-17

61. 假定，相应于荷载的标准组合时，作用在该中柱基础底面的竖向力标准值总和 $N_k=-420$kN（方向向上，已综合考虑地下水浮力、基础自重及上部结构传至柱基的轴力），作用在柱基础底面形心的力矩标准值 M_{xk} 及 M_{yk} 均为120kN·m。试问，在荷载的标准组合下，单根锚杆承受的最大拔力 N_{tmax}（kN），与下列何项数值最接近？

(A) 125 (B) 150 (C) 205 (D) 245

62. 假定，在荷载的标准组合下，单杆锚杆承担的最大拔力值 $N_{tmax}=152$kN，锚杆孔直径为150mm，锚杆钢筋采用HRB400钢筋，其直径32mm，采用M30水泥砂浆灌浆，砂浆与岩石之间的粘结强度特征值为0.36MPa。试问，合理的锚杆有效锚固长度 l（m），与下列何项数值最接近？

(A) 1.1 (B) 1.2
(C) 1.3 (D) 1.4

【题63】预制钢筋混凝土单肢柱及杯口基础，如图 Z19-18 所示，柱截面尺寸为400mm×650mm。试问，当柱满足钢筋锚固长度及吊装稳定性的要求

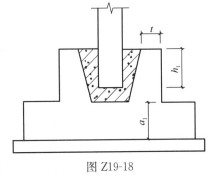

图 Z19-18

时，柱的插入深度 h_1（mm）、基础杯底的最小厚度 a_1（mm）和杯壁的最小厚度 t（mm），与下列何项数值最接近？

(A) $h_1=500$；$a_1=150$；$t=150$

(B) $h_1=500$；$a_1=150$；$t=200$

(C) $h_1=650$；$a_1=200$；$t=150$

(D) $h_1=650$；$a_1=200$；$t=200$

【题 64】 试问，下列关于地基基础监测与检验的各项主张中，哪项是错误的？

(A) 基坑开挖应根据设计要求进行监测，实施动态设计和信息化施工

(B) 处理地基上的建筑物应在施工期间及使用期间进行沉降观测，直至沉降达到稳定为止

(C) 对有粘结强度复合地基增强体应进行密实度及桩身完整性检验

(D) 当强夯施工所引起的振动和侧向挤压对邻近建（构）筑物产生不利影响时，应设置监测点，并采取挖隔振沟等隔振或防振措施

【题 65】 进行高层建筑结构计算分析时，结构阻尼比的取值，下列何项相对准确？

① 多遇地震分析，高层钢筋混凝土结构的阻尼比取 0.05，高层钢结构的阻尼比取 0.02

② 高层钢支撑-混凝土框架结构在多遇地震下的简化估算分析，阻尼比不应大于 0.045

③ 高层钢框架-支撑结构在罕遇地震作用下的弹塑性分析中，阻尼比取 0.05

④ 高层混合结构在风荷载作用分析中，阻尼比取 0.04

(A) ①②③　　　(B) ②③　　　(C) ③④　　　(D) ②③④

【题 66】 某钢筋混凝土框架-剪力墙结构房屋，其高度为 60m，下列何项符合规范、规程的要求？

(A) 刚重比和剪重比的限值与结构体系有关

(B) 当结构刚重比为 $4600m^2$ 时，可判定结构整体稳定

(C) 当结构刚重比为 $7000m^2$ 时，弹性分析时可不考虑重力二阶效应的不利影响

(D) 当结构刚重比为 $10000m^2$ 时，按弹性方法计算在风或多遇地震标准值作用下的结构位移，楼层层间最大水平位移与层高之比宜符合规程限值 1/800 的规定

【题 67～69】 某高层钢筋混凝土框架结构，共 7 层，平面规则，在二层楼面转换，底层框架柱共 20 根，二层及以上的各层框架柱均为 38 根。每层框架抗侧刚度分布比较均匀，首层层高为 6.0m（基础顶算起），二层及以上层高均为 4.2m。标准设防类，抗震设防烈度 7 度（0.10g），设计地震分组为第二组，建筑场地Ⅱ类，安全等级为二级。混凝土强度等级为 C40（$f_c=19.1N/mm^2$）。

提示：按《高层建筑混凝土结构技术规程》JGJ 3—2010 作答。

67. 假定，按托柱转换层的筒体结构进行转换层上、下结构侧向刚度比计算，二层柱截面尺寸均为 1000mm×1000mm，满足规程首层与二层等效剪切刚度比的最低要求，若首层柱均为正方形截面，其截面边长（mm），至少应取下列何项数值？

(A) 1150　　　(B) 1250　　　(C) 1350　　　(D) 1450

68. 假定，首层与二层侧向刚度比为 0.48，首层楼层屈服强度系数为 0.46，根据规程要求，至少需进行下列何项组合的补充分析？

① 采用拆除法进行抗连续倒塌设计

② 罕遇地震作用下弹塑性变形验算
③ 多遇地震作用下时程分析

(A) ①+②
(B) ②+③
(C) ①+③
(D) ①+②+③

69. 除转换层外，按框架结构确定抗震构造措施，第五层某正方形柱可减小截面，考虑地震作用组合的轴压力设计值为 9500kN，剪跨比为 1.8，柱全高配置复合箍，非加密区箍筋间距为 200mm，无芯柱。试问，该柱满足轴压比限值要求的最小截面边长（mm），应为下列何项？

(A) 850
(B) 900
(C) 950
(D) 1000

【题 70～73】 某钢筋混凝土框架-剪力墙结构办公楼，14 层，高度 58.5m，标准设防类，抗震设防烈度 8 度（0.20g），设计地震分组为第二组，建筑场地 Ⅱ 类，安全等级为二级。自第 13 层起立面单向收进，如图 Z19-19 所示。

提示：按《高层建筑混凝土结构技术规程》JGJ 3—2010 作答。

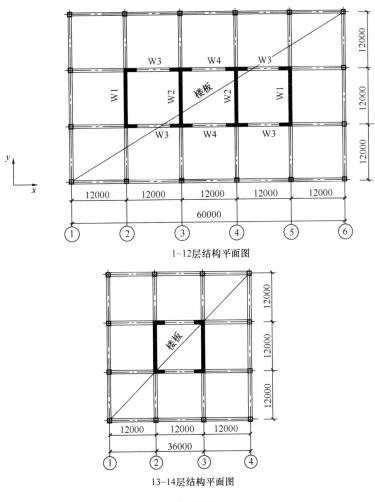

图 Z19-19

70. 假定，方案设计初步计算结果：平动周期分别为 $T_1=1.56s$（x向）、$T_2=1.12s$（y向），第一扭转周期 $T_t=0.85s$，x、y 两个方向层间位移角分别为 1/1100、1/825，楼层最大扭转位移比为 1.7。试问，下列何项调整符合抗震概念设计且较为经济合理？

（A）不需要作任何结构布置调整

（B）提高 W1 和 W2 刚度

（C）减少 W3 和 W4 刚度并调整 W1 和 W2 及平面短向框架刚度

（D）提高 W1 和平面短向框架刚度

71. 假定，第 13 层结构①轴外挑 4.5m，其平面图如图 Z19-20 所示，y 向在考虑偏心的规定水平地震力作用下，楼层两端抗侧力构件弹性水平位移的最大值与平均值的比值计算中，下列何项点的位移必须关注？

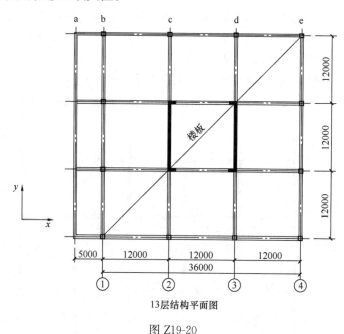

图 Z19-20

（A）a、e （B）b、e （C）a、d （D）b、d

72. 假定，第 12 层角柱的截面尺寸为 800mm×800mm，如图 Z19-21 所示，混凝土强度等级为 C40（$f_c=19.1N/mm^2$），柱纵向钢筋和箍筋均为 HRB400，纵筋直径为 25mm，柱剪跨比为 2.3，轴压比为 0.6。试问，该柱箍筋构造配置应为下列何项？

提示：柱箍筋的体积配箍率满足规程要求。

（A）Φ8@100 （B）Φ8@100/200

（C）Φ10@100 （D）Φ10@100/200

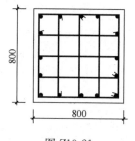

图 Z19-21

73. 假定，ⓑ轴与第 12 层角柱相连的外框架梁截面尺寸为 400mm×900mm，混凝土强度等级为 C30（$f_c=14.3N/mm^2$），梁纵向受力钢筋和箍筋均为 HRB400，梁上承受竖向均布荷载，经计算梁支座顶面需配纵向受力钢筋 8Φ25，支座底面纵向受力钢筋及箍筋为构造配置。试问，该框架梁的支座底面纵向受力钢筋及跨中箍筋的构造配置，下列何项最符合抗震设计要求且经济？

提示：该梁箍筋的面积配筋率满足规程要求。

(A) 4⎕25；⎕10@100（4）　　　　　(B) 4⎕25；⎕10@200（4）

(C) 4⎕22；⎕8@100（4）　　　　　　(D) 4⎕22；⎕8@200（4）

【题74～77】　某钢筋混凝土剪力墙结构房屋，18层，首层层高为4.5m，其他各层层高均为3.0m，室内外高差为0.45m，房屋结构高度为55.95m。该房屋位于抗震设防烈度8度（0.20g）地区，设计地震分组为第二组，建筑场地为Ⅱ类，标准设防类。安全等级为二级。混凝土强度等级为C40（f_c=19.1N/mm²）。

提示：按《高层建筑混凝土结构技术规程》JGJ 3—2010作答。

74. 首层平面中部的某一长肢墙，在重力荷载代表值作用下墙肢承受的轴向压力设计值为2700kN/m，试问，按轴压比估算的墙厚（mm），至少应取下列何项数值？

(A) 350　　　　(B) 300　　　　(C) 250　　　　(D) 200

75. 假定，每层（含屋面层）的重力荷载代表值取值相同，结构竖向布置规则，建筑平面布置相同，每层建筑面积均为1480m²，主要计算结果：第一自振周期为平均，T_1=1.28s。按弹性方法计算在水平地震作用下楼层间最大水平位移与层高之比为1/1100。试问，按首层满足规程规定的最小剪重比计算的水平地震作用标准值下的首层剪力（kN），与下列何项数值最接近？

提示：剪力墙结构单位面积的重力荷载代表值约为13～16kN/m²。

(A) 8400　　　　(B) 10500　　　　(C) 13200　　　　(D) 17200

76. 三层某一墙肢截面高度为5400mm（有效高度为5200mm），墙厚为250mm，在同一地震组合下（调整前）的截面弯矩设计值、剪力设计值分别为：M=23400kN·m（本层上下端最大）、V=2500kN。试问，该剪力墙截面的受剪承载力设计值（kN），与下列何项数值最接近？

(A) 4400　　　　(B) 4800　　　　(C) 5300　　　　(D) 5800

77. 假定，方案调整后，题76的墙肢抗震等级为一级，剪力墙截面轴向压力设计值N=11500kN，分布筋采用HRB400（f_y=360N/mm²），双排布置，该墙肢的其他条件同题76。试问，按受剪承载力计算需要的墙肢水平分布筋，下列何项最合理经济？

提示：① A_w/A=1.0；λ=1.8。

② 墙肢水平分布筋满足构造要求。

(A) ⎕8@150　　　　　　　　　　(B) ⎕10@200

(C) ⎕12@200　　　　　　　　　(D) ⎕12@150

【题78】　既有办公楼，其高度为82m，为钢筋混凝土框架-剪力墙结构，抗震设防烈度为8度（0.20g），设计地震分组为第二组，建筑场地为Ⅱ类。现在该楼旁扩建一栋新办公楼，拟采用钢框架结构，高度45m。新老建筑均为标准设防类。试问，新老建筑之间防震缝的最小宽度（mm），应为下列何项数值？

(A) 550　　　　(B) 500　　　　(C) 450　　　　(D) 350

【题79】　某办公楼采用钢框架-中心支撑结构，高度68m，地上16层，下列有关施工方法的叙述，何项符合《高层民用建筑钢结构技术规程》JGJ 99—2015？

(A) 钢结构构件的安装顺序，平面上应根据施工作业面从一端向另一端扩展，竖向

由下向上逐渐安装
（B）钢结构的安装应划分安装流水段，一个流水段上下节柱的安装可交叉完成
（C）钢结构主体安装完毕后，铺设楼面压型钢板和安装楼梯、楼层混凝土浇筑，从下到上逐层施工
（D）一节柱安装时，应在就位临时固定后立即校正并永久固定

【题 80】 某多层办公室，采用现浇钢筋混凝土框架结构，首层顶设置隔震层，抗震设防烈度为 8 度（0.20g），抗震设防分类为丙类。试问，下列观点哪项符合规范对隔震设计的要求？

（A）设置隔震支座，通过隔震层的大变形来减少其上部结构的水平和竖向地震作用
（B）隔震层以下结构需进行设防地震及罕遇地震下的相关验算
（C）隔震层以上结构的总水平地震作用，按水平向减震系数的分析取值即可
（D）隔震层上、下框架同时应满足在多遇地震、风荷载作用下的层间位移角不大于 1/500，在罕遇地震作用下则满足不大于 1/50 的要求

2020 年真题

（上午卷）

【题 1～3】 某钢筋混凝土等截面连续梁，其计算简图和支座 B 左侧边缘 1-1 截面处的配筋示意图如图 Z20-1 所示。混凝土强度等级为 C35，钢筋采用 HRB400，梁截面尺寸 $b \times h = 300\text{mm} \times 650\text{mm}$。结构设计使用年限为 50 年，安全等级为二级。

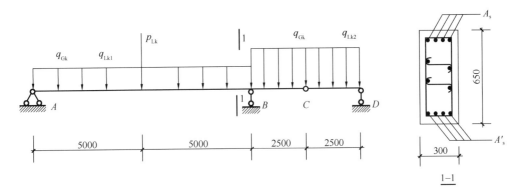

图 Z20-1

1. 假定，作用在梁上的永久均布荷载标准值 $q_{Gk}=15\text{kN/m}$（包括自重），AB 跨可变均布荷载标准值 $q_{Lk1}=18\text{kN/m}$，可变集中荷载标准值 $P_{Lk}=200\text{kN}$，BD 跨可变均布荷载标准值 $q_{Lk2}=25\text{kN/m}$。试问，支座 B 处梁的最大弯矩设计值 M_B（kN·m），与下列何项数值最接近？

提示：荷载的基本组合按《建筑结构可靠性设计统一标准》GB 50068—2018 作答。

(A) 360　　　　(B) 380　　　　(C) 400　　　　(D) 420

2. 假定，该连续梁为非独立梁，作用在梁上的均布荷载设计值均为 $q=48\text{kN/m}$（包括自重），可变集中荷载设计值 $P=600\text{kN}$，$a_s=40\text{mm}$，梁中未配置弯起钢筋。试问，按斜截面受剪承载力计算，支座 B 左侧边缘 1-1 截面处的最小抗剪箍筋配置 A_{sv}/s（mm²/mm），与下列何项数值最接近？

提示：不考虑可变荷载不利布置。

(A) 1.2　　　　(B) 1.5　　　　(C) 1.7　　　　(D) 2.0

3. 假定，AB 跨内某截面承受正弯矩作用（梁底纵向钢筋受拉），梁顶纵向钢筋 4⏀22，梁底纵向钢筋可按需要配置，不考虑梁侧向构造钢筋的作用，$a'_s=40\text{mm}$、$a_s=70\text{mm}$。试问，考虑受压钢筋充分利用的情况下，该截面通过调整受拉纵筋可获得的最大正截面受弯承载力设计值（kN·m），与下列何项数值最接近？

提示：$\xi_b=0.518$。

(A) 860　　　　(B) 940　　　　(C) 1020　　　　(D) 1100

【题 4】 某普通办公楼为钢筋混凝土框架结构,楼盖为梁板承重体系,其楼层平面、剖面如图 Z20-2 所示。屋面为不上人屋面,隔墙均为固定隔墙,假定二次装修荷载作为永久荷载考虑。试问,当设计柱 KZ1 时,考虑活荷载折减,在第三层柱顶 1-1 截面处楼面活荷载产生的柱轴力标准值 N_k(kN) 的最小值,与下列何项数值最接近?

提示:①柱轴力仅按柱网尺寸对应的负荷面积计算;
②按《工程结构通用规范》GB 55001—2021 作答。

(A) 140 (B) 180 (C) 235 (D) 265

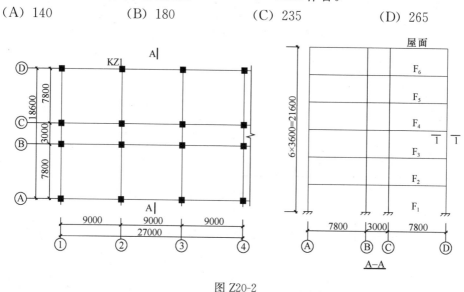

图 Z20-2

【题 5】 位于平原地区的某建筑物的现浇钢筋混凝土板式雨篷,如图 Z20-3 所示,挑出长度为 2.0m,宽度为 3.6m。假定基本雪压 $s_0 = 0.95 \text{kN/m}^2$。试问,在雨篷根部由雪荷载产生的弯矩标准值 M(kN·m/m),与下列何项数值最接近?

(A) 2 (B) 4 (C) 6 (D) 8

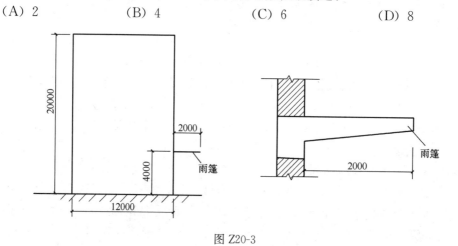

图 Z20-3

【题 6】 某六层钢筋混凝土框架结构,抗震等级为三级,结构层高为 3.9m,所有框架梁顶均与楼板顶面平齐。假定,某一根框架柱的混凝土强度等级为 C40,轴压比为 0.7,箍筋的混凝土保护层厚度 $c = 20\text{mm}$,截面及配筋如图 Z20-4 所示,与该柱顶相连的框架梁的截面高度为850mm,框架柱在地震组合下的反弯点在柱净高中部。试问,下列何项叙述是正确的?

提示: 按《混凝土结构设计规范》GB 50010—2010(2015年版)作答,体积配箍率计算时不考虑重叠部分箍筋。

(A) 该框架柱的体积配箍率为0.96%,箍筋配置满足构造要求

(B) 该框架柱的体积配箍率为1.11%,箍筋配置满足构造要求

(C) 该框架柱的体积配箍率为0.96%,箍筋配置不满足构造要求

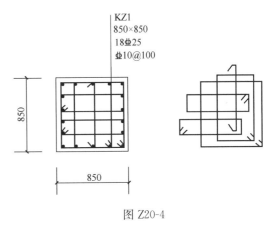

图 Z20-4

(D) 该框架柱的体积配箍率为1.11%,箍筋配置不满足构造要求

【题7】某规则剪力墙结构房屋,高度为22m,位于抗震设防烈度为7度(0.10g)地区,抗震设防类别为乙类。假定,位于底部加强区的某剪力墙墙肢如图 Z20-5 所示,其底部重力荷载代表值作用下的轴压比为0.35。试问,该剪力墙墙肢左、右两端约束边缘构件长度 l_c(mm)及阴影部分尺寸 a(mm)、b(mm)的最小取值,与下列何项数值最接近?

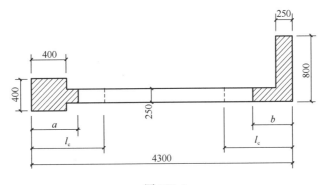

图 Z20-5

提示: 按《建筑抗震设计规范》GB 50011—2010(2016年版)作答。

(A) 左端:$l_c=650$,$a=400$;右端:$l_c=550$,$b=550$
(B) 左端:$l_c=700$,$a=700$;右端:$l_c=550$,$b=550$
(C) 左端:$l_c=650$,$a=400$;右端:$l_c=500$,$b=500$
(D) 左端:$l_c=700$,$a=700$;右端:$l_c=500$,$b=500$

【题8】某五层现浇钢筋混凝土框架结构房屋,双向柱距均为8.1m,高度为18.3m。抗震设防烈度为7度(0.10g),设计地震分组为第二组,建筑场地为Ⅲ类,抗震设防类别为标准设防类。假定,某正方形框架柱的混凝土强度等级为C40,剪跨比为1.6,该柱

考虑地震作用组合下的轴压力设计值为 10750kN。试问，当未采取有利于提高柱轴压比限值的构造措施时，该柱满足轴压比限值要求的最小截面边长（mm），与下列何项数值最接近？

(A) 750 (B) 800 (C) 850 (D) 900

【题 9】假定，某钢筋混凝土框架-剪力墙结构，框架的抗震等级为三级，剪力墙的抗震等级为二级。试问，该结构中下列何项构件的纵向受力普通钢筋，强制性要求其在最大拉力作用下的总伸长率实测值不应小于 9%？

①框架梁柱；②剪力墙中的连梁；③剪力墙的约束边缘构件

(A) ① (B) ①+② (C) ①+③ (D) ①+②+③

【题 10】位于抗震设防烈度为 7 度（0.10g）地区的甲、乙、丙三栋建筑，如图 Z20-6 所示，抗震设防类别为标准设防类。试问，根据《建筑抗震设计规范》GB 50011—2010（2016 年版）的要求，甲乙两栋楼间、乙丙两栋楼间的最小防震缝宽度，应为下列何项？

(A) 140mm；120mm
(B) 200mm；170mm
(C) 200mm；120mm
(D) 240mm；240mm

【题 11】某钢筋混凝土等截面简支梁，其截面为矩形，全跨承受竖向均布荷载作用，计算跨度 $l_0=6.5m$，假定，按荷载标准组合计算的跨中最大弯矩 $M_k=160kN·m$，按荷载准永久组合计算的跨中最大弯矩 $M_q=140kN·m$，梁短期刚度 $B_s=5.713\times10^{13} N·mm^2$，不考虑受压区钢筋的作用。试问，该简支梁由竖向荷载作用引起的最大竖向位移计算值（mm），与下列何项数值最接近？

(A) 11 (B) 15
(C) 22 (D) 25

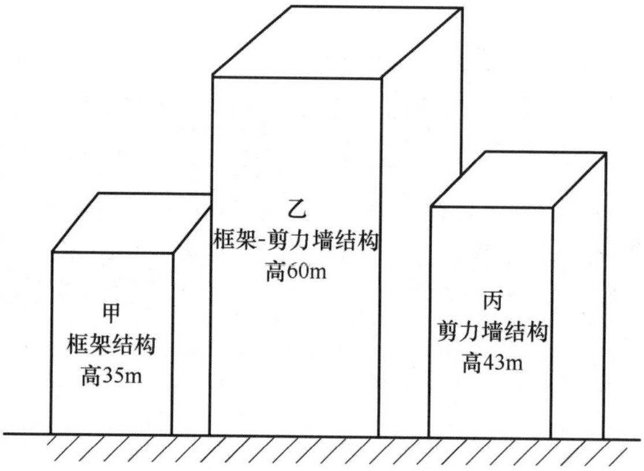

图 Z20-6

【题 12~17】某钢结构厂房设有三台抓斗式起重机，工作级别为 A7，最大轮压标准值 $P_{k,max}=342kN$，最大轮压设计值 $P_{max}=564kN$（已考虑动力系数）。吊车梁计算跨度为 15m，采用 Q345 钢焊接制作，焊后未经热处理，$\varepsilon_k=0.825$。起重机轮压分布图及吊车梁截面如图 Z20-7 所示。

吊车梁截面特性：$I_x=2672278cm^4$，$W_{x上}=31797cm^3$，$W_{x下}=23045cm^3$，$I_{nx}=2477118cm^4$，$W_{nx上}=27813cm^3$，$W_{nx下}=22328cm^3$。

12. 计算重级工作制吊车梁及其制动结构的强度、稳定性以及连接强度时，应考虑由起重机摆动引起的横向水平力。试问，作用于每个轮压处由起重机摆动引起的横向水平力标准值 H_k（kN），与下列何项数值最接近？

(A) 17 (B) 34 (C) 51 (D) 68

13. 假定，按两台起重机同时作用进行吊车梁强度计算，如图 Z20-8 所示。试问，仅按起重机荷载进行计算，吊车梁下翼缘抗弯强度计算值（N/mm²），与下列何项数值最

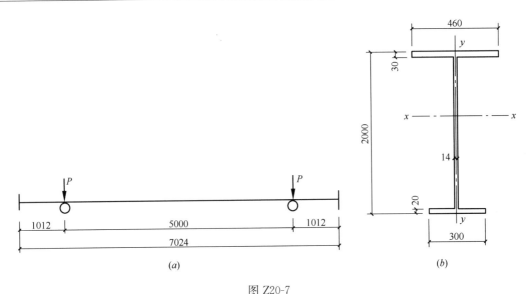

图 Z20-7
(a) 起重机轮压分布；(b) 吊车梁截面

接近？

提示：腹板设置加劲肋，满足局部稳定要求。

(A) 223　　　　(B) 203　　　　(C) 183　　　　(D) 163

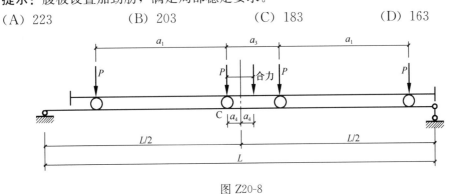

图 Z20-8

14. 假定，起重机钢轨型号为 QU80，轨道高度 $h_R=130$mm，试问，在起重机最大轮压作用下，该吊车梁腹板计算高度上边缘的局部承压强度计算值（N/mm²），与下列何项数值最接近？

(A) 53　　　　(B) 72　　　　(C) 88　　　　(D) 118

15. 下列关于吊车梁疲劳计算的叙述，何项是正确的？
(A) 吊车梁在应力循环出现拉应力的部位可不计算疲劳强度
(B) 计算吊车梁疲劳时，吊车荷载应采用设计值
(C) 计算吊车梁疲劳时，吊车荷载应采用标准值，且应乘以动力系数
(D) 计算吊车梁疲劳时，吊车荷载应采用标准值，不乘以动力系数

16. 假定，吊车梁下翼缘与腹板的连接角焊缝为自动焊，焊缝外观质量标准符合二级。试问，当计算吊车梁跨中截面正应力幅的疲劳时，下翼缘与腹板连接类别应为下列何项？

A. Z2　　　　　　　(B) Z3　　　　　　　(C) Z4　　　　　　　(D) Z5

17. 假定，吊车梁腹板局部稳定计算要求配置横向加劲肋，如图 Z20-9(a) 所示。试问，当考虑为软钩吊车，对应于循环次数为 2×10^6 次时，图 Z20-9(b) 所示 A 点的横向加劲肋下端处吊车梁腹板应力循环中最大的正应力幅计算值（N/mm²），与下列何项数值最接近？

提示：按净截面计算。

(A) 60　　　　　　　(B) 65　　　　　　　(C) 70　　　　　　　(D) 75

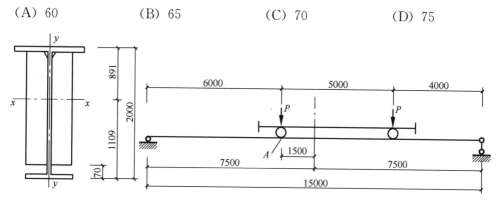

图 Z20-9

【题 18～20】某钢结构上下弦杆采用双角钢组合 T 形截面，腹杆均采用轧制等边单角钢，如图 Z20-10 所示。钢材 Q235 钢，不考虑抗震。

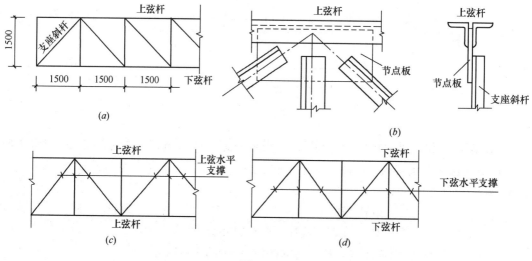

图 Z20-10
(a) 桁架立面示意图；(b) 支座斜杆与上弦杆连接节点图；
(c) 上弦平面示意图；(d) 下弦平面示意图

18. 试问，图 Z20-10(b) 所示支座斜杆在节点处危险截面的有效截面系数 η，与下列何项数值最接近？

(A) 0.70　　　　　　(B) 0.85　　　　　　(C) 0.90　　　　　　(D) 1.0

19. 假定，图 Z20-10(b) 所示支座斜杆采用 L140×12，其截面特性：$A=32.51\text{cm}^2$，最小回转半径 $i_{y0}=2.76\text{cm}$，轴心压力设计值 $N=235\text{kN}$，节点板构造满足《钢结构设计标准》的要求。试问，支座斜杆进行受压稳定性计算时，其计算应力与抗压强度设计值的比值，与下列何项数值最接近？

(A) 0.48   (B) 0.59   (C) 0.66   (D) 0.78

20. 设计条件同题 19，试问，图 Z20-10(b) 所示节点板按构造要求宜采用的最小厚度（mm），与下列何项数值最接近？

(A) 18   (B) 16   (C) 14   (D) 12

【题 21、22】某多跨单层钢厂房中柱（视为有侧移框架柱）为单阶柱，上柱（其上端与实腹钢梁刚接）采用焊接实腹式工字形截面 H900×400×12×25，翼缘为焰切边，截面无栓孔削弱，截面特性：$A=302\text{cm}^2$，$I_x=444329\text{cm}^4$，$W_x=9874\text{cm}^3$，$i_x=38.35\text{cm}$，$i_y=9.39\text{cm}$，下柱（其下端与基础刚接）采用格构式钢柱。计算简图及上柱截面如图 Z20-11 所示。框架结构的内力和位移采用一阶弹性分析进行计算，上柱的基本组合内力设计值为：$N=970\text{kN}$，$M_x=1706\text{kN·m}$。钢材为 Q345 钢，$\varepsilon_k=0.825$，不考虑抗震。

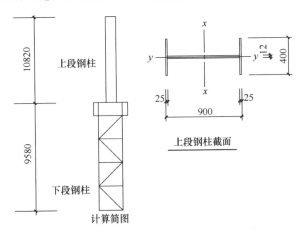

图 Z20-11

21. 假定，上柱平面内计算长度系数 $\mu_x=1.71$。试问，上柱进行平面内稳定性计算时，以应力表达的稳定性计算值（N/mm^2），与下列何项数值最接近？

提示：截面板件宽厚比等级为 S4 级。

(A) 165   (B) 195   (C) 215   (D) 245

22. 假定，上柱截面板件宽厚比符合《钢结构设计标准》GB 50017—2017 中 S4 级截面的要求。试问，不设置加劲肋时，上柱截面腹板板件宽厚比限值，与下列何项数值最接近？

提示：腹板计算边缘的最大压应力 $\sigma_{\max}=195\text{N/mm}^2$，腹板计算高度另一边缘相应的拉应力 $\sigma_{\min}=131\text{N/mm}^2$。

(A) 53   (B) 71   (C) 85   (D) 104

【题 23～25】某三层砌体结构房屋的局部平面、剖面如图 Z20-12 所示，各层平面布置相同，各层层高均为 3.4m，楼屋盖均为现浇钢筋混凝土板，底层设置刚性地坪，静力计算方案为刚性方案。纵横墙厚均为 240mm，采用 MU10 级烧结普通砖，M7.5 级混合

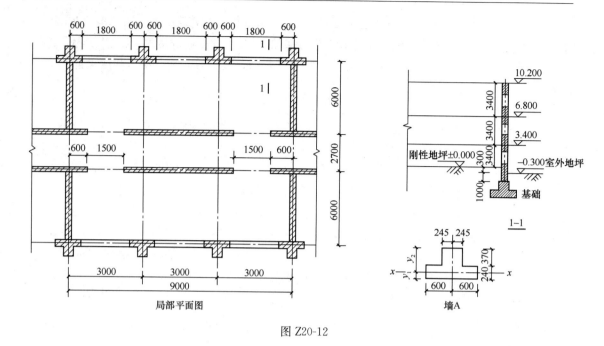

图 Z20-12

砂浆砌筑,砌体施工质量控制等级为 B 级。

23. x 轴通过带壁柱墙 A 的截面形心。试问,带壁柱墙 A 对截面形心 x 轴的惯性矩 I_x (mm^4),与下列何项数值最接近?

(A) 8280×10^6 (B) 9260×10^6 (C) 12600×10^6 (D) 13800×10^6

24. 假定,带壁柱墙 A 对截面形心 x 轴的回转半径 $i = 160$ mm。试问,确定影响系数 φ 时,底层带壁柱墙 A 的高厚比 β 的最小取值,与下列何项数值最接近?

(A) 6.6 (B) 7.5 (C) 7.9 (D) 8.9

25. 假定,二层带壁柱墙 A 的 T 形截面尺寸发生变化,截面折算厚度 $h_T = 566.7$ mm,截面面积 $A = 5 \times 10^5$ mm^2,构件安全等级为二级。试问,当按轴心受压构件计算时,二层带壁柱墙 A 的最大受压承载力设计值 (kN),与下列何项数值最接近?

(A) 770 (B) 800 (C) 840 (D) 880

(下午卷)

【题 26】关于砌体结构有下列观点:

Ⅰ. 多孔砖砌体的抗压承载力设计值按砌体的毛截面面积进行计算

Ⅱ. 石材的强度等级应以边长为 150mm 的立方体试块抗压强度表示

Ⅲ. 一般情况下,提高砖或砌块的强度等级对增大砌体抗剪强度作用不大

Ⅳ. 当砌体施工质量控制等级为 C 级时,其强度设计值应乘以 0.95 的调整系数

试问,针对上述说法的正确性的判断,下列何项是正确的?

(A) Ⅰ、Ⅲ (B) Ⅱ、Ⅲ (C) Ⅰ、Ⅳ (D) Ⅱ、Ⅳ

【题 27】某多层砌体结构承重墙,如图 Z20-13 所示,墙厚 240mm,总长度为 5040mm,墙两端及墙段的中部均设置构造柱,其截面尺寸均为 240mm×240mm,构造柱的混凝土

强度等级为 C20，每根构造柱全部纵筋截面面积为 615mm²，采用 HPB300 钢筋。墙体采用 MU10 级烧结普通砖、M10 级混合砂浆砌筑，施工质量控制等级 B 级，符合组合砖墙的要求。试问，该墙段的截面考虑地震组合的抗震受剪承载力设计值（kN），与下列何项数值最接近？

提示：① $f_t=1.1 \text{ N/mm}^2$，取 $f_{vE}=0.3\text{N/mm}^2$ 进行计算；
② 根据《砌体结构设计规范》GB 50003—2011 作答。

(A) 370　　　(B) 420　　　(C) 470　　　(D) 520

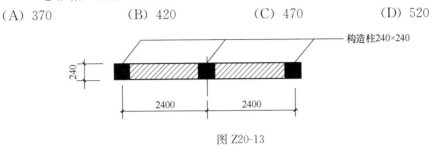

图 Z20-13

【题 28】未经切削的东北落叶松（TC17B）原木简支檩条，其标注直径为 120mm，计算跨度为 3.6m，该檩条的安全等级为二级，设计使用年限为 50 年。试问，按受弯承载力控制时，该檩条所能承担的最大均布荷载设计值（kN/m），与下列何项数值最接近？

提示：① 不考虑檩条的自重；
② 圆形截面抵抗矩 $W_n=\dfrac{\pi d^3}{32}$。

(A) 2.2　　　(B) 2.6　　　(C) 3.0　　　(D) 3.6

【题 29~31】某拟建地下水池邻近一栋既有砌体结构建筑，该既有建筑基础为墙下条形基础，结构状况良好。拟建水池采用钢筋混凝土平板式筏形基础，水池顶板覆土 0.5m，基坑支护采用坡率法结合降水措施，施工期间地下水位保持在坑底下 1m，如图 Z20-14 所示。

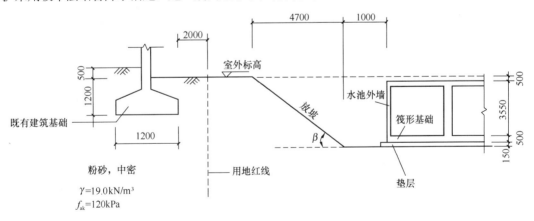

图 Z20-14

29. 假定，基坑边坡坡角 $\beta=45°$，不考虑坡上既有建筑时，边坡的稳定性安全系数经计算为 1.3，考虑到既有建筑的重要性，现拟按永久边坡从严控制。试问，按《建筑地基基础设计规范》GB 50007—2011 位于稳定边坡顶部的建筑物距离要求控制时，拟建地下水池外墙与用地红线的净距最小值（m），与下列何项数值最接近？

(A) 6.2　　　　(B) 6.7　　　　(C) 7.2　　　　(D) 7.7

30. 坡顶上的既有建筑由于基坑开挖而产生沉降，建筑沉降监测数据表明，距离基坑越近，沉降数值越大。试问，排除其他原因，上述不均匀沉降引起的裂缝分布形态与下列何项图形显示的墙体裂缝分布形态最为接近？

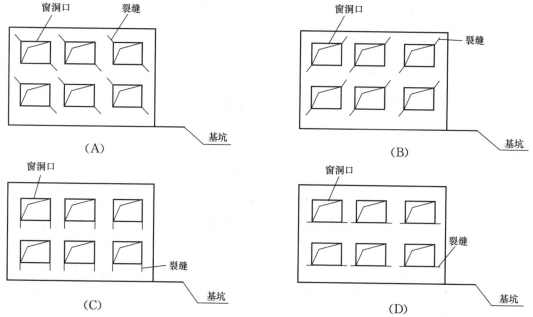

31. 假定，地下水池筏板基础平面形状为方形，基础底面平面尺寸为 10m×10m，地下水池肥槽及顶板覆土完成后停止降水，地下水位从坑底以下 1m 处逐渐回升至室外地面以下 0.5m，并保持稳定。试问，地下水位回升过程中，水池基础底面经修正的地基承载力特征值变化幅度最大值（kPa），与下列何项数值最接近？

提示：降水之后土的重度可取天然重度，肥槽填土的重度 $\gamma=19kN/m^3$。

(A) 60　　　　(B) 120　　　　(C) 170　　　　(D) 220

【题 32～35】某房屋采用墙下条形基础，建筑东端的地基浅层存在最大厚度 4.3m 的淤泥质黏土，方案设计时，采用换填垫层对浅层淤泥质黏土进行地基处理，地下水位在地面以下 1.5m，基础及其上的土体加权平均重度为 $20kN/m^3$，基础平面、剖面及地基土层分布如图 Z20-15 所示。

32. 假定，该房屋为钢筋混凝土剪力墙结构，相应于作用的标准组合时，作用于基础 A 顶面中心的竖向力 $F_k=90kN/m$，力矩 $M_k=18kN\cdot m/m$，忽略水平剪力。当基础 A 宽度为 1.2m 时，试问，作用于基础底面的最大压力值 $p_{k,max}$（kPa），与下列何项数值最接近？

(A) 120　　　　(B) 150　　　　(C) 180　　　　(D) 210

33. 假定，该房屋为砌体结构，相应于作用的标准组合时，作用于基础 A 顶面中心的竖向力 $F_k=90kN/m$，力矩 $M_k=0$，垫层厚度为 0.6m，基础 A 宽度为 1.2m，试问，根据《建筑地基处理技术规范》JGJ 79—2012，相应于作用的标准组合时，基础 A 垫层底面处的附加压力值 p_z（kPa），与下列何项数值最接近？

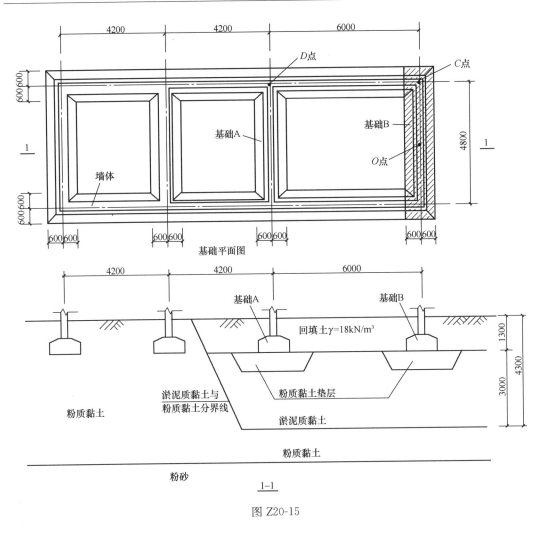

图 Z20-15

(A) 55　　　　(B) 65　　　　(C) 80　　　　(D) 100

34. 假定，垫层厚度为 0.6m，宽度符合规范要求，相应于作用的准永久组合时，基础 B 的基底附加压力 p_0 均为 90kPa，沉降经验系数取 1.0，沉降计算深度取至淤泥质黏土层底部。试问，图中阴影部分基础 B 底部中心 O 点的最终沉降量（mm），与下列何项数值最接近？

提示：①粉质黏土垫层的压缩模量取 6MPa；淤泥质黏土的压缩模量取 2MPa；
　　　②不考虑阴影区以外基础对 O 点沉降的影响。

(A) 14　　　　(B) 55　　　　(C) 75　　　　(D) 85

35. 假定，该房屋为砌体结构，CD 段基础由于地基条件差异产生倾斜。试问，按《建筑地基基础设计规范》GB 50007—2011 局部倾斜要求控制时，CD 段的实际沉降差最大允许值（mm），与下列何项数值最接近？

提示：地基土按高压缩性土考虑。

(A) 6　　　　(B) 9　　　　(C) 12　　　　(D) 18

【题 36、37】某框架结构办公楼的边柱截面尺寸为 800mm×800mm，采用泥浆护壁钻孔灌注桩，两桩承台基础。相应于作用的标准组合时，作用在承台顶面的竖向力 $F_k=$ 5000kN，水平力 $H_k=250$kN，力矩 $M_k=350$kN·m，基础及其以上土的加权平均重度为 20kN/m³，承台及柱的混凝土强度等级均为 C35。钻孔灌注桩直径为 800mm，承台高为 1600mm，桩基础立面、岩土条件及对应的泥浆护壁钻孔灌注桩的极限侧阻力及极限端阻力标准值，如图 Z20-16 所示。

提示：按《建筑桩基技术规范》JGJ 94—2008 作答。

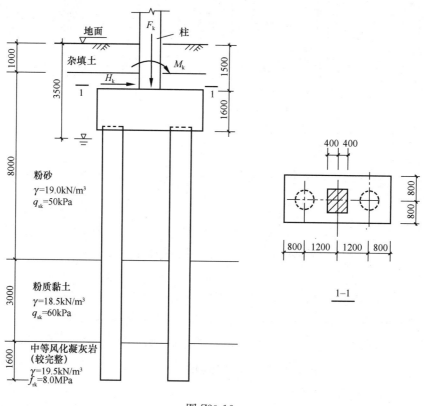

图 Z20-16

36. 试问，根据岩土物理指标，初步确定的单桩竖向承载力特征值 R_a(kN)，与下列何项数值最接近？

(A) 2900   (B) 3500   (C) 6000   (D) 7000

37. 假定，结构安全等级为二级，作用的分项系数取 1.35。试问，承台正截面最大弯矩设计值（kN·m），与下列何项数值最接近？

(A) 2000   (B) 2500   (C) 3100   (D) 3500

【题 38】某工程场地进行地基土浅层平板载荷试验，采用方形承压板，面积为 0.5m²，加载至 375kPa 时，承压板周围土体明显侧向挤出，实测数据见表 Z20-1。

实测数据   表 Z20-1

p(kPa)	25	50	75	100	125	150	175	200	225	250	275	300	325	350	375
s(mm)	0.80	1.60	2.41	3.20	4.00	4.80	5.60	6.40	7.85	9.80	12.1	16.4	21.5	26.6	43.5

试问，由该试验点确定的地基承载力特征值 f_{ak}（kPa），与下列何项数值最接近？

(A) 175　　　　(B) 188　　　　(C) 200　　　　(D) 225

【题 39】 通过室内固结试验获得压缩模量用于沉降验算时，关于某深度土的室内固结试验最大加载压力值，下列何项是正确的？

(A) 高压固结试验的最高压力值应大于土的有效自重压力和附加压力之和的 2 倍
(B) 应大于土的有效自重压力和附加压力之和
(C) 应大于土的有效自重压力和附加压力两者之大值
(D) 应大于设计有效荷载所对应的压力值

【题 40】 关于高层建筑混凝土剪力墙结构连梁刚度折减的叙述，根据《高层建筑混凝土结构技术规程》JGJ 3—2010，下列何项不准确？

(A) 多遇地震作用下结构内力计算时，可对剪力墙连梁的刚度予以折减，折减系数不宜小于 0.5
(B) 风荷载作用下结构内力计算时，不宜考虑剪力墙连梁的刚度折减
(C) 设防地震作用下第 3 性能水准结构，采用等效弹性方法对竖向构件及关键部位构件的内力计算时，剪力墙连梁的刚度减系数不宜小于 0.3
(D) 多遇地震作用下结构内力计算时，8 度抗震设防的剪力墙结构，连梁调幅后的弯矩、剪力设计值不宜低于 6 度地震作用组合所得的弯矩、剪力设计值

【题 41】 关于高层民用建筑钢结构设计与施工的判断，依据《高层民用建筑钢结构技术规程》JGJ 99—2015，下列何项是正确的？

Ⅰ. 结构正常使用阶段水平位移验算时，可不计入重力二阶效应的影响
Ⅱ. 罕遇地震作用下结构弹塑性变形计算时，可不计入风荷载效应的影响
Ⅲ. 箱形截面钢柱采用埋入式柱脚时，埋入深度不应小于柱截面长边的 1 倍
Ⅳ. 需预热施焊的钢构件，焊前应在焊道两侧 100mm 范围内均匀预热

(A) Ⅰ、Ⅱ　　　(B) Ⅱ、Ⅲ　　　(C) Ⅰ、Ⅲ　　　(D) Ⅱ、Ⅳ

【题 42、43】 某六层钢筋混凝土框架结构房屋，高度为 27.45m，抗震设防类别为丙类，抗震设防烈度为 7 度（0.15g），设计地震分组为第一组，建筑场地为 Ⅱ 类。结构自振周期 $T_1=1.0$s，底层层高为 6m，楼层屈服强度系数 $\xi_y=0.45$，柱轴压比在 0.5～0.65 之间。

42. 假定，当采用等效弹性方法计算罕遇地震作用时，阻尼比取 0.07，衰减指数取 0.87。试问，该结构在罕遇地震作用下对应于第一周期的水平地震影响系数 α，与下列何项数值最接近？

(A) 0.26　　　(B) 0.29　　　(C) 0.34　　　(D) 0.39

43. 假定，该框架结构底层为薄弱层，底层屈服强度系数是二层的 0.65 倍，其他各层比较接近。试问，为满足《高层建筑混凝土结构技术规程》JGJ 3—2010 对结构薄弱层罕遇地震下层间弹塑性位移的要求，罕遇地震作用下按弹性计算时的底层层间位移 Δu_e（mm），最大不应超过下列何项数值？

提示：①不考虑柱延性提高措施；
　　　②结构薄弱层的弹塑性层间位移可采取规程规定的简化方法计算。

(A) 50　　　　(B) 60　　　　(C) 70　　　　(D) 80

【题 44】某 10 层钢筋混凝土框架结构，高度为 36m，抗震设防烈度为 7 度（0.10g），抗震设防类别为丙类，受场地所限高宽比较大，需考虑重力二阶效应。方案比选时，假定该框架结构首层的等效侧向刚度 $D_1 = 16 \sum_{j=1}^{10} G_j / h_1$。试问，近似考虑重力二阶效应的不利影响，其首层的位移增大系数，与下列何项数值最接近？

(A) 1.00　　　　(B) 1.03　　　　(C) 1.07　　　　(D) 1.10

【题 45～47】某钢筋混凝土剪力墙结构底部加强部位墙肢局部如图 Z20-17 所示，抗震等级为二级，墙肢总长度为 5600mm，混凝土采用 C40，其轴压比为 0.45。端柱的纵向钢筋、箍筋和墙分布筋均采用 HRB400。

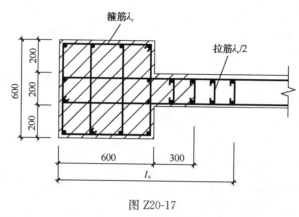

图 Z20-17

45. 该剪力墙端柱位置约束边缘构件沿墙肢方向的长度 l_c（mm），与下列何项数值最接近？

(A) 1200　　　　(B) 900　　　　(C) 840　　　　(D) 600

46. 该剪力墙端柱位置约束边缘构件的阴影部分如图 Z20-17 所示。试问，阴影范围内满足规范构造要求的纵向钢筋最小配筋截面面积（mm²），与下列何项数值最接近？

(A) 1300　　　　(B) 3600　　　　(C) 4200　　　　(D) 5100

47. 该剪力墙端柱位置约束边缘构件的阴影部分如图 Z20-17 所示。试问，阴影范围内箍筋的最小体积配箍率，与下列何项数值最接近？

(A) 1.30%　　　　(B) 1.10%　　　　(C) 0.90%　　　　(D) 0.70%

【题 48～50】某较规则的钢筋混凝土部分框支剪力墙结构房屋，高度为 60m，安全等级为二级，抗震设防类别为丙类，抗震设防烈度为 7 度（0.10g），建筑场地为 Ⅱ 类，地基条件较好。转换层设置在首层，纵横向均有落地剪力墙，地下室顶板作为上部结构的嵌固部位。

提示：按《建筑与市政工程抗震通用规范》GB 55002—2021 作答。

48. 首层某剪力墙墙肢 W1，墙肢底部考虑地震作用组合的内力计算值为：弯矩 $M_c = 2700$ kN·m，剪力 $V_c = 700$ kN。试问，W1 墙肢底部截面的内力设计值，与下列何项数值最接近？

提示：地震作用已考虑竖向不规则的剪力增大，且满足楼层最小剪力系数。

(A) $M = 4050$ kN·m，$V = 1120$ kN

(B) $M=3510$kN·m,$V=980$kN

(C) $M=4050$kN·m,$V=980$kN

(D) $M=3510$kN·m,$V=1120$kN

49. 假定,首层某框支柱 KZZ1,水平地震作用产生的其柱底轴压力标准值 $N_{Ek}=1000$kN,重力荷载代表值产生的柱底轴压力标准值 $N_{Gk}=1850$kN,忽略风荷载及竖向地震作用效应。试问,柱底轴力起不利作用的配筋设计时,该框支柱 KZZ1 地震组合的柱底最大轴压力设计值 N(kN),与下列何项数值最接近?

(A) 4100 (B) 3500 (C) 3400 (D) 3200

50. 某框支梁净跨为 8000mm,该框支梁上剪力墙 W2 的厚度为 200mm,钢筋采用 HRB400,框支梁与剪力墙 W2 交界面处考虑风荷载、地震作用组合引起的水平拉应力设计值 $\sigma_{xmax}=1.36$MPa。试问,W2 墙肢在框支梁上 $0.2l_n=1600$mm 高度范围内满足《高层建筑混凝土结构技术规程》JGJ 3—2010 最低要求的水平分布筋(双排),应为下列何项?

(A) ⌀8@200 (B) ⌀10@200 (C) ⌀10@150 (D) ⌀12@200

2021 年真题

（上午卷）

【题 1】某 5 层二级医院门诊楼，房屋高度 20m，采用现浇钢筋混凝土框架-抗震墙结构。该医院所在地区抗震设防烈度为 8 度，设计基本地震加速度值为 0.20g，设计地震分组为第一组，建筑场地类别为 II 类，结构安全等级为二级。假定，在规定的 X 方向水平力作用下，各楼层结构总的地震倾覆力矩和框架部分承担的地震倾覆力矩见表 Z21-1。

表 Z21-1

楼层	框架部分承担的地震倾覆力矩（kN·m）	结构总的地震倾覆力矩（kN·m）
5	3365	3485
4	6660	10105
3	10255	19305
2	13870	29555
1	16200	46765

试问，根据以上信息，该结构的抗震等级应为下列何项？

(A) 抗震墙二级，框架三级
(B) 抗震墙一级，框架二级
(C) 抗震墙二级，框架二级
(D) 抗震墙一级，框架一级

【题 2~5】某房屋采用现浇钢筋混凝土框架-抗震墙结构，上部各层平面及剖面图如图 Z21-1 所示。该房屋所在地区抗震设防烈度为 7 度，设计基本地震加速度值为 0.10g，设计地震分组为第二组，建筑场地类别为 IV 类，结构安全等级为二级。假定，抗震墙抗震等级为二级，框架抗震等级为三级，地下室顶板作为上部结构的嵌固部位，结构侧向刚度

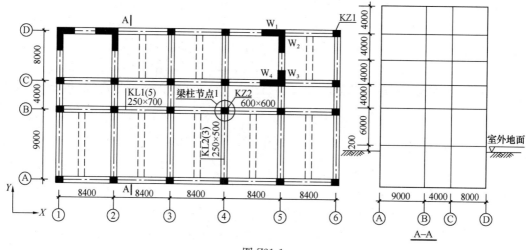

图 Z21-1

沿竖向均匀。混凝土强度等级为 C40。

2. 假定，在 X 方向水平地震作用下，各楼层地震总剪力标准值及框架部分分配的地震剪力标准值见表 Z21-2。

表 Z21-2

楼层	楼层地震总剪力标准值 (kN)	框架部分分配的地震剪力标准值 (kN)
5	870	630
4	1655	845
3	2230	940
2	2630	950
1	2870	420

试问，首层和第二层框架应承担的 X 方向地震总剪力标准值（kN）的最小值，与下列何项数值最为接近？

(A) 420,950 (B) 575,950 (C) 575,1300 (D) 1425,950

3. 底层抗震墙肢 W2，截面尺寸 $b \times h = 350\text{mm} \times 2500\text{mm}$，假定该墙肢按矩形截面剪力墙计算。考虑地震组合且经内力调整后的墙肢轴向拉力设计值、弯矩设计值、剪力设计值分别为 $N = 2090\text{kN}$、$M = 3470\text{kN} \cdot \text{m}$、$V = 1350\text{kN}$，抗震墙水平分布钢筋采用 HRB400 级钢筋。试问，墙肢 W2 的水平分布筋的最小配置采用下列何项最为合理经济？

提示：① $h_0 = 2250\text{mm}$；
② 假定剪力墙计算截面处剪跨比 $\lambda = 1.1$。

(A) $\Phi 10@200(2)$ (B) $\Phi 10@150(2)$
(C) $\Phi 12@200(2)$ (D) $\Phi 12@150(2)$

4. 假定，框架部分分担的剪力已符合二道防线要求，底层角柱 KZ1 柱净高 5.3m，考虑地震作用组合且经强柱弱梁内力调整后的上端截面弯矩设计值为 $M_c^t = 175\text{kN} \cdot \text{m}$，考虑地震作用组合的下端截面弯矩设计值 $M_c^b = 225\text{kN} \cdot \text{m}$，柱上下端弯矩均为同向（顺时针或逆时针）。试问，该柱的最小剪力设计值（kN），与下列何项数值最为接近？

(A) 116 (B) 99 (C) 92 (D) 83

5. 假定，图 Z21-1 中梁柱节点 1，梁中线与柱中线重合，采用现浇混凝土楼板。试问，梁柱节点 1 的核心区截面控制的最大抗震受剪承载力设计值（kN），与下列何项数值最为接近？

(A) 2200 (B) 2420 (C) 3300 (D) 3650

【题 6~8】 某钢筋混凝土框架结构办公楼，其局部结构平面图如图 Z21-2 所示。混凝土强度等级为 C30，梁柱均采用 HRB400 级钢筋，框架抗震等级为三级，结构安全等级为二级。

6. 假定，现浇板厚 120mm，次梁 L1 的截面尺寸 $b \times h = 250\text{mm} \times 600\text{mm}$。试问，当考虑楼板作为翼缘对梁承载力的影响时，L1 受压区有效翼缘计算宽度 b_f'（mm），与下列何项数值最为接近？

提示：① L1 的计算跨度 $L_0 = 8200\text{mm}$；② $h_0 = 560\text{mm}$。

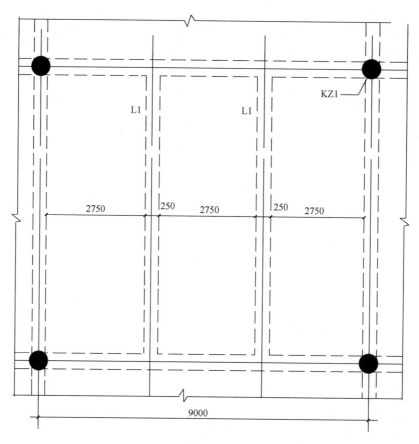

图 Z21-2

(A) 2700   (B) 3000   (C) 1690   (D) 970

7. 假定，次梁 L1 的截面尺寸同上，次梁 L1 的跨中截面荷载基本组合的弯矩设计值 $M=350$ kN·m，$a_s=40$ mm，受压区有效翼缘计算宽度和高度分别为 $b'_f=2000$ mm，$h'_f=120$ mm。试问，次梁 L1 跨中截面按正截面受弯承载力计算所需的底部纵向受力钢筋截面面积 A_s（mm²），与下列何项数值最为接近？

提示：① 不考虑受压钢筋的作用；② 不需要验算最小配筋率。

(A) 2080   (B) 1970   (C) 1870   (D) 1770

8. 假定，底层圆形框架中柱 KZ1，如图 Z21-3 所示，考虑地震组合的柱轴压力设计值 $N=2900$ kN，该柱剪跨比 $\lambda=5.5$，箍筋形式采用螺旋箍，柱纵向受力钢筋的混凝土保护层厚度 $c=35$ mm，如仅从抗震构造措施方面考虑，试问，该柱箍筋加密区的箍筋，按下列何项配置时最为合理且经济？

(A) ⌀14@100   (B) ⌀12@100
(C) ⌀10@100   (D) ⌀8@100

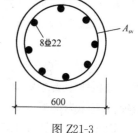

图 Z21-3

【题 9】进行混凝土结构子分部工程验收时，针对混凝土结构施工质量不合要求时，有以下规定：

Ⅰ. 经返工返修或更换构件、部件的，应重新验收

Ⅱ. 经有资质的检测机构按国家现行有关标准检测鉴定达到设计要求的,应予以验收

Ⅲ. 经有资质的检测机构按国家现行有关标准检测鉴定达不到设计要求的,但经原设计单位核算并确认满足结构安全和使用要求的,不可予以验收

Ⅳ. 经返修或加固处理能满足结构可靠性的,可根据技术处理方案和协商文件进行验收

试问:针对上述规定进行判断,下列何项正确?

(A) Ⅰ、Ⅱ、Ⅳ正确,Ⅲ错误 (B) Ⅰ、Ⅱ、Ⅲ正确,Ⅳ错误

(C) Ⅰ、Ⅲ、Ⅳ正确,Ⅱ错误 (D) Ⅰ、Ⅱ、Ⅲ、Ⅳ都正确

【题 10】 关于钢筋连接的下述观点:

Ⅰ. 轴心受拉及小偏心受拉杆件的纵向受力钢筋不得采用绑扎搭接

Ⅱ. 有抗震要求时,纵筋连接的位置宜避开梁端、柱端箍筋加密区,如必须在此处连接时,应采用机械连接或焊接

Ⅲ. 构件中的纵向受压钢筋采用绑扎搭接时,其受压搭接长度不应小于规范规定的纵向受拉钢筋搭接长度最小容许值的 50%,且不应小于 200mm

对上述观点,下列何项正确?

(A) Ⅰ正确,Ⅱ、Ⅲ错误 (B) Ⅰ、Ⅱ错误,Ⅲ错误

(C) Ⅱ正确,Ⅰ、Ⅲ错误 (D) Ⅱ、Ⅲ正确,Ⅰ错误

【题 11~13】 某单层多跨钢结构厂房,跨度 33m,设有重级工作制的软钩桥式吊车,工作温度不高于 −20℃,安全等级为二级。

11. 屋架采用桁架结构,屋架受压杆件和受拉杆件的长细比容许值分别为下列何项?

提示: 假定压杆内力设计值是承载力设计值的 0.8 倍。

(A) 150,350 (B) 150,250

(C) 200,350 (D) 200,250

12. 假定,厂房构件按抗震设防烈度为 8 度(0.20g)进行设计。试问,下列何项与《建筑抗震设计规范》GB 50011—2010(2016 年版)不一致?

(A) 屋盖竖向支撑的腹杆应能承受和传递屋盖的水平地震作用

(B) 屋盖横向水平支撑的交叉斜杆可按拉杆设计

(C) 柱间交叉支撑可采用单角钢截面,其端部连接可采用单面偏心连接

(D) 支承跨度大于 24m 的屋盖横梁的托架,应计算其竖向地震作用

13. 假定,厂房构件按抗震设防烈度为 8 度(0.20g)进行钢结构抗震性能化设计。试问,钢结构承重构件受拉板件选材时,下列何项符合《钢结构设计标准》GB 50017—2017 要求?

(A) 所用钢材厚度 30mm,材质 Q235C

(B) 所用钢材厚度 40mm,材质 Q235C

(C) 所用钢材厚度 30mm,材质 Q390C

(D) 所用钢材厚度 40mm,材质 Q390C

【题 14~18】 某车间设备钢平台改造,横向增加一跨。新增加部分跨度为 7m,柱距为 6m,采用柱下端铰接、梁柱刚接、梁与原有平台柱铰接的刚架结构,纵向设柱间支撑保持稳定,平台铺板为钢格栅板,Q235 钢,焊接采用 E43 型焊条。不考虑抗震。安全等

级为二级。刚架示意图及弯矩包络图如图 Z21-4 所示。梁、柱截面特性见表 Z21-3。

表 Z21-3

构件	截面	面积 A (mm^2)	惯性矩 I_x (mm^4)	回转半径（mm）		截面模量 (mm^3)	宽厚比等级
				i_x	i_y		
柱	HM340×250×9×14	99.53×10^2	21200×10^4	146	60.5	1250×10^3	S1
梁	HM488×300×16×18	159.2×10^2	68900×10^4	208	71.3	2820×10^3	S1

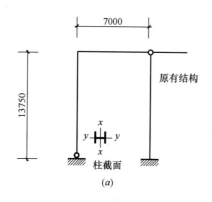
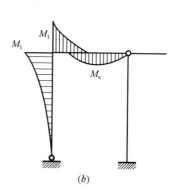

图 Z21-4
(a) 横向刚架示意图；(b) 横向刚架弯矩包络图

14. 假定，刚架无侧移，梁跨中无侧向支撑，不考虑平台板作用，梁计算跨度 $L_0 = 7$m，刚架梁的最大弯矩设计值 $M_{max} = 486.5$kN·m，刚架梁整体稳定验算时，其以应力表达的稳定性最大计算值（N/mm^2），与下列何项数值最为接近？

提示：整体稳定系数按简支梁计算，$\varphi_b = 1.41$。

(A) 163　　　(B) 173　　　(C) 188　　　(D) 198

15. 假定，柱下端采用平板支座，其他条件同题 14。试问，刚架平面内柱的计算长度系数，与下列何项数值最为接近？

提示：忽略横梁所受轴心压力。

(A) 0.79　　　(B) 0.76　　　(C) 0.73　　　(D) 0.69

16. 假定，刚架无侧移，刚架柱上端 $M_1 = 192.5$kN·m、$N_1 = 276.5$kN，柱下端 $M_2 = 0$、$N_2 = 292$kN，柱平面内弯矩作用下计算长度 $l_{0x} = 10$m，柱截面无削弱，且无横向荷载，柱截面强度验算时，截面最大压应力设计值（N/mm^2），与下列何项数值最为接近？

(A) 128　　　(B) 142　　　(C) 158　　　(D) 175

17. 设计条件同题 16，进行刚架柱弯矩作用平面内稳定性验算时，其以应力表达的稳定性最大计算值（N/mm^2），与下列何项数值最为接近？

提示：$1 - 0.8N/N'_{EX} = 0.94$。

(A) 128　　　(B) 142　　　(C) 158　　　(D) 175

18. 设计条件变化：抗震设防烈度为 7 度（0.15g），构件延性等级为Ⅲ级，柱设防地震内力性能组合的柱轴力 $N_P = 376 \times 10^3$N。试问，柱长细比限值，与下列何项数值最接近？

(A) 180　　　(B) 150　　　(C) 120　　　(D) 105

【题 19】 钢结构构件高空安装角焊缝连接,施工条件较差,计算连接时,焊缝强度设计值的折减系数,与下列何项数值最接近?

(A) 0.9　　　　(B) 0.85　　　　(C) 0.765　　　　(D) 0.7

【题 20】 塑性及弯矩调幅设计钢结构构件,最后形成塑性铰的截面,其板件宽厚比等级不应低于下列何项?

(A) S1　　　　(B) S2　　　　(C) S3　　　　(D) S4

【题 21】 木结构设计的下述观点:

Ⅰ.正交胶合木结构各层木板之间的纤维方向应互相叠层正交,截面层板层数不应低于 3 层并且不宜大于 9 层,厚度不大于 500mm

Ⅱ.在结构的同一节点或接头中有两种或多种不同的连接方式,计算应只考虑一种连接传递内力,不应考虑几种连接共同作用

Ⅲ.矩形木柱截面不宜小于 150×150mm,且不应小于柱支承的构件截面宽度

Ⅳ.风和多遇地震作用下,木结构水平层间位移不宜超层高 1/100

上述观点,下列何项正确?

(A) Ⅰ、Ⅱ正确,Ⅲ、Ⅳ错误　　　　(B) Ⅱ、Ⅲ正确,Ⅰ、Ⅳ错误

(C) Ⅱ、Ⅳ正确,Ⅰ、Ⅲ错误　　　　(D) Ⅰ、Ⅳ正确,Ⅱ、Ⅲ错误

【题 22~24】 某多层砌体结构房屋中的钢筋混凝土挑梁置于丁字形截面(带翼墙)墙体中,墙端部设有 240mm×240mm 构造柱,局部截面如图 Z21-5 所示。挑梁截面 $b \times h_b$ =240mm×400mm,墙厚 240mm。挑梁自重标准值为 2.4kN/m,作用于挑梁上的永久荷载标准值为: F_k=35kN, g_{1k}=15.6kN/m, g_{2k}=17kN/m,可变荷载标准值为: q_{1k}=9kN/m, q_{2k}=7kN/m。墙体自重标准值为 5.24kN/m²。砌体采用 MU10 烧结普通砖,M5 混合砂浆,施工质量控制等级为 B 级,安全等级为二级。

提示:① 构造柱重度按砌体重度采用;

② 按《建筑结构可靠性设计统一标准》GB 50068—2018 作答。

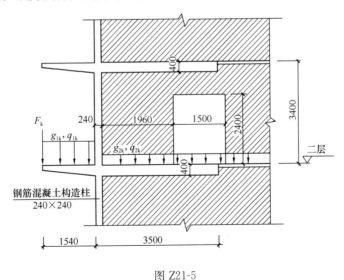

图 Z21-5

22.试问,二层挑梁的倾覆力矩设计值(kN·m),与下列何项数值最为接近?

(A) 100 (B) 105 (C) 110 (D) 120

23. 试问，二层挑梁的抗倾覆力矩设计值（kN·m），与下列何项数值最为接近？
(A) 90 (B) 105 (C) 120 (D) 145

24. 假定，挑梁根部未设构造柱，但仍有翼墙。试问，二层挑梁下砌体的局部受压承载力设计值（kN），与下列何项数值最为接近？
(A) 150 (B) 180 (C) 200 (D) 260

【题 25】抗震等级为二级的配筋砌块砌体剪力墙房屋，首层某矩形截面剪力墙墙体厚度为 190mm，长度为 5400mm，剪力墙截面的有效高度 $h_0=5100$mm，为单排孔混凝土砌块对孔砌筑，砌体施工质量控制等级为 B 级，水平分布钢筋采用 HPB300。若该段砌体剪力墙考虑地震作用组合的截面剪力设计值 $V=220$kN，轴压力设计值 $N=1300$kN，弯矩设计值 $M=1100$kN·m，灌孔砌体的抗压强度设计值 $f_g=5.8$N/mm^2。试问，底部加强部位剪力墙的水平分布钢筋配置，下列何种说法合理？

提示：按《砌体结构设计规范》GB 50003—2011 作答。
(A) 按计算配筋
(B) 按构造，最小配筋率取 0.10%
(C) 按构造，最小配筋率取 0.11%
(D) 按构造，最小配筋率取 0.13%

（下午卷）

【题 26～29】某新建 7 层圆形框架结构建筑，地处北方季节性冻土地区，场地平坦，旷野环境。采用柱下圆形筏板基础，基础边线与场地红线的最近距离为 4m，红线范围外将开发。整个场地红线范围内填土 2.9m 至设计±0.000，填土采用黏粒含量大于 10% 的粉土，压实系数大于 0.95。基础平、剖面及土层分布如图 Z21-6 所示。基础及以上土的加权平均重度为 20kN/m^3。

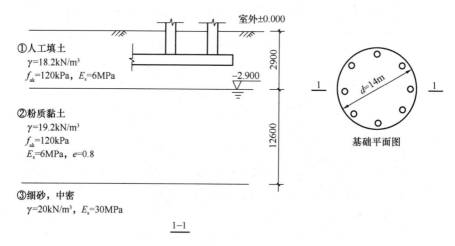

图 Z21-6

26. 假定，标准冻结深度为 2m，该压实填土属于强冻胀土。试问，确定基础的埋深时，场地冻结深度 z_d（m），与下列何项数值最为接近？
(A) 1.9 (B) 2.1 (C) 2.3 (D) 2.5

27. 假定，不考虑土的冻胀，基础埋深 d 为 1.5m。试问，该基础底面下修正后的地基承载力特征值 f_a（kPa），与下列何项数值最为接近？

(A) 125　　　(B) 135　　　(C) 145　　　(D) 155

28. 假定，不考虑土的冻胀，基础埋深 d 为 1.5m，在荷载效应准永久组合下，基底平均附加应力为 100kPa，筏板按无限刚性考虑，沉降计算经验系数 $\psi_s=1.0$。试问，不考虑相邻荷载及填土荷载影响，基础中心处第②层土的最终变形量（mm），与下列何项数值最为接近？

(A) 100　　　(B) 130　　　(C) 150　　　(D) 180

29. 假定，测得压实填土最优含水量为 16%，土粒相对密度为 2.7。试问，估算该压实填土的最大干密度（kg/m³），与下列何项数值最为接近？

(A) 1720　　　(B) 1780　　　(C) 1830　　　(D) 1900

【题 30～32】某多层办公建筑，采用钢筋混凝土框架结构及钻孔灌注桩基础，工程桩直径为 600mm，桩长为 24m。其中一个 4 桩承台基础的平、剖面及土层分布如图 Z21-7 所示。

提示：根据《建筑桩基技术规范》JGJ 94—2008 作答。

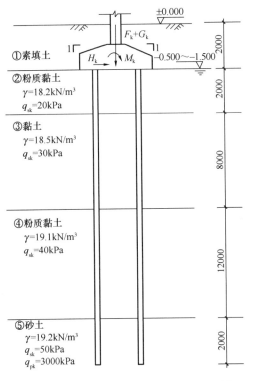
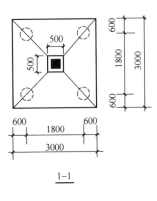

图 Z21-7

30. 试问，初步设计时，根据土的物理指标与承载力之间的经验关系，估算得到的单桩竖向抗压极限承载力标准值 Q_{uk}（kN），与下列何项数值最为接近？

(A) 1230　　　(B) 1850　　　(C) 2460　　　(D) 2800

31. 假定，桩基设计等级为乙级，钻孔灌注桩桩身纵向钢筋配筋率为 0.71%，配筋构造符合《建筑桩基技术规范》JGJ 94—2008 的有关要求。建筑物对水平位移敏感,依据《建筑基桩检测技术规范》JGJ 106—2014 进行桩水平静载试验,试验统计结果如下:试桩地面处的水平位移为 6mm 时,所对应的单桩水平荷载为 75kN;试桩地面处的水平位移为 10mm 时,所对应的单桩水平荷载为 120kN。试问,当验算地震作用组合桩基的水平承载力时,单桩水平向抗震承载力特征值(kN),与下列何项数值最为接近?

(A) 55　　　　　(B) 70　　　　　(C) 90　　　　　(D) 110

32. 假定,承台受到单向偏心荷载作用,相应于荷载效应标准组合时,作用于承台底面标高处的竖向压力 $F_k+G_k=4000$kN,弯矩 $M_k=1200$kN·m,水平力 $H_k=300$kN,承台高度为 800mm。试问,基桩所承受最大竖向力标准值(kN),与下列何项数值最为接近?

(A) 960　　　　(B) 1080　　　　(C) 1350　　　　(D) 1400

【题 33～35】某冶金厂改扩建工程地基处理,采用水泥粉煤灰碎石桩(CFG)复合地基,CFG 桩采用长螺旋钻中心压灌工艺成桩,正方形布桩,双向间距均为 2m,桩长 17m,桩径 400mm。其中一组单桩复合地基载荷试验的桩,其载荷板布置及土层分布如图 Z21-8 所示。

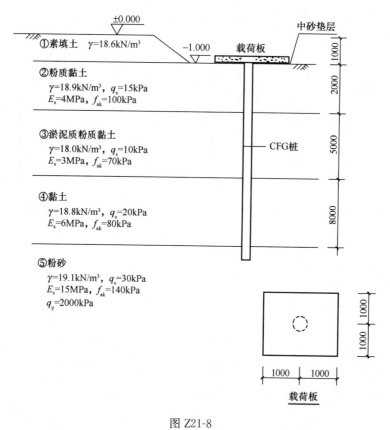

图 Z21-8

33. 假定,计算的单桩承载力特征值与实测的单桩承载力特征值相等,测得该组 CFG 桩复合地基承载力特征值为 230kPa,相应的单桩分担的荷载为 570kN。试问,根据该组试验反推的单桩承载力发挥系数 λ,与下列何项数值最为接近?

(A) 0.7　　　　(B) 0.8　　　　(C) 0.9　　　　(D) 1.0

34. 条件同题 33，试问，根据该组试验反推的桩间土承载力发挥系数 β，与下列何项数值最为接近？

(A) 0.75　　　(B) 0.85　　　(C) 0.9　　　(D) 0.95

35. 假定，复合地基承载力特征值经统计分析并结合试验确定为 220kPa。试问，当对基础进行地基变形计算时，第③层淤泥质粉质黏土层复合后的压缩模量（MPa），与下列何项数值最为接近？

(A) 6　　　(B) 6.6　　　(C) 7.2　　　(D) 8.2

【题 36】根据《建筑抗震设计规范》GB 50011—2010（2016 年版）的规定，关于地基液化，下列何项主张是错误的？

(A) 选择建筑场地时，对存在液化土层的场地应提出避开要求，当无法避开时，应采取有效措施
(B) 对于可不进行天然地基及基础抗震承载力验算的各类建筑，液化判别深度为地面下 15m 范围内
(C) 对于抗震设防烈度为 6 度的地区不需要进行土的液化判别和处理
(D) 丙类，整体性较好的建筑，当液化砂土层、粉土层较为平坦且均匀，若地基的液化等级为轻微级，可不采取液化措施

【题 37】关于建筑桩基岩土工程详细勘察的主张，下列不符合《建筑桩基技术规范》的是何项？

(A) 宜布置 1/3～1/2 的探勘孔为控制性孔，对于设计等级为乙级的建筑桩基，至少应布置 3 个控制性孔
(B) 对非嵌岩桩基，一般性勘探孔应深入预计桩端标高以下 3～5 倍桩身设计直径，且不得小于 3m，对于大直径桩，不得小于 5m
(C) 在勘探深度范围内的每一地层均应采取不扰动试样进行室内试验，或根据土层情况选用有效的原位测试方法进行原位测试，提供设计所需参数
(D) 复杂地质条件下的柱下单桩基础宜每桩设一勘探点

【题 38】关于高层建筑抗风、抗震的观点，正确的是何项？

(A) 考虑横向风振时，应验算顺风向，横风向的层间侧向位移的矢量和是否满足规范限值
(B) 高层民用钢结构的薄弱层，在罕遇地震下弹塑性层间位移不应大于层高的 1/50
(C) 高层民用钢结构，弹性分析的楼层层间最大水平位移与层高之比的限值应根据结构体系确定
(D) 钢筋混凝土框架-剪力墙结构的转换层的弹性层间位移角、弹塑性层间位移角分别为 1/1000、1/50

【题 39】高层建筑结构荷载效应组合，下列何项符合规范规程规定？

(A) 高层钢筋混凝土结构，竖向抗侧力构件轴压比计算应考虑地震作用组合
(B) 高层民用钢结构抗火验算时，可不计入风荷载
(C) 高层钢筋混凝土结构在采用拆除构件法进行抗连续倒塌设计时，应考虑永久和可变荷载组合效应，地震作用和风荷载可忽略
(D) 高层民用钢结构在考虑使用阶段温度作用时，温度作用的组合值系数为 0.6

【题 40~42】某 8 层民用钢框架结构，平面规则，首层层高为 7.2m，2 层及以上均为 4.2m，如图 Z21-9 所示。丙类建筑，抗震设防烈度为 7 度（0.10g），设计地震分组为第二组，建筑场地为Ⅲ类。安全等级为二级。

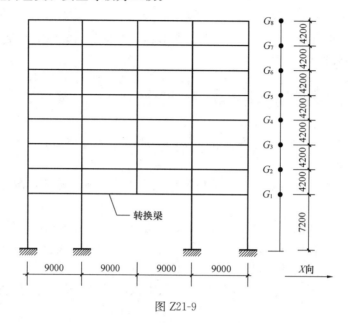

图 Z21-9

40. 假定，房屋集中在楼盖和屋面处的重力荷载代表值为：$G_1=11500$kN，$G_{2\sim7}=11000$kN，$G_8=10800$kN，考虑非承重墙体刚度影响后，结构基本自振周期位为 2.0s（X 向），结构阻尼比为 0.04。方案设计时，采用底部剪力法估算，X 向多遇地震作用下结构总水平地震作用标准值 F_{Ek}（kN），与下列何项数值最为接近？

(A) 2500　　　　(B) 1950　　　　(C) 1850　　　　(D) 1650

41. 假定，方案调整后，各楼层重力荷载代表值为：$G_1=15500$kN，$G_{2\sim7}=14900$kN，$G_8=14500$kN，首层抗侧刚度控制结构的整体稳定性，多遇地震作用下，首层 X 向水平地震剪力标准值为 2350kN。试问，整体稳定性验算时，X 向按弹性方法计算的首层层间位移最大值(mm)不超过下列何项才能满足规范规程对楼层抗侧刚度的限制要求？

(A) 34　　　　(B) 32　　　　(C) 30　　　　(D) 28

42. 假定，该结构转换梁为箱形截面，采用 Q345 钢，多遇地震作用组合下，截面承载力无余量，无轴压力。试问，梁截面腹板最大宽厚比不超过下列何项才能满足规范对宽厚比的要求？

提示：按《高层民用建筑钢结构技术规程》作答。

(A) 85　　　　(B) 80　　　　(C) 70　　　　(D) 66

【题 43、44】某 12 层钢筋混凝土框架-核心筒结构，平面和竖向均规则，首层层高 4.5m，2 层及以上层高均为 4.2m。丙类建筑，安全等级为二级。在规定水平力作用下，底层框架承担的地震倾覆力矩占 45%。

43. 假定，抗震设防烈度为 7 度（0.15g），设计地震分组为第一组，Ⅲ类场地。试问，根据《高层建筑混凝土结构技术规程》的相关规定，该结构抗震构造措施的抗震等级为下列何项？

(A) 框架抗震一级，核心筒抗震一级
(B) 框架抗震二级，核心筒抗震一级
(C) 框架抗震二级，核心筒抗震二级
(D) 框架抗震三级，核心筒抗震二级

44. 假定，底层框架某边柱抗震等级为三级，混凝土强度等级为C40，考虑地震作用组合的轴压力设计值为10500kN，剪跨比大于2。以轴压比估算柱截面，对混凝土方柱（边长a_1）与型钢混凝土方柱（边长a_2）两种方案比较，型钢混凝土方柱的含钢率为5%。试问，a_1（mm）、a_2（mm）最小取值为下列何项才能满足规范规程要求？

提示： 不考虑提高轴压比限值的措施；$f=205\text{N/mm}^2$。

(A) $a_1=800$，$a_2=650$
(B) $a_1=800$，$a_2=700$
(C) $a_1=850$，$a_2=650$
(D) $a_1=850$，$a_2=700$

【题 45~47】某公寓由A区与B区组成，地下2层，其层高均为4m。地上A区4层、B区18层，层高均为3.2m。A区、B区结构连为整体，采用钢筋混凝土剪力墙结构，如图Z21-10所示。抗震设防烈度为8度（0.20g），设计地震分组为第一组，建筑场地为Ⅱ类，丙类建筑，安全等级为二级。

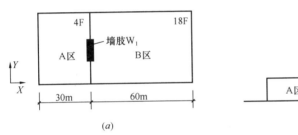
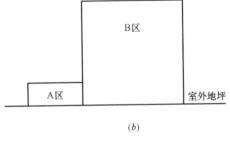

图 Z21-10
(a) 平面示意图；(b) 立面示意图

45. 该结构用弹性时程分析法进行多遇地震下的补充计算时，振型分解反应谱法，人工模拟加速度时程曲线RP，实际强震记录加速度时程曲线P_1~P_5的计算结果见表Z21-4。试问，根据上述信息拟选3条波复核反应谱结果，下述何项相对合适？

表 Z21-4

分析方法	结构底部剪力（kN）	分析方法	结构底部剪力（kN）
振型分解反应谱法	5600	P_3. $T_g=0.40\text{s}$	3800
RP. $T_g=0.35\text{s}$	5500	P_4. $T_g=0.35\text{s}$	8500
P_1. $T_g=0.35\text{s}$	3580	P_5. $T_g=0.35\text{s}$	7200
P_2. $T_g=0.35\text{s}$	5000		

(A) RP-P_4-P_5
(B) RP-P_1-P_4
(C) RP-P_2-P_5
(D) RP-P_3-P_5

46. 首层墙肢W_1为一字形截面墙肢，厚200mm，肢长2500，轴压比0.35。钢筋采用HRB400。试问，墙肢边缘构件阴影部分竖向钢筋构造配置至少为下述何项？

(A) 6⌀12
(B) 6⌀14
(C) 6⌀16
(D) 8⌀16

47. 多遇地震作用下Y向抗震分析初算结果显示，第4层和第5层的位移角分别为1/1300、1/1100，再考虑偶然偏心，Y向规定水平地震作用下扭转位移比分别为1.55、

1.35。试问,根据上述信息进行 Y 向结构布置调整时,采用下列何项方案相对合理且经济?

Ⅰ. 增大周边刚度,满足扭转位移比限制
Ⅱ. 减小第 4 层 Y 向侧向刚度
Ⅲ. 增大第 4 层 Y 向侧向刚度
Ⅳ. 增大第 5 层 Y 向侧向刚度

(A) Ⅰ、Ⅱ　　　(B) Ⅰ、Ⅳ　　　(C) Ⅱ、Ⅳ　　　(D) Ⅲ、Ⅳ

【题 48、49】某电梯试验塔,顶部兼城市观光厅,采用钢筋混凝土剪力墙结构,共 11 层,1~10 层层高均为 5.0m,顶层层高 8.0m,塔高 58m,如图 Z21-11 所示。丙类建筑,抗震设防烈度为 8 度（0.20g）,设计地震分组为第一组,Ⅱ类场地。安全等级为二级。

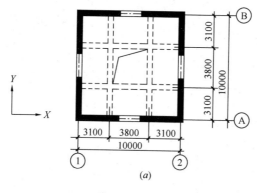

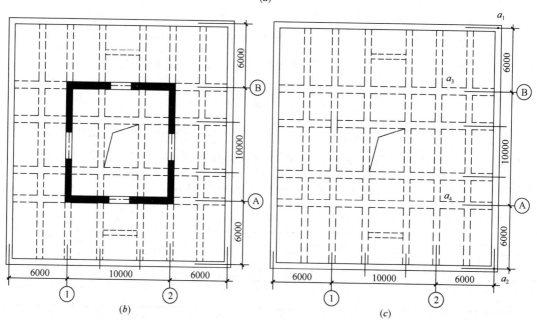

图 Z21-11

(a) 标准层平面图；(b) 11 层平面图；(c) 屋面平面图

48. 假定,按刚性楼盖计算,在考虑偶然偏心影响的 X 向规定水平力作用下,屋面层水平位移（X 向）计算值,见表 Z21-5。试问,判断结构扭转规则时,屋面层弹性水平位移的最大值与平均值的比值,与下列何项数值最为接近?

表 Z21-5

点位	a_1	a_2	a_3	a_4
X 向位移（mm）	26	56	30	48

(A) 1.10　　(B) 1.23　　(C) 1.37　　(D) 1.45

49. 该结构按民用建筑标准进行抗震、抗风设计时，下列何项观点不符合规范规程规定？

(A) 该结构可不进行罕遇地震下薄弱层弹塑性变形验算

(B) 在 Y 向地震作用下，①轴双肢墙当其中一墙肢出现大偏拉时，应将另一墙肢弯矩及剪力设计值乘以 1.25 系数。同时，考虑地震往复作用，双墙肢内力同样处理

(C) 该建筑可不考虑横向风振的影响

(D) 控制双肢墙的连梁纵筋最大配筋率，以实现其强剪弱弯的性能

【题 50】某高层钢筋混凝土框架-剪力墙结构，拟进行抗震性能化设计，性能目标为 C 级，某一墙肢的混凝土强度等级为 C35，墙肢 $h_0 = 3100\text{mm}$，在预估的罕遇地震作用下，该墙肢剪力 $V_{Ek}^* = 3200\text{kN}$，重力荷载代表值作用下剪力忽略。试问，按性能目标设计时，该墙肢厚度（mm）最小取下列何项数值，才能满足规程对罕遇地震作用下梁受剪截面的限制要求？

(A) 350　　(B) 300　　(C) 250　　(D) 200

2022 年真题

（上午卷）

【题 1~4】 某多层教学楼，现浇钢筋混凝土框架结构，局部楼面布置如图 Z22-1 所示，建筑使用功能为教室。假定，梁、楼板混凝土强度等级为 C30，纵向受力钢筋和箍筋均采用 HRB400 钢筋。楼面板厚 100mm，梁设计时取 $a_s = a'_s = 40$mm。结构安全等级为二级，设计使用年限 50 年，钢筋混凝土的自重标准值为 25kN/m²。

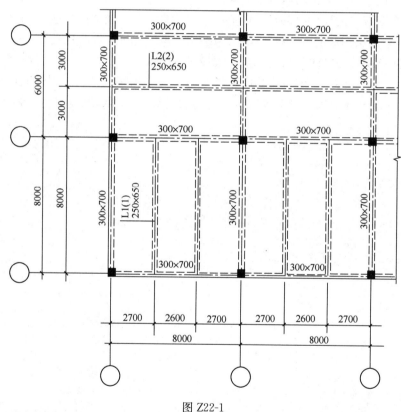

图 Z22-1

1. 假定，建筑楼面梁 L1(1) 上砌有 200mm 厚，3m 高的混凝土空心砌块填充墙，填充墙单位面积自重（含面层）标准值为 3.4kN/m²，楼面及吊顶做法如下：

10mm 厚防滑地砖（自重标准值 20kN/m³）

20mm 厚水泥砂浆层（自重标准值 20kN/m³）

40mm 厚碎石混凝土保护层（自重标准值 22kN/m³）

15mm 厚聚苯乙烯保温板（自重忽略不计）

100mm 厚钢筋混凝土楼板

轻钢龙骨吊顶（自重标准值 0.25kN/m²）

试问，作用在 L1(1) 上的永久均布荷载标准值 g_k，等效可变均布荷载标准值 q_k 与下列何项数值最为接近？

提示：① 楼板按单向板导荷；
② 按《工程结构通用规范》GB 55001—2021 作答。

(A) 25kN/m, 6.7kN/m (B) 28kN/m, 5.5kN/m
(C) 28kN/m, 6.7kN/m (D) 30kN/m, 5.5kN/m

2. 假定，L2(1) 按如图 Z22-2 所示 T 形截面梁设计。试问，中间支座截面的梁顶及跨中截面梁底按受弯构件最小配筋率计算的纵向受拉钢筋截面面积，与下列何项数值最为接近？

(A) 565mm², 565mm²
(B) 325mm², 325mm²
(C) 565mm², 325mm²
(D) 325mm², 565mm²

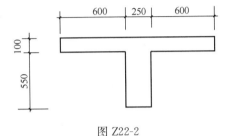

图 Z22-2

3. 假定，L2(2) 按如图 Z22-2 所示 T 形截面梁设计，验算边支座边缘截面处梁斜截面承载力时的剪力设计值为 370kN。试问，当仅配置箍筋时，按截面受剪承载力计算的最小箍筋配置，与下列何项最为接近？

提示：不必复核截面限制条件和箍筋配置的构造要求。

(A) ⌀8@200(2)   (B) ⌀8@150(2)
(C) ⌀10@200(2) (D) ⌀10@150(2)

4. 假定，L1(1) 的截面及配筋如图 Z22-3 所示，按简支梁设计，作用在梁上的永久均布荷载标准值 $g_k=28$kN/m（含梁自重），等效均布可变荷载标准值 $q_k=8$kN/m。试问，在计算跨中最大裂缝宽度时，裂缝间纵向受拉钢筋应变不均匀系数 ψ，与下列何项数值最为接近？

提示：① 不考虑受压钢筋和腹部钢筋作用；
② 图中未明示数量与直径的钢筋均满足规范要求；
③ 荷载组合按《工程结构通用规范》GB 55001—2021。

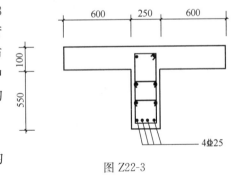

图 Z22-3

(A) 0.5 (B) 0.7 (C) 0.9 (D) 1.1

【题 5～8】 某三层钢筋混凝土框架结构办公楼，结构布置规则，符合刚性楼板假定。集中于一、二、三层层顶的结构和构配件自重标准值分别为 G_1、G_2、G_w，集中于一、二、三层层顶按等效均布荷载计算的楼（屋）面活荷载标准值分别为 Q_1、Q_2、Q_w，屋面雪荷载标准值为 s_w，不考虑屋面积灰荷载。抗震设防类别为丙类，抗震设防烈度 7 度（0.10g），设计地震分组为第二组，场地类别为Ⅲ类。安全等级为二级。

5. 假定，荷载标准值如表 Z22-1 所示。试问，采用底部剪力法计算水平地震作用时，结构等效总重力荷载（kN），与下列何项数值最为接近？

表 Z22-1

G_1	G_2	G_w	Q_1	Q_2	Q_w	S_w
1500kN	1500kN	1800kN	300kN	300kN	300kN	100kN

(A) 4160　　　　(B) 4380　　　　(C) 4470　　　　(D) 5150

6. 假定，结构等效总重力荷载 $G_{eq}=7000$kN，考虑周期折减后结构 X 向基本自振周期 $T=0.8$s。试问，当采用底部剪力法计算时，X 向多遇地震作用下结构总水平地震作用标准值（kN），与下列何项数值最为接近？

(A) 250　　　　(B) 300　　　　(C) 350　　　　(D) 400

7. 假定考虑周期折减后的 X 方向前三阶自振周期分别为 0.8s、0.28s、0.12s，采用振型分解反应谱法进行多遇水平地震作用计算，第 2 层在 X 方向第 1、第 2、第 3 振型下的楼层剪力计算值分别为 350kN、-50kN、-35kN。试问，第 2 层 X 方向多遇水平地震作用下的楼层剪力标准值（kN），与下列何项数值最为接近？

提示：① 不考虑扭转耦联地震效应；

　　　② 不考虑结构竖向不规则及楼层最小地震剪力系数影响。

(A) 435　　　　(B) 355　　　　(C) 305　　　　(D) 265

8. 某根框架柱，其混凝土强度等级为 C40，截面尺寸为 500mm×500mm，纵向受力钢筋采用 HRB 500，对称配筋，$a_s=a'_s=50$mm。经内力调整后，地震组合弯矩设计值为 600kN·m，相应的轴向压力设计值为 2000kN。试问，进行正截面承载力计算时，柱单侧所需最小纵向受力钢筋截面面积（mm²），与下列何项数值最为接近？

提示：① $\xi_b=0.482$；

　　　② 不必验算最小配筋率；

　　　③ 不需考虑二阶效应。

(A) 1210　　　　(B) 1310　　　　(C) 1410　　　　(D) 1510

【题 9】 某普通钢筋混凝土矩形截面梁 $b \times h = 250\text{mm} \times 650\text{mm}$，箍筋的混凝土保护层厚度为 20mm。跨中截面受弯矩、剪力和扭矩共同作用，弯矩作用时梁下部受拉。假定，计算时纵向受力钢筋和箍筋的抗拉强度设计值均为 360N/mm²。受剪承载力计算所需箍筋配置 $A_{sv}/s=0.644$mm²/mm。受扭承载力计算所需的箍筋配置 $A_{st}/s=0.261$mm²/mm，受扭承载力计算所需的纵向受力钢筋截面面积 $A_{stl}=670$mm²，全部受扭纵筋沿截面周边均匀对称布置，受弯计算时不考虑受压作用，受弯计算所需的纵向受力钢筋截面面积 $A_s=571$mm²。试问，跨中截面的下列何项钢筋配置满足且接近规范的最低要求？

提示：① 不必校核配箍率和配箍率；

　　　② 全部纵筋的锚固和连接均满足充分受拉要求。

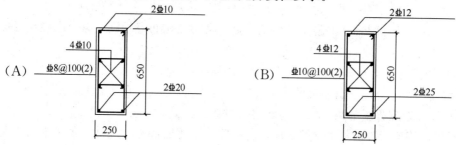

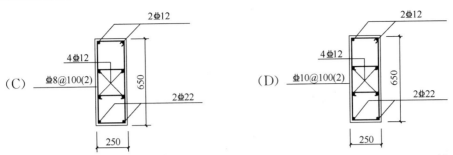

【题 10】 某普通钢筋混凝土平面构架,梁柱节点均为刚接,如图 Z22-4 所示。假定,所有构件的截面均相同,且处于弹性状态。试问,在结构均匀升温情况下,下列关于温度效应的表达何项正确?

Ⅰ. 边柱由温度作用产生的柱底弯矩比中柱大
Ⅱ. 边柱由温度作用产生的柱底弯矩比中柱小
Ⅲ. 边跨梁由温度作用产生的轴向压力比中跨梁大
Ⅳ. 边跨梁由温度作用产生的轴向压力比中跨梁小

(A) Ⅰ、Ⅳ (B) Ⅱ、Ⅲ
(C) Ⅰ、Ⅲ (D) Ⅱ、Ⅳ

图 Z22-4

【题 11～13】 某单层钢结构厂房,屋面梁间距为 11m,在抽柱跨设置托梁,屋面梁叠接于托梁跨中顶面,托梁采用焊接 H 形截面,Q235 钢,其两端支座处已采取防止梁端截面扭转的构造措施,计算简图及截面如图 Z22-5 所示。结构安全等级为二级。

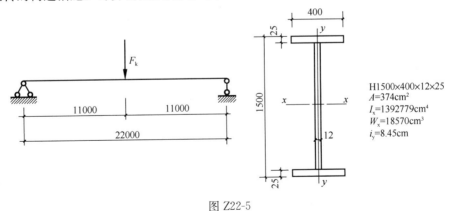

图 Z22-5

11. 假定,托梁跨中集中荷载标准值为 245kN。试问,当不考虑起拱,仅计入集中荷载的影响时,托梁跨中的最大挠度计算值(mm),与下列何项数值最为接近?

提示：简支梁跨中集中荷载作用下挠度计算公式：$v = \dfrac{Fl^3}{48EI}$。

(A) 20　　　　(B) 30　　　　(C) 40　　　　(D) 50

12. 假定，托梁跨中最大弯矩设计值 $M_x = 1898$ kN·m，跨中净截面模量 $W_{nx} = 16721$ cm³。试问，进行托梁跨中截面受弯强度计算时，其正应力计算值（N/mm²）与下列何项数值最为接近？

(A) 100　　　(B) 115　　　(C) 125　　　(D) 135

13. 假定，屋盖系统的设置使屋面梁成为托梁跨内仅有的侧向支承点。试问，托梁的整体稳定性系数，与下列何项数值最为接近？

(A) 1.51　　　(B) 1.00　　　(C) 0.94　　　(D) 0.88

【题 14～16】 某钢结构通廊的端部刚架，采用一阶弹性分析方法计算内力，AB 段刚架柱在荷载基本组合下的计算内力为：$N = 896$ kN，$M_x = 224$ kN·m，AB 段刚架柱采用热轧 H 型钢，Q235 钢，截面特性如图 Z22-6 所示。结构安全等级为二级。

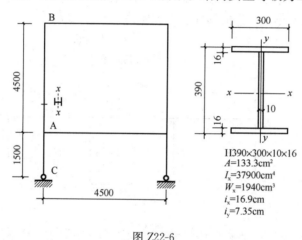

图 Z22-6

14. 假定，忽略刚架横梁所受轴向压力对横梁线刚度的折减，刚架梁、柱均采用与 AB 段刚架柱相同的热轧 H 型钢。试问，不考虑其他对该刚架稳定的影响因素，AC 段刚架柱平面内的计算长度（mm），与下列何项数值最为接近？

(A) 1500　　　(B) 3000　　　(C) 4800　　　(D) 6600

15. 假定，AB 段刚架柱在刚架平面内的计算长度系数 $\mu = 1.6$。试问，进行 AB 段刚架柱在刚架平面内稳定性计算时，以应力的形式表达的稳定性计算最大值，与下列何项数值最为接近？

提示：截面塑性发展系数 $\gamma_x = 1.05$；等效弯矩系数 $\beta_{mx} = 1$。

(A) 0.53　　　(B) 0.64　　　(C) 0.75　　　(D) 0.87

16. 假定，AB 段刚架柱在刚架平面外的计算长度 $l_{0y} = 4500$ mm。试问，进行 AB 段刚架柱在刚架平面外稳定性计算时，以应力比的形式表达稳定性计算最大值，与下列何项数值最为接近？

提示：① 等效弯矩系数 $\beta_{tx} = 1.0$；

② 可按《钢结构设计标准》GB 50017—2017 中的近似公式计算。

(A) 0.94　　　　(B) 0.81　　　　(C) 0.68　　　　(D) 0.55

【题 17、18】 某平台改造工程，因增加设备需新增钢梁，该梁与原有平台框架柱的连接节点如图 Z22-7 所示。新增钢梁按简支梁设计，荷载基本组合下梁端部剪力设计值 $V=200$kN，新增钢梁及托板钢材采用 Q235 钢。假定，梁端剪力由托板传递至钢柱。结构安全等级为二级。

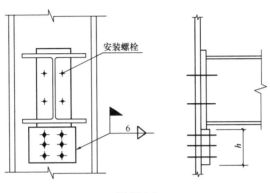

图 Z22-7

17. 假定，托板与原有平台框架柱采用 8.8 级高强度螺栓摩擦型连接，采用标准孔，高强度螺栓的间距、边距、端距及节点板均满足《钢结构设计标准》GB 50017—2017 的有关规定，连接处构件接触面的处理方式为钢丝刷清除浮锈。试问，不考虑焊缝作用，该高强度螺栓最小规格最接近下列何项？

(A) M16　　　　(B) M20　　　　(C) M22　　　　(D) M24

18. 假定，托板采用两侧直角角焊缝焊接连接，满焊，E43 型焊条，焊缝尺寸为 6mm，现场采取措施保证焊接质量，两焊件之间间隙小于 1.5mm。试问，不考虑高强度螺栓作用时，托板高度 h 的最小值（mm），与下列何项数值最为接近？

(A) 120　　　　(B) 165　　　　(C) 220　　　　(D) 310

【题 19、20】 某吊杆与上部平台框架梁的连接节点如图 Z22-8 所示，荷载基本组合

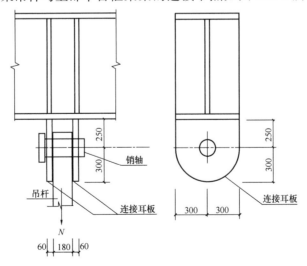

图 Z22-8

下吊杆所受最大轴心拉力设计值 $N=2130$kN，销轴直径 150mm，连接耳板的销轴孔径 $d_0=151$mm，钢材采用 Q345 钢。不考虑地震作用，结构安全等级为二级。

19. 试问，进行连接耳板销轴孔净截面处的抗拉强度计算时，正应力计算值（N/mm²），与下列何项数值最为接近？

　　(A) 130　　　　(B) 110　　　　(C) 90　　　　(D) 70

20. 试问，进行连接耳板抗剪强度计算时，耳板剪应力计算值（N/mm²），与下列何项数值最为接近？

　　(A) 32　　　　(B) 42　　　　(C) 52　　　　(D) 62

【题 21、22】 某多层砌体结构承重横墙如图 Z22-9 所示，墙厚 240mm，总长度为 5640mm，墙梁端及墙段正中部位均设钢筋混凝土构造柱。构造柱断面尺寸均为 240mm× 240mm。每根构造柱均配置 4 根直径 14mm 的纵向钢筋（HRB400，$A_{sc}=615$mm²），混凝土强度等级为 C25。底层墙体采用 MU10 级烧结普通砖，M10 级混合砂浆砌筑，施工质量控制等级为 B 级，符合组合砖墙的要求。结构安全等级为二级。

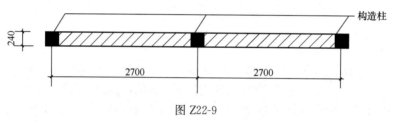

图 Z22-9

21. 试问，该墙体的截面抗震受剪承载力设计值（kN），与下列何项数值最为接近？

提示： ① $f_t=1.27$N/mm²，$f_{yc}=360$N/mm²，$f_{vE}=0.3$N/mm²；

　　② 根据《砌体结构设计规范》GB 50003—2011 作答。

　　(A) 440　　　　(B) 470　　　　(C) 500　　　　(D) 530

22. $f_c=11.9$N/mm²，$f'_y=360$N/mm²，假定该组合砖墙的稳定系数 $\varphi_{com}=0.72$。试问，该组合墙体底层轴心受压承载力设计值（kN），与下列何项数值最为接近？

　　(A) 2100　　　　(B) 2400　　　　(C) 2700　　　　(D) 3000

【题 23】 某窗间墙截面尺寸为 1500mm× 370mm，采用 MU10 烧结普通砖，M5 混合砂浆砌筑，支承于墙上的钢筋混凝土梁的截面尺寸 $b\times h=$ 300mm×600mm，如图 Z22-10 所示，施工质量控制等级为 B 级，结构安全等级为二级。试问，砌体局部抗压强度提高系数 γ，与下列何项数值最为接近？

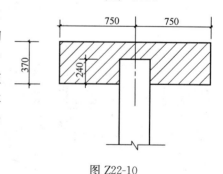

图 Z22-10

提示： 不考虑砌体强度调整系数 γ_a。

　　(A) 1.2　　　　(B) 1.5

　　(C) 1.8　　　　(D) 2.0

【题 24】 钢筋混凝土简支梁，支承在 240mm 厚的窗间墙上，如图 Z22-11 所示。窗间墙长 1500mm，采用 MU15 级蒸压粉煤灰砖，Ms10 级专用砂浆砌筑。在梁下设置有通长钢筋混凝土垫梁兼过梁，垫梁截面 240mm×180mm。上层传至墙段的竖向压力设计值为 360kN，梁端的支承压力设计值 $N_l=110$kN。安全等级为二级。试问，按规范进行垫梁下砌体局部受压承载力验算时，压力设计值 N_0+N_l，与下列何项数值最为接近？

提示：① 垫梁惯性矩 $I_c=1.1664\times10^8$ mm^4；
② 垫梁混凝土弹性模量 $E_c=2.55\times10^4$ MPa。

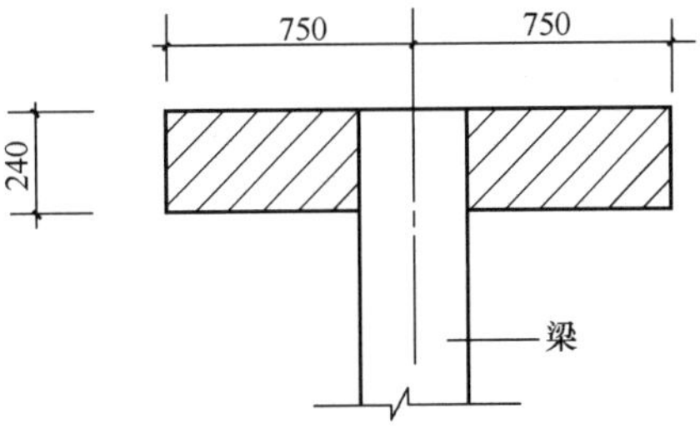

(A) 190   (B) 220kN
(C) 240   (D) 260kN

图 Z22-11

【题 25】关于木结构有以下观点：

Ⅰ. 在无针对性措施的前提下，现场用原木、方木制作承重构件时，木材的含水率不应大于 25%

Ⅱ. 当采用现场目测分级时，受拉或拉弯方木构件的材质等级应为 I_e 级

Ⅲ. 验算原木构件挠度和稳定时，应取构件的最小截面

Ⅳ. 对设计使用年限为 25 年的木结构构件，结构重要性系数 γ_0 不应小于 0.9

试问，针对上述观点与规范相关规定一致性的判断，下列何项正确？

(A) Ⅰ一致，其余不一致   (B) Ⅱ一致，其余不一致
(C) Ⅲ一致，其余不一致   (D) Ⅳ一致，其余不一致

（下午卷）

【题 26、27】某多层医疗建筑采用钢筋混凝土框架结构，柱下条形基础。因医疗功能的需要拟进行扩建，扩建采用条形基础。基础的形式、埋深均与现有建筑相同，地下水位埋深 4.5m，基础及场地土层分布如图 Z22-12 所示。

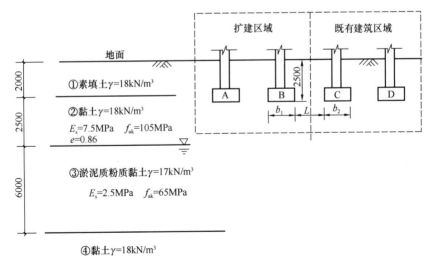

图 Z22-12

26. 假定，不考虑地震作用，荷载标准组合时，上部结构作用在条形基础 B 顶面的竖向力对基础的影响可等效为线荷载 $F_k=235\text{kN/m}$。试问，不考虑既有建筑基础的影响，该基础满足地基承载力要求的基础宽度 b_1 最小值（m），与下列何项数值最为接近？

提示：① 基础及其上覆土的加权平均重度为 20kN/m^3，基础宽度按不大于 3m 考虑；
② 不必验算②层土的地基承载力以及基础的沉降。

(A) 2.0　　　　(B) 2.4　　　　(C) 2.8　　　　(D) 3.0

27. 假定，基础 B 长度 30m，$b_1=3\text{m}$，$b_2=2\text{m}$，$L=4\text{m}$，对应于荷载准永久组合，作用在条形基础 B 底面的附加压力 $p_0=80\text{kPa}$。试问，当仅考虑基础 B 的影响时，基础 B 底面中心点下，③层淤泥质粉质黏土的最终变形量 s（mm），与下列何项数值最为接近？

提示：沉降经验系数取 1.0。

(A) 60　　　　(B) 80　　　　(C) 100　　　　(D) 120

【题 28～31】 一临河构筑物，安全等级为二级，抗震设防烈度为 8 度（0.20g），设计地震分组为第二组，采用桩基础，桩径 0.5m，桩长 17m。某柱下桩基如图 Z22-13 所示。

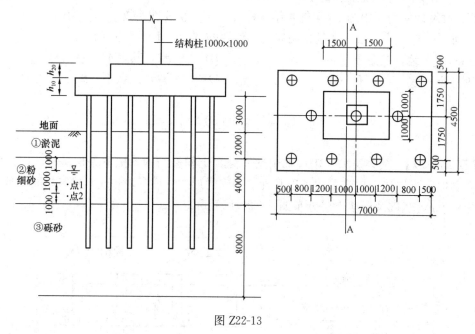

图 Z22-13

28. 假定，②粉细砂土层中点 1、点 2 处标准贯入试验锤击数实测值分别为 $N_1=10$，$N_2=14$，液化标准贯入锤击数临界值分别为 $N_{cr1}=12.1$，$N_{cr2}=13.7$，年平均最高水位如图 Z22-13 所示。试问，根据以上数据计算后对该地基的液化等级进行判别，下列何项结论正确？

(A) 不液化　　　　　　　　(B) 轻微液化
(C) 中等液化　　　　　　　(D) 严重液化

29. 假定，采取措施后承台无侧移，桩顶与承台铰接，桩的水平变形系数 $\alpha=0.546\text{m}^{-1}$，粉细砂层不液化。试问，用于计算桩身正截面轴心受压承载力的桩身压屈计算长度 l_c（m），与下列何项接近？

提示：淤泥按液化土对待，$\psi_l=0$。

(A) 5.8 (B) 6.8 (C) 7.8 (D) 8.8

30. 假定，承台混凝土强度等级为 C30（$f_t=1.43\text{N/mm}^2$），$h_{10}=730\text{mm}$，$h_{20}=400\text{mm}$。试问，对应于地震组合，承台柱边截面 A-A 的斜截面抗震受剪承载力设计值（kN），与下列何项数值最为接近？

提示：按《建筑桩基技术规范》JGJ 94—2008 作答。

(A) 10500 (B) 9500 (C) 8500 († D) 7500

31. 假定，承台混凝土强度等级为 C30（$f_t=1.43\text{N/mm}^2$），$h_{10}=730\text{mm}$，$h_{20}=400\text{mm}$。试问，相应于荷载的基本组合，承台受角桩冲切的承载力设计值（kN），与下列何项数值最为接近？

提示：按《建筑桩基技术规范》JGJ 94—2008 作答。

(A) 900 (B) 1000 (C) 1100 (D) 1200

【题 32、33】 某软土地基货运堆场，长 120m，宽 80m，采用水泥土搅拌桩进行桩基处理后覆填土 1m（含褥垫层），地面均布荷载 p，如图 Z22-14 所示。初步设计前，对复合地基进行浅层平板静载试验，试验得出复合地基的承载力特征值为 100kPa，单桩复合地基试验承压板为边长 1.5m 的正方形，试验加载至 100kPa 时，测得的搅拌桩桩顶处轴力为 150kN。

提示：按《建筑地基处理技术规范》JGJ 79—2012 作答。

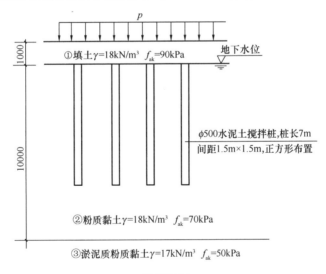

图 Z22-14

32. 试问，上述试验中，加载至 100kPa 时，复合地基桩间土承载力发挥系数，与下列何项数值最为接近？

提示：单桩承载力发挥系数 λ 取 1.0。

(A) 0.3 (B) 0.4 (C) 0.5 (D) 0.8

33. 假定，水泥土搅拌桩采用湿法施工，单桩承载力特征值为 140kN。试问，满足规范最低需求的边长 70.7mm 的桩体试块标准养护 90d 的立方体抗压强度平均值 f_{cu}（kPa），与下列何项数值最为接近？

(A) 1000　　　　　(B) 2000　　　　　(C) 3000　　　　　(D) 4000

【题 34】 深厚季节性冻土地区新建一幢多层普通建筑，位于稳定自然斜坡坡顶，采用正方形独立基础，如图 Z22-15 所示。冻土地基的场地冻结深度 $Z_d=2m$，基础底面下的土层属于软冻胀性，基础底面下允许土层最大厚度 h_{max} 为 0.95m。边坡高度 H 为 6m，边坡坡角 $\beta=45°$，原坡体处于稳定状态，基础宽度 $b=2m$。试问，基础边线至坡顶的水平距离 a 以及基础深度 d，取下列何项数值时，可符合最小埋置深度要求，且可不采用圆弧滑动面法等较精确方法进行地基稳定性验算，即认为满足《建筑地基基础设计规范》GB 50007—2011 的规定？

提示：边坡稳定可不考虑切向冻胀影响，不考虑地震影响，忽略坡顶附加荷载影响。

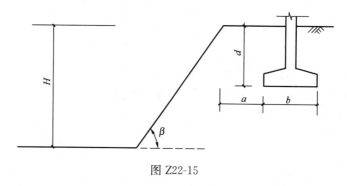

图 Z22-15

(A) $a=4.1m, d=0.9m$　　　　　(B) $a=2.5m, d=2m$
(C) $a=3.5m, d=1.5m$　　　　　(D) $a=2m, d=3m$

【题 35】 某砌体结构房屋采用天然地基基础，以较完整的中风化凝灰岩为持力层，设计前进行了三个岩石地基载荷试验，结合试验数据及 p-s 曲线确定的部分数据见表 Z22-2。试问，根据《建筑地基基础设计规范》GB 50007—2011，该岩石地基的承载力特征值（kPa），与下列何项数值最为接近？

表 Z22-2

试验编号	比例界限值（kPa）	极限荷载值（kPa）
1	950	3000
2	1040	3300
3	880	2580

(A) 850　　　　　(B) 950　　　　　(C) 1040　　　　　(D) 1100

【题 36】 关于地基处理，有下列观点：

Ⅰ．饱和黏土地基，如对变形控制不严格，可采用砂石桩置换处理。
Ⅱ．对黏粒含量不大于 10% 的中砂地基，可采用不加填料桩冲挤密法处理。
Ⅲ．处理后的地基整体稳定分析可采用圆弧滑动法，其稳定安全系数不应小于 1.2。
Ⅳ．水泥土搅拌桩块状加固时，水泥掺量不应小于被加固天然土质量的 12%。

对以上观点与《建筑地基处理技术规范》JGJ 79—2012 相关规定的一致性进行判断，下列何项结论是正确的？

(A) Ⅰ、Ⅱ一致，其余不一致　　　　　(B) Ⅱ、Ⅲ一致，其余不一致

(C) Ⅱ、Ⅳ一致，其余不一致　　　　(D) Ⅲ、Ⅳ一致，其余不一致

【题 37】 关于基坑工程，有下列观点：

Ⅰ．基坑工程均应进行因土方开挖，降水引起的基坑内外土体的变形计算。

Ⅱ．地下连续墙同时作为地下室永久结构墙使用，墙顶承受竖向偏心荷载时，应按偏心受压构件计算正截面受压承载力。

Ⅲ．采用隔水帷幕隔离地下水时，隔离帷幕渗透系数宜小于 $1.0 \times 10^{-4} \mathrm{m}/d$。

Ⅳ．高地下水位地区的基坑工程均应进行地下水控制专项设计。

对以上观点与《建筑地基基础设计规范》GB 50007—2011 相关规定的一致性进行判断，下列何项结论是正确的？

(A) Ⅰ、Ⅱ、Ⅳ一致，其余不一致　　(B) Ⅱ、Ⅲ一致，其余不一致
(C) Ⅱ、Ⅲ、Ⅳ一致，其余不一致　　(D) Ⅲ一致，其余不一致

【题 38】 某现浇钢筋混凝土高层住宅，房屋高度为 38m，Ⅱ类建筑场地，抗震设防烈度为 8 度（0.20g）。试问，可依据规范、规程设计成下列何项结构体系？

Ⅰ．框架-剪力墙结构
Ⅱ．异形柱框架-剪力墙结构
Ⅲ．全短肢剪力墙结构
Ⅳ．剪力墙结构

(A) Ⅰ、Ⅱ　　(B) Ⅱ、Ⅲ　　(C) Ⅰ、Ⅳ　　(D) Ⅱ、Ⅳ

【题 39】 某 15 层现浇钢筋混凝土框架-剪力墙结构房屋，高度为 50m，抗震设防烈度为 8(0.20g)，Ⅲ类场地，丙类建筑。该结构在规定水平力作用下，底层框架部分承受的地震倾覆力矩与总地震倾覆力矩的比值为 48%。试问，依据《高层建筑混凝土结构技术规程》JGJ 3—2010 判断该结构的抗震等级，下列何项结论最为准确？

(A) 框架二级，剪力墙一级　　(B) 框架二级，剪力墙二级
(C) 框架一级，剪力墙一级　　(D) 框架一级，剪力墙二级

【题 40～43】 某钢筋混凝土部分框支剪力墙结构房屋，高度为 50.3m，地下 1 层，地上 16 层，纵横向均有不落地剪力墙，地下室顶板可作为上部结构的嵌固部位，抗震设防烈度 8 度（0.20g）。首层为转换层，层高为 5m，墙、柱混凝土强度等级均为 C40（$E_c = 3.25 \times 10^4 \mathrm{N/mm^2}$）；其余各层层高均为 3m，墙、柱混凝土强度等级均为 C30（$E_c = 3.00 \times 10^4 \mathrm{N/mm^2}$）。

提示：按《高层建筑混凝土结构技术规程》JGJ 3—2010 作答。

40. 假定，该结构底部加强部位剪力墙抗震等级为一级，首层剪力墙厚度为 300mm，依据《高层建筑混凝土结构技术规程》JGJ 3—2010，确定剪力墙底部加强部位的设置高度和首层剪力墙构造要求的竖向最小分布钢筋配置，分布筋采用 HRB400 钢筋，下列何项最为准确？

(A) 5.0m，Φ10@200（双排）　　(B) 8.0m，Φ12@200（双排）
(C) 8.0m，Φ10@200（双排）　　(D) 11.0m，Φ12@200（双排）

41. 假定，首层有 8 根框支柱，框支柱截面尺寸 1000mm×1000mm，二层横向剪力墙有效截面面积 $A_{w2} = 18.2 \mathrm{m}^2$。试问，该结构首层横向落地剪力墙的有效截面面积 A_{w1} 最小取下列何项数值才满足规程关于转换层上、下层结构侧向刚度的规定？

329

(A) 10.0m²   (B) 12.0m²   (C) 14.0m²   (D) 22.0m²

42. 假定，首层某剪力墙墙肢 W_1，抗震等级为一级，墙肢底部截面考虑地震作用组合的内力计算值为：弯矩 $M_w = 29001\text{kN}\cdot\text{m}$，剪力 $V_w = 725\text{kN}$。试问，W_1 墙肢底部截面的内力设计值，与下列何项数值最为接近？

提示：① 内力计算值已考虑不规则性和最小剪重比调整。
② 根据已知条件进行计算。

(A) $M = 2900\text{kN}\cdot\text{m}$，$V = 1160\text{kN}$ (B) $M = 4350\text{kN}$，$V = 1160\text{kN}$

(C) $M = 3800\text{kN}\cdot\text{m}$，$V = 1020\text{kN}$ (D) $M = 3650\text{kN}$，$V = 1020\text{kN}$

43. 假定，某层某框支框架的跨度为 8.5m，框支柱 KZZ1 在多遇水平地震作用下柱底轴压力标准值为 $N_{Ehk} = 500\text{kN}$，在竖向多遇地震作用下柱底轴压力标准值为 $N_{Evk} = 600\text{kN}$，重力荷载代表值作用下柱底轴压力标准值为 $N_{GE} = 4000\text{kN}$。框支柱抗震等级为一级，不考虑风荷载、重力荷载对柱承载力不利。进行抗震承载力验算时，γ_G 由 1.2 调整为 1.3，γ_{Eh}、γ_{Ev} 由 1.3 调整为 1.4，其他系数不变。试问，分项系数调整后，KZZ1 柱底地震组合最大轴压力设计值的增大值（kN），与下列何项数值最为接近？

提示：已考虑不规则性和最小剪重比调整。

(A) 250   (B) 390   (C) 430   (D) 490

【题 44～47】某钢筋混凝土框架-剪力墙结构房屋，高度为 57.6m，地下 2 层，地上 5 层，首层层高 6.0m，2 层层高 4.5m，其余各层层高 3.6m。抗震设防烈度为 7 度 (0.15g)，Ⅲ类场地，用于规则性判断的结构扭转周期比小于 0.9。

44. 假定，该结构采用振型分解反应谱法进行多遇地震作用下结构弹性位移计算分析，底层层间位移角最大。在多遇水平地震作用下，底层竖向构件层间最大水平位移 Δu，见表 Z22-3。

表 Z22-3

分析方法	Δu (mm)
不考虑偶然偏心	2.7
考虑偶然偏心	3.2

试问，底层扭转位移比不应大于下列何项数值？

(A) 1.2   (B) 1.4   (C) 1.5   (D) 1.6

45. 假定，该结构平面、竖向不规则，采用规程规定的简化方法估算地震作用。由振型分解反应谱法弹性分析得知，某框架柱多遇水平地震作用产生的轴压力标准值，见表 Z22-4。试问，估算的该柱双向多遇水平地震作用产生的轴压力标准值（kN），与下列何项数值最为接近？

轴压力标准值（kN）   表 Z22-4

地震作用方向	不考虑偶然偏心		考虑偶然偏心	
	不考虑扭转耦联	考虑扭转耦联	不考虑扭转耦联	考虑扭转耦联
X	4800	5000	6380	6800
Y	6100	6200	6200	6500

(A) 7200　　　　(B) 7600　　　　(C) 8200　　　　(D) 8800

46. 假定，多遇地震作用下首层框架柱对应 X 向水平地震作用标准值的剪力总和 $\sum V_i$ =2400kN，侧向刚度总和 $\sum D_i$ =458600kN/m。首层某边柱 KZ1 的反弯点高度 h_y =3.75m，侧向刚度 D_{KZ1} =17220kN/m，沿柱高范围没有附加外力作用。试问，按侧向刚度分配且不考虑扭转影响时，KZ1 对应于地震作用标准值的柱底弯矩标准值（kN·m），与下列何项数值最为接近？

(A) 240　　　　(B) 270　　　　(C) 340　　　　(D) 400

47. 假定，该结构无薄弱层，各层框架柱数量不变。X 方向规定水平力作用下底层框架部分所承受的地震倾覆力矩占结构总倾覆力矩的 32%，对应于 X 向水平地震作用标准值的结构底部向总剪力 V_0 =8950kN，未经调整的各层框架承担的 X 向地震总剪力中的最大值 $V_{f,max}$ =1060kN。试问，首层框架满足二道防线要求的 X 向总地震剪力标准值（kN），与下列何项数值最为接近？

提示：水平地震剪力满足最小剪重比要求。

(A) 1790　　　　(B) 1590　　　　(C) 1390　　　　(D) 1060

【题 48、49】 某 12 层钢结构办公楼，采用框架-偏心支撑结构，抗震设防烈度为 7 度 (0.15g)，设计地震分组为第一组，抗震设防类别为丙类，场地类别为 Ⅱ 类。钢材 Q355B （取 f =295N/mm², f_y =345N/mm²）。结构安全等级为二级。

48. 试问，按《高层民用建筑钢结构技术规程》JGJ 99—2015，对图 Z22-16 哪些方案属于框架-偏心支撑结构的判别，下列何项正确？

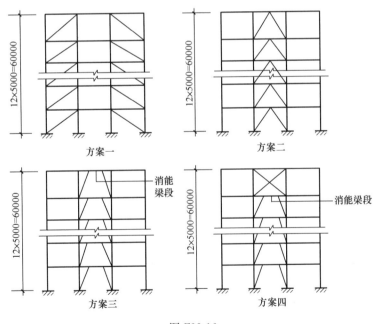

图 Z22-16

(A) 方案一、二　　　　(B) 方案三、四
(C) 方案二、三　　　　(D) 方案一、三

49. 第 2 层某框架中柱节点如图 Z22-17 所示，柱采用箱形截面钢柱（上下层无变

化），框架梁与柱采用全熔透等强焊接。1~3层受剪承载力基本相同。假定，多遇地震作用下，KZA、KZB 的地震组合轴压力设计值分别为 8300kN、8200kN，KLA、KLB 梁端弯矩设计值均为 1300kN·m（同时针方向）。试问，KZA 截面尺寸最小取下列何项方满足《高层民用建筑钢结构技术规程》JGJ 99—2015 对"强柱弱梁"的抗震要求？

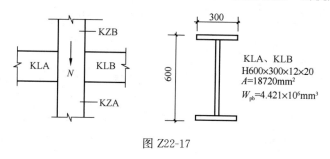

图 Z22-17

(A) $500\times500\times20\times20$ （$A_c=38400mm^2$，$W_{pc}=6.196\times10^6mm^3$）
(B) $500\times500\times24\times24$ （$A_c=45696mm^2$，$W_{pc}=8.164\times10^6mm^3$）
(C) $600\times600\times20\times20$ （$A_c=46400mm^2$，$W_{pc}=10.096\times10^6mm^3$）
(D) $600\times600\times24\times24$ （$A_c=55296mm^2$，$W_{pc}=11.95\times10^6mm^3$）

【题 50】 下列关于高层混凝土剪力墙结构抗震设计的观点，何项明显与《高层建筑混凝土结构技术规程》JGJ 3—2010 不一致？
(A) 剪力墙墙肢宜尽量减小轴压比，以提高剪力墙的受剪承载力
(B) 楼面梁与剪力墙平面外相交时，对梁截面高度较小的楼面梁，可通过支座弯矩调幅实现半刚接设计，减小剪力墙平面外弯矩
(C) 进行墙体稳定验算时，对翼缘截面高度小于截面厚度的 2 倍和 800mm 的 L 形剪力墙，除应验算墙肢的稳定外，尚应满足整体稳定的要求
(D) 剪力墙结构存在较多短墙肢时，只要墙肢厚度大于 300mm，在规定水平地震作用下，该部分剪力墙承担的底部倾覆力矩可大于底部总地震倾覆力矩的 50%

规 范 简 称 目 录

为了解答方便,避免冗长,规范简称如下:

1. 《工程结构通用规范》GB 55001—2021（以下简称《结通规》）
2. 《建筑与市政工程抗震通用规范》GB 55002—2021（以下简称《抗震通规》）
3. 《建筑与市政地基基础通用规范》GB 55003—2021（以下简称《地基通规》）
4. 《组合结构通规范》GB 55004—2021（以下简称《组合通规》）
5. 《木结构通用规范》GB 55005—2021（以下简称《木通规》）
6. 《钢结构通用规范》GB 55006—2021（以下简称《钢通规》）
7. 《砌体结构通用规范》GB 55007—2021（以下简称《砌通规》）
8. 《混凝土结构通用规范》GB 55008—2021（以下简称《混通规》）
9. 《建筑结构可靠性设计统一标准》GB 50068—2018（简称《可靠性标准》）
10. 《建筑结构荷载规范》GB 50009—2012（简称《荷规》）
11. 《建筑工程抗震设防分类标准》GB 50223—2008（简称《设防分类标准》）
12. 《建筑抗震设计规范》GB 50011—2010（2016 年版）（简称《抗规》）
13. 《建筑地基基础设计规范》GB 50007—2011（简称《地规》）
14. 《建筑桩基技术规范》JGJ 94—2008（简称《桩规》）
15. 《建筑地基处理技术规范》JGJ 79—2012（简称《地处规》）
16. 《建筑地基基础工程施工质量验收标准》GB 50202—2018（简称《地验标》）
17. 《混凝土结构设计规范》GB 50010—2010（2015 年版）（简称《混规》）
18. 《混凝土结构工程施工质量验收规范》GB 50204—2015（简称《混验规》）
19. 《混凝土异形柱结构技术规程》JGJ 149—2017（简称《异形柱规》）
20. 《钢结构设计标准》GB 50017—2017（简称《钢标》）
21. 《门式刚架轻型房屋钢结构技术规范》GB 51022—2015（简称《门规》）
22. 《钢结构工程施工质量验收标准》GB 50205—2020（简称《钢验标》）
23. 《砌体结构设计规范》GB 50003—2011（简称《砌规》）
24. 《砌体结构工程施工质量验收规范》GB 50203—2011（简称《砌验规》）
25. 《木结构设计标准》GB 50005—2017（简称《木标》）
26. 《高层建筑混凝土结构技术规程》JGJ 3—2010（简称《高规》）
27. 《高层民用建筑钢结构技术规程》JGJ 99—2015（简称《高钢规》）
28. 《建筑抗震加固技术规程》JGJ 116—2009（简称《抗加规》）
29. 《建筑基桩检测技术规范》JGJ 106—2014（简称《基桩检规》）

实战训练试题（一）解答与评析

（上午卷）

1. 正确答案是 D，解答如下：

永久荷载按 3 跨满布，活荷载按题目表 1-1 中序号 4 布置，则：

由《结通规》3.1.13 条：

$M_B = 1.3 \times (-0.1) \times 25 \times 7.2^2 + 1.5 \times (-0.117) \times 20 \times 7.2^2 = -350.4 \text{kN} \cdot \text{m}$

2. 正确答案是 B，解答如下：

永久荷载按 3 跨满布，活荷载按题目表 1-1 中序号 4 布置，则：

由《结通规》3.1.13 条：

$V_{B右} = 1.3 \times 0.5 \times 25 \times 7.2 + 1.5 \times 0.583 \times 20 \times 7.2 = 242.9 \text{kN}$

3. 正确答案是 B，解答如下：

根据《混规》6.2.11 条：

$$f_y A_s = 360 \times 1964 = 707.04 \text{kN}$$

$$\alpha_1 f_c b'_f h'_f + f'_y A'_s = 1 \times 14.3 \times 900 \times 100 + 360 \times 1140$$

$$= 1697.4 \text{kN} > 707.04 \text{kN}$$

故属于第一类 T 形截面，按矩形截面 $b'_f \times h$，由《混规》6.2.10 条：

$$x = \frac{f_y A_s - f'_y A'_s}{\alpha_c f_c b'_f} = \frac{360 \times 1964 - 360 \times 1140}{1 \times 14.3 \times 900} = 23 \text{mm} < 2a'_s = 80 \text{mm}$$

故由《混规》6.2.14 条：

$$M_u = f_y A_s (h - a_s - a'_s) = 360 \times 1964 \times (600 - 40 - 40)$$

$$= 367.7 \text{kN} \cdot \text{m}$$

4. 正确答案是 C，解答如下：

根据《混规》7.1.2 条：

$A_{te} = 0.5bh + (b_f - b)h_f = 0.5 \times 300 \times 600 + (900 - 300) \times 100 = 150000 \text{mm}^2$

$\rho_{te} = \dfrac{A_s}{A_{te}} = \dfrac{2280}{150000} = 0.0152 > 0.01$

$\psi = 1.1 - 0.65 \dfrac{f_{tk}}{\rho_{te} \sigma_{sq}} = 1.1 - 0.65 \times \dfrac{2.01}{0.0152 \times 250} = 0.756$

$w_{max} = \alpha_{cr} \psi \dfrac{\sigma_{sq}}{E_s} \left(1.9 c_s + 0.08 \dfrac{d_{eq}}{\rho_{te}}\right)$

$= 1.9 \times 0.756 \times \dfrac{250}{2 \times 10^5} \times \left(1.9 \times 30 + 0.08 \times \dfrac{22}{0.0152}\right)$

$= 0.31 \text{mm}$

5. 正确答案是 D，解答如下：

根据《混规》表 6.2.20-1 及注 3：

上柱：$H_u/H_l = 3.3/11.5 = 0.29 < 0.3$，则：$l_0 = 2.5H_u = 8.25\text{m}$

下柱：$l_0 = 1.0H_l = 11.5\text{m}$

6. 正确答案是 B，解答如下：

根据《混规》附录 B.0.4 条：

$\zeta_c = \dfrac{0.5 f_c A}{N} = \dfrac{0.5 \times 14.3 \times 500 \times 400}{250 \times 10^3} = 5.72 > 1$，取 $\xi_c = 1.0$。

$h_0 = 500 - 40 = 460\text{mm}$，$e_0 = \dfrac{M_0}{N} = \dfrac{100 \times 10^3}{250} = 400\text{mm}$

$e_a = \max\left(\dfrac{500}{30}, 20\right) = 20\text{mm}$ $e_i = e_0 + e_a = 420\text{mm}$

$$\eta_s = 1 + \dfrac{1}{1500 e_i/h_0}\left(\dfrac{l_0}{h}\right)^2 \zeta_c$$
$$= 1 + \dfrac{1}{1500 \times 420/460}\left(\dfrac{8}{0.5}\right)^2 \times 1$$
$$= 1.187$$
$$M = \eta_s M_0 = 1.187 \times 100 = 118.7 \text{kN} \cdot \text{m}$$

7. 正确答案是 D，解答如下：

根据《混规》9.6.2 条，取动力系数为 1.5。

由《混规》7.1.4 条，取标准值计算，$h_0 = 500 - 40 = 460\text{mm}$，则：

$$\sigma_{sk} = \dfrac{1.5 M_k}{0.87 h_0 A_s} = \dfrac{1.5 \times 28.3 \times 10^6}{0.87 \times 460 \times 760} = 140 \text{N/mm}^2$$

8. 正确答案是 D，解答如下：

根据《混规》表 11.1.3，抗震等级为三级。

根据《混规》11.5.2 条，应选（D）项。

9. 正确答案是 B，解答如下：

假定受压区高度小于 h'_f，为大偏压，则：

$$x = \dfrac{\gamma_{RE} N}{\alpha_1 f_c b'_f} = \dfrac{0.8 \times 730 \times 10^3}{1 \times 14.3 \times 400} = 102\text{mm} < h'_f = 162.5\text{mm} < \xi_b h_0 = 445\text{mm}$$

故假定正确。

$x = 102\text{mm} > 2a'_s = 80\text{mm}$，根据《混规》6.2.10 条，则：

$$e = e_i + \dfrac{h}{2} - a_s = 950 + \dfrac{900}{2} - 40 = 1360\text{mm}$$

$$A'_s = \dfrac{\gamma_{RE} N e - \alpha_1 f_c b'_f x \left(h_0 - \dfrac{x}{2}\right)}{f'_y (h_0 - a'_s)}$$

$$= \dfrac{0.8 \times 730000 \times 1360 - 1 \times 14.3 \times 400 \times 102 \times \left(860 - \dfrac{102}{2}\right)}{360 \times (860 - 40)}$$

$$= 1092 \text{mm}^2$$

【5~9 题评析】 6 题，排架柱考虑二阶效应的计算，应按《混规》附录 B.0.4 条。

7题,此时,采用自重标准值进行计算,类似规定,见《混规》附录 H.0.7 条式(H.0.7-3)。

9题,由于 $x=102\text{mm}<\xi_b h_0$,且 $>2a'_s$,并且 $x<h'_f$,故按矩形截面 $b'_f x h$ 进行计算,并且计入受压钢筋。此外,本题目已知,$\gamma_{RE}=0.8$;假若未提供该值,应首先计算轴压比值,再确定 γ_{RE} 值。

10. 正确答案是 B,解答如下:

根据《抗加规》6.3.5 条:

$$V \leqslant V_0 + 0.7 f_{ay} \frac{A_a}{s} h$$

$$312 \times 10^3 \leqslant 195 \times 10^3 + 0.7 \times 235 \times \frac{A_a}{200} \times 500$$

可得:$A_a \geqslant 284.5 \text{mm}^2$

$A_{a1} \geqslant 284.5/2 = 142 \text{mm}^2$

选 40×4:$A_{a1} = 40 \times 4 = 160 \text{mm}^2$,满足。

故选(B)项。

11. 正确答案是 B,解答如下:

活荷载仅在 AB 跨之间布置时,跨中的弯矩值最大。

根据《结通规》3.1.13 条:

$$M_{\max} = \frac{1}{8}(g+q)l^2 - \frac{1}{2}gl_1^2$$

$$= \frac{1}{8}(1.3 \times 10 + 1.5 \times 50) \times 15^2 - \frac{1}{2} \times 1.0 \times 10 \times 4^2$$

$$= 2395 \text{kN} \cdot \text{m}$$

根据《钢标》6.1.1 条、6.1.2 条:

$$\frac{b}{t} = \frac{(400-12)/2}{20} = 9.7 < 13\varepsilon_k = 13$$

$$\frac{h_0}{t_w} = \frac{1200 - 2 \times 20}{12} = 96.7 < 124\varepsilon_k = 124$$

由《钢标》表 3.5.1,截面等级为 S4 级,取 $\gamma_x = 1.0$。

$$\frac{M_x}{\gamma_x W_{nx}} = \frac{2395 \times 10^6}{1.0 \times 11885 \times 10^3} = 201.5 \text{N/mm}^2$$

12. 正确答案是 B,解答如下:

根据《结通规》3.1.13 条:

$$R_A = \frac{1}{2} \times (1.3 \times 10 + 1.5 \times 50) \times 15 + \frac{1}{2} \times 1.0 \times 10 \times 8$$

$$= 700 \text{kN}$$

$$V_{A右} = R_A - 1.0 \times 10 \times 4$$

$$= 660 \text{kN}$$

由《钢标》6.1.3条：
$$\frac{VS_x}{I_x t_w} = \frac{660 \times 10^3 \times 6728 \times 10^3}{713103 \times 10^4 \times 12} = 52\text{N/mm}^2$$

13. 正确答案是C，解答如下：

查《钢标》表4.4.1，取 $f_{ce} = 320\text{N/mm}^2$。

$A_{ce} \geqslant \dfrac{N}{f_{ce}}$，则：

$2t_s \cdot 120 \geqslant \dfrac{1058 \times 10^3}{400 - 2 \times 40}$，故：$t_s \geqslant 13.8\text{mm}$

由《钢标》6.3.6条：
$$t_s \geqslant \frac{b_s}{15} = \frac{160}{15} = 11\text{mm}$$

最终取 $t_s \geqslant 13.8\text{mm}$。

14. 正确答案是B，解答如下：

根据《钢标》6.3.7条：
$$i_z = \sqrt{I_z/A} = \sqrt{4.88 \times 10^7/9632} = 71.2\text{mm}$$
$$\lambda_z = \frac{l_0}{i_z} = \frac{1200 - 2 \times 20}{71.2} = 16.3$$

由提示，b类截面，查附录表D.0.2，取 $\varphi = 0.980$。
$$\frac{N}{\varphi A} = \frac{1058 \times 10^3}{0.980 \times 9632} = 112.1\text{N/mm}^2$$

【11~14题评析】 12题，主梁最大剪力值位于支座A右侧，或支座B左侧，不是AB跨中。

13题，每侧支承加劲肋的计算长度应扣除切角长度40mm。

15. 正确答案是C，解答如下：

根据《钢标》附录C.0.5条：
$$\lambda_y = \frac{l_{0y}}{\sqrt{I_y/A}} = \frac{6000}{\sqrt{7203 \times 10^4/14940}} = 86.5$$
$$\varphi_b = 1.07 - \frac{\lambda_y^2}{44000\varepsilon_k^2} = 1.07 - \frac{86.5^2}{44000 \times 235/235} = 0.90$$

16. 正确答案是B，解答如下：

将弯矩 M 等效为一对力偶，即：$N = \dfrac{M}{h} = \dfrac{450 \times 10^3}{700 - 16} = 657.9\text{kN}$

由《钢标》表11.5.2注3，$d_c = \max(20+4, 22) = 24\text{mm}$

根据《钢标》7.1.1条：
$$\sigma = \left(1 - 0.5\frac{n_1}{n}\right)\frac{N}{A_n} = \left(1 - 0.5 \times \frac{2}{10}\right) \times \frac{657.9 \times 10^3}{(300 - 2 \times 24) \times 16}$$
$$= 146.9\text{N/mm}^2$$
$$\sigma = \frac{N}{A} = \frac{657.9 \times 10^3}{300 \times 16} = 137.1\text{N/mm}^2$$

上述值取较大值，故取 $\sigma = 146.9\text{N/mm}^2$。

17. 正确答案是 B，解答如下：

根据《钢标》8.2.1 条：

$$\lambda_x = \frac{l_{0x}}{i_x} = \frac{1.3 \times 10380}{384} = 35.1$$

焊接 H 形，由提示可知，翼缘为焰切边，查《钢标》表 7.2.1-1，对 x 轴属于 b 类截面；查附录表 D.0.2，取 $\varphi_x = 0.918$。

$$\frac{b}{t} = \frac{(400-10)/2}{20} = 9.75 < 13\varepsilon_k$$

$$\frac{h_0}{t_w} = \frac{900-2\times 20}{10} = 86 < (45+1.4^{1.66})\varepsilon_k = 88.7$$

由《钢标》表 3.5.1，截面等级为 S4 级，取 $\gamma_x = 1.0$，按全截面计算。

$$\frac{N}{\varphi_x A} + \frac{\beta_{mx} M_x}{\gamma_x W_{1x}(1-0.8N/N'_{Ex})} = \frac{1037\times 10^3}{0.918\times 24600} + \frac{1.0\times 830\times 10^6}{1.0\times 8063\times 10^3\times 0.97}$$

$$= 152 \text{N/mm}^2$$

18. 正确答案是 C，解答如下：

按柱与桁架型横梁刚接计算，根据《钢标》附录表 E.0.4：

$$K_1 = \frac{I_1}{I_2} \cdot \frac{H_2}{H_1} = \frac{115595}{589733} \times \frac{10.38}{5.43} = 0.37$$

$$K_1 = 0.37, \eta_1 = 0.6, \mu_2 = 1.87 - \frac{0.37-0.3}{0.4-0.3}\times(1.87-1.83) = 1.842$$

按提示，根据《钢标》8.3.3 条：

$$\mu_2^1 = 1.75 < 2.0, \mu_2^1 = 1.75 < 1.842$$

故取

$$\mu_2^1 = 1.842$$

$$\mu_2 = 0.8 \times 1.842 = 1.47$$

【15～18 题评析】 16 题，简化计算时，通常将 M 等效为一对力偶：$N = \frac{M}{h}$，h 取两侧翼缘的中对中的距离。

17 题，题目提示中 $\alpha_0 = 1.4$，是如下计算得到：

$$\begin{matrix}\sigma_{\max}\\ \sigma_{\min}\end{matrix} = \frac{N}{A_n} \pm \frac{M}{I_n}y$$

$$= \frac{1037\times 10^3}{24600} \pm \frac{830\times 10^6}{362818\times 10^4}\times 430$$

$$= 42.15 \pm 98.37$$

$$= \pm \begin{matrix}140.52\\ 56.22\end{matrix}$$

$$\alpha_0 = \frac{140.52-(-56.22)}{140.52} = 1.4$$

19. 正确答案是 D，解答如下：

根据《门规》表 4.2.2-3a，4.2.3 条：

$$c = \max\left(\frac{1.5+1.5}{2}, \frac{4.5}{3}\right) = 1.5\text{m}$$

$$A = 4.5 \times 1.5 = 6.75\text{m}^2,\text{中间区},\mu_z = 1.0$$

风吸力：$\mu_w = +0.176\log 6.75 - 1.28 = -1.13$

$$w_k = 1.7 \times (-1.13) \times 1 \times 0.35 = -0.672\text{kN/m}^2$$

由提示，风压力：$w_k = 0.613\text{kN/m}^2$

故取 $w_k = -0.672\text{kN/m}^2$ 计算。

设计值：$q_y = 1.5 \times [(-0.672) \times 1.5] = -1.512\text{kN/m}$

$$V_{y',\max} = \frac{1}{2} \times (-1.512) \times 4.5 = -3.402\text{kN}$$

由《门规》9.4.4 条：

$$\frac{3V_{y',\max}}{2h_0 t} = \frac{3 \times 3.402 \times 10^3}{2 \times (160 - 2.5 \times 2.5 \times 2) \times 2.5}$$
$$= 13.8\text{N/mm}^2$$

【19题评析】 系数 $\beta = 1.7$，是按《结通规》4.6.5 条 $\beta = \beta_{gz} \geq 1 + \dfrac{0.7}{\sqrt{1.0}} = 1.7$。

20. 正确答案是 D，解答如下：

由《门规》9.4.4 条：

拉条左侧处（或右侧处）为最大剪力值 $V_{x',\max}$

$$V_{x',\max} = 0.625q \cdot \frac{l}{2} = 0.625 \times 1.3 \times 0.50 \times \frac{4.5}{2}$$
$$= 0.914\text{kN}$$

$$\frac{3V_{x',\max}}{4b_0 t} = \frac{3 \times 0.914 \times 10^3}{4 \times (60 - 2.5 \times 2.5 \times 2) \times 2.5} = 5.77\text{N/mm}^2$$

21. 正确答案是 A，解答如下：

根据《砌规》5.1.3 条：

房屋楼盖为第 1 类，最大横墙间距 $s = 7.2\text{m} < 32\text{m}$，查《砌规》表 4.2.1，属于刚性方案。

$H = 3\text{m}$，$2H = 6\text{m} > s = 3.6\text{m} > H = 3\text{m}$，则：

$$H_0 = 0.4s + 0.2H = 0.4 \times 3.6 + 0.2 \times 3 = 2.04\text{m}$$

$$\beta = \frac{H_0}{h} = \frac{2040}{240} = 8.5$$

根据《砌规》6.1.1 条、6.1.4 条：

窗洞口宽度 $1500\text{mm} > \dfrac{1}{5} \times 3000 = 600\text{mm}$，则：

$$\mu_2 = 1 - 0.4\frac{b_s}{s} = 1 - 0.4 \times \frac{1.8}{3.6} = 0.8 > 0.7$$

$$\mu_1 \mu_2 [\beta] = 1.0 \times 0.8 \times 26 = 20.8 > 8.5$$

22. 正确答案是 B，解答如下：

根据《抗规》7.2.3 条：

①轴线墙体：$h/b = 3/14.64 = 0.20 < 1.0$，只计算剪切变形，则：

$$K = \frac{EA}{3h} = \frac{Et \cdot 14640}{3 \times 3000} = 1.627Et$$

②轴线墙体：$h/b = 3/6.24 = 0.48 < 1.0$，只计算剪切变形，则：

$$K = \frac{EA}{3h} = \frac{Et \cdot 6240}{3 \times 3000} = 0.693Et$$

Q1 墙段分担的地震剪力标准值为：

$$V_{Q1k} = \frac{0.41Et}{(2 \times 1.627 + 6 \times 0.693 + 0.41)Et} \times 1700 = 89 \text{kN}$$

23. 正确答案是 A，解答如下：

查《砌规》表 3.2.1-1，取 $f = 2.31 \text{MPa}$。

$A = 0.37 \times 0.49 = 0.1813 \text{m}^2 < 0.3 \text{m}^2$，根据《砌规》3.2.3 条：

$$\gamma_a = 0.1813 + 0.7 = 0.8813$$
$$f = 2.31 \times 0.8813 = 2.04 \text{MPa}$$

根据《砌规》5.1.3 条：

弹性方案、两跨、排架方向，取 $H_0 = 1.25H = 1.25 \times 4.7 = 5.875 \text{m}$

$$\beta = \gamma_\beta \frac{H_0}{h} = 1 \times \frac{5875}{490} = 12.0$$

$e/h = 73/490 = 0.15$，查规范附录表 D.0.1-1，取 $\varphi = 0.51$。

$$\varphi f A = 0.51 \times 2.04 \times 370 \times 490 = 188.6 \text{kN}$$

24. 正确答案是 B，解答如下：

根据《砌规》8.1.2 条：

配筋砌体，$A = 0.37 \times 0.49 = 0.1813 \text{m}^2 < 0.2 \text{m}^2$，则：$\gamma_a = 0.1813 + 0.8 = 0.9813$

$$f = 2.31 \times 0.9813 = 2.267 \text{MPa}$$

$$f_n = f + 2\left(1 - \frac{2e}{y}\right)\rho f_y$$

$$= 2.267 + 2 \times \left(1 - \frac{2 \times 73}{245}\right) \times 0.29\% \times 320 = 3.017 \text{MPa}$$

$$\varphi_n f_n A = \varphi_n \times 3.017 \times 370 \times 490 \times 10^{-3} = 547\varphi_n (\text{kN})$$

25. 正确答案是 A，解答如下：

根据《木标》6.2.7 条、6.2.6 条：

$$R_e = \frac{f_{em}}{f_{es}} = 1$$

$$h_{sIV} = \frac{16}{150}\sqrt{\frac{1.647 \times 1 \times 1 \times 235}{3 \times (1+1) \times 17.73}}$$

$$= 0.203$$

$$h_{IV} = 0.203/1.88 = 0.108$$

$$k_{min} = \min(0.228, 0.125, 0.168, 0.108)$$

$$= 0.108$$

$$Z = 0.108 \times 150 \times 16 \times 17.73$$

$$= 4.6 \text{kN}$$

（下午卷）

26. 正确答案是 C，解答如下：

根据《桩规》5.3.6 条：

$D=d=800\text{mm}$，故取 $\psi_{si}=1.0$，$\psi_p=1.0$。

$$Q_{uk} = u \sum \psi_{si} q_{sik} l_i + \psi_p q_{pk} A_p$$
$$= \pi \times 0.8 \times (1 \times 22 \times 2 + 1 \times 15 \times 2 + 1 \times 47.2 \times 3 + 1 \times 18 \times 20$$
$$+ 1 \times 50 \times 2 + 1 \times 28 \times 2 + 1 \times 22 \times 2.6 + 1 \times 120 \times 5) + 1 \times 4000 \times \frac{\pi}{4} \times 0.8^2$$
$$= 5498.3 \text{kN}$$

由《桩规》5.2.2 条：

$$R_a = \frac{Q_{uk}}{2} = 2749.15 \text{kN}$$

27. 正确答案是 A，解答如下：

根据《地规》附录 Q.0.10 条第 6 款：

总桩数为 2 根，故取最小值（m），$Q_k=5620\text{kN}$，则：

$$R_a = \frac{5620}{2} = 2810 \text{kN}$$

28. 正确答案是 A，解答如下：

根据《桩规》5.1.1 条：

$$F_k + G_k = 4500 + 4.6 \times 1.6 \times 1.6 \times 20 = 4735.52 \text{kN}$$
$$M_k = 1400 + 600 \times 1.2 = 2120 \text{kN} \cdot \text{m}$$
$$Q_{k\max} = \frac{4735.52}{2} + \frac{2120 \times 1.5}{2 \times 1.5^2} = 3074.4 \text{kN}$$

29. 正确答案是 D，解答如下：

根据《桩规》5.9.2 条：

单桩竖向力设计值 $N_1 = \frac{7560}{2} = 3780\text{kN}$

$$M_{\max} = 3780 \times \left(1.5 - \frac{0.6}{2}\right) = 4536 \text{kN} \cdot \text{m}$$

【26～29 题评析】 26 题，本题目 $d=800\text{mm}$，根据《桩规》3.3.1 条第 3 款，属于大直径桩，故应按《桩规》5.3.6 条进行计算。

27 题，柱下承台的桩数 $n \leqslant 3$ 根，应取最小的单桩极限承载力作为 Q_k，再除以 2 得到 R_a 值。

30. 正确答案是 C，解答如下：

根据《地规》表 3.0.1，①、②项地基基础设计等级为甲级。

根据《地规》8.5.13 条，应选（C）项。

31. 正确答案是 B，解答如下：

根据《地规》5.2.4 条：

查《地规》表 5.2.4，取 $\eta_b=0.5$，$\eta_d=2.0$。

由提示可知，$b=\dfrac{2+3.6}{2}=2.8\text{m}<3\text{m}$，故宽度不修正。

$$\gamma_m = \dfrac{17.5\times 0.6+(17.5-10)\times 0.6}{1.2}=12.5\text{kN/m}^3$$

$$f_a = f_{ak}+\eta_d\gamma_m(d-0.5)$$
$$=130+2.0\times 12.5\times(1.2-0.5)$$
$$=147.5\text{kPa}$$

32. 正确答案是 A，解答如下：

$$G_k = 14\times 1.2\times 20-14\times 0.6\times 10=252\text{kN}$$

令梯形重心线右侧为正，左侧为负，则合力对基础重心线的偏心距 e 为：

$$e=\dfrac{F_{bk}\times(2.26-1.5)-F_{ak}\times(2.74-1)}{F_{bk}+F_{ak}+G_k}$$
$$=\dfrac{1202.46\times(2.26-1.5)-525.21\times(2.74-1)}{1202.46+525.21+252}=0$$

33. 正确答案是 B，解答如下：

同 32 题，$G_k=252\text{kN}$；根据《地规》5.2.2 条：

$$M_k=F_{bk}\times(2.26-1.5)-F_{ak}\times(2.74-1)$$
$$=1500\times(2.26-1.5)-400\times(2.74-1)=444\text{kN}\cdot\text{m}$$

$$p_{kmin}=\dfrac{1500+400+352}{14}-\dfrac{444}{10.355}$$
$$=110.84\text{kPa}>0$$

故：$p_{kmax}=\dfrac{1500+400+252}{14}+\dfrac{444}{12.554}=189.08\text{kPa}$

【31～33 题评析】 32 题，偏心距是针对基础底面的重心线而言，若为矩形基础则为矩形基础底面的形心线。

33 题，同 32 题，计算 M_k 值时，一定是对基础底面的重心线。当 $p_{kmin}>0$ 时，上述解答成立；同时，p_{kmin} 对应 W_1，p_{kmax} 对应 W_2，$W_1\neq W_2$。

34. 正确答案是 A，解答如下：

根据《地处规》6.2.2 条：

$$\rho_{dmax}=\dfrac{0.96\times 1\times 2.71}{1+0.01\times 20\times 2.71}=1.687\text{t/m}^3$$

$$\lambda_c=\dfrac{1.52}{1.687}=0.90$$

35. 正确答案是 D，解答如下：

根据《地处规》6.3.3 条，强夯后场地标高尽量接近±0.000，则：

有效加固深度 $\geq 7+1.2=8.3\text{m}$

故选 $E=8000\text{kN}\cdot\text{m}$。

36. 正确答案是 C，解答如下：

根据《桩规》5.3.9 条：

$h_r/d = 1.2/0.8 = 1.5$，查表 5.3.9，$\xi_r = \frac{1}{2} \times (0.95 + 1.18) = 1.065$

后注浆，$1.2 \times 1.065 = 1.278$

$$Q_{rk} = 1.278 \times 8 \times 10^3 \times \frac{\pi}{4} \times 0.8^2 = 5137 \text{kN}$$

37. 正确答案是 C，解答如下：

根据《桩规》5.4.4 条：

填土层：$\sigma'_j = 20 + 18 \times 2 + \frac{1}{2} \times 18 \times 5 = 101 \text{kPa}$

$q_{si}^n = 0.35 \times 101 = 35.35 \text{kPa} < 40 \text{kPa}$，取 $q_{si}^n = 35.35 \text{kPa}$

$$Q_{gk}^n = \pi \times 0.8 \times 35.35 \times 5 = 444 \text{kPa}$$

38. 正确答案是 A，解答如下：

根据《高规》4.2.2 条：

$H > 60$m，按承载力设计时，取 $w_0 = 1.1 \times 0.6 = 0.66 \text{kN/m}^2$。$H = 70$m，粗糙度为 C 类，查《荷规》表 8.2.1，取 $\mu_z = 1.28$。

由《结通规》4.6.5 条，$\beta_z = 1.5 > 1.2$，取 $\beta_z = 1.5$

$$w_k = \beta_z \mu_s \mu_z w_0 = 1.5 \times \mu_s \times 1.28 \times 0.66 = 1.267 \mu_s$$

39. 正确答案是 A，解答如下：

根据《高规》附录 B.0.1 条，取扇形平面的 μ_s，则：

$$F_k = 3.5 \times 1.20 \times [0.9 \times 30 + 2 \times 0.3 \times 10 + 0.6 \times (10 + 30 + 10)]$$
$$= 264.6 \text{kN}$$

40. 正确答案是 C，解答如下：

根据《荷规》8.1.1 条第 2 款：

由 38 题可知，$\mu_z = 1.28$。

由《荷规》表 8.6.1，取 $\beta_{gz} = 1.75$。

由《结通规》4.6.5 条，$\beta_{gz} \geq 1 + \frac{0.7}{\sqrt{1.28}} = 1.61$，且 $1.61 < 1.75$，取 $\beta_{gz} = 1.75$

由《高规》附录 B.0.1 条，取迎风面的 $\mu_s = 0.9$；又由《荷规》8.3.3 条第 3 款，取 $\mu_{s1} = 1.25 \times 0.9 = 1.125$。

围护结构，取 $w_0 = 0.60 \text{kN/m}^2$。

$$w_k = \beta_{gz} \mu_{s1} \mu_z w_0 = 1.75 \times 1.125 \times 1.28 \times 0.60 = 1.512 \text{kN/m}^2$$

【38~40 题评析】 38 题，$H > 60$m，按承载力设计时，取 $1.1 w_0$ 进行计算。

39 题，根据垂直于风向的建筑投影面的宽度进行计算风力。

41. 正确答案是 C，解答如下：

(A) 项：根据《高规》表 3.3.2，$\frac{H}{B} = \frac{72}{14} = 5.14 > 5$，不满足。

(B) 项：根据《高规》表 3.4.3，$l/b = 5/3 = 1.67 > 1.5$，不满足。

(C) 项：根据《高规》表 3.3.2，$\frac{H}{B} = \frac{72}{15} = 4.8 < 5$，满足。

根据《高规》表 3.4.3，$\frac{L}{B} = \frac{50}{15} = 3.3 < 5$，$\frac{l}{B} = \frac{5}{6} = 0.83 < 1.5$，$\frac{l}{B_{max}} = \frac{5}{20} = 0.25 <$

0.30，也满足。

(D) 项：根据《高规》3.4.3 条第 4 款，不宜采用。

故应选（C）项。

42. 正确答案是 C，解答如下：

根据《高规》4.3.7、4.3.8 条：

$\alpha_{\max}=0.72$；$T_g=0.35s$，罕遇地震，$T_g=0.35+0.05=0.40s$

$$T_1=0.7\times1.0=0.70s$$

又由 $T_g<T_1=0.70s<5T_g$，则：

$$\alpha_1=\left(\frac{T_g}{T_1}\right)^\gamma \eta_2 \alpha_{\max}=\left(\frac{0.40}{0.70}\right)^{0.9}\times1\times0.72=0.435$$

43. 正确答案是 A，解答如下：

根据《高规》3.7.5 条：$\Delta u_p \leqslant [\theta_p]h=\frac{1}{50}\times6000$

又由《高规》5.5.3 条：$\Delta u_p=\eta_p \Delta u_e$

当 $\xi_{y1}\geqslant 0.8\xi_{y2}$ 时，$\eta_p=\frac{1}{2}\times(1.8+2)=1.9$

当 $\xi_{y1}\leqslant 0.5\xi_{y2}$ 时，$\eta_p=1.5\times\frac{1}{2}\times(1.8+2)=2.85$

故当 $\xi_{y1}\leqslant 0.55\xi_{y2}$ 时，内插求得：

$$\eta_p=2.85-\frac{0.55-0.5}{0.8-0.5}\times(2.85-1.9)=2.692$$

$$2.69\Delta u_e \leqslant \frac{1}{50}\times6000$$

则：$\Delta u_e \leqslant 44.6mm$

44. 正确答案是 C，解答如下：

根据《高规》5.4.1 条、5.4.2 条、5.4.3 条：

$$F_{11}=\frac{1}{1-\sum_{j=1}^{10}G_j/(D_1h_1)}=\frac{1}{1-\frac{1}{15}}=1.07$$

即：$\Delta u'_p / \Delta u_p = 1.07$

45. 正确答案是 D，解答如下：

$H=50m<60m$，故风荷载不参与地震组合。

根据《高规》5.2.3 条，及《抗震通规》4.3.2 条：

$$M_B=-[1.3\times(85+0.5\times34)\times90\%+1.4\times48]=-187kN\cdot m$$

46. 正确答案是 D，解答如下：

A 级高度、丙类建筑，由《高规》8.1.3 条：

$$\frac{M_f}{M_\text{总}}=\frac{2.2\times10^5-9.9\times10^4}{2.2\times10^5}=55\% \begin{matrix}<80\%\\>50\%\end{matrix}$$

故框架部分的抗震等级和轴压比限值按框架结构。

查《高规》表 3.9.3，框架的抗震等级为一级。

查《高规》表6.4.2，框架，$[\mu_N]=0.65$。

$$A \geq \frac{N}{f_c[\mu_N]} = \frac{3300 \times 10^3}{19.1 \times 0.65} = 265807 \text{mm}^2$$

(D)项，$500 \times 550 = 275000 \text{mm}^2$，满足。

47. 正确答案是C，解答如下：

由46题可知，$[\mu_N]=0.65$

$$\mu_N = \frac{N}{f_c A} = \frac{2500 \times 10^3}{19.1 \times 400 \times 450} = 0.73 > 0.65$$

根据《高规》表6.4.2及注4、5的规定：

采用注4的井字复合箍方式，轴压比限值$=0.65+0.1=0.75$，满足。

由$\mu_N=0.75$，一级，按框架结构，复合箍，查《高规》表6.4.7，取$\lambda_v = \frac{1}{2} \times (0.17 + 0.20) = 0.185$

故应选（C）项。

【45～47题评析】 47题，针对提高轴压比的措施（《高规》）表6.4.2注4、5），及其采用的λ_v值，详见图集《混凝土结构剪力墙边缘构件和框架柱构造钢筋选用》14G330-1、14G330-2。

48. 正确答案是D，解答如下：

根据《高规》12.1.7条：

$\frac{H}{B} = \frac{80+15}{20} = 4.75 > 4$，故$p_{kmin} \geq 0$，则：

$$p_{kmin} = \frac{N_k}{A} - \frac{M_k}{W} \geq 0$$

$$p_{kmin} = \frac{210000}{30 \times 20} - \frac{M_k}{\frac{1}{6} \times 30 \times 20^2} \geq 0$$

解之得：$M_k \leq 7.0 \times 10^5 \text{kN} \cdot \text{m}$

49. 正确答案是C，解答如下：

根据《高规》3.5.2条第1款，(C)项正确，应选（C）项。

【49题评析】 根据《高规》5.4.4条条文说明，(A)项错误。

根据《高规》5.4.1条，(B)项错误。

根据《高规》3.4.5条条文说明，(D)项错误。

50. 正确答案是C，解答如下：

根据《高钢规》8.5.2条、表4.2.1：

$$W_b = 2 \times \left(200 \times 16 \times 242 + 234 \times 10 \times \frac{234}{2}\right) = 2096360 \text{mm}^3$$

由题目提示，则$M_j = 0.5 W_b f_y$

$$M_w \geq \psi \frac{I_w}{I_0} \cdot 0.5 W_b f_y = 0.4 \times \frac{8542 \times 10^4}{8542 \times 10^4 + 37481 \times 10^4} \times 0.5 \times 2096360 \times 235$$

$$= 18.3 \text{kN} \cdot \text{m}$$

实战训练试题（二）解答与评析

（上午卷）

1. 正确答案是 B，解答如下：

根据《混规》11.4.17 条：

查规范表，取 $\lambda_v=0.13$；又 C30＜C35，故取 $f_c=16.7\text{N/mm}^2$。

$$[f_v]=\lambda_v\frac{f_c}{f_{yv}}=0.13\times\frac{16.7}{300}=0.72\%＞0.6\%$$

假定选用 $\Phi 8@80$，则：

$$f_v=\frac{(800-2\times30+2\times8/2)\times9\times50.3}{(800-2\times30)^2\times80}=0.773\%＞0.72\%，满足。$$

故选用 $\Phi 8@80$，选（B）项。

2. 正确答案是 B，解答如下：

根据《混规》表 11.4.12-1 及注 2：

角柱：
$$\rho_{\min}=(0.9+0.05)\%=0.95\%$$
$$A_{s\min}=0.95\%\times800\times800=6080\text{mm}^2$$

【1、2 题评析】 本题目柱的剪跨比＞2.0。

3. 正确答案是 A，解答如下：

根据《混规》6.4.4 条：

$$A_{cor}=(600-250-2\times30)\times(100-2\times30)=11600\text{mm}^2$$

$$T\leqslant 0.35f_tW_t+1.2\sqrt{\xi}f_{yv}\frac{A_{st1}A_{cor}}{s}$$

$$1.6\times10^6\leqslant 0.35\times1.57\times1.75\times10^6+1.2\times\sqrt{1.0}\times270\times\frac{A_{st1}\times11600}{100}$$

则：$A_{st1}\geqslant 17.0\text{mm}^2$

4. 正确答案是 C，解答如下：

根据《混规》式（6.4.8-4）、式（6.4.8-5）：

$$\beta_t=1.1＞1.0，故取\beta_t=1.0；h_0=550-35=515\text{mm}。$$

$$V\leqslant(1.5-\beta_t)\times\frac{1.75}{\lambda+1}f_tbh_0+f_{yv}\frac{A_{sv}}{s}h_0$$

$$106.2\times10^3\leqslant(1.5-1.0)\times\frac{1.75}{2.4+1}\times1.57\times250\times515+270\times\frac{A_{sv}}{100}\times515$$

则：$A_{sv}\geqslant 39\text{mm}^2$

采用双肢箍，故剪扭计算时，单肢箍筋截面面积$\geqslant\frac{39}{2}+22.5=42\text{mm}^2$

【3、4 题评析】 4 题，本题目为双肢箍，可按上述解答，即：当间距均为 s 时，单肢

截面面积 A_{sv1} 为：

$$\frac{A_{sv1}}{s} \geqslant \left(\frac{A_{sv}}{2s}\right)_{计算} + \left(\frac{A_{st1}}{s}\right)_{计算}, 或者 A_{sv1} \geqslant \left(\frac{A_{sv}}{2}\right)_{计算} + (A_{st1})_{计算}$$

当题目条件为 3 肢箍及 3 肢箍以上时，不能按上述解答，这是因为：《混规》9.2.10 条规定，位于截面内部的箍筋不应计入受扭所需的箍筋面积。此时，应分别按：①受扭所需的箍筋面积；②受剪扭所需的总箍筋面积进行计算，即：

$$A_{st1,实配} \geqslant \left(\frac{A_{st1}}{s_1}\right)_{计算} \cdot s$$

$$A_{sv,总实配} \geqslant \left(\frac{A_{sv}}{s_2}\right)_{计算} \cdot s + \left(\frac{A_{st1}}{s_1}\right)_{计算} \cdot s$$

式中，s_1 为受扭箍筋计算间距；s_2 为受剪箍筋计算间距；s 为剪扭箍筋实际间距。

5. 正确答案是 D，解答如下：

根据《结通规》3.1.13 条：

$$V_{BC} = (1.3 \times 35 + 1.5 \times 35) \times 2.5 = 245 \text{kN}$$

根据《混规》6.3.4 条：

$$245 \times 10^3 \leqslant 0.7 \times 1.71 \times 200 \times 515 + 270 \times \frac{A_{sv}}{150} \times 515$$

则：$A_{sv} \geqslant 131 \text{mm}^2$

6. 正确答案是 C，解答如下：

根据《混规》7.1.2 条：

查《混规》表 4.2.5，取 $E_s = 2.0 \times 10^5 \text{N/mm}^2$。

查《混规》表 7.1.2-1，取 $\alpha_{cr} = 1.9$。

$$w_{max} = 1.9 \times 0.726 \times \frac{246}{2 \times 10^5} \left(1.9 \times 30 + 0.08 \times \frac{20}{0.019}\right) = 0.240 \text{mm}$$

7. 正确答案是 B，解答如下：

$h_0 = 550 - 40 = 510 \text{mm}$，$x = \xi h_0 = 0.166 \times 510 = 84.7 \text{mm} > 2a'_s$

$\xi < \xi_b = 0.518$，根据《混规》6.2.10 条：

$$A_s = \frac{\alpha_1 f_c bx + f'_y A'_s}{f_y}$$

$$= \frac{1 \times 19.1 \times 200 \times 84.7 + 360 \times 509}{360} = 1407.8 \text{mm}^2$$

8. 正确答案是 B，解答如下：

预应力混凝土，根据《混规》7.2.2 条、7.2.5 条：

$$\theta = 2.0$$

根据《荷规》表 5.1.1，取 $\psi_q = 0.5$。

$$M_k = \frac{1}{2} \times (32 + 36) \times 2.5^2 = 212.5 \text{kN} \cdot \text{m}$$

$$M_q = \frac{1}{2} \times (32 + 0.5 \times 36) \times 2.5^2 = 156.25 \text{kN} \cdot \text{m}$$

$$B = \frac{212.5}{156.25 \times (2-1) + 212.5} \times 5.2 \times 10^{13} = 3.00 \times 10^{13} \text{N} \cdot \text{mm}^2$$

9. 正确答案是 B，解答如下：

根据《混规》8.3.2 条第 4 款，(B) 项是错误的，故选 (B) 项。

10. 正确答案是 A，解答如下：

根据《混规》11.4.7 条：

$N = 1100 \text{kN} < 0.3 f_{ck} A = 1252 \text{kN}$，取 $N = 1100 \text{kN}$

$\lambda = 4.2 > 3$，取 $\lambda = 3$

$$V_0 = \frac{1.05}{\lambda+1} f_{tk} b h_0 + f_{yvk} \frac{A_{sv}}{s} h_0 + 0.056N$$

$$= \frac{1.05}{3+1} \times 1.78 \times 500 \times 450 + 235 \times \frac{2 \times 50.3}{100} \times 450 + 0.056 \times 1100 \times 10^3$$

$$= 273116 \text{N}$$

由《抗加规》6.3.5 条：

$$312 \times 10^3 \leqslant 273116 + 0.7 \times 235 \times \frac{2A_{al}}{200} \times 500$$

可得：$A_{al} \geqslant 47 \text{mm}^2$

选用 40×2：$A_{al} = 40 \times 2 = 80 \text{mm}^2$，满足。

故选 (A) 项。

11. 正确答案是 A，解答如下：

根据《结通规》3.1.13 条：

其楼面均布面荷载设计值 $q_{面}$：

$q_{面} = 1.3 \times 2 + 1.5 \times 2.5 = 6.35 \text{kN/m}^2$

为便于理解，绘出钢铺板的力学分析简图，如图 2-1J 所示。

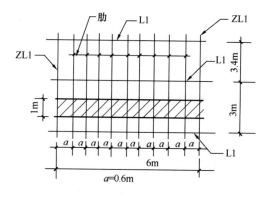

图 2-1J

取板宽度 $b = 1\text{m}$，如图中阴影部分，则：

$$q = q_{线} = 1 \times q_{面} = 1 \times 6.35 = 6.35 \text{kN/m}$$

$$M = 0.1qa^2 = 0.1 \times 6.35 \times 0.6^2 = 0.2286 \text{kN} \cdot \text{m}$$

根据《钢标》6.1.1 条，由已知条件：$\gamma_x = 1.0$，则：

$$\frac{M}{\gamma_x W_{nx}} \leqslant f，即：$$

$$\frac{M}{\gamma_x \cdot \frac{1}{6} bt^2} \leqslant f$$

解之得：$t \geqslant \sqrt{\frac{6M}{\gamma_x b f}} = \sqrt{\frac{6 \times 0.2286 \times 10^6}{1 \times 1000 \times 215}} = 2.5 \text{mm}$

12. 正确答案是 B，解答如下：

根据《钢标》3.1.5 条，按荷载标准组合计算，则：

$$q_{面k} = 2 + 2.5 = 4.5 \text{kN/m}^2 = 4.5 \times 10^{-3} \text{N/mm}^2$$

取板宽为 1mm，则：

$$q_k = q_{线k} = 1 \times 4.5 \times 10^{-3} = 4.5 \times 10^{-3} \text{N/mm}$$

$$\frac{w}{l} = \frac{0.11 \frac{q_k a^4}{Et^3}}{a} \leqslant \frac{1}{150}, 则:$$

$$t \geqslant \sqrt[3]{\frac{150 \times 0.11 q_k a^3}{E}} = \sqrt[3]{\frac{150 \times 0.11 \times 4.5 \times 10^{-3} \times 600^3}{206 \times 10^3}} = 4.3 \text{mm}$$

13. 正确答案是 D，解答如下：

根据《结通规》3.1.13 条：

次梁 L1：$q_{线} = (1.3 \times 2 + 1.5 \times 2.5) \times \frac{(3.3+3.4)}{2} = 21.3 \text{kN/m}$

$$M = \frac{1}{8} q_{线} l^2 = \frac{1}{8} \times 21.3 \times 6^2 = 95.85 \text{kN} \cdot \text{m}$$

根据《钢标》6.1.1 条、6.1.2 条：

$$\frac{b}{t} = \frac{(175-4.5)/2}{6} = 14.2 > 13\varepsilon_k = 13, 且 < 15\varepsilon_k = 15$$

$$\frac{h_0}{t_w} = \frac{350 - 2 \times 6}{4.5} = 75 < 93\varepsilon_k = 93$$

截面等级为 S4 级，取 $\gamma_x = 1.0$，按全截面计算。

$$\frac{M}{\gamma_x W_{nx}} = \frac{95.85 \times 10^6}{1.0 \times 437.8 \times 10^3} = 219 \text{N/mm}^2$$

14. 正确答案是 B，解答如下：

根据《钢标》11.4.2 条：

$$N_v^b = 0.9 k n_f \mu P = 0.9 \times 1 \times 1 \times 0.40 \times 100 = 36 \text{kN}$$

螺栓数：$n = \frac{1.3V}{N_v^b} = \frac{1.3 \times 75}{36} = 2.7$，故取 3 个。

15. 正确答案是 B，解答如下：

根据《钢标》11.4.3 条、11.4.1 条：

$$N_v^b = n_v A_e f_v^b = 1 \times 156.7 \times 310 = 48.577 \text{kN}$$

$$N_c^b = d \cdot \Sigma t \cdot f_c^b = 16 \times 4.5 \times 470 = 33.84 \text{kN}$$

取上述小值，$N_{v\min}^b = 33.84 \text{kN}$

螺栓数：$n = \frac{1.3 \times 75}{33.84} = 2.9$ 个，故取 3 个。

16. 正确答案是 B，解答如下：

为使跨中弯矩最大，则活荷载中 2 个 P_1 不参与荷载组合。

支座反力 R_A 为：
$$R_A = G_1 + 2G_2 + 2P_2 = 27.4 + 2 \times 51.1 + 2 \times 70.4 = 270.4 \text{kN}$$

跨中最大弯矩值 $M_{中}$：
$$M_{中} = 270.4 \times (3.3 + 1.7) - 27.4 \times (3.4 + 3.3 + 1.7) - (70.4 + 51.1)$$
$$\times (3.3 + 1.7) - (70.4 + 51.1) \times 1.7$$
$$= 307.79 \text{kN} \cdot \text{m}$$

由《钢标》6.1.1 条、6.1.2 条：

截面等级满足 S3 级，取 $\gamma_x = 1.05$。

$$\frac{M}{\gamma_x W_{nx}} = \frac{307.79 \times 10^6}{1.05 \times 1510 \times 10^3} = 194 \text{N/mm}^2$$

17. 正确答案是 C，解答如下：
根据《钢标》附录表 E.0.2：
$K_1 = 0$，$K_2 = 10$，取 $\mu = 2.03$。

$$\lambda = \frac{l_0}{i} = \frac{\mu l}{i} = \frac{2.03 \times (3000 + 150)}{66.8} = 95.7$$

a 类截面，查附录表 D.0.1，取 $\varphi = 0.670$。

$$\frac{N}{\varphi A} = \frac{320 \times 10^3}{0.670 \times 2969} = 160.9 \text{N/mm}^2$$

18. 正确答案是 C，解答如下：
根据《门规》附录 A 规定：

$$K = \frac{1.233 \times 10^5 E}{\frac{6 \times 5.1645 \times 10^8 E}{7500}} \cdot \left(\frac{5.1645}{0.7773}\right)^{0.29}$$

$$= 0.517$$

$$\mu = 2 \times \left(\frac{5.1645}{0.773}\right)^{0.145} \cdot \sqrt{1 + \frac{0.38}{0.517}}$$

$$= 3.47$$

$$l_{0x} = 3.47 \times 7.5 = 26.025 \text{m}$$

19. 正确答案是 B，解答如下：
根据《门规》7.1.1 条：

$$\alpha = 3,\ \omega_1 = 0.41 - 0.897 \times 3 + 0.363 \times 3^2 - 0.041 \times 3^2$$

$$= -0.121$$

$$\gamma_p = \frac{684}{588 - 2 \times 8} - 1 = 0.196$$

$$\eta_s = 1 - (-0.121)\sqrt{0.196} = 1.05$$

$$k_\tau = 1.05 \times \left(5.34 + \frac{4}{3^2}\right) = 6.07$$

$$\lambda_s = \frac{684/5}{37\sqrt{6.07}\sqrt{235/235}} = 1.50$$

$$\varphi_{ps} = \frac{1}{(0.51 + 1.05^{3.2})^{1/2.6}} = 0.577$$

$$V_d = 0.85 \times 0.577 \times 684 \times 5 \times 125 = 209.7 \text{kN} < 358 \text{kN}$$

故取 $V_d = 209.7 \text{kN}$。

20. 正确答案是 C，解答如下：
根据《门规》7.1.1 条：

$$k_\sigma = \frac{16}{\sqrt{(1-0.74)^2 + 0.112 \times (1+0.74)^2} + (1-0.74)} = 17.82$$

$$\lambda_p = \frac{684/5}{28.1\sqrt{17.82} \cdot \sqrt{\frac{235}{1.1 \times 91.55}}} = 0.75$$

$$\rho = \frac{1}{(0.243+0.75^{1.25})^{0.9}} = 1.06 > 1.0$$

故 $\rho=1$，即全截面有效。

由 7.1.2 条：

$V=30\text{kN}<0.5V_d=0.5\times200=100\text{kN}$，则：

$$\frac{N}{A_e} + \frac{M}{W_e} = \frac{80\times10^3}{6620} + \frac{120\times10^6}{1.4756\times10^6} = 93.4\text{N/mm}^2$$

21. 正确答案是 C，解答如下：

根据《砌规》6.1.1 条及表 6.1.1 注 3：

承重墙，取 $\mu_1=1.0$；$[\beta]=14$

由《砌规》6.1.4 条：

窗洞口高度 $900\text{mm} \leqslant \frac{H}{5} = \frac{4500}{5} = 900\text{mm}$，故取 $\mu_2=1.0$。

故：$\mu_1\mu_2[\beta] = 1.0\times1.0\times14 = 14$

22. 正确答案是 B，解答如下：

根据《砌规》6.1.2 条：

$$\frac{b_c}{l} = \frac{240}{2800} = 0.0857 \begin{matrix}<0.25\\>0.05\end{matrix}，则：$$

$$\mu_c = 1+\gamma\frac{b_c}{l} = 1+1.5\times0.0857 = 1.129$$

由《砌规》表 6.1.1，取 $[\beta]=26$，则：

$\mu_1\mu_2\mu_c[\beta] = 1.0\times1.0\times1.129\times26 = 29.35$

23. 正确答案是 B，解答如下：

根据《抗规》5.2.1 条、5.1.4 条：

$$\alpha_1 = \alpha_{\max} = 0.08$$

$$\begin{aligned}F_{Ek} &= \alpha_1 G_{eq} = 0.08\times0.85\times(4900+4500+4500+3400)\\&=1176.4\text{kN}\end{aligned}$$

24. 正确答案是 D，解答如下：

根据《砌规》3.2.1 条，取 $f=1.69\text{N/mm}^2$。

$A=1.2\times0.37=0.444\text{m}^2>0.3\text{m}^2$，故 f 不调整。

根据《砌规》5.2.4 条、5.2.2 条：

$$a_0 = 10\sqrt{\frac{h_c}{f}} = 10\sqrt{\frac{600}{1.69}} = 188\text{mm} < 240\text{mm}$$

$$A_l = 188\times250, A_0 = 370\times(370\times2+250) = 370\times990$$

$$\gamma = 1+0.35\sqrt{\frac{A_0}{A_l}-1} = 1+0.35\sqrt{\frac{370\times990}{188\times250}-1} = 1.91 < 2$$

$$N_u = \eta\gamma f A_l = 0.7\times1.91\times1.69\times188\times250 = 106.2\text{kN}$$

【24 题评析】 应复核梁端有效支承长度 $a_0 < a_{实}$ 时，同时，应注意 A_0 中 $370\times2+250=990\text{mm}<1200\text{mm}$。

25. 正确答案是 D，解答如下：

根据《木标》4.3.1 条，取 $f_c = 12\text{N/mm}^2$。

由《木标》表 4.3.9-1 和表 4.3.9-2，取 f_c 的调整系数分别为：0.9 和 1.05。

有螺栓孔，故不考虑强度设计值的提高系数 1.15。

$$f_c = 0.9 \times 1.05 \times 12 = 11.34 \text{N/mm}^2$$

由《木标》5.1.3 条、5.1.4 条、5.1.5 条：

$$A_0 = A = \frac{\pi}{4} \times 210^2 = 34636 \text{mm}^2$$

$$i = \frac{d}{4} = \frac{210}{4} = 52.5 \text{mm}, \lambda = \frac{l_0}{i} = \frac{4000}{52.5} = 76.2$$

$\lambda_c = 4.13\sqrt{1 \times 330} = 75 < \lambda$，则：

$$\varphi = \frac{0.92\pi^2 \times 1 \times 330}{76.2^2} = 0.52$$

$\gamma_0 N \leqslant \varphi A_0 f_c$，则：

$$N \leqslant \frac{\varphi A_0 f_c}{\gamma_0} = \frac{0.52 \times 34636 \times 11.34}{1.0} = 204 \text{kN}$$

【25题评析】 本题目求外部作用产生的荷载组合的效应设计值，故应考虑 γ_0 值。

（下午卷）

26. 正确答案是 D，解答如下：

根据《地规》5.2.2 条：

$$e = 0.26 > \frac{b}{6}, \text{则：}$$

$$p_{k\max} = \frac{2(F_k + G_k)}{3la} = \frac{2 \times (500 + 100)}{3 \times 2 \times 1} = 200 \text{kPa}$$

27. 正确答案是 A，解答如下：

根据《地规》5.2.2 条及规范图 5.2.2，则：

$$a = \frac{b}{2} - e, e = 0.2b, \text{即}: a = 0.3b$$

$$b = \frac{a}{0.3} = 3.33 \text{m}$$

28. 正确答案是 D，解答如下：

$$N_{ik} = \frac{F_k + G_k}{n} + \frac{M_{yk} x_i}{\sum x_i^2}$$

$$= \frac{10000 + 3 \times 6 \times 6 \times 20}{9} + \frac{1200 \times 2}{6 \times 2^2} = 1451 \text{kN}$$

29. 正确答案是 C，解答如下：

根据《桩规》5.9.7 条：

$$F_l = F - \sum Q_i = 13000 - 1 \times \frac{13000}{9} = 11556 \text{kN}$$

30. 正确答案是 D，解答如下：

根据《桩规》5.9.2 条：

由题目图示可知，1-1 剖面中最右端 3 根桩反力最大。

$$N_{右} = \frac{F}{n} + \frac{M_y x_i}{\sum x_i^2} = \frac{13000}{9} + \frac{1560 \times 2}{6 \times 2^2} = 1574.4 \text{kN}$$

$$M_y = 3N_{右} \cdot x_i = 3 \times 1574.4 \times \left(2 - \frac{0.8}{2}\right) = 7557 \text{kN} \cdot \text{m}$$

【28~30 题评析】 28 题、30 题，M_{yk} 代表绕 y-y 轴的力矩，故求 N_i 或 $N_{右}$ 时，采用对应的 x_i 值。

29 题，本题目冲切破坏锥体内的桩数为 1 根，故 $\sum Q_i = 1 \times \frac{13000}{9}$。

31. 正确答案是 B，解答如下：

$$s = \psi_{sp} \frac{\Delta p_1}{E_{sp}} \cdot h_1 = 0.6 \times \frac{\frac{1}{2} \times (100 + 50)}{18 \times 10^3} \times 12 \times 10^3 = 30 \text{mm}$$

32. 正确答案是 B，解答如下：

根据《抗规》4.4.3 条第 2 款，(B) 项错误，应选 (B) 项。

【32 题评析】 根据《抗规》4.4.3 条，(A)、(C)、(D) 项正确。

33. 正确答案是 D，解答如下：

根据《地规》5.2.7 条：

$z/b = 2/10 = 0.20 < 0.25$，查规范表 5.2.7，取 $\theta = 0°$，则：

$$p_z = p_k - p_c = p_k - 10 \times 3$$

由规范式 (5.2.7-1)：$p_z + p_{cz} \leq f_{az} = 130$

$$p_k - 10 \times 3 + [10 \times 3 + (18 - 10) \times 2] \leq 130$$

故：$p_k \leq 114 \text{kPa}$。

34. 正确答案是 B，解答如下：

根据《地规》Q.0.10 条：

$$\bar{Q}_{uk} = \frac{3400 + 3700 + 3800}{3} = 3633 \text{kN}$$

$$3800 - 3400 = 400 \text{kN} < 3633 \times 30\% = 1090 \text{kN}$$

则：$R_a = \frac{\bar{Q}_{uk}}{2} = 1816.5 \text{kN}$

由《桩规》5.2.5 条：

$$R = 1816.5 + 0.13 \times 130 \times \frac{6.72 \times 6 - 8 \times \frac{\pi}{4} \times 0.6^2}{8} = 1897 \text{kN}$$

35. 正确答案是 B，解答如下：

根据《桩规》5.5.9 条：

$$n_b = \sqrt{8 \times \frac{6}{6.72}} = 2.67$$

$$\psi_e = 0.041 + \frac{2.67 - 1}{1.66 \times (2.67 - 1) + 10.14} = 0.170$$

$$s_a/d = \sqrt{6.72 \times 6} \times \frac{1}{\sqrt{8} \times 0.6} = 3.74$$

36. 正确答案是 B，解答如下：

根据《桩规》5.1.1 条：

按 7 桩设计时，如图 2-2J 所示，确定新的形心轴位置：

$$x = \frac{2A_1 \times 2.76 + 3A_1 \times 5.52}{7A_1} = 3.15\text{m}。$$

由提示，则：$G_k = 6.72 \times 6 \times 3 \times 20 = 2419.2\text{kN}$

$$N_{k\max} = \frac{10500 + 2419.2}{7}$$
$$+ \frac{360 + 10500 \times 0.39}{2 \times 3.15^2 + 2 \times 0.39^2 + 2 \times 2.37^2}$$
$$= 1845.6 + 141.96 = 1987.6\text{kN}$$

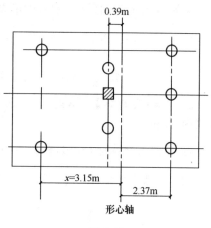

图 2-2J

【36 题评析】 假定无提示，考虑承台及其覆土的偏心，则：

$$N_{k\max} = \frac{10500 + 2419.2}{7} + \frac{360 + (10500 + 2419.2) \times 0.39}{2 \times 3.15^2 + 2 \times 0.39^2 + 2 \times 2.37^2}$$
$$= 1845.6 + 172.02 = 2017.6\text{kN}$$

37. 正确答案是 C，解答如下：

根据《桩规》3.3.3 条：

PHC 桩，饱和黏土，最小中心距为 $3.5d = 3.5 \times 0.6 = 2.1\text{m}$

(C) 项，补桩距中心轴上的桩的距离 s 为：

$s = \sqrt{1.3^2 + 1.2^2} = 1.77\text{m} < 2.1\text{m}$，不满足，选（C）项。

38. 正确答案是 C，解答如下：

(1) 主楼、丙类、7 度、I_1 类均地，根据《高规》3.9.1 条，按 6 度确定抗震措施。

$\frac{M_f}{M_{总}} > 50\%$，且 $< 80\%$，由《高规》8.1.3 条，框架部分按框架结构确定抗震等级；6 度、框架结构，查《高规》表 3.9.3，取框架抗震等级为三级。

(2) 裙楼、丙类、7 度、I_1 类场地，$H = 15\text{m}$，不属于高层建筑，根据《抗规》3.3.2 条，按 6 度确定抗震措施；查《抗规》表 6.1.2，裙楼框架抗震等级为四级。

(3) 由《高规》3.9.6 条，裙楼跨度为 3 跨，故属于主楼的相关范围，所以裙楼框架抗震等级取主楼框架抗震等级即取为三级；由《高规》3.9.5 条，裙楼地下一层框架的抗震等级为三级。

【38 题评析】 区分主楼、裙楼、主楼的相关范围的抗震等级。

本题目中，裙楼为多层建筑，故应按《抗规》进行解答。

39. 正确答案是 C，解答如下：

根据《抗规》3.6.3 条，(C) 项错误，应选（C）项。

【39 题评析】 根据《抗规》5.5.2 条，(A) 项正确。

根据《高规》5.5.1 条、4.3.5 条、(B) 项正确。

根据《高规》5.5.2条，(D)项正确。

40. 正确答案是 C，解答如下：

根据《高规》4.3.2条、4.3.10条：

$$M_{xk} = \sqrt{90^2 + (0.85 \times 70)^2} = 107.9 \text{kN} \cdot \text{m}$$

$$M_{xk} = \sqrt{70^2 + (0.85 \times 90)^2} = 103.7 \text{kN} \cdot \text{m}$$

取上述较大值，$M_{xk} = 107.9 \text{kN} \cdot \text{m}$

41. 正确答案是 C，解答如下：

根据《高规》4.2.2条，$H = 74.4\text{m} > 60\text{m}$，取 $w_0 = 1.1 \times 0.40 = 0.44 \text{kN/m}^2$

根据《荷规》8.4.4条：

C 类粗糙度，$k_w = 0.54$

$$x_1 = \frac{30 f_1}{\sqrt{k_w w_0}} = \frac{30 \times \frac{1}{1.5}}{\sqrt{0.54 \times 0.44}} = 41.03 > 5$$

$$R = \sqrt{\frac{\pi}{6\xi_1} \cdot \frac{x_1^2}{(1+x_1^2)^{4/3}}} = \sqrt{\frac{\pi}{6 \times 0.05} \cdot \frac{41.03^2}{(1+41.03^2)^{4/3}}} = 0.938$$

由提示，$B_z = 0.45$，则：

$$\beta_z = 1 + 2g I_{10} B_z \sqrt{1+R^2} = 1 + 2 \times 2.5 \times 0.23 \times 0.45 \sqrt{1+0.938^2} = 1.71$$

由《结通规》4.6.5条，$1.71 > 1.2$，故取 $\beta_z = 1.71$。

42. 正确答案是 D，解答如下：

(1) 无地震作用组合时：

由《结通规》3.1.13条：

$M = -[1.3 \times 40 + 1.5 \times 16 + 1.5 \times 0.6 \times 10] = -85 \text{kN} \cdot \text{m}$

(2) 有地震作用组合时，由《抗震通规》4.3.2条：

$M_E = -[1.3 \times (40 + 0.5 \times 16) + 1.4 \times 22 + 0.2 \times 1.5 \times 10] = -96.2 \text{kN} \cdot \text{m}$

配筋计算时，应考虑 γ_{RE}，由《高规》表3.8.2，取 $\gamma_{RE} = 0.75$，则：$\gamma_{RE} M_E = 0.75 \times (-96.2) = -72.15 \text{kN} \cdot \text{m}$

故最终配筋由非抗震设计控制，故 $M = -85 \text{kN} \cdot \text{m}$。

【40~42题评析】 40题，本题目中的 $M_{xxk} = 90 \text{kN} \cdot \text{m}$，$M_{xyk} = 70 \text{kN} \cdot \text{m}$，是不考虑偶然偏心时单向水平地震作用下的内力值，依据《高规》4.3.3条条文说明、4.3.10条。

43. 正确答案是 B，解答如下：

根据《高规》5.4.1条条文说明：

$$u = \frac{11qH^4}{120EJ_d} = \frac{11 \times 100 \times 93^4}{120 \times 5.485 \times 10^9} = 0.125 \text{m}$$

由《高规》5.4.3条：

$$\sum_{i=1}^{28} G_i = 27 \times 10000 + 7000 = 277000 \text{kN}$$

$$F_1 = \frac{1}{1 - 0.14 H^2 \sum_{i=1}^{28} G_i / (EJ_d)} = \frac{1}{1 - 0.14 \times 93^2 \times \frac{277000}{5.485 \times 10^9}} = 1.065$$

则：$u' = F_1 \cdot u = 1.065 \times 0.125 = 0.133\text{m} = 133\text{m}$

44. 正确答案是 D，解答如下：

根据《高规》6.2.3 条，

$$V = \eta_{vc} \frac{M_c^t + M_c^b}{H_n} = 1.3 \times \frac{1000 + 1225}{5} = 578.5\text{kN} > 425\text{kN}$$

故取 $V = 578.5\text{kN}$。

45. 正确答案是 B，解答如下：

根据《高规》6.2.8 条：

$\lambda = 4.47 > 3$，故取 $\lambda = 3$；由提示可知，$N = 1905\text{kN} > 0.3 f_c A_c = 1803.6\text{kN}$，故取 $N = 1803.6\text{kN}$。

$$V \leq \frac{1}{\gamma_{RE}} \left(\frac{1.05}{\lambda + 1} f_t b h_0 + f_{yv} \frac{A_{sv}}{s} h_0 + 0.056 N \right)$$

$$545 \times 10^3 \leq \frac{1}{0.85} \left(\frac{1.05}{3+1} \times 1.57 \times 600 \times 560 + 270 \times \frac{A_{sv}}{s} \times 560 + 0.056 \times 1803600 \right)$$

解之得：$A_{sv}/s \geq 1.48\text{mm}^2/\text{mm}$

46. 正确答案是 D，解答如下：

根据《高规》6.2.7 条，由《混规》11.6.2 条：

抗震二级，框架结构，取 $\eta_{jb} = 1.35$；取 $h_b = \frac{800 + 700}{2} = 750\text{mm}$

$$h_{b0} = 750 - 40 = 710\text{mm}$$

$$V_j = \frac{\eta_{jb} \sum M_b}{h_{b0} - a'_s} \left(1 - \frac{h_{b0} - a'_s}{H_c - h_b} \right)$$

$$= \frac{1.35 \times 450 \times 10^6}{710 - 40} \left(1 - \frac{710 - 40}{4500 - 750} \right)$$

$$= 744.7\text{kN}$$

47. 正确答案是 C，解答如下：

根据《高规》5.6 节规定：

$H = 48.3\text{m} < 60\text{m}$，不计风荷载参与地震作用组合。由《抗震通规》4.3.2 条：

$M = -(1.3 \times 70 + 1.4 \times 125) = -266\text{kN} \cdot \text{m}$

由提示，$h_0 = 600 - 40 = 560\text{mm}$，则：

$$A_s = \frac{\gamma_{RE} M}{0.9 f_y h_0} = \frac{0.75 \times 266 \times 10^6}{0.9 \times 360 \times 560} = 1100\text{mm}^2$$

$A_{s,\min} = \rho_{\min} b h = 0.31\% \times 250 \times 600 = 465\text{mm}^2 < 1100\text{mm}^2$

故取 $A_s = 1100\text{mm}^2$。

48. 正确答案是 D，解答如下：

根据《高规》7.1.4 条：

$H_{底} = \max\left(4+4, 48.3 \times \frac{1}{10}\right) = 8\text{m}$，即：底部两层。

题目条件，抗震一级（7 度），$\mu_N = 0.40 > 0.20$，由《高规》7.2.14 条，底部两层及第三层应设置约束边缘构件。

由《高规》7.2.15条表7.2.15注，$\frac{150+250+150}{250}<3$，属于无翼墙。

由一级（7度），$\mu_N=0.32>0.3$，则：

$l_c=\max(0.20h_w, b_w, 400)=\max(0.20\times6000, 250, 400)=1200\text{mm}$

暗柱h_c：$h_c=\max\left(b_w, \frac{l_c}{2}, 400\right)=\max\left(250, \frac{1200}{2}, 400\right)=600\text{mm}$

纵筋截面面积：$A_s\geq 1.2\%\times[6000\times250+(150+150)\times250]=2700\text{mm}^2$

$A_s\geq 1608\text{mm}^2$（8Φ16）

最终取$A_s\geq 2700\text{mm}^2$。

49. 正确答案是C，解答如下：

根据《高规》7.2.21条：

$M_b^l+M_b^r=(-180)+(-240)=-420\text{kN}\cdot\text{m}$

$M_b^l+M_b^r=300+150=450\text{kN}\cdot\text{m}$

故取较大值450kN·m进行计算。

$$V_b=1.2\times\frac{450}{2.6}+120=327.7\text{kN}$$

50. 正确答案是C，解答如下：

根据《高规》7.2.23条：

连梁跨高比$=\frac{2.6}{0.8}=3.25>2.5$，则：

由提示，746.6kN$>V_b=610$kN，取$V=610$kN。

$$V\leq\frac{1}{\gamma_{RE}}(0.42f_tb_bh_{b0}+f_{yv}\frac{A_{sv}}{s}h_{b0})$$

$$610\times10^3\leq\frac{1}{0.85}(0.42\times1.57\times250\times760+270\times\frac{A_{sv}}{s}\times760)$$

解之得：$\frac{A_{sv}}{s}\geq 1.916\text{mm}^2/\text{mm}$

【47~50题评析】 78题，掌握沿墙肢的长度l_c的计算。本题目，计算纵向钢筋截面面积时，应取T形部分全截面。

50题，应复核截面条件，即：$V_b=\frac{1}{\gamma_{RE}}(0.20\beta_cf_cb_bh_{b0})$。

实战训练试题（三）解答与评析

（上午卷）

1. 正确答案是 B，解答如下：

根据《抗规》表 3.4.3-1、表 3.4.3-2 及 3.4.3 条条文说明：$B/B_{max}=\dfrac{2\times 7.2}{4\times 7.2}=0.5>0.3$，属于平面凹凸不规则。

$$\dfrac{K_1}{K_2}=\dfrac{6.39\times 10^5}{9.16\times 10^5}=0.7$$

$$\dfrac{K_1}{(K_2+K_3+K_4)/3}=\dfrac{6.39\times 10^5}{(9.16+8.02+8.01)\times 10^5/3}=0.761<0.8$$

属于侧向刚度不规则，故应选（B）项。

2. 正确答案是 B，解答如下：

丙类建筑，Ⅱ类场地，8 度，房屋高度 $H=5.2+5\times 3.2=21.2$m，查《混规》表 11.1.3，可知，框架抗震等级为二级，轴压比 μ_N：

$$\mu_N=\dfrac{N}{f_cA}=\dfrac{2570\times 10^3}{14.3\times 600\times 600}=0.5$$

查规范表 11.4.17，抗震二级，取 $\lambda_v=0.11$

由《混规》11.4.17 条，f_c 按 C35 进行计算，则：

$$\rho_v\geqslant\dfrac{\lambda_v f_c}{f_{yv}}=\dfrac{0.11\times 16.7}{270}=0.68\%$$

取箍筋间距为 100，假定箍筋直径为 8mm，则：

$$\rho_v=\dfrac{(600-2\times 24)A_{s1}\times 8}{(600-2\times 28)^2\times 100}\geqslant 0.68\%$$

解之得：$A_{s1}\geqslant 46$mm²，选 $\phi 8$（$A_{s1}=50.3$mm²）

Z1 为底层角柱，抗震二级，由《混规》14.4.14 条规定，应沿全高加密，取 $\phi 8@100$。

3. 正确答案是 A，解答如下：

根据《混规》G.0.8 条图 G.0.8-2 和图 G.0.8-3：$\dfrac{l_0}{h}=\dfrac{6900}{4800}=1.44$，即：$1<l_0/h\leqslant 1.5$，故属于规范图 G.0.8-3（b）的情况，所以（C）、（D）项不对。

对于（B）项，水平钢筋（即纵向受拉钢筋）的间距为：

$$s=\dfrac{1920}{8-1}=274\text{mm}>200\text{mm}$$，由规范 G.0.10 条，可知，（B）项不对。

所以应选（A）项。

4. 正确答案是 B，解答如下：

根据《混规》G.0.2 条：

$l_0/h = 6900/4800 = 1.44 < 2$，则支座截面：$h_0 = h - a_s = h - 0.2h = 0.8h$

由规范式（G.0.5）：

$$V_k = 1000\text{kN} < 0.5 f_{tk} b h_0 = 0.5 \times 2.01 \times 300 \times (0.8 \times 4800) = 1157.76\text{kN}$$

故按构造配筋，由规范 G.0.10 条、G.0.12 条，则：

竖向分布筋，$\rho_{sv,min} = 0.20\%$

取竖向分筋间距 $s_h = 200\text{mm}$，则：

$$\rho_{sv} = \frac{2A_{s1}}{b s_h} \geqslant \rho_{sv,min} = 0.20\%$$

即：$A_{s1} \geqslant 0.20\% \times 300 \times 200/2 = 60\text{mm}^2$，故取 $\phi 10$（$A_{s1} = 78.5\text{mm}^2$）

所以选用 $\phi 10@200$。

【3、4 题评析】 3、4 题，应注意的是，$l_0/h = 1.44 < 2.5$，属于深梁。特别是 $l_0/h = 1.44 < 2.0$ 时，有关计算参数的取值。

5. 正确答案是 A，解答如下：

查《抗规》表 5.1.4-1，8 度，多遇地震，取 $\alpha_{max} = 0.16$

查规范表 5.1.4-2，Ⅲ类场地，第一组，取 $T_g = 0.45\text{s}$

$T_g = 0.45\text{s} < T_1 = 1.1\text{s} < 5T_g = 2.25\text{s}$，则：

$$\alpha_1 = \left(\frac{T_g}{T_1}\right)^{\gamma} \eta_2 \alpha_{max} = \left(\frac{0.45}{1.1}\right)^{0.9} \times 1.0 \times 0.16 = 0.07$$

$$T_2 = 0.35\text{s} < T_g = 0.45\text{s}$$

$$\alpha_2 = \eta_2 \alpha_{max} = 1.0 \times 0.16 = 0.16$$

6. 正确答案是 D，解答如下：

根据《抗规》式（5.2.2-3）：

$$V = \sqrt{35^2 + (-12)^2} = 37\text{kN}$$

又梁的刚度 $EI = \infty$，故顶层柱反弯点在柱中点：

$$M = V \frac{h}{2} = 37 \times \frac{4.5}{2} = 83.3\text{kN} \cdot \text{m}$$

【5、6 题评析】 对于 5 题，在计算 α_1、α_2 时，应先对 T_1、T_2 与 T_g、$5T_g$ 进行大小判别，以确定其在地震影响系数曲线上的位置，从而确定相应的计算公式。

7. 正确答案是 C，解答如下：

根据《混规》H.0.3 条：

$$V = V_{1G} + V_{2G} + V_{2Q}$$

根据《结通规》3.1.13 条：

$$V = 1.3 \times \frac{1}{2} \times (15 + 12) \times 6.0 + 1.5 \times \frac{1}{2} \times 20 \times 6.0 = 195.3\text{kN}$$

由规范 H.0.4 条，按 C30 计算，取 $f_t = 1.43\text{N/mm}^2$

$$V_u = 1.2 f_t b h_0 + 0.85 f_{yv} \frac{A_{sv}}{s} h_0$$

$$= 1.2 \times 1.43 \times 250 \times 660 + 0.85 \times 270 \times \frac{2 \times 50.3}{150} \times 660$$

$$= 384.73 \text{kN}$$

$$\frac{V}{V_u} = \frac{195.3}{384.73} = 0.51$$

8. 正确答案是 A，解答如下：

根据《混规》H.0.7 条

$$M_{1Gk} = 67.5 \text{kN} \cdot \text{m} > 0.35 M_u = 0.35 \times 190 = 66.5 \text{kN} \cdot \text{m}$$

$$M_{2q} = M_{2Gk} + \psi_q M_{2Qk} = 54 + 0.5 \times 90 = 99 \text{kN} \cdot \text{m}$$

由规范式(H.0.7-4)：

$$\sigma_{s2q} = \frac{0.5\left(1 + \frac{h_1}{h}\right) M_{2q}}{0.87 A_s h_0} = \frac{0.5 \times \left(1 + \frac{500}{700}\right) \times 99 \times 10^6}{0.87 \times 1520 \times 660}$$

$$= 97.23 \text{N/mm}^2$$

【7、8题评析】8题，应注意的是，M_{1Gk} 与 $0.35 M_u$ 的大小的复核。当 $M_{1Gk} < 0.35 M_u$ 时，应将《混规》规范式(H.0.7-4)中 $0.5(1+h_1/h)$ 取为 1.0。

9. 正确答案是 A，解答如下：

根据《混规》附录 B.0.4 条、6.2.5 条：

$$e_a = \max\left(20, \frac{400}{30}\right) = 20 \text{mm}; \quad e_0 = \frac{M_0}{N} = \frac{100}{200} = 0.5 \text{m}$$

$$e_i = e_0 + e_a = 520 \text{mm}$$

由规范 6.2.20 条及表 6.2.20-1：

$H_u/H_l = 3.6/11.5 = 0.313 > 0.3$，取上柱的计算长度 l_0，$l_0 = 2.0 H_u = 7.2 \text{m}$

由规范式 (B.0.4-3)、式 (B.0.4-2)、式 (B.0.4-1)：

$$\xi_c = 1.0 \text{ (已知)}$$

$$\eta_s = 1 + \frac{1}{1500 e_i / h_0} \left(\frac{l_0}{h}\right)^2 \xi_c$$

$$= 1 + \frac{1}{1500 \times \frac{520}{360}} \cdot \left(\frac{7200}{400}\right)^2 \times 1.0 = 1.150$$

10. 正确答案是 B，解答如下：

根据《混规》附录 B.0.4 条、6.2.17 条：

$$M = \eta_s M_0 = 1.25 \times 760 = 950 \text{kN} \cdot \text{m}, \quad e_0 = \frac{M}{N} = \frac{950 \times 10^6}{1400 \times 10^3} = 678.6 \text{mm}$$

$$e_a = \max\left(\frac{900}{30}, 20\right) = 30 \text{mm}, \quad e_i = e_0 + e_a = 708.6 \text{mm}$$

$$e = e_i + \frac{h}{2} - a_s = 708.6 + \frac{900}{2} - 40 = 1118.6 \text{mm}$$

由已知条件，$x=120\text{mm}<\xi_b h_0=445\text{mm}$，且$>2a'_s=80\text{mm}$，且$<h'_f=165\text{mm}$，按矩形截面 $b_f \times h = 400\text{mm} \times 900\text{mm}$ 计算，则：

$$Ne = \frac{1}{\gamma_{RE}}\left[\alpha_1 f_c bx\left(h_0 - \frac{x}{2}\right) + f'_y A'_s(h_0 - a'_s)\right]$$

$$A_s = A'_s \geq \frac{\gamma_{RE}Ne - \alpha_1 f_c bx(h_0 - x/2)}{f'_y(h_0 - a'_s)}$$

$$= \frac{0.8 \times 1400 \times 10^3 \times 1118.6 - 1.0 \times 11.9 \times 400 \times 120 \times (860 - 120/2)}{360 \times (860 - 40)}$$

$$= 2696 \text{mm}^2$$

【9、10题评析】 排架结构柱当考虑结构的二阶效应影响时，应按《混规》附录B.0.4条及其条文说明的规定进行计算，然后，再按规范6.2.17条计算配筋。

11. 正确答案是C，解答如下：

焊接工字形截面，$b/t = \frac{300-10}{2 \times 16} = 9.06 < 13\varepsilon_k = 13\sqrt{235/235} = 13$

$$\frac{h_0}{t_w} = \frac{600 - 2 \times 16}{10} = 56.8 < 93\varepsilon_k = 93$$

截面等级满足S3级。

根据《钢标》6.1.1条、6.1.2条，取 $\gamma_x = 1.05$，则：

$$\frac{M_x}{\gamma_x W_{nx}} = \frac{538.3 \times 10^6}{1.05 \times 0.9 \times 3240 \times 10^3} = 175.8 \text{N/mm}^2$$

12. 正确答案是B，解答如下：

$$\lambda_y = \frac{l_{0y}}{i_y} = \frac{6000}{68.7} = 87.336$$

根据《钢标》附录C.0.5条：

$$\varphi_b = 1.07 - \frac{\lambda_y^2}{44000\varepsilon_k^2} = 1.07 - \frac{87.336^2}{44000 \times 235/235} = 0.897$$

《钢标》6.2.2条：

由上一题可知，截面等级满足S3，故取全截面。

$$\frac{M_x}{\varphi_b W_x} = \frac{538.3 \times 10^6}{0.897 \times 3240 \times 10^3} = 185.2 \text{N/mm}^2$$

13. 正确答案是A，解答如下：

$g_k + q_k = 2.5 + 1.8 = 4.3 \text{kN/m} = 4.3 \text{N/mm}$，$G_k + Q_k = 100 \text{kN} = 100 \times 10^3 \text{N}$

挠度：

$$\frac{\nu_T}{L} = \frac{5(g_k+q_k)L^3}{384EI_x} + \frac{(G_k+Q_k)L^2}{48EI_x}$$

$$= \frac{5\times(2.5+1.8)\times12000^3}{384\times206\times10^3\times97150\times10^4} + \frac{100\times10^3\times12000^2}{48\times206\times10^3\times97150\times10^4}$$

$$= \frac{1}{2068.52} + \frac{1}{667.1} = \frac{1}{504.4} \approx \frac{1}{505}$$

14. 正确答案是 C，解答如下：

$$l_{0x}=9300\text{mm},\ \lambda_x=\frac{l_{0x}}{i_x}=\frac{9300}{129}=72.0$$

$$l_{0y}=4650\text{mm},\ \lambda_y=\frac{l_{0y}}{i_y}=\frac{4650}{48.5}=95.9$$

焊接工字形截面，焰切边，查《钢标》表 7.2.1-1，对 x 轴、y 轴均为 b 类截面，故取 $\lambda_y=95.9$，查附表 D.0.2，取 $\varphi_y=0.582$。

$$\frac{N}{\varphi_y A} = \frac{520\times10^3}{0.582\times56.8\times10^2} = 157.3\text{N/mm}^2$$

【11~14 题评析】 11 题，焊接工字形截面，首先判别截面等级，再确定 γ_x 的取值。

15. 正确答案是 C，解答如下：

剪力设计值产生的每个螺栓竖向剪力 N_v^v：

$$N_v^v = \frac{V}{n} = \frac{1400}{2\times16} = 43.75\text{kN}$$

螺栓群中一个螺栓承受的最大剪力 N_v：

$$N_v = \sqrt{(N_v^M)^2+(N_v^v)^2} = \sqrt{142.2^2+43.75^2} = 148.8\text{kN}$$

根据《钢标》11.4.2 条：

$$P = \frac{N_v}{0.9kn_f\mu} = \frac{148.8}{0.9\times1\times2\times0.45} = 184\text{kN}$$

查表 11.4.2-2，选 M22(P=190kN)，满足。

16. 正确答案是 D，解答如下：

根据《钢标》11.4.2 条：

$$N_v^b = 0.9kn_f\mu P = 0.9\times1\times2\times0.45\times225 = 182.25\text{kN}$$

由《钢标》表 11.5.2 注 3：

$$d_c = \max(24+4, 26)$$
$$= 28\text{mm}$$

上翼缘净截面面积 A_n：$A_n=(650-6\times28)\times25=12050\text{mm}^2$

由 5.1.1 条：

$$N \leq fA = 295\times650\times25 = 4793.75\text{kN}$$

高强螺栓数目 n：$n \geq \dfrac{N}{N_v^b} = \dfrac{4793.75}{182.25} = 26.3$ 个

$\left(1-0.5\dfrac{n_1}{n}\right)\dfrac{N}{A_n} \leq 0.7f_u$，则：

$N \leq \dfrac{0.7f_u A_n}{1-0.5\dfrac{n_1}{n}}$，又 $N \leq nN_v^b$，故有：

$$n \geqslant \frac{0.7 f_u A_n}{N_v^b \left(1 - 0.5 \frac{n_1}{n}\right)} = \frac{0.7 \times 470 \times 12050 \times 10^{-3}}{182.25 \times \left(1 - 0.5 \times \frac{6}{n}\right)}$$

解之得：$n \geqslant 24.8$ 个

最终取 $n = 30$ 个，且螺栓群连接长度 $l = 4 \times 80 = 320 \text{mm} < 15 d_0 = 15 \times 26 = 390 \text{mm}$，不考虑超长折减。

【15、16题评析】15题，由弯矩设计值引起的螺栓最大剪力，在计算 $M_腹$ 时应考虑剪力偏心的影响。

16题，应注意复核螺栓群是否为超长连接；同时，构件的厚度对 f 取值的影响。

17. 正确答案是 B，解答如下：

根据《钢标》6.1.1、6.1.2 条：

$$\frac{b}{t} = \frac{250 - 8}{2 \times 12} = 10 < 13\varepsilon_k = 13$$

$$\frac{h_0}{t_w} = \frac{454 - 2 \times 12}{8} = 53.75 < 93\varepsilon_k = 93$$

截面等级满足 S3 级，取 $\gamma_x = 1.05$

$$\frac{M_x}{\gamma_x W_{nx}} = \frac{279.1 \times 10^6}{1.05 \times 1525 \times 10^3} = 174.3 \text{N/mm}^2$$

18. 正确答案是 A，解答如下：

确定横梁 B 点剪力：

$$M_B = -V_C l + \frac{1}{2} q l^2$$

$$172.1 = -V_C \times 8 + \frac{1}{2} \times 45 \times 8^2，则：V_C = 158.5 \text{kN}$$

根据《钢标》6.1.3 条：

$$\tau = \frac{VS_x}{It_w} = \frac{201.5 \times 10^3 \times 848 \times 10^3}{34610 \times 10^4 \times 8} = 61.7 \text{N/mm}^2$$

19. 正确答案是 D，解答如下：

柱顶：
$$K_1 = \frac{\sum i_b}{\sum i_c} = \frac{1.5 \times 34610/8}{13850/3.5} = 1.64$$

柱底：
$$K_2 = 0$$

查《钢标》附录表 E.0.1 知，$\mu = 0.84$。

平面内计算长度：$l_{0x} = \mu l = 0.84 \times 3.5 = 2.94 \text{m}$。

20. 正确答案是 A，解答如下：

柱 AB 平面外，计算长度取侧向支撑点距离，即：$l_{0y} = 3.5 \text{m}$

$$\lambda_y = \frac{l_{0y}}{i_y} = \frac{3500}{61.7} = 56.7$$

焊接、剪切边，工字形截面，查《钢标》表 7.2.1-1 知，对 y 轴属 c 类，$\lambda_y/\varepsilon_k = 56.7$，查附表 D.0.3，$\varphi_y = 0.730$。

由《钢标》8.2.1 条规定：

$$\varphi_\mathrm{b} = 1.07 - \frac{\lambda_y^2}{44000\varepsilon_\mathrm{k}^2} = 1.07 - \frac{56.7^2}{44000 \times 1} = 0.997$$

$$\frac{N_\mathrm{AB}}{\varphi_y A} + \eta\frac{\beta_\mathrm{tx} M_x}{\varphi_\mathrm{b} W_{1x}} = \frac{294.5 \times 10^3}{0.730 \times 8208} + 1.0 \times \frac{0.65 \times 172.1 \times 10^6}{0.997 \times 923 \times 10^3} = 170.7\mathrm{N/mm^2}$$

21. 正确答案是 A，解答如下：

根据《砌规》表 3.2.1-4 及注 1 的规定，独立柱，应取 $\gamma_\mathrm{a}=0.7$；又 $A=0.4\times 0.6=0.24\mathrm{m^2}<0.3\mathrm{m^2}$，根据规范 3.2.3 条，应取 $\gamma_\mathrm{a}=A+0.7=0.94$，则：$f=0.7\times 0.94\times 2.5=1.645\mathrm{MPa}$

根据规范 3.2.1 条第 4 款：

$f_\mathrm{g}=f+0.6\alpha f_\mathrm{c}=1.645+0.6\times 0.4\times 9.6=3.949\mathrm{MPa}>2f=2\times 1.645=3.29\mathrm{MPa}$

故取 $f_\mathrm{g}=3.29\mathrm{MPa}$

22. 正确答案是 C，解答如下：

根据《砌规》5.1.3 条，构件高度 $H=5.7+0.2+0.5=6.4\mathrm{m}$

弹性方案，查规范表 5.1.3，$H_0=1.5H=1.5\times 6.4=9.6\mathrm{m}$

$$\beta=\gamma_\beta\frac{H_0}{h}=1.0\times\frac{9.6}{0.6}=16$$

弹性方案，不计柱本身承受的风荷载，一根柱子柱顶分配的水平力为 $\frac{1}{2}R$，故柱底弯矩为 $\frac{1}{2}RH$。

$$M=\frac{1}{2}RH=\frac{1}{2}\times 3.5\times 6.4=11.2\mathrm{kN\cdot m}$$

$$e=\frac{M}{N}=\frac{11.2}{83}=135\mathrm{mm},\ e/h=135/600=0.225$$

查规范附录表 D.0.1-1，取 $\varphi=0.34$。

【21、22 题评析】 21 题，单排孔混凝土小型空心砌块砌体的 f_g 值计算，注意表 3.2.1-4 注 1、2 的规定。

23. 正确答案是 A，解答如下：

根据《抗规》7.2.5 条第 2 款规定：

每榀框架分担的倾覆力矩标准值 M_f：$M_\mathrm{f}=\dfrac{K_\mathrm{cf}}{\sum K_\mathrm{cf}+0.30\times\sum K_\mathrm{cw}}M_1$

$$M_\mathrm{f}=\frac{2.5\times 10^4\times 3}{2.5\times 10^4\times 14+0.30\times 330\times 10^4\times 2}\times 3350=107.8\mathrm{kN\cdot m}$$

KZ1 附加轴力标准值 N_k：

$$N_\mathrm{k}=\pm\frac{x_i}{\sum x_i^2}M_\mathrm{f}=\pm\frac{5}{5^2+5^2}\times 107.8=10.78\mathrm{kN}$$

24. 正确答案是 A，解答如下：

根据《抗加规》5.3.8 条：

取 $\eta_{pij}=2.5$

墙 A、墙 B 的长度均为：$8100+240=8340\mathrm{mm}$

③、④轴墙的长度为：$6300+240=6540\mathrm{mm}$

由 5.3.2 条：

$$\eta_{pi} = 1 + \frac{(2.5-1) \times 8340 \times 240 \times 2}{8340 \times 240 \times 2 + 6540 \times 240 \times 2}$$
$$= 1.841$$

25. 正确答案是C，解答如下：

根据《木标》表4.3.1-3，TC11A，取$f_c = 10\text{N/mm}^2$。

25年，查表4.3.9-2，取f_c的调整系数1.05；根据4.3.2条，原木，取f_c的调整系数为1.15，则：

$$f_c = 1.05 \times 1.15 \times 10 = 12.075 \text{N/mm}^2$$

由5.1.2条第1款规定：

$$\frac{\gamma_0 N}{A_n} \leqslant f_c, \quad 又 A_n = \frac{\pi d^2}{4}$$

故：

$$d \geqslant \sqrt{\frac{4\gamma_0 N}{\pi f_c}} = \sqrt{\frac{4 \times 0.95 \times 144 \times 10^3}{\pi \times 12.075}} = 120 \text{mm}$$

【25题评析】 当与外部荷载的荷载效应有关时，应考虑γ_0的影响；当仅计算构件自身承载力设计值时，不考虑γ_0的影响。

（下午卷）

26. 正确答案是A，解答如下：

根据《地规》5.4.3条：

假定底板向下增加厚度为Δh，则：

$$\frac{70 + 25\Delta h}{10 \times 7 + 10\Delta h} \geqslant 1.05$$

解之得：$\Delta h \geqslant 0.241\text{m}$

27. 正确答案是A，解答如下：

根据《地规》表5.2.4，砾砂$\eta_b = 3.0$，$\eta_d = 4.4$。根据5.2.4条规定，柱A基础是地下室中的独立基础，故取$d = 1.0\text{m}$：

$$f_a = f_{ak} + \eta_b \gamma (b-3) + \eta_d \gamma_m (d-0.5)$$
$$= 220 + 3.0 \times (19.5-10) \times (3.3-3) + 4.4 \times 19.5 \times (1-0.5)$$
$$= 271.45 \text{kPa}$$

28. 正确答案是B，解答如下：

根据《地规》8.2.8条规定：
$$a_m = (a_t + a_b)/2 = [0.5 + (0.5 + 0.75 \times 2)]/2 = 1.25\text{m} < 3.3\text{m}$$

$h = 800\text{mm}$，取$\beta_{hp} = 1.0$。

$$0.7\beta_{hp} f_t a_m h_0 = 0.7 \times 1.0 \times 1.43 \times 10^3 \times 1.25 \times 0.75 = 938.4\text{kN}$$

29. 正确答案是A，解答如下：

根据《地规》8.2.11条规定：

$$p = 300 - \frac{300-40}{3.3} \times 1.4 = 189.7 \text{kPa}$$

$$M_{\text{I}} = \frac{1}{12}a_1^2 \left[(2l+a')\left(p_{\max}+p-\frac{2G}{A}\right) + (p_{\max}-p)l \right]$$

$$= \frac{1}{12} \times 1.4^2 \times \left[(2\times 3.3+0.5) \times \left(300+189.7-\frac{2\times 1.3\times 1.0\times 20A}{A}\right) \right.$$

$$\left. + (300-189.7) \times 3.3 \right]$$

$$= 567 \text{kN} \cdot \text{m}$$

30. 正确答案是 D，解答如下：

桩身配筋率 $\rho_s = \frac{12\times 314}{3.14\times 300^2} = 1.33\% > 0.65\%$

根据《桩规》5.7.2 条第 2 款：

$$R_{\text{ha}} = 0.75 \times 120 = 90 \text{kN}$$

31. 正确答案是 D，解答如下：

桩身下 $5d$ 范围内的螺旋式箍筋间距不大于 100mm，根据《桩规》5.8.2 条第 1 款：
$N = \psi_c f_c A_{ps} + 0.9 f_y' A_s' = 0.7\times 14.3\times 2.827\times 10^5 + 0.9\times 360\times 3770.4 = 4051 \text{kN}$

32. 正确答案是 B，解答如下：

根据《地规》3.0.5 条：

$$p = p_{\text{GK}} + \psi_q p_{\text{QK}} = 280 + 0.4\times 100 = 320 \text{kPa}$$

褥垫层底面处的附加压力值 p_0：

$$p_0 = p - \gamma d = 320 - 17\times 5 = 235 \text{kPa}$$

33. 正确答案是 A，解答如下：

根据《地规》8.4.12 条：

$8.7/8.7 = 1 < 2$，属于双向板。

$h_0 = 930 \text{mm}$，本题目阴影部分面积为三角形，则：

$$A_l = \frac{1}{2}lh = \frac{1}{2} \times \left[8.7 - 2\times\left(\frac{0.45}{2}+0.93\right) \right] \times \left(\frac{8.7}{2}-\frac{0.45}{2}-0.93\right)$$

$$= 10.208 \text{m}^2$$

$$V_s = p_j A_l = 400 \times 10.208 = 4083.2 \text{kN}$$

34. 正确答案是 B，解答如下：

根据《地规》8.4.12 条：

$$\beta_{\text{hs}} = \left(\frac{800}{h_0}\right)^{1/4} = \left(\frac{800}{930}\right)^{1/4} = 0.963$$

$0.7\beta_{\text{hs}} f_t (l_{n2}-2h_0)h_0 = 0.7\times 0.963\times 1.57\times (8.7-0.45-2\times 0.93)\times 0.93\times 10^3$

$$= 6.01\times 10^3 \text{kN}$$

35. 正确答案是 C，解答如下：

根据《地规》8.6.2 条：

$$N_{tmax} = \frac{F_k + G_k}{n} - \frac{M_{xk} y_i}{\sum y_i^2} - \frac{M_{yk} x_i}{\sum x_i^2}$$

$$= \frac{-600}{4} - \frac{100 \times 0.6}{4 \times 0.6^2} - \frac{100 \times 0.6}{4 \times 0.6^2} = -233.33 \text{kN}$$

36. 正确答案是 D，解答如下：

根据《地规》8.6.3 条：

$$l \geqslant \frac{R_t}{0.8 \pi d_1 f} = \frac{170 \times 10^3}{0.8 \times \pi \times 150 \times 0.42} = 1074 \text{mm}$$

根据规范 8.6.1 条及图 8.6.1，按构造要求 l 为：

$$l > 40d = 40 \times 32 = 1280 \text{mm}$$

故取 $l = 1300 \text{mm}$。

【35、36 题评析】 35 题，注意本题目给定的竖向力总和 -600kN，其方向向上，即受水的浮力所产生。

36 题，锚杆基础中，锚杆的直径、长度应满足规范构造要求。

37. 正确答案是 C，解答如下：

按《抗规》4.1.4 条规定，取土层①、②、③$_{-1}$、③$_{-2}$、③$_{-3}$ 为覆盖层，厚度为 15.0m。

将孤石③$_{-2}$ 视同残积土③$_{-1}$ 计算等效剪切波速，$v_{se} = 15.0/(2.5/160 + 4.5/200 + 5.0/260 + 3.0/420) = 232 \text{m/s}$

将孤石③$_{-2}$ 视同残积土③$_{-3}$ 计算等效剪切波速，$v_{se} = 15.0/(2.5/160 + 4.5/200 + 3.5/260 + 4.5/420) = 240 \text{m/s}$

故选 (C) 项。

38. 正确答案是 D，解答如下：

查《高规》表 4.3.7-1 及注的规定，表 4.3.7-2：

$$\alpha_{max} = 0.24, \quad T_g = 0.45 \text{s}$$

$T_g = 0.45 \text{s} < T_1 = 0.885 \text{s} < 5T_g = 2.25 \text{s}$，则：

$$\alpha_1 = \left(\frac{T_g}{T_1}\right)^\gamma \eta_2 \alpha_{max} = \left(\frac{0.45}{0.885}\right)^{0.9} \times 1 \times 0.24 = 0.1306$$

$$F_{Ek} = \alpha_1 G_{eq} = 0.1306 \times 0.85 \times 98400 = 10923.4 \text{kN}$$

39. 正确答案是 A，解答如下：

Ⅲ类场地，8 度 (0.3g)，根据《高规》3.9.2 条，应按 9 度考虑抗震构造措施的抗震等级；由《高规》8.1.3 条第 2 款，按框架-剪力墙结构设计。

查规程表 3.9.3，$H = 38.8 \text{m}$，故框架抗震等级为一级；

查规程表 6.4.2，取 $[\mu_N] = 0.75$；

又由于 $\lambda_c = \frac{H_n}{2h_0} < \frac{2.9}{2 \times (0.8 - 0.05)} = 1.93 < 2$，故由《高规》表 6.4.2 注 3：

$$[\mu_N] = 0.75 - 0.05 = 0.70$$

【38、39 题评析】 38 题，查《高规》表 4.3.7-1 时，应注意该表注的规定，本题目

设计基本地震的速度为 0.30g，故查表时取 $\alpha_{max}=0.24$。

39 题，应注意 $\lambda_c=\dfrac{H_n}{2h_0}$，式中 H_n 为柱净高，h_0 为柱截面有效高度，见《高规》6.2.6 条对此的定义。

40. 正确答案是 C，解答如下：

$$V_{c1}=\dfrac{D_{c1}}{\sum D_i}\cdot V_f=\dfrac{27506}{123565}\times 370=82.36\text{kN}$$

$$M_k=V_{c1}\cdot h_y=82.36\times 3.8=313\text{kN}\cdot\text{m}$$

41. 正确答案是 C，解答如下：

根据《高规》6.4.10 条：

抗震一级，取 $\rho_v\geqslant 0.6\%$；

$\lambda<2$，ρ_v 取上、下柱端的较大值，且 $\lambda_v\geqslant 0.12$，查规程表 6.4.7，取 $\lambda_v=0.15$。

由规程式（6.4.7），且取 $f_c=16.7\text{N/mm}^2$

$$\rho_v\geqslant \lambda_v f_c/f_{yv}=0.15\times 16.7/270=0.928\%>0.6\%$$

又由《高规》6.4.10 条，应满足 6.4.3 条，箍筋最小配置为：Φ10@100，则：

$$\rho_v=\dfrac{(650-2\times 30+10)\times 78.5\times 8}{(650-2\times 30)^2\times 100}\times 100\%=1.08\%>0.928\%$$

最终取 $\rho_v\geqslant 1.08\%$。

42. 正确答案是 C，解答如下：

根据《高规》8.1.4 条：

$V_f=1600\text{kN}<0.2V_0=0.2\times 14000=2800\text{kN}$，故楼层地震剪力需调整。

$$V_f=\min(0.2V_0,1.5V_{f,max})=\min(0.2\times 14000,1.5\times 2100)$$
$$=2800\text{kN}$$

故调整系数为： $2800/1600=1.75$

$$M'=1.75M=\pm 495.25\text{kN}\cdot\text{m}$$
$$V'=1.75V=\pm 130.38\text{kN}$$

43. 正确答案是 D，解答如下：

根据《高规》6.2.7 条，由《混规》11.6.2 条：

$$h_b=\dfrac{800+600}{2}=700\text{mm},h_{b0}=700-60=640\text{mm}$$

$$V_j=\dfrac{1.2\sum M_b}{h_{b0}-a'_s}\left(1-\dfrac{h_{b0}-a'_s}{H_c-h_b}\right)$$

$$=\dfrac{1.2\times(474.3+260.8)}{0.58}\times\left(1-\dfrac{0.58}{4.15-0.7}\right)$$

$$=1265.2\text{kN}$$

44. 正确答案是 D，解答如下：

首层剪力墙属于底部加强部位。

根据《高规》7.2.6 条，取 $\eta_{vw}=1.6$；

又由规程 7.2.4 条，双肢墙，出现大偏心受拉时，取增大系数 1.25；

$$V_k = 1.25 \times 1.6 \times 500 = 1000 \text{kN}$$

由《抗震通规》4.3.2条：
$$V = 1.4V_k = 1400 \text{kN}$$

45. 正确答案是 B，解答如下：
$$\lambda = \frac{M^c}{V^c h_{w0}} = \frac{21600}{3240 \times 6.2} = 1.0753 < 1.5, \text{ 取 } \lambda = 1.5$$

根据《高规》式（7.2.10-2）：
$$N = 3840 \text{kN} < 0.2 f_c b_w h_w = 6207.5 \text{kN}, \text{ 故取 } N = 3840 \text{kN}$$

$$V_w \leq \frac{1}{\gamma_{RE}} \left[\frac{1}{\lambda - 0.5} \left(0.4 f_t b_w h_{w0} + 0.1 N \frac{A_w}{A} \right) + 0.8 f_{yh} \frac{A_{sh}}{s} h_{w0} \right]$$

$$5184 \times 10^3 \leq \frac{1}{0.85} \times \left[\frac{1}{1.5-0.5} \times \left(0.4 \times 1.71 \times 250 \times 6200 \right. \right.$$
$$\left. \left. + 0.1 \times 3840 \times 10^3 \right) + 0.8 \times 300 \right) \times \frac{A_{sh}}{s} \times 6200 \right]$$

解之得：
$$A_{sh}/s \geq 1.99 \text{mm}^2/\text{mm}$$

46. 正确答案是 A，解答如下：

根据《高规》7.2.14条，$\mu_N = 0.38 > 0.2$，应设置约束边缘构件。

根据《高规》7.2.15条及图7.2.15：

已知 $l_c = 1300 \text{mm}$

$$a_c = \max(b_w, 400, l_c/2) = \max(250, 400, 1300/2) = 650 \text{mm}$$

$\mu_N = 0.38$，根据《高规》7.2.15条，取 $\lambda_v = 0.20$，假定箍筋直径为 $\Phi 10$：

$$\rho_v = \lambda_v f_c / f_{yv} = 0.2 \times \frac{19.1}{f_{yv}} = \frac{\sum n_i A_{si} l_i}{s A_{cor}} = \frac{(4 \times 210 + 2 \times 625) \times 78.5}{100 \times 200 \times 615}$$

解之得：
$$f_{yv} \geq 286 \text{N/mm}^2$$

故选 HRB335 级，$\Phi 10@100$。

47. 正确答案是 B，解答如下：

连梁跨高比：$l_n/h_b = 1500/700 = 2.14 < 5$

根据《高规》7.1.3条，按连梁计算。

根据《高规》7.2.27条第2款规定，再查规程表6.3.2-2，抗震一级，故箍筋最小直径 $d = 10 \text{mm}$，最大间距 s：

$$s = \min(6d, h_b/4, 100) = \min(6 \times 25, 700/4, 100) = 100 \text{mm}$$

又 $l_n/h_b = 2.14 < 2.5$，由规程式（7.2.23-3）：

$$V_b \leq \frac{1}{\gamma_{RE}} \left(0.38 f_t b_b h_{b0} + 0.9 f_{yv} \frac{A_{sv}}{s} h_0 \right)$$

$$421.2 \times 10^3 \leq \frac{1}{0.85} \times \left(0.38 \times 1.71 \times 300 \times 665 + 0.9 \times 270 \times \frac{A_{sv}}{s} \times 665 \right)$$

解之得：
$$A_{sv}/s \geq 1.41 \text{mm}^2/\text{mm}$$

双肢箍，取箍筋间距为 100mm，$A_{sv1} \geq 1.41 \times 100/2 = 70.5 \text{mm}^2$

故选 $\Phi 10$（$A_s = 78.5 \text{mm}^2$），满足，取 $\Phi 10@100$。

【42~47题评析】 45题，运用《高规》式（7.2.10-2）时，应注意计算参数 λ 值、N 值的取值。

47题，首先计算连梁跨高比 $\dfrac{l_n}{h_b}$，以判断该连梁是按框架梁计算，还是按连梁计算，其各自抗震设计的抗剪承载力计算公式是不同的。

48. 正确答案是 A，解答如下：

根据《抗规》3.4.3 条、3.4.4 条条文说明，位移控制值验算时，采用 CQC 组合。扭转位移比计算时，不采用位移的 CQC 组合。

根据《高规》3.7.3 条注的规定，位移控制值验算时，位移计算不考虑偶然偏心。

综上，应选择（A）项。

49. 正确答案是 B，解答如下：

根据《高钢规》7.3.5 条：

$$V_p = h_{b1} h_{c1} t_p = (472+14) \times (456+22) \times 14$$
$$= 3252312 \text{mm}^3$$

$$\dfrac{M_{b1}+M_{b2}}{V_p} = \dfrac{142 \times 10^6 + 156 \times 10^6}{3252312} = 91.6 \text{N/mm}^2$$

50. 正确答案是 A，解答如下：

根据《高钢规》7.3.8 条：

同 49 题，$V_p = 3252312 \text{mm}^3$

$$W_{pb1} = W_{pb2} = 2 \times (260 \times 14 \times 243 + 236 \times 8 \times 118)$$
$$= 2214608 \text{mm}^3$$

由《高钢规》表 4.2.1，取 $f_{yb} = 235 \text{N/mm}^2$

$$\dfrac{\psi(M_{pb1}+M_{pb2})}{V_p} = \dfrac{0.75 \times (2214608 \times 235 \times 2)}{3252312}$$
$$= 240 \text{N/mm}^2$$

实战训练试题（四）解答与评析

（上午卷）

1. 正确答案是 D，解答如下：
根据《结通规》3.1.13 条：
$$q_\text{设} = 1.3 \times 23 + 1.5 \times 1.5 = 32.15 \text{kN/m}$$
$F = 2 \times 0.625 q_\text{设} l = 2 \times 0.625 \times 32.15 \times 6.6 = 265.2 \text{kN}$（2 代表Ⓐ Ⓑ跨次梁 L1 和Ⓑ Ⓒ跨次梁 L1）

2. 正确答案是 C，解答如下：
KL1、KL2、L1 自重产生的荷载标准值 G_{k1}：
$$G_{k1} = (6+6.6) \times 4.5 + \left(\frac{6.6}{2\times 2} \times 4\right) \times 3.5 = 79.8 \text{kN}$$

梁上永久线荷载产生的荷载标准值 G_{k2}：
$$G_{k2} = (6+6.6) \times 6 = 75.6 \text{kN}$$

楼面永久荷载产生的荷载标准值 G_{k3}：
$$G_{k3} = 6 \times 6.6 \times 5.5 = 217.8 \text{kN}$$

则：$G_k = G_{k1} + G_{k2} + G_{k3} = 373.2 \text{kN}$

3. 正确答案是 A，解答如下：
根据《混规》6.2.10 条：
$$h_0 = 550 - 40 = 510 \text{mm}$$
$$x = h_0 - \sqrt{h_0^2 - \frac{2\gamma_{RE} M}{\alpha_1 f_c b}}$$
$$= 510 - \sqrt{510^2 - \frac{2 \times 0.75 \times 200 \times 10^6}{1 \times 14.3 \times 300}}$$
$$= 73.9 \text{mm} < \xi_b h_0 = 264 \text{mm}$$

则：
$$A_s = \frac{\alpha_1 f_c b x}{f_y} = \frac{1 \times 14.3 \times 300 \times 73.9}{360} = 881 \text{mm}^2$$

4. 正确答案是 C，解答如下：
根据《混规》11.4.17 条：
查《混规》表 11.4.17，取 $\lambda_v = 0.14$；C30<C35，按 C35。
$$[\rho_v] = \lambda_v \frac{f_c}{f_{yv}} = 0.14 \times \frac{16.7}{270} = 0.866\% > 0.6\%$$

取箍筋 $\phi 10$，则：
$$\rho_v = \frac{[3 \times (600 - 2 \times 30 + 10) + 4 \times (450 - 2 \times 30 + 10)] \times 78.5}{(600 - 2 \times 30) \times (450 - 2 \times 30) \cdot s} \geqslant 0.866\%$$

解之得：$s \leqslant 140 \text{mm}$。

非柱根处，由《混规》11.4.12 条第 4 款，可选用 Φ10@120，故选（C）项。

5. 正确答案是 C，解答如下：

根据《混规》11.4.3 条、11.4.5 条：

$$V_c = 1.1 \times 1.3 \times \frac{315 + 394}{4.5} = 225.3 \text{kN}$$

6. 正确答案是 B，解答如下：

根据《混规》11.6.7 条、11.1.7 条：

$$1.7 l_{abE} = 1.7 \xi_{aE} l_{ab} = 1.7 \times 1.15 \times \left(0.14 \times \frac{360}{1.43} \times 20\right) = 1378 \text{mm}$$

【1～6 题评析】 4 题，运用《混规》式（11.4.17）：$\rho_v \geq \lambda_v \dfrac{f_c}{f_{yv}}$，此时，$f_{yv}$ 取值不受限制，如 HRB500 级钢筋，取 $f_{yv} = 435 \text{N/mm}^2$；$f_c$ 取值，当混凝土强度等级小于 C35 时，取 C35 进行计算。同时，还应复核 最小体积配筋率要求，如：二级取为 0.6%，见《混规》11.4.17 条第 2 款。同时，非柱根处的框架柱的抗震构造要求可放松，见《混规》11.4.12 条第 4 款。

7. 正确答案是 A，解答如下：

根据《混规》6.5.2 条、6.5.1 条：

$550 \text{mm} < 6h_0 = 600 \text{mm}$，应考虑洞口影响。

$$u_m = 2 \times (500 + 600) - \frac{250 + 50}{250 + 550} \times 550 = 1994 \text{mm}$$

$$\beta_s = \frac{500}{400} = 1.25 < 2.0, 取 \beta_s = 2.0; \eta = 0.4 + \frac{1.2}{2} = 1.0$$

$$F_u = 0.7 \beta_h f_t \eta u_m h_0$$
$$= 0.7 \times 1 \times 1.27 \times 1 \times 1994 \times 100 = 177.3 \text{kN}$$

8. 正确答案是 A，解答如下：

洞口每侧附加钢筋截面面积 $= \dfrac{550}{100} \times 78.5 \times 50\% = 216 \text{mm}^2$

并且 $\geq 2 \Phi 12 (A_s = 226 \text{mm}^2)$。

故选（A）项。

【7、8 题评析】 8 题，本题目的解答，其依据见图集 22G101-1 中 2-63 页。

9. 正确答案是 A，解答如下：

令水泥用量为 1.0，则：

含水的砂子用量 $= \dfrac{1.94}{1 - 5\%} = 2.042$

含水的石子用量 $= \dfrac{3.76}{1 - 1\%} = 3.798$

水 $= 0.50 \times 1 - 2.042 \times 5\% - 3.798 \times 1\% = 0.36$

施工的水胶比 $= \dfrac{0.36}{1} = 0.36$

10. 正确答案是 B，解答如下：
根据《抗规》附录 C.0.7 条，(B) 项错误，应选（B）项。
【10题评析】 根据《抗规》C.0.3 条、C.0.8 条，(A) 项正确。
根据《抗规》C.0.7 条、6.3.4 条，(C) 项正确。
根据《抗规》C.0.7 条，(D) 项正确。

11. 正确答案是 C，解答如下：
根据《荷规》6.3.1 条，取动力系数为 1.05。
由《结通规》3.1.13 条：
可变荷载设计值：$P = 1.05 \times 1.5 \times (3000 + 360) \times 10 \times 10^{-3} = 52.92 \text{kN}$
梁自重设计值：$g = 1.3 \times 52.72 \times 10 \times 10^{-3} = 0.685 \text{kN/m}$

$$M = \frac{1}{8}gl^2 + \frac{1}{4}Pl$$

$$= \frac{1}{8} \times 0.685 \times 6.6^2 + \frac{1}{4} \times 52.92 \times 6.6$$

$$= 91.0 \text{kN} \cdot \text{m}$$

由《钢标》6.1.1 条，由已知条件，$\gamma_x = 1.05$：

$$\frac{M}{\gamma_x \cdot 0.9 W_{nx}} = \frac{91.0 \times 10^6}{1.05 \times 0.9 \times 692 \times 10^3} = 139.2 \text{N/mm}^2$$

12. 正确答案是 A，解答如下：
根据《钢标》6.2.2 条，查附录表 C.0.2：

$$\varphi_b = 1.07 - \frac{6.6 - 6}{7 - 6} \times (1.07 - 0.86) = 0.944 > 0.6$$

故：$\varphi_b' = 1.07 - \frac{0.282}{\varphi_b} = 1.07 - \frac{0.282}{0.944} = 0.770$

13. 正确答案是 C，解答如下：
根据《钢标》3.1.7 条，不考虑动力系数。
可变荷载标准值：$P_k = (3000 + 360) \times 10 \times 10^{-3} = 33.6 \text{kN} = 33.6 \times 10^3 \text{N}$
梁自重标准值：$g_k = 52.72 \times 10 \times 10^{-3} = 0.5272 \text{kN/m} = 0.5272 \text{N/mm}$

$$v = \frac{5 g_k l^4}{384 EI} + \frac{P_k l^3}{48 EI}$$

$$= \frac{5 \times 0.5272 \times 6600^4}{384 \times 206 \times 10^3 \times (0.9 \times 11100 \times 10^4)}$$

$$+ \frac{33.6 \times 10^3 \times 6600^3}{48 \times 206 \times 10^3 \times (0.9 \times 11100 \times 10^4)}$$

$$= 10.4 \text{mm}$$

$$\frac{v}{l} = \frac{10.4}{6600} = \frac{1}{635}$$

【11～13题评析】 11题，强度计算，应计入动力系数，同时，直接承受动力荷载的梁也可以考虑塑性发展，见《钢标》6.1.1条条文说明。

14. 正确答案是 D，解答如下：

如图 4-1J 所示，$q = 6 \times 1.5 = 9.0 \text{kN/m}^2$

水平投影线荷载：$q_{水平} = \dfrac{q}{\cos\alpha} = \dfrac{9.0}{\dfrac{6}{\sqrt{1^2+6^2}}} = 9.124 \text{kN/m}$

$$M_{\max} = \dfrac{1}{8} q_{水平} \times 4.5^2 = \dfrac{1}{8} \times 9.124 \times 4.5^2 = 23.1 \text{kN} \cdot \text{m}$$

15. 正确答案是 B，解答如下：

由于 $\tan\alpha = \dfrac{1}{6}$，则 $\cos\alpha = 0.986$

$$P_y = P\cos\alpha = 50.3 \times 0.986 = 49.6 \text{kN}$$

由原题目 B-B 剖面图，可绘出梁 L-1 的计算简图，如图 4-2J 所示。
经分析可知，截面 C 点、中点 D 点的弯矩值相等，则：

$$M_{\max} = M_c = 49.6 \times 1.5 = 74.4 \text{kN} \cdot \text{m}$$

$\gamma_x = 1.05$，由《钢标》6.1.1 条：

$$\dfrac{M_{\max}}{\gamma_x W_{nx}} = \dfrac{74.4 \times 10^6}{1.05 \times 433 \times 10^3} = 163.6 \text{N/mm}^2$$

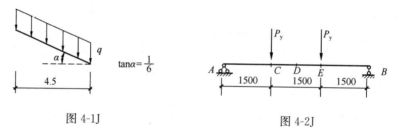

图 4-1J   图 4-2J

16. 正确答案是 C，解答如下：

根据《钢标》8.1.1 条：
截面等级满足 S3 级，$\gamma_x = 1.05$

$$\dfrac{N}{A_n} + \dfrac{M_x}{\gamma_x W_{nx}} = \dfrac{1150 \times 10^3}{0.9 \times 146.4 \times 10^2} + \dfrac{165 \times 10^6}{1.05 \times 0.9 \times 2520 \times 10^3}$$

$$= 156.6 \text{N/mm}^2$$

17. 正确答案是 C，解答如下：

由原题目的图示，下弦的节间长度 l 为：

$$l = \dfrac{1}{3} \times \sqrt{27^2 + 13.5^2} = 10.062 \text{m}$$

由提示，取 $l_0 = l = 10.062 \text{m}$，$\lambda = \dfrac{l_0}{i} = \dfrac{10062}{155.6} = 65$

由《钢标》表 7.2.1-1，对 x 轴、y 轴均属 a 类截面；查附录表 D.0.1，取 $\varphi=0.862$。

$$\frac{N}{\varphi A} = \frac{1240\times 10^3}{0.862\times 138.6\times 10^2} = 103.8\text{N/mm}^2$$

18. 正确答案是 A，解答如下：

根据《钢标》式（13.3.2-12）：

$$N_{tK} = \frac{\sin\theta_c}{\sin\theta_t}N_{cK} = \frac{\sin 63.44°}{\sin 53.13°}\times 420 = 470\text{kN}$$

19. 正确答案是 D，解答如下：

根据《钢标》13.3.9 条：

根据《钢标》4.4.5 条，f_t^w 应乘以折减系数 0.9。

$$0.7h_f l_w f_t^w = 0.7\times 8\times 773\times (0.9\times 160)$$

$$= 591\text{kN}$$

20. 正确答案是 C，解答如下：

根据《钢标》13.1.4 条：

$$e/d = 50/450 = 0.11 < 0.25$$

则：

$$M = \Delta N \cdot e = (1040-750)\times 0.05 = 14.5\text{kN}\cdot\text{m}$$

【14~20 题评析】 14 题，题目条件的面荷载 6kN/m² 不是水平投影的均布荷载设计值，应进行换算。

15 题，应对梁的最大弯矩值的位置进行分析与判别。

21. 正确答案是 C，解答如下：

梁 B 支撑的左、右楼板的长宽比=5/3.3=1.52<2，为双向板，其竖向导荷如图 4-3J 所示，$A=\frac{1}{2}\times(1.7+5)\times 1.65\times 2=11.1\text{m}^2$。

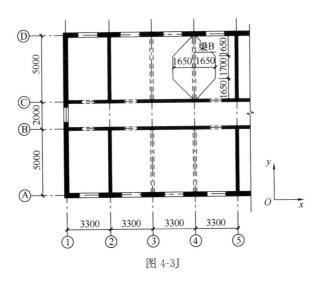

图 4-3J

22. 正确答案是 A，解答如下：

在 y 向地震作用下，墙 A 的重力荷载代表值计算为：其每层楼面的从属面积按横墙承担的全部荷载面积考虑，如图 4-4J 所示，则：

$$A = (1.65 + 3.3 + 1.65) \times \left(\frac{2}{2} + 5 + 0.25\right) = 41.25 \text{m}^2$$

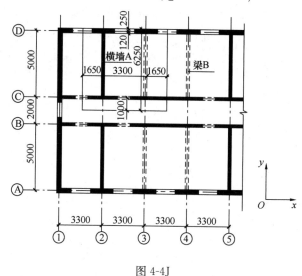

图 4-4J

23. 正确答案是 B，解答如下：

8 度、3 层，根据《抗规》7.3.1 条，构造柱设置位置，如图 4-5J 所示的圆圈处，共计 26 个。

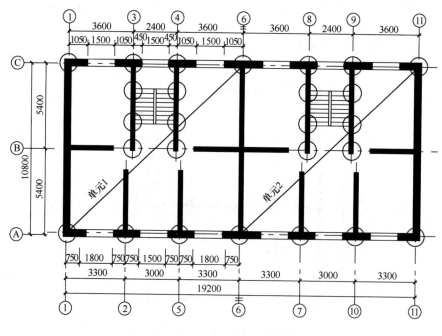

图 4-5J

【23题评析】 假定,8度、6层,根据《抗规》7.3.1条,构造柱设置位置,如图 4-6J 所示的圆圈处,共计 29 个。

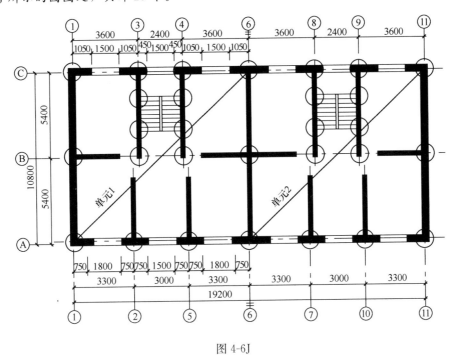

图 4-6J

24. 正确答案是 D,解答如下:

根据《砌规》7.4.2条:

$l_1 = 3000\text{mm} > 2.2h_b = 2.2 \times 400 = 880\text{mm}$,则:$x_0 = 0.3h_b = 0.3 \times 400 = 120\text{mm}$。

$$x_0 = 0.13l_1 = 0.13 \times 3000 = 390\text{mm} > 120\text{mm}$$

故取 $x_0 = 120\text{mm}$。

《结通规》3.1.13 条:

$$M = \frac{1}{2} \times [1.3 \times (20 + 2.6) + 1.5 \times 4] \times (1.5 + 0.12)^2 = 46.4\text{kN} \cdot \text{m}$$

【24题评析】 位于顶层的挑梁,仍按《砌规》规定,确定倾覆点 x_0。

25. 正确答案是 A,解答如下:

根据《木标》7.1.4 条,(A) 项错误,应选 (A) 项。

【25题评析】 根据《木标》4.3.18 条,(B)、(D) 项正确。

根据《木标》7.5.5 条,(C) 项正确。

(下午卷)

26. 正确答案是 B,解答如下:

根据题目条件,令基础总长为 L,合力的中心线距 B 端为:

$$\frac{L}{2} = \frac{422 \times 4.4 + 380 \times 0.5}{422 + 380} = 2.552$$

$$则:L = 2 \times 2.552 = 5.104\text{m}$$
$$x = 5.104 - (3.9 + 0.5) = 0.704\text{m}$$

27. 正确答案是 D，解答如下：
根据《地规》5.2.1 条、5.2.2 条：
$$bl \geq \frac{F_k}{f_a - \gamma_G d} = \frac{422 + 380}{105.8 - 20 \times 1} = 9.35\text{m}^2$$

则：$b \geq \frac{9.35}{5.1} = 1.83\text{m}$

28. 正确答案是 A，解答如下：

地基净反力 p_j：
$$p_j = \frac{570 + 510}{5.1 \times 1.75} = 121.0 \text{ (kPa)}$$
$$a_1 = \frac{1.75 - 0.4}{2} = 0.675\text{m}$$
$$M_{\max} = \frac{1}{2}(p_j \times 1) \times a_1^2 = \frac{1}{2} \times (121.0 \times 1) \times 0.675^2$$
$$= 27.6\text{kN} \cdot \text{m/m}$$

29. 正确答案是 C，解答如下：
根据《地规》5.2.7 条：
$\frac{E_{s1}}{E_{s2}} = 3$，$\frac{z}{b} = \frac{3}{1.95} = 1.54 > 0.50$，查规范表 5.2.7，取 $\theta = 23°$。

$$p_z = \frac{lb(p_k - p_c)}{(b + 2z\tan\theta)(l + 2z\tan\theta)}$$
$$= \frac{5.1 \times 1.95 \times (107.89 - 18 \times 1)}{(1.95 + 2 \times 3\tan23°) \times (5.1 + 2 \times 3\tan23°)}$$
$$= 26.0\text{kPa}$$

【26～29 题评析】 26 题，基础长度为 L，则其形心位置为 $\frac{L}{2}$，则柱 1、柱 2 所受力 F_{1k}、F_{2k} 分别向基础底面形心位置 $\left(\frac{L}{2}\right)$ 取力矩，并且 $\sum M_{合力} = 0$，同样，可求出 $L = 5.104\text{m}$。

30. 正确答案是 D，解答如下：
根据《抗规》3.10.3 条，取 $\alpha_{\max} = 1.5 \times 0.68 = 1.02$
查表 4.1.6，为Ⅲ类场地；查表 5.1.4-2，取 $T_g = 0.45\text{s}$
$T_g < T = 0.6\text{s} < 5T_g$，则：
$$\alpha = \left(\frac{0.45}{0.6}\right)^{0.9} \times 1 \times 1.02 = 0.79$$

31. 正确答案是 B，解答如下：
根据《桩规》4.1.1 条：
由 5.7.5 条：
$$b_0 = 0.9 \times (1.5 \times 0.8 + 0.5) = 1.53\text{m}$$

$$\alpha = \sqrt[5]{\frac{10 \times 10^3 \times 1.53}{4.0 \times 10^5}} = 0.5206$$

$$l \geq \frac{4}{\alpha} = \frac{4}{0.5206} = 7.68\text{m}$$

$$l \geq \frac{2}{3} \times 10 = 6.7\text{m}$$

最终取 $l \geq 7.68$m。

32. 正确答案是 B，解答如下：

根据《桩规》5.7.2 条：

$$\rho = \frac{14 \times 380.1}{\pi \times 400^2} = 1.06\% > 0.65\%，则由 5.7.2 条第 2 款、7 款：$$

$$R_{ha} = 75\% \times 75 \times 0.80 = 45\text{kN}$$

考虑实际约束：$R_{ha} = 45 \times 1.2 = 54$kN

33. 正确答案是 C，解答如下：

根据《地处规》7.5.2 条：

$$\bar{\eta}_c \geq 0.93$$

$$\bar{\rho}_{d1} = \bar{\eta}_c \rho_{dmax} \geq 0.93 \times 1.62 = 1.51\text{t/m}^3$$

34. 正确答案是 C，解答如下：

根据《地规》8.5.6 条：

$$R_a = q_{pa}A_p + u_p \sum q_{sia}l_i$$
$$= 2000 \times \frac{\pi}{4} \times 0.452^2 + \pi \times 0.452 \times (15 \times 13.8 + 25 \times 4 + 30 \times 1.3)$$
$$= 811.8\text{kN}$$

35. 正确答案是 A，解答如下：

根据《地规》附录 Q.0.10 条、Q.0.11 条：

承台下 4 根柱，其 3 根桩平均值 $= \frac{1540 + 1610 + 1780}{3} = 1643$kN

极差 $= 1780 - 1540 = 240$，$240/1643 = 14.6\% < 30\%$

故取 $Q_k = 1643$kN，则：$R_a = \frac{Q_k}{2} = 821.5$kN

36. 正确答案是 A，解答如下：

根据《地规》8.5.4 条：

$$G_k = 2.20 \times 2.5 \times 1.0 \times 20 = 110\text{kN}$$

$$M_{yk} = 326 + 220 \times 0.85 = 513\text{kN} \cdot \text{m}$$

$$Q_{kmax} = \frac{2450 + 110}{4} + \frac{513 \times 0.8}{4 \times 0.8^2} = 800.3\text{kN}$$

37. 正确答案是 B，解答如下：

根据《地规》8.5.18 条：

$$N_i = 1130 - \frac{1.3 \times 121}{4} = 1090.7\text{kN}$$

$$M_y = \sum N_i x_i = 2 \times 1090.7 \times (0.8 - 0.2) = 1308.8 \text{kN} \cdot \text{m}$$

【34~37题评析】 36题，M_{yk}的方向决定了Q_{kmax}中的x_i值。水平力至桩承台底面的距离为1.0m。

37题，N_i是基本组合下的桩净反力设计值。

38. 正确答案是 D，解答如下：

根据《高规》附录C.0.1条：

查《高规》表4.3.7-2，取$T_g = 0.30$s。

$$T_1 = 1.2\text{s} > 1.4 T_g = 0.42\text{s}，则：$$

$$\delta_n = 0.08 T_1 + 0.07 = 0.08 \times 1.2 + 0.07 = 0.166$$

$$\Delta F_n = \delta_n F_{Ek} = \delta_n \cdot \alpha_1 G_{eq} = 0.166 \times 0.018 \times 0.85 \times 110000 = 279.4 \text{kN}$$

39. 正确答案是 C，解答如下：

丙类建筑、7度（0.15g）、I_1场地，由《高规》3.9.1条，按6度确定抗震构造措施的抗震等级。

框架结构，6度，$H = 37.5$m，查《高规》表3.9.3，其抗震构造措施的抗震等级为三级。

40. 正确答案是 B，解答如下：

$L = 2$m，假定为一字形短肢剪力墙，二级，由《高规》7.2.2条，取$[\mu_N] \leqslant 0.50 - 0.1 = 0.40$

由《高规》7.2.13条，及《抗震通规》4.3.2条：

$$N = 1.3 \times (1500 + 0.5 \times 3/5) \times 2 = 4049.5 \text{kN}$$

$$\frac{N}{f_c A} = \frac{N}{f_c \cdot b_w h_w} \leqslant [\mu_N] = 0.40$$

即：

$$b_w \geqslant \frac{N}{0.40 f_c h_w} = \frac{4049.5 \times 10^3}{0.40 \times 19.1 \times 2000} = 265 \text{mm}$$

取$b_w = 270$mm，$\frac{h_w}{b_w} = \frac{2000}{270} = 7.4 < 8$，为短肢剪力墙，

故原假定正确，最终取$b_w = 270$mm。

41. 正确答案是 B，解答如下：

首先，确定该结构为板柱-剪力墙结构。

7度、（0.1g）、丙类、I_1场地，根据《高规》3.9.1条，按6度确定抗震构造措施的抗震等级。

6度，$H = 6 + 4 \times 7 = 34$m，查《高规》表3.9.3，框架、板柱的抗震构造措施的抗震等级为三级；剪力墙的抗震构造措施的抗震等级为二级。

42. 正确答案是 D，解答如下：

根据《高规》8.1.9条：

板厚度$h \geqslant 200$mm，且$h \geqslant \frac{6000}{40} = 150$mm

故取$h \geqslant 200$mm。

43. 正确答案是 B，解答如下：

根据《高规》8.2.3条：

每个主轴方向通过柱截面的板底连续钢筋 $A_{sx}=A_{sy}$ 为：
$$A_{sx} \geqslant \frac{N_G}{2f_y} = \frac{600 \times 10^3}{2 \times 360} = 833 \text{mm}^2$$

选 7 Φ 14（$A_s=1077\text{mm}^2$），满足。

由《高规》8.2.4 条：

暗梁支座上部钢筋 A_{s1}：$3600 \times 50\% = 1800\text{mm}^2$，选 9 Φ 16（$A_s=1809\text{mm}^2$）

暗梁下部钢筋 A_{s2}：
$$A_{s2} \geqslant 1809 \times \frac{1}{2} = 905\text{mm}^2$$

选 9 Φ 14（$A_s=1385\text{mm}^2$），满足；同时，大于 7 Φ 14，也满足。

44. 正确答案是 B，解答如下：

由 41 题可知，剪力墙的抗震构造措施的抗震等级为二级。

由《高规》7.1.4 条，底层剪力墙属于底部加强部位。

根据《高规》7.2.14 条：

$$\mu_N = \frac{920 \times 10^3}{14.3 \times 300 \times 1000} = 0.214 < 0.30，故设置构造边缘构件。$$

由《高规》表 7.2.16：
$$A_s = \max(0.008A_c, 6 \Phi 14)$$
$$= \max[0.008 \times (600+300) \times 300, 923] = 2160\text{mm}^2$$

选用 12 Φ 16（$A_s=2413\text{mm}^2$），满足。

45. 正确答案是 C，解答如下：

丙类建筑，7 度（0.1g）、$H=34\text{m}$，I_1 场地，查《高规》表 3.9.3，剪力墙内力调整的抗震等级为二级。

由《高规》7.2.6 条：
$$V = 1.4 \times 600 = 840\text{kN}$$

46. 正确答案是 C，解答如下：

根据《高规》7.2.10 条：

$N=1931\text{kN}<0.2f_cb_wh_w=2187.9\text{kN}$，故取 $N=1931\text{kN}$。

$$810 \times 10^3 \leqslant \frac{1}{0.85}\left[\frac{1}{2.2-0.5}\left(0.4 \times 1.43 \times 300 \times 2250 + 0.1 \times 1931000 \times \frac{2250 \times 300}{1.215 \times 10^6}\right)\right.$$
$$\left. + 0.8 \times 270 \times \frac{A_{sh}}{s} \times 2250\right]$$

解之得：$\dfrac{A_{sh}}{s} \geqslant 0.82\text{mm}^2/\text{mm}$

取 $s=200\text{mm}$，则：$A_{sh} \geqslant 164\text{mm}$，单根筋 $A_{s1}=82\text{mm}$；选用 Φ 12（$A_{s1}=113.1\text{mm}^2$），满足，选 Φ12@100。

复核最小配筋率，由《高规》8.2.1 条：

抗震二级，$\rho \geqslant 0.25\%$。

Φ12@200 为：$\rho = \dfrac{2 \times 113.1}{300 \times 200} = 0.38\% > 0.25\%$，满足。

【41~46题评析】 41题、44题、45题，区分抗震构造措施采用的抗震等级，内力调整采用的抗震等级，两者不一定是相同。

43题，《高规》8.2.4条，暗梁下部钢筋应不小于上部钢筋（是指暗梁上部钢筋）的1/2。

47. 正确答案是D，解答如下：

连梁跨高比＝3.5/0.6＝5.8＞5，由《高规》7.1.3条，按框架梁设计。由《高规》6.3.5条：

$$\rho_{sv} = \frac{A_s}{bs} \geq 0.28 \frac{f_t}{f_{yv}} = 0.28 \times \frac{1.71}{270} = 0.177\%$$

当选用$\phi 8$时，$s \leq \dfrac{101}{250 \times 0.177\%} = 228$mm

加密区箍筋最大间距，由《高规》表6.3.2-2：

抗震二级，$s = \min\left(\dfrac{h_b}{4}, 8d, 100\right) = \min\left(\dfrac{600}{4}, 8 \times 25, 100\right) = 100$mm

故非加密区箍筋间距取为200mm，最终选$\phi 8@200$。

（注意，纵筋$2 \Phi 25$截面面积较小，故可以不复核$\rho_{纵}$是否大于2%）

48. 正确答案是B，解答如下：

根据《高规》7.2.27条：

连梁跨高比＝$\dfrac{2200}{950}$＝2.32＜2.5，则：

每侧腰筋截面面积$\geq \dfrac{1}{2} \times 0.3\% \times 300 \times (950-120-40) = 356$mm^2

选$4 \phi 12$（$A_s = 452$mm^2），并且其间距＜200mm，满足。

【47、48题评析】 47题，区分不同跨高比的连梁，其计算、配筋是不相同的，但是其腰筋配筋的规定是相同的。

48题，腰筋截面面积取bh_w进行计算，详见《混规》9.2.13条。

49. 正确答案是B，解答如下：

根据《高钢规》8.6.1条，应选（B）项。

【49题评析】 根据《高钢规》4.1.2条，（A）、（D）项正确；根据《高钢规》4.1.7条，（C）项正确。

50. 正确答案是B，解答如下：

根据《高钢规》8.4.1条：

$d = \min(1.2, 4/2) = 1.2$m，应选（B）项。

实战训练试题（五）解答与评析

（上午卷）

1. 正确答案是 C，解答如下：

根据《结通规》3.1.13 条：
$$V = 0.625 \times (1.3 \times 6 + 1.5 \times 0.5) \times 2 \times 7.2$$
$$= 76.95 \text{kN}$$

2. 正确答案是 A，解答如下：

距边支座 2.7m 处，增加的正弯矩值 $= \dfrac{2.7}{7.2} \times 128 \times 0.22 = 10.56 \text{kN} \cdot \text{m}$

距边支座 2.7m 处，调幅后的总弯矩值 $= 71.64 + 10.56 = 82.2 \text{kN} \cdot \text{m}$

3. 正确答案是 A，解答如下：

左、右端弯矩值相等，则梁 $\dfrac{1}{3}$ 跨度处（A 点），增加的正弯矩值 $= 271 \times 0.22 = 59.62 \text{kN} \cdot \text{m}$

梁 $\dfrac{1}{3}$ 跨度处（A 点），调幅后的总弯矩值 $= 97.3 + 59.62 = 156.92 \text{kN} \cdot \text{m}$

4. 正确答案是 D，解答如下：

根据《混规》9.2.11 条：
$$s = 2h_1 + 3b = 2 \times (600 - 40 - 500) + 3 \times 250 = 870 \text{mm}$$

由《结通规》3.1.13 条：
$$F = 1.3 \times 73 + 1.5 \times 58 = 181.9 \text{kN}$$
$$A_{sv} \geq \dfrac{F}{f_{yv} \sin 90°} = \dfrac{181.9 \times 10^3}{270 \times 1} = 674 \text{mm}^2$$

每边 3 φ10：$A_{sv} = 3 \times 2 \times 2 \times 78.5 = 942 \text{mm}^2$

每边 4 φ8：$A_{sv} = 4 \times 2 \times 2 \times 50.3 = 804.8 \text{mm}^2$

故（D）项满足。

5. 正确答案是 B，解答如下：

根据《混规》9.2.2 条：
$$V = 149 \text{kN} > 0.7 f_t b h_0 = 0.7 \times 1.43 \times 250 \times (500 - 40) = 115.1 \text{kN}$$

故锚固长度 $\geq 12d$

假定箍筋φ6，纵向钢筋的混凝土保护层厚度为 26mm 时，$d \leq \dfrac{300 - 26}{12} = 22.8 \text{mm}$

故（B）项不能满足。

6. 正确答案是 D，解答如下：

根据《混规》11.6.7 条及图 11.6.7：

由《混规》11.1.7条，二级抗震，取 $\xi_{aE}=1.15$

$$0.4l_{abE}=0.4\xi_{aE}l_{ab}=0.4\times1.15\times\left(0.14\times\frac{360}{1.43}\times20\right)=324.3\text{mm}$$

由《混规》9.3.4条第1款3），梁纵筋应伸到柱边，故取 $l_1=450\text{mm}$。
$l_2=15d=15\times20=300\text{mm}$，故选（D）项。

7. 正确答案是C，解答如下：

根据《混规》11.4.17条，查规范表11.4.17，取 $\lambda_v=0.15$。
C30＜C35，按C35计算，则：

$$\rho_v\geqslant\lambda_v\frac{f_c}{f_{yv}}=0.15\times\frac{16.7}{270}=0.928\%＞0.6\%$$

由《混规》11.4.14条：

抗震二级、角柱，沿全高加密，故应选（C）项。

8. 正确答案是C，解答如下：

根据《混规》11.3.1条、11.3.6条：

抗震二级，$x\leqslant0.35h_0=0.35\times(600-40)=196\text{mm}$

故取 $x=196\text{mm}＞2a'_s=80\text{mm}^2$

梁顶纵筋面积 $=\dfrac{1\times14.3\times300\times196+1473\times360}{360}=3808.7\text{mm}^2$

$1473/3808.7=0.387＞0.3$，满足《混规》11.3.6条第2款。

由《混规》6.2.10条：

$$M_u=\alpha_1 f_c bx\left(h_0-\frac{x}{2}\right)+f'_y A'_s(h_0-a'_s)$$

$$=1\times14.3\times300\times196\times\left(560-\frac{196}{2}\right)+360\times1473\times(560-40)$$

$$=664.21\text{kN}\cdot\text{m}$$

$$\frac{M_u}{\gamma_{RE}}=\frac{664.21}{0.75}=885.61\text{kN}\cdot\text{m}$$

【1～8题评析】 1题，次梁 L_1 的弯矩系数图、剪力系数图，见图5-1J、图5-2J所示。

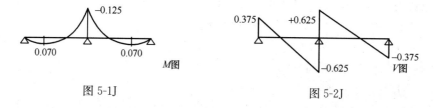

图5-1J　　　　　　　　图5-2J

2、3题，任意一跨框架梁，其跨中中点的弯矩值，在竖向荷载作用下的弯矩，其调幅前、调幅后的弯矩值存在如下关系：

$$M_{\text{中}0}=\frac{|M_{b,\text{前}}^{\text{左}}|+|M_{b,\text{前}}^{\text{右}}|}{2}+M_{\text{中,前}}=\frac{|M_{b,\text{后}}^{\text{左}}|+|M_{b,\text{后}}^{\text{右}}|}{2}+M_{\text{中,后}}$$

式中，$M_{\text{中}0}$为按简支梁计算的跨中弯矩。

框架梁的其他截面根据左、右梁端弯矩调幅值，按比例相应调整。

9. 正确答案是 B，解答如下：

根据《混规》6.6.1条、6.6.2条、附录 D.5.1：

$$\beta_l = \sqrt{\frac{A_b}{A_l}} = \sqrt{\frac{3 \times 500 \times 600}{500 \times 600}} = 1.732$$

$$\omega \beta_l f_{cc} A_l = 1 \times 1.732 \times (0.85 \times 14.3) \times 500 \times 600$$
$$= 6.32 \times 10^6 \text{N}$$

10. 正确答案是 C，解答如下：

根据《抗加规》6.3.8条，取折减系数 0.85

由《混规》11.4.7条：

$N=2100\text{kN}>0.3f_cA=1002\text{kN}$，取 $N=1002\text{kN}$

$\lambda=3.9>3$，取 $\lambda=3$

$$R = \frac{1.05}{3+1} \times 1.43 \times 400 \times 465 + 210 \times \frac{2 \times 50.3}{100} \times 465 + 0.056 \times 1002 \times 10^3$$
$$+ 0.85 \times \left[\frac{1.05}{3+1} \times 1.57 \times (500 \times 565 - 400 \times 500) + 210 \times \frac{A_{sv2}}{s_2} \times 565\right]$$
$$= 224168 + 28900 + 100852.5 \frac{A_{sv2}}{s_2}$$

$V \leqslant \psi_{1s}\psi_{2s}\dfrac{R}{\gamma_{Rs}}$，即：

$$530 \times 10^3 \leqslant 1 \times 1 \times \frac{1}{0.85} \times \left(224168 + 28900 + 100852.5 \frac{A_{sv2}}{s_2}\right)$$

可得：$A_{sv2}/s_2 \geqslant 1.96 \text{mm}^2/\text{mm}$

11. 正确答案是 D，解答如下：

取上人的屋面均布活荷载与雪荷载的较大者，与屋面恒载进行组合。

根据本题目图 5-7(b) 可知，檩条间距为 2.25m。

$$q_k = (6.5 + 2.0) \times 2.25 = 19.125 \text{kN/m}$$

$$v_T = \frac{5 q_k l^4}{384 EI} = \frac{5 \times 19.125 \times 6000^4}{384 \times 206 \times 10^3 \times 5976 \times 10^4} = 26.2 \text{mm}$$

$$\frac{v_T}{l} = \frac{26.2}{6000} = \frac{1}{229}$$

12. 正确答案是 D，解答如下：

根据《结通规》3.1.13条，取屋面活荷载计算：

$$q = (1.3 \times 6.5 + 1.5 \times 2) \times 2.25 = 25.8 \text{kN/m}$$

$$M_x = \frac{1}{8} q l^2 = \frac{1}{8} \times 25.8 \times 6^2 = 116.1 \text{kN} \cdot \text{m}$$

根据《钢标》6.1.1条、6.1.2条：

$$\frac{b}{t} = \frac{(150-4.5)/2}{8} = 9.1 < 13\varepsilon_k = 13\sqrt{235/345} = 10.7$$

$$\frac{h_0}{t_w} = \frac{300 - 2 \times 8}{4.5} = 63 < 93, \varepsilon_k = 93\sqrt{235/345} = 77$$

由表 3.5.1，截面等级满足 S3 级，取 $\gamma_x = 1.05$

$$\frac{M_x}{\gamma_x W_{nx}} = \frac{116.1 \times 10^6}{1.05 \times 398 \times 10^3} = 278 \text{N/mm}^2$$

13. 正确答案是 B，解答如下：

取研究对象如图 5-3J 所示。

$$R_A = R_B = \frac{8P}{2} = 4P = 4 \times 150 = 600 \text{kN}$$

对 4 节点取矩，则：

$$N_{9\text{-}10} \times 2.25 = 600 \times 6.75 - 0.5 \times 150 \times 6.75 - 150 \times 4.5 - 150 \times 2.25$$

即： $N_{9\text{-}10} = 1125 \text{kN}$（拉力）

$$\frac{N}{A_n} = \frac{1125 \times 10^3}{3852} = 292 \text{N/mm}^2$$

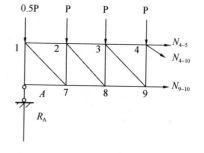

图 5-3J

14. 正确答案是 C，解答如下：

根据《钢标》7.4.1 条，取 $l_{0y} = 2250 \text{mm}$；由《钢标》7.2.2 条：

$$\lambda_y = \frac{l_{0y}}{i_y} = \frac{2250}{41.4} = 54.34$$

$$\lambda_z = 3.9 \frac{b}{t} = 3.9 \times \frac{90}{7} = 50.1 < \lambda_y，则：$$

$$\lambda_{yz} = 54.34 \left[1 + 0.16 \times \left(\frac{50.1}{54.34}\right)^2\right] = 61.7$$

15. 正确答案是 B，解答如下：

根据《钢标》7.4.1 条，平面内，$l_{0x} = 0.8l = 0.8 \times 2250 = 1800 \text{mm}$，$\lambda_x = \frac{l_{0x}}{i_x} = \frac{1800}{24.6} = 73.2$，又 $\lambda_{yz} = 64.7$（已知）

根据《钢标》表 7.2.1-1，对 x 轴、y 轴，均属于 b 类截面，故取 $\lambda_x = 73.2$ 计算；$\lambda = \lambda_x / \varepsilon_k = 88.7$，查《钢标》附录表 D.0.2，取 $\varphi = 0.63$。

$$\frac{N}{\varphi A} = \frac{375 \times 10^3}{0.63 \times 2172} = 274 \text{N/mm}^2$$

16. 正确答案是 C，解答如下：

$$N_{3\text{-}9} = \frac{600 - 0.5P - 2P}{\cos 45°} = \frac{600 - 0.5 \times 150 - 2 \times 150}{\cos 45°} = 318.2 \text{kN}$$

根据《钢标》11.2.2 条：

$$l = \frac{0.7 \times 318.2 \times 10^3}{2 \times 0.7 \times 6 \times 200} + 2 \times 6 = 145 \text{mm}$$

$l = 145 \text{mm} > 10h_f = 60 \text{mm}$，且 $< 62h_f = 372 \text{mm}$，满足。

17. 正解答案是 C，解答如下：

根据《钢标》7.2.6 条，双角钢为组合 T 形截面，则：

$$n = \frac{1950}{40i_x} - 1 = \frac{1950}{40 \times 15.1} - 1 = 2.2$$

故取 $n = 3$ 块。

【11~17 题评析】 11 题，2013 年出版的《建筑结构荷载规范理解与应用》（金新阳主编）一书指出："对于上人屋面，由于活荷载标准值普遍大于雪荷载，一般可不用考虑

雪荷载，特种大跨结构由于局部雪荷载较大，需慎重。"

15题，本题目，对 x 轴、对 y 轴均属于 b 类截面，故取 max（λ_x、λ_{yz}）进行计算；当对 x 轴、对 y 轴属于不同类别截面，则应分别求出 φ_x、φ_y，然后取 min（φ_x、φ_y）进行计算。

16题，区分焊缝计算长度、焊缝实际长度。

17题，本题目为双角钢组合 T 形截面，填板计算时，i_x 取值按《钢标》图 7.2.6。本题目假定为十字形截面填板数 $n=\dfrac{1950}{40 i_{y0}}-1=\dfrac{1950}{40\times 9.8}-1=3.97$，取 4 块。

18. 正确答案是 A，解答如下：

根据《门规》7.1.3 条：

$$l_{0x}=2.42\times 7500=18150\text{mm}, \lambda_1=\dfrac{18150}{279.31}=65$$

$$\bar{\lambda}_1=\dfrac{65}{\pi}\sqrt{\dfrac{235}{206000}}=0.7<1.2$$

$$\eta_t=\dfrac{4620}{6620}+\left(1-\dfrac{4620}{6620}\right)\cdot\dfrac{0.7^2}{1.44}=0.80$$

b 类，$\lambda_1/\varepsilon_k=65$，查《钢标》附表 D.0.2，取 $\varphi_x=0.780$

$$\dfrac{N_1}{\eta_t\varphi_x A_{e1}}=\dfrac{80\times 10^3}{0.80\times 0.780\times 6620}=19.4\text{N/mm}^2$$

19. 正确答案是 B，解答如下：

根据《门规》7.1.3 条：

由上一题可知，$\lambda_1=65$

$$N_{cr}=\dfrac{\pi^2\times 206\times 10^3\times 6620}{65^2}=3182.4\times 10^3\text{N}$$

$$\dfrac{\beta_{\max}M_1}{(1-N/N_{cr})W_{e1}}=\dfrac{1\times 120\times 10^6}{\left(1-\dfrac{80\times 10^3}{3182.4\times 10^3}\right)\times 1.4756\times 10^6}=83.4\text{N/mm}^2$$

20. 正确答案是 B，解答如下：

根据《门规》7.1.5 条：

$$l_{0y}=7500\text{mm}, \lambda_{1y}=\dfrac{7500}{40.154}=186.8$$

$$\bar{\lambda}_{1y}=\dfrac{186.8}{\pi}\sqrt{\dfrac{235}{206000}}=2.01>1.3$$

故取 $\eta_{ty}=1$

b 类，$\lambda_{1y}/\varepsilon_k=186.8$，查《钢标》附表 D.0.2，取 $\varphi_y=0.210$

$$\dfrac{N_1}{\eta_{ty}\varphi_y A_{e1}f}=\dfrac{80\times 10^3}{1\times 0.210\times 6620\times 215}=0.268$$

21. 正解答案是 B，解答如下：

根据《砌规》5.1.3 条：

弹性方案、无柱间支撑，柱上段，垂直排架方向，则：

$$H_0=1.25\times 1.25 H_u=1.25\times 1.25\times 2.5=3.906\text{m}$$

$$\beta = \frac{H_0}{h} = \frac{3906}{490} = 7.97$$

由《砌规》6.1.1 条注 3，$[\beta] = 1.3 \times 17$
故：$\mu_1 \mu_2 [\beta] = 1.0 \times 1.0 \times 1.3 \times 17 = 22.1 > 7.97$

22. 正解答案是 C，解答如下：

根据《砌规》5.1.3 条：

弹性方案、柱下段，排架方向，则：

$$H_0 = 1.0 H_l = 1 \times 5 = 5\text{m}$$

$$\frac{H_0}{h} = \frac{5000}{620} = 8.06$$

由《砌规》6.1.1 条：

$$\mu_1 \mu_2 [\beta] = 1 \times 1 \times 17 = 17 > 8.06$$

【21、22 题评析】 21 题、22 题，《砌规》表 5.1.3 注、《砌规》6.1.1 条注作了特殊规定。

23. 正确答案是 B，解答如下：

根据《砌规》10.5.4 条：

$$N = 1300 \text{kN} > 0.2 f_g b h = 0.2 \times 5 \times 190 \times 5100 = 969 \text{kN}$$

故取 $N = 969 \text{kN}$。

$$f_{vg} = 0.2 f_g^{0.55} = 0.2 \times 5^{0.55} = 0.485 \text{MPa}$$

$$\lambda = \frac{M}{V h_0} = \frac{500}{180 \times 4.8} = 0.579 < 1.5，取 \lambda = 1.5。$$

$$\frac{1}{\gamma_{RE}} \left[\frac{1}{\lambda - 0.5} \left(0.48 f_{vg} b h_0 + 0.1 N \frac{A_w}{A} \right) \right]$$

$$= \frac{1}{0.85} \cdot \left[\frac{1}{1.5 - 0.5} (0.48 \times 0.485 \times 190 \times 4800 + 0.1 \times 969000 \times 1) \right]$$

$$= 363.8 \text{kN}$$

24. 正确答案是 D，解答如下：

根据《砌规》9.2.2 条：

$$\beta = \gamma_\beta \frac{H_0}{h} = 1 \times \frac{3600}{190} = 18.95$$

$$\varphi_{0g} = \frac{1}{1 + 0.001 \beta^2} = \frac{1}{1 + 0.001 \times 18.95^2} = 0.736$$

$$\varphi_{0g} (f_g A + 0.8 f'_y A'_s) = 0.736 \times (5 \times 190 \times 5100 + 0.8 \times 360 \times 2412)$$
$$= 4077 \text{kN}$$

【23、24 题评析】 23 题，$\lambda = \frac{M}{V h_0}$，其中，$M$、$V$ 是指未经内力调整的地震组合的设计值。同时，$\lambda \geq 1.5$，且 $\lambda \leq 2.2$。

此外，《抗规》附录 F.2.4 条规定：

$$0.5 V_w \leq \frac{1}{\gamma_{RE}} \left(0.72 f_{yh} \frac{A_{sh}}{s} h_0 \right)$$

25. 正确答案是 C，解答如下：

查《木标》表 4.3.1-3，取 $f_t=8.0\text{N/mm}^2$。

根据《木标》4.3.2 条，强度值提高 10%；《木标》表 4.3.9-1 和表 4.3.9-2，强度值分别调整 0.8 和 1.05，则：
$$f_t = 8.0 \times 1.1 \times 0.8 \times 1.05 = 7.392\text{N/mm}^2$$

根据《木标》5.1.1 条：
$$f_t A_n = 7.392 \times (180 \times 180 - 20 \times 180) = 212.9\text{kN}$$

（下午卷）

26. 正确答案是 C，解答如下：

根据《地处规》3.0.4 条：

取 $\eta_b = 0$，$\eta_d = 1.0$。
$$f_a = f_{ak} + \eta_d \gamma_m (d - 0.5)$$
$$= 140 + 1 \times 16 \times (1.5 - 0.5) = 156\text{kPa}$$

27. 正确答案是 C，解答如下：

根据《地处规》表 4.2.2：

$z/b = \dfrac{1.5}{3.6} = 0.42$，碎石，取 $\theta = 20° + \dfrac{0.42 - 0.25}{0.50 - 0.25} \times (30° - 20°) = 26.8°$

$$b' \geq b + 2z\tan\theta = 3.6 + 2 \times 1.5 \tan 26.8° = 5.12\text{m}$$
$$b' \geq b + 2 \times 0.3 = 3.6 + 0.6 = 4.2\text{m}$$

最终取 $b' \geq 5.12\text{m}$。

28. 正确答案 B，解答如下：

根据《地处规》4.2.2 条：
$$p_z = \frac{bl(p_k - p_c)}{(b + 2z\tan\theta) \cdot (l + 2z\tan\theta)}$$
$$= \frac{3.6 \times 3.6 \times (130 - 1.5 \times 16)}{(3.6 + 2 \times 1.5\tan 26.8°) \times (3.6 + 2 \times 1.5\tan 26.8°)}$$
$$= 52.5\text{kPa}$$

29. 正确答案是 B，解答如下：

根据《地处规》4.2.2 条，仅深度修正，则：

粉质黏土，$e = 0.9$，$I_L = 1.0$，查《地规》表 5.2.4，取 $\eta_d = 1.0$。
$$f_{az} = f_{ak} + \eta_d \gamma_m (d - 0.5)$$
$$= 100 + 1.0 \times 16 \times (3 - 0.5) = 140\text{kPa}$$

【26～29 题评析】 26 题，《地处规》3.0.4 条对大面积压实填土地基作了特殊规定，其他处理地基（包括复合地基），取 $\eta_b = 0$，$\eta_d = 1.0$。

27 题，应复核最小构造要求：$b' \geq b + 2 \times 0.3$。

29题，根据《地处规》4.2.2条，f_{az}仅进行深度修正，并且γ_m取原状土进行计算，这是因为换垫土层仅是局部范围。

30. 正确答案是 B，解答如下：

根据《桩规》5.3.8条：

$d_1 = 0.4 - 2 \times 0.065 = 0.27\text{m}$，$h_b/d_1 = 2000/270 = 7.4 > 5$，故取$\lambda_p = 0.8$。

$$Q_{uk} = u\sum q_{sik}l_i + q_{pk}(A_j + \lambda_p A_{pl})$$

$$= \pi \times 0.4 \times (50 \times 3 + 20 \times 4.5 + 60 \times 2)$$

$$+ 1800 \times \left[\frac{\pi}{4} \times (0.4^2 - 0.27^2) + 0.8 \times \frac{\pi}{4} \times 0.27^2\right]$$

$$= 657.6\text{kN}$$

由《桩规》5.2.2条：

$$R_a = \frac{Q_{uk}}{2} = 328.8\text{kN}$$

31. 正确答案是 C，解答如下：

根据《桩规》5.2.5条：

$$A_c = \frac{A - nA_{ps}}{n} = \frac{2.4 \times 2.4 - 4 \times \frac{\pi}{4} \times 0.4^2}{4} = 1.314\text{m}^2$$

$$R = 350 + 0.15 \times 120 \times 1.314 = 373.7\text{kN}$$

32. 正确答案是 C，解答如下：

根据《桩规》5.1.1条：

$$N_{max} = \frac{F_k + G_k}{n} + \frac{M_{xk}y_i}{\sum y_i^2}$$

$$= \frac{1100 + 2.4 \times 2.4 \times 1.4 \times 20}{4} + \frac{240 \times 0.8}{4 \times 0.8^2}$$

$$= 390\text{kN}$$

33. 正确答案是 D，解答如下：

根据《桩规》7.4.6条，(D)项错误，应选(D)项。

此外，根据《桩规》7.2.3条，(A)项正确。

根据《桩规》7.2.2条，(B)项正确。

根据《桩规》7.5.7条，(C)项正确。

【30～33题评析】 30题，《桩规》印刷有误，《桩规》式(5.3.8-2)中d均应为d_1；式(5.3.8-3)中d应为d_1。

32题，M_{xk}、M_{yk}的方向决定了其相应的x_i、y_i值。

34. 正确答案是 B，解答如下：

根据《地规》8.1.1条：

$p_k = 120\text{kPa}$，混凝土基础，取$\tan\alpha = 1.0$。

$$\therefore H_0 \geqslant \frac{b-b_0}{2\tan\alpha} = \frac{1.5-0.72}{2\times 1} = 0.39\text{m}$$

35. 正确答案是 B，解答如下：

根据《地规》8.1.1 条及其条文说明，应选（B）项。

36. 正确答案是 B，解答如下：

根据《地规》9.3.3 条，（B）项错误，应选（B）项。

【36 题评析】 根据《地规》9.1.6 条，（A）项正确。

根据《地规》9.4.5 条，（C）项正确。

根据《地规》9.6.8 条，（D）项正确。

37. 正确答案是 C，解答如下：

根据《桩规》5.4.5 条、5.4.6 条：

$$u_i = 2 \times \left[27.6 - 2 \times \left(0.8 - \frac{0.6}{2}\right) + 37.2 - 2 \times \left(0.8 - \frac{0.6}{2}\right)\right]$$

$$= 2 \times (26.6 + 36.2) = 125.6\text{m}$$

$$T_{gk} = \frac{1}{192} \times 125.6 \times (0.7 \times 40 \times 10 + 0.6 \times 60 \times 3) = 253.8\text{kN}$$

$$G_{gp} = \frac{1}{192} \times 26.6 \times 36.2 \times 13 \times (18.0 - 10) = 521.6\text{kN}$$

$$N_k = \frac{T_{gk}}{2} + G_{gp} = \frac{253.8}{2} + 521.6 = 648.5\text{kN}$$

38. 正确答案是 C，解答如下：

根据《荷规》表 8.3.1 项次 30，其体型系数，见图 5-4J 所示。

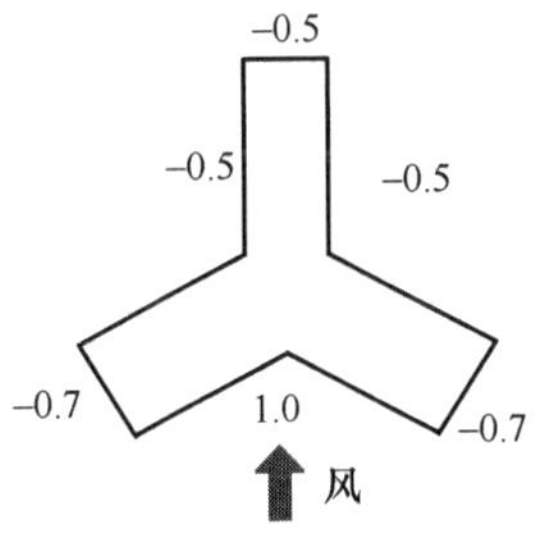

$H = 34\text{m} < 60\text{m}$，根据《高规》4.2.2 条规定，取 $w_0 = 0.55\text{kN/m}^2$。

34m 处垂直于风向的建筑投影宽度内风荷载标准值 q_k（kN/m）为：

$$q_k = w_k \cdot \beta_i = \beta_z \sum (\mu_{si} B_i) \cdot \mu_z w_0$$

$$= 1.6 \times (11.042 \times 2 \times 1.0 - 4.850 \times 2 \times 0.7 + 31.784 \times 0.5) \times 1.55 \times 0.55$$

$$= 42.54\text{kN/m}$$

$$V_k = \frac{1}{2} q_k H = \frac{1}{2} \times 42.54 \times 34 = 723.2\text{kN}$$

图 5-4J

由《结通规》3.1.13 条：

$$V = 1.5 V_k = 1.5 \times 723.2 = 1084.8\text{kN}$$

39. 正确答案是 D，解答如下：

根据《高规》4.3.2 条第 1 款，如图 5-5J 所示，6 个方向，应选（D）项。

40. 正确答案是 D，解答如下：

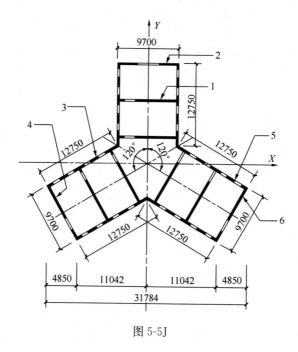

图 5-5J

7度，丙类，$H=34$m，查《高规》表 3.9.3，剪力墙的内力计算采用的抗震等级为三级。

7度（0.15g），丙类，Ⅲ类场地，由《高规》3.9.2 条，按 8 度确定其抗震构造措施的抗震等级；查《高规》表 3.9.3，剪力墙的抗震构造措施采用的抗震等级为二级。

【38～40题评析】 38题，风荷载计算$\sum(\mu_{si}B_i)$时，采用垂直于风的建筑投影宽度进行计算。本题目，$H<60$m，按承载力设计时，故w_0不乘以 1.1 增大系数。

41. 正确答案是 B，解答如下：

根据《高规》附录 C.0.1 条：

$$F_{Ek}=\alpha_1 \cdot 0.85 G_E = 0.0459 \times 0.85 \times 110310 = 4303.7 \text{kN}$$

$T_1=1.0\text{s}>1.4T_g=1.4\times 0.35=0.49\text{s}$，则：

$$\delta_n=\delta_{10}=0.08T_1+0.07=0.15$$

$$F_{9k}=\frac{G_9 H_9}{\sum_{j=1}^{10} G_j H_j} F_{Ek}(1-\delta_n)$$

$$=\frac{267940}{2161314}\times 4303.7 \times (1-0.15)=454\text{kN}$$

42. 正确答案是 B，解答如下：

根据《抗规》5.2.4 条：

第 11 层： $V_{Ek11}=3\times 85.3=255.9\text{kN}$

第 10 层：$V_{Ek10}=F_{11}+(F_{10}+\Delta F_{10})=85.3+(682.3+910.7)=1678.3\text{kN}$

43. 正确答案是 D，解答如下：

根据《抗规》5.5.2 条、5.5.3 条，及《抗规》表 5.5.3 条，应选（D）项。

此外,对于(C)项:$\xi_y=(1+5\%)\times0.45=0.43<0.50$,故需进行弹塑性变形验算,故(C)项错误。

44. 正确答案是 D,解答如下:

根据《高规》5.6.4 条,及《抗震通规》4.3.2 条:
$$M=1.3\times(190+0.5\times94)+1.4\times133=494.3\text{kN}\cdot\text{m}$$

一级,框架结构,根据《高规》6.2.2 条:
$$M=1.7\times494.3=840.3\text{kN}\cdot\text{m}$$

45. 正确答案是 C,解答如下:

根据《高规》6.2.9 条:
$$f_{yv}=300\text{N/mm}^2,\ s=200\text{mm}$$

$$f_{yv}\frac{A_{sv}}{s}h_0\geqslant\gamma_{RE}V-\frac{1.05}{\lambda+1}f_tbh_0+0.2N$$
$$=0.85\times650\times10^3-169.3\times10^3+0.2\times340\times10^3$$
$$=451.2\times10^3>0.36f_tbh_0=203.1\times10^3$$

故:
$$f_{yv}\frac{A_{sv}}{s}h_0\geqslant451.2\times10^3$$

解之得:
$$A_{sv}\geqslant547\text{mm}^2$$

46. 正确答案是 C,解答如下:

(A)项:纵筋直径 32mm>600/20=30mm,不满足《高规》6.3.3 条第 3 款。

(B)项:一级,$A_{s底}/A_{s顶}=4/9=0.44<0.5$,不满足《高规》6.3.2 条第 3 款。

(C)项:$\rho_上<2.5\%$,$\rho_下<2.5\%$,满足。

$A_{s底}/A_{s顶}=4/7=0.57>0.5$,满足。

纵筋直径 28mm<600/20=30mm,满足。

由提示,满足《高规》6.3.2 条第 1、2 款的要求,故选(C)项。

【41~46 题评析】 42 题,顶部附加水平地震作用 ΔF_n 作用在第 10 层处。

45 题,应复核 $f_{yv}\frac{A_{sv}}{s}h_0\geqslant451.2\times10^3\text{N}$ 时,$f_{yv}\frac{A_{sv}}{s}h_0\geqslant0.36f_tbh_0=203.1\times10^3$,即:取 max(451.2kN,203.1kN)进行配箍计算。

46 题,受压区高度 x:
$$x=\frac{f_yA_s-f'_yA'_s}{\alpha_1f_cb}=\frac{360\times4310-360\times2463}{1\times19.1\times600}=58\text{mm}$$

$$\frac{x}{h_0}=\frac{58}{560}=0.10<0.25,\text{满足《高规》}6.3.2\text{ 条第 1 款}。$$

47. 正确答案是 C,解答如下:

连梁跨高比$=\frac{1.5}{0.7}=2.14<5$,由《高规》7.2.27 条,查《高规》表 6.3.2-2。

一级,箍筋最小直径为 $\phi10$,最大间距为 100mm,故(A)项错误。

由题目条件,$\rho_纵\leqslant2\%$,箍筋最小直径为 $\phi10$。

根据《高规》7.2.27 条第 4 款,$L_n/h=2.14$,要求腰筋 $\rho\geqslant0.3\%$,故(B)项错误。

(C)、(D)均满足,并且(C)经济,最终选(C)项。

48. 正确答案是 A，解答如下：

由 47 题可知，连梁 $L_n/h=2.14<2.5$，由《高规》7.2.23 条。

$$V_{max} = \frac{1}{\gamma_{RE}}(0.15\beta_c f_c b_b h_{b0}) = \frac{1}{0.85} \times 3781.8 = 667.4\text{kN}$$

由《高规》7.2.21 条，已知 $M_b^l = M_b^r$，$V_{Gb}=0$，则：

$$V = \eta_{vb}\frac{M_b^l + M_b^r}{L_n} + V_{Gb} = \eta_{vb}\frac{2M_b^r}{L_n} \leq V_{max}$$

$$M_b^r \leq \frac{667.4 \times 1.5}{1.3 \times 2} = 385\text{kN}\cdot\text{m}$$

由提示，可知：

$$A_s = \frac{\gamma_{RE} M_b^r}{0.9 f_y h_{b0}} = \frac{0.75 \times 385 \times 10^6}{0.9 \times 360 \times 660} = 1350\text{mm}^2$$

【47、48 题评析】 47 题，腰筋采用 Φ10@200 时，也满足《高规》7.2.27 条中腰筋间距要求：$s \leq 200\text{mm}$。

48 题，连梁纵向受力钢筋的计算公式，见《混规》11.7.7 条。

49. 正确答案是 B，解答如下：

根据《高规》12.1.7 条：

$H/B = 58.4/14 = 4.2 > 4$，则：

$$p_{k,min} = \frac{N_k}{A} - \frac{M_k}{W} \geq 0$$

$$\frac{165900}{42B_j} - \frac{396000 + 9600 \times 4}{\frac{1}{6} \times 42 \times B_j^2} \geq 0$$

解之得：$B_j \geq 15.7\text{m}$。

50. 正确答案是 C，解答如下：

根据《高钢规》8.3.3 条，$h_e \geq 5\text{mm}$，故（C）项错误，应选（C）项。

【50 题评析】 根据《高钢规》8.1.2 条，(A) 项正确；根据《高钢规》8.1.4 条，(B) 项正确；根据《高钢规》8.3.6 条，(D) 项正确。

实战训练试题（六）解答与评析

（上午卷）

1. 正确答案是 D，解答如下：

两台吊车在吊车梁上产生的最大弯矩的位置，如图 6-1J 所示，为 C 点处：

$$a = B - W = 5.92 - 4 = 1.92\text{m}$$

反力 R_A：

$$R_A = \frac{2 \times 109.8 \times \left(\frac{5.8}{2} - \frac{1.92}{4}\right)}{5.8} = 91.626\text{kN}$$

C 点处 $M_{\max,k}$ 为：

$$M_{\max,k} = 91.626 \times \left(\frac{5.8}{2} - \frac{1.92}{4}\right) = 221.73\text{kN} \cdot \text{m}$$

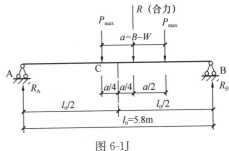

图 6-1J

根据《荷规》6.3.1 条，《结通规》3.1.13 条：

$$M_{\max} = 1.05 \times 1.5 \times 221.73 = 349.2\text{kN} \cdot \text{m}$$

2. 正确答案是 B，解答如下：

根据《混规》6.7.2 条：

取 1 台吊车进行计算。由《荷规》6.3.1 条，取动力系数为 1.05。

$W = 4.0\text{m} > \frac{l_0}{2} = \frac{5.8}{2}\text{m}$，故 1 台吊车车轮位于梁的中央时，其另一车轮位于梁外，故跨中弯矩值为最大，则：

$$M_k^f = 1.05 \times \frac{1}{4} P_{\max} l_0 = 1.05 \times \frac{1}{4} \times 109.8 \times 5.8$$
$$= 167.2\text{kN} \cdot \text{m}$$

3. 正确答案是 C，解答如下：

根据《混规》7.1.2 条：

$$d_{eq} = \frac{\sum n_i d_i^2}{\sum n_i v_i d_i} = \frac{3 \times 20^2 + 4 \times 16^2}{3 \times 1 \times 20 + 4 \times 1 \times 20} = 17.9\text{mm}$$

$$\rho_{te} = \frac{A_s}{A_{te}} = \frac{1746}{0.5 \times 160 \times 900} = 0.024 > 0.01$$

吊车梁直接承受重复荷载，取 $\psi = 1.0$。

$$w_{\max} = \alpha_{cr} \psi \frac{\sigma_{sq}}{E_s}\left(1.9 c_s + 0.08 \frac{d_{eq}}{\rho_{te}}\right)$$
$$= 1.9 \times 1 \times \frac{210}{2 \times 10^5} \times \left(1.9 \times 30 + 0.08 \times \frac{17.9}{0.024}\right)$$
$$= 0.2327\text{mm}$$

4. 正确答案是 B，解答如下：

根据《混规》表 3.4.5 注 2，取裂缝宽度限值为 0.20mm。

故应选（B）项。

【1～4 题评析】 1 题，1 根吊车梁布置的吊车车轮数量应结合吊车梁计算跨度、吊车轮距、吊车宽度进行确定。

3 题，注意取 $\psi=1.0$。此外，不作疲劳验算的情况见《混规》3.3.1 条条文说明。

4 题：当预制构件为专业企业生产，进现场检验时，应执行《混验规》附录表 B.1.5，取 $[w_{max}] = 0.15$mm。

5. 正确答案是 B，解答如下：

根据《混规》9.7.6 条：

$$1 个吊环的单个截面面积 \geq \frac{15 \times 10^3}{3 \times 2 \times 65} = 38.5 \text{mm}^2$$

选 $\phi 8$（$A_s = 50.3\text{mm}^2$），满足。

6. 正确答案是 D，解答如下：

根据《混规》9.7.3 条、9.7.2 条：

$$\alpha_v = (4-0.08d)\sqrt{\frac{f_c}{f_y}} = (4-0.08\times12)\sqrt{\frac{14.3}{300}} = 0.664 < 0.7$$

故取 $\alpha_v = 0.664$。

$$V_u = \frac{A_{sb}f_y + 1.25\alpha_v A_s f_y}{1.4} = \frac{226\times300 + 1.25\times0.664\times452\times300}{1.4}$$
$$= 128.8\text{kN}$$

7. 正确答案是 C，解答如下：

根据《混规》9.7.4 条、8.3.1 条：

$$l_a = \xi_a l_{ab} = 1.0\times\left(0.14\times\frac{300}{1.43}\times12\right) = 352\text{mm}$$

【6、7 题评析】 6 题，《混规》9.7.3 条式（9.7.3）中 f_y 取值：$f_y \leq 300\text{N/mm}^2$。

8. 正确答案是 A，解答如下：

根据《抗规》6.3.7 条第 2 款，底层柱柱根不能采用 150mm，故排除（B）项。

根据《抗规》表 6.3.9，取 $\lambda_v = 0.15$；C30 < C35，按 C35。

$$[\rho_v] = \lambda_v \frac{f_c}{f_{yv}} = 0.15\times\frac{16.7}{270} = 0.928\% > 0.6\%$$

箍筋选用 $\phi 10$，则：

$$\rho_v = \frac{(500-2\times30+10)\times8\times78.5}{(500-2\times30)^2\cdot s} \geq 0.928\%$$

则：$s \leq 150.3$mm，选用 $\phi 10@100$，满足。

箍筋选用 $\phi 8$，则：

$$\rho_v = \frac{(500-2\times30+8)\times8\times50.3}{(500-2\times30)^2\cdot s} > 0.928\%$$

则：$s \leq 100$mm，选用 $\phi 8@100$，满足。

最终选φ8@100，应选（A）项。

9. 正确答案是 B，解答如下：

根据《混规》6.2.4 条：

$$\zeta_c = \frac{0.5 f_c A}{N} = \frac{0.5 \times 14.3 \times 500 \times 500}{1920 \times 10^3} = 0.931 < 1.0，取 \zeta_c = 0.931$$

$$h_0 = 500 - 45 = 455\text{mm}，e_a = \max\left(\frac{500}{30}, 20\right) = 20\text{mm}，l_c = 3.6 + 1 = 4.6\text{m}$$

$$\eta_{ns} = 1 + \frac{1}{1300(M_2/N + e_a)/h_0}\left(\frac{l_c}{h}\right)^2 \cdot \zeta_c$$

$$= 1 + \frac{1}{1300\left(\frac{430 \times 10^3}{1920} + 20\right)/455}\left(\frac{4.6}{0.5}\right)^2 \times 0.931$$

$$= 1.113$$

10. 正确答案是 A，解答如下：

根据《混规》6.2.17 条：

由上一题可知：$h_0 = 455\text{mm}$，$e_a = 20\text{mm}$。

$$x = \frac{\gamma_{RE} N}{\alpha_1 f_c b} = \frac{0.8 \times 1920 \times 10^3}{1 \times 14.3 \times 500} = 215\text{mm} < \xi_b h_0 = 236\text{mm}，且$$
$$> 2a'_s = 90\text{mm}$$

$$e_i = e_0 + e_a = \frac{M}{N} + 20 = \frac{490 \times 10^3}{1920} + 20 = 275\text{mm}$$

$$e = e_i + \frac{h}{2} - a_s = 275 + \frac{500}{2} - 45 = 480\text{mm}$$

$$A'_s = \frac{\gamma_{RE} Ne - \alpha_1 f_c bx\left(h_0 - \frac{x}{2}\right)}{f'_y(h_0 - a'_s)}$$

$$= \frac{0.8 \times 1920 \times 10^3 \times 480 - 1 \times 14.3 \times 500 \times 215 \times \left(455 - \frac{21.5}{2}\right)}{360 \times (455 - 45)}$$

$$= 1376\text{mm}^2$$

【8～10题评析】 8题，区分底层框架柱箍筋加密区在柱上端、柱下端（柱根）的不同规定。

9题，《混规》6.2.4 条、6.2.3 条中计算长度 l_c 取值，它不同于《混规》6.2.20 条中计算长度 l_0。比如：对于框架柱，l_c 针对偏压情况，l_0 针对轴心受压情况。

11. 正确答案是 C，解答如下：

根据《钢标》7.4.1 条：

$$\lambda_x = \frac{0.8l}{i_x} = \frac{0.8 \times 3806}{31} = 98.2$$

查《钢标》表 7.2.1-1，对 x 轴、y 轴均为 b 类截面；查附录表 D.0.2，取 $\varphi_x = 0.567$。

平面内： $N_u = \varphi_x A f = 0.567 \times 2390 \times 215 = 291.4 \text{kN}$

12. 正确答案是 C，解答如下：

根据《钢标》7.4.3 条：

$$l_0 = l_1 \left(0.75 + 0.25 \frac{N_2}{N_1}\right) = 6007 \times \left(0.75 + 0.25 \times \frac{620}{860}\right)$$
$$= 5587 \text{mm}$$

$$\lambda_y = \frac{l_{0y}}{i_y} = \frac{5587}{69.2} = 80.7$$

13. 正确答案是 D，解答如下：

根据《钢标》表 7.4.1-1 及其注 2：

$$l_0 = 0.9l = 0.9 \times 2643 = 2379 \text{mm}$$

$$\lambda_{y1} = \frac{l_0}{i_{y1}} = \frac{2379}{21.3} = 112$$

查《钢标》表 7.2.1-1，对 x 轴、y 轴均为 b 类截面，故取 $\lambda_{y1} = 112$ 计算；查附录表 D.0.2，取 $\varphi = 0.481$。

$$\frac{N}{\varphi A} = \frac{95 \times 10^3}{0.481 \times 10.83 \times 10^2} = 182.4 \text{N/mm}^2$$

14. 正确答案是 A，解答如下：

计算长度 l_w 为：

$$l_w = \frac{0.7N}{2 \times 0.7 h_f f_f^w} = \frac{0.7 \times 475 \times 10^3}{2 \times 0.7 \times 10 \times 160} = 148 \text{mm}$$

15. 正确答案是 B，解答如下：

根据《钢标》12.2.1 条：

$$\alpha_1 = 47°, \quad \eta_1 = \frac{1}{\sqrt{1 + 2\cos^2 47°}} = 0.72$$

$$\alpha_2 = 38°, \quad \eta_2 = \frac{1}{\sqrt{1 + 2\cos^2 38°}} = 0.67$$

$$\frac{N}{\Sigma(\eta_i A_i)} = \frac{320 \times 10^3}{(0.72 \times 100 + 80 + 0.67 \times 125) \times 12} = 113 \text{N/mm}^2$$

【11~15 题评析】 11 题，本题目仅计算平面内稳定验算的情况，故仅提供了 i_x 值。12 题，本题目仅求 λ_y 值，但当计算 φ_y 时，应采用换算长细比 λ_{yz} 值。

16. 正确答案是 D，解答如下：

带肋板的跨中弯矩设计值：$M = \frac{1}{8} q l^2 = \frac{1}{8} \times (8 \times 0.6) \times 2^2 = 2.4 \text{kN} \cdot \text{m}$

根据《钢标》6.1.1 条、6.1.2 条：

截面等级为 S4 级，取 $\gamma_x = 1.0$。

$$\frac{M_x}{\gamma_x W_{nx}} = \frac{2.4 \times 10^6}{1.0 \times \frac{87.4 \times 10^4}{86 - 16.2}} = 191.7 \text{N/mm}^2$$

17. 正确答案是 D，解答如下：
支座反力 R_A：
$$R_A = 2P + \frac{ql}{2} = 2 \times 56 + \frac{8 \times 6}{2} = 136 \text{kN}$$
$$M_{\max} = 136 \times 3 - 56 \times 1.75 - 8 \times 3 \times 1.5 = 274 \text{kN} \cdot \text{m}$$
根据《钢标》6.1.1、6.1.2 条：
$$\frac{M_x}{\gamma_x W_{nx}} = \frac{274 \times 10^6}{1.05 \times 1300 \times 10^3} = 200.7 \text{N/mm}^2$$

18. 正确答案是 C，解答如下：
根据《钢标》11.4.2 条：
$$N_v^b = 0.9 k n_f \mu P = 0.9 \times 1 \times 1 \times 0.35 \times 155 = 48.8 \text{kN}$$
螺栓数：$n = \frac{1.3 \times 136}{48.8} = 3.6$ 个，故取 4 个。

19. 正确答案是 D，解答如下：
GJ-1 为有侧移框架，则根据《钢标》附录表 E.0.2 及其注：
$$K_1 = \frac{71400/7500}{49200/4500} = 0.87, \quad K_2 = 0.1$$
查《钢标》附录表 E.0.2，取 $\mu = 1.95$。

20. 正确答案是 A，解答如下：
根据《钢标》8.2.1 条：
$$\lambda_y = \frac{l_{0y}}{i_y} = \frac{4500}{95.2} = 47.3$$

轧制 H 型钢，$\frac{b}{h} = \frac{402}{388} = 1.04 > 0.8$，查《钢标》表 7.2.1-1 及注，对 y 轴属于 c 类截面；查附录表 D.0.3，取 $\varphi_y = 0.792$。

由《钢标》附录 C.0.5 条：
$$\varphi_b = 1.07 - \frac{47.3^2}{44000 \varepsilon_k^2} = 1.02 > 1.0, \text{故取} \varphi_b = 1.0。$$

$$\frac{N}{\varphi_y A} + \eta \frac{\beta_{tx} M_x}{\varphi_b W_x} = \frac{272 \times 10^3}{0.792 \times 179.2 \times 10^2} + 1.0 \times \frac{0.65 \times 235 \times 10^6}{1.0 \times 2540 \times 10^3}$$
$$= 79.3 \text{N/mm}^2$$

【16～20 题评析】 20 题，《钢标》附录 C 中的 φ_b 值应满足：$\varphi_b \leqslant 1.0$。此外，《钢标》附录 C.0.5 条中的 φ_b 值，查 $\varphi_b > 0.6$ 时，不需要换算。

21. 正确答案是 D，解答如下：
根据《砌规》5.1.3 条：
$$H = 5 + 0.3 + 0.5 = 5.8 \text{m}$$
排架方向： $H_0 = 1.2H = 1.2 \times 5.8 = 6.96 \text{m}$
$$\beta = \frac{H_0}{h} = \frac{6.96}{0.62} = 11.2$$

22. 正确答案是 A，解答如下：

根据《砌规》表 3.2.1-1，取 $f=1.50\text{MPa}$。
$A=0.49\times 0.62=0.3038\text{m}^2>0.3\text{m}^2$，故 f 不调整。
由《砌规》5.1.3 条表 5.1.3 注 3：
$H=5+0.3+0.5=5.8\text{m}$
垂直排架方向： $H_0=1.25\times 1.0H=1.25\times 1.0\times 5.8=7.25\text{m}$

$$\beta=\gamma_\beta\frac{H_0}{h}=1.0\times\frac{7.25}{0.49}=14.8$$

$e/h=0$，查规范附录表 D.0.1-1，则：

$$\varphi=0.77-\frac{14.8-14}{16-14}\times(0.77-0.72)=0.75$$

$$\varphi fA=0.75\times 1.50\times 490\times 620=342\text{kN}$$

【21、22 题评析】 排架柱计算 β 值，应注意 H_0 及相应的 h 的取值，当为变截面的排架柱时，更应注意 H_0、h 的取值应相互对应。

22 题，应复核无筋砖柱截面面积 A 与 0.3m^2 的大小。

23. 正确答案是 C，解答如下：

查《砌规》表 3.2.1-1，取 $f=1.50\text{MPa}$。
查《砌规》表 3.2.5-1，取 $E=1600f=1600\times 1.50=2400\text{MPa}$。

$$I_c=\frac{1}{12}\times 240\times 180^3=1.1664\times 10^8\text{mm}^4$$

根据《砌规》5.2.6 条：

$$h_0=2\sqrt[3]{\frac{E_cI_c}{Eh}}=2\times\sqrt[3]{\frac{2.55\times 10^4\times 1.1664\times 10^8}{2400\times 2400}}$$

$=345.7\text{mm}$

24. 正确答案是 B，解答如下：

根据《抗加规》表 5.3.2-1，取 $\eta_0=1.52$

$$\eta_{pij}=\frac{240}{240}\times(1.52+0)=1.52$$

由 5.1.4 条：

$$\beta_s=1.52\times 0.9\times 1\times 0.86=1.18$$

25. 正确答案是 B，解答如下：

根据《木标》10.2.4 条，(B) 项错误，应选 (B) 项。

(下午卷)

26. 正确答案是 B，解答如下：

根据《地规》5.2.1 条、5.2.2 条：

基础和填土自重，取其埋深的平均值 $d_{平}=\frac{1.5+1.7}{2}=1.6\text{m}$。

$$f_a \geqslant \frac{F_k+G_k}{A} = \frac{F_{Gk}+F_{Qk}}{b} + \gamma_G d_\Psi = \frac{280+122}{2} + 20 \times 1.6 = 233\text{kPa}$$

27. 正确答案是 B，解答如下：

根据《结通规》3.1.13 条：

地基净反力 p_j：$\quad p_j = \dfrac{1.3 \times 280 + 1.5 \times 122}{2} = 253.4\text{kPa}$

取基础单位长度 1m 计算：

$$a_1 = \frac{2-0.37}{2} = 0.815\text{m}$$

$$V_{max} = (p_j \times 1) \times a_1 = (250 \times 1) \times 0.815 = 203.75\text{kN/m}$$

$$0.7\beta_{hs}f_t A_0 = 0.7 \times 1.0 \times 1.27 \times 1000 \times 500 = 444.5\text{kN/m}$$

$$444.5/203.75 = 2.18$$

28. 正确答案是 C，解答如下：

$$M = \frac{1}{2} \times (250 \times 1) \times 0.815 = 83\text{kN} \cdot \text{m/m}$$

根据《地规》8.2.12 条：

$$A_s = \frac{M}{0.9 f_y h_0} = \frac{83 \times 10^6}{0.9 \times 360 \times 500} = 512\text{mm}^2$$

由《地规》8.2.1 条：

$$A_{s,min} = 1000 \times 550 \times 0.15\% = 825\text{mm}^2$$

故取 $A_s = 825\text{mm}^2$。

29. 正确答案是 C，解答如下：

根据《地规》8.5.19 条：

$$a_{0x} = a_{0y} = 1200 - \frac{700-400}{2} = 1050\text{mm} > h_0 = 1040\text{mm}$$

故取 $a_{0x} = a_{0y} = 1040\text{mm}$。

$$\beta_{hp} = 1 - \frac{1140-800}{2000-800} \times (1-0.9) = 0.972$$

$$2[a_{0x}(b_c+a_{0y}) + a_{0y}(h_c+a_{0x})]\beta_{hp} f_t h_0$$
$$= 2 \times [0.7 \times (700+1040) + 0.7 \times (700+1040)] \times 0.972 \times 1.71 \times 1040$$
$$= 8421.8\text{kN}$$

30. 正确答案是 A，解答如下：

根据《地规》8.5.21 条：

对 x 方向：$a_x = 1200 - \dfrac{700-400}{2} = 1050\text{mm}$，$\lambda_x = \dfrac{a_x}{h_0} = \dfrac{1050}{1040} = 1.01$

$$\beta = \frac{1.75}{\lambda+1} = \frac{1.75}{1.01+1} = 0.871$$

$$\beta_{hs} = \left(\frac{800}{h_s}\right)^{1/4} = \left(\frac{800}{1040}\right)^{1/4} = 0.937$$

$$V_{xu} = \beta_{hs}\beta f_t b_0 h_0 = 0.937 \times 0.871 \times 1.71 \times 4000 \times 1040 = 5805.6\text{kN}$$

对 y 方向，对称性，$V_{yu} = V_{xu} = 5805.6\text{kN}$。

【29、30题评析】 29题，运用《地规》公式（8.5.19-1）时，对于a_{0x}、a_{0y}值，应根据冲跨比的值进行确定：当$a_{0x}>h_0$时，取$a_{0x}=h_0$值代入式（8.5.19-1）。当$a_{0x}<0.25h_0$，取a_{0x}的实际值代入式（8.5.19-1）。

31. 正确答案是C，解答如下：

根据《地规》4.1.10条，硬塑，$0<I_L\leqslant 0.25$；$e=0.8$

查表5.2.4，$\eta_b=0.3$，$\eta_d=1.6$

$$f_a=150+0+1.6\times 19.6\times(1.5-0.5)=181.36\text{kPa}$$

由5.2.1条、5.2.2条：

$$b\geqslant\sqrt{\frac{F_k+G_k}{f_a}}=\sqrt{\frac{1000}{181.36}}=2.35\text{m}$$

由5.4.2条：

$$a\geqslant 2.5\times 2.35-\frac{1.5}{\tan 45°}=4.375\text{m，且 }a\geqslant 2.5\text{m}$$

取$a\geqslant 4.375$m

32. 正确答案是C，解答如下：

根据《地规》5.2.1条、5.2.2条：

$$p_k=\frac{1000}{b^2}+20\times 1.5\leqslant 192，\text{则：}b\geqslant 2.48\text{m，排除（A）、（B）项。}$$

假定，取$b=2.5$m

$$e=\frac{80}{1000+20\times 1.5\times 2.5\times 2.5}=0.067\text{m}<\frac{2.5}{6}=0.42\text{m，地基反力呈梯形分布}$$

$$p_{k,\max}=\frac{1000}{2.5\times 2.5}+20\times 1.5+\frac{80}{\frac{1}{6}\times 2.5\times 2.5^2}=220.72\text{kPa}<1.2f_a=230.4\text{kPa}$$

满足，故取$b=2.5$m。

33. 正确答案是B，解答如下：

$$e=\frac{M_x}{F}=\frac{120}{1500}=0.08\text{m}<\frac{2.5}{6}=0.42\text{m，地基反力呈梯形分布}$$

$$p_{j\max}=\frac{1500}{2.5\times 2.5}+\frac{120}{\frac{1}{6}\times 2.5\times 2.5^2}=286.08\text{kPa}$$

由《地规》8.2.8条：

$$F_l=p_{j\max}A_l=286.08\times[2.5^2-(0.5+2\times 0.545)^2]\times\frac{1}{4}=266.19\text{kN}$$

34. 正确答案是C，解答如下：

$$a_m=\frac{1}{2}\times(0.5+0.5+2\times 0.545)=1.045\text{m}$$

$$0.7\beta_{hp}f_t a_m h_0=0.7\times 1\times 1.43\times 10^3\times 1.045\times 0.545=570\text{kN}$$

35. 正确答案是C，解答如下：

$$p_{\max}=\frac{F+G}{A}+\frac{M_x}{W}$$

①

$$p_{\min}=\frac{F+G}{A}-\frac{M_x}{W}=230\text{kPa} \qquad ②$$

由①+②，则：$p_{\max}+230=\frac{2F}{A}=\frac{2\times(1600+1.35\times20\times1.5\times2.5^2)}{2.5\times2.5}$

即：$p_{\max}=363\text{kPa}$

由《地规》8.2.11条，$a=1\text{m}$：

$$p=230+(363-230)\times\frac{2.5-1}{2.5}=309.8\text{kPa}$$

$$\begin{aligned}M_{\text{I}}&=\frac{1}{12}\times1^2\times[(2\times2.5+0.5)\times(363+309.8-2\times1.35\times20\times1.5)\\&\quad+(363-309.8)\times2.5]\\&=282.325\text{kN}\cdot\text{m}\end{aligned}$$

36. 正确答案是B，解答如下：

根据《地规》8.2.12条：

$$A_s=\frac{\gamma_0 M}{0.9 f_y h_0}=\frac{1.1\times180\times10^6}{0.9\times360\times545}=1121\text{mm}^2$$

由附录U.0.2条：

$$b_{y0}=\left[1-0.5\times\frac{400}{545}\times\left(1-\frac{600}{2500}\right)\right]\times2500=1803\text{mm}$$

$A_s\geqslant0.15\%\times1803\times600=1623\text{mm}^2$，最终取 $A_s\geqslant1623\text{mm}^2$

（A）项：$A_s=113.1\times\frac{2500}{210}=1346\text{mm}^2$，不满足

（B）项：$A_s=113.1\times\frac{2500}{170}=1663\text{mm}^2$，满足

（D）项：$A_s=153.9\times\frac{2500}{200}=1924\text{mm}^2$，满足

故选（B）项，且经济合理。

【36题评析】 最小配筋的截面，面积也可按下式计算：

$$A_s\geqslant0.15\%\times\left(2500\times600-2\times\frac{1}{2}\times950\times400\right)=1680\text{mm}^2$$

37. 正确答案是C，解答如下：

根据《地规》5.3.5条：

取小矩形 $b\times l=1.25\text{m}\times1.25\text{m}$；$z_1=5+1.5-1.5=5\text{m}$

$l/b=1.0$，$z_1/b=\frac{5}{1.25}=4$，查附表K.0.1-2，$\bar{\alpha}=0.1114$

$$s=1.0\times\frac{150\times4}{7000}\times(0.1114\times5000-0)=47.7\text{mm}$$

由6.2.2条及条文说明：

$$h/b=5/2.5=2,\ \beta_{\text{gz}}=1.09$$
$$s_{\text{gz}}=1.09\times47.7=52.0\text{mm}$$

38. 正确答案是D，解答如下：

根据《高规》4.2.3条：

方案（a）：$\dfrac{H}{B}=\dfrac{59}{14}=4.2>4$，$\dfrac{L}{B}=\dfrac{14}{14}=1<1.5$，故取 $\mu_{sa}=1.4$

方案（b）：$\mu_{sb}=0.8+1.2/\sqrt{n}=0.8+1.2/\sqrt{8}=1.224$

$$\dfrac{w_{ak}}{w_{bk}}=\dfrac{\beta_z\mu_{sa}\mu_z w_0}{\beta_z\mu_{sb}\mu_z w_0}=\dfrac{\mu_{sa}}{\mu_{sb}}=\dfrac{1.4}{1.224}=\dfrac{1.14}{1}$$

39. 正确答案是 C，解答如下：

根据《荷规》8.1.1 条：

$$w_k=\beta_{gz}\mu_{sl}\mu_z w_0$$

方案（a）：查《荷规》表 8.3.3，取 $\mu_{sla}=+1.0$

方案（b）：由《荷规》8.3.3 条及表 8.3.1 项次 30，取 $\mu_{slb}=+0.8\times1.25=+1.0$

$$\dfrac{w_{ak}}{w_{bk}}=\dfrac{\mu_{sla}}{\mu_{slb}}=\dfrac{1.0}{1.0}=\dfrac{1}{1}$$

40. 正确答案是 C，解答如下：

根据《荷规》8.2.2 条：

$\tan45°=1.0>0.3$，故取 $\tan\alpha=0.3$；$z=30m<2.5H=50m$，取 $z=30m$。

图中 O 点处，μ_z 的修正系数 η_o 值：

$$\eta_o=\left[1+1.4\times0.3\times\left(1-\dfrac{30}{2.5\times20}\right)\right]^2=1.364$$

图中 B 点处的 η，由内插求出：

$$\eta_B=1.364-\dfrac{20}{4\times20}\times(1.364-1)=1.273$$

图中 A 点处的 η_A 值：$\eta_A=1.0$

由提示可知，不考虑 β_z 的变化，则：

$$\dfrac{w_A}{w_B}=\dfrac{\mu_z\cdot\eta_A}{\mu_z\cdot\eta_B}=\dfrac{1.0}{1.273}=\dfrac{1}{1.3}$$

41. 正确答案是 A，解答如下：

方案（c）：$\dfrac{H}{B}=\dfrac{87}{17}=5.12>5$，不满足《高规》表 3.3.2。

方案（a）：$H_1=67m>0.2H=0.2\times87=17.4m$，由《高规》3.5.5 条，$B_1=14m>75\%B=75\%\times18=13.5m$，满足。

方案（b）：$H_1=67m>0.2H=0.2\times87=17.4m$，由《高规》3.5.5 条，$B_1=12m<75\%B=75\%\times18=13.5m$，不满足。

故选（A）项。

42. 正确答案是 C，解答如下：

第 6 层中柱：$\overline{K}_{\text{中}}=\dfrac{2(i_{b1}+i_{b2})}{2i_c}=\dfrac{2\times(4+8)}{2\times8.1}=1.48$

$$\alpha_{\text{中}}=\dfrac{1.48}{2+1.48}=0.43$$

$$V_6=5\times10=50\text{kN}$$

$$V_{中} = \frac{D_{中}}{\sum D_i} V_6 = \frac{\alpha_{中} \dfrac{12i_{c中}}{h^2}}{2\left(\alpha_{中} \dfrac{12i_{c中}}{h^2} + \alpha_{边} \dfrac{12i_{c边}}{h^2}\right)} \times 50$$

$$= \frac{0.43 \times 8.1}{2 \times (0.43 \times 8.1 + 0.34 \times 3.9)} \times 50$$

$$= 18.107 \text{kN}$$

43. 正确答案是 B，解答如下：

底层边柱：$\overline{K}_{边} = \dfrac{i_{b边}}{i_{c边}} = \dfrac{4}{2.6} = 1.54$

$\alpha_{边} = \dfrac{0.5 + 1.54}{2 + 1.54} = 0.58$

$V_0 = 10 \times 10 = 100 \text{kN}$

$$V_{边} = \frac{D_{边}}{\sum Di} \cdot V_0 = \frac{\alpha_{边} \dfrac{12i_{c边}}{h^2}}{2\left(\alpha_{边} \dfrac{12i_{c边}}{h^2} + \alpha_{中} \dfrac{12i_{c中}}{h^2}\right)} \times 100$$

$$= \frac{0.58 \times 2.6}{2 \times (0.58 \times 2.6 + 0.7 \times 4.1)} \times 100$$

$$= 17.225 \text{kN}$$

44. 正确答案是 A，解答如下：

底层：$\sum D_i = 2 \times \dfrac{12}{h^2}(\alpha_{边} \cdot i_{c边} + \alpha_{中} \cdot i_{c中})$

$$= 2 \times \frac{12}{6000^2} \times (0.58 \times 2.6 \times 10^{10} + 0.7 \times 4.1 \times 10^{10})$$

$$= 2.919 \times 10^4 \text{N/mm}$$

$$\delta_1 = \frac{100 \times 10^3}{2.919 \times 10^4} = 3.426 \text{mm}$$

45. 正确答案是 A，解答如下：

$H = 90\text{m}$，丙类，7 度，查《高规》表 3.9.3，抗震等级为二级。

$\dfrac{h_w}{b_w} = \dfrac{1700 + 300}{300} = 6.7 < 8$，由《高规》7.1.8 条注，属于短肢剪力墙。

底层属于底部加强部位，由《高规》7.2.2 条，取 $\rho_{纵} \geq 1.2\%$，则：

$$A_{纵} \geq 1.2\% \times (1700 \times 300 + 700 \times 300) = 8640 \text{mm}^2$$

1700mm 范围内一侧纵筋数：$\dfrac{1700 - 35}{200} = 8.3$ 根，取 9 根。

竖向纵筋总根数为：$8 + 2 \times 9 = 26$ 根

单根纵筋截面面积：$A_{s1} = \dfrac{8640}{26} = 332 \text{mm}^2$

故采用 ⊕ 22（$A_{s1} = 380.1 \text{mm}^2$），最终配置为 ⊕ 22@200。

复核边缘构件配筋：

二级，$\mu_N = 0.45 > 0.3$，由《高规》7.2.14 条，设置约束边缘构件；又由《高规》

7.2.15条,约束边缘构件阴影部分的配筋率不小于1.0%,可见,明显小于前述8640mm²。

46. 正确答案是D,解答如下:

根据《高规》表7.2.15注2:

$$\frac{700}{300}=2.3<3$$,属于无翼墙,故为两边支承板。由《高规》附录D.0.3条:

$$\beta=1.0,\quad l_0=\beta h=1.0\times 4.8=4.8\text{m}$$

【45、46题评析】 45题,抗震设计时,短肢剪力墙,《高规》7.2.2条第5款所指配筋率是针对整个墙肢的全部竖向钢筋,即:包含了边缘构件的竖向钢筋,故其配筋面积值一定大于边缘构件的竖向钢筋的配筋面积值。

47. 正确答案是C,解答如下:

根据《高规》12.2.1条第3款,$4 \Phi 18$,$A_s=1017\text{m}^2>A_{\text{sit}}=985\text{mm}^2$,则:

$$A_s\geqslant 1.1\times 1017=1119\text{mm}^2$$

每侧配筋$4 \Phi 20 (A_s=1256\text{mm}^2)$,满足。总配筋$12 \Phi 20$。

48. 正确答案是B,解答如下:

抗震二级,框架梁,由《高规》表6.3.2-2,(A)、(C)项排除。

箍筋取$\phi 8$,

$$\rho_{纵}=\frac{A_s}{bh_0}=\frac{942}{250\times(600-20-8-20/2)}=0.67\%<2\%$$

故最终选用$\phi 8@100$。

49. 正确答案是B,解答如下:

根据《高钢规》8.7.2条:

$$l_{0x}=8.6/2=4.3\text{m},l_{0y}=0.7\times 8.6=6.02\text{m}$$

$$\lambda_x=\frac{4300}{49.9}=86.2$$

$$\lambda_y=\frac{6020}{86.1}=69.9$$

50. 正确答案是A,解答如下:

抗震四级,由《高钢规》表7.5.3:

$$\frac{b}{t}=\frac{200-8}{2\times 12}=8<13\sqrt{235/345}=10.7$$

$$\frac{h_0}{t_w}=\frac{200-2\times 12}{8}=22<33\sqrt{235/345}=27.2$$

均满足。

实战训练试题（七）解答与评析

（上午卷）

1. 正确答案是 D，解答如下：

根据《结通规》3.1.13 条：

$$M = (1.3 \times 5.5 + 1.5 \times 1) \times \frac{1}{2} \times 1.5^2 = 9.73 \text{kN} \cdot \text{m/m}$$

当考虑施工、检修荷载，根据《结通规》4.2.12 条，取 1kN，其组合值系数为 0.7。

$$M = 1.3 \times 5.5 \times \frac{1}{2} \times 1.5^2 + 1.5 \times 1 \times 1.5 = 10.29 \text{kN} \cdot \text{m/m}$$

故取最大值 $M = 10.29 \text{kN} \cdot \text{m/m}$。

2. 正确答案是 B，解答如下：

根据《混规》7.2.2 条、7.2.5 条：

$$B = \frac{\beta_s}{\theta} = \frac{3.2 \times 10^{12}}{2} = 1.6 \times 10^{12} \text{N} \cdot \text{mm}^2$$

3. 正确答案是 C，解答如下：

根据《混规》表 3.4.3 及注 1、注 2 的规定：

构件类型：$l_0 = 2 \times 1.5 = 3\text{m} < 7\text{m}$，则：$[f] = \dfrac{l_0}{250} = \dfrac{3000}{250} = 12\text{mm}$

4. 正确答案是 A，解答如下：

在本题中，在雨篷板范围内，扭矩图为直线分布；在雨篷板范围外，扭矩图为常数，故选（A）项。

5. 正确答案是 A，解答如下：

$$T_{\max} = \frac{8 \times 3.6}{2} = 14.4 \text{kN} \cdot \text{m/m}$$

6. 正确答案是 C，解答如下：

根据《混规》表 11.3.6-2，抗震二级，箍筋直径≥8mm，最大间距≤100mm，故排除（A）、（B）项。

受扭单肢箍计算面积：70mm² < 78.5mm²（φ10），故（C）、（D）项均满足。

箍筋间距 $s = 150$mm，受剪扭总箍筋计算面积：$85 + 2 \times 70 = 225$mm²，则换算成 $s = 100$mm 时，其总箍筋计算面积为：$\dfrac{225}{150} \times 100 = 150$mm²

φ10@100（双肢）：箍筋截面面积 $= 2 \times 78.5 = 157$mm² > 150mm²，故（C）项满足。

同理，φ10@90（双肢）也能满足。

由《混规》11.3.9 条：

对于（C）项：$\rho_{sv} = \dfrac{A_{sv}}{bs} = \dfrac{2 \times 78.5}{250 \times 100} = 0.628\% > 0.28 \dfrac{f_t}{f_y} = 0.28 \times \dfrac{1.43}{270} = 0.148\%$

故选（C）项最经济合理。

7. 正确答案是 B，解答如下：

根据《混规》11.6.7 条、11.1.7 条，及 9.3.4 条第 2 款：

$$l_1 \geqslant 0.4 l_{abE} = 0.4 \times 1.15 \times \left(0.14 \times \frac{360}{1.43} \times 20\right) = 324.3 \text{mm}$$

同时，3 ⊈ 20 应伸至柱外纵筋的内侧面，即：

$$l_1 \leqslant 450 - 25 - 20 - \frac{20}{2} = 395 \text{mm}$$

$$l_2 \geqslant 15d = 15 \times 20 = 300 \text{mm}$$

8. 正确答案是 B，解答如下：

查《抗规》表 5.1.4-2，I_1 类、第二组，取 $T_g = 0.30 \text{s}$。

由《抗规》5.1.4 条，罕遇地震，$T_g = 0.30 + 0.05 = 0.35 \text{s}$。

9. 正确答案是 A，解答如下：

根据《抗规》表 5.2.1：

$T_1 = 1.30 \text{s} > 1.4 T_g = 1.4 \times 0.30 = 0.42 \text{s}$，则：

$$\delta_n = 0.08 T_1 + 0.07 = 0.08 \times 1.30 + 0.07 = 0.174$$

10. 正确答案是 D，解答如下：

根据《抗加规》6.3.8 条，取折减系数 0.85

由提示：

$N = 2100 \text{kN} > 0.3 f_c A = 1350 \text{kN}$，取 $N = 1350 \text{kN}$

$\lambda = 3.9 > 3$，取 $\lambda = 3$

$$R = \frac{0.16}{3+1.5} \times 15 \times 400 \times 465 + 210 \times \frac{2 \times 50.3}{100} \times 465 + 0.056 \times 1350 \times 10^3$$

$$+ 0.85 \times \left[\frac{0.16}{3+1.5} \times 11 \times (500 \times 565 - 400 \times 500) + 210 \times \frac{A_{sv2}}{s_2} \times 565\right]$$

$$= 273036 + 42387 + 100852.5 \frac{A_{sv2}}{s_2}$$

$V \leqslant \psi_{1s} \psi_{2s} \dfrac{R}{\gamma_{Rs}}$，即：

$$530 \times 10^3 \leqslant 1 \times 1 \times \frac{1}{0.7225} \times \left(273036 + 42387 + 100852.5 \frac{A_{sv2}}{s_2}\right)$$

可得：$A_{sv2}/s_2 \geqslant 0.67 \text{mm}^2/\text{mm}$

11. 正确答案是 D，解答如下：

由条件可知，次梁的间距为 2m。

由《结通规》3.1.13 条：

$$q = (1.3 \times 9 + 1.5 \times 3) \times 2 = 32.4 \text{kN/m}$$

$$M_x = \frac{1}{8} q l^2 = \frac{1}{8} \times 32.4 \times 6^2 = 145.8 \text{kN} \cdot \text{m}$$

根据《钢标》6.1.1 条、6.1.2 条：

$$\frac{M_x}{\gamma_x W_{nx}} = \frac{145.8 \times 10^6}{1.05 \times 782 \times 10^3} = 177.6 \text{N/mm}^2$$

12. 正确答案是 A，解答如下：

已知 $R_B = 603$kN，则：

$$M_{max} = 603 \times \frac{17.2}{2} - (117.87 \times 8 + 129.86 \times 6 + 137.41 \times 4 + 144.96 \times 2)$$
$$= 2624.1 \text{kN} \cdot \text{m}$$

根据《钢标》6.1.1 条、6.1.2 条：

$$\frac{b}{t} = \frac{(400-10)}{2 \times 18} = 10.8 > 13\varepsilon_k = 13\sqrt{235/345} = 10.7, 且 < 15\varepsilon_k = 12.4$$

由提示，腹板满足 S4 级。

故截面等级满足 S4 级，取 $\gamma_x = 1.0$，按全截面计算。

$$\frac{M_x}{\gamma_x W_{nx}} = \frac{2624.1 \times 10^6}{1.0 \times 10574 \times 10^3} = 248.2 \text{N/mm}^2$$

13. 正确答案是 D，解答如下：

腹板：$I_{wx} = \frac{1}{12} t_w h_w^3 = \frac{1}{12} \times 10 \times 1164^3 = 131424.9 \times 10^4 \text{mm}^4$

$$M_w = \frac{I_{wx}}{I_x} M$$
$$= \frac{131424.9 \times 10^4}{634428 \times 10^4} \times 2260.5 = 468.3 \text{kN} \cdot \text{m}$$

14. 正确答案是 D，解答如下：

根据《钢标》11.4.2 条：

$$N_v^b = 0.9 k n_f \mu P = 0.9 \times 1 \times 2 \times 0.45 \times 155 = 125.55 \text{kN}$$

根据等强度原则，则：

(1) $n \cdot N_v^b = \dfrac{0.7 f_u A_n}{1 - 0.5 \dfrac{n_1}{n}}$，即：

$$n = \frac{0.7 f_u A_n}{N_v^b} + 0.5 n_1 = \frac{0.7 \times 470 \times 5652}{125.55 \times 10^3} + 0.5 \times 4 = 16.8 \text{个}$$

(2) $n \cdot N_v^b = fA$，即：

$$n = \frac{fA}{N_v^b} = \frac{295 \times (400 \times 18)}{125.55 \times 10^3} = 16.9 \text{个}。$$

上述 n 取大者，取 $n=17$ 个。螺栓布置要求，取 $n=20$ 个。

根据《钢标》表 11.5.2，取螺栓最小间距为 $3d_0$，则：

一侧连接长度：$(5-1) \times 3d_0 = 12d_0 < 15d_0$，故不考虑超长折减，最终取 $n=20$ 个。

15. 正确答案是 C，解答如下：

根据《钢标》7.2.1 条：

平面内：$l_{0x} = 15$m，$\lambda_x = \dfrac{l_{0x}}{i_x} = \dfrac{15000}{185} = 81.1$

轧制 H 型钢，$\dfrac{b}{h} = \dfrac{199}{466} = 0.45 < 0.8$，查《钢标》表 7.2.1-1，对 x 轴属于 a 类截面，

$\lambda_x/\varepsilon_k = 81.1$,查附录表 D.0.1,取 $\varphi = 0.775$。

$$\frac{N}{\varphi_x A} = \frac{315 \times 10^3}{0.775 \times 8495} = 47.8 \text{N/mm}^2$$

16. 正确答案是 B,解答如下:

根据《钢标》8.2.1 条:

截面等级满足 S3 级,取 $\gamma_x = 1.05$

$$N_{cr} = 1.1 N'_{Ex} = 1.1 \times 2390$$

$$\beta_{mx} = 1 - 0.18 \frac{N}{N_{cr}} = 1 - \frac{0.18 \times 315}{1.1 \times 2390} = 0.978$$

$$\frac{\beta_{mx} M_x}{\gamma_x W_{1x} \left(1 - 0.8 \dfrac{N}{N'_{Ex}}\right)} = \frac{0.978 \times 82 \times 10^6}{1.05 \times 1300 \times 10^3 \times \left(1 - 0.8 \times \dfrac{315}{2390}\right)}$$

$$= 66 \text{N/mm}^2$$

17. 正确答案是 B,解答如下:

平面外,$l_{0y} = 5\text{m}$,$\lambda_y = \dfrac{l_{0y}}{i_y} = \dfrac{5000}{43.1} = 116$

同 15 题,$\dfrac{b}{h} = 0.45 < 0.8$,查《钢标》表 7.2.1-1,对 y 轴属于 b 类截面。

$\lambda_y/\varepsilon_k = 116$,查附录表 D.0.2,取 $\varphi_y = 0.458$。

$$\frac{N}{\varphi_y A} = \frac{315 \times 10^3}{0.458 \times 8459} = 81.0 \text{N/mm}^2$$

18. 正确答案是 C,解答如下:

根据《钢标》8.2.1 条:

由 17 题可知:$\lambda_y = 116$,根据《钢标》附录 C.0.5 条:

$$\varphi_b = 1.07 - \frac{\lambda_y^2}{44000 \varepsilon_k^2}$$

$$= 1.07 - \frac{116^2}{44000 \times 1} = 0.764$$

$$\eta \frac{\beta_{tx} M_x}{\varphi_b W_x} = 1.0 \times \frac{1.0 \times 82 \times 10^6}{0.764 \times 1300 \times 10^3} = 82.6 \text{N/mm}^2$$

【11~18 题评析】 15 题、17 题,热轧 H 型钢的截面分类,与 b/h 值、钢材牌号有关,见《钢标》表 7.2.1-1。

19. 正确答案是 C,解答如下:

查《钢标》表 4.4.1,$t = 60\text{mm}$,$f = 310 \text{N/mm}^2$,$f_v = 180 \text{N/mm}^2$

抗拉强度:

$$b_1 = \min\left(2 \times 60 + 16, \ 300 - \frac{101}{2} - \frac{101}{3}\right) = \min(136, \ 215.8)$$

$$=136\text{mm}$$
$$N_1 \leqslant 2tb_1 f = 2 \times 60 \times 136 \times 310 = 5059.2\text{kN}$$

劈开强度：
$$N_1 \leqslant 2t\left(a - \frac{2d_0}{3}\right)f = 2 \times 60 \times \left(300 - \frac{101}{2} - \frac{2 \times 101}{3}\right) \times 310 = 6776.6\text{kN}$$

抗剪强度：
$$Z = \sqrt{300^2 - \left(\frac{101}{2}\right)^2} = 295.7\text{mm}$$
$$N_1 \leqslant 2tZf_v = 2 \times 60 \times 295.7 \times 180 = 6387.12\text{kN}$$

上述取较小值，$N_1 = 5059.2\text{kN}$
$$N = 2N_1 = 10118.4\text{kN}$$

20. 正确答案是 A，解答如下：

抗剪强度：
$$N \leqslant 2 \times \pi \times \frac{100^2}{4} \times 170 = 2669\text{kN}$$

抗弯强度：
$$M = \frac{N}{8} \times (2 \times 60 + 150 + 4 \times 10) = 38.75N$$

$$38.75N \leqslant 1.5 \frac{\pi d^3}{32} f^b$$

$$N \leqslant 1.5 \times \frac{\pi \times 100^3}{32} \times 295 \times \frac{1}{38.75} = 1120.5\text{kN}$$

组合强度：
$$\sqrt{\left(\frac{38.75N}{1.5 \times \frac{\pi \times 100^3}{32} \times 295}\right)^2 + \left(\frac{N}{2 \times \pi \times \frac{100^2}{4} \times 170}\right)^2} \leqslant 1.0$$

可得：$N \leqslant 1033.2\text{kN}$

上述取较小值，$N \leqslant 1033.2\text{kN}$

21. 正确答案是 A，解答如下：

根据《砌规》7.3.4 条：

由图示可知，托梁层的楼盖的永久荷载、活荷载均为零。

由《结通规》3.1.13 条：
$$Q_1 = 1.3 \times 5 = 6.5\text{kN/m}$$

22. 正确答案是 C，解答如下：

根据《砌规》7.3.4 条及条文说明，及《结通规》3.1.13 条：
$$Q_2 = 1.3 \times (4.5 \times 3) \times 4 + 1.3 \times 15 \times 4 + 1.5 \times 8 \times 4$$
$$= 196.2\text{kN/m}$$

23. 正确答案是 B，解答如下：

根据《砌规》7.3.6 条：

无洞口墙梁，故取 $\psi_M = 1.0$。

$$\frac{h_b}{l_0} = \frac{0.6}{5.9} = 0.102 < \frac{1}{6} = 0.167, 故取 \frac{h_b}{l_0} = 0.102。$$

$$\alpha_m = \psi_M\left(1.7\frac{h_b}{l_0} - 0.03\right) = 1.0 \times (1.7 \times 0.102 - 0.03) = 0.1434$$

$$M_b = \frac{1}{8} \times 50 \times 5.9^2 + 0.1434 \times \frac{1}{8} \times 170 \times 5.9^2$$

$$= 323.6 \text{kN} \cdot \text{m}$$

24. 正确答案是 B，解答如下：

根据《砌规》7.3.8 条：

无洞口墙梁，取 $\beta_v = 0.6$；取 $l_n = 5.40$m，则：

$$V_b = \frac{1}{2}Q_1 l_n + \beta_v \cdot \frac{1}{2}Q_2 l_n$$

$$= \frac{1}{2} \times 50 \times 5.4 + 0.6 \times \frac{1}{2} \times 170 \times 5.4$$

$$= 410.4 \text{kN}$$

【21～24 题评析】 21 题，注意本题目的图示中，本层无 q_k、g_k。

22 题，根据《砌规》7.3.4 条条文说明，楼面活荷载不考虑折减。

23 题，计算 M 时，采用 l_0。

24 题，计算 V 时，应采用 l_n。

25. 正确答案是 B，解答如下：

根据《木标》5.1.3 条、5.1.4 条：

$$i = \frac{d}{4} = \frac{131.7}{4} = 32.9 \text{mm}$$

$$\lambda = \frac{l_0}{i} = \frac{2500}{32.9} = 79$$

$$\lambda_c = 5.28\sqrt{1 \times 300} = 91.5 > \lambda, 则：$$

$$\varphi = \frac{1}{1 + \frac{79^2}{1.43\pi^2 \times 1 \times 300}}$$

$$= 0.40$$

（下午卷）

26. 正确答案是 A，解答如下：

根据《地规》5.2.4 条：

圆砾，查规范表 5.2.4，取 $\eta_b = 3$，$\eta_d = 4.4$。

$b = 12\text{m} > 6\text{m}$，取 $b = 6\text{m}$。

$$f_a = 250 + 3 \times (20 - 10) \times (6 - 3) + 4.4 \times 18 \times (3 - 0.5)$$

$$= 538 \text{kPa}$$

27. 正确答案是 C，解答如下：
根据《地规》5.2.7 条，仅进行深度修正：
粉质黏土，$e=0.7$，$I_L=0.8$，根据《地规》表 5.2.4，取 $\eta_d=1.6$。

$$\gamma_m = \frac{18 \times 3 + (20-10) \times 3}{6} = 14 \text{kN/m}^3$$

$$f_a = 180 + \eta_d \gamma_m (d-0.5)$$
$$= 180 + 1.6 \times 14 \times (6-0.5) = 303.2 \text{kPa}$$

28. 正确答案是 A，解答如下：
根据《地规》5.2.7 条：

$$p_z = \frac{lb(p_k - p_c)}{(b+2z\tan\theta) \cdot (c+2z\tan\theta)}$$

$$= \frac{50 \times 12 \times (325 - 18 \times 3)}{(12 + 2 \times 3\tan 8°) \times (50 + 2 \times 3\tan 8°)}$$

$$= 249.0 \text{kPa}$$

29. 正确答案是 B，解答如下：
根据《桩规》5.3.9 条：
较硬岩，$h_r/d = 400/800 = 0.5$，取 $\xi_r = 0.65$

$$Q_{uk} = \pi \times 0.8 \times 50 \times 8 + 0.65 \times 35 \times 10^3 \times \frac{\pi}{4} \times 0.8^2$$

$$= 12434.4 \text{kN}$$

$R_a = Q_{uk}/2 = 6217.2 \text{kN}$，即：$N_k \leq 6217.2 \text{kN}$
由《桩规》5.8.2 条：

$$N \leq 0.9 \times 14.3 \times 10^3 \times \frac{\pi}{4} \times 0.8^2 = 6465.9 \text{kN}$$

由提示，$N = 1.35 N_k$，则：
$$N_k \leq 4789.6 \text{kN}$$

最终取 $N_k \leq 4789.6 \text{kN}$

$$N_k = \frac{F_k + G_k + \Delta F_k}{4} = \frac{12000 + 4 \times 4 \times 2 \times 20 + \Delta F_k}{4} \leq 4789.6$$

可得：$\Delta F_k \leq 6518.4 \text{kN}$

30. 正确答案是 C，解答如下：
根据《桩规》5.9.7 条：

$$a_{0x} = a_{0y} = \frac{2.4}{2} - \frac{1.3}{2} - \frac{0.8 \times 0.8}{2} = 0.23 \text{m}$$

$$\lambda_{0x} = \lambda_{0y} = \frac{0.23}{1.38} = 0.167 < 0.25, \text{取} \lambda_{0x} = \lambda_{0y} = 0.25$$

$$\beta_{0x} = \beta_{0y} = \frac{0.84}{0.25+0.2} = 1.87$$

$$\beta_{hp} = 1 - \frac{1500-800}{2000-800} \times (1-0.9) = 0.942$$

$$F \leqslant 4 \times 1.87 \times (1300+230) \times 0.942 \times 1.43 \times 10^3 \times 1380 = 21274\text{kN}$$

31. 正确答案是 C，解答如下：

根据《地处规》7.7.2 条：

由《地处规》7.1.5 条：

$$m = \frac{d^2}{d_e^2} = \frac{0.4^2}{(1.05 \times 1.7)^2} = 0.05$$

$$f_{spk} = \lambda_m \frac{R_a}{A_p} + \beta(1-m)f_{sk}$$

$$= 0.8 \times 0.05 \times \frac{800}{\frac{\pi}{4} \times 0.4^2} + 0.9 \times (1-0.05) \times 160$$

$$= 391.6\text{kPa}$$

32. 正确答案是 B，解答如下：

根据《地处规》7.7.2 条、7.1.6 条：

$$f_{cu} \geqslant 4\frac{\lambda R_a}{A_p} = 4 \times \frac{0.8 \times 800}{\frac{\pi}{4} \times 0.4^2} = 20382\text{kPa}$$

33. 正确答案是 C，解答如下：

根据《地处规》3.0.4 条：

$$f_{spa} = f_{spk} + \eta_d \gamma_m (d-0.5)$$

$$= f_{spk} + 1.0 \times 17 \times (4.2-0.5) = f_{spk} + 62.9$$

又 $f_{spa} \geqslant p_k = 380 + 65 + 0.2 \times 20 = 449\text{kPa}$

则： $f_{spk} \geqslant 449 - 62.9 = 386.1\text{kPa}$

34. 正确答案是 A，解答如下：

根据《地处规》7.7.2 条、7.1.7 条、7.1.8 条：

$$\xi = \frac{f_{spk}}{f_{ak}} = \frac{500}{160} = 3.125$$

则： $E_{spi} = 3.125 \times 8 = 25\text{MPa}$

35. 正确答案是 B，解答如下：

附加应力： $p_0 = 380 + 0.4 \times 65 - 4 \times 17 = 338\text{kPa}$

将基底划分为 4 个小矩形，小矩形 $b \times l = 12\text{m} \times 14.4\text{m}$，$l/b = 14.4/12 = 1.2$，$z = 0$ 时，$z/b = 0$，$\bar{\alpha}_0 = 0$

$z=4.8\text{m}$，$z/b=4.8/12=0.4$，$\bar{\alpha}_1=0.2479$。

$z=5.76\text{m}$，题目已知 $\bar{\alpha}_2=0.2462$

复合土层的变形量 s 为：

$$s=4\psi_s s'=4\psi_s p_0 \cdot \left(\frac{z_1 \bar{\alpha}_1 - z_0 \bar{\alpha}_0}{E_{sp1}} + \frac{z_2 \bar{\alpha}_2 - z_1 \bar{\alpha}_1}{E_{sp2}}\right)$$

$$=4\times 0.2 \times 338 \times \left(\frac{4.8\times 0.2479 - 0}{25\times 10^3} + \frac{5.76\times 0.2462 - 4.8\times 0.2479}{125\times 10^3}\right)$$

$$=13.36\times 10^{-3}\text{m}=13.36\text{mm}$$

36. 正确答案是 A，解答如下：

根据《地规》表 5.3.4，应选（A）项。

【31～36 题评析】 32 题，由于提示，故未考虑基础埋深的深度修正的影响。

33 题，复合地基承载力特征值仅进行深度修正，因为其宽度修正系数为 0。

35 题，$\bar{\alpha}_2=0.2462$，其计算结果是按：$z=5.76\text{m}$，$z/b=5.76/12=0.48$，查表得到。

37. 正确答案是 D，解答如下：

根据《地规》8.2.4 条，应选（D）项。

38. 正确答案是 B，解答如下：

根据《抗规》5.1.3 条：

屋面部分： $(8+0.5\times 0.4)\times 760=6232\text{kN}$

楼面 1～11 层： $11\times(10+0.5\times 2)\times 760=91960\text{kN}$

则： $G_E=6232+91960=98192\text{kN}$

39. 正确答案是 A，解答如下：

根据《高规》8.1.3 条：

$$\frac{M_f}{M_\text{总}}=\frac{(7.4-3.4)\times 10^5}{7.4\times 10^5}=54\%\begin{array}{l}<80\%\\>50\%\end{array}$$

故框架部分的抗震等级和轴压比按框架结构采用，7 度，查《高规》表 3.9.3，框架抗震等级为二级。

7 度、48m，丙类，Ⅱ类场地，查《高规》表 3.9.3，剪力墙的抗震等级为二级。

40. 正确答案是 C，解答如下：

根据《高规》8.2.2 条，由 66 题可知，框架柱按框架结构考虑，抗震二级，再查《高规》表 6.4.3-1 及注：

HRB400 钢筋，$\rho_{min}=(0.8+0.05)\%=0.85\%$

$A_{s,min}=0.85\%\times 650\times 650=3591\text{mm}^2$，选 12⏀20（$A_s=3770\text{mm}^2$）。

又根据《高规》7.1.4 条，$H_{底部}=\max\left(4+4,\frac{1}{10}\times 48\right)=8\text{m}$；由《高规》7.2.14 条，故第 4 层设置为构造边缘构件，又由《高规》7.2.16 条表 7.2.16：

$$A_s=\max(0.006A_c, 6⏀12)<0.85\%A_c$$

故应选 12⏀20，满足。

41. 正确答案是 D，解答如下：

根据《高规》5.6.4 条，$H=38.4\text{m}<60\text{m}$，故风荷载不参与地震组合。

$$M=(-78)+(-200)=-278\text{kN}\cdot\text{m}$$

由提示，则：$A_s=\dfrac{\gamma_{RE}M}{f_y(h-a_s-a_s')}=\dfrac{0.75\times278\times10^6}{360\times(550-40-40)}=1232\text{mm}^2$

复核最小配筋率：

乙类建筑，由《高规》3.9.1 条，按 8 度确定抗震措施；查《高规》表 3.9.3，框架抗震等级为一级。

一级，查《高规》表 6.3.2-1：$\rho_{\min}=\max(0.4\%,0.8f_t/f_y)=\max(0.4\%,0.8\times1.43/360)=0.4\%$

$A_{s,\min}=0.4\%\times250\times550=550\text{mm}^2<1232\text{mm}^2$，满足。

最终配筋为 1232mm^2。

42. 正确答案是 C，解答如下：

根据《高规》6.2.7 条条文说明，按《混规》11.6.4 条：

取 $N=1500\text{kN}$，$h_{b0}=600-40=560\text{mm}$，$\eta_j=1.0$

$$1135\times10^3\leqslant\dfrac{1}{0.85}\Big[1.1\times1\times1.43\times500\times500+0.05\times1\times1500$$

$$\times10^3\times\dfrac{500}{500}+270A_{svj}\dfrac{560-40}{100}\Big]$$

解之得：$A_{svj}=354\text{mm}^2$。

沿 x 方向，箍筋为 4 肢，其单肢为：$A_{sv1}=354/4=88.5\text{mm}^2$

选 $\phi12$（$A_s=113.1\text{mm}^2$），满足。

【41、42 题评析】 41 题，应复核最小配筋率。42 题，x 方向、y 方向箍筋的肢数应结合题目图示条件进行确定。

43. 正确答案是 B，解答如下：

根据《高规》表 7.2.15 注：$(300+350+300)/350=2.7<3$

故左端按无翼缘考虑，所以腹板按三边支承。

根据《高规》附录 D.0.3 条，取 $b_w=5.35\text{m}$：

$$\beta=\dfrac{1}{\sqrt{1+\left(\dfrac{h}{2b_w}\right)^2}}=\dfrac{1}{\sqrt{1+\left(\dfrac{5}{2\times5.35}\right)^2}}=0.906>0.25$$

$$l_0=\beta h=0.906\times5=4.53\text{m}$$

$$q\leqslant\dfrac{E_ct^3}{10l_0^2}=\dfrac{3.15\times10^4\times350^3}{10\times4530^2}=6581\text{N/mm}=6581\text{kN/m}$$

44. 正确答案是 C，解答如下：

7 度、乙类建筑，由《高规》3.9.1 条，按 8 度确定抗震措施。

8 度、82m、剪力墙结构，查《高规》表 3.9.3，其抗震等级为一级。顶层，由《高规》7.2.14 条，应设置构造边缘构件；查《高规》表 7.2.16：

纵筋截面面积：$A_s \geq \max(0.008A_c, 6 \oplus 14) = \max(0.008 \times 250 \times 550, 923) = 1100\text{mm}^2$，故排除（A）、（B）项。

由《高规》7.2.16条第3款，箍筋肢距≤300mm，故排除（D）项。

最终选（C）项。

【43、44题评析】 43题，《高规》附录D中图D (a)、(c)、(d)中的b_w是指腹板截面长度。

46. 正确答案是B，解答如下：

根据《高规》9.1.7条、7.1.4条：

$H_{底} = \max(6+6, 64.4 \times 1/10) = 12\text{m}$，即：底部两层。

由《高规》9.2.2条、7.2.15条，第3层应设置约束边缘构件。

7度，$H=64.4\text{m}>60\text{m}$、丙类、II类场地，查《高规》表3.9.3，核心筒抗震等级为二级。

二级，由《高规》7.2.15条：

纵筋截面面积：$A_s \geq \max\{1\% \times (300 \times 600 + 300 \times 300), 6 \oplus 16\}$
$= \max\{2700, 1206\} = 2700\text{mm}^2$

46. 正确答案是D，解答如下：

根据《设防分类标准》6.0.5条条文说明，改建后为乙类建筑。

7度、乙类，由《高规》3.9.1条，按8度确定抗震措施；查《高规》表3.9.3，框架抗震等级为一级。

抗震一级，由《高规》6.3.2条：$A_{s底}/A_{s顶} \geq 0.5$

现$A_{s底}$为3$\oplus$18，则$A_{s顶} \leq 6 \oplus 18$（$A_s=1527\text{mm}^2$）。

（A）项：$A_{s顶}=1903\text{mm}^2$，不满足。

（B）项：$A_{s顶}=2082\text{mm}^2$，不满足。

（C）项：$A_{s顶}=2281\text{mm}^2$，不满足。

故选（D）项。

【45、46题评析】 45题，框架-核心筒结构底部加强部位、底部加强部位以上部位，其各自沿墙肢的长度l_c值是不相同的。

47. 正确答案是D，解答如下：

根据《高规》5.2.1条、5.2.3条、4.3.17条，应选（D）项。

48. 正确答案是C，解答如下：

$H=48\text{m}$，框架-剪力墙结构，由《高规》3.3.1，属于A级高度。

根据《高规》3.4.5条：

（A）项：$T_t/T_1 = 0.6/0.8 = 0.75 < 0.9$，$\dfrac{u_1}{u_2} = \dfrac{32}{20} = 1.6 > 1.2$，不满足。

（B）项：$T_t/T_1 = 0.8/0.7 > 0.9$，不满足。

（C）项：$T_t/T_1 = 0.6/0.7 = 0.86 < 0.9$，$\dfrac{u_1}{u_2} = \dfrac{35}{20} = 1.17 < 1.2$，满足。

（D）项：$T_t/T_1 = 0.7/0.6 > 0.9$，不满足。

故选（C）项。

49. 正确答案是 C，解答如下：

根据《高钢规》8.4.2 条：

角部组装焊缝厚度 $\geqslant 16\mathrm{mm}$，且 $\geqslant \dfrac{1}{2} \times 38 = 19\mathrm{m}$

故选（C）项。

50. 正确答案是 B，解答如下：

根据《高钢规》9.6.11 条，应选（B）项。

实战训练试题（八）解答与评析

（上午卷）

1. 正确答案是 B，解答如下：

根据《混规》9.3.8 条：

$$A_s \leq \frac{0.35 \times 1 \times 16.7 \times 400 \times (750-60)}{360} = 4481\text{mm}^2$$

故应选（B）项。

2. 正确答案是 B，解答如下：

根据《混规》11.3.2 条：

$$V_{Gb} = 1.2 \times \frac{(46+0.5 \times 12) \times 8.2}{2} = 255.8\text{kN}$$

由梁端配筋，可知，按顺时针方向计算弯矩时 V_b 最大：

$$M_{bua}^l = \frac{1}{\gamma_{RE}} f_{yk} A_s^{a,l}(h_0 - a_s') = \frac{400 \times 4 \times 490.9 \times (690-60)}{0.75} = 659769600\text{N} \cdot \text{m}$$
$$= 659.8\text{kN} \cdot \text{m}$$

$$M_{bua}^r = \frac{1}{\gamma_{RE}} f_{yk} A_s^{a,r}(h_0 - a_s') = \frac{400 \times 8 \times 490.9 \times (690-60)}{0.75} = 1319539200\text{N} \cdot \text{m}$$
$$= 1319.5\text{kN} \cdot \text{m}$$

$$V_b = 1.1 \times \frac{659.8 + 1319.5}{8.2} + 255.8 = 521.3\text{kN}$$

故应选（B）项。

【1、2 题评析】 掌握图集 22G101-1，本题目中底部纵筋仅 4 根伸入支座。

3. 正确答案是 B，解答如下：

房屋高度 22.3m 小于 24m，根据《抗规》6.1.10 条第 2 款，底部加强部位可取底部一层。

根据《抗规》6.4.5 条第 2 款，三层可设置构造边缘构件。

根据《抗规》图 6.4.5-1（a），暗柱长度不小于 $\max(b_w, 400) = 400\text{mm}$。

故应选（B）项。

4. 正确答案是 B，解答如下：

跨高比 $= 1000/800 = 1.25 < 2.5$

根据《混规》11.7.9 条：

$$V_{wb} \leq \frac{0.15 \times 1 \times 16.7 \times 250 \times 720}{0.85} = 530.5\text{kN}$$

$$V_{wb} \leq \frac{1}{\gamma_{RE}} \left(0.38 f_t b h_0 + 0.9 \frac{A_{sv}}{s} f_{yv} h_0 \right)$$

$$= \frac{1}{0.85} \times \left(0.38 \times 1.57 \times 250 \times 720 + 0.9 \times \frac{2 \times 78.5}{100} \times 360 \times 720\right)$$

$$= 557221\text{N} = 557.22\text{kN}$$

取上述小值，故 $V_{wb}=530.5\text{kN}$，应选（B）项。

【3、4题评析】 3题，掌握矮墙（$H<24\text{m}$ 剪力墙结构）的特点。

4题，抗剪计算，f_{yv} 取值为 360N/mm^2。

5. 正确答案是 D，解答如下：

根据《抗震通规》4.3.2条，轴压力设计值为：

$$N = 1.3(N_{Gk}+0.5N_{Qk})+1.4N_{Ehk}=1.3\times(980+0.5\times220)+1.4\times280=1809\text{kN}$$

$$\mu_N = \frac{N}{f_c A} = \frac{1809 \times 10^3}{16.7 \times (600 \times 600 - 400 \times 400)} = 0.54$$

查《异形柱规》表 6.2.2，二级 T 形框架柱的轴压比限值为：$[\mu_N]=0.55$

$$\mu_N/[\mu_N] = 0.54/0.55 = 0.98$$

6. 正确答案是 C，解答如下：

框架的抗震等级为二级，根据《异形柱规》5.1.6条：

$$M_c^b = \eta_c M_c = 1.5 \times 320 = 480\text{kN} \cdot \text{m}$$

根据《异形柱规》5.2.3条，$H_n = 3.6+1-0.45-0.05=4.1\text{m}$

$$V_c = 1.3 \frac{M_c^t + M_c^b}{H_n} = 1.3 \times \frac{312+480}{4.1} = 251\text{kN}$$

7. 正确答案是 B，解答如下：

根据《混规》表 8.2.1，二 b 类环境，墙的竖向受力钢筋保护层厚度取为 25mm，则 $a_s=25+8=33\text{mm}$，$h_0=h-a_s=250-33=217\text{mm}$。

纵筋直径 16mm，间距 100mm，每米宽度钢筋截面面积为 2011mm^2。

$$x = \frac{f_y A_s}{\alpha_1 f_c b} = \frac{360 \times 2011}{1.0 \times 14.3 \times 1000} = 51\text{mm} < \xi_b h_0 = 0.518 \times 217 = 112\text{mm}$$

受弯承载力为：

$$M_u = \alpha_1 f_c bx \left(h_0 - \frac{x}{2}\right)$$

$$= 1.0 \times 14.3 \times 1000 \times 51 \times \left(217 - \frac{51}{2}\right)$$

$$= 139.7 \times 10^6 \text{N} \cdot \text{mm}$$

8. 正确答案是 B，解答如下：

根据《混规》表 8.2.1，二 b 类环境，梁，取其箍筋的保护层厚度 $c=35\text{mm}$。

箍筋直径为 10mm，故纵筋的 $c=c_s=45\text{mm}$。

根据《混规》7.1.2条：

$$\rho_{te} = \frac{A_s}{A_{te}} = \frac{12 \times 380.1}{0.5 \times 400 \times 800} = 0.0285 > 0.01$$

$$\psi = 1.1 - 0.65 \frac{f_{tk}}{\rho_{te}\sigma_{sq}} = 1.1 - 0.65 \times \frac{2.01}{0.0285 \times 207.1} = 0.879$$

$$w_{max} = \alpha_{cr} \psi \frac{\sigma_{sq}}{E_s} \left(1.9c_s + 0.08 \frac{d_{eq}}{\rho_{te}}\right)$$

$$=1.9\times0.879\times\frac{207.1}{2.0\times10^5}\times\left(1.9\times45+0.08\times\frac{22}{0.0285}\right)=0.255\text{mm}$$

9. 正确答案是 C，解答如下：

由于 $e_0=\frac{M}{N}=\frac{880\times10^3}{2200}=400\text{mm}<h/2-a_s=1000/2-70=430\text{mm}$，为小偏心受拉。

根据《混规》6.2.23 条规定：

$$A_s=\frac{N(e_0+h/2-a'_s)}{f_y(h'_0-a_s)}=\frac{2200\times10^3\times(400+1000/2-70)}{360\times(1000-70-70)}=5898\text{mm}^2$$

【7~9题评析】 7题，二 b 类环境，墙体纵向受力钢筋在其外侧，故其 $a_s=c_纵+\frac{1}{2}d_纵$。

8题，梁 $L1$ 处于二 b 类环境，其箍筋的混凝土保护层厚度为 35mm。《混规》7.1.2 条相关参数的取值。

10. 正确答案是 A，解答如下：

根据《混规》式（7.2.3-2）：

$$B_s=0.85E_cI_0=0.85\times3.25\times10^4\times3.4\times10^{10}=9.393\times10^{14}\text{N}\cdot\text{mm}^2$$

由规范 7.2.5 条第 2 款，取 $\theta=2.0$

由规范式（7.2.2-1）：

$$B=\frac{M_k}{M_q(\theta-1)+M_k}B_s=\frac{800}{750\times(2-1)+800}\times9.393\times10^{14}$$
$$=4.85\times10^{14}\text{N}\cdot\text{mm}^2$$

【10题评析】 预应力混凝土受弯构件的短期刚度 B_s，分为不出现裂缝的构件和允许出现裂缝的构件，其计算公式是不同的，《混规》7.2.3 条第 2 款作了规定，并且该条注的规定：对预压时预拉区出现裂缝的构件，B_s 应降低 10%。在《混规》7.2.6 条中，考虑长期作用的影响，应将计算求得的预加力反拱值乘以增大系数 2.0，而《混规》附录 H.0.12 条中，对于预应力混凝土叠合构件，当考虑长期作用影响，可将计算求得的预应力反拱值乘以增大系数 1.75。

11. 正确答案是 D，解答如下：

CD 杆长度 $l_{cd}=6000\text{mm}$，根据《钢标》7.4.1 条，平面外计算长度为 6000mm。

$$\lambda_y=\frac{6000}{61.2}=98$$

根据《钢标》7.2.2 条规定：

$\lambda_z=3.9\frac{b}{t}=3.9\times\frac{140}{10}=54.6<\lambda_y$，则：

$$\lambda_{yz}=98\times\left[1+0.16\left(\frac{54.6}{98}\right)^2\right]$$
$$=102.9$$

对 y 轴为 b 类，查附录表 D.0.2，取 $\varphi_{\min}=0.536$

$$\frac{N}{\varphi_{\min}A}=\frac{450\times10^3}{0.536\times5475}=153\text{N/mm}^2$$

12. 正确答案是 B，解答如下：
$N = fA = 215 \times 1083 \times 10^{-3} = 232.8\text{kN}$；$N = 0.7 f_u A_n = 0.7 \times 370 \times 1083 \times 10^{-3} = 280.5\text{kN}$

故取 $N = 232.5\text{kN}$

由于采用等强连接，根据《钢标》11.2.2 条：

由式 $\tau_f = \dfrac{N}{h_e l_w} \leqslant f_f^w$ 得：

肢背焊缝计算长度：$l_w = \dfrac{0.7N}{2 \times 0.7 h_f f_f^w} = \dfrac{0.7 \times 232.8 \times 10^3}{2 \times 0.7 \times 5 \times 160} = 146\text{mm} > 8h_f = 8 \times 5 = 40\text{mm}$

$l_w < 60 h_f = 60 \times 5 = 300\text{mm}$，不考虑超长折减。

焊缝实际长度为：$l_w + 2h_f = 146 + 2 \times 5 = 156\text{mm}$

13. 正确答案是 B，解答如下：

根据《钢标》表 7.4.6、7.4.1 条：

$i_{\min} = \dfrac{0.9 \times 6000}{200} = 27\text{mm} < 27.3\text{mm}$，故选（B）项。

【11~13 题评析】 11 题，结合屋面上弦平面布置，确定其平面外计算长度。双角钢 T 形截面，应考虑扭转效应，取 λ_{yz} 计算。

12 题，关键复核焊缝长度的构造要求是否满足。

13 题，双角钢十字形截面，其计算长度取斜平面，腹杆（非支座处）的 $l_0 = 0.9 l$。

14. 正确答案是 A，解答如下：

根据《钢标》11.2.2 条：

$$N_1 = \beta_f f_f^w h_e l_{w1} = 1.22 \times 160 \times 0.7 \times 8 \times 160 = 175\text{kN}$$

$$L \geqslant \dfrac{N - N_1}{2 h_e f_f^w} + h_f = \dfrac{360 \times 10^3 - 175 \times 10^3}{2 \times 0.7 \times 8 \times 160} + 8 = 103 + 8 = 111\text{mm}$$

$8h_f = 64\text{mm} < 103\text{mm} < 60 h_f = 480\text{mm}$，满足。

所以应选（A）项。

15. 正确答案是 B，解答如下：

根据《钢标》11.4.2 条：

$$P \geqslant \dfrac{N}{n \times 0.9 k n_f \mu} = \dfrac{360}{6 \times 0.9 \times 1 \times 1 \times 0.40} = 167\text{kN}$$

选用 M22（$P = 190\text{kN}$），满足，故应选（B）项。

16. 正确答案是 B，解答如下：

根据《钢标》7.1.1 条：

$$\sigma = \left(1 - 0.5 \dfrac{n_1}{n}\right) \dfrac{N}{A_n} = \left(1 - 0.5 \times \dfrac{2}{6}\right) \dfrac{360 \times 10^3}{18.5 \times 10^2} = 162.2\text{N/mm}^2$$

$$\sigma = \dfrac{N}{A} = \dfrac{360 \times 10^3}{160 \times 16} = 140.6\text{N/mm}^2$$

上述取大值，取 $\sigma=162.2\text{N/mm}^2$，故应选（B）项。

【14～16题评析】 14题，《钢标》11.3.6条规定，所有围焊的转角处必须连续施焊。

17. 正确答案是 A，解答如下：

根据《抗规》9.2.16条：

$$h \geqslant \max(2.5\times 1000, 0.5\times(300+700))=2500\text{mm}$$

所以应选（A）项。

18. 正确答案是 B，解答如下：

根据《钢标》8.2.1条规定：$\lambda_x = \dfrac{l_{0x}}{i_x} = \dfrac{30860}{512.3} = 60.24$

b类截面，根据 $\lambda_x/\varepsilon_k = 60.24/\sqrt{235/345} = 73$，查附录表 D.0.2，$\varphi_x = 0.732$

根据《钢标》公式（8.2.2-1）：

截面等级满足 S3 级，取 $\gamma_x = 1.05$

$$\dfrac{N}{\varphi_x A} + \dfrac{\beta_{mx} M_x}{\gamma_x W_{1x}\left(1-0.8\dfrac{N}{N'_{Ex}}\right)} = \dfrac{2100\times 10^3}{0.732\times 675.2\times 10^2} + \dfrac{1.0\times 5700\times 10^6}{1.05\times 29544\times 10^3\times\left(1-0.8\dfrac{2100}{34390}\right)}$$

$$=42.5+193.2=235.7\text{N/mm}^2$$

所以应选（B）项。

19. 正确答案是 C，解答如下：

根据《钢标》8.2.1规定：

$$\lambda_y = \dfrac{l_{0y}}{i_y} = \dfrac{12230}{164.6} = 74.3$$

b类截面，根据 $\lambda_x/\varepsilon_k = 74.3/\sqrt{235/345} = 90$，查附录表 D.0.2，$\varphi_y = 0.621$

根据《钢标》附录 C.0.5 条：

$$\varphi_b = 1.07 - \dfrac{\lambda_y^2}{44000\varepsilon_k^2} = 1.07 - \dfrac{74.3^2}{44000\times 235/345} = 0.886$$

根据《钢标》公式（8.2.2-3）：

$$\dfrac{N}{\varphi_y A} + \eta\dfrac{\beta_{tx} M_x}{\varphi_b W_{1x}} = \dfrac{2100\times 10^3}{0.621\times 675.2\times 10^2} + 1.0\times\dfrac{1.0\times 5700\times 10^6}{0.886\times 29544\times 10^3}$$

$$=50+217.8=267.8\text{N/mm}^2$$

所以应选（C）项。

20. 正确答案是 C，解答如下：

根据《抗规》9.2.9条，Ⅰ、Ⅱ、Ⅳ正确。

根据《抗规》9.2.10条，Ⅲ错误。

故应选（C）项。

21. 正确答案是 A，解答如下：

根据《砌规》9.2.2条及注的规定：

$$\beta = \gamma_\beta \frac{H_0}{h} = 1 \times \frac{3}{0.19} = 15.79$$

$$\varphi_{0g} = \frac{1}{1+0.001\beta^2} = \frac{1}{1+0.001 \times 15.79^2} = 0.80$$

$$N = \varphi_{0g}(f_g A + 0.8 f'_y A'_s)$$
$$= 0.80 \times (3.6 \times 190 \times 3190 + 0) = 1745.6 \text{kN}$$

22．正确答案是 D，解答如下：

根据《抗规》7.2.8 条：

填孔率 $\rho = 7/16 = 0.4375 < 0.5$ 且 > 0.25，取 $\zeta_c = 1.10$；墙体截面面积 $A = 190 \times 3190 = 606100 \text{mm}^2$

根据《抗规》5.4.2 条，$\gamma_{RE} = 0.9$

$$V_u = \frac{1}{0.9} \times [0.86 \times 606100 + (0.3 \times 1.1 \times 100800 + 0.05 \times 270 \times 565) \times 1.1]$$
$$= 629.1 \text{kN}$$

23．正确答案是 C，解答如下：

根据《砌规》9.3.1 条：

$$\lambda = \frac{M}{Vh_0} = \frac{560}{150 \times 3.1} = 1.20 < 1.5，取 \lambda = 1.5$$

$$N = 770 \text{kN} > 0.25 f_g bh = 727.32 \text{kN}，取 N = 727.32 \text{kN}$$

$$V_u = \frac{1}{1.5-0.5} \times (0.6 \times 0.47 \times 190 \times 3100 + 0.12 \times 727.32 \times 10^3)$$
$$+ 0.9 \times 270 \times \frac{2 \times 78.54}{600} \times 3100$$
$$= 450.59 \text{kN}$$

24．正确答案是 D，解答如下：

$$M = \frac{1}{15} q H^2 = \frac{1}{15} \times 34 \times 3^2 = 20.4 \text{kN} \cdot \text{m/m}$$

根据《砌规》表 3.2.2，沿通缝破坏，取 $f_{tm} = 0.17 \text{MPa}$

由《砌规》5.4.1 条：

$M \leqslant f_{tm} W = f_{tm} \cdot \frac{1}{6} bh^2$，则：

$$h \geqslant \sqrt{\frac{6M}{f_{tm} b}} = \sqrt{\frac{6 \times 20.4 \times 10^6}{0.17 \times 1000}} = 848.5 \text{mm}$$

25．正确答案是 C，解答如下：

根据《木标》表 4.3.1-3，TC11A 的顺纹抗拉强度 $f_t = 7.5 \text{N/mm}^2$；

根据《木标》表 4.3.9-1，露天环境下的木材强度设计值调整系数为 0.9；

根据《木标》表 4.3.9-2，设计使用年限 5 年时的木材强度设计值调整系数 1.1；

调整后的顺纹抗拉强度 $f_t = 0.9 \times 1.1 \times 7.5 = 7.425 \text{N/mm}^2$。

D1 杆承受的轴心拉力 $N = 2 \times 3 \times 16.7/1.5 = 66.8 \text{kN}$

由《木标》式（5.1.1）：$A_n \geqslant \gamma_0 \frac{N}{f_t} = 0.9 \times \frac{66800}{7.425} = 8096.97 \text{mm}^2$

则:$b×h \geq 90mm×90mm$,应选(C)项。

(下午卷)

26. 正确答案是 C,解答如下:

基底净反力:$p_j = \dfrac{526}{1.2} = 438.33 \text{kPa}$

由《地规》8.2.14 条:

砖墙放脚不大于 $\dfrac{1}{4}$ 砖长,则:$a_1 = b_1 + \dfrac{1}{4}×240 = \dfrac{1200-490}{2} + 60 = 415\text{mm}$

$$M = \dfrac{1}{2}a_1^2 p_j = \dfrac{1}{2}×0.415^2×438.33 = 37.7\text{kN·m/m}$$

27. 正确答案是 B,解答如下:

由上一题,$p_j = 438.33\text{kPa}$

抗剪截面取为墙边缘处:$a_1 = \dfrac{1.2-0.49}{2} = 0.355\text{m}$

$$V_s = p_j×1×a_1 = 438.33×1×0.355 = 155.6\text{kN/m}$$
$$V_s \leq 0.366 f_t A = 0.366×1.1×10^3×1×h \quad (\text{kN/m})$$

解之得:$h \geq 0.386\text{m}$

【26、27 题评析】 26 题,砌体墙下钢筋混凝土条形基础的抗弯计算,其最不利位置按《地规》8.2.7 条规定。

27 题,砌体墙(包括钢筋混凝土墙)下条形基础的抗剪计算,其最不利位置均为墙体边缘(有放脚时为放脚边缘)截面。

28. 正确答案是 B,解答如下:

根据《地规》8.4.7 条及附录 P:
$$c_1 = c_2 = 9.4 + h_0 = 11.9\text{m}, c_{AB} = c_1/2 = 5.95\text{m}$$
$$F_l = 177500 - (9.4+2h_0)^2 p_n = 87111.8\text{kN}$$

由式(8.4.7-1)有:

$$\tau_{max} = \dfrac{F_l}{u_m h_0} + \dfrac{\alpha_s M_{unb} c_{AB}}{I_s} = \dfrac{87111800}{47.6×10^3×2500} + \dfrac{0.40×151150×10^6×5.95×10^3}{2839.59×10^{12}}$$
$$= 0.732 + 0.127 = 0.859\text{N/mm}^2$$

29. 正确答案是 A,解答如下:

抗剪要求,由《地规》8.2.9 条:

$$h_0 = 2500\text{mm} > 2000\text{mm},故 \beta_{hs} = \left(\dfrac{800}{2000}\right)^{1/4} = 0.795$$

$$0.7×0.795×1.0×2.5×f_t×10^3 \geq 2160,则:f_t \geq 1.56\text{N/mm}^2$$

故选 C40($f_t = 1.71\text{N/mm}^2$),并且满足规范 8.4.4 条构造要求。

30. 正确答案是 B,解答如下:

抗冲切要求,由《地规》8.4.8 条:

$$\tau_{max} \leq \dfrac{0.7\beta_{hp} f_t}{\eta},即:$$

$$0.90 \leqslant \frac{0.7 \times 0.9 f_t}{1.25}, 则: f_t \geqslant 1.79 \text{N/mm}^2$$

选取 C45 ($f_t=1.80\text{N/mm}^2$)，并且满足规范 8.4.4 条构造要求。

【28～30 题评析】 28 题，题目条件是荷载的基本组合下的净反力 p_n 和竖向力 177500kN。

29 题、30 题，混凝土强度等级不仅应满足抗剪、抗冲切要求，还应满足构造要求，以及耐久性要求。

31. 正确答案是 B，解答如下：

根据《地处规》7.1.5 条、7.3.3 条：

$$R_a = u_p \sum_{i=1}^{n} q_{si} l_{pi} + \alpha_p q_p A_p$$
$$= 3.14 \times 0.6 \times (11 \times 1 + 10 \times 8 + 15 \times 2) + 0.5 \times 3.14 \times 0.3^2 \times 200$$
$$= 256 \text{kN}$$
$$R_a = \eta A_p f_{cu} = 0.25 \times 3.14 \times 0.3^2 \times 1900 = 134 \text{kN}$$

二者取小值，故取（B）项。

32. 正确答案是 C，解答如下：

根据《地处规》3.0.4 条：

$$f_{spk} = 145 - 1 \times 18.5 \times (1.4 - 0.5) = 128.4 \text{kPa}$$

根据《地处规》7.1.5 条：

$$m = \frac{f_{spk} - \beta f_{sk}}{\lambda R_a / A_p - \beta f_{sk}} = \frac{128.4 - 0.8 \times 85}{1 \times 145/(3.14 \times 0.3^2) - 0.8 \times 85} = 0.136$$

$$m = \frac{d^2}{d_e^2} = \frac{d^2}{1.13^2 s_1 s_2}$$

$$s_2 = \frac{d^2}{1.13^2 \times s_1 \times m} = \frac{0.6 \times 0.6}{1.13^2 \times 1 \times 0.136} = 2.07 \text{m} = 2070 \text{mm}$$

【31、32 题评析】 在实际的工程设计中，对大面积的复合地基桩，应按《地处规》7.1.5 条的规定计算置换率或计算桩间距。对条形基础、独立基础下的复合地基，宜按《地处规》7.9.7 条的规定，"应根据基础面积与该面积范围内实际布桩数量"，计算置换率或计算桩间距。

33. 正确答案是 C，解答如下：

根据《桩规》5.1.1 条、5.2.1 条：

$$N_k = \frac{F_k + G_k}{n} = \frac{5380 + 4.8 \times 2.8 \times 2.5 \times 20}{5} = 1210 \text{kN}$$

$$N_{kmax} = \frac{F_k + G_k}{n} + \frac{M_{xk} y_i}{\sum y_i^2} = 1210 + \frac{(2900 + 200 \times 1.6) \times 2}{2^2 \times 4} = 1210 + 402.5 = 1613 \text{kN}$$

$$R_a \geqslant \frac{N_{kmax}}{1.2} = \frac{1613}{1.2} = 1344 \text{kN}, 并且 R_a \geqslant N_k = 1210 \text{kN}$$

故取 $R_a \geqslant 1344 \text{kN}$。

34. 正确答案是 A，解答如下：

根据《桩规》5.7.2 条：

$$EI = 0.85E_cI_0 = 0.85 \times 3.6 \times 10^4 \times 213000 \times 10^{-5} = 65178 \text{kN} \cdot \text{m}^2$$

$$R_{ha} = 0.75 \frac{\alpha^3 EI}{v_x}\chi_{0a} = 0.75 \times \frac{0.63^3 \times 65178}{2.441} \times 0.010 = 50.1 \text{kN}$$

35. 正确答案是 A，解答如下：

根据《桩规》5.5.7 条：

$a/b=2.4/1.4=1.71$；$z/b=8.4/1.4=6$；查表得：$\bar{\alpha}=0.0977$

$E_s = 17.5 \text{MPa}$，查《桩规》表 5.5.11，$\psi=(0.9+0.65)/2=0.775$

$$s = \psi \cdot \psi_e \cdot 4p_0 \sum_{i=1}^{n} \frac{z_i\bar{\alpha}_i - z_{i-1}\bar{\alpha}_{i-1}}{E_{si}} = 0.775 \times 0.17 \times 4 \times 400 \times 8.4 \times 0.0977/17.5$$

$$= 9.9 \text{mm}$$

36. 正确答案是 B，解答如下：

根据《桩规》5.6.2 条：

$$\eta_p = 1.3, F = 43750 - 39.2 \times 17.4 \times 19 = 30790 \text{kN}$$

$$p_0 = \eta_p \frac{F - nR_a}{A_c} = 1.3 \times \frac{30790 - 52 \times 340}{39.2 \times 17.4 - 52 \times 0.25 \times 0.25} = 25.1 \text{kPa}$$

37. 正确答案是 A，解答如下：

根据《桩规》5.6.2 条、5.5.10 条：

方桩：

$$s_a/d = 0.886\sqrt{A}/(\sqrt{n} \cdot b) = 0.886\sqrt{39.2 \times 17.4}/(\sqrt{52} \times 0.25) = 12.8$$

$$\bar{q}_{su} = (60 + 20 \times 16 + 64)/18 = 24.7 \text{kPa}$$

$$\bar{E}_s = (6.3 \times 1 + 2.1 \times 16 + 10.5 \times 1)/18 = 2.8 \text{MPa}$$

方桩： $d = 1.27b = 1.27 \times 0.25$

$$s_{sp} = 280 \frac{\bar{q}_{su}}{\bar{E}_s} \cdot \frac{d}{(s_a/d)^2} = 280 \times \frac{24.7}{2.8} \times \frac{(1.27 \times 0.25)}{(12.8)^2} = 4.8 \text{mm}$$

38. 正确答案是 D，解答如下：

根据《高规》6.2.7 条及条文说明，由《混规》11.6.4 条：

$$h_{b0} = \frac{700 + 500}{2} - 60 = 540 \text{mm}$$

$$N = 2300 \text{kN} < 0.5f_cb_ch_c = 0.5 \times 19.1 \times 600 \times 600 = 3438 \text{kN}, \text{取} N = 2300 \text{kN}。$$

$$V_u = \frac{1}{\gamma_{RE}}\left(1.1\eta_j f_t b_j h_j + 0.05\eta_j N \frac{b_j}{b_c} + f_{yv}A_{svj}\frac{h_{b0}-a'_s}{s}\right)$$

$$= \frac{1}{0.85}\left(1.1 \times 1.5 \times 1.71 \times 600 \times 600 + 0.05 \times 1.5 \times 2300 \times 10^3 \times 1\right.$$

$$\left. + 300 \times 452 \times \frac{540-60}{100}\right)$$

$$= 2164 \times 10^3 \text{N}$$

39. 正确答案是 B，解答如下：

根据《高规》6.3.3 条：

$\rho = \dfrac{804.2 \times 8}{350 \times 640} = 2.87\% > 2.75\%$ 所以 (C)、(D) 项均不满足。

$$\rho = \frac{615.8 \times 4 + 804.2 \times 4}{350 \times 640} = 2.54\% > 2.50\%$$

当梁端纵向受拉钢筋配筋率大于 2.5% 时，受压钢筋的配筋率不应小于受拉钢筋的一半，所以（A）项不满足。

故应选（B）项。

40. 正确答案是 A，解答如下：

根据《高规》6.3.3 条第 3 款：

$$d \leqslant \frac{1}{20}h = \frac{1}{20} \times 600 = 30\text{mm}，故排除（D）项。$$

8 ⊈ 25（$A_s = 3927\text{mm}^2$），4 ⊈ 25（$A_s = 1964\text{mm}^2$）、7 ⊈ 28（$A_s = 4310\text{mm}^2$）

根据《高规》6.3.2 条第 3 款：$A_s^b / A_s^t \geqslant 0.3$

$1964/3927 = 0.5 > 0.3$，$1964/4310 = 0.46 > 0.3$，故（A）、（B）、（C）均满足；

对于（A）项：$\dfrac{x}{h_0} = \dfrac{f_y A_s - f_y' A_s'}{\alpha b h_0 f_c} = \dfrac{360 \times (3927 - 1964)}{1 \times 350 \times 640 \times 19.1} = 0.165 < 0.35$

故（A）项经济，（C）项配筋过大。

（B）项跨中正弯矩钢筋全部锚于柱内，不经济，也不利于实现"强柱弱梁"。

故（A）项最经济合理。

41. 正确答案是 C，解答如下：

根据《高规》6.4.8 条第 2 款，二级框架柱加密区肢距不宜大于 250mm 和 $20d_{纵}$，（A）项不满足。又根据《高规》6.4.6 条、6.4.8 条，（B）项不满足。

根据《高规》表 6.4.3-1 及注 2，二级框架结构及纵筋的钢筋强度标准值为 400MPa 时，柱截面纵向钢筋的最小总配筋率为：$(0.9 + 0.05)\% = 0.95\%$，$A_{s\min} = 0.95\% \times 600 \times 600 = 3420\text{mm}^2$，对于（D）项，$A_s = 12 \times 254.5 = 3054\text{mm}^2$，不满足。所以应选（C）项。

【41 题评析】 根据《高规》表 6.4.7，轴压比为 0.6 时，$\lambda_v = 0.13$。

$$\rho_v = \lambda_v \frac{f_c}{f_{yv}} = 0.13 \times 19.1/300 = 0.83\%$$

对于（C）项：$\rho_v = \dfrac{2 \times 4 \times (600 - 2 \times 25) \times 78.5}{(600 - 2 \times 30)^2 \times 100} = 1.18\%$，满足。

42. 正确答案是 C，解答如下：

根据《高规》6.4.3 条：

角柱最小配筋率为：$(0.9 + 0.05 + 0.1)\% = 1.05\%$

其最小配筋面积：$1.05\% \times 600 \times 600 = 3780\text{mm}^2$，故（D）项不满足。

由《高规》6.4.4 条，小偏拉，则：

$$A_s = 1.25 \times 3600 = 4500\text{mm}^2，故（B）项不满足。$$

（A）、（C）项满足，且（C）项最接近。

43. 正确答案是 D，解答如下：

根据《抗规》13.2.3 条、附录表 M.2.2：

取 $\eta = 1.2$，$\gamma = 1.0$，$\zeta_1 = 2.0$，$\zeta_2 = 2.0$

$$F = \eta \gamma \zeta_1 \zeta_2 a_{\max} G = 1.0 \times 1.2 \times 2 \times 2 \times 0.08 \times 100 = 38.4\text{kN}$$

44. 正确答案是 C，解答如下：

8度、I_1类场地、丙类建筑，根据《高规》3.9.1条第2款规定，按7度考虑抗震构造措施。又由《高规》8.1.3条，属一般的框架-剪力墙结构。

查《高规》表3.9.3，$H=57.3\text{m}<60\text{m}$，框架抗震等级为三级。

查《高规》表6.4.2，轴压比$\mu_N=0.90$；根据该表6.4.2注4、5、7的规定，$\mu_N \leqslant 0.90+1.05=1.05$，$\mu_N \leqslant 1.05$，故取最大值$\mu_N=1.05$。

45. 正确答案是C，解答如下：

根据《高规》8.1.1条、7.1.4条：

底部加强部位高度：$\max\left(\dfrac{1}{10}H,\ 6.0+4.5\right)=\max\left(\dfrac{1}{10}\times57.3,\ 10.5\right)=10.5\text{m}$

根据《高规》7.2.14条，可知，第5层剪力墙墙肢端部应设置构造边缘构件；根据《高规》7.2.16条第2款，该端柱按框架柱构造要求配置钢筋，抗震二级，查《高规》表6.4.3-1，取$\rho_{\min}=0.75\%$，则：

$$A_{s,\min}=\rho_{\min}bh=0.75\%\times500\times500=1875\text{mm}^2$$

又根据《高规》6.4.4条第5款：$A_s=1.25\times1800=2250\text{mm}^2>1875\text{mm}^2$

故最终取$A_s=2250\text{mm}^2$，选用$4\ \underline{\Phi}\ 20+4\ \underline{\Phi}\ 18$（$A_s=2275\text{mm}^2$）。

46. 正确答案是B，解答如下：

根据《荷规》表8.3.1第30项：

$$\sum_{i=1}^{6}\mu_{si}B_i=0.8\times32+2\times0.45\times12\cos120°+2\times0.5\times32\cos60°+0.5\times12$$

$$=42.2$$

47. 正确答案是C，解答如下：

根据《高规》附录E.0.1条、5.3.7条：

$$\gamma=\dfrac{K_{-1}}{K_1}=\dfrac{G_0 A_0}{G_1 A_1}\cdot\dfrac{h_1}{h_0}=\dfrac{19.76\times10^6}{17.17\times10^6}\times\dfrac{5.2}{3.5}=1.71<2$$

故地下室底板作为计算嵌固端。

$$M=\dfrac{1}{2}qH\times\left(3.5+\dfrac{2H}{3}\right)=\dfrac{1}{2}\times134.7\times88\times\left(3.5+\dfrac{2}{3}\times88\right)$$

$$=368449.4\text{kN}\cdot\text{m}$$

48. 正确答案是B，解答如下：

根据《高规》6.2.1条，一级框架结构：

$$M_{bua}=\dfrac{1}{\gamma_{RE}}f_{yk}A_s^a(h_0-a_s')$$

$$=\dfrac{1}{0.75}\times400\times2281\times(560-40)=6.33\times10^8\text{N}\cdot\text{mm}$$

$$\sum M_c=1.2\sum M_{bua}=1.2\times6.33\times10^8=7.59\times10^8\text{N}\cdot\text{mm}$$

$$M_{cA\text{下}}'=\dfrac{280}{300+280}\times759=366\text{kN}\cdot\text{m}$$

由《高规》6.2.2条：$M_{cB}=1.7\times320=544\text{kN}\cdot\text{m}$

取上述366kN·m、544kN·m的较大值，故$M=544\text{kN}\cdot\text{m}$，又因为角柱，由《高规》6.2.4条：

最终取 $M=1.1\times544=598.4$kN·m

49. 正确答案是 B，解答如下：

查《高钢规》表 4.2.1，取 $f_{yb}=235$N/mm²

柱：$W_{pc}=2\times(450\times22\times239+228\times14\times114)=5459976$mm³

梁：$W_{pb}=2\times(260\times14\times243+236\times8\times118)=2214608$mm³

$$\sum W_{pc}\left(f_{yc}-\frac{N}{A_c}\right)=2\times5459976\times\left(225-\frac{2510000}{26184}\right)$$
$$=1410201867\text{N·mm}$$

$$\eta\sum W_{pb}f_{yb}=1.10\times(2\times2214608\times235)=1144952336\text{N·mm}$$

左端／右端 $=1410201867/1144952336=1.23$

50. 正确答案是 C，解答如下：

根据《高钢规》8.6.4 条、8.1.3 条，取 $\alpha=1.2$；

由《高钢规》8.1.5 条：

$$\frac{N}{N_y}=\frac{2510000}{26184\times225}=0.426>0.13$$

$$M_{pc}=1.15\times(1-0.426)\times5459976\times225=810.9\text{kN·m}$$

$$M_u\geqslant\alpha M_{pc}=1.2\times810.9=973\text{kN·m}$$

实战训练试题（九）解答与评析

（上午卷）

1. 正确答案是 C，解答如下：

根据《结通规》3.1.13 条：

踏步板： $p_1 = 1.3 \times 7.5 + 1.5 \times 2.5 = 1.35 \text{kN/m}$

平台板： $p_2 = 1.3 \times 5 + 1.5 \times 2.5 = 10.25 \text{kN/m}$

$$R_B = \frac{\frac{1}{2} \times 13.5 \times 4.2^2 + 10.25 \times 1.4 \times \left(4.2 + \frac{1.4}{2}\right)}{4.2} = 45.1 \text{kN}$$

2. 正确答案是 B，解答如下：

平台板的永久荷载有利，$\gamma_G = 1.0$，$p_2 = 1.0 \times 5 = 5 \text{kN/m}$

平台板的活荷载有利，$\gamma_Q = 0$

由题 1 可知：踏步板 $p_1 = 13.5 \text{kN/m}$。

$$R_A = \frac{\frac{1}{2} \times 13.5 \times 4.2^2 - \frac{1}{2} \times 5 \times 1.4^2}{4.2} = 27.18 \text{kN}$$

踏步板最大弯矩点的位置，设其距 A 点的水平距离为 x。

解法一： $M_{max} = R_A x - \frac{1}{2} p_1 x^2$

令 $\frac{dM_{max}}{dx} = 0$，则：$x = \frac{R_A}{p_1} = \frac{27.18}{13.5} = 2.01 \text{m}$

解法二：剪力为零处，弯矩最大，$x = \frac{R_A}{p_1} = \frac{27.18}{13.5} = 2.01 \text{m}$

$M_{max} = 27.18 \times 2.01 - \frac{1}{2} \times 13.5 \times 2.01^2 = 27.4 \text{kN} \cdot \text{m}$

3. 正确答案是 C，解答如下：

根据《混规》9.1.7 条：

$$A_s = \max\left(113.1 \times \frac{1000}{120} \times 15\%, \ 150 \times 1000 \times 0.15\%\right)$$

$$= \max(141, 225) = 225 \text{mm}^2$$

选用 $\Phi 8@200$，则：$A_s = 50.3 \times \frac{1000}{200} = 252 \text{mm}^2 > 225 \text{mm}^2$，满足。

4. 正确答案是 B，解答如下：

根据《混规》7.2.2 条：

$$B = \frac{B_s}{\theta} = \frac{3.3 \times 10^{12}}{2} = 1.65 \times 10^{12} \text{N} \cdot \text{mm}^2$$

$$f=\frac{ql_0^4}{8B}=\frac{(5+0.4\times 2.5)\times 1400^4}{8\times 1.65\times 10^{12}}=1.75\text{mm}$$

5. 正确答案是 A，解答如下：

根据《混验规》4.2.10 条，应选（A）项。

6. 正确答案是 A，解答如下：

根据《混规》表 3.5.2，环境类别属于二 a 类。

查《混规》表 8.2.1，取箍筋的保护层厚度为 25mm，故纵筋 $c_s=25+10=35$mm

根据《混规》7.1.2 条：

$$\rho_{te}=\frac{A_s}{A_{te}}=\frac{763}{0.5\times 300\times 350}=0.015>0.01$$

$$\psi=1.1-0.65\frac{f_{tk}}{\rho_{te}\sigma_{sq}}=1.1-0.65\times\frac{2.01}{0.015\times 182}=0.621$$

$$w_{max}=\alpha_{cr}\psi\frac{\sigma_{sq}}{E_s}\left(1.9c_s+0.08\frac{d_{eq}}{\rho_{te}}\right)$$

$$=1.9\times 0.621\times\frac{182}{2\times 10^5}\times\left(1.9\times 35+0.08\times\frac{18}{0.015}\right)$$

$$=0.174\text{mm}$$

7. 正确答案是 B，解答如下：

根据《混规》6.4.8 条。

$$\frac{A_{st1}}{s}\geqslant\frac{T-0.35\beta_t f_t W_t}{1.2\sqrt{\xi}f_{yv}A_{cor}}=\frac{12\times 10^6-0.35\times 1\times 1.43\times 11.25\times 10^6}{1.2\times\sqrt{1.0}\times 270\times 6.48\times 10^4}$$

$$=0.30\text{mm}^2/\text{mm}$$

双肢箍，当 $s=100$mm，受剪扭箍筋总截面面积 $\geqslant (0.38+2\times 0.30)\times 100=98\text{mm}^2$

（B）项φ8@100（双肢）：$A_{sv}=2\times 50.3=100.6\text{mm}^2$，满足，同时，单肢受扭截面面积 $50.3\text{mm}^2>0.30\times 100=30\text{mm}^2$，也满足。复核配箍率，由《混规》9.2.10 条：$A_{sv}/(bs)=100.6/(300\times 100)=0.34\%>0.28f_t/f_{yv}=0.28\times 1.43/270=0.15\%$，满足。

故选φ8@100（双肢）。

8. 正确答案是 C，解答如下：

根据《抗规》6.3.7 条：

三级框架柱，柱根加密区箍筋最大间距 $=\min(8d,100)=\min(8\times 20,100)=100$mm，其最小直径 $\geqslant 8$mm，故排除（A）、（B）项。

根据《抗规》6.3.9 条：

取 $\lambda_v=0.06$；C30<C35，按 C35，取 $f_c=16.7\text{N/mm}^2$

$$[\rho_v]=\lambda_v\frac{f_c}{f_{yv}}=0.06\times\frac{16.7}{270}=0.371\%<0.4\%$$

故取 $[\rho_v]=0.4\%$。

当采用φ8@100时：

$$\rho_v=\frac{(300-2\times 35+2\times 8/2)\times 4\times 50.3}{(300-2\times 35)^2\times 100}=0.905\%>0.4\%，满足。$$

【1～8题评析】 6题，环境类别决定了箍筋的混凝土保护层厚度的取值，应理解题目提供的条件。

8题，底层框架柱，其柱下端箍筋加密区称为柱根，其抗震构造措施加严，即"强柱根"，即控制塑性铰的出现，《抗规》6.3.7条第2款作了具体规定。注意，当三级框架柱截面尺寸≤400mm时，箍筋最小直径可采用6mm，但是，其柱根处箍筋最小直径如何取值？《抗规》未明确，针对抗震四级，柱根处箍筋最小直径为8mm，故抗震三级，其柱根处箍筋最小直径也不得小于8mm，故本题按Φ8进行计算。

9. 正确答案是 B，解答如下：

根据《抗规》6.4.5条表6.4.5-3：

$$l_c = \max(0.20h_w, b_w, 400) = \max(0.2 \times 3600, 200, 400) = 720\text{mm}$$

$$h_c = \max\left(\frac{l_c}{2}, b_w, 400\right) = \max\left(\frac{720}{2}, 200, 400\right) = 400\text{mm}$$

10. 正确答案是 B，解答如下：

根据《混规》11.1.7条、8.4.4条：

$$l_a = \xi_a l_{ab} = 1.0 \times \left(0.14 \times \frac{360}{1.43} \times 16\right) = 564\text{mm}$$

$$l_{lE} = \xi_l l_{aE} = \xi_l \cdot \xi_{aE} l_a = 1.2 \times 1.15 \times 564 = 778.3\text{mm}$$

11. 正确答案是 D，解答如下：

根据《钢标》6.1.1条、6.1.2条及表8.1.1：

为便于理解，热轧槽钢 x、y 轴与屋面关系，如图 9-1J 所示。截面等级满足 S3 级，肢背 $\gamma_{y1}=1.05$，对应 $W_{y,\max}$。

肢尖 $\gamma_{y2}=1.2$，对应 $W_{y,\min}$。

肢背最大压应力（B点）：

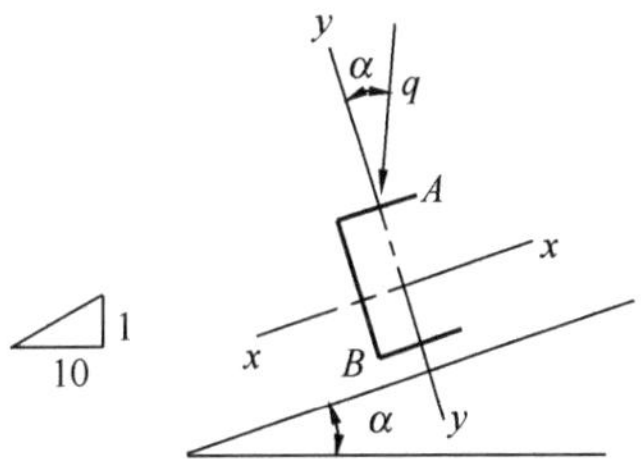

$$\frac{M_x}{\gamma_x W_{nx}} + \frac{M_y}{\gamma_y W_{ny}} = \frac{6.75 \times 10^6}{1.05 \times 50.6 \times 10^3} + \frac{0.34 \times 10^6}{1.05 \times 20.2 \times 10^3}$$
$$= 143.1\text{N/mm}^2$$

图 9-1J

肢尖最大拉应力（A点）：

$$\frac{6.75 \times 10^6}{1.05 \times 50.6 \times 10^3} + \frac{0.34 \times 10^6}{1.2 \times 8.5 \times 10^3} = 160.4\text{N/mm}^2$$

故取最大值为 160.4N/mm²。

12. 正确答案是 C，解答如下：

如图 9-1J 所示，$\cos\alpha = \dfrac{1}{\sqrt{1+10^2}} = 0.995$

$$q_y = (0.75 \times 1.5)\cos\alpha = (0.75 \times 1.5) \times 0.995 = 1.12\text{kN/m}$$

$$v = \frac{5q_k l^4}{384EI} = \frac{5 \times 1.12 \times 6000^4}{384 \times 206 \times 10^3 \times 303.9 \times 10^4} = 30.2\text{mm}$$

13. 正确答案是 D，解答如下：

$$M_x = \frac{1}{8} \times (1.06 \times 1.2) \times 6^2 = 5.72\text{kN} \cdot \text{m}$$

根根《钢标》6.1.1条、6.1.2条及表8.1.1，截面等级满足S3级，取$\gamma_x=1.05$。

$$\frac{M_x}{\gamma_x W_{nx}} = \frac{5.72 \times 10^6}{1.05 \times 50.6 \times 10^3} = 107.7 \text{N/mm}^2$$

14. 正确答案是B，解答如下：

根据提示，柱顶为简支，柱底为固接，根据结构力学，则：

$$M_{设} = \frac{1}{8}ql^2 = \frac{1}{8} \times (1.5 \times 0.5 \times 6) \times 10.6^2 = 63.2 \text{kN} \cdot \text{m}$$

15. 正确答案是A，解答如下：

根据《钢标》6.2.2条：

根据提示，由《钢标》附录C.0.5条：

$$\lambda_y = \frac{l_{oy}}{i_y} = \frac{4500}{39.3} = 114.5$$

$$\varphi_b = 1.07 - \frac{\lambda_y^2}{44000\varepsilon_k^2} = 1.07 - \frac{114.5^2}{44000 \times 235/235} = 0.772$$

轧制H型钢，Q235，取全截面计算。

$$\frac{M_x}{\varphi_b W_x} = \frac{45 \times 10^6}{0.772 \times 782 \times 10^3} = 74.5 \text{N/mm}^2$$

16. 正确答案是C，解答如下：

根据《钢标》3.5.1条：

翼缘外伸宽厚比：$\frac{b}{t} = \frac{(200-8)/2}{12} = 8 < 13\varepsilon_k = 13$，

$$\frac{h_0}{t_w} = \frac{600-2 \times 12}{8} = 72 < (40+18 \times 1.93^{1.5})\varepsilon_k = 88.3$$

截面等级满足S3级，取$\gamma_x=1.05$。

最大拉应力，由《钢标》8.1.1条：

$$\frac{N}{A_n} + \frac{M_x}{\gamma_x W_{nx}} = \frac{-45 \times 10^3}{94.1 \times 10^2} + \frac{250 \times 10^6}{1.05 \times 1808 \times 10^3}$$

$$= 126.9 \text{N/mm}^2$$

17. 正确答案是A，解答如下：

根据《钢标》8.2.1条：

$$\lambda_x = \frac{l_{0x}}{i_x} = \frac{3.4 \times 9000}{240.1} = 127$$

焊接工字形，翼缘板为轧制，查《钢标》表7.2.1-1，对x轴属于b类截面；查附录表D.0.2，取$\varphi_x=0.401$。

截面等级满足S3级，取$\gamma_x=1.05$

$$\frac{N}{\varphi_x A}+\frac{\beta_{mx}M_x}{\gamma_x W_{1x}\left(1-0.8\dfrac{N}{N'_{Ex}}\right)}$$

$$=\frac{90\times10^3}{0.401\times94.1\times10^2}+\frac{1.0\times250\times10^6}{1.05\times1808\times10^3\times0.96}=161\text{N/mm}^2$$

18. 正确答案是 C，解答如下：

$$N_t=\frac{My_1}{4\sum y_i^2}-\frac{N}{n}=\frac{250\times0.36}{4\times(0.08^2+0.24^2+0.36^2)}-\frac{45}{12}$$
$$=112.5\text{kN}$$

19. 正确答案是 D，解答如下：

根据《钢标》11.4.2 条：
$N_t^b=0.8P,\ N_v^b=0.9kn_f\mu P=0.9\times1\times1\times0.45P=0.405P$

$\dfrac{N_v}{N_v^b}+\dfrac{N_t}{N_t^b}\leqslant1$，则：

$$\frac{90/12}{0.405P}+\frac{124}{0.8P}\leqslant1$$

解之得：$P\geqslant173.52\text{kN}$，查《钢标》表 11.4.2-2，选 M24（$P=175\text{kN}$），满足。

20. 正确答案是 D，解答如下：

根据《钢标》12.3.3 条：

$$\tau=\frac{M_b}{V_p}=\frac{M_b}{h_{b1}h_{c1}t_w}=\frac{250\times10^6}{588\times588\times8}=90.4\text{N/mm}^2$$

【11~20 题评析】 11 题的验算位置应为简支檩条的跨中点，即圆钢拉条设置处。在圆钢拉条平面内为 2 跨连续梁结构。

16 题，题目提示 $\alpha_0=1.93$，是如下计算得到：

$$\frac{\sigma_{max}}{\sigma_{min}}=\frac{N}{A}\pm\frac{M}{I}y$$

$$=\frac{45\times10^3}{9410}\pm\frac{250\times10^6}{1808\times10^3\times300}\times288$$

$$=4.78\pm132.74$$

$$=\begin{matrix}+137.52\text{N/mm}^2\\-127.96\text{N/mm}^2\end{matrix}$$

$$\alpha_0=\frac{137.52-(-127.96)}{137.52}=1.93$$

17 题，焊接工字形，翼缘板为轧制，或为剪切边，或为焰切边，其对 x 轴、对 y 轴的截面分类是不相同的。

21. 正确答案是 C，解答如下：

根据《砌规》3.2.1 条：

$$f=3.61\text{MPa}$$
$$f_g=f+0.6\alpha f_c=3.61+0.6\times(0.45\times0.8)\times11.9$$
$$=6.18\text{MPa}<2f=2\times3.61=7.22\text{MPa}$$

故取 $f_g = 6.18\text{MPa}$。

根据《砌规》3.2.2条：
$$f_{vg} = 0.2 f_g^{0.55} = 0.2 \times 6.18^{0.55} = 0.54\text{MPa}$$

22. 正确答案是C，解答如下：

刚性方案，$H = 3.2 + 0.4 = 3.6\text{m}$

$H < s = 6\text{m} < 2H$，则：
$$H_0 = 0.4s + 0.2H = 0.4 \times 6 + 0.2 \times 3.6$$
$$= 3.12\text{m}$$

灌孔砌筑，由《砌规》5.1.2条，取 $\gamma_\beta = 1.0$。
$$\beta = \gamma_\beta \frac{H_0}{h} = 1.0 \times \frac{3120}{190} = 16.42$$

$e/h = 0$，查规范附录表D.0.1-1，则：
$$\varphi = 0.72 - \frac{16.42 - 16}{18 - 16} \times (0.72 - 0.67) = 0.71$$

$$\varphi f_g A = 0.71 \times 5.3 \times 1000 \times 190 = 714.97\text{kN/m}$$

23. 正确答案是A，解答如下：

根据《砌规》5.2.5条：

$a_0 = 120\text{mm} < 370\text{mm}$，则：$0.4 a_0 = 0.4 \times 120 = 48\text{mm}$
$$N_0 = 1.10 \times 490 \times 370 = 199.43\text{kN}$$

N_0 与 N_l 的合力的偏心距 e：
$$e = \frac{160 \times \left(\frac{490}{2} - 48 - 60\right)}{160 + 199.43} = 61\text{mm}$$

按 $\beta \leq 3.0$，$e/h = 61/490 = 0.124$，查规范附录表D.0.1-1，取 $\varphi = 0.84$。

24. 正确答案是A，解答如下：

根据《砌规》5.2.5条、5.2.2条：

$A_0 = 490 \times 740$，$A_l = A_b = 490 \times 370$

$$\gamma = 1 + 0.35 \sqrt{\frac{A_0}{A_l} - 1} = 1 + 0.35\sqrt{\frac{490 \times 740}{490 \times 370} - 1} = 1.35 < 2.0$$

$\gamma_1 = 0.8\gamma = 0.8 \times 1.35 = 1.08 > 1.0$

故取 $\gamma_1 = 1.08$。

25. 正确答案是C，解答如下：

根据《木标》4.3.18条、5.1.4条、5.1.5条：
$$d = 120 + 1.5 \times 9 = 133.5\text{mm}$$
$$i = \frac{d}{4} = 33.4\text{mm}, \lambda = \frac{l_0}{i} = \frac{3000}{33.4} = 89.9$$

$\lambda_c = 4.13\sqrt{1 \times 330} = 75 < \lambda$，则：
$$\varphi = \frac{0.92\pi^2 \times 1 \times 330}{89.9^2} = 0.37$$

（下午卷）

26. 正确答案是 C，解答如下：

根据提示，$K_a = \tan^2\left(45° - \frac{32°}{2}\right) = 0.307$

27. 正确答案是 B，解答如下：

根据《地规》6.7.3 条：

挡土墙高度 $5.2+0.5=5.7\text{m}>5\text{m}$，取 $\psi_a=1.1$。

$$E_a = \frac{1}{2}\psi_a \gamma h^2 K_a$$
$$= \frac{1}{2} \times 1.1 \times 20 \times 5.7^2 \times 0.35 = 125.1\text{kN/m}$$

28. 正确答案是 A，解答如下：

根据《地规》6.7.5 条：

将挡土墙划分为 2 块，如图 9-2J 所示。

$x_1 = \frac{2}{3}(3-1.6) = 0.933\text{m}$

$x_2 = 3 - 1.6 + \frac{1.6}{2} = 2.2\text{m}, E_{az} = 0$

$K_1 = \frac{Gx_0 + E_{az}x_f}{E_{ax}Z_f}$

$= \dfrac{24 \times 1.6 \times 5.7 \times 2.2 + 24 \times \frac{1}{2} \times 1.4 \times 5.7 \times 0.933 + 0}{100 \times \frac{1}{3} \times 5.7}$

$= 3.0$

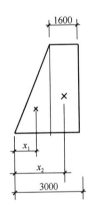

图 9-2J

29. 正确答案是 B，解答如下：

根据《地规》6.7.5 条：

$$G_t = 0, E_{an} = 0$$

$$K_2 = \frac{(G_n + E_{an})\mu}{E_{at} - G_t} = \frac{\left[\frac{1}{2} \times (1.6+3) \times 5.7 \times 24 + 0\right] \times 0.42}{100 - 0} = 1.32$$

【26～29 题评析】 27 题，参数 ψ_a 与挡土墙结构高度有关，与土坡高度无关。

30. 正确答案是 A，解答如下：

根据《抗规》4.3.3 条：

$d_u=7.4\text{m}$；埋深 $1.5\text{m}<2\text{m}$，取 $d_b=2.0\text{m}$；查规范表 4.3.3，取 $d_0=7\text{m}$。

$$d_u=7.4\text{m}>d_0+d_b-2=7+2-2=7\text{m}$$

故可不考虑液化影响。

31. 正确答案是 D，解答如下：

根据《地规》8.5.6条、5.2.6条：

$$f_a = \psi_\gamma f_{\gamma k} = 0.5 \times 5000 = 2500 \text{kPa}$$

32. 正确答案是 D，解答如下：

根据《地规》8.5.3 条，(D) 项错误，应选（D）项。

【32 题评析】 根据《地规》8.5.19条，(A) 项正确。

根据《地规》8.5.17条，(B) 项正确。

根据《地规》8.2.20条，(C) 项正确。

33. 正确答案是 A，解答如下：

根据《地规》5.3.5 条：

如图 9-3J 所示，采用角点法。

矩形 O'EAG，取 $b \times l = 1\text{m} \times 4\text{m}$

$z_1 = 0.5 + 11.5 = 12\text{m}$，$l/b = 4/1 = 4$，$z_1/b = 12/1 = 12$

查附录表 K.0.1-2，$\overline{\alpha}_{大} = 0.0690$

矩形 O'EDH，取 $b \times l = 1\text{m} \times 1.2\text{m}$

$z_1 = 12\text{m}$，$l/b = 1.2/1 = 1.2$，$z_1/b = 12/1 = 12$

查附录表 K.0.1-2，$\overline{\alpha}_{小} = 0.0471$

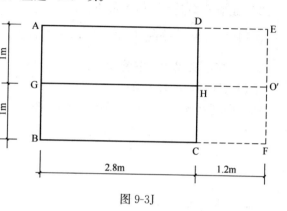

图 9-3J

O'点的平均附加应力系数：$\overline{\alpha}_1 = 2 \times (0.0690 - 0.0471) = 0.0438$

$$p_0 = \frac{600}{2 \times 2.8} + 20 \times 1.5 - 18.5 \times 1.5 = 109.39\text{kPa}$$

$$s = 1.0 \times \frac{109.39}{6000} \times (0.0438 \times 12000 - 0) = 9.6\text{mm}$$

34. 正确答案是 B，解答如下：

如图 9-4J 所示，地下水位下降，土增大的有效应力。

$$\psi = 1.0 \times \left[\frac{\frac{1}{2} \times (20+0)}{6000} \times 2000 + \frac{20}{6000} \times 9500 \right]$$

$$= 35\text{mm}$$

35. 正确答案是 C，解答如下：

根据《地规》表 5.2.4，取 $\eta_b = 2.0$，$\eta_d = 3.0$

由 4 个选项，可知，$b < 3\text{m}$，不考虑宽度修正。

$f_a = 150 + 3.0 \times 18.5 \times (d - 0.5) = 122.25 + 55.5d$

偏心距 $e = \frac{F_k x}{F_k + G_k} < \frac{F_k x}{F_k} = x = 0.15\text{m} < \frac{2}{6} = 0.33\text{m}$

故基底反力为梯形分布，由《地规》5.2.1 条：

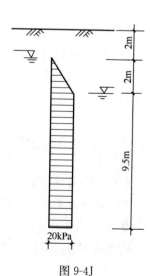

图 9-4J

$$p_k = \frac{F_k + G_k}{A} = \frac{1000 + 2 \times 2.8 \times 20d}{2 \times 2.8} \leq f_a = 122.25 + 55.5d$$

可得：$d \geq 1.59\text{m}$

$$p_{kmax} = \frac{1000 + 2 \times 2.8 \times 20d}{2 \times 2.8} + \frac{1000 \times 0.15}{\frac{1}{6} \times 2 \times 2.8^2} \leq 1.2 f_a = 1.2 \times (122.25 + 55.5d)$$

可得：$d \geq 1.92\text{m}$

最终取 $d \geq 1.92\text{m}$

36. 正确答案是 A，解答如下：

根据《地规》5.2.2 条：

$$e = \frac{M_k}{F_k + G_k} = \frac{1000 \times 0.7}{1000 + 2 \times 2.8 \times 20d} = \frac{700}{1000 + 112d}$$

$$3a = 3 \times \left(\frac{b}{2} - e\right) = 3 \times \left(\frac{2.8}{2} - \frac{700}{1000 + 112d}\right)$$

由《抗规》4.2.4 条：

$3a \geq 85\%b$，即：

$$3 \times \left(\frac{2.8}{2} - \frac{700}{1000 + 112d}\right) \geq 0.85 \times 2.8$$

可得：$d \geq 1.37\text{m}$

37. 正确答案是 B，解答如下：

Ⅰ. 根据《地处规》3.0.4 条，错误，排除（A）、（C）项。

Ⅲ. 根据《地处规》7.3.1 条条文说明，错误，故选（B）项。

【37题评析】 Ⅱ. 根据《地处规》7.2.2 条第 10 款、3.0.7 条，正确。

Ⅳ. 根据《地处规》8.2.3 条及条文说明，正确。

38. 正确答案是 C，解答如下：

根据《高规》5.2.1 条条文说明，（C）项错误，应选（C）项。

【38题评析】 根据《高规》8.1.4 条，（A）项正确。

根据《高规》10.2.16 条，（B）项正确。

根据《高规》9.1.6 条，（D）项正确。

39. 正确答案是 C，解答如下：

$H = 100\text{m} > 60\text{m}$，根据《高规》4.2.2 条，取 $w_0 = 1.1 \times 0.65 = 0.715\text{kN/m}^2$

B 类粗糙度，$z = 100\text{m}$，查《荷规》表 8.2.1，取 $\mu_z = 2.0$。

由《结通规》4.6.5 条，$\beta_z = 1.62 > 1.2$，故取 $\beta_z = 1.62$

$$w_k = \beta_z \mu_z \mu_s w_0 = 1.62 \times 2 \times 0.8 \times 0.715 = 1.853\text{kN/m}^2$$

$$q_k = 1.853 \times 30 = 55.59\text{kN/m}$$

40. 正确答案是 D，解答如下：

根据《抗规》5.2.7 条：

查《抗规》表 5.1.4-2，取 $T_g = 0.55\text{s}$。

$5T_g = 2.75\text{s} > T_1 = 1.8\text{s} > 1.2T_g = 1.2 \times 0.55 = 0.66\text{s}$，故可考虑折减。

$\dfrac{H}{B} = \dfrac{112}{25} = 4.48 > 3$，则：

当 $z = 0$ 时，$\psi = \left(\dfrac{T_1}{T_1 + \Delta T}\right)^{0.9} = \left(\dfrac{1.8}{1.8 + 0.08}\right)^{0.9} = 0.962$

当 $z = \dfrac{H}{2}$ 时，$\psi = \dfrac{1 + 0.962}{2} = 0.981$。

41. 正确答案是 C，解答如下：

根据《高规》3.6.3 条，$h \geqslant 180$mm，故排除（A）、（B）项。

由提示，钢筋间距为 150mm，并且每层每个方向的 $\rho_{\min} = 0.25\%$，则：
$$A_{s,\min} = 0.25\% \times 150 \times 180 = 67.5 \text{mm}^2$$

选 $\phi 10$（$A_s = 78.5\text{mm}^2$），满足，故选（C）项。

42. 正确答案是 B，解答如下：

根据《高规》12.1.7 条：

$H/B = 112/25 = 4.48 > 4$，则：
$$p_{\min} = \dfrac{N_k}{A} - \dfrac{M_k}{W} \geqslant 0, \quad 即：$$

$$\dfrac{6.5 \times 10^5}{(25 + 2a)(50 + 2a)} - \dfrac{2.8 \times 10^6}{\dfrac{1}{6}(50 + 2a)(25 + 2a)^2} \geqslant 0$$

解之得：$a \geqslant 0.423$m

43. 正确答案是 D，解答如下：

根据《高规》8.1.3 条：
$$\dfrac{M_f}{M_{总}} = \dfrac{(4.8 - 2) \times 10^5}{4.8 \times 10^5} = 58.3\% \begin{array}{l} < 80\% \\ > 50\% \end{array}$$

故框架部分的抗震等级和轴压比限值宜按框架结构。

7 度（0.15g）、Ⅲ类场地，丙类，由《高规》3.9.2 条，按 8 度确定抗震构造措施的抗震等级；查《高规》表 3.9.3，框架的抗震构造措施的抗震等级为一级。

由《高规》6.4.2 条，取 $[\mu_N] = 0.65$。
$$A \geqslant \dfrac{N}{[\mu_N] f_c} = \dfrac{5200 \times 10^3}{0.65 \times 19.1} = 418848 \text{mm}^2$$

选用 650mm×650mm（$A = 422500\text{mm}^2$），满足。

44. 正确答案是 B，解答如下：

根据《高规》6.2.2 条条文说明，取 $M_A = 480$kN·m。

由《高规》6.2.3 条：
$$V = 1.2 \times \dfrac{520 + 480}{2.7} = 444 \text{kN}$$

45. 正确答案是 D，解答如下

根据《高规》8.2.2 条：

边框架为二级，按框架-剪力墙结构的框架柱考虑，由《高规》表 6.4.3-1 及注，则：
$\rho \geqslant (0.7 + 0.05)\% = 0.75\%$

$$A_s \geqslant 0.75\% \times 600 \times 600 = 2700\text{mm}^2 > 2600\text{mm}^2$$
$$4\,\underline{\Phi}\,18 + 8\,\underline{\Phi}\,16\,(A_s = 2625\text{mm}^2),\text{不满足。}$$

$12\,\underline{\Phi}\,18$ ($A_s = 3054\text{mm}^2$)，基本满足。

箍筋最大间距，由《高规》表 6.4.3-2，取 $s = \min(8d, 100) = \min(8 \times 18, 100) = 100\text{mm}$

故应选（D）项。

46. 正确答案是 A，解答如下：

根据《高规》6.2.2 条条文说明：
$$M_A = 360\text{kN} \cdot \text{m}$$

【43~46 题评析】 43 题，本题目中 7 度（0.15g）、Ⅲ类场地，对结构的抗震构造措施采用的抗震等级有影响；但对其他抗震措施（如：内力调整）采用的抗震等级无影响。

44 题、46 题，框架柱柱根的弯矩值的内力调整，仅针对框架结构。

47. 正确答案是 B，解答如下：

根据《混规》9.4.3 条：
$$b = \min\left(\frac{1}{2}(7.2+3.6), 4.7+1.7, 0.2+12 \times 0.2, 54 \times 10\%\right)$$
$$= \min(5.4, 6.4, 2.6, 5.4) = 2.6\text{m}$$

48. 正确答案是 D，解答如下：

墙肢 1 反向地震时：
$$e_0 = \frac{M}{N} = \frac{3300}{2200} = 1.5M > \frac{h_w}{2} - a_s = \frac{3.2}{2} - 0.2 = 1.4\text{m}$$

故为大偏心受拉，抗震二级，由《高规》7.2.4 条、7.2.6 条：

墙肢 2：$M_2 = 1.25 \times 3300 = 41250\text{kN} \cdot \text{m}$
$$V_2 = (1.25 \times 2200) \times 1.4 = 3850\text{kN}$$
$$N_2 = 15400\text{kN}$$

故选（D）项。

49. 正确答案是 A，解答如下：

根据《高规》7.1.4 条，底层属于底部加强部位。

$\mu_N = 0.50$，抗震二级，由《高规》7.2.14 条，应设置约束边缘构件。

根据《高规》7.2.15 条：

阴影部分纵筋：$A_s \geqslant 1.0\% \times (800+300) \times 200 = 2200\text{mm}^2 > 1900\text{mm}^2$

$A_s \geqslant 1206\text{mm}^2\,(6\,\underline{\Phi}\,16)$

故取 $A_s \geqslant 2200\text{mm}^2$，单根纵筋截面面积 $\geqslant \frac{2200}{16} = 138\text{mm}^2$，选用 $\underline{\Phi}\,14$（$A_s = 153.9\text{mm}^2$），满足，最终选用 $16\,\underline{\Phi}\,14$。

50. 正确答案是 D，解答如下：

根据《高规》7.2.15 条：

二级，$\mu_N = 0.5 > 0.4$，取 $\lambda_v = 0.20$；C30 < C35，按 C35 计算。

$$\rho_v \geqslant \lambda_v \frac{f_c}{f_{yv}} = 0.20 \times \frac{16.7}{270} = 1.24\%$$

采用φ8时：

$$\rho_v = \frac{[800 \times 2 + (200 - 2 \times 15 - 8) \times 6 + (500 - 15 - 4) \times 2] \times 50.3}{[792 \times (200 - 2 \times 15 - 2 \times 8) + (500 - 15 - 8 - 4) \times 154] \times 100}$$
$$= 0.91\% < 1.24\%, 不满足$$

采用φ10时：

$$\rho_v = \frac{[800 \times 2 + (200 - 2 \times 15 - 10) \times 6 + (500 - 15 - 5) \times 2] \times 78.5}{[790 \times (200 - 2 \times 15 - 2 \times 10) + (540 - 15 - 10 - 5) \times 150] \times 100}$$
$$= 1.46\% > 1.24\%, 满足$$

实战训练试题（十）解答与评析

（上午卷）

1. 正确答案是 B，解答如下：

根据《混规》9.2.6 条：

所需钢筋截面面积 $\geqslant \frac{1}{4}A_s = \frac{1}{4} \times 1964 = 491\text{mm}^2$，且不少于 2 根。

选 2Φ18（$A_s=509\text{mm}^2$），满足。

2. 正确答案是 A，解答如下：

根据《混规》9.2.6 条：

伸出的长度 $l_c \geqslant \frac{l_0}{5} = \frac{7200}{5} = 1440\text{mm}$

3. 正确答案是 D，解答如下：

根据《结通规》表 5.1.1，取走廊活荷载为 3.5kN/mm²，其组合值系数为 0.7；《结通规》4.2.14 条，取栏板顶部水平荷载为 1.0kN/m、竖向荷载为 1.2kN/m，其组合值系数均为 0.7。

悬挑板永久荷载的标准值（面荷载）：$0.13 \times 25 + 0.02 \times 2 \times 20 = 4.05\text{kN/m}^2$

栏板竖向永久荷载的标准值（线荷载）：$0.12 \times 25 + 0.02 \times 2 \times 20 = 4.56\text{kN/m}$

每延米宽由栏板顶部的水平荷载在悬挑板支座处负弯矩值：$1.0 \times 1.2 = 1.2\text{kN}\cdot\text{m}$

每延米宽由栏板顶部的竖向荷载在悬挑板支座处负弯矩值：$1.2 \times 1.5 = 1.8\text{kN}\cdot\text{m}$

故取 1.8kN·m 计算。

每延米宽的悬挑板支座处负弯矩设计值 M 为：

由《结通规》3.1.13 条：

$M = -\left[\frac{1}{2} \times (1.3 \times 4.05 + 1.5 \times 3.5) \times 1.5^2 + 1.3 \times 4.56 \times 1.5 + 1.5 \times 0.7 \times 1.8\right]$

$= -22.61\text{kN}\cdot\text{m/m}$

4. 正确答案是 C，解答如下：

根据《混规》表 3.5.2，环境类别属于三 a 类。

查《混规》表 8.2.1，取板纵向受力钢筋的保护层厚度为 30mm。

$$h_0 = h - a_s = 130 - \left(30 + \frac{12}{2}\right) = 94\text{mm}$$

$$x = h_0 - \sqrt{h_0^2 - \frac{2\gamma_0 M}{\alpha_1 f_c b}} = 94 - \sqrt{94^2 - \frac{2 \times 1 \times 30 \times 10^6}{1 \times 14.3 \times 1000}}$$

$$= 26\text{mm} < \xi_b h_0 = 0.518 \times 94 = 49\text{mm}$$

$$A_s = \frac{\alpha_1 f_c b x}{f_y} = \frac{1.0 \times 14.3 \times 1000 \times 26}{360} = 1033 \text{mm}^2$$

悬挑板，由《混规》8.5.1条（或《混通规》4.4.6条）：

$$\rho_{\min} = \max\left(0.20\%, \ 0.45 \times \frac{1.43}{360}\right) = 0.20\%$$

$$A_{s,\min} = 0.20\% \times 1000 \times 130 = 260 \text{mm}^2$$

选 Φ12@100（$A_s = 1130 \text{mm}^2$），满足。

5. 正确答案是C，解答如下：

根据《混规》9.1.7条，Φ14@150，$A_s = 1026 \text{mm}^2$，则：

分布钢筋截面面积 $\geq \max(1000 \times 130 \times 0.15\%, \ 1026 \times 15\%) = 195 \text{mm}^2$

选 φ8@250（$A_s = 201 \text{mm}^2$），满足。

【3~5题评析】 4题，正确确定本题目的环境类别。此外，悬挑板的纵向受力钢筋在最外侧。

6. 正确答案是B，解答如下：

根据《抗规》附录A规定：

属于8度（0.20g）、第三组，查《抗规》表5.1.4-1，取 $\alpha_{\max} = 0.16$。

查《抗规》表5.1.4-2，取 $T_g = 0.45s$。

$T_g = 0.45s < T_1 = 0.65s < 5T_g = 2.25s$，则：

$$\alpha_1 = \left(\frac{T_g}{T_1}\right)^\gamma \eta_2 \alpha_{\max} = \left(\frac{0.45}{0.65}\right)^{0.9} \times 1 \times 0.16 = 0.115$$

$$G_{eq} = 0.85 \times (14612.4 + 13666 + 13655.2 \times 3 + 11087.8) = 68282 \text{kN}$$

$$F_{Ek} = \alpha_1 G_{eq} = 0.115 \times 68282 = 7852 \text{kN}$$

7. 正确答案是B，解答如下：

根据《设防分类标准》6.0.8条，属于乙类建筑；该标准3.0.2条，提高一度，按9度确定抗震措施。

$H = 3.4 \times 6 + 0.45 = 20.85 \text{m}$，查《抗规》表6.1.2，抗震等级为一级。

$$\rho_{\text{纵}} = \frac{A_s}{bh_0} = \frac{1964}{350 \times 560} = 1\% < 2\%$$

查《抗规》表6.3.3，箍筋最小直径$\geq 10 \text{mm}$，其最大间距为

$$\min\left(\frac{h_b}{4}, \ 6d, \ 100\right) = \min\left(\frac{600}{4}, \ 6 \times 25, \ 100\right) = 100 \text{mm}$$

故选 φ10@100。

8. 正确答案是A，解答如下：

根据《混规》9.3.8条：

$$A_s \leq \frac{0.35 \beta_c f_c b_b h_0}{f_y}, \ 则：$$

$$\rho = \frac{A_s}{b_b h_0} \leqslant \frac{0.35\beta_c f_c}{f_y} = \frac{0.35 \times 1 \times 14.3}{360} = 1.39\%$$

9. 正确答案是 C，解答如下：

根据《抗规》6.3.9 条：

柱底箍筋加密区长度 $l: \frac{1}{3} H_n = \frac{1}{3} \times (1100 + 3400 - 600) = 1300 \text{mm}$

设有刚性地面，其刚性地面上、下各 500mm 应加密，则：$l = 1100 + 500 = 1600 \text{mm}$
最终取 $l = 1600 \text{mm}$，故（B）错误。
柱根，根据《抗规》6.3.7 条第 2 款，（A）项错误。
抗震一级，轴压比 0.6，复合箍，由《抗规》表 6.3.9，取 $\lambda_v = 0.15$，则：

$$[\rho_v] = \lambda_v \frac{f_c}{f_{yv}} = 0.15 \times \frac{16.7}{270} = 0.928\% > 0.8\%$$

对于 $\phi 10@100$：

$$\rho_v = \frac{(700 - 2 \times 30 + 10) \times 8 \times 78.5}{(700 - 2 \times 30)^2 \times 100} = 0.997\% > 0.928\%，满足。$$

【6~9 题评析】 7 题，应复核梁纵筋配筋率是否大于 2%。
9 题，本题目针对底层框架柱的下端，即柱根，故（A）项错误。

10. 正确答案是 B，解答如下：

根据《抗规》表 3.4.3-2：

首层：$\frac{K_1}{K_2} = \frac{1.0}{0.85} = 1.18 > 70\%$，

$$\frac{K_1}{(K_2 + K_3 + K_4)/3} = \frac{1.0}{(0.85 + 1.11 + 1.14)/3} = 0.97 > 80\%$$

第二层：$\frac{K_2}{K_3} = \frac{0.85}{1.11} = 0.77 > 70\%$

$$\frac{K_2}{(K_3 + K_4 + K_5)/3} = \frac{0.85}{(1.11 + 1.14 + 1.05)/3} = 0.77 < 80\%$$

故第二层属于薄弱层，由《抗规》3.4.4 条，水平地震剪力应乘以不小于 1.15 的增大系数。

11. 正确答案是 C，解答如下：

根据《钢标》8.1.1 条：
拉弯构件的截面等级可按受弯构件的截面等级进行确定，截面等级满足 S3 级，取 $\gamma_x = 1.05$，则：

$$\frac{N}{A_n} + \frac{M_x}{\gamma_x W_{nx}} = \frac{119 \times 10^3}{63.53 \times 10^2} + \frac{51 \times 10^6}{1.05 \times 472 \times 10^3} = 122 \text{N/mm}^2$$

12. 正确答案是 B，解答如下：

根据《钢标》6.1.1 条、6.1.2 条：

$$\frac{b}{t} = \frac{(300-10)/2}{20} = 7.25 < 13\varepsilon_k = 13$$

$$\frac{h_0}{t_w} = \frac{700-2\times 20}{10} = 66 < 93\varepsilon_k = 93$$

截面等级满足 S3 级，取 $\gamma_x = 1.05$。

$$\frac{M_x}{\gamma_x W_{nx}} = \frac{680\times 10^3}{1.05\times 4649\times 10^3} = 139 \text{N/mm}^2$$

13. 正确答案是 B，解答如下：

根据《钢标》11.2.2 条，$l_w = 540-2\times 8 = 524\text{mm}$，则：

$$\tau_f = \frac{V}{h_e l_w} = \frac{422\times 10^3}{2\times 0.7\times 8\times 524} = 72 \text{N/mm}^2$$

14. 正确答案是 D，解答如下：

根据《钢标》11.4.2 条：

$$N_v^b = 0.9 k n_f \mu P = 0.9\times 1\times 2\times 0.35\times 155 = 97.65 \text{kN}$$

根据《钢标》表 4.4.1：f 远大于 f_v，故由腹板等强原则，取 $N = A_{nw} f$

螺栓数目：
$$n = \frac{N}{N_v^b} = \frac{A_{nw} f}{N_v^b} = \frac{4325\times 215}{97650} = 9.5 \text{ 个}$$

故取 $n = 10$ 个。

15. 正确答案是 B，解答如下：

根据《钢标》附录表 E.0.2：

由提示，横梁线刚度不考虑折减。

$$K_1 = \frac{I/6}{I/4} = 0.67, \quad K_2 = 0.0, \quad 则：$$

$$\mu = 2.64 - \frac{0.67-0.5}{1-0.5}\times (2.64-2.33) = 2.54$$

16. 正确答案是 D，解答如下：

根据《钢标》8.2.1 条：

柱底铰接，故 $M_2 = 0$。

$$\beta_{tx} = 0.65 + 0.35\frac{M_2}{M_1} = 0.65$$

17. 正确答案是 A，解答如下：

根据《钢标》8.2.1 条：

热轧 H 型，$\frac{b}{h} = \frac{300}{390} = 0.77 < 0.8$，对 y 轴属于 b 类截面，$\lambda_y = 99$，查附录表 D.0.2，取 $\varphi_y = 0.561$。

$$\varphi_b = 1.07 - \frac{99^2}{44000\varepsilon_k^2} = 0.847$$

由提示可知，按全截面计算。

$$\frac{N}{\varphi_y A} + \eta \frac{\beta_{tx} M_x}{\varphi_b W_{1x}} = \frac{565 \times 10^3}{0.561 \times 133.25 \times 10^2} + 1.0 \times \frac{1.0 \times 203 \times 10^6}{0.847 \times 1916 \times 10^3} = 201\text{N/mm}^2$$

【12～17题评析】 14题，腹板按等强原则，包括：①抗剪等强；②抗拉等强。由于f值大于f_v值，故采用抗拉等强原则进行计算。

15题，根据《钢标》附录表E.0.2注4，当横梁的轴心压力N_b较大时，横梁的线刚度应折减；当N_b较小时，可忽略，即：横梁的线刚度不变。

18. 正确答案是C，解答如下：

$\theta = \alpha = 5.71°$，由《门规》表4.2.2-46，4.2.3条：

$$c = \max\left(\frac{1.5+1.5}{2}, \frac{6}{3}\right) = 2\text{m}$$

$$A = 6 \times 2 = 12\text{m}^2 > 10\text{m}^2$$

中间区，$\mu_w = +0.38$

$\mu_z = 1.0$，已知$\beta = 1.7$，由4.2.1条：

$$w_k = 1.7 \times 0.38 \times 1 \times 0.35 = +0.2261\text{kN/m}^2$$

$$q_{y'} = 1.3 \times (0.2 \times 1.5\cos5.71° \cdot \cos5.71°) + 1.5 \times (0.5 \times 1.5\cos5.71° \cdot \cos5.71°)$$
$$+ 1.5 \times 0.6 \times (0.2261 \times 1.5)$$
$$= 1.805\text{kN/m}$$

$$M_{x'} = \frac{1}{8} \times 1.805 \times 6^2 = 8.12\text{kN} \cdot \text{m}$$

【18题评析】 系数$\beta = 1.7$，是按《结通规》4.6.5条，即：

$$\beta = \beta_{gz} \geq 1 + \frac{0.7}{\sqrt{1.0}} = 1.7$$

19. 正确答案是B，解答如下：

根据《门规》表4.2.2-4a，4.2.3条：

$A = 12\text{m}^2$，中间区，则：

$$\mu_w = -1.08$$

$$w_k = 1.7 \times (-1.08) \times 1 \times 0.35 = -0.6426\text{kN/m}^2$$

$$q_{y'} = 1.0 \times (0.2 \times 1.5\cos5.71° \cdot \cos5.71°) + 1.5 \times (-0.6426) \times 1.5 = -1.149\text{kN/m}$$

$$M_{x'} = \frac{1}{8} \times (-1.149) \times 6^2 = -5.17\text{kN} \cdot \text{m}$$

20. 正确答案是B，解答如下：

根据《门规》9.1.5条：

$$q_{y'} = 1.78\text{kN/m}$$

$$V_{y'\max} = \frac{1}{2} q_{y'} l = \frac{1}{2} \times 1.78 \times 6 = 5.34\text{kN}$$

$$\frac{3V_{y'\max}}{2h_0 t} = \frac{3 \times 5.34 \times 10^3}{2 \times (220 - 2.5 \times 2 \times 2) \times 2} = 19.1\text{N/mm}^2$$

21. 正确答案是C，解答如下：

根据《砌规》5.2.4条：
$$a_0 = 214.8\text{mm} < 240\text{mm}，故取 a_0 = 214.8\text{mm}$$
$$A_l = a_0 b = 214.8 \times 250$$
$$A_0 = (250 + 2 \times 240) \times 240 = 730 \times 240$$
$$\gamma = 1 + 0.35\sqrt{\frac{A_0}{A_l} - 1} = 1 + 0.35\sqrt{\frac{730 \times 240}{214.8 \times 250} - 1} = 1.53 < 2$$

$A = 1.2 \times 0.24 = 0.288\text{m}^2 < 0.3\text{m}^2$，故取 $\gamma_a = 0.7 + 0.288 = 0.988$。
$$\eta \gamma f A_l = 0.7 \times 1.53 \times (0.988 \times 1.50) \times 214.8 \times 250 = 85.2\text{kN}$$

22. 正确答案是 C，解答如下：

根据《砌规》5.2.5条：
$$A_b = a_b b_b = 240 \times 650$$
$$A_0 = (650 + 2 \times 240) \times 240 = 1130 \times 240$$
$$\gamma = 1 + 0.35\sqrt{\frac{1130 \times 240}{240 \times 650} - 1} = 1.3 < 2$$

$\gamma_1 = 0.8\gamma = 1.04 > 1.0$，故取 $\gamma_1 = 1.04$。

同21题，取 $\gamma_a = 0.988$。
$$\varphi \gamma_1 f A_b = 0.92 \times 1.04 \times (0.988 \times 1.50) \times 240 \times 650 = 221.2\text{kN}_b$$

23. 正确答案是 A，解答如下：

根据《砌规》5.2.5条：

同21题，取 $f = 0.988 \times 1.50 = 1.482\text{MPa}$

$$\frac{\sigma_0}{f} = \frac{0.7}{1.28} = 0.47$$

$$\delta_1 = 6 + \frac{0.47 - 0.4}{0.6 - 0.4} \times (6.9 - 6) = 6.315$$

$$a_0 = \delta_1 \sqrt{\frac{h_c}{f}} = 6.315\sqrt{\frac{600}{1.482}} = 127\text{mm} < 240\text{mm}$$

故取 $a_0 = 127\text{mm}$。

24. 正确答案是 C，解答如下：

根据《砌规》7.3.6条：

由《砌规》7.3.3条，$l_0 = \min(6.6, 1.1 \times 6) = 6.6\text{m}$

无洞口，取 $\psi_M = 1.0$。

$$\frac{h_b}{l_0} = \frac{750}{6600} = 0.114 < \frac{1}{7} = 0.14，则：$$

$$\alpha_M = \psi_M \left(2.7\frac{h_b}{l_0} - 0.08\right) = 1.0 \times (2.7 \times 0.114 - 0.08) = 0.2278$$

$$M_b = M_{11} + \alpha_M M_{21} = 106.8 + 0.2278 \times 370.3 = 191.2\text{kN} \cdot \text{m}$$

25. 正确答案是 C，解答如下：

根据《木标》6.2.7 条：

$$R_e = \frac{f_{em}}{f_{es}} = 1, R_t = \frac{t_m}{t_s} = \frac{140}{80} = 1.75$$

$$R_e R_t = 1 \times 1.75 = 1.75 < 2, 则$$

$$k_I = \frac{1.75}{2 \times 4.38} = 0.20$$

（下午卷）

26. 正确答案是 B，解答如下：

根据《抗规》4.1.4 条、4.1.5 条，场地覆盖层厚度为 67.20m。
取计算深度 $d_0 = \min(67.20, 20) = 20\text{m}$

$$v_{se} = \frac{20}{\frac{1.0}{80} + \frac{1.30}{90} + \frac{17.70}{120}} = 115\text{m/s}$$

27. 正确答案是 C，解答如下：

由 26 题可知，覆盖层厚度为 67.20m，$v_{se} = 115\text{m/s}$。
查《抗规》表 4.1.6，属于Ⅲ类场地。

28. 正确答案是 C，解答如下：

根据《地规》5.2.4 条：
查规范表 5.2.4，$\eta_b = 0$，$\eta_d = 1.0$，则：

$$f_a = 110 + 1.0 \times 17.50 \times (1.3 - 0.5) = 124\text{kPa}$$

查《抗规》表 4.2.3，取 $\xi_a = 1.1$，则：

$$f_{aE} = 1.1 \times 124 = 136.4\text{kPa}$$

【26～28 题评析】 28 题，本题目，假定 $\eta_b \neq 0$，由于 $b = 2.5\text{m} < 3\text{m}$，故 $\eta_b \gamma(6-3) = 0$。

29. 正确答案是 B，解答如下：

根据《地规》附录 W.0.1 条：

$$K_\text{安} = \frac{19 \times 2}{10 \times (8 - 4.5)} = 1.09$$

30. 正确答案是 A，解答如下：

根据《桩规》5.3.12 条：
$-8 \sim -10\text{m}$，取 $\psi_l = 0$；$-10 \sim -16\text{m}$，取 $\psi_l = 1/3$
由 5.3.8 条：

$d_1 = 400 - 2 \times 95 = 210\text{mm}$，$h_b/d_1 = \frac{2000}{2100} = 9.5 > 5$，取 $\lambda_p = 0.8$

$$Q_{uk} = \pi \times 0.4 \times \left(30 \times 2 + 40 \times \frac{1}{3} \times 6 + 40 \times 10 + 80 \times 2\right)$$

$$+ 4000 \times \left[\frac{\pi}{4} \times (0.4^2 - 0.21^2) + 0.8 \times \frac{\pi}{4} \times 0.21^2\right]$$

$$= 1354\text{kN}$$

31. 正确答案是 B，解答如下：

根据《桩规》5.4.5 条，5.4.4 条，桩长＝2＋8＋10＋2＝22m

$$T_{uk} = 0.7 \times 3.14 \times 0.4 \times (30 \times 2 + 40 \times 8 + 40 \times 10 + 80 \times 2) = 826.4 \text{kN}$$

$$G_p = \left[2.49 - 10 \times \frac{\pi}{4} \times (0.4^2 - 0.21^2)\right] \times 22 = 34.7 \text{kN}$$

$$N_k \leqslant \frac{826.4}{2} + 34.7 = 447.9 \text{kN}$$

查表 3.5.3，三类，裂缝控制等级为一级；由 5.8.8 条：
$\sigma_{ck} - \sigma_{pc} \leqslant 0$，取桩顶处最不利位置，则：

$$\frac{N_k}{\frac{\pi}{4} \times (0.4^2 - 0.21^2)} - 5.8 \times 10^3 \leqslant 0，可得：N_k \leqslant 527.6 \text{kN}$$

最终取 $N_k \leqslant 447.9 \text{kN}$。

32. 正确答案是 B，解答如下：

根据《地处规》B.0.11 条，取 220kPa，选（B）项。

33. 正确答案是 A，解答如下：

根据《地处规》7.1.5 条：

$$\gamma_m = \frac{18.6 \times 1 + 18.9 \times 0.8}{1.8} = 18.73 \text{kN/m}^3$$

$$f_{spk} = f_{spa} - \eta_d \gamma_m (d - 0.5) = 250 - 1 \times 18.73 \times (1.8 - 0.5) = 225.7 \text{kPa}$$

由式（7.1.5-2），取 $f_{sk} = 80 \text{kPa}$：

$$m = \frac{225.7 - 1 \times 80}{0.9 \times \frac{680}{\frac{3.14}{4} \times 0.4^2} - 1 \times 80} = 0.0304$$

取长度 s 为对象：$m = \dfrac{\frac{\pi}{4} \times 0.4^2}{2s}$，则：$s = 2.07 \text{m}$

34. 正确答案是 D，解答如下：

根据《地处规》7.1.6 条：

$$\gamma_m = \frac{18.6 \times 1 + 18.9 \times 0.8}{1.8} = 18.73 \text{kPa}$$

$$f_{cu} \geqslant \frac{4 \times 0.9 \times 680}{\frac{\pi}{4} \times 0.4^2} \times \left[1 + \frac{18.73 \times (1.8 - 0.5)}{250}\right] = 21389 \text{kPa} = 21.4 \text{MPa}$$

35. 正确答案是 D，解答如下：

根据《桩规》5.1.1 条：

$$F_k + G_k = 1820 + 3.8 \times 2.8 \times 1.5 \times 20 = 2139.2 \text{kN}$$

$$M_{yk} = 180 + 80 \times 1 = 260 \text{kN} \cdot \text{m}$$

$$Q_{kmax} = \frac{2139.2}{6} + \frac{260 \times 1.5}{4 \times 1.5^2} = 399.87 \text{kN}$$

36. 正确答案是 B，解答如下：
由《桩规》5.9.2 条：
单桩竖向力设计值 N_1 为：$N_1 = \dfrac{2581}{6} = 430.2\text{kN}$

$$M_y = 2 \times 430.2 \times \left(1.5 - \dfrac{0.4}{2}\right) = 1118.52\text{kN} \cdot \text{m}$$

$$M_x = 3 \times 430.2 \times \left(1.0 - \dfrac{0.35}{2}\right) = 1064.75\text{kN} \cdot \text{m}$$

故最大值为 $1118.52\text{kN} \cdot \text{m}$。

37. 正确答案是 C，解答如下：
根据《桩规》5.9.10 条：
同 36 题，$N_1 = 430.2\text{kN}$
$$V_x = 2 \times 430.2 = 860.4\text{kN}, \quad V_y = 3 \times 430.2 = 1290.6\text{kN}$$

故最大值为 1290.6kN。

【35～37 题评析】 35 题，根据图示，确定 M_k 方向及相应的 x_i、y_i 值，本题目为 M_{yk}，则取 x_i 值进行计算。

36 题、37 题 N_i 为基本组合下的净反力值。同时，不同方向的弯矩值、剪力值应采用与其相应的 x_i、y_i 值。

38. 正确答案是 B，解答如下：
$H = 50\text{m} < 60\text{m}$，取 $w_0 = 0.60\text{kN/m}^2$。
$H = 50\text{m}$，B 类，查《荷规》表 8.2.1，取 $\mu_z = 1.62$。
根据《高规》附录 B.0.1 条，取 $\mu_s = +0.8$。
由《结通规》4.6.5 条，$\beta_z = 1.5 > 1.2$，取 $\beta_z = 1.5$。
$w_k = \beta_z \mu_s \mu_z w_0 = 1.5 \times 0.80 \times 1.62 \times 0.6 = 1.17\text{kN/m}^2$

39. 正确答案是 D，解答如下：
根据《高规》5.6.4 条，及《抗震通规》4.3.2 条：
$$N_{\max} = 1.3 \times (3100 + 0.5 \times 550) + 1.4 \times 950 = 5718\text{kN}$$

40. 正确答案是 D，解答如下：
根据《高规》5.6.4 条，及《抗震通规》4.3.2 条：
$$M_{\max} = -[1.3 \times (25 + 0.5 \times 15) + 1.4 \times 270] = -420.25\text{kN} \cdot \text{m}$$
角柱，抗震一级，由《高规》6.2.2 条、6.2.4 条：
$$M_{\max} = -420.25 \times 1.7 \times 1.1 = -786\text{kN} \cdot \text{m}$$

41. 正确答案是 C，解答如下：
根据《高规》6.4.2 条，一级框架结构，取 $[\mu_N] = 0.65$。
（A）项：当 $b \times h = 550\text{mm} \times 550\text{mm}$ 时：
$$\mu_N = \dfrac{N}{f_c A} = \dfrac{4900 \times 10^3}{21.1 \times 550 \times 550} = 0.768 > 0.65$$

故（A）项错误。
（B）项：根据《高规》表 6.4.2 注，轴压比可提高 0.10，达到 0.75，仍小于 0.768，故（B）项错误。

(C) 项：当 $b×h=700\text{mm}×700\text{mm}$ 时：

$$\mu_N = \frac{4900×10^3}{21.1×700×700} = 0.474 < 0.65，满足，故应选（C）项。$$

42. 正确答案是 C，解答如下：

抗震一级，框架结构，根据《高规》6.2.3 条：

$$V = 1.2 × \frac{M_{\text{cua}}^{\text{t}} + M_{\text{cua}}^{\text{b}}}{H_n} = 1.2 × \frac{750+750}{4.5} = 400\text{kN}$$

角柱，由《高规》6.2.4 条：

$$V = 1.1 × 400 = 440\text{kN}$$

43. 正确答案是 A，解答如下：

根据《高规》6.2.7 条条文说明，按《混规》11.6.2 条：

一级框架结构：

$$V_j = \frac{1.15 \sum M_{\text{bua}}}{h_{\text{b0}} - a_{\text{s}}'}\left(1 - \frac{h_{\text{b0}} - a_{\text{s}}'}{H_c - h_b}\right)$$

$$= \frac{1.15 × 920 × 10^6}{560 - 40}\left(1 - \frac{560 - 40}{3400 - 600}\right)$$

$$= 1657\text{kN}$$

44. 正确答案是 D，解答如下：

根据《高规》6.2.7 条条文说明，按《混规》11.6.3 条：

$$V_j \leqslant \frac{1}{\gamma_{\text{RE}}}(0.3\eta_j\beta_c f_c b_j h_j)$$

$$1900 × 10^3 \leqslant \frac{1}{0.85} × (0.3 × 1.5 × 1 × f_c × 550 × 550)$$

则：$f_c \geqslant 11.9\text{N/mm}^2$

45. 正确答案是 B，解答如下

根据《高规》3.9.5 条，①正确。

根据《高规》3.9.5 条，②、③错误。

根据《高规》12.2.1 条，④正确。

故应选（B）项。

【39～45 题评析】 40 题，42 题，由题目条件，地下室顶板为计算的嵌固端，C、D 处均为框架柱柱根，柱 AC、柱 BD 应按强柱弱梁、强剪弱弯原则进行内力调整。同时，应注意区分角柱、边柱、中柱。

45 题，地下二层的抗震构造措施的抗震等级不得低于二级，故叙述③错误。抗震措施、抗震构造措施是不同的概念。

46. 正确答案是 A，解答如下：

根据《高规》7.2.8 条：

由提示，则：

$$\gamma_{\text{RE}} N \leqslant -N_{\text{sw}} + N_c = -(h_{\text{w0}} - 1.5x)b_w f_{\text{yw}}\rho_w + \alpha_1 f_c b_w x$$

即：
$$x \geqslant \frac{\gamma_{RE}N + h_{w0}b_w f_{yw}\rho_w}{1.5 b_w f_{yw}\rho_w + \alpha_1 f_c b_w}$$
$$= \frac{0.85 \times 2500 \times 10^3 + 1500 \times 200 \times 270 \times 0.565\%}{1.5 \times 200 \times 270 \times 0.565\% + 1 \times 14.3 \times 200}$$
$$= 778.5 \text{mm}$$

47. 正确答案是 A，解答如下：

已知设置约束边缘构件，根据《高规》7.2.15 条：

翼柱沿翼缘方向的长度 $= \max(b_w + 2b_f, b_w + 2 \times 300)$
$= \max(200 + 2 \times 200, 200 + 2 \times 300) = 800\text{mm}$

翼柱沿腹板方向的长度 $= \max(b_f + b_w, b_f + 300)$
$= \max(200 + 200, 200 + 300) = 500\text{mm}$

翼缘方向即墙肢（1200×200）的两端部应设约束边缘构件，$\mu_N = 0.45$，其 l_c 为：
$l_c = \max(0.2h_w, b_w, 400) = \max(0.2 \times 1200, 200, 400) = 400\text{mm}$

其相应的暗柱长度 h_c：$h_c = \max(b_w, l_c/2, 400) = \max(200, \frac{400}{2}, 400) = 400\text{mm}$

故翼缘方向即墙肢（1200×200）的纵筋配筋范围为：
$$l = 800 + 2 \times 400 = 1600\text{mm} > l_{实} = 1200\text{mm}, \text{ 取 } l = 1200\text{mm}$$

所以 T 端纵筋配筋范围的面积最小值 A 为：
$$A = 1200 \times 200 + (500 - 200) \times 200 = 3 \times 10^5 \text{mm}^2$$

48. 正确答案是 A，解答如下：

根据《高规》7.2.22 条

连梁跨高比 $l_n/h = 1520/600 = 2.53 > 2.5$，则：

$\frac{1}{\gamma_{RE}}(0.20\beta_c f_c b_h h_{b0}) = \frac{1}{0.85} \times (0.20 \times 1 \times 14.3 \times 200 \times 560) = 376.8\text{kN} > 365\text{kN}$

故（B）项错误。

由《高规》7.2.23 条：

$\frac{A_{sv}}{s} \geqslant \frac{\gamma_{RE}V_b - 0.42 f_t b_b h_{b0}}{f_{yv}h_{b0}} = \frac{0.85 \times 365 \times 10^3 - 0.42 \times 1.43 \times 200 \times 560}{270 \times 560} = 1.607 \text{mm}^2/\text{mm}$

（A）项，$2\phi12@100$：$\frac{A_{sv}}{s} = \frac{226}{100} = 2.26 \text{mm}^2/\text{mm}$，满足。

（D）项，$2\phi10@100$：$\frac{A_{sv}}{s} = \frac{157}{100} = 1.57 \text{mm}^2/\text{mm}$，不满足。

所以应选（A）项。

【46～48 题评析】 47 题，假定墙肢 2 的翼缘长度为 2400mm，其他条件不变，则其纵向钢筋配筋范围的面积 A_1 为：
$$A_1 = 300 \times 200 + 800 \times 200 = 2.2 \times 10^5 \text{mm}^2$$

49. 正确答案是 C，解答如下：

根据《高钢规》表 4.2.1、8.2.4 条：
$$f_{yw} = 345\text{N/mm}^2, f_{yc} = 335\text{N/mm}^2$$

$$m = \min\left(1.4 \times \frac{26}{650 - 2 \times 20} \cdot \sqrt{\frac{(500 - 2 \times 26) \times 335}{12 \times 345}}\right)$$

$$= \min(1, 1.03) = 1$$

$$W_{wpe} = \frac{1}{4} \times (650 - 2 \times 18 - 2 \times 35)^2 \times 12 = 887808 \text{mm}^3$$

$$M_{uw}^j = m \cdot W_{wpe} \cdot f_{yw}$$

$$= 1 \times 887808 \times 345 = 306.3 \text{kN} \cdot \text{m}$$

50. 正确答案是 A，解答如下：

根据《高钢规》8.2.1条，8.1.3条：

$$\alpha = 1.40$$

$$W_p = 2 \times \left(250 \times 18 \times 316 + 307 \times 12 \times \frac{307}{2}\right) = 3974988 \text{mm}^3$$

$$\alpha(\Sigma M_p/l_n) + V_{Gb} = 1.40 \times \frac{2 \times 3974988 \times 335}{6200} + 50 \times 10^3$$

$$= 651 \text{kN}$$

2011 年真题解答与评析

（上午卷）

1. 正确答案是 B，解答如下：

根据《抗规》6.1.4 条第 1 款，应按 21m 高的 A 栋框架结构确定防震缝的宽度，故有：$\delta = 100 + 200 \times (21-15)/3 = 140\text{mm}$，故选（B）项。

2. 正确答案是 D，解答如下：

根据《抗规》6.1.4 条第 2 款，应选（D）项。

3. 正确答案是 C，解答如下：

根据《抗规》表 6.1.2，A 栋高度 21m，8 度，框架抗震等级为二级。

根据《抗规》表 6.3.6 及其注 2，该框架柱的轴压比限值：$\mu_N = 0.75 - 0.05 = 0.70$

$$A = \frac{N}{\mu_N f_c} = \frac{5490 \times 10^3}{0.70 \times 19.1}\text{mm}^2 = 410621\text{mm}^2$$

经比较：取 $b \times h = 650\text{mm} \times 650\text{mm} = 422500\text{mm}^2 > 410621\text{mm}^2$，满足。

4. 正确答案是 D，解答如下：

根据《抗规》6.2.9 条：

$$V^c = \frac{M_c^b + M_c^t}{H_n} = \frac{470 + 280}{2.5} = 300\text{kN}$$

$$M^c = \max(M_c^t, M_c^b) = 470\text{kN} \cdot \text{m}$$

$$\lambda = \frac{M^c}{V^c h_0} = \frac{470}{300 \times 555 \times 10^{-3}} = 2.82$$

5. 正确答案是 A，解答如下：

框架抗震等级为二级，根据《抗规》6.2.2 条、6.2.3 条：

$$M_c^t = \frac{\eta_c M_b}{2} = \frac{1.5 \times 360}{2}\text{kN} \cdot \text{m} = 270\text{kN} \cdot \text{m}$$

$$M_c^b = \eta_c M_c = 1.5 \times 320\text{kN} \cdot \text{m} = 480\text{kN} \cdot \text{m}$$

根据《抗规》6.2.5 条，$\eta_{vc} = 1.3$：

$$V = \frac{\eta_{vc}(M_c^b + M_c^t)}{H_n} = \frac{1.3 \times (270 + 480)}{2.5} = 390\text{kN}$$

6. 正确答案是 B，解答如下：

根据《抗规》表 6.1.2，B 栋高度 27m，8 度，框架抗震等级为一级。

又根据《抗规》6.1.4 条，应沿全高加密，排除（A）、（C）项。

轴压比 $\mu_N = \frac{N}{f_c A} = \frac{4120 \times 10^3}{19.1 \times 600 \times 600} = 0.60$

查《抗规》表 6.3.9，$\lambda_v = 0.15$

$$\rho_v \geq \frac{\lambda_v f_c}{f_{yv}} = \frac{0.15 \times 19.1}{270} \times 100\% = 1.06\% > 0.8\%$$

(B) 项：φ10@100 的体积配箍率：$\rho_v = \frac{78.5 \times (600-2\times30+10) \times 8}{100 \times (600-2\times30)^2} \times 100\% = 1.18\% > 1.06\%$，满足。

【1~6 题评析】 1 题，防震缝两侧结构类型相同时，应按较低房屋高度确定缝宽；防震缝两侧结构类型不同时，宜按需要较宽防震缝的结构类型和较低房屋高度确定缝宽。

4 题，《抗规》6.2.9 条中对剪跨比 λ 的定义，与其他规范存在不协调，应注意区别。

6 题，《抗规》6.1.4 条，防震缝两侧框架柱的箍筋应全高加密。

7. 正确答案是 D，解答如下：

均布恒荷载：$M_{gk} = \frac{1}{2} g_k l^2 = \frac{1}{2} \times 15 \times 6^2 = 270 \text{kN} \cdot \text{m}$

集中恒荷载：$M_{pk} = P_k l = 20 \times 6 = 120 \text{kN} \cdot \text{m}$

局部均布活荷载：$M_{qk} = 6 \times 4 \times (6-4/2) = 96 \text{kN} \cdot \text{m}$

根据《结通规》3.1.13 条：

$$M_A = 1.3 \times (270 + 120) + 1.5 \times 96 = 651 \text{kN} \cdot \text{m}$$

8. 正确答案是 A，解答如下：

根据《混规》6.2.10 条：

安全等级为一级，取 $\gamma_0 = 1.1$

$$x = h_0 - \sqrt{h_0^2 - \frac{2\gamma_0 M}{\alpha_c f_c b}} = 840 - \sqrt{840^2 - \frac{2 \times 1.1 \times 850 \times 10^6}{1 \times 14.3 \times 400}}$$

$$= 225 \text{mm} < \xi_b h_0 = 0.55 \times 840 = 462 \text{mm}$$

$$A_s = \frac{\alpha_1 f_c b x}{f_y} = \frac{1 \times 14.3 \times 400 \times 225}{360} = 3575 \text{mm}^2$$

9. 正确答案是 B，解答如下：

由条件可知，$V = \frac{\sqrt{3}}{2} F, N = \frac{1}{2} F, M = 0$

根据《混规》9.7.2 条：

$$\alpha_r = 1, \alpha_b = 1, f_y = 300 \text{MPa}, A_s = 1206 \text{mm}^2$$

$$\alpha_v = (4.0 - 0.08d)\sqrt{\frac{f_c}{f_y}} = (4.0 - 0.08 \times 16) \times \sqrt{\frac{16.7}{300}} = 0.64 < 0.7$$

由规范式（9.7.2-1）：

$$1206 \geq \frac{\frac{\sqrt{3}}{2} F}{1 \times 0.64 \times 300} + \frac{\frac{1}{2} F}{0.8 \times 1 \times 300}$$

可得：$F \leq 183 \text{kN}$

10. 正确答案是 C，解答如下：

根据 F 的作用方向，该埋件为拉剪埋件。根据《混规》9.7.4 条，受剪埋件锚筋至构件边缘距离 c_1，不应小于 6d（96mm）和 70mm，因此，a 至少取 100mm。

【9、10 题评析】 9 题，α_r 应根据剪力方向上锚筋的层数取值，本题目取 $\alpha_r = 1.0$；在

预埋件计算中，f_y 取值，规范规定，$f_y \leqslant 300\text{N/mm}^2$。

11. 正确答案是 A，解答如下：

根据《混验规》5.3.4 条，断后伸长率≥21%应选（A）项。

12. 正确答案是 B，解答如下：

根据《抗规》附录 A.0.2，天津静海区为 7 度（0.15g），房屋高度 22m＜30m，查《异形柱规》表 3.3.1 注 2，框架-剪力墙结构中的异形柱框架应按二级抗震等级采取抗震构造措施。

13. 正确答案是 C，解答如下：

根据《异形柱规》4.2.4 条，7 度（0.15g）时应对与主轴成 45°方向进行补充验算。

【12、13 题评析】 12 题，异形柱框架结构不能采用《抗规》确定其抗震等级，应按《异形柱规》确定抗震等级，并按《异形柱规》进行内力调整与配筋计算等。

13 题，《异形柱规》4.2.4 条条文说明指出：由于 6 度、7 度（0.10g）抗震设计时，异形柱的配筋一般是由构造控制的，故《异形柱规》4.2.4 条仅规定了 7 度（0.15g）及 8 度（0.20g）抗震设计时，才进行 45°方向的水平地震作用计算与抗震验算。

14. 正确答案是 D，解答如下：

底层属于底部加强部位，由《抗规》6.2.7 条，墙肢的剪力和弯矩设计值应乘以增大系数 1.25。

根据《抗规》6.2.8 条，还应乘以 1.2 增大系数：
$$V = 1.25 \times 1.2 \times 180 = 270\text{kN}$$

15. 正确答案是 C，解答如下：

由条件，按 4 肢箍，$s = 100\text{mm}$ 进行计算。

抗扭和抗剪所需的总箍筋面积 $A_{sv,t} = 0.65 \times 100 \times 2 + 2.15 \times 100 = 345\text{mm}^2$

单肢箍筋面积 $A_{sv,t1} = 345/4 = 86.25\text{mm}^2$

外圈单肢抗扭箍筋截面 $A_{st1} = 0.65 \times 100 = 65\text{mm}^2$

$$\max(A_{sv,t1}, A_{st1}) = 86.25\text{mm}^2$$

因此，单肢箍筋面积至少应取 86.25mm^2

经比较选用 Φ12：$A_{sv1} = 113\text{mm}^2$，满足。

【15 题评析】 A_{st1} 为受扭计算中沿截面周边配置的抗扭箍筋单肢截面面积，注意是周边单肢的面积；而 A_{sv} 为受剪所需的箍筋截面面积，是抗剪箍筋总面积。因此，受剪扭所需的总箍筋面积为：$2A_{st1} + A_{sv}$。如果配置的箍筋肢数较多，剪扭构件中还应满足沿截面周边配置的箍筋单肢截面面积不小于 A_{st1}。

16. 正确答案是 C，解答如下：

根据《混规》6.2.10 条：

当 $x = x_b = \xi_b h_0 = 0.518 \times (600 - 35) = 292.7\text{mm}$ 时，M_u 为最大。

$$\begin{aligned}
M_u &= \alpha_1 f_c bx \left(h_0 - \frac{x}{2}\right) + f'_y A'_s (h_0 - a'_s) \\
&= 1 \times 14.3 \times 250 \times 292.7 \times \left(565 - \frac{292.7}{2}\right) + 360 \times 402 \times (565 - 35) \\
&= 514.8\text{kN} \cdot \text{m}
\end{aligned}$$

17. 正确答案是 C，解答如下：

根据《混规》6.2.10 条：

当 $x = 2a'_s$ 时，M_u 为最大：

$$M_u = f_y A_s (h_0 - a'_s) = 360 \times 1964 \times (565 - 35)$$
$$= 374.7 \text{kN} \cdot \text{m}$$

18. 正确答案是 C，解答如下：

根据《混规》6.2.23 条：

$$e_0 = \frac{M}{N} = \frac{31}{250} = 0.124\text{m} = 124\text{mm} < \frac{h}{2} - a_s = \frac{400}{2} - 4.5 = 1.55\text{mm}$$

属于小偏拉；对称配筋，则：

$$e' = e_0 + \frac{h}{2} - a'_s = 124 + \frac{400}{2} - 45 = 279\text{mm}, \quad h'_0 = 400 - 35 = 355\text{mm}$$

$$A_s \geqslant \frac{Ne'}{f_y(h'_0 - a_s)} = \frac{250 \times 10^3 \times 279}{360 \times (355 - 45)} = 625\text{mm}^2$$

单侧，选用 2 Φ 20（$A_s = 628\text{mm}^2$）。

19. 正确答案是 B，解答如下：

根据《钢标》表 7.4.6 中第 1 项的规定，天窗架中的受压杆件容许长细比≤150。

20. 正确答案是 A，解答如下：

cd 杆的构件长度：$l = \sqrt{3^2 + 3.55^2} = 4.648\text{m}$

由《钢标》表 7.4.1 条：

本题的斜腹杆可视为支座斜杆，则：

平面内：$l_{ox} = \frac{l}{2} = 2324\text{mm}$

平面外：$l_{oy} = l = 4648\text{mm}$

21. 正确答案是 B，解答如下：

根据《钢标》7.2.2 条第 2 款：

$$\lambda_z = 3.9 \frac{b}{t} = 3.9 \times \frac{125}{8} = 60.9 > \lambda_y = \frac{l_{0y}}{i_y} = \frac{3250}{54.1} = 60.07, \text{则：}$$

$$\lambda_{yz} = 60.9 \times \left[1 + 0.16 \left(\frac{60.07}{60.9}\right)^2\right] = 70.4$$

22. 正确答案是 C，解答如下：

$$\frac{b}{t} = \frac{125 - 8 - 14}{8} = 12.9 < 13\varepsilon_k = 13$$

$$\frac{h_0}{t_w} = \frac{125 - 8 - 14}{2 \times 8} = 6.4 < 93\varepsilon_k = 93$$

截面等级满足 S3 级，取 $\gamma_x = 1.2$

根据《钢标》式（8.1.1）：

$$\frac{N}{A_n} + \frac{M_x}{\gamma_x W_{nx}} = \frac{86 \times 10^3}{3950} + \frac{9.84 \times 10^6}{1.2 \times 65050} = 21.8 + 126.1 = 147.9 \text{N/mm}^2$$

23. 正确答案是 D，解答如下：

$\lambda_x = \dfrac{3250}{38.8} = 83.8$，b 类截面，查《钢标》附录表 D.0.2，取 $\varphi_x = 0.662$

根据《钢标》8.2.1 条：

由上一题可知，取 $\gamma_x = 1.2$

$$\dfrac{N}{\varphi_x A} + \dfrac{\beta_{mx} M_x}{\gamma_x W_x \left(1 - 0.8 \dfrac{N}{N'_{EX}}\right)} = \dfrac{86 \times 10^3}{0.662 \times 3950} + \dfrac{1.0 \times 9.84 \times 10^6}{1.2 \times 65050 \times \left(1 - 0.8 \times \dfrac{86 \times 10^3}{1.04 \times 10^6}\right)}$$

$$= 32.9 + 135.0 = 167.9 \text{N/mm}^2$$

24. 正确答案是 C，解答如下：

根据《钢标》7.1.1 条：

$$\sigma = \dfrac{N}{A_n} = \dfrac{30 \times 10^3}{1458} = 20.6 \text{N/mm}^2$$

【19～24 题评析】 21 题，应考虑扭转效应，采用换算长细比。

22 题、23 题，题目条件是截面肢尖受压，截面等级满足 S3 级，故 $\gamma_x = 1.2$。

25. 正确答案是 A，解答如下：

根据《钢标》6.1.1 条、6.1.2 条：

$$\dfrac{b}{t} = \dfrac{250 - 10}{2 \times 20} = 6 < 13\varepsilon_k = 13$$

$$\dfrac{h_0}{t_w} = \dfrac{440 - 2 \times 20}{10} = 40 < 93\varepsilon_k = 93$$

截面等级满足 S3 级，取 $\gamma_x = 1.05$

$$\dfrac{M_x}{\gamma_x W_{nx}} = \dfrac{201.8 \times 10^3 \times 1.37 \times 10^3}{1.05 \times 2250 \times 10^3} = 117.0 \text{N/mm}^2$$

26. 正确答案是 D，解答如下：

根据《钢标》6.1.3 条：

$$\dfrac{VS}{I t_w} = \dfrac{201.8 \times 10^3 \times 1250 \times 10^3}{49500 \times 10^4 \times 10} \text{N/mm}^2 = 51.0 \text{N/mm}^2$$

27. 正确答案是 B，解答如下：

根据题中假定腹板承受全部水平剪力，则翼缘焊缝仅承担弯矩作用：

$$\sigma_1 = \dfrac{M_x}{W_{x1}} = \dfrac{201.8 \times 10^3 \times 1.37 \times 10^3}{1800 \times 10^3} = 153.6 \text{N/mm}^2$$

28. 正确答案是 C，解答如下：

根据《钢标》11.2.2 条：

$$\sigma_{f2} = \dfrac{M_x}{W_{x2}} = \dfrac{201.8 \times 10^3 \times 1.37 \times 10^3}{2220 \times 10^3} = 124.5 \text{N/mm}^2$$

$$\tau_{f2} = \dfrac{N}{h_e l_w} = \dfrac{201.8 \times 10^3}{2 \times 0.7 \times 12 \times 370} = 32.5 \text{N/mm}^2$$

直接承受动力荷载，$\beta_f = 1.0$

$$\sigma_2 = \sqrt{\left(\dfrac{\sigma_{f2}}{\beta_f}\right) + \tau_{f2}^2} = \sqrt{124.5^2 + 32.5^2} \text{N/mm}^2 = 128.7 \text{N/mm}^2$$

29. 正确答案是 C，解答如下：

根据《钢标》表 4.4.1 注的规定，应选（C）项。

30. 正确答案是 D，解答如下：

根据《钢标》附录 B.1.2 条，应选（D）项。

31. 正确答案是 B，解答如下：

根据《砌标》10.1.6 条，抗震等级为二级。

由规范 10.5.2 条：$V_w = 1.4 \times 210 = 294 \text{kN}$

32. 正确答案是 B，解答如下：

根据《砌规》3.2.1 条：

$$f_g = f + 0.6\alpha f_c = 5.68 + 0.6 \times 0.46 \times 0.40 \times 14.3$$
$$= 7.259 \text{MPa} < 2f = 2 \times 5.68 = 11.36 \text{MPa}$$

故： $f_g = 7.259 \text{MPa}$

33. 正确答案是 D，解答如下：

由 31 题可知：抗震等级为二级。

根据《砌规》10.1.13 条、9.4.3 条：

$$l_a = \max(35d, 300) = \max(35 \times 14, 300) = 490 \text{mm}$$
$$l_{aeE} \geqslant 1.15 l_a = 1.15 \times 490 = 563.5 \text{mm}$$

34. 正确答案是 C，解答如下：

根据《砌规》10.5.3 条、10.5.4 条：

$$\lambda = \frac{M}{Vh_0} = \frac{1050}{210 \times 4.8} = 1.04 < 2$$

即：
$$V_u = \frac{1}{\gamma_{RE}}(0.15 f_g b h_0)$$
$$= \frac{1}{0.85} \times (0.15 \times 7.5 \times 190 \times 4800)$$
$$= 1207.1 \text{kN}$$

35. 正确答案是 D，解答如下：

根据《砌规》3.2.2 条：

$$f_{vg} = 0.2 f_g^{0.55} = 0.2 \times 7.5^{0.55} = 0.606 \text{N/mm}^2$$

根据《砌规》10.5.4 条：

$\lambda = \dfrac{M}{Vh_0} = \dfrac{1050}{210 \times 4.8} = 1.04 < 1.5$，取 $\lambda = 1.5$

$N = 1250 \text{kN} < 0.2 f_g bh = 0.2 \times 7.5 \times 190 \times 5100 = 1453.5 \text{kN}$

故取 $N = 1250 \text{kN}$

$$\frac{1}{\gamma_{RE}} \times \frac{1}{\lambda - 0.5}\left(0.48 f_{vg} b h_0 + 0.10 N \frac{A_w}{A}\right)$$
$$= \frac{1}{0.85} \times \frac{1}{1.5 - 0.5} \times (0.48 \times 0.606 \times 190 \times 4800 + 0.10 \times 1250 \times 1000)$$
$$= 459.2 \text{kN} > V_w = 1.4V = 1.4 \times 210 \text{kN} = 294 \text{kN}$$

计算不需要配置水平钢筋，故只需构造配筋。

根据《砌规》10.5.9条，抗震等级为二级的配筋砌块砌体剪力墙，底部加强部位水平分布钢筋的最小配筋率为0.13%。

【31~35题评析】 32题，根据题目的假定，计算$f_g = f + 0.6\alpha f_c$时，仅对f进行调整，并且$f_g \leqslant 2f$。

34题、35题，剪跨比λ的计算，是采用未经内力调整的设计值。

36. 正确答案是A，解答如下：

根据《砌规》4.2.8条，应选（A）项。

37. 正确答案是C，解答如下：

根据《抗规》7.1.5条，（B）项错误，（C）项正确，故选（C）项。

根据《抗规》7.1.2条，（D）项错误。

【37题评析】 根据《抗规》7.1.3条，（A）项错误。

38. 正确答案是B，解答如下：

根据《可靠性标准》8.2.4条：

水平荷载设计值：$q = 1.3 \times 2.0 + 1.5 \times 1.0 = 4.1 \text{kN/m}^2$

$$M = \frac{1}{2}qh^2 = \frac{1}{2} \times 4.1 \times 1.00^2 = 2.05 \text{kN} \cdot \text{m}$$

$$V = qh = 4.1 \times 1.0 = 4.1 \text{kN}$$

39. 正确答案是A，解答如下：

根据《砌规》5.4.1条、5.4.3条：

取1m宽：$W = \frac{1}{6}bh^2 = \frac{1}{6} \times 1000 \times 370^2 = 22.8 \times 10^6 \text{mm}^3$

$$z = \frac{2}{3}h = \frac{2}{3} \times 370 = 246.7 \text{mm}$$

$$M_u = f_{tm}W = 0.11 \times 22.8 \times 10^6$$
$$= 2.508 \text{kN} \cdot \text{m}$$

$$V_u = f_v bz = 0.11 \times 1000 \times 246.7 = 27.1 \text{kN}$$

【38、39题评析】 39题，根据受荷方式，f_{tm}取沿通缝的数值。

40. 正确答案是A，解答如下：

根据《砌规》5.5.1条：

$$A = 0.6 \times 0.24 = 0.144 \text{m}^2 < 0.3 \text{m}^2$$

则： $f = 0.844 \times 1.69 = 1.426 \text{MPa}$

$f_v = 0.844 \times 0.14 = 0.118 \text{MPa}$

$$\sigma_0 = \frac{N_u}{A} = \frac{40 \times 10^3}{600 \times 240} = 0.278$$

$$\frac{\sigma_0}{f} = \frac{0.278}{1.426} = 0.195 < 0.8$$

$$\mu = 0.23 - 0.065 \times 0.195 = 0.217$$

$$V_u = (f_v + \alpha\mu\sigma_0)A = (0.118 + 0.64 \times 0.217 \times 0.278) \times 600 \times 240$$
$$= 22.55 \text{kN}$$

【40题评析】 本题目，应考虑小截面面积对f、f_v的调整。

(下午卷)

41. 正确答案是 B，解答如下：

根据《砌规》表 3.2.1-1 及注：

$A = 0.49 \times 0.62 = 0.3038\text{m}^2 > 0.3\text{m}^2$，则不考虑小面积调整。

$f = 0.9 \times 1.69 = 1.521\text{MPa}$

42. 正确答案是 B，解答如下：

根据《砌规》5.1.1 条、5.1.2 条：

$$\beta = \gamma_\beta \frac{H_0}{h} = 1 \times \frac{4800}{490} = 9.8$$

$$\varphi = \varphi_0 = \frac{1}{1+\alpha\beta^2} = \frac{1}{1+0.0015 \times 9.8^2} = 0.87$$

$$N_u = \varphi f A = 0.87 \times 1.5 \times 490 \times 620 = 396.5\text{kN}$$

43. 正确答案是 B，解答如下：

根据《抗规》5.2.1 条：

$$\alpha_1 = \alpha_{\max} = 0.24$$

$$F_{Ek} = \alpha_1 G_{eq} = 0.24 \times 0.85 \times 2000 \times 5 = 2040\text{kN}$$

44. 正确答案是 A，解答如下：

根据《抗规》5.2.1 条：

多层砌体结构，$\delta_n = 0$，故 $\Delta F_n = 0$

$$F_5 = \frac{2000 \times 15}{2000 \times (3+6+9+12+15)} \times F_{Ek} \times (1-0) + \Delta F_n$$

$$= 0.333 F_{Ek}$$

【43、44 题评析】 43 题，根据《抗规》，取 $\alpha_1 = \alpha_{\max}$。

44 题，顶层应计入附加水平地震力 $\Delta F_n = \delta_n F_{Ek}$，但是，多层砌体结构的 $\delta_n = 0$，故 $\Delta F_n = 0$。

45. 正确答案是 A，解答如下：

根据《砌规》7.2.2 条，$h_w = (15.05 - 14.25)\text{m} = 0.8\text{m} < l_n = 1.5\text{m}$，应计入板传来的荷载；$h_w = 0.8\text{m} > \frac{1}{3} l_n = \frac{1}{3} \times 1.5\text{m} = 0.5\text{m}$，墙体荷载应按高度为 $\frac{l_n}{3}$ 墙体的均布自重采用，故过梁荷载设计值：

$$q = \frac{1}{3} \times 1.5 \times 5.0 \times 1.3 + 35 = 38.25\text{kN/m}$$

$$M = \frac{1}{8} q l_n^2 = \frac{1}{8} \times 38.25 \times 1.5^2 = 10.76\text{kN} \cdot \text{m}$$

$$V = \frac{1}{2} q l_n = \frac{1}{2} \times 38.25 \times 1.5 = 28.69\text{kN}$$

46. 正确答案是 D，解答如下：

根据《砌规》7.2.3 条：

$$h_0 = h - a_s = 800 - \frac{50}{2} = 775\text{mm}$$

$$A_s = \frac{M}{0.85 f_y h_0} = \frac{9.5 \times 10^6}{0.85 \times 270 \times 775} = 53.4\text{mm}^2$$

【45、46题评析】 46题，正确计算出 h_0 值。本题目 h_0 计算是命题专家解答方法。

47. 正确答案是 D，解答如下：
根据《木标》5.1.4条：

$$\lambda = \frac{l_0}{\lambda} = \frac{2500}{43.3} = 57.7$$

$\lambda_c = 5.28\sqrt{1 \times 300} = 91.5 > 57.7$，则：

$$\varphi = \frac{1}{1 + \frac{57.7^2}{1.43\pi^2 \times 1 \times 300}} = 0.56$$

48. 正确答案是 A，解答如下：
根据《木标》4.3.1条、4.3.2条、5.3.2条：
$f_c = 1.1 \times 12 = 13.2\text{N/mm}^2$，$f_m = 1.1 \times 13 = 14.3\text{N/mm}^2$
轴心受压，取 $e_0 = 0$，则：$k_0 = 0$

$$\frac{N}{A} = \frac{50 \times 10^3}{150 \times 150}\text{N/mm}^2 = 2.22\text{N/mm}^2$$

$$k = \frac{Ne_0 + M_0}{W f_m \left(1 + \sqrt{\frac{N}{A f_c}}\right)} = \frac{0 + 4 \times 10^6}{\frac{1}{6} \times 150 \times 150^2 \times 14.3 \times \left(1 + \sqrt{\frac{2.22}{13.2}}\right)} = 0.353$$

$$\varphi_m = (1-k)^2(1-k_0) = (1-0.353)^2 \times (1-0) = 0.42$$

49. 正确答案是 B，解答如下：
根据《地规》5.2.4条：
查规范表5.2.4，取 $\eta_b = 0.5$，$\eta_d = 2.0$
自室内地面标高算起，$d = 1.1\text{m}$

$$f_a = 180 + 2.0 \times 19.6 \times (1.1 - 0.5) = 203.5\text{kPa}$$

50. 正确答案是 B，解答如下：
根据《地规》5.3.5条：

$$p_0 = \frac{F+G}{A} - \gamma \cdot d_1 = \frac{350 + 2.4 \times 1 \times 1.1 \times 20}{2.4 \times 1} - 19.6 \times (1.1+1.5)$$

$$= 116.9\text{kPa}$$

51. 正确答案是 D，解答如下：
根据《地规》5.2.7条：

$E_{s1}/E_{s2} = 4.5/1.5 = 3$，$z/b = \frac{(5-2.6)}{2.4} = 1.0 > 0.5$

查规范表5.2.7，取 $\theta = 23°$

52. 正确答案是 C，解答如下：

$$e = \frac{120 + 80 \times 0.6}{400 + 120} = 0.32\text{m} < \frac{b}{6} = \frac{3.6}{6} = 0.6\text{m}$$

故基底反力为梯形分布，由《地规》5.2.2条：

$$p_{\text{kmax}} = \frac{F_k + G_k}{A} + \frac{M_k}{W} = \frac{400+120}{3.6} + \frac{168}{\frac{1}{6} \times 3.6^2} = 222\text{kPa}$$

53. 正确答案是 A，解答如下：

根据《抗规》4.1.5条，覆盖层厚度 $d_0 = 8\text{m}$

$t = 5/280 + 3/80 = 0.055\text{s}$，$v_{\text{se}} = d_0/t = 8/0.055 = 145\text{m/s}$

54. 正确答案是 B，解答如下：

根据《地规》9.3.2条及条文说明：

$$k_0 = 1 - \sin\varphi = 1 - \sin 20° = 0.658$$

$$\sigma_0 = 19.6 \times 1.5 \times 0.658 = 19.3\text{kN/m}^2$$

【49~54题评析】 49题、50题、51题，均针对基础B，并且设有地下室。52题，所有外力对基底形心取力矩。

54题，本题在提示中明确地下室外墙的变形控制要求严格，故应按静止土压力计算侧压力，按《地规》9.3.2条规定。

55. 正确答案是 D，解答如下：

预压法的工期长，建设工期紧的情况下不适用，故（A）项错误。

根据《地处规》6.1.2条、7.2.1条，强夯法不适用于软土地基，强夯置换法适用于软土地基上变形控制要求不严的工程；沉管砂石桩法适用于饱和黏土地基上变形控制要求不严的工程；振冲碎石桩法不适用于淤泥质土地基。

根据《地处规》7.7.1条、7.3.1条，水泥粉煤灰碎石桩、水泥土搅拌桩为正确选项。

故选（D）项。

56. 正确答案是 A，解答如下：

根据《地处规》7.4.3条、7.1.5条、7.1.6条：

$$R_a = \frac{1}{4\lambda} f_{\text{cu}} A_p = \frac{1}{4 \times 0.5} \times 1200 \times \frac{\pi}{4} \times 0.8^2 = 188.4\text{kN}$$

$$R_a = u_p \sum_{i=1}^{n} q_{si} l_{pi} + \alpha_p q_p A_p$$

$$= \pi \times 0.8 \times (15 \times 8 + 25 \times 0.5) + 1 \times 140 \times \frac{\pi}{4} \times 0.8^2 = 403\text{kN}$$

故取 $R_a = 188.4\text{kN}$

57. 正确答案是 B，解答如下：

根据《地处规》7.1.5条：

$$m = \frac{120 - 0.3 \times 80}{\frac{1.0 \times 280}{\pi \times 0.4^2} - 0.3 \times 80} = 18\%$$

$\sqrt{m} = \dfrac{d}{d_e} = \dfrac{d}{1.05s}$，则：

$$s = \frac{d}{1.05\sqrt{m}} = \frac{0.8}{1.05 \times \sqrt{0.18}} = 1.8\text{m}$$

58. 正确答案是 C，解答如下：

根据《地处规》7.1.7 条：

$$\xi = \frac{f_{spk}}{f_{ak}} = \frac{240}{80} = 3$$

$$E_{sp1} = 3 \times 2 = 6\text{MPa}$$

【55～58 题评析】 56 题，桩端端阻力系数 α_p 的取值，《地处规》7.1.5 条条文说明中指出：水泥土搅拌桩 $\alpha_p = 0.4 \sim 0.6$，其他情况可取 $\alpha_p = 1.0$。

59. 正确答案是 B，解答如下：

根据《桩规》5.3.9 条：

中等风化凝灰岩 $f_{rk} = 10\text{MPa} < 15\text{MPa}$

根据《桩规》表 5.3.9 注 1，属极软岩、软岩类。

$\dfrac{h_r}{d} = \dfrac{1.6}{0.8} = 2$，查表 5.3.9，$\zeta_r = 1.18$

$$Q_{sk} = \pi \times 0.8 \times (50 \times 5.9 + 60 \times 3) = 1193.2\text{kN}$$

$$Q_{rk} = \zeta_r f_{rk} A_p = 1.18 \times 10000 \times (3.14 \times 0.64/4) = 5928.3\text{kN}$$

$$Q_{uk} = 1193.2 + 5928.3 = 7121.5\text{kN}$$

根据《桩规》5.2.2 条：

$$R_a = \frac{7121.5}{2} = 3560\text{kN}$$

60. 正确答案是 C，解答如下：

根据《桩规》5.9.2 条：

桩 B：$N_B = \dfrac{7800}{2} + \dfrac{(470 + 270 \times 1.6) \times 1.2}{2 \times 1.2^2} = 4276\text{kN}$

$$M_{\max} = 4276 \times (1.2 - 0.4) = 3421\text{kN} \cdot \text{m}$$

61. 正确答案是 B，解答如下：

根据《抗规》4.3.4 条：

对于粉砂 $\rho_c = 3$ $\beta = 0.8$

查《抗规》表 4.3.4，$N_0 = 7$，$d_s = 5.5$，$d_w = 3.5$

$N_{cr} = 7 \times 0.8[\ln(0.6 \times 5.5 + 1.5) - 0.1 \times 3.5] = 6.8$

【59～61 题评析】 59 题，从题目的图示，判定其为嵌岩桩。

60 题，N_{Bk} 计算时，所有外力对承台底面，并且绕通过桩群形心取力矩得到 M_k。

62. 正确答案是 B，解答如下：

《桩规》4.2.5 条，对二级抗震等级的纵向主筋锚固长度应乘以 1.15 的系数，(B) 项错误，应选（B）项。

【62 题评析】 （A）项：《桩规》5.9.7 条，正确。

（C）项：《桩规》4.2.6 条，正确。

(D)项:《桩规》4.2.7条,正确。

63. 正确答案是 D,解答如下:

在图示参考坐标系下,对图中左侧框架柱 KZ1 的左边缘取矩,则:

$$x_c = \frac{2160 \times 300 + 3840 \times (300+150+600)}{2160+3840} = 780 \text{mm}$$

64. 正确答案是 C,解答如下:

根据《桩规》5.9.7条:

$h_0 = 900$, $\beta_{hp} = 1 - \frac{1000-800}{2000-800} \times (1-0.9) = 0.9833$, $b_c = 600$mm, $h_c = 1350$mm

$a_{0y} = 600$mm, $a_{0x} = 425$mm

$\lambda_{0x} = \frac{a_{0x}}{h_0} = 0.472 \begin{matrix} <1.0 \\ >0.25 \end{matrix}$, $\lambda_{0y} = \frac{a_{0y}}{h_0} = 0.667 \begin{matrix} <1.0 \\ >0.25 \end{matrix}$

$\beta_{0x} = \frac{0.84}{\lambda_{0x}+0.2} = 1.25$, $\beta_{0y} = \frac{0.84}{\lambda_{0y}+0.2} = 0.969$

$F_{lu} = 2 \times [1.25 \times (600+600) + 0.969 \times (1350+425)] \times 0.9833 \times 1.43 \times 900 \times 10^{-3}$
$= 8149.80$kN

【63、64题评析】 63题,对双柱联合基础设计时,需要将作用于各柱的竖向力、力矩和水平力转化为作用于基础底面形心的竖向力和力矩,然后按照规范的相应要求进行设计计算,本题主要考查双柱竖向力合力作用点的位置。

65. 正确答案是 B,解答如下:

根据《荷规》8.2.1条,B类粗糙度,$z=58$m:

$$\mu_z = 1.62 + \frac{1.71-1.62}{60-50} \times (58-50) = 1.692$$

根据《高规》附录 B.0.1条,风荷载体型系数,如图 Z11-1J 所示。按承载力设计,由《高规》4.2.2条,$H=58$m<60m,取 $w_0 = 0.65$kN/m²。

在 58m 处 1m 高范围内风力为 F:

$F = \beta_z \mu_z w_0 \sum(B_i \mu_{si} \cos\alpha_i) \times 1.0$
$= 1.402 \times 1.692 \times 0.65 \times (24 \times 0.7 - 0.55 \times 4.012$
$+ 0.55 \times 8.512 + 0.5 \times 15 + 0.55 \times 8.512 + 0.40$
$\times 4.012) \times 1.0$
$= 50.978$kN

折算为面荷载 $= \frac{50.978}{(24+2 \times 4.012) \times 1}$
$= 1.592$kN/m²

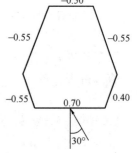

图 Z11-1J

66. 正确答案是 B,解答如下:

根据《高规》4.3.6条:

$$G_E = (9.05 + 8 \times 14 + 2 \times 0.5 \times 8 + 5 \times 0.8 \times 2 + 3.5 \times 0.5 \times 4) \times 850$$
$$= 1.224 \times 10^5 \text{kN}$$

67. 正确答案是 B，解答如下：
根据《高规》8.1.4 条：
$$V_{f,max} = 620 \text{kN} < 0.2V_0 = 0.2 \times 4250 = 850 \text{kN}$$
则：
$$V = \min(1.5V_{f,max}, 0.2V_0) = \min(1.5 \times 620, 850)$$
$$= 850 \text{kN}$$

68. 正确答案是 B，解答如下：
根据《高规》5.4.1 条及其条文说明：
$$EJ_d \geq 2.7H^2 \sum_{i=1}^{n} G_i = 2.7 \times 58^2 \times 1.45 \times 10^5 = 1.317 \times 10^9 \text{kN} \cdot \text{m}^2$$
$$u = \frac{11qH^4}{120EJ_d} \leq \frac{11 \times 65 \times 58^4}{120 \times 1.317 \times 10^9} = 0.0512 \text{m} = 51.2 \text{mm}$$

69. 正确答案是 A，解答如下：
根据《高规》8.1.3 条，可知，该框架部分的抗震等级和轴压比限值宜按框架结构采用。
7 度（0.15g）、Ⅲ类场地，根据《高规》3.9.2 条，按 8 度确定其抗震构造措施等级；查规程表 3.9.3，框架的抗震等级为一级。
查规程表 6.4.2，抗震一级，$\lambda > 2$，框架结构，取 $[\mu_N] = 0.65$：
$$N_{max} = [\mu_N]f_cA = 0.65 \times 19.1 \times 800 \times 800 = 7945600 \text{N} = 7945.6 \text{kN}$$

【65~69 题评析】 65 题，注意风压力、风吸力的方向，再按矢量相加得到 F。
68 题，本题目假定为非抗震设计，故 EJ_d 的增大（或减小），对风荷载 q 无影响。
69 题，本题目中 7 度（0.15g）、Ⅲ类场地，仅仅影响框架的抗震构造措施的抗震等级。

70. 正确答案是 B，解答如下：
根据《高规》5.5.3 条：
由 $\xi_{y1} = 0.45 > 0.8\xi_{y2} = 0.8 \times 0.55 = 0.44$
则：$\eta_p = \frac{1}{2} \times (1.8 + 2) = 1.9$

又根据《高规》3.7.5 条：$\Delta u_p \leq [\theta_p] \cdot h = \frac{1}{50} \times 4800 = 96 \text{mm}$

$\Delta u_p = \eta_p \Delta u_e$，则：$\Delta u_e = \frac{1}{\eta_p} \cdot \Delta u_p = \frac{1}{1.9} \times 96 = 50.5 \text{mm}$

71. 正确答案是 A，解答如下：
根据《高规》表 5.6.4，风荷载不参与地震作用组合；《抗震通规》4.3.2 条：
$$M_B = -[1.3 \times (65 + 0.5 \times 20) + 1.4 \times 260] = -461.5 \text{kN} \cdot \text{m}$$

72. 正确答案是 D，解答如下：

根据《高规》表3.9.3，框架抗震等级为一级。
由《高规》6.3.2条：$A'_s \geqslant 0.5 A_s = 0.5 \times 2945 = 1473 \text{mm}^2$
当取 $A'_s = 1473 \text{mm}^2$ 时：

$$x = \frac{f_y A_s - f'_y A'_s}{\alpha_1 f_c b} = \frac{360 \times 2945 - 360 \times 1473}{1 \times 16.7 \times 250}$$

$$= 127 \text{mm} < 0.25 h_0 = 148 \text{mm}，满足$$

$$\rho = \frac{1473}{250 \times 650} = 0.906\%$$

梁支座的最小配筋率，由规程6.3.2条：

$$\rho_{\min} = \max(0.40\%, 0.80 f_t / f_y) = \max(0.40\%, 0.80 \times 1.57 / 360)$$
$$= 0.40\% < \rho = 0.906\%，满足$$

故应选（D）项。

73. 正确答案是 D，解答如下：

根据《高规》6.2.3条、6.2.4条：
一级框架结构的角柱

$$V = 1.1 \times 1.2 \times \frac{M_{cua}^t + M_{cua}^b}{H_n}$$

$$= 1.1 \times 1.2 \times \frac{700 + 700}{4.8 - 0.65}$$

$$= 446 \text{kN}$$

【70~73题评析】 72题，除满足 $A'_s / A_s \geqslant 0.5$ 外，还应验算 $\rho_{\min,纵}$ 和 x/h_0 是否满足限值 0.25。

74. 正确答案是 B，解答如下：

根据《高规》7.2.7条：

$$\lambda = \frac{M^c}{V^c h_{w0}} = \frac{360}{185 \times 1.9} = 1.02 < 2.5，则：$$

$$V_u = \frac{1}{\gamma_{RE}} (0.15 \beta_c f_c b_w h_{w0})$$

$$= \frac{1}{0.85} \times (0.15 \times 1 \times 16.7 \times 250 \times 2100) = 1547 \text{kN}$$

75. 正确答案是 D，解答如下：

根据《高规》表3.9.3，抗震等级为二级。

墙肢1：$\frac{h_w}{b_w} = \frac{2100}{250} = 8.4 > 8$，为一般剪力墙。

根据《高规》7.1.4条、7.2.14条，第3层作为底部加强部位的相邻上一层，底层 $\mu_N = 0.58 > 0.3$，应设置约束边缘构件。

由《高规》7.2.15条，二级抗震，$\mu_N = 0.50$，约束边缘构件长度为：

$$l_c = \max(0.20 h_w, b_w, 400) = \max(0.2 \times 2100, 250, 400) = 420 \text{mm}$$

$$h_c = \max(b_w, l_c / 2, 400) = \max(250, 420/2, 400) = 400 \text{mm}$$

$$A_{s,\min} = 1.0\% \times h_c b_w = 1.0\% \times 400 \times 250 = 1000 \text{mm}^2，且 \geqslant 6 \oplus 16 (A_s = 1206 \text{mm}^2)$$

对于（D）项：6Φ16（$A_s=1206\text{mm}^2$），满足。

76. 正确答案是 A，解答如下：

由 75 题可知，剪力墙抗震等级为二级。

肢墙2：$\dfrac{h_w}{b_w}=\dfrac{1550}{250}=6.2<8$，根据《高规》7.1.8 条，属于一字形截面短肢剪力墙。

由《高规》7.2.2 条：$[\mu_w]=0.50-0.1=0.40$

$$N\leqslant[\mu_w]f_cA=0.4\times16.7\times(1550\times250)$$
$$=2589\text{kN}$$

77. 正确答案是 C，解答如下：

根据《高规》7.2.14 条，首层，$\mu_w=0.4>0.2$，应设置约束边缘构件。

由高层规程 7.2.15 条，一级，其箍筋间距 $s\leqslant100\text{mm}$：

$$\rho_v=\lambda_v\dfrac{f_c}{f_{yv}}=0.20\times\dfrac{16.7}{360}=0.93\%$$

按Φ10@100 计算：

$$\rho_v=\dfrac{(1210\times2+210\times8+525\times2)\times78.5}{100\times(1200\times200+320\times200)}=1.33\%>0.93\%,\text{满足}。$$

故应选（C）项。

78. 正确答案是 B，解答如下：

连梁跨高比 $\dfrac{1100}{600}=1.83<5$，根据《高规》7.1.3 条，按连梁设计。

由《高规》7.2.21 条：

$$V_b=\eta_{vb}\dfrac{M_b^l+M_b^r}{l_n}+V_{Gb}=1.2\times\dfrac{2\times175}{1.1}+10=392\text{kN}$$

跨高比 $1.83<2.5$，由《高规》式（7.2.23-3）：

$$\dfrac{A_{sv}}{s}=\dfrac{\gamma_{RE}V_b-0.38f_tb_bh_{b0}}{0.9f_{yv}h_{b0}}=\dfrac{0.85\times392\times10^3-0.38\times1.57\times250\times565}{0.9\times360\times565}$$
$$=1.36\text{mm}^2/\text{mm}$$

又由《高规》7.2.27 条，及 6.3.2 条：

抗震二级，箍筋直径$\geqslant 8\text{mm}$，$s=\min\left(\dfrac{600}{4},8\times14,100\right)=100\text{mm}$

当 $s=100\text{mm}$，$A_{sv1}=1.36\times100/2=68\text{mm}^2$，选$\Phi$10（$A_s=78.5\text{mm}^2$），满足。

最终选Φ10@100。

【74~78题评析】 75题，正确计算出暗柱尺寸：$h_cb_w=400\text{mm}\times250\text{mm}$。

76题，本题目条件的墙肢2的截面尺寸为 $250\text{mm}\times1550\text{mm}$，为一字形截面，而不是 T 形截面。

78题，本题目解答过程 $8d\geqslant8\times14$，其依据是《高规》6.3.3 条第 2 款，$d\geqslant14\text{mm}$。

79. 正确答案是 D，解答如下：

根据《抗规》5.1.1 条注，(D) 项错误，应选 (D) 项。

【79 题评析】 根据《高规》表 5.6.4，(A)、(B)、(C) 项，均正确。

80. 正确答案是 C，解答如下：

根据《抗规》6.1.10 条，(C) 项错误，应选 (C) 项。

【80 题评析】 根据《抗规》6.6.4 条及条文说明，(A) 项正确。

根据《抗规》6.1.8 条第 3 款，(B) 项正确。

根据《抗规》6.1.14 条及条文说明，(D) 项正确。

2012 年真题解答与评析

（上午卷）

1. 正确答案是 A，解答如下：

根据《混规》9.4.5 条：房屋高度≤10m、层数≤3 层的钢筋混凝土墙的水平及竖向分布钢筋的配筋率最小值均不宜小于 0.15%。

【1 题评析】 本题目为多层钢筋混凝土剪力墙结构，非抗震设计。

2. 正确答案是 D，解答如下：

按《抗规》5.1.4 条表 5.1.4-1，罕遇地震，$\alpha_{max}=0.50$

按《抗规》5.1.4 条表 5.1.4-2，$T_g=0.40s$

计算罕遇地震作用时，$T_g=0.40+0.05=0.45s$。

3. 正确答案是 A，解答如下：

$T=0.5\times 0.8=0.4s$。

按《抗规》5.1.4 条，$\alpha_{max}=0.08$，$T_g=0.40s$

按《抗规》5.1.5 条，$\eta_2=1.0$

$\dfrac{T}{T_g}=\dfrac{0.4}{0.4}=1$，位于水平地震影响系数曲线的水平段，则：

$$\alpha=\eta_2\alpha_{max}=1.0\times 0.08=0.08$$

【2、3 题评析】 3 题，本题目的 T 正好位于水平地震影响系数曲线的水平段，故 $\alpha=\eta_2\alpha_{max}$。

4. 正确答案是 B，解答如下：

根据《抗规》6.3.9 条，可知，非加密区箍筋间距为 200mm。

抗震二级，箍筋间距不应大于 10 倍纵筋直径（$d=18$），故非加密区箍筋间距最大值为 180mm。

5. 正确答案是 A，解答如下：

根据《结通规》表 4.2.2，组合值系数取 0.7、准永久值系数取 0.5。

根据《结通规》4.2.4 条，梁从属面积 13.5m²<50m²，故不考虑活荷载折减。

根据《结通规》3.1.13 条：

$$q=1.3g_k+1.5p_k=1.3\times 15.0+1.5\times 4.5=24.95\text{kN/m}$$

$$M=\dfrac{1}{8}ql^2=\dfrac{1}{8}\times 24.95\times 6^2=112.3\text{kN}\cdot\text{m}$$

标准组合：$q_k=g_k+p_k=14.0+4.5=18.5\text{kN/m}$，$M_k=\dfrac{1}{8}q_kl^2=\dfrac{1}{8}\times 18.5\times 6^2=83.3\text{kN}\cdot\text{m}$

准永久组合：$q_q=g_k+0.5p_k=14.0+0.5\times 4.5=16.25\text{kN/m}$

$$M_q = \frac{1}{8}q_q l^2 = \frac{1}{8} \times 16.25 \times 6^2 = 73.1 \text{kN} \cdot \text{m}$$

故选（A）项。

6. 正确答案是 D，解答如下：

根据《抗规》表 5.1.3：

$$q = 14 + 0.5 \times 4.5 = 16.25 \text{kN/m}$$

由《抗震通规》4.3.2 条：

$$V_{Gb} = 1.3 \times \frac{1}{2} \times 16.25 \times 6 = 63.4 \text{kN}$$

7. 正确答案是 D，解答如下：

按《抗规》6.1.2 条，非大跨度框架，框架抗震等级为四级。

按《抗规》表 6.3.6，柱轴压比限值为 0.9，$1.5<\lambda=1.90<2$，按表 6.3.6 注 2 的规定，轴压比限值需降低 0.05。同时，柱箍筋的直径、肢距和间距满足表 6.3.6 注 3 的规定，轴压比限值可增加 0.10。

故该柱的轴压比限值为：$0.9-0.05+0.10=0.95<1.05$

【7 题评析】 本题目框架柱不与大跨度（≥18m）的框架梁相连。

8. 正确答案是 D，解答如下：

根据《混规》11.4.17 条及表 11.4.17，当轴压比 $\mu_N=0.40$ 时，$\lambda_v=0.07$，混凝土强度等级 C30<C35，应按 C35 计算：$f_c=16.7 \text{N/mm}^2$

$$\rho_v \geq \lambda_v \frac{f_c}{f_{yv}} = 0.07 \times \frac{16.7}{360} = 0.32\%$$

根据《混规》11.4.17 条第 2 款，四级抗震，$\rho_v \geq 0.4\%$

最终取 $\rho_v \geq 0.4\%$

【8 题评析】 本题目，可根据抗震构造措施的规定，直接选（D）项。

9. 正确答案是 B，解答如下：

根据《抗规》5.2.3 条：

KJ1 至少应放大 5%，（A）项偏小、不安全；

KJ4 至少应放大 15%，（D）项中的 KJ4 的放大系数偏小、不安全；

KJ3 位于中部，增大系数取 1.05 较 1.15 相对合理，故选（B）项。

10. 正确答案是 A，解答如下：

按《混规》附录 G.0.2，$\frac{l_0}{h} = \frac{6000}{3900} = 1.54 < 2.0$

支座截面 $a_s=0.2h=0.2 \times 3900=780 \text{mm}$，$h_0=h-a_s=3120 \text{mm}$

要求不出现斜裂缝，按《混规》式（G.0.5）：

$$V_k \leq 0.5 f_{tk} b h_0 = 0.5 \times 2.39 \times 300 \times 3120 = 1118.5 \text{kN}$$

11. 正确答案是 C，解答如下：

Ⅰ．由《混规》6.6.1 条，公式左侧为效应设计值，右侧为抗力设计值，因此，均为设计值。Ⅰ正确。

Ⅱ．由《混规》3.4.2 条，正常使用极限状态设计表达式中，左侧为效应设计值，因此，挠度也为设计值，Ⅱ错误。

Ⅲ. 由《混规》3.4.3 条，Ⅲ正确。

故选（C）项。

12. 正确答案是 D，解答如下：

依据《混规》9.7.6 条，故选（D）项。

13. 正确答案是 C，解答如下：

根据《混通规》4.4.6 条：

$$\rho_{\min} = \max\left(0.45\frac{f_t}{f_y}, 0.2\%\right) = \max\left(0.45 \times \frac{1.43}{360}, 0.2\%\right) = 0.2\%$$

$$A_{s,\min} = \rho_{\min}[bh + (b_f - b)h_f]$$
$$= 0.2\% \times (200 \times 500 + 400 \times 120)$$
$$= 296 \text{mm}^2$$

14. 正确答案是 C，解答如下：

根据《混规》6.2.10 条：

$$x = h_0 - \sqrt{h_0^2 - \frac{2\gamma_0 M}{\alpha_c f_c b_f'}} = 460 - \sqrt{460^2 - \frac{2 \times 1 \times 310 \times 10^6}{1 \times 14.3 \times 600}} = 86.7 \text{mm} < h_f' = 120 \text{mm}$$

应按宽度为 b_f' 的矩形截面计算：

$$A_s = \frac{\alpha_1 f_c b_f' x}{f_y} = \frac{1 \times 14.3 \times 600 \times 86.7}{360} = 2066 \text{mm}^2$$

(C) 项：$4 \oplus 14 + 3 \oplus 25$，$A_s = 615 + 1473 = 2088 \text{mm}^2 > 2066 \text{mm}^2$

故选（C）项。

15. 正确答案是 C，解答如下：

根据《混规》7.1.2 条：

$$A_s = 452 + 1847 = 2299 \text{mm}^2$$
$$A_{te} = 0.5bh + (b_f - b)h_f = 0.5 \times 200 \times 500 + 400 \times 120 = 98000 \text{mm}^2$$
$$\rho_{te} = \frac{2299}{98000} = 0.0235 > 0.01$$
$$d_{eq} = \frac{4 \times 12^2 + 3 \times 28^2}{4 \times 1 \times 12 + 3 \times 1 \times 28} = 22.2 \text{mm}$$
$$\sigma_{sq} = \frac{M_q}{0.87 h_0 A_s} = \frac{275 \times 10^6}{0.87 \times 460 \times 2299} = 299 \text{N/mm}^2$$
$$\psi = 1.1 - 0.65\frac{f_{tk}}{\rho_{te}\sigma_{sq}} = 1.1 - 0.65 \times \frac{2.01}{0.0235 \times 299} = 0.914 \begin{array}{l} <1.0 \\ >0.2 \end{array}$$
$$w_{\max} = \alpha_{cr}\psi\frac{\sigma_{sq}}{E_s}\left(1.9c_s + 0.08\frac{d_{eq}}{\rho_{te}}\right)$$
$$= 1.9 \times 0.914 \times \frac{299}{2.0 \times 10^5} \times \left(1.9 \times 28 + 0.08 \times \frac{22.2}{0.0235}\right)$$
$$= 0.33 \text{mm}$$

16. 正确答案是 B，解答如下：

根据《混规》7.2.3 条：

$$A_s = 452 + 1473 = 1925 \text{mm}^2, \rho = \frac{1925}{200 \times 460} = 0.021$$

由 7.1.4 条：

$$h'_f = \min(120, 0.2 \times 460) = 92\text{mm}$$

$$\gamma'_f = \frac{400 \times 92}{200 \times 460} = 0.4$$

$$\alpha_E = \frac{E_s}{E_c} = \frac{2.0 \times 10^5}{3.0 \times 10^4} = 6.667$$

$$B_s = \frac{E_s A_s h_0^2}{1.15\psi + 0.2 + \dfrac{6\alpha_E \rho}{1+3.5\gamma'_f}} = \frac{2 \times 10^5 \times 1925 \times 460^2}{1.15 \times 0.861 + 0.2 + \dfrac{6 \times 6.667 \times 0.021}{1+3.5 \times 0.4}}$$

$$= 5.29 \times 10^{13}\text{N} \cdot \text{mm}^2$$

17. 正确答案是 C，解答如下：

根据《混规》7.2.5 条、7.2.2 条：

当 $\rho' = 0.8\rho$ 时，内插得：$\theta = 1.6 + \dfrac{2-1.6}{1.0} \times (1-0.8) = 1.68$

$$B = \frac{B_s}{\theta} = \frac{2 \times 10^{13}}{1.68} = 1.19 \times 10^{13}\text{N} \cdot \text{mm}^2$$

【13~17 题评析】 15 题，《混规》7.1.2 条中对参数 A_{te}、ρ_{te}、ψ、c_s 有明确的规定。

16 题，关键是复核 $\gamma'_f \leqslant 0.2h_0$；$\rho$ 的计算，应按 $\rho = \dfrac{A_s}{bh_0}$，不计上、下翼缘的混凝土截面面积。

17 题，θ 计算也可按下式：

$$\theta = 2 - \frac{0.8-0}{1-0} \times (2-1.6) = 1.68$$

18. 正确答案是 D，解答如下：

根据《混规》10.1.17 条及其条文说明，受拉钢筋最小配筋量不得少于按正截面受弯承载力设计值等于正截面开裂弯矩值的原则确定的配筋百分率，因此，Ⅲ正确。单独针对预应力混凝土受弯构件中的预应力钢筋、非预应力钢筋，配筋百分率均没有 0.2 和 $0.45f_t/f_y$ 的限制，故Ⅰ、Ⅱ均错。故选（D）项。

19. 正确答案是 A，解答如下：

根据《结通规》3.1.13 条：

根据《荷规》6.3.1 条：动力系数应取 1.05

在钢梁 C 点处：$F = 1.3 \times 6 + 1.05 \times 1.5 \times 66 = 111.75\text{kN}$

$$M_{xmax} = \frac{1}{4}FL = \frac{1}{4} \times 111.75 \times 7 = 196\text{kN} \cdot \text{m}$$

根据《钢标》6.1.1 条：

$$\frac{M_x}{\gamma_x W_{nx}} = \frac{196 \times 10^6}{1.05 \times 1050 \times 10^3} = 178\text{N/mm}^2$$

20. 正确答案是 C，解答如下：
$$f_{Qmax} = \frac{1}{48} \cdot \frac{Q_k L^3}{EI_x} = \frac{1}{48} \times \frac{66 \times 10^3 \times 7000^3}{206 \times 10^3 \times 23500 \times 10^4} = 9.7\text{mm}$$

21. 正确答案是 B，解答如下：
根据《钢标》附录 C.0.1 条：

$$\lambda_y = \frac{l_1}{i_y} = \frac{7000}{45.6} = 153.5, \eta_b = 0, \beta_b = 1.9$$

$$\varphi_b = \beta_b \frac{4320}{\lambda_y^2} \cdot \frac{Ah}{W_x} \left[\sqrt{1 + \left(\frac{\lambda_y t_1}{4.4h}\right)^2} + \eta_b \right] \varepsilon_k^2$$

$$= 1.9 \times \frac{4320}{153.5^2} \times \frac{83.37 \times 10^2 \times 400}{1170 \times 10^3} \left[\sqrt{1 + \left(\frac{153.5 \times 13}{4.4 \times 400}\right)^2} + 0 \right] \times \frac{235}{235}$$

$$= 1.5 > 0.6$$

$$\varphi_b' = 1.07 - \frac{0.282}{\varphi_b} = 1.07 - \frac{0.282}{1.5} = 0.88 < 1.0$$

【19~21 题评析】 19 题，根据《钢标》6.1.1 条条文说明，应考虑 γ_x。

20 题，根据《钢标》3.1.7 条，不考虑动力系数。

22. 正确答案是 D，解答如下：

根据计算简图，在围护结构自重作用下，AB 段墙架柱承受压力，BC 段墙架柱承受拉力，同时 AB 段和 BC 段墙架柱均承受由水平风荷载产生的弯矩作用，因此 AB 段墙架柱为压弯构件，BC 段墙架柱为拉弯构件。

23. 正确答案是 A，解答如下：

根据《钢标》8.1.1 条：

截面等级满足 S3 级，取 $\gamma_x = 1.05$

$$\frac{N}{A_n} + \frac{M_x}{\gamma_x W_{nx}} = \frac{15 \times 10^3}{55.49 \times 10^2} + \frac{54 \times 10^6}{1.05 \times 495 \times 10^3} = 2.7 + 103.9$$

$$= 106.6\text{N/mm}^2$$

24. 正确答案是 C，解答如下：

AB 段墙架柱为两端支承的构件，在构件段内有端弯矩和横向荷载同时作用，使构件产生反向曲率，由《钢标》式（8.2.1-5），由于 $M_2 = M_A = 0$，则：

$$B_{m1x} = 0.6$$

25. 正确答案是 A，解答如下：

根据《钢标》7.2.6 条，撑杆 AB 受压构件：

填板间距 $\leq 40i = 40 \times 19.9 = 796\text{mm}$

26. 正确答案是 D，解答如下：

根据《钢标》7.2.2 条：

$$\frac{b}{t} = \frac{100 + 8/2}{7} = 14.9 < 15\varepsilon_k = 15, \text{不计扭转效应。}$$

$$\lambda_y = \frac{l_{0y}}{i_y} = \frac{4765}{38.9} = 122.5$$

b 类截面，查表 D.0.2，$\varphi = 0.4235$

根据《钢标》7.2.1 条：

$$\frac{N}{\varphi A} = \frac{185 \times 10^3}{0.4235 \times 27.6 \times 10^2} = 158.3 \text{N/mm}^2$$

27. 正确答案是 B，解答如下：

根据《钢标》11.3.5 条：

侧面角焊缝的最小计算长度 $l_{wmin} = 8h_f = 8 \times 6 = 48\text{mm} > 40\text{mm}$

$$l_{实际} = 48 + 2h_f = 48 + 2 \times 6 = 60\text{mm}$$

28. 正确答案是 C，解答如下：

根据《钢标》11.2.2 条：

$$\tau_f = \frac{N}{h_e l_w} = \frac{0.7 \times 185 \times 10^3}{2 \times 0.7 \times 6 \times (160 - 2 \times 6)}$$

$$= 104.2 \text{N/mm}^2$$

29. 正确答案是 C，解答如下：

根据《钢标》16.1.1 条，应选（C）项。

30. 正确答案是 B，解答如下：

根据《荷规》6.2.1 条、6.2.2 条，取 2 台，其折减系数为 0.90。

31. 正确答案是 B，解答如下：

查《砌规》表 3.2.2，取 $f_v = 0.17\text{MPa}$

根据《抗规》7.2.6 条：

$$\sigma_0 = \frac{1.0 \times (210 + 70 \times 0.5)}{0.24} = 1020.8 \text{kN/m}^2 = 1.02 \text{MPa}$$

$$\frac{\sigma_0}{f_v} = \frac{1.02}{0.17} = 6.0, \text{ 故：} \zeta_N = 1.56$$

$$f_{vE} = \zeta_N f_v = 1.56 \times 0.17 = 0.265 \text{N/mm}^2$$

【31 题评析】 计算 σ_0 时，取 $\gamma_G = 1.0$。

32. 正确答案是 A，解答如下：

根据《抗规》7.2.6 条、7.2.7 条：

$$f_{vE} = \zeta_N f_v = 1.6 \times 0.17 = 0.272 \text{N/mm}^2$$

横墙： $A = 240 \times (3900 + 3200 + 3900 + 240) = 2697600 \text{mm}^2$

$$A_c = 2 \times 240 \times 240 = 115200 \text{mm}^2$$

$$\frac{A_c}{A} = \frac{115200}{2697600} = 0.04 < 0.15, \text{ 故：} A_c = 115200 \text{mm}^2$$

$$\rho = \frac{A_{sc1}}{bh} = \frac{615}{240 \times 240} = 1.07\% \begin{matrix} < 1.4\% \\ > 0.6\% \end{matrix}$$

$$V_u = \frac{1}{\gamma_{RE}}[\eta_c f_{vE}(A-A_c) + \zeta_c f_t A_c + 0.08 f_{yc} A_{sc} + \zeta_s f_{yh} A_{sh}]$$

$$= \frac{1}{0.9} \times [1.0 \times 0.272 \times (2697600 - 115200) + 0.4 \times 1.27 \times 115200$$

$$+ 0.08 \times 270 \times 615 \times 2 + 0]$$

$$= 875 \text{kN}$$

33. 正确答案是 D，解答如下：

根据《砌规》8.2.9 条，Ⅰ正确，Ⅱ错误，排除（A）、（B）、（C）项，选（D）项。

【33题评析】 Ⅲ. 根据《砌规》10.2.2 条，正确。

Ⅳ. 根据《砌规》8.1.3 条，错误。

34. 正确答案是 C，解答如下：

根据《抗规》7.2.6 条、7.2.7 条：

$$f_{vE} = \zeta_N f_v = 1.6 \times 0.17 = 0.272 \text{N/mm}^2, \gamma_{RE} = 1.0$$

$$A = 240 \times (3900 + 3200 + 3900 + 240) = 2697600 \text{mm}^2$$

$$V = \frac{f_{vE} \cdot A}{\gamma_{RE}} = \frac{0.272 \times 2697600}{1.0} = 733.7 \text{kN}$$

35. 正确答案是 B，解答如下：

根据《木标》表 10.1.2，Ⅰ正确，排除（C）、（D）项；由表 10.1.8 注 1，Ⅱ错误，故选（B）项。

【35题评析】 Ⅲ. 由《木标》10.2.4 条，正确；

Ⅳ. 由《木标》表 10.2.1，错误。

36. 正确答案是 B，解答如下：

刚性方案，$s=10.8\text{m}>2H=2\times3.6=7.2\text{m}$，查《砌规》表 5.1.3，取 $H_0=1.0H=3.6\text{m}$

$$\beta = \gamma_\beta \frac{H_0}{h} = 1 \times \frac{3600}{240} = 15$$

由 8.1.2 条：$\rho = \dfrac{(40+40) \times \dfrac{\pi}{4} \times 4^2}{40 \times 40 \times 130} = 0.483\%$

由附录 D.0.2 条：

$$\varphi_{on} = \frac{1}{1+(0.0015+0.45\rho)\beta^2}$$

$$= \frac{1}{1+(0.0015+0.45 \times 0.483\%) \times 15^2}$$

$$= 0.547$$

37. 正确答案是 A，解答如下：

$A = 0.24 \times 1.2 = 0.288 \text{m}^2 > 0.2 \text{m}^2$，M10 水泥砂浆，则：

$$f = 1.89 \text{MPa}$$

根据《砌规》8.1.2 条：

$$f_n = f + 2\left(1 - \frac{2e}{y}\right)\rho f_y = 1.89 + 2 \times \left(1 - \frac{2 \times 24}{120}\right) \times 0.6\% \times 320$$
$$= 4.194 \text{MPa}$$
$$N_u = \varphi_n f_n A = \varphi_n \times 4.194 \times 240 \times 1200 = 1207.9\varphi_n \text{kN}$$

38. 正确答案是 C，解答如下：
$$\beta = 15, \frac{e}{h} = \frac{24}{240} = 0.1，查《砌规》附录表 D.0.1-1：$$
$$\varphi = \frac{1}{2}(0.56 + 0.52) = 0.54$$
$$N_u = \varphi f A = 0.54 \times 1.68 \times 240 \times 1200 = 261 \text{kN}$$

【36～38 题评析】 37 题，配筋砖砌体，复核截面面积是否小于 0.2m^2。

39. 正确答案是 A，解答如下：
根据《砌规》7.4.4 条，及《可靠性标准》8.2.4 条：
$$R = 1.3 \times 10 + 1.3 \times (10 + 1.8) \times 1.8 + 1.5 \times 9 \times 1.8 = 64.912 \text{kN}$$
$$N_l = 2R = 2 \times 64.912 = 129.824 \text{kN}$$
$$\eta \gamma f A_l = 0.7 \times 1.5 \times 1.69 \times (1.2 \times 240 \times 400)$$
$$= 204.4 \text{kN}$$

40. 正确答案是 D，解答如下：
根据《砌规》7.4.2、7.4.5 条：
$$l_1 = 2700 \text{mm} > 2.2 h_b = 2.2 \times 400 = 880 \text{mm}$$
$$x_0 = 0.3 h_b = 0.3 \times 400 = 120 \text{mm} < 0.13 l_1 = 0.13 \times 2700 = 351 \text{mm}$$
故取 $x_0 = 120 \text{mm}$。
《可靠性标准》8.2.4 条：
$$M_{\max} = 1.3 \times 10 \times (1.8 + 0.12) + [1.3 \times (10 + 1.8) + 1.5 \times 9] \times 1.8 \times (1.8/2 + 0.12)$$
$$= 77.91 \text{kN} \cdot \text{m}$$
$$V_{\max} = 1.3 \times 10 + [1.3 \times (10 + 1.8) + 1.5 \times 9] \times 1.8 = 64.91 \text{kN}$$

（下午卷）

41. 正确答案是 B，解答如下：
根据《砌规》5.1.2 条，(A) 项正确，(B) 项错误，故应选 (B) 项。
【41 题评析】 根据《砌规》5.1.3 条，(C) 项、(D) 项均正确。

42. 正确答案是 D，解答如下：
根据《砌规》10.1.5 条，应选 (D) 项。

43. 正确答案是 B，解答如下：
$A = 0.25 \times 0.37 = 0.0925 \text{m}^2 < 0.2 \text{m}^2，\gamma_a = 0.8 + A = 0.8925$
则：$f = 0.8925 \times 1.89 = 1.687 \text{MPa}$

根据《砌规》8.2.3条：
$$\beta = \frac{\gamma_\beta \cdot H_0}{h} = \frac{1.0 \times 5.9}{0.37} = 16.0, \quad \rho = \frac{A'_s}{bh} = \frac{2 \times 615}{370 \times 490} = 0.68\%$$

$$\varphi_{com} = 0.81 + \frac{0.84 - 0.81}{0.8 - 0.6} \times (0.68 - 0.6) = 0.822$$

$$N_u = \varphi_{com}(fA + f_c A_c + \eta_s f'_y A'_s)$$
$$= 0.822 \times (1.687 \times 92500 + 9.6 \times 2 \times 120 \times 370 + 1.0 \times 270 \times 2 \times 615)$$
$$= 1102 \text{kN}$$

【43题评析】 小截面面积对 f 的影响，仅计算砖砌体部分 $A = 250\text{mm} \times 370\text{mm}$。

44. 正确答案是 D，解答如下：

根据《砌规》7.3.3条：

$$l_c = 5400 + 600 = 6000\text{mm}, \quad 1.1l_n = 1.1 \times 5400 = 5940\text{mm} < l_c$$

故取 $l_0 = 1.1l_n = 5940\text{mm}$

$$h_w = 2800\text{mm} < l_0 = 5940\text{mm}, \quad \text{故} \ h_w = 2800\text{mm}$$

$$H_0 = h_w + 0.5h_b = 2800 + 0.5 \times 600 = 3100\text{mm} = 3.1\text{m}$$

45. 正确答案是 B，解答如下：

根据《砌规》7.3.4条，及《可靠性标准》8.2.4条：

$$Q_2 = 1.3 \times (5.5 \times 2.8 \times 3 + 3 \times 12) + 1.5 \times 3 \times 6$$
$$= 133.86\text{kN/m}$$

46. 正确答案是 D，解答如下：

根据《砌规》7.3.6条：

$$\alpha_M = \psi_M \left(1.7 \frac{h_b}{l_0} - 0.03\right) = 1.0 \times \left(1.7 \times \frac{600}{6000} - 0.03\right) = 0.14$$

$$M_b = M_{1i} + \alpha_M M_{2i} = \frac{1}{8} Q_1 l_0^2 + \alpha_M \frac{1}{8} Q_2 l_0^2$$

$$= \frac{6.0^2}{8} \times (35 + 0.14 \times 130) = 239.4 \text{kN} \cdot \text{m}$$

47. 正确答案是 D，解答如下：

根据《木标》4.3.1条、4.3.2条：

$$f_m = 1.15 \times 15 = 17.25 \text{N/mm}^2$$

由 4.3.18 条：$d = 156 + 9 \times \frac{5}{2} = 178.5\text{mm}$

由 5.2.1 条：

$$\gamma_0 M = f_m W_n, \quad \text{即}: \gamma_0 \frac{1}{8} q l^2 \leqslant f_m \cdot \frac{1}{32} \pi d^3$$

则： $$q \leqslant \frac{\pi d^3 f_m}{\gamma_0 4 l^2} = \frac{\pi \times 178.5^3 \times 17.25}{1.0 \times 4 \times 5000^2} = 3.08 \text{N/mm} = 3.08 \text{kN/m}$$

48. 正确答案是 A，解答如下：

根据《木标》4.3.1条、4.3.2条：

$E = 1.15 \times 10000 = 11500 \text{N/mm}^2$；同上题，$d = 178.5\text{mm}$

$$\frac{5q_k l^4}{384EI} \leqslant \frac{l}{250}, I = \frac{\pi d^4}{64}, 则:$$

$$q_k \leqslant \frac{384EI}{250 \times 5l^3} = \frac{384 \times 11500 \times \frac{1}{64} \times \pi \times 178.5^4}{250 \times 5 \times 5000^3}$$
$$= 1.41\text{N/mm} = 1.41\text{kN/m}$$

【47、48题评析】 47题、48题，圆截面时，$I = \frac{\pi}{64}d^4$，$W = \frac{\pi}{32}d^3$。

48题，正常使用极限状态，不考虑γ_0。

49. 正确答案是B，解答如下：

根据《抗规》4.1.4条，场地覆盖层厚度为：$6+2+14=22\text{m}>20\text{m}$

根据《抗规》4.1.5条，$d_0=20\text{m}$

$$t = \sum_{i=1}^{n}(d_i/v_{si}) = 6/130 + 2/90 + 12/195 = 0.13\text{s}$$

$$v_{se} = \frac{d_0}{t} = \frac{20}{0.13} = 153.8\text{m/s}, 150\text{m/s} < v_{se} \leqslant 250\text{m/s}$$

查《抗规》表4.1.6，Ⅱ类场地。

50. 正确答案是C，解答如下：

根据《地规》4.1.10条：

$$I_L = \frac{w-w_p}{w_L-w_p} = \frac{42-29}{53-29} = \frac{13}{24} = 0.54$$

$0.25 < I_L \leqslant 0.75$，为可塑。

根据《地规》4.2.6条，$0.1\text{MPa}^{-1} \leqslant a_{1-2} = 0.32\text{MPa}^{-1} < 0.5\text{MPa}^{-1}$，为中压缩性土。

51. 正确答案是B，解答如下：

根据《地规》5.2.4条：

$$\gamma_m = \frac{1.2 \times 19 + 1 \times (19-10)}{2.2} = 14.45\text{kN/m}^3$$

$$f_a = 80 + 1.0 \times 14.45 \times (2.2-0.5) = 104.6\text{kPa}$$

52. 正确答案是B，解答如下：

根据《地规》5.2.7条：

$$\frac{E_{s1}}{E_{s2}} = \frac{9}{3} = 3 \quad \frac{z}{b} = \frac{1.0}{1.6} = 0.625 > 0.5$$

查表5.2.7，$\theta=23°$

$$p_z = \frac{b(p_k - p_c)}{b+2z\tan\theta} = \frac{1.6 \times (130 - 1.2 \times 19)}{1.6 + 2 \times 1.0 \times \tan 23°} = \frac{1.6 \times 107.2}{1.6 + 2 \times 1.0 \times 0.4245}$$
$$= \frac{171.5}{1.6 + 0.849} = 70.0\text{kPa}$$

53. 正确答案是C，解答如下：

取基础底面长度$l=1\text{m}$进行计算，根据《地规》8.2.14条：

$$a_1 = \frac{1.6 - 0.24}{2} = 0.68\text{m}$$

基础底面的净反力为：$p_j = \dfrac{160}{1.6} = 100\text{kN/m}^2$

$$M_{\max} = \dfrac{1}{2} \times (100 \times 1) \times 0.68^2 = 23.1\text{kN} \cdot \text{m/m}$$

【51～53题评析】 53题，本题目砖墙放脚60mm，不大于$\dfrac{1}{4}$砖长$=\dfrac{1}{4}\times 240 = 60$mm，故取 $a_1 = \dfrac{1.6 - 0.24}{2} = 0.68$m

54. 正确答案是 C，解答如下：

根据《地规》8.4.12条：

$$h_0 = \dfrac{l_{n1} + l_{n2} - \sqrt{(l_{n1} + l_{n2})^2 - \dfrac{4p_n l_{n1} l_{n2}}{p_n + 0.7\beta_{hp} f_t}}}{4}$$

$$= \dfrac{4.9 + 6.5 - \sqrt{(4.9+6.5)^2 - \dfrac{4 \times 0.35 \times 4.9 \times 6.5}{0.35 + 0.7 \times 1 \times 1.57}}}{4}$$

$$= 0.36\text{m} = 360\text{mm}$$

$$h = h_0 + 60 = 420\text{mm} > 400\text{mm}$$

故最终取 $h = 420$mm。

55. 正确答案是 C，解答如下：

根据《地规》8.4.12条：

$$h_0 = h - a_s = 440\text{mm}$$

阴影部分梯形的底边 $l_1 = 6500 - 2 \times 440 = 5620$mm $= 5.62$m

阴影部分梯形的顶边 $l_2 = 6500 - 4900 = 1600$mm $= 1.6$m

$$V_s = (5.62 + 1.6) \times \dfrac{1}{2} \times \left(\dfrac{4.9}{2} - 0.44\right) \times 350 = 2539.6\text{kN}$$

56. 正确答案是 B，解答如下：

根据《地规》8.4.12条：

$$h_0 = h - a_s = 440\text{mm} < 800\text{mm}, \beta_{hs} = 1.0$$

$$0.7\beta_{hs} f_t (l_{n2} - 2h_0) h_0 = 0.7 \times 1.0 \times 1.57 \times (6500 - 2 \times 440) \times 440$$

$$= 2717.6\text{kN}$$

【54～56题评析】 54题，筏板厚度应满足构造要求，即：$h \geqslant 400$mm。

55题，本题目解答是针对底板区格为矩形双向板。

57. 正确答案是 C，解答如下：

根据《地规》7.3.2条，(C)项错误，应选（C）项。

【57题评析】（A）项：符合《地规》7.4.3条。

(B) 项：符合《地规》7.5.7条。

(D) 项：符合《地规》7.4.2条。

58. 正确答案是 C，解答如下：

根据《地处规》7.7.2 条、7.1.5 条：

$$m = \frac{d^2}{d_e^2} = \frac{d^2}{(1.13s)^2} = \frac{0.4 \times 0.4}{(1.13 \times 1.6)^2} = 0.0489$$

由提示，取 $f_{sk}=170\text{kPa}$。

$$f_{spk} = \lambda m \frac{R_a}{A_p} + \beta(1-m)f_{sk}$$

$$= 1.0 \times 0.0489 \times \frac{420}{3.14 \times 0.2 \times 0.2} + 0.85 \times (1-0.0489) \times 170$$

$$= 163.5 + 137.4 = 300.9\text{kPa}$$

59. 正确答案是 D，解答如下：

根据《地处规》7.7.2 条条文说明，（D）项错误，应选（D）项。

60. 正确答案是 D，解答如下：

根据《桩规》5.1.1 条：

$$N_k = \frac{F_k + G_k}{n} = \frac{9050 + 5.4 \times 5.4 \times 3 \times 20}{9} = 1200\text{kN}$$

$$N_{kmax} = \frac{F_k + G_k}{n} + \frac{M_{xk}y_i}{\sum y_i^2} + \frac{M_{yk}x_i}{\sum x_i^2} = 1200 + \frac{2420 \times 2.1}{2.1^2 \times 6} + \frac{2420 \times 2.1}{2.1^2 \times 6} = 1584\text{kN}$$

根据 5.2.1 条：$R_a \geq \frac{N_{kmax}}{1.2} = \frac{1584}{1.2} = 1320\text{kN} > N_k$，故选（D）项。

61. 正确答案是 C，解答如下：

根据《桩规》5.3.10 条：

$$Q_{uk} = u\sum q_{sjk}l_j + u\sum \beta_{si}q_{sik}l_{gi} + \beta_p q_{pk}A_p$$

$$= 3.14 \times 0.6 \times 50 \times 12 + 3.14 \times 0.6 \times (1.4 \times 36 \times 11 + 1.6 \times 60 \times 1)$$

$$+ 2.4 \times 1200 \times 3.14 \times 0.3^2$$

$$= 1130 + 1225 + 814 = 3169\text{kN}$$

$$R_a = \frac{Q_{uk}}{2} = \frac{3169}{2} = 1585\text{kN}$$

62. 正确答案是 B，解答如下：

由于桩身配箍不满足《桩规》5.8.2 第 1 款的条件，则：

$$f_c = \frac{N}{\psi_c A_{ps}} = \frac{1980 \times 1000}{0.75 \times 3.14 \times 300^2} = 9.34\text{kN/mm}^2，可选 C20$$

桩基环境类别为二 a，根据《桩规》3.5.2 条，不得小于 C25。

根据计算及构造要求，应选（B）项。

63. 正确答案是 D，解答如下：

根据《桩规》5.5.6 条：

$$p_z = 18.2 \times 2.5 + 18.8 \times 0.5 = 54.9\text{kPa}$$

$$p_0 = p - p_z = \frac{8165}{5.4 \times 5.4} + 3 \times 20 - 54.9 = 285\text{kPa}$$

64. 正确答案是 B，解答如下：

根据《桩规》5.5.11 条及表 5.5.11，不考虑后注浆时：

$$\psi = 0.65 + \frac{(20-18)}{(20-15)}(0.9-0.65) = 0.65 + 0.1 = 0.75$$

因后注浆，对桩端持力层为细砂层应再乘以 0.7~0.8 的折减系数，则：

$$\psi = 0.75 \times 0.7 = 0.525, \psi = 0.75 \times 0.8 = 0.60$$

ψ 为 0.525~0.60，应选（B）项。

【60~64 题评析】 60 题，R_a 应同时满足：$N_k \leqslant R_a$；$N_{kmax} \leqslant 1.2R_a$。

62 题，结构设计除应满足结构承载力计算的要求外，还应满足耐久性、构造等要求。

63 题，在荷载的准永久组合下，桩基承台底平均压力既包含上部结构柱荷载产生的压力，也包含承台及其上土体自重产生的压力。

65. 正确答案是 A，解答如下：

根据《高规》3.9.2 条，应按 7 度采取内力调整抗震措施的抗震等级。

根据《高规》表 3.9.3，剪力墙抗震措施的抗震等级为二级。

根据《高规》7.1.4 条，地上底部两层为剪力墙结构的加强部位。

根据《高规》7.2.6 条，$V = 1.4 \times 250 = 350$kN

弯矩可不调整，$M = 1320$kN·m。

66. 正确答案是 B，解答如下：

根据《高规》7.2.10 条：

由于 $N = 6800$kN $> 0.2 f_c b_w h_w = 2387.5$kN

取 $N = 2387.5$kN，$\lambda = 2.38 > 2.2$，取 $\lambda = 2.20$

$$750 \times 10^3 \leqslant \frac{1}{0.85}\left[\frac{1}{2.2-0.5}(0.4 \times 1.71 \times 250 \times 2300 + 0.1 \times 2387500) + 0.8 \times 270 \times \frac{A_{sh}}{200} \times 2300\right]$$

解之得：$A_{sh} \geqslant 107$mm²

根据 8.2.1 条：

$$A_{sh} \geqslant 0.25\% \times 200 \times 250 = 125\text{mm}^2 > 107\text{mm}^2$$

根据 7.2.18 条，钢筋直径不应小于 φ8：

2φ8：$A_{sh} \geqslant 50.3 \times 2 = 100.6$mm²，不满足；2φ10：$A_{sh} \geqslant 78.5 \times 2 = 157$mm²，满足。

故应选（B）项。

67. 正确答案是 C，解答如下：

根据《高规》7.2.7 条：

$$\lambda_b = \frac{M^b}{V^b h_{w0}} = \frac{1500 \times 10^6}{260 \times 10^3 \times 2300} = 2.508$$

$$\lambda_t = \frac{M^t}{V^t h_{w0}} = \frac{1150 \times 10^6}{260 \times 10^3 \times 2300} = 1.923$$

故取 $\lambda = 2.508$，并且 > 2.5

$$V_w \leqslant \frac{1}{\gamma_{RE}}(0.20\beta_c f_c b_w h_{w0}) = \frac{1}{0.85} \times (0.20 \times 1.0 \times 19.1 \times 250 \times 2300) = 2584\text{kN}$$

68. 正确答案是 B，解答如下：

根据《高规》3.9.2 条，应按 8 度采取抗震构造措施的抗震等级。

根据《高规》表 3.9.3，剪力墙抗震等级为一级。

根据《高规》7.1.4 条，底部两层为剪力墙加强部位，第 3 层为相邻的上一层。

根据《高规》7.2.14 条第 1 款，轴压比 0.40＞0.20，一级抗震设计的剪力墙底部加强部位及其上一层墙肢端部应设置约束边缘构件。

根据《高规》7.2.15 条，$A_s=1.2\%×(600+300)×300=3240\text{mm}^2$

69. 正确答案是 B，解答如下：

根据《高规》附录 B 规定：

风荷载体型系数 $\mu_{s1}=0.80$

$$\mu_{s2}=-\left(0.48+0.03\frac{H}{L}\right)=-\left(0.48+0.03×\frac{64.2}{24.3}\right)=-0.56$$

$$\mu_s=\mu_{s1}-\mu_{s2}=0.8-(-0.56)=1.36$$

根据《荷规》表 8.2.1：

风压高度变化系数 $\mu_z=1.71+\dfrac{1.79-1.71}{70-60}×(64.2-60)=1.74$

根据《高规》4.2.2 条及其条文说明，64.2m＞60m

承载力设计时，$w_0=1.1×0.40=0.44\text{kN/m}^2$

$$w_k=\beta_z\mu_s\mu_z w_0=1.42×1.36×1.74×0.44=1.48\text{kN/m}^2$$

顶部 $w_k=1.48×24.3=35.964\text{kN/m}$

$$M_{wk}=\frac{1}{2}×35.964×64.2×\left(\frac{2}{3}×64.2\right)=49410\text{kN·m}$$

【65～69 题评析】 65 题，本题目的内力调整所采用的抗震等级应按 7 度查表确定。

66 题，剪力墙中水平、竖向分布筋应满足构造要求：最小配筋率，最小直径、最大间距。

68 题，本题目的抗震构造措施所采用的抗震等级应按 8 度查表确定。

70. 正确答案是 C，解答如下：

根据《高规》3.11.1 条条文说明，Ⅰ正确，排除（B）项。

根据《抗规》3.10.3 条第 2 款，Ⅱ正确，排除（D）项。

根据《高规》3.1.4 条及 3.11.1 条条文说明，Ⅲ错误，故选（C）项。

【70 题评析】 根据《高规》3.11.1 条，Ⅳ正确。

71. 正确答案是 B，解答如下：

根据《抗规》5.1.4 条，$\alpha_{\max}=0.16$，$T_g=0.55\text{s}$

$$T_g=0.55\text{s}<T_1=1.2\text{s}<5T_g=2.75\text{s},$$

$$\alpha_1=\left(\frac{T_g}{T_1}\right)^{0.9}\eta_2×\alpha_{\max}=\left(\frac{0.55}{1.2}\right)^{0.9}×1×0.16=0.0793$$

根据《抗规》5.2.2 条：

$$\gamma_1 = \frac{\sum_{i=1}^{16} X_{1i} G_i}{\sum_{i=1}^{16} X_{1i}^2 G_i} = \frac{\sum_{i=1}^{16} X_{1i}}{\sum_{i=1}^{16} X_{1i}^2} = \frac{7.94}{5.495} = 1.445$$

$$V_0 = \sum_{i=1}^{16} F_{1i} = \alpha_1 \gamma_1 G_i \sum_{i=1}^{16} X_{1i} = 0.0793 \times 1.445 \times 14000 \times 7.94 = 12737 \text{kN}$$

72. 正确答案是 A，解答如下：

基底弯矩 M_0：

$$M_0 = \sum_{i=1}^{16} F_{1i} H_i = \alpha_1 \gamma_1 G_i \sum_{i=1}^{16} X_{1i} H_i = 0.09 \times 1.5 \times 14000 \times 361.72$$
$$= 683651 \text{kN} \cdot \text{m}$$

73. 正确答案是 A，解答如下：

根据《抗规》5.2.2 条：

$$V_{Ek} = \sqrt{V_{10}^2 + V_{20}^2 + V_{30}^2} = \sqrt{13100^2 + 1536^2 + 436^2} = 13196.94 \text{kN}$$

74. 正确答案是 B，解答如下：

根据《高规》6.2.1 条：

$$\sum M_c = \eta_c \sum M_b = 1.2 \times (560 + 120) = 816 \text{kN} \cdot \text{m}$$

$$M_{BC} = \frac{390}{390 + 290} \times 816 = 468 \text{kN} \cdot \text{m}, \quad M_{CB} = 450 \text{kN} \cdot \text{m}$$

根据《高规》6.2.2 条及条文说明：

$M_{BC} > M_{CB}$，所以计算弯矩取 M_{BC}。

75. 正确答案是 C，解答如下：

根据《高规》6.2.3 条，$\eta_{vc} = 1.2$；

根据《高规》6.2.4 条，角柱剪力设计值应乘以 1.1 的放大系数：

$$H_n = 4.5 - 0.7 = 3.8$$

$$V = \frac{1.1 \eta_{vc} (M_c^t + M_c^b)}{H_n} = \frac{1.1 \times 1.2 \times (319 + 328)}{3.8} = 224.73 \text{kN}$$

76. 正确答案是 B，解答如下：

根据《高规》4.3.13 条：

查《高规》表 4.3.7-1，取 $\alpha_{max} = 0.32$，则：$\alpha_{vmax} = 0.65 \times 0.32 = 0.208$

$G_{eq} = 0.75 \times [(16000 + 0.5 \times 1000) + 10 \times (12000 + 0.5 \times 1800)] = 109125 \text{kN}$

$$F_{Evk} = \alpha_{vmax} G_{eq} = 0.208 \times 109125 = 22698 \text{kN}$$

77. 正确答案是 C，解答如下：

根据《高规》13.5.5 条：Ⅰ不符合，排除（A）、（B）项。

根据《高规》13.9.6 条：Ⅱ符合，故选（C）项。

【77题评析】 由《高规》13.10.5 条，Ⅲ符合。

由《高规》13.6.9 条，Ⅳ不符合。

78. 正确答案是 B，解答如下：

根据《高规》10.2.4 条，Ⅰ不正确，排除（C）项。

根据《高规》10.5.1条，Ⅱ正确，故选（B）项。

【78题评析】 根据《高规》10.3.3条，Ⅲ不正确；

根据《高规》10.6.3条第3款，Ⅳ不正确。

79. 正确答案是C，解答如下：

根据《高规》4.3.4条，(C)项符合，故选（C）项。

【79题评析】 根据《高规》4.3.2条，(A)项不符合；

根据《高规》4.3.3条条文说明，(B)项不符合；

根据《高规》4.3.4条，(D)项不符合。

80. 正确答案是D，解答如下：

根据《高规》8.1.3条，按剪力墙结构进行设计，其中的框架部分应按框架-剪力墙结构的框架进行设计。

查《高规》表3.9.3，剪力墙抗震等级为三级，框架抗震等级为二级，故选（D）项。

2013年真题解答与评析

（上午卷）

1. 正确答案是 A，解答如下：

根据《荷规》表 5.1.1 第 8 项：

消防车均布活荷载标准值为 20kN/m^2。

覆土厚度为 2.5m，根据《荷规》B.0.2 条：

$\bar{s}=1.43s\tan\theta=1.43\times 2.5\times\tan 35°=2.5\text{m}$，查表 B.0.2，消防车活荷载折减系数为 0.81，则：

$q_k=0.81\times 20=16.2\text{kN/m}^2$

2. 正确答案是 A，解答如下：

根据《荷规》5.1.3 条，设计基础时可不考虑消防车荷载。

根据《荷规》表 5.1.1 第 8 项，取小客车均布活荷载标准值 $q_k=2.5\text{kN/m}^2$。

根据《荷规》5.1.2 条，对双向板楼盖折减系数为 0.8，及提示，则：

$N_k=0.8\times 2.5\times 8\times 8\times 3=384\text{kN}$

3. 正确答案是 B，解答如下：

取单位宽度按双筋梁计算，根据《混规》6.2.10 条：

板底 $\Phi14@100$，取 $A_s=1540\text{mm}^2$，板顶 $\Phi14@150$，取 $A_s'=1027\text{mm}^2$。

$$\alpha_1 f_c bx = f_y A_s - f_y' A_s' = 360\times 1540 - 360\times 1027 = 184680\text{N}$$

$$1\times 14.3\times 1000x = 184680, x=13\text{mm} < 2a_s' = 50\text{mm}$$

由《混规》6.2.14 条：

$$M_u = 360\times 1540\times(215-25) = 105\text{kN}\cdot\text{m/m}$$

4. 正确答案是 D，解答如下：

根据《抗规》14.1.4 条：

丙类钢筋混凝土地下结构，8 度，其抗震等级可取三级，按《抗规》表 6.3.7-1，三级框架结构框架柱，纵筋总配筋率为 0.75%；根据《抗规》14.3.1 条第 3 款，中柱纵筋配筋率应增加 0.2%，最终为 0.95%。

5. 正确答案是 B，解答如下：

根据《混规》9.2.11 条：

$A_{sv}\geqslant\dfrac{295\times 10^3-270\times 3\times 2\times 2\times 50.3}{360\times\sin 60°}=423\text{mm}^2$，$423/4=106\text{mm}^2$

需设置 $2\Phi12$ 吊筋。

6. 正确答案是 B，解答如下：

（A）项：根据《抗规》14.2.1 条，不正确。

(B) 项：根据《抗规》14.2.3 条，正确。故选（B）项。

【6题评析】（C）项，根据《抗规》14.2.4 条，不正确；（D）项，根据《抗规》14.3.1 条，不正确。

7. 正确答案是 D，解答如下：

地面粗糙度为 B 类，柱顶距室外地面为 11.5＋0.3＝11.8m，根据《荷规》表 8.2.1：

$$\mu_z = 1.0 + \frac{1.13-1.0}{15-10} \times (11.8-10) = 1.05$$

$$\tan\alpha = \frac{1800}{9000} = 0.2,\text{坡角}\ \alpha = 11.3°$$

根据《荷规》表 8.3.1 第 8 项：坡度小于 15°，$\mu_s = -0.6$。

根据《荷规》8.1.1 条：

$$W_k = \beta_z [(0.8+0.4) \times 2.1 + (0.5-0.6) \times 1.8] \times \mu_z \times w_0 \times B$$
$$= 1.2 \times (1.2 \times 2.1 - 0.1 \times 1.8) \times 1.05 \times 0.45 \times 6 = 7.96\text{kN}$$

8. 正确答案是 A，解答如下：

根据《抗规》附录 K.1.1 条：

$$T = 0.23 + 0.00025\psi_1 l \sqrt{H^3} = 0.23 + 0.00025 \times 0.85 \times 18 \times \sqrt{(11.8+1)^3} = 0.405\text{s}$$

9. 正确答案是 C，解答如下：

根据《混规》9.3.11 条、9.3.12 条：

$a = 300 + 20 = 320\text{mm} > 0.3h_0 = 0.3 \times 950 = 285\text{mm}$，取 $a = 320\text{mm}$

$$A_s \geq \frac{F_v a}{0.85 f_y h_0} + 1.2 \frac{F_h}{f_y} = \frac{450 \times 10^3 \times 320}{0.85 \times 360 \times 950} + 0 = 495\text{mm}^2$$

承受竖向力的纵筋 $\rho_{\min} = \frac{0.45 f_t}{f_y} = \frac{0.45 \times 1.43}{360} = 0.179\% < 0.2\%$

$A_{s,\min} = 0.2\% \times 400 \times 1000 = 800\text{mm}^2 > 495\text{mm}^2$，应取 800mm^2。

10. 正确答案是 C，解答如下：

假定大偏压，根据《混规》6.2.17 条：

$$x = \frac{N}{\alpha_1 f_c b} = \frac{500 \times 10^3}{1 \times 14.3 \times 400} = 87.4\text{mm} < \xi_b h_0 = 290\text{mm}$$

且 $x \geq 2a_s' = 80\text{mm}$，故假定正确。

$$e = e_i + \frac{h}{2} - a_s = 520 + \frac{600}{2} - 40 = 780\text{mm}$$

$$A_s = A_s' = \frac{500000 \times 780 - 1 \times 14.3 \times 400 \times 87.4 \times (560 - 87.4/2)}{360 \times (560-40)} = 705\text{mm}^2$$

最小配筋：$A_{s,\min} = 0.2\% \times 400 \times 600 = 480\text{mm}^2 < 705\text{mm}^2$，满足。

【7～10题评析】7题，由于题目要求计算排架柱顶的风荷载，因此，需注意排架顶至起坡位置屋架侧 2.1m 高度范围的风荷载，并应注意体型系数的正负值。

9题，最小配筋率，应采用全截面面积（bh）进行计算。

11. 正确答案是 B，解答如下：

由于 $V = 260\text{kN} > 0.7 f_t b h_0 = 0.7 \times 1.43 \times 300 \times 815 = 245\text{kN}$

根据《混规》9.2.9 条第 2 款，截面高度大于 800mm 的梁，箍筋直径不宜小于

8mm，故（A）项错；

根据《混规》表9.2.9，箍筋最大间距不宜大于300，故（D）项错；

根据《混规》9.2.9条第3款：

$$0.24\frac{f_t}{f_{yv}} = 0.24 \times \frac{1.43}{270} = 0.127\%$$

（B）项：$\phi 8@250(2)$：$\rho_{sv} = 2 \times 50.3/(300 \times 250) = 0.134\% > 0.127\%$，满足。

故选（B）项。

12. 正确答案是C，解答如下：

根据《混规》6.3.4条：

$$\frac{V_F}{V} = \frac{250}{250 + 15 \times \frac{6}{2}} = 0.85 > 0.75，则：$$

$$\lambda = \frac{2000}{815} = 2.45 < 3，且 > 1.5，\alpha_{cv} = \frac{1.75}{\lambda + 1} = \frac{1.75}{2.45 + 1} = 0.51$$

$$V_{cs} = \alpha_{cv} f_t b h_0 + f_{yv}\frac{A_{sv}}{s}h_0 = 0.51 \times 1.43 \times 300 \times 815 + 270 \times 78.5 \times 2 \times 815/200$$

$$= 351\text{kN}$$

13. 正确答案是B，解答如下：

根据《混规》6.6.2条：

$$A_b = (a + 2b) \times (3b) = (300 + 2 \times 200) \times (3 \times 200) = 420000\text{mm}^2$$

14. 正确答案是A，解答如下：

根据《混规》6.6.1条、6.6.3条：

$$\beta_c = 1.0, A_l = 100000\text{mm}^2, A_b = 675000\text{mm}^2, \beta_l = \sqrt{\frac{A_b}{A_l}} = 2.60$$

$$A_{cor} = 400 \times 600 = 240000\text{mm}^2 > 1.25A_l = 125000\text{mm}^2，故 \beta_{cor} = \sqrt{\frac{A_{cor}}{A_l}} = 1.55$$

$$\rho_v = \frac{n_1 A_{s1} l_1 + n_2 A_{s2} l_2}{A_{cor} s} = \frac{7 \times 28.3 \times 400 + 5 \times 28.3 \times 600}{240000 \times 70} = 0.98\%$$

$$1.35\beta_c\beta_l f_c A_l = 1.35 \times 1.0 \times 2.6 \times 11.9 \times 100000 = 4177\text{kN}$$

$$0.9(\beta_c\beta_l f_c + 2\alpha\rho_v\beta_{cor}f_{yv})A_{ln} = 0.9 \times (1.0 \times 2.6 \times 11.9 + 2 \times 1 \times 0.98\% \times 1.55$$
$$\times 270) \times 100000$$
$$= 3523\text{kN}$$

取上述较小值，故选（A）项。

【13、14题评析】 14题，应复核其截面的限制条件，即：$1.35\beta_c\beta_l f_c A_c$。

15. 正确答案是C，解答如下：

根据《混规》9.3.8条：

$$h_0 = 700 - 60 = 640\text{mm}$$

$$A_s \leq \frac{0.35\beta_c f_c b_b h_0}{f_y} = 0.35 \times 1.0 \times 14.3 \times 300 \times 640/435 = 2209\text{mm}^2$$

16. 正确答案是A，解答如下：

根据《混规》8.3.1条、11.6.7条：

$$l_{ab} = \alpha \frac{f_y}{f_t} d = 0.14 \times 435 \times 28/1.57 = 1086 \text{mm}$$

$$l_{abE} = 1.15 \times 1086 = 1249 \text{mm}$$

梁上部纵筋伸至柱外侧纵筋内边：

$$l_1 = 560 \text{mm} > 0.4 l_{abE} = 500 \text{mm}, l_2 = 15d = 15 \times 28 = 420 \text{mm}$$

故：$l = l_1 + l_2 = 560 + 420 = 980 \text{mm}$

17. 正确答案是 D，解答如下：

根据《混规》9.7.4 条可知，Ⅰ正确；

根据《混规》9.7.4 条可知，Ⅱ错误，不应小于 l_a；

根据《混规》9.7.1 条可知，Ⅲ正确；

根据《混规》9.7.6 条可知，Ⅳ错误，不应大于 65N/mm^2。

故选（D）项。

18. 正确答案是 B，解答如下：

根据《混规》10.1.8 条，（B）项错误，故选（B）项。

【18 题评析】 根据《混规》10.1.1 条，（A）项正确。

根据《混规》10.1.10 条，（C）项正确。

根据《混规》10.3.13 条，（D）项正确。

19. 正确答案是 C，解答如下：

$\lambda = \dfrac{7500}{52} = 144$，a 类截面，查《钢标》附录表 D.0.1，取 $\varphi = 0.364$

$$\frac{N}{\varphi A} = \frac{110 \times 10^3}{0.364 \times 2309} = 130.9 \text{N/mm}^2$$

20. 正确答案是 C，解答如下：

根据《钢标》7.4.2 条、7.4.7 条：

平面外 $l_{0y} = \sqrt{4800^2 + 7500^2} = 8904 \text{mm}$；斜平面内 $l_{0v} = 0.7 \times 8904 = 6233 \text{mm}$

平面外 $i_y \geqslant \dfrac{l_{0y}}{[\lambda]} = \dfrac{8904}{350} = 25.4 \text{mm}$；斜平面内 $i_{\min} \geqslant \dfrac{l_{0v}}{[\lambda]} = \dfrac{6233}{350} = 17.8 \text{mm}$

选 L90×6，$i_x = i_y = 27.9 \text{mm}$，$i_{\min} = 18.0 \text{mm}$

21. 正确答案是 A，解答如下：

根据《钢标》7.1.1 条：

拉力：$$N = \frac{T}{\cos \alpha} = \frac{125}{\dfrac{7.5}{\sqrt{7.5^2 + 12^2}}} = 235.8 \text{kN}$$

$$\sigma = \frac{N}{A_n} = \frac{235.8 \times 10^3}{1975} = 119.4 \text{N/mm}^2$$

22. 正确答案是 B，解答如下：

根据《钢标》11.2.2 条：

$$l_w = \frac{0.7N}{h_e f_f^w} = \frac{0.7 \times 280 \times 10^3}{0.7 \times 8 \times 160} = 219 \text{mm}$$

$l = l_w + 2 \times h_f = 219 + 2 \times 8 = 235 \text{mm} < 60 h_f = 60 \times 8 = 480 \text{mm}$，不考虑角焊缝超长折减

【19~22题评析】 20题，由于是等边角钢，所以在 x 和 y 两个方向的截面回转半径 $i_x=i_y$，斜截面的回转半径为等边角钢截面的最小回转半径 $i_{\min}$。

21题，根据提示，双片支撑分别各自承受风荷载及吊车纵向水平刹车力，计算时只能考虑单肢角钢的作用，而不能将吊车水平刹车力考虑由两肢角钢分担。

23. 正确答案是 D，解答如下：

$$R_A = \frac{441 \times (3480+5504+10504)}{12000} = 716.2 \text{kN}$$

C 点处：$M_{k,\max} = 716.2 \times 6.496 - 441 \times 5.0 = 2447.4 \text{kN} \cdot \text{m}$

24. 正确答案是 B，解答如下：

根据《荷规》6.3.1条，吊车荷载的动力系数取 1.1

由《结通规》3.1.13 条，取 $\gamma_Q=1.5$。

最大轮压设计值 $P=1.1 \times 1.5 \times 441 = 727.65 \text{kN}$

$$R_A = \frac{727.65 \times (12+9.976+4.976)}{12} = 1634.3 \text{kN}$$

根据《钢标》式 (6.1.3)：

$$\tau = \frac{VS_x}{I_x t_w} = \frac{1634.3 \times 10^3 \times 12009 \times 10^3}{1613500 \times 10^4 \times 14} = 86.9 \text{N/mm}^2$$

25. 正确答案是 D，解答如下：

根据《钢标》6.1.1条、6.1.2条：

根据《钢标》16.2.4条，应验算疲劳，故取 $\gamma_x=1.0$。

$$\frac{b}{t} = \frac{550-14}{2 \times 25} = 10.72 < 15\varepsilon_k = 12.4$$

腹板满足 S4，故截面等级满足 S4 级，取全截面计算。

$$\frac{M}{\gamma_x W_{nx}} = \frac{M \cdot y_2}{\gamma_x I_{nx}} = \frac{3920 \times 10^6 \times 851}{1.0 \times 1538702 \times 10^4} = 216.8 \text{N/mm}^2$$

26. 正确答案是 C，解答如下：

根据《钢标》6.1.4条及《结通规》3.1.13条：

$$\psi=1.35, F=1.1 \times 1.5 \times 441 = 727.65 \text{kN}$$

$$l_z = a + 5h_y + 2h_R = 50+5 \times 25+2 \times 150 = 475 \text{mm}$$

$$\sigma_c = \frac{1.35 \times 727.65 \times 10^3}{14 \times 475} = 147.7 \text{N/mm}^2$$

【23~26题评析】 25题，重级工作制吊车梁，根据《钢标》16.2.4条，应验算疲劳，故 $\gamma_x=1.0$。

27. 正确答案是 C，解答如下：

$$M = Ne = 310 \times 10^3 \times 250 = 77.5 \times 10^6 \text{N} \cdot \text{mm}$$

最上排螺栓拉力 N_1 为：

$$N_1 = \frac{M \cdot y_{\max}}{\sum y_i^2}$$
$$= \frac{77.5 \times 10^3 \times 360}{2 \times (90^2 + 180^2 + 270^2 + 360^2)}$$
$$= 57.4 \text{kN}$$

故选 M24。

28. 正确答案是 B，解答如下：

根据《钢标》11.4.2 条：

每个螺栓抗剪 $N_v = \dfrac{310}{10} = 31$ kN

最外排螺栓拉力 $N_t = \dfrac{M \cdot y_{\max}}{\sum y_i^2} = \dfrac{77.5 \times 10^3 \times 180}{2 \times 2 \times (90^2 + 180^2)} = 86.1$ kN

$$N_v^b = 0.9 k n_f \mu P = 0.9 \times 1 \times 1 \times 0.40 \times P = 0.36P, \quad N_t^b = 0.8P$$

$$\frac{31}{0.36P} + \frac{86.1}{0.8P} \leqslant 1, \text{则}: P \geqslant 86.1 + 107.6 = 193.7 \text{kN}$$

查表 11.4.2-2，取 M24。

【28题评析】 本题目为摩擦型高强度螺栓，其旋转中心为中间排螺栓的中心线。

29. 正确答案是 D，解答如下：

根据《钢标》表 7.4.7，应选（D）项。

30. 正确答案是 D，解答如下：

根据《钢标》11.5.4 条，应选（D）项。

31. 正确答案是 A，解答如下：

根据《抗规》7.2.4 条，及《抗震通规》4.3.2 条：
$$V = \gamma_{Eh} \times \eta \times V_k = 1.4 \times 1.4 \times 800 = 1568 \text{kN}$$
$$V_{ZQ} = \frac{V \times K_{ZQ}}{4 K_{ZQ}} = \frac{1568}{4} = 392 \text{kN}$$

32. 正确答案是 D，解答如下：

根据《抗规》7.2.5 条：
$$V_{KZ} = \frac{V \times K_{KZ}}{0.2 \times 4 \times K_{ZQ} + 33 \times K_{KZ}} = \frac{1000 \times 4}{0.2 \times 4 \times 40 + 33 \times 4} = \frac{4000}{32 + 132} = 24.4 \text{kN}$$

33. 正确答案是 B，解答如下：

根据《抗规》7.2.9 条：
$$N_f = V_w H_f / l = 400 \times 3.6 / 5.4 = 267 \text{kN}$$

34. 正确答案是 D，解答如下：

根据《抗规》7.2.9 条：
$$H_0 = 3.6 - 0.6 = 3 \text{m}$$
$$\frac{1}{\gamma_{REc}} \sum (M_{yc}^u + M_{yc}^l)/H_0 + \frac{1}{\gamma_{REw}} \sum f_{vE} A_{w0}$$
$$= \frac{1}{0.8} \times 2 \times (200 + 200)/3 + \frac{1}{0.9} \times 0.2 \times 1.25 \times 1200000 \times 10^{-3}$$
$$= 333 + 333 = 666 \text{kN}$$

35. 正确答案是 B，解答如下：
$$V_{KZ} = \frac{V \times K_{KZ}}{0.3 \times 4 \times K_{GQ} + 25 \times K_{KZ}} = \frac{1000 \times 4}{0.3 \times 4 \times 250 + 25 \times 4} = \frac{4000}{300 + 100} = 10\text{kN}$$

【31~35题评析】 32题、35题，根据《抗规》，计算框架柱地震剪力设计值时可按各抗侧力构件的有效侧向刚度比例分配确定。

36. 正确答案是 A，解答如下：

根据《砌规》表 3.2.1-1，取 $f=1.50$MPa；按提示，根据《砌规》5.2.1 条、5.2.2 条，取 $\gamma=1.0$。

每延米墙体的局部受压承载力设计值：
$$\gamma f A_l = 1.0 \times 1.5 \times 1000 \times 120 = 180\text{kN/m}$$

37. 正确答案是 D，解答如下：

横墙间距 $s<32$m，第 1 类楼屋盖，根据《砌规》4.2.1 条，属于刚性方案。同上题，取 $f=1.50$MPa。由 5.1.3 条，$H=3.6$m

$s=15$m$>2H=7.2$m，刚性方案，取 $H_0=1.0H=3.6$m

根据《砌规》5.1.2 条，$\beta=\gamma_\beta H_0/h=1.0\times 3600/240=15$

根据《砌规》4.2.5 条第 2 款，墙体可视作两端铰支的竖向构件，其底部的偏心距应视为 0。

$\beta=15$，$e/h=0$，查附录 D 得：$\varphi=0.745$。
$$\varphi f A = 0.745 \times 1.5 \times 1000 \times 240 = 268\text{kN/m}$$

38. 正确答案是 A，解答如下：

（A）项：①轴墙体上端仅承受屋面板传来的竖向荷载，根据《砌规》4.2.5 条，板端支承压力作用点到墙内边的距离为：$0.4a_0=0.4\times 120=48$mm，距墙中心线的距离为：$120-48=72$mm。根据《砌规》8.1.1 条，偏心距 $e/h=0.3>0.17$，不宜采用网状配筋砌体，（A）项不可行，故应选（A）项。

【38题评析】 （B）项：根据《砌规》8.2.4 条，砖砌体和钢筋砂浆面层的组合砌体可大幅度提高偏心受压构件的承载力，（B）项可行。

（C）项：增加屋面板的支承长度可减小偏心距，提高承载力影响系数 φ 值，（C）项可行。

（D）项：提高砌筑砂浆的强度等级可提高砌体的抗压强度设计值，（D）项可行。

39. 正确答案是 D，解答如下：

根据《砌规》10.2.6 条第 1 款，砖砌体和钢筋混凝土构造柱组成的组合墙，应在纵横墙交接处、墙端部设置构造柱，其间距不宜大于 3m 或层高。①轴墙长 15m，端部设置 2 根构造柱，中间至少设置 4 根构造柱，总的构造柱数量至少为 6 根，才能满足。

40. 正确答案是 D，解答如下：

根据《抗规》表 7.3.1，楼梯间四角，楼梯段上下端对应的墙体处，应设构造柱，共 8 根。根据《抗规》7.3.8 条第 4 款，突出屋面的楼梯间也应设置 8 根构造柱。

(下午卷)

41. 正确答案是 D，解答如下：
根据《砌规》5.1.2 条：
$H=4.0+2.0/2+0.3=5.3$m，刚弹性方案，查表 5.1.3，$H_0=1.2H=6.36$m
$$\beta=\gamma_\beta\frac{H_0}{h}=1.2\times\frac{6.36}{0.37}=20.6$$

42. 正确答案是 B，解答如下：
根据《砌规》5.1.3 条：
$s=9-0.24=8.76$m，刚性方案
$$H=4.0+2.0/2+0.3=5.3\text{m}, 2H=10.6\text{m}>s=8.76\text{m}>H=5.3\text{m}$$
$$H_0=0.4s+0.2H=0.4\times8.76+0.2\times5.3=4.564\text{m}$$

由 6.1.1 条：
$$\beta=\frac{H_0}{h}=\frac{4.564}{0.37}=12.3$$

43. 正确答案是 B，解答如下：
根据《砌规》6.1.1 条、6.1.4 条：
$$s=9-0.24=8.76\text{m}$$
$$[\beta]=24, \mu_1=1.0$$
$$\mu_2=1-0.4\frac{b_s}{s}=1-0.4\times\frac{1.4\times3}{8.76}=0.81$$
$$\mu_1\mu_2[\beta]=1\times0.81\times24=19.44$$

44. 正确答案是 A，解答如下：
根据《砌规》5.1.2 条、5.1.3 条，应选（A）项。

45. 正确答案是 B，解答如下：
根据《砌规》4.1.6 条：
漂浮荷载为水浮力，按可变荷载考虑，由《可靠性标准》8.2.4 条：
$$\gamma_0 S_1=0.9\times1.5\times(4.2-1.2)\times10=40.5\text{kN/m}^2$$
抗漂浮荷载仅考虑永久荷载，其荷载效应 $S_2=50$kN/m²
$\gamma_0 S_1/S_2=40.5/50=0.81>0.8$，不满足漂浮验算。

46. 正确答案是 A，解答如下：
根据《抗规》7.2.3 条：
窗洞高 $1.5\text{m}=\dfrac{h}{2}=\dfrac{3}{2}$

洞口面积 $A_h=1\times0.37=0.37\text{m}^2$，墙毛面积 $A=6\times0.37=2.22\text{m}^2$，

开洞率 $\rho = \dfrac{A_h}{A} = \dfrac{0.37}{2.22} = 0.167$，为小开口墙段，查《抗规》表 7.2.3，影响系数 $=0.953$。

洞口中心线偏离墙段中线的距离为 $1.60\text{m} > \dfrac{1}{4} \times 6 = 1.5\text{m}$，$0.9 \times 0.953 = 0.858$。

层高与墙长之比 $h/L = 3/6 = 0.5 < 1$，只计算剪切变形。

$$K = \dfrac{0.858GA}{\xi h} = \dfrac{0.858 \times 0.4EA}{\xi h} = \dfrac{0.858 \times 0.4 \times 370 \times 6000E}{1.2 \times 3000} = 212E \text{ (N/mm)}$$

47. 正确答案是 B，解答如下：

根据《木标》4.3.1 条、4.3.2 条：

$$1.15 f_m = 1.15 \times 17 = 19.55 \text{MPa}$$

根据 4.3.18 条：$d = 162 + 9 \times 2 = 180\text{mm}$

根据 5.2.1 条：

$$W_n = \dfrac{I}{d/2} = \dfrac{3.14 \times 180^4 / 64}{180/2} = 572265 \text{mm}^3$$

$$\gamma_0 \dfrac{1}{8} q l^2 \leqslant W_n \times 1.15 f_m，则：$$

则：
$$q \leqslant \dfrac{8 \times 1.15 f_m W_n}{\gamma_0 l^2} = \dfrac{8 \times 1.15 \times 17 \times 572265}{1.0 \times 4000^2}$$

$$= 5.59 \text{N/mm} = 5.59 \text{kN/m}$$

48. 正确答案是 D，解答如下：

根据《木标》4.3.1 条、4.3.2 条：

$E = 1.15 \times 10000 = 11500\text{MPa}$；同上题，取 $d = 180\text{mm}$

$[f] = \dfrac{4000}{250} = 16\text{mm}$

$f = \dfrac{5 q_k l^4}{384 EI} \leqslant [f]$，则：

$$q_k \leqslant \dfrac{384 EI \cdot [f]}{5 l^4} = \dfrac{384 \times 11500 \times \dfrac{\pi \times 180^4}{64} \times 16}{5 \times 4000^4}$$

$$= 2.84 \text{N/mm} = 2.84 \text{kN/m}$$

【47、48 题评析】 47 题，应考虑结构重要性系数 γ_0，由本题目条件，取 $\gamma_0 = 1.0$。
48 题，正常使用极限状态下，不考虑 γ_0。

49. 正确答案是 B，解答如下：

根据《地规》5.2.5 条：

$$f_a = M_b \gamma b + M_d \gamma_m d + M_c c_k$$

$$= 0.51 \times 8.5 \times 6 + 3.06 \times \dfrac{(18 \times 0.5 + 8 \times 0.5 + 8.5 \times 1)}{2} \times 2 + 0$$

$$= 91.8 \text{kPa}$$

《抗规》表4.2.3，$\xi_a=1.1$：
$$f_{aE} = \xi_a f_a = 1.1 \times 91.8 = 101 \text{kPa}$$

50. 正确答案是A，解答如下：

根据《地规》5.2.4条、5.2.7条：

淤泥质粉质黏土，查表5.2.4，$\eta_d=1.0$。

自天然地面标高算起，$d=3$m：
$$f_{az} = 50 + 1.0 \times \frac{(18 \times 0.5 + 8 \times 0.5 + 8.5 \times 2)}{3} \times (3-0.5) = 75 \text{kPa}$$

51. 正确答案是B，解答如下：

根据《地规》5.3.5条：
$$p_0 = p - p_z = 50 - (18 \times 0.5 + 8 \times 0.5 + 8.5 \times 1) = 28.5 \text{kPa}$$

52. 正确答案是B，解答如下：

根据《地规》5.3.5条：

由提示：$z/b=1.0/10=0.1$时，$\bar{\alpha}_1 = \frac{1}{2}(0.25+0.2496)=0.2498$

$$s' = \psi_s \frac{4p_0}{E_s} z_1 \bar{\alpha}_1 = 1.0 \times \frac{4 \times 32}{5 \times 10^3} \times 1000 \times 0.2498 = 6.4 \text{mm}$$

53. 正确答案是B，解答如下：

根据《地规》5.3.8条：
$$z_n = b(2.5 - 0.4 \ln b) = 20 \times (2.5 - 0.4 \times \ln 20) = 26 \text{m}$$

【49～53题评析】 49题、50题，根据《地规》，基础埋置深度一般自填土地面标高算起，但填土在上部结构施工后完成时，应从天然地面标高算起。

54. 正确答案是C，解答如下：

$I_P = w_L - w_P = 28.9\% - 18.9\% = 10\%$，粒径小于0.05mm的颗粒含量为50%，介于砂土和黏性土之间。

根据《地规》4.1.11条，为粉土；

$1.0 \leqslant e = 1.05 < 1.5$，$w = 39.0\% > w_L = 28.9\%$，

根据《地规》4.1.12条，为淤泥质土，故选（C）项。

55. 正确答案是C，解答如下：

根据《地规》5.3.5条条文说明：
$$a_{1-2} = \frac{1+e_1}{E_{s1-2}} = \frac{1+1.02}{4} = 0.505 \text{MPa}^{-1} > 0.5 \text{MPa}^{-1}$$

根据《地规》4.2.6条，为高压缩性土。

56. 正确答案是A，解答如下：

根据《地规》5.4.3条：
$$\frac{60000 + \Delta G}{10 \times 6 \times 1000} \geqslant 1.05$$

可得：$\Delta G \geqslant 3000 \text{kN}$

57. 正确答案是B，解答如下：

根据《桩规》5.3.5条：

$$Q_{uk} = 4 \times 0.35 \times (17 \times 30 + 8 \times 60 + 2 \times 80) + 0.35 \times 0.35 \times 6000 = 2345 \text{kN}$$

由规范 5.2.2 条：$R_a = \dfrac{Q_{uk}}{K} = \dfrac{2345}{2} = 1172.5 \text{kN}$

58. 正确答案是 C，解答如下：

根据《桩规》5.4.6 条：

$$T_{uk} = \Sigma \lambda_i q_{sik} u_i l_i = 0.7 \times 4 \times 0.35 \times (17 \times 30 + 8 \times 60 + 2 \times 80) = 1127 \text{kN}$$

59. 正确答案是 C，解答如下：

根据《桩规》5.1.1 条：

$$N_{max} = \frac{F}{n} + \frac{Mx_{max}}{\Sigma x_i^2} = \frac{6000}{5} + \frac{(500 + 300 \times 0.8) \times 1}{4 \times 1^2} = 1385 \text{kN}$$

由规范 5.9.2 条：

$$M_{max} = 2N_{max} \times (1.0 - 0.4) = 2 \times 1385 \times 0.6 = 1662 \text{kN} \cdot \text{m}$$

60. 正确答案是 A，解答如下：

根据《桩规》5.9.7 条：

$$F_l = F - \Sigma Q_i = 6000 - 1 \times \frac{6000}{5} = 4800 \text{kN}$$

61. 正确答案是 C，解答如下：

根据《桩规》5.9.7 条：

$$a_0 = a_{0y} = 1.0 - 0.4 - \frac{0.35}{2} = 0.425 \text{m}$$

$$\lambda_{0x} = \lambda_{0y} = \frac{a_{0x}}{h_0} = \frac{0.425}{0.75} = 0.567 \begin{matrix} < 1.0 \\ > 0.25 \end{matrix}$$

$$\beta_{0x} = \beta_{0y} = \frac{0.84}{\lambda + 0.2} = \frac{0.84}{0.567 + 0.2} = 1.1$$

$$2[\beta_{0x}(b_c + a_{0y}) + \beta_{0y}(h_c + a_{0x})]\beta_{hp} f_t h_0$$
$$= 4 \times 1.1 \times (0.8 + 0.425) \times 1.43 \times 10^3 \times 0.75$$
$$= 5781 \text{kN}$$

62. 正确答案是 C，解答如下：

根据《桩规》5.9.8 条：

$$a_{1x} = a_{1y} = 1 - 0.4 - \frac{0.35}{2} = 0.425 \text{m}, \quad c_1 = c_2 = 0.5 + \frac{0.35}{2} = 0.675 \text{m}$$

$$\lambda_{1x} = \lambda_{1y} = \frac{a_{1x}}{h_0} = \frac{0.425}{0.75} = 0.567 \begin{matrix} < 1.0 \\ > 0.25 \end{matrix}$$

$$\beta_{1x} = \beta_{1y} = \frac{0.56}{\lambda_{1x} + 0.2} = \frac{0.56}{0.567 + 0.2} = 0.73$$

$$\left[\beta_{1x}\left(c_2 + \frac{a_{1y}}{2}\right) + \beta_{1y}\left(c_1 + \frac{a_{1x}}{2}\right)\right]\beta_{hp} f_t h_0 = 2 \times 0.73 \times \left(0.675 + \frac{0.425}{2}\right)$$
$$\times 1 \times 1.43 \times 10^3 \times 0.75$$
$$= 1389.7 \text{kN}$$

【56~62 题评析】 59 题，柱 A 的截面尺寸为 800mm×800mm，故桩中心至柱 A 边的距离 $= 1.0 - \dfrac{0.8}{2} = 0.6 \text{m}$。

61题、62题，复核冲跨比 $\lambda \leqslant 1.0$，且 $\lambda \geqslant 0.25$。

63. 正确答案是 D，解答如下：

根据《地规》表5.3.4，(D) 项错误，应选 (D) 项。

【63题评析】 根据《地规》6.5.1条第5款，(A) 项正确；

根据《地规》10.3.8条第3款，(B) 项正确；

根据《地规》10.2.13条，(C) 项正确；

64. 正确答案是 D，解答如下：

根据《地处规》5.3.19条、5.2.17条，(D) 项错误，应选 (D) 项。

【64题评析】 根据《地处规》7.3.1条，(A) 项正确；

根据《地处规》7.2.1条，(B) 项正确；

根据《地处规》6.1.2条，(C) 项正确。

65. 正确答案是 D，解答如下：

根据《荷规》8.1.1条：

两个方案中的 β_z、μ_z、w_0 都相同，仅 μ_s 不同；根据规范表8.3.1第30项：

$$\mu_{sa} = 0.6 \times \frac{8.2}{30} \times 2 + 0.8 \times \frac{13.6}{30} + 0.5 = 1.19$$

$$\mu_{sb} = 0.8 \times \frac{15}{30} + 0.5 = 0.9$$

$$w_{ka} : w_{kb} = \mu_{sa} : \mu_{sb} = 1.19 : 0.9 \approx 1.32 : 1$$

66. 正确答案是 C，解答如下：

根据《高规》5.3.7条及 E.0.1 条：

$$\gamma = \frac{G_0 A_0 h_1}{G_1 A_1 h_0} = \frac{19.05 \times 10^6 \times 5.5}{16.18 \times 10^6 \times 4.5} = 1.44 < 2$$

故计算嵌固端下移至基础顶面处：

$$M = \frac{1}{2} \times 89.7 \times 46 \times \left(46 \times \frac{2}{3} + 4.5\right) = 72552 \text{kN} \cdot \text{m}$$

67. 正确答案是 B，解答如下：

根据《荷规》8.1.1条：

粗糙度为B类，由《荷规》表8.2.1可得：

$$\mu_z = 1.52 + \frac{46-40}{50-40} \times (1.62-1.52) = 1.58$$

由表8.6.1可得：$\beta_{gz} = 1.57 - \frac{46-40}{50-40}(1.57-1.55) = 1.558$

由《结通规》4.6.5条：

$$\beta_{gz} \geqslant 1 + \frac{0.7}{\sqrt{1.58}} = 1.557$$

故取 $\beta_{gz} = 1.558$

根据规范8.3.3条及8.3.1条：

$$\mu_{sl} = 1.25 \times 0.8 = 1.0$$

则：$w_k = 1.558 \times 1.0 \times 1.580 \times 0.65 = 1.60 \text{kN/m}^2$

68. 正确答案是 B，解答如下：

根据《荷规》8.2.2 条：

$K = 1.4, \tan\alpha = 0.40 > 0.3$，取 $\tan\alpha = 0.3$

$$\eta_B = \left[1 + 1.4 \times 0.3\left(1 - \frac{46}{2.5 \times 40}\right)\right]^2 = 1.505$$

由 67 题可知，$\mu_z = 1.58$。

则：$\mu_z = \eta_B \mu_z = 1.505 \times 1.58 = 2.38$

69. 正确答案是 A，解答如下：

根据《高规》8.1.3 条：

$$M_f = M_0 - M_w = 9.6 \times 10^5 - 3.7 \times 10^5 = 5.9 \times 10^5 \text{kN} \cdot \text{m}$$

$$\frac{M_f}{M_0} = \frac{5.9 \times 10^5}{9.6 \times 10^5} = 0.61 = 61\% > 50\%，且 < 80\%$$

框架部分的抗震等级宜按框架结构采用，由《高规》表 3.9.3 及 3.9.2 条，该建筑应按 8 度要求采取抗震构造措施，则框架为一级，剪力墙为一级，故选（A）项。

70. 正确答案是 B，解答如下：

根据《抗规》5.2.3 条：

$$N_{Ek} = \sqrt{5300^2 + (0.85 \times 5700)^2} = 7181 \text{kN}$$

$$N_{Ek} = \sqrt{5700^2 + (0.85 \times 5300)^2} = 7265 \text{kN}$$

取上述较大值：$N_{Ek} = 7265$ kN

71. 正确答案是 C，解答如下：

柱底剪力 $V_{c1} = \dfrac{D_{c1}}{\sum D_i} V_f = \dfrac{17220}{458600} \times 2400 = 90.1$ kN

柱底弯矩 $M_{c1}^b = h_y V_{c1} = 3.75 \times 90.1 = 337.9$ kN·m

72. 正确答案是 B，解答如下：

根据《高规》8.1.4 条：

$$V_{f,\max} = 1060 \text{kN} < 0.2V_0 = 0.2 \times 8950 = 1790 \text{kN}，则：$$

$$V = \min(1.5V_{f,\max}, 0.2V_0) = \min(1.5 \times 1060, 1790)$$
$$= 1590 \text{kN}$$

73. 正确答案是 B，解答如下：

根据《高规》6.2.3 条：

$$V = 1.2 \times \frac{620 + 580}{5.4} = 267 \text{kN} \cdot \text{m}$$

74. 正确答案是 D，解答如下：

根据《高规》7.1.4 条、10.2.2 条，底部加强部位取至 5 层楼板顶（18.2m 标高）。

由《高规》10.2.19 条：双排Φ10@200 的配筋率为 0.26%<0.3%，不满足；双排Φ12@200 的配筋率为 0.38%>0.3%，满足，故选（D）项。

75. 正确答案是 C，解答如下：

由《高规》10.2.18 条：$M = 1.5 \times 3500 = 5250$ kN·m

由《高规》7.2.6 条，$\eta_{vw} = 1.6$，则：

$$V = \eta_{vw}V_w = 1.6 \times 850 = 1360\text{kN}$$

76. 正确答案是 D，解答如下：

根据《高规》10.2.11 条：

$$N = 1.5 \times 1680 = 2520\text{kN}$$

由《抗震通规》4.3.2 条：

$$N = 1.3 \times 2950 + 1.4 \times 2520 = 7363\text{kN}$$

77. 正确答案是 A，解答如下：

根据《高规》式（D.0.3-2）：

$$\beta = \frac{1}{\sqrt{1+\left(\frac{3h}{2b_w}\right)^2}} = \frac{1}{\sqrt{1+\left(\frac{3\times 4.5}{2\times 4.9}\right)^2}} = 0.5875 > 0.2$$

$l_0 = \beta h = 0.5875 \times 4500 = 2644\text{mm}$，则：

$$q = \frac{E_c t^3}{10 l_0^2} = \frac{3.25 \times 10^4 \times 400^3}{10 \times 2644^2} = 2.9754 \times 10^4 \text{kN/m}$$

78. 正确答案是 A，解答如下：

根据《高规》10.2.2 条，第四层属底部加强部位，应设置约束边缘构件；$\mu_N = 0.40$，一级抗震等级，根据表 7.2.15，约束边缘构件沿墙肢的长度 $l_c = 0.20 h_w = 1200$mm。

根据《高规》7.2.15 条：

$a_c = \max\left(b_w, \frac{l_c}{2}, 400\right) = \max\left(250, \frac{1200}{2}, 400\right) = 600$mm，故排除（C）、（D）项。

查表 7.2.15，$\lambda_v = 0.20$

$$\rho_v = \lambda_v \frac{f_c}{f_{yv}} = 0.2 \times \frac{19.1}{360} = 1.06\%$$

（A）项：$\rho_v = \frac{78.5 \times [2 \times (600-20) + 4 \times (250-2\times 20)]}{(250-2\times 25)\times(600-25-10/2)\times 100} = 1.38\% > 1.06\%$，满足。

（B）项：$\rho_v = \frac{50.3 \times [(250-2\times 19)\times 4 + (600-19)\times 2]}{(250-2\times 23)\times(600-23-8/2)\times 100} = 0.865\% < 1.06\%$，不满足。

故应选（A）项。

79. 正确答案是 C，解答如下：

$$\frac{l_n}{h} = \frac{1.5}{0.7} = 2.14 < 2.5, \text{且} > 1.5$$

根据《高规》7.2.24 条，纵筋的最小配筋率可按框架梁的要求采用。

根据《高规》表 6.3.2-1：

$$\rho_{侧} = \max(0.40\%, 0.80 f_t/f_y) = \max(0.40\%, 0.80 \times 1.71/360)$$
$$= 0.40\%$$

$A_{s,侧} \geq 0.40\% \times 300 \times 700 = 840\text{mm}^2$，故排除（A）、（B）项。

根据《高规》7.2.27 条及表 6.3.2-2：

箍筋最小直径为 10mm，其间距 s：

$$s = \min\left(\frac{h_b}{4}, 6d, 100\right) = \min\left(\frac{700}{4}, 6\times 20, 100\right) = 100\text{mm}$$

故选用 $\Phi 10@100$。

纵筋 $3 \Phi 20$ ($A_s = 942\text{mm}^2$），$\rho = \dfrac{942}{300 \times 660} = 0.48\% < 2\%$，故箍筋最小直径仍为 $\Phi 10$。

所以应选（C）项。

80. 正确答案是 A，解答如下：

根据《高规》附录 E：

$$C_1 = 2.5 \left(\dfrac{h_{c1}}{h_1}\right)^2 = 2.5 \times \left(\dfrac{0.9}{4.5}\right)^2 = 0.1$$

$A_1 = A_{w1} + C_1 A_{c1} = A_{w1} + 0.1 \times 6.48 = A_{w1} + 0.648$

$A_2 = A_{w2} = 16.1 \text{m}^2$

$$\gamma = \dfrac{G_1 A_1}{G_2 A_2} \times \dfrac{h_2}{h_1} = \dfrac{A_{w1} + 0.648}{16.1} \times \dfrac{4.2}{4.5} \geq 0.5$$

解之得：$A_{w1} \geq 8.0 \text{m}^2$

【74~80 题评析】 75 题，根据《高规》10.2.18 条，其弯矩设计值应按相应的抗震等级乘以增大系数，这是部分框支剪力墙结构的特点。

77 题，《高规》强调剪力墙的截面厚度应符合《高规》附录 D 的墙体稳定验算要求，并应满足剪力墙截面最小厚度的规定，其目的是为了保证剪力墙平面外的刚度和稳定性能，也是高层剪力墙截面厚度的最低要求。

78 题，计算箍筋体积时，箍筋长度计算至与之垂直箍筋的中到中，计算混凝土核心截面面积时，算至箍筋内表面。

2014 年真题解答与评析

（上午卷）

1. 正确答案是 D，解答如下：

根据《设防分类标准》6.0.8 条，中学教学楼不低于乙类。

根据《抗规》表 6.1.2，乙类，故按 8 度，高度 <24m，不属于大跨度框架，故框架抗震等级为二级。

根据《抗规》表 5.1.4-1，7 度（0.10g），多遇地震，取 $a_{max}=0.08$。

2. 正确答案是 C，解答如下：

根据《抗规》5.2.2 条：

$M_{1k}=300×3.6/2=540$ kN·m

$M_{2k}=-150×3.6/2=-270$ kN·m

$M_{3k}=50×3.6/2=90$ kN·m

柱顶弯矩值：$M_k=\sqrt{540^2+(-270)^2+90^2}=610$ kN·m

3. 正确答案是 D，解答如下：

根据《混规》11.4.2 条，柱下端弯矩×1.5。

根据《混规》11.4.5 条、11.4.3 条：

$$V=1.3×\frac{(M_c^b+M_c^t)}{H_n}×1.1=1.3×\frac{(180+1.5×200)}{3.0}×1.1=229\text{kN}$$

4. 正确答案是 C，解答如下：

根据《混规》11.4.7 条：

$0.3f_cA=0.3×14.3×600×600×10^{-3}=1544.4\text{kN}<2000\text{kN}$，取 $N=1544.4$ kN

$$V=\frac{1}{\gamma_{RE}}\left(\frac{1.05}{\lambda+1}f_tbh_0+f_{yv}\frac{A_{sv}}{s}h_0+0.056N\right)$$

$$=\frac{1}{0.85}×\left(\frac{1.05}{2.7+1}×1.43×600×560+360×\frac{4×78.5}{150}×560\right.$$

$$\left.+0.056×1544.4×10^3\right)$$

$$=758.7\text{kN}$$

5. 正确答案是 C，解答如下：

根据《抗规》6.3.9 条，二级框架角柱，故排除（B）、（D）项。

根据《抗规》6.3.9 条，取 $\lambda_v=0.13$，则：

$$\rho_v=\lambda_v\frac{f_c}{f_{yv}}=0.13×\frac{16.7}{270}=0.8\%>0.6\%$$

对于（A）项，φ8@100：

$$\rho_v=\frac{8×(600-2×20-8)×50.3}{(600-2×20-2×8)^2×100}=0.75\%<0.8\%，故排除（A）项。$$

所以应选（C）项。

【1～5题评析】 1题，中、小学教学楼属于乙类建筑；大学教学楼属于丙类建筑。
4题，区分柱箍筋加密区、非加密区的剪力值设计要求，箍筋要求。

6. 正确答案是C，解答如下：

根据《混规》4.1.2条，（C）项错误，应选（C）项。

【6题评析】 （A）项，根据《混规》6.3.4条、6.3.5条，正确。

（B）项，根据《混规》7.1.1条、7.2.3条，正确。

（D）项，根据《混规》10.1.3条，正确。

7. 正确答案是D，解答如下：

8度，$l=5$m，根据《抗规》5.1.1条条文说明，应计入竖向地震作用。

根据《抗规》5.3.3条，及《抗震通规》4.3.2条：

重力荷载代表值的线荷载$=32+0.5\times 8=36$kN/m

$$M=1.3\times\left(\frac{1}{2}\times 36\times 5^2+30\times 5\right)+1.4\times\left(\frac{1}{2}\times 36\times 5^2+30\times 5\right)\times 10\%=864\text{kN}\cdot\text{m}$$

8. 正确答案是C，解答如下：

根据《混规》附录H.0.3条，（C）项错误，应选（C）项。

【8题评析】 （A）项，根据《混规》附录H.0.12条，正确。

（B）项，根据《混规》附录H.0.3条，正确。

（D）项，根据《混规》9.5.2条，正确。

9. 正确答案是A，解答如下：

根据《混规》6.5.1条：

$$h_0=250-30=220\text{mm}, \quad u_m=4\times\left(1300+2\times\frac{220}{2}\right)=6080\text{mm}$$

集中反力作用面积为方形，$\beta_s=1<2$，故取$\beta_s=2$，$\eta_1=0.4+\frac{1.2}{\beta_s}=1.0$

中柱：$a_s=40$，$\eta_2=0.5+\frac{a_s h_0}{4u_m}=0.5+\frac{40\times 220}{4\times 6080}=0.86$

$\eta=\min(1.0, 0.86)=0.86$

$\beta_h=1.0$

$$F_u=0.7\beta_h f_t\eta u_m h_0=0.7\times 1.0\times 1.57\times 0.86\times 6080\times 220\times 10^{-3}=1264\text{kN}$$

10. 正确答案是D，解答如下：

根据《混规》9.3.11条：

$$a=\max(0.3h_0, 150+20)=\max(0.3\times 560, 170)=170\text{mm}$$

$$A_s\geq\frac{F_v a}{0.85 f_y h_0}+1.2\frac{F_h}{f_y}，即：$$

$$A_s\geq\frac{450\times 170\times 1000}{0.85\times 360\times 560}+\frac{1.2\times 90\times 1000}{360}=446+300=746\text{mm}^2$$

根据《混规》9.3.12条：

$$\rho_{\min}=0.45\frac{f_t}{f_y}=0.45\times\frac{1.43}{360}=0.179\%<0.2\%，取\rho_{\min}=0.2\%$$

承受竖向力的纵向受拉钢筋截面面积$\geq\rho_{\min}bh=0.002\times 400\times 600=480\text{mm}^2>446\text{mm}^2$

所以 $A_s \geqslant 480+300=780\mathrm{mm}^2$

11. 正确答案是 D，解答如下：

根据《结通规》4.2.4 条：

次梁的从属面积为：

$3 \times 9 = 27\mathrm{m}^2 < 50\mathrm{m}^2$，活荷载不折减。

由《结通规》3.1.13 条：

$$q = 1.3 \times (5.0 \times 3 + 10.0) + 1.5 \times 2.5 \times 3 = 43.75\mathrm{kN/m}$$

12. 正确答案是 D，解答如下：

根据《混规》6.2.10 条：

$h_0 = 120 - 20 = 100\mathrm{mm}$，$\gamma_0 = 1.0$

$$x = h_0 - \sqrt{h_0^2 - \frac{2\gamma_0 M}{\alpha_1 f_c b}}$$

$$= 100 - \sqrt{100^2 - \frac{2 \times 1 \times 5 \times 10^6}{1 \times 14.3 \times 1000}}$$

$$= 3.56\mathrm{mm}$$

$$A_s = \frac{f_c bx}{f_y} = \frac{14.3 \times 1000 \times 3.56}{360} = 141\mathrm{mm}^2/\mathrm{m}$$

《混通规》4.4.6 条：

$$\rho_{\min} = \max(0.20\%, 0.45 f_t/f_y)$$

$$= \max(0.20\%, 0.45 \times 1.43/360) = 0.20\%$$

$$A_{s,\min} = 0.20\% \times 1000 \times 120 = 240\mathrm{mm}^2/\mathrm{m} > 141\mathrm{mm}^2/\mathrm{m}$$

故应选（D）项。

13. 正确答案是 C，解答如下：

根据《混规》11.3.1 条：

$$h_0 = 800 - 60 = 740\mathrm{mm}, \quad x = 0.35 \times 740 = 259\mathrm{mm}$$

由《混规》6.2.10 条：

$$M = \frac{1}{\gamma_{RE}}\left[f'_y A'_s(h_0 - a_s) + f_c bx\left(h_0 - \frac{x}{2}\right)\right]$$

$$= \frac{1}{0.75}\left[360 \times 1884 \times (740 - 60) + 14.3 \times 350 \times 259 \times \left(740 - \frac{259}{2}\right)\right]$$

$$= 1670\mathrm{kN \cdot m}$$

14. 正确答案是 C，解答如下：

根据《混规》11.3.6 条：

$$\rho_{纵} = \frac{5890}{350 \times (800-70)} = 2.3\% > 2\%$$

故箍筋最小直径取 $\Phi 10$，其间距 s 为：

$$s = \min(8 \times 25, 800/4, 150) = 150\mathrm{mm}$$

故配置 $\Phi 10@150$（4）。

【11～14 题评析】 11 题，次梁配筋计算时，次梁不承担地震作用，故次梁按非抗震设计。

12题，区分普通板、悬臂板、筏板的最小配筋率的规定。

14题，梁纵向受力钢筋配筋较大时，应复核其最大配筋率。

15. 正确答案是A，解答如下：

根据《混规》式（7.1.2-1），（A）项错误，应选（A）项。

【15题评析】（B）项，根据《混规》7.2.6条，正确。

（C）项，根据《混规》7.1.2条注1，正确。

（D）项，根据《混规》7.2.3条，正确。

16. 正确答案是C，解答如下：

根据《混规》11.6.7条、11.1.7条：

$$l_{abE} = \xi_{aE} l_{ab} = 1.15 l_{ab}$$

又由《混规》8.3.1条、8.3.2条：

$$l_{ab} = \alpha \frac{f_y}{f_t} d = 0.14 \times \frac{360}{1.43} d = 35.2d$$

则：$0.4 l_{abE} = 0.4 \times 1.15 l_{ab} = 0.4 \times 1.15 \times 35.2 d \leq 400 - 35$

解之得：$d \leq 22.5 \text{mm}$

选 $d = 22\text{mm}$，故选（C）项。

17. 正确答案是C，解答如下：

根据《混规》H.0.4条：

$$V = 1.2 f_t b h_0 + 0.85 f_{yv} \frac{A_{sv}}{s} h_0$$

$$= 1.2 \times 1.43 \times 300 \times 560 + 0.85 \times 360 \times \frac{2 \times 50.3}{200} \times 560$$

$$= 374.5 \text{kN}$$

18. 正确答案是B，解答如下：

根据《混规》9.2.5条：

该梁截面上、中、下各配置2根抗扭纵筋，$A_{stl}/3 = 280/3 = 93.3 \text{mm}^2$，故排除（C）、（D）项。

$$\frac{A_{sv1}}{s} + \frac{A_{stl}}{s} = 0.112 + 0.2 = 0.312 \text{mm}^2/\text{mm}$$

（A）项，φ8@200：$\frac{50.3}{200} = 0.2515 \text{mm}^2/\text{mm}$，不满足。

（B）项，φ8@150：$\frac{50.3}{150} = 0.335 \text{mm}^2/\text{mm}$，满足，故选（B）项。

【18题评析】顶部和中部选用 2⌀10（$A_s = 157.1 \text{mm}^2$）

底面纵筋 $620 + 93.3 = 713.3 \text{mm}^2$，选用 3⌀18（$A_s = 763.4 \text{mm}^2$）

19. 正确答案是A，解答如下：

根据《钢标》6.1.1条：

$$\frac{M_x}{\gamma_x W_{nx}} = \frac{411 \times 10^6}{1.05 \times 3240 \times 10^3} = 120.8 \text{N/mm}^2$$

20. 正确答案是D，解答如下：

$$l_{0y} = 22000 - 2 \times 6000 = 10000 \text{mm}$$

$$\lambda_y = \frac{10000}{68.7} = 145.56$$

则由《钢标》附录式（C.1-1）：

$$\varphi_b = \beta_b \frac{4320}{\lambda_y^2} \frac{Ah}{W_x} \left[\sqrt{1 + \left(\frac{\lambda_y t_1}{4.4h}\right)^2} + \eta_b \right] \varepsilon_k^2$$

$$= 0.8 \times \frac{4320}{145.56^2} \times \frac{152.8 \times 100 \times 600}{3240 \times 10^3} \times \left(\sqrt{1 + \left(\frac{145.56 \times 16}{4.4 \times 600}\right)^2} + 0 \right) \times \frac{235}{235}$$

$$= 0.8 \times 0.204 \times 2.83 \times 1.334$$

$$= 0.616 > 0.6$$

$$\varphi_b' = 1.07 - \frac{0.282}{0.616} = 0.612, \text{取 } \varphi_b = \varphi_b' = 0.612$$

根据《钢标》式（6.2.2）：

$$\frac{M_x}{\varphi_b W_x} = \frac{411 \times 10^6}{0.616 \times 3240 \times 10^3} = 206 \text{N/mm}^2$$

21. 正确答案是 B，解答如下：

$$\frac{f_{\max}}{l} = \frac{5ql^4}{384EI_x} \cdot \frac{1}{l} = \frac{5ql^3}{384EI_x} = \frac{5ql^2 \cdot l}{48 \times 8 \times EI_x}$$

$$= \frac{5M_k l}{48EI_x} = \frac{5 \times 386.2 \times 10^6 \times 10000}{48 \times 206 \times 10^3 \times 97150 \times 10^4} = \frac{1}{497}$$

22. 正确答案是 C，解答如下：

根据《钢标》表 11.4.2-2：

$$N_v^b = 0.9 k n_f \mu P = 0.9 \times 0.85 \times 1 \times 0.4 \times 190 = 58.1 \text{kN}$$

$$n = \frac{202.2}{58.1} = 3.5$$

故取 $n = 4$。

23. 正确答案是 A，解答如下：

根据《钢标》4.4.5 条，取 $0.9 f_f^w$。

由《钢标》11.2.2 条：

$$l_w = \frac{N}{2 \times 0.7 h_f \times 0.9 f_f^w} = \frac{1.10 \times 202.2 \times 10^3}{2 \times 0.7 \times 6 \times 0.9 \times 160} = 184 \text{mm}$$

$$l = l_w + 2h_f = 196 \text{mm}$$

【19～23题评析】 21题，平面外的计算长度 l_{0y}，应从题目图示中获取，由本题目的提示①，可知：$l_{0y} = 22 - 2 \times 6 = 10\text{m}$。

22题，从题目图示，确定传力摩擦面数目 $n_f = 1.0$。

24. 正确答案是 C，解答如下：

根据《钢标》3.3.2 条：

$$H_k = \alpha P_{k,\max} = 0.1 \times 470 = 47 \text{kN}$$

25. 正确答案是 A，解答如下：

根据《荷规》6.1.2 条：

$$H_k = \frac{(Q+g) \times 10\%}{4} = \frac{(50+15) \times 9.8 \times 10\%}{4} = 15.9 \text{kN}$$

26. 正确答案是 D，解答如下：

根据《钢标》3.1.7 条、《荷规》6.3.1 条、《可靠性标准》8.2.4 条：
$$F = 1.5 \times 1.1 \times 470 = 775.5 \text{kN}$$

27. 正确答案是 B，解答如下：

根据《钢标》6.1.4 条：
$$l_z = a + 5h_y + 2h_R = 50 + 5 \times 20 + 2 \times 130 = 410 \text{mm}$$

根据《荷规》6.3.1 条、《可靠性标准》8.2.4 条：
$$F = 1.5 \times 1.05 \times 470 \times 10^3 = 740.25 \times 10^3 \text{N}$$

$$\sigma_c = \frac{\psi F}{t_w \times l_z} = \frac{1.0 \times 740.25 \times 10^3}{14 \times 410} = 129 \text{N/mm}^2$$

28. 正确答案是 A，解答如下：

根据《钢标》11.2.2 条：
$$l_w = 1500 - 2 \times 10 = 1480 \text{mm}$$

$$\tau_f = \frac{1.2R}{2 \times 0.7 \times h_f \times l_w} = \frac{1.2 \times 1727.8 \times 10^3}{2 \times 0.7 \times 10 \times 1480} = 100 \text{N/mm}^2$$

【24～28 题评析】 24 题，25 题，区分吊车摆动引起的"卡轨力"，与吊车的横向水平荷载。卡轨力仅适用钢结构中重级工作制吊车梁（或吊车桁架）。

28 题，本题目中取 $l_w = 1480$mm，这是因为：由于角焊缝受力沿全长均匀分布。

29. 正确答案是 C，解答如下：

根据《钢标》7.4.6 条：

桁架受压杆件：$[\lambda] = 150$。

根据《钢标》7.4.7 条：

桁架受拉杆件（有重级工作制吊车）：$[\lambda] = 250$。

30. 正确答案是 D，解答如下：

根据《钢标》表 7.4.1-1：
$$l_0 = 0.8l$$

31. 正确答案是 C，解答如下：

根据《砌规》5.1.3 条：

$H = 3200 + 400 = 3600$mm

刚性方案，$s = 7.8$m$ > 2H = 7.2$m，则：
$$H_0 = 1.0H = 3.6 \text{m}$$

$$\beta = \gamma_\beta \frac{H_0}{h} = 1.1 \times \frac{3600}{190} = 20.8$$

$e/h = 0.1$，查规范附录 D，取 $\varphi = 0.428$

$\varphi f A = 0.428 \times 2.5 \times 1000 \times 190 = 203.3$ kN/m

32. 正确答案是 C，解答如下：

根据《砌规》3.2.1 条：
$$f_g = f + 0.6\alpha f_c = 2.5 + 0.6 \times 46.7\% \times 100\% \times 11.9$$

$$= 5.83\text{MPa} > 2f = 2 \times 2.5 = 5\text{MPa}$$

故取 $f_g = 5\text{MPa}$

33. 正确答案是 D，解答如下：

本工程横墙较少，且房屋总高度和层数达到《抗规》表 7.1.2 规定的限值。

根据《抗规》7.1.2 条第 3 款，当按规定采取加强措施后，其高度和层数应允许按表 7.1.2 的规定采用。

根据《抗规》7.3.1 条构造柱设置部位要求及 7.3.14 条第 5 款加强措施要求，所有纵横墙中部均应设置构造柱，且间距不宜大于 3.0m。

构造柱设置如图 Z14-1J 所示。

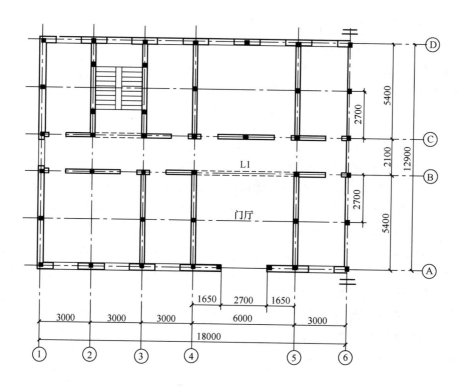

图 Z14-1J

34. 正确答案是 B，解答如下：

根据《砌规》表 4.2.1，第 1 类楼（屋）盖，最大横墙间距 $s = 3.6 \times 4 = 14.4\text{m}$，故属于刚性方案。

根据《砌规》5.1.3 条，$H = 3.6\text{m}$，$s = 14.4\text{m} > 2H = 7.2\text{m}$，则：

$$H_0 = 1.0H = 3.6\text{m}$$

截面面积：$A = 1.8 \times 0.24 + 0.72 \times 0.24 = 0.6048\text{m}^2$

$$i = \sqrt{I/A} = \sqrt{\frac{10 \times 10^{-3}}{0.6048}} = 0.1286\text{m}, h_T = 3.5i = 0.450\text{m}$$

$$\beta = \frac{H_0}{h_T} = \frac{3.6}{0.450} = 8.0$$

35. 正确答案是 A，解答如下：

根据《砌规》4.2.5条：
$$M = \frac{1}{12}ql^2 = \frac{1}{12} \times 30 \times 12^2 = 360\text{kN} \cdot \text{m}$$
$$\gamma = 0.2\sqrt{\frac{a}{h_T}} = 0.2\sqrt{\frac{360}{400}} = 0.19$$
$$M_{约束} = \gamma M = 0.19 \times 360 = 68.4\text{kN} \cdot \text{m}$$

36. 正确答案是 A，解答如下：
$$A = 1800 \times 240 + 720 \times 240 = 604800\text{mm}^2$$
$$\sigma_0 = N_u/A = 210000/604800 = 0.347\text{MPa}$$

37. 正确答案是 C，解答如下：
根据《砌规》5.2.5条：
查表 3.2.1-1，取 $f = 1.89\text{MPa}$
$$A = 0.605\text{m}^2 > 0.3\text{m}^2，取 f = 1.89\text{MPa}$$
$$\frac{\sigma_0}{f} = \frac{0.378}{1.89} = 0.20$$

查表 5.2.7，取 $\delta_1 = 5.7$。
$$a_0 = \delta_1\sqrt{\frac{h_c}{f}} = 5.7\sqrt{\frac{800}{1.89}} = 117.3\text{mm} < 360\text{mm}$$

故取 $a_0 = 117.3\text{mm}$。

38. 正确答案是 A，解答如下：
根据《砌规》5.2.5条：
$$0.4a_0 = 0.4 \times 140 = 56\text{mm}$$
$$A_b = 480 \times 360 = 172800\text{mm}^2$$
$$N_0 = 0.7 \times A_b = 120960\text{N}$$

N_0 与 N_l 的合力的偏心距 e：
$$e = \frac{300 \times \left(\frac{480}{2} - 56\right)}{300 + 120.96} = 131.1\text{mm}$$

按 $\beta \leqslant 3$，$e/h = 131.1/480 = 0.273$，查附录表 D.0.1-1，则：
$$\varphi = 0.52$$

39. 正确答案是 D，解答如下：
根据《砌规》5.2.5条、5.2.2条：
$$\gamma = 1 + 0.35\sqrt{\frac{A_0}{A_l} - 1} = 1 + 0.35\sqrt{\frac{480 \times 720}{480 \times 360} - 1} = 1.35$$
$\gamma_1 = 0.8\gamma = 0.8 \times 1.35 = 1.08 > 1.0$，取 $\gamma_1 = 1.08$。

40. 正确答案是 B，解答如下：
根据《砌规》5.2.5条：
按 $\beta \leqslant 3.0$，$e/h = 96/480 = 0.20$，查附表 D.0.1-1，$\varphi = 0.68$
$\gamma_1 = 0.8\gamma = 0.8 \times 1.50 = 1.20 > 1.0$，取 $\gamma_1 = 1.20$。
$$\varphi\gamma_1 f A_b = 0.68 \times 1.2 \times 1.89 \times 480 \times 360 = 266.5\text{kN}$$

【34~40题评析】 38题，梁端支承压力合力作用点到壁柱内边的距离$0.4a_0$，其依据是《砌规》5.2.5条第3款，也可依据《砌规》4.2.5条第3款。

39题，本题目的提示是"多余"的，《砌规》5.2.5条第2款有相同的规定。

（下午卷）

41. 正确答案是C，解答如下：

根据《砌规》表3.2.2，取$f_{tm}=0.05$MPa。

由规范5.4.1条，按1m计算，则：

$$M = \frac{wH_i^2}{12} \times 10^3 \leqslant f_{tm}W, 则：$$

$$\frac{1}{12}w \times 3000^2 \times 10^3 \leqslant 0.05 \times \frac{1}{6} \times 1000 \times 190^2$$

解之得：$w \leqslant 0.40 \times 10^{-3} \text{N/mm}^2 = 0.401 \text{kN/m}^2$

42. 正确答案是C，解答如下：

根据《砌规》5.1.2条：

$$\beta = \gamma_\beta \frac{H_0}{h} = 1.1 \times \frac{3000}{190} = 17.4$$

取$\gamma_G=1.0$，则：

$$N = 1.0 \times 12 \times 0.19 \times 3 = 6.84 \text{kN}$$

$$e = \frac{M}{N} = \frac{0.375 \times 10^3}{6.84} = 54.8 \text{mm}$$

$$e/h = 54.8/190 = 0.288$$

查附录表D.0.1-1：

$$\beta = 16, e/h = 0.288 时, \varphi = \frac{1}{2}(0.29 + 0.27) = 0.28$$

$$\beta = 18, e/h = 0.288 时, \varphi = \frac{1}{2}(0.27 + 0.25) = 0.26$$

$$\beta = 17.4, e/h = 0.288 时, 取 \varphi = 0.28 - \frac{17.4 - 16}{18 - 16} \times (0.28 - 0.26) = 0.266$$

$$\varphi f A = 0.266 \times 1.19 \times 1000 \times 190 = 60.1 \text{kN/m}$$

43. 正确答案是D，解答如下：

根据《砌规》表6.1.1，取$[\beta]=24$

由规范6.1.3条，取$\mu_1=1.3$

由规范6.1.4条：

窗洞高度$2.1\text{m} > \frac{1}{5} \times 3 = 0.6\text{m}$，且$2.1\text{m} < \frac{4}{5} \times 3 = 2.4\text{m}$

$$\mu_2 = 1 - 0.4 \frac{b_s}{s} = 1 - 0.4 \times \frac{4}{8} = 0.8 > 0.7$$

$$\mu_1 \mu_2 [\beta] = 1.3 \times 0.8 \times 24 = 24.96$$

44. 正确答案是B，解答如下：

根据《砌规》6.1.3条，取$\mu_1=1.5$。

由《砌规》6.1.1条，由图示可知，$H_0=3500\text{mm}$，则：

$$\mu_1\mu_2[\beta]=1.5\times1.0\times[\beta]\geqslant\beta=\frac{H_0}{h}=\frac{3500}{190}=38.9$$

解之得：$[\beta]\geqslant25.9$

查表 6.1.1，其相应的砂浆强度等级≥Mb7.5。

45. 正确答案是 C，解答如下：

根据《抗规》13.2.3 条：

由《抗规》5.1.4 条，7 度（0.10g）、多遇地震，取 $\alpha_{\max}=0.08$。

$$\begin{aligned}F&=\gamma\eta\xi_1\xi_2\alpha_{\max}G\\&=1\times1\times1.0\times2.0\times0.08\times(12\times0.09\times3.5\times1.0)\\&=0.605\text{kN/m}\end{aligned}$$

46. 正确答案是 A，解答如下：

根据《砌规》10.3.1 条、表 10.1.5，则：

$$\gamma_{\text{RE}}=1.0$$

$$\frac{f_{\text{vE}}A}{\gamma_{\text{RE}}}=\frac{0.09\times1000\times90}{1.0}=8.1\text{kN/m}$$

【41～46 题评析】 41 题，风荷载作用下，外围护墙砌体将沿通缝发生弯曲破坏，故取 $f_{\text{tm}}=0.05\text{MPa}$。

42 题，本题目取 $\gamma_G=1.0$，这是因为：$e=\dfrac{M}{N}$ 的数值越大，其受压承载力越小。但命题专家解答时，取 $\gamma_G=1.2$。

47. 正确答案是 D，解答如下：

根据《木标》10.2.14 条，（D）项错误，应选（D）项。

【47 题评析】 （A）、（B）项，根据《木标》4.3.18 条，正确。

（C）项，根据《木标》7.5.4 条，正确。

48. 正确答案是 A，解答如下：

按《木标》5.1.4 条、5.1.5 条：

$$l_0=3\text{m},I_{\min}=150\times100^3/12\text{mm}^4,A=100\times150\text{mm}^2$$

$$i_{\min}=\sqrt{I_{\min}/A}=\sqrt{100^2/12}=28.9\text{mm}$$

云南松 TC13A，则：

$$\lambda=l_0/i_{\min}=3000/28.9=103.8\text{mm}$$

$$\lambda_c=5.28\times\sqrt{1\times300}=91.5<\lambda，则：$$

$$\varphi=\frac{0.95\pi^2\times1\times300}{103.8^2}=0.261$$

49. 正确答案是 A，解答如下：

根据《地规》5.2.4 条：

e 和 I_L 均小于 0.85，取 $\eta_b=0.3$，$\eta_d=1.6$。

$$\begin{aligned}f_a&=f_{\text{ak}}+\eta_b\gamma(b-3)+\eta_d\gamma_{\text{m}}(d-0.5)\\&=150+0.3\times8.5\times(6-3)+1.6\times\frac{18\times1+8.5\times1}{2}\times(2-0.5)\\&=189.45\text{kPa}\end{aligned}$$

50. 正确答案是 B，解答如下：

根据《地规》5.2.7 条：

$$z/b = 1/16 = 0.06 < 0.25, 取 \theta = 0°。$$

$$p_c = 18 \times 1 + (18.5 - 10) \times 1 = 26.5 \text{kPa}$$

$$p_z = \frac{lb(p_k - p_c)}{(b + 2z\tan\theta)(l + 2z\tan\theta)} = p_k - p_c = 145 - 26.5 = 118.5 \text{kPa}$$

51. 正确答案是 A，解答如下：

根据《地处规》7.1.5 条：

$$R_a = u_p \Sigma q_{si} l_{pi} + \alpha_p q_p A_p$$
$$= 3.14 \times 0.6 \times (15 \times 0.8 + 10 \times 6 + 20 \times 3.2) + 0.5 \times 160 \times 3.14 \times 0.30^2$$
$$= 278.8 \text{kN}$$

52. 正确答案是 D，解答如下：

根据《地处规》7.1.5 条：

$$m = \frac{d^2}{d_e^2} = \frac{d^2}{(1.13s)^2} = \frac{600^2}{(1.13 \times 500)^2} = 0.1547$$

$$f_{spk} = \lambda m \frac{R_a}{A_p} + \beta(1 - m) f_{sk}$$

$$f_{spk} = 1.0 \times 0.1547 \times \frac{200}{3.14 \times 0.30^2} + 0.35 \times (1 - 0.1547) \times 150 = 153.9 \text{kPa}$$

53. 正确答案是 A，解答如下：

根据《地处规》7.3.3 条：

$$f_{cu} \geqslant \frac{R_a}{\eta A_p} = \frac{200 \times 10^3}{0.25 \times \frac{1}{4} \times \pi \times 600^2} = 2.83 \text{N/mm}^2$$

54. 正确答案是 C，解答如下：

根据《地规》5.2.1 条：

$$p_k = \frac{F_k}{b} + \gamma d \leqslant f_a$$

$$\frac{250}{b} + 20 \times 1.8 \leqslant 200$$

解之得：$b \geqslant 1.524 \text{m}$

55. 正确答案是 B，解答如下：

根据《地规》8.2.14 条：

$$a_1 = \frac{b - 0.24}{2} = \frac{2 - 0.24}{2} = 0.88 \text{m}$$

$$p_j = 250 - 1.3 \times 20 \times 1.8 = 203.2 \text{kPa}$$

$$M = \frac{1}{2} \times p_j \times a_1^2$$

$$= \frac{1}{2} \times 203.2 \times 0.88^2 = 78.7 \text{kN} \cdot \text{m/m}$$

56. 正确答案是 B，解答如下：

根据《地规》8.2.1条，$h \geq 200$mm，故排除（A）项。

由《地规》8.2.9条，由4个选项，取$\beta_{hs}=1.0$，则：

$$V_s = p_j \times \frac{2-0.36}{2} = 190 \times 0.82 = 155.8 \text{kN/m} = 155.8 \times 10^3 \text{N/m}$$

$$0.7\beta_{hs}f_tA_0 = 0.7\beta_{hs}f_tbh_0 = 0.7 \times 1 \times 1.27 \times 1000h_0 \geq 155.8 \times 10^3$$

解之得：
$$h_0 \geq 175.3 \text{mm}$$
$$h = h_0 + 50 = 225.3 \text{mm}$$

57. 正确答案是B，解答如下：

根据《地规》5.3.8条：
$$z_n = b(2.5 - 0.4\ln b) = 2 \times (2.5 - 0.4\ln 2) = 4.45 \text{m}$$

【54~57题评析】 55题、56题，本题目为砌体墙下条形扩展基础，当计算M值时，《地规》8.2.14条作了规定，本题目砖放脚60mm$\leq \frac{1}{4}$砖长$=\frac{1}{4} \times 240 = 40$mm，故取$a_1=0.88$m。当计算$V$值时，取砖放脚处截面，$a_1=0.82$m。此外，采用混凝土墙时，计算$V$值时，也应取$a_1=0.82$m。

58. 正确答案是B，解答如下：

根据《桩规》5.2.2条：

设桩进入⑤层土的长度为l_5，则：

$$Q_{uk} = 3.14 \times 0.4 \times (4 \times 26 + 12 \times 60 + 70l_5) + 2600 \times \frac{1}{4}\pi \times 0.4^2$$
$$= 1361.46 + 87.92l_5$$

$\frac{Q_{uk}}{2} \geq \frac{3200}{4}$，则：

$$\frac{1361.46 + 87.92l_5}{2} \geq 800$$

解之得：$l_5 \geq 2.71$m

59. 正确答案是B，解答如下：

根据《桩规》5.4.6条：

$T_{uk} = \sum \lambda_i q_{sik} u_i l_i = 3.14 \times 0.4 \times (0.75 \times 26 \times 4 + 0.7 \times 60 \times 12 + 0.75 \times 70 \times 5)$
$= 1060.7$kN

$G_P = (23-10) \times 3.14 \times 0.2^2 \times 21 = 34.3$kN

故 $N_k \leq T_{uk}/2 + G_P = 564.7$kN

60. 正确答案是A，解答如下：

根据《地规》8.5.19条：

$a_{0x} = a_{0y} = 800 - 250 - 200 \times 0.886 = 372.8 \text{mm} > 0.25h_0 = 0.25 \times 950 = 237.5 \text{mm}$
$$< h_0 = 950 \text{mm}$$

$$\lambda_{0x} = \lambda_{0y} = a_{0x}/h_0 = 372.8/950 = 0.392$$

$$\alpha_{0x} = \alpha_{0y} = \frac{0.84}{\lambda_{0x} + 0.2} = 1.42$$

$$\beta_{hp} = 1.0 - \frac{1000 - 800}{2000 - 800}(1 - 0.9) = 0.983$$

$$2[a_{0x}(b_c+a_{0y})+a_{0y}(h_c+a_{0x})]\beta_{hp}f_th_0 = 4\times1.42\times(500+372.8)\times0.983\times1.43\times950$$
$$=6620\text{kN}$$

61. 正确答案是 B，解答如下：

根据《地规》附录 T.0.10 条、T.0.11 条：

试桩结果平均值为：$(840+960+920+840)/4=890$kN

$960-840=120$kN$<30\%\times890=267$kN，则：

$$R_a=\frac{890}{2}=445\text{kN}$$

【58～61 题评析】 59 题，计算桩身自重 G_P 应扣除水浮力。

62. 正确答案是 D，解答如下：

根据《地规》6.3.1 条，(D) 项错误，应选 (D) 项。

【62 题评析】 (A) 项，根据《地规》5.1.9 条，正确。

(B) 项，根据《地规》6.1.1 条，正确。

(C) 项，根据《地规》4.2.2 条，正确。

63. 正确答案是 D，解答如下：

根据《地规》8.5.16 条，(D) 项错误，应选 (D) 项。

【63 题评析】 (A) 项，根据《地规》7.2.13 条，正确。

(B) 项，根据《地规》8.5.3 条，正确。

(C) 项，根据《地规》7.2.1 条，正确。

64. 正确答案是 C，解答如下：

根据《地处规》附录 A.0.2 条，(C) 项正确，应选 (C) 项。

【64 题评析】 (A) 项，根据《地处规》4.1.4 条，错误。

(B) 项，根据《地处规》3.0.4 条，错误。

(D) 项，根据《地处规》9.1.2 条，错误。

65. 正确答案是 D，解答如下：

根据《高规》4.3.3 条条文说明，(D) 项正确，应选 (D) 项。

66. 正确答案是 A，解答如下：

根据《高规》4.2.2 条及条文说明，(A) 项错误，应选 (A) 项。

【66 题评析】 (B) 项，根据《高规》3.1.5 条条文说明，正确。

(C) 项，根据《高规》5.4.1 条及条文说明，正确。

(D) 项，根据《高规》6.4.2 条，正确。

67. 正确答案是 A，解答如下：

根据《高规》C.0.1 条、4.3.7 条、4.3.8 条：

$$G_{eq}=(12000+8\times11200+9250)\times0.85=94223\text{kN}$$
$$5T_g=1.75\text{s}>T_1=1.24\text{s}>T_g=0.35\text{s}, \alpha_{max}=0.08$$
$$F_{Ek}=\left(\frac{T_g}{T_1}\right)^\gamma\eta_1\alpha_{max}G_{eq}=\left(\frac{0.35}{1.24}\right)^{0.9}\times1\times0.08\times94223$$
$$=2412\text{kN}$$

【67 题评析】 本题按《抗规》解答，结果相同。

68. 正确答案是 D，解答如下：

根据《高规》C.0.1条：
$$T_1 = 1.10\text{s} > 1.4T_g = 1.4 \times 0.35 = 0.49\text{s}$$
$$\delta_n = 0.08T_1 + 0.07 = 0.08 \times 1.1 + 0.07 = 0.158$$
$$\Delta F_{10} = \delta_n \cdot F_{Ek} = 0.158 \times 3750 = 593\text{kN}$$

【68题评析】 本题按《抗规》解答，结果相同。

69. 正确答案是 B，解答如下：

根据《高规》3.7.5条，$[\theta_p] = 1/50$。

轴压比大于0.4，可采用柱子全高的箍筋构造比规程中框架柱箍筋最小配箍特征值大30%，从而层间弹塑性位移角限值可提高20%。

$$\Delta u_p \leqslant [\theta_p]h = \frac{4500}{50} \times 1.2 = 108\text{mm}$$

根据《高规》5.5.3条：

$\xi_y = 0.45$，查表5.5.3，$\eta_p = 1.9$

$$\Delta u_e = \frac{\Delta u_p}{\eta_p} = \frac{108}{1.9} = 56.84\text{mm}$$

70. 正确答案是 A，解答如下：

根据《高规》5.4.1条：

各层重力荷载设计值分别为：$G_1 = 1.2 \times 11500 + 1.4 \times 800 = 14920\text{kN}$

$$G_2 \sim G_9 = 1.2 \times 11000 + 1.4 \times 800 = 14320\text{kN}$$
$$G_{10} = 1.2 \times 9000 + 1.4 \times 600 = 11640\text{kN}$$
$$D_1 \geqslant 20\sum_{j=1}^{n}G_j/h_1 = 20 \times (14920 + 8 \times 14320 + 11640)/4.5$$
$$= 627200\text{kN/m}$$

71. 正确答案是 C，解答如下：

根据《高规》6.4.10条：

$\rho_v \geqslant 0.5\%$，且 $\lambda_v \geqslant 0.10$，由《高规》式（6.4.7），则：

$$\rho_v \geqslant \frac{\lambda_v f_c}{f_{yv}} = \frac{0.10 \times 16.7}{300} \times 100\% = 0.56\% > 0.5\%$$

同时，应满足6.4.3条柱箍筋规定，则：

抗震二级，查表6.4.3-2，箍筋直径≥8mm，其间距≥100mm。

$$\rho_v = \frac{\sum n_i A_{si} l_i}{A_{cor}s} = \frac{8 \times 50.3 \times (600 - 2 \times 20 - 8)}{(600 - 2 \times 20 - 2 \times 8)^2 \times 100}$$
$$= 0.75\%$$

最终取 $\rho_v = 0.75\%$。

72. 正确答案是 B，解答如下：

根据《高规》5.2.3条：
$$M_G = 0.85 \times 135 = 115\text{kN} \cdot \text{m}$$

《高规》表5.6.4，H 小于60m，不考虑风荷载；由《抗震通规》4.3.2条：
$$M_B = 1.3 \times M_G + 1.4 \times M_E = 1.3 \times 115 + 1.4 \times 130 = 332\text{kN} \cdot \text{m}$$

73. 正确答案是 A，解答如下：

根据《荷规》9.3.1 条~9.3.3 条：

温升工况：$\Delta T_k^s = T_{s,\max} - T_{0,\min} = 30 - 15 = 15℃$

降温工况：$\Delta T_k^j = T_{s,\min} - T_{0,\max} = 10 - 25 = -15℃$

74. 正确答案是 C，解答如下：

根据《高规》8.1.4 条：

$$V_f = 1500\text{kN} < 0.2V_0 = 0.2 \times 13500 = 2700\text{kN}$$

$$V = \min(0.2V_0, 1.5V_{f,\max})$$
$$= \min(0.2 \times 13500, 1.5 \times 1600) = 2400\text{kN}$$

该层框架内力调整系数 = 2400/1500 = 1.6。

$M = \pm 180 \times 1.6 = \pm 299\text{kN·m}$，$V = \pm 50 \times 1.6 = \pm 80\text{kN}$。

75. 正确答案是 C，解答如下：

根据《高规》表 3.9.3 条：

剪力墙抗震等级为一级；由提示，故暗梁抗震等级为一级。

由《高规》8.2.2 条，及《高规》表 6.3.2-1：

支座处：$\rho_{纵} = \max(0.40\%, 0.80 f_t/f_y)$
$= \max(0.40\%, 0.80 \times 1.71/360) = 0.4\%$

$$A_{s,支座} = 0.4\% \times 250 \times (2 \times 250) = 500\text{mm}^2$$

选 2Φ18（$A_s = 509\text{mm}^2$），满足，故选（C）项。

76. 正确答案是 D，解答如下：

根据《高规》7.1.3 条：

$\dfrac{l_n}{h} = \dfrac{3.0}{0.45} = 6.7 > 5$，故 LL1 宜按框架梁进行设计。

梁纵筋配筋率：$\rho = \dfrac{1520}{350 \times 410} = 1.06\% < 2\%$

根据《高规》表 6.3.2-2，加密区配Φ10@100。

非加密区，根据《高规》6.3.5 条：

$$\rho_{sv} \geqslant 0.30 f_t/f_{yv} = 0.3 \times 1.71/360 = 0.143\%$$

采用Φ10 时，4 肢箍，箍筋间距 $s = \dfrac{A_{sv}}{b\rho_{sv}} = \dfrac{4 \times 78.5}{350 \times 0.143\%} = 627\text{mm}$

根据《高规》6.3.5 第 5 款，取 $s = 2 \times 100 = 200\text{mm}$，满足。

故非加密区为：Φ10@200（4），故选（D）项。

【74~76 题评析】 75 题，暗梁是剪力墙的一部分，故暗梁的抗震等级应随墙，与剪力墙的抗震等级相同；暗梁的受力纵筋按《高规》表 6.3.2-1 框架梁中支座处的规定。

此外，对于连梁，《高规》7.2.21 条条文说明指出：连梁应与剪力墙取相同的抗震等级。

76 题，连梁跨高比可取净跨 L_n 进行计算。

77. 正确答案是 C，解答如下：

根据《高规》4.3.5 条，每条时程曲线计算所得的结构底部剪力最小值为：

$$12000 \times 65\% = 7800 \text{kN}$$

P_1 地震波不能选用，排除（A）项和（B）项。

多条时程曲线计算所得的剪力的平均值为：$12000 \times 80\% = 9600 \text{kN}$

$(10000 + 9600 + 9500) \times \dfrac{1}{3} = 9700 \text{kN} > 9600 \text{kN}$，（C）项，满足。

$(10000 + 9100 + 9500) \times \dfrac{1}{3} = 9533 \text{kN} < 9600 \text{kN}$，（D）项，不满足。

故选（C）项。

78. 正确答案是 A，解答如下：

根据《烟标》5.5.4 条：

8 度（0.2g），多遇地震，查《抗规》表 5.1.4-1，取 $\alpha_{\max} = 0.16$。

$$G_E = 950 + 1050 + 1200 + 1450 + 1630 + 2050 = 8330 \text{kN}$$

$$F_{Ev0} = \pm 0.75 \alpha_{v\max} G_E$$
$$= \pm 0.75 \times 0.16 \times 65\% \times 8330 = \pm 650 \text{kN}$$

79. 正确答案是 D，解答如下：

根据《烟标》5.5.4 条：

$$F_{Evik} = \pm \eta \left(G_{iE} - \dfrac{G_{iE}^2}{G_E}\right) = \pm 4(1+C)k_v \left(G_{iE} - \dfrac{G_{iE}^2}{G_E}\right)$$

第 1 节顶面：$F_{Ev1k} = \pm 4(1+0.7) \times 0.13 \times \left(6280 - \dfrac{6280^2}{8330}\right) = \pm 1366 \text{kN}$

第 2 节顶面：$F_{Ev2k} = \pm 4(1+0.7) \times 0.13 \times \left(4650 - \dfrac{4650^2}{8330}\right) = \pm 1816 \text{kN}$

第 3 节顶面：$F_{Ev3k} = \pm 4(1+0.7) \times 0.13 \times \left(3200 - \dfrac{3200^2}{8330}\right) = \pm 1742 \text{kN}$

第 4 节顶面：$F_{Ev4k} = \pm 4(1+0.7) \times 0.13 \times \left(2000 - \dfrac{2000^2}{8330}\right) = \pm 1344 \text{kN}$

故最大值为 1816kN。

80. 正确答案是 B，解答如下：

根据《烟标》5.2.2 条：

坡度为 $\dfrac{6000 - 3600}{2 \times 60000} \times 100\% = 2\%$

烟囱顶部 H 处风速为：

$$v_H = 40\sqrt{\mu_H w_0} = 40 \times \sqrt{1.71 \times 0.45} = 35.9 \text{m/s} > v_{cr,1}/1.2 = 12.9 \text{m/s}$$

故发生涡激共振。

由《烟标》5.2.6 条及其条文说明，应选（B）项。

2016 年真题解答与评析

1. 正确答案是 D，解答如下：

永久荷载满跨布置，可变荷载仅布置在 AB 跨。

可变荷载产生的 M_{Qk}：

$$M_{Qk} = \frac{1}{8} \times 10 \times 8^2 = 80 \text{kN/m}$$

永久荷载 g_1、g_2 分别产生的 M_{Gk1}、M_{Gk2}：

$$M_{Gk1} = \frac{1}{8} \times 40 \times 8^2 = 320 \text{kN} \cdot \text{m}$$

$$M_{Gk2} = -\frac{1}{2} \times 10 \times 2.5^2 = -31.25 \text{kN} \cdot \text{m}$$

《结通规》3.1.13 条：

$$M = 1.3 \times (320 - 31.25) + 1.5 \times 80 = 495.4 \text{kN} \cdot \text{m}$$

2. 正确答案是 C，解答如下：

假定为第一类 T 形：$h_0 = 700 - 40 = 660 \text{mm}$

由《混规》6.2.10 条：

$$x = h_0 - \sqrt{h_0^2 - \frac{2\gamma_0 M}{\alpha_1 f_c b_f'}}$$

$$= 660 - \sqrt{660^2 - \frac{2 \times 1 \times 340 \times 10^6}{1 \times 14.3 \times 750}}$$

$$= 49.9 \text{mm} < h_f' = 120 \text{mm}$$

故假定正确。

$$A_s = \frac{\alpha_1 f_c b_f' x}{f_y} = \frac{1 \times 14.3 \times 750 \times 49.9}{360} = 1487 \text{mm}^2$$

选 4 Φ 22（$A_s = 1520 \text{mm}^2$），满足。

3. 正确答案是 C，解答如下：

由《混规》6.3.4 条：

$$\frac{A_{sv}}{s} \geqslant \frac{410 \times 10^3 - 0.7 \times 1.43 \times 250 \times 660}{360 \times 660} = 1.03 \text{mm}^2/\text{mm}$$

选 Φ 10，则：$s \leqslant \frac{2 \times 78.5}{1.03} = 152 \text{mm}$

故配置 Φ 10@150。

4. 正确答案是 B，解答如下：

确定 σ_s，商场，由《结通规》表 4.2.2，取 $\psi_q = 0.5$；由《混规》7.1.2 条：

$$M_q = \frac{1}{2} \times 30 \times 2.5^2 + 0.5 \times \frac{1}{2} \times 30 \times 2.5^2 = 140.6 \text{kN} \cdot \text{m}$$

$$\sigma_s = \frac{M_q}{0.87 h_0 A_s}$$
$$= \frac{140.6 \times 10^6}{0.87 \times 430 \times 1884} = 199.5 \text{N/mm}^2$$

$$\rho_{te} = \frac{A_s}{A_{te}} = \frac{1884}{0.5 \times 250 \times 500 + 120 \times 500} = 0.0154 > 0.01$$

$$w_{\max} = \alpha_{cr} \psi \frac{\sigma_s}{E_s} \left(1.9 c_s + 0.08 \frac{d_{eq}}{\rho_{te}} \right)$$
$$= 1.9 \times 0.675 \times \frac{199.5}{2 \times 10^5} \times \left(1.9 \times 30 + 0.08 \times \frac{20}{0.0154} \right)$$
$$= 0.206 \text{mm}$$

5. 正确答案是 B，解答如下：
由《混规》3.4.3 条：
$l_0 = 2 \times 2.5 = 5\text{m} < 7\text{m}$，则：

$$[f] = \frac{l_0}{200} = \frac{5000}{200} = 25\text{mm}$$

$$\frac{18.7}{25} = 0.748$$

6. 正确答案是 D，解答如下：

对点 C 取矩，杆 AB 的拉力值：$N = \frac{350 \times 6 + 0.5 \times 25 \times 6 \times 6}{6} = 425\text{kN}$

杆 AB 的跨中弯矩值：$M = \frac{1}{8} \times 25 \times 6^2 = 112.5\text{kN} \cdot \text{m}$

故杆 AB 为偏拉构件：$e_0 = \frac{M}{N} = \frac{112.5 \times 10^3}{425} = 264.7\text{mm} > \frac{h}{2} - a_s = 200 - 45 = 155\text{mm}$

故为大偏拉，由《混规》6.2.23 条：

$$e' = e_0 + \frac{h}{2} - a'_s = 264.7 + 200 - 45 = 419.7\text{mm}$$

$$A_s \geq \frac{Ne'}{f_y(h'_0 - a_s)} = \frac{425 \times 10^3 \times 419.7}{360 \times (400 - 45 - 45)} = 1598\text{mm}^2$$

7. 正确答案 B，解答如下：
由《混规》9.7.6 条：

$$A_s \geq \frac{58 \times 10^3}{3 \times 2 \times 65} = 148.7\text{mm}^2$$

选用 φ14（$A_s = 153.9\text{mm}^2$），满足。

【7题评析】 原真题（C）、（D）项分别为 φ16、φ20，根据《混规》（2015 年版）规定，HPB300 钢筋的直径为 6～14mm，故将（C）、（D）项改为：φ10、φ8。

8. 正确答案是 A，解答如下：
根据《混规》6.2.6 条、6.2.7 条：

$$\beta_1 = 0.80 - \frac{60 - 50}{80 - 50} \times (0.80 - 0.74) = 0.78$$

$$\varepsilon_{cu} = 0.0033 - (60-50) \times 10^{-5} = 0.0032$$

$$\xi_b = \frac{0.78}{1 + \dfrac{360}{2 \times 10^5 \times 0.0032}} = 0.499$$

$$x_b = \xi_b h_0 = 0.499 \times (800 - 50) = 374.3 \text{mm}$$

9. 正确答案是 C，解答如下：

根据《混规》9.2.1 条第 3 款，（A）、（B）项错误，无法满足钢筋水平方向净间距要求。

由《混规》9.2.2 条：

$$0.7 f_t b h_0 = 0.7 \times 1.43 \times 250 \times (600 - 55) = 136 \text{kN} < 200 \text{kN}$$

故钢筋 $l_a \geqslant 12d$

$$d \leqslant \frac{l_a}{12} = \frac{300 - 35}{12} = 22.08 \text{mm}，故（C）项满足，选（C）项。$$

10. 正确答案是 C，解答如下：

根据《抗规》6.4.2 条，6.4.5 条：

$$Q_1 : \mu_{N1} = \frac{3000 \times 10^3}{19.1 \times 0.6 \times 10^6} = 0.26 < 0.3，不设置$$

$$Q_2 : \mu_{N2} = \frac{3550 \times 10^3}{19.1 \times 0.6 \times 10^6} = 0.31 > 0.3，设置约束边缘构件$$

$$Q_3 : \mu_{N3} = \frac{6600 \times 10^3}{19.1 \times 1.2 \times 10^6} = 0.29 < 0.3，不设置$$

$$Q_4 : \mu_{N4} = \frac{7330 \times 10^3}{19.1 \times 1.2 \times 10^6} = 0.32 > 0.3，设置约束边缘构件$$

故选（C）项。

11. 正确答案是 D，解答如下：

根据《抗规》表 6.1.2，非大跨度框架，故框架为抗震四级。

由《抗规》表 6.3.6 及注 2、注 3，则：

$$[\mu_N] = 0.90 - 0.05 + 0.10 = 0.95 < 1.05$$

12. 正确答案是 D，解答如下：

根据《混规》9.6.2 条，Ⅰ正确，故排除（B）项。

根据《混规》9.6.4 条，Ⅲ正确，故排除（A）项，

根据《混规》9.6.5 条，Ⅳ正确，故应选（D）项。

13. 正确答案是 C，解答如下：

根据《抗规》表 3.4.3-1 及条文说明：

$$\mu_{扭} = \frac{12.4}{(12.4 + 6.7)/2} = 1.298$$

14. 正确答案是 B，解答如下：

根据《抗规》5.5.1 条：

$$\theta_e = \frac{12.1}{7000}, \quad [\theta_e] = \frac{1}{550}$$

$$\frac{\theta_e}{[\theta_e]} = \frac{\frac{12.1}{7000}}{\frac{1}{550}} = 0.951$$

15. 正确答案是 B，解答如下：

根据《抗规》表 3.4.3-2：

各层的侧向刚度：$K_1 = \frac{3800 \times 10^3}{9.5} = 0.4 \times 10^6$，$K_2 = 3525 \times 10^3 / 20.0 = 0.176 \times 10^6$

$K_3 = 3000 \times 10^3 / 12.2 = 0.246 \times 10^6$，$K_4 = 2560 \times 10^3 / 11.5 = 0.223 \times 10^6$

$K_5 = 2015 \times 10^3 / 9.1 = 0.221 \times 10^6$

$$\frac{K_2}{(K_3 + K_4 + K_5)/3} = \frac{0.176}{(0.246 + 0.223 + 0.221)/3} = 0.765 < 0.8$$

故属于一般竖向不规则结构。

16. 正确答案是 A，解答如下：

根据《抗规》5.2.5 条：各层地震剪力系数分别为：

$$\lambda_1 = \frac{3800}{97130} = 0.039, \quad \lambda_2 = \frac{3525}{79850} = 0.044$$

$$\lambda_3 = \frac{3000}{61170} = 0.049, \quad \lambda_4 = \frac{2560}{45820} = 0.056$$

$$\lambda_5 = \frac{2015}{30470} = 0.066$$

均大于《抗规》表 5.2.5 中最小地震剪力系数 0.024 的要求，故选（A）项。

17. 正确答案是 C，解答如下：

丙类，根据《抗规》3.1.1 条、3.3.3 条，应选（C）项。

【13～17 题评析】 13 题、15 题为结构规则性判别，属于抗震概念设计的内容。

18. 正确答案是 A，解答如下：

根据《抗规》表 6.3.7-1：

$$\rho_{min} = (0.8 + 0.05)\% = 0.85\%$$

$$\rho_{实} = \frac{2036 + 1256}{650 \times 650} = 0.779\%$$

$$\frac{\rho_{实}}{\rho_{min}} = \frac{0.779\%}{0.85\%} = 0.916$$

【18 题评析】 原真题为"某多层框架办公楼"，可能为印刷有误，现改为"某多层框架结构办公楼"。

19. 正确答案是 D，解答如下：

根据《抗规》表 8.1.3，其抗震等级为四级。

20. 正确答案是 D，解答如下：

根据《抗规》8.1.6 条第 3 款，应选（D）项。

21. 正确答案是 A，解答如下：

根据《抗规》8.4.1 条

$$\lambda \leq 120\sqrt{235/235} = 120$$

22. 正确答案是 A，解答如下：

根据《钢标》表 7.4.1-1：

腹杆 Ⅰ：$l_{01} = l = \sqrt{2^2 + 2^2} = 2.828\text{m}$

腹杆 Ⅱ：$l_{02} = 0.8l = 0.8 \times \sqrt{2^2 + 2^2} = 2.263\text{m}$

23. 正确答案是 A，解答如下：

根据《钢标》7.2.2 条：

$$\lambda_z = 5.1 \frac{b_2}{t} = 5.1 \times \frac{90}{10} = 45.9 < \lambda_y = 77.3, 则：$$

$$\lambda_{yz} = 77.3 \times \left[1 + 0.25\left(\frac{45.9}{77.3}\right)^2\right] = 84.1$$

由《钢标》表 7.2.1-1，对 y 轴，属于 b 类；查附录 D.0.2，取 $\varphi_{yz} = 0.66$

$$\frac{N}{\varphi_{yz} A} = \frac{396 \times 10^3}{0.66 \times 44.52 \times 10^2} = 135\text{N/mm}^2$$

24. 正确答案是 C，解答如下：

根据《钢标》11.2.2 条，及本题提示：

$$\tau_f = \frac{kN}{h_e l_w} = \frac{0.65 \times 396000}{2 \times 0.7 \times 8 \times (210 - 2 \times 8)} = 118\text{N/mm}^2$$

25. 正确答案是 B，解答如下：

支撑斜杆按拉杆设计，在 T_H 作用下的力学计算简图如图 Z16-1J 所示。

采用截面法，对 3 点取矩：

$$N_A = -\frac{70 \times (3 \times 2.7)}{2.7} = -210\text{kN}(拉力)$$

对 1 点取矩：

$$N_B = \frac{70 \times (4 \times 2.7)}{2.7}$$

$$= 280\text{kN}(压力)$$

26. 正确答案是 C，解答如下：

根据图 Z16-1J，取水平方向的力平衡：$N_{1-3} = \frac{70}{\cos 45°} = 99\text{kN}$

$$\sigma = \frac{N}{A} = \frac{99000}{729} = 136\text{N/mm}^2$$

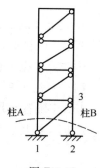

图 Z16-1J

【25、26 题评析】 掌握静定结构的计算。

27. 正确答案是 C，解答如下：

重级工作制吊车梁，根据《钢标》16.2.4 条，需计算疲劳。

根据《钢标》6.1.1 条、6.1.2 条，取 $\gamma_x = 1.0$：

$$\frac{b}{t} = \frac{650 - 18}{2 \times 45} = 7 < 13\varepsilon_k = 10.7$$

腹板满足 S4，故截面等级满足 S4 级，按 W_{nx} 计算。

$$\frac{M_x}{\gamma_x W_{nx}} = \frac{14442.5 \times 10^6}{1.0 \times 5858 \times 10^4} = 246.5\text{N/mm}^2$$

28. 正确答案是 D，解答如下：

根据《钢标》3.3.2条：
$$H_k = 0.1 \times 355 = 35.5 \text{kN}$$

29. 正确答案是 A，解答如下：

根据《钢标》6.1.4条：

由《荷规》6.3.1条，取动力系数为1.1。

由《可靠性标准》8.2.4条：
$$l_z = a + 5h_y + 2h_R = 50 + 5 \times 45 + 2 \times 150 = 575 \text{mm}$$
$$\sigma_c = \frac{\psi_F}{t_w l_z} = \frac{1.35 \times (1.5 \times 1.1 \times 355 \times 10^3)}{18 \times 575} = 76.4 \text{N/mm}^2$$

30. 正确答案是 B，解答如下：
$$v_{max} = \frac{M_{kmax} l^2}{10 E I_x} = \frac{5583.5 \times 10^6 \times 21000^2}{10 \times 206 \times 10^3 \times 8504 \times 10^7} = 14 \text{mm}$$

【27～30题评析】 27题，首先判别吊车梁是否需计算疲劳。

30题，钢结构的变形计算时，由《钢标》3.1.7条，动力荷载采用标准值，并且不乘以动力系数。

31. 正确答案是 A，解答如下：

Ⅰ. 根据《砌规》3.2.1条，正确，故排除（B）、（D）项。

Ⅱ. 根据《砌规》附录A.0.2条，错误，故选（A）项。

【31题评析】 Ⅲ. 根据《砌规》3.2.2条，Ⅲ正确。

Ⅳ. 根据《砌规》4.1.5条条文说明，Ⅳ错误。

32. 正确答案是 B，解答如下：

小学教学楼，故为乙类。

根据《砌规》10.1.2条表10.1.2及注3，层数减少一层，即：7-1=6层

横墙很少，故6层再减少2层：6-2=4层。

33. 正确答案是 C，解答如下：

根据《抗规》5.1.3条，取组合值系数为0.5：
$$G_1 = G_2 = G_3 = G_4 = (12 + 0.5 \times 2) \times 54.24 \times 15.24 = 10746 \text{kN}$$
$$G_5 = 12 \times 54.24 \times 15.24 = 9919 \text{kN}$$
$$\sum G_i = 4 \times 10746 + 9919 = 52903 \text{kN}$$

34. 正确答案是 D，解答如下：

根据《抗规》5.1.4条，取 $\alpha_{max} = 0.12$。

$F_{Ek} = 0.12 \times 65000 = 7800 \text{kN}$，由《抗震通规》4.3.2条：
$$V_0 = 1.4 \times 7800 = 10920 \text{kN}$$

35. 正确答案是 B，解答如下：

根据《砌体》6.1.4条、6.1.1条：

门洞：$2100 \text{mm} < \frac{4}{5} \times 3600 = 2880 \text{mm}$，非独立墙段

$$\mu_2 = 1 - 0.4 \frac{b_s}{s} = 1 - 0.4 \times \frac{2 \times 1200}{9000} = 0.893 > 0.7$$
$$\mu_1 \mu_2 [\beta] = 1 \times 0.893 \times 26 = 23.22$$

36. 正确答案是 D，解答如下：

根据《砌规》10.2.1 条、10.2.2 条：

$\sigma_0 = \dfrac{235.2}{8.24 \times 10^3} = 0.98 \text{MPa}$，查表 10.2.1，取 $\xi_N = 1.65$

查表 3.2.2，取 $f_v = 0.14 \text{MPa}$

$$f_{vE} = 1.65 \times 0.14 = 0.231 \text{MPa}$$

$$V = \dfrac{f_{vE}A}{\gamma_{RE}} = \dfrac{0.231 \times 240 \times (6300+240)}{0.9} = 402.9 \text{kN}$$

37. 正确答案是 B，解答如下：

根据《砌规》10.2.2 条第 3 款：

$$\dfrac{A_c}{A} = \dfrac{1 \times 240 \times 240}{240 \times 6540} = 0.0367 < 0.15$$

配筋率：$\dfrac{615}{240 \times 240} = 1.07\% \begin{array}{l} <1.4\% \\ >0.6\% \end{array}$；取 $\gamma_{RE} = 0.9$

$$V_u = \dfrac{1}{0.9} \times [1 \times 0.25 \times (240 \times 6540 - 240 \times 240) + 0.5 \times 1.1 \times 240 \times 240$$

$$+ 0.08 \times 270 \times 615 + 0]$$

$$= 470 \text{kN}$$

【32～37 题评析】 35 题，首先判别是否为独立墙段。

37 题，公式计算参数的复核。

38. 正确答案是 C，解答如下：

$$I_x = \dfrac{1}{3} \times (1200 \times 179^3 + 830 \times 61^3 + 370 \times 311^3) = 6.067 \times 10^9 \text{mm}^4$$

$$A = 1200 \times 240 + 370 \times 250 = 380500 \text{mm}^2$$

$$i_x = \sqrt{\dfrac{I_x}{A}} = \sqrt{\dfrac{6.067 \times 10^9}{380500}} = 126.3 \text{mm}$$

$$h_T = 3.5i = 3.5 \times 126.3 = 442.1 \text{mm}$$

39. 正确答案是 C，解答如下：

根据《砌规》5.1.3 条及表 5.1.3：

基础埋置较深且有刚性地坪，构件高度 $H = 5.0 + 0.3 + 0.5 = 5.8 \text{m}$

刚弹性方案，$H_0 = 1.2H = 1.2 \times 5.8 = 6.96 \text{m}$

40. 正确答案是 B，解答如下：

根据《砌规》5.1.1 条：

$$A = 1.2 \times 0.24 + 0.37 \times 0.25 = 0.3805 \text{mm}^2 > 0.3 \text{m}^2$$

$$e = y_1 - 0.1 = 0.179 - 0.1 = 0.079 \text{m}$$

$$\dfrac{e}{h_T} = \dfrac{0.079}{0.395} = 0.2, \beta = \gamma_\beta \dfrac{H_0}{h_T} = 1.2 \times \dfrac{6.6}{0.395} = 20$$

查附录表 D.0.1，$\varphi = 0.32$。

$$\varphi fA = 0.32 \times 2.07 \times 0.3805 \times 10^3 = 252 \text{kN}$$

（下午卷）

41. 正确答案是 D，解答如下：

根据《砌规》7.4.2 条：

$l_1 = 3500\text{mm} > 2.2h_b = 2.2 \times 400 = 880\text{mm}$，则：

$$x_0 = 0.3h_b = 0.3 \times 400 = 120\text{mm} < 0.13l_1 = 0.13 \times 3500 = 455\text{mm}$$

设置构造柱，取为 $0.5x_0 = 0.5 \times 120 = 60\text{mm}$。

由《可靠性标准》8.2.4 条：

$$M = 1.3 \times 35 \times 1.6 + 1.3 \times (15.6 + 2.4) \times 1.54 \times \left(\frac{1.54}{2} + 0.06\right)$$

$$+ 1.5 \times 9 \times 1.54 \times \left(\frac{1.54}{2} + 0.06\right)$$

$$= 120.0 \text{kN}$$

42. 正确答案是 C，解答如下：

根据《砌规》7.4.3 条及规范图 7.4.3（d）：

由 41 题可知，倾覆点为 $0.5x_0 = 60\text{mm}$。

$$l_2 = \frac{1.96 + 0.24}{2} = 1.1\text{m}$$

墙体产生的 M_{r1}：

$$M_{r1} = 0.8 \times 5.24 \times (1.96 + 0.24) \times (3.4 - 0.4) \times (1.1 - 0.06)$$

$$= 28.77 \text{kN} \cdot \text{m}$$

楼板、梁产生的 M_{r2}：

$$M_{r2} = 0.8 \times (17 + 2.4) \times 3.5 \times \left(\frac{3.5}{2} - 0.06\right) = 91.80 \text{kN} \cdot \text{m}$$

$$M_r = M_{r1} + M_{r2} = 28.77 + 91.80 = 120.57 \text{kN} \cdot \text{m}$$

43. 正确答案是 B，解答如下：

根据《砌规》7.4.4 条：

查表 3.2.1-1，取 $f = 1.5\text{MPa}$

$$\eta\gamma fA_1 = 0.7 \times 1.5 \times 1.5 \times (1.2 \times 240 \times 400) = 181.4 \text{kN}$$

【41~43 题评析】 42 题，注意抗倾覆墙体荷载的取值。

44. 正确答案是 D，解答如下：

根据《砌抗》5.1.1 条：

$$\beta = \gamma_\beta \frac{H_0}{h} = 1.1 \times \frac{3000}{190} = 17.37, \quad e/h = 0,$$

查附录表 D.0.1-1：

$$\varphi = 0.72 - \frac{17.37 - 16}{18 - 16} \times (0.72 - 0.67) = 0.6858$$

$$\varphi fA = 0.6858 \times 2.79 \times 190 \times 1000 = 363.5 \text{kN/m}$$

45. 正确答案是 B，解答如下：
根据《砌规》3.2.1 条第 5 款：
$$f_g = f + 0.6\alpha f_c = 2.79 + 0.6 \times 45\% \times 70\% \times 9.6$$
$$= 4.60\text{MPa} < 2f = 2 \times 2.79 = 5.58\text{MPa}$$

故取 $f_g = 4.60\text{MPa}$。

46. 正确答案是 C，解答如下：
根据《砌规》3.2.1 条、3.2.2 条：
$$f_g = f + 0.6\alpha f_c = 2.79 + 0.6 \times 33\% \times 19.1 = 6.57\text{MPa} > 2f$$
$$= 2 \times 2.79 = 5.58\text{MPa}$$

故取 $f_g = 5.58\text{MPa}$。
$$f_{vg} = 0.2 \times 5.58^{0.55} = 0.51\text{MPa}$$

47. 正确答案是 D，解答如下：
Ⅰ. 根据《木标》4.3.18 条，正确，故排除（B）、（C）项。
Ⅱ. 根据《木标》4.3.2 条，错误。
故应选（D）项。

【47 题评析】 Ⅲ. 由《木标》7.5.4 条，错误。

Ⅳ. 由《木标》7.5.2 条，正确。

48. 正确答案是 B，解答如下：
原木为未经切削，由《木标》4.3.2 条：
$$f_m = 1.15 \times 17 = 19.55\text{N/mm}^2 = 19.55 \times 10^3 \text{kN/m}^2$$

由《木标》4.3.18 条：
$$d_{\text{中}} = 120 + 9 \times 2 = 138\text{mm}$$
$$\gamma_0 M = 1 \times \frac{1}{8}ql^2 \leqslant M_u = f_m W_h = 19.55 \times 10^3 \times \frac{\pi d_{\text{中}}^3}{32}, \text{则}：$$

$$q \leqslant \frac{8 \times 19.55 \times 10^3 \times \frac{\pi \times 0.138^3}{32}}{4^2} = 2.52\text{kN/m}$$

49. 正确答案是 C，解答如下：
根据《地规》6.7.3 条：

取 $\psi_a = 1.0$；$k_a = \tan^2\left(45° - \frac{25°}{2}\right) = 0.406$

挡墙顶部：$\sigma_1 = qk_a = 15 \times 0.406 = 6.1\text{kPa}$

挡墙底部：$\sigma_2 = (q + \gamma h)k_a = (15 + 18 \times 4.8) \times 0.406 = 41.2\text{kPa}$

$$E_a = 1.0 \times \frac{1}{2} \times (6.1 + 41.2) \times 4.8 = 113.5\text{kN/m}$$

50. 正确答案是 D，解答如下：

根据《地规》附录 L，$\alpha=90°$，$\beta=0°$：

$$k_q = 1 + \frac{2q}{\gamma h} \times 1 = 1 + \frac{2 \times 15}{18 \times 4.8} \times 1 = 1.347$$

由提示：

$$k_a = k_q \cdot \frac{1-\sin\varphi}{1+\sin\varphi} = 1.347 \cdot \frac{1-\sin 25°}{1+\sin 25°} = 0.547$$

51. 正确答案是 B，解答如下：

根据《地规》6.7.5 条，如图 Z16-2J 所示：

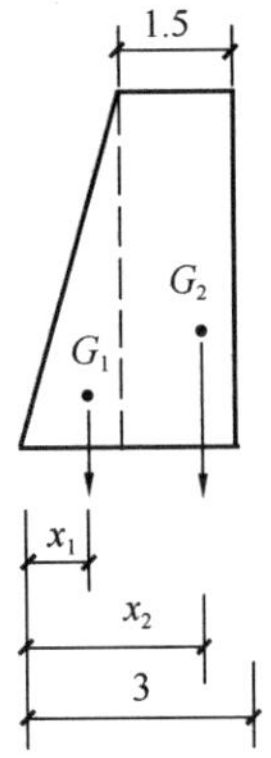

抗倾覆安全系数 $= \dfrac{Gx_0 + E_{az}x_f}{E_{ax}z_f}$

$$= \frac{25 \times 1.5 \times 4.8 \times \left(\frac{1.5}{2}+1.5\right) + 25 \times \frac{1}{2} \times 1.5 \times 4.8 \times \frac{2}{3} \times 1.5}{116 \times 1.9}$$

$$= \frac{495}{220.4} = 2.25$$

图 Z16-2J

52. 正确答案是 C，解答如下：

根据《地规》6.7.5 条：

$\alpha_0 = 0°$，$\alpha = 90°$

则：$G_t = 0.0$，$G_n = G$，$E_{an} = 0$

抗滑移安全系数 $= \dfrac{(G_n + E_{an})\mu}{E_{at} - G_t}$

$$= \frac{\frac{1}{2} \times (1.5+3) \times 4.8 \times 25 \times 0.6}{116-0} = 1.4$$

【49～52 题评析】 50 题，将题目条件 $\alpha=90°$，$\beta=0°$，$\delta=0°$，$c=0$，φ 代入《地规》式 (L.0.1-1)，可得：$k_a = k_q \cdot \dfrac{1-\sin\varphi}{1+\sin\varphi}$。

53. 正确答案是 B，解答如下：

根据《桩规》5.3.5 条：

设桩端进入⑤层粉土的最小深度为 l_5，则：

$$u\sum q_{sik}l_i + q_{pk}A_p \geq 2R_a$$

$$3.14 \times 0.5 \times (40 \times 3 + 30 \times 4 + 50 \times 2 + 80l_5) + \frac{\pi \times 0.5^2}{4} \times 2200 \geq 2 \times 600$$

解之得：$l_5 \geq 1.87\text{m}$

54. 正确答案是 B，解答如下：

根据《桩规》5.1.1 条、5.2.1 条：

$$N_k = \frac{F_k + G_k}{n} = \frac{680 + 3.1 \times 3.1 \times 2.0 \times 20}{4} = 266.1\text{kN}$$

$$N_{k\max} = \frac{F_k + G_k}{n} + \frac{M_{yk}x_i}{\sum x_i^2} = 266.1 + \frac{1100 \times 1.05}{1.05^2 \times 4} = 266.1 + 261.9 = 528\text{kN}$$

$$R_a \geq N_k = 266.1\text{kN}$$

$$R_\mathrm{a} \geqslant \frac{N_\mathrm{kmax}}{1.2} = \frac{528}{1.2} = 440\mathrm{kN}，故最终取 R_\mathrm{a} \geqslant 440\mathrm{kN}。$$

55. 正确答案是 C，解答如下：

根据《桩规》5.1.1 条：

$G_\mathrm{k} = 3.1 \times 3.1 \times 2 \times 20 = 384.4\mathrm{kN}$

$$N_\mathrm{A} = \frac{F_\mathrm{k} + G_\mathrm{k}}{n} - \frac{M_{\mathrm{x}k} y_i}{\sum y_i^2} - \frac{M_{\mathrm{y}k} x_i}{\sum x_i^2}$$

$$= \frac{560 + 384.4}{4} - \frac{800 \times 1.05}{4 \times 1.05^2} - \frac{800 \times 1.05}{4 \times 1.05^2}$$

$$= -144.85\mathrm{kN}(受拉)$$

【53～55 题评析】 54、55 题，计算 N_k、N_kmax 时，注意力矩的方向性。

56. 正确答案是 C，解答如下：

根据《地规》8.2.2 条：$l_\mathrm{aE} = 1.15 l_\mathrm{a}$

由《混规》8.3.1 条：

$$l_\mathrm{a} = \xi_\mathrm{a} l_\mathrm{ab} = 1 \times 0.14 \times \frac{360}{1.43} \times 25 = 881\mathrm{mm}$$

$$l_\mathrm{aE} = 1.15 \times 881 = 1013\mathrm{mm}$$

57. 正确答案是 B，解答如下：

根据《地规》8.2.12 条及附录 U：

$$b_\mathrm{y0} = \left[1 - 0.5 \frac{h_1}{h_0}\left(1 - \frac{b_\mathrm{y2}}{b_\mathrm{y1}}\right)\right] b_\mathrm{y1} = \left[1 - 0.5 \times \frac{0.5}{1.45} \times \left(1 - \frac{1.2}{4.2}\right)\right] \times 4.2 = 3.68\mathrm{m}$$

根据《地规》8.2.1 条第 3 款：

$$A_\mathrm{s,min} = 0.15\% \times 3680 \times 1500 = 8280\mathrm{mm}^2$$

58. 正确答案是 B，解答如下：

根据《抗规》4.1.4 条、4.1.5 条：

$$d_0 = \min\{20, 1 + 4 + 1 + 15\} = 20\mathrm{m}$$

$$v_\mathrm{se} = \frac{20}{\frac{1}{120} + \frac{4}{200} + \frac{1}{100} + \frac{14}{220}} = \frac{20}{0.102} = 196\mathrm{m/s}$$

根据《抗规》表 4.1.6，场地类别为 Ⅱ 类。

59. 正确答案是 B，解答如下：

根据《地处规》7.1.5 条：

$$f_\mathrm{spk} = 1.0 \times 0.15 \times \frac{140}{3.14 \times 0.3^2} + 0.4 \times (1 - 0.15) \times 85 = 103.2\mathrm{kPa}$$

根据《地处规》7.1.7 条：

② 层复合土层压缩模量 $= \frac{103.2}{85} \times 3.5 = 4.25\mathrm{MPa}$

60. 正确答案是 D，解答如下：

根据《桩规》5.5.3 条，应选（D）项。

61. 正确答案是 A，解答如下：

根据《桩规》5.3.8 条：

$h_\mathrm{b}/d_1 = \frac{5.5}{0.3} = 18.3 > 5$，取 $\lambda_\mathrm{p} = 0.8$

$$Q_\mathrm{uk} = 3.14 \times 0.5 \times (50 \times 3.5 + 26 \times 1.0 + 60 \times 5.5) + 1400 \times$$

$$\left[\frac{3.14}{4}\times(0.5^2-0.3^2)+0.8\times\frac{3.14}{4}\times0.3^2\right]$$
$$=833.7+255=1088\text{kN}$$
$$R_\text{a}=\frac{1088}{2}=544\text{kN}$$

62. 正确答案是 A，解答如下：

由《混规》表 3.5.2，桩身处于三 a 类环境类别。

由《桩规》表 3.5.3，采用预应力混凝土桩作为抗拔桩，其裂缝控制等级应为一级，故（A）项错误，应选（A）项。

63. 正确答案是 C，解答如下：

根据《桩规》3.4.3 条第 3 款，应选（C）项。

64. 正确答案是 D，解答如下：

根据《地处规》3.0.4 条，应选（D）项。

另：根据《地规》表 5.2.4，应选（D）项。

65. 正确答案是 D，解答如下：

根据《高规》6.1.5 条，（D）项错误，（C）项正确，故选（D）项。

【65 题评析】 根据《抗规》13.3.2 条，（A）、（B）项是正确的。

66. 正确答案是 C，解答如下：

根据《高规》10.5.3 条，（C）项准确。

【66 题评析】 根据《高规》5.1.12 条，（A）项不准确；根据《抗规》3.6.6 条，（B）项不准确；根据《高规》3.7.3 条注，（D）项不准确。

67. 正确答案是 B，解答如下：

根据《高规》8.1.3 条第 3 款，框架部分的抗震等级按框架结构的规定选取。

根据《高规》3.9.2 条、3.9.7 条，内力计算时的抗震等级不提高，仅提高抗震构造措施。

查《高规》表 3.9.3，框架的抗震等级为二级。

故选（B）项。

68. 正确答案是 D，解答如下：

根据《高规》5.2.1 条，$S_1 \geqslant 0.5$，排除（A）项。

根据《高规》5.2.3 条，$S_2=0.8\sim0.9$。

根据《高规》4.3.17 条，$S_3=0.7\sim0.8$。

故选（D）项。

69. 正确答案是 C，解答如下：

根据《高规》3.4.5 条及条文说明：

方案 A：$\dfrac{u_{\max}}{\bar{u}}=\dfrac{28}{22}=1.27>1.2$，不合理。

方案 B：$\dfrac{u_{\max}}{\bar{u}}=\dfrac{36}{26}=1.38>1.2$，不合理。

方案 C：$\dfrac{u_{\max}}{\bar{u}}=\dfrac{28}{25}=1.12<1.2$

$$\frac{T_t}{T_1} = \frac{0.6}{0.7} = 0.86 < 0.9,合理。$$

方案 D：$\frac{u_{\max}}{u} = \frac{38}{26} = 1.46 > 1.2$，不合理。

故选（C）项。

70. 正确答案是 C，解答如下：

根据《高规》5.6.3 条、5.6.4 条，$H<60\text{m}$，不考虑风：

由《抗震通规》4.3.2 条：
$$M = -(1.3 \times 75 + 1.4 \times 105) = -245\text{kN} \cdot \text{m}$$

71. 正确答案是 C，解答如下：

根据《高规》7.2.14 条：

$\mu_N = 0.32 > 0.2$，故该墙肢应设置约束边缘构件。

根据《高规》表 7.2.15 及注 2，该边缘构件应按无翼墙采用，则：
$$l_c = \max(0.2h_w, 400) = \max(0.2 \times 6000, 400) = 1200\text{mm}$$

阴影部分沿长肢方向长度 $= \max(b_w, l_c/2, 400) = \max(250, 600, 400) = 600\text{mm}$

故选（C）项。

72. 正确答案是 D，解答如下：

根据《高规》7.2.21 条：

工况一：$M_b^l + M_b^r = -390\text{kN} \cdot \text{m}$

工况二：$M_b^l + M_b^r = 420\text{kN} \cdot \text{m}$，故工况二计算 V。
$$V = 1.2 \times \frac{420}{1.8} + 100 = 380\text{kN}$$

73. 正确答案是 B，解答如下：

根据《高规》7.2.22 条：

$\frac{L_n}{h_b} = \frac{1800}{800} = 2.25 < 2.5$

$\frac{1}{\gamma_{RE}}(0.15\beta_c f_c b_b h_{b0}) = 563.6\text{kN} > V_b$，连梁截面尺寸满足。

由《高规》式（7.2.23-3）：
$$V_b \leqslant \frac{1}{\gamma_{RE}}\left(0.38f_t b_b h_{b0} + 0.9f_{yv}\frac{A_{sv}}{s}h_{b0}\right)$$

$$500 \times 10^3 \leqslant \frac{1}{0.85}\left(0.38 \times 1.57 \times 250 \times 765 + 0.9 \times 360 \times \frac{A_{sv}}{s} \times 765\right)$$

解之得：
$$\frac{A_{sv}}{s} \geqslant 1.254\text{mm}^2/\text{mm}$$

故选（B）项。

【72、73 题评析】 73 题，连梁的抗剪承载力与连梁的跨高比有关，跨高比越小，连梁截面的平均剪应力越大，在连梁箍筋充分发挥作用前，连梁就会发生剪切破坏。因此连梁的抗剪承载力由截面平均应力和斜截面抗剪承载力的较小值控制。

74. 正确答案是 C，解答如下：

根据《高规》8.1.4 条：
$$V_f = 1850\text{kN} < 0.2V_0 = 0.2 \times 16000 = 3200\text{kN}，则：$$

$$V = \min(0.2V_0, 1.5V_{f,\max})$$
$$= \min(3200, 1.5 \times 2400) = \min(3200, 3600) = 3200\text{kN}$$

调整系数 $\lambda = \dfrac{3200}{1850} = 1.73$，则：

$$M = \pm 320 \times 1.73 = \pm 553.6\text{kN} \cdot \text{m}, V = \pm 85 \times 1.73 = \pm 147\text{kN}$$

75. 正确答案是 A，解答如下：

根据《高规》7.2.4 条，增大系数为 1.25。

又根据《高规》7.2.6 条，抗震一级，底部加强部位增大系数为 1.6。

由《抗震通规》4.3.2 条：

$$V = 1.25 \times 1.6 \times (1.4 \times 480) = 1344\text{kN}$$

【74、75题评析】 75题，假定考虑重力荷载代表值产生的水平剪力值 V_{Gk}，则：

$$V = 1.25 \times 1.6 \times (1.3V_{Gk} + 1.4 \times 480)。$$

76. 正确答案是 D，解答如下：

根据《高规》10.2.2 条：

$$H_{底} = \max\left\{4.5 + 3 \times 2, \dfrac{1}{10} \times 49.8\right\} = 10.5\text{m}$$

故底部加强部位取至 3 层楼板顶，故（A）、（B）项错误。

根据《高规》10.2.19 条：

双排 Φ 10@200：$\rho_{sh} = \dfrac{2 \times 78.5}{200 \times 300} = 0.26\% < 0.3\%$，不满足。

双排 Φ 12@200：$\rho_{sh} = \dfrac{2 \times 113.1}{200 \times 300} = 0.377\% > 0.3\%$，满足。

故选（D）项。

77. 正确答案是 C，解答如下：

根据《高规》10.2.3 条及附录 E 规定：

$$C_1 = 2.5 \left(\dfrac{h_{c1}}{h_1}\right)^2 = 2.5 \times \left(\dfrac{1}{4.5}\right)^2 = 0.1235$$

首层 $A_1 = A_{w1} + C_1 A_{c1} = A_{w1} + 0.1235 \times 7 \times 1 \times 1 = A_{w1} + 0.8645$

第二层 $A_2 = A_{w2} = 18.0\text{m}^2$

$$\gamma_{e1} = \dfrac{G_1 A_1}{G_2 A_2} \times \dfrac{h_2}{h_1} = \dfrac{0.4 \times 3.45 \times 10^4 \times (A_{w1} + 0.8645)}{0.4 \times 3.15 \times 10^4 \times 18} \times \dfrac{3}{4.5} \geq 0.5$$

解之得：$A_{w1} \geq 11.46\text{m}^2$

故选（C）项。

78. 正确答案是 C，解答如下：

根据《高规》表 3.9.3，框支柱为抗震一级。

由《高规》10.2.10 条，$\rho_v \geq 1.5\%$，故（A）、（B）项错误。

$$\mu_N = \dfrac{N}{f_c A_c} = \dfrac{19250000}{27.5 \times 1000 \times 1000} = 0.7$$

查《高规》表 6.4.7，取 $\lambda_v = 0.17$；又由 10.2.10 条，最终取 $\lambda_v = 0.17 + 0.02 = 0.19$

$$\rho_v \geq \lambda_v \dfrac{f_c}{f_{yv}} = 0.19 \times \dfrac{27.5}{360} = 1.45\%$$

所以最终取 $\rho_v \geqslant 1.5\%$，应选（C）项。

79. 正确答案是 B，解答如下：

根据《高规》4.2.3 条：

$$\mu_s = 0.8 + \frac{1.2}{\sqrt{n}} = 0.8 + \frac{1.2}{\sqrt{6}} = 1.29$$

又根据《高规》4.2.2 条、4.2.1 条：取 $w_0 = 1.1 \times 0.7 \text{kN/m}^2$

$$\begin{aligned} w_k &= \beta_z \mu_s \mu_z w_0 \\ &= 1.36 \times 1.29 \times 1.93 \times (1.1 \times 0.7) = 2.61 \text{kN/m}^2 \end{aligned}$$

80. 正确答案是 D，解答如下：

根据《可靠性标准》8.2.4 条，取 $\gamma_w = 1.5$。

高度 90m 处风荷载标准值：$q_{k90} = w_k \cdot B = 2.5 \times 40 = 100 \text{kN/m}$

$$\begin{aligned} M_z &= \gamma_w \left(\Delta P_{90} \times H + \Delta M_{90} + \frac{1}{2} \times \frac{2}{3} \times q_{k90} \times H^2 \right) \\ &= 1.5 \times \left(250 \times 90 + 750 + \frac{1}{2} \times \frac{2}{3} \times 100 \times 90^2 \right) \\ &= 439875 \text{kN} \cdot \text{m} \end{aligned}$$

故选（D）。

2017 年真题解答与评析

（上午卷）

1. 正确答案是 D，解答如下：
根据《结通规》3.1.13 条：
踏步段 $p_1=1.3\times7.0+1.5\times3.5=14.35\text{kN/m}$
水平段 $p_2=1.3\times5.0+1.5\times3.5=11.75\text{kN/m}$
$$R_\text{A}=\frac{14.35\times3.0\times(1.2+3.0/2)+11.75\times1.2^2/2}{4.2}=29.7\text{kN}$$

2. 正确答案是 B，解答如下：
设跨中弯矩处距支座 A 的水平距离为 x，则：
$$M=R_\text{A}x-\frac{1}{2}px^2$$

欲求最大弯矩处，对 x 求导，令其为零，则：$R_\text{A}-px=0$，即：$x=\dfrac{R_\text{A}}{p}=\dfrac{25}{12.5}=2\text{m}$

$$M_\text{max}=25\times2-\frac{1}{2}\times12.5\times2^2=25\text{kN}\cdot\text{m/m}$$

3. 正确答案是 B，解答如下：
根据《混规》3.5.2 条、8.2.1 条：
非寒冷地区的钢筋混凝土室外楼梯，环境类别为二 a 类，钢筋保护层厚度 $c=20\text{mm}$
截面有效高度 $h_0=150-20-12/2=124\text{mm}$
根据《混规》6.2.10 条：
$$x=h_0-\sqrt{h_0^2-\frac{2\gamma_0 M}{\alpha_1 f_c b}}=124-\sqrt{124^2-\frac{2\times1\times28.5\times10^6}{1\times14.3\times1000}}=17.3\text{mm}$$
$$A_s=\alpha_1 f_c bx/f_y=1.0\times14.3\times1000\times17.3/360=687\text{mm}^2$$
选用 $\Phi 12@150$ （$A_s=754\text{mm}^2$）

由《混通规》4.4.6 条，$\rho_\text{min}=\max\left(0.2\%,\ 0.45\times\dfrac{1.43}{360}\right)=0.2\%$

$A_\text{smin}=1000\times150\times0.2\%=300\text{mm}^2<754\text{mm}^2$，满足。
故选（B）项。

4. 正确答案是 C，解答如下：
根据《混规》9.1.7 条，排除（A）项：
$$A_s\geqslant153.9\times\frac{1000}{150}\times15\%=154\text{mm}^2,A_s\geqslant1000\times150\times0.15\%=225\text{mm}^2$$

（B）项：$A_s=50.3\times\dfrac{1000}{250}=201\text{mm}^2$，不满足

(C) 项：$A_s = 50.3 \times \dfrac{1000}{200} = 252 \text{mm}^2$，满足，故选（C）项。

5. 正确答案是 D，解答如下：

根据《混规》8.3.1 条：

$$l_{ab} = \alpha \dfrac{f_y}{f_t} d = 0.14 \times \dfrac{360}{1.43} \times 14 = 493 \text{mm}$$

取 500mm，选（D）项。

【1~5 题评析】 题目 2，求最大弯矩处的位置，利用函数求其一阶导数，令其为零，可确定出最大弯矩处的位置，适用于任何形式的外部荷载。

6. 正确答案是 C，解答如下：

根据《混规》9.2.5 条：

梁顶、梁底均各布置 2 根纵筋，其间距 $250 - 2 \times 40 = 170 \text{mm} < 200 \text{mm}$

一侧梁高布置 4 根纵筋，其间距 $(600 - 2 \times 40)/3 = 173 \text{mm} < 200 \text{mm}$

故下部纵筋为：

$$610 + \dfrac{2}{4+4} \times 600 = 760 \text{mm}^2$$

3Φ18（$A_s = 763 \text{mm}^2$），满足，故选（C）项。

【6 题评析】 解法二：受扭纵筋沿截面周边为：$\dfrac{600}{2 \times [(250-2 \times 40)+(600-2 \times 40)]} = \dfrac{600}{2 \times (170+520)} = 0.435 \text{mm}^2/\text{mm}$

梁每侧各布置 4 根受扭纵筋，其间距为 173mm<200mm。故下部纵筋为：$610 + 0.435 \times \left(170 + \dfrac{520}{3 \times 2} \times 2\right) = 759 \text{mm}^2$

7. 正确答案是 B，解答如下：

根据《混规》6.4.12 条第 1 款：

$$0.35 f_t b h_0 = 0.35 \times 1.43 \times 250 \times (600-40) = 70 \text{kN} > V = 60 \text{kN}$$

可仅按纯扭构件的受扭承载力计算。

根据《混规》9.2.10 条：

$$\rho_{sv} = \dfrac{A_{sv}}{bs} \geqslant \dfrac{0.28 f_t}{f_{yv}} = 0.28 \times \dfrac{1.43}{270} = 0.0015$$

$$A_{sv}/s \geqslant 0.0015 b = 0.0015 \times 250 = 0.375 \text{mm}$$

$$2 A_{st1}/s = 2 \times 0.15 = 0.3 \text{mm} < 0.375 \text{mm}$$

(A) 项：$2 \times 28.3/200 = 0.283 \text{mm} < 0.375 \text{mm}$，不满足

(B) 项：$2 \times 50.3/200 = 0.503 \text{mm} > 0.375 \text{mm}$，满足，故选（B）项。

8. 正确答案是 C，解答如下：

根据《混规》9.2.3 条：

由题目提示，$a = 1500 + 20 \times 20 = 1900 \text{mm}$，应选（C）项。

9. 正确答案是 A，解答如下：

根据《抗规》5.1.4 条、5.1.5 条及 5.2.1 条：

$T_g = 0.35 \text{s} < T_1 = 0.55 \text{s} < 5 T_g = 1.75 \text{s}$，则：

$$\alpha_1 = \left(\frac{T_g}{T_1}\right)^\gamma \eta_2 \alpha_{max} = \left(\frac{0.35}{0.55}\right)^{0.9} \times 1.0 \times 0.16 = 0.1065$$

$$G_{eq} = 0.85 \times \sum G_i = 0.85 \times (2100 + 1800 + 1800 + 1900) = 6460\text{kN}$$

$$F_{Ek} = \alpha_1 G_{eq} = 0.1065 \times 6460\text{kN} = 688\text{kN}$$

10. 正确答案是 B，解答如下：

根据《抗规》5.2.1 条及表 5.2.1：

$$T_1 = 0.55\text{s} > 1.4T_g = 1.4 \times 0.35 = 0.49\text{s}$$

$$\delta_n = 0.08T_1 + 0.07 = 0.08 \times 0.55 + 0.07 = 0.114$$

$$\sum G_j H_j = 2100 \times 4.8 + 1800 \times (4.8 + 3.5) + 1800 \times (4.8 + 2 \times 3.5) + 1900 \times (4.8 + 3 \times 3.5) = 75330\text{kN} \cdot \text{m}$$

$$F_2 = \frac{G_2 H_2}{\sum G_j H_j} F_{Ek}(1 - \delta_n) = \frac{1800 \times (4.8 + 3.5) \times 800 \times (1 - 0.114)}{75330} = 140.6\text{kN}$$

11. 正确答案是 C，解答如下：

各楼层地震剪力：
$$V_4 = 280\text{kN}$$
$$V_3 = 280 + 180 = 460\text{kN}$$
$$V_2 = 460 + 150 = 610\text{kN}$$
$$V_1 = 610 + 120 = 730\text{kN}$$

底层层间位移：$u_1 = \dfrac{730 \times 10^3}{1.7 \times 10^5} = 4.29\text{mm}$

四层层间位移：$u_4 = \dfrac{280 \times 10^3}{1.6 \times 10^5} = 1.785\text{mm}$

12. 正确答案是 B，解答如下：

根据《抗规》6.2.9 条：

$$\lambda = \frac{M^c}{V^c h_0} = \frac{250 \times 10^6}{182.5 \times 10^3 \times 750} = 1.8 < 2.0$$

根据《抗规》6.3.9 条第 3 款，$\rho_{v,min} = 1.2\%$

$\mu_N = 0.55$，取 $\lambda_v = 0.14$，$\rho_v \geq 0.14 \times 27.5/360 = 1.07\%$，故取 $\rho_{v,min} = 1.2\%$

$$A_{cor} = (800 - 40 \times 2)^2 = 518400\text{mm}^2$$

$$l_i = 800 - 40 \times 2 + 12 = 732\text{mm}$$

$$\rho_v = \frac{732 \times 10 \times 113}{518400 \times 100} \times 100\% = 1.6\%$$

$$\frac{\rho_v}{\rho_{v,min}} = \frac{1.6\%}{1.2\%} = 1.33$$

13. 正确答案是 B，解答如下：

根据《抗规》表 6.3.6 及注的规定：

由题目图示配筋，$\lambda = 1.7 < 2$，$[\mu_N] = 0.65 - 0.05 + 0.10 = 0.70$

$$N = [\mu_N] f_c A = 0.70 \times 27.5 \times 800 \times 800 = 12320\text{kN}$$

14. 正确答案是 B，解答如下：

根据《混规》表 11.7.18：

$$l_c = \max(0.2h_w, b_w, 400) = \max(0.2 \times 4500, 200, 400) = 900\text{mm}$$

$$h_c = \max(l_c/2, b_w, 400) = \max(900/2, 200, 400) = 450\text{mm}$$

15. 正确答案是 C，解答如下：

根据《混规》8.2.1 条及表 8.2.1：

墙体分布筋保护层厚度 $c=15\text{mm}$

墙水平钢筋布置在外，墙的竖向钢筋的保护层厚度为 $c=15+10=25\text{mm}$

因此，边缘构件中竖向钢筋的保护层厚度也应为 25mm。

16. 正确答案是 B，解答如下：

根据《混规》9.2.4 条，(A) 项正确，(B) 项错误，应选 (B) 项。

【16 题评析】 根据《混规》9.2.9 条，(C)、(D) 项正确。

17. 正确答案是 C，解答如下：

根据《混规》3.3.2 条，(C) 项正确，应选 (C) 项。

【17 题评析】 根据《混规》11.8.3 条，(A)、(B)、(D) 项错误。

18. 正确答案是 C，解答如下：

根据《混验规》6.4.2 条及条文说明，(C) 项正确。

【18 题评析】 根据《混验规》5.3.1 条，(A) 项错误，《混验规》4.2.7 条条文说明，(B) 项错误，《混验规》4.2.3 条，(D) 项错误。

19. 正确答案是 C，解答如下：

根据《钢标》3.5.1 条：

$$\frac{b}{t} = \frac{125-4.5}{2\times6} = 10 < 13\varepsilon_k = 13$$

$$\frac{h_0}{t_w} = \frac{250-6\times2}{4.5} = 53 < 93\varepsilon_k = 93$$

截面等级满足 S3 级，由 6.1.1 条、6.1.2 条，取 $\gamma_x = 1.05, \gamma_y = 1.2$

$$\frac{M_x}{\gamma_x W_{nx}} + \frac{M_y}{\gamma_y W_{ny}} = \frac{31.7\times10^6}{1.05\times219.1\times10^3} + \frac{0.79\times10^6}{1.2\times31.3\times10^3}$$

$$= 137.8 + 21 = 158.8\text{N/mm}^2$$

20. 正确答案是 A，解答如下：

根据《钢标》3.1.5 条：

$$q_{ky} = 1.1\times3.5\times\cos\alpha = 3.84\text{kN/m} = 3.84\text{N/mm}$$

$$f_{max} = \frac{5q_{ky}l^4}{384EI_x} = \frac{5\times3.84\times7000^4}{384\times206\times10^3\times2739\times10^4} = 21.3\text{mm}$$

$$f_{max}/l = 21.3/7000 = 1/329$$

21. 正确答案是 B，解答如下：

根据《钢标》8.1.1 条：

由 3.5.1 条：

$$\frac{b}{t} = \frac{300-10}{2\times12} = 12.1 < 13\varepsilon_k = 13$$

$$\frac{h_0}{t_w} = \frac{500-2\times12}{10} = 47.6 < (40+18\times1.94^{1.5})\varepsilon_k = 88.6$$

截面等级满足 S3 级，取 $\gamma_x = 1.05$

$$\frac{N}{A_\text{n}} + \frac{M_\text{x}}{\gamma_\text{x} W_\text{nx}} = \frac{54 \times 10^3}{119.6 \times 10^2} + \frac{302 \times 10^6}{1.05 \times 2074.5 \times 10^3}$$
$$= 4.5 + 138.6 = 143.1 \text{N/mm}^2$$

22. 正确答案是 C，解答如下：

由题目提示，根据《钢标》8.3.1 条及附录 E.0.2 条：

$$H = 8220 + 3010 = 11230, L = 16000 \text{mm}$$
$$K_2 = 10$$
$$K_1 = \frac{I_\text{b}/L}{I_\text{c}/H} = \frac{51862 \times 10^4/16000}{72199 \times 10^4/11230} = 0.50$$

查附表 E.0.2，取 $\mu = 1.3$

（**注意**，本题目真题未提供 N_1、N_2 值，故无法按《钢标》8.3.2 条解答。）

23. 正确答案是 C，解答如下：

根据《钢标》8.2.1 条：

由 3.5.1 条：

$$\frac{b}{t} = \frac{300 - 10}{2 \times 14} = 10.4 < 13\varepsilon_\text{k} = 13$$
$$\frac{h_0}{t_\text{w}} = \frac{550 - 2 \times 14}{10} = 52.2 < (40 + 18 \times 1.66^{1.5})\varepsilon_\text{k} = 78.5$$

截面等级满足 S3 级，取 $\gamma_\text{x} = 1.05$。

$$\lambda_\text{x} = l_{0\text{x}}/i_\text{x} = 13200/230.2 = 57.3$$

查表 7.2.1-1，x 轴，为 b 类；查附录表 D.0.2，取 $\varphi_\text{x} = 0.822$

$$\frac{N}{\varphi_\text{x} A} + \frac{\beta_{\text{mx}} M_\text{x}}{\gamma_\text{x} W_{1\text{x}}\left(1 - 0.8\dfrac{N}{N'_{\text{Ex}}}\right)} = \frac{360 \times 10^3}{0.822 \times 136.2 \times 10^2} + \frac{1.0 \times 363 \times 10^6}{1.05 \times 2625.4 \times 10^3 \times 0.962}$$
$$= 32.2 + 136.9 = 169.1 \text{N/mm}^2$$

24. 正确答案是 D，解答如下：

由上一题可知，截面等级满足 S3 级。

根据《钢标》8.2.1 条：

$\lambda_\text{y} = l_{0\text{y}}/i_\text{y} = 4030/68 = 59.3$；又已知 $\varphi_\text{y} = 0.713$

由《钢标》附录 C.0.5 条：

$$\varphi_\text{b} = 1.07 - \frac{\lambda_\text{y}^2}{44000\varepsilon_\text{k}^2} = 1.07 - \frac{59.3^2}{44000 \times 235/235} = 0.99$$

$$\frac{N}{\varphi_\text{x} A} + \eta\frac{\beta_{\text{tx}} M_\text{x}}{\varphi_\text{b} W_{1\text{x}}} = \frac{360 \times 10^3}{0.713 \times 136.2 \times 10^2} + 1 \times \frac{1 \times 363 \times 10^6}{0.99 \times 2625.4 \times 10^3}$$
$$= 37.1 + 139.7 = 176.8 \text{N/mm}^2$$

25. 正确答案是 B，解答如下：

根据《钢标》12.3.3 条：

$$\frac{M_\text{b}}{V_\text{p}} = \frac{302 \times 10^6}{(476 + 12) \times (522 + 14) \times 12} = 96 \text{N/mm}^2$$

26. 正确答案是 B，解答如下：

根据《钢标》11.4.2 条：

$$P = \frac{N_t}{0.8} = \frac{93.8}{0.8} = 117.2\text{kN}$$

查表 11.4.2-2，选 M20（$P=155$kN），满足。

27. 正确答案是 B，解答如下：

根据《钢标》11.4.2 条：

$$N_v^b = 0.9kn_f\mu P = 0.9 \times 1 \times 1 \times 0.40 \times P \geqslant N_v = 50$$

则：
$$P \geqslant 139\text{kN}$$

查表 11.4.2-2，选 M20（$P=155$kN），满足。

28. 正确答案是 C，解答如下：

根据《钢标》11.3.5 条：

$$h_f \geqslant 8\text{mm}$$

由《钢标》11.2.2 条：

(B) 项：$\tau_f = \dfrac{280 \times 10^3}{0.7 \times 2 \times 8 \times (150 - 2 \times 8)} = 187\text{N/mm}^2 > 160\text{N/mm}^2$，不满足

(C) 项：$\tau_f = \dfrac{280 \times 10^3}{0.7 \times 2 \times 10 \times (150 - 2 \times 10)} = 154\text{N/mm}^2 < 160\text{N/mm}^2$，满足

故选（C）项。

29. 正确答案是 A，解答如下：

根据《钢标》16.4.3 条，应选（A）项。

30. 正确答案是 B，解答如下：

根据《钢标》11.1.3 条，应选（B）项。

31. 正确答案是 A，解答如下：

Ⅰ. 根据《砌规》3.2.3 条，正确，排除（C）、（D）项。

Ⅱ. 根据《砌规》3.2.4 条，正确，故选（A）项。

【31题评析】 Ⅲ. 根据《砌规》4.1.5 条，错误；

Ⅳ. 根据《砌规》表 3.2.5-2，错误。

32. 正确答案是 B，解答如下：

根据《抗规》5.3.1 条规定：

$$G_5 = 2000 + 0.5 \times 2400 + 0.5 \times 120 + 600 = 3860\text{kN}$$

$$G_2 = G_3 = G_4 = 1800 + 2400 + 0.5 \times 660 = 4530\text{kN}$$

根据《抗规》5.2.1 条及 5.1.4 条：

$$G = \Sigma G_i = 3250 + 3 \times 4530 + 3860 = 20700\text{kN}$$

$$G_{eq} = 0.85G = 0.85 \times 20700 = 17595\text{kN}$$

$$\alpha_1 = \alpha_{max} = 0.16$$

$$F_{Ek} = \alpha_1 G_{eq} = 0.16 \times 17595 = 2815.2\text{kN}$$

33. 正确答案是 D，解答如下：

根据《抗规》5.2.1 条：

$$\sum_{2}^{5} G_i H_i = 6000 \times (6.6 + 9.9 + 13.2) + 5000 \times 16.5 = 260700\text{kN} \cdot \text{m}$$

$$\sum_1^5 G_i H_i = 6000 \times (3.3+6.6+9.9+13.2) + 5000 \times 16.5 = 280500 \text{kN} \cdot \text{m}$$

$$V_{2k} = \frac{F_{Ek} \sum_2^5 G_i H_i}{\sum_1^5 G_i H_i} = \frac{2000 \times 260700}{280500} = 1858.82 \text{kN}$$

由《抗震通规》4.3.2 条：

$$V_2 = \gamma_{Eh} V_{2k} = 1.4 \times 1858.82 = 2602 \text{kN}$$

34. 正确答案是 C，解答如下：

$$i_x = \sqrt{\frac{I_x}{A}} = \sqrt{\frac{0.0061}{0.381}} = 0.1265 \text{m}$$

$$h_T = 3.5i = 3.5 \times 0.1265 = 0.443 \text{m}$$

根据《砌规》6.1.1 条、6.1.2 条：

$$\beta = \frac{H_0}{h_T} = \frac{7}{0.443} = 15.8$$

35. 正确答案是 D，解答如下：

$$e = y_1 - 0.1 = 0.179 - 0.1 = 0.079 \text{m}$$

$$\frac{e}{h_T} = \frac{0.079}{0.5} = 0.158$$

$$\beta = \gamma_\beta \cdot \frac{H_0}{h_T} = 1.0 \times \frac{7.0}{0.5} = 14$$

查《砌规》附表 D.0.1，$\varphi = 0.47 - \dfrac{0.158-0.15}{0.175-0.15} \times (0.47-0.43) = 0.4572$

根据《砌规》5.1.1 条：

$$N = \varphi f A = 0.4572 \times 1.89 \times 0.381 \times 10^6 = 329.2 \text{kN}$$

36. 正确答案是 D，解答如下：

查《砌规》表 3.2.2，$f_v = 0.17 \text{MPa}$

根据《砌规》10.2.1 条：

$$\frac{\sigma_0}{f_v} = \frac{0.34}{0.17} = 2.0, 取 \zeta_N = 1.12$$

$$f_{vE} = \xi_N f_v = 1.12 \times 0.17 = 0.19 \text{MPa}$$

查《砌规》表 10.1.5，$\gamma_{RE} = 0.9$

$$\frac{f_{vE} A}{\gamma_{RE}} = \frac{0.119 \times 240 \times 4800}{0.9} = 243.2 \text{kN}$$

37. 正确答案是 C，解答如下：

根据《砌规》式 (10.2.2-3)：

$$A = 240 \times 4800 = 1152000 \text{mm}^2$$

$$A_c = 240 \times 240 = 57600 \text{mm}^2 < 0.15A = 172800 \text{mm}^2$$

构造柱间距 = 2.4m < 3.0m，取 $\eta_c = 1.1$

$$\frac{1}{\gamma_{RE}} [\eta_c f_{vE}(A-A_c) + \xi_c f_t A_c + 0.008 f_{yc} A_{sc} + \xi_s f_{yh} A_{sh}]$$

$$= \frac{1}{0.9} \times [1.1 \times 0.25 \times (1152000 - 57600) + 0.5 \times 1.1 \times 57600 + 0.08 \times 270 \times 615 + 0]$$

$$= \frac{1}{0.9} \times (300960 + 31680 + 13284) = 384.4 \text{kN}$$

【37题评析】 本题目条件未提供墙体是外纵墙还是内纵墙（或横墙），故不用复核 A_c 与 A 的比值。

38. 正确答案是 D，解答如下：

根据《砌规》5.2.4条：

$$a_0 = 10\sqrt{\frac{h_c}{f}} = 10\sqrt{\frac{600}{1.69}} = 188.4 \text{mm}$$

$$A_l = a_0 b = 188.4 \times 250 = 47100 \text{mm}^2$$

39. 正确答案是 C，解答如下：

根据《砌规》5.2.4条、5.2.2条：

$$\gamma = 1 + 0.35\sqrt{\frac{A_0}{A_l} - 1} = 1 + 0.35\sqrt{5-1} = 1.7 < 2$$

$$\eta \gamma f A_l = 0.7 \times 1.7 \times 1.69 A_l = 2.01 A_l$$

（**注意**，上述解答为命题专家的解法。笔者认为，此题目应提供"灌实多孔砖"条件，才有 $1.7 < 2$ 成立）。

40. 正确答案是 C，解答如下：

根据《砌规》5.2.4条：

$$\psi = 1.5 - 0.5 \times 2.2 = 0.4 < 3，则：$$
$$\psi N_0 + N_l = 0.4 \times 175 + 60 = 130 \text{kN}$$

（下午卷）

41. 正确答案是 A，解答如下：

Ⅰ. 根据《砌规》4.2.5条，正确，排除（C）、（D）项。

Ⅱ. 根据《砌规》4.2.5条，正确，故选（A）项。

【41题评析】 Ⅲ. 根据《砌规》4.2.3条，错误。

Ⅳ. 根据《砌规》表4.2.6条，总高度超过18m，错误。

42. 正确答案是 B，解答如下：

根据《砌规》表3.2.1，$f = 0.9 \times 1.69 = 1.521 \text{MPa}$
$$E = 1600f = 1600 \times 1.521$$

由《抗规》7.2.3条：

墙段 B：

$\frac{h_1}{b} = \frac{2.8}{0.65} = 4.3 > 4$，其等效侧向刚度可取 0

墙段 A：

$\frac{h}{b} = \frac{3.6}{6} = 0.6 < 1.0$，可只计算剪切变形，其剪切刚度 $K = \frac{GA}{\xi h} = \frac{0.4EA}{1.2h} = \frac{EA}{3h}$

$$K=\frac{1600\times1.521\times6000\times370}{3\times3600}=500246\text{N/mm}$$

(**注意，上述解答为命题专家的解法。**)

43. 正确答案是 D，解答如下：

根据《荷规》表 8.2.1，$\mu_z=1.416$；

根据《荷规》表 8.3.1 及 8.3.3 条，$\mu_{sl}=1.25\times1.3=1.625$；

$$w_k=1.0\times1.625\times1.416\times0.6=1.381\text{kN/m}^2；$$

$$M_k=\frac{1}{2}\times1.381\times1.3^2=1.17\text{kN}\cdot\text{m}$$

【43 题评析】 阵风系数按《工程结构通用规范》4.6.5 条：

$$\beta_{gz}\geqslant1+\frac{0.7}{\sqrt{\mu_z}}=1+\frac{0.7}{\sqrt{1.416}}=1.59$$

44. 正确答案是 D，解答如下：

$$1.5\times1.05\times10^6\leqslant f_{tm}W=f_{tm}\times\frac{1}{6}\times1000\times240^2，则：$$

$$f_{tm}\geqslant0.164\text{MPa}$$

查《砌规》表 3.2.2，沿通缝的 f_{tm}，选 M10（$f_{tm}=0.17\text{MPa}$）。

45. 正确答案是 C，解答如下：

根据《砌规》8.1.2 条：

$$\rho=\frac{2A_s\times100\%}{as_n}=\frac{2\times12.6\times100\%}{50\times240}=0.21\%\begin{matrix}<1.0\%\\>0.1\%\end{matrix}$$

$f_y=430\text{MPa}>320\text{MPa}$，取 $f_y=320\text{MPa}$

根据《砌规》表 3.2.1-3，$f=2.31\text{MPa}$，$e=0$

$$f_n=f+2\rho f_y=2.31+\frac{2\times0.21}{100}\times320=3.654\text{MPa}$$

46. 正确答案是 C，解答如下：

根据《砌规》8.1.2 条：

$$\beta=\gamma_\beta\frac{H_0}{h}=1.2\times\frac{3000}{240}=15，e=0$$

查《砌规》附录表 D.0.2，$\varphi_n=0.545$

$$\varphi_n f_n A=0.545\times4\times240\times1000=523.2\text{kN/m}$$

47. 正确答案是 B，解答如下：

Ⅰ. 根据《木标》3.1.12 条，错误，排除（A）、（C）项。

Ⅱ. 根据《木标》3.1.3 条，正确，故选（B）项。

【47 题评析】 Ⅲ. 根据《木标》4.3.15 条，Ⅳ 错误。

Ⅳ. 根据《木标》4.1.7 条，及《可靠性标准》8.2.8 条，γ_0 仅与安全等级挂钩，Ⅳ 错误。

48. 正确答案是 A，解答如下：

根据《木标》表 4.3.1-1，北美落叶松为 TC13A。

由《木标》4.3.18 条，5.1.5 条：

$d=150+1.95\times9=167.55\text{mm}$，$i=d/4=41.9\text{mm}$

$$\lambda = \frac{l_0}{i} = \frac{3900}{41.9} = 93$$

$$\lambda_c = 5.28\sqrt{1 \times 300} = 91.5 < \lambda, 则:$$

$$\varphi = \frac{0.95\pi^2 \times 1 \times 300}{93^2} = 0.325$$

49. 正确答案是 C，解答如下：

根据《地规》5.4.3 条：

$$G_k = 900 + 6 \times 6 \times 0.8 \times 19 = 1447.2\text{kN}$$
$$N_{wk} = 6 \times 6 \times 3.7 \times 10 = 1332\text{kN}$$

抗浮稳定安全系数=1447.2/1332=1.09

50. 正确答案是 A，解答如下：

根据《地规》5.2.6 条及附录 H.0.10 条，取 401kPa。

51. 正确答案是 B，解答如下：

根据《地规》8.6.3 条、6.8.6 条：

$l=1.8\text{m}<13d_1=1.95\text{m}$，取 $l=1.8\text{m}$

$$R_t \leqslant 0.8\pi d_1 lf = 0.8 \times 3.14 \times 0.15 \times 1.8 \times 200 = 135.6\text{kN}$$

$n \geqslant 600/135.6 = 4.4$，取 $n=5$ 根

52. 正确答案是 C，解答如下：

根据《抗规》表 4.1.6，覆盖层厚度 3~50m、$150<v_s=240\leqslant250$ 场地类别为Ⅱ类。

53. 正确答案是 C，解答如下：

根据《地规》5.2.2 条：

$$F_k + G_k = 75 + 1.0 \times 1.5 \times 20 = 105\text{kN/m}$$

$$e = \frac{20}{105} = 0.19\text{m} < \frac{b}{6} = 0.25\text{m}$$

$$p_{kmax} = \frac{105}{1.5} + \frac{20}{\frac{1}{6} \times 1.5^2} = 123.3\text{kPa}$$

54. 正确答案是 B，解答如下：

根据《地处规》4.2.2 条：

$$z/b = 1/1.5 = 0.67, 取 \theta = 28°$$

$$p_k = \frac{75 + 1 \times 1.5 \times 20}{1.5} = 70\text{kPa}$$

$$p_z = \frac{1.5 \times (70 - 1 \times 16)}{1.5 + 2\tan 28°} = 31.6\text{kPa}$$

55. 正确答案是 C，解答如下：

根据《地规》5.2.4 条，取 $\eta_b=0$，$\eta_d=1.0$。

根据《地处规》4.2.2 条：

$$f_{az} = 85 + 1.0 \times 16 \times (2 - 0.5) = 109\text{kPa}$$

56. 正确答案是 B，解答如下：

根据《地处规》4.2.3条：
$$b' \geqslant 1.5 + 2 \times 1 \times \tan 28° = 2.56\text{m}$$

57. 正确答案是 C，解答如下：

根据《桩规》5.4.3条、5.4.4条：

查表5.4.4-2，$l_n/l_0 = 0.90$，$l_n = 0.90 \times l_0 = 0.9 \times 18.0 = 16.2\text{m}$

$$\sigma' = p + \sigma'_{\gamma i} = 60 + \frac{16.2}{2} \times (18-10) = 124.8\text{kPa}$$

$$q_{si}^n = \zeta_n \sigma' = 0.20 \times 124.8 = 24.96\text{kPa} < 26\text{kPa}$$

$$Q_g^n = \eta_n \sum_{i=1}^n q_{si}^n l_i = 1 \times \pi \times 1.0 \times 24.96 \times 16.2 = 1269.7\text{kN}$$

58. 正确答案是 C，解答如下：

根据《桩规》5.2.5条：

$$A_c = \frac{16 - 4 \times 3.14 \times \frac{0.8^2}{4}}{4} = 3.5\text{m}^2$$

$R_a = [3.14 \times 0.8 \times (3 \times 30 + 5 \times 28 + 4 \times 70) + 3.14 \times 0.16 \times 2200]/2 = 1193\text{kN}$

$R = 1193 + 0.1 \times 150 \times 3.5 = 1245.5\text{kN}$

59. 正确答案是 B，解答如下：

根据《桩规》5.1.1条：

$$N = \frac{5000}{4} + \frac{300 \times 1.2}{4 \times 1.2^2} = 1312.5\text{kN}$$

根据《桩规》5.9.2条：

$$M = 1312.5 \times 2 \times (1.2 - 0.4) = 2100\text{kN} \cdot \text{m}$$

60. 正确答案是 C，解答如下：

根据《桩规》5.9.10条：

$$\beta_{hs} = \left(\frac{800}{1100}\right)^{0.25} = 0.923$$

$$a_x = 0.8 - \frac{0.8d}{2} = 0.48\text{m}$$

$$\lambda = \frac{0.48}{1.1} = 0.436 \begin{matrix} < 1.0 \\ > 0.25 \end{matrix}$$

$$\alpha = \frac{1.75}{1 + 0.436} = 1.219$$

$$\beta_{hs} \alpha f_t b h_0 = 0.923 \times 1.219 \times 1.57 \times 4000 \times 1100 = 7772.4\text{kN}$$

61. 正确答案是 C，解答如下：

根据《抗规》4.3.4条：
$$N_{cr} = 7 \times 0.8 \times [\ln(0.6 \times 7.5 + 1.5) - 0.1] = 9.47$$
$$N/N_{cr} = 9/9.47 = 0.95$$

根据《抗规》表4.4.3，故折减系数取 2/3，

桩侧摩阻力为 $\frac{2}{3} \times 28 = 18.7\text{kPa}$

62. 正确答案是 D，解答如下：

抗压桩、抗拔桩的摩阻力发挥顺序均为由上而下，故（D）项正确。

【62题评析】 抗压桩（不产生桩侧负摩阻力的场地）桩身轴力和桩身压缩变形均随深度增加而递减，抗拔桩桩身轴力和桩身拉伸变形均随深度增加而递增，故（A）项、（B）项均错误。

63. 正确答案是A，解答如下：

由于桩与桩之间的应力叠加，相互影响，群桩沉降量较大，故选（A）项。

64. 正确答案是D，解答如下：

根据《抗规》14.1.4条，（D）项错误，故选（D）项。

【64题评析】 根据《抗规》14.2.1条第1款，（A）项正确。

根据《抗规》14.2.3条第3款，（B）项正确。

根据《抗规》14.3.2条第2款，（C）项正确。

65. 正确答案是D，解答如下：

根据《抗规》3.10.3条及条文说明，（D）项错误，应选（D）项。

【65题评析】 根据《高规》3.11.1条及条文说明，（A）项正确；

根据《高规》3.11.2条及条文说明，（B）项正确；

根据《抗规》3.8.2条及条文说明，（C）项正确。

66. 正确答案是A，解答如下：

根据《抗规》3.5.2条、3.5.3条及条文说明，Ⅲ、Ⅳ不符合，故选（A）。

【66题评析】 根据《抗规》6.1.3条和6.2.3条及条文说明，Ⅰ符合。

根据《抗规》6.2.13-2条条文说明，Ⅱ符合。

67. 正确答案是C，解答如下：

根据《高规》第4.2.1条、4.2.3条：

根据已知条件，两个方案中的 β_z、μ_z、w_0 都相同，仅 μ_s 不同

$\mu_{sa}=0.8$，$\mu_{sb}=0.8+1.2/\sqrt{8}=1.22$

$w_{ka}:w_{kb}=\mu_{sa}:\mu_{sb}=0.8:1.22\approx1:1.52$，故选（C）项。

68. 正确答案是C，解答如下：

根据《荷规》8.1.1条第2款：

$$w_k = \beta_{gz}\mu_{sl}\mu_z w_0$$

已知 β_{gz}、μ_z、w_0 都相同，仅 μ_{sl} 不相同。

根据《荷规》表8.3.1第37项，8.3.3条第3款，$\mu_{sa}=(0.8\sim1.0)\times1.25$，平均值取 0.9×1.25；根据《荷规》表8.3.1第30项，8.3.3条第3款，$\mu_{sb}=0.8\times1.25$

$w_{ka}:w_{kb}=0.9:0.8=1:0.89$

69. 正确答案是B，解答如下：

根据《高规》3.4.10条：

取 $H=45\text{m}$，按框架-剪力墙结构计算：

$$\delta = 70\% \times \left[100 + \frac{45-15}{3} \times 20\right] = 210\text{mm} > 100\text{mm}$$

故取 $\delta=210\text{mm}$

70. 正确答案是B，解答如下：

根据《高规》3.9.2条，按8度考虑，$H=37.8$m，查表3.9.3，抗震构造措施：剪力墙一级，框架二级，故选（B）项。

71. 正确答案是B，解答如下：

查《高规》表4.3.7-2，取 $T_g=0.75$s

由《高规》附录C：

$T_1=1.2\text{s}>1.4T_g=1.4\times0.75=1.05\text{s}$，则：

$$\delta_n=0.08T_1-0.02=0.08\times1.2-0.02=0.076$$

$$\Delta F_{10}=\delta_n F_{Ek}=0.076\times12600=958\text{kN}$$

【71题评析】 本题按《抗规》解答，结果相同。

72. 正确答案是C，解答如下：

仅考虑第1振型，由底部剪力法可知，水平地震作用的大小差异决定于 α_{max} 值的不同。由《高规》表4.3.7-1：

$$\frac{\alpha_{max}}{\alpha'_{max}}-1=\frac{0.16}{0.12}-1=33\%$$

73. 正确答案是C，解答如下：

根据《高规》4.3.10条：

取单向水平地震作用下不考虑偶然偏心时的轴力标准值进行计算：

$$N_{Ek}=\sqrt{650^2+(0.85\times720)^2}=893\text{kN}$$

$$N_{Ek}=\sqrt{(0.85\times650)^2+720^2}=907\text{kN}$$

故取 $N_{Ek}=907\text{kN}$

74. 正确答案是A，解答如下：

$$M_c=M_0-M_w=2.1\times10^6-8.5\times10^5=1.25\times10^6\text{kN·m}$$

$$M_c/M_0=1.25/2.1=0.60=60\%\begin{matrix}>50\%\\<80\%\end{matrix}$$

根据《高规》8.1.3条，框架部分的抗震等级宜按框架结构采用。

由《高规》3.9.2条及表3.9.3，按8度要求采取抗震构造措施，则：框架为一级，剪力墙为一级。根据《高规》3.9.5条，地下一层相关范围的抗震等级应按上部结构采用，故选（A）项。

75. 正确答案是B，解答如下：

根据《高规》8.1.4条：

$V_f=1620\text{kN}<0.2V_0=0.2\times15000=3000\text{kN}$，内力需调整

$$V=\min(0.2V_0,1.5V_{f\max})=\min(3000,1.5\times1900)=2850\text{kN}$$

$\eta_{调}=\dfrac{2850}{1620}=1.76$，则：

$$M=1.76\times480=845\text{kN·m},\ V=1.76\times150=264\text{kN}$$

76. 正确答案是C，解答如下：

由《高规》6.2.5条：

$$l_n=7-2\times0.35=6.3\text{m},\ \eta_{vb}=1.2$$

$$V=\eta_{vb}(M_b^l+M_b^r)/l_n+V_{Gb}=1.2\times(120+350)/6.3+150=240\text{kN}$$

77. 正确答案是 B，解答如下：

根据《高规》12.2.1 条：

（A）项：截面面积不满足，排除（A）项。

（B）项：$A_s=24\times254.5=6108\text{mm}^2$

$20\underline{\Phi}18$，考虑 1.1，则：$A_s=1.1\times20\times254.5=5599\text{mm}^2$，满足。

【77题评析】（C）、（D）项配筋面积分别为：$20\times314.2=6284\text{mm}^2$，$20\times380.1=7602\text{mm}^2$，但在地下一层顶板上、下柱纵筋全部变截面，钢筋连接不符合钢筋连接要求。

78. 正确答案是 D，解答如下：

根据《高规》3.9.2 条及表 3.9.3，该剪力墙内力调整的抗震等级为二级。

根据《高规》7.2.4 条、7.2.6 条：

$$M=1.25\times M_w=1.25\times5800=7250\text{kN}$$
$$V=1.25\times1.4\times V_w=1.25\times1.4\times900=1575\text{kN}$$

79. 正确答案是 C，解答如下：

根据《高规》7.2.14 条：

$$\mu_N=\frac{4200\times10^3}{14.3\times250\times3100}=0.38>0.2$$

应设约束边缘构件。又根据《高规》7.2.15 条：

$$A_s\geqslant A_c\times1.2\%=(250+3\times300)\times250\times1.2\%=3450\text{mm}^2$$

$16\underline{\Phi}16$：$A_s=3217\text{mm}^2$，不满足

$16\underline{\Phi}18$：$A_s=4072\text{mm}^2$，满足，故选（C）项。

80. 正确答案是 B，解答如下：

根据《高规》7.2.11 条

$$V\leqslant\frac{1}{\gamma_{RE}}\left[\frac{1}{\lambda-0.5}\left(0.4f_tb_wh_{w0}-0.1N\frac{A_w}{A}\right)+0.8f_{yh}\frac{A_{sh}}{s}h_{w0}\right]$$

$$700\times10^3\leqslant\frac{1}{0.85}\times\left[\frac{1}{2.2-0.5}(0.4\times1.43\times250\times2300-0.1\times1000\times10^3\times1)\right.$$
$$\left.+0.8\times360\times2300\times\frac{A_{sh}}{s}\right]$$

$$=\frac{1}{0.85}\times\left[\frac{1}{1.7}\times(328900-100000)+662400\frac{A_{sh}}{s}\right]$$

解之得：$A_{sh}/s\geqslant0.695\text{mm}^2/\text{mm}$

取 $s=200\text{mm}$，$A_{sh}\geqslant139\text{mm}^2$

由《高规》7.2.17 条：

（A）项：$A_{sh}=2\times50.3=100.6\text{mm}^2$，不满足。

（B）项：$A_{sh}=2\times78.5=157\text{mm}^2>139\text{mm}^2$

$$\rho_{sh}=\frac{A_{sh}}{bs}=\frac{157}{250\times200}=0.314\%>0.25\%，满足。$$

故选（B）项。

2018 年真题解答与评析

(上午卷)

1. 正确答案是 B，解答如下：

根据《荷规》5.3.3 条，取 $\max(0.5, 0.75) = 0.75$ 计算；《荷规》7.1.1 条：
$$s_k = \mu_r \times 0.75 = 1 \times 0.75 = 0.75 \text{kN/m}^2$$

根据《结通规》3.1.13 条：
$$q = 1.3 \times 7 + 1.5 \times 0.75 = 10.225 \text{kN/m}^2$$
$$M = \frac{1}{2} \times 10.225 \times 1 \times (1.65 - 0.15)^2 = 11.50 \text{kN} \cdot \text{m/m}$$

2. 正确答案是 B，解答如下：

根据《荷规》7.1.5 条，取 $\psi_q = 0.5$
$$q = 7 + 0.5 \times 0.75 = 7.375 \text{kN/m}^2$$
$$M_q = \frac{1}{2} \times 7.375 \times (1.65 - 0.15)^2 = 8.3 \text{kN} \cdot \text{m/m}$$

由《混规》7.1.4 条：
$$h_0 = 120 - 30 = 90 \text{mm}$$
$$\sigma_{s2} = \frac{M_q}{0.87 h_0 A_s} = \frac{8.3 \times 10^6}{0.87 \times 90 \times 393} = 269.7 \text{N/mm}^2$$

【2题评析】不上人的屋面，其活荷载的准永值系数为 0。

3. 正确答案是 A，解答如下：

根据提示，可得：
$$x = \xi h_0 = h_0 - \sqrt{h_0^2 - \frac{2M}{\alpha_1 f_c b}}$$
$$= 455 - \sqrt{455^2 - \frac{2 \times 135 \times 10^6}{1 \times 16.7 \times 200}}$$
$$= 99.8 \text{mm} < \xi_b h_0 = 0.518 \times 455 = 236 \text{mm}$$
$$A_s = \frac{f_c b x}{f_y} = \frac{16.7 \times 200 \times 99.8}{360} = 926 \text{mm}$$

选 3 Φ 20 ($A_s = 942 \text{mm}^2$)，$\rho = \frac{942}{200 \times 500} = 0.942\%$，满足最小配筋率。

4. 正确答案是 C，解答如下：

由提示单排布置，故排除 (A)、(B) 项。

根据《混规》9.2.2 条：
$$0.7 f_t b h_0 = 0.7 \times 1.57 \times 200 \times 455 = 100 \text{kN} < 150 \text{kN}$$

(C) 项：$l_a = 12d = 12 \times 22 = 264 \text{mm} < 300 - 35 = 265 \text{mm}$，满足，故选 (C) 项。

【4题评析】对于（D）项：$l_a=12d=12×25=300$mm，梁底纵筋需有弯折段。

5. 正确答案是C，解答如下：

由4个选项，取$s=100$mm

单肢抗扭箍筋面积：$0.85×100=85$mm²，故排除（A）、（B）项。

抗剪箍筋面积：$1.4×100=140$mm²

总箍筋面积：$2×85+140=310$mm²

（C）项：$\sum A_{sv}=4×113=452$mm²，满足，故选（C）项。

6. 正确答案是B，解答如下：

根据《混规》9.3.8条：

$$A_s \leqslant \frac{0.35\beta_c f_c b b_0}{f_y} = \frac{0.35×1×16.7×300×(600-50)}{360} = 2679\text{mm}^2$$

7. 正确答案是B，解答如下：

根据《混规》9.2.11条：

集中力 $F=151+151=302$kN

$$f_{yv}A_{sv,1}+f_{yv}A_{sv,2}\sin\alpha \geqslant F$$

$$A_{sv,2} \geqslant \frac{302×10^3-360×(3×2×50.3)×2}{360\sin45°} = 333\text{mm}^2$$

选2Φ12，$A_s=4×113.1=452.4$mm²，满足，故选（B）项。

8. 正确答案是C，解答如下：

根据《设防分类标准》4.0.5条，为乙类。

由《抗规》6.1.2条，框架抗震等级为一级。由《抗规》6.3.3条第2款：

$$A_{s底} \geqslant 0.5×2945 = 1472.5\text{mm}^2$$

选4Φ22（$A_s=1520$mm²），满足，故选（C）项。

9. 正确答案是B，解答如下：

由上一题可知，框架柱抗震等级为一级。

由《抗规》表6.3.6及注2、注3：

$$[\mu_N] = 0.65-0.05+0.1 = 0.7$$

由题目提示，故最终$[\mu_N]=0.7$。

10. 正确答案是D，解答如下：

根据《抗规》6.2.9条：

$$V^c = \frac{138+460}{4} = 150\text{kN}$$

$$M^c = \max(138,460) = 460\text{kN·m}$$

$$\lambda = \frac{460}{150×0.65} = 4.72$$

11. 正确答案是D，解答如下：

假定大偏压，则：

$$x = \frac{N}{\alpha_1 f_c b} = \frac{700×10^3}{1×16.7×450} = 93.1\text{mm} < 2a'_s = 100\text{mm}$$

$$< \xi_b h_0 = 207\text{mm}$$

故假定正确，为大偏压。
由《混规》6.2.17条、6.2.14条：
$$e'_s = e_i - \frac{h}{2} + a'_s = 520 - \frac{450}{2} + 50 = 345 \text{mm}$$
$$A_s = \frac{Ne'_s}{f_y(h - a_s - a'_s)} = \frac{700 \times 10^3 \times 345}{360 \times (450 - 50 - 50)} = 1917 \text{mm}^2$$

12. 正确答案是C，解答如下：
根据F的作用方向，为拉剪预埋件。由《混规》9.7.4条：
$$c_1 \geqslant 6d = 6 \times 16 = 96 \text{mm}, \quad c_1 \geqslant 70 \text{mm}$$
最终取$c_1 \geqslant 96 \text{mm}$。

13. 正确答案是C，解答如下：
根据《荷规》表5.1.1第8项，考虑消防车，取$q_k = 20 \text{kN/m}^2$。
由《荷规》B.0.2条：
$$\bar{s} = 1.43s\tan\theta = 1.43 \times 2 \times \tan35° = 2\text{m}$$
查表B.0.2，取0.92，则：
$$q_k = 0.92 \times 20 = 18.4 \text{kN/m}^2$$

14. 正确答案是B，解答如下：
柱基础，根据《荷规》5.1.3条，可不考虑消防车。
由《荷规》表5.1.1第8项，考虑小客车，取$q_k = 2.5 \text{kN/m}^2$
由《荷规》5.1.2条第2款3)款，取0.8，则：
$$N_k = 0.8 \times 2.5 \times 8.1 \times 8.1 = 131.22 \text{kN}$$

15. 正确答案是A，解答如下：
根据《混规》6.5.1条：
$$h_0 = 400 - 40 = 360 \text{mm}, \quad u_m = 4 \times \left(1800 + 2 \times \frac{360}{2}\right) = 8640 \text{mm}$$
中柱为方柱，$\beta_s = 1 < 2$，取$\beta_s = 2$，$\eta_1 = 0.4 + 1.2/\beta_s = 1.0$
$$\eta_2 = 0.5 + \frac{40 \times 360}{4 \times 8640} = 0.92$$
故取$\eta = 0.92$；$h < 800 \text{mm}$，取$\beta_h = 1.0$
$$F_u = 0.7\beta_h f_t \eta u_m h_0 = 0.7 \times 1 \times 1.43 \times 0.92 \times 8640 \times 360$$
$$= 2864 \text{kN}$$

16. 正确答案是D，解答如下：
根据《异形柱规》7.0.10条，（D）项正确，故选（D）项。
【16题评析】（A）项，根据《异形柱规》1.0.2条，错误。
（B）项，根据《异形柱规》4.2.3条，错误。
（C）项，根据《异形柱规》5.1.8条，错误。

17. 正确答案是B，解答如下：
根据《混规》3.4.3条，（B）项正确，故选（B）项。
【17题评析】（A）项，根据《混规》8.4.9条，错误。
（C）项，根据《混规》3.7.2条，错误。

(D) 项，根据《混规》6.2.13 条，错误。

18. 正确答案是 D，解答如下：

根据《抗规》表 6.1.1 注 6，(D) 项正确，应选 (D) 项。

【18 题评析】(A) 项，根据《混规》11.1.5 条，错误。

(B) 项，根据《混规》11.8.3 条，错误。

(C) 项，根据《抗规》6.4.2 条，错误。

19. 正确答案是 B，解答如下：

根据《钢标》7.1.1 条：

$$\sigma = \frac{N}{A_n} = \frac{1000 \times 10^3}{18350} = 54.5 \text{N/mm}^2$$

【19 题评析】本题目条件"强度计算时"，为笔者增加的。

20. 正确答案是 D，解答如下：

根据《钢标》7.2.1 条：

$$\lambda_x = \frac{l_{0x}}{i_x} = \frac{10000}{175} = 57, \lambda_y = \frac{l_{0y}}{i_y} = \frac{10000}{101} = 99$$

轧制，$b/h = 400/400 = 1 > 0.8$，查《钢标》表 7.2.1-1 及注 1：

x 轴，为 b 类；y 轴为 c 类，故取 y 轴计算。

$\lambda_y/\varepsilon_k = 99$，查附录表 D.0.3，取 $\varphi_y = 0.467$

$$\frac{N}{\varphi A} = \frac{1000 \times 10^3}{0.467 \times 21870} = 97.9 \text{N/mm}^2$$

21. 正确答案是 C，解答如下：

根据《钢标》表 B.1.1 及注 1：

$$l = 2 \times 1500 = 3000 \text{mm}$$

22. 正确答案是 A，解答如下：

$$\frac{h}{t} \approx \frac{200 - 8}{2 \times 12} = 8 < 13\varepsilon_k = 13$$

$$\frac{h_0}{t_w} \approx \frac{294 - 2 \times 12}{8} = 33.75 < 93\varepsilon_k = 93$$

截面等级满足 S3 级。由《钢标》6.1.1 条、6.1.2 条：

$$\frac{M_x}{\gamma_x W_{nx}} = \frac{75 \times 10^6}{1.05 \times 756 \times 10^3} = 94.5 \text{N/mm}^2$$

23. 正确答案是 D，解答如下：

$$N = \frac{M}{h} = \frac{50 \times 1.5}{0.294 - 0.012} = 266 \text{kN}$$

由《钢标》11.2.2 条：

$$\sigma_f = \frac{N}{h_e l_w} = \frac{266000}{0.7 \times 8 \times (180 + 2 \times 65)} = 153.2 \text{N/mm}^2$$

24. 正确答案是 A，解答如下：

根据《钢标》11.2.2 条：

$$l_w = 200 \text{mm} < 60 h_f = 60 \times 6 = 360 \text{mm}，取 l_w = 200 \text{mm}$$

$$\tau_f = \frac{N}{h_e \sum l_w} = \frac{50000}{0.7 \times 6 \times (2 \times 200)} = 29.8 \text{N/mm}^2$$

25. 正确答案是 D，解答如下：

有侧移框架柱，由《钢标》附录 E.0.2 条：

$$K_2 = 0.1$$

$$K_1 = \frac{\dfrac{I_{DE}}{5 \times 10^3}}{\dfrac{I_{AD}}{4 \times 10^3} + \dfrac{I_{DF}}{4 \times 10^3}} = \frac{\dfrac{23500 \times 10^4}{5 \times 10^3}}{\dfrac{11100 \times 10^4}{4 \times 10^3} + \dfrac{11100 \times 10^4}{4 \times 10^3}} = 0.847$$

$$\mu = 2.11 - \frac{2.11 - 1.90}{1 \times 0.5} \times (0.847 - 0.5) = 1.96$$

$$l_{0x} = 1.96 \times 4000 = 7840 \text{mm}$$

26. 正确答案是 C，解答如下：

$$\frac{b}{t} \approx \frac{200 - 8}{2 \times 12} = 8 < 13\varepsilon_k = 13$$

$$\frac{h_0}{t_w} \approx \frac{294 - 2 \times 12}{8} = 33.75 < 40\varepsilon_k = 40$$

截面等级满足 S3 级。

由《钢标》8.1.1 条，取 $\gamma_x = 1.05$，则：

$$\frac{N}{A_n} + \frac{M_x}{\gamma_x W_{nx}} = \frac{190 \times 10^3}{71.05 \times 10^2} + \frac{74 \times 10^6}{1.05 \times 756 \times 10^3} = 26.7 + 93.2 = 119.9 \text{N/mm}^2$$

27. 正确答案是 B，解答如下：

由上一题可知，满足 S3 级，取 $\gamma_x = 1.05$

根据《钢标》8.2.1 条：

$$\lambda_x = 7240/125 = 58$$

轧制，$b/h = 200/294 = 0.68 < 0.8$，由表 7.2.1-1，对 x 轴，为 a 类；对 y 轴，为 b 类。取 $\lambda_x / \varepsilon_k = 58$，查附录表 D.0.1，取 $\varphi_x = 0.890$

$$\frac{N}{\varphi_x A} + \frac{\beta_{mx} M_x}{\gamma_x W_{1x}\left(1 - 0.8 \dfrac{N}{N'_{EX}}\right)} = \frac{190 \times 10^3}{0.890 \times 71.05 \times 10^2}$$

$$+ \frac{1.0 \times 74 \times 10^6}{1.05 \times 756 \times 10^3 \times \left(1 - 0.8 \times \dfrac{190}{3900}\right)}$$

$$= 30 + 97 = 127 \text{N/mm}^2$$

28. 正确答案是 C，解答如下：

根据《钢标》8.2.1 条：

$$\lambda_y = 4000/47.4 = 84.4$$

由上一题可知，y 轴，为 b 类。取 $\lambda_y/\varepsilon_k = 84.4$，查附录表 D.0.2，取 $\varphi_y = 0.658$

$$\varphi_b = 1.07 - \frac{\lambda_y^2}{44000\varepsilon_k^2} = 1.07 - \frac{84.4^2}{44000 \times 1} = 0.908$$

$$\frac{N}{\varphi_y A} + \eta \frac{\beta_{tx} M_x}{\varphi_b W_{1x}} = \frac{190 \times 10^3}{0.658 \times 71.05 \times 10^2} + 1.0 \times \frac{1.0 \times 74 \times 10^6}{0.908 \times 756 \times 10^3}$$

$$= 40.6 + 107.8 = 148.4 \text{N/mm}^2$$

29. 正确答案是 C，解答如下：

根据《钢标》12.3.3 条：

$$\frac{M_{b1}+M_{b2}}{V_p} = \frac{M_{b1}+M_{b2}}{h_{b1}h_{c1}t_w} = \frac{109 \times 10^6 + 0}{(400-13) \times (294-12) \times 8} = 125 \text{N/mm}^2$$

30. 正确答案是 A，解答如下：

根据《钢验标》表 5.2.4，应选（A）项。

31. 正确答案是 B，解答如下：

支撑 MN 可能受拉，也可能受压，按不利考虑，按压杆设计。

$l_0 = \sqrt{3^2+4^2} = 5\text{m}$，由《钢标》表 7.4.6：

$$i_{\min} \geq \frac{5000}{[\lambda]} = \frac{5000}{200} = 25\text{mm}$$

（B）项，$i_u = 27.1\text{mm}$，满足。

32. 正确答案是 D，解答如下：

根据《钢标》3.1.7 条，应选（D）项。

33. 正确答案是 C，解答如下：

根据《砌规》3.2.1 条，Ⅰ错误，排除（A）、（D）项。

根据《砌规》3.2.2 条，Ⅱ错误，故选（C）项。

【33 题评析】根据《砌规》4.2.1 条，Ⅲ正确。

根据《砌规》6.2.1 条，Ⅳ正确。

34. 正确答案是 C，解答如下：

当作为一般办公楼时，为丙类。

当作为中小学教学楼时，为乙类。

根据《砌规》10.1.2 条：

开间大于 4.2m 的房间所占总建筑面积比例为：

$$\frac{2 \times 7.8 \times 6.9}{16 \times 25.35} = 0.265 < 0.4$$，不属于横墙较少。

丙类：最高 18m，最大层数 6 层。

乙类：最高 15m，最大层数 5 层。

对于本题层高条件：

4 层顶高度 $H = 0.3 + 3.6 + 3 \times 3.5 = 14.4\text{m}$，

5 层顶高度 $H = 0.3 + 3.6 + 4 \times 3.5 = 17.9\text{m}$，

6 层顶高度 $H = 0.3 + 3.6 + 5 \times 3.5 = 21.4\text{m}$。

故丙类时 5 层，乙类时 4 层。

35. 正确答案是 B，解答如下：

根据《抗规》5.2.1 条、5.1.3 条：

每层面积 $= (16+0.24) \times (25.35+0.12) \times 2 = 827.3\text{m}^2$

$G_1 = G_2 = G_3 = 827.3 \times (14 + 2 \times 0.5) = 12409.5\text{kN}$

$G_4 = 11580\text{kN}$

$G_{eq} = 0.85 \times (12409.5 \times 3 + 11580) = 41487.2 \text{kN}$

$\alpha_1 = \alpha_{max} = 0.16$

$F_{Ek} = \alpha G_{eq} = 0.16 \times 41487.2 = 6638.0 \text{kN}$

36. 正确答案是 A，解答如下：

根据《抗规》7.2.3 条：

A 段墙长：$6.9 + 0.24 = 7.14\text{m}$，$\dfrac{h}{b} = \dfrac{3.6}{7.14} = 0.5 < 1$

Y 向总墙长：$2 \times 10 \times 7.14 + 2 \times 16.24 = 175.3\text{m}$，

$$\dfrac{h}{b} = \dfrac{3.6}{16.24} = 0.22 < 1$$

则：
$$V_A = \dfrac{7.14}{175.3} \times 7250 = 295 \text{kN}$$

37. 正确答案是 C，解答如下：

根据《砌规》5.2.5 条：

$f = 2.07 \text{MPa}$，$\dfrac{\sigma_0}{f} = \dfrac{1.656}{2.07} = 0.8$，查表 5.2.5，取 $\delta_1 = 7.8$

$$a_0 = \delta_1 \sqrt{h_c/f} = 7.8 \sqrt{\dfrac{300}{2.07}} = 93.9 \text{mm}$$

$$e = 120 - 0.4 a_0 = 120 - 0.4 \times 93.9 = 82.4 \text{mm}$$

$$M = 60 \times 0.0824 = 4.9 \text{kN} \cdot \text{m}$$

38. 正确答案是 A，解答如下：

根据《砌规》4.2.1 条：

楼盖为第 1 类，$s < 32\text{m}$，为刚性方案。

由《砌规》5.1.3 条：
$$H = 0.5 + 0.3 + 3.6 = 4.4\text{m}$$

$s = 6.9\text{m}$，$H < s < 2H = 8.8\text{m}$，则：
$$H_0 = 0.4s + 0.2H = 0.4 \times 6.9 + 0.2 \times 4.4 = 3.64\text{m}$$

$$\beta = \dfrac{H_0}{h} = \dfrac{3640}{240} = 15.2$$

39. 正确答案是 B，解答如下：

$$\text{查《砌规》表 3.2.1-1，} f = 2.07 \text{MPa}$$

查附表 D.0.1-1，取 $\varphi = 0.77$

$$N_u = \varphi A f = 0.77 \times 240 \times 1000 \times 2.07 = 383 \text{kN/m}$$

40. 正确答案是 A，解答如下：

根据《砌规》5.2.2 条：

$$A_l = ab = 200 \times 400$$

$$A_0 = (b + 2h)h = (400 + 2 \times 240) \times 240 = 880 \times 240$$

$$\gamma = 1 + 0.35 \sqrt{\dfrac{A_0}{A_l} - 1}$$

$$= 1 + 0.35 \sqrt{\dfrac{880 \times 240}{200 \times 400} - 1} = 1.448 < 2.0$$

故 $\gamma=1.448$

（下午卷）

41. 正确答案是 B，解答如下：

根据《砌规》7.4.2 条、7.4.5 条：

$l_1=2700\text{mm}>2.2h_b=2.2\times500=1100\text{mm}$，则：

$x_0=0.3h_b=0.3\times500=150\text{mm}<0.13l_1=0.13\times2700=351\text{mm}$

故 $x_0=150\text{mm}$

设构造柱，故 $x_0=0.5\times150=75\text{mm}$

由《可靠性标准》8.2.4 条：

$$M_{\max}=1.3\times\left[16.5\times(1.8+0.075)+15\times1.8\times\left(\frac{1.8}{2}+0.075\right)\right]$$

$$+1.5\times6.8\times1.8\times\left(\frac{1.8}{2}+0.075\right)$$

$$=74.44+17.90=92.34\text{kN}\cdot\text{m}$$

42. 正确答案是 D，解答如下：

(1) 本工程横墙较少，且房屋总高度和层数达到《抗规》表 7.1.2 规定的限值。

《抗规》7.1.2 条第 3 款，当按规定采取加强措施后，其高度和层数应允许按表 7.1.2 的规定采用。

(2) 根据《抗规》7.3.1 条、7.3.14 条第 5 款加强措施要求，所有纵横墙中部均应设置构造柱，且间距不宜大于 3.0m，见图 Z18-1J 所示。

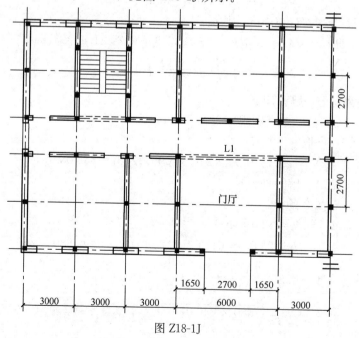

图 Z18-1J

43. 正确答案是 D，解答如下：

根据《抗规》7.3.8 条，应选（D）项。

【43 题评析】 梁的跨度（墙轴线间距）≥6m 时，可判定为"大梁"。

44. 正确答案是 D，解答如下：

查《砌规》表 3.2.2，取 $f_{tm}=0.17\text{MPa}$

由《砌规》5.4.1 条：

$$M = \frac{1}{15}qH^2 = \frac{1}{15} \times 34 \times 3^2 = 20.40\text{kN·m/m}$$

$$M \leqslant f_{tm}W = f_{tm} \cdot \frac{1}{6}bh^2$$

$$h \geqslant \sqrt{\frac{6M}{f_{tm}b}} = \sqrt{\frac{6 \times 20.40 \times 10^6}{0.17 \times 1000}} = 848.5\text{mm}$$

45. 正确答案是 B，解答如下：

根据《砌规》5.4.2 条：

$$V = \frac{2}{5}qH = \frac{2}{5} \times 34 \times 3 = 40.80\text{kN/m}$$

查《砌规》表 3.22，取 $f_v = 0.17\text{MPa}$

$$V \leqslant f_v bz = f_v b \cdot \frac{2}{3}h$$

$$h \geqslant \frac{3V}{2f_v b} = \frac{3 \times 40.8 \times 10^3}{2 \times 0.17 \times 1000} = 360\text{mm}$$

46. 正确答案是 D，解答如下：

墙体为偏心受压，根据《砌规》5.1.1 条、5.1.2 条：

$$\beta = \gamma_\beta \frac{H_0}{h} = 1 \times \frac{3000}{370} = 8.11$$

$$M = \frac{1}{15}qH^2 = \frac{1}{15} \times 34 \times 3^2 = 20.40\text{kN·m/m}$$

$$e = \frac{M}{N} = \frac{20.40}{220} = 0.0927\text{m}$$

$$e/h = 0.0927/0.37 = 0.25$$

查附录表 D.0.1-1，取 $\varphi=0.418$

$$N_u = \varphi fA = 0.418 \times 1.89 \times 370 \times 1000 = 292\text{kN/m}$$

47. 正确答案是 C，解答如下：

根据《木标》表 3.1.3-1，Ⅰ正确，排除（B）项。

根据《木标》4.3.2 条，Ⅱ错误，排除（D）项。

根据《木标》7.7.10 条，Ⅳ正确，故选（C）项。

【47 题评析】 根据《木标》11.2.9 条，Ⅲ正确。

48. 正确答案是 C，解答如下：

根据《木标》4.3.18 条，$d=110+9\times3/2=123.5\text{mm}$

由 4.3.2 条：$f_m = 1.15 \times 11 = 12.65\text{N/mm}^2$，排除（A）、（B）项。

$$M = \frac{1}{8}ql^2 = \frac{1}{8} \times 1.2 \times 3^2 = 1.35\text{kN·m}$$

$$W = \frac{1}{32}\pi d^3$$

由 5.2.1 条：

$$\frac{M}{W} = \frac{1.35 \times 10^6}{\frac{1}{32}\pi \times 123.5^3} = 7.30 \text{N/mm}^2$$

49. 正确答案是 B，解答如下：

根据《地规》5.4.2 条：

$$a \geqslant 2.5b - \frac{d}{\tan\beta} = 2.5 \times 1.6 - \frac{2}{\tan 45°} = 2\text{m}$$

$$a \geqslant 2.5\text{m}$$

故取 $a \geqslant 2.5\text{m}$

50. 正确答案是 B，解答如下：

根据《地规》5.2.4 条：

$e = 0.75$，$I_L = 0.72$，查表 5.2.4，取 $\eta_b = 0.3$，$\eta_d = 1.6$

$$f_a = f_{ak} + \eta_b \gamma(b-3) + \eta_d \gamma_m(d-0.5)$$
$$= 150 + 0.3 \times 18 \times (3.4-3) + 1.6 \times 18 \times (1.6-0.5)$$
$$= 183.8\text{kPa}$$

51. 正确答案是 C，解答如下：

根据《地规》8.2.11 条：

$$p = 60 + (200-60) \times \frac{3.4-1.45}{3.4} = 140.3\text{kPa}$$

$$M_I = \frac{1}{12}a_1^2[(2l+a')(p_{\max}+p-2G/A) + (p_{\max}-p)l]$$

$$= \frac{1}{12} \times 1.45^2 \times [(2 \times 3.4 + 0.5) \times (200+140.3-2 \times 1.3 \times 20 \times 1.6)$$
$$+ (200-140.3) \times 3.4]$$

$$= 364.4\text{kN}$$

【51题评析】笔者将题目条件"作用效应基本组合由永久荷载控制"进行删除。

52. 正确答案是 B，解答如下：

根据《地规》5.3.5 条：

小矩形 $b \times l = 1.7 \times 1.7$，$l/b = 1$，$z_1/b = 3.4/1.7 = 2$

查附录表 K.0.1-2，$\bar{\alpha}_1 = 0.1746$

$$s_1 = 0.8 \times \frac{4 \times 150}{7000} \times (3400 \times 0.1746 - 0)$$
$$= 40.7\text{mm}$$

53. 正确答案是 A，解答如下：

根据《抗规》4.3.3 条：

8度，14＞13，故②层不液化。

$d_b=1.6m<2m$,取 $d_b=2m$

查表 4.3.3,取 $d_0=8m$

$d_u=8m=d_0+d_b-2=8+2-2=8m$

$d_w=5m<d_0+d_b-3=8+2-3=7m$

$d_u+d_w=8+5=13m>1.5d_0+2d_b-4.5=1.5\times8+2\times2-4.5=11.5m$

故③层可不考虑液化影响。

54. 正确答案是 C,解答如下:

根据《桩规》5.3.10 条:

$$Q_{uk}=u\sum q_{sjk}l_j+u\sum\beta_{si}q_{sik}l_{gi}+\beta_p q_{pk}A_p$$
$$=3.14\times0.6\times52\times10+3.14\times0.6\times(1.5\times38\times11+1.6\times60\times1)$$
$$+2.4\times1250\times3.14\times0.3^2$$
$$=980+1362+848=3190kN$$

由 5.2.2 条:

$$R_a=\frac{3190}{2}=1595kN$$

55. 正确答案是 B,解答如下:

根据《桩规》5.8.2 条,不考虑箍筋:

$$f_c=\frac{N}{\psi_c A_{ps}}=\frac{1900\times10^3}{0.75\times3.14\times300^2}=8.96N/mm^2$$

可选 C20,由《桩规》3.5.2 条:

环境二 a 类,≥C25,故最终取 C25。

56. 正确答案是 C,解答如下:

根据《桩规》5.7.2 条:

$$\rho=\frac{9\times153.9}{3.14\times300^2}=0.49\%<0.65\%$$

$$R_h=0.75\times88=66kN$$

由《地规》附录 Q.0.10 条,三桩承台,则:

$$R_a=\frac{3000}{2}=1500kN$$

57. 正确答案是 B,解答如下:

根据《地规》8.5.18 条:

$$c=0.886d$$

$$M=\frac{1860}{3}\times\left(2.4-\frac{\sqrt{3}}{4}\times0.886\times0.8\right)$$
$$=1298kN\cdot m$$

58. 正确答案是 C,解答如下:

根据《地规》6.7.3 条:

$h=5.1m$,取 $\psi_a=1.1$

$$E_a=\psi_a\frac{1}{2}\gamma h^2 k_a=1.1\times\frac{1}{2}\times18\times5.1^2\times0.529$$
$$=136.2kN/m$$

59. 正确答案是 C，解答如下：

根据《地规》6.7.5 条：

$$\alpha_0 = 0, G_n = G\cos\alpha_0 = 214\text{kN/m}, G_t = 0$$

$$K = \frac{(G_n + E_{an})\mu}{E_{at} - G_t} = \frac{(214 + 72) \times 0.4}{125 - 0} = 1.49$$

60. 正确答案是 D，解答如下：

根据《地规》5.2.2 条：

$$b = 0.25 + 2.277 = 2.527\text{m}, e = 0.630\text{m} > \frac{b}{6} = 0.421\text{m}$$

$$p_{\max} = \frac{2F_k}{3al} = \frac{2 \times (214+72)}{3 \times \left(\frac{2.527}{2} - 0.630\right) \times 1} = 300.97\text{kPa}$$

61. 正确答案是 C，解答如下：

根据《地处规》7.1.5 条：

$$f_{sk} = 1.1 f_{ak} = 1.1 \times 105 = 115.5\text{kPa}$$

$$138 \leqslant [1 + m(3-1)] \times 115.5$$

$$\text{则}: m \geqslant 0.0974$$

62. 正确答案是 B，解答如下：

根据《地处规》7.1.5 条：

$m = \dfrac{d^2}{(1.05s)^2}$，则：

$$s = \frac{d}{1.05\sqrt{m}} = \frac{0.4}{1.05 \times \sqrt{0.11}} = 1.15\text{m}$$

63. 正确答案是 D，解答如下：

根据《桩规》3.3.3 条，(D) 项错误，应选 (D) 项。

【63 题评析】根据《桩规》表 3.3.3 注 3，(A) 项正确。

根据《桩规》3.3.2 条，(B) 项正确。

根据《桩规》4.1.1 条，(C) 项正确。

64. 正确答案是 A，解答如下：

根据《地规》附录 C.0.7 条，(A) 项错误，应选 (A) 项。

【64 题评析】根据《地规》5.2.6 条，(B) 项正确。

根据《地规》表 5.2.4 注 1，(C) 项正确。

根据《地规》5.2.8 条，(D) 项正确。

65. 正确答案是 C，解答如下：

根据《抗规》3.10.4 条及条文说明，(C) 项错误，应选 (C) 项。

66. 正确答案是 D，解答如下：

根据《高钢规》4.1.10 条，(D) 项错误，应选 (D) 项。

【66 题评析】根据《高钢规》3.2.4 条，(A)、(B) 项正确。

根据《高钢规》4.1.7 条，(C) 项正确。

67. 正确答案是 B，解答如下：
$H=58\text{m}<60\text{m}$，取 $w_0=0.65\text{kN/m}^2$
根据《高规》附录 B：
$$\mu_s = \mu_{s1} + \mu_{s2} = 0.8 + \left(0.48 + 0.03 \times \frac{58}{60}\right) = 1.309$$

B 类，查《荷规》表 8.2.1：
$$\mu_z = 1.62 + \frac{58-50}{60-50} \times (1.71-1.62) = 1.692$$
$$w_k = \beta_z \mu_z \mu_s w_0 = 1.402 \times 1.692 \times 1.309 \times 0.65$$
$$= 2.02\text{kN/m}^2$$

68. 正确答案是 B，解答如下：
根据《高规》8.1.3 条第 3 款，按框架结构确定。
查表 3.9.3，框架抗震等级为二级，故选（B）项。

69. 正确答案是 C，解答如下：
根据《高规》5.4.1 条及条文说明：
$$EJ_d \geqslant 2.7H^2 \sum_{i=1}^{n} G_i = 2.7 \times 58^2 \times 1.76 \times 10^5 = 1.6 \times 10^9 \text{kN} \cdot \text{m}^2$$
$$u = \frac{11qH^4}{120EJ_d} \leqslant \frac{11 \times 90 \times 58^4}{120 \times 1.6 \times 10^9} = 0.058\text{m}$$

70. 正确答案是 C，解答如下：
$H=58\text{m}$，根据《高规》表 3.7.3，$[\Delta u/h] = \dfrac{1}{800}$

由《高规》5.4.3 条：
$$F_1 \cdot \frac{\Delta u}{h} = F_1 \cdot \frac{1}{840} \leqslant \left[\frac{\Delta u}{h}\right] = \frac{1}{800}, \text{即}: F_1 \leqslant 1.05$$
$$F_1 = \frac{1}{1 - 0.14H^2 \sum_{i=1}^{n} G_i/(EJ_d)} \leqslant 1.05$$
$$\frac{1}{1 - 0.829 \times 10^8/(EJ_d)} \leqslant 1.05$$

可得：$EJ_d \geqslant 1.74 \times 10^9 \text{kN} \cdot \text{m}^2$

【70 题评析】上述解答为命题组专家的解答。笔者认为，本题目条件不足，无法解答。因为按上述计算结果复核：

由 $0.14H^2 \sum_{i=1}^{n} G_i = 0.829 \times 10^8 \text{kN}$，则：
$$2.7H^2 \sum_{i=1}^{n} G_i = \frac{2.7 \times 0.829 \times 10^8}{0.14}$$
$$= 1.598 \times 10^9 \text{kN} \cdot \text{m}^2$$

现 $EJ_d = 1.74 \times 10^9 > 2.7H^2 \sum_{i=1}^{n} G_i$

不用考虑重力二阶效应了，故上述解答不正确。

71. 正确答案是 D，解答如下：

根据《高规》4.3.2条，应考虑竖向地震作用。

根据《高规》4.3.13条：
$$F_{Evk} = \alpha_{vmax} \times G_{eq} = 0.65\alpha_{max} \times 0.75G_E$$
$$= 0.65 \times 0.32 \times 0.75 \times 96000 = 14976 \text{kN}$$
$$N_{Evk} = 1.5 \times 14976 \times \frac{2800}{96000} = 655 \text{kN}$$

根据《高规》5.6.4条，《抗震通规》4.3.2条：
$$N_1 = 1.3 \times 2800 + 1.4 \times 500 + 0.5 \times 655 = 4667.5 \text{kN}$$
$$N_2 = 1.3 \times 2800 + 1.4 \times 655 = 4557 \text{kN}$$

最终取 $N = 4667.5 \text{kN}$

72. 正确答案是 B，解答如下：

根据《抗规》5.2.7条：

$H/B = 40/15.5 = 2.58 < 3$

$$V_0 = \psi \sum_{i=1}^{10} F_i = 0.9 \times (0.1 + 0.2 + 0.3 + 0.4 + 0.5 + 0.6 + 0.7 + 0.8 + 0.9 + 1)F$$
$$= 4.95F$$

73. 正确答案是 C，解答如下：

根据《高规》12.1.7条：
$$\frac{H}{B} = \frac{40}{15.5} = 2.58 < 4$$

设零应力区长度为 x，则：
$$x = 0.15L, \quad e_0 = \frac{L}{2} - \frac{(L-x)}{3} = 0.217L$$

$$\frac{M_R}{M_{ov}} = \frac{G \cdot \frac{L}{2}}{G \cdot e_0} = \frac{L}{2e_0} = \frac{L}{2 \times 0.217L} = 2.3$$

74. 正确答案是 D，解答如下：

根据《高规》7.2.27条：
$$l_n/h_b = 2200/950 = 2.32 < 2.5$$
$$h_w = 950 - 30 - 120 = 800 \text{mm}$$

每侧4根，$s = 800/5 = 160 \text{mm} < 200 \text{mm}$，同理，每侧5根也满足间距要求。

$$A_{s,一侧} = \frac{0.30\%}{2} \times 300 \times 800 = 360 \text{mm}^2$$

(A) 项：$A_{s,一侧} = 452 \text{mm}^2$，满足

(B) 项：$A_{s,一侧} = 565 \text{mm}^2$，满足

(C) 项：$A_{s,一侧} = 314 \text{mm}^2$，不满足

(D) 项：$A_{s,一侧} = 393 \text{mm}^2$，满足

满足最低要求，应选（D）项。

75. 正确答案是 B，解答如下：

根据《高规》7.2.13 条，及《抗震通规》4.3.2 条：
$$N = 1.3 \times (1800 + 0.5 \times 600) \times 3 = 8190\text{kN}$$
假定为一般剪力墙，由表 7.2.3：
$$\mu_N = \frac{N}{f_c A} = \frac{N}{f_c t h_w} \leqslant 0.5$$
$$t \geqslant \frac{N}{0.5 f_c h_w} = \frac{8190 \times 10^3}{0.5 \times 19.1 \times 3000} = 286\text{mm}$$
复核：$\frac{h_w}{t} = \frac{3000}{286} = 10.5 > 10$，非短肢剪力墙，故最终取 $t=286\text{mm}$。

76. 正确答案是 C，解答如下：

根据《高规》附录 D：
$$l_0 = \beta h = 1 \times 5000 = 5000\text{mm}$$
$q \leqslant \frac{E_c t^3}{10 l_0^2}$，则：
$$t \geqslant \sqrt[3]{\frac{10 q l_0^2}{E_c}} = \sqrt[3]{\frac{10 \times 4500 \times 5000^2}{3.25 \times 10^4}} = 326\text{mm}$$

77. 正确答案是 A，解答如下：

根据《高规》3.3.1 条，为 A 级高度；查《高规》表 3.9.3，其底层剪力墙抗震等级为二级。

由《高规》10.2.18 条：
$$M = 1.3 \times 2300 = 2990\text{kN} \cdot \text{m}$$
由《高规》7.2.6 条：
$$V = 1.4 \times 600 = 840\text{kN}$$

78. 正确答案是 D，解答如下：

根据《高规》10.2.11 条，取 $N_{Ek}=900\text{kN}$

由《抗震通规》4.3.2 条：
$$N = 1.3 N_{Gk} + 1.4 N_{Ek} = 1.3 \times 1600 + 1.4 \times 900$$
$$= 3340\text{kN}$$

79. 正确答案是 B，解答如下：

根据《高规》10.2.2 条：

第 3 层为剪力墙底部加强部位。

由 10.2.19 条，$\rho_{sh,min}=0.3\%$，且 $\geqslant \Phi 8@200$

由 10.2.22 条，计入 γ_{RE}：
$$A_{sh} = 0.2 l_n b_w \gamma_{RE} \sigma_{x,max}/f_{yh}$$
$$= 0.2 \times 6000 \times 200 \times 0.85 \times 1.38/360$$
$$= 782\text{mm}^2$$
$$\rho_{sh} = \frac{A_{sh}}{b_w h_w} = \frac{782}{200 \times 1200} = 0.326\% > 0.3\%$$

（A）项：$\rho_{sh} = \frac{50.3 \times 2}{200 \times 200} = 0.25\%$，不满足。

(B) 项：$\rho_{sh} = \dfrac{50.3 \times 2}{200 \times 150} = 0.335\%$，满足，最经济。

(C) 项：$\rho_{sh} = \dfrac{78.5 \times 2}{200 \times 200} = 0.39\%$，满足。

故选（B）项。

80. 正确答案是 C，解答如下：

根据《高规》3.4.3 条：

(A) 项：$\dfrac{L}{B} = \dfrac{66}{13} = 5.0775$，不合理。

(B) 项：$\dfrac{l}{b} = \dfrac{6}{3.6} = 1.67 > 1.5$，不合理。

(C) 项：$\dfrac{L}{B} = \dfrac{50}{15} = 3.3 < 5$

$\dfrac{l}{B_{max}} = \dfrac{6}{21} = 0.286 < 0.3$，$\dfrac{l}{b} = \dfrac{6}{6} = 1 < 1.5$，合理。

【80 题评析】(D) 项：根据《高规》3.4.3 条条文说明，对抗震不利，不合理。

2019 年真题解答与评析

（上午卷）

1. 正确答案是 C，解答如下：

根据《混规》附录 D.5.1 条、6.6.2 条：
$$\beta_l = \sqrt{A_b/A_l} = \sqrt{700^2/400^2} = 1.75$$
$$\omega \beta_l f_{cc} A_l = 1 \times 1.75 \times (0.85 \times 14.3) \times 400 \times 400 = 3403 \text{kN}$$

2. 正确答案是 A，解答如下：

根据《混规》4.2.3 条：取 $f'_y = 400 \text{N/mm}^2$
$$l_0/b = 19.6/0.7 = 28，查表 6.2.15，取 \varphi = 0.56$$
纵筋配筋率 $= 20 \times 254.5/(700 \times 700) = 1.04\% < 3\%$
$$N_u = 0.9 \times 0.56 \times (14.3 \times 700 \times 700 + 400 \times 20 \times 254.5) = 4558 \text{kN}$$

3. 正确答案是 C，解答如下：

根据《混规》表 3.4.5 及其注 3：

WL1（1）采用预应力混凝土构件时，裂缝控制等级为三级，允许裂缝宽度为 0.1mm，（C）项错误。

【3 题评析】(A) 项：根据《混规》3.3.2 条，正确。

(B) 项：根据表 3.4.5 及其注 2，正确。

(D) 项：根据《混规》8.4.2 条、11.1.7 条，正确。

4. 正确答案是 C，解答如下：

根据《结通规》表 4.2.8，取上人屋面的活荷载为 2.0kN/m^2

由《结通规》3.1.13 条：
$$N = (1.3 \times 8.3 + 1.5 \times 2.0) \times 5.4 \times 9 = 670.2 \text{kN}$$

5. 正确答案是 B，解答如下：

根据《混规》5.2.4 条：
$$l_0/3 = 180000/3 = 6000 \text{mm}, \quad b + s_n = 350 + (5400 - 350) = 5400 \text{mm}$$
$$h'_f/h_0 = 180/1400 = 0.13 > 1$$
所以取 $b'_f = 5400 \text{mm}$

6. 正确答案是 D，解答如下：
$$x = 30 \text{mm} < \xi_b h_0 = 0.482 \times 1400 = 675 \text{mm}，为第 1 类 T 形$$
由《混规》6.2.10 条：
$$A_s = \frac{\alpha_1 f_c b'_f x}{f_y} = \frac{1 \times 19.1 \times 5400 \times 30}{435} = 7113 \text{mm}$$

7. 正确答案是 D，解答如下：

由《混规》6.3.4 条：

$$V_u = 0.7 f_t b h_0 + f_{yv} \frac{A_{sv}}{s} h_0$$

$$= 0.7 \times 1.71 \times 350 \times 1150 + 360 \times \frac{4 \times 50.3}{100} \times 1150$$

$$= 1315 \text{kN}$$

8. 正确答案是 A,解答如下:

根据《混规》9.2.2 条:

$$V = 1050 \text{kN} > 0.7 f_t b h_0 = 0.7 \times 1.71 \times 350 \times 1150 = 482 \text{kN}$$

从支座边缘算起伸入支座内的最小锚固长度 $= 12 \times 28 = 336 \text{mm}$

9. 正确答案是 B,解答如下:

取 1m 板宽计算,调幅后的弯矩 M:

$$M = -0.08 \times 14 \times 5.4^2 \times (1 - 20\%) = -26.13 \text{kN} \cdot \text{m/m}$$

$$x = 155 - \sqrt{155^2 - \frac{2 \times 1 \times 26.13 \times 10^6}{1 \times 14.3 \times 1000}}$$

$$= 12.3 \text{mm} < \xi_b h_0 = 0.518 \times 155 = 80 \text{mm}$$

$$A_s = \frac{1 \times 14.3 \times 1000 \times 12.3}{360} = 489 \text{mm}^2$$

$$\rho = \frac{489}{1000 \times 155} = 0.32\%,满足最小配筋率。$$

10. 正确答案是 C,解答如下:

根据《混规》9.3.11 条:

$$a = 210 + 20 = 230 \text{mm} < 0.3 \times (900 - 40) = 258 \text{mm},取 a = 0.3 h_0$$

$$A_s \geq 600 \times 10^3 \times 0.3 h_0 / (0.85 \times 360 h_0) + 1.2 \times 100 \times 10^3 / 360$$

$$= 588.2 + 333.3 = 921.5 \text{mm}^2$$

11. 正确答案是 C,解答如下:

根据《混验规》附录 D.0.1 条:

本工程柱数量为 24 个,故抽取 20 个,选 (C) 项。

12. 正确答案是 C,解答如下:

根据《混验规》附录 E.0.1 条:

本工程悬挑梁数量为 16 个,故检验的最少数量为 10 个,应选 (C) 项。

13. 正确答案是 A,解答如下:

根据《混规》8.3.1 条、8.3.2 条:

$$l_a = \zeta_a l_{ab} = 1.1 \times 0.14 \times 360 \times 28 / 1.43 = 1086 \text{mm}$$

根据《混规》8.3.4 条:

受压锚固长度 $= 0.7 \times 1086 = 760.2 \text{mm}$

14. 正确答案是 B,解答如下:

根据《混规》9.7.6 条:

(C)、(D) 项:错误。

(A) 项:$153.9 \times 2 \times 65 = 20.0 \text{kN} < 23.5 \text{kN}$

(B) 项:$(3.14 \times 18^2 / 4) \times 2 \times 50 = 25.4 \text{kN} > 23.5 \text{kN}$

所以应选（B）项。

15. 正确答案是 C，解答如下：

7 度（0.15g）、丙类，根据《异形柱规》3.1.2 条及条文说明：

该结构的最大高度=18+3=21m。

16. 正确答案是 B，解答如下：

丙类、7 度（0.15g）、场地Ⅱ类，13m，根据《异形柱规》3.3.1 条：

框架抗震等级三级。

查表 6.2.2 及其注 3：

KZ1 为 L 形角柱，其轴压比限值=0.60-0.05=0.55

17. 正确答案是 B，解答如下：

梁的自重线荷载为 g（kN/m），如图 Z19-1J 所示：

$$\frac{1}{2}gx^2 = \frac{1}{8}g(12-2x)^2 - \frac{1}{2}gx^2$$

则：$x=2.485$m

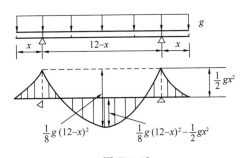

图 Z19-1J

18. 正确答案是 C，解答如下：

根据《混规》9.7.2 条：

受拉：$N=P\sin30°=0.5P$

受剪：$V=P\cos30°=0.866P$

取 $\alpha_r=3$；$f_y=300\text{N/mm}^2$

按公式（9.7.2-1）：

$$1206 \geq 0.866P/(0.9\times0.686\times300)+0.5P/(0.8\times0.88\times300)$$

可得：$P\leq171200\text{N}=171.2\text{kN}$

19. 正确答案是 B，解答如下：

根据《结通规》3.1.13 条，取 $\gamma_Q=1.4$，则：

$$q=1.3\times1.0\times1.5+1.3\times0.20+1.4\times1.0\times5.5=9.91\text{kN/m}$$
$$M=9.91\times6^2/8=44.595\text{kN}\cdot\text{m}$$

根据《钢标》3.5.1 条：

$$b/t=(125-5)(2\times8)=7.5<13\varepsilon_k=13$$
$$h_0/t_w=(250-2\times8)/5=46.8<93\varepsilon_k=93$$

截面等级满足 S3 级，由《钢标》6.1.1 条：

$$\frac{M}{\gamma_x W_{nx}}=\frac{44.595\times10^6}{1.05\times277\times10^3}=153\text{N/mm}^2$$

20. 正确答案是 D，解答如下：

根据《钢标》3.1.5 条：

$$q_k=1.0\times1.5+0.20+1.0\times5.5=7.2\text{kN/m}$$
$$v/L=5q_kL^3/(384EI)=5\times7.2\times6000^3/(384\times2.06\times10^5\times3463\times10^4)$$
$$=1/352$$

21. 正确答案是 B，解答如下：

根据《钢标》6.1.3 条：
$$\tau = VS/(It_w) = 30 \times 10^3 \times 155 \times 10^3/(3463 \times 10^4 \times 5) = 27\text{N/mm}^2$$

22. 正确答案是 B，解答如下：

查《钢标》表 7.2.1-1：对 x 轴、y 轴均为 b 类。
$$\lambda_x = l_{0x}/i_x = 7200/65.4 = 110, \lambda_y = 3600/38.3 = 94$$

故取 $\lambda_x = 110$ 计算，查附表 D.0.2，取 $\varphi = 0.492$

由 7.3.1 条：$\dfrac{b}{t} = \dfrac{150-6}{2 \times 8} = 9 < (10 + 0.1 \times 100)\varepsilon_k = 20$

$\dfrac{h_0}{t_w} = \dfrac{150 - 2 \times 8}{6} = 22.3 < (25 + 0.5 \times 100)\varepsilon_k = 75$

故局部稳定满足，全截面有效。
$$N/(\varphi A) = 230 \times 10^3/(0.492 \times 30.7 \times 10^2) = 152\text{N/mm}^2$$

23. 正确答案是 B，解答如下：

根据《钢标》11.2.2 条：
$$N_1 = 0.7N/2 = 0.7 \times 425/2 = 148.75\text{kN}$$
$$l_w = N_1/(0.7h_f f_f^w) = 14875/(0.7 \times 8 \times 160) = 166\text{mm} > 8 \times 8 = 64\text{mm}, 且 > 40\text{mm}$$
$$l = 166 + 2 \times 8 = 182\text{mm}$$

24. 正确答案是 B，解答如下：

根据《钢标》11.2.2 条：
$$N = 425 \times 4/5 = 340\text{kN}, V = 425 \times 3/5 = 255\text{kN}$$

按公式（11.2.2-3）：
$$\sqrt{\left(\dfrac{340 \times 10^3}{1.22 \times 2 \times 0.7 \times 8l_w}\right)^2 + \left(\dfrac{255 \times 10^3}{2 \times 0.7 \times 8l_w}\right)^2} \leqslant 160$$

可得：$l_w \geqslant 211\text{mm}$，且 $> 8 \times 8 = 64\text{mm}$，$> 40\text{mm}$，且 $< 60h_f = 480\text{mm}$
取 $l = 211 + 2 \times 8 = 227\text{mm}$

25. 正确答案是 B，解答如下：

根据《钢标》11.2.1 条：
$$N = 425 \times 4/5 = 340\text{kN}; V = 425 \times 3/5 = 255\text{kN}$$
$$\sigma = 340000/(10l_w) \leqslant 215, 则：l_w \geqslant 158\text{mm}$$
$$\tau = V/A = 255000/(10l_w) \leqslant 125, 则：l_w \geqslant 204\text{mm}$$

按公式（11.2.1-2）：
$$\sqrt{\left(\dfrac{340 \times 10^3}{10 \times l_w}\right)^2 + 3 \times \left(\dfrac{255 \times 10^3}{10 \times l_w}\right)^2} \leqslant 1.1 \times 215$$

可得：$l_w \geqslant 236\text{mm}$

最终取 $l_w = 236\text{mm}$，$l = 236 + 2 \times 10 = 356\text{mm}$

26. 正确答案是 D，解答如下：

根据《钢标》7.2.6 条：
$$80i_x = 80 \times 30.8 = 2464\text{mm}$$

27. 正确答案是 D，解答如下：

根据《钢标》3.1.6条、3.1.7条,应选(D)项。

28. 正确答案是D,解答如下:

根据《钢标》附表B.1.1及其注3:

竖向挠度与吊车梁跨度之比的容许值=0.9×1/900=1/1000

29. 正确答案C,解答如下:

依据《钢标》16.4.4条,故选(C)项。

30. 正确答案是B,解答如下:

根据《钢标》表4.4.1及注,取$f=205\text{N/mm}^2$。

31. 正确答案是A,解答如下:

根据《钢标》表3.5.1注2:

$$\frac{h_0}{t_w} = \frac{700-2\times24-2\times18}{13} = 47.4$$

32. 正确答案是A,解答如下:

依据《抗规》9.2.10条,8、9度时,不得采用单面偏心连接,(A)项错误。

33. 正确答案是C,解答如下:

根据《砌规》6.3.4条第2款,Ⅰ、Ⅲ、Ⅴ正确;Ⅱ、Ⅳ错误。

故选(C)项。

34. 正确答案是D,解答如下:

根据《砌规》7.1.2条,(D)项正确,(A)、(B)、(C)均错误。

35. 正确答案是B,解答如下:

根据《砌规》5.1.2条:

$$\beta = \gamma_\beta h_0/h = 1.2\times3600/240 = 18$$

36. 正确答案是D,解答如下:

$$e/h = 12/240 = 0.05, \beta = 20$$

查《砌规》附表D.0.1-1,取$\varphi=0.53$

37. 正确答案是A,解答如下:

根据《砌规》5.1.1条:

$$A = 5.4\times0.24 = 1.296\text{m}^2 > 0.3\text{m}^2$$

$$N_u = \varphi f A = 0.63\times2.07\times240\times1000 = 313\text{kN/m}$$

38. 正确答案是D,解答如下:

根据《砌规》3.1.1条,应选(D)项。

39. 正确答案是B,解答如下:

根据《木标》4.3.1条表4.3.1-3注、4.3.2条:

$$f_c = 1.1\times16 = 17.6\text{N/mm}^2$$

$$f_{c,90} = 1.1\times3.5 = 3.85\text{N/mm}^2$$

根据4.3.3条:

$$f_{c\alpha} = \frac{17.6}{1+\left(\frac{17.6}{3.85}-1\right)\times\frac{15°-10°}{80°}\sin15°} = 16.6\text{N/mm}^2$$

40. 正确答案是B,解答如下:

根据《木标》6.1.2条：
$$f_v = 1.1 \times 1.7 = 1.87 \text{N/mm}^2$$
取 $l_v = 8 \times 50 = 400\text{mm}$
$$V \leqslant \psi_v f_v l_v b_v = 0.64 \times 1.87 \times 400 \times 200 = 95.744\text{kN}$$
$$N = V/\cos 15° = 95.744/\cos 15° = 99.12\text{kN}$$

（下午卷）

41. 正确答案是B，解答如下：

根据《砌规》3.2.3条：

$A = 0.49 \times 0.49 = 0.2401\text{m}^2 < 0.3\text{m}^2$，则：
$$f = 2.98 \times (0.7 + 0.2401) = 2.80\text{MPa}$$

42. 正确答案是D，解答如下：

查《砌规》表3.2.1-1，取 $f = 1.05\text{MPa}$

根据《砌规》3.2.3条：
$$f = 1.05 \times 1.1 = 1.155\text{MPa}$$

43. 正确答案是C，解答如下：

查《砌规》表3.2.1-1及注，取 $f = 2.98 \times 0.9 = 2.682\text{MPa}$

根据《砌规》3.2.3条，$A = 0.49 \times 0.49 = 0.2401\text{m}^2 < 0.3\text{m}^2$，则：
$$f = 2.682 \times (0.7 + 0.2401) = 2.52\text{MPa}$$

44. 正确答案是C，解答如下：

根据《砌规》7.4.2条：
$$l_1 = 240 + 1800 = 2040\text{mm} > 2.2h_b = 2.2 \times 300 = 660\text{mm}$$
$$x_0 = 0.3h_b = 0.3 \times 300 = 90\text{mm} < 0.13l_1 = 0.13 \times 2040 = 265.2\text{mm}$$
取 $x_0 = 90\text{mm}$

45. 正确答案是B，解答如下：

根据《砌规》7.4.3条：

$l_3 > l_1$，故按规范图7.4.3（b）考虑，即：$G_{r1} + G_{r2} + G_{r3} + G_{r5}$

所以选（B）项。

46. 正确答案是C，解答如下：

根据《可靠性标准》8.2.4条：
$$M_{ov} = (1.3 \times 1.5 + 1.3 \times 4 \times 3.6 + 1.5 \times 3.5 \times 3.6) \times 1.5 \times (0.05 + 1.5/2)$$
$$= 47.5\text{kN} \cdot \text{m}$$

47. 正确答案是A，解答如下：

根据《砌规》7.4.4条，及《可靠性标准》8.2.4条：
$$N_l = 2R = 2 \times (1.3 \times 1.5 + 1.3 \times 4 \times 3.6 + 1.5 \times 3.5 \times 3.6) \times 1.5 = 118.71\text{kN}$$

48. 正确答案是A，解答如下：

根据《砌规》7.4.4条：
$$\eta f A_l = 0.7 \times 1.5 \times 2.07 \times 1.2 \times 240 \times 300 = 187.8\text{kN}$$

49. 正确答案是 C，解答如下：

根据《地规》5.2.4 条：

取 $\eta_b=2$, $\eta_d=3$

$$f_a = 180 + 2\times(18.5-10)\times(5-3) + 3\times18.5\times(2.5-0.5) = 325\text{kPa}$$

50. 正确答案是 A，解答如下：

根据《地规》5.2.7 条：

$$p_k = 830/5 + 15\times2.5 = 203.5\text{kPa}$$

$$p_c = 18.5\times2.5 = 46.25\text{kPa}$$

$E_{s1}/E_{s2}=9/3=3$, $z/b=2.5/5=0.5$, 查表 5.2.7, 取 $\theta=23°$

$$p_z = 5\times(203.5-46.25)/(5+2\times2.5\tan23°) = 110.4\text{kPa}$$

51. 正确答案是 D，解答如下：

根据《地规》5.3.5 条：

$$p_0 = 585/5 + 15\times2.5 - 18.5\times2.5 = 108.25\text{kPa}$$

取小矩形：$b=2.5\text{m}$，l 足够大，

$z=2.5\text{m}$, $z/b=2.5/2.5=1$, $l/b=10$, 查附表 K.0.1-2, 取 $\bar{\alpha}_{i-1}=0.2353$

$z=5.0\text{m}$, $z/b=5.0/2.5=2$, $l/b=10$, 查附表 K.0.1-2, 取 $\bar{\alpha}_i=0.2018$

$$s = 1.0\times4\times\frac{108.25}{3000}\times(5000\times0.2018 - 2500\times0.2353)$$

$$= 60.8\text{mm}$$

52. 正确答案是 A，解答如下：

根据《地规》8.2.14 条：

$$a_1 = 2.5 - 1.9 = 0.6\text{m}$$

$$M_A = \frac{1}{2}p_j a_1^2 = \frac{1}{2}\times\frac{1100}{5\times1}\times0.6^2 = 39.6\text{kN·m/m}$$

53. 正确答案是 C，解答如下：

由《地规》5.4.3 条：

左、右挑耳长度 $=2.5-1.9=0.6\text{m}$

$$G_k = 80 + 2\times0.6\times[(2.5-0.5-0.5)\times(18.5-10) + 0.5\times18.5]$$

$$= 106.4\text{kN/m}$$

$$N_{w,k} = 2\times1.9\times(2.5-0.5)\times10 + 2\times0.6\times0.5\times10 = 82\text{kN/m}$$

$$K = \frac{106.4}{82} = 1.3$$

54. 正确答案是 B，解答如下：

根据《地规》4.1.12 条，(B) 项正确，选（B）项。

【54 题评析】A 项，根据《地规》4.2.6 条，错误；

C 项，根据《地规》4.1.8 条，错误；

D 项，根据《地规》4.1.3 条，错误。

55. 正确答案是 C，解答如下：

根据《抗规》4.1.4 条、4.1.5 条：

覆盖层厚度 $=3.5+23+3+8=37.5\text{m}$

$$d_0 = \min(20, 37.5) = 20\text{m}$$
$$v = 20/(3.5/160 + 16.5/75) = 82.6\text{m/s}$$

查表 4.1.6，建筑场地为Ⅲ类。

56. 正确答案是 D，解答如下：

根据《桩规》附表 A.0.1：

人工挖孔桩不适用穿越淤泥质土，故②人工挖孔桩不能采用。

根据《桩规》3.3.2 条，沉管灌注桩用于淤泥质土，不适用高层建筑，故①沉管灌注桩不能采用。

所以应选（D）项。

57. 正确答案是 B，解答如下：

根据《桩规》5.3.8 条：

$$h_b = 30 - (4 - 2.5) - 22 - 3 = 3.5\text{m}, \quad d_1 = 0.5 - 2 \times 0.1 = 0.3\text{m}$$
$$h_b/d_1 = 3.5/0.3 = 12 > 5, \text{ 取 } \lambda_p = 0.8$$
$$Q_{uk} = \pi \times 0.5 \times (40 \times 1.0 + 17 \times 23 + 52 \times 3 + 74 \times 3)$$
$$+ 5500 \times [\pi \times (0.5^2 - 0.3^2)/4 + 0.8 \times \pi \times 0.3^2/4]$$
$$= 2272.5\text{kN}$$
$$R_a = 2272.5/2 = 1136\text{kN}$$

58. 正确答案是 B，解答如下：

根据《桩规》5.3.9 条：

$$h_r/d = 600/800 = 0.75, \text{ 查表 } 5.3.9, \text{ 取 } \zeta_r = 0.875$$

桩底后注浆，$\zeta_r = 0.875 \times 1.2$

$$Q_{rk} = 0.875 \times 1.2 \times 9 \times 1000 \times \pi \times 0.8^2/4 = 4750\text{kN}$$

59. 正确答案是 C，解答如下：

根据《地处规》7.2.2 条：

$$e_1 = 1.05 - 0.8 \times (1.05 - 0.68) = 0.754$$
$$s = 0.95 \times 1.1 \times 800 \times \sqrt{\frac{1 + 0.86}{0.86 - 0.754}} = 3502\text{mm}$$
$$s \leqslant 4.5 \times 800 = 3600\text{mm}$$

取 $s = 3500$mm，选（C）项。

60. 正确答案是 D，解答如下：

根据《地处规》附录 B.0.11 条：

平均值 = (175 + 190 + 280)/3 = 215kPa

极差 = 280 - 175 = 105kPa > 215 × 30% = 64.5kPa

所以应选（D）项。

61. 正确答案是 C，解答如下：

根据《地规》8.6.2 条：

$$N_{tmax} = -420/4 - 120 \times 0.6/(4 \times 0.6^2) - 120 \times 0.6/(4 \times 0.6^2)$$
$$= -205\text{kN}(拔力，向上)$$

62. 正确答案是 C，解答如下：

根据《地规》8.6.3条：
$$152000 \leqslant 0.8 \times \pi \times 150 \times l \times 0.36$$

可得：$l \geqslant 1121 \text{mm}$

根据《地规》8.6.1条图8.6.1：
$$l > 40 \times 32 = 1280 \text{mm}$$

所以取 $l = 1.3 \text{m}$，选（C）项。

63. 正确答案是D，解答如下：

依据《地规》8.2.4条可知，柱截面长边 $h = 650 \text{mm}$，柱的插入深度 $l_1 = h = 650 \text{mm}$，杯底厚度 $a_1 \geqslant 200 \text{mm}$，杯壁厚度 $t \geqslant 200 \text{mm}$，故选（D）项。

64. 正确答案是C，解答如下：

根据《地处规》7.1.3条，（C）项错误，故选（C）项。

【64题评析】（A）项：《地处规》10.3.2条，正确；
（B）项：《地处规》10.3.8条，正确；
（D）项：《地处规》6.3.10条，正确。

65. 正确答案是B，解答如下：

根据《抗规》8.2.2条，①错误；③正确；

根据《抗规》附录G.1.4条，②正确；

根据《高规》11.3.5条，④错误。

所以应选（B）项。

66. 正确答案是D，解答如下：

根据《高规》5.4.1条、5.4.4条：
$$1.4H^2 = 1.4 \times 60^2 = 5050 \text{m}^2 > 4600 \text{m}^2$$
$$2.7H^2 = 2.7 \times 60^2 = 9720 \text{m}^2 > 7000 \text{m}^2，且 < 10000 \text{m}^2$$

所以应选（D）项。

67. 正确答案是C，解答如下：

根据《高规》附录E.0.1条：

$G_1 = G_2$，$C_{2,j} = 2.5 \times (1000/4200)^2 = 0.14 < 1$，则：

$$\frac{20 \times 2.5 \times \left(\dfrac{h_{c1}}{6000}\right)^2 \times h_{c1}^2}{38 \times 2.5 \times \left(\dfrac{1000}{4200}\right)^2 \times 1000^2} \times \frac{4200}{6000} \geqslant 0.5$$

可得：$h_{c1} \geqslant 1290 \text{mm}$

取 $h_{c1} = 1350 \text{mm}$，复核：$C_{1,j} = 2.5 \times \left(\dfrac{1350}{6000}\right)^2 = 0.127 < 1$，满足

68. 正确答案是B，解答如下：

根据《高规》3.12.1条及其条文说明，不需要进行①的分析；

根据《高规》3.7.4条，需要进行②的分析；

根据《高规》4.3.4条、3.5.2条，需要进行③的分析。

所以应选（B）项。

69. 正确答案是A，解答如下：

根据《高规》表 3.9.3，框架抗震等级为二级。

查表 6.4.2 及其注，轴压比限值＝0.75－0.05＝0.70

$$9500000/(19.1 \times b^2) \leqslant 0.70$$

可得：$b \geqslant 842$mm，取 $b=850$mm

70. 正确答案是 C，解答如下：

由《高规》3.3.1 条，为 A 级高度。

扭转位移比为 1.7，根据《高规》3.4.5 条，不满足扭转不规则，故（A）项错误。

周期比：$T_t/T_1 = 0.85/1.56 = 0.54 < 0.9$，满足，并且抗扭刚度较强。

根据《高规》表 3.7.3，弹性层间位移角的限值＝1/800

y 方向，1/825＜1/800，满足；

x 方向，1/1100＜1/800，满足，并且富裕较多，即：该 x 向平动刚度可以适当减小。

（B）项，提高 W1 和 W2 刚度，则：y 向平动刚度增大较多，x 向平动刚度有少量增大。

（C）项，减少 W3 和 W4 刚度，则：x 向平动刚度少量减少，并且调整 W1 和 W2 及外框架刚度分配，有利于调整结构的刚度中心。

（D）项，提高 W1 和平面短向框架刚度，则：y 向平动刚度增大较多，x 向平动刚度有很少量增大、抗扭刚度有增大。

可见，（C）项最合理经济。

71. 正确答案是 B，解答如下：

根据《高规》3.4.5 条，考虑楼层竖向构件，即竖向抗侧力构件，故不考虑悬挑梁 a 点；

根据《高规》3.4.5 条条文说明，应考虑平面上的两端点，即 b、e 点。

所以应选（B）项。

72. 正确答案是 C，解答如下：

丙类、58.5m、8 度（0.20g），场地Ⅱ类，查《高规》表 3.9.3，框架为抗震二级。

根据《高规》10.6.5 条，第十二层角柱的抗震等级提高一级，即抗震一级。

根据《高规》6.4.6 条，一级角柱全高加密，排除（B）、（D）项。

查《高规》表 6.4.3-2，一级，箍筋最小直径为 10mm，故应选（C）项。

73. 正确答案是 D，解答如下：

根据 72 题，可知，框架梁为抗震二级。

根据《高规》6.3.2 条：

8 Φ 25，$A_s = 3927$mm²；$0.3 \times 3927 = 1178$mm²；

4 Φ 25，$A_s = 1963$mm²；4 Φ 22，$A_s = 1520$mm²；

$0.65 f_t/f_y = 0.65 \times 1.43/360 = 0.25\% < 0.3\%$，取 0.3% 计算：$A_s \geqslant 0.3\% \times 400 \times 900 = 1080$mm²

复核：x/h_0，假定 $h_0 = 900 - 70 = 830$mm

$$x/h_0 = 360 \times (3927 - 1520)/(1 \times 14.3 \times 400 \times 830) = 0.183 < 0.35$$

故梁底部纵筋 4 Φ 22 或 4 Φ 25，均满足。

梁的 $\rho_{纵}$，取 $h_0 = 900 - 70 = 830$mm，

$$\rho_{纵}=3927/(400\times830)=1.18\%<2\%$$

查《高规》表 6.3.2-2，箍筋加密区，箍筋最小直径取 8mm，加密区箍筋间距：
$$\min(900/4, 8\times22, 100)=100\text{mm}$$

根据《高规》6.3.5 条，非加密区，箍筋间距取 200mm，即：Φ8@200（4）
所以应选（D）项。

74. 正确答案是 C，解答如下：

由《高规》3.3.1 条，为 A 级高度。

查《高规》表 3.9.3，抗震等级为二级。

长墙肢，查《高规》表 7.2.13，轴压比限值＝0.6
$$2700000/(19.1\times b\times1000)\leqslant0.6$$

可得：$b\geqslant236$mm

取 $b=250$mm，满足《高规》7.2.1 条。

75. 正确答案是 C，解答如下：

根据《高规》4.3.12 条，取 $\lambda=0.032$
$$V_{Ek0}\geqslant0.032\times18\times1480\times(13\sim16)=11082\sim13640\text{kN}$$

所以应选（C）项。

76. 正确答案是 A，解答如下：

根据《高规》7.2.7 条：
$\lambda=23400/(2500\times5.2)=1.8<2.5$，则：
$$V_u=0.15\times1\times19.1\times250\times5200/0.85=4382\text{kN}$$

77. 正确答案是 C，解答如下：

剪力墙底部加强部位的高度$=\max(4.5+3.0, 55.95/10)=7.5$m
故第三层为非底部加强部位，抗震一级，根据《高规》7.2.5 条：
$$V=1.3\times2500=3250\text{kN}$$

根据《高规》7.2.10 条：
$\lambda=1.8>1.5$，且 <2.2
$N=11500\text{kN}>0.2\times19.1\times250\times5400=5157\text{kN}$，取 $N=5157$kN

由公式（7.2.10-2）：
$$3250\times10^3\leqslant\frac{1}{0.85}\left[\frac{1}{1.8-0.5}(0.4\times1.71\times250\times5200+0.1\times5157\times10^3\times1)\right.$$
$$\left.+0.8\times360\frac{A_{sh}}{s}\times5200\right]$$

可得：$A_{sh}/s\geqslant1.13\text{mm}^2/\text{mm}$

（A）项：$2\times50.3/150=0.67$mm，不满足

（B）项：$2\times78.5/200=0.785$mm，不满足

（C）项：$2\times113.1/200=1.131$mm，满足

故选（C）项。

78. 正确答案是 C，解答如下：

根据《抗规》8.1.4 条、6.1.4 条，按 $H=45$m、框架结构计算防震缝宽度：

$$防震缝宽度 = 1.5 \times [100 + (45-15) \times 20/3] = 450 \text{mm}$$

【78题评析】按《高钢规》解答时,《高钢规》3.3.5条,由《抗规》6.1.4条:

$$防震缝宽度 = 1.5 \times [100 + (45-15) \times 20/3] = 450 \text{mm}$$

79. 正确答案是 D,解答如下:

根据《高钢规》10.6.3条及其条文说明,(D) 项符合,选 (D) 项。

【79题评析】(A) 项:根据《高钢规》10.5.3条,错误。

(B) 项:根据《高钢规》10.6.9条及其条文说明,错误。

(C) 项:根据《高钢规》10.6.7条及其条文说明,错误。

80. 正确答案是 B,解答如下:

根据《抗规》12.2.9条第2款,(B) 项正确。

【80题评析】(A) 项:《抗规》12.1.1条条文说明,错误。

(C) 项:《抗规》式 (12.2.5),错误。

(D) 项:《抗规》12.2.9条第2款,错误。

2020 年真题解答与评析

（上午卷）

1. 正确答案是 A，解答如下：

取 CD 为研究对象，由力平衡，可得：
$$Y_C = Y_D = \frac{1}{2} \times (1.3 \times 15 \times 2.5 + 1.5 \times 25 \times 2.5) = 71.25\text{kN}$$

Y'_C 作用在 C 点，$Y'_C = Y_C = 71.25\text{kN}$，取 BC 为研究对象，则：
$$M_B = 71.25 \times 2.5 + 1.3 \times 15 \times 2.5 \times 1.25 + 1.5 \times 25 \times 2.5 \times 1.25$$
$$= 356.25\text{kN} \cdot \text{m}$$

2. 正确答案是 C，解答如下：

取 CD 为研究对象，$Y_C = Y_D = \frac{1}{2} \times 48 \times 2.5 = 60\text{kN}$

Y'_C 作用在 C 点，$Y'_C = Y_C = 60\text{kN}$，取 ABC 为对象，$\Sigma M_B = 0$，则：
$$F_A \times 10 + 60 \times 2.5 + 48 \times 2.5 \times 1.25 = 48 \times 10 \times 5 + 600 \times 5$$

可得：$F_A = 510\text{kN}$
$$V_{1-1} = 48 \times 10 + 600 - 510 = 570\text{kN}$$

非独立梁，由《混规》6.3.4 条，$h_0 = 610\text{mm}$：
$$570 \times 10^3 \leqslant 0.7 \times 1.57 \times 300 \times 610 + 360 \frac{A_{sv}}{s} \times 610$$

可得：$\frac{A_{sv}}{s} \geqslant 1.68\text{mm}^2/\text{mm}$

3. 正确答案是 B，解答如下：

根据《混规》6.2.10 条，取 $x = \xi_b h_0 = 0.518 \times (650 - 70) = 300\text{mm}$
$$M_u = 1.0 \times 16.7 \times 300 \times 300 \times \left(580 - \frac{300}{2}\right) + 360 \times 1520 \times (580 - 40)$$
$$= 941.8\text{kN} \cdot \text{m}$$

4. 正确答案是 D，解答如下：

查《结通规》表 4.2.2，取 $q_k = 2.5\text{kN/m}^2$，如图 Z20-1J 所示。

（1）双向板，KL1 的从属面积为：
$$\frac{1}{2} \times 7.8 \times 3.9 \times 2 = 30.42\text{m}^2 < 50\text{m}^2$$

由 4.2.4 条，KL1 的折减系数为 1.0（即不折减）。

（2）KL2（或 KL3）的从属面积为：
$$\frac{1}{2} \times 9 \times 7.8 - \frac{1}{2} \times 3.9 \times 3.9 \times 2 = 19.89\text{m}^2 < 50\text{m}^2$$

由 4.2.4 条，KL2（或 KL3）的折减系数为 1.0。

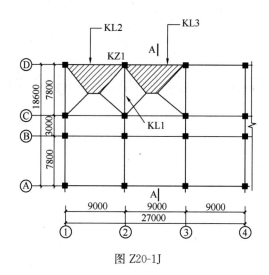

图 Z20-1J

(3) 由 4.2.5 条，根据 (1)、(2)，KZ1 不考虑活荷载折减，则：
$$N_k = \left(2.5 \times 9 \times 7.8 \times \frac{1}{2}\right) \times 3 = 263.25 \text{kN}$$

5. 正确答案是 B，解答如下：

查《荷规》表 7.2.1 项次 8：

情况 1：$\mu_{r,m} = \dfrac{12+2}{2 \times 16} = 0.4375$

情况 2：$\mu_r = 2.0$，故取 $\mu_r = 2.0$

$$M_k = \frac{1}{2} \times (2.0 \times 0.95) \times 2^2 = 3.8 \text{kN} \cdot \text{m/m}$$

6. 正确答案是 D，解答如下：

$$\lambda = \frac{H_n}{2h_0} = \frac{3900 - 850}{2 \times \left(850 - 20 - 10 - \dfrac{25}{2}\right)} = 1.89 < 2，为短柱$$

根据《混规》11.4.17 条第 4 款，$\rho_v \geq 1.2\%$

抗震三级，$\mu_N = 0.7$，查表 11.4.17，取 $\lambda_v = 0.13$，则：

$$\rho_v \geq \lambda_v \frac{f_c}{f_{yv}} = 0.13 \times \frac{19.1}{360} = 0.69\%$$

最终取 $\rho_v \geq 1.2\%$

$$\rho_v = \frac{\left[850 - 2 \times \left(20 + \dfrac{10}{2}\right)\right] \times 11 \times 78.5}{[850 - 2 \times (20 + 10)]^2 \times 100} = 1.11\% < 1.2\%，不满足$$

7. 正确答案是 A，解答如下：

乙类，按 8 度确定抗震构造措施的抗震等级，$H = 22\text{m}$，查《抗规》表 6.1.2，抗震三级。$\mu_N = 0.35 > 0.3$，由表 6.4.5-1，应设约束边缘构件。

查《抗规》表 6.4.5-3 及注 1、2：

左端：按无端柱查表，$\lambda = 0.35$

$l_c = \max(0.15 h_w, 200, 400) = \max(0.15 \times 4300, 250, 400) = 645 \text{mm}$

$$a = \max\left(250, \frac{645}{2}, 400\right) = 400\text{mm}$$

右端：$800\text{mm} > 3b_w = 750\text{mm}$，
$$l_c = \max(0.10 \times 4300, 250+300) = 550\text{mm}$$
$$b = \max(250+250, 250+300) = 550\text{mm}$$

8. 正确答案是 C，解答如下：

查《抗规》表 6.1.2，抗震等级为三级。

查《抗规》表 6.3.6 及注 2：
$$[\mu_N] = 0.85 - 0.05 = 0.80$$

$\dfrac{10750 \times 10^3}{19.1 \times b^2} \leqslant 0.80$，则：$b \geqslant 839\text{mm}$

9. 正确答案是 A，解答如下：

根据《抗规》3.9.2 条：

抗震等级三级的框架应满足 $\delta \geqslant 9\%$，剪力墙及连梁不要求。

10. 正确答案是 B，解答如下：

根据《抗规》6.1.4 条：

甲乙之间：取 $H = 35\text{m}$，$\delta = 100 + \dfrac{35-15}{4} \times 20 = 200\text{mm}$

乙丙之间：取 $H = 43\text{m}$，$\delta = \left(100 + \dfrac{43-15}{4} \times 20\right) \times 70\% = 168\text{mm}$，且 $> 100\text{mm}$

故 $\delta = 168\text{mm}$，选(B)项。

11. 正确答案是 C，解答如下：

根据《混规》7.2.2 条，取 M_q 计算：

由 7.2.5 条，$B = \dfrac{B_s}{2} = 2.8565 \times 10^{13} \text{N} \cdot \text{mm}^2$

$$f = \frac{5M_q l_0^2}{48B} = \frac{5 \times 140 \times 10^6 \times 6500^2}{48 \times 2.8565 \times 10^{13}} = 21.6\text{mm}$$

12. 正确答案是 C，解答如下：

根据《钢标》3.3.2 条：
$$H_k = 0.15 \times 342 = 51.3\text{kN}$$

13. 正确答案是 B，解答如下：

2 台相同吊车，4 个车轮，根据力的对称性，则：合力作用点距左侧第 2 个车轮的距离为 1.012m，即：
$$a_4 = \frac{1.012}{2} = 0.506\text{m}$$

对右支座取力矩平衡：$15F_A = 4 \times 564 \times (7.5 - 0.506)$

可得：$F_A = 1051.9\text{kN}$

跨内最大弯矩：$M = 1051.9 \times (7.5 - 0.506) - 564 \times 5 = 4537\text{kN} \cdot \text{m}$

由《钢标》6.2.4 条，重级工作制吊车梁考虑疲劳；由《钢标》6.1.1 条、6.1.2 条：
$$\frac{M}{\gamma_x M_{nx_F}} = \frac{4537 \times 10^6}{1.0 \times 22328 \times 10^3} = 203.2\text{N/mm}^2$$

【13题评析】本题车轮分布具有对称性，故直接判别合力点的位置，求出 a_4 值。

14. 正确答案是 D，解答如下：

根据《钢标》6.1.4 条：

A7 级，由《荷规》6.1.1 条条文说明，为重级，取 $\psi=1.35$

$$l_z=50+5\times30+2\times130=460\text{mm}$$

$$\sigma_c=\frac{1.35\times564\times10^3}{14\times460}=118\text{N/mm}^2$$

15. 正确答案是 D，解答如下：

根据《钢标》3.1.6 条、3.1.7 条，应选(D)项。

【15题评析】(A)项：根据《钢标》16.1.3 条及条文说明，不正确。

16. 正确答案是 C，解答如下：

查《钢标》附录表 K.0.2，连接类别为 Z4。

17. 正确答案是 D，解答如下：

根据《钢标》3.1.7 条，取 342kN 计算：

吊车梁左支座反力：$F_{左}=\frac{1}{15}\times(342\times9+342\times4)=296.4\text{kN}$

$$M_A=296.4\times6=1778.4\text{kN}\cdot\text{m}$$

$$\Delta\sigma=\frac{M_A}{I_{nx}}y_1=\frac{1778.4\times10^6}{2477118\times10^4}\times(1109-70)=74.59\text{N/mm}^2$$

【17题评析】求等效应力幅，应考虑等效系数 α_f，本题目求最大应力幅，故不考虑 α_f。

18. 正确答案是 B，解答如下：

查《钢标》表 7.1.3，取 $\eta=0.85$。

19. 正确答案是 C，解答如下：

根据《钢标》7.6.1 条：

查《钢标》表 7.4.1-1，取 $l_0=l=1.5\sqrt{2}$

$$\lambda=\frac{l_0}{i_{min}}=\frac{1.5\sqrt{2}\times10^3}{27.6}=76.9>20$$

$$\eta=0.6+0.0015\times76.9=0.715<1.0$$

查《钢标》表 7.2.1-1，均为 b 类；$\lambda/\varepsilon_k=76.9\approx77$，查附表 D.0.2，取 $\varphi=0.707$
$w/t=140/12=11.7<14\varepsilon_k=14$，不考虑 7.6.3 条。

$$\frac{N}{\eta\varphi Af}=\frac{235000}{0.715\times0.707\times3251\times215}=0.665$$

20. 正确答案是 A，解答如下：

根据《钢标》7.6.1 条第 2 款：

$t\geqslant140/8=17.5\text{mm}$，应选(A)项。

21. 正确答案是 C，解答如下：

根据《钢标》8.2.1 条：

$$l_{0x}=\mu_x l=1.71\times10820=18502.2\text{mm}$$

$$\lambda_x=\frac{l_{0x}}{i_x}=\frac{18502.2}{383.5}=48.2$$

$$N'_{Ex} = \frac{\pi^2 \times 206 \times 10^3 \times 30200}{1.1 \times 48.2^2} = 24002 \text{kN}$$

$$N_{cr} = 1.1 N'_{Ex} = 26402.2 \text{kN}$$

则由式(8.2.1-10)：

$$\beta_{mx} = 1 - 0.36 \times \frac{970}{26402.2} = 0.987$$

查《钢标》表 7.2.1-1，均为 b 类；$\lambda_x/\varepsilon_k = 58.4$，查附表 D.0.2，取 $\varphi = 0.816$

$$\frac{970000}{0.816 \times 30200} + \frac{0.987 \times 1706 \times 10^6}{1.0 \times 9874 \times 10^3 \times \left(1 - 0.8 \times \frac{970}{24002}\right)} = 39.36 + 176.23$$

$$= 215.6 \text{N/mm}^2$$

22. 正确答案是 C，解答如下：

根据《钢标》3.5.1 条：

$$\alpha_0 = \frac{195 - (-131)}{195} = 1.67$$

$$\frac{h_0}{t_w} \leqslant (45 + 25 \times 1.67^{1.66}) \times 0.825 = 85.4$$

【22 题评析】σ_{max}、σ_{min} 计算过程如下：

$$\begin{matrix}\sigma_{max}\\\sigma_{min}\end{matrix} = \frac{N}{A_n} \pm \frac{M}{I_n} \cdot y = \frac{970000}{30200} \pm \frac{1706 \times 10^6}{444329 \times 10^4} \times (450 - 25)$$

$$= 32.12 \pm 163.18 = \begin{matrix}+195.3 \text{N/mm}^2\\-131.1 \text{N/mm}^2\end{matrix}$$

23. 正确答案是 D，解答如下：

$$y_1 = \frac{490 \times 370 \times \left(240 + \frac{370}{2}\right) + 1200 \times 240 \times 120}{490 \times 370 + 1200 \times 240} = 237.8 \text{mm}$$

$$y_2 = 370 + 240 - y_1 = 372.2 \text{mm}$$

$$I_x = \frac{1}{3} \times 1200 \times 237.8^3 + 2 \times \frac{1}{3} \times (600 - 245) \times (240 - 237.8)^3 +$$

$$\frac{1}{3} \times 490 \times 372.2^3$$

$$= 1.38 \times 10^{10} \text{mm}^4$$

24. 正确答案是 B，解答如下：

根据《砌规》5.1.3 条及表 5.1.3：

$H = 3.4 + 0.3 + 0.5 = 4.2 \text{m}$，刚性方案，$s = 9 \text{m} > 2H = 8.4 \text{m}$

故取 $H_0 = 1.0H = 4.2 \text{m}$

由 5.1.2 条：

$$\beta = \gamma_\beta \frac{H_0}{h_T} = 1.0 \times \frac{4200}{3.5 \times 160} = 7.5$$

25. 正确答案是 B，解答如下：

根据《砌规》5.1.3条：
$H=3.4m$，刚性方案，$s=9m>2H=6.8m$，取 $H_0=1.0H=3.4m$
$$\beta = 1 \times \frac{3400}{566.7} = 6.0$$
$e=0$，查附表 D.0.1-1，$\varphi=0.95$；$A=5\times10^5 mm^2$ 大于 $0.3m^2$，故取 $f=1.69MPa$
$$N_u = \varphi f A = 0.95 \times 1.69 \times 5 \times 10^5 = 802.75kN$$

（下午卷）

26. 正确答案是 A，解答如下：
Ⅰ. 根据《砌规》5.1.1条、3.2.1条，正确，排除(B)、(D)项。
Ⅲ. 根据《砌规》表3.2.2，正确，应选(A)项。
【26题评析】Ⅱ. 根据《砌规》A.0.2条，错误。
Ⅳ. 根据《砌规》4.1.5条条文说明，错误。

27. 正确答案是 C，解答如下：
根据《砌规》10.2.2条：
$A_{sc}=615mm^2$，$\rho = \frac{615}{240\times240}=1.07\%<1.4\%$，且 $>0.6\%$
$A_c=240\times240=57600mm^2<0.15A=0.15\times240\times5040=181440mm^2$
查表10.1.5，取 $\gamma_{RE}=0.9$
$$V_u = \frac{1}{0.9} \times [1.1\times0.3\times(5040\times240-240\times240)+0.5\times1.1\times240\times240$$
$$+0.08\times270\times615+0]$$
$$=472.36kN$$

28. 正确答案是 C，解答如下：
根据《木标》4.3.1条、4.3.2条，取 $f_m=1.1\times17$
由 4.3.18 条，$d=120+\frac{3.6}{2}\times9=136.2mm$
由 5.2.1 条：
$$\gamma_0 M \leqslant f_m W_n \quad 即：1\times\frac{1}{8}q\times3600^2 \leqslant 1.1\times17\times\frac{\pi\times136.2^3}{32}$$
可得：$q\leqslant2.99N/mm=2.99kN/m$

29. 正确答案是 B，解答如下：
根据《地规》5.4.2条：
$a\geqslant 3.5\times1.2-\frac{1.2}{\tan45°}=3m$，且 $>2.5m$
最小净距 L：$L=3+4.7+1.0-2.0=6.7m$

30. 正确答案是 B，解答如下：
距基坑越近，即东侧沉降大，沿沉降曲线的切线方向产生拉应力，故与拉应力垂直的方向发生裂缝，即（B）项所示。

31. 正确答案是 C，解答如下：

根据《地规》5.2.4 条：

查表 5.2.4，取 $\eta_b=2$，$\eta_d=3$；又 10m>6m，取 $b=6$m

水回升前：$f_{a1}=120+2\times19\times(6-3)+3\times19\times(4.55-0.5)=464.85$kPa

水回升至 0.5m：$f_{a2}=120+2\times(19-10)\times(6-3)+3\times\dfrac{19\times0.5+9\times4.05}{4.55}$

$$\times(4.55-0.5)$$
$$=296.70\text{kPa}$$
$$\Delta f_a=464.85-296.70=168.15\text{kPa}$$

32. 正确答案是 C，解答如下：

根据《地规》5.2.2 条：

$$e=\dfrac{18}{90+20\times1.2\times1.3}=0.1485\text{m}<\dfrac{1.2}{6}=0.2\text{m}，地基反力呈梯形分布$$

$$p_{k,\max}=\dfrac{90+20\times1.2\times1.3}{1.2}+\dfrac{18}{\dfrac{1}{6}\times1\times1.2^2}=101+75=176\text{kPa}$$

33. 正确答案是 A，解答如下：

根据《地处规》4.2.2 条：

$z/b=0.6/1.2=0.5$，查表 4.2.2，取 $\theta=23°$

$$p_z=\dfrac{1.2\times\left(\dfrac{90}{1.2}+20\times1.3-18\times1.3\right)}{1.2+2\times0.6\times\tan23°}=54.48\text{kPa}$$

34. 正确答案是 B，解答如下：

根据《地处规》4.2.7 条，及《地规》5.3.5 条：

取 4 个小矩形，$b\times l=0.6\text{m}\times3\text{m}$

$l/b=3/0.6=5$，$z_1/b=0.6/0.6=1$，查《地规》附表 K.0.1-2，取 $\bar{\alpha}_1=0.2353$

$l/b=3/0.6=5$，$z_2/b=3/0.6=5$，查附表 K.0.1-2，取 $\bar{\alpha}_2=0.1325$

$$s=1.0\times90\times4\times\left(\dfrac{600\times0.2353-0}{6000}+\dfrac{3000\times0.1325-600\times0.2353}{2000}\right)$$
$$=1.0\times360\times(0.02353+0.12816)=54.6\text{mm}$$

35. 正确答案是 D，解答如下：

根据《地规》5.3.4 条及表 5.3.4：

$$\Delta s_{CD}=0.003\times6000=18\text{mm}$$

36. 正确答案是 A，解答如下：

根据《桩规》5.3.9 条：

$h_r/d=1.6/0.8=2$，$f_{rk}=8$MPa，查表 5.3.9，取 $\xi_r=1.18$

$$Q_{uk}=3.14\times0.8\times[50\times(8+1-1.6-1.5)+60\times3]+1.18\times8\times10^3\times\dfrac{\pi}{4}\times0.8^2$$
$$=5935.9\text{kN}$$
$$R_a=5935.9/2=2968\text{kN}$$

37. 正确答案是 C，解答如下：

根据《桩规》5.9.2 条：
$$N_i = \frac{1.35 \times 5000}{2} + \frac{1.35 \times (350 + 250 \times 1.6) \times 1.2}{2 \times 1.2^2} = 3796.875 \text{kN}$$
$$M = 3796.875 \times (1.2 - 0.4) = 3037.5 \text{kN} \cdot \text{m}$$

38. 正确答案是 A，解答如下：

根据《地规》C.0.5 条、C.0.7 条：

极限荷载 $p_u = 350 \text{kPa}$

由已知数据：$\frac{25}{0.80} = 31.25$，$\frac{200}{6.40} = 31.25$，$\frac{225}{7.85} = 28.66$

故比例界限荷载：$p_{cr} = 200 \text{kPa}$
$$f_{ak} = \min\left(200, \frac{1}{2} \times 350\right) = 175 \text{kPa}$$

39. 正确答案是 B，解答如下：

根据《地规》4.2.5 条，应选（B）项。

40. 正确答案是 D，解答如下：

根据《高规》7.2.26 条条文说明，（D）项错误，应选（D）项。

【40 题评析】(A)、(B) 项：根据《高规》5.2.1 条条文说明，正确。

(C) 项：根据《高规》3.11.3 条条文说明，正确。

41. 正确答案是 D，解答如下：

Ⅰ. 根据《高钢规》6.2.2 条，错误，排除 (A)、(C) 项。

Ⅲ. 根据《高钢规》8.6.1 条第 3 款，错误，故选 (D) 项。

【41 题评析】Ⅱ. 根据《高钢规》6.3.3 条第 5 款，正确。

Ⅳ. 根据《高钢规》9.6.11 条，正确。

42. 正确答案是 B，解答如下：

查《高规》表 4.3.7-1、表 4.3.7-2，取 $\alpha_{\max} = 0.72$，$T_g = 0.35 + 0.05 = 0.40 \text{s}$

$T_1 = 1.0 \text{s} < 5T_g$，由 4.3.8 条：
$$\eta_2 = 1 + \frac{0.05 - 0.07}{0.08 + 1.6 \times 0.07} = 0.896 > 0.55$$
$$\alpha = \left(\frac{0.40}{1.0}\right)^{0.87} \times 0.896 \times 0.72 = 0.29$$

43. 正确答案是 A，解答如下：

根据《高规》5.5.3 条：

由表 5.5.3，内插法，$\eta_p = 1.9 + \frac{0.8 - 0.65}{0.8 - 0.5} \times (1.9 \times 1.5 - 1.9) = 2.375$

$\eta_p \Delta u_e \leq \frac{1}{50} \times 6000$，可得：$\Delta u_e \leq 50.5 \text{mm}$

44. 正确答案是 C，解答如下：

根据《高规》5.4.3 条：
$$F_{11} = \frac{1}{1 - \frac{1}{16}} = 1.067$$

45. 正确答案是 B，解答如下：

根据《高规》表 7.2.15 及注 2、3：

$600 > 2 \times 200 = 400\text{mm}$；有端柱；$\mu_N = 0.45$，二级

$$l_c = \max(0.15h_w, 600+300) = \max(0.15 \times 5600, 900) = \max(840, 900)$$
$$= 900\text{mm}$$

46. 正确答案是 C，解答如下：

根据《高规》7.2.15 条：
$$A_{阴} = 600 \times 600 + 200 \times 300 = 420000\text{mm}^2$$
$$A_s \geq 1\% \times 420000 = 4200\text{mm}^2，且 \geq 6\phi16(A_s = 1206\text{mm}^2)$$

故取 $A_s \geq 4200\text{mm}^2$

47. 正确答案是 B，解答如下：

根据《高规》7.2.15 条：

查表 7.2.15，取 $\lambda_v = 0.20$

$$\rho_{v,\min} = \lambda_v \frac{f_c}{f_{yv}} = 0.20 \times \frac{19.1}{360} = 1.061\%$$

48. 正确答案是 B，解答如下：

由《高规》3.3.1 条，为 A 级高度；查表 3.9.3，首层剪力墙为抗震二级。

由 10.2.18 条：$M = 1.3 \times 2700 = 3510\text{kN} \cdot \text{m}$

由 7.2.6 条：$V = 1.4 \times 700 = 98\text{kN}$

故选（B）项。

49. 正确答案是 A，解答如下：

查《高规》表 3.9.3，框支框架为抗震二级。

根据《高规》10.2.11 条，取增大系数 1.2。由《抗震通规》4.3.2 条：
$$N = 1.3 \times 1850 + 1.4 \times 1.2 \times 1000 = 4085\text{kN}$$

50. 正确答案是 B，解答如下：

根据《高规》10.2.22 条：
$$A_{sh} = 0.2 \times 8000 \times 200 \times 0.85 \times 1.36/360 = 1027\text{mm}^2$$
$$\rho_{sh} = \frac{1027}{200 \times 1600} = 0.32\% > 0.3\%（《高规》10.2.19 条）$$

（A）项：$\rho = \frac{2 \times 50.3}{200 \times 200} = 0.25\%$，不满足；

（B）项：$\rho = \frac{2 \times 78.5}{200 \times 200} = 0.39\%$，满足，故选（B）项。

2021 年真题解答与评析

（上午卷）

1. 正确答案是 B，解答如下：

根据《设防标准》4.0.3 条，为乙类，按 9 度确定抗震措施的抗震等级。

$H=20\mathrm{m}$，9 度，多层，$\dfrac{M_\mathrm{f}}{M}=\dfrac{16200}{46765}=35\%<50\%$，由《抗规》6.1.3 条，按框架-剪力墙结构。查《抗规》表 6.1.2，抗震墙为一级，框架为二级，应选（B）项。

2. 正确答案是 B，解答如下：

$H=4\times4+6+0.2=22.2\mathrm{m}$，多层，根据《抗规》6.2.13 条：

$\min(0.2V_0,\ 1.5V_{\mathrm{f,max}})=\min(0.2\times2870,\ 1.5\times950)=574\mathrm{kN}$

首层：$V_\mathrm{1f}=420\mathrm{kN}<574\mathrm{kN}$，故取 $V_\mathrm{1f}=574\mathrm{kN}$

二层：$V_\mathrm{2f}=950\mathrm{kN}>574\mathrm{kN}$，故取 $V_\mathrm{2f}=950\mathrm{kN}$

故选（B）项。

3. 正确答案是 D，解答如下：

根据《混规》11.7.5 条：

$\lambda=1.1<1.5$，取 $\lambda=1.5$

$$1350\times10^3\leqslant\dfrac{1}{0.85}\times\left[\dfrac{1}{1.5-0.5}\times(0.4\times1.71\times350\times2250-0.1\times2090\times10^3\times1)\right.$$

$$\left.+0.8\times360\times\dfrac{A_\mathrm{sv}}{s}\times2250\right]$$

$$=\dfrac{1}{0.85}\times\left[(538650-209000)+0.8\times360\times\dfrac{A_\mathrm{sv}}{s}\times2250\right]$$

可得：$\dfrac{A_\mathrm{sv}}{s}\geqslant1.26\mathrm{mm}^2/\mathrm{mm}$

（A）项：$\dfrac{A_\mathrm{sv}}{s}=\dfrac{2\times78.5}{200}=0.785$，不满足。

（B）项：$\dfrac{A_\mathrm{sv}}{s}=\dfrac{2\times78.5}{150}=1.05$，不满足。

（C）项：$\dfrac{A_\mathrm{sv}}{s}=\dfrac{2\times113.1}{200}=1.13$，不满足。

故选（D）项。

4. 正确答案是 C，解答如下：

已知框架抗震三级，根据《混规》11.4.3 条、11.4.5 条：

$$V_\mathrm{c}=1.1\times\dfrac{175+225}{5.3}\times1.1=91.3\mathrm{kN}$$

故选（C）项。

5. 正确答案是 A，解答如下：

根据《混规》11.6.3 条：

X 方向（水平向）：$250\text{mm} < \frac{1}{2} \times 600 = 300\text{mm}$，取 $\eta_j = 1.0$

$b_j = \min(250 + 0.5 \times 600, 600) = 550\text{mm}$

$V_{ux} = \frac{1}{0.85} \times (0.3 \times 1 \times 1 \times 19.1 \times 550 \times 600) = 2224.6\text{kN}$

Y 方向，同理，$V_{uy} = 2224.6\text{kN}$，故取 $V_u = 2224.6\text{kN}$，选（A）项。

6. 正确答案是 A，解答如下：

根据《混规》5.2.4 条：

$b'_f = \frac{8200}{3} = 2733\text{mm}$，$b'_f = b + s_n = 250 + 2750 = 3000\text{mm}$

$h'_f / h_0 = 120/560 = 0.21 > 0.1$，故选（A）项。

7. 正确答案是 D，解答如下：

根据《混规》6.2.11 条：

$$h_0 = 600 - 40 = 560\text{mm}$$

$$x = 560 - \sqrt{560^2 - \frac{2 \times 1 \times 350 \times 10^6}{1 \times 14.3 \times 2000}} = 22.3\text{mm} < 120\text{mm}$$

故按 $b'_f = 2000$ 矩形截面计算：

$$A_s = \frac{1 \times 14.3 \times 2000 \times 22.3}{360} = 1772\text{mm}^2$$

8. 正确答案是 C，解答如下：

$$\mu_N = \frac{2900 \times 10^3}{14.3 \times \frac{\pi}{4} \times 600^2} = 0.72$$

由《混规》表 11.4.17：

抗震三级，螺旋筋，$\lambda_v = 0.11 + \frac{0.72 - 0.7}{0.8 - 0.7} \times (0.13 - 0.11) = 0.114$

由选项可知，取 $s = 100\text{mm}$：

$$\rho_v = \frac{4A_{ss1}}{(600 - 2 \times 35) \times 100} \geq 0.114 \times \frac{16.7}{360} = 0.53\% > 0.4\%$$

可得：$A_{ss1} \geq 70.2\text{mm}^2$，选 ⌽10（$A_s = 78.5\text{mm}^2$），满足。

9. 正确答案是 A，解答如下：

根据《混验规》10.2.2 条，Ⅲ错误，应选（A）项。

10. 正确答案是 B，解答如下：

Ⅰ．根据《混规》8.4.2 条，正确。

Ⅱ．根据《混规》11.1.7 条，正确。

Ⅲ．根据《混规》8.4.5 条，错误。

故选（B）项。

11. 正确答案是 B，解答如下：

受压杆件，查《钢标》表 7.4.6，$[\lambda] = 150$

受拉杆件，查《钢标》表 7.4.7，$[\lambda]=250$
故选（B）项。

12. 正确答案是 C，解答如下：
根据《抗规》9.2.10 条，（C）项错误，应选（C）项。

13. 正确答案是 A，解答如下：
根据《钢标》17.1.6 条，排除（C）、（D）项。
由《钢标》4.3.4 条，应选（A）项。

14. 正确答案是 D，解答如下：
根据《钢标》6.2.2 条：
由附录 C.0.1 条，$\varphi'_b=1.07-\dfrac{0.282}{1.41}=0.87$

截面等级 S1 级，则：
$$\frac{486.5\times10^6}{0.87\times2820\times10^3}=198.3\text{N/mm}^2$$

15. 正确答案是 C，解答如下：
根据《钢标》附录 E.0.1 条：
$$K_2=0.1,\ K_1=\frac{1.5\times\dfrac{68900\times10^4}{7}}{\dfrac{21200\times10^4}{13.75}}=9.6$$

$$\mu=0.748-\frac{9.6-5}{10-5}\times(0.748-0.721)=0.723$$

16. 正确答案是 D，解答如下：
上端最不利，由《钢标》8.1.1 条：
$$\frac{276.5\times10^3}{9953}+\frac{192.5\times10^6}{1.05\times1250\times10^3}=174.4\text{N/mm}^2$$

17. 正确答案是 A，解答如下：
根据《钢标》8.2.1 条：
$\lambda_x=\dfrac{10000}{146}=68.5$，$b/h=250/340=0.74<0.8$，查表 7.2.1-1，对 x 轴，a 类。

$\lambda_x/\varepsilon_x=68.5$，查附录表 D.0.1，$\varphi_x=\dfrac{1}{2}\times(0.849+0.844)=0.847$

$$\beta_{mx}=0.6+0.4\times0=0.6$$

$$\frac{276.5\times10^3}{0.847\times9953}+\frac{0.6\times192.5\times10^6}{1.05\times1250\times10^3\times0.94}=126.4\text{N/mm}^2$$

18. 正确答案是 D，解答如下：
根据《钢标》17.3.5 条：
$$\frac{N_p}{Af_y}=\frac{376\times10^3}{9953\times235}=0.161>0.15$$
$$\lambda\leqslant125\times(1-0.161)\times1=105$$

19. 正确答案是 A，解答如下：
根据《钢标》4.4.5 条第 4 款，取 0.9，应选（A）项。

20. 正确答案是 B，解答如下：

根据《钢标》10.1.5 条，≥S2 级，选（B）项。

21. 正确答案是 A，解答如下：

Ⅰ．根据《木标》8.0.3 条，正确，排除（B）、（C）项。

Ⅱ．根据《木标》7.1.6 条，正确，应选（A）项。

【21题评析】Ⅲ．根据《木标》7.2.2 条，错误。

Ⅳ．根据《木标》4.1.10 条，错误。

22. 正确答案是 D，解答如下：

根据《砌规》7.4.2 条：

$$x_0 = 0.3 \times 400 = 120\text{mm} < 0.13 \times 3500 = 455\text{mm}$$

故取 $0.5x_0 = 60\text{mm}$

$$M_{ov} = 1.3 \times 35 \times (1.54 + 0.06) + 1.3 \times (15.6 + 2.4) \times 1.54 \times \left(\frac{1.54}{2} + 0.06\right)$$
$$+ 1.5 \times 9 \times 1.54 \times \left(\frac{1.54}{2} + 0.06\right)$$
$$= 120\text{kN} \cdot \text{m}$$

23. 正确答案是 C，解答如下：

根据《砌规》7.4.3 条：

$$l_2 = \frac{1.96 + 0.24}{2} = 1.1\text{m}$$

$$M_r = 0.8 \times 5.24 \times 2.2 \times (3.4 - 0.4) \times (1.1 - 0.06) + 0.8 \times (17 + 2.4)$$
$$\times 3.5 \times \left(\frac{3.5}{2} - 0.06\right)$$
$$= 120.57\text{kN} \cdot \text{m}$$

24. 正确答案是 B，解答如下：

查表 3.2.1-1，$f = 1.50\text{MPa}$

由《砌规》7.4.4 条：

$$N_u = \eta\gamma f A_l = 0.7 \times 1.5 \times 1.5 \times (1.2 \times 240 \times 400) = 181.4\text{kN}$$

25. 正确答案是 D，解答如下：

根据《砌规》10.5.2 条、10.5.4 条：

抗震二级，$V_w = 1.4 \times 220 = 308\text{kN}$

$$f_{vg} = 0.2 \times 5.8^{0.55} = 0.53\text{MPa}$$

$$\lambda = \frac{1100}{220 \times 5.1} = 0.98 < 1.5，取 \lambda = 1.5$$

$$N = 1300\text{kN} > 0.2 f_g bh = 0.2 \times 5.8 \times 190 \times 5400 = 1190.16\text{kN}$$

取 $N = 1190.16\text{kN}$

$$308 \times 10^3 \leqslant \frac{1}{0.85} \times \left[\frac{1}{1.5 - 0.5}(0.48 \times 0.53 \times 190 \times 5100 + 0.10 \times 1190160 \times 1)\right.$$
$$\left. + 0.72 \times 270 \times \frac{A_{sh}}{s} \times 5100\right]$$

可得：$A_{sh}/s \leqslant 0$，按构造，查表 10.5.9-1，最小配筋率为 0.13%。

(下午卷)

26. 正确答案是 B，解答如下：

根据《地规》5.1.7 条：

填土为粉土，$\psi_{zs}=1.20$，$\psi_{zw}=0.85$，$\psi_{ze}=1.0$

$z_d=2\times1.20\times0.85\times1.0=2.04\text{m}$

27. 正确答案是 B，解答如下：

根据《地规》表 5.2.4 注 4，$14+2\times4=22\text{m}<14\times2=28\text{m}$，故该填土不属于大面积压实填土。

由《地处规》3.0.4 条：

$$f_a=f_{ak}+\eta_d\gamma_m(d-0.5)=120+1.0\times18.2\times(1.5-0.5)=138.2\text{kPa}$$

【27题评析】 圆形筏板基础等效为方形时，$b=\sqrt{\dfrac{\pi}{4}\times14^2}=12.4\text{m}$，$14+2\times4=22\text{m}<2\times12.4=24.8\text{m}$，仍不属于大面积压实填土。

28. 正确答案是 B，解答如下：

根据《地规》5.3.5 条，查附录表 K.0.3：

$z_1=2.9-1.5=1.4\text{m}$，$z/\gamma=1.4/7=0.2$，$\bar{\alpha}_1=0.998$

$z_2=12.6+2.9-1.5=14\text{m}$，$z/\gamma=14/7=2$，$\bar{\alpha}_2=0.658$

$$s=1.0\times\dfrac{100}{6000}\times(0.658\times14\times10^3-0.998\times1.4\times10^3)=130\text{mm}$$

29. 正确答案是 C，解答如下：

根据《地规》6.3.8 条：

$$\rho_{d\max}=0.97\times\dfrac{1\times10^3\times2.7}{1+0.01\times16\times2.7}=1829\text{kg/m}^3$$

30. 正确答案是 C，解答如下：

根据《桩规》5.3.5 条：

$$Q_{uk}=3.14\times0.6\times(2\times20+8\times30+12\times40+2\times50)+\dfrac{\pi}{4}\times0.6^2\times3000$$

$$=2468.04\text{kN}$$

31. 正确答案是 B，解答如下：

根据《基桩检规》6.4.7 条：

取 $\qquad R_{ha}=0.75\times75$

由《抗规》4.4.2 条：

$$R_{Eha}=1.25\times0.75\times75=70.3\text{kN}$$

32. 正确答案是 C，解答如下：

根据《桩规》5.1.1 条：

$$N_{i\max}=\dfrac{4000}{4}+\dfrac{1200\times0.9}{4\times0.9^2}=1333.3\text{kN}$$

33. 正确答案是 C，解答如下：

根据《地处规》7.1.5条：

由7.7.2条，$\alpha_p = 1.0$

$$R_a = \pi \times 0.4 \times (2 \times 15 + 5 \times 10 + 8 \times 20 + 2 \times 30) + 1 \times \frac{\pi}{4} \times 0.4^2 \times 2000$$

$$= 628 \text{kN}$$

$$\lambda R_a = 570, \lambda = \frac{570}{628} = 0.907$$

【33题评析】$m = \dfrac{A_p}{A_{处1}}$

$$\lambda m \frac{R_a}{A_p} A_{处1} = \lambda m \frac{R_a}{\dfrac{A_p}{A_{处1}}} = \lambda R_a$$

式中，$A_{处1}$为一根桩处理的土体面积。

34. 正确答案是C，解答如下：

根据《地处规》7.1.5条：

$$m = \frac{0.4^2}{(1.13 \times 2)^2} = 0.031$$

当取$f_{sk} = 100\text{kPa}$时：

$$\beta \times (1 - 0.031) \times 100 \times (2 \times 2) = 230 \times 2 \times 2 - 570$$

可得：$\beta = 0.90$

35. 正确答案是B，解答如下：

根据《地处规》7.1.7条：

$$\xi = \frac{220}{100} = 2.2$$

$$E_{sp} = 2.2 \times 3 = 6.6\text{MPa}$$

36. 正确答案是C，解答如下：

根据《抗规》4.3.1条，(C)项错误，应选(C)项。

【36题评析】(A)项：根据《抗规》3.3.1条、4.1.1条，正确。

(B)项：根据《抗规》4.3.4条，正确。

(D)项：根据《抗规》4.3.6条，正确。

37. 正确答案是A，解答如下：

根据《桩规》3.2.2条，(A)项错误，应选(A)项。

【37题评析】根据《桩规》3.2.2条，(B)、(C)、(D)项均正确。

38. 正确答案是B，解答如下：

根据《高钢规》3.5.4条，(B)项正确，应选(B)项。

【38题评析】(A)项：根据《高规》4.2.6条条文说明，错误。

(C)项：根据《高钢规》3.5.2条，错误。

(D)项：根据《高规》3.7.5条，错误。

39. 正确答案是D，解答如下：

根据《荷规》9.1.3条，(D)项正确，应选(D)项。

【39题评析】(A)项：根据《高规》7.2.13条，错误。

(B) 项：根据《高钢规》11.1.7 条，错误。

(C) 项：根据《高规》3.12.4 条，错误。

40. 正确答案是 B，解答如下：

根据《高钢规》5.3.5 条，$T_g=0.55s$，则：

$$T_g=0.55s < T_1=2.0s < 5T_g=2.75s$$

$$\gamma=0.9+\frac{0.05-0.04}{0.3+6\times0.04}=0.9185$$

$$\eta_2=1+\frac{0.05-0.04}{0.08+1.6\times0.04}=1.069$$

$$\alpha=\left(\frac{0.55}{2}\right)^{0.9185}\times1.069\times0.08=0.0261$$

$$F_{Ek}=0.0261\times0.85\times(11500+6\times11000+10800)=1959kN$$

41. 正确答案是 D，解答如下：

根据《高钢规》6.1.7 条：

$$\frac{V_1}{\Delta u_1}=\frac{2350}{\Delta u_1}\geqslant 5\times\frac{15500+6\times14900+14500}{7200}$$

可得：$\Delta u_1 \leqslant 28.3mm$

42. 正确答案是 D，解答如下：

根据《抗规》8.1.3 条，抗震等级为四级。

根据《高钢规》表 7.4.1 及注：

$$\frac{h_0}{t_w}\leqslant(85-120\times0)\varepsilon_k=70,\frac{h_0}{t_w}\leqslant 75\varepsilon_k=62$$

故 $\frac{h_0}{t_w}\leqslant 62$。

43. 正确答案是 B，解答如下：

$H=4.5+11\times4.2=50.7m<60m$，由《高规》3.9.3 条，按框架-剪力墙结构。

$M_f/M=45\%<50\%$，由 8.1.3 条，按框架-剪力墙结构。

7 度（0.15g），Ⅲ类场地，按 8 度确定抗震构造措施，查表 3.9.3：

框架为抗震二级，剪力墙（核心筒）为抗震一级，选（B）项。

44. 正确答案是 A，解答如下：

根据《高规》6.4.2 条，已知抗震三级，取 $[\mu_N]=0.90$

$\frac{10500\times10^3}{19.1\times a_1^2}\leqslant 0.90$，可得：$a_1\geqslant 782mm$

由《高规》11.4.4 条，已知抗震三级，取 $[\mu_N]=0.90$

$\frac{10500\times10^3}{19.1\times a_2^2\times95\%+205\times a_2^2\times5\%}\leqslant 0.90$，可得：$a_2\geqslant 641mm$

故选（A）项。

45. 正确答案是 C，解答如下：

根据《高规》4.3.7 条，$T_g=0.35s$，由《高规》4.3.5 条，P_3 不满足，排除

(D) 项。

$5600 \times 65\% = 3640 \text{kN}$，故 P_1 不满足，排除（B）项。

(A) 项：$\dfrac{5500+8500+7200}{3} = 7067 \text{kN} > 80\% \times 5600 = 4480 \text{kN}$

(C) 项：$\dfrac{5500+5000+7200}{3} = 5900 \text{kN} > 80\% \times 5600 = 4480 \text{kN}$

P_4：$8500/5600 = 1.52 > 1.35$，故选（C）项最合理。

46. 正确答案是 C，解答如下：

$H = 18 \times 3.2 = 57.6 \text{m}$，查《高规》表 3.9.3，抗震二级。

$2500/200 = 12.5 > 8$，不属于短肢剪力墙。

由 7.2.14 条、7.2.15 条：

$l_c = 0.15 \times 2500 = 375 \text{mm}$，暗柱长度 $= \max\left(250, \dfrac{375}{2}, 400\right) = 400 \text{mm}$

阴影部分竖向钢筋面积 $\geqslant 1\% \times 400 \times 200 = 800 \text{mm}^2 \geqslant 1206 \text{mm}^2$（6 Φ 16）

故选（C）项。

47. 正确答案是 A，解答如下：

根据《高规》3.5.5 条：

$H_1 = 4 \times 3.2 = 12.8 \text{m}$，$H = 18 \times 3.2 = 57.6 \text{m}$，$\dfrac{H_1}{H} = 0.22 > 0.2$，满足。

$B_1 = 60 \text{m} < 75\% \times (30+60) = 67.5 \text{m}$，不满足。

由 10.6.1 条，属于竖向体型收进。

由 3.4.5 条，$\mu_{扭} \leqslant 1.4$，第 4 层的 $\mu_{扭} = 1.55$ 不满足，故 Ⅰ 正确，排除（C）、(D) 项。

由 3.7.3 条，$\dfrac{1}{1300}$、$\dfrac{1}{11000}$ 均满足。又由 10.6.5 条：

$\dfrac{\theta_5}{\theta_4} = \dfrac{1/1100}{1/1300} = 1.18 > 1.15$，故 Ⅱ 正确，Ⅲ 错误，故选（A）项。

48. 正确答案是 B，解答如下：

根据《高规》3.4.5 条：

取竖向抗侧力构件计算，故取 a_3、a_4 计算 $\mu_{扭}$：

$$\mu_{扭} = \dfrac{48}{\dfrac{30+48}{2}} = 1.23$$

应选（B）项。

49. 正确答案是 C，解答如下：

根据《荷规》8.5.1 条及条文说明：

$H/B = 58/10 = 5.8 > 5$，宜考虑横风向风振，（C）项错误，应选（C）项。

【49 题评析】（A）项：根据《高规》3.7.4 条，正确。

(B) 项：根据《高规》7.2.4 条，正确。

(D) 项：根据《高规》7.2.24 条及条文说明，正确。

50. 正确答案是 B，解答如下：

根据《高规》3.11.1 条、3.11.3 条第 4 款：
$$3200 \times 10^3 \leqslant 0.15 \times 23.4 \times b \times 3100$$

可得：$b \geqslant 294\text{mm}$，应选（B）项。

2022年真题解答与评析

（上午卷）

1. 正确答案是 A，解答如下：

楼面及吊顶：
$$20 \times 0.01 + 20 \times 0.02 + 22 \times 0.04 + 25 \times 0.1 + 0.25 = 4.23 \text{kN/m}^2$$
$$4.23 \times \frac{1}{2} \times (2.7 + 2.6) = 11.2095 \text{kN/m}$$

墙体：$3.4 \times 3 = 10.2 \text{kN/m}$

梁自重（扣除板厚）：
$0.25 \times (0.65 - 0.10) \times 25 = 3.4375 \text{kN/m}$
$g_k = 11.2095 + 10.2 + 3.4375 = 24.847 \text{kN/m}$

故选（A）项。

【1题评析】查《结通规》表 4.2.2，取 2.5kN/m^2
$$q_k = 2.5 \times \frac{1}{2} \times (2.7 + 2.6) = 6.625 \text{kN/m}$$

2. 正确答案是 C，解答如下：

根据《混规》8.5.1 条：
$$\max\left(0.2\%,\ 0.45 \times \frac{1.43}{360}\right) = 0.2\%$$

中间支座截面的梁顶，翼缘受拉：
$$A_s \geq (600 \times 2 \times 100 + 250 \times 650) \times 0.2\% = 565 \text{mm}^2$$

跨中截面梁底，翼缘受压：
$$A_s \geq 250 \times 650 \times 0.2\% = 325 \text{mm}^2$$

故选（C）项。

3. 正确答案是 D，解答如下：

根据《混规》6.3.4 条：
$$h_0 = 650 - 40 = 610 \text{mm}$$
$$370 \times 10^3 \leq 0.7 \times 1.43 \times 250 \times 610 + 360 \times \frac{A_{sv}}{s} \times 610$$

可得：$A_{sv}/s \geq 0.99$，$A_{sv1}/s \geq 0.495$

取 $s = 150 \text{mm}$，$A_{sv1} \geq 74.25 \text{mm}^2$，（D）项满足，（B）项不满足。

取 $s = 200 \text{mm}$，$A_{sv1} \geq 99 \text{mm}^2$，（A）、（C）项均不满足。

故选（D）项。

4. 正确答案是 C，解答如下：

根据《混规》7.1.4 条：

由《结通规》表 4.2.2，取 $\psi_q=0.5$

$$M_q=\frac{1}{8}\times(28+0.5\times8)\times8^2=256\text{kN}\cdot\text{m}$$

$$\sigma_{sq}=\frac{256\times10^6}{0.87\times610\times1964}=245.6\text{N/mm}^2$$

由 7.1.2 条：

$$\rho_{te}=\frac{1964}{0.5\times250\times650}=0.0242>0.01$$

$$\psi=1.1-0.65\times\frac{2.01}{245.6\times0.0242}=0.88\begin{array}{l}<1.0\\>0.2\end{array}$$

故选（C）项。

5. 正确答案是 B，解答如下：

根据《抗规》5.1.3 条、5.2.1 条：

首层、2 层：$1500+0.5\times300=1650$kN

3 层：$1800+0.5\times100=1850$kN

$$G_{eq}=0.85\times(1650\times2+1850)=4377.5\text{kN}$$

故选（B）项。

6. 正确答案是 D，解答如下：

查《抗规》表 5.1.4-1、表 5.1.4-2，$\alpha_{\max}=0.08$，$T_g=0.55$s

$T_g<T_1=0.8$s$<5T_g$，则：

$$\alpha=\left(\frac{0.55}{0.8}\right)^{0.9}\times1\times0.08=0.057$$

$$F_{Ek}=0.057\times7000=399\text{kN}$$

故选（D）项。

7. 正确答案是 B，解答如下：

根据《抗规》5.2.2 条：

$$V_2=\sqrt{350^2+(-50)^2+(-35)^2}=355.3\text{kN}$$

故选（B）项。

8. 正确答案是 C，解答如下：

根据《混规》11.1.6 条：

$$\mu_N=\frac{2000\times10^3}{19.1\times500\times500}=0.42>0.15，取 \gamma_{RE}=0.8$$

假定大偏压：

$$x=\frac{\gamma_{RE}N}{\alpha_1 f_c b}=\frac{0.8\times2000\times10^3}{1.0\times19.1\times500}=167.5\text{mm}\begin{array}{l}>2a'_s=100\text{mm}，\\<\xi_b h_0=0.482\times450=217\text{mm}\end{array}$$

由《混规》6.2.17 条：

$$e_a=\max\left(20,\frac{500}{30}\right)=20\text{mm}，e_0=\frac{600}{2000}=0.3\text{m}$$

$$e_i=300+20=320\text{mm}，e=320+\frac{500}{2}-50=520\text{mm}$$

$$2000 \times 10^3 \times 520 \leq \frac{1}{0.8} \times \left[1 \times 19.1 \times 500 \times 167.5 \times \left(450 - \frac{167.5}{2}\right) + 435 A'_s \times (450 - 50)\right]$$

可得：$A'_s \geq 1415 \text{mm}^2$

故选（C）项。

9. 正确答案是 D，解答如下：

箍筋：
$$\frac{A^*_{sv1}}{s} = \frac{A_{sv1}}{s} + \frac{A_{st1}}{s} = \frac{0.644}{2} + 0.261 = 0.583 \text{mm}^2/\text{mm}$$

取 $s=100\text{mm}$，$A^*_{sv1} = 58.3 \text{mm}^2$，选 $\phi 10$（78.5mm^2），排除（A）、（C）项。

梁底纵筋：

受扭纵筋在梁底的截面面积（图 Z22-1J），假定受扭纵筋直径为 22mm：

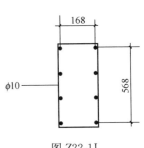

$$\frac{168 + \frac{568}{3} \times \frac{1}{2} \times 2}{2 \times (168 + 568)} \times 670 = 163 \text{mm}^2$$

梁底总纵筋：$163 + 571 = 734 \text{mm}^2$

$2 \oplus 22$（$A_s = 760 \text{mm}^2$），满足。

故选（D）项。

图 Z22-1J

10. 正确答案是 A，解答如下：

如图 Z22-2J 所示，水平侧移 $\Delta_{边} > \Delta_{中}$。

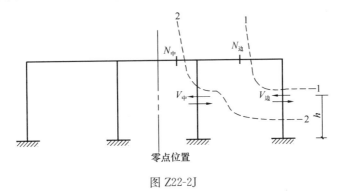

图 Z22-2J

取 1-1 右边部分为研究对象：
$$N_{边} = V_{边}$$

再取 2-2 右边部分为研究对象：

$N_{中} = V_{边} + V_{中}$，则：$N_{中} > N_{边}$，所以 Ⅳ 正确。

假定横梁 $EI = \infty$，则 $K_{边} = K_{中}$，又由于 $\Delta_{边} > \Delta_{中}$，则：

$V_{边} = K_{边} \Delta_{边} > V_{中} = K_{中} \Delta_{中}$，可得：$M^b_{边} = V_{边} h > M^b_{中} = V_{中} h$

假定柱与横梁为铰接，同样，可知：$M^b_{边} > M^b_{中}$。

可知，柱与横梁为刚接时，上述结论也成立，故 Ⅰ 正确。

故选（A）项。

11. 正确答案是 A，解答如下：

根据《钢标》3.1.5 条：
$$v = \frac{F_k l^3}{48EI} = \frac{245 \times 10^3 \times 22000^3}{48 \times 206 \times 10^3 \times 1392779 \times 10^4} = 18.9 \text{mm}$$

故选（A）项。

12. 正确答案是 B，解答如下：
根据《钢标》3.5.1 条：
$$\frac{b}{t} = \frac{400-12}{2 \times 25} = 7.76 < 13\varepsilon_k = 13$$

$$\frac{h_0}{t_w} = \frac{1500 - 2 \times 25}{12} = 120.8 \quad \begin{array}{l} <124\varepsilon_k = 124 \\ >93\varepsilon_k = 93 \end{array}$$

故截面等级为 S4 级。
由 6.1.1 条、6.1.2 条，取 $\gamma_x = 1.0$：
$$\frac{M_x}{\gamma_x W_{nx}} = \frac{1898 \times 10^6}{1.0 \times 16721 \times 10^3} = 113.5 \text{N/mm}^2$$

故选（B）项。

13. 正确答案是 D，解答如下：
根据《钢标》C.0.1 条：
$$\lambda_y = \frac{11000}{84.5} = 130$$

由表 C.0.1，取 $\beta_b = 1.75$

$$\varphi_b = 1.75 \times \frac{4320}{130^2} \times \frac{374 \times 10^2 \times 1500}{18570 \times 10^3} \times \left[\sqrt{1 + \left(\frac{130 \times 25}{4.4 \times 1500}\right)^2} + 0\right] \times 1$$
$$= 1.506 > 0.6$$

$$\varphi'_b = 1.07 - \frac{0.282}{1.506} = 0.88$$

故选（D）项。

14. 正确答案是 C，解答如下：
属于有侧移框架，由《钢标》E.0.2 条：
AC 段柱上端、下端分别为：

$$K_1 = \frac{\dfrac{EI}{4500}}{\dfrac{EI}{4500} + \dfrac{EI}{1500}} = 0.25$$

$$K_2 = 0$$

$$\mu = \frac{1}{2} \times (3.42 + 3.01) = 3.215$$

$$l_{0x} = 3.215 \times 1500 = 4822.5 \text{mm}$$

故选（C）项。

15. 正确答案是 D，解答如下：
根据《钢标》8.2.1 条：
$$\lambda_x = \frac{\mu l_x}{i_x} = \frac{1.6 \times 4500}{169} = 42.6$$

H型钢，$b/h=300/390=0.77<0.8$，x 轴为 a 类，y 轴为 b 类。
$\lambda/\varepsilon_k=42.6$，查附表 D.0.1，则：

$$\varphi_x=0.937-\frac{42.6-42}{43-42}\times(0.937-0.934)=0.935$$

$$N'_{Ex}=\frac{\pi^2 EA}{1.1\lambda_x^2}=\frac{\pi^2\times206\times10^3\times133.3\times10^2}{1.1\times42.6^2}=13563\text{kN}$$

由式（8.2.1-1）：

$$\frac{896\times10^3}{0.935\times13330\times215}+\frac{1.0\times224\times10^6}{1.05\times1940\times10^3\times\left(1-0.8\times\frac{896}{13563}\right)\times215}$$

$=0.334+0.540=0.874$

故选（D）项。

16. 正确答案是 A，解答如下：

根据《钢标》8.2.1 条：

$\lambda_y=\dfrac{4500}{73.5}=61.2$，由 15 题可知，$y$ 轴为 b 类，$\lambda/\varepsilon_k=61.2$，查附表 D.0.2，则：

$$\varphi_y=0.802-\frac{61.2-61}{62-61}\times(0.802-0.796)=0.801$$

由 C.0.5 条：

$$\varphi_b=1.07-\frac{61.2^2}{44000\times1}=0.985$$

由式（8.2.1-3）：

$$\frac{896\times10^3}{0.801\times13330\times215}+1.0\times\frac{1.0\times224\times10^6}{0.985\times1940\times10^3\times215}=0.390+0.545=0.935$$

故选（A）项。

17. 正确答案是 B，解答如下：

根据《钢标》11.4.2 条：

查表 11.4.2-1，取 $\mu=0.3$

$N_v^b=0.9\times1\times1\times0.3P=0.27P$

$0.27P=\dfrac{V}{n}=\dfrac{200}{6}$，可得：$P=123.5\text{kN}$

查表 11.4.2-2，选 M20（$P=125\text{kN}$）

螺栓长度 $l_1<15d_0$，不考虑超长折减。

故选（B）项。

18. 正确答案是 B，解答如下：

根据《钢标》11.2.2 条：

$\dfrac{200\times10^3/2}{0.7\times6l_w}\leq160$，可得：$l_w\geq148.8\text{mm}$

复核：$l_w>8h_f=48\text{mm}$，$l_w<60h_f=360\text{mm}$

故取 $h=148.8+2\times6=160.8\text{mm}$

故选（B）项。

19. 正确答案是 D，解答如下：

根据《钢标》11.6.3 条：

$$b_1 = \min\left(2 \times 60 + 16, \ 300 - \frac{151}{2} - \frac{151}{3}\right) = \min(136, 174) = 136\text{mm}$$

$$\sigma = \frac{N}{2tb_1} = \frac{2310 \times 10^3/2}{2 \times 60 \times 136} = 65.3\text{N/mm}^2$$

故选（D）项。

20. 正确答案是 A，解答如下：

根据《钢标》11.6.3 条：

$$Z = \sqrt{300^2 - \left(\frac{151}{2}\right)^2} = 290.3\text{mm}$$

$$\tau = \frac{N}{2tZ} = \frac{2130 \times 10^3/2}{2 \times 60 \times 290.3} = 30.6\text{N/mm}^2$$

故选（A）项。

21. 正确答案是 D，解答如下：

根据《砌规》10.2.2 条：

$$\rho = \frac{615}{240 \times 240} = 1.07\% \begin{matrix}<1.4\%\\>0.6\%\end{matrix}$$

$$A_c = 240 \times 240 = 57600\text{mm}^2 < 0.15A = 0.15 \times 5640 \times 240 = 203040\text{mm}^2$$

取 $\eta_c = 1.1$，$\xi_c = 0.5$

由 10.1.5 条，取 $\gamma_{RE} = 0.9$

$$\begin{aligned}V_u &= \frac{1}{0.9} \times [1.1 \times 0.3 \times (5640 \times 240 - 240 \times 240) + 0.5 \times 1.27 \times 240 \times 240 \\ &\quad + 0.08 \times 360 \times 615 + 0] \\ &= 535.52\text{kN}\end{aligned}$$

故选（D）项。

22. 正确答案是 C，解答如下：

根据《砌规》8.2.7 条：

$$l = 2700\text{mm}, \ \frac{l}{b_c} = \frac{2700}{240} = 11.25 > 4$$

$$\eta = \left(\frac{1}{11.25 - 3}\right)^{\frac{1}{4}} = 0.59$$

由《砌规》表 3.2.1-1，$f = 1.89\text{MPa}$

$$\begin{aligned}N_u &= 0.72 \times [1.89 \times (5640 - 240 \times 3) \times 240 + 0.59 \times (11.9 \times 240 \times 240 \times 3 \\ &\quad + 360 \times 615 \times 3)] \\ &= 2762.5\text{kN}\end{aligned}$$

故选（C）项。

23. 正确答案是 C，解答如下：

根据《砌规》5.2.4 条、5.2.2 条、5.2.3 条：

查《砌规》表 3.2.1-1，$f = 1.5\text{MPa}$

$$a_0 = 10\sqrt{\frac{h_c}{f}} = 10\sqrt{\frac{600}{1.50}} = 200\text{mm} < 370\text{mm}$$

A_0 的长度：$200 + 2 \times 370 = 1040\text{mm} < 1500\text{mm}$

$$\gamma = 1 + 0.35\sqrt{\frac{1040 \times 370}{300 \times 200} - 1} = 1.81 < 2.0$$

故选（C）项。

24. 正确答案是 C，解答如下：

根据《砌规》5.2.6 条：

由 3.2.1 条，$f = 2.31\text{MPa}$；由 3.2.5 条，$E = 1060f = 1060 \times 2.31 = 2448.6\text{MPa}$

$$h_0 = 2\sqrt[3]{\frac{2.55 \times 10^4 \times 1.1664 \times 10^8}{2448.6 \times 240}} = 343.4\text{mm}$$

$$\sigma_0 = \frac{360 \times 10^3}{1500 \times 240} = 1\text{MPa}$$

$$N_0 = \pi \times 240 \times 343.4 \times 1/2 = 129.4\text{kN}$$

$$N_0 + N_l = 129.4 + 110 = 239.4\text{kN}$$

故选（C）项。

25. 正确答案是 A，解答如下：

Ⅰ. 根据《木标》3.1.13 条，正确，故选（A）项。

【25 题评析】Ⅱ. 根据《木标》3.1.3 条，错误。

Ⅲ. 根据《木标》4.3.18 条，错误。

Ⅳ. 根据《木标》4.1.7 条，即按《可靠性标准》8.2.8 条，γ_0 仅与安全等级挂钩，与设计使用年限无关。

（下午卷）

26. 正确答案是 C，解答如下：

根据《地规》5.2.7 条：

$$p_k = \frac{F + G}{A} = \frac{235 + b_1 \times 1 \times 2.5 \times 20}{b_1 \times 1} = \frac{235}{b_1} + 50$$

$$p_c = 18 \times 2.5 = 45\text{kPa}$$

$E_{s1}/E_{s2} = 7.5/2.5 = 3$，$z/b > 2/3 = 1.5 > 0.5$，取 $\theta = 23°$

$$p_z = \frac{b_1\left(\frac{235}{b_1} + 50 - 45\right)}{b_1 + 2 \times 2 \times \tan 23°} = \frac{235 + 5b_1}{b_1 + 1.70}$$

$$p_{cz} = 18 \times 2.0 + 18 \times 2.5 = 81\text{kPa}$$

$$\frac{235 + 5b_1}{b_1 + 1.70} + 81 \leqslant f_{az} = 65 + 1 \times 18 \times (4.5 - 0.5) = 137$$

可得：$b_1 \geqslant 2.74\text{m}$

故选（C）项。

27. 正确答案是 B，解答如下：

根据《地规》5.3.5 条：

基础 B 底面划为 4 个小矩形，$b \times l = 1.5\text{m} \times 15\text{m}$

$z_1 = 2\text{m}$，$z_1/b = 2/1.5 = 1.3$，$l/b = 15/1.5 = 10$，查附录表 K.0.1-2：

$$\alpha_1 = \frac{1}{2} \times (0.2289 + 0.2221) = 0.2255$$

$z_2 = 8\text{m}$，$z_2/b = 8/1.5 = 5.3$，$l/b = 15/1.5 = 10$，查附录表 K.0.1-2：

$$\alpha_2 = \frac{1}{2} \times (0.1320 + 0.1292) = 0.1306$$

$$s = 1 \times \frac{4 \times 80}{2500} \times (8 \times 0.1306 - 2 \times 0.2255) \times 10^3 = 76\text{mm}$$

故选（B）项。

28. 正确答案是 B，解答如下：

根据《抗规》4.3.4 条：

点 1：$N_1 = 10 < N_{cr1} = 12.1$，液化；

点 2：$N_2 = 14 > N_{cr2} = 13.7$，不液化。

对点 1，由 4.3.5 条：

$d_1 = 1 + \frac{1}{2} = 1.5\text{m}$，其中点深度 $= 2 + 1 + \frac{1.5}{2} = 3.75\text{m} < 5\text{m}$

故取 $W_1 = 10$

$$I_{lE} = \left(1 - \frac{10}{12.1}\right) \times 1.5 \times 10 = 2.6 < 6，轻微$$

故选（B）项。

29. 正确答案是 D，解答如下：

根据《桩规》5.8.4 条及表 5.8.4-1 注 3：

$$l'_0 = l_0 + (1 - \psi_l) d_l = 3 + (1 - 0) \times 2 = 5\text{m}$$

$$h' = h - (1 - \psi_l) d_l = (17 - 3) - (1 - 0) \times 2 = 12\text{m} > \frac{4.0}{\alpha} = \frac{4.0}{0.546} = 7.3\text{m}$$

$$l_c = 0.7 \times \left(5 + \frac{4}{0.546}\right) = 8.63\text{m}$$

故选（D）项。

30. 正确答案是 C，解答如下：

根据《桩规》5.9.10 条：

$$h_{10} + h_{20} = 730 + 400 = 1130\text{mm}$$

$$b_{y0} = \frac{4500 \times 730 + 2000 \times 400}{1130} = 3615\text{mm}$$

$$b = 0.8 d_c = 0.8 \times 500 = 400\text{mm}$$

$$a_x = 1000 - \frac{1000}{2} - \frac{400}{2} = 300\text{mm}$$

$$\lambda_x = \frac{a_x}{h_0} = \frac{300}{1130} = 0.265 > 0.25$$

$$\alpha = \frac{1.75}{\lambda + 1} = \frac{1.75}{0.265 + 1} = 1.383, \beta_{hs} = \left(\frac{800}{1130}\right)^{1/4} = 0.917$$

$$V_u = \frac{1}{0.85} \times 0.917 \times 1.383 \times 1.43 \times 3615 \times 1130 = 8716 \text{kN}$$

故选（C）项。

31. 正确答案是 C，解答如下：

根据《桩规》5.9.8 条、5.9.7 条：

$$h_0 = 730 + 400 = 1130 \text{mm}, b = 0.8 d_c = 0.8 \times 500 = 400 \text{mm}$$

$$a_{1x} = 3500 - 1500 - 500 - \frac{400}{2} = 1300 \text{mm}$$

$$\lambda_{1x} = \frac{1300}{730} = 1.8 > 1, \text{取 } a_{1x} = 730 \text{mm}, \lambda = 1.0, \beta_{1x} = \frac{0.56}{1+0.2} = 0.47$$

$$c_1 = 500 + \frac{400}{2} = 700 \text{mm}$$

$$a_{1y} = \frac{4500}{2} - 1000 - 500 - \frac{400}{2} = 550 \text{mm}$$

$$\lambda_{1y} = \frac{550}{730} = 0.75 > 0.25, \text{取 } a_{1y} = 550 \text{mm}, \beta_{1y} = \frac{0.56}{0.75+0.2} = 0.59$$

$$c_2 = 700 \text{mm}; \text{取 } \beta_{hp} = 1.0$$

$$N_u = \left[0.47 \times \left(700 + \frac{550}{2}\right) + 0.59 \times \left(700 + \frac{730}{2}\right)\right] \times 1 \times 1.43 \times 730 = 1134 \text{kN}$$

故选（C）项。

32. 正确答案是 C，解答如下：

根据《地处规》7.1.5 条：

$$m = \left(\frac{0.5}{1.13 \times 1.5}\right)^2 = 0.087$$

$$100 = 1 \times 0.087 \times \frac{150}{\frac{\pi}{4} \times 0.5^2} + \beta(1 - 0.087) \times 70$$

可得：$\beta = 0.52$

故选（C）项。

33. 正确答案是 C，解答如下：

根据《地处规》7.3.3 条：

$$140 = \eta f_{cu} A_p = 0.25 \times f_{cu} \times \frac{\pi}{4} \times 0.5^2$$

可得：$f_{cu} = 2853.5 \text{kPa}$

故选（C）项。

34. 正确答案是 C，解答如下：

根据《地规》5.1.8 条：

$d_{min} = 2 - 0.95 = 1.85 \text{mm}$，排除（A）项。

由 5.4.2 条：

$a \geq 2.5 \text{m}$，排除（D）项。

$$a \geq 2.5 \times 2 - \frac{d}{\tan 45°} = 5 - d$$

(B) 项：$a=2.5\mathrm{m}<5-d=5-2=3\mathrm{m}$，不满足。

故选（C）项。

35. 正确答案是 A，解答如下：

根据《地规》附录 H.0.10 条：

1 点：$\min\left(950, \dfrac{3000}{3}\right)=950\mathrm{kPa}$

2 点：$\min\left(1040, \dfrac{3300}{3}\right)=1040\mathrm{kPa}$

3 点：$\min\left(880, \dfrac{2580}{3}\right)=860\mathrm{kPa}$

上述取最小值作为 $f_a=860\mathrm{kPa}$

故选（A）项。

36. 正确答案是 A，解答如下：

根据《地处规》7.2.1 条，Ⅰ、Ⅱ正确，排除（B）、（C）、（D）项，故选（A）项。

【36 题评析】Ⅲ. 根据《地处规》3.0.7 条，错误。

Ⅳ. 根据《地处规》7.3.1 条，错误。

37. 正确答案是 B，解答如下：

Ⅰ、Ⅳ. 根据《地规》9.1.5 条，错误，排除（A）、（C）项。

Ⅱ. 根据《地规》9.7.5 条，正确，排除（D）项，故选（B）项。

【37 题评析】Ⅲ. 根据《地规》9.9.4 条，正确。

38. 正确答案是 C，解答如下：

Ⅱ. 根据《异形柱规》表 3.1.2，$H\leqslant 28\mathrm{m}$，不能采用。

Ⅲ. $H=38\mathrm{m}$，为高层建筑，根据《高规》7.1.8 条，不能采用。

故选（C）项。

39. 正确答案是 A，解答如下：

根据《高规》8.1.3 条：

$\dfrac{M_\mathrm{f}}{M_\text{总}}=48\%\begin{matrix}<50\%\\>10\%\end{matrix}$，按框架-剪力墙结构设计。

$H=50\mathrm{m}$，为 A 级高度，查《高规》表 3.9.3：

框架为抗震二级，剪力墙为抗震一级。

故选（A）项。

40. 正确答案是 D，解答如下：

根据《高规》10.2.2 条：

$H_\text{底}=\max\left(5+3\times 2, \dfrac{1}{10}\times 50.3\right)=\max(11, 5.03)=11\mathrm{m}$

故选（D）项。

【40 题评析】根据《高规》10.2.19 条：

$$A_\mathrm{sh}=0.3\%\times 300\times 1000=900\mathrm{mm}^2$$

双排，$s=20\mathrm{mm}$，$A_\mathrm{sl}=\dfrac{900}{2}\times\dfrac{1}{1000/200}=90\mathrm{mm}^2$

选 $\phi 12$（113.1mm²），即：$\Phi 12@200$（双排）。

41. 正确答案是 C，解答如下：

根据《高规》附录 E.0.1 条：

$C_1 = 2.5 \times \left(\dfrac{1000}{5000}\right)^2 = 0.1$，由《混规》4.1.5 条，$G_c = 0.4 E_c$

$$\gamma_{e1} = \dfrac{0.4 E_{c1} A_1}{0.4 E_{c2} A_2} \times \dfrac{h_2}{h_1} = \dfrac{3.25 \times 10^4 \times (A_{wl} + 8 \times 0.1 \times 1 \times 1) \times 3}{3.00 \times 10^4 \times 18.2 \times 5} \geqslant 0.5$$

可得：$A_{wl} \geqslant 13.2 \text{m}^2$

故选（C）项。

42. 正确答案是 B，解答如下：

根据《高规》10.2.18 条，抗震一级：
$$M = 1.5 \times 2900 = 4350 \text{kN} \cdot \text{m}$$

由 7.2.6 条：
$$V = 1.6 \times 725 = 1160 \text{kN}$$

故选（B）项。

43. 正确答案是 D，解答如下：

根据《高规》4.3.2 条及条文说明，8.5m>8m，应计入竖向地震作用。

由 10.2.11 条，取 1.5 增大系数。

由 5.6.4 条，以竖向地震作用为主，则：
$$N_1 = 1.2 \times 4000 + 1.5 \times (1.3 \times 600 + 0.5 \times 500) = 6345 \text{kN}$$
$$N_2 = 1.3 \times 4000 + 1.5 \times (1.4 \times 600 + 0.5 \times 500) = 6835 \text{kN}$$
$$\Delta N = 6835 - 6345 = 490 \text{kN}$$

故选（D）项。

44. 正确答案是 D，解答如下：

根据《高规》3.7.3 条、3.4.5 条注：

$H = 57.6\text{m} < 150\text{m}$，取 $\left[\dfrac{\Delta u}{h}\right] = \dfrac{1}{800}$，$\Delta u = 2.7\text{mm}$

$\dfrac{\Delta u}{h} = \dfrac{2.7}{6000} = 0.00045 < 40\% \left[\dfrac{\Delta u}{h}\right] = 0.4 \times \dfrac{1}{800} = 0.0005$

$\mu_{扭} \leqslant 1.6$，故选（D）项。

45. 正确答案是 B，解答如下：

根据《高规》4.3.10 条：
$$N = \sqrt{5000^2 + (0.85 \times 6200)^2} = 7264 \text{kN}$$
$$N = \sqrt{(0.85 \times 5000)^2 + 6200^2} = 7517 \text{kN}$$

取较大值，$N = 7517 \text{kN}$，故选（B）项。

46. 正确答案是 C，解答如下：
$$M_{底} = \dfrac{17220}{458600} \times 2400 \times 3.75 = 338 \text{kN} \cdot \text{m}$$

故选（C）项。

47. 正确答案是 B，解答如下：

根据《高规》8.1.4条：
$$V_{f,max}=1060\text{kN}<0.2V_0=0.2\times8950=1790\text{kN}，则：$$
$$V_1=\min(1.5\times1060,0.2\times8950)=\min(1590,1790)=1590\text{kN}$$
故选（B）项。

48. 正确答案是 B，解答如下：
根据《高钢规》7.6.1条：
方案三、方案四，属于框架-偏心支撑结构。
故选（B）项。

49. 正确答案是 C，解答如下：
根据《高钢规》7.3.3条：
$$\mu_N=\frac{N}{fA_c}=\frac{8300\times10^3}{295A_c}\leq0.4，则：A_c\geq70339\text{mm}^2$$
(A)、(B)、(C)、(D) 项不满足，故需验算"强柱弱梁"。
$H=60\text{m}$，查《抗规》表8.1.3，其抗震等级为三级。
$$W_{pc}\left(345-\frac{8200\times10^3}{A_c}\right)+W_{pc}\left(345-\frac{8300\times10^3}{A_c}\right)\geq1.05\times2\times345\times4.421\times10^6$$
即：
$$W_{pc}\left(690-\frac{16500\times10^3}{A_c}\right)\geq3203\times10^6$$

(A) 项：上式左端 $=6.196\times10^6\times\left(690-\frac{16500\times10^3}{38400}\right)=1613\times10^6$，不满足

(B) 项：上式左端 $=2685\times10^6$，不满足

(C) 项：上式左端 $=3376\times10^6$，满足，故选（C）项。

50. 正确答案是 A，解答如下：
A项：根据《高规》7.2.10条，当轴压力 N 在一定范围内时，可提高剪力墙的受剪承载力，故（A）项不妥，应选（A）项。

【50题评析】B项：根据《高规》7.1.6条及条文说明，正确。
C项：根据《高规》D.0.4条，正确。
D项：根据《高规》7.1.8条，正确。

第二篇 专题精讲

第一章 结 构 力 学

第一节 静 定 梁

静定梁可分为单跨静定梁和多跨静定梁。其中，单跨静定梁可分为简支梁（包括杆轴水平简支梁和简支斜梁）、悬臂梁、伸臂梁，见图 1.1-1(a)～(d)。简支斜梁如楼梯梁。在结构分析中，还有如图 1.1-1(e) 所示的单跨静定梁。

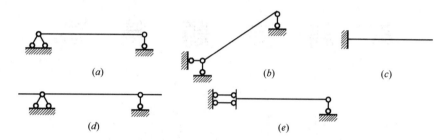

图 1.1-1 单跨静定梁
(a) 水平简支梁；(b) 简支斜梁；(c) 悬臂梁；(d) 伸臂梁；(e) 带滑动支座的梁

一、单跨静定梁

1. 单跨静定梁的变形特点和内力特点

当单跨静定梁为水平直梁时，在外力作用下发生平面弯曲时，梁的轴线在其纵向对称平面内由原来的直线变为一条光滑曲线。

单跨静定梁和多跨静定梁，其内力一般有弯矩 M、剪力 F_Q（或 V 或 Q 表示）和轴力 F_N；当梁的杆轴水平，外力（荷载）与杆轴垂直时，梁的轴力为零。

2. 单跨静定梁的内力和内力图

单跨静定梁的内力计算仍采用截面法。如图 1.1-2(a) 所示简支梁在均布线荷载 q (kN/m) 作用下，其内力计算如下：

(1) 计算支座反力。由对称性可知，$F_A = F_B = \dfrac{ql}{2}$（方向向上）。

(2) 取脱离体。作 m-m 截面将梁截开，取左部分为研究对象，见图 1.1-2(b)，先画外力，再画内力，即：弯矩 $M(x)$ 和剪力 $F_Q(x)$。

(3) 列平衡方程。

$$\Sigma F_y = 0, \ F_A - qx - F_Q(x) = 0, \text{即：} F_Q(x) = F_A - qx = \frac{ql}{2} - qx$$

$$\Sigma M_O = 0, \ M(x) + qx \cdot \frac{x}{2} - F_A x = 0, \text{即：} M(x) = F_A x - qx \cdot \frac{x}{2}$$

当取右部分为研究对象，其弯矩 $M(x)$ 和剪力 $F_Q(x)$ 与上述结果相同。

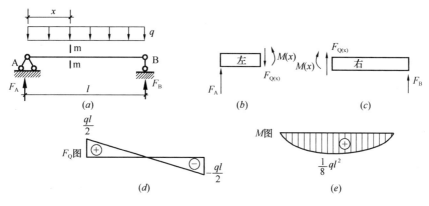

图 1.1-2 简支梁内力分析

注意：剪力的正负号规定（图 1.1-3）：使脱离体发生顺时针转动的剪力 F_Q 为正，反之为负。

弯矩的正负号规定（图 1.1-3）：使脱离体发生下侧受拉、上侧受压的弯矩 M 为正，反之为负。

通常将剪力、弯矩沿杆件轴线的变化情况用图形表示，这种表示剪力和弯矩变化规律的图形分别称为剪力图、弯矩图。在剪力图、弯矩图中，其横坐标表示梁的横截面位置，纵坐标表示相应横截面的剪力值（剪力值为正，画在横坐标上方，反之画在横坐标下方），弯矩值（弯矩为正，画在横坐标下方，反之画在横坐标上方）。

图 1.1-2(a) 简支梁，根据其剪力 $F_Q(x)$，取 $x=0$，$F_Q(x)=\dfrac{ql}{2}$；$x=l$，$F_Q(x)=-\dfrac{ql}{2}$，即可画出剪力图，见图 1.1-2(d)。

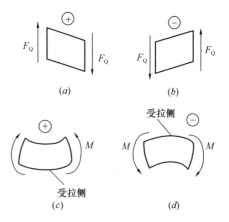

图 1.1-3 剪力 F_Q 和弯矩 M 的正负号规定

根据其弯矩 $M(x)$，取 $x=0$，$M(x)=0$；$x=\dfrac{l}{2}$，$M(x)=\dfrac{ql^2}{8}$；$x=l$，$M(x)=0$，即可画出弯矩图见图 1.1-2(e)。

小结：通过观察剪力 $F_Q(x)$ 和弯矩 $M(x)$ 的计算公式，可得：

（1）剪力：剪力等于脱离体上所有外力（集中力、分布力）在平行横截面方向投影的代数和。其中，外力（包括支座反力）按"左上右下取正"（左脱离体上的**向上外力为正**，右脱离体上的**向下外力为正**），反之为负，见图 1.1-4(a)、(b)。

（2）弯矩：弯矩等于脱离体上所有集中力、分布力、外力偶对横截面形心的力矩的代数和。同时规定：在脱离体上的向上集中力（包括支座反力）、分布力产生的力矩为正，与向上集中力（包括支座反力）、分布力产生的力矩相同转向的外力偶矩也为正，反之为负，见图 1.1-4(c)、(d)。

利用上述结论，可以不画脱离体，直接得到任意横截面的剪力和弯矩，该方法称为**直接法**。

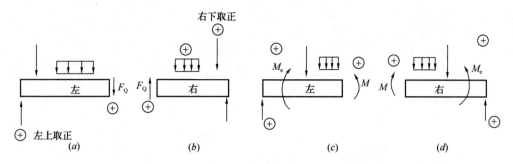

图 1.1-4 直接法时剪力和弯矩的正负号规定
(a)、(b) 产生正号剪力 F_Q 的规定；(c)、(d) 产生正号弯矩 M 的规定

【例 1.1-1】 如图 1.1-5 所示简支梁在两种受力状态下，跨中 I、II 点的剪力关系为下列何项？

(A) $V_I = \dfrac{1}{2} V_{II}$ (B) $V_I = V_{II}$

(C) $V_I = 2 V_{II}$ (D) $V_I = 4 V_{II}$

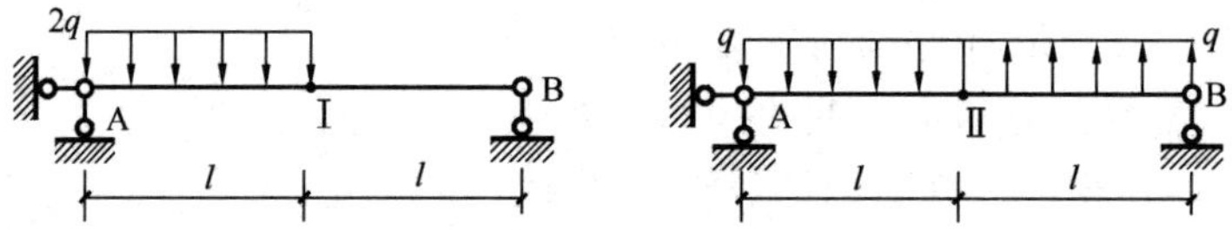

图 1.1-5

【解答】 求图示 I 中的剪力：先求出支座 B 的反力 F_B，对 A 点取矩，则：

$$F_B \cdot 2l = 2ql \cdot \dfrac{l}{2}, \text{即}: F_B = \dfrac{ql}{2} \text{（方向向上）}$$

直接法，$V_I = -F_B = -\dfrac{ql}{2}$

求图示 II 中的剪力：先求出左支座的反力 F_A，对 B 点取矩，则：

$$F_A \cdot 2l = ql \cdot \dfrac{3l}{2} - ql \cdot \dfrac{l}{2}, \text{即}: F_A = \dfrac{ql}{2}$$

直接法，$V_{II} = F_A - ql = \dfrac{ql}{2} - ql = -\dfrac{ql}{2}$

故 $V_I = V_{II}$，应选（B）项。

思考：通过观察图 1.1-5 右侧简支梁，外荷载为一对力偶，故支座反力也构成一对力偶，则 $F_A \cdot 2l = ql \cdot l$，即 $F_A = \dfrac{ql}{2}$，其他同上。

3. 梁段的剪力图和弯矩图的特征

常见单跨静定梁的内力图见图 1.1-6。

观察图 1.1-6 中弯矩图和剪力图的规律，可得：梁段在荷载作用下的剪力图与弯矩图的特征，见图 1.1-7。此外，根据弯矩、剪力与荷载的微分关系也可得到图 1.1-7。

注意：上述剪力图与弯矩图的特征也适用于刚架、组合结构中的梁式直杆。

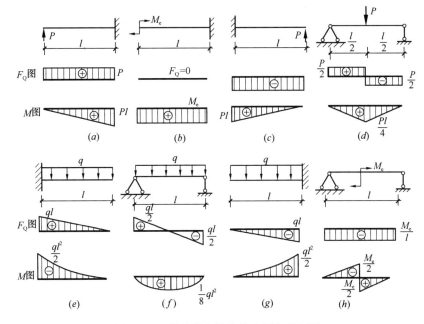

图 1.1-6 单跨静定梁的剪力图和弯矩图

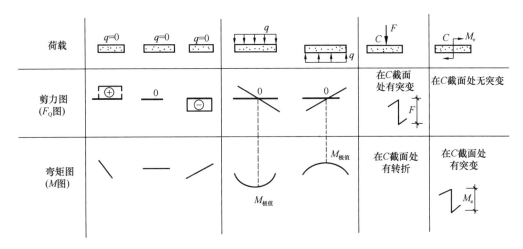

图 1.1-7 梁上荷载与对应的剪力图和弯矩图的特征

4. 根据内力图特征简化梁的内力图绘制

根据内力图特征，结合直接法确定内力，可以简化梁的内力图绘制。其基本步骤如下：

（1）求出支座反力。
（2）根据梁上的外力情况将梁分段。
（3）根据各梁段上的外力，确定各梁段的剪力图、弯矩图的几何形状。
（4）由直接法计算各梁段起点、终点及极值点等截面的剪力、弯矩，逐段画出剪力图和弯矩图。

5. 叠加法作弯矩图

运用叠加原理，将多个荷载作用下的梁的弯矩等于各个荷载单独作用下的弯矩之和。

这种绘制梁内力图的方法称为叠加法。

如图 1.1-8 所示，按叠加法画弯矩图。

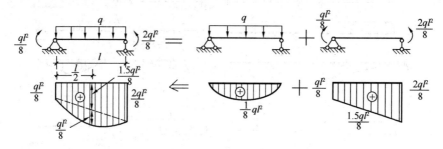

图 1.1-8　叠加法画弯矩图

6. 利用对称性进行内力分析和内力图

在梁的内力中，弯矩是对称性的，故弯矩为对称内力；剪力是反对称的，故剪力为反对称内力。因此，简支梁的支座反力、内力和内力图的特点（图 1.1-9）如下：

（1）在正对称荷载作用下，对称杆段的内力和支座反力是对称的，其弯矩图是对称的，剪力图是反对称的。在梁跨中点处剪力必为零。

（2）在反对称荷载作用下，对称杆段的内力和支座反力是反对称的，其弯矩图是反对称的，剪力图是对称的。在梁跨中点处弯矩必为零。

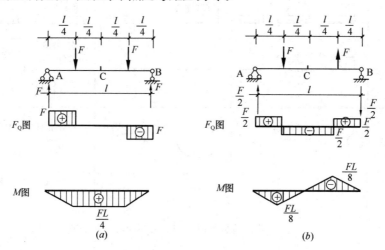

图 1.1-9　对称结构、支座反力、内力和内力图
(a) 正对称荷载；(b) 反对称荷载

二、简支斜梁

如图 1.1-10(a) 所示简支斜梁，受到楼面均布活荷载 q 的作用，计算其内力。

首先求出支座 B 的反力：$F_{yB} = \dfrac{1}{2}ql$

取脱离体，如图 1.1-10(b) 所示，梁有轴力 F_N，根据平衡方程，可得：

$$F_N = F_{yB}\sin\alpha - qx\sin\alpha = \dfrac{1}{2}ql\sin\alpha - qx\sin\alpha$$

取 $x=0$,$F_N=\frac{1}{2}ql\sin\alpha$（轴拉力）；$x=l$,$F_Q=-\frac{1}{2}ql\sin\alpha$（轴压力），画轴力图见图 1.1-10($c$)。

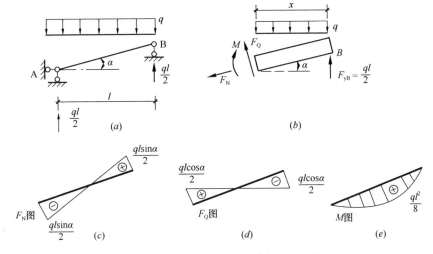

图 1.1-10　简支斜梁的受力分析和内力图

剪力 F_Q：　　　$F_Q=-F_{yB}\cos\alpha+qx\cos\alpha=-\frac{1}{2}ql\cos\alpha+qx\cos\alpha$

取 $x=0$,$F_Q=-\frac{1}{2}ql\cos\alpha$；$x=l$,$F_Q=\frac{1}{2}ql\cos\alpha$,画剪力图，见图 1.1-10 ($d$)。

弯矩 M：　　　$M=F_{yB}x-qx\cdot\frac{x}{2}=\frac{1}{2}qlx-qx\cdot\frac{x}{2}$

取 $x=0,M=0$；取 $x=\frac{l}{2}$,$M=\frac{1}{8}ql^2$；$x=l$,$M=0$,画弯矩图，见图 1.1-10 (e)。

可知，简支斜梁的剪力图和轴力图绘制，只需要左右支座处的剪力值和轴力值，再将其连为直线即可得到。弯矩图绘制，需要左右支座处、跨中点处的弯矩值即可。

当简支斜梁受到自重荷载 q 的作用（图 1.1-11a）、受到风荷载 q 的作用（图 1.1-12a），

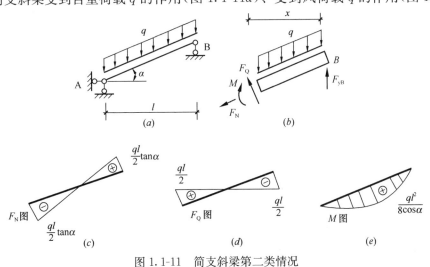

图 1.1-11　简支斜梁第二类情况

其内力的计算也是按上述简支斜梁方法，其脱离体分别见图 1.1-11（b）、图 1.1-12（b），其轴力图、剪力图、弯矩图分别见图 1.1-11、图 1.1-12。

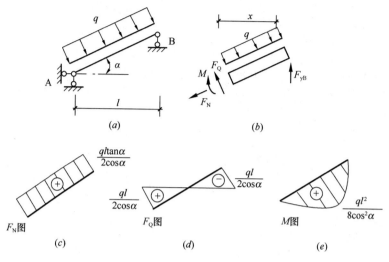

图 1.1-12　简支斜梁第三类情况

三、多跨静定梁

多跨静定梁是由若干根梁用铰相连，并通过若干支座与地基（或结构）相连而成的静定结构。多跨静定梁的组成包括基本部分和附属部分，基本部分是指不依靠其他部分而能独立承受荷载的部分，例如图 1.1-13（a）中 AB 和 EF，图 1.1-14（a）中 AC 附属部分则需要依靠基本部分的支承才能承受荷载的部分，如图 1.1-13（a）中 CD，图 1.1-14（a）中 CD。在荷载作用下，多跨静定梁的变形为连续光滑的曲线，见图 1.1-13（c）中的虚线。

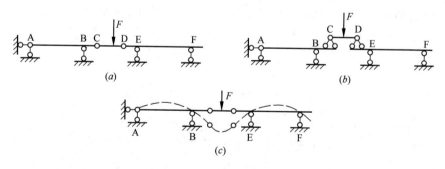

图 1.1-13　多跨静定梁

为使分析计算方便，常画出多跨静定梁的层叠图，即：基本部分画在下层，附属部分画在上层。例如图 1.1-13（b）、图 1.1-14（b）。

作用在静定结构基本部分上的荷载不会传至附属部分，它仅使基本部分产生内力；而作用在附属部分上的荷载将其内力传至基本部分，使附属部分和基本部分均产生内力。因此，分析计算多跨静定梁时，应将结构在铰接处拆开，按先计算附属部分，后计算基本部

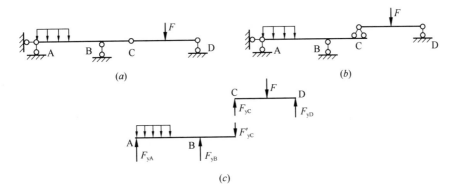

图 1.1-14 多跨静定梁

分的原则,例如图 1.1-14（c）所示,C 处的水平约束力为零,故未标注。该原则也适用于多跨静定刚架、组合结构等。

【例 1.1-2】 如图 1.1-15（a）所示多跨静定梁 B 点弯矩为下列何项?

(A) -40kN·m (B) -50kN·m

(C) -60kN·m (D) -90kN·m

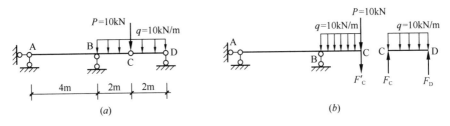

图 1.1-15

【解答】 从铰 C 处拆开,如图 1.1-15（b）,分析 CD 段梁,由力平衡可知,$F_C=10\times 2/2=10$kN。

对 B 点取矩:$M_B=-10\times 2-10\times 2-(10\times 2)\times 1=-60$kN·m,应选(C)项。

思考: 多跨静定梁的计算原则是"先附属、后基本"。

【例 1.1-3】 若使图 1.1-16（a）梁弯矩图上下最大值相等,应满足下列何项?

(A) $a=\dfrac{b}{4}$ (B) $a=\dfrac{b}{2}$ (C) $a=b$ (D) $a=2b$

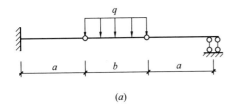 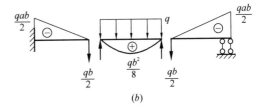

图 1.1-16

【解答】 先分析中间跨梁的内力,其跨中最大弯矩为 $\dfrac{1}{8}qb^2$,利用对称性,其两端铰

链的约束力均为 $\frac{1}{2}qb$；铰链的反约束力对两侧梁产生的弯矩，见图 1.1-16 (b)，则：$\frac{1}{8}qb^2 = \frac{1}{2}qab$，即：$a = \frac{b}{4}$，应选（A）项。

第二节 静定平面刚架和三铰拱

一、静定平面刚架

（一）基本特点和规定

1. 静定平面刚架的分类和变形特点

刚架是由梁和柱组成且具有刚节点的结构。刚节点能传递轴力、剪力和弯矩。当刚架的各杆的轴线都在同一平面内且外力（荷载）也作用于该平面内时称为平面刚架。静定平面刚架的基本类型有悬臂刚架、简支刚架、三铰刚架以及多跨刚架，见图 1.2-1。此外，刚架还可分为等高刚架和不等高刚架。

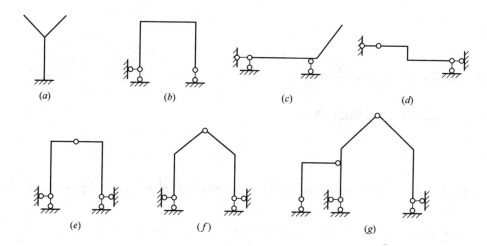

图 1.2-1 静定平面刚架
(a) 悬臂刚架；(b)、(c)、(d) 简支刚架；(e) Ⅱ形三铰刚架；
(f) 门式三铰刚架；(g) 多跨刚架

刚架的变形特点：连接于刚节点的所有杆件在受力前后的杆端夹角不变，见图 1.2-2。

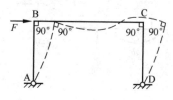

图 1.2-2 刚架变形图

2. 静定平面刚架的受力特点和基本规定

平面刚架的杆件的内力一般包括轴力 F_N、剪力 F_Q 和弯矩 M，其正负号规定与梁相同。为了表明各杆端截面的内力，规定在内力符号后面引用两个脚标：第一脚标表示内力所在杆件近端截面，第二脚标表示远端截面。例如图 1.2-3 (b)，杆端弯矩 M_{BA} 和剪力 F_{QBA} 分别表示 AB 杆 B 截面的弯矩、剪力。一般地，平面刚架的轴力图和剪力图可绘在杆件的任一侧，并注明正负，见图 1.2-3 (d)、(e)。弯矩图绘在杆件受拉侧，不需要注明正负,见图 1.2-3（c）。

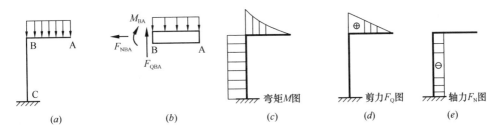

图 1.2-3 刚架的内力符号

刚架的刚节点的内力特点是：满足静力平衡方程（两个力平衡方程和一个力矩平衡方程）。如图 1.2-4 所示，当节点处无外力偶时，刚节点处的弯矩满足力矩平衡。

三铰刚架在竖向荷载作用下会产生水平推力，由支座水平反力与之平衡。

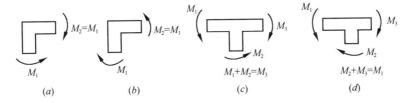

图 1.2-4 无外力偶时刚节点满足弯矩平衡

3. 内力计算和内力图绘制

静定平面刚架的内力计算仍采用截面法。其基本步骤是：首先求出支座反力，然后将刚架拆分为单个杆件，逐个求解各杆件的内力图。在求支座反力时，可利用整体或部分隔离体的平衡条件，即灵活运用，使计算简便。内力计算完成后，需根据刚节点或部分隔离体的平衡条件，校核内力计算值是否正确。

根据各杆的内力分别作各杆的内力图，再将各杆的内力图合在一起就是刚架的内力图。在画弯矩图时，应注意的是：

（1）刚节点处的弯矩应满足力矩平衡；
（2）铰节点处，当无成对的外力偶（↑↑）时，弯矩必为零；
（3）弯矩图的特征应满足前面梁的弯矩图的特征；
（4）在多个荷载作用的杆段，仍可采用叠加法绘制弯矩图；
（5）利用对称性，见本节后面内容。

充分利用上述知识点，有些静定平面刚架可以不求内力而直接画出弯矩图，也可以判别题目给出的弯矩图是否正确。

（二）悬臂刚架

悬臂刚架的各杆段的内力直接采用截面法，由静力平衡条件求解得到。当计算柱脚处的弯矩时，取整体悬臂刚架分析即可得到。

（三）简支刚架和三铰刚架

1. 叠加法绘制弯矩图

在多个荷载作用的刚架杆段，仍可采用叠加法绘制弯矩图。欲求图 1.2-5（a）所示刚架的CD杆端的弯矩和弯矩图，首先求出支座A的水平反力，由水平方向力平衡，可得$F_{xA}=P$，从而求解到AC杆C端截面的弯矩$M_{CA}=qa\cdot 2a-qa\cdot a=qa^2$，再根据C点刚节点力矩平衡，则$M_{CD}=M_{CA}=qa^2$。又根据B点的反力对杆DB的D端截面的弯矩为零即$M_{DB}=0$，D点为刚节点，则$M_{DC}=M_{DB}=0$，其弯矩图见图1.2-5(b)。杆CD在均布荷载q下的弯矩图见图1.2-5(c)。两者叠加，最终弯矩及弯矩图见图1.2-5(d)，其中，跨中点处弯矩$=\frac{1}{2}qa^2+\frac{1}{8}qa^2=\frac{5}{8}qa^2$。

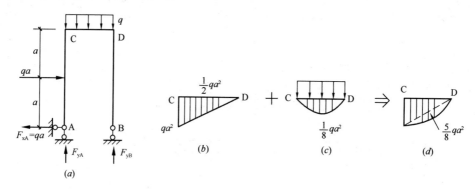

图1.2-5 叠加法求弯矩

2. 利用对称性

将刚架任一杆段截开，见图1.2-6(c)、(d)，可知，轴力和弯矩均为对称内力，剪力为反对称内力。因此，轴力和弯矩称为对称内力，剪力称为反对称内力。

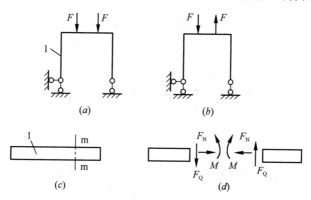

图1.2-6

对称三铰刚架的内力图见图1.2-7、图1.2-8。

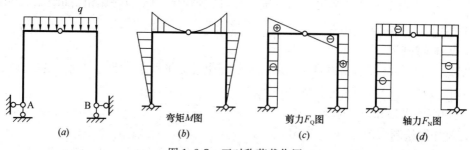

图1.2-7 正对称荷载作用

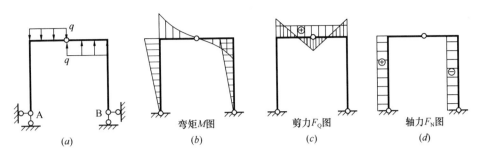

图 1.2-8 反对称荷载作用

观察图 1.2-7、图 1.2-8，可得对称结构的内力图及变形的特点如下：

(1) 在正对称荷载作用下，对称杆件的内力（弯矩、轴力和剪力）和支座反力、变形是对称的，其弯矩图和轴力图是对称的，而剪力图是反对称的。在对称轴位置上的杆件的剪力必为零（若剪力不为零，则不能满足静力平衡方程）。

(2) 在反对称荷载作用下，对称杆件的内力（弯矩、轴力和剪力）和支座反力、变形是反对称的，其弯矩图和轴力图是反对称的，但剪力图是对称的。在对称轴位置上的杆件的弯矩和轴力均为零（若弯矩、轴力不为零，则不能满足静力平衡方程）。

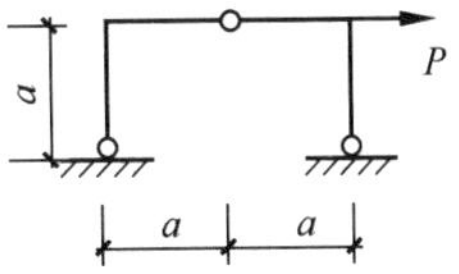

此外，前面图 1.2-6（a）、（b），由于支座的水平反力为零，分别属于对称结构、正对称荷载；对称结构、反对称荷载。

图 1.2-9

【例 1.2-1】 如图 1.2-9 所示刚架的弯矩图，下列何项是正确的？

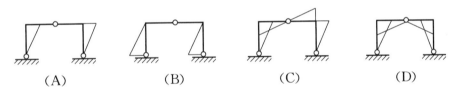

【解答】 刚节点满足力矩平衡，故排除 A、B 项。

图示刚架可视为图 1.2-10（a）和（b）的叠加，即图 1.2-10（b）为对称结构、正对称荷载，其弯矩图为零；图 1.2-10（a）为对称结构、反对称荷载，其弯矩图为反对称，故最终叠加的弯矩图为反对称，故选（C）项。

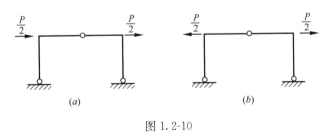

图 1.2-10

（四）多跨刚架

多跨刚架的计算，同样遵循"先附属、后基本"的原则。

【例 1.2-2】 如图 1.2-11（a）所示刚架，z 点处的弯矩应为下列何项？

(A) $\frac{1}{2}qa^2$ (B) qa^2 (C) $\frac{3}{2}qa^2$ (D) $2qa^2$

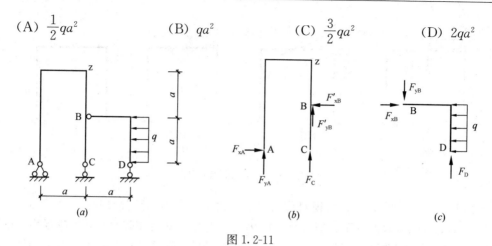

图 1.2-11

【解答】 欲求 z 点弯矩，分析 zBC 杆，仅 B 点处的铰链支座的水平约束力对其产生弯矩，见图 1.2-11（b），故取附属部分 BD 为研究对象，见图 1.2-11（c），取水平方向力平衡，则 $F_{xB}=qa$（方向向右），故其约束反力 $F'_{xB}=qa$（方向向左），因此在 z 点处弯矩 $=qa\times a=qa^2$，应选（B）项。

二、三铰拱

拱是指杆件轴线为曲线，在竖向荷载作用下，拱的支座将产生水平推力的结构。拱分为三铰拱、两铰拱和无铰拱。三铰拱属于静定结构，其他两种属于超静定结构。三铰拱的名称见图 1.2-12（a），其中拱高 f 与跨度之比称为高跨比（亦称矢跨比）。为了平衡水平推力，常采用设置拉杆的三铰拱（图 1.2-12b），也属于静定结构。拱与梁的区别是：在竖向荷载作用下，梁无水平推力，而拱有水平推力，故图 1.2-12（c）称为曲梁。

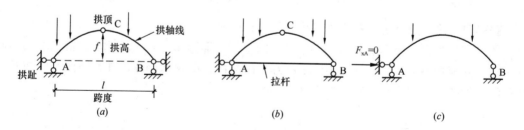

图 1.2-12 三铰拱和曲梁

三铰拱的支座反力和内力的计算（图 1.2-13），常采用与之相应的简支梁（简称"相当梁"）作比较。

A 支座竖向反力 F_{yA}，取整体为研究对象，对 B 点取力矩平衡，由于水平推力不参与计算，故 A 支座反力 F_{yA} 的计算与相当梁的支座反力 F_{yA}^0 的计算完全相同，其方向也相同；同理，B 支座反力 F_{yB} 与相当梁的支座反力 F_{yB}^0 也完全相同，可得：

$$F_{yA}=F_{yA}^0, \quad F_{yB}=F_{yB}^0$$

求拱的水平推力 F_H，取 AC 端为研究对象，对 C 点铰取力矩平衡，A 支座竖向反力

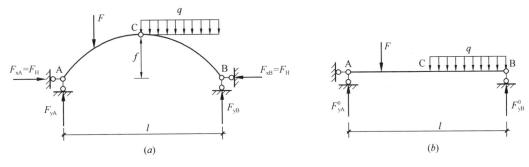

图 1.2-13 三铰拱的内力分析

和外力对 C 点铰的力矩的代数之和，与相当梁的 A 支座竖向反力和外力对 C 点处的力矩的代数之和（记为：M_C^0）两者相等，因此，水平推力 F_H 为：

$$F_H = \frac{M_C^0}{f}$$

从上述分析计算结果可知：

（1）在某一荷载作用下，三铰拱的支座反力（包括水平推力）仅与三个铰的位置有关，而与拱的轴线无关。

（2）仅有竖向荷载作用下，三铰拱的支座竖向反力与相当梁的支座竖向反力相同，而水平推力与拱高（或称矢高）f 成反比。拱的高跨比（矢高比）越大则水平推力越小，反之，水平推力越大。

对于带拉杆的三铰拱，在竖向荷载作用下拉杆的内力的确定，如图 1.2-12（b）所示，以整体为研究对象，求出三个约束反力；用截面法，过顶铰 C 和拉杆 AB 取截面，取右半部分，对顶铰 C 取力矩平衡，即可得到拉杆的轴力。

拱的内力计算仍采用截面法，一般地，拱的内力有轴力、剪力和弯矩。

在给定的荷载作用下，当拱轴线上所有截面的弯矩为零，只承受轴压力，这样的拱轴线称为合理拱轴线。三铰拱在竖向均布荷载作用下的合理拱轴线为二次抛物线；在填土自重作用下的合理拱轴线为圆弧线或悬链线，在受拱轴线法向方向的均布荷载作用下的合理拱轴线为圆弧线。

【例 1.2-3】 如图 1.2-14 所示带拉杆的三铰拱，杆 AB 中的轴力应为下列何项？

（A）10kN　　　　（B）15kN
（C）20kN　　　　（D）30kN

【解答】 整体为研究对象，水平方向力平衡，则 A 支座的水平反力为零。

对 B 点取力矩平衡，则：$F_{yA} \times 12 = (10 \times 6) \times 3$，则：$F_{yA} = 15$kN

截面法，过 C 点、杆 AB，取左半部分分析，对 C 点取力矩平衡，则杆 AB 的轴力 F_N 为 $F_N \times 3 = 15 \times 6$，可得：$F_N = 30$kN，应选（D）项。

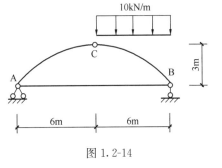

图 1.2-14

第三节 静定平面桁架

为了简化计算，通常对实际的平面桁架采用如下计算假定：
(1) 各杆都是直杆，其轴线位于同一平面内。
(2) 各杆连接的节点（亦称结点）都是光滑铰链连接，即节点为铰接点。
(3) 荷载（或外力）和支座的约束力（即支座反力）都集中作用在节点上，并且位于桁架平面内。各杆自重不计。

根据上述假定，这样的桁架称为理想桁架，见图 1.3-1。各杆都视为只有两端受力的二力杆，因此，杆件的内力只有轴力（轴向拉力或轴向压力），单位为 N 或 kN。杆件截面上的应力是均匀分布的，其单位为 N/mm²，见图 1.3-2。可知，杆件截面上的应力是由外力引起的分布力系，该分布力系在截面形心处合成为一个内力（即轴力）。此外，同一杆件的所有截面的内力（即轴力）都相同。

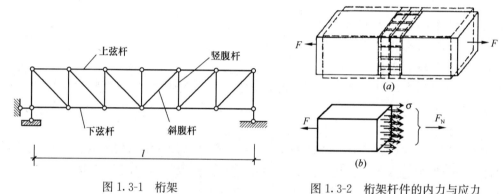

图 1.3-1 桁架　　　　　　　　图 1.3-2 桁架杆件的内力与应力

桁架杆件的内力以拉力为正。计算时，一般先假定所有杆件均为拉力，在受力图中画成离开节点，计算结果若为正值，则杆件受拉力；若为负值，则杆件受压力。

静定平面桁架杆件的内力计算方法有节点法、截面法，以及这两种方法的联合应用。

一、节点法和截面法

1. 节点法

节点法就是取桁架的节点为隔离体，用平面汇交力系的两个静力平衡方程来计算杆件内力的方法。由于平面汇交力系只能利用两个静力平衡方程，故每次截取的节点上的未知力个数不应多于两个。

【例 1.3-1】 如图 1.3-3 (a) 所示桁架，杆 1 的内力应为下列何项？

(A) $\sqrt{2}P$（压力）　　　　　　　　(B) $\sqrt{2}P$（拉力）

(C) $\dfrac{\sqrt{2}}{2}P$（压力）　　　　　　　(D) $\dfrac{\sqrt{2}}{2}P$（拉力）

【解答】 取整体为研究对象，对 B 点取矩，A 点反力 F_{yA}：

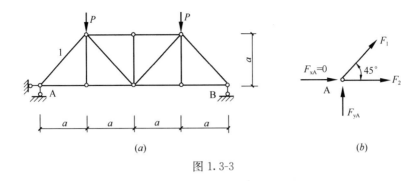

图 1.3-3

$F_{yA} \times 4a = Pa + P \times 3a$，可得：$F_{yA} = P$，方向向上。

取节点 A 为研究对象，其受力图见图 1.3-3（b），由铅垂方向（y 方向）平衡方程：

$F_1\cos45° + F = 0$，可得：$F_1 = -\sqrt{2}P$（负号表明为压力），应选（A）项。

思考：本题目结构为对称结构，荷载为对称荷载(相关内容见后面)，故直接可得 $F_{yA} = P$。

2. 截面法

截面法是用一个适当的截面（平面或曲面），截取桁架的某一部分为隔离体，然后利用平面任意力系的三个平衡方程计算杆件的未知内力。一般地，所取的隔离体上未知内力的杆件数不多于 3 根，且它们既不全部汇交于一点也不全部平行，可以直接求出所有未知内力。

【**例 1.3-2**】 如图 1.3-4（a）所示桁架，杆 a 的内力应为下列何项？

(A) 60kN　　　　　(B) 40kN　　　　　(C) 20kN　　　　　(D) 0kN

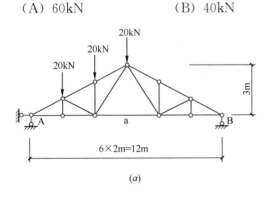

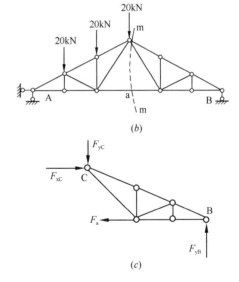

图 1.3-4

【**解答**】 取整体为研究对象，对左端支座取矩，右端支座 B 点反力 F_{yB}：

$F_{yB} \times 12 = 20 \times 2 + 20 \times 4 + 20 \times 6$，可得：$F_{yB} = 20$kN，方向向上。

作截面 m-m，见图 1.3-4(b)，取右半部分为研究对象，其受力图见图 1.3-4(c)，对 C 点取矩：

$F_a \times 3 = F_{yB} \times 6 = 20 \times 6$,可得:$F_a = 40$kN,应选(B)项。

【例 1.3-3】 如图 1.3-5(a)所示桁架杆件的内力规律,以下何项是错误的?
(A) 上弦杆受压并且其轴力随桁架高度 h 增大而减小
(B) 下弦杆受拉并且其轴力随桁架高度 h 增大而减小
(C) 斜腹杆受拉并且其轴力随桁架高度 h 增大而减小
(D) 竖腹杆受压并且其轴力随桁架高度 h 增大而减小

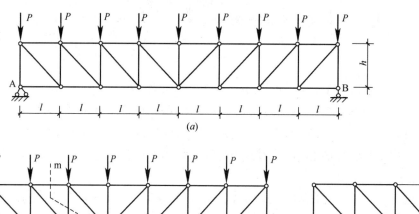

图 1.3-5

【解答】 作任意截面 m-m,见图 1.3-5(b),取左半部分为研究对象,见图 1.3-5(c),铅垂方向力平衡,则竖腹杆的内力 $N_竖$ 与桁架高度无关,应选(D)项。

3. 节点法和截面法的联合应用

【例 1.3-4】 如图 1.3-6(a)所示桁架,AF、BE、CG 杆均铅直,DE、FG 杆均水平,试确定 DE 杆的内力应为下列何项?
(A) P (B) $-P$ (C) $\sqrt{2}P$ (D) $-\sqrt{2}P$

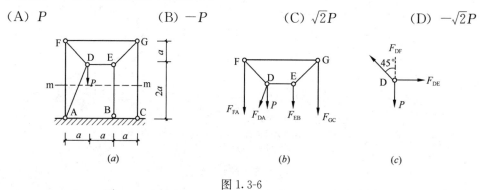

图 1.3-6

【解答】 作截面 m-m,取上半部分为研究对象,见图 1.3-6(b),$\Sigma F_{ix} = 0$,则 AD 杆的内力为零。

取节点 D 为研究对象,见图 1.3-6(c),由力的平衡,则:

$F_{DE}=P$,应选(A)项。

二、零杆及其运用

1. 零杆

内力为零的杆称为零杆。零杆不能取消,因为理想桁架有计算假定,而实际桁架对应的杆件的内力并不等于零,只是内力很小而已。

判别零杆的方法是:

(1) 不共线的两杆相交的节点上无荷载(或无外力)时,该两杆的内力均为零即零杆,见图1.3-7 (a)。

(2) 三杆汇交的节点上无荷载(或无外力),且其中两杆共线时,则第三杆为零杆(图1.3-7b),而在同一直线上的两杆的内力必定相等,受力性质相同。

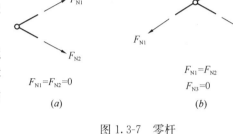

图1.3-7 零杆

(3) 利用对称性判别零杆,见后面内容。

其他判别零杆的方法,均可采用受力分析和力平衡方程得到。

2. 等力杆

判别等力杆的方法如下:

(1) X形节点(四杆节点)。直线交叉形的四杆节点上无荷载(或无外力)时,则在同一直线上两杆的内力值相等,且受力性质相同,见图1.3-8 (a)。

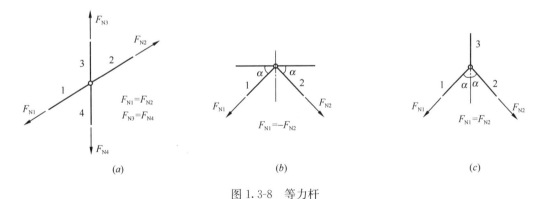

图1.3-8 等力杆

(2) K形节点(四杆节点)。侧杆倾角相等的K形节点上无荷载(或无外力)时,则两侧杆的内力值相等,且受力性质相同,见图1.3-8 (b)。

(3) Y形节点(三杆节点)。三杆汇交的节点上无荷载(或无外力)时,见图1.3-8 (c),对称两杆的内力值相等($F_{N1} = F_{N2}$),且受力性质相同。

(4) 利用对称性判别等力杆,见后面内容。

【例1.3-5】 如图1.3-9 (a) 所示结构在外力 P 作用下的零杆数应为下列何项?
(A) 无零杆 (B) 1根 (C) 2根 (D) 3根

【解答】 根据零杆判别法,左边竖腹杆(杆1)为零杆;

根据整体平衡,对支座取矩,则两支座的约束力均为 P,方向向上。

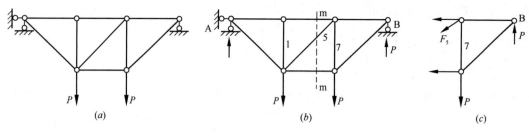

图 1.3-9

作截面 m-m，见图 1.3-9（b），取左半部分，见图 1.3-9（c），铅垂方向力平衡，则杆 5 的内力为零即零杆；根据零杆判别法，杆 7 为零杆。

总零杆数为 3 根，应选（D）项。

三、对称性的利用

如图 1.3-10 所示，桁架的各杆件的轴力是对称的，因此杆件的轴力为对称内力。对称桁架是指桁架的几何形状、支承条件和杆件材料都关于某一轴对称，该轴称为对称轴，见图 1.3-10（a）。对称桁架的特点如下：

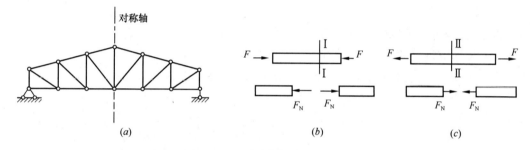

图 1.3-10 对称桁架和对称内力

（1）在正对称荷载作用下，对称杆件的内力是对称的。
（2）在反对称荷载作用下，对称杆件的内力是反对称的。
（3）在任意荷载作用下，可将该荷载分解为对称荷载、反对称荷载两组，分别计算出内力后再叠加。

注意，对称轴位置上的杆件（竖杆或横杆）的内力的特点。

【例 1.3-6】 如图 1.3-11 所示桁架在竖向外力 P 作用下的零杆数为下列何项？

(A) 1 根　　　　　　(B) 3 根
(C) 5 根　　　　　　(D) 7 根

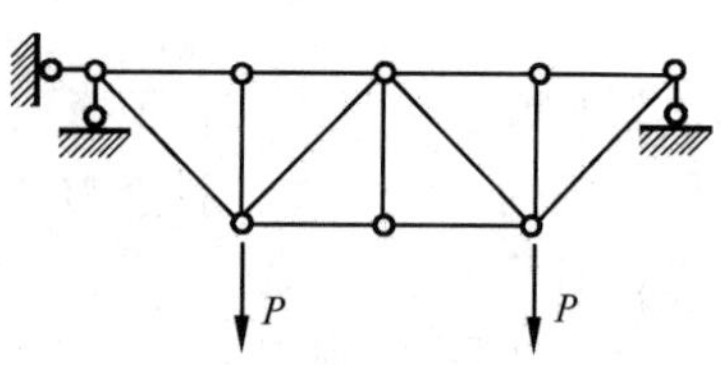

【解答】 根据零杆判别法，三根竖腹杆为零杆。

图 1.3-11

结构对称，荷载对称，故杆件的内力对称，在其相交的节点处，沿铅垂方向力平衡，则两斜腹杆的内力必定为零，因此两斜腹杆均为零杆。

总零杆数为 5 根，应选（C）项。

【例1.3-7】 如图1.3-12（a）所示桁架在竖向外力P作用下的零杆数为下列何项？

(A) 2根   (B) 3根   (C) 4根   (D) 5根

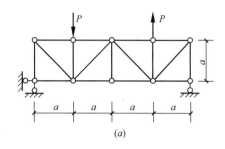
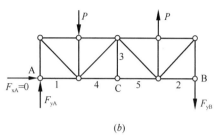

图1.3-12

【解答】 整体分析，左边支座的水平反力为零。如图1.3-12（b）所示，根据支座节点受力分析，杆1、杆2为零杆。根据零杆判别法，杆3为零杆。

结构对称、荷载反对称，其杆的内力反对称，杆4、杆5的内力为反对称，其相交节点处的水平方向力平衡，因此杆4、杆5的内力必定为零，因此杆4、杆5均为零杆。

总零杆数为5根，应选（D）项。

● 静定平面桁架受力分析与计算的总结

静定平面桁架受力分析与计算的一般原则如下：

（1）首先根据零杆判别法进行零杆的判别。

（2）利用对称性进行零杆的判别、杆件的内力分析。

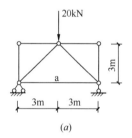
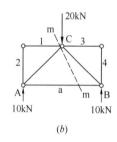

图1.3-13

（3）采用截面法、节点法进行杆件内力的计算，及截面法与节点法的联合应用。

【例1.3-8】 如图1.3-13（a）所示结构中杆a的内力N_a（kN）应为下列何项？

(A) 0   (B) 10（拉力）

(C) 10（压力）   (D) $10\sqrt{2}$（拉力）

【解答】 根据零杆判别法，见图1.3-13（b），杆1、杆2、杆3、杆4均为零杆。利用对称性，支座反力均为10kN。

作截面m-m，取左半部分，对C点取矩，则：$N_a \times 3 = 10 \times 3$，则：$N_a = 10$kN（拉力），应选（B）项。

【例1.3-9】 如图1.3-14（a）所示结构中杆b的内力N_b应为下列何项？

(A) 0   (B) $\dfrac{P}{2}$ (C) P (D) $2P$

【解答】 如图1.3-14（b）所示，取整体为研究对象，对A点取矩，则：$F_{yB} = 0$，故杆1为零杆，从而可知杆2、杆3为零杆；其次，可以判别杆b、杆4均为零杆。应选（A）项。

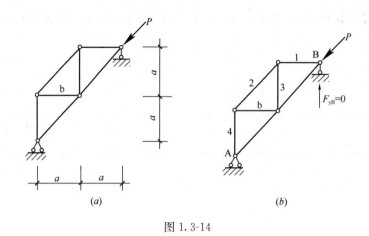

图 1.3-14

第四节 静定结构位移计算和一般性质

一、静定结构位移计算的一般公式

1. 位移计算的一般公式——单位荷载法

如图 1.4-1(a) 所示静定结构在荷载（如外力 F_P）、非荷载（如温度变化、支座移动等）作用下发生的实际状态的变形，欲求 B 点的水平位移 Δ。现虚拟单位荷载作用在结构 B 点，见图 1.4-1(b)，求出其相应的内力值（轴力 $\overline{F}_N$、剪力 $\overline{F}_Q$、弯矩 $\overline{M}$) 和支座 C 的反力 $\overline{R}$。

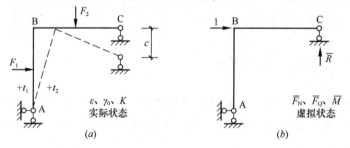

图 1.4-1 单位荷载法原理

根据虚功原理，结构的虚拟外力（即：虚拟单位荷载和虚拟单位荷载下的支座反力 $\overline{R}$）在实际状态的位移上所做的虚功（$1\times\Delta+\Sigma\overline{R}_i\times c_i$），与虚拟单位荷载下的内力在实际状态的变形上所做的虚功相等，即：

$$1\times\Delta+\Sigma\overline{R}\times c=\Sigma\int\overline{F}_N\varepsilon ds+\Sigma\int\overline{F}_Q\gamma_0 ds+\Sigma\int\overline{M}K ds \qquad (1.4\text{-}1a)$$

或

$$\Delta=\Sigma\int\overline{F}_N\varepsilon ds+\Sigma\int\overline{F}_Q\gamma_0 ds+\Sigma\int\overline{M}K ds-\Sigma\overline{R}_i c_i \qquad (1.4\text{-}1b)$$

式中，ε、K 和 γ_0 分别为实际状态杆件的轴向应变、曲率和平均剪切变形。

2. 广义位移与单位荷载

结构杆件的位移有线位移、角位移，还有相对线位移、相对角位移，统称为广义位移。虚拟单位荷载应与拟求的广义位移一致，典型的情况见图 1.4-2。

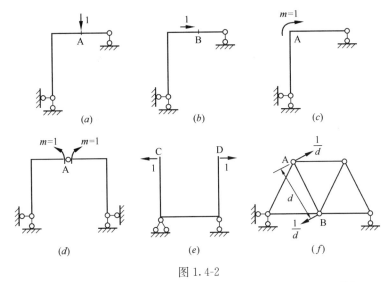

图 1.4-2

(a) 求 A 点的竖向位移；(b) 求 B 点的水平位移；(c) 求截面 A 的转角；
(d) 求铰 A 的两侧截面的相对转角；(e) 求 CD 两点的水平相对线位移；(f) 求 AB 杆的转角

虚拟单位荷载的方向可以任意假定，若计算出的结果为正，表明所求的广义位移方向与虚拟单位荷载的方向相同，反之，则相反。

二、荷载作用下的静定结构位移计算

1. 静定平面桁架的位移

在桁架中，各杆只承受轴力，不考虑弯曲变形和剪切变形。杆件轴向应变 $\varepsilon = \sigma/E = (F_N/A)/E = F_N/(EA)$，因此公式（1.4-1b）可简化为：

$$\Delta = \Sigma \frac{\overline{F}_{Ni} F_{Ni} l_i}{EA_i} \tag{1.4-2}$$

式中，F_{Ni} 为外荷载产生的各杆轴力（轴拉力或轴压力）；$\overline{F}_{Ni}$ 为虚拟单位荷载产生的各杆轴力；l_i 为各杆的长度；EA_i 为各杆的截面抗拉（抗压）强度。

2. 静定梁和刚架的位移

计算方法——图乘法。

在荷载作用下梁和刚架的位移计算，可以不考虑轴向变形和剪切变形，仅考虑弯曲变形的影响。曲率 $\kappa = M_p/(EI)$，因此公式（1.4-1b）可简化为：

$$\Delta = \Sigma \int \frac{\overline{M} M_p}{EI} ds \tag{1.4-3}$$

为了简化计算，可采用图乘法代替上述公式（1.4-3）中的积分运算。采用图乘法的前提条件是：等截面直杆（即 EI 为常数的直杆）；两个弯矩图 M_p（由外部的荷载产生的弯矩图）与 $\overline{M}$（由虚拟单位荷载产生的弯矩图）中至少有一个是直线图形。

采用图乘法时（图 1.4-3），梁和刚架的位移计算为：

$$\Delta = \Sigma \int \frac{\overline{M} M_p}{EI} ds = \Sigma \int \frac{1}{EI} A_p y_C \tag{1.4-4}$$

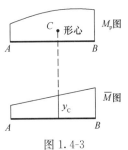

图 1.4-3

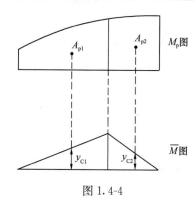

图 1.4-4

式中，A_p 为荷载产生的弯矩图 M_p 的面积；y_C 为弯矩图 M_p 的形心对应于弯矩图 $\overline{M}$ 中相应位置的竖坐标。

运用图乘法时，应注意的是：

(1) 当面积 A_p 与竖坐标 y_C 在基线的同一侧时，其乘积 $A_p y_C$ 为正，反之，为负。

(2) 竖坐标 y_C 只能从直线弯矩图形上取得。特殊地，当 M_p 图和 $\overline{M}$ 图均为直线时，y_C 可取其中任一图形，但 A_p 应取自另一图形。

(3) 分段图乘时，可采用叠加法，见图 1.4-4。

(4) 常用简单图形的形心位置和面积，见图 1.4-5。

图乘法运用举例，如图 1.4-6(a) 所示简支梁受到竖向均布荷载 q 的作用，现求 A 端的转角 θ_A 和跨中中点 C 点的挠度 f_C。

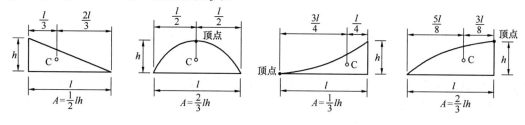

图 1.4-5

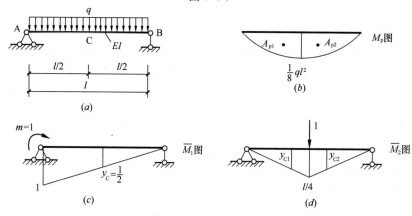

图 1.4-6

首先，画出在荷载 q 作用下的简支梁弯矩图 M_p，见图 1.4-6(b)。

求转角 θ_A 时，在 A 点施加虚拟单位荷载 ($m=1$)，画出虚拟单位荷载作用下弯矩图 $\overline{M}_1$，见图 1.4-6(c)。根据图乘法，转角 θ_A 为：

$$\theta_A = \frac{1}{EI} A_p y_C = \frac{1}{EI}\left(\frac{2}{3} l \cdot \frac{ql^2}{8}\right) \times \frac{1}{2} = \frac{ql}{24EI} (\downarrow)$$

求 C 点挠度 f_C，在 C 点施加虚拟单位荷载，画出虚拟单位荷载作用下弯矩图 $\overline{M}_2$，见图 1.4-6(d)。分段图乘，并利用对称性，挠度 f_C 为：

$$f_C = \frac{1}{EI}(A_{p1} y_{C1} + A_{p2} y_{C2}) = \frac{2}{EI} A_{p1} y_{C1} = \frac{2}{EI} \cdot \left(\frac{2}{3} \cdot \frac{l}{2} \cdot \frac{ql^2}{8}\right) \times \left(\frac{5}{8} \cdot \frac{l}{4}\right) = \frac{5ql^4}{384EI} (\downarrow)$$

【例 1.4-1】 如图 1.4-7 (a) 所示结构中，1 点处的水平位移为下列何项？

(A) 0　　　　(B) $\dfrac{Pa^3}{3EI}$　　　　(C) $\dfrac{2Pa^3}{3EI}$　　　　(D) $\dfrac{Pa^3}{EI}$

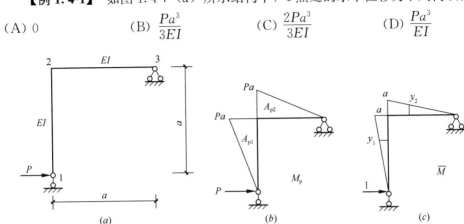

图 1.4-7

【解答】 首先画出 P 产生的弯矩图 M_p，见图 1.4-7 (b)；在 1 点处施加虚拟单位荷载，方向向右，画出其弯矩图 $\overline{M}$，见图 1.4-7 (c)。

解法一：A_p 取 M_p 图，y_C 取自 $\overline{M}$ 图，利用对称性，则：

$$\Delta_1 = \frac{1}{EI}(A_{p1}y_{C1} + A_{p2}y_{C2}) = \frac{2}{EI} \times \left(\frac{1}{2} \times a_1 \times Pa\right) \times \frac{2}{3}a = \frac{2Pa^3}{3EI}$$

解法二：A_p 取 $\overline{M}$ 图，y_C 取自 M_p 图，利用对称性，则：

$$\Delta_1 = \frac{1}{EI}(A_{p1}y_{C1} + A_{p2}y_{C2}) = \frac{2}{EI} \times \left(\frac{1}{2} \times a_1 \times a\right) \times \frac{2}{3}Pa = \frac{2Pa^3}{3EI}$$

故两者结果一致，应选（C）项。

三、非荷载因素作用下的静定结构位移计算

在非荷载因素（如温度变化、材料收缩、制造误差、支座移动或称支座位移）作用下静定结构不会产生内力，但是会产生位移。

1. 只有支座移动的情况

此时，公式（1.4-1b）简化为：

$$\Delta = -\Sigma \overline{R}_i c_i \tag{1.4-5}$$

式中，$\overline{R}_i$ 为虚拟单位荷载产生的各支座反力；c_i 为结构实际状态中的各支座位移。

此外，对于简单的静定结构，支座移动引起的位移可直接通过几何方法确定。

【例 1.4-2】 如图 1.4-8 所示刚架，由于支座 A 向右水平位移 $a = 0.1$m 和顺时针转角 θ（rad），支座 B 有竖直向下位移 $b = 0.2$m。确定支座 B 的水平位移 Δ_{xB}，应为下列何项？

(A) $-0.1 + 6\theta$　　(B) $0.1 - 6\theta$

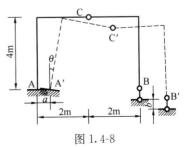

图 1.4-8

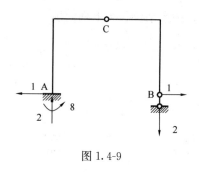

图 1.4-9

(C) $-0.3+8\theta$ (D) $0.3-8\theta$

【解答】 如图 1.4-9 所示,在 B 点施加单位水平力 ($X_1=1$),求出支座反力。

$$\Delta_{xB}=-\sum \overline{R}_i c_i =-(-1\times 0.1-8\theta+2\times 0.2)$$
$$=-0.3+8\theta$$

故选(C)项。

2. 只有温度变化的情况

如图 1.4-10 所示,t_1 表示上侧温度的变化(即温度升高或下降),t_2 表示下侧温度的变化,对称截面杆件轴线温度的变化 $t_0=\dfrac{1}{2}(t_1+t_2)$,杆件上下侧温度的变化之差 $\Delta t=t_2-t_1$。

杆件轴线温度的变化 t_0 产生轴向变形 $\Delta_{轴向}$,杆件上下侧温度的变化之差 $\Delta t=t_2-t_1$ 产生弯曲变形 $\Delta_{弯曲}$,因此杆件变形(或位移)Δ 应为两者之和,即:

$$\Delta = \Delta_{轴向}+\Delta_{弯曲}=\sum \alpha t_0 A_{FN}+\sum \alpha \dfrac{\Delta t}{h}A_M$$

式中,α 为材料的线膨胀系数;t_0 为杆件轴线温度的变化;A_{FN} 表示虚拟单位荷载产生的轴力图 F_N 的面积;Δt 为杆件上下侧温度变化之差;h 为杆件横截面的高度;A_M 表示虚拟单位荷载产生的弯矩图 M 的面积。

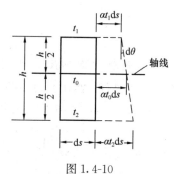

图 1.4-10

轴力 F_N 以受拉为正,t_0 以温度升高为正;弯矩 M 和温差 Δt 引起的弯曲为同一方向时,其乘积取正值(即:弯矩 M 和温差 Δt 使杆件的同一侧产生拉伸变形时,其乘积取正值),反之,其乘积取负值。

四、静定结构的一般性质

静定结构的支座反力和内力可由静力平衡方程确定,且得到的解答是唯一的。

静定结构的支座反力和内力仅与荷载、结构整体几何尺寸和形状有关,而与结构的材料、杆件截面形状与截面几何尺寸、杆件截面的刚度(EI、EA 等)无关。

非荷载因素(如温度变化、支座移动等)在静定结构中只产生变形(或位移),不引起支座反力和内力。

从几何构造分析的角度,静定结构是无多余约束的几何不变体系。

第五节 超静定结构的力法

一、超静力结构的超静定次数

超静定次数就是多余约束的个数。超静定结构在去掉 n 个约束后变为静定结构,则该结构的超静定次数为 n。

对同一超静定结构,其超静定的次数是唯一的,但是去掉多余约束的方法(或途径)

不是唯一的，故得到的静定结构也不相同。

常用的去掉多余约束的方法有如下四种：

（1）去掉（或切断）一根链杆，或撤掉一个支座链杆，相当于去掉一个约束，见图 1.5-1～图 1.5-4。

（2）去掉一个单铰（后面的"铰"均指单铰），或撤掉一个固定铰支座，相当于去掉两个约束，见图 1.5-5、图 1.5-6。

（3）切断一根梁式杆（或称刚架式杆），或撤掉一个固定支座，相当于去掉三个约束，见图 1.5-7。

（4）将一根梁式杆的某一截面改为铰连接，或将一固定支座改为固定铰支座，相当于去掉一个约束，见图 1.5-8。

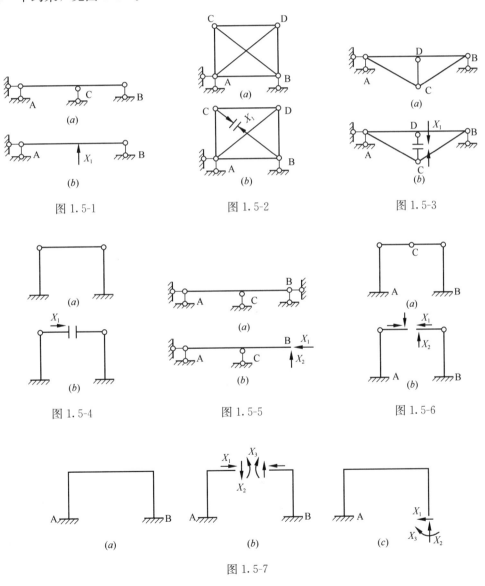

图 1.5-1　　　　图 1.5-2　　　　图 1.5-3

图 1.5-4　　　　图 1.5-5　　　　图 1.5-6

图 1.5-7

【例 1.5-1】 如图 1.5-9（a）所示结构的超静定次数为下列何项？

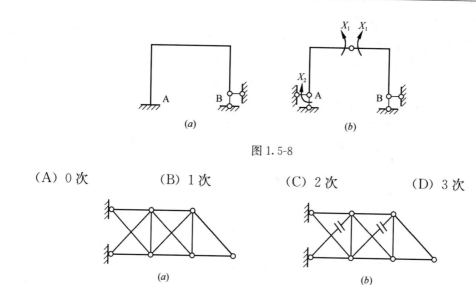

图 1.5-8

(A) 0 次　　　(B) 1 次　　　(C) 2 次　　　(D) 3 次

图 1.5-9

【解答】 切断两根链杆（2 个多余约束），如图 1.5-9（b），铰接三角形连接构成静定桁架，故选（C）项。

【例 1.5-2】 如图 1.5-10（a）所示结构的超静定次数为下列何项？
(A) 5 次　　　(B) 6 次　　　(C) 7 次　　　(D) 8 次

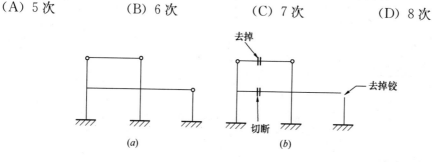

图 1.5-10

【解答】 去掉一根链杆（1 个多余约束），去掉一个铰（2 个多余约束），切断一根梁式杆（3 个多余约束），如图 1.5-10（b），为 3 个静定刚架，故超静定次数为 6，故选（B）项。

二、力法

1. 力法的基本概念

将超静定结构转化为静定结构并求解出超静定结构的内力，即为力法的基本原理。

图 1.5-11（a）所示为超静定结构且为 1 次超静定，将其称为"原结构"。多余约束力 X_1 代替支座 B 的约束，原结构转化为静定结构，见图 1.5-11（b），称该静定结构为"基本结构"。

在基本结构中，荷载在 B 点产生竖向位移 Δ_{1p}，多余约束力 X_1 在 B 点产生竖向位移 Δ_{11}（图 1.5-12），而荷载和多余约束力 X_1 在原结构 B 支座处共同作用的位移 Δ 为零，因

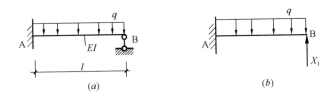

图 1.5-11
(a) 原结构；(b) 基本结构

此基本结构应满足：$\Delta_{11}+\Delta_{1p}=\Delta=0$，称为变形协调条件。

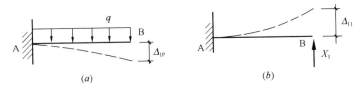

图 1.5-12

荷载产生的 Δ_{1p} 的确定，由于基本结构为静定结构，由静定结构的位移计算法——图乘法，即画出荷载产生的弯矩图 M_p，见图 1.5-13 (a)，在 B 点施加虚拟单位荷载并画出单位荷载下的弯矩图 $\overline{M}_1$，见图 1.5-13 (b)，可得 Δ_{1p} 为：

$$\Delta_{1p}=-\frac{1}{EI}\cdot\frac{l}{3}\times\frac{ql^2}{2}\times\frac{3l}{4}=-\frac{ql^4}{8EI}$$

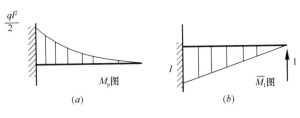

图 1.5-13

多余约束力 X_1 的 Δ_{11} 的确定，为简化计算，先求出 $X_1=1$ 时的位移 δ_{11}，则 $\Delta_{11}=\delta_{11}X_1$。为了求位移 δ_{11}，同理，$X_1=1$ 施加在 B 点并画出其弯矩图 $\overline{M}_1$，该弯矩图与虚拟单位荷载下的弯矩图 $\overline{M}_1$ 即图 1.5-13 (b) 相同（故不用重复画出），图乘法时为弯矩图 $\overline{M}_1$ 与弯矩图 $\overline{M}_1$ 的图乘（简称"自身图乘"），δ_{11} 为：

$$\delta_{11}=\int\frac{\overline{M}_1\,\overline{M}_1}{EI}ds=\frac{1}{EI}\cdot\frac{1}{2}\times l\times l\times\frac{2}{3}l=\frac{l^3}{3EI}$$

由变形协调条件 $\Delta_{11}+\Delta_{1p}=0$，即：

$$\delta_{11}X_1+\Delta_{1p}=0 \tag{1.5-1}$$

$$\frac{l^3}{3EI}\cdot X_1-\frac{ql^4}{8EI}=0,可得：X_1=\frac{3ql}{8}$$

所得为正值，表明其实际方向与假定的方向相同，若为负值，则方向相反。公式

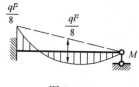

图 1.5-14

(1.5-1) 称为力法基本方程。

求出 X_1 后,利用叠加原理,可得原结构弯矩 $M = \overline{M}_1 X_1 + M_p$,见图 1.5-14。

力学基本体系是指力法基本结构在各多余约束力、外荷载(有时包括温度变化、支座位移等)共同作用下的体系。

2. 力法的典型方程

n 次超静定结构的力法典型方程为:

$$\delta_{11} X_1 + \delta_{12} X_2 + \cdots + \delta_{1n} X_n + \Delta_{1p} + \Delta_{1t} + \Delta_{1c} = \Delta_1$$
$$\delta_{21} X_1 + \delta_{22} X_2 + \cdots + \delta_{2n} X_n + \Delta_{2p} + \Delta_{2t} + \Delta_{2c} = \Delta_2$$
$$\cdots\cdots$$
$$\delta_{n1} X_1 + \delta_{n2} X_2 + \cdots + \delta_{3n} X_n + \Delta_{np} + \Delta_{nt} + \Delta_{nc} = \Delta_n$$

式中,X_i 为多余未知力($i=1, 2, \cdots, n$);δ_{ij} 为基本结构仅由 $X_j = 1 (j=1,2,\cdots,n)$ 产生的沿 X_i 方向的位移,为基本结构的柔度系数;Δ_{ip}、Δ_{it}、Δ_{ic} 分别为基本结构仅由荷载、温度变化、支座位移产生的沿 X_i 方向的位移,为力法典型方程的自由项;Δ_i 为原超静定结构在荷载、温度变化、支座位移作用下的已知位移。

在力法典型方程中,第一个方程表示:基本结构在 n 个多余未知力、荷载、温度变化、支座位移等共同作用下,在多余未知力 X_1 作用点沿 X_1 作用方向产生的位移,等于原超静定结构的已知相应位移 Δ_1。其余各式的意义可按此类推。可见,力法典型方程也可称为变形协调方程。

同一超静定结构,可以选取不同的基本体系,其相应的力法典型方程的表达式也就不同。但不管选取哪种基本体系,求得的最后内力应是相同的。

力法典型方程中的系数 δ_{ii} 称为主系数,恒为正值;系数 $\delta_{ij}(i \neq j)$ 称为副系数,可为正值、负值或零,并且 $\delta_{ij} = \delta_{ji}$;各自由项 Δ_{ip}、Δ_{it}、Δ_{ic} 可为正值、负值或零。

上述系数、自由项都是力法基本结构(为静定结构)仅由单位力、荷载、温度变化、支座位移产生的位移,故按其定义,用相应的位移计算公式计算。当采用图乘法时,则为自身图乘。

3. 超静定结构的内力

求出各多余未知力 X_i 后,将 X_i 和原荷载作用在基本结构上,再根据求作静定结构内力图的方法,作出基本结构的内力图即为超静定结构的内力图,或采用如下叠加法,计算结构的最后内力:

$$M = \overline{M}_1 X_1 + \overline{M}_2 X_2 + \cdots + \overline{M}_n X_n + M_p$$
$$V = \overline{V}_1 X_1 + \overline{V}_2 X_2 + \cdots + \overline{V}_n X_n + V_p$$
$$N = \overline{N}_1 X_1 + \overline{N}_2 X_2 + \cdots + \overline{N}_n X_n + N_p$$

式中,$\overline{M}_i$、$\overline{V}_i$、$\overline{N}_i$ 分别为 $X_i = 1$ 引起的基本结构的弯矩、剪力、轴力($i=1,2,\cdots,n$);M_p、V_p、N_p 分别为荷载引起的基本结构的弯矩、剪力、轴力。

4. 超静定结构的位移计算

超静定结构的位移计算仍应用虚功原理和单位荷载法,并结合图乘法进行。为简化计算,其虚设状态(即单位力状态)可采用原超静定结构的任意一个力法基本结构(为静定结构)。

荷载作用引起的位移计算公式:

$$\Delta_{ip} = \Sigma\int\frac{\overline{M}_iM_p\mathrm{d}s}{EI} + \Sigma\int\frac{\overline{N}_iN_p\mathrm{d}s}{EA} + \Sigma\int\frac{k\overline{V}_iV_p\mathrm{d}s}{GA}$$

温度变化引起的位移计算公式:

$$\Delta_{it} = \Sigma\int\frac{\overline{M}_iM_t\mathrm{d}s}{EI} + \Sigma\int\frac{\overline{N}_iN_t\mathrm{d}s}{EA} + \Sigma\int\frac{k\overline{V}_iV_t\mathrm{d}s}{GA} + \Sigma\int\frac{\alpha\Delta t}{h}\overline{M}_i\mathrm{d}s + \Sigma\int\alpha t_0\overline{N}_i\mathrm{d}s$$

支座位移引起的位移计算公式:

$$\Delta_{ic} = \Sigma\int\frac{\overline{M}_iM_c\mathrm{d}s}{EI} + \Sigma\int\frac{\overline{N}_iN_c\mathrm{d}s}{EA} + \Sigma\int\frac{k\overline{V}_iV_c\mathrm{d}s}{GA} - \Sigma\overline{R}_iC$$

式中,$\overline{M}_i$、$\overline{N}_i$、$\overline{V}_i$ 和 $\overline{R}_i$ 为虚拟状态(原超静定结构的力法基本结构)的弯矩、轴力、剪力和支座反力;M_p、N_p、V_p、M_t、N_t、V_t、M_c、N_c、V_c 分别为原超静定结构在荷载、温度变化、支座位移作用下产生的弯矩、轴力、剪力。

在符合一定的条件时,上述超静定结构的位移计算可采用简化计算。

5. 超静定结构内力图的校核

超静定结构的内力图必须同时满足静力平衡条件和原超静定结构的变形条件。

【例 1.5-3】 图 1.5-15(a) 所示刚架,k 截面的弯矩为下列何项?

(A) $\frac{ql^2}{20}$(左拉)　　(B) $\frac{3ql^2}{20}$(左拉)　　(C) $\frac{ql^2}{20}$(右拉)　　(D) $\frac{3ql^2}{20}$(右拉)

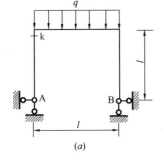

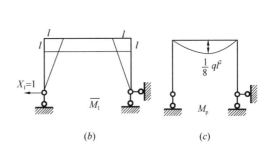

图 1.5-15

【解答】 取力法基本体系如图 1.5-15(b) 所示,作出 $\overline{M}_1$、M_p 图,见图 1.5-15(b)、(c)。

$$\delta_{11} = \frac{1}{EI}\left(2\times\frac{1}{2}l\cdot l\cdot\frac{2}{3}l + l\cdot l\cdot l\right) = \frac{5l^3}{3EI}$$

$$\Delta_{1p} = \frac{1}{EI}\cdot\frac{2}{3}\cdot\frac{ql^2}{8}\cdot l\cdot l = \frac{ql^4}{12EI}$$

$$\delta_{11}X_1 + \Delta_{1p} = 0$$

δ_{11}、Δ_{1p} 代入上式，解之得：$X_1 = -\dfrac{ql}{20}$（方向向右）

$M_k = \dfrac{ql^2}{20}$（左侧受拉）

所以应选（A）项。

【例 1.5-4】 图 1.5-16 所示刚架，k 截面的弯矩为下列何项？

(A) $\dfrac{20}{7}$（左拉）　　(B) $\dfrac{20}{7}$（右拉）

(C) $\dfrac{40}{7}$（左拉）　　(D) $\dfrac{40}{7}$（右拉）

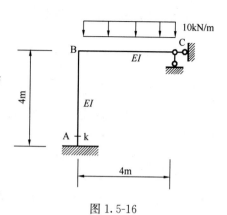

图 1.5-16

【解答】 取力法基本体系如图 1.5-17（a）所示，作出 $\overline{M}_1$、$\overline{M}_2$、M_p 图，见图 1.5-17（b）、(c)、(d)。

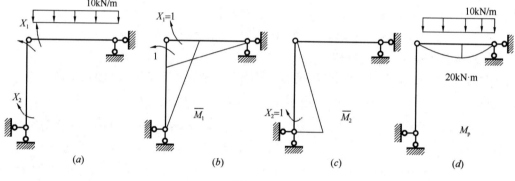

图 1.5-17

力法方程为：

$$\delta_{11}X_1 + \delta_{12}X_2 + \Delta_{1p} = 0$$
$$\delta_{21}X_1 + \delta_{22}X_2 + \Delta_{2p} = 0$$

$$\delta_{11} = \dfrac{1}{EI}\left(2 \times \dfrac{1}{2} \times 1 \times 4 \times \dfrac{2 \times 1}{3}\right) = \dfrac{8}{3EI}$$

$$\delta_{22} = \dfrac{1}{EI}\left(\dfrac{1}{2} \times 1 \times 4 \times \dfrac{2 \times 1}{3}\right) = \dfrac{4}{3EI}$$

$$\delta_{12} = \delta_{21} = \dfrac{1}{EI} \cdot \left(\dfrac{1}{2} \times 1 \times 4 \times \dfrac{1 \times 1}{3}\right) = \dfrac{2}{3EI}$$

$$\Delta_{1p} = \dfrac{1}{EI}\left(\dfrac{2}{3} \times 4 \times 20 \times \dfrac{1 \times 1}{2}\right) = \dfrac{80}{3EI}$$

$$\Delta_{2p} = 0$$

则：

$$\dfrac{8}{3}X_1 + \dfrac{2}{3}X_2 + \dfrac{80}{3} = 0$$

$$\dfrac{2}{3}X_1 + \dfrac{4}{3}X_2 + 0 = 0$$

解之得：$X_1 = -\dfrac{80}{7}$ kN·m，$X_2 = \dfrac{40}{7}$ kN·m

$$M_k = \overline{M}_1 X_1 + \overline{M}_2 X_2 + M_p = 0 + 1 \times \frac{40}{7} + 0 = \frac{40}{7} \text{kN} \cdot \text{m}$$

故选（D）项。

【例 1.5-5】 如图 1.5-18 所示，等截面梁，A 支座发生顺时针转动，其角度为 θ，B 支座竖直向下位移 a，确定 A 支座处弯矩为下列何项？

(A) $\dfrac{3EI}{l}\left(\theta - \dfrac{a}{l}\right)(\uparrow)$

(B) $\dfrac{6EI}{l}\left(\theta - \dfrac{a}{l}\right)(\uparrow)$

(C) $\dfrac{3EI}{l^2}\left(\theta - \dfrac{a}{l}\right)(\uparrow)$

(D) $\dfrac{6EI}{l^2}\left(\theta - \dfrac{a}{l}\right)(\uparrow)$

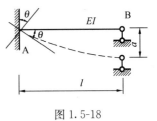

图 1.5-18

【解答】 取力法基本体系如图 1.5-19（a）所示，作出 $\overline{M}_1$ 图，见图 1.5-19（b）。

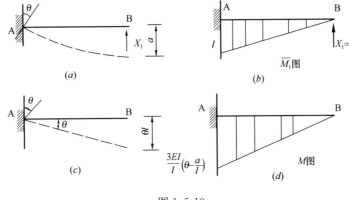

图 1.5-19

$$\delta_{11} = \frac{1}{EI}\left(\frac{1}{2} \times l \times l \times \frac{2l}{3}\right) = \frac{l^3}{3EI}$$

由图 1.5-19（c），可知，$\Delta_{1c} = -\theta l$

$\delta_{11} X_1 + \Delta_{1c} = \Delta_1 = -a$，则：

$$\frac{l^3}{3EI} X_1 - \theta l = -a, \text{即}: X_1 = \frac{3EI}{l^3}(\theta l - a)$$

$$M_A = \overline{M}_1 X_1 = l \cdot \frac{3EI}{l^3}(\theta l - a) = \frac{3EI}{l^2}(\theta l - a)$$

$$= \frac{3EI}{l}\left(\theta - \frac{a}{l}\right)$$

故选（A）项。

此外，弯矩图见图 1.5-19（d）。

三、对称性的利用

1. 对称结构的特点

对称结构的超静定结构具有如下特点：

(1) 在正对称荷载下，对称杆件的变形（或位移）、内力（弯矩、轴力、剪力）和支座反力是对称的，同时，弯矩图和轴力图是对称的，剪力图是反对称的。位于对称轴上的横杆的剪力为零（否则，铅垂方向的力不平衡）。

(2) 在反对称荷载下，对称杆件的变形（或位移）、内力（弯矩、轴力、剪力）和支座反力是反对称的，同时，弯矩图和轴力图是反对称的，剪力图是对称的。位于对称轴上的横杆的弯矩和轴力均为零（否则，水平方向的力不平衡）。

(3) 在任意荷载作用下，可将该荷载分解为对称荷载、反对称荷载两组，分别计算出内力后再叠加。

2. 对称性的利用与半结构法

利用对称结构在正对称荷载和反对称荷载作用下的受力特点，可以先取半边结构进行内力分析计算，即减少超静定的次数，简化计算。然后，再根据对称性得到整个结构的内力。

对称结构在任意荷载作用下，有时可将荷载分解成正对称和反对称两种进行计算。

对称结构选取对称的基本体系后，可得：

(1) 对称结构在正对称荷载作用下，选取对称的基本体系后，反对称未知力等于零，并且对应于反对称未知力的变形（如位移）也等于零，只需求解正对称的未知力。如图 1.5-20 所示，$X_3 = X_4 = 0$；

(2) 对称结构在反对称荷载作用下，选取对称的基本体系后，正对称未知力等于零，并且对应于正对称未知力的变形（如位移）也等于零，只需求解反对称未知力。如图 1.5-21 所示，$X_1 = X_2 = 0$。

半结构法，即利用对称结构在对称轴处的受力和变形特点，截取结构的一半，进行简化计算。

(1) 奇数跨对称结构。如图 1.5-22(a) 所示结构在正对称荷载作用下，可取图 1.5-22(b) 所示的半结构进行计算；如图 1.5-23(a) 所示结构在反对称荷载作用下，可取图 1.5-23(b) 所示的半结构进行计算。

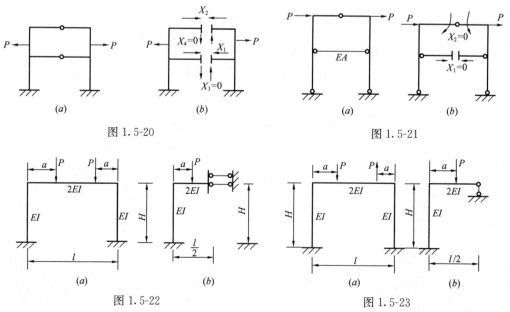

图 1.5-20

图 1.5-21

图 1.5-22

图 1.5-23

（2）偶数跨对称结构。如图 1.5-24（a）所示结构在正对称荷载作用下；若不计杆件的轴向变形，可取图 1.5-24（b）所示的半结构进行计算。如图 1.5-25（a）所示结构在反对称荷载下，可取图 1.5-25（b）所示的半结构进行计算，需注意中轴的抗弯刚度为原来的 $\frac{1}{2}$。

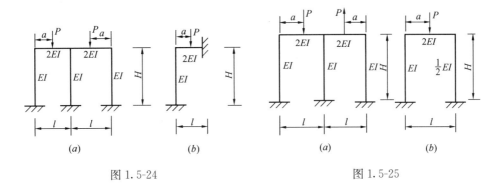

图 1.5-24　　　　　　　　　图 1.5-25

【例 1.5-6】　如图 1.5-26 所示刚架，各杆的 EI 为常数，k 截面的弯矩应为下列何项？

（A）24（外侧受拉）
（B）24（内侧受拉）
（C）48（外侧受拉）
（D）48（内侧受拉）

【解答】　对称结构、反对称荷载，取基本结构，见图 1.5-27（a），除 G 处的 $X_1 \neq 0$，其他多余约束力均为零（$X_2 = X_3 = X_4 = 0$）。作 $\overline{M}_1$、M_p 图，见图 1.5-27（b）、（c）。

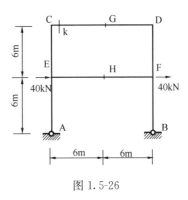

图 1.5-26

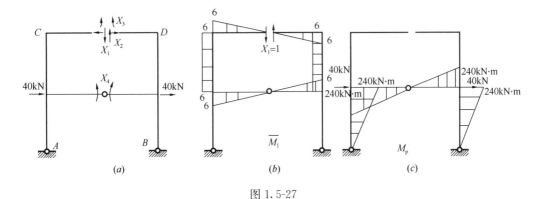

图 1.5-27

$$\delta_{11} = \frac{1}{EI} \times 2 \times \left(\frac{1}{2} \times 6 \times 6 \times \frac{2 \times 6}{3} \times 2 + 6 \times 6 \times 6\right) = \frac{720}{EI}$$

$$\Delta_{1p} = \frac{1}{EI} \times 2 \times \left(\frac{1}{2} \times 6 \times 6 \times \frac{2 \times 240}{3}\right) = \frac{5760}{EI}$$

$$\delta_{11}X_1 + \Delta_{1p} = 0, 则: X_1 = -8 \text{kN}$$

$$M_k = \overline{M}_1 X_1 + M_p = 6 \times (-8) = -48 \text{kN·m}(内侧受拉)$$

故选（D）项。

【**例 1.5-7**】 如图 1.5-28（a）所示等截面梁，其弯矩图见图 1.5-28（b），确定其跨中中点 C 处的竖向挠度 Δ_C，应为下列何项？

(A) $\dfrac{ql^4}{384EI}$

(B) $\dfrac{2ql^4}{384EI}$

(C) $\dfrac{3ql^4}{384EI}$

(D) $\dfrac{4ql^4}{384EI}$

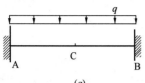

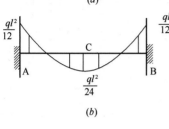

图 1.5-28

【**解答**】 取基本结构，见图 1.5-29（a），作 $\overline{M}_1$ 图。由位移计算公式，按叠加原理计算 Δ_C：

$$y_1 = \frac{1}{2} \times \frac{l}{2} = \frac{l}{4}, \quad y_2 = \frac{3}{8} \times \frac{l}{2} = \frac{3l}{16}$$

$$\Delta_C = \frac{1}{EI}(A_1 y_1 - A_2 y_2)$$

$$= \frac{1}{EI}\left(\frac{l}{2} \times \frac{ql^2}{12} \times \frac{l}{4} - \frac{2}{3} \times \frac{l}{2} \times \frac{ql^2}{8} \times \frac{3l}{16}\right)$$

$$= \frac{ql^4}{384EI}$$

故选（A）项。

思考：基本结构也可取图 1.5-29（b），其计算结果不变。

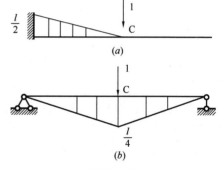

图 1.5-29

第六节 超静定结构的位移法

一、位移法

1. 位移法的基本概念

在位移法中，将结构的刚结点的角位移和独立的结点线位移作为基本未知量。其中，角位移数等于刚结点的数目。对于刚架独立的结点线位移，如果杆件的弯曲变形是微小的，且忽略其轴向变形，则刚架独立的结点线位移数就是刚架铰接图的自由度数。而刚架铰接图就是将刚架的刚结点（包括固定支座）都改为铰结点后形成的体系。这种处理方法也称为"铰代结点，增设链杆"法。

在结构的结点角位移和独立的结点线位移处增设控制转角和线位移的附加约束，使结构的各杆成为互不相关的单杆体系，称为原结构的位移法基本结构。

位移法基本体系，指位移法基本结构在各结点位线（角位移、结点线位移）、外荷载（有时还有温度变化、支座位移等）作用下的体系。

在位移法中，用附加刚臂约束结点角位移，用附加链杆约束结点线位移，原结构就成为三类基本的超静定杆件所组成的体系。这三类基本的超静定杆件是指：

（1）两端固定的等截面直杆；
（2）一端固定一端铰支的等截面直杆；
（3）一端固定一端滑动的等截面直杆。

2. 等截面直杆刚度方程

杆件的转角位移方程（刚度方程）表示杆件两端的杆端力与杆端位移之间的关系式。

如图1.6-1所示，设线刚度 $i=EI/l$，杆端截面转角 θ_A、θ_B，弦转角 $\beta=\Delta_{AB}/l$，杆端弯矩 M_{AB}、M_{BA} 和固端弯矩 M_{AB}^F、M_{BA}^F 均以顺时针（↓）转动为正。杆端剪力 V_{AB}、V_{BA} 和固端剪力 V_{AB}^F、V_{BA}^F 均以绕隔离体顺时针（↓）转动为正。

（1）两端固定的平面等截面直杆（图1.6-1a）

$$M_{AB}=4i\theta_A+2i\theta_B-6i\frac{\Delta_{AB}}{l}+M_{AB}^F$$

$$M_{BA}=2i\theta_A+4i\theta_B-6i\frac{\Delta_{AB}}{l}+M_{BA}^F$$

$$V_{AB}=-\frac{6i}{l}\theta_A-\frac{6i}{l}\theta_B+\frac{12i}{l^2}\Delta_{AB}+V_{AB}^F$$

$$V_{BA}=-\frac{6i}{l}\theta_A-\frac{6i}{l}\theta_B+\frac{12i}{l^2}\Delta_{AB}+V_{BA}^F$$

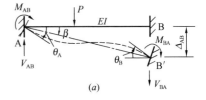

（2）一端固定另一端铰支的平面等截面直杆（图1.6-1b）

$$M_{AB}=3i\theta_A-3i\frac{\Delta_{AB}}{l}+M_{AB}^F$$

$$M_{BA}=0$$

$$V_{AB}=-\frac{3i}{l}\theta_A+\frac{3i}{l^2}\Delta_{AB}+V_{AB}^F$$

$$V_{BA}=-\frac{3i}{l}\theta_A+\frac{3i}{l^2}\Delta_{AB}+V_{BA}^F$$

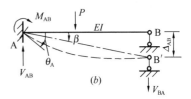

（3）一端固定另一端定向（滑动）支座的平面等截面直杆（图1.6-1c）

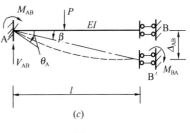

$$M_{AB}=i\theta_A+M_{AB}^F$$
$$M_{BA}=-i\theta_A+M_{BA}^F$$
$$V_{AB}=V_{AB}^F$$
$$V_{BA}=0$$

图1.6-1

上述式子中，含有 θ_A、θ_B、Δ_{AB} 的各项分别代表该项杆端位移引起的杆端弯矩和杆端剪力，其前面的系数 $4i$、$3i$、$2i$、$\frac{6i}{l}$、$\frac{12i}{l^2}$ 等称为杆件的刚度系数，它们只与杆件的长度、支座形式和抗弯刚度 EI 有关。

固端弯矩、固端剪力为由位移、荷载产生的杆端弯矩、杆端剪力。常见位移、荷载产生的固端弯矩和固端剪力，见表 1.6-1。

等截面单跨超静定梁固端弯矩和剪力　　　　表 1.6-1

图号	简图	弯矩图（绘在受拉边缘）	杆端弯矩 M_{ab}	杆端弯矩 M_{ba}	杆端剪力 V_{ab}	杆端剪力 V_{ba}
1			$4i_{ab}=S_{ab}$	$2i_{ab}$	$-\dfrac{6i_{ab}}{l}$	$-\dfrac{6i_{ab}}{l}$
2			$-\dfrac{6i_{ab}}{l}$	$-\dfrac{6i_{ab}}{l}$	$\dfrac{12i_{ab}}{l^2}$	$\dfrac{12i_{ab}}{l^2}$
3			$3i_{ab}=S_{ab}$	0	$-\dfrac{3i_{ab}}{l^2}$	$-\dfrac{3i_{ab}}{l^2}$
4			$-\dfrac{3i_{ab}}{l}$	0	$\dfrac{3i_{ab}}{l^2}$	$\dfrac{3i_{ab}}{l^2}$
5			$i_{ab}=S_{ab}$	$-i_{ab}$	0	0
6			$-\dfrac{Pab^2}{l^2}$ 当 $a=b$ $-\dfrac{Pl}{8}$	$+\dfrac{Pa^2b}{l^2}$ $\dfrac{Pl}{8}$	$\dfrac{Pb^2}{l^2}\left(1+\dfrac{2a}{l}\right)$ 当 $a=b$ $\dfrac{P}{2}$	$-\dfrac{Pa^2}{l^2}\left(1+\dfrac{2b}{l}\right)$ $-\dfrac{P}{2}$
7			$-\dfrac{ql^2}{12}$	$\dfrac{ql^2}{12}$	$\dfrac{ql}{2}$	$-\dfrac{ql}{2}$
8			$-\dfrac{q_0l^2}{30}$	$\dfrac{q_0l^2}{20}$	$\dfrac{3q_0l}{20}$	$-\dfrac{7q_0l}{20}$
9			$\dfrac{mb}{l^2}\times(2l-3b)$	$\dfrac{ma}{l^2}\times(2l-3a)$	$-\dfrac{6ab}{l^3}m$	$-\dfrac{6ab}{l^3}m$

续表

图号	简图	弯矩图（绘在受拉边缘）	杆端弯矩 M_{ab}	杆端弯矩 M_{ba}	杆端剪力 V_{ab}	杆端剪力 V_{ba}
10			$-\dfrac{Pb(l^2-b^2)}{2l^2}$ 当 $a=b$ $-\dfrac{3PL}{16}$	0	$-\dfrac{Pb(3l^2-b^2)}{2l^3}$ 当 $a=b$ $\dfrac{11P}{16}$	$-\dfrac{Pa^2(3l-a)}{2l^3}$ $-\dfrac{5P}{16}$
11			$-\dfrac{ql^2}{8}$	0	$\dfrac{5ql}{8}$	$-\dfrac{3ql}{8}$
12			$-\dfrac{q_0 l^2}{15}$	0	$\dfrac{2q_0 l}{5}$	$-\dfrac{q_0 l}{10}$
13			$\dfrac{m(l^2-3b^2)}{2l^2}$	0	$-\dfrac{3m(l^2-b^2)}{2l^3}$	$-\dfrac{3m(l^2-b^2)}{2l^3}$
14			$\dfrac{m}{2}$	m	$-\dfrac{3m}{2l}$	$-\dfrac{3m}{2l}$
15			$-\dfrac{ql^2}{3}$	$-\dfrac{ql^2}{6}$	ql	0
16			$-\dfrac{Pl}{2}$	$-\dfrac{Pl}{2}$	P	P

注：杆端弯矩栏中的符号是根据以顺时针为正的规定加上去的；剪力符号规定同前。

3. 位移法典型方程

对有 n 个未知量的结构，位移法典型方程为：

$$K_{11}\Delta_1 + K_{12}\Delta_2 + \cdots + K_{1n}\Delta_n + R_{1p} + R_{1t} + R_{1c} = 0$$

$$K_{21}\Delta_1 + K_{22}\Delta_2 + \cdots + K_{2n}\Delta_n + R_{2p} + R_{2t} + R_{2c} = 0$$

$$\cdots\cdots$$

$$K_{n1}\Delta_1 + K_{n2}\Delta_2 + \cdots + K_{nn}\Delta_n + R_{np} + R_{nt} + R_{nc} = 0$$

式中，Δ_i 为结点位移未知量（$i=1,2,\cdots,n$）；K_{ij} 为基本结构仅由于 $\Delta_j=1$（$j=1,2,\cdots,n$）在附加约束之中产生的约束力，为基本结构的刚度系数；R_{ip}、R_{it}、R_{ic} 分别为基本结构仅由荷载、温度变化、支座位移作用，在附加约束之中产生的约束力，为位移法典型方程的自由项。

位移法典型方程中，第一个方程表示：基本结构在 n 个未知结点位移、荷载、温度变化、支座位移等共同作用下，第一个附加约束中的约束力等于零。其余各式的意义可按此类推。可见，位移法典型方程表示静力平衡方程。

位移法不仅可以计算超静定结构的内力，也可以计算静定结构的内力。

位移法典型方程中的系数 K_{ii} 称为主系数，恒为正值。系数 $K_{ij}(i\neq j)$ 称为副系数，可为正值、负值或零，并且 $K_{ij}=K_{ji}$；各自由项的值可为正、负或零。

系数和自由项都是附加约束中的反力，都可按上述各自的定义利用各杆的刚度系数、固端弯矩、固端剪力由平衡条件求出。

4. 结构的最后内力计算

求出各未知结点位移 Δ_i 后，由叠加原理可得：

$$M = \overline{M}_1\Delta_1 + \overline{M}_2\Delta_2 + \cdots + \overline{M}_n\Delta_n + M_p + M_t + M_c$$
$$V = \overline{V}_1\Delta_1 + \overline{V}_2\Delta_2 + \cdots + \overline{V}_n\Delta_n + V_p + V_t + V_c$$
$$N = \overline{N}_1\Delta_1 + \overline{N}_2\Delta_2 + \cdots + \overline{N}_n\Delta_n + N_p + N_t + N_c$$

式中，$\overline{M}_i$、$\overline{V}_i$、$\overline{N}_i$ 分别为由 $\Delta_i=1$ 引起的基本结构的弯矩、剪力、轴力；M_p、M_t、M_c、V_p、V_t、V_c、N_p、N_t、N_c 分别为基本结构由荷载、温度变化、支座位移引起的弯矩、剪力、轴力。

二、超静定结构的特性

超静定结构的特性如下：

（1）同时满足超静定结构的平衡条件、变形协调条件和物理条件的超静定结构内力的解是唯一真实的解。

（2）超静定结构在荷载作用下的内力与各杆 EA、EI 的相对比值有关，而与各杆 EA、EI 的绝对值无关，但在非荷载（如温度变化、杆件制造误差、支座位移等）作用下会产生内力，这种内力与各杆 EA、EI 的绝对值有关，并且成正比。

（3）超静定结构的内力分布比静定结构均匀，刚度和稳定性都有所提高。

【例 1.6-1】如图 1.6-2 所示连续梁，各杆 EI 为常数，确定 k 截面的弯矩（kN·m）为下列何项？

(A) 8　　　　(B) 10
(C) 12　　　 (D) 16

【解答】用位移法计算，取基本结构，见图 1.6-3（a），作出 $\overline{M}_1$、M_p 弯矩图，分别见图 1.6-3（b）、（c）。

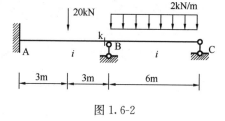

图 1.6-2

$$K_{11} = 4i + 3i = 7i,\ R_{1p} = \frac{1}{8} \times 20 \times 6 + \left(-\frac{1}{8} \times 2 \times 6^2\right) = 15 + (-9) = 6\text{kN·m}$$

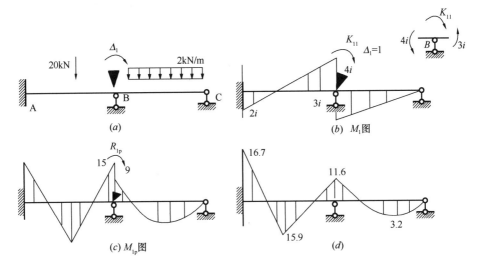

图 1.6-3

$$K_{11}\Delta_1 + R_{1p} = 0$$

$$7i\Delta_1 + 6 = 0, \text{即}: \Delta_1 = -\frac{6}{7i}$$

$$M_k = \overline{M}_1\Delta_1 + M_{1p} = 4i \cdot \left(-\frac{6}{7i}\right) + 15 = 11.57 \text{kN} \cdot \text{m}$$

故选（C）项。

思考：该连续梁的弯矩图，见图 1.6-3（d）。

【例 1.6-2】 如图 1.6-4 所示刚架，各杆 EI 为常数，确定 k 截面的弯矩为下列何项？

(A) -80 （↑）

(B) -70 （↑）

(C) -60 （↑）

(D) -50 （↑）

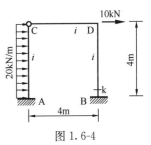

图 1.6-4

【解答】 用位移法计算，取基本结构，见图 1.6-5（a），作出 $\overline{M}_1$、$\overline{M}_2$、M_p 弯矩图，分别见图 1.6-5（b）、（c）、（d）。

位移法方程为：

$$K_{11}\Delta_1 + K_{12}\Delta_2 + R_{1p} = 0$$
$$K_{21}\Delta_1 + K_{22}\Delta_2 + R_{2p} = 0$$

由图 1.6-5，可得：

$$K_{11} = 4i + 3i = 7i, \quad K_{12} = K_{21} = -\frac{4i+2i}{4} = -\frac{3i}{2}$$

$$K_{22} = \frac{\frac{3i}{4}}{4} + \frac{\frac{3i}{2} + \frac{3i}{2}}{4} = \frac{15i}{16}$$

$$R_{1p} = 0, \quad R_{2p} = -\frac{3}{8} \times 20 \times 4 - 10 = -40 \text{kN}$$

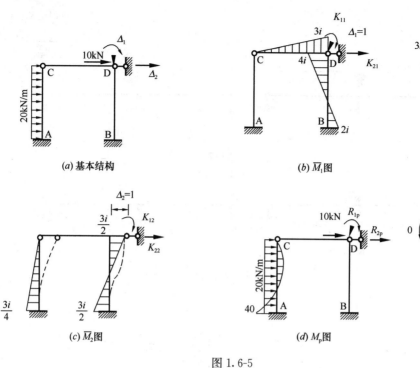

图 1.6-5

$$7i\Delta_1 + \left(-\frac{3i}{2}\Delta_2\right) + 0 = 0$$

$$-\frac{3i}{2}\Delta_1 + \frac{15i}{16}\Delta_2 - 40 = 0$$

可得：$\Delta_1 = \dfrac{320}{23i}$，$\Delta_2 = \dfrac{4480}{69i}$

$$M_k = \overline{M}_1\Delta_1 + \overline{M}_2\Delta_2 + M_p = 2i \cdot \frac{320}{23i} + \left(-\frac{3i}{2}\right) \cdot \frac{4480}{69i} + 0$$

$$= -69.57 \text{kN} \cdot \text{m}(\uparrow)$$

故选（B）项。

第七节　习　　题

一、静定结构内力计算

1. 图 1.7-1 所示桁架中，FH 杆的轴力 N_{FH} 为（　　）。

(A) $-\dfrac{3\sqrt{2}P}{4}$ (B) $\dfrac{3\sqrt{2}P}{2}$

(C) $-\dfrac{5\sqrt{2}P}{4}$ (D) $-\dfrac{\sqrt{2}P}{8}$

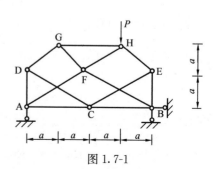

图 1.7-1

2. 图 1.7-2 所示刚架，CH 杆 H 截面的弯矩 M_{HC} 为（　　）。
(A) $3qa^2$（右边受拉）　　　　　(B) $2qa^2$（右边受拉）
(C) $1.5qa^2$（左边受拉）　　　　(D) $5qa^2$（左边受拉）

3. 图 1.7-3 所示刚架，M_{AC} 为（　　）。
(A) $2\text{kN}\cdot\text{m}$（右边受拉）　　(B) $2\text{kN}\cdot\text{m}$（左边受拉）
(C) $4\text{kN}\cdot\text{m}$（右边受拉）　　(D) $4\text{kN}\cdot\text{m}$（左边受拉）

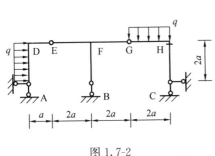

图 1.7-2　　　　　　　　　　图 1.7-3

4. 图 1.7-4 所示结构，M_{AC} 和 M_{BD} 分别为（　　）。
(A) $M_{AC}=Ph$（左边受拉），$M_{BD}=Ph$（左边受拉）
(B) $M_{AC}=Ph$（左边受拉），$M_{BD}=0$
(C) $M_{AC}=0$，$M_{BD}=Ph$（左边受拉）
(D) $M_{AC}=Ph$（左边受拉），$M_{BD}=\dfrac{2Ph}{3}$（左边受拉）

5. 图 1.7-5 所示桁架，1 杆的内力为（　　）。
(A) $-1.732P$（压力）　　　　(B) $1.732P$（拉力）
(C) $-2.732P$（压力）　　　　(D) $-2.0P$（压力）

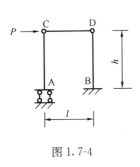 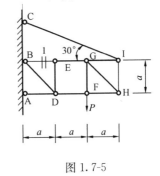

图 1.7-4　　　　　　　　　　图 1.7-5

6. 图 1.7-6 所示刚架，截面 D 处的弯矩值为（　　）。

(A) 0　　　　　　　　　　　　(B) $\dfrac{Fl}{8}$（左边受拉）

(C) $\dfrac{Fl}{4}$（右边受拉）　　　　(D) $\dfrac{Fl}{8}$（右边受拉）

7. 图 1.7-7 所示结构，1 杆的轴力大小为（　　）。

(A) 0 (B) $-\dfrac{qa}{2}$ (C) $-qa$ (D) $-2qa$

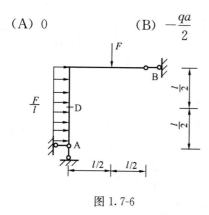

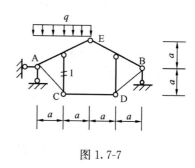

图 1.7-6

图 1.7-7

8. 图 1.7-8 所示组合结构中，A 点右截面的内力（绝对值）为（　　）。

(A) $M_A=Pa$, $V_A=\dfrac{P}{2}$, $N_A\neq 0$ (B) $M_A=\dfrac{Pa}{2}$, $V_A=\dfrac{P}{2}$, $N_A=0$

(C) $M_A=Pa$, $V_A=\dfrac{P}{2}$, $N_A=0$ (D) $M_A=\dfrac{Pa}{2}$, $V_A=\dfrac{P}{2}$, $N_A\neq 0$

9. 图 1.7-9 所示组合结构中，B 点右截面的剪力值为（　　）。

(A) $\dfrac{qa}{4}$ (B) $\dfrac{qa}{2}$ (C) qa (D) $\dfrac{3qa}{2}$

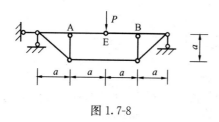

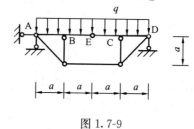

图 1.7-8

图 1.7-9

10. 图 1.7-10 所示组合结构，1 杆的轴力为（　　）。

(A) P (B) $2P$ (C) 0   (D) $3P$

11. 图 1.7-11 所示桁架，1 杆的轴力为（　　）。

(A) $-\dfrac{P}{2}$ (B) P (C) $\dfrac{P}{2}$ (D) $2P$

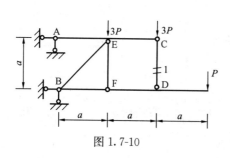

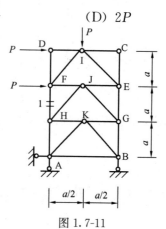

图 1.7-10

图 1.7-11

12. 图 1.7-12 所示桁架，1 杆的轴力为（　　）。

(A) $-\dfrac{P}{2}$　　　(B) $-P$　　　(C) $-\dfrac{3P}{2}$　　　(D) $-2P$

13. 图 1.7-13 所示桁架，1 杆和 2 杆的内力为（　　）。

(A) N_1、N_2 均为压杆　　　(B) $N_1=-N_2$

(C) N_1、N_2 均为拉杆　　　(D) $N_1=0$，$N_2=0$

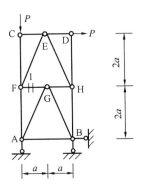

图 1.7-12

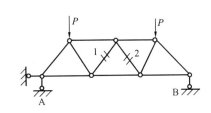

图 1.7-13

14. 图 1.7-14 所示组合结构，CF 杆的轴力 N_{CF} 为（　　）。

(A) $\dfrac{\sqrt{2}P}{2}$　　　(B) P　　　(C) $\sqrt{2}P$　　　(D) $2P$

15. 图 1.7-15 所示结构，1 杆的轴力为（　　）。

(A) 0　　　(B) $2F$　　　(C) $3F$　　　(D) $4F$

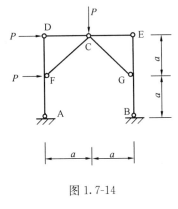

图 1.7-14　　　　图 1.7-15

16. 图 1.7-16 所示桁架，1 杆的轴力为（　　）。

(A) $-\dfrac{\sqrt{3}P}{2}$　　　(B) $-\dfrac{P}{2}$　　　(C) $-\dfrac{\sqrt{5}}{2}P$　　　(D) $-\sqrt{3}P$

17. 图 1.7-17 所示桁架，1 杆的轴力为（　　）。

(A) $\dfrac{P}{3}$　　　(B) $\dfrac{2P}{3}$　　　(C) $\dfrac{P}{2}$　　　(D) P

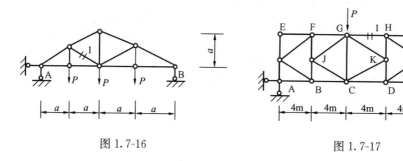

图 1.7-16　　　　　　　　　图 1.7-17

18. 图 1.7-18 所示桁架，1 杆的轴力为（　　）。

(A) $\dfrac{\sqrt{2}}{2}P$　　(B) $\sqrt{2}P$　　(C) $\dfrac{P}{2}$　　(D) P

19. 图 1.7-19 所示桁架，1 杆的轴力为（　　）。

(A) $-P$　　(B) $-\dfrac{P}{2}$　　(C) $\dfrac{P}{4}$　　(D) $\dfrac{P}{2}$

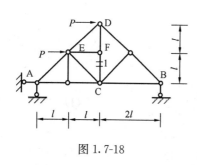 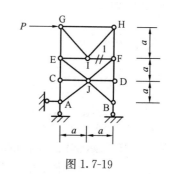

图 1.7-18　　　　　　　　　图 1.7-19

二、静定结构位移计算

1. 图 1.7-20 所示刚架，C 截面的转角为（　　）。

(A) $\dfrac{Ml}{12EI}$ (↑)　(B) $\dfrac{Ml}{6EI}$ (↑)　(C) $\dfrac{Ml}{12EI}$ (↓)　(D) $\dfrac{Ml}{6EI}$ (↓)

2. 图 1.7-21 所示结构 A、B 两点的相对水平位移（以离开为正）为（　　）。

(A) $-\dfrac{2qa^4}{3EI}$　(B) $-\dfrac{qa^4}{6EI}$　(C) $-\dfrac{qa^4}{3EI}$　(D) $-\dfrac{qa^4}{EI}$

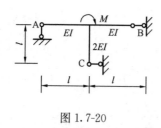 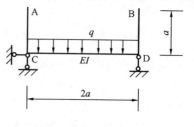

图 1.7-20　　　　　　　　　图 1.7-21

3. 图 1.7-22 所示刚梁 C 点的竖向位移 Δ_{CV} 为（　　）。

(A) $\dfrac{5Pl^3}{24EI}(\downarrow)$ (B) $\dfrac{7Pl^3}{24EI}(\downarrow)$ (C) $\dfrac{5Pl^3}{48EI}(\downarrow)$ (D) $\dfrac{7Pl^3}{48EI}(\downarrow)$

4. 图 1.7-23 所示刚架 A 点的水平位移 Δ_{AH} 为（   ）。

(A) $\dfrac{M_0 a^2}{6EI}(\leftarrow)$ (B) $\dfrac{2M_0 a^2}{3EI}(\rightarrow)$ (C) $\dfrac{2M_0 a^2}{3EI}(\leftarrow)$ (D) $\dfrac{M_0 a^2}{3EI}(\rightarrow)$

5. 图 1.7-24 所示刚架，结点 B 的水平位移 Δ_{BH} 为（   ）。

(A) $\dfrac{3ql^4}{16EI}(\rightarrow)$ (B) $\dfrac{3ql^4}{8EI}(\rightarrow)$ (C) $\dfrac{5ql^4}{16EI}(\rightarrow)$ (D) $\dfrac{5ql^4}{8EI}(\rightarrow)$

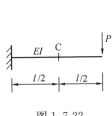

图 1.7-22

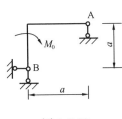

图 1.7-23

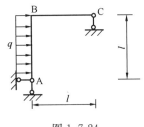

图 1.7-24

6. 图 1.7-25 所示桁架的支座 A 向左移动了 b，向下移动了 c，则 BD 杆的角位移 θ_{BD} 为（   ）。

(A) $\dfrac{c+b}{4a}(\downarrow)$ (B) $\dfrac{c}{4a}(\uparrow)$ (C) $\dfrac{c+\sqrt{2}b}{4a}(\downarrow)$ (D) $\dfrac{c-\sqrt{2}b}{4a}(\uparrow)$

7. 图 1.7-26 所示三铰刚架，支座 B 向右移动 Δ_1，向下滑动 Δ_2，则结点 D 的转角 θ_D 为（   ）。

(A) $\dfrac{\Delta_2+\Delta_1}{2a}(\downarrow)$ (B) $\dfrac{\Delta_2+\Delta_1}{a}(\downarrow)$ (C) $\dfrac{2\Delta_2+\Delta_1}{2a}(\downarrow)$ (D) $\dfrac{2\Delta_2+\Delta_1}{a}(\downarrow)$

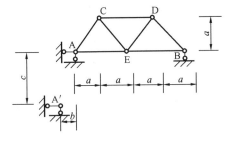

图 1.7-25

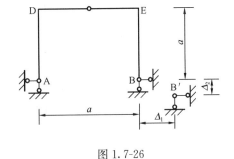

图 1.7-26

三、超静定结构力法

1. 图 1.7-27 所示结构中 A 支座反力为力法的基本未知量 X_1，方向向上为正，则 X_1 为（   ）。

(A) $\dfrac{3P}{16}$ (B) $\dfrac{4P}{16}$ (C) $\dfrac{5P}{16}$ (D) $\dfrac{7P}{16}$

2. 图 1.7-28 所示为超静定桁架的基本体系，EA 为常数，则 δ_{11} 为（   ）。

(A) $\dfrac{\sqrt{2}a}{2EA}$ (B) $\dfrac{(\sqrt{2}+1)a}{2EA}$

(C) $\dfrac{2a}{EA}$ (D) $\dfrac{(2\sqrt{2}+1)a}{2EA}$

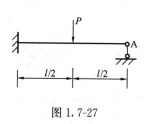
图 1.7-27

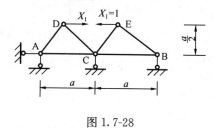
图 1.7-28

3. 图 1.7-29（a）用力法求解时取图 1.7-29（b）为其力法基本体系，EI 为常数，则 δ_{22} 为（　　）。

(A) $\dfrac{l^3}{3EI}$ (B) $\dfrac{2l^3}{3EI}$ (C) $\dfrac{4l^3}{3EI}$ (D) $\dfrac{5l^3}{3EI}$

4. 图 1.7-30 所示结构，EI 为常数，弯矩 M_{CA} 为（　　）。

(A) $\dfrac{Pl}{2}$（左侧受拉）   (B) $\dfrac{Pl}{4}$（左侧受拉）

(C) $\dfrac{Pl}{2}$（右侧受拉）   (D) $\dfrac{Pl}{4}$（右侧受拉）

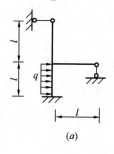 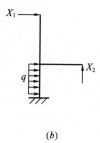

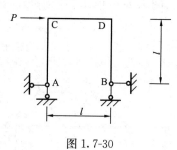

图 1.7-29

图 1.7-30

5. 图 1.7-31 所示结构用力法求解时，取图 1.7-31（b）为力法基本体系，向上为正，力法典型方程 $\delta_{11}X_1 + \Delta_{1c} = 0$ 中的 Δ_{1c} 为（　　）。

(A) $\Delta_1 + 2\Delta_2 - \Delta_3$ (B) $\Delta_1 - 2\Delta_2$

(C) $\Delta_1 - 2\Delta_2 + \Delta_3$ (D) $-\Delta_1 + 2\Delta_2$

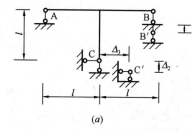 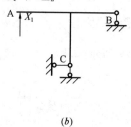

图 1.7-31

6. 图 1.7-32 所示结构，EI 为常数，B 截面处的弯矩 M_{BA} 为（　　）。

(A) $\dfrac{Pa}{2}$（上部受拉）　　　　　　(B) $\dfrac{Pa}{4}$（上部受拉）

(C) 0　　　　　　(D) $\dfrac{Pa}{4}$（下部受拉）

7. 如图 1.7-33 所示结构 $EI=$ 常数，在给定荷载作用下，水平反力 H_A 为（　　）。

(A) P　　　　(B) $2P$　　　　(C) $3P$　　　　(D) $4P$

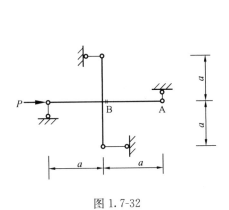

图 1.7-32

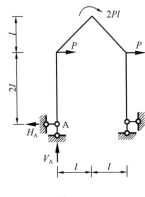

图 1.7-33

8. 如图 1.7-34 所示梁的抗弯刚度为 EI，长度为 l，欲使梁中点 C 弯矩为零，则弹性支座刚度 k 的取值应为（　　）。

(A) $3EI/l^3$　　　(B) $6EI/l^3$　　　(C) $9EI/l^3$　　　(D) $12EI/l^3$

9. 如图 1.7-35 所示结构 $EI=$ 常数，不考虑轴向变形，M_{BA} 为（以下侧受拉为正）（　　）。

(A) $\dfrac{Pl}{4}$　　　　(B) $-\dfrac{Pl}{4}$　　　　(C) $\dfrac{Pl}{2}$　　　　(D) $-\dfrac{Pl}{2}$

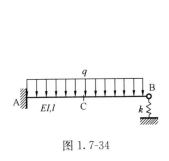

图 1.7-34

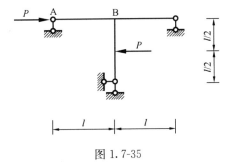

图 1.7-35

10. 用力法求解如图 1.7-36 所示结构（$EI=$ 常数）。基本体系及基本未知量如图所示，力法方程中的系数 Δ_{1P} 为（　　）。

(A) $-\dfrac{5qL^4}{36EI}$　　　(B) $\dfrac{5qL^4}{36EI}$　　　(C) $-\dfrac{qL^4}{24EI}$　　　(D) $\dfrac{5qL^4}{24EI}$

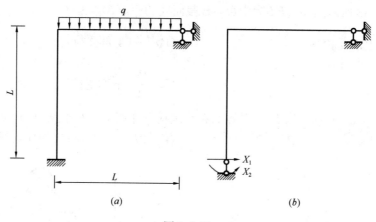

图 1.7-36
(a) 原结构；(b) 基本体系

四、超静定结构位移法

1. 图 1.7-37 所示两跨连梁的中间支座 B 及右端支座 C 分别产生竖向沉陷 2Δ 及 Δ，由此引起的截面 A 的弯矩 M_{AB} 为（　　）。

(A) $\dfrac{17EI\Delta}{4l^2}$（上拉）   (B) $\dfrac{66EI\Delta}{7l^2}$（上拉）

(C) $\dfrac{9EI\Delta}{8l^2}$（上拉）   (D) $\dfrac{10EI\Delta}{l^2}$（上拉）

2. 图 1.7-38 所示超静定结构，不计轴向变形，BC 杆的轴力为（　　）。

(A) $-P$（压力）   (B) P（拉力）   (C) $-\sqrt{2}P$（压力）   (D) $\sqrt{2}P$（拉力）

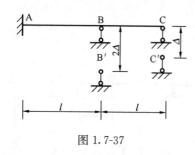

图 1.7-37

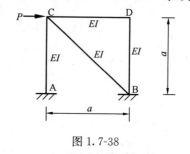

图 1.7-38

3. 图 1.7-39 所示结构，不计轴向变形，AC 杆的轴力为（　　）。

(A) $\dfrac{3\sqrt{2}ql}{8}$ (B) $\dfrac{5\sqrt{2}ql}{8}$ (C) $\dfrac{5\sqrt{2}ql}{16}$ (D) $\dfrac{3\sqrt{2}ql}{16}$

4. 图 1.7-40 所示结构，M_{BD}、M_{AC} 分别为（　　）。

(A) $M_{BD} = \dfrac{Ph}{4}, M_{AC} = \dfrac{Ph}{4}$ (B) $M_{BD} = \dfrac{Ph}{4}, M_{AC} = \dfrac{Ph}{2}$

(C) $M_{BD} = \dfrac{Ph}{2}, M_{AC} = \dfrac{Ph}{4}$ (D) $M_{BD} = \dfrac{Ph}{2}, M_{AC} = \dfrac{Ph}{2}$

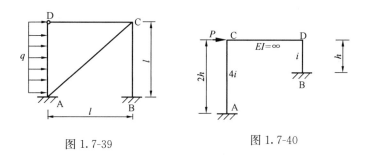

图 1.7-39　　　　　　　　　　图 1.7-40

5. 用位移法计算图 1.7-41 所示梁的 K_{11}，其中 EI 为常数，则 K_{11} 为（　　）。

(A) $\dfrac{7EI}{l}$　　(B) $\dfrac{9EI}{l}$　　(C) $\dfrac{10EI}{l}$　　(D) $\dfrac{11EI}{l}$

6. 图 1.7-42 所示连续梁，EI 为常数，已知 B 处梁截面转角为 $-\dfrac{7Pl^2}{240}(\uparrow)$，则 C 处梁截面转角应为（　　）。

(A) $\dfrac{Pl^2}{60EI}$　　(B) $\dfrac{Pl^2}{120EI}$　　(C) $\dfrac{Pl^2}{180EI}$　　(D) $\dfrac{Pl^2}{240EI}$

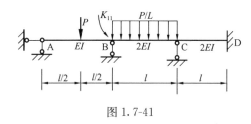
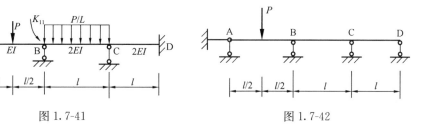

图 1.7-41　　　　　　　　　　图 1.7-42

7. 图 1.7-43 所示结构，EI 为常数，已知结点 C 的水平线位移为 $\Delta_{CH}=\dfrac{7Pl^4}{36EI}(\rightarrow)$，则结点 C 的角位移 θ_c 应为（　　）。

(A) $\dfrac{7Pl^2}{6EI}(\downarrow)$　　(B) $\dfrac{Pl^3}{6EI}(\downarrow)$　　(C) $\dfrac{5Pl^2}{6EI}(\uparrow)$　　(D) $\dfrac{5Pl^3}{6EI}(\downarrow)$

8. 如图 1.7-44 所示结构 B 处弹性支座的弹簧刚度 $k=12EI/L^3$，B 截面的弯矩为（　　）。

(A) $\dfrac{Pl}{2}$　　(B) $\dfrac{Pl}{3}$　　(C) $\dfrac{Pl}{4}$　　(D) $\dfrac{Pl}{6}$

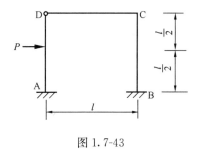
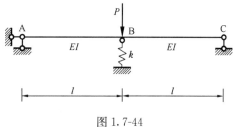

图 1.7-43　　　　　　　　　　图 1.7-44

第八节 习　题　解　答

一、静定结构内力计算

1. A。解答如下：

将 H 处力分解成对称荷载和反对称荷载，分别作用在 G、H 处。在 $\frac{P}{2}$、$\frac{P}{2}$ 的反对称荷载作用下，有：$N_{GH}=0$，则：$N_{FH}=-\frac{\sqrt{2}}{4}P$；在对称荷载作用下，有：$N_{CE}=0$，则：$N_{BE}=N_{HE}=0$，故 $N_{FH}=-\frac{\sqrt{2}}{2}P$，所以

$$N_{FH}=-\frac{\sqrt{2}}{4}P+\left(-\frac{\sqrt{2}}{2}P\right)=-\frac{3\sqrt{2}P}{4}$$

2. B。解答如下：

取 GHC 部分，$\Sigma M_G=0$，则：$2qa^2+2a\cdot X_C=2a\cdot Y_C$

取 EBC 部分，$\Sigma M_E=0$，则：$2aq\cdot 5a+2a\cdot X_C=6a\cdot Y_C+2a\cdot Y_B$

取整体，$\Sigma M_A=0$，则：$2aq\cdot 6a+2aq\cdot a=3a\cdot Y_B+7a\cdot Y_C$

联解得：$X_C=qa(\leftarrow)$，$Y_C=2qa(\uparrow)$，$Y_B=0$

所以，$M_{HC}=2qa^2$，右边受拉。

3. C。解答如下：

如图 1.8-1 所示受力分析：

$M_C=0$，则：$2X_E+2V_E=8$

$M_D=0$，则：$2X_E-2V_E=8$

解之得：$X_E=4\text{kN}$，$V_E=0$，取 ECA 为脱离体，$\Sigma M_A=0$，

则：$M_{AC}=4\times 4-2\times 2-8=4\text{kN}\cdot\text{m}(\downarrow)$

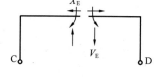

图 1.8-1

4. C。解答如下：

取 AC 部分分析，$V_{CA}=0$

取 CD 部分分析，可知：$V_{DB}=P(\rightarrow)$，所以 $M_{AC}=0$，$M_{BD}=V_{DB}h=Ph(\downarrow)$

5. C。解答如下：

过 CI、EG、DF 作截面，取右边脱离体，$\Sigma Y=0$，则：$Y_{CI}=P$(受拉)，$X_{CI}=\sqrt{3}P$(受拉)。

过 BE、AD 作截面，取右边脱离体，$\Sigma M_D=0$，则：

$$N_1\cdot a+\sqrt{3}P\cdot a+P\cdot 2a=P\cdot a$$
$$N_1=-(1+\sqrt{3})P=-2.732P$$

6. B。解答如下：

$\Sigma Y=0$，则：$Y_A=F$

$\Sigma M_B=0$,则:$X_A = \dfrac{F \cdot \dfrac{l}{2} + \dfrac{F}{l} \cdot l \cdot \dfrac{l}{2} - F \cdot l}{l} = 0$

所以 $M_{DA} = \dfrac{F}{l} \cdot \dfrac{l}{2} \cdot \dfrac{l}{4} = \dfrac{Fl}{8}$,左边受拉。

7. B。解答如下:

解法一:求支座 A 的反力,用截面法,过 E 铰、CD 取截面,对 E 取矩求出 N_{CD},再用铰 C 的结点平衡求出 N_1。

解法二:利用对称结构,将荷载分成 $\dfrac{q}{2}$ 的对称荷载和 $\dfrac{q}{2}$ 的反对称荷载,即:

在反对称荷载 $\left(\dfrac{q}{2}\right)$ 作用下,$N_{CD}=0$,则:$N_1=0$

在对称荷载 $\left(\dfrac{q}{2}\right)$ 作用下,$Y_A = \dfrac{\dfrac{q}{2} \cdot 2a}{2}$,则:$Y_A = N_{AC} \cdot \cos 45°$,$N_1 = -N_{AC}\cos 45°$,

故 $N_1 = -Y_A = -\dfrac{qa}{2}$

8. D。解答如下:

对称结构,在铰 E 处剪力为零,将 P 视为两个 $\dfrac{P}{2}$,则:

$M_A = \dfrac{P}{2} \cdot a$,$V_A = \dfrac{P}{2}$,$N_A \neq 0$。

9. C。解答如下:

对称结构、对称荷载,在铰 E 处剪力为零,则:$V_{B右} = qa$

10. B。解答如下:

取 FD 部分为脱离体,$\Sigma M_F = 0$,$N_1 = \dfrac{2Pa}{a} = 2P$

11. C。解答如下:

先判别出铰 C 处 IC、EC 杆为零杆。

过 IE、FJ、FH 取截面,$\Sigma M_E = 0$,则:$N_1 = \dfrac{Pa - P \cdot \dfrac{a}{2}}{a} = \dfrac{P}{2}$

12. A。解答如下:

先判定出零杆,DH 杆、CE 杆为零杆。

对铰 E 分析:$N_{ED} = P$,$N_{CE} = 0$,$X_{EF} = -X_{EH} = \dfrac{P}{2}$

对铰 F 分析:$N_1 = -X_{EF} = \dfrac{-P}{2}$

13. D。解答如下:

对称结构,对称荷载,则 $N_1 = N_2$,由结点平衡条件,可知 $N_1 = N_2 = 0$。

14. C。解答如下:

$$\Sigma M_B=0, \quad Y_A=\frac{P \cdot 2a+P \cdot a-Pa}{2a}=P(\downarrow)$$

过 DC、FC 取截面，取左部分为脱离体，$\Sigma Y=0$，则：

$$N_{CF} \cdot \cos 45°=P, N_{CF}=\sqrt{2}P$$

15. D。解答如下：

$$\Sigma M_A=0, 则：X_B=\frac{2F \cdot 3a+F \cdot 2a}{2a}=4F(\leftarrow)$$

过 CD、EF、BA 取截面，取上部为脱离体，$\Sigma X=0$，则：

$$N_1=X_B=4F(受拉)$$

16. C。解答如下：

取截面如图 1.8-2 所示。

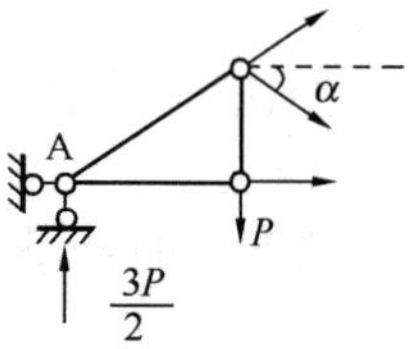

$$\cos\alpha=\frac{2}{\sqrt{5}}, \sin\alpha=\frac{1}{\sqrt{5}}$$

$$\Sigma M_A=0, 则：Pa+N_1\cos\alpha \cdot \frac{a}{2}+N_1\sin\alpha \cdot a=0$$

$$Pa+N_1 \cdot \frac{2}{\sqrt{5}} \cdot \frac{a}{2}+N_1 \cdot \frac{1}{\sqrt{5}} \cdot a=0$$

解之得：$N_1=-\frac{\sqrt{5}P}{2}$

图 1.8-2

17. A。解答如下：

求出支座反力　$Y_A=Y_W=\frac{P}{2}$

过 GH、HK、DW 取截面，左边为脱离体，$\Sigma M_D=0$，则

$$P \cdot 4+N_1 \cdot 6=\frac{P}{2} \cdot 12$$

解之得：$N_1=\frac{P}{3}$

18. C。解答如下：

首先判定零杆，再过 ED、EF、FC、CB 取截面，取左边为脱离体，$\Sigma M_A=0$，则：
$N_1 \cdot 2l=P \cdot l$，得 $N_1=\frac{P}{2}$。

19. A。解答如下：

首先判定零杆，JC、JD 为零杆；JB、JE 为零杆；

过 EC、EJ、IF、HF 取截面，取上部为脱离体，

$$\Sigma X=0, 则\ N_1=-P$$

二、静定结构位移计算

1. A。解答如下：
作出 $\overline{M}_i$、M_p 图见图 1.8-3。

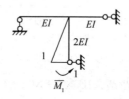 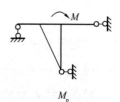

图 1.8-3

$$\theta_C = \frac{1}{2EI}\left(\frac{1}{2}M\cdot l\right)\cdot\frac{1}{3} = \frac{Ml}{12EI}(\circlearrowright)$$

2. A。 解答如下：

作出 $\overline{M}_i$、M_p 图见图 1.8-4。

$$\Delta = -\frac{1}{EI}\cdot\left(\frac{2}{3}\cdot\frac{1}{2}qa^2\cdot 2a\right)\cdot a = -\frac{2qa^4}{3EI}$$

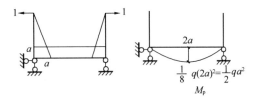

图 1.8-4

3. C。 解答如下：

作出 $\overline{M}_i$、M_p 图见图 1.8-5。

$$\Delta_{CV} = \frac{1}{EI}\left(\frac{1}{2}\cdot\frac{L}{2}\cdot\frac{L}{2}\cdot\frac{5PL}{6}\right) = \frac{5PL^3}{48EI}(\downarrow)$$

4. D。 解答如下：

作出 $\overline{M}_i$、M_p 图见图 1.8-6。

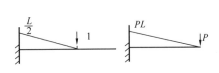

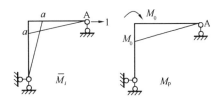

图 1.8-5

图 1.8-6

$$\Delta_{AH} = \frac{1}{EI}\cdot\left(\frac{1}{2}\cdot M_0\cdot a\cdot\frac{2}{3}a\right) = \frac{M_0 a^2}{3EI}(\rightarrow)$$

5. B。 解答如下：

作出 $\overline{M}_i$、M_p 图见图 1.8-7。

$$\Delta_{BH} = \frac{1}{EI}\left[\left(\frac{1}{2}\cdot l\cdot l\right)\cdot\frac{2}{3}\cdot\frac{ql^2}{2} + \left(\frac{1}{2}\cdot l\cdot l\cdot\frac{2}{3}\right)\frac{ql^2}{2} + \left(\frac{2}{3}\cdot\frac{ql^2}{8}\cdot l\right)\cdot\frac{l}{2}\right]$$

$$= \frac{3ql^4}{8EI}(\rightarrow)$$

6. B。 解答如下：

在 D、B 点加集中力 $P = \frac{1}{\sqrt{2}a}$，方向见图 1.8-8，因外部为力偶，故 A 支座反力与 B 支座反力形成一个力偶，则：

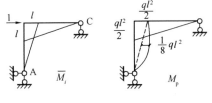

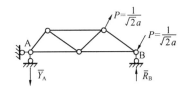

图 1.8-7

图 1.8-8

$$\overline{R}_A = -\overline{R}_B = \frac{1}{4a}，即：$$

$$\overline{Y}_A = \frac{1}{4a}, \overline{X}_A = 0$$

所以 $\theta_{BD} = -\sum \overline{R}_i \cdot C = -\left(0 \times b + \frac{1}{4a} \times c\right) = -\frac{c}{4a}$,方向逆时针向。

7. C。解答如下：

在 D 点施加单位力 $m=1$,顺时针向,支座反力：$Y_B = \frac{1}{a}(\uparrow)$, $X_B = \frac{1}{2a}$

$$\theta_D = -\sum \overline{R}_i \cdot C = -\left[\frac{1}{a} \times (-\Delta_2) + \frac{1}{2a} \cdot (-\Delta_1)\right]$$

$$= \frac{2\Delta_2 + \Delta_1}{2a}(\downarrow)$$

三、超静定结构力法

1. C。解答如下：

作出 $\overline{M}_i$、M_p 图见图 1.8-9。

$$\delta_{11} = \frac{l^3}{3EI}, \Delta_{1p} = -\frac{5Pl^3}{48EI}$$

$$\delta_{11}X_1 + \Delta_{1p} = 0$$

所以 $X_1 = \frac{5P}{16}(\uparrow)$

2. D。解答如下：

求出 $X_1=1$ 时,各杆的轴力 $N_{AC} = -\frac{1}{2}, N_{BC} = -\frac{1}{2}$

$$N_{AD} = N_{BE} = \frac{\sqrt{2}}{2}, N_{DC} = N_{CE} = -\frac{\sqrt{2}}{2}$$

$$\delta_{11} = \frac{1}{EA}\left[\left(\frac{\sqrt{2}}{2}\right)^2 \cdot \frac{\sqrt{2}}{2} a \cdot 4 + \left(-\frac{1}{2}\right)^2 \cdot a \cdot 2\right]$$

$$= \frac{a}{EA} \cdot \left(\sqrt{2} + \frac{1}{2}\right) = \frac{(2\sqrt{2} + 1)a}{2EA}$$

3. C。解答如下：

作出 $\overline{M}_2$ 图见图 1.8-10。

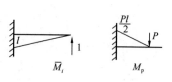

图 1.8-9　　　　图 1.8-10

$$\delta_{22} = \frac{1}{EI}\left(\frac{1}{2} \cdot l \cdot l \cdot \frac{2}{3}l + l \cdot l \cdot l\right) = \frac{4l^3}{3EI}$$

4. C。解答如下：

利用对称结构，将荷载变为对称荷载，反对称荷载。

在对称荷载作用下，$M_{CA}=0$。

在反对称荷载作用下，内力反对称，则 $X_A=\dfrac{P}{2}(\leftarrow)$

所以 $M_{CA}=X_A\cdot l=\dfrac{Pl}{2}$，右侧受拉。

5. B。解答如下：

$X_1=1$ 时，求出基本体系中 B、C 支座反力：$Y_B=1$，$X_C=0$，$Y_C=-2$
$$\Delta_{1c}=-\sum\overline{R_i}\cdot C=-[1\times(-\Delta_1)+0+(-2)\cdot(-\Delta_2)]=\Delta_1-2\Delta_2$$

6. C。解答如下：

取 A 支座反力 X_1 为力法方程基本未知量，方向向下为正，则作出 $\overline{M}_1$、M_p 图，故 $\Delta_{1p}=0$。

$\delta_{11}X_1+\Delta_{1p}=0$，则：$X_1=0$。

所以 $M_{BA}=0$。

7. A。解答如下：

结构对称、反对称荷载，支座的反力为反对称，由水平方向力平衡，$H_A=P$。

8. B。解答如下：

用力法，支座 B 的弹簧力设为 X，由力法方程：

$$\dfrac{Xl^3}{3EI}-\dfrac{ql^4}{8EI}=-\dfrac{X}{k}$$

又 $M_{CB}=0$，则：$X=\dfrac{ql}{4}$，代入上式，则：

$$k=\dfrac{6EI}{l^3}$$

9. B。解答如下：

整体分析，水平方向力平衡，支座的水平反力为零，故结构为对称结构。将荷载分解为对称、反对称荷载，如图 1.8-11 所示。

可知，$M_{BA}=-\dfrac{Pl}{4}$。

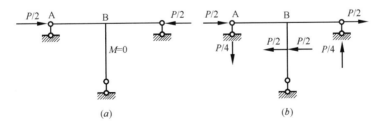

图 1.8-11

10. C。解答如下：

作 $\overline{M}_1$、M_p 图，见图 1.8-12。

$$\Delta_{1p}=-\frac{1}{EI}\left(\frac{2}{3}\times\frac{qL^2}{8}\times L\right)\times\frac{L}{2}=-\frac{qL^4}{24EI}$$

四、超静定结构位移法

1. B。解答如下：
$\overline{M}_1$、M_c 图见图 1.8-13。

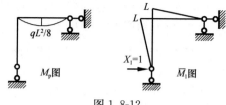

图 1.8-12

$$K_{11}=7i=7\frac{EI}{l}$$

$$R_{1c}=-\frac{9i}{l}\Delta=-\frac{9EI\Delta}{l^2}$$

又 $K_{11}\cdot\Delta_1+R_{1c}=0$,则：$\Delta_1=\frac{9\Delta}{7l}$

$$M=\overline{M}_1\cdot\Delta_1+M_c=\frac{2EI}{l}\cdot\frac{9\Delta}{7l}-\frac{12EI\Delta}{l^2}=-\frac{66EI\Delta}{7l^2}(\text{上拉})$$

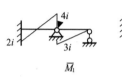

图 1.8-13

2. C。解答如下：

位移法求解，图中 C、D 有两个角位移，因为 M_p 图为零，则 C、D 转角为零，最终弯矩图为零，即结构无弯矩，也无剪力，但杆件轴力存在，所以，把结点当作铰结点，解之得杆 BC 的轴力为 $\sqrt{2}P$（压力）。

3. A。解答如下：

位移法求解时，图中 C 有 1 个角位移，但 Δ_{1p} 为零，又由 $K_{11}\Delta_1+\Delta_{1p}=0$，可知角位移为零，AC 杆、BC 杆、DC 杆的结点当作铰结点，只受轴力，按铰接桁架计算。

4. B。解答如下：

当 P 方向产生 $\Delta=1$ 时，求出 AC、BD 构件的剪力，见图 1.8-14，则：

$$K_{11}=\frac{12i}{h^2}+\frac{12i}{h^2}=\frac{24i}{h^2}$$

$$\Delta_H=\frac{P}{K_{11}}=\frac{Ph^2}{24i}$$

所以 $M_{AC}=\frac{12i}{h}\cdot\Delta_H=\frac{Ph}{2}$，$M_{BD}=\frac{6i}{h}\Delta_H=\frac{Ph}{4}$

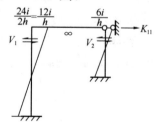

图 1.8-14

5. D。解答如下：
$$K_{11}=3i_{BA}+4i_{BC}=3\cdot\frac{EI}{l}+4\cdot\frac{2EI}{l}=\frac{11EI}{l}$$

6. B。解答如下：
$$M_{CB}=2i\cdot\theta_B=-\frac{7Pl^2}{240EI}\cdot\frac{2EI}{l}=-\frac{7Pl}{120}$$

C 处的转角 θ_C 在 C 处引起的弯矩：
$$M_{CD}=(4i+3i)\theta_C=7\frac{EI}{l}\cdot\theta_C$$

又 $|M_{CB}|=|M_{CD}|$，即：$\frac{7Pl}{120}=\frac{7EI}{l}\cdot\theta_C$

所以 $\theta_C = \dfrac{Pl^2}{120EI}$

7. B。解答如下：

由转角引起的弯矩：$M_{C(\theta)} = (3i+4i) \cdot \theta_C = 7i\theta_C = \dfrac{7EI\theta_C}{l}$

由水平位移引起的弯矩：$M_{C(H)} = -\dfrac{6i}{l}\Delta = -\dfrac{6i}{l} \cdot \dfrac{7Pl^4}{36EI} = -\dfrac{7Pl^2}{6}$

$|M_{C(\theta)}| = |M_{C(H)}|$，解之得：$\theta_C = \dfrac{Pl^3}{6EI}(\downarrow)$

8. D。解答如下：

用位移法，B 点向下有位移 Δ，则：

$$\left(\dfrac{3EI}{l^3} + \dfrac{3EI}{l^3}\right)\Delta + k\Delta = P$$

可得：
$$\Delta = \dfrac{Pl^3}{18EI}$$

$$M_{BC} = -3i_{BC}\theta_{BC} = -3i_{BC} \cdot \left(\dfrac{-\Delta}{l}\right) = 3\dfrac{EI}{l} \cdot \dfrac{Pl^3}{18EI \cdot l} = \dfrac{Pl}{6}$$

第二章 《钢结构设计标准》抗震性能化设计

【**例 2.1**】某钢框架结构办公楼,丙类建筑,位于抗震设防烈度 7 度（0.15g）地区,场地Ⅱ类。首层层高 5.1m,其他层层高均为 4.2m,总高度 $H=42.9$m。框架柱采用箱形截面□500×16,选用 Q390 钢,框架梁采用焊接 H 形截面 H700×200×12×22,钢材用 Q345 钢,其截面特性见表 2.1-1。

梁、柱截面特性　　　　　　　　　　表 2.1-1

截面	A (mm^2)	I_x (mm^4)	i_x (mm)	弹性截面模量 W_x (mm^3)	塑性截面模量 W_{px} (mm^3)
H700×200×12×22	16672	1.29×10^9	279	3.70×10^6	4.27×10^6
□500×16	30976	1.21×10^9	198	4.84×10^6	5.62×10^6

该结构的立面、平面如图 2.1-1 所示,框架梁、柱连接均采用刚接,框架梁绕其强轴（$x\text{-}x$ 轴）弯曲。采用钢结构抗震性能化设计。

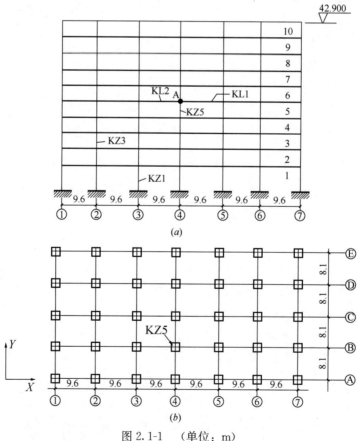

图 2.1-1　（单位：m）
(*a*) 立面图；(*b*) 平面图

提示：按《钢结构设计标准》GB 50017—2017 作答。

试问：

（1）抗震性能化设计时，塑性耗能区的性能等级采用性能 5，框架梁的截面板件宽厚比等级的选择，下列何项满足要求且经济合理？

(A) S1、S2　　　(B) S1、S2、S3　　　(C) S3、S4　　　(D) S3、S4、S5

（2）框架梁选用性能 5，延性等级选用Ⅲ级，取 $\Omega_i = \Omega_{i,\min} = 0.45$，框架梁 KL1 的左端在多遇地震、设防地震下的内力标准值见表 2.1-2。

KL1 的左端内力标准值　　　　　　　　　　　　　　　　表 2.1-2

荷载工况	剪力 V_k (kN)	轴力 N_k (kN)	弯矩值 (kN·m)
恒载	200	150	500
楼面活荷载	100	80	200
多遇地震下水平地震作用	450	250	750
设防地震下水平地震作用	1100	600	1750

注：楼面活荷载的组合值系数取 0.5。

KL1 的塑性耗能区实际性能系数 Ω_0^a，与下列何项数值最接近？

提示：$f_y = 335\text{N/mm}^2$。

(A) 0.43　　　(B) 0.45　　　(C) 0.47　　　(D) 0.50

（3）KL1 未设置纵向加劲肋，其左端进行设防地震下抗震承载力验算，其剪力值 V (kN)，与下列何项数值最接近？

提示：$f_y = 335\text{N/mm}^2$。

(A) 530　　　(B) 550　　　(C) 565　　　(D) 575

（4）题目条件同题（3），其左端的剪力限值（kN），与下列何项数值最接近？

(A) 690　　　(B) 620　　　(C) 570　　　(D) 530

（5）KL1 的左端进行设防地震下抗震承载力验算，其最大轴力 N_{E2} (kN) 与其轴力限值的比值，与下列何项数值最接近？

提示：$f = 295\text{N/mm}^2$。

(A) 0.53　　　(B) 0.62　　　(C) 0.70　　　(D) 0.76

【解答】（1）根据《钢标》17.3.4 条表 17.3.4-1：

Ⅲ级，框架梁可选用 S1、S2、S3。

应选（B）项。

（2）根据《钢标》17.2.2 条：

KL1：$\dfrac{b}{t} = \dfrac{200-12}{2 \times 22} = 4.27 < 9\varepsilon_k = 9\sqrt{235/345} = 7.43$

$\dfrac{h_0}{t_w} = \dfrac{700 - 2 \times 22}{12} = 54.6 \quad \begin{matrix} < 72\varepsilon_k = 59.4 \\ > 65\varepsilon_k = 53.6 \end{matrix}$

故其截面板件宽厚比等级为 S2 级。

由表 17.2.2-2，取 $W_E = W_{px} = 4.27 \times 10^6$

由式（17.2.2-2）：

$$\Omega_0^a = \frac{W_E f_y - M_{GE} - 0.4M_{EvK2}}{M_{EhK2}}$$

$$= \frac{4.27 \times 10^6 \times 335 - (500 + 0.5 \times 200) \times 10^6 - 0}{1750 \times 10^6}$$

$$= 0.4745$$

应选（C）项。

(3) 根据《钢标》17.2.4条：

$$V_{pb} = V_{Gb} + \frac{W_{Eb,A}f_y + W_{Eb,B}f_y}{l_n}$$

$$= (200 + 0.5 \times 100) + \frac{4.27 \times 10^6 \times 335 \times 2}{(9.6 - 0.5) \times 10^3} \times 10^{-3}$$

$$= 564.4 \text{kN}$$

应选（C）项。

(4) 根据《钢标》17.3.4条：

$$0.5h_w t_w f_v = 0.5 \times (700 - 2 \times 22) \times 12 \times 175$$
$$= 688.8 \text{kN}$$

应选（A）项。

(5) 根据《钢标》17.2.3条：

$$N_{E2} = (150 + 0.5 \times 80) + 0.45 \times 600 + 0 = 460 \text{kN}$$

由表17.3.4-1：

$$0.15Af = 0.15 \times 16672 \times 295 = 737.7 \text{kN}$$

$$\frac{N_{E2}}{0.15Af} = \frac{460}{737.7} = 0.62，应选（B）项。$$

【例2.2】 题目条件同例2.1。已知框架梁的性能系数 $\Omega_i = 0.45$。

试问：

(1) 第三层KZ3的性能系数 Ω_i，下列何项满足规范要求且经济合理？

(A) 0.50　　　　(B) 0.54　　　　(C) 0.56　　　　(D) 0.60

(2) 首层KZ1的柱顶受弯承载力验算，其弯矩性能系数 Ω_i，下列何项满足规范要求且经济合理？

(A) 0.65　　　　(B) 0.61　　　　(C) 0.55　　　　(D) 0.50

(3) 首层KZ1的柱脚受弯、受剪承载力验算，其弯矩性能系数 $\Omega_{i,M}$、剪力性能系数 $\Omega_{i,V}$，下列何项满足规范要求且经济合理？

(A) $\Omega_{i,M} = 0.62$，$\Omega_{i,V} = 1.0$　　　　(B) $\Omega_{i,M} = 0.62$，$\Omega_{i,V} = 0.62$

(C) $\Omega_{i,M} = 0.55$，$\Omega_{i,V} = 1.0$　　　　(D) $\Omega_{i,M} = 0.55$，$\Omega_{i,V} = 0.62$

【解答】 (1) 根据《钢标》17.1.5条及条文说明：

第三层：$5.1 + 4.2 + 4.2 = 13.5\text{m} < \frac{H}{3} = \frac{42.9}{3} = 14.3\text{m}$

故KZ3为关键构件，$\Omega_i \geq 0.55$

由17.2.2条及表17.2.2-3（或17.2.5条第3款、表17.2.2-3）：

KZ3：$\Omega_i \geq 1.1\eta_y \times 0.45 = 1.1 \times 1.1 \times 0.45 = 0.5445$

最终取 $\Omega_i \geqslant 0.55$,选（C）项。

(2) 根据《钢标》17.1.5条及条文说明：

KZ1为关键构件，$\Omega_i \geqslant 0.55$

由17.2.5条第3款：$\Omega_i \geqslant 1.35 \times 0.45 = 0.6075$

最终取 $\Omega_i \geqslant 0.6075$,选（B）项。

(3) 根据《钢标》17.1.5条及条文说明：

KZ1为关键构件，$\Omega_i \geqslant 0.55$

由17.2.5条第3款：$\Omega_{i,\mathrm{M}} \geqslant 1.35 \times 0.45 = 0.6075$

故取 $\Omega_{i,\mathrm{M}} \geqslant 0.6075$

由17.2.12条：$\Omega_{i,\mathrm{V}} \geqslant 1.0$

故取 $\Omega_{i,\mathrm{V}} \geqslant 1.0$

应选（A）项。

附录一

二级注册结构工程师专业考试
各科题量、分值与时间分配

（一）二级注册结构工程师专业考试各科题量、分值

混凝土结构	10 道题左右
钢结构	10 道题左右
砌体结构	4 道题左右
木结构	1 道题左右
地基与基础	12 道题左右
高层建筑结构、高耸结构及横向作用	13 道题左右

上述各科题量、分值是从 2020 年度开始，上午题 25 道，下午题 25 道，试卷满分为 100 分。

2020 年度之前，上午题 40 道，下午题 40 道，试卷满分为 80 分。

（二）考试时间分配

从 2020 年度开始，考试时间为上、下午各 3 小时。

2020 年度之前，考试时间为上、下午各 4 小时。

附录二

二级注册结构工程师专业考试所用的规范、标准

1. 《工程结构通用规范》GB 55001—2021
2. 《建筑与市政工程抗震通用规范》GB 55002—2021
3. 《建筑与市政地基基础通用规范》GB 55003—2021
4. 《组合结构通用规范》GB 55004—2021
5. 《木结构通用规范》GB 55005—2021
6. 《钢结构通用规范》GB 55006—2021
7. 《砌体结构通用规范》GB 55007—2021
8. 《混凝土结构通用规范》GB 55008—2021
9. 《建筑结构可靠性设计统一标准》GB 50068—2018
10. 《建筑结构荷载规范》GB 50009—2012
11. 《建筑工程抗震设防分类标准》GB 50223—2008
12. 《建筑抗震设计规范》GB 50011—2010（2016 年版）
13. 《建筑地基基础设计规范》GB 50007—2011
14. 《建筑桩基技术规范》JGJ 94—2008
15. 《建筑地基处理技术规范》JGJ 79—2012
16. 《建筑地基基础工程施工质量验收标准》GB 50202—2018
17. 《混凝土结构设计规范》GB 50010—2010（2015 年版）
18. 《混凝土结构工程施工质量验收规范》GB 50204—2015
19. 《混凝土异形柱结构技术规程》JGJ 149—2017
20. 《钢结构设计标准》GB 50017—2017
21. 《门式刚架轻型房屋钢结构技术规范》GB 51022—2015
22. 《钢结构工程施工质量验收标准》GB 50205—2020
23. 《砌体结构设计规范》GB 50003—2011
24. 《砌体工程施工质量验收规范》GB 50203—2011
25. 《木结构设计标准》GB 50005—2017
26. 《高层建筑混凝土结构技术规程》JGJ 3—2010
27. 《高层民用建筑钢结构技术规程》JGJ 99—2015
28. 《建筑抗震加固技术规程》JGJ 116—2009
29. 《建筑基桩检测技术规范》JGJ 106—2014

附录三

常用截面的几何特性

常用截面的几何特性　　　　　　　　　附表 3-1

截面简图	截面积 A	图示形心轴至边缘距离 (x, y)	对图示轴线的惯性矩 I、回转半径 i
矩形截面	bh	$y = \dfrac{h}{2}$	$I_x = \dfrac{bh^3}{12}, i_x = \dfrac{\sqrt{3}}{6}h = 0.289h$ $I_{x_1} = \dfrac{bh^3}{3}, i_{x_1} = \dfrac{\sqrt{3}}{3}h = 0.577h$
箱形截面	$b_1 t_1 + 2h_w t_w + b_2 t_2$	$y_1 = \dfrac{1}{2} \times \left[\dfrac{2h^2 t_w + (b_1 - 2t_w) t_1^2}{b_1 t_1 + 2h_w t_w + b_2 t_2} \right.$ $\left. + \dfrac{(b_2 - 2t_w)(2h - t_2) t_2}{b_1 t_1 + 2h_w t_w + b_2 t_2} \right]$ $y_2 = h - y_1$	$I_x = \dfrac{1}{3}[b_1 y_1^3 + b_2 y_2^3 - (b_1 - 2t_w)$ $\times (y_1 - t_1)^3 - (b_2 - 2t_w)(y_2 - t_2)^3]$ $I_y = \dfrac{1}{12}\{t_1 b_1^3 + h_w[(b_0 + 2t_w)^3$ $- b_0^3] + t_2 b_2^3\}$
等腰梯形截面①	$\dfrac{(b_1 + b)h}{2}$	$y_1 = \dfrac{h}{3}\left(\dfrac{b_1 + 2b}{b_1 + b}\right)$ $y_2 = \dfrac{h}{3}\left(\dfrac{2b_1 + b}{b_1 + b}\right)$	$I_x = \dfrac{(b_1^2 + 4b_1 b + b^2)h^3}{36(b_1 + b)}$, $I_{x_1} = \dfrac{(b + 3b_1)h^3}{12}$ $I_y = \dfrac{\tan\alpha}{96} \cdot (b^4 - b_1^4)$; 式中 $\tan\alpha = \dfrac{2h}{b - b_1}$
工字形截面	$h_w t_w + 2bt$ 或 $bh - (b - t_w)h_w$	$y = \dfrac{h}{2}$	$I_x = \dfrac{1}{12}[bh^3 - (b - t_w)h_w^3]$ $I_y = \dfrac{1}{12}(2tb^3 - h_w t_w^3)$
T形截面	$bt + h_w t_w$	$y_1 = \dfrac{h^2 t_w + (b - t_w)t^2}{2(bt + h_w t_w)}$ $y_2 = h - y_1$	$I_x = \dfrac{1}{3}[by_1^3 + t_w y_2^3 - (b - t_w)$ $\times (y_1 - t)^3]$ $I_y = \dfrac{1}{12}(tb^3 + h_w t_w^3)$

续表

截面简图	截面积 A	图示形心轴至边缘距离 (x, y)	对图示轴线的惯性矩 I、回转半径 i
槽形截面	$bh - (b-t_w)h_w$	$x_1 = \dfrac{1}{2}\left[\dfrac{2b^2 t + h_w t_w^2}{bh - (b-t_w)h_w}\right]$ $x_2 = b - x_1$ $y = h/2$	$I_x = \dfrac{1}{12}[bh^3 - (b-t_w)h_w^3]$ $I_y = \dfrac{1}{3}(2tb^3 + h_w t_w^3)$ $- [bh - (b-t_w)h_w]x_1^2$
圆形截面	$\dfrac{\pi d^2}{4} = \pi R^2$	$y = \dfrac{d}{2} = R$	$I_x = \dfrac{\pi d^4}{64} = \dfrac{\pi R^4}{4}$; $i_x = \dfrac{1}{4}d = \dfrac{R}{2}$
圆环/管截面	$\dfrac{\pi(d^2 - d_1^2)}{4}$	$y = \dfrac{d}{2}$	$I_x = \dfrac{\pi(d^4 - d_1^4)}{64}$; $i_x = \dfrac{1}{4}\sqrt{d^2 + d_1^2}$
半圆形截面	$\dfrac{\pi d^2}{8}$	$y_1 = \dfrac{(3\pi - 4)d}{6\pi}$, $y_2 = \dfrac{2d}{3\pi}$ $x = \dfrac{d}{2}$	$I_x = \dfrac{(9\pi^2 - 64)d^4}{1152\pi}$, $I_y = \dfrac{\pi d^4}{128}$; $I_{x_1} = \dfrac{\pi d^4}{128}$
半圆环截面	$\dfrac{\pi(d^2 - d_1^2)}{8}$	$y_1 = \dfrac{d}{2} - y_2$ $y_2 = \dfrac{2}{3\pi}\left(\dfrac{d^3 - d_1^3}{d^2 - d_1^2}\right)$ $x = \dfrac{d}{2}$	$I_x = \dfrac{\pi(d^4 - d_1^4)}{128} - \dfrac{(d^3 - d_1^3)^2}{18\pi(d^2 - d_1^2)}$ $I_y = \dfrac{\pi(d^4 - d_1^4)}{128}$; $I_{x_1} = \dfrac{\pi(d^4 - d_1^4)}{128}$

注：1. 表中①，当取 $b_1 = 0$ 或 $b = 0$ 即得等腰三角形或倒等腰三角形截面的几何特性计算公式；取 $b_1 = b$ 则可得矩形截面的几何特性计算公式。

2. 引自《建筑结构静力计算实用手册》。

附录四

梁的内力与变形

单 跨 梁	附表 4-1
悬臂梁	$\alpha=a/l,\ \beta=b/l$

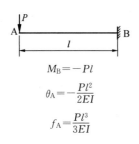

$M_B = -Pl$

$\theta_A = -\dfrac{Pl^2}{2EI}$

$f_A = \dfrac{Pl^3}{3EI}$

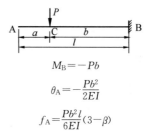

$M_B = -Pb$

$\theta_A = -\dfrac{Pb^2}{2EI}$

$f_A = \dfrac{Pb^2 l}{6EI}(3-\beta)$

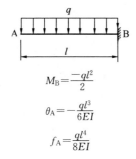

$M_B = \dfrac{-ql^2}{2}$

$\theta_A = -\dfrac{ql^3}{6EI}$

$f_A = \dfrac{ql^4}{8EI}$

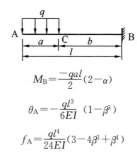

$M_B = \dfrac{-qal}{2}(2-\alpha)$

$\theta_A = -\dfrac{ql^3}{6EI}(1-\beta^3)$

$f_A = \dfrac{ql^4}{24EI}(3-4\beta^3+\beta^4)$

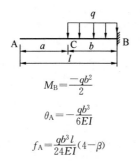

$M_B = \dfrac{-qb^2}{2}$

$\theta_A = -\dfrac{qb^3}{6EI}$

$f_A = \dfrac{qb^3 l}{24EI}(4-\beta)$

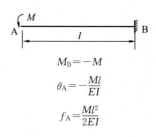

$M_B = -M$

$\theta_A = -\dfrac{Ml}{EI}$

$f_A = \dfrac{Ml^2}{2EI}$

续表

简支梁

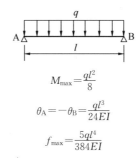

$$M_{max} = M_C = \frac{Pl}{4}$$

$$\theta_A = -\theta_B = \frac{Pl^2}{16EI}$$

$$f_{max} = f_C = \frac{Pl^3}{48EI}$$

$$M_{max} = \frac{ql^2}{8}$$

$$\theta_A = -\theta_B = \frac{ql^3}{24EI}$$

$$f_{max} = \frac{5ql^4}{384EI}$$

一端简支、一端固定梁

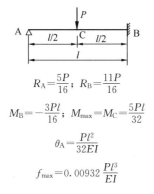

$$R_A = \frac{5P}{16}; \quad R_B = \frac{11P}{16}$$

$$M_B = -\frac{3Pl}{16}; \quad M_{max} = M_C = \frac{5Pl}{32}$$

$$\theta_A = \frac{Pl^2}{32EI}$$

$$f_{max} = 0.00932 \frac{Pl^3}{EI}$$

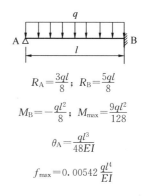

$$R_A = \frac{3ql}{8}; \quad R_B = \frac{5ql}{8}$$

$$M_B = -\frac{ql^2}{8}; \quad M_{max} = \frac{9ql^2}{128}$$

$$\theta_A = \frac{ql^3}{48EI}$$

$$f_{max} = 0.00542 \frac{ql^4}{EI}$$

两端固定梁

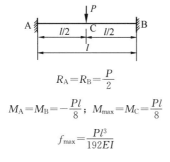

$$R_A = R_B = \frac{P}{2}$$

$$M_A = M_B = -\frac{Pl}{8}; \quad M_{max} = M_C = \frac{Pl}{8}$$

$$f_{max} = \frac{Pl^3}{192EI}$$

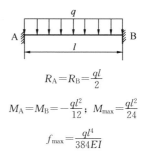

$$R_A = R_B = \frac{ql}{2}$$

$$M_A = M_B = -\frac{ql^2}{12}; \quad M_{max} = \frac{ql^2}{24}$$

$$f_{max} = \frac{ql^4}{384EI}$$

附录四 梁的内力与变形

两 跨 梁 附表 4-2

荷 载 图	跨内最大弯矩		支座弯矩	剪 力			跨度中点挠度	
	M_1	M_2	M_B	V_A	$V_{B左}$ $V_{B右}$	V_C	f_1	f_2
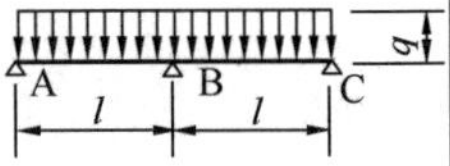	0.070	0.070	−0.125	0.375	−0.625 0.625	−0.375	0.521	0.521
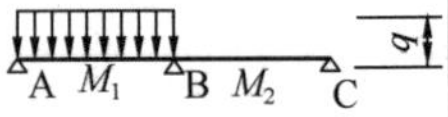	0.096	—	−0.063	0.437	−0.563 0.063	0.063	0.912	−0.391
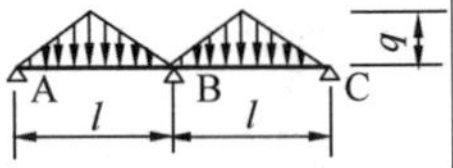	0.048	0.048	−0.078	0.172	−0.328 0.328	−0.172	0.345	0.345
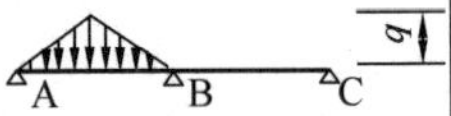	0.064	—	−0.039	0.211	−0.289 0.039	0.039	0.589	−0.244
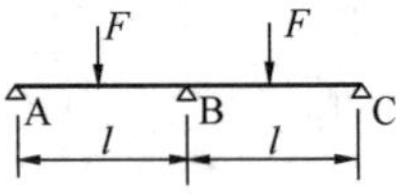	0.156	0.156	−0.188	0.312	−0.688 0.688	−0.312	0.911	0.911
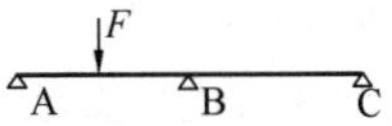	0.203	—	−0.094	0.406	−0.594 0.094	0.094	1.497	−0.586
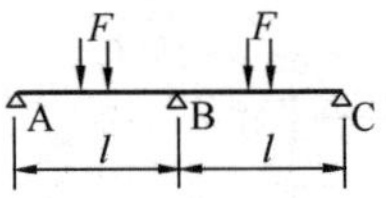	0.222	0.222	−0.333	0.667	−1.333 1.333	−0.667	1.466	1.466
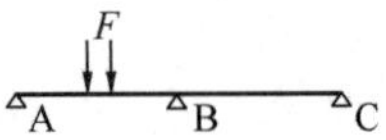	0.278	—	−0.167	0.833	−1.167 0.167	0.167	2.508	−1.042

附表 4-3

三 跨 梁

荷 载 图	跨内最大弯矩		支座弯矩		剪 力			跨度中点挠度		
	M_1	M_2	M_B	M_C	V_A	$V_{B左}$ / $V_{B右}$	$V_{C左}$ / $V_{C右}$	V_D	f_1	f_2	f_3
	0.080	0.025	−0.100	−0.100	0.400	−0.600 / 0.500	−0.500 / 0.600	−0.400	0.677	0.052	0.677
	0.101	—	−0.050	−0.050	0.450	−0.550 / 0	0 / 0.550	−0.450	0.990	−0.625	0.990
	—	0.075	−0.050	−0.050	0.050	−0.050 / 0.500	−0.500 / 0.050	0.050	−0.313	0.677	−0.313
	0.073	0.054	−0.117	−0.033	0.383	−0.617 / 0.583	−0.417 / 0.033	0.033	0.573	0.365	−0.208
	0.094	—	−0.067	0.017	0.433	−0.567 / 0.083	0.083 / −0.017	−0.017	0.885	−0.313	0.104
	0.054	0.021	−0.063	−0.063	0.183	−0.313 / 0.250	−0.250 / 0.313	−0.188	0.443	0.052	0.443
	0.068	—	−0.031	−0.031	0.219	−0.281 / 0	0 / 0.281	−0.219	0.638	−0.391	0.638
	—	0.052	−0.031	−0.031	−0.031	−0.031 / 0.250	−0.250 / 0.031	0.031	−0.195	0.443	−0.195

续表

荷　载　图	跨内最大弯矩		支座弯矩			剪　　力			跨度中点挠度		
	M_1	M_2	M_B	M_C	V_A	$V_{B左}$ / $V_{B右}$	$V_{C左}$ / $V_{C右}$	V_D	f_1	f_2	f_3
	0.050	0.038	−0.073	−0.021	0.177	−0.323 / 0.302	−0.198 / 0.021	0.021	0.378	0.248	−0.130
	0.063	—	−0.042	0.010	0.208	−0.292 / 0.052	0.052 / −0.010	−0.010	0.573	−0.195	0.065
	0.175	0.100	−0.150	−0.150	0.350	−0.650 / 0.500	−0.500 / 0.650	−0.350	1.146	0.208	1.146
	0.213	—	−0.075	−0.075	0.425	−0.575 / 0	0 / 0.575	−0.425	1.615	−0.937	1.615
	—	0.175	−0.075	−0.075	−0.075	−0.075 / 0.500	−0.500 / 0.075	0.075	−0.469	1.146	−0.469
	0.162	0.137	−0.175	−0.050	0.325	−0.675 / 0.625	−0.375 / 0.050	0.050	0.990	0.677	−0.312
	0.200	—	−0.100	0.025	0.400	−0.600 / 0.125	0.125 / −0.025	−0.025	1.458	−0.469	0.156

续表

荷载图	跨内最大弯矩		支座弯矩		剪力			跨度中点挠度		
	M_1	M_2	M_B	M_C	V_A	$V_{B左}$ $V_{B右}$	$V_{C左}$ $V_{C右}$	V_D	f_1	f_2	f_3
	0.244	0.067	−0.267	−0.267	0.733	−1.267 1.000	−1.000 1.267	−0.733	1.883	0.216	1.883
	0.289	—	−0.133	−0.133	0.866	−1.134 0	0 1.134	−0.866	2.716	−1.667	2.716
	—	0.200	−0.133	−0.133	−0.133	−0.133 1.000	−1.000 0.133	0.133	−0.833	1.883	−0.833
	0.229	0.170	−0.311	−0.089	0.689	−1.311 1.222	−0.778 0.089	0.089	1.605	1.049	−0.556
	0.274	—	−0.178	0.044	0.822	−1.178 0.222	0.222 −0.044	−0.044	2.438	−0.833	0.278

附录四 梁的内力与变形

附表 4-4 四跨梁

荷载图	跨内最大弯矩				支座弯矩			剪力				跨度中点挠度			
	M_1	M_2	M_3	M_4	M_B	M_C	M_D	V_A	$V_{B左}/V_{B右}$	$V_{C左}/V_{C右}$	$V_{D左}/V_{D右}$	V_E	f_1	f_2	f_3	f_4
	0.077	0.036	0.036	0.077	−0.107	−0.071	−0.107	0.393	−0.607 / 0.536	0.464 / 0.464	−0.536 / 0.607	−0.393	0.632	0.186	0.186	0.632
	0.100	—	0.081	—	−0.054	−0.036	−0.054	0.446	−0.554 / 0.018	0.018 / 0.482	0.518 / 0.054	0.054	0.967	−0.558	0.744	−0.335
	0.072	0.061	—	0.098	−0.121	−0.018	−0.058	0.380	−0.620 / 0.603	−0.397 / −0.040	0.040 / 0.558	−0.442	0.549	0.437	−0.474	0.939
	—	0.056	—	—	−0.036	−0.107	−0.036	−0.036	−0.036 / 0.429	−0.571 / 0.571	−0.429 / 0.036	0.036	−0.023	0.409	0.409	−0.223
	0.094	—	—	—	−0.067	0.018	−0.004	0.433	−0.567 / 0.085	0.085 / −0.022	−0.022 / 0.004	0.004	0.884	−0.307	0.084	−0.028
	—	0.074	—	—	−0.049	−0.054	0.013	−0.049	−0.049 / 0.496	−0.504 / 0.067	0.067 / −0.013	−0.013	−0.013	0.660	−0.251	0.084
	0.052	0.028	0.028	0.052	−0.067	−0.045	−0.067	0.183	−0.317 / 0.272	−0.228 / 0.228	−0.272 / 0.317	−0.183	0.415	0.136	0.136	0.415
	0.067	—	0.055	—	−0.034	−0.022	−0.034	0.217	−0.284 / 0.011	0.011 / 0.239	0.317 / 0.034	0.034	0.624	−0.349	0.485	−0.209

附录四 梁的内力与变形

续表

荷载图	跨内最大弯矩				支座弯矩				剪力				跨度中点挠度			
	M_1	M_2	M_3	M_4	M_B	M_C	M_D	V_A	$V_{B左}$ / $V_{B右}$	$V_{C左}$ / $V_{C右}$	$V_{D左}$ / $V_{D右}$	V_E	f_1	f_2	f_3	f_4
	0.049	0.042	—	0.066	−0.075	−0.011	−0.036	0.175	−0.325 / 0.314	−0.186 / −0.025	−0.025 / 0.286	−0.214	0.363	0.293	−0.296	0.607
	—	0.040	0.040	—	−0.022	−0.067	−0.022	−0.022	−0.022 / 0.205	−0.295 / 0.295	−0.205 / 0.022	0.022	−0.140	0.275	0.275	−0.140
	0.063	—	—	—	−0.042	0.011	−0.003	0.208	−0.292 / 0.053	0.053 / −0.014	−0.014 / 0.003	0.003	0.572	−0.192	0.052	−0.017
	—	0.051	—	—	−0.031	−0.034	0.008	−0.031	−0.031 / 0.247	−0.253 / 0.042	0.042 / −0.008	−0.008	−0.192	0.432	−0.157	0.052
	0.169	0.116	0.116	0.169	−0.161	−0.107	−0.161	0.339	−0.661 / 0.554	−0.446 / 0.446	−0.554 / 0.661	−0.339	1.079	0.409	0.409	1.079
	0.210	0.146	0.183	0.206	−0.080	−0.054	−0.080	0.420	−0.580 / 0.027	0.027 / 0.473	−0.527 / 0.080	0.080	1.581	0.409	1.246	1.539
	0.159	—	—	—	−0.181	−0.027	−0.087	0.319	−0.681 / 0.654	−0.346 / −0.060	−0.060 / 0.587	−0.413	0.953	0.786	−0.711	−0.502
	—	0.142	0.142	—	−0.054	−0.161	−0.054	0.054	−0.054 / 0.393	−0.607 / 0.607	−0.393 / 0.054	0.054	−0.335	0.744	0.744	−0.335

附录四 梁的内力与变形

续表

荷载图	跨内最大弯矩				支座弯矩			剪力					跨度中点挠度			
	M_1	M_2	M_3	M_4	M_B	M_C	M_D	V_A	$V_{B左}$ / $V_{B右}$	$V_{C左}$ / $V_{C右}$	$V_{D左}$ / $V_{D右}$	V_E	f_1	f_2	f_3	f_4
图1	0.200	—	—	—	−0.100	0.027	−0.007	0.400	−0.600 / 0.127	0.127 / −0.033	−0.033 / 0.007	0.007	1.456	−0.460	0.126	−0.042
图2	—	0.173	—	—	−0.074	−0.080	0.020	−0.074	−0.074 / 0.493	−0.507 / 0.100	0.100 / −0.020	−0.020	−0.460	1.121	−0.377	0.126
图3	0.238	0.111	0.111	0.238	−0.286	−0.191	−0.286	0.714	1.286 / 1.095	−0.905 / 0.905	−1.095 / 1.286	−0.714	1.764	0.573	0.573	1.764
图4	0.286	—	0.222	—	−0.143	−0.095	−0.143	0.857	−1.143 / 0.048	0.048 / 0.952	−1.048 / 0.143	0.143	2.657	−1.488	2.061	−0.892
图5	0.226	0.194	—	0.282	−0.321	−0.048	−0.155	0.679	−1.312 / 1.274	−0.726 / −0.107	−0.107 / 1.155	−0.845	1.541	1.243	−1.265	2.582
图6	—	0.175	0.175	—	−0.095	−0.286	−0.095	−0.095	−0.095 / 0.810	−1.190 / 1.190	−0.810 / 0.095	0.095	−0.595	1.168	1.168	−0.595
图7	0.274	—	—	—	−0.178	0.048	−0.012	0.822	−1.178 / 0.226	0.226 / −0.060	−0.060 / 0.012	0.012	2.433	−0.819	0.223	−0.074
图8	—	0.198	—	—	−0.131	−0.143	0.036	−0.131	−0.131 / 0.988	−1.012 / 0.178	0.178 / −0.036	−0.036	−0.819	1.838	−0.670	0.223

附表 4-5

五 跨 梁

荷载图	跨内最大弯矩			支座弯矩					剪力					跨度中点挠度				
	M_1	M_2	M_3	M_B	M_C	M_D	M_E	V_A	$V_{B左}/V_{B右}$	$V_{C左}/V_{C右}$	$V_{D左}/V_{D右}$	$V_{E左}/V_{E右}$	V_F	f_1	f_2	f_3	f_4	f_5
满跨均布	0.078	0.033	0.046	−0.105	−0.079	−0.079	−0.105	0.394	−0.606/0.526	−0.474/0.500	−0.500/0.474	−0.526/0.606	−0.394	0.644	0.151	0.315	0.151	0.644
集中荷载	0.100	—	0.085	−0.053	−0.040	−0.040	−0.053	0.447	−0.553/0.013	0.013/0.500	−0.500/−0.013	−0.013/0.553	−0.447	0.973	−0.576	0.809	−0.576	0.973
奇数跨均布	—	0.079	—	−0.053	−0.040	−0.040	−0.053	−0.053	−0.053/0.513	−0.487/0	0/0.487	−0.513/0.053	0.053	−0.329	0.727	−0.493	0.727	−0.329
跨均布	0.073/0.098	② 0.059/0.078	—	−0.119	−0.022	−0.044	−0.051	0.380	−0.620/0.598	−0.402/−0.023	−0.023/0.493	−0.507/0.052	0.052	0.555	0.420	−0.411	0.704	−0.321
①跨均布	—	0.055	0.064	−0.035	−0.111	−0.020	−0.057	−0.035	−0.035/0.424	−0.576/0.591	−0.409/−0.037	−0.037/0.557	0.053	−0.217	0.390	0.480	−0.486	0.943
集中荷载1	0.094	—	—	−0.067	0.018	−0.005	0.001	−0.433	−0.567/0.085	0.085/−0.023	−0.023/0.006	0.006/−0.001	−0.001	0.883	−0.307	0.082	−0.022	0.008
集中荷载2	—	0.074	—	−0.049	−0.054	0.014	−0.004	−0.049	−0.049/0.495	−0.505/0.068	0.068/−0.018	−0.018/0.004	0.004	−0.307	0.659	−0.247	0.067	−0.022
集中荷载3	—	—	0.072	0.013	−0.053	−0.053	0.013	0.013	0.013/−0.066	−0.066/0.500	−0.500/0.066	0.066/−0.013	−0.013	0.082	−0.247	0.644	−0.247	0.082

附录四 梁的内力与变形

续表

荷载图	跨内最大弯矩			支座弯矩				剪力					跨度中点挠度				
	M_1	M_2	M_3	M_B	M_C	M_D	M_E	V_A	$V_{B左}$ / $V_{B右}$	$V_{C左}$ / $V_{C右}$	$V_{D左}$ / $V_{D右}$	$V_{E左}$ / $V_{E右}$	V_F	f_1	f_2	f_3	f_4	f_5
图1	0.053	0.026	0.034	-0.066	-0.049	-0.045	-0.066	0.184	-0.316 / 0.266	-0.234 / 0.250	-0.250 / 0.234	-0.266 / 0.316	-0.184	0.422	0.114	0.217	0.114	0.422
图2	0.067	—	0.059	-0.033	-0.025	-0.025	-0.033	0.217	-0.283 / 0.008	0.008 / 0.250	-0.250 / -0.008	-0.008 / 0.283	-0.217	0.628	-0.360	0.525	-0.360	0.628
图3	—	0.055	—	-0.033	-0.025	-0.025	-0.033	-0.033	-0.033 / 0.258	-0.242 / 0	0 / 0.242	-0.258 / 0.033	0.033	-0.205	0.474	-0.308	0.474	-0.205
图4	0.049 / 0.041 / 0.053	—	—	-0.075	-0.014	-0.028	-0.032	0.175	-0.325 / 0.311	-0.189 / -0.014	-0.014 / 0.246	-0.255 / 0.032	0.032	0.366	0.282	-0.257	0.460	-0.201
图5	①—/0.066	0.039	0.044	-0.022	-0.070	-0.013	-0.036	-0.022	-0.022 / 0.202	-0.298 / 0.307	-0.193 / -0.023	-0.023 / 0.286	-0.214	-0.136	0.263	0.319	-0.304	0.609
图6	0.063	—	—	-0.042	0.011	-0.003	0.001	0.208	-0.292 / 0.053	0.053 / -0.014	-0.014 / 0.004	0.004 / -0.001	-0.001	0.572	-0.192	0.051	-0.014	0.005
图7	—	0.051	—	-0.031	-0.034	0.009	-0.002	-0.031	-0.031 / 0.247	-0.253 / 0.043	0.043 / -0.011	-0.011 / 0.002	0.002	-0.192	0.432	-0.154	0.042	-0.014
图8	—	—	0.050	0.008	-0.033	-0.033	0.008	0.008	0.008 / -0.041	-0.041 / 0.250	-0.250 / 0.041	0.041 / -0.008	-0.008	0.051	-0.154	0.422	-0.154	0.051

附录四 梁的内力与变形

续表

荷载图	跨内最大弯矩			支座弯矩					剪力				跨度中点挠度				
	M_1	M_2	M_3	M_B	M_C	M_D	M_E	V_A	$V_{B左}/V_{B右}$	$V_{C左}/V_{C右}$	$V_{D左}/V_{D右}$	$V_{E左}/V_{E右}$	V_F	f_1	f_2	f_3	f_4	f_5
图1	0.171	0.112	0.132	−0.158	−0.118	0.118	−0.158	0.342	−0.658/0.540	−0.460/0.500	−0.500/0.460	−0.540/0.658	−0.342	1.097	0.356	0.603	0.356	1.097
图2	0.211	—	0.191	−0.079	−0.059	−0.059	−0.079	0.421	−0.579/0.020	0.020/0.500	−0.500/−0.020	−0.020/0.579	−0.421	1.590	−0.863	1.343	−0.863	1.590
图3	—	0.181	—	−0.079	−0.059	−0.059	−0.079	−0.079	−0.079/0.520	−0.480/0	0/0.480	−0.520/0.079	0.079	−0.493	1.220	−0.740	1.220	−0.493
图4	0.160	❷0.144/0.178	—	−0.179	−0.032	−0.066	−0.077	0.321	−0.679/0.647	−0.353/−0.034	−0.034/0.489	−0.511/0.077	0.077	0.962	0.760	−0.617	1.186	−0.482
图5	❶—/0.207	0.140	0.151	−0.052	−0.167	−0.031	−0.086	−0.052	−0.052/0.385	−0.615/0.637	−0.363/−0.056	−0.056/0.586	−0.414	−0.325	0.715	0.850	−0.729	1.545
图6	0.200	—	—	−0.100	0.027	−0.007	0.002	0.400	−0.600/0.127	0.127/−0.034	−0.034/0.009	0.009/−0.002	−0.002	1.455	−0.460	0.123	−0.034	0.011
图7	—	0.173	—	−0.073	−0.081	0.022	−0.005	−0.073	−0.073/0.493	−0.507/0.102	0.102/−0.027	−0.027/0.005	0.005	−0.460	1.119	−0.370	0.101	−0.034
图8	—	—	0.171	0.020	−0.079	−0.079	0.020	0.020	0.020/−0.099	−0.099/0.500	−0.500/0.099	0.099/−0.020	−0.020	0.123	−0.370	1.097	−0.370	0.123

注：1. 表中，❶分子及分母分别为 M_1 及 M_5 的弯矩系数；❷分子及分母分别为 M_2 及 M_4 的弯矩系数。
2. 引自《建筑结构静力计算实用手册》。

附录五

活荷载在梁上最不利的布置方法

考虑活荷载在梁上最不利的布置方法　　　　　　附表 5-1

活荷载布置图	最大值	
	弯矩	剪力
（A—B—C—D—E—F，跨 1、2、3、4、5；第 1、3、5 跨布满活荷载）	M_1、M_3、M_5	V_A、V_F
（第 2、4 跨布满活荷载）	M_2、M_4	
（第 1、2、4 跨布满活荷载）	M_B	$V_{B左}$、$V_{B右}$
（第 2、3、5 跨布满活荷载）	M_C	$V_{C左}$、$V_{C右}$
（第 1、3、4 跨布满活荷载）	M_D	$V_{D左}$、$V_{D右}$
（第 2、4、5 跨布满活荷载）	M_E	$V_{E左}$、$V_{E右}$

由附表 5-1 可知：当计算某跨的最大正弯矩时，该跨应布满活荷载，其余每隔一跨布满活荷载；当计算某支座的最大负弯矩及支座剪力时，该支座相邻两跨应布满活荷载，其余每隔一跨布满活荷载。

附录六

螺栓螺纹处的有效截面面积

螺栓螺纹处的有效截面面积（A_e） 附表 6-1

公称直径	12	14	16	18	20	22	24	27	30
螺栓有效截面面积 A_e（cm²）	0.843	1.15	1.57	1.92	2.45	3.03	3.53	4.59	5.61
公称直径	33	36	39	42	45	48	52	56	60
螺栓有效截面面积 A_e（cm²）	6.94	8.17	9.76	11.2	13.1	14.7	17.6	20.3	23.6

附录七

常 用 表 格

《混规》（2015年版）规定：

4.1.3 混凝土轴心抗压强度的标准值 f_{ck} 应按表 4.1.3-1 采用；轴心抗拉强度的标准值 f_{tk} 应按表 4.1.3-2 采用。

表 4.1.3-1 混凝土轴心抗压强度标准值（N/mm²）

强度	混凝土强度等级													
	C15	C20	C25	C30	C35	C40	C45	C50	C55	C60	C65	C70	C75	C80
f_{ck}	10.0	13.4	16.7	20.1	23.4	26.8	29.6	32.4	35.5	38.5	41.5	44.5	47.4	50.2

表 4.1.3-2 混凝土轴心抗拉强度标准值（N/mm²）

强度	混凝土强度等级													
	C15	C20	C25	C30	C35	C40	C45	C50	C55	C60	C65	C70	C75	C80
f_{tk}	1.27	1.54	1.78	2.01	2.20	2.39	2.51	2.64	2.74	2.85	2.93	2.99	3.05	3.11

4.1.4 混凝土轴心抗压强度的设计值 f_c 应按表 4.1.4-1 采用；轴心抗拉强度的设计值 f_t 应按表 4.1.4-2 采用。

表 4.1.4-1 混凝土轴心抗压强度设计值（N/mm²）

强度	混凝土强度等级													
	C15	C20	C25	C30	C35	C40	C45	C50	C55	C60	C65	C70	C75	C80
f_c	7.2	9.6	11.9	14.3	16.7	19.1	21.1	23.1	25.3	27.5	29.7	31.8	33.8	35.9

表 4.1.4-2 混凝土轴心抗拉强度设计值（N/mm²）

强度	混凝土强度等级													
	C15	C20	C25	C30	C35	C40	C45	C50	C55	C60	C65	C70	C75	C80
f_t	0.91	1.10	1.27	1.43	1.57	1.71	1.80	1.89	1.96	2.04	2.09	2.14	2.18	2.22

4.1.5 混凝土受压和受拉的弹性模量 E_c 宜按表 4.1.5 采用。

混凝土的剪切变形模量 G_c 可按相应弹性模量值的 40% 采用。

混凝土泊松比 ν_c 可按 0.2 采用。

表 4.1.5 混凝土的弹性模量（×10⁴ N/mm²）

混凝土强度等级	C15	C20	C25	C30	C35	C40	C45	C50	C55	C60	C65	C70	C75	C80
E_c	2.20	2.55	2.80	3.00	3.15	3.25	3.35	3.45	3.55	3.60	3.65	3.70	3.75	3.80

注：1 当有可靠试验依据时，弹性模量可根据实测数据确定；
2 当混凝土中掺有大量矿物掺合料时，弹性模量可按规定龄期根据实测数据确定。

4.2.3 普通钢筋的抗拉强度设计值 f_y、抗压强度设计值 f'_y 应按表 4.2.3-1 采用；预应力筋的抗拉强度设计值 f_{py}、抗压强度设计值 f'_{py} 应按表 4.2.3-2 采用。

当构件中配有不同种类的钢筋时，每种钢筋应采用各自的强度设计值。

对轴心受压构件，当采用 HRB500、HRBF500 钢筋时，钢筋的抗压强度设计值 f'_y 应取 400 N/mm²。横向钢筋的抗拉强度设计值 f_{yv} 应按表中 f_y 的数值采用；但用作受剪、受扭、受冲切承载力计算时，其数值大于 360N/mm² 时应取 360N/mm²。

表 4.2.3-1　普通钢筋强度设计值（N/mm²）

牌　号	抗拉强度设计值 f_y	抗压强度设计值 f'_y
HPB300	270	270
HRB335	300	300
HRB400、HRBF400、RRB400	360	360
HRB500、HRBF500	435	435

4.2.5　普通钢筋和预应力筋的弹性模量 E_s 可按表 4.2.5 采用。

表 4.2.5　钢筋的弹性模量（$\times 10^5$ N/mm²）

牌号或种类	弹性模量 E_s
HPB300	2.10
HRB335、HRB400、HRB500 HRBF400、HRBF500、RRB400 预应力螺纹钢筋	2.00
消除应力钢丝、中强度预应力钢丝	2.05
钢绞线	1.95

表 A.0.1　钢筋的公称直径、公称截面面积及理论重量

公称直径 (mm)	不同根数钢筋的公称截面面积（mm²）									单根钢筋理论重量 (kg/m)
	1	2	3	4	5	6	7	8	9	
6	28.3	57	85	113	142	170	198	226	255	0.222
8	50.3	101	151	201	252	302	352	402	453	0.395
10	78.5	157	236	314	393	471	550	628	707	0.617
12	113.1	226	339	452	565	678	791	904	1017	0.888
14	153.9	308	461	615	769	923	1077	1231	1385	1.21
16	201.1	402	603	804	1005	1206	1407	1608	1809	1.58
18	254.5	509	763	1017	1272	1527	1781	2036	2290	2.00(2.11)
20	314.2	628	942	1256	1570	1884	2199	2513	2827	2.47
22	380.1	760	1140	1520	1900	2281	2661	3041	3421	2.98
25	490.9	982	1473	1964	2454	2945	3436	3927	4418	3.85(4.10)
28	615.8	1232	1847	2463	3079	3695	4310	4926	5542	4.83
32	804.2	1609	2413	3217	4021	4826	5630	6434	7238	6.31(6.65)
36	1017.9	2036	3054	4072	5089	6107	7125	8143	9161	7.99
40	1256.6	2513	3770	5027	6283	7540	8796	10053	11310	9.87(10.34)
50	1963.5	3928	5892	7856	9820	11784	13748	15712	17676	15.42(16.28)

注：括号内为预应力螺纹钢筋的数值。

附录七 常用表格

钢筋混凝土构件的相对界限受压区高度 ξ_b，见附表 7-1。

相对界限受压区高度 ξ_b 附表 7-1

钢筋牌号	混凝土强度等级						
	≤C50	C55	C60	C65	C70	C75	C80
HPB300	0.576	0.566	0.556	0.547	0.537	0.528	0.518
HRB335	0.550	0.541	0.531	0.522	0.512	0.503	0.493
HRB400 HRBF400	0.518	0.508	0.499	0.490	0.481	0.472	0.463
HRB500 HRBF500	0.482	0.473	0.464	0.455	0.447	0.438	0.429

板一侧的受拉钢筋的最小配筋百分率（%），依据《混规》表 8.5.1 及注 2，见附表 7-2。

板一侧的受拉钢筋的最小配筋百分率（%） 附表 7-2

钢筋牌号	混凝土强度等级						备注
	C25	C30	C35	C40	C45	C50	
HPB300	0.21	0.24	0.26	0.29	0.30	0.32	包括悬臂板
HRB335	0.20	0.21	0.24	0.26	0.27	0.28	
HRB400	0.20	0.20	0.20	0.21	0.23	0.24	
HRB500	—	0.15	0.16	0.18	0.19	0.20	不包括悬臂板

梁、偏心受拉、轴心受拉构件一侧的受拉钢筋的最小配筋百分率（%），依据《混规》表 7.5.1，见附表 7-3。

梁、偏心受拉、轴心受拉构件一侧的受拉钢筋的最小配筋百分率（%） 附表 7-3

钢筋牌号	混凝土强度等级						
	C20	C25	C30	C35	C40	C45	C50
HPB300	0.20	0.21	0.24	0.26	0.29	0.30	0.32
HRB335	0.20	0.20	0.21	0.24	0.26	0.27	0.28
HRB400	—	0.20	0.20	0.20	0.21	0.23	0.24
HRB500	—	0.20	0.20	0.20	0.20	0.20	0.20

框架梁纵向受拉钢筋的最小配筋百分率（%），见《混规》表 11.3.6-1，或者见附表 7-4。

框架梁纵向受拉钢筋的最小配筋百分率（%） 表 11.3.6-1

抗震等级	梁 中 位 置	
	支 座	跨 中
一级	0.40 和 80 f_t/f_y 中的较大值	0.30 和 65 f_t/f_y 中的较大值
二级	0.30 和 65 f_t/f_y 中的较大值	0.25 和 55 f_t/f_y 中的较大值
三、四级	0.25 和 55 f_t/f_y 中的较大值	0.20 和 45 f_t/f_y 中的较大值

框架梁纵向受拉钢筋的最小配筋百分率(%) 附表 7-4

抗震等级	钢筋牌号	梁中位置	混凝土强度等级					
			C25	C30	C35	C40	C45	C50
一级	HRB400	支座	—	0.400	0.400	0.400	0.400	0.420
		跨中	—	0.300	0.300	0.309	0.325	0.341
	HRB500	支座	—	0.400	0.400	0.400	0.400	0.400
		跨中	—	0.300	0.300	0.300	0.300	0.300
二级	HRB400	支座	0.300	0.300	0.300	0.309	0.325	0.341
		跨中	0.250	0.250	0.250	0.261	0.275	0.289
	HRB500	支座	0.300	0.300	0.300	0.300	0.300	0.300
		跨中	0.250	0.250	0.250	0.250	0.250	0.250
三、四级	HRB400	支座	0.250	0.250	0.250	0.261	0.275	0.289
		跨中	0.200	0.200	0.200	0.214	0.225	0.236
	HRB500	支座	0.250	0.250	0.250	0.250	0.250	0.250
		跨中	0.200	0.200	0.200	0.200	0.200	0.200

注：非抗震设计，框架梁的纵向受拉钢筋的最小配筋百分率，按附表7-3。

沿梁全长箍筋的最小面积配筋率 $\rho_{sv,min}$，依据《混规》11.3.9 条、9.2.9 条第 3 款，见附表 7-5。面积配筋率 $\rho_{sv}=A_{sv}/(bs)$。

沿梁全长箍筋的最小面积配筋百分率(%) 附表 7-5

抗震等级	钢筋牌号	混凝土强度等级					
		C25	C30	C35	C40	C45	C50
一级	HPB300	—	0.159	0.174	0.190	0.200	0.210
	HRB335	—	0.143	0.157	0.171	0.180	0.189
	HRB400	—	0.119	0.131	0.143	0.150	0.158
二级	HPB300	0.132	0.148	0.163	0.177	0.187	0.196
	HRB335	0.119	0.133	0.147	0.160	0.168	0.176
	HRB400	0.099	0.111	0.122	0.133	0.140	0.147
三、四级	HPB300	0.122	0.138	0.151	0.165	0.173	0.182
	HRB335	0.110	0.124	0.136	0.148	0.156	0.164
	HRB400	0.092	0.103	0.113	0.124	0.130	0.137
非抗震	HPB300	0.113	0.127	0.140	0.152	0.160	0.168
	HRB335	0.102	0.114	0.126	0.137	0.144	0.151
	HRB400	0.085	0.095	0.105	0.114	0.120	0.126

注：1. 表中一级按 $0.30f_t/f_{yv}$，二级按 $0.28f_t/f_{yv}$，三、四级按 $0.26f_t/f_{yv}$，非抗震，按 $0.24f_t/f_{yv}$；
2. HRB500 按表中 HRB400 采用。

梁箍筋的配筋 A_{sv}/s（mm^2/mm）的选用表，见附表7-6。

梁箍筋的配筋 A_{sv}/s（mm^2/mm）的选用表　　附表7-6

箍筋直径与配置		箍筋间距 s（mm）					
		100	125	150	200	250	300
6 (28.3)	双肢箍	0.566	0.453	0.377	0.283	0.226	0.189
	四肢箍	1.132	0.906	0.755	0.566	0.453	0.377
8 (50.3)	双肢箍	1.006	0.805	0.671	0.503	0.402	0.335
	四肢箍	2.012	1.610	1.341	1.006	0.805	0.671
10 (78.5)	双肢箍	1.57	1.256	1.047	0.785	0.628	0.523
	四肢箍	3.14	2.512	2.093	1.570	1.256	1.047
12 (113.1)	双肢箍	2.262	1.810	1.508	1.131	0.905	0.754
	四肢箍	4.524	3.619	3.016	2.262	1.810	1.508
14 (153.9)	双肢箍	3.078	2.462	2.052	1.539	1.231	1.026
	四肢箍	6.156	4.925	4.104	3.078	2.462	2.052

每米板宽内的普通钢筋截面面积表，见附表7-7。

每米板宽内的普通钢筋截面面积表　　附表7-7

钢筋间距 (mm)	钢筋直径（mm）											
	6	6/8	8	8/10	10	10/12	12	12/14	14	16	18	20
70	404	561	719	920	1121	1369	1616	1908	2199	2872	3636	4489
75	377	524	671	859	1047	1277	1508	1780	2053	2681	3393	4189
80	354	491	629	805	981	1198	1414	1669	1924	2513	3181	3928
85	333	462	592	758	924	1127	1331	1571	1811	2365	2994	3696
90	314	437	559	716	872	1064	1257	1484	1710	2234	2828	3491
95	298	414	529	678	826	1008	1190	1405	1620	2116	2679	3307
100	283	393	503	644	785	958	1131	1335	1539	2011	2545	3142
110	257	357	457	585	714	871	1028	1214	1399	1828	2314	2856
120	236	327	419	537	654	798	942	1112	1283	1676	2121	2618
125	226	314	402	515	628	766	905	1068	1232	1608	2036	2514
130	218	302	387	495	604	737	870	1027	1184	1547	1958	2417
140	202	281	359	460	561	684	808	954	1100	1436	1818	2244
150	189	262	335	429	523	639	754	890	1026	1340	1697	2095
160	177	246	314	403	491	599	707	834	962	1257	1591	1964
170	166	231	296	379	462	564	665	786	906	1183	1497	1848
180	157	218	279	358	436	532	628	742	855	1117	1414	1746
190	149	207	265	339	413	504	595	702	810	1058	1339	1654
200	141	196	251	322	393	479	565	668	770	1005	1273	1571
220	129	178	228	292	357	436	514	607	700	914	1157	1428
240	118	164	209	268	327	399	471	556	641	838	1060	1309
250	113	157	201	258	314	385	452	534	616	804	1018	1257

注：表中 6/8，8/10 等是指两种直径的钢筋间隔放置。

附录八

《钢标》的见解与勘误

根据笔者对《钢标》的学习与理解,《钢标》第一次印刷本(正文部分)存在瑕疵或不足,笔者将其整理为《钢标》第一次印刷本(正文部分)的见解与勘误,见附表 8-1。此外,《钢标》条文说明不具备与正文同等的法律效力,故不列出。

特别注意:考试时,以命题专家的定义为准。

《钢标》第一次印刷本(正文部分)的见解与勘误　　附表 8-1

页码	条目	原　文	见解与勘误
15	3.5.1	σ_{max}——腹板计算边缘的最大压应力(N/mm^2)	σ_{max}——腹板计算高度边缘的最大压应力(N/mm^2)
36	5.5.9	应按不小于 1/1000 的出厂加工精度	应按 e_0/l 不小于 1/1000 的出厂加工精度
37	6.1.1	……为 S5 级时,应取有效截面模量	……为 S5 级时,应取有效净截面模量
37	6.1.1	均匀受压翼缘有效外伸宽度可取 15ε_k	均匀受压翼缘有效外伸宽度可取 15ε_k 倍受压翼缘厚度
40	6.2.2	均匀受压翼缘有效外伸宽度可取 15ε_k	均匀受压翼缘有效外伸宽度可取 15ε_k 倍受压翼缘厚度
47	式(6.3.6-1)	$b_s = h_0/30 + 40$	$b_s \geqslant h_0/30 + 40$
48	6.3.7 条第 1 款	15$h_w\varepsilon_k$	15$t_w\varepsilon_k$
53	6.5.2	图 6.5.2 的标准与正文不一致	正文为准
57	7.2.1	除可考虑屈服后强度	除可考虑屈曲后强度
62	7.2.2	x_s、y_s——截面剪心的坐标(mm)	x_s、y_s——截面形心至剪心的距离(mm)
75	7.4.4 条第 4 款	……确定系数 φ	……确定系数 ρ
77	7.5.1 条	N——被撑构件的最大轴心压力(N)	N——被撑构件的最大轴心压力设计值(N)
79	7.6.2	所有 λ_u、μ_u	均变为:λ_x、μ_x
79	7.6.2	或者:λ_x	变为:λ_u,其他 λ_u 不变
81	8.1.1	N——同一截面处轴心压力设计值(N)	N——同一截面处轴心力设计值(N)
83	式(8.2.1-2)	N'_{Fx}	N'_{Ex}
83	倒数第 10 行	N'_{Ex}——(mm)	N'_{Ex}——(N)

续表

页码	条目	原 文	见解与勘误
84	倒数第5行、第4行	M_{qx}——定义有误 M_1——定义有误	M_{qx}——横向荷载产生的弯矩最大值 M_1——按公式（8.2.1-5）中 M_1 采用
86	式（8.2.4-1）	N'_{Ex}	N'_E
91	式（8.3.2-1）	k_b	K_b
104	式（10.3.4-3）	w_x	W_{nx}
104	式（10.3.4-5）	W_x	W_{nx}
105	倒数第3行	γ'_x	γ_x
110	11.2.3	所有 15mm	1.5mm
113	11.3.3	1：25	1：2.5
114	11.3.4条第4款	加强焊脚尺寸不应大于……	加强焊脚尺寸不应小于
126	式（11.6.4-3）	15	1.5
131	图 12.2.5（b）	$0.5b_{ef}$	$0.5b_e$
132	12.3.3	当 $h_c/h_b \geqslant 10$ 时	当 $h_c/h_b \geqslant 1.0$ 时
133	12.3.3	当 $h_c/h_b < 10$ 时	当 $h_c/h_b < 1.0$ 时
133	正数第15行	h_{c1}——柱翼缘中心线之间的宽度和梁腹板高度	h_{c1}——柱翼缘中心线之间的宽度
136	12.4.1	采取焊接、螺纹	采取焊接、螺栓
138	12.6.2	l——弧形表面或滚轴	l——弧形表面或辊轴
141	图 12.7.7	L_r 标注有误	按图 12.7.7 中 L_r 定义进行标注
150	图 13.3.2-1	D_1	D_i
156	图 13.3.2-7 图 13.3.2-8	D_1 管的壁厚 t_1、t_2 D_2 管的壁厚 t_1、t_2	D_1 管的壁厚均为：t_1 D_2 管的壁厚均为：t_2
161	图 13.3.4-2	X形为空间节点——有误	X形平面节点
196	式（16.2.1-1）	$\Delta\sigma < \gamma_t[\Delta\sigma_L]_{1\times10^8}$	$\Delta\sigma \leqslant \gamma_t[\Delta\sigma_L]_{1\times10^8}$
197	式（16.2.1-4） 式（16.2.1-5） 式（16.2.1-6）	$\Delta\sigma < [\Delta\tau_L]_{1\times10^8}$ $\Delta\tau < \tau_{max} - \tau_{min}$ $\Delta\tau < \tau_{max} - 0.7\tau_{min}$	$\Delta\tau \leqslant [\Delta\tau_L]_{1\times10^8}$ $\Delta\tau = \tau_{max} - \tau_{min}$ $\Delta\tau = \tau_{max} - 0.7\tau_{min}$
199	式（16.2.2-3）	$([\Delta\sigma]_{5\times10^6})$	$([\Delta\sigma]_{5\times10^6})^2$
200	16.2.3	$\Delta\sigma_i$，n_i——定义有误	$\Delta\sigma_i$，n_i——应力谱中循环次数 $n \leqslant 5\times10^6$ 范围内的正应力幅及其频次

续表

页码	条目	原 文	见解与勘误
200	16.2.3	$\Delta\sigma_j$，n_j——定义有误	$\Delta\sigma_j$，n_j——应力谱中循环次数 $5\times 10^6 < n \leqslant 1\times 10^8$ 范围内的正应力幅及其频次
200	16.2.3	$\Delta\tau_i$，n_i——定义有误	$\Delta\tau_i$，n_i——应力谱中循环次数 $n \leqslant 1\times 10^8$ 范围内的剪应力幅及其频次
212	式（17.2.2-2）	M_{Ehk2}、M_{Evk2}	M_{Ekh2}、M_{Evk2} 位置交换
212	倒数第3行	本标准第 17.2.2-3 采用	本标准表 17.2.2-3 采用
215	17.2.3	R_k 的量纲：N/mm²	N/mm²，或 N
219	式（17.2.9-1） 式（17.2.9-2）	W_E	W_{Eb}
219	式（17.2.9-4）	W_{Ec}	W_{Eb}
229	17.3.14 条第1款	不宜小于节点板的2倍	不宜小于节点板厚度的2倍
243	式（C.0.1-1）	ε_k	ε_k^2
267	式（F.1.1-9）	n_y	η_y
276	H.0.1-1	Nmm²/mm	N·mm²/mm

参考文献

1. 中华人民共和国住房和城乡建设部. 钢结构设计标准：GB 50017—2017[S]. 北京：中国建筑工业出版社，2018.
2. 中华人民共和国住房和城乡建设部. 木结构设计标准：GB 50005—2017[S]. 北京：中国建筑工业出版社，2018.
3. 中华人民共和国住房和城乡建设部. 建筑抗震设计规范：GB 50011—2010（2016 年版）[S]. 北京：中国建筑工业出版社，2016.
4. 中华人民共和国住房和城乡建设部. 混凝土结构设计规范：GB 50010—2010（2015 年版）[S]. 北京：中国建筑工业出版社，2016.
5. 中华人民共和国住房和城乡建设部. 建筑地基处理技术规范：JGJ 79—2012[S]. 北京：中国建筑工业出版社，2013.
6. 中华人民共和国住房和城乡建设部. 建筑结构荷载规范：GB 50009—2012[S]. 北京：中国建筑工业出版社，2012.
7. 中华人民共和国住房和城乡建设部. 砌体结构设计规范：GB 50003—2011[S]. 北京：中国建筑工业出版社，2012.
8. 中华人民共和国住房和城乡建设部. 建筑地基基础设计规范：GB 50007—2011[S]. 北京：中国建筑工业出版社，2012.
9. 中华人民共和国住房和城乡建设部. 高层建筑混凝土结构技术规程：JGJ 3—2010[S]. 北京：中国建筑工业出版社，2011.
10. 陈绍蕃，顾强. 钢结构基础[M]. 北京：中国建筑工业出版社，2014.
11. 沈祖炎，陈扬骥，陈以一. 钢结构基本原理[M]. 北京：中国建筑工业出版社，2018.
12. 刘金砺，高文生，邱明兵. 建筑桩基技术规范应用手册[M]. 北京：中国建筑工业出版社，2010.
13. 施楚贤，施宇江. 砌体结构疑难释义附解题指导[M]. 北京：中国建筑工业出版社，2004.
14. 东南大学，同济大学，天津大学. 混凝土结构：上、中册[M]. 北京：中国建筑工业出版社，2008.
15. 滕智明，朱金铨. 混凝土结构与砌体结构设计：上册[M]. 北京：中国建筑工业出版社，2003.
16. 华南理工大学，浙江大学，湖南大学. 基础工程[M]. 北京：中国建筑工业出版社，2003.
17. 浙江大学. 建筑结构静力计算实用手册[M]. 北京：中国建筑工业出版社，2009.
18. 本书编委会. 全国二级注册结构工程师专业考试试题解答与分析[M]. 北京：中国建筑工业出版社，2019.
19. 龙驭球，包世华，袁驷，等. 结构力学Ⅰ——基本教程[M]. 3 版. 北京：高等教育出版社，2012.
20. 朱慈勉，张伟平. 结构力学：上册[M]. 3 版. 北京：高等教育出版社，2016.

增 值 服 务

兰老师及其团队开通知识星球,提供本书题目答疑、规范答疑、备考经验、现场应试能力等服务,联系方式:微信小程序搜索"知识星球",再搜索"兰老师结构专业答疑"进入。微博:搜索"兰定筠"进入。

本书理解过程中的问题,请发邮箱:Landj2020@163.com,我们会及时回复您。

本书的勘误,见:兰博士专业咨询网。